2025년 CBT 기출복원문제 수록

# 항공산업기사

## 필기

장성희 지음

BM (주)도서출판 성안당

## 저 자 약 력

### 장성희

정비일반, 항공역학, 항공장비, 항공기체, 항공기관, 항공전기전자계기, 항법계기, 항공기초실습, 항공기체실습, 항공기관실습, 항공장비실습, 항공전자실습 등의 과목을 항공전문학교에서 20년 이상 강의하고 있습니다.

■ **경력**
• 전) 항공정비기능사 국가실기 감독 　　　　• 전) 항공산업기사 국가실기 감독

■ **집필**
• 항공기정비기능사 필기(성안당) 　　　　　• 항공전기전자정비기능사 필기(성안당)
• 항공기체정비기능사 필기(성안당) 　　　　• 항공기관정비기능사 필기(성안당)
• 항공정비기능사(기체, 기관, 장비) 필기(성안당) 　• 항공산업기사 필기(성안당)
• 항공산업기사 실기 필답(성안당)

■ **검토위원**
• 김기환, 최광우, 장동혁, 유선종

# 항공산업기사 필기

2018. 2. 8. 초 판 1쇄 발행
**2025. 1. 7. 개정증보 8판 1쇄(통산 10쇄) 발행**

지은이 │ 장성희
펴낸이 │ 이종춘
펴낸곳 │ BM (주)도서출판 성안당
주소 │ 04032 서울시 마포구 양화로 127 첨단빌딩 3층(출판기획 R&D 센터)
　　　 10881 경기도 파주시 문발로 112 파주 출판 문화도시(제작 및 물류)
전화 │ 02) 3142-0036
　　　 031) 950-6300
팩스 │ 031) 955-0510
등록 │ 1973. 2. 1. 제406-2005-000046호
출판사 홈페이지 │ www.cyber.co.kr
도서 내용 문의 │ jsh337-2002@hanmail.net
ISBN │ 978-89-315-8407-3 (13550)
정가 │ 43,000원

#### 이 책을 만든 사람들
책임 │ 최옥현
진행 │ 최창동
본문 디자인 │ 인투
표지 디자인 │ 박원석
홍보 │ 김계향, 임지석, 김주승, 최정민, 이해솜
국제부 │ 이선민, 조혜란
마케팅 │ 구본철, 차정욱, 오영일, 나진호, 강호묵
마케팅 지원 │ 장상범
제작 │ 김유석

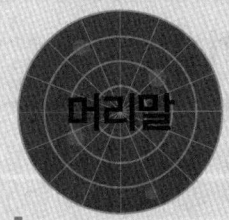

## 머리말

항공공학 기술 분야에서 항공기 정비(기체/엔진/장비)에 대한 지식을 갖춘다는 것은 항공기 설계 및 정비를 하기 위한 가장 기본적이고 필수적인 지식을 갖춘다고 볼 수 있다.

이 책은 항공 분야의 기본 기술자격인 항공산업기사(항공역학 + 항공기 엔진 + 항공기 기체 + 항공기 계통)를 취득하기 위해 꼭 알아두어야 할 필수적인 이론 지식을 다음과 같은 순서에 의해 요점정리와 연습문제, 그리고 회차별 필기 기출문제 중심 체계로 정리하여 서술한 문제집입니다.

1. 항공역학 요점정리+실력 점검 문제
2. 항공기 엔진 요점정리+실력 점검 문제
3. 항공기 기체 요점정리+실력 점검 문제
4. 항공기 계통 요점정리+실력 점검 문제
5. 회차별 필기 기출문제

특히, 항공기 정비는 항공기를 직접 운용하고, 점검 및 검사하여 항공기의 운항 안정성, 다시 말해 항공기 감항성을 유지하는 가장 기본적이고 필수적인 항공기 정비 기술이라고 말할 수 있습니다.

저자는 다년간 항공기 기술자격을 취득하고자 하는 항공 공학도들에게 강의한 경험을 통하여 학생들이 어렵게 느끼는 항공기 정비에 대한 기술지식을 보다 더 알기 쉽고, 정확한 개요를 파악하기 위하여 중요한 요점정리와 그에 따른 유도된 공식을 가지고 실제 응용력을 기를 수 있도록 다양한 문제를 수록하였고, 각각의 문제에 해설을 첨부하여 학생들이 이해할 수 있도록 준비하였습니다.

특히, 이 책은 항공산업기사 취득을 준비하는 학생들에게 적합한 시험 준비서가 될 것으로 확신합니다.

다만, 이 책을 펴냄에 있어서 미비하고 부족한 점이 많을 것으로 사료되나 앞으로 독자들의 기탄없는 지적과 관심을 바탕으로 수정할 것을 약속하며, 이 책이 항공기술 분야를 공부하는 학생들에게 다소나마 도움이 된다면 더없는 기쁨으로 생각하겠습니다.

끝으로 이 책을 출판하게 도와주신 성안당 대표님과 편집부 직원들에게 진심으로 감사를 표합니다.

## 1. 원서접수 및 합격자 발표 – http://www.q-net.or.kr

■ 접수 가능한 사진 범위

| 구분 | 내용 |
|---|---|
| 접수가능 사진 | 6개월 이내 촬영한 (3×4cm) 칼라사진, 상반신 정면, 탈모, 무 배경 |
| 접수 불가능 사진 | 스냅 사진, 선글라스, 스티커 사진, 측면 사진, 모자착용, 혼란한 배경사진, 기타 신분확인이 불가한 사진<br>※ Q-net 사진 등록, 원서접수 사진 등록 시 등 상기에 명시된 접수 불가 사진은 컴퓨터 자동인식 프로그램에 의해서 접수가 거부될 수 있습니다. |
| 본인 사진이 아닐 경우 조치 | 연예인 사진, 캐릭터 사진 등 본인 사진이 아니고, 신분증 미지참 시 시험응시 불가(퇴실) 조치<br>– 본인 사진이 아니고 신분증 지참자는 사진 변경등록 각서 징구 후 시험 응시 |
| 수험자 조치사항 | 필기시험 사진상이자는 신분확인 시까지 실기원서접수가 불가하므로 원서접수 지부(사)로 본인이 신분증, 사진을 지참 후 확인 받으시기 바랍니다. |

## 2. 시험과목

- **필기** : 1. 항공역학 20문제

    2. 항공기 기체 20문제

    3. 항공기 엔진 20문제

    4. 항공기 계통 20문제
- **실기** : 항공기 정비 실무 52항목

## 3. 검정방법

- **필기** : 객관식 4지 택일형 80문항(2시간)

    ① 과목별 40점 이상, 전 과목 평균 60점 이상 합격
- **실기** : 복합식(필답 + 작업)

    ① 필답시험 : 1시간 정도, 배점 45점

    ② 작업시험 : 4시간 정도, 배점 55점

## 4. 합격기준

100점 만점에 60점 이상 득점자

■ 출제기준

| 필기 과목명 | 주요항목 | 세부항목 | 세세항목 |
|---|---|---|---|
| 항공역학<br>(20문제) | 1. 공기역학 | 1. 대기 | 1. 대기의 구성<br>2. 표준대기<br>3. 공기의 성질 |
| | | 2. 날개이론 | 1. 날개 단면 형상<br>2. 날개 평면 형상<br>3. 날개의 공력 특성 |
| | 2. 비행역학 | 1. 비행성능 | 1. 수평비행성능<br>2. 상승·하강 비행성능<br>3. 선회 비행성능<br>4. 이·착륙 비행성능<br>5. 항속성능<br>6. 특수 비행성능 |
| | | 2. 안정성과 조종성 | 1. 세로 정안정성<br>2. 가로 정안정성<br>3. 방향 정안정성<br>4. 동안정성<br>5. 조종성 |
| | 3. 프로펠러 및<br>헬리콥터 | 1. 프로펠러 추진원리 | 1. 프로펠러의 추진원리<br>2. 프로펠러의 성능 |
| | | 2. 헬리콥터 비행원리 | 1. 헬리콥터의 비행원리<br>2. 헬리콥터의 성능 |
| 항공기 기체<br>(20문제) | 1. 항공기 기체 일반 | 1. 항공기 구조 | 1. 응력 및 변형률<br>2. 재료(철금속, 비철금속, 복합재료)<br>3. 부식방지<br>4. 연료계통 |
| | 2. 항공기 기체<br>기본작업 | 1. 항공기 기계 요소<br>체결, 고정 | 1. 항공기 하드웨어<br>2. 체결 및 고정작업<br>3. 일반 공구 및 특수 공구 |
| | 3. 항공기 판금작업 | 1. 판금작업 | 1. 전개도 작성<br>2. 마름질 절단<br>3. 판재 성형 |
| | | 2. 리벳 작업 | 1. 리벳 종류와 규격<br>2. 리벳 작업 및 검사<br>3. 공구 |

| 필기 과목명 | 주요항목 | 세부항목 | 세세항목 |
|---|---|---|---|
| 항공기 기체<br>(20문제) | 4. 항공기 배관작업 | 1. 튜브 성형 작업 | 1. 튜브 종류와 규격<br>2. 튜브 성형 작업 및 검사<br>3. 플레어링 작업 |
| | | 2. 호스 연결 | 1. 호스 종류 및 규격<br>2. 호스 장착 및 검사 |
| | 5. 항공기 기체<br>구조정비작업 | 1. 항공기 기체 구조 | 1. 기체 구조 일반<br>2. 동체 및 날개<br>3. 엔진마운트 및 나셀<br>4. 도어 및 윈도우<br>5. 항공기 무게 측정<br>6. 항공기 리깅작업 |
| | 6. 항공기 착륙장치<br>점검 | 1. 착륙장치계통 | 1. 착륙장치<br>2. 조향장치<br>3. 휠 · 타이어<br>4. 브레이크<br>5. 위치, 지시장치 |
| 항공기 엔진<br>(20문제) | 1. 항공기 엔진 일반 | 1. 항공기 엔진 분류와<br>성능 | 1. 엔진의 분류<br>2. 열역학 기본 법칙<br>3. 왕복엔진의 작동원리 및 성능<br>4. 가스터빈엔진의 작동원리 및 성능 |
| | 2. 항공기 왕복엔진 | 1. 왕복엔진 구조 및 계통 | 1. 기본구조 및 점검<br>2. 시동 및 점화계통<br>3. 연료계통<br>4. 윤활계통<br>5. 흡 · 배기계통 |
| | 3. 항공기 가스터빈<br>엔진 | 1. 항공기 가스터빈엔진<br>구조 | 1. 기본구조<br>2. 시동 및 점화계통<br>3. 연료계통<br>4. 윤활계통<br>5. 방빙 및 냉각계통 |
| | 4. 항공기 가스터빈<br>엔진 부품검사 | 1. 부품손상 및 상태검사 | 1. 육안검사<br>2. 내시경검사<br>3. 비파괴검사 |
| | 5. 항공기 프로펠러<br>점검 | 1. 프로펠러 구조 및 계통 | 1. 프로펠러 구조 및 명칭<br>2. 프로펠러 계통 및 작동<br>3. 프로펠러 검사 |

| 필기 과목명 | 주요항목 | 세부항목 | 세세항목 |
|---|---|---|---|
| 항공기 계통<br>(20문제) | 1. 항공전기 계통 | 1. 전기회로 | 1. 직류와 교류<br>2. 회로보호장치 및 제어장치<br>3. 직류 및 교류 측정장비 |
| | | 2. 직류 및 교류 전력 | 1. 축전지<br>2. 직류 및 교류 발전기<br>3. 직류 및 교류 전동기 |
| | | 3. 변압, 변류 및 정류기 | 1. 변압, 변류 및 정류기 |
| | 2. 항공기<br>공·유압, 여압 및<br>공기조화계통 | 1. 공·유압 | 1. 공압계통<br>2. 유압계통 |
| | | 2. 여압 및 공기조화 | 1. 여압 및 공기조화계통<br>2. 산소계통 |
| | 3. 항공 전기·전자<br>기본 작업 | 1. 기본배선 작업 | 1. 전선 연결<br>2. 부품 납땜 |
| | 4. 항공 전기·전자<br>계통 점검 | 1. 측정장비 사용 | 1. 측정과 오차<br>2. 측정장비 |
| | | 2. 매뉴얼 활용 | 1. 항공기정비매뉴얼(AMM) 개념<br>2. 결함분리매뉴얼(FIM) 개념<br>3. 배선매뉴얼(WDM) 개념 |
| | 5. 항공기 조명계통<br>점검 | 1. 조명장치 | 1. 기내조명장치<br>2. 외부조명장치<br>3. 비상조명장치 |
| | 6. 항공기 화재방지<br>계통 점검 | 1. 화재 탐지 및 방지 | 1. 화재의 등급 및 특성<br>2. 화재·과열 탐지 계통의 종류 및 특성<br>3. 연기 감지기 종류 및 특성<br>4. 소화장치 |
| | 7. 항공기 통신계통<br>점검 | 1. 통신장치 | 1. 단파(HF)통신장치<br>2. 초단파(VHF)통신장치<br>3. 위성통신(SATCOM)장치<br>4. 인터폰장치<br>5. 비상조난신호장치(ELT) |

| 필기 과목명 | 주요항목 | 세부항목 | 세세항목 |
|---|---|---|---|
| 항공기 계통<br>(20문제) | 8. 항공기 항법계통<br>점검 | 1. 항법장치 | 1. 무선항법장치<br>2. 관성항법장치<br>3. 위성항법장치<br>4. 보조항법장치<br>5. 계기착륙장치 |
| | | 2. 자동비행장치 | 1. 자동조종장치<br>2. 자동추력제어장치 |
| | 9. 항공기 계기계통<br>점검 | 1. 계기 점검 | 1. 항공계기 일반<br>2. 피토 정압계통계기<br>3. 압력 및 온도계기<br>4. 동조계기<br>5. 회전계기<br>6. 액량 및 유량계기<br>7. 자기 및 자이로 계기 |
| | | 2. 비행기록장치 점검 | 1. 조종실음성기록장치(CVR)<br>2. 비행자료기록장치(DFDR)<br>3. 신속조회기록장치(QAR) |
| | | 3. 음성경고장치 점검 | 1. 음성경고장치 종류 및 기능<br>2. 음성경고장치 구성 |
| | | 4. 집합계기 점검 | 1. 집합계기 종류 및 기능<br>2. 집합계기 구성 |
| | 10. 항공기 제빙·<br>방빙·제우 계통<br>점검 | 1. 제빙·방빙·제우 계통 | 1. 제빙계통<br>2. 방빙계통<br>3. 제우계통 |
| | 11. 항공기 안전관리 | 1. 안전관리 일반 | 1. 정비 매뉴얼 안전 절차<br>2. 화재 및 예방<br>3. 산업안전보건법(항공기 지상안전 분야)<br>4. 항공안전관리시스템(SMS: safety man-<br>agement system) 기본 개요 |

# 목차

## Part 02 | 항공기 엔진

## Part 03 | 항공기 기체

### Chapter 01 | 기체의 구조

### Chapter 02 | 기체의 재료

### Chapter 03 | 기체 구조의 강도

## Part 04 | 항공기 계통

## Part 05 | 필기 기출문제

※ 2010년~2018년 기출문제는 성안당 사이트(www.cyber.co.kr)의 [자료실]-[자료실]에서 제공합니다.

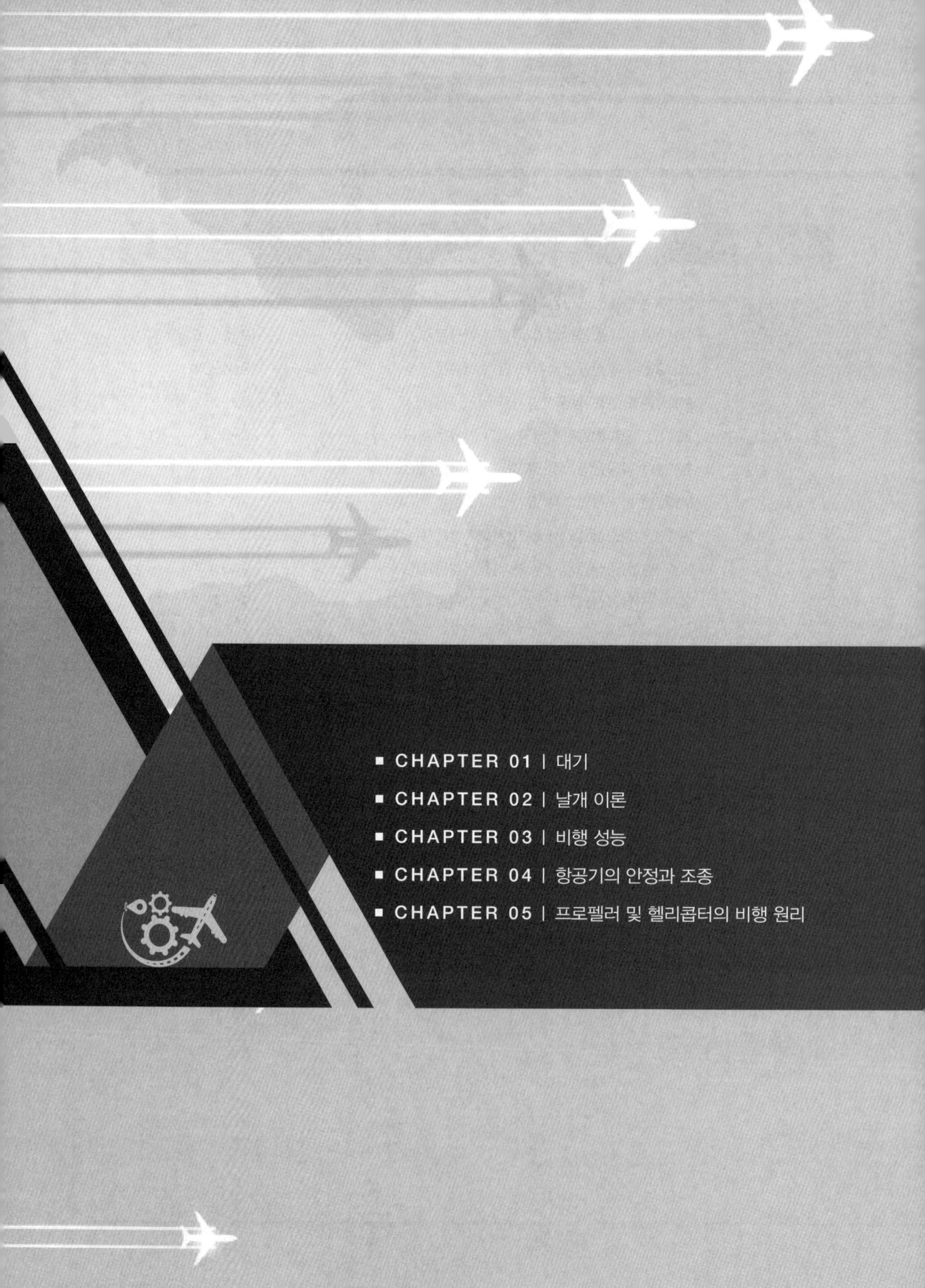

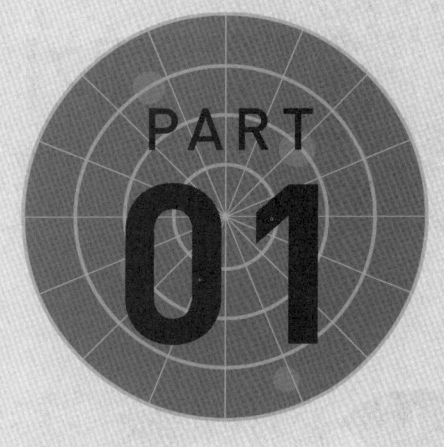

PART

# 01

항공역학

# 대기

**1**  대기의 성질

## (1) 대기의 조성 분포

지표면에서 약 80km까지는 거의 일정한 비율로 분포하며 질소 78%, 산소 21%, 아르곤 0.9%, 이산화탄소 0.03%로 조성되어 있으며, 네온 이하의 미량의 기체는 모두 합쳐도 0.01%를 초과하지 않는다.

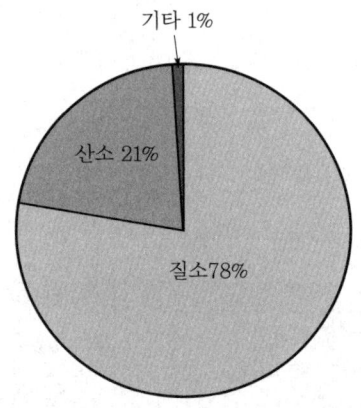

| 기체 | 분자기호 | 분자량 | 부피비 |
|---|---|---|---|
| 질소 | $N_2$ | 28.0134 | 78.09 |
| 산소 | $O_2$ | 31.9988 | 20.95 |
| 아르곤 | $Ar$ | 39.948 | 0.93 |
| 이산화탄소 | $CO_2$ | 44.010 | 0.03 |
| 네온 | $Ne$ | 20.183 | 0.001818 |
| 헬륨 | $He$ | 4.0026 | 0.000524 |
| 메탄 | $CH_4$ | 16.043 | 0.0002 |
| 크립톤 | $Kr$ | 83.800 | 0.000114 |
| 수소 | $H$ | 2.015 | 0.00005 |
| 크세논 | $Xe$ | 131.300 | $1 \times 10^{-6}$ |
| 오존 | $O_3$ | 48.000 | $1 \times 10^{-6}$ |
| 라돈 | $Rn$ | 222.000 | $6 \times 10^{-18}$ |

▲ 해면상의 순수, 건조한 공기의 성분(ICAO)

## (2) 대기권의 구조

### ① 대류권(지표면으로부터 약 11km까지의 대기층)

가) 공기가 상하로 잘 혼합되어 있다.

나) 구름 생성, 비, 눈, 안개 등의 기상현상이 일어난다.

다) 고도가 증가할수록 T(온도), P(압력), $\rho$(밀도)가 감소되며, 11km까지 1km 올라갈 때마다 기온이 약 6.5도씩 낮아진다.

라) 대류권 계면: 대류권과 성층권의 경계면으로 대기가 안정되어 구름이 없고, 기온이 낮으며, 공기가 희박하고 제트기류가 존재하여 제트기의 순항고도로 적합하다.

### ② 성층권(10km 높이에서 약 50km 높이까지의 대기층)

가) 대류권 계면의 온도는 극에서 높고 적도에서 가장 낮다.

나) 성층권 윗부분에 오존층이 있어 자외선을 흡수한다.

다) 성층권 계면: 성층권과 중간권의 경계면이다.

라) 고도 변화에 따라 기온 변화가 거의 없다.

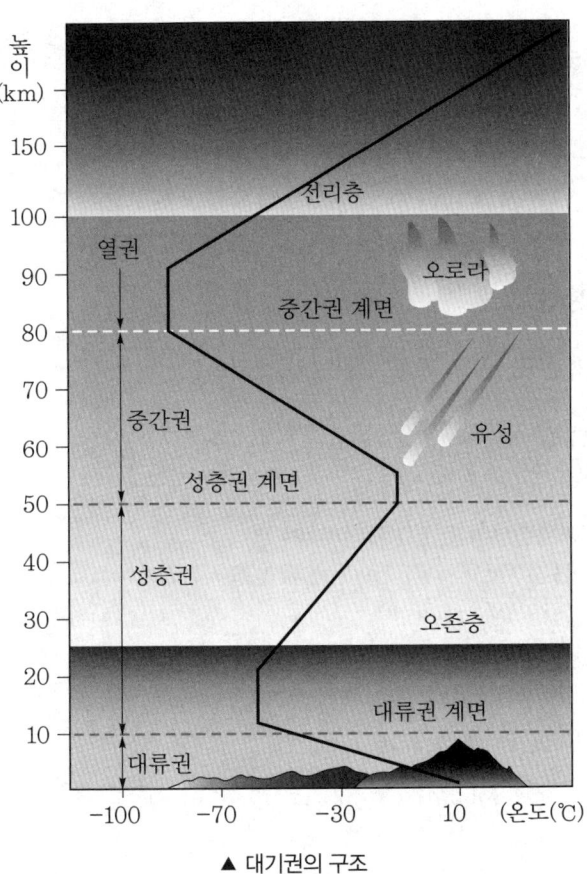

▲ 대기권의 구조

③ 중간권(50km 높이에서부터 약 80km까지의 대기층)

가) 성층권과 열권 사이를 말한다.

나) 높이에 따라 기온이 감소한다.

다) 중간권 계면: 중간권과 열권의 경계면이며 기온이 가장 낮다.

라) 대기권 중에서 온도가 가장 낮다.

④ 열권(80km 높이에서부터 500km까지의 대기층)

가) 고도에 따라 온도가 높아지고, 공기가 매우 희박하다.

나) 전리층: 태양이 방출하는 자외선에 의해 대기가 전리되어 자유전자의 밀도가 커지는 층이며, 전파를 흡수·반사하는 작용을 하여 통신에 영향을 준다.

다) 극광이나 유성이 밝은 빛의 꼬리를 길게 남기는 현상이 일어난다.

⑤ 극외권(500km 이상 높이의 대기층)

대기가 아주 희박하고 기체 분자들이 서로 충돌의 방해를 받지 않는 층이다. 각 원자와 분자는 지상에서 발사된 탄환과 같이 궤적을 그리며 운동을 한다.

---

**참고**

고도 11km까지는 기온이 일정한 비율(1000m당 6.5℃씩)로 감소하고, 그 이상의 고도에서는 −56.5℃로 일정한 기온을 유지한다고 가정한다.

---

## (3) 국제 표준대기(ISA)

① 해발고도에서의 온도, 압력, 밀도, 음속, 중력가속도

- 온도 $T_0 = 15℃ = 288.16°K$
  $59°F = 518.688°R$

- 압력 $P_0 = 760mmHg = 1013.25mbar$
  $= 101,325Pa = 14.7psi = 29.9213inHg = 101425.0N/m^2$
  $= 2,116psf$

- 밀도 $\rho_0 = 1.2250kg/m^3 = 0.12499kg_f s^2/m^4$
  $= 0.0023769slug/ft^3$

- 음속 $a_0 = 340m/s = 1,224km/h$

- 중력가속도 $g_0 = 9.8066m/s^2 = 32.17\ ft/s^2$

② 지오퍼텐셜 고도(geopotential altitude)

실제로 중력가속도는 고도가 증가함에 따라 변화하는데, 고도 변화를 고려하여 정한 고도이다.

$$H = \frac{1}{g_0} \int_0^h g\,dh$$

③ 기하학적 고도(geometrical height)

지구 중력가속도가 고도에 관계없이 일정하다고 가정하여 정한 고도이다.

$$dH = \frac{g}{g_0}\,dh$$

## 2 공기 흐름의 성질과 법칙

### (1) 유체의 흐름과 성질

| 정상흐름<br>(steady flow) | 유체에 가하는 압력은 시간이 지나도 일정하게 유지하면, 관 안의 주어진 한 점을 흐르는 속도, 압력, 밀도, 온도가 시간이 지나도 일정한 값을 가지는 경우의 흐름 |
|---|---|
| 비정상 흐름<br>(unsteady flow) | 유체에 가하는 압력이 시간의 경과에 따라 주어진 한 점에서의 속도, 압력, 밀도, 온도가 시간에 따라 변하는 흐름 |
| 압축성 유체<br>(compressible fluid) | 압력 변화에 의해 밀도가 변하는 유체 |
| 비압축성 유체<br>(incompressible fluid) | 압력 변화에 의해 밀도 변화가 거의 없는 유체 |
| 실제유체(real fluid) | 점성이 존재하는 유체 |
| 이상유체(ideal fluid) | 점성의 영향을 고려하지 않는 유체 |

### (2) 연속방정식

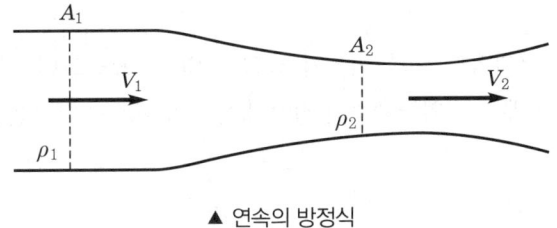

▲ 연속의 방정식

① 압축성 유체일 때 연속방정식: $A_1 V_1 \rho_1 = A_2 V_2 \rho_2 =$ 일정

② 비압축성 유체일 때 연속방정식: $A_1 V_1 = A_2 V_2 =$ 일정

 ※ $\rho$: 밀도, $A$: 단면적, $V$: 속도

## (3) 베르누이 정리

① 정압($P$: pressure): 유체의 운동 상태와 관계없이 항상 모든 방향으로 작용하는 압력이다.

② 동압($q$: dynamic pressure): 유체가 가진 속도에 의하여 생기는 압력으로 유체의 흐름을 직각되게 막았을 때 판에 작용하는 압력이다.

$$동압(q) = \frac{1}{2} \rho V^2$$

③ 전압($P_t$: total pressure): 정압흐름에서 정압과 동압의 합은 항상 일정하다. 즉, 압력(정압)과 속도(동압)는 서로 반비례한다는 것이다.

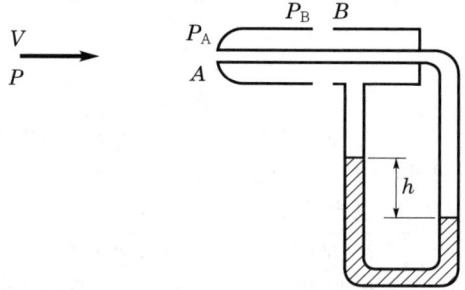

▲ 피토우관 또는 피토 정압관

점 A(A: 전압공, $P + \frac{1}{2} \rho V^2$)와 점 B(B: 정압공, $P$)의 압력 차는 U형 마노미터의 높이차로 나타나며, 다음의 식이 성립한다.

$$P_A - P_B = P + \frac{1}{2} \rho V^2 - P$$
$$= \frac{1}{2} \rho V^2 = rh$$
$$\therefore V = \sqrt{\frac{2r}{\rho} h}$$

④ 압력계수(CP): 항공기속도 변화 범위가 크고 압력 변화도 크며, 밀도도 변하는 경우에는 항공기 주위의 압력 분포를 압력계수인 정압과 동압의 비로서 나타낸다.

$$C_P = \frac{P - P_0}{\frac{1}{2}\rho V_0{}^2} = 1 - (\frac{V}{V_0})^2$$

※ $P$ : 날개골 주위의 압력, $V$ : 날개골 주위의 속도,
$P_O$ : 날개골 상류의 압력, $V_O$ : 날개골 상류의 속도

## 3 공기의 점성효과

① **동점성계수**($v$ : kinematic viscosity)**:** 점성계수($\mu$)를 밀도($\rho$)로 나눈 값

$$\nu = \frac{\mu}{\rho}$$

② **레이놀즈수**($R_e$ : Reynolds number)**:** 관성력과 점성력의 비

$$R_e = \frac{관성력}{점성력} = \frac{압력항력}{마찰항력} = \frac{\rho VL}{u} = \frac{VL}{\nu}$$

※ $\rho$: 밀도, $\nu$: 동점성계수, $u$: 절대점성계수, $V$: 대기속도, $L$: 시위 길이

③ **층류와 난류**

가) 층류(laminar flow): 유동속도가 느릴 때 유체 입자들이 층을 형성하듯 섞이지 않고 흐르는 흐름이다. [$R_e \langle 2300$]

나) 난류(turbulence flow): 유동속도가 빠를 때 유체 입자들이 불규칙하게 흐르는 흐름이다. [$R_e \rangle 4000$]

다) 천이(transition): 층류에서 난류로 변하는 현상이다. [$2300 \langle R_e \langle 4000$]

라) 천이점(transition point): 층류에서 난류로 변하는 점, 즉 천이가 일어나는 점이다.

마) 임계 레이놀즈수(Critical Reynolds number): 층류에서 난류로 변할 때의 레이놀즈수, 즉 천이가 일어나는 레이놀즈수

바) 와류발생장치: 날개 표면에 돌출부를 만들어 고의로 난류 경계층을 형성시켜 주는 장치로 박리를 방지한다.

사) 흐름의 떨어짐(flow separation)

• 경계층 속의 유체 입자가 마찰력으로 인해 운동량을 잃게 되므로 인해 표면을 따라 흐르지 못하고 떨어져 나가는 현상이다.

- 박리(separation) 발생: 역류 현상으로 인해 와류현상을 나타내며, 층류 경계층에서 쉽게 일어난다.
- 난류 경계층 유도: 와류발생장치(vortex generator)로 박리가 후방으로 연장될 수 있도록 한다.

아) 경계층(boundary layer): 자유흐름 속도의 99%에 해당하는 속도에 도달한 곳을 경계로 하여 점성의 영향이 거의 없는 구역과 점성의 영향이 뚜렷한 구역으로 구분할 수 있는데, 점성의 영향이 뚜렷한 벽 가까운 구역의 가상적인 층을 경계층이라 한다.

- 층류 경계층

$$두께: \ \delta_x = \frac{5.2x}{\sqrt{Re_x}}$$

- 난류 경계층

$$두께: \ \delta_x = \frac{0.37x}{\sqrt{Re_{x^{0.2}}}}$$

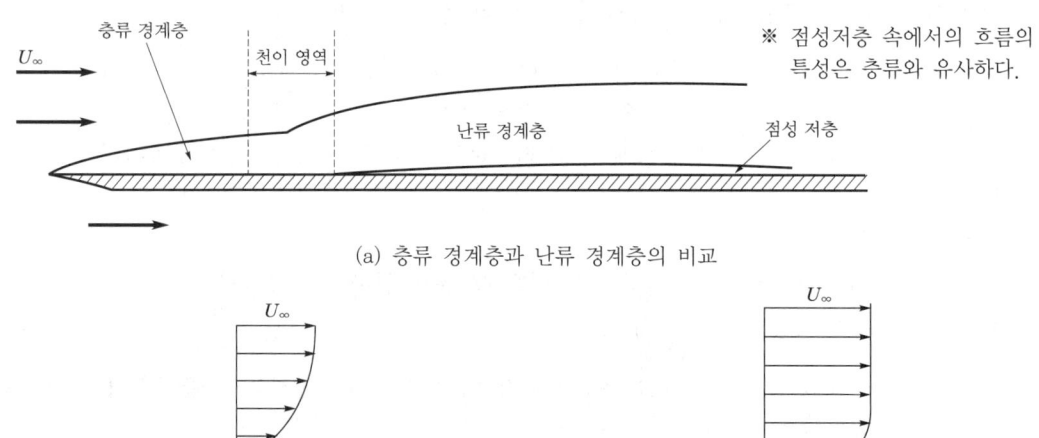

(a) 층류 경계층과 난류 경계층의 비교

(b) 층류 경계층 속도 분포    (c) 난류 경계층 속도 분포

▲ 평판 위의 경계층

> **참고  층류와 난류의 비교**
>
> - 난류는 층류에 비해서 마찰력이 크다.
> - 층류에서는 근접하는 두 개의 층 사이에 혼합이 없고, 난류에서는 혼합이 있다.
> - 박리(이탈점)는 난류에서보다 층류에서 더 잘 일어난다.
> - 이탈점은 항상 천이점보다 뒤에 있다.
> - 층류는 항상 난류 앞에 있다.
> - 층류의 경계층은 얇고 난류의 경계층은 두껍다.

### ④ 항력 계수(drag coefficient)

가) 항력계수: 단위 면적당 항력과 운동 에너지의 비

$$C_D = \frac{항력}{\frac{1}{2}\rho V^2 S}$$

※ $C_D$ : 항력계수, $\rho$ : 밀도, $V$ : 속도, $S$ : 날개면적

나) 형상항력(pressure drag)

- 압력항력(pressure drag): 물체 표면에서 떨어져 하류 쪽으로 와류를 발생시키기 때문에 생기는 항력으로 유선형일수록 압력항력이 작다.
- 마찰항력(friction drag): 공기의 점성 때문에 생기는 항력이다.
- 아음속 항공기에 생기는 전체 항력계수이다.

$$C_D = 형상항력계수(C_{DP}) + 유도항력계수(C_{Di})$$
$$= 압력항력계수 + 마찰항력계수 + 유도항력계수$$

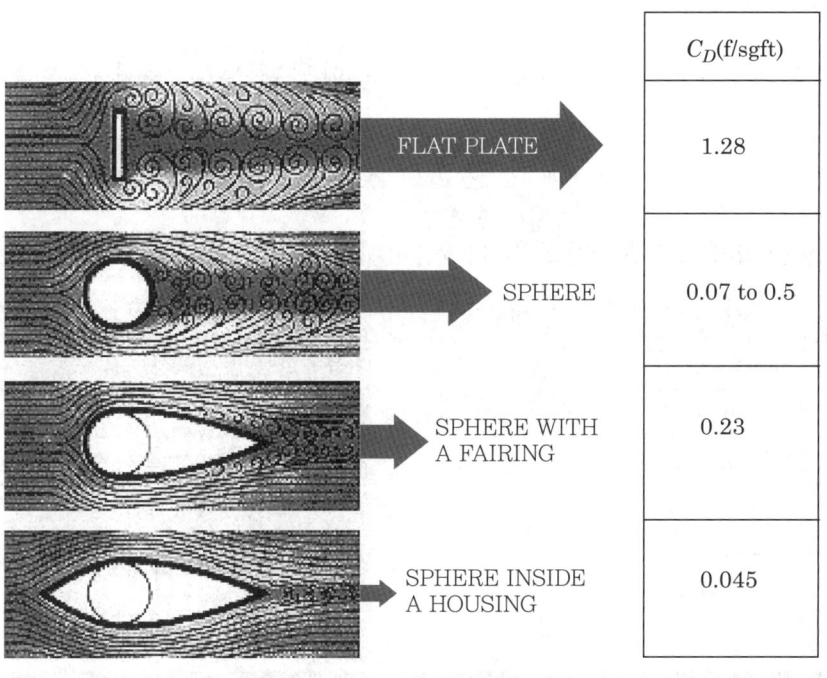

| | $C_D$(f/sgft) |
|---|---|
| FLAT PLATE | 1.28 |
| SPHERE | 0.07 to 0.5 |
| SPHERE WITH A FAIRING | 0.23 |
| SPHERE INSIDE A HOUSING | 0.045 |

▲ 형상항력

## 4 공기의 압축성효과

## (1) 음속(C)

공기 중에 미소한 교란이 전파되는 속도로서 온도가 증가할수록 빨라진다. "0도"인 공기 중에서 음속은 331.2m/s이다.

- $C = \sqrt{kRT}$    $R = 287 \, [J/kg \cdot {}^\circ k]$
- $C = \sqrt{kgRT}$    $R = 29.97 \, [kgf \cdot m/kg \cdot {}^\circ k]$

여기서, $k$: 공기의 비열비(1.4), $g$: 중력가속도, $R$: 공기 기체상수(29.27kg · m /kg ),
$T$: 절대온도(273+℃)

## (2) 마하수(Mach Number, M.N)

물체 속도와 그 고도에서의 소리 속도(음속)와의 비를 말하며, 관계 유체의 압축성 특성을 잘 나타내는 무차원의 수이다.

① **임계 마하수**: 날개 윗면에서 최대속도가 마하수 1이 될 때, 날개 앞쪽에서의 흐름의 마하수

$$M_a = \frac{비행체의 속도}{소리의 속도} = \frac{V}{C}$$

② **항력발산 마하수**: 비행 중인 항공기가 충격파로 인해 항력이 급격히 증가할 때의 마하수

| 영역 | 마하수 | 흐름의 특성 |
|---|---|---|
| 음속(C) | 0.3 이하 | 아음속 흐름, 비압축성 흐름 |
| 아음속(sub sonic) | 0.3~0.75 이하 | 아음속 흐름, 압축성 흐름 |
| 천음속(tran sonic) | 0.75~1.2 | 천음속 흐름, 압축성 흐름, 부분적인 충격파 발생 |
| 초음속(super sonic) | 1.2~5.0 | 초음속 흐름, 압축성 흐름, 충격파 발생 |
| 극초음속<br>(hyper sonic) | 5.0 이상 | 극초음속 흐름, 충격파 발생 |

---

> **참고** 항력 발산 마하수를 높이는 방법
>
> - 얇은 날개를 사용하여 표면에서의 속도 증가를 억제한다.
> - 날개에 뒤젖힘 각을 준다.
> - 종횡비가 작은 날개를 사용한다.
> - 경계층 제어 장치를 사용한다.

## (3) 충격파(Shock Wave)

물체의 속도가 음속보다 커지면 자신이 만든 압력파보다 앞서 비행하므로 이 압력파들이 겹쳐 소리가 나는 현상이다.

① 충격파를 지나온 공기 입자의 압력과 밀도는 증가되고 속도는 감소된다.

② 충격파에서 충격파의 앞쪽과 뒤쪽의 압력 차가 충격파의 강도를 나타낸다.

③ 다이아몬드형 날개골 주위의 초음속 흐름

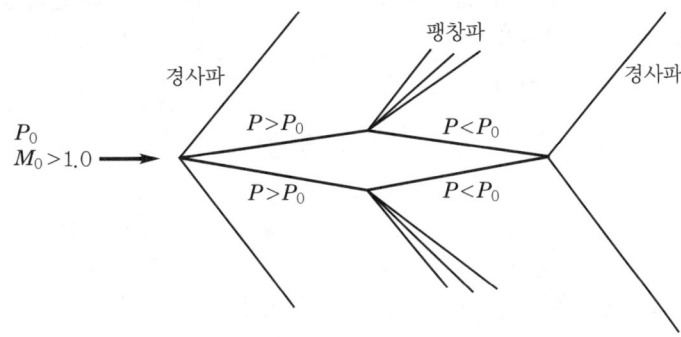

가) 수직 충격파(nomal shock wave): 초음속 흐름이 수직 충격파를 지난 공기 흐름은 항상 아음속이 되고 압력과 밀도는 급격히 증가하며, 온도는 불연속적으로 증가한다.

나) 경사 충격파(oblique shock wave): 경사 충격파를 지난 공기 흐름은 아음속이 될 수도 있고 초음속이 될 수도 있다. 즉 경사 충격파를 지나는 마하수는 항상 앞의 마하수보다 작다.

다) 팽창파(expansion wave): 유동 단면적이 넓어지는 영역을 공기가 초음속으로 흐를 때 발생하며, 팽창파 이후 흐름에서는 속도가 증가하고 압력은 감소한다.

## ④ 충격파에 의한 항력

가) 조파항력(wave drag): 초음속 흐름에서 충격파로 인하여 발생하는 항력

나) 초음속 날개의 전항력: 마찰항력+압력항력+조파항력

다) 조파항력에 영향을 끼치는 요소: 날개골의 받음각, 캠버선의 모양, 길이에 대한 두께비

---

**참고**　조파항력을 최소로 하기 위한 방법

- 앞전을 뾰족하게 한다(원호형이나 다이아몬드형).
- 두께는 가능한 한 얇게 한다.

**01** 대기 중의 건조공기 성분에서 질소, 산소, 아르곤, 이산화탄소 이외의 기체는 모두 합쳐 전체에서 차지하는 부피는 어느 정도인가?

① 0.01%  ② 1% 이내

③ 2~3%  ④ 4~5%

**해설**

대기의 성분
- 질소($N_2$): 78%
- 산소($O_2$): 21%
- 아르곤(Ar): 0.9%
- 이산화탄소($CO_2$): 0.03%

**02** 대류권에서 고도가 증가함에 따라 공기의 밀도, 온도, 압력은 어떻게 되는가?

① 밀도, 온도는 감소하고 압력은 증가한다.

② 밀도는 증가하고 압력, 온도는 감소한다.

③ 밀도, 압력, 온도 모두 증가한다.

④ 밀도, 압력, 온도 모두 감소한다.

**해설**

대류권(troposphere: 약 11km까지)
- 공기가 상하로 잘 혼합되어 있고, 구름의 생성, 비, 눈, 안개 등의 기상 현상을 비롯하여 온대 저기압, 전선, 태풍 등 날씨 변화를 일으키는 대기 운동이 거의 이 영역에서 일어난다.
- 고도가 증가할수록 온도, 압력, 밀도가 감소하고 약 10km 부근에는 제트기류(jet stream)가 존재하여 항공기 순항에 이용한다.
- 대류권에서 온도는 1,000m 증가할 때마다 6.5℃씩 감소한다.
- 10km 높이에서는 −50℃ 정도 된다.

**03** 다음 대기권 중에서 전파를 흡수, 반사하는 작용을 하여 통신에 영향을 끼치는 곳은?

① 성층권  ② 열권

③ 극외권  ④ 중간권

**해설**

열권은 고도가 올라감에 따라 온도는 높아지지만, 공기는 매우 희박해지는 구간이다. 전리층이 존재하고, 전파를 흡수하거나 반사하는 작용을 하여 통신에 영향을 끼친다. 중간권에 열권의 경계면을 중간권계면이라고 한다.

**04** 해면 고도에서 표준대기의 특성값으로 틀린 것은?

① 표준온도는 15℉이다.

② 밀도는 1.23kg/m³이다.

③ 대기압은 760mmHg이다.

④ 중력 가속도는 32.2ft/s²이다.

**해설**

표준 해면 고도에서의 압력($P_0$), 밀도($\rho_0$), 음속($a_0$), 중력 가속도($g_0$), 온도($t_0$)

$t_0 = 15℃ = 288.16°K = 59°F = 518.688°R$

$P_0 = 760 mmHg = 29.92\,inHg = 14.7\,psi$
$\quad = 1,013\,mbar = 2.116\,psf$
$\quad = 101,325\,Pa\,(1Pa = 1N/m^2)$

$\rho_0 = 1.225 kg/m^3 = 0.12492\,kgf \cdot s^2/m^4$

$a_0 = 340 m/\sec = 1,224\,km/h$

$g_0 = 9.8066\,m/s^2 = 32.17\,ft/s^2$

$K(c) = 273.16°K$

$R(f) = 459.688°R$

✈ **정답**  01. ②  02. ④  03. ②  04. ①

**05** 대기의 특성 중 음속에 가장 직접적인 영향을 주는 물리적 요소는?

① 온도       ② 밀도

③ 기압       ④ 습도

**해설**

- 온도가 증가할수록 음속은 빨라지고 마하수는 감소한다.
- 고도가 증가할수록 비행 속도가 일정할 때 음속(C)은 감소하고 마하수는 증가한다.

**06** 항공기의 성능 등을 평가하기 위하여 표준대기를 국제적으로 통일하는데, 국제표준대기를 정한 기관은?

① UN       ② FAA

③ ICAO       ④ ISO

**해설**

항공기의 설계, 운용에 기준이 되는 대기 상태를 국제 민간 항공 기구(ICAO)에서 정하였다.

**07** 해면에서의 온도가 20도일 때, 고도 5km의 온도는 약 몇 도인가?

① −12.5       ② −13.5

③ −14.5       ④ −15.5

**해설**

$T = T_O - 0.0065 h$
$= 20 - 0.0065 \times 5,000 = 12.5℃$

**08** 중력 가속도 $g_0$가 고도와 관계없이 일정하다고 가정하여 정한 고도란?

① 가상적인 고도

② 표준 고도

③ 기하학적 고도

④ 포텐셜 고도

**해설**

기하학적 고도(geometric altitude)는 지구 중력 가속도가 고도와 관계없이 일정하다고 가정하여 정한 고도이다.

**09** 연속의 방정식을 설명한 내용으로 가장 올바른 것은?

① 유체의 점성을 고려한 방정식이다.

② 유체의 밀도와는 관계가 없다.

③ 비압축성 유체에만 적용된다.

④ 유체의 속도는 단면적과 관계된다.

**해설**

연속의 방정식은 질량 보존의 법칙으로 단면적이 변화더라도 단위 시간당 유체의 질량은 같다는 법칙이 성립된다. 압축성 흐름에서는 밀도($\rho$)가 적용되고, 비압축성 흐름에서는 밀도($\rho$)가 적용되지 않는다. 식은 아래와 같다.

- 압축성 흐름 : $A_1 V_1 \rho_1 = A_2 V_2 \rho_2$ = 일정
- 비압축성 흐름 : $A_1 V_1 = A_2 V_2$ = 일정

**10** 절대압력을 가장 올바르게 설명한 것은?

① 표준 대기 상태에서 해면상의 대기압을 기준값 0으로 하여 측정한 압력이다.

② 계기 압력에 대기압을 더한 값과 같다.

③ 계기 압력으로부터 대기압을 뺀 값과 같다.

④ 해당 고도에서의 대기압을 기준값 0으로 하여 측정한 압력이다.

**해설**

절대압력 = 대기압 + 계기압력

**11** 압력을 표시하는 단위에 속하지 않는 것은?

① $N/m^2$       ② mmHg

③ mmAq       ④ lb−in

$P_O = 1atm = 760mmHg(10.332mAq)$

$\quad = 29.92 in Hg = 14.7 psi = 1,013 mbar(hPa)$

$\quad = 2,116 psf = 101,325 Pa(1Pa = 1\,N/m^2)$

$\quad = 2,116.2 lb/ft^2$

**12** 공기의 밀도에 대한 설명으로 가장 올바른 것은?

① 온도가 일정할 때 공기의 밀도 변화는 압력 변화에 반비례한다.

② 밀도는 체적에 비례한다.

③ 주어진 공기에 압력을 가하면 체적은 증가한다.

④ 온도가 일정할 때 공기의 밀도 변화는 압력 변화에 정비례한다.

해설

밀도($\rho$): 단위 체적당 질량

$\rho = \dfrac{질량(m)}{체적(v)}[kg/m^3]$

**13** 유체의 운동상태와 관계없이 항상 모든 방향으로 작용하는 유체의 압력을 정압이라고 하고, 유체가 가진 속도에 의해 생기는 압력을 동압이라고 한다. 이때 동압의 관계식으로 옳은 것은?

① 동압 = 정압 + $\frac{1}{2}\rho V^2$

② 동압 = $\frac{1}{2}\rho V^2$

③ 동압 = $\sqrt{\rho}\,\dfrac{V^2}{g}$

④ 동압 = $\rho \cdot V^2$

해설

이상 유체의 정상 흐름에서 동일한 유선상의 정압($P$)과 동압($q$)은 아래와 같이 성립된다.

• 정압($P$)+동압($q$)=전압($P_t$)=일정
• 정압($P$)+동압($\frac{1}{2}\rho V^2$)=전압($P_t$)=일정

**14** 유체 흐름을 쉽게 해석하기 위하여 이상 유체(ideal fluid)를 설정한다. 이상 유체의 전제 조건으로 가장 옳은 것은?

① 압력 변화가 없다.

② 온도 변화가 없다.

③ 흐름속도가 일정하다.

④ 점성의 영향을 무시한다.

해설

비점성 흐름과 점성 흐름

• 점성: 유체의 종류에 따라 끈적끈적한 느낌의 물리적인 성질
• 이상 흐름(ideal flow) 또는 비점성 흐름(inviscid flow): 점성을 고려하지 않은 유체 흐름
• 실제 흐름(real flow) 또는 점성 흐름(viscous flow): 점성의 영향을 고려하는 유체의 흐름

**15** 밀도가 0.1kg · s²/m⁴인 대기를 120m/s의 속도로 비행할 때, 동압은 몇 kg/m²인가?

① 520 ② 720

③ 1,020 ④ 1,220

해설

$q = \frac{1}{2}\rho V^2$

$\quad = \frac{1}{2}\times 0.1 \times 120^2 = 720$

**16** 압력계수의 의미를 가장 올바르게 나타낸 것은?

① 정압의 차/동압

② 정압의 차/전압

③ 동압/정압의 차

④ 전압/정압의 차

정답  12. ④  13. ②  14. ④  15. ②  16. ①

**해설**

정압과 동압의 비

$$C_P = \frac{P - P_0}{\frac{1}{2}\rho V_0^2}$$

**17** 그림과 같은 압력구배가 없는 점성 흐름을 고찰할 때 작용 힘(F)과 비례하지 않는 요소는?

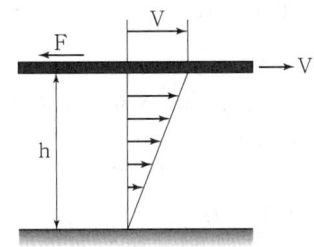

① 점성계수($\mu$)  ② 물체의 속도(V)

③ 작용면적(S)  ④ 거리(높이)(H)

**해설**

그림과 같은 점성 흐름에서 힘($F$)은 평판의 넓이($S$)와 속도($V$)에 비례하고, 벽면과 평판 사이의 거리($h$)에 반비례한다. 유체의 성질을 나타내는 비례상수를 $\mu$(점성계수 또는 점성)라 하고 식은 아래와 같다.

$$F = \mu S \frac{V}{h}$$

**18** 날개 표면에서는 천이(transition) 현상이 일어난다. 그 현상을 가장 올바르게 설명한 것은?

① 흐름이 날개 표면으로부터 박리되는 현상

② 유체가 진동하면서 흐르는 현상

③ 유체의 속도가 시간에 대해서 변화하는 비정상류로 변화하는 현상

④ 층류 경계층에서 난류 경계층으로 변화하는 현상

**해설**

• 층류(laminar): 유동속도가 느릴 때 유체입자들이 층을 형성하듯 섞이지 않고 흐르는 흐름

• 난류(turbulent flow): 유동속도가 빠를 때 유체입자들이 불규칙하게 흐르는 흐름

• 천이 및 천이점: 층류에서 난류로 변하는 현상을 천이라 하고, 천이의 시작점을 천이점(transition point)이라 한다.

• 임계 레이놀즈수(critical Re number): 천이가 일어나는 레이놀즈수

**19** 관의 단면적이 10cm²인 곳에서 10m/s로 비압축성 유체가 흐르고 있다. 관의 단면적이 25cm²인 곳에서의 유체 흐름속도는?

① 3m/s  ② 4m/s

③ 5m/s  ④ 8m/s

**해설**

비압축성 흐름

$A_1 V_1 = A_2 V_2 = $ 일정

$10 \times 10 = 25 \times V_2$

$V_2 = 4$

**20** 다음 중 아음속 흐름에서 날개의 총 항력으로 옳은 것은?

① 유도항력 − 형상항력

② 유도항력 + 형상항력

③ 마찰항력 − 조파항력

④ 마찰항력 + 조파항력

**해설**

아음속 항공기에 생기는 전체 항력계수($C_D$)

$C_D = $ 형상항력계수($C_{DP}$) + 유도항력계수($C_{Di}$)

$\quad\ = $ 압력항력계수 + 마찰항력계수 + 유도항력계수

**21** 유체의 흐름 중 층류 경계층과 난류 경계층을 비교한 설명으로 가장 관계가 먼 것은?

① 난류 경계층의 두께는 층류 경계층의 두께보다 두껍다.

② 층류 경계층에서의 표면 마찰항력은 난류 경계층보다 크고 압력항력은 적다.

③ 임계 레이놀즈수란 층류에서 난류로 변하는 천이현상이 일어나는 레이놀즈수를 말한다.

④ 난류 경계층의 속도구배와 층류 경계층의 속도구배는 다르다.

층류와 난류의 비교

• 난류는 층류에 비해서 마찰력이 크다.

• 층류에서는 근접하는 두 개의 층 사이에 혼합이 없고, 난류에서는 혼합이 있다.

• 박리(이탈점)는 난류에서보다 층류에서 더 잘 일어난다.

• 이탈점은 항상 천이점보다 뒤에 있다.

• 층류는 항상 난류 앞에 있다.

• 층류의 경계층은 얇고, 난류의 경계층은 두껍다.

**22** 레이놀즈수(Reynolds Number, $Re$)에 대한 설명 중에서 가장 관계가 먼 내용은?

① $Re = \dfrac{\rho VL}{\mu} = \dfrac{VL}{\nu}$ 로 나타낼 수 있다.

  ($\nu$ : 동점성계수)

② 관성력과 점성력의 비를 표시한다.

③ $Re$의 단위는 cm²/sec이다.

④ 천이현상이 일어나는 $Re$를 임계 레이놀즈수라 한다.

레이놀즈수(Reynolds number, $Re$)

층류와 난류를 구분하는 데 사용되는 기준으로 무차원의 수

$$R_e = \frac{관성력}{점성력} = \frac{압력항력}{마찰항력} = \frac{\rho VL}{\mu} = \frac{VL}{\nu}$$

**23** 날개 시위가 2.5m인 비행기가 360km/h인 속도로 비행하고 있을 때, 공기 흐름의 레이놀즈수는 약 얼마인가? (단, 공기의 동점성계수는 0.14cm²/sec이다.)

① $1.54 \times 10^4$    ② $1.79 \times 10^5$

③ $1.54 \times 10^6$    ④ $1.79 \times 10^7$

레이놀즈수(Reynolds Number, $R_e$)

$$R_e = \frac{관성력}{점성력} = \frac{압력항력}{마찰항력} = \frac{\rho VL}{\mu} = \frac{VL}{\nu}$$

$$R_e = \frac{\dfrac{360 \times 1000 \times 100}{3600} \times 2.5 \times 100}{0.14}$$

$$= 17,857,142 ≒ 1.79 \times 10^7$$

**24** 유체 흐름과 관련된 용어의 설명으로 옳은 것은?

① 박리 : 층류에서 난류로 변하는 현상

② 층류 : 유체가 진동하면서 흐르는 흐름

③ 난류 : 유체 유동 특성이 시간에 대해 일정한 정상류

④ 경계층 : 벽면에 가깝고 점성이 작용하는 유체의 층

• 층류(laminar flow) : 유동속도가 느릴 때 유체 입자들이 층을 형성하듯 섞이지 않고 흐르는 흐름

• 난류(turbulence flow) : 유동속도가 빠를 때 유체 입자들이 불규칙하게 흐르는 흐름

• 천이(transition) : 층류에서 난류로 변하는 현상

✈ 정답  21. ②  22. ③  23. ④  24. ④

**25** 항공기 속도와 소리 속도의 비를 나타낸 무차원수는?

① 마하수      ② 프루드수

③ 웨버수      ④ 레이놀즈수

**해설**

마하수(Mach Number, M.N, Ma)는 물체의 속도(비행기의 속도)와 그 고도에서의 소리의 속도(음속)와의 비를 말하며, 관계 유체의 압축성 특성을 잘 나타내는 무차원의 수이다.

$$Ma = \frac{물체의 속도(비행기의 속도)}{소리의 속도} = \frac{V}{C}$$

**26** 고도 1,500m에서 마하수 0.7로 비행하는 항공기가 있다. 고도 12,000m에서 같은 속도로 비행할 때 마하수는? (단, 고도 1,500m에서 음속은 335m/s이며, 고도 12,000m에서 음속은 295m/s이다.)

① 약 0.3      ② 약 0.5

③ 약 0.8      ④ 약 1.0

**해설**

$$Ma = \frac{V(물체의\ 속도)}{C(소리의\ 속도)} = \frac{0.7 \times 335}{295} = 0.79 \fallingdotseq 0.8$$

**27** 항공기에 발생하는 항력에는 여러 가지 종류의 항력이 있다. 아음속 비행 시에 발생하지 않는 항력은?

① 유도항력      ② 마찰항력

③ 압력항력      ④ 조파항력

**해설**

조파항력(wave drag) : 날개에 초음속 흐름이 형성되면 충격파가 발생하고, 이 때문에 발생되는 항력을 조파항력이라 한다.

**28** 그림과 같이 초음속 흐름에 쐐기형 에어포일 주위에 충격파와 팽창파가 생성될 때 각각의 흐름의 마하수(M)와 압력(P)에 대한 설명으로 옳은 것은?

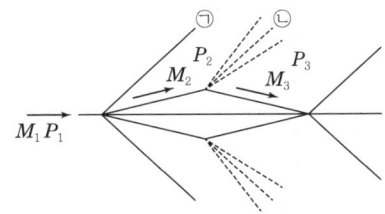

① ㉠은 충격파이며, $M_1 > M_2$, $P_1 < P_2$이다.

② ㉡은 충격파이며, $M_2 < M_3$, $P_2 > P_3$이다.

③ ㉠은 팽창파이며, $M_1 < M_2$, $P_1 > P_2$이다.

④ ㉡은 팽창파이며, $M_2 > M_3$, $P_2 < P_3$이다.

**해설**

㉠은 충격파이다. 충격파를 지난 뒤 흐름의 속도는 감소하고 압력은 증가하므로, 마하수(M)는 지나기 전 마하수가 더 크고, 압력은 지난 후 증가하게 된다. ㉡은 팽창파이다. 팽창파를 지난 뒤 흐름의 속도는 증가하고 압력은 감소하게 된다.

**29** 일반적으로 초음속 영역을 나타낸 것은?

① $M < 0.75$

② $0.75 < M < 1.20$

③ $1.20 < M < 5.0$

④ $M > 5.0$

**해설**

마하수와 흐름의 특성
- 0.3 이하 : 아음속 흐름, 비압축성 흐름
- 0.3~0.75 : 아음속 흐름, 압축성 흐름
- 0.75~1.2 : 천음속 흐름, 압축성 흐름, 부분적 충격파 발생
- 1.2~5.0 : 초음속 흐름, 압축성 흐름, 충격파 발생
- 5.0 이상 : 극초음속 흐름, 충격파 발생

✈ **정답**   25. ①   26. ③   27. ④   28. ①   29. ③

**30** 음속을 구하는 식으로 옳은 것은? (단, $K$는 비열비, $R$은 공기의 기체상수, $g$는 중력 가속도, $T$는 공기의 온도이다.)

① $\sqrt{K \cdot g \cdot R \cdot T}$

② $\sqrt{\dfrac{g \cdot R \cdot T}{K}}$

③ $\sqrt{\dfrac{R \cdot T}{g \cdot K}}$

④ $\sqrt{\dfrac{K \cdot R \cdot T}{g}}$

해설

음속($C$): 공기 중에 소리가 전파되는 속도로서 온도가 증가할수록 빨라진다. "0도"인 공기 중에서 음속은 331.2m/s이다.

$C = \sqrt{kRT}$, $R = 287[J/kg \cdot {}^\circ K]$

$C = \sqrt{kgRT}$, $R = 29.27[kgf \cdot m/kg \cdot {}^\circ K]$

여기서, $\kappa$ : 공기의 비열비(1.4), $g$ : 중력 가속도,
$R$ : 공기 기체상수($29.27(Kg \cdot m/Kg)$),
$T$ : 절대온도($273+℃$)

✈정답 **30.** ①

# CHAPTER 02 날개 이론

## 1 날개의 모양과 특성

### (1) 날개골의 모양

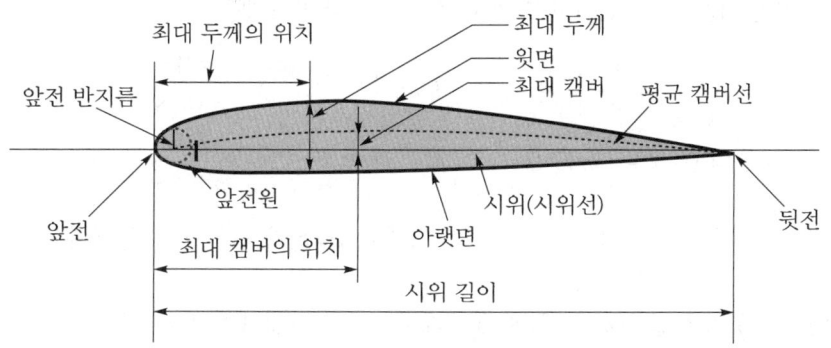

▲ 날개골의 명칭

① **앞전(leading edge):** 날개골 앞부분의 끝을 말하며 둥근 원호나 뾰족한 쐐기 모양을 하고 있다.

② **뒷전(trailing edge):** 날개골 뒷부분의 끝을 말한다.

③ **시위(chord):** 날개골의 앞전과 뒷전을 이은 직선으로 시위선의 길이를 "C"로 표시하고 특성 길이의 기준으로 쓰인다.

④ **두께:** 시위선에서 수직선을 그었을 때 윗면과 아랫면 사이의 수직거리를 말한다.

 • 최대 두께: 가장 두꺼운 곳의 길이

 • 두께비: 두께와 시위선과의 비

⑤ **평균 캠버선(mean camber line):** 두께의 이등분 점을 연결한 선으로, 날개의 휘어진 모양을 나타낸다.

⑥ **앞전 반지름:** 앞전에서 평균 캠버선 상에 중심을 두고, 앞전 곡선에 내접하도록 그린 원의 반지름을 말하며, 앞전 모양을 나타낸다.

⑦ **최대 두께의 위치:** 앞전에서부터 최대 두께까지의 시위선 상의 거리를 말하며, 시위선 길이와의 비로 나타낸다.

⑧ **최대 캠버의 위치:** 앞전에서부터 최대 캠버까지의 시위선 상의 거리를 말하며, 그 거리는 시위선 길이와의 비(%)로 나타낸다.

⑨ **캠버(camber):** 평균 캠버선과 시위 사이의 거리로, 날개의 양력 특성에 큰 영향을 받는다.

## (2) 날개골의 공력 특성

### ① 양력(lift)과 항력(drag)

가) 양력: 날개골에 흐르는 흐름 방향에 수직인 공기력

나) 항력: 날개골에 흐르는 흐름 방향과 같은 방향의 공기력

$$L(양력) = C_L \frac{1}{2} \rho V^2 S \qquad C_L(양력계수) = \frac{2W}{\rho V^2 S}$$

$$D(항력) = C_D \frac{1}{2} \rho V^2 S \qquad C_D(항력계수) = \frac{2W}{\rho V^2 S}$$

여기서 $\rho$: 공기밀도, $V$: 속도, $C_L$: 양력계수, $S$: 날개 면적, $C_D$: 항력계수

다) 양력과 항력은 밀도($\rho$), 면적(S)에 비례하고 속도 제곱($V^2$)에 비례한다.

라) 날개골은 최대양력계수가 크고, 최소항력계수가 작을수록 좋다.

마) 마하수가 음속 가까이 되면 항력계수는 급격히 증가하고, 양력계수는 감소한다.

### ② 받음각(angle of attack): 공기 흐름의 속도 방향과 날개골 시위선이 이루는 각이다.

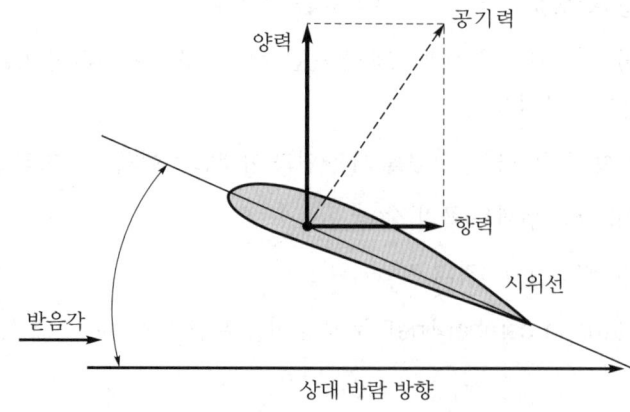

### ③ 받음각과 양력계수, 항력계수와의 관계

가) 양력계수와 받음각과의 관계

> • 받음각이 특정 각일 때 양력이 0일 경우, 이때의 받음각을 영 양력 받음각(zero lift of attack)이라 한다.
> • 받음각이 증가함에 따라 양력계수는 거의 직선적으로 증가한다.
> • 받음각이 특정 각일 때 양력계수는 최대가 되는데, 이때의 양력계수를 최대 양력계수라 한다. 또 이때의 받음각을 실속각(stalling angle of attack)이라 한다.
> • 실속각을 넘으면 양력계수는 급격히 감소하는데, 이를 실속이라 한다.

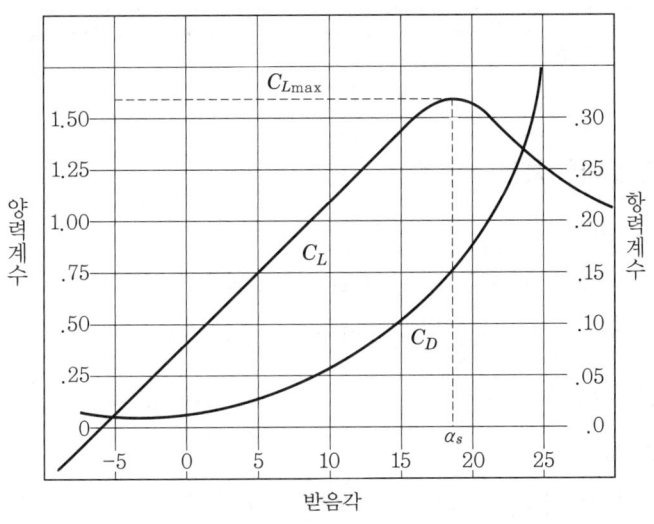

▲ 날개골의 양항 특성

나) 항력계수와 받음각과의 관계

> • 항력계수가 "0"이 되는 점은 없고 특정 받음각일 때 항력계수는 최소가 되는데, 이를 최소항력계수($C_{Di}$)라 한다.
> • 받음각이 증가할수록 항력계수는 증가하고 실속각을 넘으면 항력은 급격히 증가한다.
> • 항력계수는 받음각이 "−" 값을 가져도 항상 "+" 값을 갖는다.

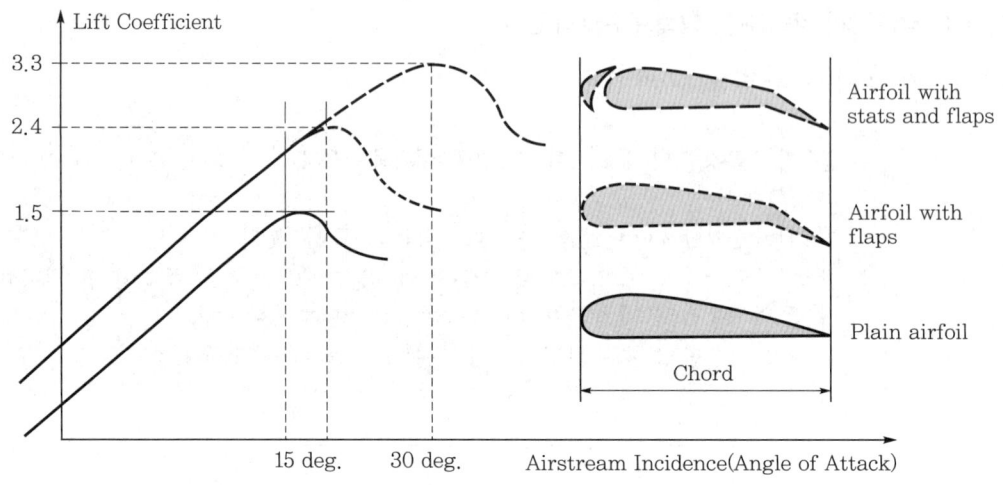

▲ 양력계수와 받음각과의 관계

④ 날개골 모양에 따른 특성

가) 두께

- 받음각이 작을 때: 두꺼운 날개보다 얇은 날개가 항력이 작다.
- 받음각이 클 때: 두꺼운 날개보다 얇은 날개가 항력이 크다.

나) 캠버: 캠버가 클수록 양력이 크고 항력도 크다. 실속각은 작다.

다) 앞전 반지름

- 앞전 반지름이 작은 날개골: 받음각이 작을 때 항력이 작지만, 받음각이 일정한 값 이상 커지면 항력은 급증한다.
- 앞전 반지름이 큰 날개골: 받음각이 작을 때 항력은 크지만, 받음각이 클 경우 흐름의 떨어짐이 적어 최대 받음각이 커진다.

라) 시위 길이: 시위 길이가 길수록 큰 받음각에서도 흐름의 떨어짐이 일어나지 않는다.

## (3) 압력 중심과 공기력 중심

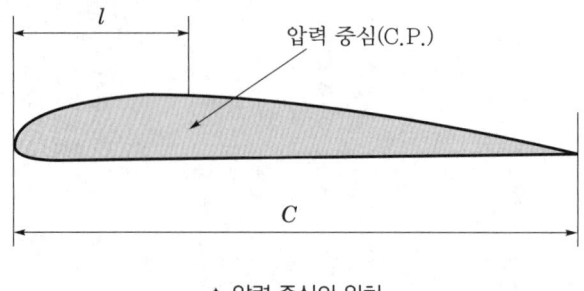

▲ 압력 중심의 위치

### ① 압력 중심(C.P: Center of Pressure, 풍압 중심)

날개골의 윗면과 아랫면에서 작용하는 압력이 시위선 상의 어느 한 점에 작용하는 지점을 말한다. 받음각이 증가하면 압력 중심은 앞전 쪽으로 이동한다.

$$CP = \frac{l}{c} \times 100(\%)$$

### ② 공기력 중심(A.C: Aerodynamic Center)

받음각이 변하더라도 모멘트 값이 변하지 않는 점을 말한다. 일정한 점을 말하며, 공기력 중심은 보통 날개 시위의 25%에 위치한다.

$$M(공기력\ 모멘트) = C_m \frac{1}{2} \rho V^2 S C$$

※ $C_m$: 모멘트 계수, $C$: 시위 길이, $S$: 날개 면적

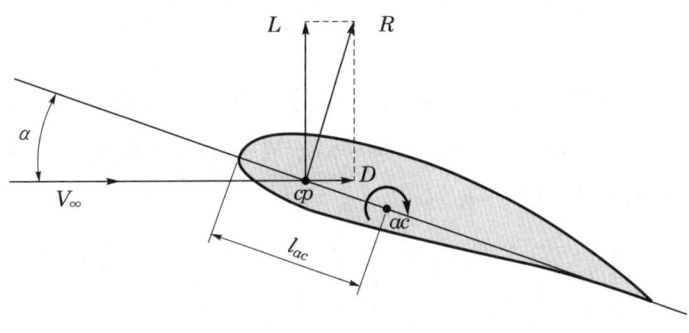

▲ 공기력과 모멘트

## (4) 날개골의 종류

### ① 날개골의 호칭

가) 4자 계열: 최대 캠버의 위치가 시위 길이의 40% 뒤쪽에 위치한 날개골이다.

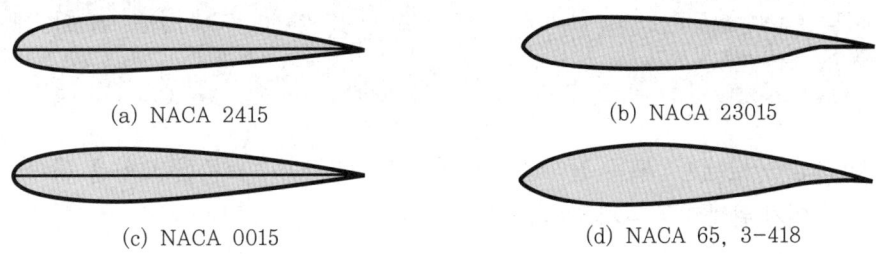

(a) NACA 2415

(b) NACA 23015

(c) NACA 0015

(d) NACA 65, 3-418

> NACA 2415
> - 2: 최대 캠버의 크기가 시위의 2%이다.
> - 4: 최대 캠버의 위치가 앞전에서부터 시위의 40% 뒤에 있다.
> - 15: 최대 두께가 시위의 15%이다.

나) 5자 계열: 4자 계열 날개골을 개선하여 만든 것으로, 최대 캠버의 위치를 앞쪽으로 옮겨 양력계수를 증가시킨 날개골이다.

> NACA 23015
> - 2: 최대 캠버의 크기가 시위의 2%이다.
> - 3: 최대 캠버의 위치가 시위의 15%이다.
> - 0: 평균 캠버선의 뒤쪽 반이 직선이다(1일 경우 뒤쪽 반이 곡선임을 뜻한다).
> - 15: 최대 두께가 시위의 15%이다.

다) 6자 계열(층류형 날개골): 최대 두께 위치를 중앙 부근에 놓이도록 하여 설계 양력계수 부근에서 항력계수가 작아지도록 하고, 받음각이 작을 때 앞부분의 흐름이 층류를 유지하도록 한 날개골이다.

> NACA 65,215
> - 6: 6자 계열의 날개골이다.
> - 5: 받음각이 0일 때 최소 압력이 시위의 50%에 생긴다.
> - 1: 항력 버킷의 폭이 설계 양력계수를 중심으로 해서 ±0.1이다.
> - 2: 설계 양력계수가 0.2이다.
> - 최대 두께가 시위의 15%이다.

**참고  항력 버킷**

어떤 양력계수 부근에서 항력계수가 갑자기 작아지는 부분을 말한다. 두께가 얇을수록 또는 레이놀즈수가 클수록 항력 버킷은 좁고 깊어진다.

라) 초음속 날개골: 모든 날개골의 앞전은 칼날과 같이 뾰족한 모양을 하여 조파항력을 줄이기 위해 만든 날개골이다.

1S −(50) (03) − (50) (03)
- 1: 일련번호(1: 쐐기형, 2: 원호형)
- S: 초음속 날개
- (50): 윗면 최대 두께의 위치가 시위의 50%에 있다.
- (03): 윗면 최대 두께가 시위의 $\frac{3}{100}$에 해당한다.
- (50): 밑면 최대 두께의 위치가 시위의 50%에 있다.
- (03): 밑면 최대 두께가 시위의 $\frac{3}{100}$에 해당한다.

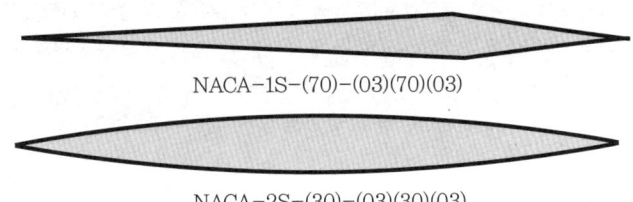

NACA−1S−(70)−(03)(70)(03)

NACA−2S−(30)−(03)(30)(03)

**참고** **조파항력** ━━━━━━━━━━━━━━━━━━━━━━━━━━━━━━━━━━━━━━━━✈

날개골이 초음속 흐름에 놓이면, 날개골에 충격파가 생기므로 해서 압력의 변화가 생기고, 이 압력의 변화에 의해 생기는 항력이다. 날개골의 앞전이 뾰족하고 얇을수록 작아진다.

### ② 고속기의 날개골

| | |
|---|---|
| **층류 날개골** | 최대 두께의 위치를 중앙 부근(40~50%)에 위치하게 하여 항력계수가 작아지도록 하고, 받음각이 작을 때 앞부분의 흐름이 층류를 유지하도록 한 날개골이다. |
| **피키 날개골** | 충격파의 발생으로 인한 항력의 증가를 억제하기 위해 시위 앞부분의 압력 분포를 뾰족하게 만든 날개골이다. |
| **초임계 날개골** | 날개 주위에 초음속 영역을 넓혀서 충격파를 약하게 하여 항력의 증가를 억제하여 비행속도를 음속에 가깝게 한 날개골로써 임계마하수를 0.99까지 얻을 수 있다. |

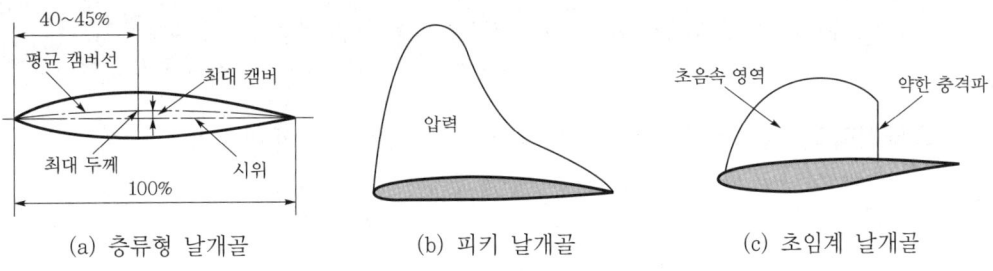

(a) 층류형 날개골          (b) 피키 날개골          (c) 초임계 날개골

## (5) 날개의 용어

① **날개 면적(S):** 보통 날개 윗면의 투영 면적을 말하며, 동체나 엔진 나셀(nacelle)에 의해 가려진 부분도 포함한다.

② **날개 길이(b):** 한쪽 날개 끝에서 다른 쪽 날개 끝까지의 길이이다.

③ **시위(C):** 날개골의 앞전과 뒷전을 이은 직선으로, 보통 시위라고 하면 평균 시위를 말한다.

> **참고**  평균 공력 시위(MAC: Mean Aerodynamic Chord)
>
> 주 날개의 항공역학적 특성을 대표하는 부분의 시위로, 날개를 가상적 직사각형 날개라 가정했을 때 시위이다. 무게중심 위치가 MAC의 25%라 함은 무게중심이 MAC의 앞전에서부터 25%의 위치에 있음을 말한다.

④ **날개의 가로세로비(AR: Aspect Ratio)**

$$AR = \frac{b}{c} = \frac{b^2}{S} = \frac{S}{c^2}$$

※ 여기서 c=시위 길이, b=날개 길이, S=날개 면적

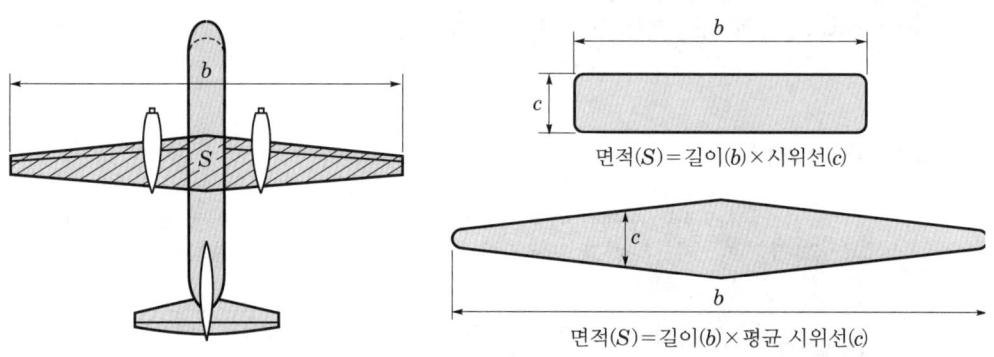

면적(S) = 길이(b) × 시위선(c)

면적(S) = 길이(b) × 평균 시위선(c)

▲ 항공기 날개 용어

> **참고**
>
> 가로세로비가 커지면 유도항력은 작아지고, 종횡비가 클수록 활공 성능은 좋아진다.

⑤ **테이퍼 비:** 날개 뿌리 시위 길이(Cr)와 날개 끝 시위(Ct)와의 비

$$테이퍼비 (\lambda) = \frac{C_t}{C_r}$$

- 직사각형 날개의 테이퍼 비: 1
- 삼각 날개의 테이퍼 비: 0

⑥ **뒤젖힘 각(sweep back angle):** 앞전에서 25%C 되는 점들을 날개 뿌리에서 날개 끝까지 연결한 직선과 기체의 가로축이 이루는 각, 뒤젖힘 각이 클수록 고속 특성이 좋아진다.

⑦ **쳐든각(상반각):** 기체를 수평으로 놓고 보았을 때 날개가 수평을 기준으로 위로 올라간 각이다.
- 쳐든각의 효과: 옆놀이(rolling) 안정성이 좋아 옆미끄럼(sideslip)을 방지한다.

⑧ **붙임각:** 기체의 세로축과 날개 시위선이 이루는 각이다.

⑨ **기하학적 비틀림:** 날개 끝의 붙임각을 날개 뿌리의 붙임각보다 작게 한 것이다.

> **참고** **날개에 기하학적 비틀림을 주는 이유**
>
> 날개 끝에서 실속이 늦게 일어나 날개 끝 실속을 방지한다. 날개 뿌리의 받음각보다 2~3° 정도 작게 기하학적 비틀림을 주면 날개 끝에서 실속이 늦게 일어난다.

## (6) 날개의 모양

① **직사각형 날개:** 제작이 쉽고 소형 항공기에 사용한다. 날개 끝 실속 경향이 없어 안정성이 있다.
- 날개 실속: 날개 뿌리 부근에서 먼저 실속이 발생한다.

② **테이퍼 날개:** 날개 끝과 날개 뿌리의 시위 길이가 다른 날개이며, 많이 사용한다.
- 날개 실속: 날개 끝에서 먼저 실속이 발생한다.
- 실속 예방: 날개에 비틀림을 주어서 날개 끝 실속을 방지한다.

③ **타원 날개:** 날개 길이 방향의 유도 속도가 일정하고 유도항력이 최소이다.
- 날개 실속: 날개 길이를 걸쳐 균일하게 발생한다.

④ **앞젖힘 날개:** 날개 전체가 뿌리에서부터 날개 끝에 걸쳐 앞으로 젖혀진 날개이다. 공기 흐름이 날개 뿌리 쪽으로 흐르는 특성으로 날개 끝 실속이 발생하지 않고 고속 특성도 좋다.

⑤ **뒤젖힘 날개:** 날개 전체가 뿌리에서부터 날개 끝에 걸쳐 뒤로 젖혀진 날개이다.
- 충격파의 발생을 지연시키고, 고속 시 저항을 감소시켜 음속 근처의 속도로 비행하는 제트 여객기에 사용한다.
- 뒤젖힘 각을 크게 하면 구조적으로 약하다.

⑥ **삼각 날개:** 뒤젖힘 날개를 더 발전시킨 날개로 초음속 항공기에 적합한 날개이다.

- 장점: 날개 시위 길이를 길게 할 수 있어 두께비를 작게 할 수 있고, 뒤젖힘 각도가 커서 임계 마하수가 높고 구조적으로도 강하다.
- 단점: 최대 양력이 크지 않아 날개 면적이 커야 되고, 이착륙 시 조종 시계가 나쁘다.

⑦ **오지 날개(반곡선 날개):** 양호한 초음속 특성과 저속 시 안정성을 가지도록 설계된 날개로 콩코드 날개에 사용한다.

⑧ **가변 날개:** 저속 시에는 날개가 뒤젖힘이 없는 직선 날개로 하여 저속 공력 특성을 좋게 하고, 고속 시에는 뒤젖힘 각을 주어 고속 특성이 좋도록 설계한 날개이다.

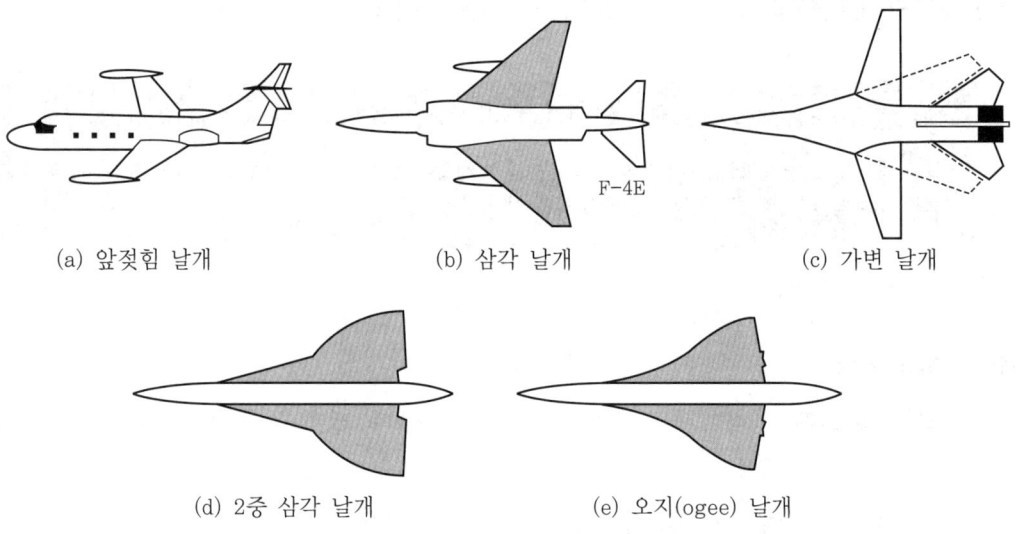

(a) 앞젖힘 날개  (b) 삼각 날개  (c) 가변 날개

(d) 2중 삼각 날개  (e) 오지(ogee) 날개

▲ 날개의 모양

## (7) 고속형 날개

① **뒤젖힘 날개(후퇴 날개)**

가) 후퇴익의 장점

- 충격파의 발생을 지연시킨다.
- 고속 시 저항을 감소시킬 수 있어 여객기 등에 사용된다.

나) 후퇴익의 결점

- 날개 끝(익단) 실속(wing tip stall)이 일어나기 쉽다.
- 너무 뒤젖힘 각을 많이 주면 날개 뿌리 부근의 연결 부분이 구조적으로 약하다(공력 탄성에 문제가 생긴다).

② 삼각 날개

- 후퇴 날개의 문제점을 해결한 날개이다.
- 공력 탄성에 충분히 견딜 만한 강성을 가지고 있다.
- 고속으로 비행할 경우에는 날개 끝 실속이 일어나기 어렵다.
- 공력 중심의 이동이 작다.
- 가로세로비가 작아 양력이 작다.
- 조종석의 전방 시계가 나쁘다.
- 날개 앞전에 와류 플랩(vortex flap) 설치로 높은 양항비를 얻도록 한다.

③ 오지 날개

- 날개의 평면형은 시위가 길고 날개 길이가 길며, 최소 면적을 가지는 날개로 콩코드 여객기가 여기에 속한다.

④ 경사 날개

- 저속 비행 시에는 직선 날개이다.
- 고속 비행 시에는 한쪽 날개는 앞젖힘 날개, 다른 한쪽 날개는 뒤젖힘 날개이다.
- 가변 날개보다 양력 중심의 이동이 작아서 공력하중을 감소시킨다.

## 2 날개의 공기력

### (1) 날개의 양력

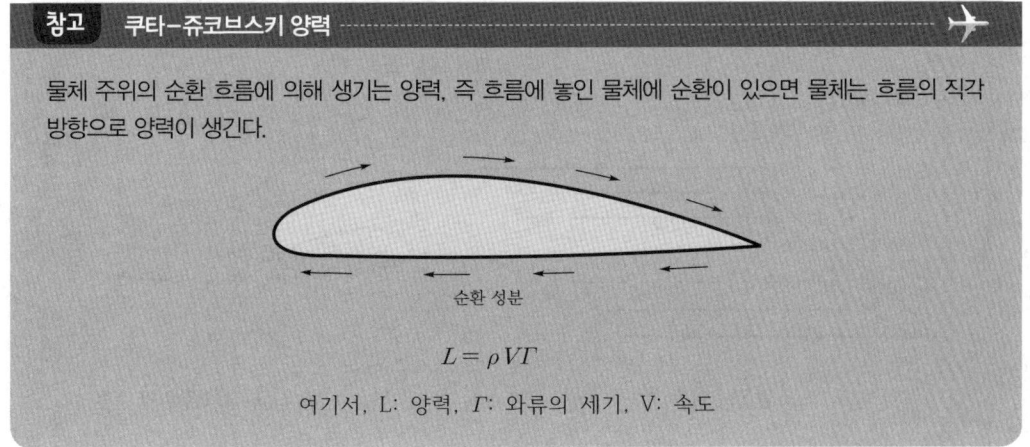

참고  쿠타–쥬코브스키 양력

물체 주위의 순환 흐름에 의해 생기는 양력, 즉 흐름에 놓인 물체에 순환이 있으면 물체는 흐름의 직각
방향으로 양력이 생긴다.

순환 성분

$$L = \rho V \Gamma$$

여기서, L: 양력, $\Gamma$: 와류의 세기, V: 속도

① **출발 와류(starting vortex):** 날개 뒷전에서 흐름의 떨어짐이 있게 되어 생기게 되는 와류이다.

② **속박 와류(bound vortex):** 출발 와류가 생기면 날개 주위에 크기가 같고 방향이 반대인 와류가 발생하는 와류현상이다. 이 속박 와류로 인해 양력이 발생한다.

③ **날개 끝 와류(wing tip vortex):** 날개를 지나는 흐름은 윗면에서 부압(−), 아랫면에서 정압(+)이기 때문에 날개 끝의 날개 아랫면에서 윗면으로 말려드는 와류현상이다.

④ **말굽형 와류(horse shoe vortex):** 테이퍼 날개에서 날개 끝 와류가 날개 길이 중간에도 생겨 말굽 모양의 와류가 발생하는 와류현상이다.

⑤ **내리흐름(down wash):** 날개 끝이 있는 날개는 날개 끝에 날개 끝 와류가 발생되며, 이것은 날개 뒤쪽 부분의 공기 흐름을 아래로 향하게 하는 흐름이다.

⑥ **겉보기 받음각(기하학적 받음각):** 내리흐름에 의한 영향을 고려하지 않고 자유 흐름의 방향과 날개골의 시위선이 이루는 받음각이다.

⑦ **유효 받음각:** 내리흐름에 의해 날개 흐름에 대한 받음각은 겉보기 받음각보다 작아지는데, 이 받음각을 유효 받음각이라 한다.

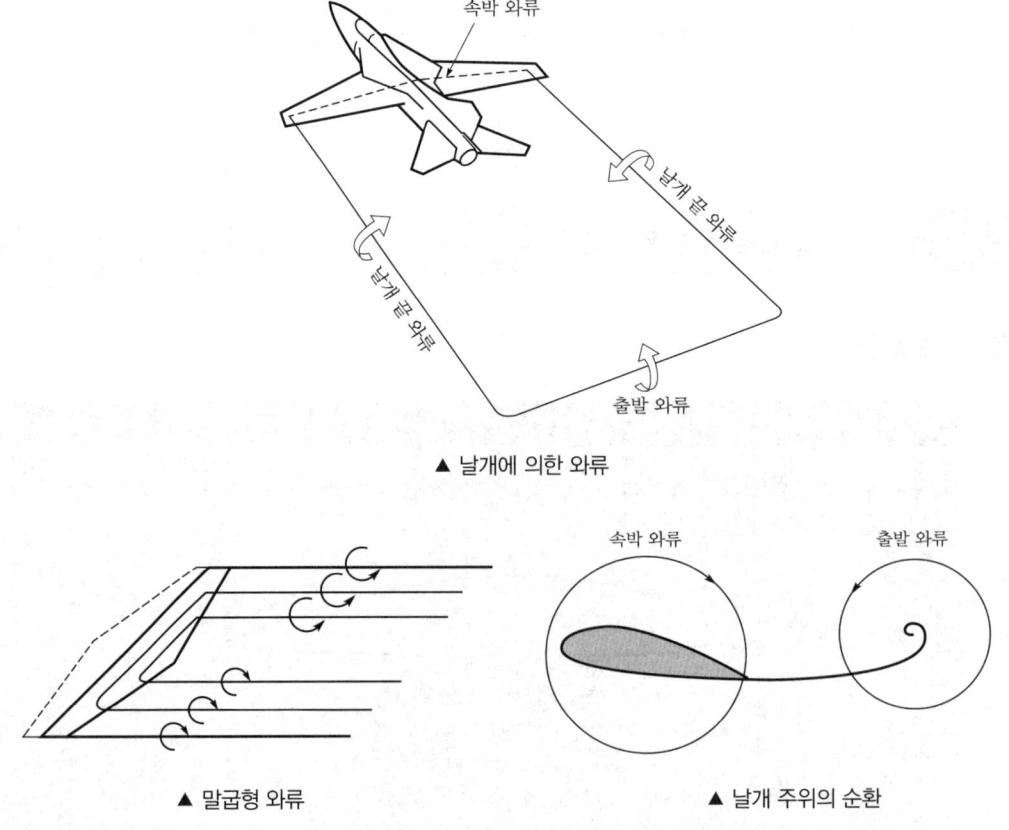

▲ 날개에 의한 와류

▲ 말굽형 와류　　　　　▲ 날개 주위의 순환

## (2) 날개의 항력

① **유도항력:** 내리흐름(down wash)으로 인해 유효 받음각이 작아져서 날개의 양력 성분이 기울어져 항력 성분을 만드는데, 이것은 유도속도 때문에 생긴 항력이므로 유도항력이라 하고, 이때의 속도를 유도속도라 한다.

$$D_i = \frac{1}{2} \rho V^2 C_{D_i} S \qquad\qquad C_{D_i} = \frac{C_L{}^2}{\pi e AR}$$

※ $C_{D_i}$: 유도항력계수, $AR$: 가로세로비, $e$: 스팬 효율계수

가) 유도항력은 가로세로비에 반비례한다.

나) 타원형 날개가 유도항력이 가장 작다.

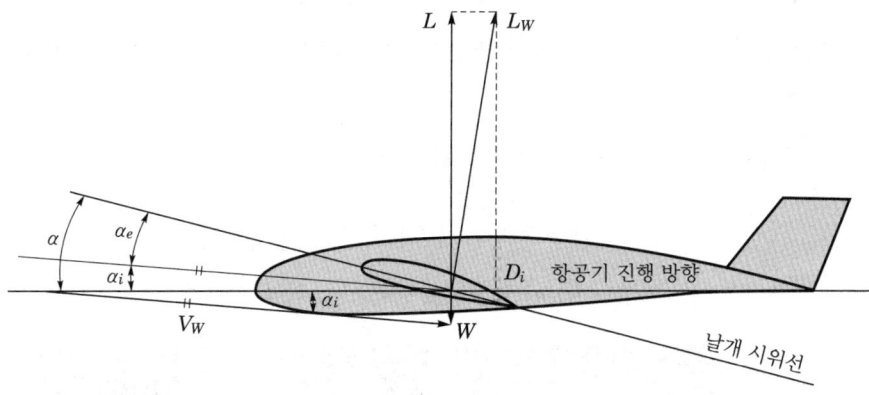

▲ 유도항력

다) 유도각($\alpha_i$) 가로세로비의 관계식

$$\alpha_i = \frac{C_L}{\pi e AR}$$

라) 날개 면적은 동일하고, 날개 길이를 2배로 할 경우: 가로세로비는 4배 증가하고, 유도항력은 $\frac{1}{4}$배 증가한다.

마) 날개 면적은 동일하고 날개 길이를 2배, 양력계수를 $\frac{1}{2}$배로 할 경우: 가로세로비는 4배 증가하고 유도항력은 $\frac{1}{16}$배 증가한다.

바) 스팬 효율계수($e$): 타원 날개의 경우 "$e$"의 값이 "1"이 되고, 그 밖의 날개는 "$e$"의 값이 "1"보다 작다.

※ 스팬 효율계수($e$)를 크게 하면 유도항력은 작아진다.

사) 유해항력: 양력에는 관계하지 않고, 비행을 방해하는 모든 항력을 유해항력이라 한다. 유도항력을 제외한 모든 항력을 말한다.

② **형상항력:** 물체의 모양에 따라서 다른 값을 가지는 항력으로, 공기가 점성을 가지고 있기 때문에 발행하는 항력이다.

참고

형상항력(profile drag) = 마찰형력 + 압력항력

가) 압력항력(pressure drag): 흐름이 물체 표면에서 떨어져 하류 쪽으로 와류를 발생시키기 때문에 생기는 항력으로 유선형일수록 압력항력이 작다.

나) 마찰항력(friction drag): 물체 표면과 유체 사이에서 발생되는 점성 마찰에 의한 항력을 말한다.

※ 아음속 항공기에 생기는 전체 항력계수($C_D$)

$$C_D = C_{DP} + C_{Di} = C_{DP} + \frac{C_{L^2}}{\pi e AR}$$

$C_{DP}$: 형상항력계수,   $C_{Di}$:유도항력계수

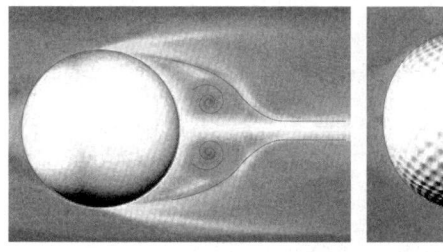

▲ 형상항력

③ **조파항력(wave drag):** 날개 표면의 초음속 흐름 시 충격파 발생으로 충격파 뒤에 흐름의 떨어짐 현상으로 항력이 증가하게 되어 생기는 항력으로, 받음각의 제곱과 두께비의 제곱에 비례한다.

가) 부착 충격파(attached shock wave): 뾰족한 물체 앞에 생기는 약한 충격파이다.

나) 이탈 충격파(detached shock wave): 뭉툭한 물체 앞에 생기는 강한 충격파이다.

## (3) 날개의 실속

### ① 실속 (stall)

가) 무동력 실속(power off stall): 엔진의 출력을 줄일 때 비행기 속도가 작아져서 양력이 비행기 무게보다 작게 되어 비행기가 침하하는 경우의 실속이다.

나) 동력 실속(power on stall): 엔진의 출력은 충분히 크나 날개의 받음각이 너무 커서 날개 윗면의 흐름이 떨어짐으로 인하여 양력을 발생하지 못하여 비행기가 고도를 유지할 수 없는 상태의 실속이다.

다) 완만한 실속 특성을 갖는 날개골: 가로세로비가 작고, 날개 두께가 두껍고, 앞전 반지름과 캠버가 크다.

### ② 날개 모양에 따른 실속 특성

가) 직사각형 날개: 실속이 날개 뿌리에서부터 발생한다.

나) 테이퍼형 날개

• 테이퍼 비가 0.5보다 작은 날개: 날개 끝부터 실속이 일어난다.

• 테이퍼 비가 0.5일 때: 날개 전체에 걸쳐 일어난다.

다) 타원 날개: 날개 길이 전체에 걸쳐 실속이 발생한다.

라) 뒤젖힘 날개: 날개 끝에서 실속이 시작된다.

### ③ 날개 끝 실속 방지법

가) 날개의 테이퍼 비를 너무 크게 하지 않는다.

나) 날개 끝으로 갈수록 받음각이 작아지도록 날개의 앞내림(wash out)을 준다(기하학적 비틀림).

다) 날개 끝부분에 두께비, 앞전 반지름, 캠버 등이 큰 날개골을 사용하여 실속각을 크게 한다(공력적 비틀림).

라) 날개 뿌리에 스트립(strip)을 붙여 받음각이 클 때 흐름을 강제로 떨어지게 하여 날개 끝보다 먼저 실속이 생기게 한다.

마) 날개 앞전 앞쪽에 슬롯(slot)을 설치하여 흐름의 떨어짐을 방지한다.

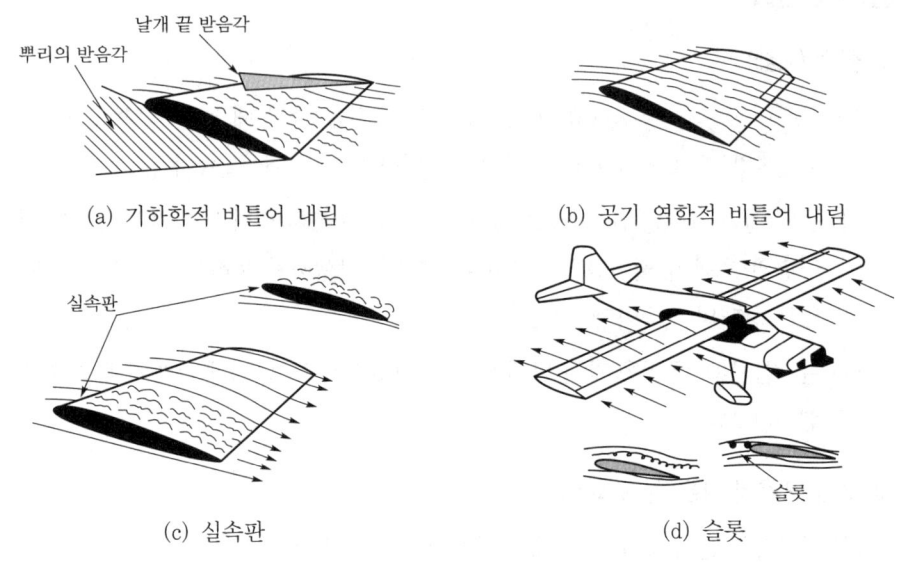

(a) 기하학적 비틀어 내림

(b) 공기 역학적 비틀어 내림

(c) 실속판

(d) 슬롯

▲ 날개의 실속 끝 방지 방법

## 3 날개의 공력 보조장치

양력이나 항력을 목적에 따라 변화시키기 위해 날개 면이나 동체에 덧붙인 장치로 양력을 증가시키는 고양력 장치는 이륙 시에 많이 사용되고, 항력을 크게 하는 고항력 장치는 공중에서와 착륙할 때 사용한다.

### (1) 고양력 장치(high lift device)

① **뒷전 플랩(flap):** 날개 뒷전을 아래로 구부려 캠버를 증가시켜 최대 양력을 증가시키는 장치이다.

| 단순 플랩<br>(plain flap) | 날개 뒷전을 단순히 밑으로 굽혀 날개의 캠버만 증가시켜 준다. 소형 저속기에 많이 사용한다. |
|---|---|
| 스플릿 플랩<br>(split flap) | 날개 뒷전 밑면의 일부를 내림으로써 날개 윗면의 흐름을 강제적으로 빨아들여 흐름의 떨어짐을 지연시킨다. 뒷전에 흐름의 떨어짐이 생기게 되어 항력이 두드러지게 증가한다. |

| 슬롯 플랩<br>(slot flap) | 플랩을 내렸을 때 플랩의 앞전에 슬롯의 틈이 생겨 이를 통하여 날개 밑면의 흐름을 윗면으로 올려 뒷전 부분 흐름의 떨어짐을 방지한다. 플랩 각도를 크게 할 수 있어 최대 양력계수가 커진다. |
|---|---|
| 파울러 플랩<br>(fowler flap) | 플랩을 내리면 날개 면적과 캠버를 동시에 증가시켜 양력을 증가시킨다. 이 플랩은 날개 면적을 증가시키고, 틈의 효과와 캠버 증가의 효과로 다른 플랩보다 최대 양력계수 값이 가장 크게 증가한다. |
| 이중, 삼중<br>슬롯 플랩 | 랩 앞쪽 틈에 베인(vane)을 설치하여 틈이 두 개 또는 세 개가 생기도록 한 것으로 흐름의 떨어짐을 일으키지 않고 큰 플랩 각을 취할 수 있어 최대 양력계수는 아주 커진다. |

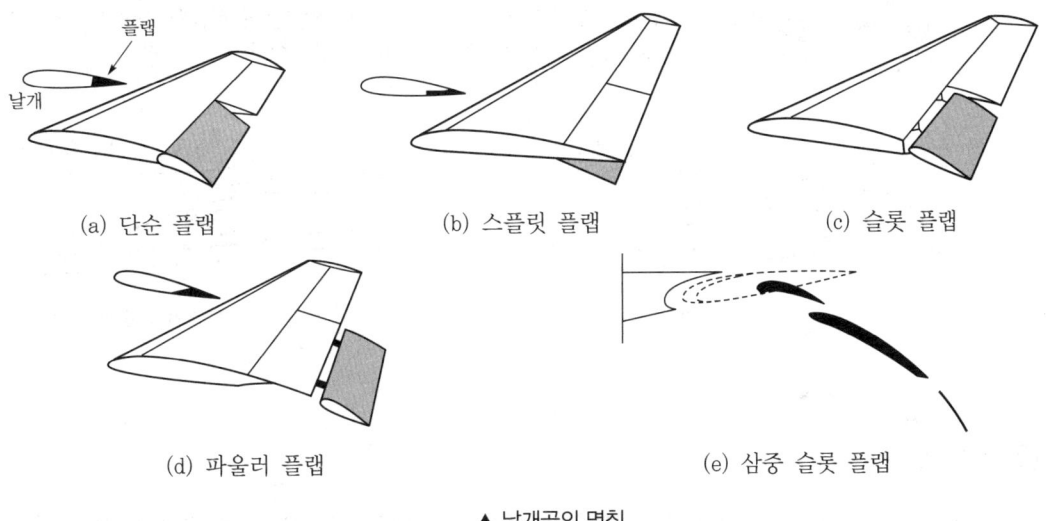

(a) 단순 플랩  (b) 스플릿 플랩  (c) 슬롯 플랩

(d) 파울러 플랩  (e) 삼중 슬롯 플랩

▲ 날개골의 명칭

② **앞전 플랩(leading edge flap):** 실속 속도를 충분히 작게 할 수 있는 강력한 고양력 장치이며, 날개의 앞전 반지름을 크게 하는 것과 같은 효과를 내며, 큰 받음각에서도 흐름의 떨어짐이 일어나지 않는 장치이다.

| 슬롯과 슬랫<br>(slot and slat) | 날개 앞전의 약간 안쪽 밑면에서 윗면으로 틈을 만들어, 큰 받음각일 때 밑면의 흐름을 윗면으로 유도하여 흐름의 떨어짐을 지연시킨다.<br>• 고정 슬롯, 자동 슬롯<br>• 자동 슬롯에서 앞쪽으로 나간 부분을 슬랫(slat)이라 한다. |
|---|---|
| 크루거 플랩<br>(kruger flap) | 날개 밑면에 접혀져 날개 일부를 구성하고 있으나, 조작하면 앞쪽으로 꺾여 구부러지고 앞전 반지름을 크게 하여 효과를 얻는다. |
| 드루프 앞전<br>(drooped leading edge) | 날개 앞전부를 구부려 캠버를 크게 함과 동시에 앞전 반지름을 크게 하여 양력을 증가시키는 장치이다. |

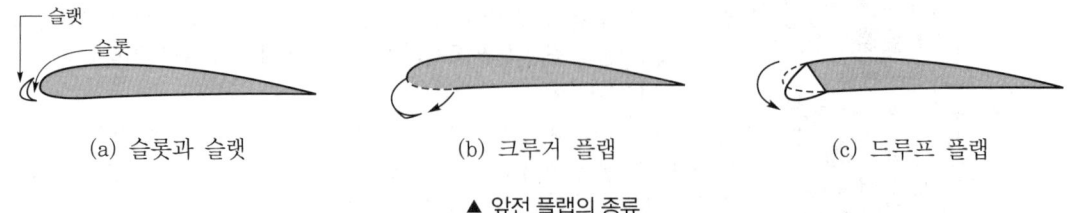

| (a) 슬롯과 슬랫 | (b) 크루거 플랩 | (c) 드루프 플랩 |

▲ 앞전 플랩의 종류

③ **경계층 제어장치:** 받음각이 클 때 흐름의 떨어짐을 직접 방지하는 장치이다.

| 불어날림(blowing) 방식 | 고압의 공기를 날개면 뒤쪽으로 분사하여 경계층을 불어 날리는 방식이다. |
|---|---|
| 빨아들임(suction) 방식 | 날개 윗면에서 흐름을 강제적으로 빨아들여 흐름의 가속을 촉진함과 동시에 흐름의 떨어짐을 방지하는 방식이다. |

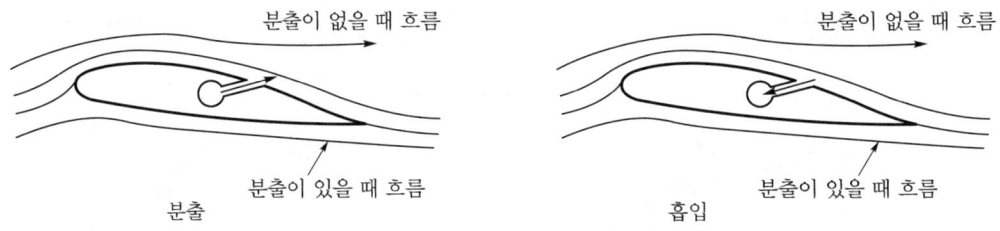

## (2) 고항력 장치

① **스포일러(spoiler):** 날개 중앙 부위에 부착된 일종의 평판으로, 이것을 날개 윗면이나 밑면에서 펼침으로써 흐름을 강제적으로 떨어지게 하여 양력을 감소시키고 항력을 증가시키는 장치이다.

| 공중 스포일러 (flight spoiler) | 고속비행 시 대칭적으로 펼치면 공기 브레이크 기능을 하고, 도움날개와 연동하여 좌우 스포일러를 다르게 움직여 도움날개의 역할을 도와주는 기능이다. |
|---|---|
| 지상 스포일러 (ground spoiler) | 착륙 시 펼쳐서 양력을 감소시키고 항력을 증가시키는 역할을 한다. |

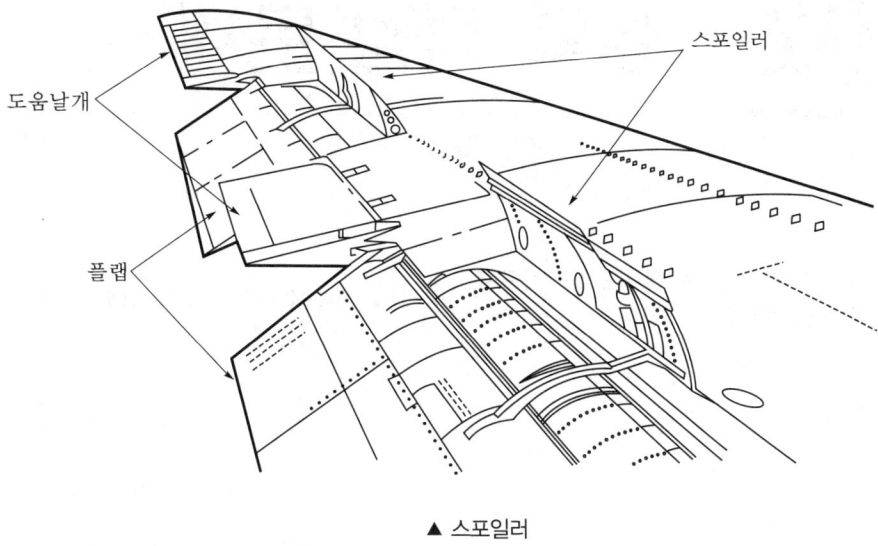

▲ 스포일러

② **역추력 장치(thrust reverser):** 제트엔진에서 배기가스를 역류시켜 추력의 방향을 반대로 바꾸는 장치로 착륙거리를 단축하기 위해 사용한다.

- 역피치 프로펠러: 프로펠러 비행기에서 프로펠러의 피치를 반대로 해서 추력을 반대로 형성시켜 착륙거리를 단축시키기 위해 사용한다.

③ **드래그 슈트(drag chute):** 일종의 낙하산과 같은 것으로 착륙거리를 짧게 하거나 비행 중 스핀에 들어갔을 때 회복 시 이용하는 것으로 기체의 뒷부분으로 펼쳐서 속도를 감소시킨다.

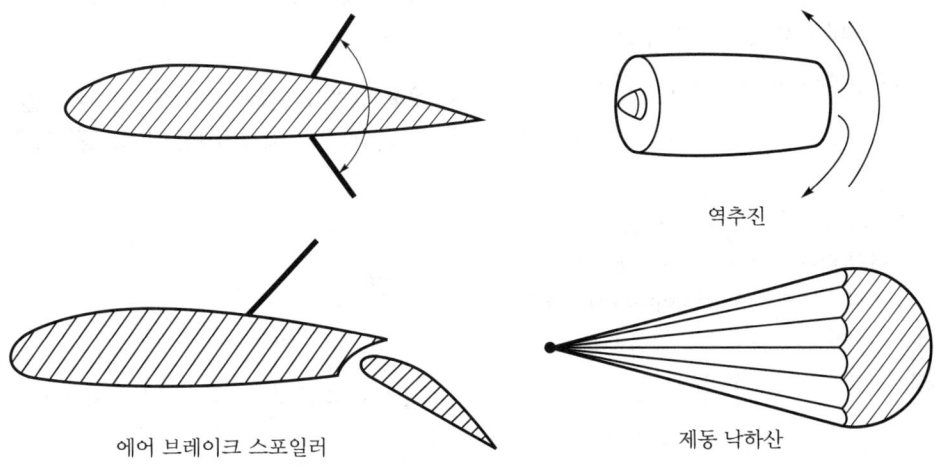

역추진

에어 브레이크 스포일러

제동 낙하산

# 02 실력 점검 문제

**01** 비행기의 날개에 사용되는 에어포일의 요구조건으로 적합한 것은?

① 강도를 위해 두꺼울수록 좋다.

② $C_L$, 특히 $C_{L MAX}$가 클 것

③ $C_D$, 특히 $C_{D MAX}$가 클 것

④ 앞전 반경은 클수록 좋다.

**해설**

날개골의 최대 양력계수($C_{L MAX}$)가 크고 최소 항력계수($C_{D MIN}$)가 작으며, 압력 중심의 변화가 작을수록 좋다. 또한 실속속도가 작을수록 이착륙 거리가 단축되어 유리하다.

**02** NACA 23015에서 "3"의 뜻을 가장 올바르게 표현한 것은?

① 최대 캠버의 크기가 시위의 3%

② 최대 캠버의 위치가 시위의 3%

③ 최대 캠버의 위치가 시위의 15%

④ 최대 두께의 위치가 시위의 15%

**해설**

NACA 23015

• 2: 최대 캠버의 크기가 시위의 2%이다.

• 3: 최대 캠버의 위치가 시위의 15%이다.

• 0: 평균 캠버선의 뒤쪽 반이 직선이다(1이면 뒤쪽 반이 곡선임을 뜻한다).

• 15: 최대 두께가 시위의 15%이다.

**03** NACA 4자 계열의 AIRFOIL을 표기한 내용으로 틀린 것은?

> **"NACA 2414"**

① 최대 캠버가 시위의 2%이다.

② 최대 두께가 시위의 14%이다.

③ 앞 두 자리가 00인 경우 대칭인 AIRFOIL을 의미한다.

④ 최대 캠버의 위치가 앞전으로부터 시위의 4% 앞에 있다.

**해설**

NACA 2414

• 2: 최대 캠버의 크기가 시위의 2%이다.

• 4: 최대 캠버의 위치가 앞전에서부터 시위의 40% 뒤에 있다.

• 14: 최대 두께가 시위의 14%이다.

**04** 날개의 면적이 20m²이고 날개 길이가 12m일 때, 가로세로비(종횡비)는 얼마인가?

① 8          ② 7.2

③ 6          ④ 1.7

**해설**

가로세로비(aspect ratio)

$$AR = \frac{b}{c} = \frac{b^2}{S} = \frac{s}{c^2} = \frac{12^2}{20} = 7.2$$

✈ **정답** 01. ② 02. ③ 03. ④ 04. ②

**05** 날개 끝의 붙임각을 날개 뿌리의 붙임각보다 크게 하거나 작게 한 것은?

① 뒤젖힘각

② 쳐든각

③ 붙임각

④ 기하학적 비틀림각

**해설**

• 붙임각: 기체의 세로축과 날개 시위선이 이루는 각이다.

• 기하학적 비틀림: 날개 끝의 붙임각을 날개 뿌리의 붙임각보다 작게 한 것이다.

• 날개에 기하학적 비틀림을 주는 이유: 날개 끝에서 실속이 늦게 일어나 날개 끝 실속을 방지한다. 날개 뿌리의 받음각보다 2~3° 정도 작게 기하하적 비틀림을 주면 날개 끝에서 실속이 늦게 일어난다.

**06** 압력 중심에 가장 큰 영향을 끼치는 요소는 어느 것인가?

① 양력

② 받음각

③ 항력

④ 추력

**해설**

압력 중심(CP: Center of Pressure, 풍압 중심)은 받음각이 클 때 압력 중심은 앞(앞전, 시위의 1/4 지점)으로 이동하고, 받음각이 작을 때 압력 중심은 뒤(뒷전, 시위 길이의 1/2 정도)로 이동한다. 또한, 항공기가 급강하 시 압력 중심은 크게 뒤쪽으로 이동한다.

**07** 받음각이 커지면 풍압 중심(C.P)은 일반적으로 어떻게 되는가?

① 앞전 쪽으로 이동한다.

② 뒷전 쪽으로 이동한다.

③ 기류의 상태에 따라 앞전이나 뒷전 쪽으로 이동한다.

④ 풍압 중심은 받음각과 무관하게 일정한 위치가 된다.

**해설**

6번 문제 해설 참고

**08** 항공기 날개에 상반각을 주게 되면 다음과 같은 특성을 갖게 한다. 가장 올바른 내용은?

① 유도저항을 적게 하고 방향 안정성을 좋게 한다.

② 옆 미끄럼을 방지하고 가로 안정성을 좋게 한다.

③ 익단 실속을 방지하고 세로 안정성을 좋게 한다.

④ 선회성능을 향상하고 가로 안정성을 좋게 한다.

**해설**

쳐든각(상반각)은 기체를 수평으로 놓고 보았을 때 날개가 수평을 기준으로 위로 올라간 각으로, 옆놀이(rolling) 안정성이 좋아 옆 미끄럼(side slip)을 방지한다. 즉, 가로 안정성을 높이는 가장 효율적인 방법이다.

**09** 다음 중 항력 버킷을 가장 올바르게 설명한 것은?

① 양 항력 곡선에서 어떤 양력계수 부근의 항력계수가 갑자기 작아지는 부분

② 양 항력 곡선에서 어떤 항력계수 부근의 항력계수가 갑자기 작아지는 부분

③ 양 항력 곡선에서 어떤 항력계수 부근의 양력계수가 갑자기 커지는 부분

④ 양 항력 곡선에서 어떤 양력계수 부근의 양력계수가 갑자기 커지는 부분

**해설**

항력 버킷은 어떤 양력계수 부근에서 항력계수가 갑자기 작아지는 부분을 말한다. 두께가 얇을수록 또는 레이놀즈수가 클수록 항력 버킷은 좁고 깊어진다.

✈ **정답** 05. ④ 06. ② 07. ① 08. ② 09. ①

**10** 항공기 중량 5,000kg, 날개 면적 30m², 실속 속도 100m/sec에서 양력계수를 구하면? (단, $\rho = \dfrac{1}{8} kg \cdot \sec^2 / m^4$)

① 0.2      ② 0.27

③ 0.3      ④ 0.42

**해설**

$$C_L = \frac{2W}{\rho\,V^2\,S} = \frac{2 \times 5000}{0.125 \times 100^2 \times 30} = 0.266 \fallingdotseq 0.27$$

**11** 가로세로비가 큰 날개에서 갑자기 실속하는 경우와 가장 거리가 먼 것은?

① 두께가 얇은 날개골

② 앞전 반지름이 작은 날개골

③ 캠버가 큰 날개골

④ 레이놀즈수가 작은 날개골

**해설**

고속기 날개골의 경우 두께가 얇고 앞전 반지름이 작으며 레이놀즈수가 작아 고속비행에는 적합하지만, 조파항력같은 충격실속이 일어날 경우나 돌풍이 불었을 경우 실속이 쉽게 일어난다. 캠버가 큰 날개골은 저속기에 적합하고 공기 흐름에 순간적인 변화에 따른 실속이 잘 일어나지 않는다.

**12** 공력 평균시위(MAC)에 대한 설명으로 가장 거리가 먼 내용은?

① 이것은 날개를 가상적으로 직사각형 날개라고 가정했을 때의 시위이다.

② 꼬리날개와 착륙장치의 배치 및 중심 위치의 이동 범위 등을 고려할 때 이용된다.

③ 실용적으로는 날개 모양에 면적 중심을 통과하는 기하학적 평균시위를 말한다.

④ 중심 위치가 MAC의 25%라는 것은 중심이 뒷전으로부터 25%가 되는 점이다.

**해설**

주날개의 항공 역학적 특성을 대표하는 시위를 평균 공력 시위(MAC: Mean Aerodynamic Chord)라고 하며, 이는 직사각형 날개를 가정적으로 가정했을 때의 시위이다.

**13** 날개 면적이 100m²인 비행기가 400km/h의 속도로 수평 비행하는 경우, 이 항공기의 중량은 몇 kg인가? (단, 양력계수는 0.6, 공기밀도는 0.125kgf · s²/m⁴이다.)

① 60,000      ② 46,300

③ 23,300      ④ 15,600

**해설**

$$L = W = \frac{1}{2}\rho\,V^2\,S\,C_L$$
$$= \frac{1}{2} \times 0.125 \times \left(\frac{400}{3.6}\right)^2 \times 100 \times 0.6$$
$$= 46{,}296.2 \fallingdotseq 46{,}300$$

**14** 고양력 장치인 플랩(flap)의 종류 중 양력계수가 제일 큰 것은?

① Plain Flap

② Split Flap

③ Slotted Flap

④ Fowler Flap

**해설**

파울러 플랩(fowler flap)은 플랩을 내리면 날개 면적과 캠버를 동시에 증가시켜 양력을 증가시킨다. 이 플랩은 날개 면적을 증가시키고, 틈의 효과와 캠버 증가의 효과로 다른 플랩보다 최대 양력계수 값이 가장 크게 증가한다.

**✈ 정답**   10. ②   11. ③   12. ④   13. ②   14. ④

**15** 비행기의 무게가 2,000kgf이고, 큰날개 면적이 30m²이며, 해발고도(공기밀도: 1/8kgf · s²/m⁴)에서의 실속속도가 120km/h인 비행기의 최대 양력계수($C_{L\,MAX}$)는 약 얼마인가?

① 0.96
② 1.24
③ 1.45
④ 1.67

**해설**

$$C_{L\,MAX} = \frac{2\,W}{\rho\,V^2\,S} = \frac{2 \times 2,000}{0.125 \times (\frac{120}{3.6})^2 \times 30} = 0.96$$

**16** 날개 시위선(chord line) 상의 점으로서 받음 각이 변화하더라도 키놀이 모멘트(pitching moment) 값이 변화하지 않는 점을 무엇이라고 하는가?

① 무게 중심
② 공기력 중심
③ 풍압 중심
④ 공력평균시위

**해설**

$$(양력)L = \frac{1}{2}\,\rho\,V^2\,C_L\,S$$

**17** 다음 중 뒤젖힘 날개의 가장 큰 장점은?

① 임계마하수를 증가시킨다.
② 익단 실속을 막을 수 있다.
③ 유도항력을 무시할 수 있다.
④ 구조적 안전으로 초음속기에 적합하다.

**해설**

뒤젖힘 날개는 임계마하수를 증가시키고 충격파를 지연시켜 고속기에 좋지만, 초음속 비행 시 구조적으로는 주날개의 붙임 강도가 나쁘기 때문에 좋지 않다.

**18** 다음 중 테이퍼형 날개(taper wing)의 실속 특성으로 옳은 것은?

① 날개 뿌리에서부터 실속이 일어난다.
② 날개 끝으로부터 먼저 실속이 일어난다.
③ 초음속에서 와류의 형태로 실속이 일어난다.
④ 스팬(span) 방향으로 균일하게 실속이 발생한다.

**해설**

테이퍼형 날개는 테이퍼 비가 0.5보다 작은 날개인 경우 날개 끝에서 실속이 일어나고, 테이퍼 비가 0.5일 경우 날개 전체에 걸쳐 실속이 일어난다. ①은 직사각형 날개, ②는 삼각 날개, ③은 타원형 날개의 특성을 말한다.

**19** 날개의 가로세로비에 대한 설명으로 옳은 것은?

① 가로세로비가 커지면 양항비는 작아진다.
② 가로세로비가 커지면 횡안정이 나빠진다.
③ 가로세로비가 커지면 유도항력계수는 작아진다.
④ 가로세로비는 익폭의 제곱에 날개 면적을 곱한 것이다.

**해설**

가로세로비가 커지면 유도항력이 작아지고, 종횡비가 클수록 활공 성능이 좋아진다.

**20** 항공기 날개의 받음각(angle of attack)에 대한 설명으로 옳은 것은?

① 시위선과 평균 캠버선이 이루는 각이다.
② 윗 캠버와 아래 캠버가 이루는 각이다.
③ 상대풍 방향과 시위선이 이루는 각이다.
④ 상대풍 방향과 평균 캠버선이 이루는 각이다.

비행 방향(상대풍 방향)과 날개골의 시위선이 이루는 각도를 받음각이라고 한다.

**21** 날개골의 명칭 중 평균 캠버선에 대한 설명으로 옳은 것은?

① 두께의 2등분 점을 연결한 선

② 앞전과 뒷전을 연결하는 직선

③ 날개골의 위쪽과 아래쪽의 곡면

④ 시위선에서 수직선을 그었을 때 윗면과 아랫면 사이의 수직거리

• 시위: 앞전과 뒷전을 연결하는 직선
• 두께: 시위선에서 수직선을 그었을 때 윗면과 아랫면 사이의 수직거리

**22** 항력발산 마하수를 높게 하기 위한 날개의 설계 방법으로 가장 관계가 먼 것은?

① 날개에 뒤젖힘 각을 준다.

② 얇은 날개를 사용하여 표면에서의 속도 증가를 줄인다.

③ 가로세로비가 큰 날개를 사용한다.

④ 경계층을 제어한다.

항력 발산 마하수를 높게 하기 위한 방법
• 얇은 날개를 사용하여 표면에서의 속도 증가를 억제한다.
• 날개에 뒤젖힘 각을 준다.
• 종횡비가 작은 날개를 사용한다.
• 경계층 제어 장치를 사용한다.

**23** 날개 끝 실속을 방지하기 위한 노력이 아닌 것은?

① 날개 끝부분에 Slot을 설치한다.

② Stall Fence를 장착한다.

③ 날개 끝으로 갈수록 Wash Out을 준다.

④ 받음각을 크게 한다.

날개 끝 실속 방지법
• 날개의 테이퍼 비를 너무 크게 하지 않는다.
• 날개 끝으로 갈수록 받음각이 작아지도록 날개의 앞내림(wash out)을 준다(기하학적 비틀림).
• 날개 끝부분에 두께비, 앞전 반지름, 캠버 등이 큰 날개골을 사용하여 실속각을 크게 한다(공력적 비틀림).
• 날개 뿌리에 스트립(strip)을 붙여 받음각이 클 때 흐름을 강제로 떨어지게 하여 날개 끝보다 먼저 실속이 생기게 한다.
• 날개 앞전 앞쪽에 슬롯(slot)을 설치하여 흐름의 떨어짐을 방지한다.

**24** 날개의 길이가 50feet, 시위가 6feet인 비행기의 양력계수가 0.6일 때, 유도항력 계수를 구하면? (단, 날개의 효율계수 $e$=1이라고 가정한다.)

① 0.0105

② 0.0138

③ 0.0210

④ 0.0272

$$C_{Di} = \frac{C_L^2}{\pi e AR} = \frac{0.6^2}{3.14 \times 1 \times 8.3} = 0.0138$$

(여기서, $AR = \dfrac{b}{c} = \dfrac{50}{6} = 8.3$이다.)

**25** 비행기의 양력에 관계하지 않고 비행을 방해하는 유해항력으로 볼 수 없는 것은?

① 조파항력
② 유도항력
③ 마찰항력
④ 형상항력

**해설**

- 유도항력(induced drag, $D_i$): 내리 흐름(down wash)으로 인해 유효받음각이 작아져서 날개의 양력성분이 기울어져 항력 성분을 만드는데, 이것은 유도속도 때문에 생긴 항력이므로 유도항력이라 하고, 이때의 속도를 유도속도라 한다.
- 유해항력(parasite drag): 양력에는 관계하지 않고 비행을 방해하는 모든 항력, 즉 유도항력을 제외한 모든 항력을 말한다.

**26** 날개의 순환이론에 대한 설명으로 가장 올바른 내용은?

① 날개의 앞쪽에는 출발와류로 인한 빗올림 흐름이 있다.
② 속박와류로 인하여 날개에 양력이 발생한다.
③ 날개를 지나는 흐름은 윗면에서는 정압(+)이고, 아랫면에서는 부압(−)이다.
④ 날개 끝 와류의 중심축은 흐름방향에 직각이다.

**해설**

날개의 뒷전에 출발와류가 생기면 날개 주위에도 이것과 크기가 같고 방향이 반대인 속박와류(bound vortex)가 생기고, 이 속박와류로 인해 날개에 양력이 발생하게 된다. 날개를 지나는 흐름은 윗면에서는 부압(−)이고, 아랫면에서는 정압(+)이다. 날개 끝에서는 안쪽으로 말려드는 흐름은 날개 끝 와류가 생기고, 이 와류는 차례대로 뒤쪽에 남겨져 그 주위의 공기를 밑으로 내려 흐르게 하는 유도 흐름을 생기게 한다. 날개 끝 와류의 중심축은 흐름방향에 평행하나, 출발와류와 속박와류의 중심축은 흐름방향에 직각이다.

**27** 다음 중 2차원 날개와 비교하여 3차원 날개의 이론을 고려하면서 장착한 것은?

① 플랩
② 윙렛
③ 슬롯
④ 패널

**해설**

윙렛(wing let)은 항공기의 날개 끝에 압력 차이를 보충하여 씻어 올림(up wash)을 막고, 양력 증가와 유도항력을 줄임으로 종횡비를 크게 하는 효과가 있다.

**28** 다음 중 항공기 날개 단면 주위에 발생하는 미지량의 크기를 결정하여 양력을 구하는 데 사용되는 이론은?

① Pascal 정리
② Bernoulli 정리
③ Prandtl 정리
④ Kutta−joukowski 정리

**해설**

날개에 발생하는 양력을 설명하기 위해 쿠타−쥬코브스키는 날개 주위에 순환이 생기는 현상을 이용하여 날개의 순환이론을 밝혔다.

**29** 비행기의 무게가 2,500kg이고, 큰 날개의 면적이 20m²이며, 해발고도(밀도가 0.125kgf · s²/m⁴임)에서의 실속속도가 120km/h인 비행기의 최대 양력계수는 얼마인가?

① 0.5
② 1.8
③ 2.8
④ 3.4

**해설**

$$C_{L\,MAX} = \frac{2W}{\rho V^2 S} = \frac{2 \times 2,500}{0.125 \times (\frac{120}{3.6})^2 \times 20} = 1.8$$

**✈ 정답** 25. ② 26. ② 27. ② 28. ④ 29. ④

**30** 다음 중 날개 상면에 공중 스포일러(flight spoiler)를 설치하는 이유로 옳은 것은?

① 양력을 증가시키기 위하여

② 활공각을 감소시키기 위하여

③ 최대 항속거리를 얻기 위하여

④ 고속에서 도움날개의 역할을 보조하기 위하여

**해설**

• 공중 스포일러(flight spoiler): 고속 비행 시 대칭적으로 펼치면 공기 브레이크 기능을 하고, 도움날개와 연동을 하여 좌우 스포일러를 다르게 움직여 도움날개의 역할을 도와주는 기능을 한다.

• 지상 스포일러(ground spoiler): 착륙 시 펼쳐서 양력을 감소시키고 항력을 증가시키는 역할을 하여 착륙거리를 단축한다.

# CHAPTER

# 03 비행 성능

## 1 항력과 동력

### (1) 비행기에 작용하는 공기력

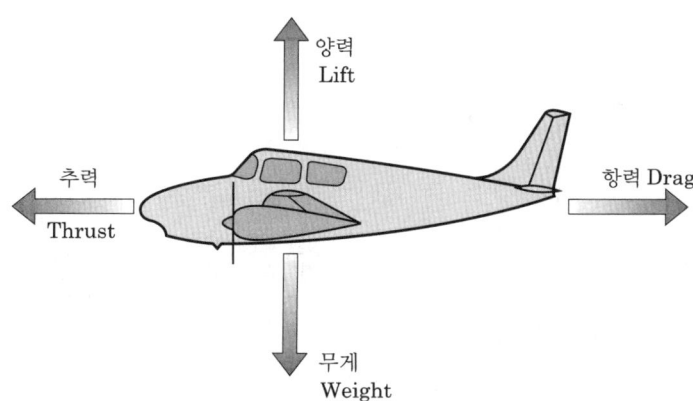

비행기가 공기 중을 수평 등속도로 비행하게 되면 비행경로 방향으로 추력($T$), 비행경로 반대 방향으로 항력($D$), 비행경로에 수직 아래 방향으로 무게($W$), 중력과 반대 방향으로 양력($L$)이 작용하게 된다.

① 항력의 종류: 마찰항력, 압력항력, 유도항력, 조파항력, 간섭항력 등이 있다.

　　가) 형상항력(profile drag) = 마찰항력 + 압력항력

　　나) 비행기의 항력

$$D(전체항력) = D_p(유해항력) + D_i(유도항력)$$

② 아음속 흐름에서 날개에 작용하는 총 항력

　　유도항력 + 형상항력 = 유도항력 + 압력항력 + 마찰항력

③ **유해항력(parasite drag):** 비행기에서 양력에 관계하지 않고 비행을 방해하는 모든 항력을 말한다. 유도항력을 제외한 모든 항력을 유해항력이라 한다.

④ **간섭항력:** 날개, 동체 및 바퀴다리 등 동체의 각 구성품을 지나는 흐름이 간섭을 일으켜서 생기는 항력이다.

⑤ **조파항력(wave drag):** 초음속 흐름에서 충격파로 인하여 발생하는 항력이다.

⑥ **유도항력:** 날개 끝에 생기는 와류현상에 의해 유도되는 항력으로 그 크기는 날개의 가로세로비에 반비례하고 양력계수의 제곱에 비례한다.

$$C_{D_i} = \frac{C_{L^2}}{\pi e A R}$$

## (2) 필요마력(Required Horse Power: $P_r$)

비행기가 항력을 이기고 전진하는 데 필요한 마력이다.

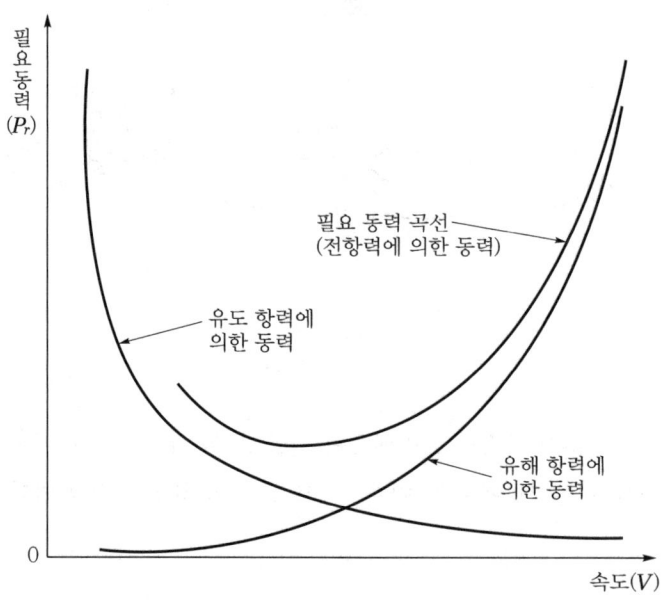

▲ 필요마력과 속도 곡선

$$P_r = \frac{DV}{75} = \frac{1}{150} \rho V^3 C_D S = \frac{W}{75} \sqrt{\frac{2W}{\rho S}} \frac{C_D}{C_L^{\frac{3}{2}}}$$

※ D: 항력, V: 속도, W: 무게, S: 날개 면적

비행기의 필요마력은 $\dfrac{C_D}{C_L^{\frac{3}{2}}}$ 가 최소값인 상태로 비행할 때에 최소가 되고, 필요마력이 가장 작아 연료소비가 가장 작다.

## (3) 이용마력(Available Horse Power: $P_a$)

비행기가 가속 또는 상승시키기 위해 엔진으로부터 발생시킬 수 있는 출력이다.

### ① 왕복엔진을 장비한 프로펠러 비행기의 이용마력

$$P_a = \frac{TV}{75} = \eta \times BHP$$

※ $\eta$: 프로펠러 효율, BHP: 제동마력(PS), T: 추력

### ② 제트비행기의 이용마력

$$P_a = \frac{TV}{75} \qquad ※\, \text{T: 추력, V: 속도}$$

### ③ 여유마력(잉여마력, Excess Horse Power): 이용마력과 필요마력과의 차를 여유마력이라 하며, 비행기의 상승 성능을 결정하는 중요한 요소가 된다. 상승률을 좋게 하려면 이용마력이 필요마력보다 훨씬 커야 한다.

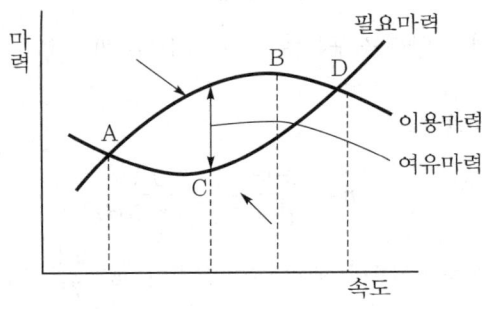

※ A : 수평비행이 가능한 최소속도
   B : 수평비행이 가능한 최대속도

# 2 일반 성능

## (1) 상승 비행

### ① 동력비행

가) 상승 비행 시 평형 조건

- 비행기 진행 방향과 힘의 평형식($T = W\sin\theta + D$)

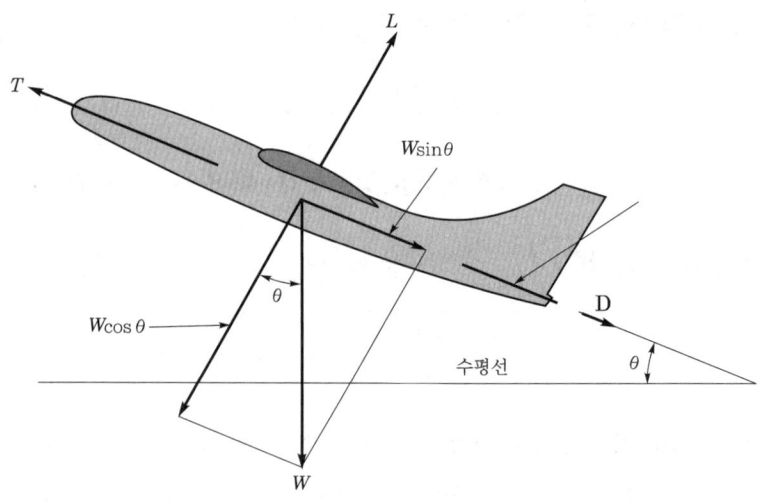

▲ 상승비행 시 힘의 작용

- 진행 방향에 직각인 방향의 힘의 평형식

상승 비행 시 양력을 구하는 식 ($L = W\cos\theta$)

나) 프로펠러 효율($\eta$)

$$\eta = \frac{출력}{입력} = \frac{TV}{75 \times BHP}$$

※ 입력: BHP(제동마력), 출력($P_a$): $\dfrac{TV}{75}$ (이용마력)

---

**참고**

이용마력을 프로펠러 효율로 나타내면 $P_a = \dfrac{TV}{75} = \eta \times BHP$

② 상승률(R.C: Rate of Climb)

$$R.C = \frac{75}{W}(P_a - P_r) = V\sin\theta$$

※ $P_a$: 이용마력, $P_r$: 필요마력, $W$: 무게, $\theta$ =상승각

**참고** 상승률을 크게 하려면 --------------------------------------------------

- 중량(W)이 작아야 한다.
- 여유마력이 커야 한다. 즉, 이용마력이 필요마력보다 커야 한다.
- 프로펠러 효율이 좋아야 한다.

③ **고도의 영향**

가) 해발고도와 일정 고도에서의 속도 관계식

$$V = V_0 \sqrt{\frac{\rho_0}{\rho}}$$

※ $V$: 일정 고도에서의 속도, $V_0$: 해발고도에서의 속도,

   $\rho$: 일정 고도에서의 공기밀도, $\rho_0$: 해발고도에서의 공기밀도

나) 해발고도와 일정 고도에서의 필요마력 관계식

$$P_r = P_{r0} \sqrt{\frac{\rho_0}{\rho}}$$

※ $P_r$: 일정 고도에서의 필요마력, $P_{r0}$: 해발고도에서의 필요마력,

   $\rho$: 일정 고도에서의 공기밀도, $\rho_0$: 해발고도에서의 공기밀도

**참고** --------------------------------------------------------------------

해발고도와 일정 고도에서 동일한 받음각으로 비행하는 비행기에 대해 속도와 필요마력은 밀도비($\frac{\rho_0}{\rho}$)의 제곱근에 비례하여 증가한다.

④ **상승한계**

| 절대 상승한계<br>(absolute ceiling) | 이용마력과 필요마력이 같아 상승률이 0m/s인 고도이다. |
|---|---|
| 실용 상승한계<br>(service ceiling) | 상승률이 0.5m/s인 고도로 절대 상승한계의 약 80~90%에 해당한다. |
| 운용 상승한계<br>(Operation ceiling) | 비행기가 실제로 운용할 수 있는 고도로 상승률이 2.5m/s인 고도이다. |

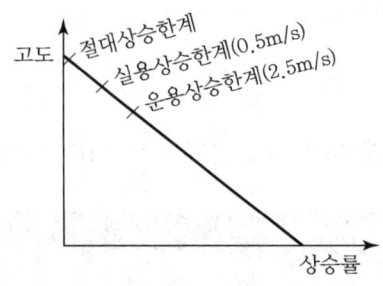

고도 — 절대상승한계
실용상승한계(0.5m/s)
운용상승한계(2.5m/s)

상승률

### ⑤ 상승시간(t)

$$t = \frac{\text{고도변화}}{\text{평균상승률}} = \Sigma \frac{\triangle h}{(R.C)_m}$$

※ $t$: 상승시간, $\triangle h$: 고도의 변화율, $(R.C)_m$: 평균 상승률 $= \dfrac{\text{고도 변화}}{\text{상승 시간}}$

## (2) 수평비행

### ① 수평비행

가) 등속 수평비행 조건

T=D, L=W

T: 추력, D: 항력, L: 양력, W: 중력

나) 힘의 평형

- T〉D이면 가속도 전진 비행
- T=D이면 등속도 전진 비행
- T〈D이면 감속도 전진 비행

다) 실속속도(최소속도: $V_{\min} = V_S$)

양력계수가 최대가 되었을 때의 속도를 말하며, 이때 받음각을 실속각이라 한다.

$$V_{\min} = V_S = \sqrt{\frac{2W}{\rho C_{Lmax}S}}$$

※ $V_{\min}$: 최소속도, W: 비행기 무게, S: 날개 면적, $C_{Lmax}$: 최대 양력계수, $\rho$: 밀도

② 순항 성능

가) 순항: 비행기가 어떤 지점에서 목적지까지 비행하는 경우에 이륙, 착륙, 상승, 그리고 하강하는 구간을 제외한 비행 구간에서는 수평비행 하는 것을 말한다.

나) 순항비행 방식

| 장거리 순항 방식 | 연료를 소비함에 따라 비행기 무게가 감소하므로 순항속도를 점차 줄여 기본 출력을 감소시킴으로써 경제적으로 비행하는 방식이다(연료소비량 절약). |
|---|---|
| 고속 순항 방식 | 비행기의 무게는 연료를 소비함에 따라 감소하는 것을 고려하여 순항속도를 증가시키는 방식이다(엔진의 출력을 일정하게 유지하고 소요시간을 절약). |

다) 항속시간(endurance): 비행기가 출발할 때부터 탑재한 연료를 다 사용할 때까지의 시간이다.

• 프로펠러 연료 소비율($c$): 엔진 출력의 1마력당 1시간에 소비하는 연료 소비량($kgf$)을 의미한다.

• 1초당 연료 소비량

$$\text{초당 연료 소비량} = \frac{(\text{엔진 출력} \times \text{시간당 연료 소비율})}{3,600}$$

• 항속 시간(t)

$$\text{항속 시간(t)} = \frac{\text{연료 탑재량}(kgf)}{\text{초당 연료 소비량}(kgf/s)}$$

$$= \frac{\text{연료 탑재 비행기의 출발 시 무게} - \text{연료 사용 후 비행기의 무게}}{\text{초당 연료 소비량}}$$

라) 항속거리(range)

• 프로펠러 비행기의 항속거리

$$R = \frac{540\eta}{C} \times \frac{C_L}{C_D} \times \frac{W_1 - W_2}{W_1 + W_2} \, [\text{km}]$$

※ $C$: 연료 소비율, $R$: 항속거리, $\frac{C_L}{C_D}$: 양항비, $W$: 착륙 시 중량, $\eta$: 프로펠러 효율, $W_1$: 연료를 탑재하고 출발 시의 비행기 중량(전 비중량), $W_2$: 연료를 전부 사용했을 때의 비행기 중량

참고 ----------------------------------------------------------------------------------

프로펠러 항공기의 항속거리를 길게 하려면 프로펠러 효율($\eta$)을 크게 해야 하고, 연료 소비율($C$)을 작게 해야 하며, 양항비가 최대인 받음각($\frac{C_L}{C_D}$)$_{max}$으로 비행해야 하고, 연료를 많이 실을 수 있어야 한다.

• 제트기의 항속거리

$$R = 3.6 \times \frac{C_L^{\frac{1}{2}}}{C_D} \sqrt{\frac{2}{\rho} \cdot \frac{W}{S}} \times \frac{B}{C_t \cdot W} \ [\text{km}]$$

참고 ----------------------------------------------------------------------------------

제트기의 최대 항속거리로 비행하기 위해서는 $\frac{C_L^{\frac{1}{2}}}{C_D}$ 이 최대인 받음각으로 비행해야 하며, 연료소비율($C_t$)이 작아야 하고, 연료를 많이 실을 수 있어야 한다.

③ 등속도 비행에서의 최대속도($V_{\max}$)

$$V_{\max} = \sqrt{\frac{2 \times 75 \times \eta BHP}{\rho S C_D}}$$

※ $\rho$: 공기밀도, $\eta$: 프로펠러 효율, S: 날개 면적, $C_D$: 항력계수, $BHP$: 출력

## (3) 하강 비행

### ① 활공(gliding)비행

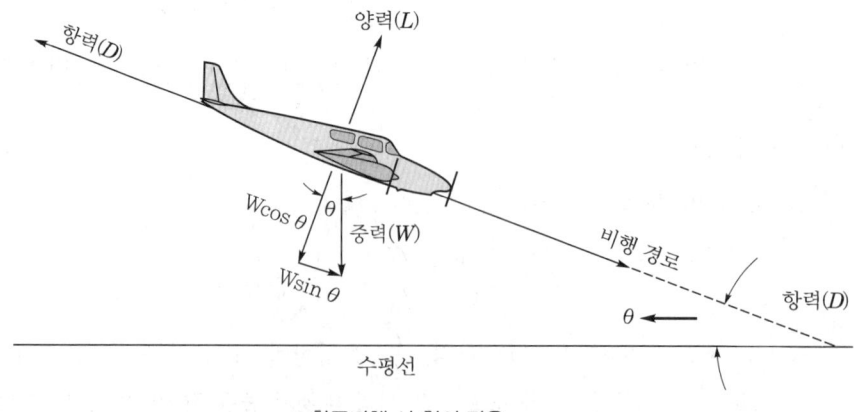

▲ 활공비행 시 힘의 작용

• 활공하는 비행기에 작용하는 힘

$$L = W\cos\theta$$
$$D = W\sin\theta$$

가) 활공각

$$\tan\theta = \frac{C_D}{C_L} = \frac{1}{\text{양항비}}, \quad \text{양항비} = \frac{C_L}{C_D}$$

**참고**

활공각 $\theta$는 양항비($\frac{C_L}{C_D}$)에 반비례한다. 즉, 멀리 활공하려면 활공각이 작아야 되며, 활공각이 작으려면 양항비가 커야 한다.

나) 활공비

$$\text{활공비} = \frac{L}{h} = \frac{C_L}{C_D} = \frac{1}{\tan\theta} = \text{양항비}$$

※ L: 활공거리, $h$: 활공고도

**참고**

활공비를 좋게 하려면, 즉 멀리 비행하려면 활공각($\theta$)이 작아야 한다. $\theta$가 작다는 것은 양항비($\frac{C_L}{C_D}$)가 크다는 것이다.

다) 하강속도

$$\text{하강속도} = -V\sin\theta = \frac{DV}{W} = \frac{75 \times \text{필요마력}}{W}$$

**참고**

음(−)의 부호는 하강을 의미한다. 비행기 무게가 정해지면 최소 침하속도는 필요마력이 최소일 때이다.

② **급강하(diving)**

가) 종극속도(terminal velocity, $V_D$): 비행기가 급강하할 때 더 이상 속도가 증가하지 않고 일정 속도로 유지되는 속도이다. [급강하 시 힘의 평형: W=D, L=0(zero)]

$$V_D = \sqrt{\frac{2}{\rho}\frac{W}{S}\frac{1}{C_D}}$$

※ $\rho$: 밀도, W: 비행기 무게, S: 날개 면적, $C_D$: 항력계수

### ③ 이륙

가) 이륙(take-off)

| 안전 이륙속도 | 실속속도의 1.2배 |
|---|---|
| 이륙거리 | 비행기가 정지상태에서 출발하여 프로펠러기는 15m, 제트기는 10.7m가 될 때까지의 지상 수평거리이다.<br>(이륙거리=지상 활주거리+상승거리) |
| 상승거리<br>(장애물 고도) | 프로펠러 비행기는 15m(50ft), 제트기는 10.7m(35ft) |

나) 이륙 활주거리

$$S = \frac{W}{2g} \times \frac{V^2}{(T-F-D)}$$

※ S: 이륙거리, V: 착륙속도, T: 추력, D: 항력, F: 지면에 대한 마찰력$((F=\mu(W-L))$, $\mu$: 마찰계수

다) 이륙거리를 짧게 하는 방법

- 비행기 무게($W$)를 작게 한다.
- 추력($T$)을 크게 한다.
- 맞바람으로 이륙한다.
- 항력이 작은 활주자세로 이륙한다.
- 고양력 장치를 사용한다.

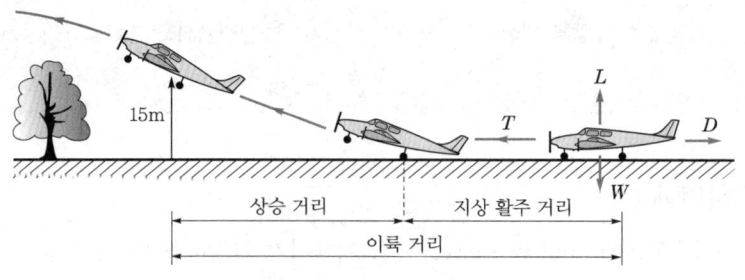

추력($T$) > 항력($D$)　　추력($T$) > 항력($D$)
양력($L$) > 무게($W$)　　양력($L$) < 무게($W$)

④ **착륙(landing)**

가) 착륙거리: 비행기가 활주로 끝 상공에서 장애물 고도(프로펠러기 15m, 제트기 10.7m)를 지나서 완전히 정지할 때까지의 수평거리이다.

[착륙거리＝착륙 진입거리＋지상 활주거리]

$$S = \frac{W}{2g} \times \frac{V^2}{(D + \mu W)}$$

※ S: 착륙거리, $\mu$: 착륙 시 마찰계수, V: 착륙속도

나) 접지속도(진입속도): 실속속도의 1.3배

다) 착륙 시 강하각: 2.5~3°

라) 착륙거리를 짧게 하는 방법

- 착륙 무게(W)가 가벼워야 한다.
- 접지속도가 작아야 한다.
- 착륙 활주 중에 항력을 크게 한다.

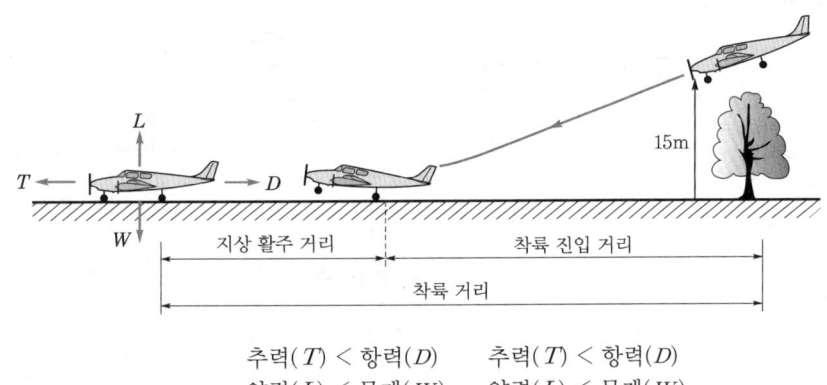

추력($T$) < 항력($D$)　　추력($T$) < 항력($D$)
양력($L$) < 무게($W$)　　양력($L$) < 무게($W$)

---

## 3  특수 성능

### (1) 실속 성능

① **실속받음각**: 양력 계수값이 최대일 때의 받음각

② **실속속도**($V_S$): $V_S = \sqrt{\dfrac{2W}{\rho S C_{Lmax}}}$

③ 실속 시 일어나는 현상

  가) 버핏 현상 발생

  나) 승강키의 효율 감소

  다) 조종간에 의해 조종이 불가능해지는 기수 내림(nose down) 현상

④ 실속의 종류

| 부분 실속<br>(partial stall) | 실속상태에 들어가기 전에 실속경보장치가 울리게 되고, 이때 조종간을 풀어 주어 승강키를 내리게 되면 실속상태에서 벗어난다. |
|---|---|
| 정상 실속<br>(normal stall) | 실속경보가 울린 후에도 조종간을 당기고 있으면, 비행기의 기수가 내려 갈 때 조종간을 풀어 준다. |
| 완전 실속<br>(complete stall) | 실속 경보가 울린 후에도 계속 조종간을 당긴 상태에서 기수가 완전히 내려가 거의 수직 강하 자세가 된 상태에서 조종간을 풀어주어 회복한다. |

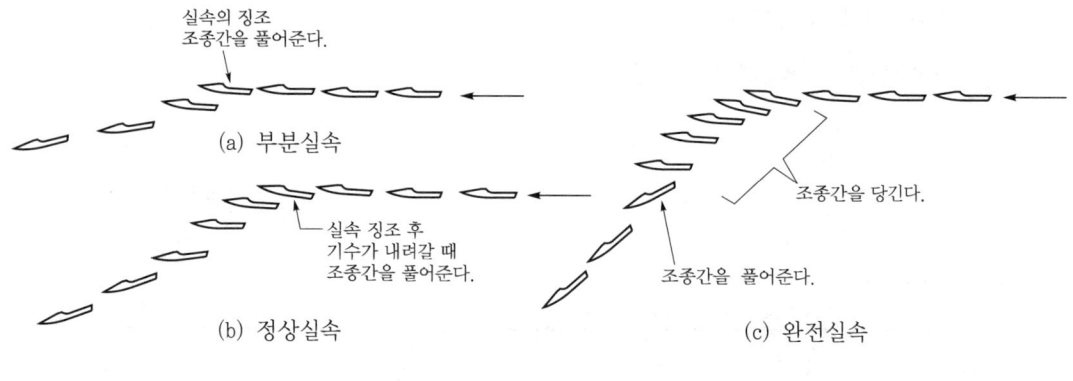

▲ 실속의 종류

## (2) 스핀 성능

① **자동회전(auto-rotation):** 받음각이 실속각보다 클 경우, 날개 한쪽 끝에 가볍게 교란을 주면 날개가 회전하는데, 이때 회전이 점점 빨라져 일정하게 계속 회전하는 현상이다.

② **스핀(spin):** 자동회전과 수직강하가 조합된 비행이다. 비행기가 실속상태에 빠질 때, 좌우 날개의 불평형 때문에 어느 한쪽 날개가 먼저 실속상태에 들어가 회전하면서 수직강하 하는 현상이다.

  가) 정상 스핀(normal spin): 하강속도와 옆놀이 각속도가 일정하게 유지하면서 하강을 계속하는 상태이다.

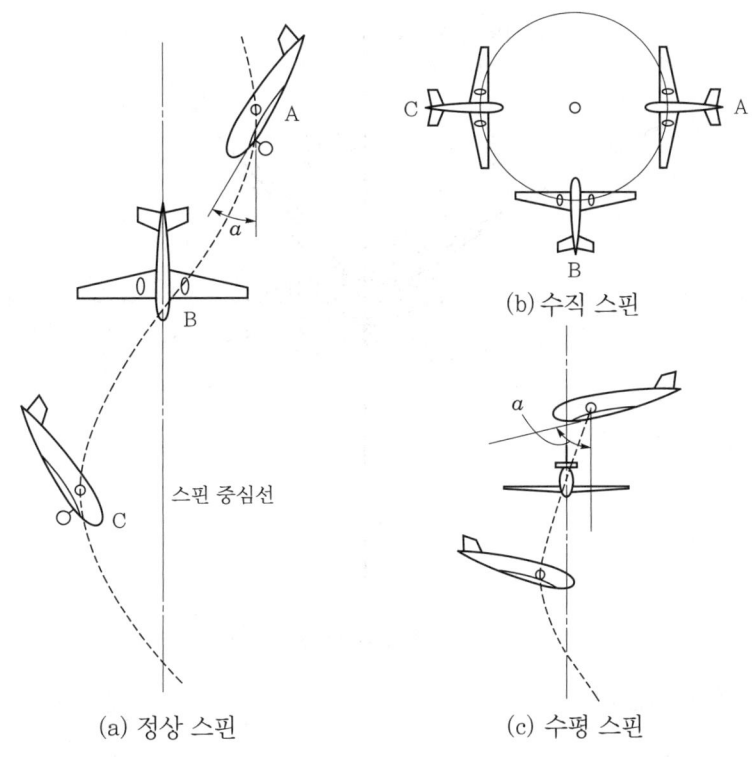

(a) 정상 스핀          (b) 수직 스핀          (c) 수평 스핀

| 수직 스핀 | 비행기의 받음각이 20~40° 정도이고, 낙하속도는 비교적 작은 40~80m/s 정도로 회복이 가능한 비행법이다. |
|---|---|
| 수평 스핀 | 수직 스핀의 상태에서 기수가 들린 형태로 수평 자세로 되면서 회전속도가 빨라지고 회전 반지름이 작아져서 회복이 불가능한 상태에 이르게 하는 스핀이다. |
| 스핀 운동 | 조종간을 당겨서 실속시킨 후, 방향키 페달을 한쪽만 밟아 준다. |
| 스핀 회복 | 조종간을 반대로 밀어서 받음각을 감소시켜 급강하로 들어가서 스핀을 회복해야 한다. |

**4**    **기동 성능**

### (1) 선회비행

① **정상 선회**: 수평 면 내에서 일정한 선회 반지름을 가지고 원운동을 하는 비행이다. 정상 선회 시에는 원심력과 구심력이 같다.

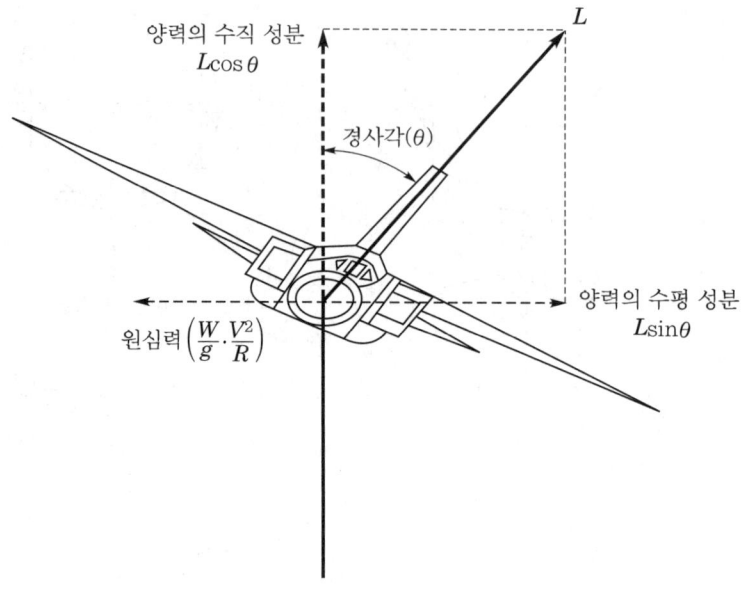

양력의 수직 성분
$L\cos\theta$

$L$

경사각($\theta$)

양력의 수평 성분
$L\sin\theta$

원심력 $\left(\dfrac{W}{g}\cdot\dfrac{V^2}{R}\right)$

▲ 선회비행 시 작용하는 힘

가) 선회 반지름(R)

$$R=\frac{V^2}{gtan\theta}$$

※ R: 선회 반지름, $\theta$: 경사각, V: 선회속도, g: 중력가속도

**참고**

선회 반지름을 작게 하려면 선회속도를 작게 하거나 경사각을 크게 하면 된다.

나) 선회 시 양력(L)

$$L=\frac{W}{\cos\theta}$$

다) 원심력(C.F)

$$C.F=\frac{WV^2}{gR}=Wtan\theta$$

② 선회 경사의 분류

▲ 균형 선회      ▲ 외활 선회      ▲ 내활 선회

가) 균형 선회(coordinated turn): 선회 시 원심력과 중력이 같으며, 볼은 중앙에 위치한다.

나) 내활 선회(slip turn): 선회 시 구심력이 원심력보다 크고, 볼이 선회계 바늘과 같은 방향으로 치우친다. 즉, 선회 방향 안쪽으로 미끄러지는 현상이다.

다) 외활 선회(skid turn): 선회 시 원심력이 구심력보다 크고, 볼이 선회계 바늘과 반대 방향으로 치우친다. 즉, 원심력 때문에 선회 방향의 바깥쪽으로 미끄러지는 현상이다.

③ 선회속도($V_t$)

가) 직선비행 시 속도(V)와 선회비행 시 속도($V_t$)와의 관계식

$$V_t = \frac{V}{\sqrt{\cos\theta}}, \quad \theta : 경사각$$

나) 수평비행 시 실속속도($V_s$)와 선회 중의 실속속도($V_{ts}$)와의 관계식

$$V_{ts} = \frac{V_s}{\sqrt{\cos\theta}}$$

④ 선회 중의 하중배수

가) 하중배수(load factor: n): 어떤 비행상태에서 양력과 무게와의 비

$$하중배수\,(n) = \frac{L}{W}$$

※ 수평비행 시 하중배수: 1 또는 1g

나) 선회비행 시 하중배수(n)

$$하중배수 = \frac{L}{W}$$

• 60° 선회비행 시 하중배수: 2
• 30° 선회비행 시 하중배수: 1.15

## ⑤ 비행 하중

### 가) 가속운동 시 하중배수

- 1) 비행기 무게의 $n$배가 되면

$$하중배수(n) = \frac{L}{W}$$

$$n = \frac{비행기\ 무게 + 관성력}{비행기\ 무게} = 1 + \frac{관성력}{비행기\ 무게}$$

- 2) 지구의 중력가속도를 $g$라 하면

$$관성력 = 비행기\ 질량 \times 가속도$$

$$= \frac{비행기\ 무게}{g} \times 가속도$$

- 1), 2)를 대입하면

$$n = 1 + \frac{가속도}{g}$$

### 나) 안전계수

- 제한 하중(limit load): 비행 중에 생길 수 있는 최대 하중이다.
- 극한 하중(ultimate load): 비행기에 예기치 않는 과도한 하중이 작용하더라도 최소 3초간은 안전하게 견딜 수 있는 하중이다. [극한 하중=제한 하중×안전계수(1.5)]

| 안전계수 범위 | 적용 |
|---|---|
| 1.5~1.2 | 구조부재에 적용 |
| 1.33 | 조종케이블(control cable) |
| 1.15 | 피팅(fitting) |

- 제한 하중배수

| 감항류별 | 제한 하중배수 | 제한운동 |
|---|---|---|
| A류(acrobatic) | 6(곡기비행기) | 곡예비행에 적합 |
| U류(utility) | 4.4(실용비행기) | 제한된 곡예비행 가능 |
| N류(normal) | 2.25~3.8(보통비행기) | 곡예비행 불가 |
| T류(transport) | 2.5(수송기) | 수송기의 운동 가능<br>곡예비행 불가 |

다) V-n 선도: 항공기속도(V)와 하중배수(n)를 두 직교축으로 하여 항공기속도에 대한 한계 하중배수를 나타내어 항공기의 안전한 비행 범위를 정해 주는 선도이다.

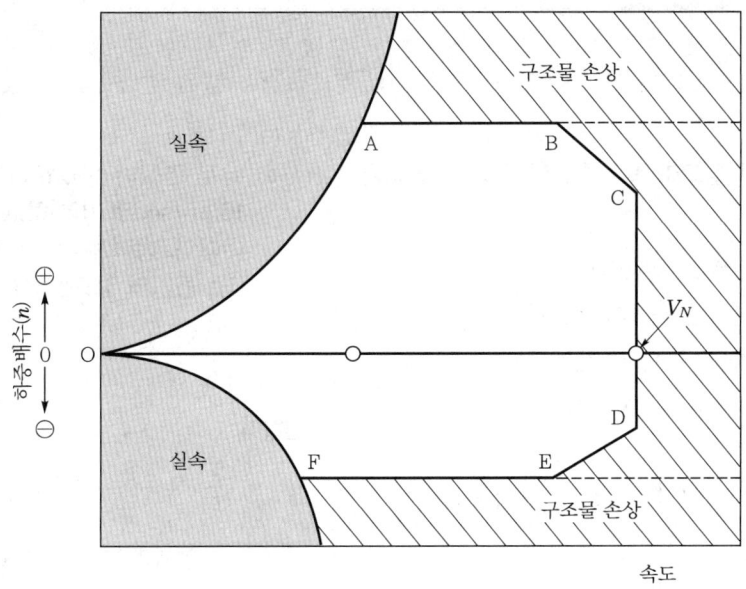

※ 항공기가 OABCDEF 내부에서 운동할 때는 구조 강도상의 보장을 받을 수 있다.

# CHAPTER
# 03 실력 점검 문제

**01** 항공기의 필요마력과 속도와의 가장 올바른 것은?

① 필요마력은 속도에 비례한다.
② 필요마력은 속도의 제곱에 비례한다.
③ 필요마력은 속도의 세제곱에 비례한다.
④ 필요마력은 속도에 반비례한다.

**해설**

$$P_r(필요마력) = \frac{DV}{75} = C_D \times \frac{1}{2}\rho V^2 S \times \frac{V}{75}$$
$$= \frac{1}{150} C_D \rho V^3 S$$

필요마력은 항력이 적을수록 필요 마력이 적어지고, 항력계수가 같을 경우 속도의 세제곱에 비례한다.

**02** 필요마력에 대한 설명으로 가장 올바른 것은?

① 고도가 높을수록 밀도가 증가하여 필요마력은 커진다.
② 날개하중이 작을수록 필요마력은 커진다.
③ 항력계수가 작을수록 필요마력은 작다.
④ 속도가 작을수록 필요마력은 크다.

**해설**

1번 해설 참고

**03** 날개 면적이 100m²이며, 고도 5,000m에서 150m/sec로 비행하고 있는 항공기가 있다. 이때의 항력계수는 0.02이다. 필요마력은? (단, 공기의 밀도는 0.070kg · s²/m⁴이다.)

① 1,890 　　② 2,500
③ 3,150 　　④ 3,250

**해설**

$$P_r = \frac{DV}{75} = \frac{1}{150}\rho V^3 S C_D$$
$$= \frac{1}{150} \times 0.070 \times 150^3 \times 100 \times 0.02 = 3,150$$

**04** 항공기 중량이 900kgf, 날개 면적이 10m²인 제트 항공기가 수평 등속도로 비행할 때, 추력은 몇 kgf인가? (단, 양항비는 3이다.)

① 300 　　② 250
③ 200 　　④ 150

**해설**

$$T = W \cdot \frac{C_D}{C_L} = 900 \times \frac{1}{3} = 300$$

**05** 절대상승한도란?

① 상승률이 0m/sec 되는 고도
② 상승률이 0.5m/sec 되는 고도
③ 상승률이 5cm/sec 되는 고도
④ 상승률이 0.5cm/sec 되는 고도

정답 01. ③ 02. ③ 03. ③ 04. ① 05. ①

**해설**

- 절대상승한계: 비행기가 계속 상승하다가 일정 고도에 도달하게 되면 이용마력과 필요마력이 같아지는 고도에 이르게 되는데, 이때 비행기는 더 이상 상승하지 못하게 되며 상승률은 0m/s가 된다. 이때의 고도를 절대상승한계라 한다.
- 실용상승한계: 상승률이 0.5m/s가 되는 고도를 말하며, 절대상승한계의 약 80~90%가 된다.
- 운용상승한계: 실제로 비행기가 운용될 수 있는 고도를 말하며, 상승률이 2.5m/s인 고도이다.

**06** 항공기에 사용되는 실용상승한도(service ceiling)란 상승률이 얼마인 고도인가?

① 0.1m/sec       ② 0.5m/sec

③ 1m/sec       ④ 1.5m/sec

**해설**

5번 문제 해설 참고

**07** 최대 양항비가 12인 항공기가 고도 2,400에서 활공을 시작했다. 최대 수평 도달거리는?

① 14,400m       ② 24,000m

③ 28,800m       ④ 48,000m

**해설**

활공거리=L×h=12×2,400=28,800

**08** 비행기 중량 W=5,000kg, 날개 면적 S=50m², 비행고도가 해면상일 때 최소속도 $V_{min}$(m/sec)을 구하면? (단, 비행기의 $C_{L\,MAX}$(양력계수)=1.56, 밀도 $\rho$ = 1/8kgf · s²/m⁴)

① 0.32       ② 1.32

③ 13.2       ④ 32

**해설**

$$V_{min} = V_s = \sqrt{\frac{2W}{\rho S C_{Lmax}}} = \sqrt{\frac{2 \times 5,000}{0.125 \times 50 \times 1.56}}$$
$$= 32.02 ≒ 32$$

**09** 글라이더가 고도 2,000m 상공에서 양항비 20인 상태로 활공한다면, 도달할 수 있는 수평활공거리(m)는?

① 40,000       ② 3,000

③ 2,000       ④ 6,000

**해설**

$$L = \frac{C_L}{C_D} \cdot h = 20 \times 2,000 = 40,000$$

**10** 항공기의 상승비행에 대한 설명으로 가장 올바른 것은?

① 이용마력과 필요마력이 같다.

② 이용마력이 필요마력보다 크다.

③ 이용마력이 필요마력보다 적다.

④ 이용마력과 관계없이 필요마력에 의해 결정된다.

**해설**

여유마력(잉여마력: excess horse power)은 이용마력($P_a$)과 필요마력($P_r$)과의 차를 말한다. 비행기의 상승 성능을 결정하는 중요한 요소가 된다. 상승률을 좋게 하려면 이용마력이 필요마력보다 훨씬 커야 한다.

$$R.C = \frac{75\,(P_a - P_r)}{W}$$

**11** 무게 1,000kgf의 비행기가 7,000m 상공(=0.06kgf · s²/m⁴)에서 급강하하고 있다. 항력계수 $C_D$=0.1이고, 날개하중은 30kgf/m²이다. 이때의 급강하 속도는 얼마인가?

① 105m/s       ② 100.3km/h

③ 200m/s       ④ 100.5km/h

**해설**

$$V_D = \sqrt{\frac{2W}{\rho C_D S}} = \sqrt{\frac{2 \times 1,000}{0.06 \times 0.1 \times 30}} = 105.4$$
$$≒ 105m/s$$

✈ **정답**  06. ②  07. ③  08. ④  09. ①  10. ②  11. ①

**12** 실속속도가 160km/h이고 양항비가 5인 비행기가 마찰계수 0.06인 활주로에 착륙하는 경우, 이 비행기의 착륙 활주 거리는 약 얼마인가?

① 1,025m ② 886m

③ 655m ④ 630m

$$S = \frac{W}{2\,g} \cdot \frac{V^2}{(D+\mu W)} \cdots ①$$

$$S = \frac{1}{2\,g} \cdot \frac{V^2}{\dfrac{D}{W}\mu} \cdots ②$$

①번 식의 분모와 분자를 무게 $W$로 나누고, ②번 식에서 $W = L$로 가정하면 아래와 같이 식이 성립된다.

$$S = \frac{1}{2\,g} \cdot \frac{V^2}{\dfrac{D}{L}+\mu} = \frac{1}{2 \times 9.8} \times \frac{(\frac{208}{3.6})^2}{(\frac{1}{5}+0.06)} = 654.8$$

$$\fallingdotseq 655m$$

(여기서, 착륙속도는 실속속도의 1.3배이다. 즉, $160 \times 1.3 = 208$이 된다.)

**13** 활공기에서 활공거리를 크게 하기 위한 설명 중 가장 올바른 것은?

① 형상항력을 최대로 한다.

② 가로세로비를 작게 한다.

③ 날개의 가로세로비를 크게 한다.

④ 표면 박리현상 방지를 위하여 표면을 적절히 거칠게 한다.

활공거리를 크게 하려면 양항비를 크게 하거나, 날개의 가로세로비를 크게 하면 양항비가 커져 활공거리를 증가시킬 수 있다.

**14** 제트 항공기가 최대 항속거리로 비행하기 위한 조건은? (단, 연료소비율은 일정)

① $\left(\dfrac{C_L^{\frac{1}{2}}}{C_D}\right)$ 최대 및 고고도

② $\left(\dfrac{C_L^{\frac{1}{2}}}{C_D}\right)$ 최대 및 저고도

③ $\left(\dfrac{C_L}{C_D}\right)$ 최대 및 고고도

④ $\left(\dfrac{C_L}{C_D}\right)$ 최대 및 저고도

| 항공기 형식 | 최대항속시간 | 최대항속거리 |
|---|---|---|
| 프로펠러 항공기 | $\dfrac{C_L^{\frac{3}{2}}}{C_D}$ | $\dfrac{C_L}{C_D}$ |
| 제트 항공기 | $\dfrac{C_L}{C_D}$ | $\dfrac{C_L^{\frac{1}{2}}}{C_D}$ |

**15** 그림에서 최대 상승률을 얻을 수 있는 지점은?

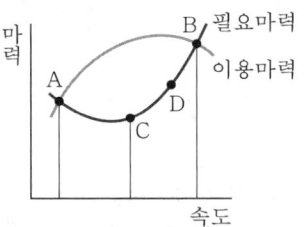

① A ② B

③ C ④ D

• 'A' 지점에서는 'A' 지점보다 더 작은 속도에서 이용마력이 필요마력보다 작으므로 수평 비행이 가능한 최소 속도이다.

• 'B' 지점에서는 'B' 지점보다 큰 속도에서 이용마력이 필요마력보다 작으므로 최대 수평 속도가 된다.

- 'C' 지점에서는 여유마력이 최대가 되므로 최대 상승률(maximum rate of climb)을 얻을 수 있다.

### 16 프로펠러 비행기의 항속거리를 증가시키기 위한 방법이 아닌 것은?

① 연료소비율을 적게 한다.
② 프로펠러 효율을 크게 한다.
③ 날개의 가로세로비를 작게 한다.
④ 양항비가 최대인 받음각으로 비행한다.

**해설**

날개의 가로세로비를 크게 하여 유도항력을 줄여야 항속거리를 크게 할 수 있다.

### 17 비행기가 230km/h로 수평비행하고 있다. 이 비행기의 상승률이 8m/s라고 하면 비행기의 상승각은 약 얼마로 볼 수 있는가?

① 4.8°
② 5.2°
③ 7.2°
④ 9.4°

**해설**

상승률(rate of climb, RC)

$R.C = \dfrac{75}{W}(P_a - P_r) = V\sin\theta$ 이므로, $8 = \dfrac{230}{3.6} \times \sin\theta$

∴ 상승각은 7.9°이다.

### 18 항공기의 이착륙 성능에 대한 설명으로 틀린 것은?

① 일반적으로 이륙속도는 실속속도(power off 시)의 1.2배로 한다.
② 항공기가 이륙할 때 정풍(head wind)을 받으면 이륙거리와 이륙시간이 짧아진다.
③ 항공기가 착륙할 때 항공기가 장애물 고도 위치에서 접지할 때까지의 수평거리를 착륙공중거리라 한다.
④ 항공기가 이륙할 때 항공기의 이륙거리는 지상활주거리를 말한다.

**해설**

- 이륙거리=지상활주거리+상승거리
- 프로펠러 비행기: 정지상태에서 이륙하여 지면에서 15m(50ft)의 고도에 도달할 때까지의 거리 → 지상활주거리=고도 15m(50ft)까지 도달하는 데 소요되는 상승거리
- 제트 비행기: 정지상태에서 이륙하여 지면에서 10.7m(35ft)의 고도에 도달할 때까지의 거리 → 지상활주거리+고도 10.7m(35ft)까지 도달하는 데 소요되는 상승거리

### 19 비행기가 정상 비행 시 110km/h에서 실속한다면, 하중배수가 1.3인 경우 실속속도는 약 몇 km/h인가?

① 34
② 68
③ 125
④ 250

**해설**

선회 시 하중배수 $n = \dfrac{1}{\cos\theta}$   $1.3 = \dfrac{1}{\cos\theta}$
∴ $\cos 40$
선회 중의 실속속도를 $V_{ts}$라고 하면
$V_{ts} = \dfrac{V_s}{\sqrt{\cos\theta}} = \dfrac{110}{\sqrt{\cos 40}} = 125$가 된다.

### 20 다음 중 수평 선회에 대한 설명으로 틀린 것은?

① 선회 반경은 속도가 클수록 커진다.
② 경사각이 크면 선회 반경은 작아진다.
③ 경사각이 클수록 하중배수는 커진다.
④ 선회 시 실속속도는 수평비행 실속속도보다 작다.

**해설**

선회 시 양력은 수직 방향이 아니라 경사각만큼 선회 방향으로 기울어지고, 그로 인해 선회 시 속도가 줄어들면 양력이 감소하여 기수가 떨어진다. 그러므로 수평 선회를 하려면 수평비행 시 실속속도보다 더 빠르게 비행해야 수평 선회가 가능하다.

✈ **정답**   16. ③   17. ③   18. ④   19. ③   20. ④

**21** 비행기가 착륙할 때 활주로 15m 높이에서 실속속도보다 더 빠른 속도로 활주로에 진입하며 강하하는 이유는?

① 비행기의 착륙거리를 줄이기 위해서

② 지면효과에 의한 급격한 항력 증가를 줄이기 위해서

③ 항공기 소음을 속도 증가를 통해 감소시키기 위해서

④ 지면 부근의 돌풍에 의한 비행기의 자세 교란을 방지하기 위해서

일반적으로 착륙 시 실속속도의 1.2배 속도로 착륙하는데, 실속속도보다 더 큰 속도로 착륙하는 이유는 지상 접근 시 지상에서 불어오는 돌풍으로 인한 자세 교란과 같은 사고를 방지하기 위함이다.

**22** 그림과 같이 하강하는 항공기의 힘의 성분(A)에 옳은 것은?

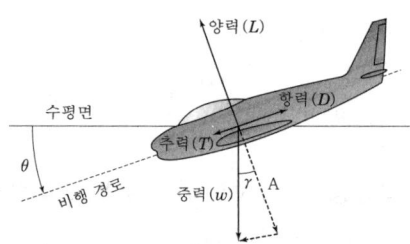

① $W\sin\varnothing$

② $W\cos\varnothing$

③ $W\tan\varnothing$

④ $\dfrac{W}{\sin\varnothing}$

A 방향의 힘은 $W\cos\theta$이며, A 힘과 추력 방향 $W\sin\theta$의 합력이 중력 방향의 W가 된다.

**23** 제트 비행기의 장애물 고도는 약 몇 ft인가?

① 10  ② 15

③ 35  ④ 50

---

• 장애물 고도란 항공기가 이착륙 시 안전한 비행상태의 고도를 말한다.

• 프로펠러 항공기는 15m(50ft)

• 제트 항공기는 10.7m(35ft)

**24** 비행기의 무게가 5,000kgf이고 엔진 출력이 400HP이다. 프로펠러 효율 0.85로 등속 수평 비행을 한다면, 이때 비행기의 이용마력은 몇 HP인가?

① 340  ② 370

③ 415  ④ 460

$P_a$(이용마력) $= BHP$(제동마력)$\times\eta$(효율)

$= 400\times0.85 = 340ps$

**25** 그림과 같은 항공기의 운동을 무엇이라 하는가?

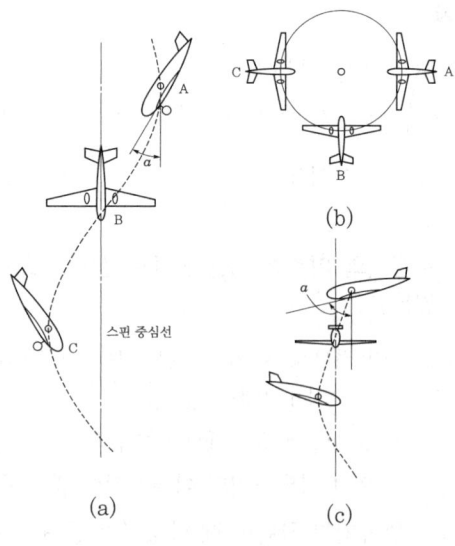

① 스핀  ② 턱언더

③ 선회  ④ 버피팅

---

**해설**

스핀이란 자동회전과 수직강하 운동의 합성 운동으로 (a) 그림은 수직 스핀, (c) 그림을 수평 스핀이라 한다.

**26** 무게가 5,000kgf인 비행기가 경사각 30°로 200km/h의 속도로 정상 선회하는 경우, 선회 반지름 R은 약 얼마인가?

① 480m      ② 546m

③ 672m      ④ 880m

**해설**

$$R = \frac{V^2}{g\tan\theta} = \frac{(\frac{200}{3.6})^2}{9.8 \times \tan 30} = 545.49 \fallingdotseq 546$$

($R$: 선회 반지름, $\theta$: 경사각, $v$: 선회속도, $g$: 중력가속도)

**27** 비행기가 선회비행을 할 때 정상 선회라 하는 것은 어떤 경우인가?

① 원심력이 구심력보다 큰 경우이다.

② 원심력이 구심력과 같은 경우이다.

③ 원심력이 구심력보다 작은 경우이다.

④ 속도가 원심력보다 큰 경우이다.

**해설**

수평면 내에서 일정한 선회 반지름을 가지고 원운동을 하는 비행을 정상 선회라 한다. 정상 선회 시 원운동을 하는 물체는 원운동으로부터 이탈하려는 원심력과 방향이 반대이고 크기가 같은 구심력이 서로 균형을 이루면서 원운동을 하게 된다.

**28** 중량 3,200kgf인 비행기가 경사각 30°로 정상 선회를 하고 있을 때, 이 비행기의 원심력은 약 몇 kgf인가?

① 1,600      ② 1,847

③ 2,771      ④ 3,200

**해설**

$$\tan\theta = \frac{C.F}{W} \quad C.F = \tan\theta \times W$$

$$C.F(\text{원심력}) = \tan 30 \times 3,200 = 1,847 kgf$$

**29** 선회각 ø로 정상 수평 선회비행 하는 비행기의 하중배수를 나타낸 식은? (단, $W$는 항공기의 무게이다.)

① $W\cos ø$      ② $\frac{W}{\cos ø}$

③ $\cos ø$      ④ $\frac{1}{\cos ø}$

**해설**

$$L \cdot \cos\theta = W \rightarrow \frac{1}{\cos\theta} = \frac{L}{W}$$

수평비행 시 하중배수 $n = \frac{L}{W}$

$\therefore$ 선회 비행 시 하중배수 $n = \frac{1}{\cos\theta}$

**30** 600km/h 수평속도의 비행기가 같은 받음각 상태에서 30°로 경사하여 선회하는 경우에 있어서 선회속도는?

① 645km/h

② 693km/h

③ 850km/h

④ 1200km/h

**해설**

직선비행 시 속도($V$)와 선회비행 시 속도($V_t$)와의 관계식

$$V_t = \frac{V}{\sqrt{\cos\theta}} = \frac{600}{\sqrt{\cos 30}} = 644.74 \fallingdotseq 645 km/h$$

✈ **정답**   26. ②   27. ②   28. ②   29. ④   30. ①

# 04 항공기의 안정과 조종

## 1 조종면

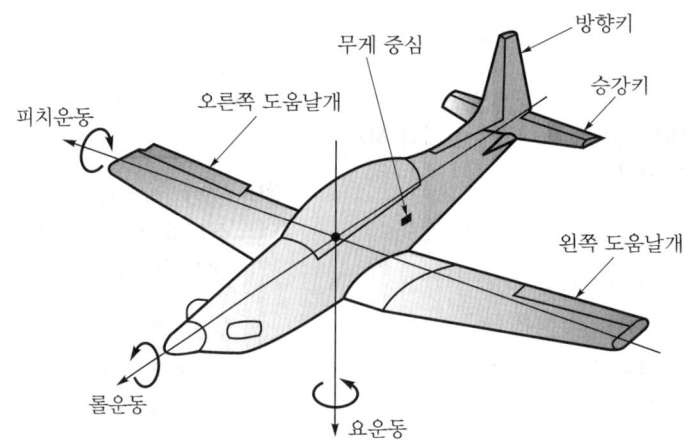

### (1) 조종면의 효율

① **주 조종면(primary control surface):** 도움날개(aileron), 승강키(elevator), 방향키(rudder)

② **부 조종면(secondary control surface):** 플랩(flap), 탭(tab), 스포일러(spoiler)

③ **조종면의 효율 변수(flap or control effectivenessParameter):** 플랩 변위의 효과는 각도에 대한 $C_L$의 곡선 기울기 값

### (2) 힌지 모멘트와 조종력

조종면은 힌지 축을 중심으로 위·아래로, 또는 좌우로 변위하도록 되어 있다.

① 힌지 모멘트(hinge moment, $H$): 조종면으로 흐르는 압력 분포의 차이로, 힌지 축을 중심으로 회전하려는 힘이다. 힌지 모멘트는 모멘트 계수, 동압, 조종면의 크기에 비례한다.

$$H = C_h \frac{1}{2} \rho V^2 b \, \bar{c}^2 = C_h q b \, \bar{c}^2$$

※ $H$: 힌지 모멘트, $C_h$: 힌지 모멘트 계수, $b$: 조종면의 폭, $\bar{c}$: 조종면의 평균시위

② 조종력($F_e$)과 승강키 힌지 모멘트($H_e$) 관계식

$$F_e = K \times H_e = K \times q \times b \times \bar{c}^2 \times C_h$$

※ $F_e$: 조종력, $H_e$: 승강키 힌지 모멘트, $K$: 조종계통의 기계적 장치에 의한 이득

> **참고** 조종력은 비행속도의 제곱에 비례하고 $b\bar{c}^2$ 에 반비례한다.
> - 속도의 2배가 되면, 조종력은 4배가 필요하다.
> - 조종면의 폭과 시위의 크기를 2배로 하면 조종력은 8배가 필요하다.

## (3) 공력 평형장치

조종면의 압력 분포를 변화시켜 조종력을 경감시키는 장치이다.

| 앞전 밸런스<br>(leading edge balance) | | 조종면의 힌지 중심에서 앞전을 길게 하여 조종력을 감소시키는 장치이다. |
|---|---|---|
| 혼 밸런스<br>(horn balance) | | 밸런스 역할을 하는 조종면을 플랩의 일부분에 집중시킨 것 |
| | 비보호 혼 | 밸런스 부분이 앞전까지 뻗쳐 나온 것을 비보호 혼(un-shielded horn)이라 한다. |
| | 보호 혼 | 밸런스 앞에 고정면을 가지는 것을 보호 혼(shielded horn)이라 한다. |
| 내부 밸런스<br>(internal balance) | | 플랩의 앞전이 밀폐되어 있어서 플랩의 아래 윗면의 압력 차에 의해서 앞전 밸런스와 같은 역할을 하도록 한다. |
| 프리즈 밸런스<br>(frise balance) | | 도움날개에 자주 사용되는 밸런스로서, 연동되는 도움날개에서 발생되는 힌지 모멘트가 서로 상쇄되도록 하여 조종력을 경감시킨다. |

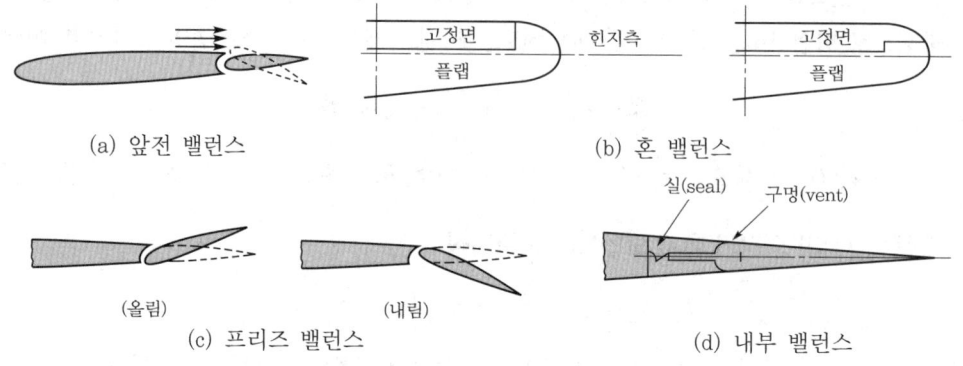

(a) 앞전 밸런스          (b) 혼 밸런스

(c) 프리즈 밸런스          (d) 내부 밸런스

## (4) 탭(tab)

조종면의 뒷전 부분에 부착시키는 작은 플랩의 일종으로, 조종면 뒷전 부분의 압력 분포를 변화시켜 힌지 모멘트에 변화를 생기게 한다.

| 탭 종류 | 특징 |
|---|---|
| 트림 탭(trim tab) | 조종면의 힌지 모멘트를 감소시켜 조종사의 조종력을 "0"으로 조종해 준다. |
| 평형 탭<br>(balance tab) | 조종면이 움직이는 방향과 반대 방향으로 움직이도록 기계적으로 연결되어 있다. |
| 서보 탭<br>(servo tab) | 조종석의 조종장치와 직접 연결되어 탭(tab)만 작동시켜 조종면을 움직이며, 조종력이 감소되어 대형 비행기에 주로 사용된다. |
| 스프링 탭<br>(spring tab) | 혼(horn)과 조종면 사이에 스프링을 설치하여 탭(tab)의 작용을 배가시키도록 한 장치이다. |

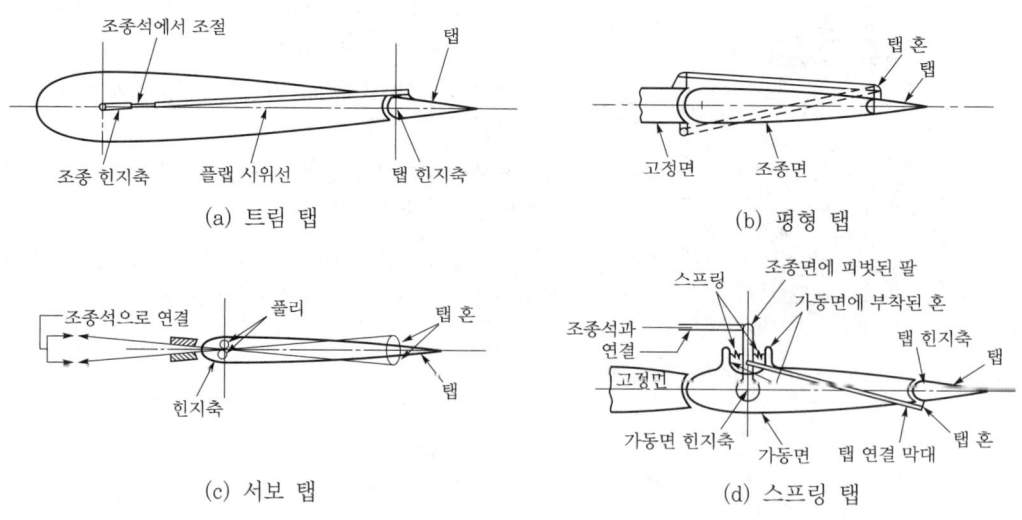

(a) 트림 탭          (b) 평형 탭

(c) 서보 탭          (d) 스프링 탭

# 2 안정과 조종

## (1) 정적 안정과 동적 안정

### ① 정적 안정

| 정적 안정 종류 | 내용 |
|---|---|
| 정적 안정<br>(static stability) | 양(+)의 정적 안정, 평형상태로부터 벗어난 뒤에 어떤 형태로든 움직여서 원래의 평형상태로 되돌아가려는 경향이 있다. |
| 정적 불안정<br>(static unstability) | 음(−)의 정적 안정, 평형상태에서 벗어난 물체가 처음 평형상태로부터 더 멀어지려는 경향이 있다. |
| 정적 중립<br>(neutral static stability) | 평형상태에서 벗어난 물체가 이동된 위치에서 평형상태를 유지하려는 경향이 있다. |

### ② 동적 안정

| 동적 안정 종류 | 내용 |
|---|---|
| 동적 안정<br>(dynamic stability) | 양(+)의 동적 안정, 어떤 물체가 평형상태에서 이탈된 후 시간이 지남에 따라 운동의 진폭이 감소되는 상태이다. 동적 안정이면 반드시 정적 안정이다. |
| 동적 불안정<br>(dynamic unstability | 음(−)의 동적 안정, 어떤 물체가 평형상태에서 이탈된 후 시간이 지남에 따라 운동의 진폭이 점점 증가되는 상태이다. |
| 동적 중립<br>(neutral dynamic stability) | 어떤 물체가 평형상태에서 이탈된 후 시간이 경과하여도 운동의 진폭이 변화가 없는 상태이다. |

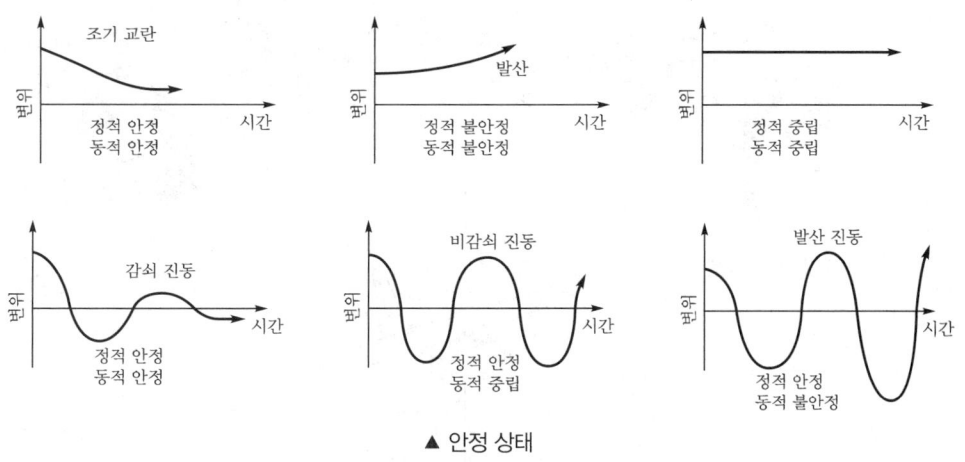

▲ 안정 상태

※ 일반적으로 정적 안정이 있다고 동적 안정이 있다고는 할 수 없지만, 동적 안정이 있는 경우에는 정적 안정이 있다고 할 수 있다.

### ③ 평형과 조종

| 평형상태 | 비행기에 작용하는 모든 힘의 합이 0이며, 키놀이(pitching), 옆놀이(rolling) 및 빗놀이(yawing) 모멘트의 합이 "0"인 경우를 말한다. |
|---|---|
| 조종 | 조종사가 조종간으로 조종면을 움직여서 비행기를 원하는 방향으로 운동시키는 것이다. |
| 안정과 조종 | 비행기의 안정성이 커지면 조종성이 나빠진다. 서로 반비례한다. |

### ④ 비행기의 기준 축

무게중심을 원점에 둔 좌표축으로서 기준 축을 사용하며, 이를 기체 축(body axis)이라 한다.

| 기준 축 | 내용 |
|---|---|
| 세로축<br>(X축) | • 비행기의 앞과 뒤를 연결한 축이다.<br>• 세로축에 관한 모멘트: 옆놀이 모멘트(rolling moment)<br>• 옆놀이를 일으키는 조종면: 도움날개(aileron)<br>• 옆놀이에 대한 안정: 가로 안정 |
| 가로축<br>(Y축) | • 비행기의 날개 길이 방향으로 연결한 축이다.<br>• 가로축에 관한 모멘트: 키놀이 모멘트(pitching moment)<br>• 키놀이 모멘트를 일으키는 조종면: 승강키(elevator)<br>• 키놀이에 대한 안정: 세로 안정 |
| 수직축<br>(Z축) | • 비행기의 상하축이다.<br>• 수직축에 관한 모멘트: 빗놀이 모멘트(yawing moment)<br>• 빗놀이 모멘트를 일으키는 조종면: 방향타(rudder)<br>• 빗놀이에 대한 안정: 방향 안정 |

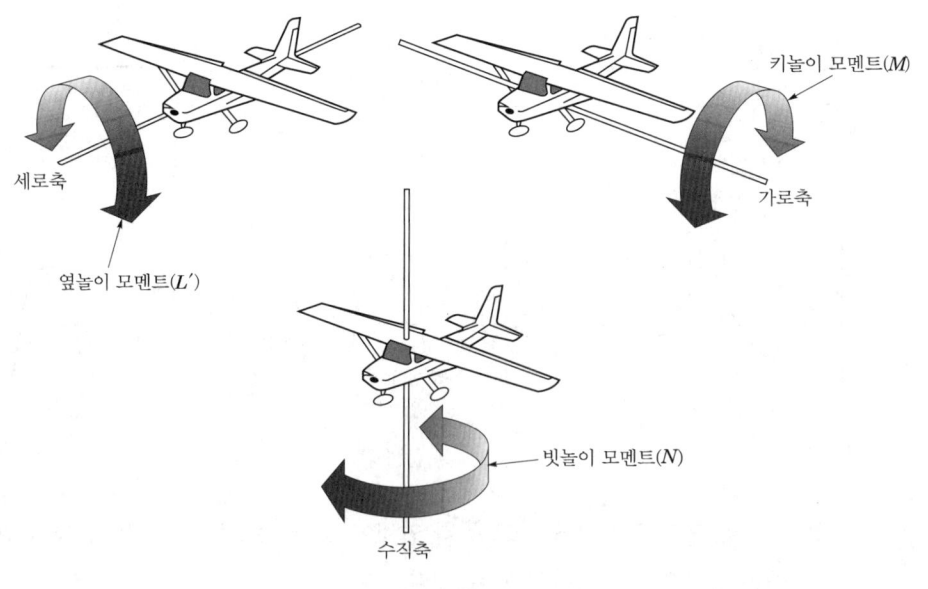

▲ 비행기 기체축

⑤ 조종계통

| 기준 축 | 내용 |
|---|---|
| 도움날개<br>(aileron) | • 옆놀이 모멘트를 일으키는 조종면이다.<br>• 조종간을 좌측으로 하면 좌측 도움날개는 올라가고, 우측 도움날개는 내려가 비행기는 좌측으로 경사지게 된다.<br>• 차동조종장치: 비행기에서 올림과 내림의 작동범위를 다르게 한 것으로 도움날개에 이용된다. 도움날개 사용 시 유도항력의 크기가 다르기 때문에 발행하는 역빗놀이(adverse yaw)를 작게 한다. |
| 승강키<br>(elevator) | • 키놀이 모멘트를 일으키는 조종면이다.<br>• 조종간으로 당기면 승강키는 올라가고 기수도 올라간다. |
| 방향키<br>(rudder) | • 빗놀이 모멘트를 일으키는 조종면이다.<br>• 왼쪽 페달을 밟으면 방향타는 왼쪽으로 움직이고 기수는 왼쪽으로 향한다. |

▲ 도움날개

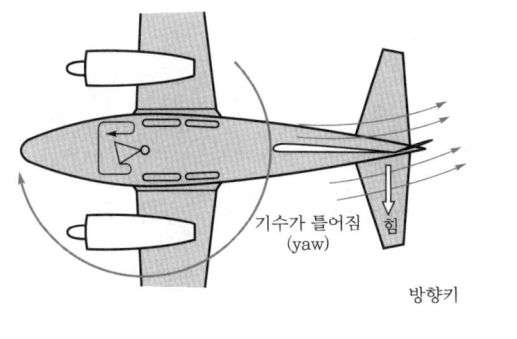

▲ 방향키

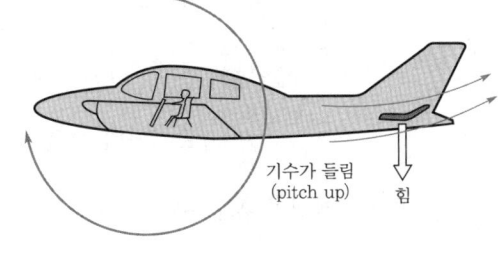

▲ 승강키

## (2) 세로 안정과 조종

① **정적 세로 안정:** 비행기가 비행 중 외부 영향이나 조종사 의도에 의해 승강키가 조작되어 키놀이 모멘트가 변화되었을 때, 처음 평형상태로 되돌아가려는 경향이 있다. 받음각이 증가되면 양력계수 값이 증가되어 기수가 올라가면 기수 내림(−) 키놀이 모멘트가 발생하여 평형점으로 돌아가려는 경향이 있을 때, 정적 세로 안정성이 있다고 한다.

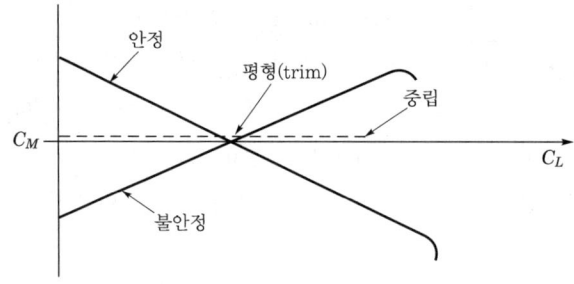

▲ 정적 세로 안정

가) 정적 세로 안정은 비행기의 받음각과 키놀이 모멘트의 관계에 의존한다.

나) 키놀이 모멘트 관계식

$$M = C_M \times q \times S \times \bar{c} \quad \text{또는} \quad C_M = \frac{M}{q \times S \times c}$$

※ M: 무게중심에 관한 키놀이 모멘트, 기수를 드는 방향이 (+)방향

q: 동압, S: 날개 면적, $\bar{c}$: 평균 공력 시위, $C_M$: 키놀이 모멘트 계수

다) 날개와 꼬리날개에 의한 무게중심 주위의 키놀이 모멘트($M_{cg}$)

$$M_{cg} = M_{cg\ wing} + M_{cg\ tail}$$

※ $M_{cg\ wing}$: 날개 만에 의한 키놀이 모멘트

$M_{cg\ tail}$: 수평 안정판에 의한 키놀이 모멘트

라) 비행기 전체의 무게중심 모멘트 계수

$$C_{Mcg} = C_{Mac} + C_L \frac{a}{c} - C_D \frac{b}{c} - C_{Lt} \frac{q_t \times S_t \times l}{qS\bar{c}}$$

※ $S_t$: 수평 꼬리날개 면적, $q_t$: 수평 꼬리날개 주위 동압, $C_{Lt}$: 수평 꼬리날개 양력계수, $a$: 무게중심에서 양력까지의 거리, $b$: 무게중심에서 항력까지의 거리, $l$: 무게중심에서 꼬리날개 압력 중심까지의 거리

• 무게중심이 날개의 공기역학적 중심보다 앞에 위치할수록 좋다.
• 날개가 무게중심보다 높은 위치에 있을수록 좋다.
• 꼬리날개 부피($S_t \times l$)가 클수록 좋다.
• 꼬리날개 효율($\frac{q_t}{q}$)이 클수록 좋다.

② 세로조종의 임계 조건들을 충족시키기 위한 주요 비행상태

　가) 기동조종 조건

　나) 이륙조종 조건

　다) 착륙조종 조건

③ **동적 세로 안정(dynamic longitudinal stability):** 돌풍 등 외부 영향을 받는 비행기가 키놀이 모멘트가 변화된 경우에 진폭 시간에 따라 감소하는 경우를 동적 안정이라 말하며, 진폭이 시간에 따라 증가하는 경우를 동적 불안정이라 말한다.

　가) 비행기 세로운동의 주요 변수: 비행기의 키놀이 자세, 받음각, 비행속도, 조종간 자유 시 승강키 변위

　나) 동적 세로 안정의 진동 형태

| 운동 | 내용 |
|---|---|
| 장주기 운동 | 진동 주기가 20초에서 100초 사이이다. 진동이 매우 미약하여 조종사가 알아차릴 수 없는 경우가 많다. |
| 단주기 운동 | 진동 주기가 0.5초에서 5초 사이이다. 주기가 매우 짧은 운동이며, 외부 영향을 받은 항공기가 정적 안정과 키놀이 감쇠에 의한 진동 진폭이 감쇠되어 평형상태로 복귀된다. 즉, 인위적인 조종이 아닌 조종간을 자유로 하여 감쇠하는 것이 좋다. |
| 승강키 자유운동 | 진동 주기가 0.3초에서 1.5초 사이이다. 승강키를 자유롭게 하였을 때 발생하는 아주 짧은 진동이며, 초기 진폭이 반으로 줄어드는 시간은 대략 0.1초이다. |

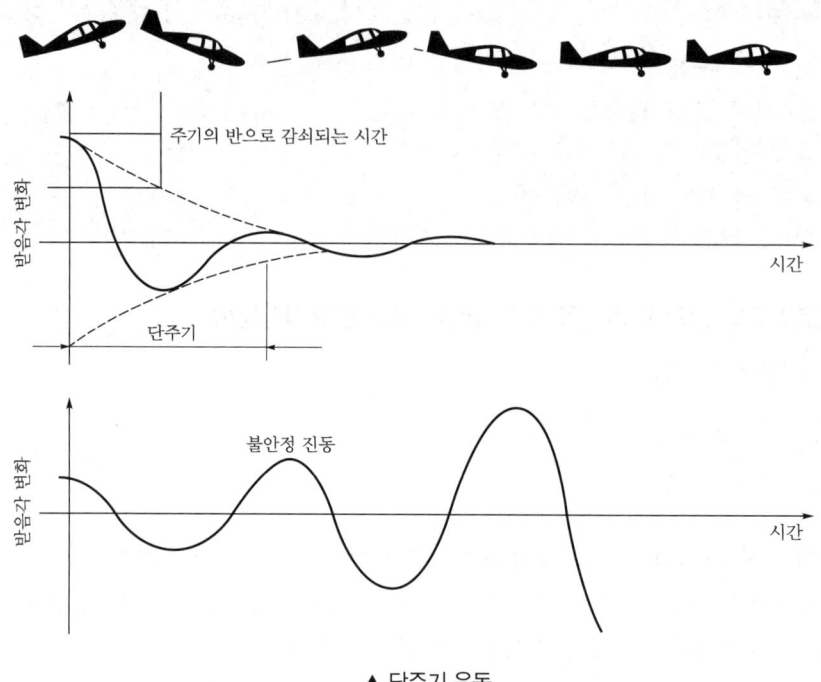

▲ 단주기 운동

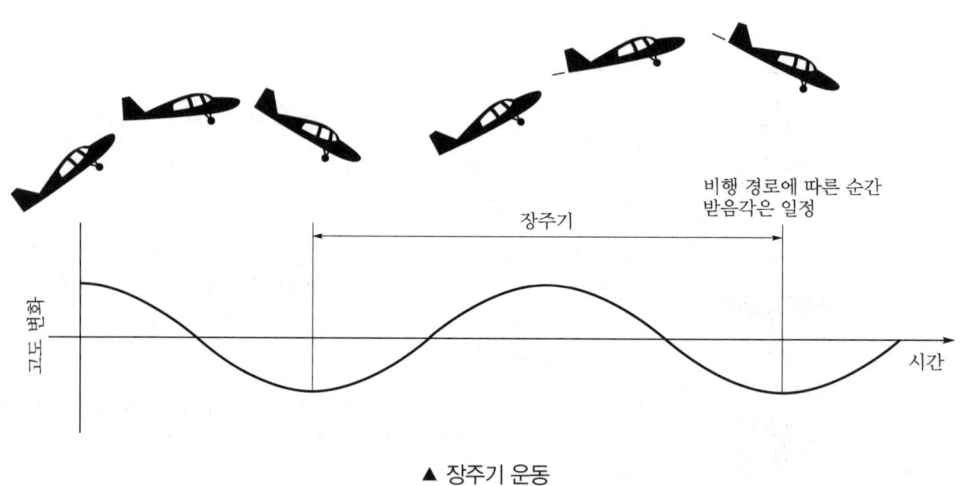

▲ 장주기 운동

## (3) 가로 안정과 조종

① **정적 가로 안정(static lateral stability):** 비행기가 양(+)의 옆미끄럼 각을 가지게 될 경우 음(−)의 옆놀이 모멘트가 발생하면 정적 가로 안정이 있다고 한다.

가) 옆놀이 모멘트($L'$)

$$L' = C_{1'} \times q \times S \times b \quad \text{또는} \quad C_{1'} = \frac{L'}{q \times S \times b}$$

※ $L'$: 옆놀이 모멘트(오른쪽이 (+) 값), $q$: 동압, $S$: 날개 면적, $C_{1'}$: 옆놀이 모멘트 계수

---

**참고** 가로 안정에 영향을 주는 요소

- 날개: 가로 안정에 가장 중요한 요소이다. 날개의 쳐든각 효과는 가로 안정에 가장 중요한 요소이다.
- 쳐든각(상반각)의 효과: 옆미끄럼(side slip)을 방지하고, 가로 안정성을 좋게 한다.
- 동체: 동체 위에 부착된 날개는 2°나 3°의 쳐든각 효과가 있다.
- 수직꼬리날개: 옆미끄럼에 대해 옆놀이 모멘트를 발생시켜 가로 안정에 도움을 준다.

---

② **동적 가로 안정**

| 운동 | 내용 |
|---|---|
| **방향 불안정**<br>(directional divergence) | 초기의 작은 옆미끄럼에 대한 반응이 옆미끄럼을 증가시키는 경향을 가질 때 발생하는 동적 안정에서 가장 주의해야 할 요소이다. 정적 방향 안정성을 증가시키면 방향 불안정은 감소한다. |
| **나선 불안정**<br>(spiral divergence) | 정적 방향 안정성이 정적 가로 안정보다 훨씬 클 때 발생한다. |
| **가로 방향 불안정**<br>(dutch roll) | 가로진동과 방향진동이 결합된 것으로 대개 동적으로 안정하지만, 진동하는 성질 때문에 문제가 된다. 정적 방향 안정보다 쳐든각 효과가 클 때 일어난다. |

## (4) 방향 안정과 조종

① **방향 안정:** 비행 중 옆미끄럼 각이 발생했을 때 옆미끄럼을 감소시켜 주는 빗놀이 모멘트가 발생하면 정적 방향 안정성이 있다고 한다.

가) 양의 빗놀이각($\psi$): 비행기의 기수가 상대풍이 오른쪽에 있을 때 각도

나) 옆미끄럼 각($\beta$): 상대풍이 비행기 중심선의 오른쪽으로 이동했을 때 각도

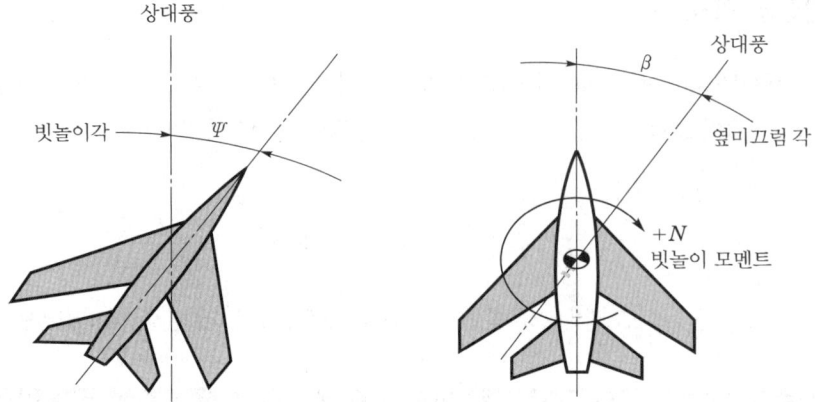

▲ 옆미끄럼 각과 빗놀이각

- 빗놀이 모멘트(N)

$$N = C_N \times q \times S \times b \text{ 또는 } C_N = \frac{N}{q \times S \times b}$$

※ $N$: 빗놀이 모멘트, $C_N$: 빗놀이 모멘트 계수, $q$: 동압, $S$: 날개 면적, $b$: 날개 길이

**참고  방향 안정에 영향을 끼치는 요소**

- 수직꼬리날개: 방향 안정에 일차적으로 영향을 준다.
- 동체, 엔진 등에 의한 영향: 동체와 엔진은 방향 안정에 있어 불안정한 영향을 끼치는 가장 큰 요소이다.
- 도살 핀(dorsal fin): 수직꼬리날개가 실속하는 큰 옆미끄럼 각에서도 방향 안정성을 증가시킨다.
- 추력 효과: 프로펠러 회전면이나 제트기 공기 흡입구가 무게중심 앞에 위치했을 때 불안정을 유발한다.

**참고  도살 핀 장착 시 효과**

- 큰 옆미끄럼 각에서의 동체 안정성을 증가시킨다.
- 수직꼬리날개의 유효 가로세로비를 감소시켜 실속각을 증가시킨다.

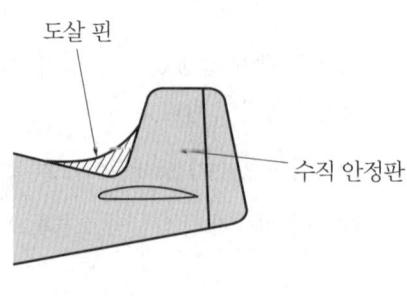

▲ 도살 핀

- 정적 방향 안정성이 가장 심각하게 요구되는 경우
  - 큰 옆미끄럼 각
  - 낮은 속도에서의 높은 출력
  - 큰 받음각
  - 큰 마하수

## ② 방향 조종

가) 방향 조종 능력을 가져야 하는 이유
- 균형선회
- 추력 효과의 평형
- 옆미끄럼 및 비대칭 추력의 균형

나) 부유각(float angle): 방향키를 자유로 하였을 때 공기력에 의하여 방향키가 자유로이 변위 되는 각이다.

# (5) 현대의 조종계통

항공기의 조종성과 안정성을 적절히 조화시켜 조종하기 위해서는 조종계통이 필요하고, 비행기의 조종계통 형식은 비행기의 크기, 제작 목적과 비행속도에 결정된다.

## ① 기계적인 조종계통

가) 소형기에 적합한 조종계통이다.

나) 조종력을 유지하기 위해 공력평형장치(aerodynamic balance), 태브(tab), 스프링 밥 웨이트(bob weight)를 사용하여 조종력을 감소시킨다.

## ② 유압장치를 이용한 조종계통

가) 기계적인 조종계통과 작동기를 동시에 사용한다.

나) 요구되는 조종력을 작동기를 통해 정해진 배율에 따라 공급하여 고속에서 조종력을 감소시킨다(작동기는 조종력 1에 대해 14배의 힘을 제공한다).

## ③ 전기신호를 이용하는 조종계통

가) 플라이 바이 와이어(fly by wire) 시스템은 모든 기계적인 연결을 전기적인 연결로 바꾸어 조종하는 계통이다.

나) 조종장치에 연결된 케이블이 늘어나거나 연결방식에 있어서의 단점을 보안하였으나 전자장애, 번개, 전원이 차단될 경우 조종이 안 되는 단점을 갖고 있다.

④ **광신호를 이용하는 조종계통:** 플라이 바이 와이어보다 신속성과 정밀도를 개선한 플라이 바이 라이트(fly by light) 시스템은 구리선 대신 광섬유 케이블을 통해 신호를 감지장치에서 컴퓨터로 옮기고, 다시 조종면으로 전송하여 조종면을 제어하는 조종계통이다.

## 3  고속기의 비행 불안정

## (1) 세로 불안정

① **턱 언더(tuck under):** 비행기가 음속 가까운 속도로 비행하게 되면, 속도를 증가시킬 때 기수가 오히려 내려가 조종간을 당겨야 하는 조종력의 역작용 현상이다.

> **참고**  **턱 언더의 수정 방법**
>
> 마하 트리머(mach trimmer) 및 피치 트림 보상기(pitch trim compensator)를 설치한다.

② **피치 업(pitch up):** 비행기가 하강 비행을 하는 동안 조종간을 당겨 기수를 올리려 할 때 받음각과 각속도가 특정 값을 넘게 되면 예상한 정도 이상으로 기수가 올라가는 현상이다.

> **참고**  **피치 업의 원인**
>
> • 뒤젖힘 날개의 날개 끝 실속: 뒤젖힘이 큰 날개일수록 피치 업도 크다.
> • 뒤젖힘 날개의 비틀림
> • 날개의 풍압 중심이 앞으로 이동
> • 승강키 효율의 감소

③ **딥 실속(deep stall, 슈퍼 실속):** 수평꼬리날개가 높은 위치에 있거나, T형 꼬리날개를 가지는 비행기가 실속할 때 후류의 영향을 받는 꼬리날개가 안정성을 상실하고, 조작을 해도 승강키 효율이 떨어져 실속 회복이 불가능한 현상이다.

## (2) 가로 불안정

① **날개 드롭(wing drop):** 비행기가 수평비행이나 급강하로 속도를 증가하면 천음속 영역에서 한쪽 날개가 충격 실속을 일으켜서 갑자기 양력을 상실하여 급격한 옆놀이를 일으키는 현상이다.

　가) 비교적 두꺼운 날개를 사용하는 비행기가 천음속으로 비행할 때 발생한다.

　나) 얇은 날개를 가지는 초음속 비행기가 천음속으로 비행할 때 발생하지 않는다.

② **옆놀이 커플링:** 한 축에 교란이 생길 경우 다른 축에도 교란이 생기는 현상으로, 이를 방지하기 위해 벤트럴 핀(ventral fin(배지느러미))을 사용한다.

　가) 공력 커플링: 방향키만을 조작하거나 옆 미끄럼 운동을 했을 때, 빗놀이와 동시에 옆놀이 운동이 생기는 현상이다.

　나) 관성 커플링: 기체 축이 바람 축에 대해 경사지게 되면 바람 축에 대해서 옆놀이 운동을 하게 되며, 원심력에 의해 키놀이 모멘트가 발생하는 현상이다.

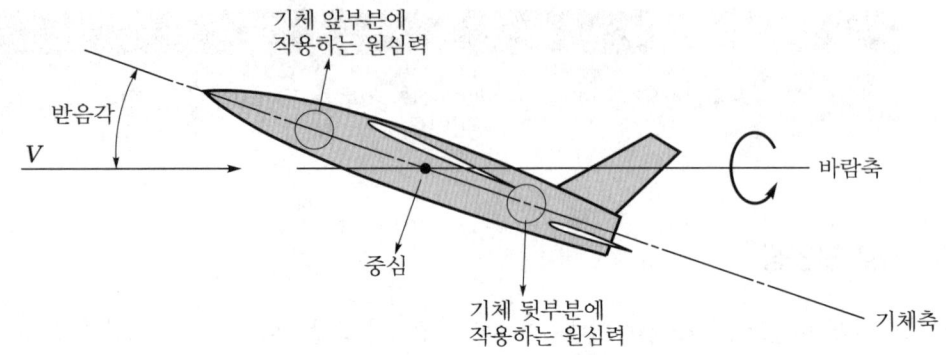

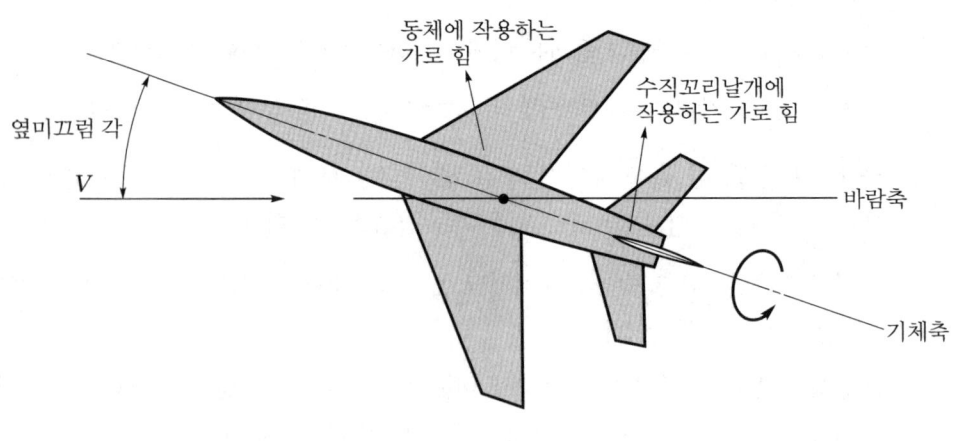

▲ 옆놀이 커플링

**01** 비행기 조종면에 매스 밸런스(mass balance)를 하는 가장 큰 목적은?

   ① 조종면의 진동 방지

   ② 기수 올림 모멘트 방지

   ③ 조종면 효과 증대

   ④ 힌지 모멘트 감소

**해설**

항공기 비행 시 조종면의 평형이 맞지 않을 경우 불규칙한 진동(플러터)이 발생한다. 플러터는 조종면을 평형대에 장착했을 때 수평 위치에서 조종면의 뒷전이 내려가는 현상(+상태)의 과소 평형상태가 주원인이다. 이를 방지하기 위해서는 날개 및 조종면의 효율을 높이는 방법과 평형 중량을 설치하는 방법이 있다. 효율적인 비행을 하려면 조종면의 앞전이 무거운 과대 평형상태를 유지해야 한다.

**02** 비행기 속도가 2배로 증가했을 때 조종력은?

   ① 변화 없다.

   ② 2배로 증가한다.

   ③ 더 감소한다.

   ④ 4배로 증가한다.

**해설**

조종력 F는 기계적 이득(K)과 힌지 모멘트(H)의 곱으로 계산할 수 있으며,
힌지 모멘트는 $H = C_h \times \dfrac{1}{2} \times \rho \times V^2 \times b \times \overline{C^2}$로 구할 수 있다. 비행 속도가 2배 된다면 V의 제곱이 적용되므로 조종력은 4배로 증가한다.

**03** 항공기가 트림상태로 비행한다는 것은?

   ① $C_L = C_D$인 상태

   ② $C_{MCG} > 0$인 상태

   ③ $C_{MCG} = 0$인 상태

   ④ $C_{MCG} < 0$인 상태

**해설**

트림이란 축 방향의 모든 모멘트의 합이 0인 상태를 말한다.

**04** 왼쪽과 오른쪽이 서로 반대로 움직이는 도움날개에서 발생되는 힌지 모멘트가 서로 상쇄되도록 하여 조종력을 경감시키는 장치는?

   ① horn balance

   ② leading edge balance

   ③ frise balance

   ④ internal balance

**해설**

• 혼 밸런스(horn balance)는 밸런스 역할을 하는 조종면을 플랩의 일부분에 집중시킨 것이다.

• 앞전 밸런스(leading edge balance)는 조종면의 힌지 중심에서 앞전을 길게 하여 조종력을 감소시키는 장치이다.

• 내부 밸런스(internal balance)는 플랩의 앞전이 밀폐되어 있어서 플랩의 아래 윗면의 압력 차에 의해서 앞전 밸런스와 같은 역할을 하도록 한다.

**✈ 정답**    01. ①   02. ④   03. ③   04. ③

**05** 다음의 내용 중 가장 올바른 것은?

① 조종면은 힌지축을 중심으로 위와 아래로 또는 좌, 우로 변위한다.

② 조종면이 변해도 캠버는 항상 일정하다.

③ 조종면에 발생하는 힌지 모멘트는 동압과 힌지 모멘트 계수에 반비례한다.

④ 조종면의 폭과 시위의 크기를 2배로 하면 조종력은 4배가 된다.

해설

힌지 모멘트와 조종력

• 조종면은 힌지 축을 중심으로 위아래로, 또는 좌우로 변위하도록 되어 있다.

• 힌지 모멘트(hinge moment, H)는 조종면으로 흐르는 압력 분포의 차이로, 힌지 축을 중심으로 회전하려는 힘이다. 힌지 모멘트는 모멘트 계수, 동압, 조종면의 크기에 비례한다.

**06** 다음 중 항공기 축에 대한 조종면과 회전 동작 명칭을 옳게 짝지은 것은?

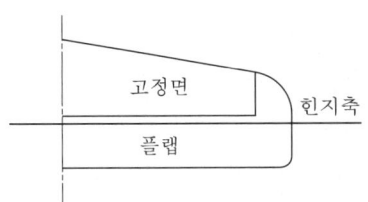

① 가로축-방향 키-키놀이

② 가로축-방향 키-옆놀이

③ 세로축-승강 키-빗놀이

④ 세로축-도움날개-옆놀이

해설

| 축 | X축(세로) | Y축(가로) | Z축(수직) |
|---|---|---|---|
| 방향 | 기수 방향 | 날개 방향 | 수직 방향 |
| 모멘트 | 옆놀이(롤링) | 키놀이(피칭) | 빗놀이(요잉) |
| 조종면 | 도움날개 | 승강키 | 방향키 |
| 위치 | 주익 | 보조익 | 수직익 |

**07** 조종면에 발생되는 힌지 모멘트에 대한 설명으로 옳은 것은?

① 조종면의 폭이 클수록 작다.

② 조종면의 평균 시위가 클수록 작다.

③ 비행기 속도가 빠를수록 크다.

④ 조종면 주위 유체의 밀도가 작을수록 크다.

해설

5번 문제 해설 참고

**08** 비행기의 가로축(lateral axis)을 중심으로 한 피치운동(pitching)을 조종하는 데 주로 사용되는 조종면은?

① 플랩(flap)

② 방향키(rudder)

③ 도움날개(aileron)

④ 승강키(elevator)

해설

| 축 | 운동 | 조종면 |
|---|---|---|
| 세로축, X축, 종축 | 옆놀이(Rolling) | 보조날개(Aileron) |
| 가로축, Y축, 횡축 | 키놀이(Pitching) | 승강키(Elevator) |
| 축 | 빗놀이(Yawing) | 방향타(Rudder) |

**09** 밸런스 탭(balance tab)에 대한 설명으로 옳은 것은?

① 조종면과 반대로 움직여 조종력을 경감시켜 준다.

② 조종면과 같은 방향으로 움직여 조종력을 경감시켜 준다.

③ 조종면과 반대로 움직여 조종력을 제로로 만들어 준다.

④ 조종면과 같은 방향으로 움직여 조종력을 제로로 만들어 준다.

**해설**

평형 탭(balance tab)은 조종면이 움직이는 방향과 반대 방향으로 움직이도록 기계적으로 연결되어 있다.

**10** 비행기의 조종간에 걸리는 힘을 적게 하기 위해서 힌지 모멘트를 조절하기 위한 장치로 가장 부적합한 것은?

① 스포일러(spoiler)

② 서보 탭(servo tab)

③ 혼 밸런스(horn balance)

④ 앞전 밸런스(leading edge balance)

**해설**

밸런스나 탭은 조종력을 경감시켜 주는 공력평형장치에 속하며, 스포일러는 고항력 장치이다.

**11** 비행기에 작용하는 모든 힘의 합이 0이며, 키놀이, 옆놀이 및 빗놀이 모멘트의 합이 0인 경우를 무엇이라 하는가?

① 정조준             ② 평형

③ 안정               ④ 균형

**해설**

평형(trim) 상태란, 모든 방향의 모멘트의 합이 0인 상태를 의미한다.

**12** 항공기의 세로 안정성에 대한 설명으로 틀린 것은?

① 무게 중심 위치가 공기역학적 중심보다 전방에 위치할수록 안정성이 좋아진다.

② 날개가 무게 중심 위치보다 높은 위치에 있을 때 안정성이 좋다.

③ 꼬리날개 면적을 크게 하면 안정성이 좋다.

④ 꼬리날개 효율을 적게 할수록 안정성이 좋다.

**해설**

세로 안정성을 좋게 하는 방법

• 꼬리날개의 수평 안정판 면적을 크게 하거나 무게 중심거리와의 거리를 크게 한다.

• 무게 중심이 공력 중심보다 앞에 위치하게 한다.

• 날개가 무게 중심보다 높은 위치에 있게 한다.

• 꼬리날개의 효율을 크게 한다.

**13** 등속도 수평비행이라 함은 어떠한 비행인가?

① 일정한 가속도로 수평비행하는 것을 말한다.

② 속도가 시간에 따라 일정하게 증가하면서 수평비행함을 말한다.

③ 일정한 속도로 수평비행하는 것을 말한다.

④ 필요마력이 일정하게 되는 수평비행을 말한다.

**해설**

비행기의 속도가 일정하면 가속도가 "0"인 운동을 하고 있으므로 비행기에 작용하는 힘은 평형이 되어 있어야 한다. 그에 따른 등속도 수평비행의 관계식은 $D=T$, $L=W$이다.

**14** 방향키 부유각(float angle)이란?

① 방향키를 밀었을 때 공기력에 의해 방향키가 변위되는 각

② 방향키를 당겼을 때 공기력에 의해 방향키가 변위되는 각

③ 방향키를 고정했을 때 고익력에 의해 방향키가 변위되는 각

④ 방향키를 자유로 했을 때 공기력에 의해 방향키가 자유로이 변위되는 각

**해설**

방향키 부유각(float angle)은 방향키를 자유로 하였을 때 공기력에 의하여 방향키가 자유로이 변위되는 각이다.

✈ 정답   10. ①   11. ②   12. ④   13. ③   14. ④

**15** 정적 안정성이 가장 좋은 C.G와 A.C의 위치에 관하여 다음 중 올바르게 설명한 것은?

① C.G가 A.C의 앞에 있어야 한다.

② C.G와 A.C는 일치해야 한다.

③ C.G와 A.C의 뒤에 있어야 한다.

④ 서로 관련이 없다.

해설

평균공력시위(MAC: Mean Aerodynamic Chord)는 항공기 날개의 공기역학적인 특성을 대표하는 시위로서 항공기의 무게 중심은 평균 공력 시위의 25% 위치에 나타내며, 무게 중심이 앞전으로부터 25%의 위치에 있음을 말하며, 표시하는 방법은 % MAC로 표시한다.

**16** 정적 안정과 동적 안정에 대한 설명으로 가장 올바른 것은?

① 동적 안정 시 (+)이면 정적 안정은 반드시 (+)이다.

② 동적 안정 시 (−)이면 정적 안정은 반드시 (−)이다.

③ 정적 안정 시 (+)이면 동적 안정은 반드시 (−)이다.

④ 정적 안정 시 (−)이면 동적 안정은 반드시 (+)이다.

해설

• 정적 안정(static stability): 양(+)의 정적 안정. 평형 상태로부터 벗어난 뒤에 어떤 형태로든 움직여서 원래의 평형상태로 되돌아가려는 경향이 있다.

• 동적 안정(dynamic stability): 양(+)의 동적 안정. 어떤 물체가 평형상태에서 이탈된 후 시간이 지남에 따라 운동의 진폭이 감소되는 상태이다. 동적 안정이면 반드시 정적 안정이다.

**17** 비행기의 안정성과 조종성에 관하여 가장 올바르게 설명한 것은?

① 안정성과 조종성은 정비례한다.

② 안정성과 조종성은 서로 상반되는 성질을 나타낸다.

③ 비행기의 안정성은 크면 클수록 바람직하다.

④ 정적 안정성이 증가하면 조종성은 증가한다.

해설

• 안정성(stability)과 조종성(control)은 항상 상반된 관계를 갖는다.

• 안정성이란 교란이 생겼을 때 항상 교란을 이기고 감소시켜 원 평형 비행 상태로 돌아오려는 성질이고, 반면 조종성은 교란을 주어서 항공기를 원 평형 상태에서 교란된 상태로 만들어 주는 행위이기 때문이다.

**18** 차동 도움날개를 가장 올바르게 설명한 것은?

① 좌 · 우측 도움날개의 위치를 비대칭으로 한다.

② 좌 · 우측 도움날개의 작동속도를 다르게 한다.

③ 도움날개의 올림각과 내림각을 다르게 한다.

④ 좌 · 우측 도움날개의 면적을 다르게 한다.

해설

차동 도움날개(differential aileron)는 선회 시에 발생하는 역요(adverse yaw) 현상을 방지하기 위해 올라가는 도움날개보다 내려가는 도움날개의 각도를 작게 만들어 준다.

정답  15. ①  16. ①  17. ②  18. ③

**19** 다음 중 비행기의 방향 안정에 일차적으로 영향을 주는 것은?

① 수평꼬리날개
② 수직꼬리날개
③ 플랩
④ 슬랫

해설

방향 안정은 수직축의 빗놀이 모멘트와 관련이 있으며, 수직꼬리날개에 방향키가 가장 연관이 크다.

**20** 양의 세로 안정성을 가지는 일반형 비행기의 순항 중 트림 조건으로 알맞은 것은? (단, 화살표는 힘의 방향, ◑는 무게 중심을 나타낸다.)

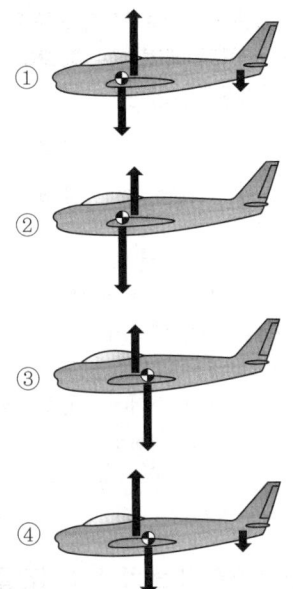

해설

트림이란 모든 방향의 모멘트의 합이 0이므로 세로 안정이 (+)라는 것은 평형으로 돌아오게 하는 힘이 작용하고 있다는 것이다.

**21** 비행기의 세로 안정을 좋게 하기 위한 방법이 아닌 것은?

① 수직꼬리날개의 면적을 증가시킨다.
② 수평꼬리날개 부피계수를 증가시킨다.
③ 무게 중심이 날개의 공기역학적 중심 앞에 위치하도록 한다.
④ 무게 중심에 관한 피칭 모멘트가 받음각이 증가함에 따라 음(−)의 값을 갖도록 한다.

해설

비행기의 세로 안정을 좋게 하기 위한 방법
• 무게 중심이 날개의 공기역학적 중심보다 앞에 위치할수록 좋다.
• 날개가 무게 중심보다 높은 위치에 있을수록 좋다.
• 수평꼬리날개 부피($S_t \cdot l$)가 클수록 좋다.
• 수평꼬리날개 효율($q_t / q$)이 클수록 좋다.

**22** 키놀이 진동 시 속도와 고도는 변화하나 받음각이 일정하고 수직 방향의 가속도는 거의 변하지 않는 주기 운동을 무엇이라 하는가?

① 단주기 운동
② 승강키 주기 운동
③ 장주기 운동
④ 도움날개 주기 운동

해설

장주기 운동
• 동적 세로 안정 가운데 주기가 매우 긴 진동: 20초 ~100초 사이
• 운동에너지와 위치에너지가 천천히 교대로 교환된다.
• 운동의 진폭이 발산하는 동적 불안정을 나타내기도 한다.
• 항공기 안정성에 큰 영향을 끼치지 않는다.

✈ 정답  19. ②  20. ①  21. ①  22. ③

**23** 방향 안정성에 관한 설명으로 틀린 것은?

① 도살 핀(dorsal fin)을 붙여주면 큰 옆 미끄럼각에서 방향 안정성이 좋아진다.

② 수직꼬리날개의 위치를 비행기의 무게 중심으로부터 멀리할수록 방향 안정성이 증가한다.

③ 가로 및 방향 진동이 결합된 옆놀이 및 빗놀이의 주기 진동을 더치롤(dutch roll)이라 한다.

④ 단면이 유선형인 동체는 일반적으로 무게 중심이 동체의 1/4지점 후방에 위치하면 방향 안정성이 좋다.

**해설**

무게 중심은 전방에 있을 때 안정하며, 무게 중심이 후방에 위치하면 동체는 불안정하다.

**24** 항공기의 세로 안정성(static longitudinal stability)을 좋게 하기 위한 방법으로 틀린 것은?

① 꼬리날개의 면적을 크게 한다.

② 꼬리날개의 효율을 작게 한다.

③ 날개를 무게 중심보다 높은 위치에 둔다.

④ 무게 중심을 공기역학적 중심보다 전방에 위치시킨다.

**해설**

세로 안정성을 좋게 하는 방법

• 꼬리날개의 수평 안정판 면적을 크게 하거나 무게 중심거리와의 거리를 크게 한다.

• 무게 중심이 공력 중심보다 앞에 위치하게 한다.

• 날개가 무게 중심보다 높은 위치에 있게 한다.

• 꼬리날개의 효율을 크게 한다.

**25** 비행기의 정적 방향 안정성에 있어서 불안정한 영향을 끼치는 요소는?

① 수직꼬리날개　　② 도살 핀

③ 후퇴날개　　④ 동체

**해설**

방향 안정에 영향을 끼치는 요소

• 수직꼬리날개: 방향 안정에 일차적으로 영향을 준다.

• 동체, 엔진 등에 의한 영향: 동체와 엔진은 방향 안정에 있어 불안정한 영향을 끼치는 가장 큰 요소이다.

• 도살 핀(dorsal fin): 수직꼬리날개가 실속하는 큰 옆 미끄럼각에서도 방향 안정성을 증가시킨다.

• 추력 효과: 프로펠러 회전면이나 제트기 공기흡입구가 무게 중심 앞에 위치했을 때 불안정을 유발한다.

**26** 음속에 가까운 속도로 비행 시 속도를 증가시킬수록 기수가 오히려 내려가는 경향이 생겨 조종간을 당겨야 하는 현상은?

① 더치롤 현상　　② 내리흐름 현상

③ 턱 언더 현상　　④ 나선 불안정

**해설**

턱 언더(tuck under)는 비행기가 음속에 가까운 속도로 비행하게 되면, 속도를 증가시킬 때 기수가 오히려 내려가 조종간을 당겨야 하는 조종력의 역작용 현상이다. 턱 언더의 수정 방법으로는 마하 트리머(mach trimmer) 및 피치 트림 보상기(pitch trim compensator)를 설치한다.

**27** 비행기가 하강비행을 하는 동안 조종간을 당겨 기수를 올리려 할 때, 받음각과 각속도가 특정 값을 넘게 되면 예상한 정도 이상으로 기수가 올라가게 되는 현상은?

① 스핀(spin)

② 더치롤(duch roll)

③ 버핏팅(buffeting)

④ 피치 업(pitch up)

**해설**

피치 업(pitch up)은 하강비행을 하는 동안 조종간을 당겨 기수를 올리려 할 때, 받음각과 각속도가 특정 값을 넘게 되면 예상한 정도 이상으로 기수가 올라가는 현상을 말한다. 피치업의 발생 원인으로는 뒤젖힘 날개의 날개 끝 실속, 뒤젖힘 날개의 비틀림, 날개의 압력 중심 전방 이동, 승강키 효율의 감소 등이 있다.

**28** 최근의 초음속기에서 옆놀이 커플링 현상을 막기 위해 가장 많이 사용하는 방법은?

① 벤트럴 핀(ventral pin) 부착
② 볼텍스 플랩(vortex flap) 사용
③ 실속 스트립(stall strip) 사용
④ 윙렛(wing let) 부착

**해설**

옆놀이 커플링을 줄이는 방법
• 방향 안정성을 증가시킨다.
• 쳐든각 효과를 감소시킨다.
• 정상 비행에서 기류 축과의 경사를 최대로 감소시킨다.
• 불필요한 공력 커플링을 감소시킨다.
• 옆놀이 운동 시의 옆놀이율이나 하중배수, 받음각 등을 제한한다.
※ 최근 초음속기에서는 수직꼬리날개의 면적 증대나, 벤트럴 핀(ventral fin)을 붙여서 고속 비행 시 aileron이나 rudder의 변위각을 자동으로 제한한다.

**29** 고속 항공기에서 방향키 조작으로 빗놀이와 동시에 옆놀이 운동이 함께 일어나는 것처럼, 비행기 좌표축에서 어떤 한 축 주위에 교란을 줄 때 다른 축 주위에도 교란이 생기는 현상을 무엇이라 하는가?

① 실속
② 스핀운동
③ 공력 커플링 효과
④ 자동회전

**해설**

한 축에 대한 교란 발생 시 다른 축에도 교란이 발생하는 현상(cross effect)이라고 하며, 그 종류로는 대표적으로 공력 커플링과 관성 커플링이 있다.

**30** 항공기에 작용하는 공기역학적 힘, 관성력, 탄성력이 상호작용에 의하여 생기는 주기적인 불안정한 진동을 무엇이라 하는가?

① 플러터      ② 피치업
③ 디프 실속      ④ 피치 다운

**해설**

플러터란, 조종면의 평형상태가 맞지 않아 생기는 현상으로 조종면에 발생하는 불규칙한 진동을 뜻한다.

# CHAPTER 05 프로펠러 및 헬리콥터의 비행 원리

## 1 프로펠러의 추진 원리

### (1) 프로펠러의 역할과 구성

① **프로펠러의 역할:** 엔진으로부터 동력을 전달받아 회전함으로써 비행에 필요한 추력(thrust)으로 바꾸어 준다.

② **프로펠러의 구성:** 허브(hub), 생크(shank), 깃(blade), 피치 조정 부분

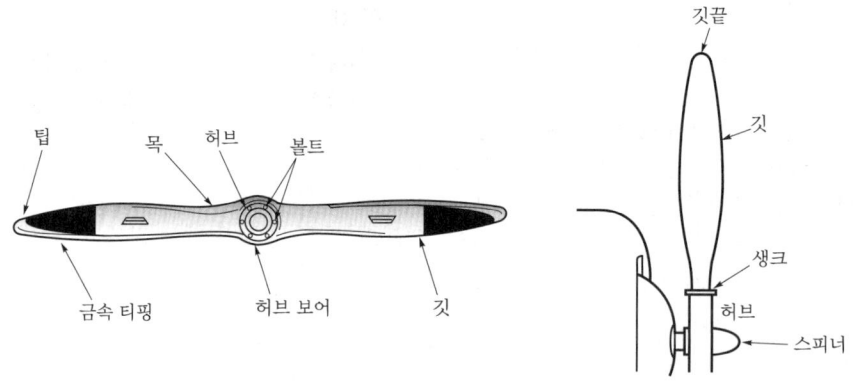

▲ 프로펠러 구조

### (2) 프로펠러 성능

① **프로펠러 추력**

가) 프로펠러 추력($T$)

$$T \sim (\text{공기밀도}) \times (\text{프로펠러 회전면의 넓이}) \times (\text{프로펠러 깃의 선속도})^2$$

$$T \sim \rho \times \frac{\pi D^2}{4} \times (\pi D n)^2$$

$$T = C_t \rho n^2 D^4$$

※ $C_t$: 추력계수, $\rho$: 공기밀도, $n$: 회전속도, $D$: 프로펠러 지름

나) 프로펠러에 작용하는 토크 또는 저항 모멘트($Q$)

$$Q = C_q \rho n^2 D^5 \qquad C_q: \text{토크계수}$$

다) 엔진에 의해 프로펠러에 전달되는 동력($P$)

$$P = C_p \rho n^3 D^5 \qquad C_p: \text{동력계수}$$

라) 프로펠러 깃 단면에서의 추력(T), 토크($Q$)

$$T = L\cos\phi - D\sin\phi$$
$$Q = D\cos\phi + L\sin\phi$$

※ $L$: 깃 요소양력, $D$: 깃 요소항력, $\phi$: 유입각

## ② 프로펠러 효율($\eta_p$)

엔진으로부터 프로펠러에 전달된 축동력과 프로펠러가 발생한 추력과 비행속도의 곱으로 나타낸다.

$$\eta_p = \frac{T \times V}{P} = \frac{C_t \rho n^2 D^4 V}{C_p \rho n^3 D^5} = \frac{C_t}{C_p} \times \frac{V}{nD}$$

## ③ 진행률($J$)

깃의 선속도(회전속도)와 비행속도와의 비를 말하며, 깃 각에서 효율이 최대가 되는 곳은 1개뿐이다. 진행률이 작을 때는 깃 각을 작게(이륙과 상승 시) 하고 진행률이 커짐에 따라 깃 각을 크게(순항 시) 해야만 효율이 좋아진다.

$$J = \frac{V}{nD}$$

※ $J$: 진행률, $V$: 항공기속도, $n$: rpm(분당 회전수), $D$: 프로펠러 지름

## ④ 프로펠러 슬립(propeller slip)
기하학적 피치에서 유효피치를 뺀 값을 평균 기하학적 피치의 백분율로 표시한다.

**참고**　기하학적 피치(GP) & 유효피치(EP)

- 기하학적 피치(GP: Geometric Pitch) (GP=$2\pi\gamma\times\tan\beta$): 공기를 강체로 가정하고 이론적으로 얻을 수 있는 피치
- 유효피치(EP: Effective Pitch) (EP=V$\times\dfrac{60}{n}$=$2\pi\gamma\times\tan$): 프로펠러 1회전에 실제로 얻은 전진거리

## 2 프로펠러에 작용하는 힘과 응력

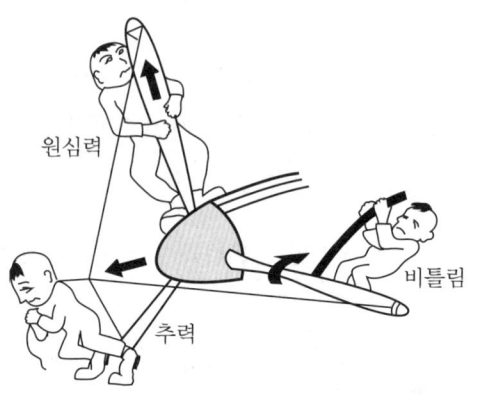

▲ 프로펠러에 작용하는 힘과 응력

① **추력과 휨 응력:** 추력에 의한 프로펠러 깃은 앞으로 휘어지는 휨 응력을 받으며 프로펠러 깃을 앞으로 굽히려는 경향이 있으나, 원심력과 상쇄되어 실제로는 그리 크지 않다.

② **원심력에 의한 인장 응력:** 원심력은 프로펠러의 회전에 의해 일어나며, 깃을 허브의 중심에서 밖으로 빠져나가게 하는 힘을 발생하며, 이 원심력에 의해 깃에는 인장 응력이 발생한다. 프로펠러에 작용하는 힘 중 가장 큰 힘은 원심력이다.

③ **비틀림과 비틀림 응력:** 회전하는 프로펠러 깃에는 공기력 비틀림 모멘트와 원심력 모멘트가 발생한다. 공기력 비틀림 모멘트는 깃의 피치를 크게 하는 방향으로 작용하며, 원심력 모멘트는 깃이 회전하는 동안 깃의 피치를 작게 하는 방향으로 작용한다.

**참고** 헬리콥터(helicopter)의 특징(비행기와 다른 점)

- 회전날개의 회전면을 기울여 추력의 수평 성분을 만들고, 이것을 이용하여 전진, 후진, 횡진 비행이 가능하다.
- 공중 정지 비행(hovering)이 가능하다.
- 비행 중 엔진 정지 시 자동회전(auto rotation)이 가능하다.

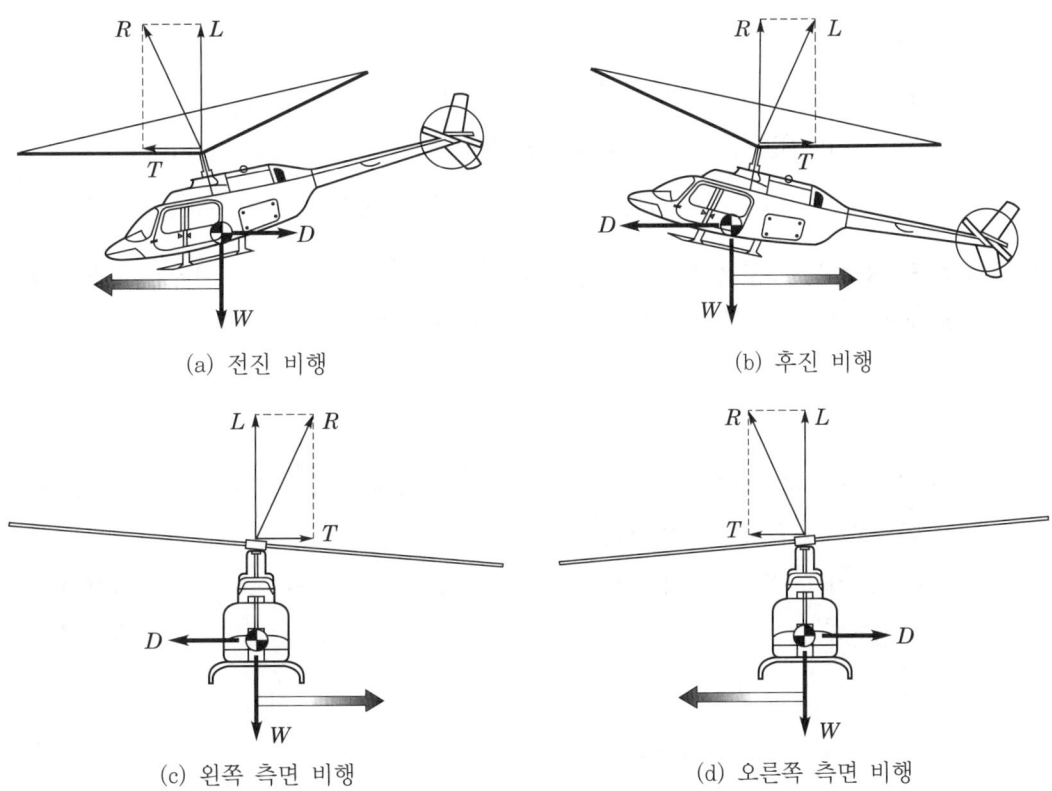

(a) 전진 비행

(b) 후진 비행

(c) 왼쪽 측면 비행

(d) 오른쪽 측면 비행

▲ 헬리콥터에 작용하는 힘

## (1) 헬리콥터의 종류

① **단일 회전날개 헬리콥터(single rotor helicopter):** 하나의 주 회전날개와 꼬리회전날개로 구성하는 가장 기본적인 형식의 헬리콥터이다. 꼬리회전날개의 피치각을 변화시켜 방향을 조종한다.

가) 장점

- 주 회전날개 회전축 중심에서 꼬리회전날개 회전축 중심까지 거리가 길어 토크를 보상하기에 다른 종류의 헬리콥터에 비해 작다.
- 조종계통이 단순하고, 출력 전달 계통의 고장이 적다.
- 조종성과 성능이 양호하며 가격이 싸다.

나) 단점

- 동력의 일부를 꼬리회전날개의 구동에 사용한다.
- 꼬리회전날개는 토크의 보정을 위해 사용되므로 양력 발생에 도움이 되지 않는다.
- 긴 꼬리로 인해 격납 시 불편하고, 지상에서 꼬리날개 회전은 위험을 줄 수 있다.

② **동축 역-회전식 회전날개 헬리콥터(coaxial contra-rotating rotor type helicopter):** 동일한 축 위에 2개의 주 회전날개를 아래위로 겹쳐서 반대 방향으로 회전시키는 헬리콥터이다.

가) 장점

- 2개의 주 회전날개가 서로 반대 방향으로 회전하면서 토크를 서로 상쇄시키므로 조종성도 좋고 양력도 커진다.
- 구동축이 수직으로 되어 있어 지면과 주 회전날개와의 간격이 커서 지상 작업자에게 안전하다.

나) 단점

- 동일한 축에 2개의 주 회전날개로 인해 조종기구가 복잡하다.
- 2개의 회전날개에 의해 발생되는 와류(vortex)의 상호작용에 의해 성능이 저하된다.
- 2개의 주 회전날개가 충돌하지 않도록 하기 위해 기체의 높이가 높다.

③ **병렬식 회전날개 헬리콥터(side by side system rotor helicopter):** 가로 안정성을 좋게 하기 위해 옆(좌, 우)으로 2개의 회전날개를 배치한 형식이다.

가) 장점

- 좌우에 회전날개가 있어 가로 안정성이 매우 좋다.
- 동력을 모두 양력 발생에 효과적으로 사용할 수 있다.
- 꼬리 부분에 토크 상쇄용 기구가 필요 없어 기체 길이를 짧게 할 수 있다.
- 회전날개가 좌우에 배치되어 와류가 서로 간섭하지 않으므로 유도손실이 적다.
- 좌, 우의 날개를 부착하는 곳을 날개처럼 해 줌으로써 고속 수평 비행 시 추가 양력이 발생한다.

나) 단점

- 전면 면적이 커서 수평 비행 시 유해 항력이 크다.
- 세로 안정성이 좋지 않아 꼬리날개를 달아야 한다.
- 무게중심이 세로 방향으로의 이동 범위가 제한되기에 대형 항공기에 부적합하다.
- 좌, 우 회전날개 중심거리가 회전날개 지름보다 짧을 경우 충돌의 위험이 있어 추가적인 장치를 설치해야 한다.

▲ 단일 회전날개 헬리콥터          ▲ 동축 회전날개 헬리콥터

▲ 직렬 회전날개 헬리콥터          ▲ 병렬 회전날개 헬리콥터

④ **직렬식 회전날개 헬리콥터(tandem rotor helicopter):** 2개의 주 회전날개를 비행 방향에 앞뒤로 배열시킨 형식으로 대형화에 적합하다.

    가) 장점

- 앞, 뒤로 배치되어 세로 안정성이 좋고, 무게중심 위치의 이동 범위가 커서 물체의 운반에도 적합하다.
- 전면 면적이 적고, 기체의 폭이 작다.
- 구조가 간단하다.

    나) 단점

- 동력을 전달하는 기구가 복잡하다.
- 가로 안정성이 나쁘기 때문에 수직 안정판을 설치해야 한다.
- 앞, 뒤 주 날개가 교차되므로 회전속도를 동조시키는 장치가 필요하다.
- 수평 전진 비행 시 전방의 회전날개와 후방의 회전날개가 동일 평면상에 있을 경우 전방 날개에 의한 와류로 전체적인 유도손실이 증가한다.

⑤ **제트 반동식 회전날개 헬리콥터(tip jet rotor type helicopter):** 회전날개의 깃 끝에 램제트엔진(ram jet engine)을 장착하여 그 반동에 의해 회전날개를 구동시키며 고속용 헬리콥터에 적합하다.

    가) 장점

- 토크를 보상하는 장치가 필요 없다.
- 연료 보급용 배관만 필요하고, 동력 전달 기구가 필요 없다.
- 조종계통이 간단하다.
- 동체의 크기를 작게 할 수 있어서 저항이 작아진다.

    나) 단점

- 깃 끝에 장착한 제트엔진은 회전속도의 제한 때문에 효율이 떨어진다.
- 연료 소모율이 커서 항속 거리에 제한을 받는다.
- 열역학적인 문제와 소음 문제가 있다.

## (2) 회전익 항공기의 구조

### ① 각 부의 명칭

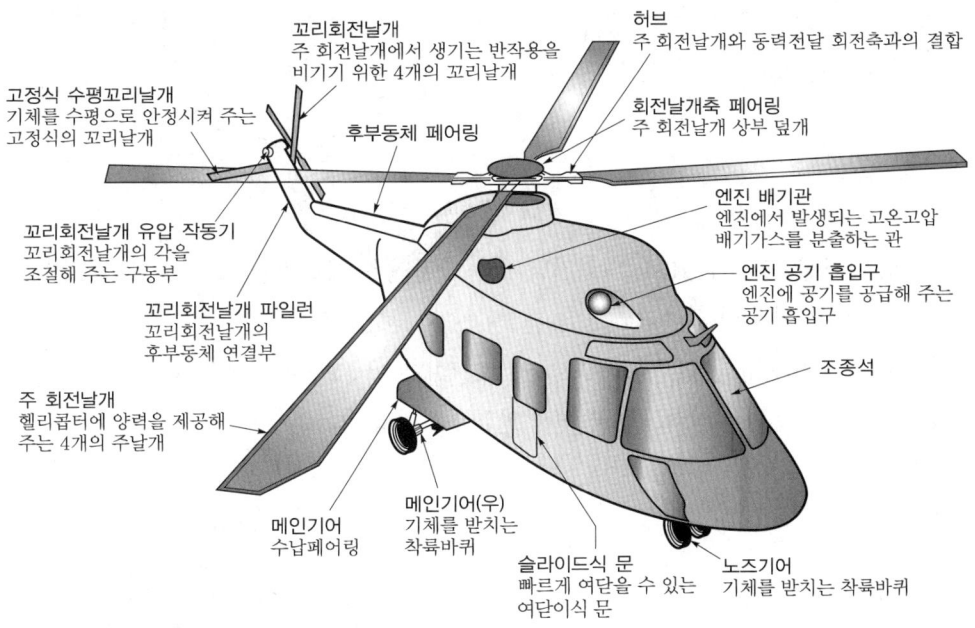

꼬리회전날개
주 회전날개에서 생기는 반작용을
비기기 위한 4개의 꼬리날개

허브
주 회전날개와 동력전달 회전축과의 결합

고정식 수평꼬리날개
기체를 수평으로 안정시켜 주는
고정식의 꼬리날개

후부동체 페어링

회전날개축 페어링
주 회전날개 상부 덮개

엔진 배기관
엔진에서 발생되는 고온고압
배기가스를 분출하는 관

꼬리회전날개 유압 작동기
꼬리회전날개의 각을
조절해 주는 구동부

엔진 공기 흡입구
엔진에 공기를 공급해 주는
공기 흡입구

꼬리회전날개 파일런
꼬리회전날개의
후부동체 연결부

조종석

주 회전날개
헬리콥터에 양력을 제공해
주는 4개의 주날개

메인기어
수납페어링

메인기어(우)
기체를 받치는
착륙바퀴

슬라이드식 문
빠르게 여닫을 수 있는
여닫이식 문

노즈기어
기체를 받치는 착륙바퀴

가) 허브(hub): 주 회전날개의 깃(blade)이 엔진의 동력을 전달하는 회전축과 결합되는 부분이다.

나) 주 회전날개(main rotor): 양력과 추력을 발생시키는 부분으로 여러 개의 깃(blade)으로 구성된다.

다) 꼬리회전날개(tail rotor): 주 회전날개에 의해 발생되는 토크(torque)를 상쇄하고, 방향 조종을 하기 위한 장치이다.

라) 플래핑 힌지(flapping hinge): 회전날개 깃이 위·아래로 자유롭게 움직일 수 있도록 한 힌지로 좌우 날개의 양력 불균형을 해소한다.

마) 리드-래그 힌지(lead-lag hinge): 회전날개가 회전면 안에서 앞뒤 방향으로 움직일 수 있도록 한 힌지로 기하학적 불균형을 해소한다. 회전면 내에서 발생하는 진동을 감소시키기 위해 리드-래그 감쇠기(lead-lag damper), 일명 댐퍼(damper)를 장착한다.

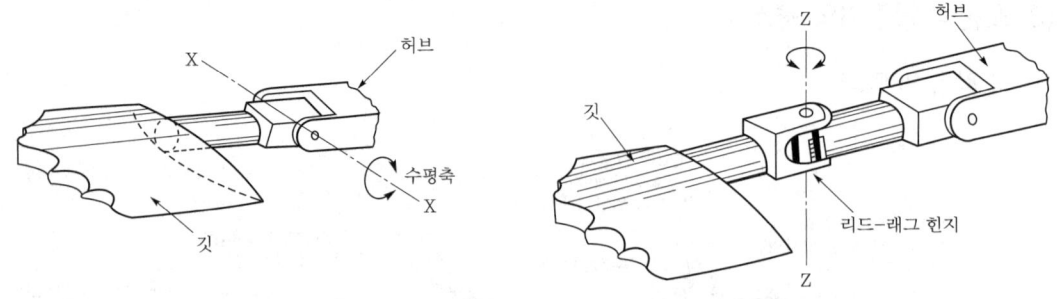

▲ 플래핑 힌지와 리드-래그 힌지

바) 회전원판(rotor disk): 회전날개의 회전면을 회전원판 또는 날개 경로면(tip path plane)이라 한다.

사) 원추각(coning angle, 코닝 각): 회전면과 원추의 모서리가 이루는 각이다. 회전날개 깃은 양력과 원심력의 합에 의해 원추각이 결정된다.

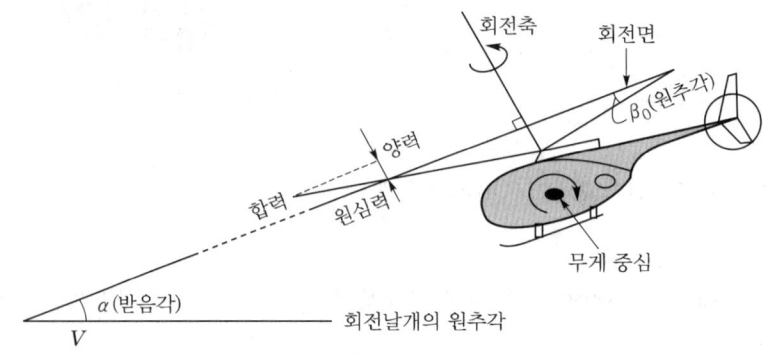

▲ 회전날개의 원추각

아) 받음각(angle of attack): 회전면과 헬리콥터의 진행 방향에서의 상대풍이 이루는 각이다.

자) 비틀림 각(torsion angle): 회전날개 깃에서 일정한 양력을 발생시키기 위해 깃 끝부분은 비틀림 각을 작게 하고, 깃 뿌리 부분은 크게 해 준다.

차) 회전 경사판(swash plate): 깃의 피치각을 만들어 주는 기구로 조종간을 움직이면 두 회전 경사판이 같이 움직인다.

- 회전 경사판: 회전날개와 함께 회전한다.
- 비회전 경사판: 동체에 결합되어 회전하지 않는 경사판이다.

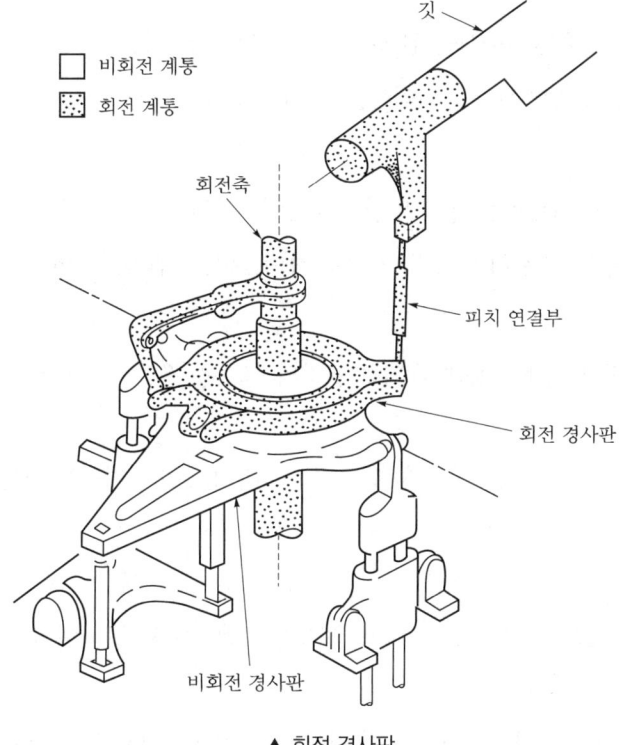

깃

□ 비회전 계통
▨ 회전 계통

회전축

피치 연결부

회전 경사판

비회전 경사판

▲ 회전 경사판

## (3) 헬리콥터의 회전날개

### ① 회전날개 설계 시 고려해야 할 주요 변수

가) 회전날개 지름

- 우수한 정지 비행을 위해서는 지름이 클수록 좋다.
- 가벼운 무게와 적은 비행을 위해서는 지름이 작을수록 좋다.

나) 깃 끝 속도

- 전진 비행 시 후퇴 깃의 성능이 좋아야 하고, 무게가 가벼운 경우 깃 끝 속도가 빨라야 한다.
- 전진 비행 시 전진 깃의 공기 역학적 한계와 소음을 줄이기 위해서는 깃 끝 속도가 느려야 한다.
- 소음 제한의 깃 끝 속도: 225m/s, 깃 끝 속도가 150m/s 이하면 소음이 적다.

다) 깃의 면적
- 고속에서 좋은 기동성을 위해서는 깃 면적이 커야 한다.
- 좋은 정지 비행 성능을 위해서는 깃 면적이 작아야 한다.

라) 깃의 수
- 저 진동을 위해서는 깃 수가 많아야 한다
- 적은 비행, 적은 허브 항력, 가벼운 허브 무게, 보관하기 위해서는 깃 수가 적어야 한다.

마) 깃 비틀림 각
- 좋은 정지 비행 성능과 후퇴하는 깃의 실속을 지연시키기 위해서는 비틀림 각이 커야 한다.
- 정지 비행 시 작은 진동과 깃 하중(blade loading)을 위해서는 비틀림 각이 작아야 한다.

바) 깃 끝 모양
- 압축성 효과의 지연, 소음 감소, 적당한 동적 비틀림을 위해선 깃 끝 모양이 직사각형이 되어선 안 된다.
- 설계와 제작비용을 최소화하기 위해선 깃 끝이 직사각형 모양을 가져야 한다.

사) 깃 테이퍼
- 좋은 정지 비행 성능을 위해서는 테이퍼가 커야 한다.
- 적은 제작비용과 설계, 시험을 위해선 테이퍼가 없어야 한다.

아) 깃 뿌리의 길이
- 전진하는 깃의 항력 감소를 위해 길이를 짧게 할수록 좋다.
- 후퇴하는 깃의 항력 감소를 위해서는 길이를 길게 할수록 좋다.

자) 회전 방향: 회전 방향은 문제가 되지 않으며 습관에 따라 달라진다. 미국은 전진 깃이 오른쪽으로(시계 방향) 회전하고, 러시아는 전진 깃이 왼쪽으로(반시계) 회전하고, 유럽은 양쪽(양 방향)으로 회전한다.

차) 회전날개 허브: 설계에 요구되는 특징으로는 가벼운 무게, 적절한 조종력, 적은 항력, 적은 부품 수, 적은 제작비용, 간단한 정비, 긴 수명 등이다.

카) 깃 단면: 깃의 단면은 운용 요구에 따라 선정된다. 깃 단면을 선정하는 데 많은 어려움이 있다. 전진 깃은 작은 받음각에서 큰 항력 발산 마하수를 갖도록 깃이 얇고 캠버가 없어야 한다. 후진 깃은 적당한 마하수에서 큰 실속 받음각을 갖고, 깃이 두껍고, 캠버가 커야 한다. 또한, 전진 깃과 후퇴 깃은 적은 키놀이 모멘트를 가져야 하기 때문에 어렵게 선정된다.

| 과거의 날개골 | 현대의 날개골 | 미래의 날개골 |

▲ 깃 단면의 발달 과정

## (4) 헬리콥터의 공기역학

① **정지 비행(hovering):** 헬리콥터가 전후좌우 방향으로 이동하지 않고 일정한 고도를 유지하며 공중에 떠 있는 상태를 말한다.

• 깃 단면의 선속도

$$V_r = \Omega \times r$$

※ $\Omega$: 회전 각속도, $r$: 회전축으로부터의 거리

회전날개의 추력을 구하는 방법에는 운동량 이론(momentum theory), 깃 요소 이론(blade element theory), 와류 이론(vortex theory)이 있다.

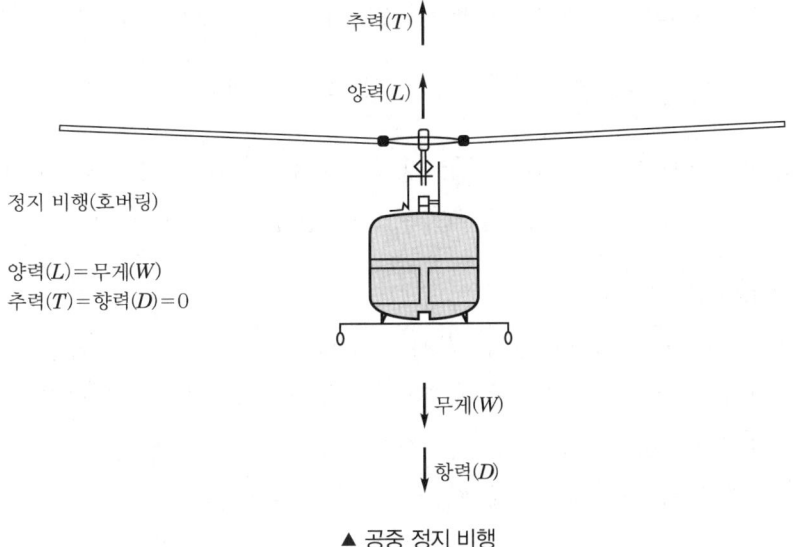

추력($T$)

양력($L$)

정지 비행(호버링)

양력($L$)=무게($W$)
추력($T$)=항력($D$)=0

무게($W$)

항력($D$)

▲ 공중 정지 비행

가) 운동량 이론(momentum theory): 작용과 반작용의 법칙을 이용하여 회전익 항공기의 회전날개에 의해서 만들어지는 회전면에서의 운동량 차이를 이용하여 추력을 구하는 방법이다.

- 회전날개의 추력(T)

$$T = 2\rho \times A \times V_1^2$$

※ $\rho$: 공기밀도, $A$: 회전면의 면적, $V_1^2$: 유도속도

- 유도속도($V_1$): 블레이드에 의해 가속되어진 블레이드 직후의 공기속도

$$V_1 = \sqrt{\frac{T}{2\rho A}} = \sqrt{\frac{D.L}{2\rho}} \quad \text{회전면 하중}(D.L) = \frac{T}{A}$$

- 회전면 하중(disk loading, 원판하중 $D.L$): 헬리콥터 전체 무게(W)를 헬리콥터의 회전날개에 의해 만들어지는 회전면의 면적($\pi R^2$)으로 나눈 값이다.

$$D.L = \frac{W}{\pi R^2}$$

- 마력하중(horse power loading): 헬리콥터의 전체 무게(W)를 마력(HP)으로 나눈 값이다.

$$\text{마력하중} = \frac{W}{HP}$$

나) 깃 요소 이론(blade element theory): 깃의 한 단면에 작용하는 공기 흐름으로부터 양력, 항력 성분을 구하고, 이 힘들 중 수직한 성분을 회전날개의 깃 뿌리에서부터 깃 끝까지 합하고 깃의 개수와 곱하여 회전날개 면에서 발생하는 추력을 구하는 방법이다.

$$T = \left[\sum_{\text{깃 뿌리}}^{\text{깃 끝}} (\text{양력의 수직 성분} + \text{항력의 수직 성분})_{\text{단면}}\right] \times \text{깃의 수}$$

다) 와류 이론(vortex theory): 깃의 뒷전에서 떨어져 나가는 와류에 의한 영향을 포함하여 깃에서의 정확한 유도속도를 계산하기 위한 방법이다.

② **수직비행(vertical flight)**

가) 와류 고리(vortex ring): 위로 향하는 흐름의 속도가 회전날개에 의한 아래 방향 흐름의 속도와 같아지도록 빠르게 할 때, 헬리콥터 주위를 둘러싸는 고리 모양의 흐름이다.

나) 풍차식 제동(windmill brake): 위쪽으로 향하는 흐름의 속도가 회전날개에 의한 아래 방향의 속도보다 커지면 전체 흐름은 위로 향하는 현상이다.

### ③ 전진 비행(forward flight)

가) 전진 비행 때 깃의 양력과 항력

- 전진 방향의 추력 $T = \sin\alpha(\alpha : \text{받음각})$

- 깃 요소가 받은 상대풍 속도($V_\phi$): 상대풍 속도($V_\phi$)는 방위각이 90°일 때 회전속도와 전진속도가 같은 방향으로 합이 되어 최대값이 되고, 270°일 때 최소값이 된다.

$$V_\phi = V\cos\alpha\sin\phi + r\cos\beta_0\,\Omega$$

※ $V$: 상대풍 속도, $r$: 깃 뿌리로부터의 거리, $\Omega$: 회전날개의 회전 각속도, $\phi$: 방위각

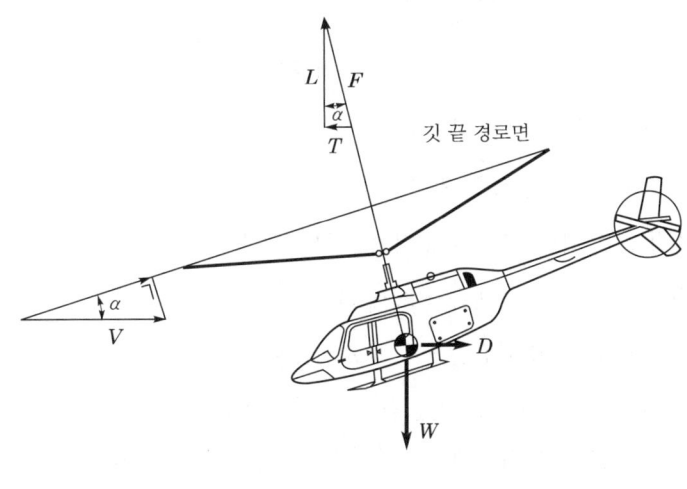

▲ 전진 비행

나) 역풍 지역: 방위각 270° 부근에서 회전날개에 의한 속도보다 전진속도가 더 크게 되어 깃의 앞전이 아닌 뒷전에서 상대풍이 불어오는 상태로, 이 부분의 회전날개는 양력을 발생하지 못하게 되므로 전진속도에 한계가 생기게 된다.

다) 양력 불균형: 깃의 피치각을 일정하게 하여 전진 비행을 하게 되면, 서로 다른 상태의 풍속도가 깃에 작용하므로 회전면에서 발생하는 깃에 의한 양력은 오른쪽은 올라가고 왼쪽은 내려가는 양력 불균형이 일어난다. 시에르바는 양력 불균형을 없애기 위해 플래핑 힌지를 사용했다.

---

**참고** **플래핑 힌지**

전진하는 깃의 피치각은 감소시켜 받음각을 작게 하고, 후퇴하는 깃의 피치각은 크게 하여 받음각을 크게 함으로써 양력 분포의 평형을 이루어 양력 불균형을 해소한다.

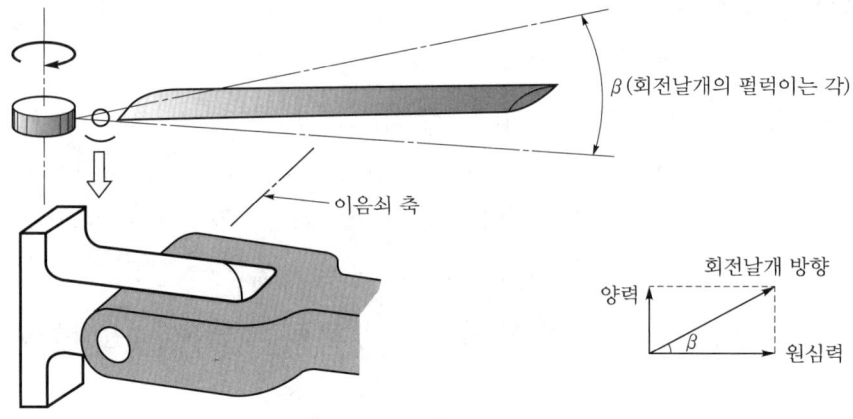

▲ 플래핑 힌지

- 전진 비행 시 회전날개의 회전

  - 방위각 90° 위치: 플래핑 속도가 최대

  - 방위각 180° 위치: 회전날개 깃이 제일 높은 위치

  - 방위각 270° 위치: 플래핑 속도가 최소

  - 방위각 360° 위치: 회전날개 깃이 가장 낮은 위치

라) 동적실속(dynamic stall): 받음각이 주기적으로 변화되는 깃에서의 실속으로 깃이 후퇴하는 영역인 방위각 270° 부근이며, 이곳에서 전진 속도 $V$와 깃이 회전 선속도 $V_r = (\Omega_r)$와의 차이 때문에 합성속도가 작고, 아래 방향으로의 플래핑 운동 속도가 크므로 받음각이 커지기 때문이다.

④ **플래핑(flapping)과 리드–래그(lead–lag)**

가) 플래핑(flapping): 좌우 날개의 양력 불균형을 해소한다.

나) 리드–래그(lead–lag): 기하학적 불균형(geometric un balance)을 해소한다.

다) 리드–래그 감쇠기(lead–lag damper): 회전면에서 발생하는 진동을 감소시킨다.

라) 회전 경사판(swash plate): 조종사의 조종을 쉽게 하기 위해 회전 경사판이라는 장치를 조종간에 연결하여 조종사가 회전면을 경사지게 함으로써 주기적으로 회전날개의 피치를 변화시켜 준다.

⑤ **자동회전(autorotation):** 회전날개 축에 토크가 작용하지 않는 상태에서도 일정한 회전수를 유지해야 하고, 자동 회전하면서 급격히 하강하지 않도록 추력을 발생시켜야 하며, 위치 에너지가 운동 에너지로 변환되면서 상쇄되어야 한다.

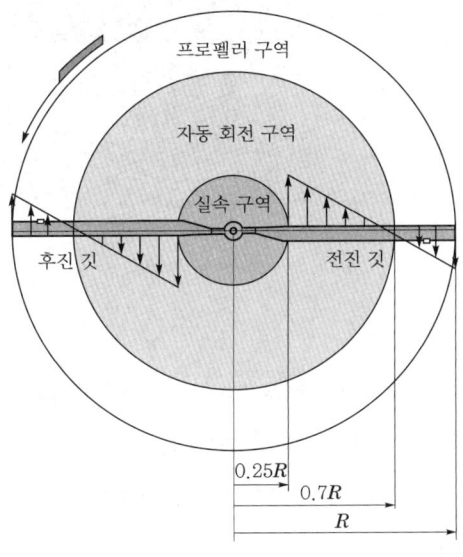

프로펠러 구역

자동 회전 구역

실속 구역

후진 깃    전진 깃

0.25$R$

0.7$R$

$R$

▲ 자동회전 비행

⑥ **지면효과(ground effect):** 회전익 항공기도 고정익 항공기와 마찬가지로 이·착륙을 할 때 지면에서 거리가 가까워지면 양력이 더 커지는 현상이다. 가깝다는 뜻은 낮은 고도에 있어서 날개의 후류가 지면에 압축성 영향을 받게 된다는 것을 말한다.

가) 회전날개의 회전면이 회전날개의 반지름 정도의 높이에 있는 경우 추력의 증가는 5~10% 정도이다.

나) 회전날개의 회전면 높이가 회전날개의 지름보다 커지면 지면효과가 거의 나타나지 않는다.

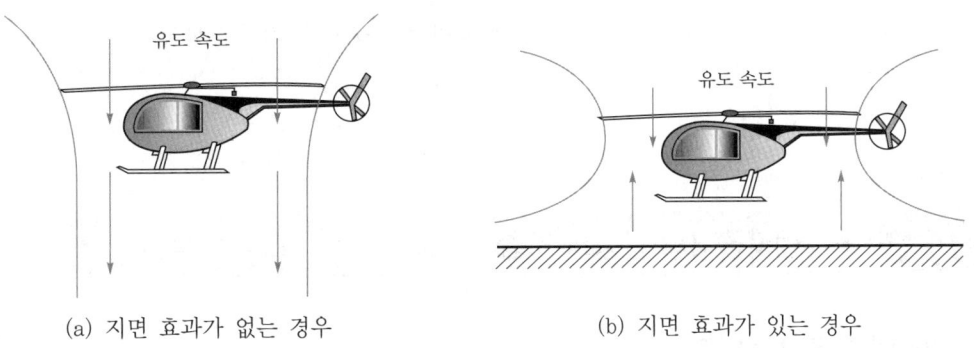

유도 속도                유도 속도

(a) 지면 효과가 없는 경우              (b) 지면 효과가 있는 경우

⑦ **수평 최대속도:** 이용마력과 필요마력이 같을 때 수평 최대속도가 된다.

**참고** 수평 최대속도를 최대로 할 수 없는 이유 ━━━━━━━━━━━━━━━━━━━━━━━━━━

- 후퇴하는 깃의 날개 끝 실속
- 후퇴하는 깃 뿌리의 역풍 범위
- 전진하는 깃 끝의 마하수 영향

## (5) 회전익 항공기의 성능

① **상승한계:** 고도가 올라가면 엔진의 마력은 떨어지고 여유마력이 감소한다. 어느 고도가 되면 기체는 더 이상 상승할 수 없게 되는 고도를 말한다.

　가) 최대 상승률이나 최대 상승한계는 여유마력이 최대인 속도, 즉 필요마력 곡선이 최소가 되는 점에서의 속도에서 구해진다.

　나) 정지 비행 상승 한계(hover ceiling): 속도가 "0"인 경우의 상승한계

② **최대 항속거리가 최대가 되는 속도:** 원점으로부터 필요마력 곡선에 접하는 직선을 그었을 때 만나는 점에서의 속도이다.

③ **최대 순항속도:** 최대 항속거리 때의 속도보다 약간 큰 속도로 선택한다.

④ **최대 제공시간 속도:** 필요마력이 최소가 되는 속도이다.

⑤ **비항속거리(specific range:** $S.R$**)**

$$S.R = \frac{단위시간당\ 비행거리}{단위\ 시간당\ 연료소모량} = \frac{V}{HP_{req} \times s.f.c}$$

※ $V$: 속도, $HP_{req}$: 필요마력, $s.f.c$: 비연료 소모율

## **4** 헬리콥터의 안정과 조종

## (1) 회전익 항공기의 안정

① **평형상태:** 회전익 항공기에 작용하는 모든 외력과 외부 모멘트의 합이 각각 0이 되는 상태이다.

② **양(+)의 정적 안정:** 회전익 항공기의 움직임이 초기의 평형상태로 되돌아가려는 경향을 말한다.

③ **동적 불안정:** 회전익 항공기의 움직임이 시간이 지남에 따라 평상상태로 돌아가지 못하고, 그 벗어난 폭이 점점 커지는 상태이다.

④ **회전익 항공기의 안정성에 기여하는 요소:** 회전날개, 꼬리회전날개, 수평 안정판, 수직 안정판, 회전날개의 회전에 의한 자이로 효과(gyro effect) 등이다.

## (2) 회전익 항공기의 균형과 조종

① **회전익 항공기의 균형(trim):** 직교하는 3개의 축에 대하여 힘과 모멘트의 합이 각각 "0"이다.

② **헬리콥터의 세로 균형:** 주기적 피치 제어간(cyclic pitch control lever)과 동시 피치 제어간(collective pitch control)을 사용한다.

　가) 주기적 피치 제어간(cyclic pitch control lever): 회전날개의 피치를 주기적으로 변하게 하면서 회전 경사판을 경사지게 하여 추력의 방향을 경사지게 하며 전진, 후진, 횡진 비행을 할 수 있게 한다.

　나) 동시 피치 제어간(collective pitch control): 주 회전날개의 피치를 동시에 크게 하거나 작게 해서 기체를 수직으로 상승, 하강시킨다. 대개 스로틀(throttle)과 함께 작동된다.

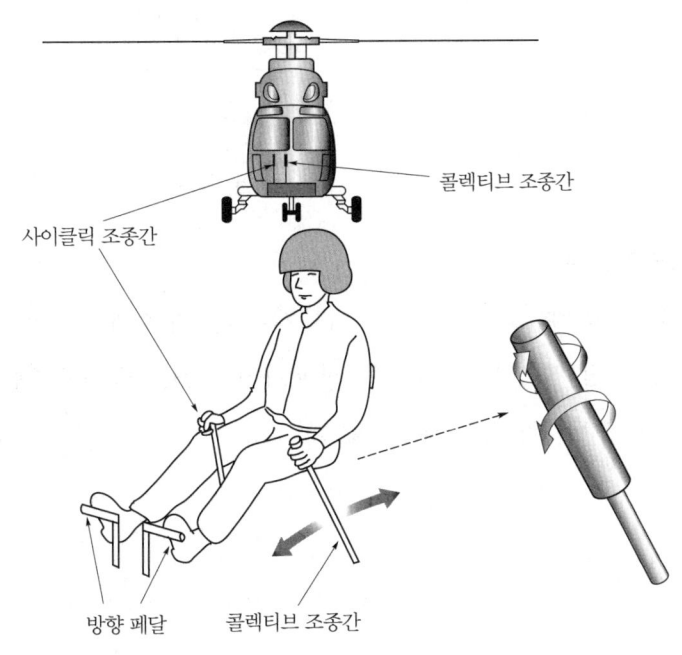

▲ 헬리콥터 조종

③ **헬리콥터의 가로균형과 방향균형:** 주기적 피치 제어간과 꼬리회전날개에 연결되어 있는 페달(pedal)을 사용한다.

　가) 페달(pedal): 주 회전날개가 회전함으로써 생기는 토크(torque)를 상쇄하기 위해 꼬리회전날개의 피치를 조절하여 방향을 조종한다.

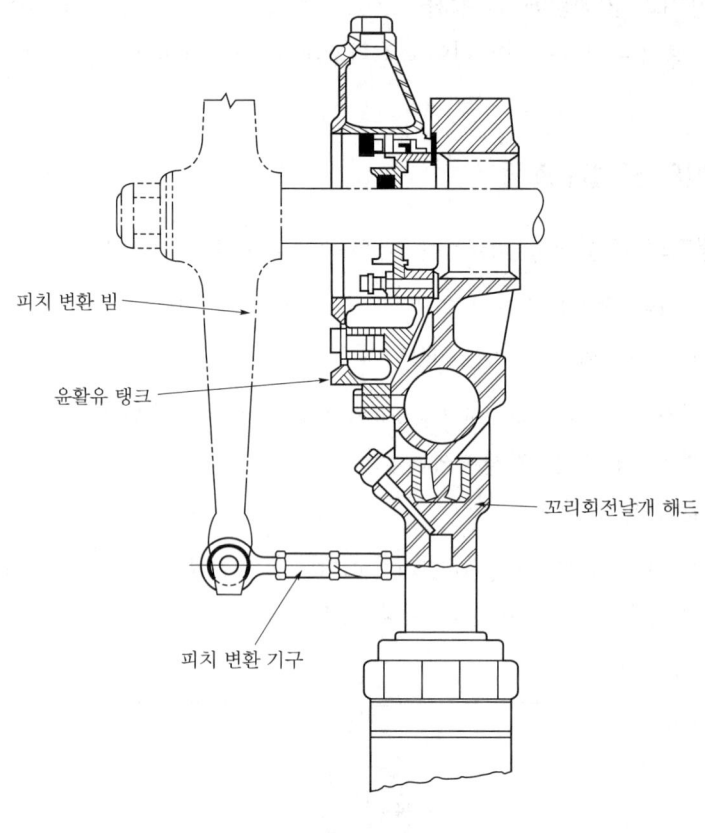

피치 변환 빔

윤활유 탱크

꼬리회전날개 헤드

피치 변환 기구

▲ 꼬리회전날개

④ **헬리콥터의 조종**

　가) 상승·하강 비행의 조종: 동시적 피치 제어간을 위, 아래로 변화시켜 조종한다.

　나) 전진·후진·회전비행 조종: 주기적 피치 제어간을 움직여 조종한다.

　다) 좌우 방향 비행의 조종: 페달을 밟아서 조종한다.

## [그리스 문자]

| | | | | | | | |
|---|---|---|---|---|---|---|---|
| A | $\alpha$ | Alpha | 알파 | $N$ | $\nu$ | Nu | 뉴 |
| B | $\beta$ | Beta | 베타 | $\varXi$ | $\xi$ | Xi | 크사이 |
| $\varGamma$ | $\gamma$ | Gamma | 감마 | $O$ | o | Omicron | 오미크론 |
| $\varDelta$ | $\delta$ | Delta | 델타 | $\varPi$ | $\pi$ | Pi | 파이 |
| $E$ | $\varepsilon$ | Epsilon | 입실론 | $P$ | $\rho$ | Pho | 로 |
| $Z$ | $\zeta$ | Zeta | 제타 | $\varSigma$ | $\sigma$ | Sigma | 시그마 |
| $H$ | $\eta$ | Eta | 에타 | $T$ | $\tau$ | Tau | 타우 |
| $\varTheta$ | $\theta$ | Theta | 씨타 | $\varUpsilon$ | $\upsilon$ | Upsilon | 웁실론 |
| $I$ | $\iota$ | Iota | 이오타 | $\varPhi$ | $\varphi$ | Phi | 화이 |
| $K$ | $\kappa$ | Kappa | 카파 | $X$ | $\chi$ | Chi | 카이 |
| $\varLambda$ | $\lambda$ | Lambda | 람다 | $\varPsi$ | $\psi$ | Psi | 프사이 |
| $M$ | $\mu$ | Mu | 뮤 | $\varOmega$ | $\omega$ | Omega | 오메가 |

**01** 프로펠러의 진행률이란?

① 프로펠러의 유효피치와 프로펠러 지름과의 비

② 추력과 토크와의 비

③ 프로펠러 기하피치와 프로펠러 유효피치와의 비

④ 프로펠러 기하피치와 프로펠러 지름과의 비

**해설**

진행률($J$)은 깃의 선속도(회전속도)와 비행속도와의 비를 말하며, 깃각에서 효율이 최대가 되는 곳은 1개뿐이다. 진행률이 작을 때는 깃각을 작게(이륙과 상승 시)하고, 진행률이 커짐에 따라 깃 각을 크게(순항 시) 해야만 효율이 좋아진다.

$$J = \frac{V}{nD}$$

($J$: 진행률, $V$: 항공기 속도, $n$: rpm(분당 회전수), $D$: 프로펠러 지름)

**02** 프로펠러의 장착 방식 중에서 가장 많이 사용되는 방식으로 프로펠러가 엔진의 앞쪽에 부착되는 방식은?

① 견인식           ② 추진식

③ 이중 반전식      ④ 탬덤식

**해설**

• 추진식: 프로펠러를 비행기 뒤에 장착하여 앞으로 밀고 가는 방법이다.

• 이중반전식: 한 축에 이중 회전축으로 프로펠러를 장착하여 서로 반대로 돌게 만든 것이며, 자이로 효과를 없앨 수 있는 장점이 있다.

• 탬덤식: 비행기 앞에는 견인식, 뒤에는 추진식을 모두 갖춘 방법이다. 깃의 수는 2~5개로 나뉘며 깃 끝 속도, 지면과의 간격 및 추력 증가의 필요성을 고려하여 결정해야 한다.

**03** 고정피치 프로펠러를 장착한 항공기의 비행속도가 증가하는 경우에 가장 올바른 내용은?

① 깃각이 증가한다.

② 깃의 받음각이 증가한다.

③ 깃각이 감소한다.

④ 깃의 받음각이 감소한다.

**해설**

고정피치 프로펠러(fixed pitch propeller)는 깃각이 하나로 고정되어 피치 변경이 불가능하여 프로펠러 효율이 가장 높도록 깃각이 결정되어 있다. 하지만 비행 속도가 증가하면 원심력이 커져서 깃의 받음각은 감소한다.

**04** 프로펠러가 항공기에 준 동력으로 가장 올바른 것은?

① 추력/비행속도

② 추력×비행속도

③ 추력×비행속도$^{2/3}$

④ 추력×비행속도$^2$

**해설**

동력은 힘×속도이다. 이를 등속 수평 비행기에 적용하면, 추력과 항력의 크기가 같아시브로 동력 = 항력 × 속도 = 추력×속도가 된다.

**✈ 정답** 01. ①  02. ①  03. ①  04. ②

**05** 프로펠러 후류(ship stream)의 공기속도와 비행속도의 차이를 무슨 속도라 하는가?

① 가속속도(accelerated velocity)

② 후류속도(slip stream velocity)

③ 유도속도(induced velocity)

④ 하류속도(down stream velocity)

**해설**

프로펠러 깃을 통과하는 유체의 속도는 비행속도와 유도속도의 합이다.

**06** 프로펠러의 페더링(feathering) 상태란 깃각이 어느 상태인가?

① 깃각이 0°에 근접한 상태

② 깃각이 90°에 근접한 상태

③ 깃각이 −90°에 근접한 상태

④ 깃각이 180°에 근접한 상태

**해설**

프로펠러 페더링은 엔진에 고장이 생겼을 때 정지된 프로펠러에 의한 공기저항을 감소시키고 엔진의 고장 확대를 방지하기 위하여 프로펠러 깃을 비행 방향과 평행(깃각을 90°)하도록 피치를 변경시키는 것을 말한다.

**07** 프로펠러의 깃뿌리에서 깃 끝으로 위치 변화에 따른 기하학적 피치 변화는?

① 감소하도록 설계한다.

② 일정하도록 설계한다.

③ 증가하도록 설계한다.

④ 중간 지점이 최대가 되게 설계한다.

**해설**

프로펠러의 깃뿌리에서 깃 끝으로 갈수록 깃각을 작게 비틀어 기하학적 피치를 프로펠러 전체에 대해서 일정하게 한다.

**08** 프로펠러의 슬립(slip)이란?

① 유효피치에서 기하학적 피치를 뺀 값을 평균기하학적 피치의 백분율로 표시

② 기하학적 피치에서 유효피치를 뺀 값을 평균 기하학적 피치의 백분율로 표시

③ 유효피치에서 기하학적 피치를 나눈 값을 백분율로 표시

④ 유효피치와 기하학적 피치를 합한 값을 백분율로 표시

**해설**

프로펠러 슬립(propeller slip)은 기하학적 피치에서 유효피치를 뺀 값을 평균 기하학적 피치의 백분율로 표시한다.

**09** 프로펠러의 효율에 대한 설명으로 가장 옳은 것은?

① 프로펠러의 효율을 높게 하기 위하여 진행률이 작을 때는 깃각을 크게 해야 한다.

② 비행기가 이륙하거나 상승 시에는 깃각을 크게 해야 한다.

③ 비행속도가 증가하면 깃각이 작아져야 한다.

④ 비행 중 프로펠러 깃각이 변하는 가변피치 프로펠러를 사용하면 프로펠러 효율이 좋다.

**해설**

• 항공기 속도나 상황에 따라 피치의 조정이 가능한 가변피치 프로펠러는 유압이나 전기 또는 기계적 장치에 의해 작동되어 효율을 높게 한다.

• 이륙 시, 상승 시의 프로펠러의 깃 각: 깃 각을 작게 한다(비행속도가 느리므로).

• 비행속도가 빠를 때 프로펠러 깃 각: 깃 각을 크게 한다.

• 저피치에서 고피치로 변경되는 순서: 이륙 시→상승 시→순항 시→강하 시

**✈ 정답** 05. ③  06. ②  07. ②  08. ②  09. ④

**10** 프로펠러에 전달되는 엔진의 동력 $P$를 가장 올바르게 표현한 것은? (단, $C_P$: 동력계수, $D$: 프로펠러의 직경, $\rho$: 공기밀도, $n$: 프로펠러 회전속도)

① $P = C_p \rho n^2 D^3$

② $P = C_p \rho n^2 D^4$

③ $P = C_p \rho n^3 D^3$

④ $P = C_p \rho n^3 D^5$

**해설**

엔진에 의해 프로펠러에 전달되는 동력($P$)은

$$P = Q \cdot w = Q \cdot 2\pi n = 2\pi C_q \rho n^3 D^5 = C_q \rho n^3 D^5$$

이 된다. 여기서 $C_P$는 $2\pi C_q$로 동력 계수를 말한다.

**11** 다음 중 회전익 항공기의 Ground Effect의 설명으로 틀린 것은?

① 이착륙 시 지면과 거리가 가까워 양력이 커지는 현상이다.

② 회전날개 회전면이 주 회전날개의 반지름 정도 높이에 있을 경우에 생긴다.

③ 지면효과로 인해 생기는 추력의 증가는 5~10% 정도이다.

④ 고정익 항공기에는 일어나지 않으며 회전익 항공기에서만 나타나는 특징이다.

**해설**

지면효과(ground effect)는 회전익 항공기도 고정익 항공기와 마찬가지로 이·착륙할 때 지면에서 거리가 가까워지면 양력이 더 커지는 현상이며, 가깝다는 뜻은 낮은 고도에 있어서 날개의 후류가 지면에 압축성 영향을 받게 된다는 것을 말한다.

**12** 프로펠러가 n rps로 회전하고 있을 때, 이 프로펠러의 각속도는?

① $\pi n$

② $\dfrac{\pi n}{60}$

③ $2\pi n$

④ $\dfrac{2\pi n}{60}$

**해설**

프로펠러 $n$은 회전속도이다. 이때 $n$이 초당 회전수일 때 프로펠러의 각속도는 $2\pi n$이다.

**13** 고정피치 프로펠러를 장착한 항공기의 비행속도가 증가하는 경우에 가장 올바른 내용은?

① 깃각이 증가한다.

② 깃의 받음각이 증가한다.

③ 깃각이 감소한다.

④ 깃의 받음각이 감소한다.

**해설**

고정피치 프로펠러(fixed pitch propeller)는 깃각이 하나로 고정되어 피치 변경이 불가능하여 프로펠러 효율이 가장 높도록 깃각이 결정되어 있다. 하지만 비행속도가 증가하면 원심력이 커져서 깃의 받음각은 감소한다.

**14** 비행기에 사용되는 프로펠러를 설계할 때 만족시키지 않아도 되는 성능은?

① 이륙 성능

② 상승 성능

③ 순항 성능

④ 착륙 성능

**해설**

프로펠러 항공기는 엔진에서 동력을 공급받아 프로펠러 깃을 회전시킴으로써 엔진의 회전 동력을 추진력으로 전환하므로 이륙 성능, 상승 성능, 순항 성능은 설계 시 만족시켜야 한다.

**15** 정속 프로펠러에서 출력에 알맞은 깃각을 자동으로 변경시키는 장치는?

① 카운터 웨이터

② 3길 밸브

③ 조속기

④ 원심력

**해설**

정속 프로펠러(constant speed propeller)는 조속기를 장착하여 저피치~고피치 범위 내에서 비행고도, 비행속도, 스로틀 개폐와 관계없이 조종사가 선택한 rpm을 일정하게 유지하여 진행률에 대해 최량의 효율을 가질 수 있는 프로펠러이다. 정속 프로펠러는 이·착륙할 시에는 저피치, 고rpm에 프로펠러를 위치시킨다.

**16** 프로펠러의 회전에 의한 원심력이 깃각에 주는 영향은?

① 깃각을 작게 한다.
② 깃각을 일정하게 유지하게 한다.
③ 깃각을 크게 한다.
④ 영향을 주지 않는다.

해설

프로펠러의 회전력이 발생하면 원심력에 의한 인장 응력이 발생한다. 원심력은 깃을 허브의 중심에서 밖으로 빠져나가게 하는 힘을 발생하며, 이 원심력에 의해 깃에는 인장 응력이 발생하게 되고 깃각을 작게 만든다. 프로펠러에 작용하는 힘 중 가장 큰 힘은 원심력이다.

**17** 비행 중 저피치와 고피치 사이의 무한한 피치를 선택할 수 있어 비행속도나 엔진 출력의 변화와 관계없이 프로펠러의 회전속도를 항상 일정하게 유지하여 가장 좋은 효율을 유지하는 프로펠러의 종류는?

① 고정피치 프로펠러
② 정속 프로펠러
③ 조정피치 프로펠러
④ 2단 가변피치 프로펠러

해설

• 고정피치: 깃각 변경 불가능
• 조정피치: 지상에서 정지 시 프로펠러 분리 후 깃각 조절 가능
• 2단 가변피치: 비행 중 2개 위치(low&high)만 선택하여 조절 가능
• 정속: 저피치와 고피치 사이의 무한한 피치를 선택 가능

**18** 프로펠러의 역피치(reversing)를 사용하는 주된 목적은?

① 후진 비행을 위해서
② 추력의 증가를 위해서
③ 착륙 후의 제동을 위해서
④ 추력을 감소시키기 위해서

해설

역피치를 사용하여 추력 방향을 바꾸어 착륙거리를 단축시키는 데 목적이 있다.

**19** 프로펠러가 회전하면서 작용하는 원심력에 의해 발생하는 것으로 짝지어진 것은?

① 휨응력, 굽힘 모멘트
② 인장응력, 비틀림 응력
③ 압축응력, 굽힘 모멘트
④ 압축응력, 비틀림 모멘트

해설

프로펠러의 회전으로 프로펠러 깃에는 원심력, 추력, 비틀림력이 작용하며, 그 힘들이 깃에 대해 각각 인장응력, 굽힘응력, 비틀림 응력을 발생시킨다.

**20** 헬리콥터에서 회전날개의 깃(blade)은 회전하면 회전면을 밑면으로 하는 원추의 모양을 만들게 된다. 이때 이 회전면과 원추각을 이루는 각을 무슨 각이라 하는가?

① 받음각(angle of attack)
② 코닝각(conding angle)
③ 피치각(pitch angle)
④ 플래핑각(flapping angle)

해설

회전면과 원추의 모서리가 이루는 각을 원추각 또는 코닝각(coning angle)이라 하고, 일반적으로 회전날개의 무게는 원심력이나 양력에 비해 작으므로 무시할 수 있으며, 원추각은 원심력과 양력의 합에 의해 결정된다.

정답 **16.** ① **17.** ② **18.** ③ **19.** ② **20.** ②

**21** 주 회전날개의 코닝각(원추각)을 결정하는 요소로 가장 올바른 것은?

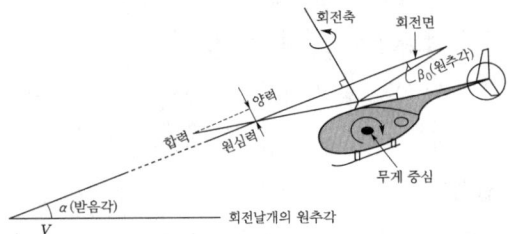

① 원심력의 크기
② 원심력과 양력 합력의 방위
③ 양력의 크기
④ 항력의 크기

해설

20번 문제 해설 참고

**22** 헬리콥터 회전날개에 적용되는 기본 힌지로 가장 올바른 것은?

① 플래핑 힌지, 페더링 힌지, 전단힌지
② 플래핑 힌지, 페더링 힌지, 항력힌지
③ 페더링 힌지, 항력힌지, 전단힌지
④ 플래핑 힌지, 항력힌지, 경사힌지

해설

• 플래핑 힌지: 회전날개를 상, 하로 움직이며 양력 불균형을 해소시킨다.
• 페더링 힌지: 날개 길이 방향을 중심으로 회전운동을 하고 회전날개의 피치각을 조절한다.
• 항력힌지: 회전날개를 앞, 뒤로 움직이며 기하학적 불균형을 해소한다. 리드-래그 운동을 하여 리드-래그 힌지라고도 한다.

**23** 헬리콥터 회전날개의 무게 중심과 회전축과의 거리가 회전날개의 플래핑 운동에 의하여 길어지거나 짧아짐으로써 회전날개의 회전속도가 증가하거나 감소하는 현상은?

① 자이로스코픽 힘
② 코리오리스 효과
③ 추력편향 효과
④ 회전축 편심효과

해설

코리올리 효과(coriolis effect): 회전날개의 전진 깃은 양력의 증가로 위로 올라가기 때문에 축에 가까워져 가속되어 전방으로 앞서게 되는 lead 운동을 하고, 후진 깃은 축에서 멀어져서 속도가 떨어지고 이에 따라 깃은 뒤로 처지게 되는 lag 운동을 하게 된다. 이와 같은 현상을 코리올리 효과라 한다.

**24** 헬리콥터의 총중량이 800kgf, 엔진 출력 160HP, 회전날개의 반경이 2.8m, 회전날개 깃의 수가 2개일 때의 원판 하중은?

① $28.5 \mathrm{kgf/m^2}$
② $30.5 \mathrm{kgf/m^2}$
③ $32.5 \mathrm{kgf/m^2}$
④ $35.5 \mathrm{kgf/m^2}$

해설

회전면 하중(disk loading: 원판하중, $D.L$): 헬리콥터 전체 무게($W$)를 헬리콥터의 회전날개에 의해 만들어지는 회전면의 면적 $\pi R^2$으로 나눈 값이다.

$$D.L = \frac{W}{\pi R^2} = \frac{800}{\pi \times 2.8^2} = 32.48 \fallingdotseq 32.5 \, kgf/m^2$$

**25** 헬리콥터가 Hovering 할 때의 관계식으로 맞는 것은?

① 헬리콥터 무게 〈 양력
② 헬리콥터 무게 = 양력
③ 헬리콥터 무게 〉 양력
④ 헬리콥터 무게 = 양력 + 원심력

해설

호버링(Hovering)이란 정지비행을 뜻하는데, 공중에서 모든 축 방향의 모멘트의 합을 0으로 하면 정지비행을 할 수 있다. 이때, $L = W$, $T = D = 0$(Zero)이다.

✈ 정답   21. ②   22. ②   23. ②   24. ③   25. ②

**26** 헬리콥터의 정지비행 상승한도를 가장 올바르게 표현한 것은?

① 이용마력 〉 필요마력

② 이용마력 = 필요마력

③ 이용마력 〈 필요마력

④ 유도항력마력 = 이용마력 + 필요마력

**해설**

정지비행 상승 한계(hover ceiling)는 속도가 "0"인 경우의 상승한계로 이용마력과 필요마력은 같다.

**27** 헬리콥터에서 세로축에 대한 움직임(rollinng, 횡요)은 무엇에 의해서 움직이게 되는가?

① 트림 피치 컨트롤 레버(trim pitch control lever)

② 콜렉티브 피치 컨트롤 레버(collective pitch control lever)

③ 테일 로터 피치 컨트롤(tail rotor pitch control)

④ 사이클릭 피치 컨트롤 레버(cyclic pitch control lever)

**해설**

주기적 피치 제어간(cyclic pitch control lever): 회전날개의 피치를 주기적으로 변하게 하면서 회전 경사판을 경사지게 하여 추력의 방향을 경사지게 하며, 전진, 후진, 횡진 비행을 할 수 있게 한다.

**28** 헬리콥터가 빠르게 날 수 없는 이유를 설명한 내용 중 틀린 것은?

① 후퇴하는 깃에서의 실속

② 후퇴하는 깃에서의 역풍 지역

③ 전진하는 깃 끝의 항력 감소

④ 전진하는 깃 끝의 속도 감소

**해설**

속도에 제한을 두는 이유

• 전진하는 깃끝의 마하수가 1 이상이 되면 깃에 충격 실속이 생기기 때문이다.

• 후퇴하는 깃뿌리의 역풍 범위가 속도에 따라 증가하기 때문이다.

• 후퇴하는 깃의 날개 끝에 실속이 발생하기 때문이다.

**29** 헬리콥터의 양력 분포 불균형을 해결하는 방법으로 가장 올바른 것은?

① 전진하는 깃과 후퇴하는 깃의 받음각을 같게 한다.

② 전진하는 깃과 뒤로 후퇴하는 깃의 피치각을 동시에 증가시킨다.

③ 전진하는 깃의 피치각은 감소시키고 뒤로 후퇴하는 깃의 피치각은 증가시킨다.

④ 전진하는 깃의 피치각은 증가시키고 뒤로 후퇴하는 깃의 피치각은 감소시킨다.

**해설**

전진하는 깃의 피치각은 감소시켜 받음각을 작게 하고, 후퇴하는 깃의 피치각은 크게 하여 받음각을 크게 함으로써 양력 분포의 평형을 이루어 양력 불균형을 해결한다. 이를 수정해 주는 운동을 플래핑 운동이라 한다.

**30** 헬리콥터는 제자리 비행 시 균형을 맞추기 위해서 주 회전날개 회전면이 회전 방향에 따라 동체의 좌측이나 우측으로 기울이게 되는데, 이는 어떤 성분의 역학적 평형을 맞추기 위해서 인가? (단, X, Y, Z는 기체축(동체축) 정의를 따른다.)

① X축 모멘트의 평형

② X축 힘의 평형

③ Y축 모멘트의 평형

④ Y축 힘의 평형

**해설**

주회전날개는 y축을 중심으로 기울어지며 힘의 평형이 이루어진다.

**✈정답** 26. ② 27. ④ 28. ③ 29. ③ 30. ④

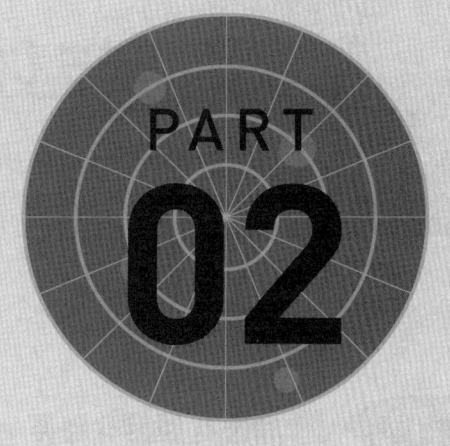

PART

02

항공기 엔진

# 동력장치의 개요

## 1 항공기 엔진의 분류

### (1) 열기관의 일반적인 분류

① **원동기(prime mover):** 자연계의 여러 가지 에너지를 이용하여 사용 가능한 기계적 에너지, 즉 동력으로 바꾸는 기계이다.

② **열기관(heat engine):** 여러 에너지 중 열 에너지를 기계적 에너지로 바꾸는 장치이다.

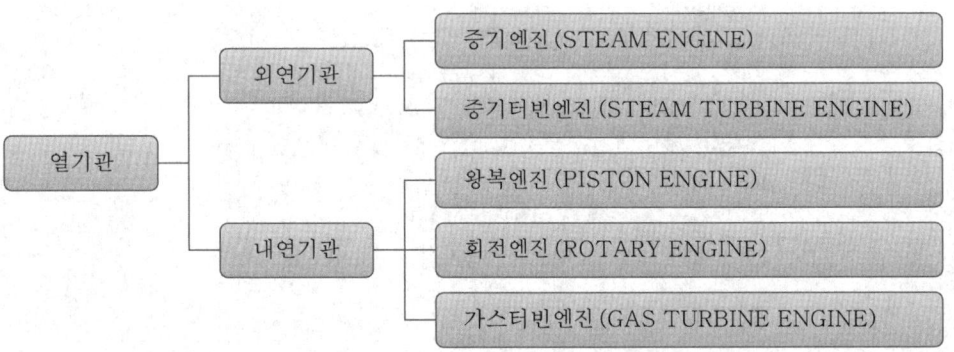

가) 외연기관: 연료가 엔진 외부에서 연소가 이루어져 열 에너지를 기계적 에너지로 변환시키는 엔진이다.

나) 내연기관: 연료가 엔진 내부에서 연소가 이루어져 열 에너지를 기계적 에너지로 변환시키는 엔진이다.

## (2) 왕복엔진

1876년 독일의 니콜라우스 아우구스트 오토는 4행정으로 작동되는 왕복엔진을 최초로 제작하였다. 왕복엔진은 여러 가지 분류로 나뉘며, 분류로는 냉각 방법에 의한 분류, 실린더 배열에 의한 분류가 있다.

### ① 냉각 방법에 의한 분류

가) 액랭식: 자동차 엔진이나 선박에 주로 사용되고, 냉각방식은 물이나 에틸렌글리콜 (ethyleneglycol)을 많이 이용하는 방식으로, 구조가 복잡하고 무게가 무거워 항공기용으로 거의 쓰이지 않는다.

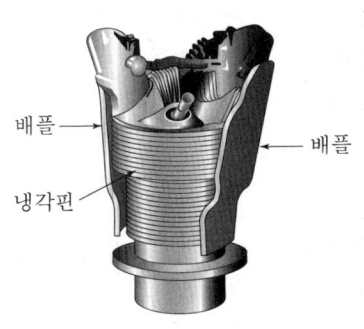

▲ 실린더의 냉각핀과 배플

▲ 카울 플랩

나) 공랭식: 프로펠러 후류나 팬에 의해 발생된 공기를 실린더 주위로 잘 흐르게 하여 냉각시키는 방식으로, 냉각 효율이 우수하고 제작비가 싸며 정비하기 쉬운 장점이 있다.

| 냉각핀<br>(Cooling Fin) | 실린더 바깥 면에 부착된 핀으로 실린더의 열을 공기 중으로 방출하여 엔진을 냉각시킨다. 냉각핀은 부착된 부분의 재질과 같은 것을 사용해야만 열팽창에 따른 균열을 막을 수 있다.<br>※ 냉각핀의 재질은 실린더 헤드나 동체와 같은 재질을 사용한다. |
|---|---|
| 배플<br>(Baffle) | 실린더 주위에 설치된 금속판으로 실린더에 공기가 골고루 흐르도록 공기를 유도시키는 기능을 수행한다(재질: 알루미늄). |
| 카울 플랩<br>(Cowl Flap) | 엔진의 냉각을 조절하는 기능을 가진 장치로 조종사가 열고 닫을 수 있게 되어 있다.<br>※ 지상에서 시운전 시 카울 플랩을 완전히 열어준다. |

## ② 실린더 배열 방법에 따른 분류

가) 왕복엔진의 출력을 증가시키는 방법

| 실린더 체적을 증가시키는 방법 | • 연소가 원활하지 못하거나 데토네이션(detonation)이라는 불량현상이 발생하므로 체적 증가는 제한을 받는다. |
|---|---|
| 실린더 수를 증가시키는 방법 | • 엔진의 출력을 증가시키려면 허용된 범위에서 엔진의 체적을 증가시키고 실린더 숫자를 증가시키면 된다.<br>• 실린더 숫자를 증가시키기 위해 배열이 달라져 V형, 직렬형, X형, 대향형, 성형이 있으며, 이 중 대향형과 성형이 사용된다. |

나) 배열 방법에 따른 분류

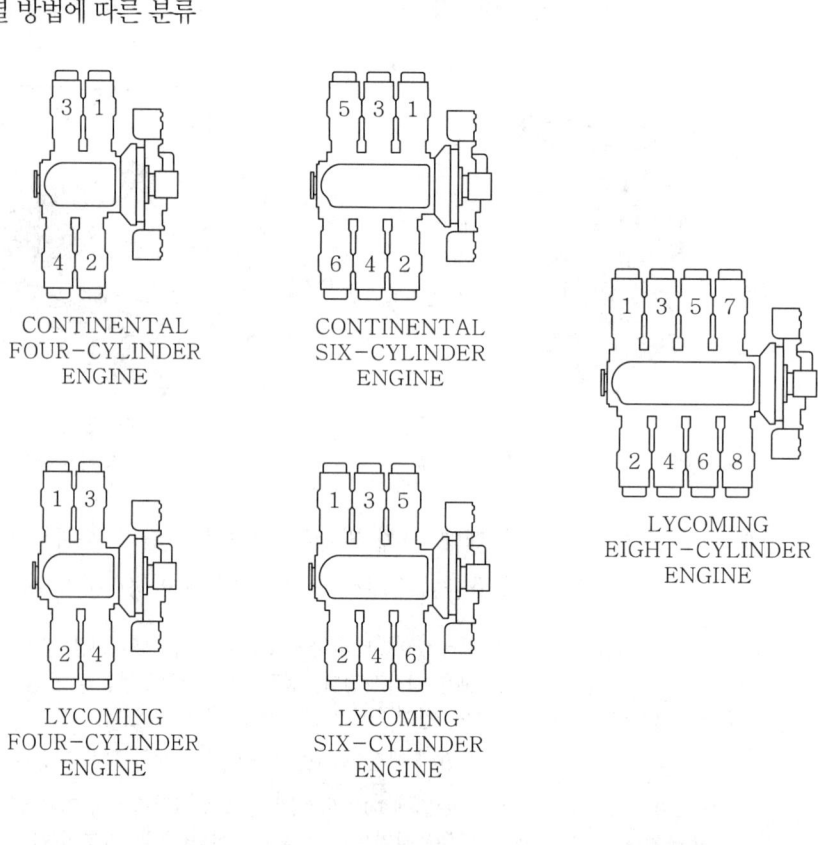

CONTINENTAL
FOUR-CYLINDER
ENGINE

CONTINENTAL
SIX-CYLINDER
ENGINE

LYCOMING
EIGHT-CYLINDER
ENGINE

LYCOMING
FOUR-CYLINDER
ENGINE

LYCOMING
SIX-CYLINDER
ENGINE

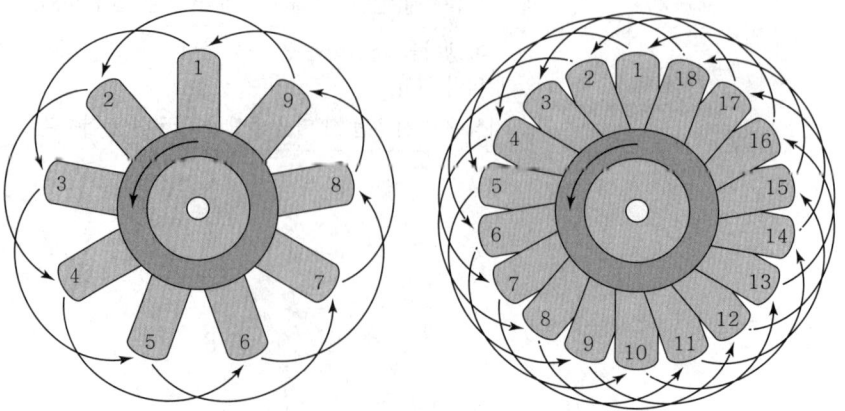

| | |
|---|---|
| 수평 대항형<br>(Opposed Type) | 소형 엔진용으로 400마력까지 동력을 낼 수 있다. 실린더 수는 4개, 6개 등 짝수로 구성된다.<br>• 장점<br> – 구조가 간단하고 엔진의 전면 면적이 작다.<br> – 공기 저항이 적다.<br>• 단점<br> – 실린더 수가 많아지면 길이가 길어져 대형 엔진에는 적합하지 않다.<br> – 번호를 정하는 방법: (continental) 엔진 후면의 오른쪽 실린더가 1번이고 좌,우 교대로 번호를 부여한다. (lycoming) 엔진 전면의 오른쪽 실린더가 1번이고 좌,우 교대로 번호를 부여한다. |
| 성형<br>(Radial Type) | 중형 및 대형 항공기에 사용되며 실린더 수에 따라 200~3,500마력 정도의 동력을 낼 수 있다.<br>• 장점<br> – 엔진당 실린더 수를 크게 할 수 있다.<br> – 마력당 무게가 작고 신뢰성이 우수하며 효율이 높다.<br>• 단점<br> – 전면 면적이 넓어 공기 저항이 크다.<br> – 실린더 열 수가 증가할수록 뒷열의 냉각이 어렵다.<br> – 성형엔진의 번호를 정하는 방법: 항공기 후면에서 보아 가장 위쪽의 실린더가 1번이고, 시계 방향으로 돌아가면서 번호를 부여한다. |
| V형 | 직렬형에 비해 마력당 중량비를 줄일 수 있다. 같은 크랭크 핀에 2개의 커넥팅 로드가 연결된다. |
| 직렬형<br>(In-Lined Type) | 엔진의 전면 면적이 작아 공기의 저항을 줄일 수 있지만, 엔진의 숫자가 많으면 냉각이 어려워 보통 6기통으로 제한한다. |
| X형 | – |

### (3) 가스터빈엔진의 분류

압축기, 연소실, 터빈으로 기본 구성을 갖고 있으며, 고온 배기가스로 추력을 발생시키는 추력 발생엔진인 터보제트엔진, 터보팬엔진이 있고, 회전력을 얻는 회전동력엔진인 터보프롭엔진, 터보샤프트엔진이 있다.

### ① 터보제트엔진(Turbojet Engine)

가) 작동 원리: 흡입구에서 공기를 흡입하여 압축기로 보내고, 받은 공기를 압축하여 연소실로 보내고, 연소실에서 압축된 공기와 연료가 잘 혼합되어 연속 연소시켜 터빈으로 보내고, 고온·고압가스가 팽창되어 터빈을 회전시키게 되며, 남은 연소 가스는 배기 노즐에서 다시 팽창·가속되어 빠른 속도로 빠져나가면서 추력을 발생시킨다(작용과 반작용의 법칙–뉴턴의 제3법칙).

나) 구성: 디퓨저(diffuser), 압축기(compressor), 연소실(combusion chamber), 터빈(turbine), 배기 노즐(nozzle)

다) 장점

- 소형 경량으로 큰 추력을 얻는다(추력당 중량비가 적다).
- 고속에서 추진효율이 우수하다.
- 천음속에서 초음속의 범위(마하 0.9~3.0)까지 우수한 성능을 지닌다.
- 전면면적이 좁아 비행기를 유선형으로 만들 수 있다.
- 후기 연소기를 사용하여 추력을 증가시킬 수 있다.

라) 단점

- 저속에서는 추진효율이 불량하다.
- 배기 소음이 심하다.
- 저속, 저공에서 연료 소비율이 높다.
- 이륙 시 활주거리가 길다.

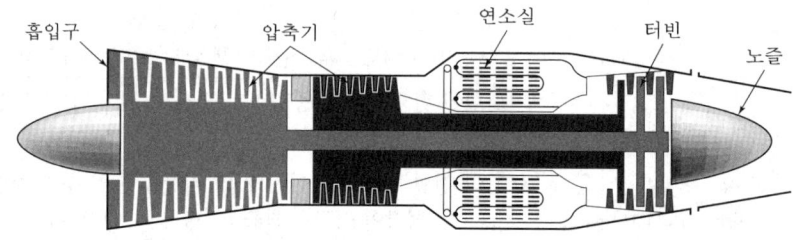

② **터보팬엔진(turbofan engine)**

가) 작동 원리: 흡입구에서 흡입된 공기는 팬으로 보내지고, 팬은 공기를 약간 압축하여 팬의 중심부를 통과한 공기는 압축기로 보내지고, 팬을 통과한 공기는 엔진 외부로 흘러 추력으로 이용된다. 중심부를 통과하여 압축된 공기는 연소실로 보내고, 연소실에서 공기와 연료가 잘 혼합되고 연소되어 터빈으로 보내어 추력을 발생시킨다. 팬을 지나 외부로 흐르는 공기를 바이패스 공기(bypass air)라 한다.

※ 바이패스 비: 바이패스 되는 공기량과 연소실을 통과하는 공기량의 비율로, 보통 5:1 정도의 값을 갖는다.

나) 구성: 흡입구(intake), 전방 팬(front fan), 압축기(compressure), 연소실(combution chamber), 터빈(turbine), 배기 노즐(nozzle)

다) 종류: 전방 터보팬, 후방 터보팬

라) 장점

- 아음속에서의 추진효율이 우수하다.

- 연료 소비율이 낮다.

- 소음이 적다.

- 이착륙 거리가 짧다.

- 날씨에 영향을 받지 않는다.

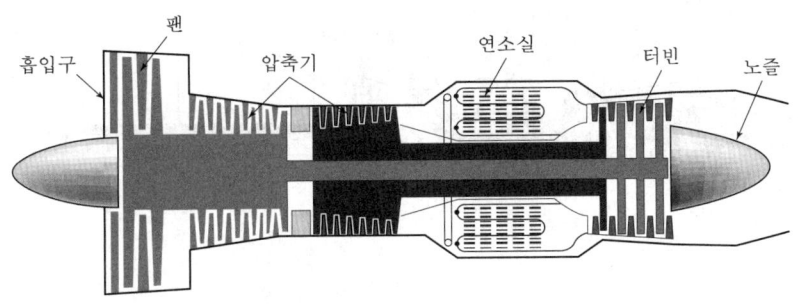

③ **터보프롭엔진**(turboprop engine)

가) 특징: 터보제트엔진에 프로펠러를 장착한 형식으로 프로펠러에서 75%의 추력을 얻고, 나머지는 배기가스에서 25%의 추력을 얻는다. 프로펠러의 효율 증가를 위해 감속기어를 장착했다.

나) 터빈 방식

- 고정 터빈 방식: 프로펠러 구동축과 압축기 및 터빈이 직접 연결된 방식이다.

- 자유 터빈 방식: 터빈이 압축기와 분리 가능한 방식이다.

다) 장점

- 저속에서 높은 추진효율을 갖는다.

- 추력당 연료 소비율(TSFC)이 낮다.

- 피치 변경 프로펠러를 사용하면 역피치가 가능하다.

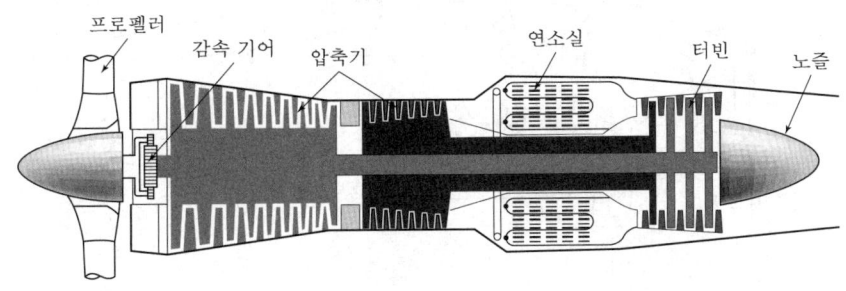

④ 터보샤프트엔진(turboshaft engine)

가) 작동 원리: 작동 원리는 배기가스에 의한 추력이 없다는 점 외에는 터보프롭엔진과 같다. 이 엔진은 가스 발생기 부분과 동력 부분으로 나누어지기 때문에 자유터빈엔진(free turbine engine)이라고 한다. 주로 헬리콥터에 사용되고 발전시설과 같은 산업용 및 선박용으로 사용된다.

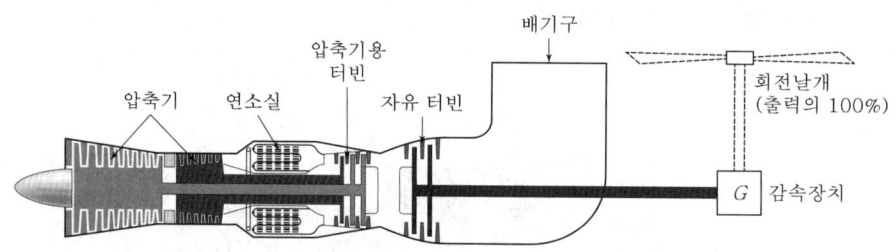

## (4) 그 밖의 엔진 분류

① 펄스제트엔진(pulse-jet engine)

가) 작동 원리: 공기 흡입 플래퍼 밸브(air inlet flapper valve)라 하는 밸브 망을 가지고 있고, 밸브 망은 공기 흡입구와 연소실 경계에 장착되어 있다. 연소실 압력이 흡입구보다 높으면 밸브 망은 닫히고, 낮으면 열리면서 흡입한 공기를 연소실로 보내어 연소 이후 노즐로 빠져나가 추력이 발생한다.

나) 구성: 흡입구, 밸브 망, 연소실, 분사 노즐

다) 단점

- 밸브의 수명이 짧다.
- 폭발성이 강해 소음이 크다.
- 연속 흡입하기 어렵기 때문에 전면 면적이 넓어 공기 저항이 크다.

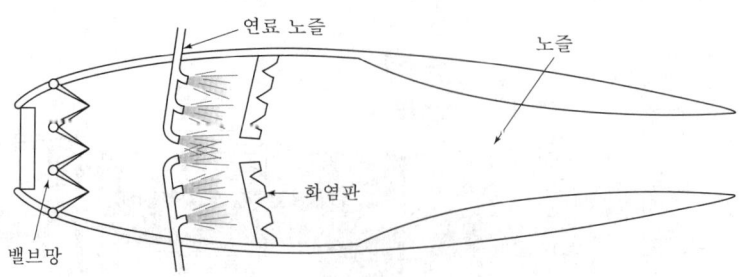

② 램제트엔진(ramjet engine)

가) 작동 원리: 빠른 속도로 흡입되는 공기를 흡입구에서 속도를 감소시키고 압력을 증가시켜 연소실로 보내어 연료와 혼합 · 점화시키고 연소 가스를 배기 노즐을 통해 배출시킨다.

나) 장점

- 구조가 가장 간단하다.
- 고속에서 우수한 성능을 발휘한다.

다) 단점: 흡입 공기속도가 마하 0.2 이상에서 작동되므로 저속에서는 작동되지 않는다. 이러한 단점으로 군용 무인 비행체에 사용되기도 한다.

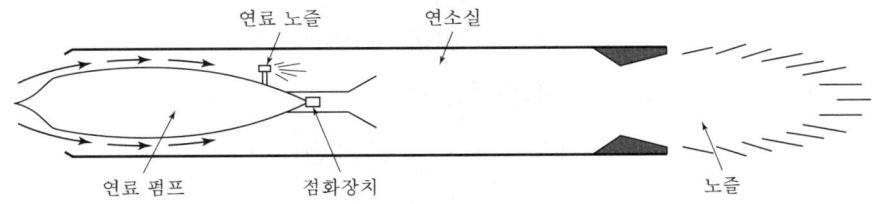

③ 로켓엔진(rocket engine)

가) 작동 원리: 엔진 내부에 연료와 산화제를 함께 갖고 있는 엔진으로서 공기가 없는 우주 공간에서도 비행이 가능하다.

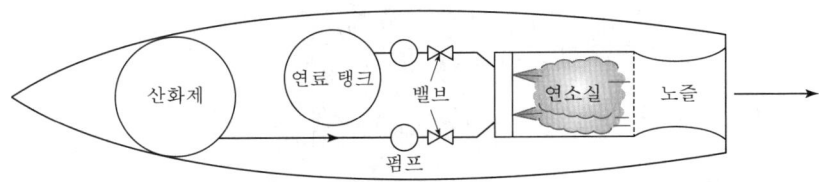

## (1) 단위와 용어

### ① 기본 단위와 힘

가) 뉴턴의 제2법칙(가속도의 법칙): 물질에 가해지는 힘의 크기는 질량과 가속도를 곱한 값

$$F = ma$$

※ $F$ = 힘, $m$ = 질량, $a$ = 가속도

나) 1kg의 질량이 중력가속도를 받았을 때

$$1kgf = 9.8kg_m \cdot m/s^2 = 9.8N$$

다) 1kg의 질량이 $1m/s^2$ 가속도를 받을 때

$$1N = 1kg \times 1m/s^2 = 1kg \cdot m/s^2$$

### ② 일과 동력

가) 일: 힘이 물체에 작용하여 물체를 움직이게 할 때[단위: $J = 1N \cdot m$]

$$W = F \times L$$

※ $W$: 일, $F$: 힘, $L$: 거리

나) 동력: 일을 시간으로 나눈 값[단위: 1PS=75kg·m/s=0.735kW]

$$P = \frac{W}{t} = \frac{한\,일의\,양}{걸린\,시간} = \frac{F \cdot L}{t} = F \times \frac{L}{t} = F \times V$$

$$※ \; V(속도) = \frac{거리}{시간}$$

### ③ 온도와 절대온도

가) 섭씨(celsius)[℃]와 화씨(fahrenheit)[℉]

- 섭씨온도 단위: 어는점과 끓는점을 100등분, 어는점을 0℃, 끓는점을 100℃
- 화씨온도 단위: 어는점과 끓는점을 180등분, 어는점을 32℉, 끓는점을 212℉

나) 섭씨온도($t_c$)와 화씨온도($t_f$)의 관계식

$$t_c = \frac{5}{9}(t_f - 32) \; 또는 \; t_f = \frac{9}{5}t_c + 32$$

다) 절대온도

$$T_c = (°C + 273)°K(켈빈\;절대온도)$$

$$T_F = (°F + 460)°R(랭킨\;절대온도)$$

④ **비열(specific heat):** 단위 질량을 단위 온도로 올리는 데 필요한 열량

　　가) 정압 비열(specific heat at constant pressure): 압력이 일정한 상태에서 기체의 온도를
　　　　1℃ 높이는 데 필요한 열량이다.

　　나) 정적 비열(specific heat at constant volume): 부피가 일정한 상태에서 기체의 온도를
　　　　1℃ 높이는 데 필요한 열량이다.

　　다) 비열비: 정압 비열과 정적 비열의 비로 대개 1보다 큰 값을 갖으며, 비열비는 1.4이다.

$$K = \frac{C_P}{C_V} > 1$$

⑤ **비체적과 밀도**

　　가) 비체적(specific volume): 단위 질량당의 체적 [단위: $v, m^3/kg$ ]

　　나) 밀도(density): 단위 체적당의 질량 [단위: $\rho, kg/m^3$ ]

⑥ **압력(pressure):** 단위 면적에 수직으로 작용하는 힘의 크기 [단위: $kgf/cm^2, mmHg$ ]

　　　　표준기압(atm)=$760mmHg$=$10.33mAq$=$1.033kgf/cm^2$
　　　　=1.013bar=14.7psi

　　가) 게이지 압력(gauge pressure): 대기압을 기준으로 측정하는 압력이다.

　　나) 절대압력(absolute pressure): 완전 진공 상태의 기압을 기준으로 측정하는 압력이다.

　　다) 절대압력=대기압+게이지 압력

⑦ **계와 작동 물질**

　　가) 계와 주위

　　　　• 계(system): 관심의 대상이 되는 물질이나 장치의 일부분이다.

　　　　• 주위(surrounding): 계 밖의 모든 부분이다.

　　　　• 계와 주위는 경계(boundary)에 의해 구분한다.

　　나) 밀폐계와 개방계

　　　　• 밀폐계(closed system): 비유동계로 에너지의 출입만 가능하다.

　　　　• 개방계(open system): 유동계로 에너지와 물질의 출입이 모두 가능하다.

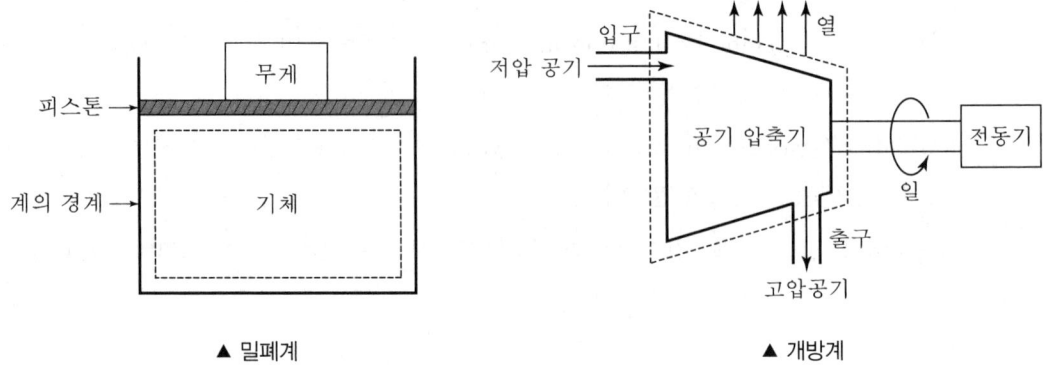

▲ 밀폐계　　　　　　　　　　　　　　　▲ 개방계

## (2) 열역학 제1법칙

열역학 제1법칙은 에너지 보존 법칙이며 줄의 실험은 이 법칙을 증명했다. "에너지는 여러 가지 형태로 변환이 가능하나, 절대적인 양은 일정하다."

① **줄의 실험:** 기계적인 일은 열로 변환될 수 있고, 열은 기계적인 일로 변환될 수 있다는 실험이고, 실험 내용으로는 추의 위치 에너지가 휘젓기 날개를 회전시키면 날개가 회전하면서 물의 온도를 증가하는 것이다. 즉, 위치 에너지는 기계적 에너지로 변환됨을 말한다.

② **열과 일의 관계**

　가) 열의 일당량(mechanical equivalent of heat): 열을 일로 변환시키는 계수로써, 이 값은 1kcal의 열량이 427kg · m의 일로 변환한다.

　나) 일의 열당량(heat equivalent of work): 일을 열로 변환시키는 계수로써, $W = JQ$

$$Q = \frac{1}{J}W, \quad \frac{1}{J} = \frac{1}{427}kcal/kg \cdot m$$

　　※ 비례상수 $J = 427kg \cdot m/kcal = 4187J/kcal$

③ **밀폐계의 열역학 제1법칙**

　가) 밀폐계의 열과 일의 관계: 물체에 열을 가하면 열은 에너지 형태로 물체 내부에 저장되거나 물체가 주위에 일을 하게 되어 에너지를 소비한다.

$$Q = (U_2 - U_1) + W$$

　　※ • $Q$: 외부에서 계에 공급한 열량
　　　 • $W$: 기체가 수축, 팽창하면서 계가 주위에 한 일
　　　 • $U_1$: 계의 변화 시작 전의 내부 에너지
　　　 • $U_2$: 계의 변화가 끝난 후의 내부 에너지

나) 열기관의 열효율

$$\eta_{th} = \frac{유효한\ 일}{공급된\ 열량} = \frac{W}{Q_1} = \frac{Q_1 - Q_2}{Q_1} = 1 - \frac{Q_2}{Q_1}$$

> ※ • $Q$: 열기관에서 연료의 연소에 의해 공급되는 열량
> • $Q_1$: 냉각과 배기에 의해 방출되는 열량
> • $Q_2$: 열기관이 행한 순 일

다) 개방계의 열역학 제1법칙: 개방계에서는 에너지와 작동 물질도 계를 출입할 수 있고 이를 유동 일이라 한다. 개방계의 열역학 제1법칙은 유동 일을 포함하며, 내부 에너지와 유동 에너지를 합하여 엔탈피라는 성질을 정의한다.

㉠ 유동 일(flow work): 개방계에서 압력의 차이가 있는 통로로 작동 물질을 이동시킬 때에 필요한 일이다.

$$W = PV$$

• 엔탈피(enthalpy): 내부 에너지와 유동 일의 합이며, 단위 질량당 엔탈피를 비 엔탈피라 한다.

$$H = U + PV$$

> ※ $H$: 엔탈피, $h$: 비 엔탈피 [단위$= kg \cdot m / kg$], $U$: 내부 에너지, $PV$: 유동 일

㉡ 개방계의 열과 일의 관계: 작동 물질이 계를 출입하므로 열, 일, 내부 에너지, 운동 에너지, 위치 에너지, 유동 에너지가 포함된다. 개방계의 열역학 제1법칙은 "계로 들어오는 에너지의 합과 계를 나가는 에너지의 합은 같다."

$$Q + U_1 + P_1 V_1 = W + U_2 + P_2 V_2$$

## (3) 유체의 열역학적 특성

### ① 유체의 성질과 상태

가) 강성 성질: 물질의 양에 관계없는 압력, 밀도, 온도 및 비체적 등과 같은 성질이다.

나) 종량 성질: 질량, 체적 등과 같이 물질의 양에 비례하는 성질이다.

### ② 보일-샤를의 법칙

가) 보일의 법칙은 온도가 일정하면 기체의 부피는 압력에 반비례한다.

$$Pv = C \ 또는 \ P_1 v_1 = P_2 v_2$$

나) 샤를의 법칙은 기체의 부피가 일정할 때에 기체의 압력은 절대온도에 비례한다.

$$\frac{P}{T} = C \quad \text{또는} \quad \frac{P_1}{T_1} = \frac{P_2}{T_2}$$

### ③ 이상 기체 상태식

비열이 일정한 이상 기체에 대해 비체적($v$), 압력($P$), 온도($T$)의 관계는 다음과 같다.

$$Pv = RT \quad \text{또는} \quad \frac{P_1 v_1}{T_1} = \frac{P_2 v_2}{T_2} \cdots$$

$R$은 기체상수이며, 단위는 $kg \cdot m/kg \cdot K$

| 기체 | 기체 상수 | 기체 | 기체 상수 |
|------|-----------|------|-----------|
| 공기 | 29.27 | 수소($H_2$) | 420.55 |
| 산소($O_2$) | 26.49 | 일산화탄소($CO$) | 30.27 |
| 질소($N_2$) | 30.26 | 이산화탄소($CO_2$) | 19.26 |

### ④ 기체의 비열과 내부 에너지

가) 기체 $m[kg]$이 일정한 부피에서 $Q_V[kcal]$의 열량을 공급받아 온도가 $t_1$에서 $t_2$로 올라갔을 때 관계식은 다음과 같다.

$$Q_v = m C_v (T_2 - T_1) = U_2 - U_1 \, (kcal \, / \, kg)$$

나) 기체 $m[kg]$이 일정한 압력에서 $Q_V[kcal]$의 열량을 공급받아 온도가 $t_1$에서 $t_2$로 올라갔을 때 관계식은 다음과 같다.

$$Q_p = m C_p (T_2 - T_1) = H_2 - H_1 \, (kcal \, / \, kg)$$

※ $C_p$, $C_v$의 단위는 $kcal/kg \cdot K$이다.

### ⑤ 과정과 사이클

가) 과정(process): 어떤 상태에서 다른 열변형 상태로 변화하는 경로

- 정압 과정: 압력이 일정하게 유지되면서 일어나는 상태 변화이다.
- 정적 과정: 체적이 일정하게 유지되면서 일어나는 상태 변화이다.
- 가역 과정: 계가 과정을 진행한 후 역으로 과정을 되돌아올 수 있는 과정이다.
- 비가역 과정: 자연계에서는 마찰로 인한 열 손실로 가역과정은 존재할 수 없고, 실제 발생하는 과정을 말한다.

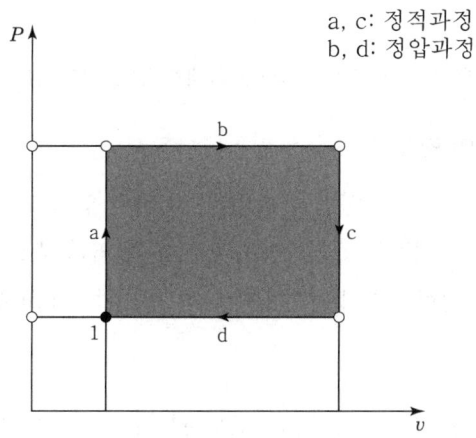

a, c: 정적과정
b, d: 정압과정

## (4) 작동 유체의 상태 변화

상태 변화에는 등온과정, 단열과정, 정압과정, 정적과정, 폴리트로픽 과정이 있다. 과정별
이상기체 방정식을 $Pv = RT$를 따른다.

① **등온과정**(isothermal process): 온도가 일정하게 유지되는 상태 변화

$$T = 일정, \ Pv = 일정$$

② **정적과정**(constant volume process): 체적이 일정하게 유지되는 상태 변화

$$v = 일정, \ \frac{P}{T} = \frac{R}{v} = 일정$$

③ **정압과정**(constant pressure process): 압력이 일정하게 유지되는 상태 변화

$$P = 일정, \ \frac{v}{T} = 일정$$

④ **단열과정**(adiabatic process): 주위와 열의 출입이 차단된 상태 변화

$$Pv^k = 일정$$

⑤ **폴리트로픽 과정**(polytropic process): 이상 기체의 가역과정

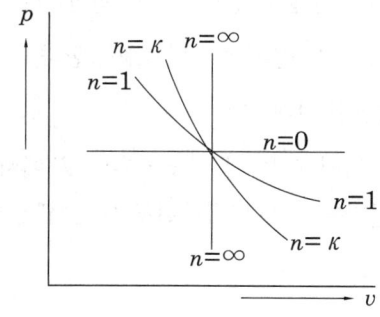

$Pv^n = 일정$

- $n = 0$일때, $P = C$(정압과정)
- $n = \infty$일때, $v = C$(정적과정)
- $n = 1$일때, $Pv = C$(등온과정)
- $n = 0$일때, $Pv^k = C$(단열과정)

## (5) 열역학 제2법칙

에너지 변환의 법칙으로 열과 일의 변환에 어떠한 방향성이 있다는 법칙이다.

### ① 열역학 제2법칙의 필요성

계와 주위는 단열됨으로 열전달이 없다. 기체의 압축, 팽창이 마치면 계와 주위가 처음 상태로 되돌아오는 과정을 가역과정이라 한다. 열역학 제2법칙은 비가역과정으로 실제 발생 현상을 이해하고 방향성을 예측하여 현실적 응용하는 데 도움이 된다.

### ② 열의 방향성

가) 열의 이동 방향: 열은 고온에서 저온으로 이동할 수 있으나 저온에서 고온으로 이동하지 못한다.

나) 열의 변환 방향: 고온의 열을 일로 바꿀 때 열기관이 필요하며, 흡수한 열의 일부만 일로 바뀌고 나머지는 배출된다.

### ③ 열기관의 이상적 사이클

가) 카르노 사이클(carnot cycle): 열과 일을 변환시켜 가역적으로 작동한 최고의 효율을 가진 이상적 사이클이다.

나) 카르노 사이클 작동 원리

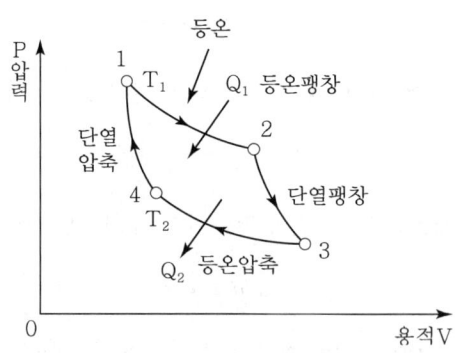

- 1→2(등온팽창): 고온열원 $T_1$에서 열량 $Q_1$을 공급받아 모두 일로 변환한다.
- 2→3(단열팽창): 고온열원 $T_1$이 낮은온도 $T_2$가 될 때까지 단열팽창 한다. 상태 "3"은 내부 에너지의 일부가 열로 변환된 상태이다.
- 3→4(등온압축): 처음 상태로 복귀하기 위해 일을 받아 낮은온도 $T_2$에서 등온압축 되고, 외부에서 받은 일은 열량 $Q_2$로 변환되어 $T_2$에 방출하면서 상태 "4"가 된다.

- 4→1(단열압축): 상태 "4"의 유체는 외부 일을 받아 단열 압축되므로 내부 에너지가 증가하여 $T$가 증가하고, $T_1$이 될 때까지 압축되므로 작동유체는 처음 상태로 되돌아간다.

다) 카르노 사이클의 열효율

$$\eta_{th} = \frac{W}{Q_1} = \frac{Q_1 - Q_2}{Q_1} = 1 - \frac{Q_2}{Q_1}$$

이상적 열기관에서 $\dfrac{Q_2}{Q_1} = \dfrac{T_2}{T_1}$ 관계가 성립되어 다음과 같다.

$$\eta_{th} = \frac{W}{Q_1} = 1 - \frac{Q_2}{Q_1} = 1 - \frac{T_2}{T_1}$$

※ • $Q_1$: 공급받는 열량
- • $Q_2$: 방출되는 열량
- • $T_1$: 고온 열원의 절대온도
- • $T_2$: 저온 열원의 절대온도

④ **열량과 온도와의 관계**

열량과 온도와의 관계는 열역학 제2법칙인 에너지 변환의 법칙을 이해하는 데 도움을 주며, 사이클에서 발생한 에너지의 유용성, 상태 변화를 예측할 수 있고, 얼마나 안정된 상태인지 지표로 사용될 수 있다.

가) 엔트로피의 정의: 출입하는 열량 $Q$를 절대온도 $T$로 나눈 값, $[\dfrac{Q}{T} = 엔트로피]$

열량의 변화 $\Delta Q$를 절대온도 $T$로 나눈 값, $[\Delta S(엔트로피\ 변화) = \dfrac{\Delta Q}{T}]$

나) 엔트로피의 열역학적 의미

$$\Delta S = \frac{\Delta Q}{T_2} - \frac{\Delta Q}{T_1} = \Delta Q(\frac{T_1 - T_2}{T_1 T_2}) > 0$$

$\triangle S$ =엔트로피 변화, $T_1$ =고온 물체온도

$\triangle Q$ =열량의 변화, $T_2$ =저온 물체온도

$\dfrac{\Delta Q}{T_1}$ =고온 물체 엔트로피, $\dfrac{\Delta Q}{T_2}$ =저온 물체 엔트로피

| 엔트로피 증가 | • 어떤 일이 한 방향으로 일어나는 것은 자연계에 비가역적 상태가 많을 때 |
| --- | --- |
| | • 변화가 안정된 상태 쪽으로 일어날 경우 |
| | • 주위로 방출되는 열량이 많아져 일의 능력이 감소될 경우 |

다) T-S 선도: 엔트로피 $S$와 절대온도 $T$를 좌표축으로 하여 상태 변화를 나타낸 선도

## (6) 왕복엔진의 기본 사이클

① **오토 사이클:** OTTO가 고안한 동력엔진의 사이클로 스파크 플러그에 의해 점화되는 내연기관의 정적 사이클이며, 2개의 정적과정과 2개의 단열과정으로 나눈다.

가) 오토 사이클의 열효율

$$\eta_O = \frac{일}{공급열량} = 1 - \left(\frac{1}{\varepsilon}\right)^{k-1}$$

※ $\varepsilon = \dfrac{v_1}{v_2}$ : 압축비, $k$ : 비열비=1.4

오토 사이클의 압축비가 너무 커지면 진동이 커지고, 엔진의 크기 및 중량이 증가하고, 디토네이션(detonation)이나 조기 점화(preigition)와 같은 비정상적인 연소현상이 일어나기에 압축비는 6~8:1로 제한한다.

㉠ 디토네이션(detonation): 폭발과정 중 아직 연소되지 않는 미연소 잔류가스에 의해 정상 불꽃 점화가 아닌 압축 자기 발화온도에 도달하여 순간적으로 재폭발하는 현상이다.

나) 조기 점화(preigition): 정상 불꽃 점화가 되기 전에 실린더 내부의 높은 열에 의하여 뜨거워져서 열점이 되어 비정상적인 점화를 일으키는 현상이다.

㉡ 압축비(compressure ratio)

$$\varepsilon = \frac{v_c + v_d}{v_c} = 1 + \frac{v_d}{v_c}$$

피스톤이 하사점에 있을 때의 실린더 체적과 상사점에 있을 때의 실린더 체적이다.

② **작동 원리**

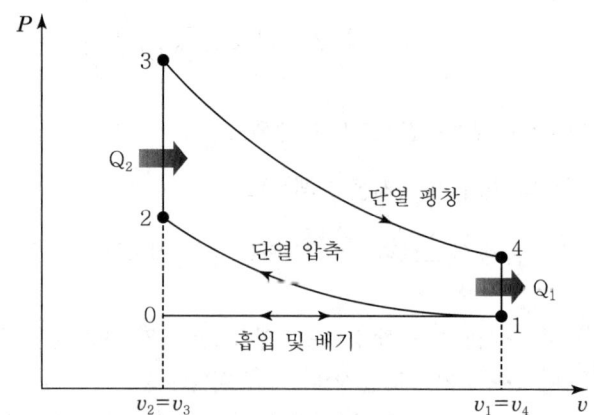

- 1→2(단열압축): 짧은 시간에 작동되기 때문에 열의 출입이 차단된 단열상태로 가정
- 2→3(정적연소): 작동속도가 상대적으로 느리기 때문에 체적이 일정한 상태에서 열을 공급하는 과정으로 가정
- 3→4(단열팽창): 짧은 시간에 이루어지므로 단열된 상태로 가정하며, 기체가 팽창하는 과정에서 외부에 일을 하게 된다.
- 4→1(정적방열): 연소과정과 마찬가지로 체적이 일정한 상태에서 열을 방출하는 과정
- 1→0(배기행정): 흡입 및 배기과정은 사이클 성능과 무관하기 때문에 사이클 해석에서는 제외

## (7) 가스터빈엔진의 기본 사이클

### ① 브레이턴 사이클

P−v 선도에 2개의 정압과정과 2개의 단열과정으로 이루어진 가스터빈엔진의 이상적인 사이클로 정압 사이클이라고 한다.

가) 브레이턴 사이클의 열효율

$$\eta_B = 1 - \frac{T_1}{T_2} = 1 - \left(\frac{1}{\gamma_p}\right)^{\frac{k-1}{k}}$$

$$\gamma_p = \frac{P_2}{P_1} = \frac{P_3}{P_4} : \text{압력비}$$

압력비($\gamma_p$)가 클수록 열효율은 증가하고 터빈 입구 온도 $T_3$가 상승하여 어느 온도 이상 상승할 수 없도록 압력비($\gamma_p$)는 제한을 받는다.

### ② 작동 원리

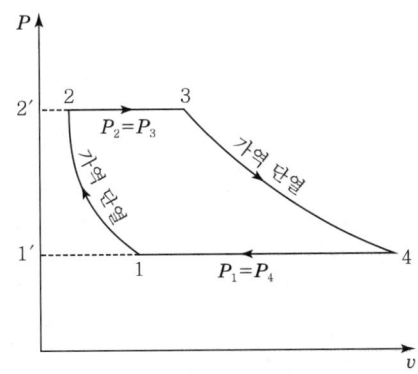

▲ 브레이턴 사이클의 P−v 선도

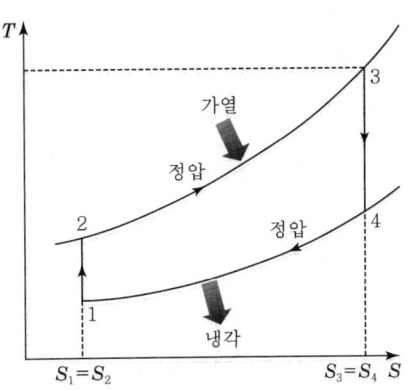

▲ 브레이턴 사이클의 T−S 선도

- 1→2(단열압축): 엔진에 흡입된 저온, 저압의 공기를 압축시켜 압력을 $P_1$에서 $P_2$로 상승 [엔트로피의 변화가 없다($S_1 = S_2$)]
- 2→3(정압가열): 연소실에서 연료가 연소되어 열을 공급하며 연소실 압력은 정압이 유지된다. [$P_2 = P_3 = C$]
- 3→4(단열팽창): 고온, 고압의 공기를 터빈에서 팽창시켜 축 일을 얻는다. 가역단열과정이므로 상태 3과 4는 엔트로피가 같다($S_3 = S_4$).
- 4→1(정압방열): 압력이 일정한 상태에서 열을 방출한다(배기 및 재흡입 과정).

# 01 실력 점검 문제

**01 다음 중 내연기관이 아닌 것은?**

① 디젤엔진 　　② 가스터빈엔진

③ 가솔린엔진 　④ 증기터빈엔진

**해설**

열기관은 외연기관과 내연기관으로 분류된다. 외연기관에는 증기엔진, 증기터빈엔진이 있고, 내연기관에는 왕복엔진, 회전엔진, 가스터빈엔진이 있다.

**02 항공기용 왕복엔진의 이상적인 사이클은?**

① 오토 사이클

② 카르노 사이클

③ 디젤 사이클

④ 브레이튼 사이클

**해설**

엔진의 사이클

• 오토 사이클은 열 공급이 정적과정, 항공기용 왕복엔진의 기본 사이클

• 브레이튼 사이클은 2개의 정압·단열과정, 항공기용 가스터빈엔진의 사이클

• 사바테 사이클은 2개의 단열·정적과정, 1개의 정압과정(정적·정압 사이클)

**03 열기관을 내연기관과 외연기관으로 크게 분류할 때 외연기관은?**

① 가스터빈엔진

② 증기엔진

③ 가솔린엔진

④ 디젤엔진

**해설**

• 열기관(heat engine)은 열에너지를 기계적 에너지로 바꾸는 장치이다.

• 외연기관은 엔진의 밖에서 연소가 이루어지는 엔진이다.

• 내연기관은 엔진의 안에서 연소가 이루어지는 엔진이다.

**04 왕복엔진의 분류 방법으로 옳은 것은?**

① 연소실의 위치, 냉각방식에 의하여

② 냉각방식 및 실린더 배열에 의하여

③ 실린더 배열과 압축기의 위치에 의하여

④ 크랭크축의 위치와 프로펠러 깃의 수량에 의하여

**해설**

왕복엔진의 분류는 냉각 방법에 따라 액랭식과 공랭식으로 분류되며, 공랭식은 다시 냉각핀, 배플, 카울 플랩으로 분류된다. 또한 추력을 증가시키는 방법(실린더 수 증가, 실린더 체적 증가)과 실린더 배열에 따라 대향형, 성형, V형, 열형, X형으로 분류된다.

**05 지상에서 작동 중인 항공기 왕복엔진의 카울 플랩의 위치로 가장 올바른 것은?**

① 완전 닫힘 　　② 완전 열림

③ 1/3 열림 　　④ 1/3 닫힘

**해설**

카울 플랩은 엔진으로 유입되는 공기량을 조절하여 엔진의 냉각을 조절하는 장치로 지상 작동 중인 경우에는 카울 플랩을 완전히 열어 냉각을 돕고, 비행 중인 경우에는 카울 플랩을 완전히 닫아 준다.

**✈ 정답** 01. ④ 02. ① 03. ② 04. ② 05. ②

**06** 보기에 나열된 왕복엔진의 종류는 어떤 특성으로 분류한 것인가?

> V형, X형, 대향형, 성형

① 엔진의 크기
② 엔진의 장착 위치
③ 실린더의 회전 형태
④ 실린더의 배열 형태

**해설**

왕복엔진의 분류는 실린더 배열에 따라 대향형, 성형, V형, X형, 열형 등으로 나뉘고, 냉각방식에 따라 액냉식과 공랭식으로, 다시 공랭식은 냉각핀, 배플, 카울 플랩으로 나뉘어 분류되고 있다.

**07** 왕복엔진을 실린더 배열에 따라 분류할 때 대향형 엔진을 나타낸 것은?

①
②
③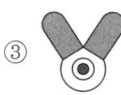
④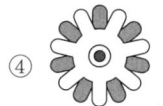

**해설**

① 직렬형 엔진, ② 수평 대향형 엔진,
③ V형 엔진, ④ 성형엔진

**08** 항공기용 엔진 중 왕복엔진의 종류로 나열된 것은?

① 성형엔진, 대향형 엔진
② 로켓엔진, 터보샤프트엔진
③ 터보팬엔진, 터보프롭엔진
④ 터보프롭엔진, 터보샤프트엔진

**해설**

• 항공기 왕복엔진: 수평 대향형, 수직 대향형, 성형
• 항공기 가스터빈엔진: 터보제트엔진, 터보팬엔진, 터보프롭엔진, 터보샤프트엔진
• 그 밖의 엔진: 펄스제트엔진, 램제트엔진, 로켓엔진이 있다.

**09** 항공기용 왕복엔진으로 사용하는 성형엔진에 대한 설명으로 옳은 것은?

① 단열 성형엔진은 실린더 수가 짝수로 구성되어 있다.
② 성형엔진의 2열은 짝수의 실린더 번호가 부여된다.
③ 성형엔진의 1열은 홀수의 실린더 번호가 부여된다.
④ 14기통 성형엔진의 크랭크 핀은 2개이다.

**해설**

성형엔진은 크랭크축을 중심으로 실린더가 방사형으로 배치되어 있으며, 크랭크축이 2회전 하면 점화가 이뤄지고, 홀수인 5, 7, 9개의 실린더로 이루어져 있다. 1열과 2열 성형으로 배치되고 2열 성형엔진은 14, 18실린더로 구성된다. 그리고 2열 성형엔진에서 앞 열은 짝수만으로, 뒤 열은 홀수만으로 이루어진다.

**10** 다음 중 가스터빈엔진의 가스 발생기(gas generator)에 포함되지 않는 것은?

① 터빈
② 연소실
③ 후기 연소기
④ 압축기

**해설**

가스 발생기는 압축기, 연소실, 터빈으로 구성되어 있으며, 압축기에서 공기를 흡입, 압축하여 연소실로 보내면 연소실에서는 압축된 공기와 분사된 연료가 연소되어 고온, 고압가스를 발생하고 터빈을 통과하면서 팽창되어 터빈을 회전시킨다.

**11** 단위 질량을 단위 온도로 올리는 데 필요한 열량을 무엇이라 하는가?

① 엔트로피      ② 엔탈피

③ 밀도      ④ 비열

**해설**

- 엔트로피: 출입하는 열량 $Q$를 절대온도 $T$로 나눈 값으로, $\dfrac{Q}{T}$=엔트로피를 말한다.
- 엔탈피: 내부 에너지와 유동 일의 합으로, 단위 질량당 엔탈피를 비엔탈피라 한다. $H=U+PV$, 여기서 $H$는 엔탈피, $U$는 내부 에너지, $PV$는 유동 일이다.
- 밀도: 단위 체적당의 질량을 말한다. [단위: $\rho,\ kg/m^3$]

**12** 열역학에서 사용되는 용어에 대한 다음 설명 중 틀린 것은?

① 비열을 1기압 상태에서 1g의 물을 273℃ 높이는 데 필요한 열량이다.

② 압력은 단위 면적에 작용하는 힘의 수직 분력이다.

③ 물질의 비체적은 단위 질량당 체적이다.

④ 밀도는 단위 체적당의 질량이다.

**해설**

비열은 단위 질량을 단위 온도로 올리는 데 필요한 열량으로 1kg 물질의 온도를 1℃ 높이는 데 필요한 열량을 말한다.

**13** 공기를 빠른 속도로 분사시킴으로써 소형, 경량으로 큰 추력을 낼 수 있고 비행속도가 빠를수록 추진 효율이 높고, 아음속에서 초음속에 걸쳐 우수한 성능을 가지는 엔진의 형식은?

① Turbojet Engine

② Turboshaft Engine

③ Ramjet Engine

④ Turboprop Engine

**해설**

터보제트엔진의 장점

- 소형 경량으로 큰 추력을 얻는다(추력당 중량비가 적다).
- 고속에서 추진 효율이 우수하다.
- 천음속에서 초음속의 범위(마하 0.9~3.0)까지 우수한 성능을 지닌다.
- 전면면적이 좁아 비행기를 유선형으로 만들 수 있다.
- 후기 연소기를 사용하여 추력을 증가시킬 수 있다.

**14** 섭씨온도($T_C$), 화씨온도($T_F$)로 표시할 때, 화씨온도를 섭씨온도로 환산하는 관계식 중 옳은 것은?

① $T_C = \dfrac{5}{9}(T_F - 32)$

② $T_C = \dfrac{9}{5}(T_F - 32)$

③ $T_C = \dfrac{5}{9}(T_F + 32)$

④ $T_C = \dfrac{9}{5}(T_F + 32)$

**해설**

- 섭씨온도($t_c$)와 화씨온도($t_f$)의 관계식
$t_c = \dfrac{5}{9}(t_f - 32)$ 또는 $t_f = \dfrac{9}{5}t_c + 32$
- 절대온도
$T_c = (^\circ C + 273)\,^\circ K$ (켈빈 절대온도)
$T_F = (^\circ F + 460)\,^\circ R$ (랭킨 절대온도)

**15** 압력을 일정하게 유지하면서 단위 질량을 단위 온도로 올리는 데 필요한 열량은?

① 비열비      ② 비열

③ 정압비열      ④ 정적비열

**해설**

정압비열은 압력이 일정한 상태에서 단위 질량을 단위 온도로 올리는 데 필요한 열량으로 공기의 정압비열은 실온에서 $1003.5[J/kg \cdot k]$이다.

**정답**   11. ④   12. ①   13. ①   14. ①   15. ③

**16** 열역학 사이클에서 가정들을 적용하여 이론적인 해석을 가능하게 한 엔진의 이론적 사이클은?

① 공기 표준 사이클  ② 공기 사이클

③ 표준 사이클  ④ 정압 사이클

해설

공기 표준 사이클은 열역학 사이클에서 가정들을 적용하여 이론적인 해석이 가능한 사이클이다.

**17** 열역학 제1법칙에 대한 내용으로 가장 올바른 것은?

① 밀폐계가 사이클을 이룰 때의 열전달량은 이루어진 일보다 항상 많다.

② 밀폐계가 사이클을 이룰 때의 열전달량은 이루어진 일과 정비례 관계를 가진다.

③ 밀폐계가 사이클을 이룰 때의 열전달량은 이루어진 일과 반비례 관계를 가진다.

④ 밀폐계가 사이클을 이룰 때의 열전달량은 이루어진 일보다 항상 작다.

해설

열역학 제1법칙(에너지 보존의 법칙)은 밀폐계가 사이클을 이룰 때의 열전달량은 이루어진 일과 정비례한다. 즉 열은 언제나 상당량의 일로, 일은 상당량의 열로 바뀔 수 있음을 뜻한다.

$W = JQ$ 또는 $Q = AW$(여기서, $W$: 일($Kg \cdot m$), $Q$: 열량($Kcal$), $J$: 열의 일당량($427K \cdot gcal$), $A$: 일의 열당량($\frac{1}{427} Kcal/Kg \cdot m$)이다.)

**18** 다음 중 고공에서 극초음속으로 비행하는 데 성능이 가장 좋은 엔진은?

① 터보팬엔진  ② 램제트엔진

③ 펄스제트엔진  ④ 터보제트엔진

해설

• 터보팬엔진: 아음속 비행체
• 램제트엔진: 극초음속 비행체

• 펄스제트엔진: 간헐적 연소가 발생하여 수명이 짧고, 소음이 커 항공용 엔진으로는 실용화되지 못하고 있다.
• 터보제트엔진: 소형, 경량으로 큰 추력을 얻을 수 있고, 후기 연소기를 장착하여 초음속 비행도 가능하다.

**19** 동일한 대기압과 온도 조건에서 실제로 실린더 속으로 흡입된 혼합기의 부피와 실린더 배기량과의 비를 무엇이라 하는가?

① 열효율  ② 배기 효율

③ 부피 효율  ④ 압축 효율

해설

부피 효율은 동일한 대기압과 온도 조건에서 실제로 실린더 속으로 흡입된 혼합기의 부피와 피스톤 배기량과의 비이다.

부피 효율 $= \dfrac{\text{실제 흡입된 부피}}{\text{피스톤 배기량}} \times 100(\%)$

**20** 제트엔진의 추력을 나타내는 이론과 관계있는 것은?

① 파스칼의 원리

② 뉴턴의 제1 법칙

③ 베르누이의 원리

④ 뉴턴의 제2 법칙

해설

가속도의 법칙으로 배기 노즐에서 분출되는 배기가스가 대기를 밀어서 항공기가 앞으로 전진한다.

• 뉴턴 1법칙: 관성의 법칙
• 뉴턴 2법칙: 가속도의 법칙
• 뉴턴 3법칙: 작용과 반작용의 법칙

**21** 엔탈피를 가장 올바르게 설명한 것은?

① 열역학 제2 법칙으로 설명된다.

② 이상기체만 갖는 성질이다.

③ 모든 물질의 성질이다.

④ 내부 에너지와 유동일의 합이다.

✈ 정답  16. ①  17. ②  18. ②  19. ③  20. ④  21. ④

**해설**

엔탈피(Enthalpy)는 내부 에너지와 유동 일의 합으로, 단위 질량당 엔탈피를 비엔탈피라 한다. $H = U + PV$, 여기서 $H$는 엔탈피, $U$는 내부 에너지, $PV$는 유동 일이다.

**22** 초기압력과 체적이 각각 $P_1 = 1,000\,N/cm^2$, $V_1 = 1,000\,cm^3$인 이상기체가 등온상태로 팽창하여 체적이 $2,000\,cm^3$이 되었다면, 이때 기체의 엔탈피 변화는 몇 $J$인가?

① 0
② 5
③ 10
④ 20

**해설**

엔탈피($H$)=내부 에너지($U$)+유동일($W$)이다. 등온팽창 과정에서는 온도가 일정하며 내부 에너지의 변화는 없다. 따라서 이상기체 상태식 $Pv=RT$에서 $T$는 일정하고 $R$은 기체상수이므로 $P_1V_1=P_2V_2$가 된다. 결국 등온과정에서는 내부 에너지와 유동일이 모두 일정하므로 엔탈피 변화는 "0"이 된다.

**23** 엔탈피(enthalpy)의 차원과 같은 것은?

① 에너지
② 동력
③ 운동량
④ 엔트로피

**해설**

엔탈피(enthalpy)는 내부 에너지와 유동 일의 합이며, 단위 질량당 엔탈피를 비엔탈피라 한다. 엔탈피는 열량이나 에너지와 동일한 차원이므로 열량과 같은 단위를 쓴다.

**24** 열역학 제2 법칙을 가장 잘 설명한 것은?

① 일은 열로 전환될 수 있다.
② 열은 일로 전환될 수 있다.
③ 에너지 보존 법칙을 나타낸다.
④ 에너지 변화의 방향성과 비가역성을 나타낸다.

**해설**

열역학 제2 법칙은 에너지 변환의 법칙으로 열과 일의 변환에 어떠한 방향성이 있다는 법칙이다.

• 열의 이동 방향: 열은 고온에서 저온으로 이동할 수 있으나 저온에서 고온으로 이동하지 못한다.
• 열의 변환 방향: 고온의 열을 일로 바꿀 때 열기관이 필요하며, 흡수한 열의 일부만 일로 바뀌고 나머지는 배출된다. 즉, 실제로 자연계에서 일을 소비하여 열을 얻기는 쉬워도 열로부터 일을 얻는 데는 제한을 받는다. 비가역 과정

**25** 이상기체의 등온과정에 대한 설명으로 옳은 것은?

① 단열과정과 같다.
② 일의 출입이 없다.
③ 엔트로피가 일정하다.
④ 내부 에너지가 일정하다.

**해설**

등온과정은 보일의 법칙($Pv=C$)을 성립한다. 온도가 일정하게 유지되면서 진행되는 작동 유체의 상태 변화이며, 열을 전달하면 압력 일정, 체적 증가, 온도 증가가 발생하고, 여기서 온도를 내리려면 기체는 외부로 일을 해야 한다. 따라서 피스톤을 움직이면 압력 증가, 체적 증가, 온도는 일정하게 유지할 수 있다.

**26** 1개의 정압과정과 1개의 정적과정, 그리고 2개의 단열과정으로 이루어진 사이클은?

① 오토 사이클
② 카르노 사이클
③ 디젤 사이클
④ 역카르노 사이클

**해설**

• 디젤 사이클(diesel cycle)은 압축 착화 엔진의 기본 사이클로서 2개의 단열과정과 1개의 정압과정, 1개의 정적과정으로 이루어진 사이클이며, 저속 디젤엔진의 기본 사이클이고 정압 사이클이라고도 한다.
• 순서는 단열 압축과정→정압 가열 과정→단열 팽창 과정→정적 방열 과정

✈ **정답** 22. ① 23. ① 24. ④ 25. ④ 26. ③

**27** 다음 중 비가역 과정에서의 엔트로피 증가 및 에너지 전달의 방향성에 대한 이론을 확립한 법칙은?

① 열역학 제0 법칙　② 열역학 제1 법칙
③ 열역학 제2 법칙　④ 열역학 제3 법칙

**해설**

열역학 1법칙은 에너지 보존의 법칙으로 에너지의 전환에 관한 것이지만, 열역학 2법칙은 엔트로피가 방향성을 결정하기 때문에 에너지가 서로 방향성이 있다는 것을 나타낸 법칙이다.

**28** 카르노 사이클(Carnot's Cycle)에서 $T_1 = 359K$, $T_2 = 223K$라고 가정할 때 열효율은 얼마인가?

① 0.18　　　　② 0.28
③ 0.38　　　　④ 0.48

**해설**

카르노 사이클의 열효율은
$\eta = \dfrac{W}{Q_1} = \dfrac{Q_1 - Q_2}{Q_1} = 1 - \dfrac{Q_2}{Q_1}$, 이상적 열기관에서
$\dfrac{Q_2}{Q_1} = \dfrac{T_2}{T_1}$ 관계가 성립되어 다음과 같다.
$\eta_{th} = \dfrac{W}{Q} = 1 - \dfrac{Q_2}{Q_1} = 1 - \dfrac{T_2}{T_1} = 1 - \dfrac{223}{359} = 0.378 ≒ 0.38$

(여기서, $Q_1$: 공급받는 열량, $Q_2$: 방출되는 열량, $T_1$: 고온 열원의 절대온도, $T_2$: 저온 열원의 절대온도)

**29** 그림은 어떤 사이클을 나타낸 것인가?

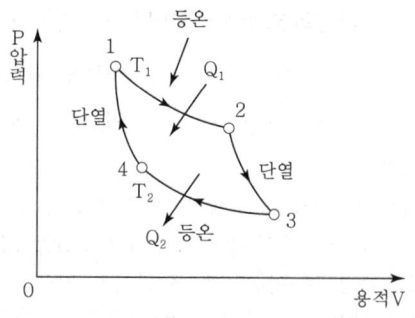

① 정압 사이클　　② 정적 사이클
③ 카르노 사이클　④ 합성 사이클

**해설**

카르노 사이클은 열기관 사이클 중 가장 이상적인 사이클이다. 따라서 모든 열기관 사이클의 비교 표준으로 활용된다.

1→2 등온 팽창(isothermal expansion)
2→3 단열 팽창(isentropic expansion)
3→4 등온 압축(isothermal compression)
4→1 단열 압축(isentropic compression)

**30** 그림은 브레이튼 사이클(Brayton Cycle)을 나타낸 것이다. 연소 과정을 나타내는 부분은?

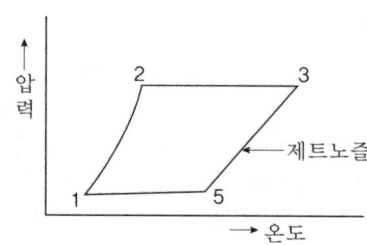

① 1-2　　　　② 2-3
③ 3-4　　　　④ 4-5

**해설**

• 1→2(단열압축과정): 엔진에 흡입된 저온, 저압의 공기를 압축시켜 압력을 $P_1$에서 $P_2$로 상승. 엔트로피의 변화가 없다($S_1 = S_2$).
• 2→3(정압가열과정): 연소실에서 연료가 연소되어 열을 공급한다. 연소실 압력은 정압 유지.
$P_2 = P_3 = C$
• 3→4(단열팽창과정): 고온, 고압의 공기를 터빈에서 팽창시켜 축 일을 얻는다. 가역단열과정이므로 상태 3과 4는 엔트로피가 같다($S_3 = S_4$).
• 4→1(정압방열과정): 압력이 일정한 상태에서 열을 방출한다(배기 및 재흡입과정).

---

## 1 왕복엔진의 작동원리

### (1) 엔진 사이클

#### ① 오토 사이클

가) 평균 유효 압력(mean effective pressure)

ㄱ) 도시 평균 유효 압력(indicated effective pressure): 마찰을 고려하지 않고 나타나는 압력 값과 피스톤의 위치에 따라서만 결정된다.

ㄴ) 도시마력(indicated horsepower): 실린더 안의 가스가 피스톤에 작용하는 동력이다.

$$iHP = \frac{P_{mi} \times L \times A \times N \times K}{75 \times 2 \times 60}$$

※ • $P_{mi}$: 도시평균 유효압력$(kg/cm^2)$

• $L$: 행정길이$(m)$

• $A$: 피스톤 넓이$(cm^2)$

• $N$: 엔진의 분당 회전수$(rpm)$

• $K$: 실린더 수

ㄷ) 마찰마력(friction horsepower): 마찰 손실로 인하여 감소된 마력이다.

ㄹ) 제동마력(brake horsepower): 엔진에 의해서 만들어진 마력으로 프로펠러에 전달된 마력이다.

$$bHP = iHP - fHP = \frac{P_{mb} \times L \times A \times N \times K}{75 \times 2 \times 60}$$

※ • $bHP$: 제동마력        • $iHP$: 도시마력

• $fHP$: 마찰마력

ⓜ 기계효율(mechanical efficiency): 제동마력과 도시마력의 비

$$\eta_m = \frac{bHP}{iHP}$$

※ • $\eta_m$: 기계효율(약 85%~95%)

나) 제동 열효율과 비연료 소비율

㉠ 제동 열효율(brake thermal efficiency): 제동마력과 단위 시간당 엔진이 소비한 연료 에너지의 비

$$\eta_b = \frac{제동마력}{단위\ 시간당\ 엔진의\ 소비한\ 연료\ 에너지} = \frac{75 \times bHP}{J \times W_f \times H_L}$$

※ • $J$: 열의 일당량($427kg \cdot m/cal$)
  • $W_f$: 연료 소비율($kg/s$)
  • $H_L$: 연료의 저 발열량($kcal/kg$)

㉡ 비연료 소비율(specific fuel consump-tion): 1시간당 1마력을 내는 데 소비된 연료의 무게(g)

$$f_b = \frac{W_f \times 3,600 \times 10^3}{bHP}\,(g/PS-h)$$

※ • $f_b$: 제동 비연료 소비율
  • $W_f$: 연료 소비율

㉢ 열 에너지의 분포

| | |
|---|---|
| 배기 손실 | 34% |
| 냉각 손실 | 28.5% |
| 제동일 | 28% |
| 마찰 손실 | 9.55% |

## (2) 4행정 엔진의 원리

왕복엔진은 4행정(흡입, 압축, 폭발, 배기) 5현상(흡입, 압축, 폭발, 팽창, 배기)의 원리로 작동되며, 행정(stroke)이란 피스톤이 상사점에서 하사점으로 또는 하사점에서 상사점으로 움직인 거리를 말한다.

| 상사점 (TDC) ↕ 행정 하사점 (BDC) | 흡입행정 (Intake Stroke) | 압축행정 (Compression Stroke) | 폭발행정 (Explosion stroke) | 배기행정 (Exhaust Stroke) |
|---|---|---|---|---|
| | ← 배기 밸브 닫힘 | 점화플러그→ 점화 | | 흡입 밸브→ 열림 |
| | | ← 흡입 밸브 닫힘 | 배기 밸브→ 열림 | |

## ① 흡입행정(intake stroke)

- 피스톤이 상사점에서 하사점 쪽으로 하향 운동한다.
- 흡입 밸브가 열리고 혼합가스가 실린더 안으로 흡입된다.
- 흡입 밸브는 이론적으로는 상사점에서 열리고 하사점에서 닫히도록 되어 있으나, 실제로는 상사점 전에 열리고 하사점 후에 닫힌다.

## ② 압축행정(compression stroke)

- 피스톤이 하사점에서 상사점으로 상향운동 −혼합가스를 압축한다.
- 흡입 밸브와 압축 밸브가 모두 닫혀있다.
- 압축과정 중 상사점 전 20~35°에서 점화 플러그에 의해 점화된다.
- 압축비

  피스톤이 하사점에 있을 때 실린더 체적과 상사점에 있을 때 실린더 체적과의 비

  $$압축비 = \frac{연소실\ 체적 + 행정\ 체적}{연소실\ 체적} = \epsilon = \frac{v_c + v_d}{v_c} = 1 + \frac{v_d}{v_c}$$

  ※ 이상적인 압축비는 6~8:1로 제한하고 압축비가 이 이상 커지면 비정상적인 폭발 (연소)현상이 발생된다.

## ③ 팽창행정(expansion stroke: 동력행정, 폭발행정)

- 압축된 혼합가스를 점화시켜 폭발시킨다.
- 흡입 밸브와 배기 밸브가 모두 닫혀있다.
- 상사점 후 10° 근처에서 실린더 안의 압력은 최대 압력($60kg/cm^2$)과 최고 온도(2,000℃)에 도달된다.
- 점화가 피스톤이 상사점 전에 도달하기 전에 이루어지는 이유는 연료를 완전 연소시키고 최대 압력을 내기 위한 연소 진행 시간이 필요하기 때문이다.

④ 배기행정(exhaust stroke)

- 피스톤이 하사점에서 상사점으로 상향 운동한다.
- 배기 밸브가 열려 있다.
- 피스톤에 의해 연소 가스가 배기 밸브를 통하여 배출된다.
- 이론적으로는 배기 밸브가 하사점에서 열리고 상사점에서 닫히도록 되어 있으나, 실제로는 하사점 전에 열리고(밸브 앞섬) 상사점 후에 닫혀(밸브 지연) 잔류가스의 방출과 혼합가스의 흡입량을 증가시킨다.

## 2  왕복엔진의 구조

### (1) 기본 구조

연료를 연소시켜 왕복운동을 회전운동으로 바꿔 회전동력을 발생시키며 실린더, 피스톤, 밸브와 밸브 작동기구, 크랭크축 및 크랭크 케이스, 커넥팅 로드 등으로 이루어져 있다.

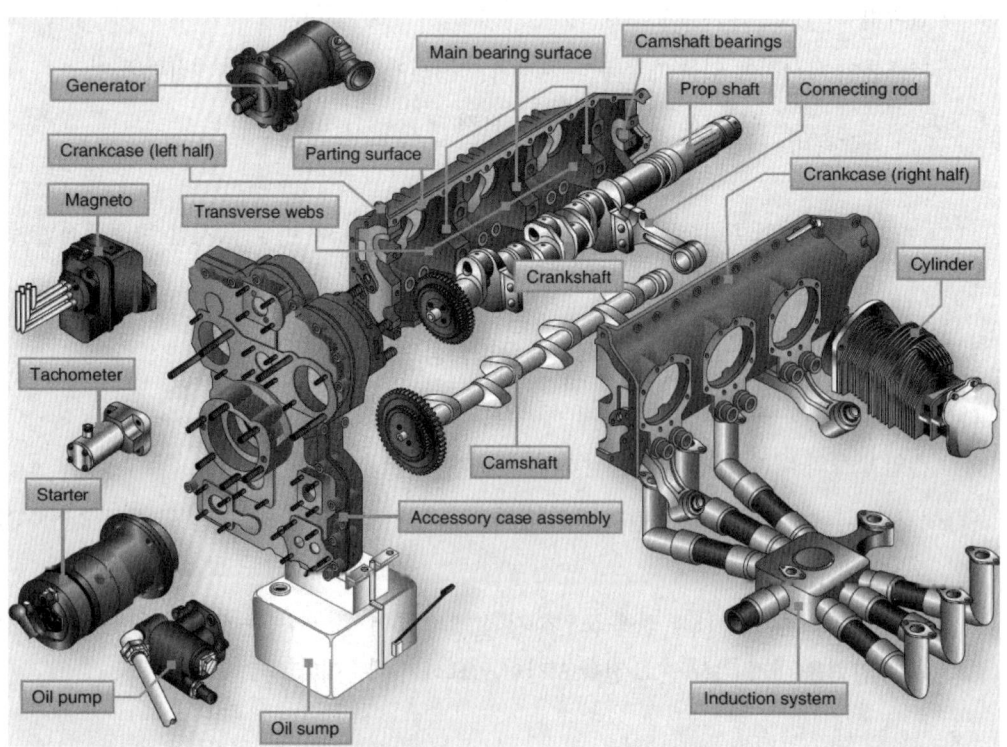

### ① 실린더(cylinder)의 구조

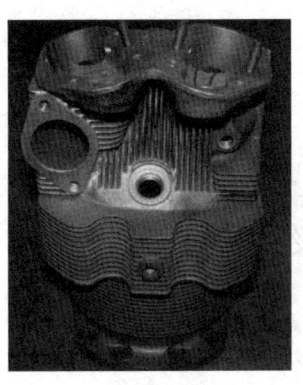

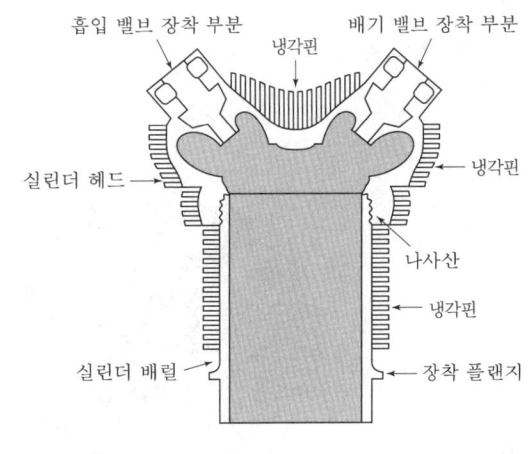

▲ 실린더 구조     ▲ 실린더 단면

가) 실린더 역할: 연료의 화학적인 열 에너지를 기계적인 에너지로 변환하여 피스톤과 커넥팅 로드를 통하여 크랭크축을 회전시킨다.

나) 실린더 구비조건

- 엔진이 최대설계 하중으로 작동할 때 발생하는 온도의 작용으로 생성되는 내부 압력에 충분히 견딜 수 있는 강도를 갖추어야 한다.
- 가벼워야 하고, 열전도성이 좋아서 냉각 효율이 커야 한다.
- 설계가 쉽고 제작과 검사 및 점검 비용이 적게 들어야 한다.

### ② 실린더의 구성요소

가) 실린더 헤드(cylinder head): 연소실이 있는 부분으로 고열을 받기 때문에 냉각핀이 길게 부착되어 있고 알루미늄 합금으로 제작된다. 특히 배기구의 경우 냉각핀이 더 많이 부착되어 있어 쉽게 구별할 수 있다.

나) 연소실의 종류: 원통형, 반구형, 원뿔형이 있으며, 이 중 연소가 가장 잘 이루어지는 반구형이 가장 많이 사용된다.

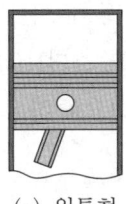    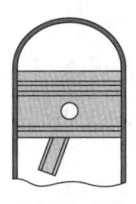    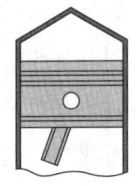

(a) 원통형      (b) 반구형      (c) 원뿔형

▲ 연소실의 모양

연소가 일어나는 실린더 내부의 연소실 최고 압력은 60kg/cm²이고, 최고 온도는 2,000℃이다.

다) 밸브장치

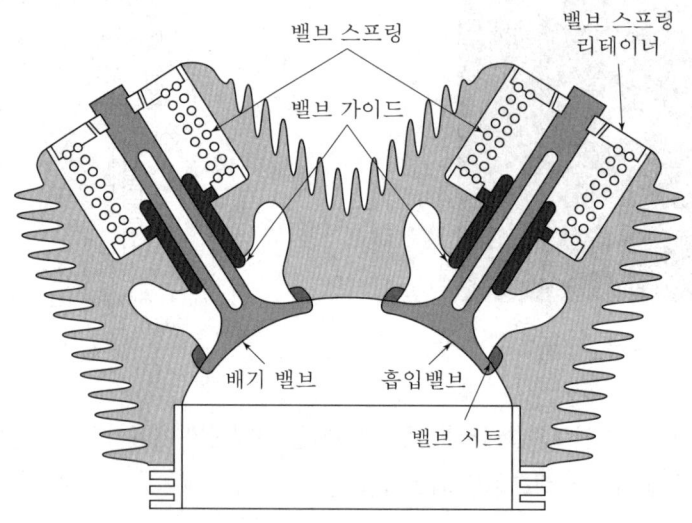

- ㉠ 밸브 가이드: 밸브 가이드는 밸브 스템을 지지하고 안내하는 역할을 수행하며, 흡입 밸브 가이드는 청동으로, 배기 밸브 가이드는 강으로 제작된다. 밸브 가이드는 실린더 헤드에 열을 가하고 가이드는 냉각시켜 결합시키는 shrink fit를 사용하여 결합시킨다.
- ㉡ 밸브 시트: 밸브 페이스와 닿는 부분으로 가스 누출을 방지하고 밸브와의 충격으로부터 헤드를 보호한다. 밸브 시트는 가장 단단하게 밀착되는 부품으로 shrink fit로 결합된다.
- ㉢ 실린더 헤드와 배럴 연결 방법: 연결 방법에는 나사 연결법(threaded joint fit), 스터드 & 너트 연결법(stud & nut fit), 수축 연결법(shrink fit)이 있으나 현재는 나사 연결법을 사용하고 있다.

라) 실린더 동체

- ㉠ 동체: 피스톤이 상하 운동하는 실린더의 몸통 부분을 말하며, 재질은 고강도 합금강인 크롬-몰리브덴강, 크롬-니켈-몰리브덴강으로 제작되고, 내부는 질화 처리로 표면을 경화시키거나 크롬 도금을 하면 황색 띠를 둘러 표시한다. 스커트(skirt)는 배럴 밑으로 나온 부분으로 유압 폐쇄(hydraulic lock)를 방지할 목적으로 하부 실린더는 스커트를 길게 한다(성형엔진).

ⓛ 초크 보어(choke bore) 실린더: 열팽창을 고려하여 실린더 상사점 부근을 하사점 부근보다 약간 작게 만든 것으로, 정상 작동 시 상사점 부근이 하사점보다 온도가 높아 열 팽창량이 크기 때문에 초크 보어를 준다. 정상 작동 시 상사점 부근에 열팽창이 되어 똑바른 내경을 유지한다.

ⓒ 유압 폐쇄(hydraulic lock): 성형엔진의 하부 실린더에 엔진 작동 후 정지 상태에서 묽어진 오일이나 습기 응축물이 중력에 의해 연소실 내에 갇히게 되어 유압 폐쇄 현상이 일어나게 된다. 이런 현상이 나타나면 모든 실린더의 스파크 플러그를 제거하고 하부 실린더 아래에는 오일 받침을 받쳐준 뒤 프로펠러를 수 회전 돌려 연소실 내부의 오일을 제거한다. 유압 폐쇄 현상이 일어나지 않게 원인을 찾아 스커트의 길이를 길게 하거나 실린더 내경 측정을 하여 검사결과에 따른 over size 규격에 의해 조치한다.

ⓔ 실린더의 압축시험: 엔진마다 차이가 있으니 정확한 검사법은 엔진의 정비 지침서를 ·참고해야 한다.

| 시험 압력 | 5.625kg /cm²(80psi) |
|---|---|
| 공기 공급 장소 | 실린더의 점화 플러그 구멍에 연결 |
| 검사 방법 | 압력계의 압력 차가 규정 압력 이상으로 커지면 안 된다. |
| 시험기의 구성 | 2개의 압력계기, 2개의 공기 제어 밸브, 공기 입구 연결 호스, 연결 호스 피팅 및 스파크 플러그 연결기 |

ⓜ 실린더의 오버 사이즈

| 표준 오버 사이즈의 크기와 색깔 | |
|---|---|
| 0.254mm(0.010in) | 초록색 |
| 0.381mm(0.015in) | 노란색 |
| 0.508mm(0.020in) | 빨간색 |

③ 피스톤(piston)의 구조

가) 역할: 실린더 내부의 연소된 가스 압력을 커넥팅 로드를 통해 크랭크축에 전달하고, 혼합가스를 흡입하고 배기가스를 배출한다(피스톤의 속도는 10~15m/s).

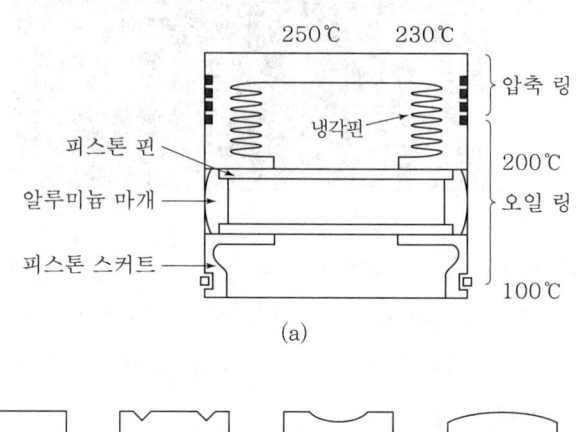

(a)

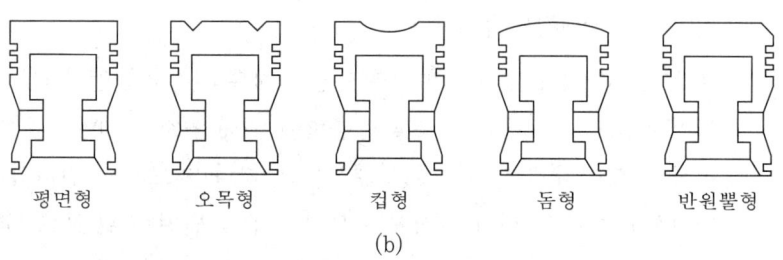

평면형　　오목형　　컵형　　돔형　　반원뿔형

(b)

나) 재질: 피스톤은 왕복운동을 하므로 무게가 가벼워야 하고, 고온·고압에 잘 견디고 열전도율이 높아야 하기 때문에 알루미늄 합금으로 제작되며, 가스의 누설 또한 없어야 한다.

다) 구성

　ⓐ 피스톤 헤드: 피스톤 헤드 안쪽에 냉각핀을 설치하여 냉각기능과 강도를 증가시키며 종류에는 평면형, 오목형, 컵형, 돔형, 반원뿔형 등이 있는데, 그중 평면형이 가장 많이 사용된다.

　ⓑ 피스톤 링(piston ring): 피스톤 링은 기밀작용, 냉각(열전도)작용, 윤활유 조절의 기능을 잘 갖추어야 한다. 종류에는 압축 링(compression ring), 오일 링(oil ring)이 있다.

- 압축 링: 가스의 기밀을 유지하는 기능을 수행하며 가스의 누설을 최소로 줄이기 위해서 장착 시에 360°를 링의 숫자로 나누어 링 끝이 오도록 배치한다. 압축 링 단면의 모양은 맞대기형(butt joint), 경사형(angle joint), 계단형(step joint)으로 나눈다.

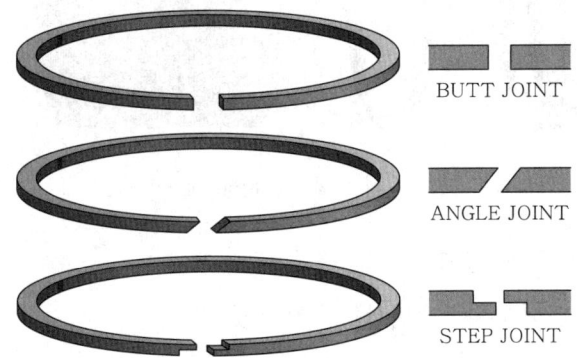

- 압축 링은 내식성을 증가시키기 위하여 표면에 크롬 도금을 하기도 하는데, 크롬 도금된 압축 링은 실린더 내벽이 크롬 도금된 곳에 사용해서는 안 되며, 가장 위쪽에 사용해야 한다. 압축 링은 보통 2~3개가 장착된다.

- 압축비가 떨어지는 이유
  - 부적당한 밸브 틈새
  - 부적당한 밸브 타이밍
  - 밸브 시트와 밸브 페이스의 접촉 불량
  - 마멸이나 손상된 피스톤의 사용
  - 링이나 벽의 과도한 마모

- 오일 링: 윤활 기능을 수행하며 종류에는 오일 조절링(oil-control ring)과 오일 제거 링(oil scraper ring)이 있다. 오일 조절링은 조절 구멍이 있어 피스톤의 홀을 통하여 피스톤 안쪽으로 흘러 나가 조절되며, 오일 제거 링은 스커트 부근에 한 개가 설치되고 내벽의 오일을 긁어내려 섬프로 떨어트린다.

- 실린더 내부로 오일 출입 시 발생 현상
  - 오일 소모량 증가
  - 배기가스 회색으로 배출
  - 엔진 내부 탄소 찌꺼기 발생
  - 실화나 디토네이션 원인 발생

▲ 압축 링과 오일 링

ⓒ 피스톤 링의 구비 조건

- 기밀을 위해 고온에서 탄성을 유지할 것

- 마모가 적을 것

- 열팽창이 적을 것

- 열전도율이 좋을 것(재질: 주철(gray cast iron))

ⓐ 피스톤 링 배치

- 피스톤 링이 3개인 경우: 압축 링 2개, 오일 링 1개(윤활유 조절 링)

- 피스톤 링이 4개인 경우: 압축 링 2개, 오일 링 2개(윤활유 조절 링 1개, 윤활유 제거 링 1개)

- 피스톤 링이 5개인 경우: 압축 링 3개, 오일 링 2개(윤활유 조절 링 1개, 윤활유 제거 링 1개)

ⓜ 끝 간극

| 링 끝 간극 | 엔진 작동 시 발생하는 열에 의해 피스톤 링이 열팽창을 고려하여 끝이 밀착되지 않도록 미리 간격을 준 것이다. |
|---|---|
| 끝 간격을 맞추는 방법 | 엔진 정지 시 피스톤 링을 실린더에 삽입하고 두께 게이지(thickness gauge)로 간극을 측정하여 규정된 값과 일치하도록 조절한다. |
| 끝 간격이 너무 좁을 때 | 바이스에 링을 고정시킨 후 고운 줄로 갈아낸다. |
| 끝 간격이 너무 클 때 | 링을 교환한다. |

ⓑ 옆 간극

| 옆 간격 | 피스톤 링이 장착된 상태에서 링의 옆면과 링 그로브 사이의 간격으로 적절한 값을 가져야 한다. |
|---|---|

| 옆 간격을 맞추는 방법 | 엔진 정지 시 피스톤 링을 링 위치에 끼우고 두께 게이지 (thickness gauge)로 간극을 측정하여 규정된 값과 일치하도록 조절한다. |
|---|---|
| 옆 간극이 클 경우 | 피스톤 링을 교환한다. |
| 옆 간극이 작을 경우 | 피스톤 링의 옆면을 래핑 콤파운드를 이용하여 "8"자로 래핑한다. |

ⓢ 피스톤 핀: 피스톤의 힘을 커넥팅 로드로 전달하는 역할을 수행하며, 큰 하중을 받기 때문에 표면은 경화처리 되어 있고, 재질은 강철이나 알루미늄 합금으로 제작된다. 무게를 줄이기 위해 중공으로 제작되고, 피스톤 핀이 실린더 내벽에 닿지 않도록 양쪽 끝에 스냅 링(snap ring), 스톱 링(stop ring), 알루미늄 플러그로 고정한다. 종류로는 고정식, 반부동식, 전부동식이 있고, 그중 전부동식이 가장 많이 사용된다.

④ 밸브 및 밸브 기구(valve & valve assembly)

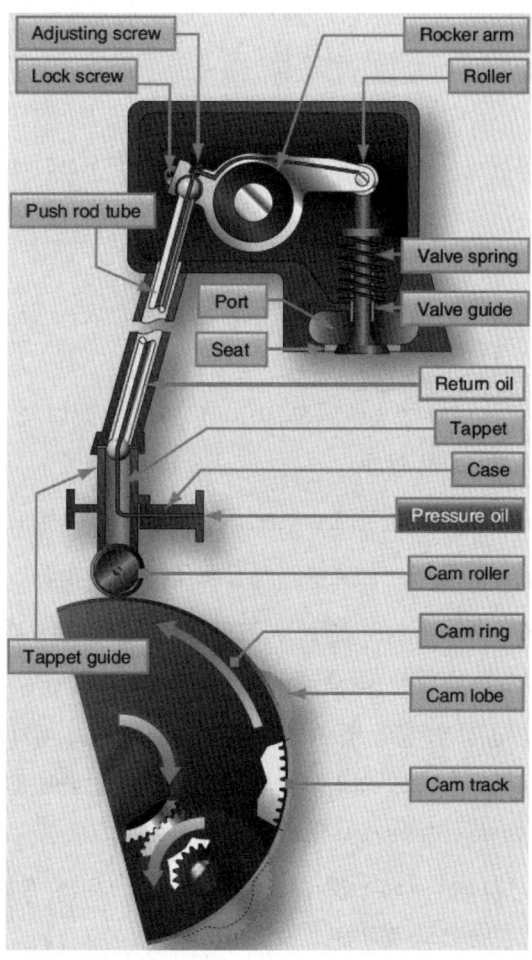

가) 역할

- 연료와 공기가 혼합된 혼합가스가 실린더 안으로 들어올 수 있도록 통로를 형성한다.
- 연소가 완료된 연소 가스가 밖으로 배출되도록 통로를 형성한다.
- 혼합가스가 압축되는 동안과 연소가 진행되는 동안에 가스가 새지 못하도록 기밀을 유지한다.

나) 밸브: 실린더의 가스 출입문으로 항공기용으로는 포핏 밸브(poppet valve)가 사용된다. 포핏 밸브의 머리는 버섯형(mushroom type), 튤립형(tulip type)으로 나눈다. 버섯형 내부에는 200℉(93.3℃)에서 녹을 수 있는 금속 나트륨(sodium)을 넣어 밸브의 냉각효과를 증대시킨다.

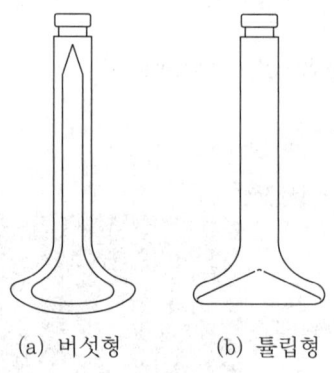

(a) 버섯형     (b) 튤립형

▲ 포핏 밸브

다) 밸브의 구성

- ㉠ 팁(tip): 로커 암과 접촉하는 부분이며 마멸에 잘 견딜 수 있도록 스텔라이트라는 초경질합금이 부착되어 있다.
- ㉡ 스템(stem): 밸브의 기둥으로 마모 저항을 높이기 위해 표면 경화 처리되어 있다.
- ㉢ 그루브(groove): 밸브 스프링을 붙잡아 주는 장치이다.

라) 밸브 페이스(valve face): 밸브 시트와 직접 접촉되는 부분으로 고성능 엔진의 배기 밸브의 경우에는 스텔라이트를 붙이며, 페이스의 각은 흡입: 30°, 배기: 45°이다.

라) 밸브의 재질 및 점검: 흡입 밸브의 재질은 Si-Cr강이고, 배기 밸브의 재질은 Ni-Cr강이다. 두 밸브는 사용 중 밸브 스프링의 인장력과 열로 인하여 길이가 늘어나게 되며, 점검은 스트레치 게이지(콘튜어 게이지)로 점검한다.

마) 밸브 시트: 밸브 페이스와 맞닿는 부분으로 밸브의 충격을 흡수한다. 재질로는 청동, 내열강, 알루미늄으로 제작된다.

바) 밸브 스프링: 흡입, 배기 밸브를 닫아주는 역할을 한다. 헬리 코일 스프링이라 하며, 감긴 방향이 서로 다르고 크기가 서로 다른 2개의 스프링이 장착되어 진동(서지현상)을 감소시키고, 1개가 부러져도 안전하게 작동될 수 있게 되어 있고, 위·아래에는 리테이너로 스프링을 지지하고 있다. 스프링은 규정된 탄성력을 유지해야 하며 정비 시 탄성력을 밸브 스프링 압축 시험기로 측정한다.

사) 밸브 개폐시기 선도

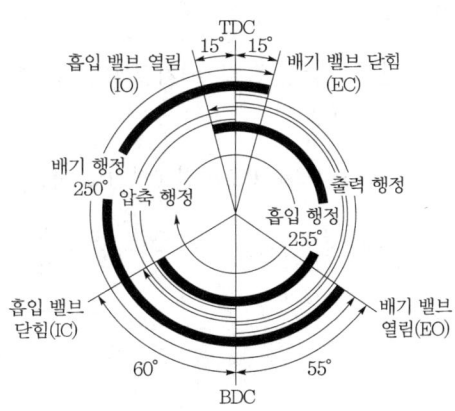

▲ 밸브 개폐 시기 선도

| IO(Intake valve Open) | 흡입 밸브 열림 |
|---|---|
| IC(Intake valve Close) | 흡입 밸브 닫힘 |
| EO(Exhaust valve Open) | 배기 밸브 열림 |
| EC(Exhaust valve Close) | 배기 밸브 닫힘 |
| TDC(Top Dead Center) | 상사점 |
| BDC(Bottom Dead Center) | 하사점 |
| BTC(Before Top dead Center) | 상사점 전 |
| ATC(After Top dead Center) | 상사점 후 |
| BBC(Before Bottom dead Center) | 하사점 전 |
| ABC(After Bottom dead Center) | 하사점 후 |

㉠ 흡입 밸브가 하사점 후(ABC) 20~60°에서 닫히는 이유: 흡입행정의 마지막에서 혼합가스의 흡입 관성을 이용하여 더 많은 혼합가스를 흡입하기 위함이다.

㉡ 흡입 밸브가 상사점 전(BTC) 10~25°에서 열리는 이유: 배기가스의 배출 관성을 이용하여 흡입 효과를 높이기 위함이다. 저속회전에서는 혼합가스의 유실과 백파이어(back fire)를 일으킬 위험이 있다.

ⓒ 배기 밸브가 하사점 전(BBC) 45~70°에서 열리는 이유: 팽창력을 이용하여 배기가스를 완전 배출시키고 실린더의 과열을 방지하기 위함이다.

ⓔ 배기 밸브가 상사점 후(ATC) 10~30°에서 닫히는 이유: 배기가스의 배출관성을 이용하여 연소 가스를 완전히 배기시키기 위함이다.

ⓜ 밸브 오버랩(valve overlap): 밸브 개폐시기 선도에서의 밸브 오버랩은 30°임을 알 수 있다.

아) 대향형 엔진의 밸브 기구

ⓖ 캠 로브 수: 실린더 블록당 흡입, 배기 밸브가 한 개씩 있으므로 "실린더 수×2"를 하여 로브 수를 구할 수 있다.

ⓛ 캠축의 회전속도: 크랭크축이 2회전 1사이클 하는 동안 밸브는 한 번씩 열리게 된다.

$$\text{캠축의 회전속도} = \frac{\text{크랭크축의 회전속도}}{2}$$

자) 성형엔진의 밸브기구

ⓖ 구성

- 성형엔진은 둥근 원판인 캠 플레이트에 캠 로브를 장착한다.
- 하나의 캠 플레이트에 흡입, 배기 캠 플레이트가 앞, 뒤로 부착된다.
- 배기 밸브용 캠 로브가 전방에, 흡입 밸브용 캠 로브가 후방에 붙어있다.

ⓛ 캠 로브 수

$$n = \frac{N \pm 1}{2}$$

(단, $N$: 실린더 수)

ⓒ 속도비

$$r = \frac{1}{N \pm 1}$$

(단, +: 캠과 크랭크축의 회전 방향이 동일 방향일 때, −: 캠과 크랭크축의 회전 방향이 반대 방향일 때)

ⓔ 캠 플레이트 회전속도

$$\frac{1}{2 \times \text{로브 수}} \times rpm$$

ⓜ 각 부분의 명칭

- 캠 플레이트: 성형엔진 1열마다 한 개의 캠 플레이트가 장착된다. 따라서 2열인 경우에는 2개가 설치된다. 2열 캠 트랙의 전열에는 배기, 후열에는 흡기 밸브용 캠 로브가 장착된다.

- 태핏: 캠 로브에 의해 올려진 힘을 푸시로드에 전달하며 충격 완화용 스프링이 장착되어 있고, 오일 통로가 내부에 형성되어 있다. 수평 대향형에는 유압식 리프트가 있어 밸브 간극을 없애주어 간극을 조절할 필요가 없고, 완충작용을 수행해 작동을 부드럽게 만들어 준다. 성형엔진은 유압 리프트가 없어 주기 점검 시 간극을 규정된 값으로 조절해 줘야 한다.
- 푸시로드: 캠 로브로부터 힘을 전달받아 로커 암을 밀어주는 역할을 수행한다. 주로 알루미늄 합금으로 제작되며, 오일이 흘러갈 수 있도록 내부에 구멍이 뚫려 있다. 외부에는 푸시로드 하우징이 장착되어 푸시로드를 보호하고 오일의 귀환 통로 역할을 수행한다. 오버홀 시 마모를 측정하여 교환 여부를 결정한다.
- 로커 암: 단조된 강으로 제작되고 로커 암 핀을 설치하여 지지시킨다. 암의 한쪽 끝은 푸시로드로, 다른 한쪽 끝은 밸브 팁과 접촉되어 시소운동을 하면서 밸브를 눌러 밸브를 열어 준다. 성형엔진의 경우 밸브 간극 조절나사가 설치되어 밸브 간극 조절이 가능하다. 조절나사를 시계 방향으로 돌리면 간극이 작아지고 반시계 방향으로 돌리면 간극이 넓어진다. 대향형 엔진에 유압식 밸브 리프터가 설치되는 경우에는 오버홀 시에만 간극을 조절한다.

㉥ 밸브 간격(valve clearance): 로커 암과 밸브 끝 사이의 거리로 성형엔진의 경우 주기 점검 시 그 값을 적절하게 조절한다.

| 냉간 간격(cold clearance) | 0.010inch(0.25mm) |
|---|---|
| 열간 간격(hot clearance) | 0.070inch(1.78mm) |

- 밸브 간격이 맞지 않을 경우의 현상
  - 밸브 간격이 너무 좁을 경우: 밸브가 빨리 열리고 늦게 닫혀 밸브가 열린 시간이 길어진다.
  - 밸브 간격이 너무 넓은 경우: 밸브가 늦게 열리고 빨리 닫혀 밸브가 열린 시간이 짧아진다.

## ⑤ 커넥팅 로드(connecting rod)

가) 역할: 피스톤의 왕복운동을 크랭크축의 회전운동으로 바꾸어 주는 역할을 하므로 가볍고 충분한 강도를 가져야 되기에 고 탄소강 및 크롬강으로 제작된다.

나) 종류: 평형(plain type), 포크 & 블레이드형(fork & blade type), 마스터 & 아티큘레이터형(master & articulated type)

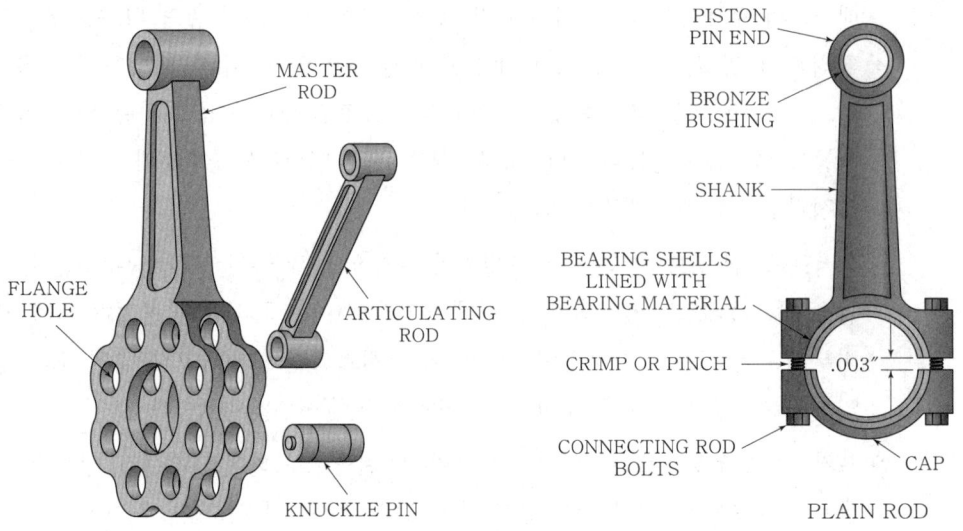

다) 단면의 종류: I, H형

㉠ 수평 대향형 엔진: 평형 커넥팅 로드를 사용하고 피스톤 핀에 연결되는 부분과 크랭크 핀과 연결되는 부분으로 구성되며, 끝은 한 몸체로 제작되는 경우와 나사로 결합시키는 방식이 있다.

㉡ 성형엔진(주 커넥팅 로드와 부 커넥팅 로드로 구성): 주 커넥팅 로드(master rod)는 1열에 하나씩 설치되며, 로드 중 가장 크고 강하고, 마스터 실린더에 결합되어 크랭크축 중심에 대하여 원운동을 하며, 분해 조립 시 가장 늦게 탈착하고 가장 먼저 장착된다. 부 커넥팅 로드는 주 커넥팅 로드의 큰 끝에 너클 핀으로 여러 개 연결되며, 부 커넥팅 로드는 마스터 로드의 끝에 붙게 되므로 각자 타원 궤적 운동을 한다.

⑥ 크랭크축(crank shaft)의 구조

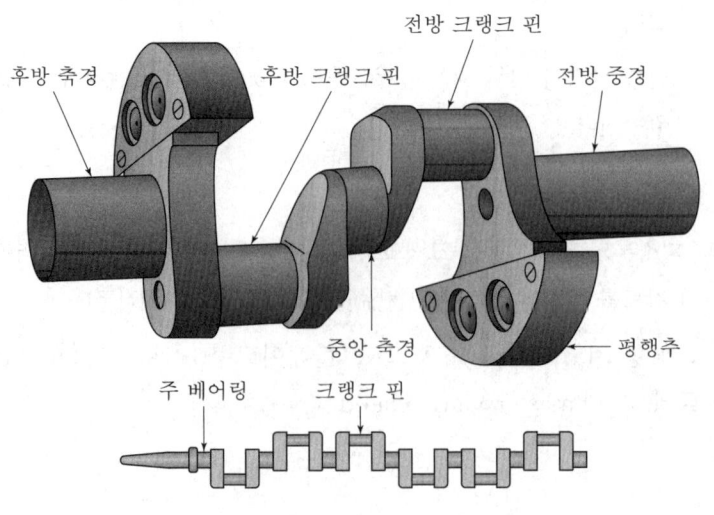

(a) 6기통 직렬형 엔진

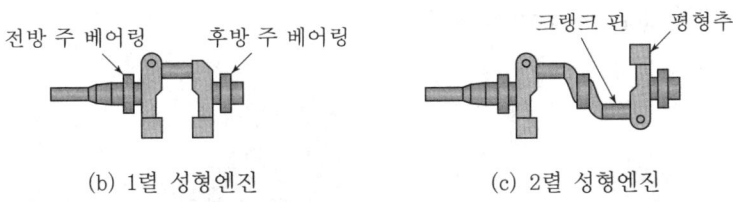

(b) 1열 성형엔진             (c) 2열 성형엔진

가) 역할: 피스톤 및 커넥팅 로드의 왕복운동을 회전운동으로 바꾸어 프로펠러 축에 동력(제동마력)을 전달한다. 종류에는 solid type(분해가 되지 않는 형태), split type(분해 가능한 형태)이 있다.

나) 구성요소

　㉠ 주 저널(main journal): 크랭크축의 회전 중심으로 주 베어링에 의해 지지되고, 표면은 질화 처리로 경화하여 사용한다.

　㉡ 크랭크 핀(crank pin): 커넥팅 로드의 큰 끝이 부착되는 부분으로, 속이 중공으로 되어 있어 무게가 경감되고 윤활유 통로 역할 및 침전물, 찌꺼기, 이물질 등이 쌓이는 슬러지 챔버(sludge chamber)의 역할을 수행한다.

　㉢ 크랭크 암(crank arm): 주 저널과 크랭크 핀을 연결하는 부분으로, 카운터 웨이트를 지지하고 크랭크 핀으로 가는 오일의 통로 역할을 수행한다.

　㉣ 평형추(counter weight)와 다이나믹 댐퍼(dynamic damper): 크랭크축의 진동을 경감시키고 가속을 증진하기 위해 설치된다.

　• 평형추(균형추): 정적 안정

　• 다이나믹 댐퍼: 동적 안정 및 크랭크축의 변형이나 비틀림을 방지

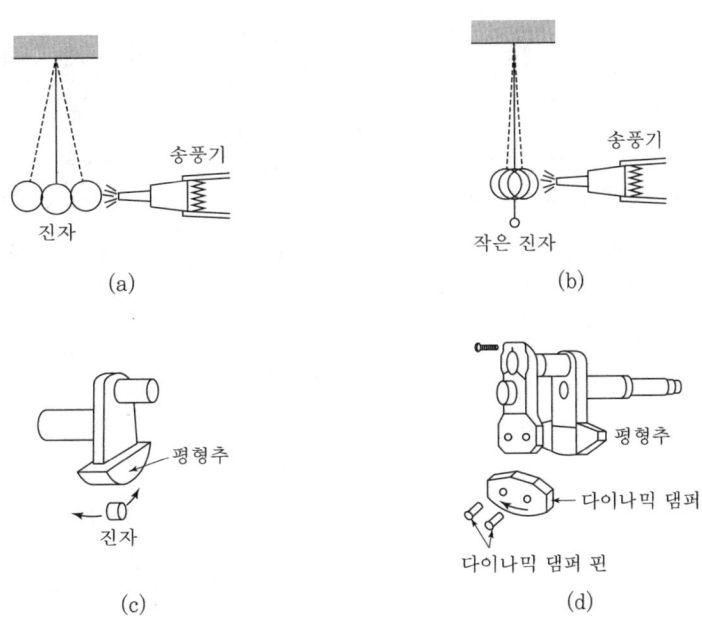

(a)             (b)

(c)             (d)

⑦ 크랭크 케이스(crank case)의 구조

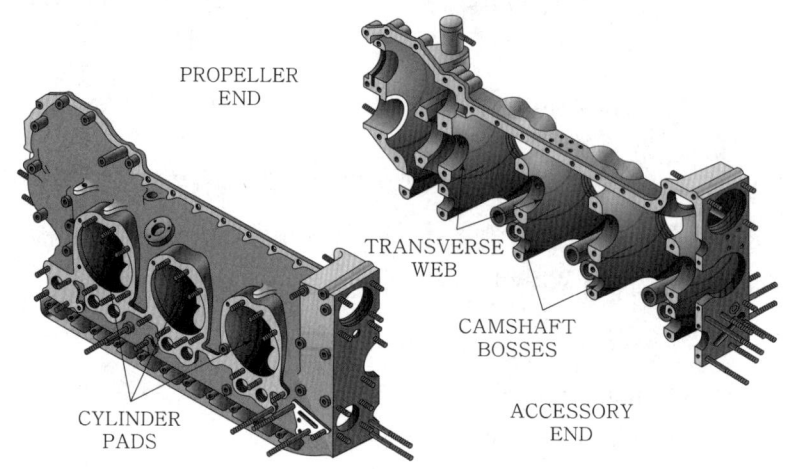

가) 역할: 엔진의 몸체를 이루고 있는 부분으로서 캠의 작동기구와 크랭크축의 베어링을 지지한다. 재질은 알루미늄 합금으로 제작된다.

나) 구조: 수평 대향형은 수직상하 2부분으로 분리되고, 성형엔진은 3~7부분으로 분리된다.

⑧ 베어링(bearing)의 구조

㉠ 평면 베어링: 저출력 엔진의 커넥팅 로드, 크랭크축, 캠축 등에 사용된다.

㉡ 롤러 베어링: 고출력 항공기의 크랭크축을 지지하는 데 주 베어링으로 사용된다.

㉢ 볼 베어링: 마찰이 적어 성형엔진과 가스터빈엔진의 추력 베어링으로 사용된다.

(a) 평면 베어링          (b) 볼 베어링          (c) 롤러 베어링

## (2) 흡입 및 배기계통

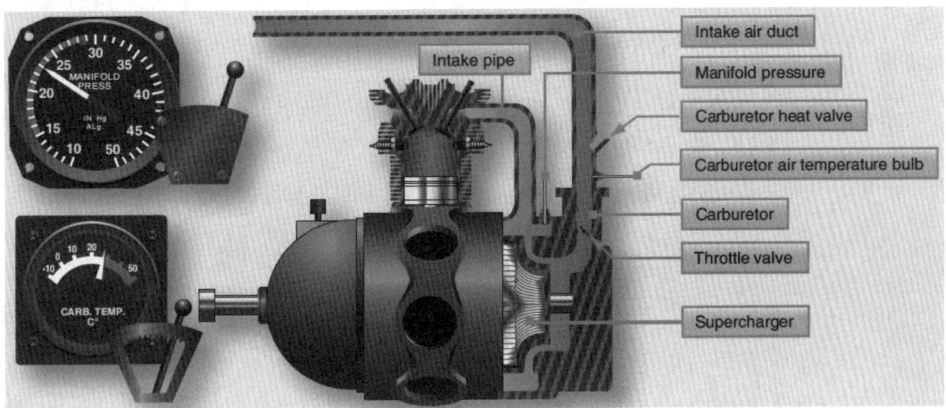

### ① 흡입계통(intake system)

흡입계통은 피스톤의 펌프 작용에 의해 흡입행정에서 공기와 연료를 혼합시켜 혼합가스를 만들어 각 실린더 내부에서 연소가 잘 이루어지도록 혼합가스를 공급하는 계통이다.

가) 공기 덕트(air duct): 공기를 받아들이는 통로로써 피스톤의 펌프작용, 프로펠러 후류, 램 공기(ram air) 압력에 의해 덕트로 들어온다.

㉠ 구성

| 공기 스쿠프<br>(air scoope) | 램 공기를 빨아들이며 보통 프로펠러 후류에 의해 공급한다. | |
|---|---|---|
| 공기 여과기<br>(air filter) | 공기 스쿠프 앞쪽에 위치하며 공기 속의 먼지, 불순물을 걸러준다. | |
| 알터네이트<br>공기 조절 밸브<br>(alternate air valve) | 조종석의 기화기 공기히터 조종장치에 의해 조절한다. | |
| | 히터 위치<br>(hot position) | 주 공기 덕트는 닫히고 히터 덕트가 열려 엔진에 의해 뜨거워진 공기가 기화기에 공급된다. |
| | 정상 위치<br>(cold position) | 히터 덕트로 통하는 통로가 닫히고 주 공기 덕트가 열려 대기 중의 차가운 공기를 기화기로 공급한다. |
| 히터 덕트<br>(heater duct) | 배기관 주위로 공기를 통과시켜 이곳을 통과한 따뜻한 공기로 기화기 결빙을 방지한다. 고출력 시 히터 위치에 놓으면 디토네이션이 일어나 출력이 감소된다. | |

㉡ 기화기(carburetor): 공기 덕트를 통해 들어온 공기와 연료계통에서 공급된 연료를 적당한 비율로 혼합하여 혼합가스를 만들어 주는 장치이다.

ⓒ 매니폴드(manifold): 기화기에서 만들어진 혼합가스를 각 실린더에 일정하게 분배, 운반하는 통로 역할을 하고, 실린더 수와 같은 수만큼 설치되어 있고, 매니폴드 압력계의 수감부가 여기에 장착된다.

- 매니폴드 압력: 매니폴드 관의 압력(Manifold Pressure: MAP 또는 MP)을 말하며, 수감부를 통하여 측정할 수 있는 것으로 절대압력인 inHg & mmHg로 표시한다.
  - 과급기가 없는 경우의 MP 압력: 대기압보다 항상 낮다.
  - 과급기가 있는 경우의 MP 압력: 대기압보다 높아질 수 있다.
  - 흡기압력계기(MAP Gage)를 장착하여야 할 엔진: 가변 피치 프로펠러(정속 프로펠러)를 장착한 엔진에는 반드시 흡기 압력계를 장착해야 기화기 결빙을 탐지할 수 있다.
  - 엔진 작동 시 대기압보다 MP 압력이 낮고, 정지 시 대기압과 MP 압력은 같다.

ⓓ 과급기(super charger): 압축기로 혼합가스 또는 공기를 압축시켜 실린더로 보내주어 고출력을 만드는 장치이다. 과급기의 사용목적은 이륙 시 고출력을 내거나, 높은 고도에서 최대 출력을 내기 위해 사용한다.

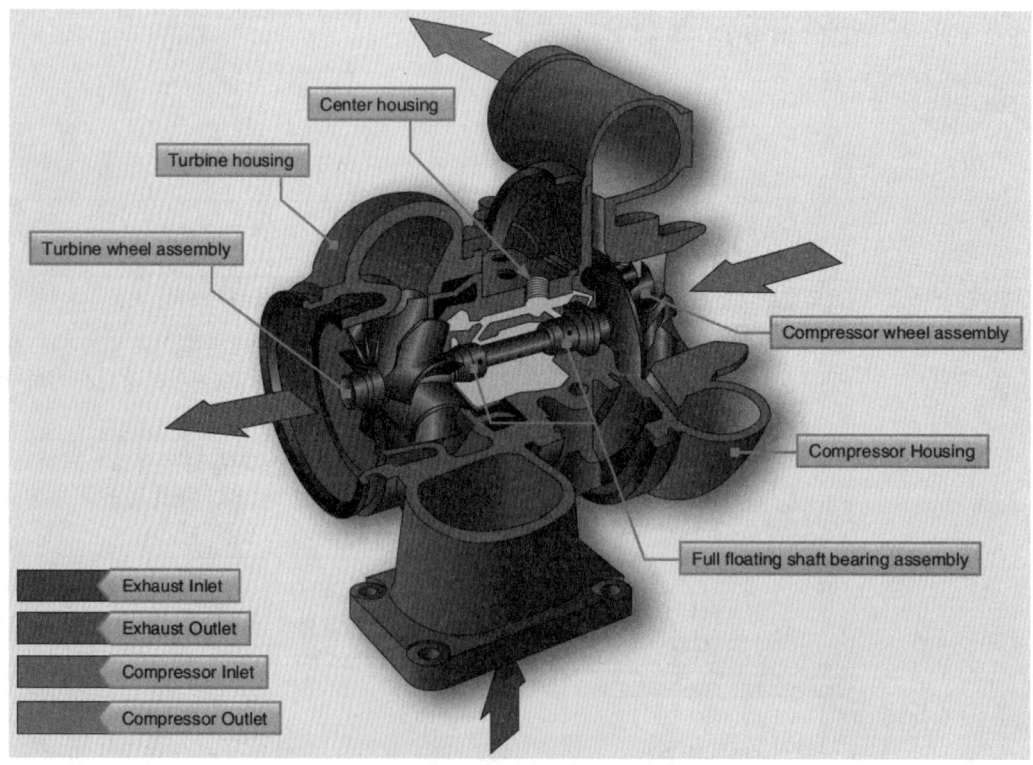

▲ 전형적인 터보 슈퍼 차저

• 과급기의 종류

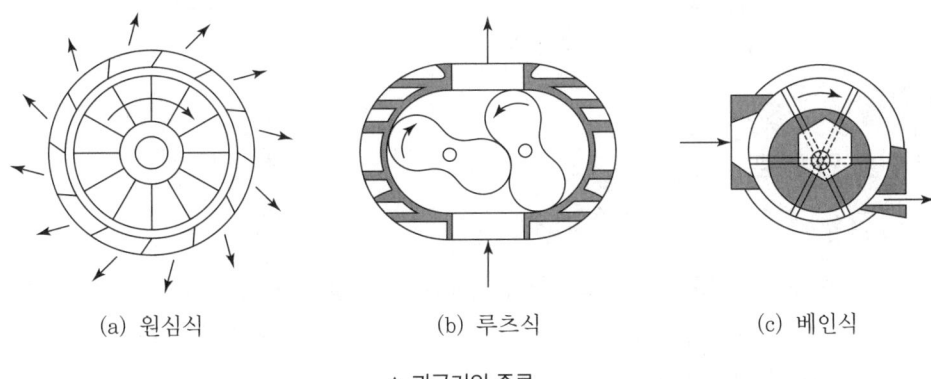

(a) 원심식          (b) 루츠식          (c) 베인식

▲ 과급기의 종류

| 원심식 과급기<br>(centrifugal type<br>supercharger) | 내부식 과급기(기계식 과급기) |
|---|---|
| | 크랭크축에서 회전력을 전달받아 작동되며, 크랭크축 회전속도의 5~10배로 회전하고, 동력을 크랭크축에서 전달받으므로 동력이 손실되나 높은 고도에서 비행하거나 마력이 큰 엔진에서는 오히려 성능 증가가 크므로 과급기를 사용한다. |
| | 외부식 과급기(배기 터빈식 과급기) |
| | 배기가스의 배출력을 이용하여 터빈을 회전시켜 회전력을 전달받아 작동되며, 배기가스의 흐름 저항이 발생되어 배기가 원활히 수행되지 않는다. 또한, 배기가스를 바이패스 시켜 과급기의 회전속도를 조절할 수 있다. |
| 루츠식 과급기(roots type supercharger) | |
| 베인식 과급기(vane type supercharger) | |

## ② 배기계통

배기계통은 실린더 내부에서 연소된 연소 가스를 밖으로 배출이 잘되도록 하는 계통이다.

가) 배기관

• 각 실린더에서 배출되는 연소 가스를 배기 밸브를 통해 배기되는 가스 압력이 간섭되지 않도록 2~4개로 묶어 소음기를 통해 대기 중으로 방출한다.

• 재질은 주철로 만들며, 배기관은 항상 650~800℃로 가열된다.

• 배기관에 배기터빈을 설치하여 과급기가 작동될 수 있도록 한다.

• 배기관을 지나는 뜨거운 공기를 이용하여 조종실 안의 난방을 위한 히터로 이용되기도 한다.

나) 소음기: 배기관을 통해 배출되는 높은 압력으로(약 35kgf/cm²) 큰 소음이 발생하여 소음을 줄이고 배기효과가 크게 낮아지지 않도록 배기가스를 서서히 팽창시켜 소음을 최소화하는 소음기를 장착한다.

## (3) 연소 및 연료

### ① 연소

가) 연소의 화학 반응식: 연소는 연료의 주성분인 탄소($C$)와 수소($H$)가 결합된 탄화수소($C_mH_n$)와 산소($O_2$) 산화 반응을 하여 이산화탄소($CO_2$)와 수증기($H_2O$)를 비롯한 열을 발생시킨다.

$$C_8 \ H_{18} + 12\frac{1}{2}O_2 + 47 \ N_2 \rightarrow 8\,CO_2 + 9\,H_2O + 47\,N_2 + 열$$

나) 연료와 공기의 연소

㉠ 공기 연료비(공연비): 공기와 연료의 혼합비

$$공기 \ 연료비 = \frac{혼합기 \ 중 \ 공기의 \ 질량}{혼합기 \ 중 \ 연료의 \ 질량} = \frac{m_a}{m_f}$$

㉡ 연료 공기비(연공비): 연료와 공기의 혼합비

$$연료 \ 공기비 = \frac{혼합기 \ 중 \ 연료의 \ 질량}{혼합기 \ 중 \ 공기의 \ 질량} = \frac{m_f}{m_a}$$

㉢ 화학적 공기 연료비

• 농후 혼합비: 화학적 공기 연료비보다 연료가 더 많을 경우의 혼합비

• 희박 혼합비: 화학적 공기 연료비보다 연료가 더 적을 경우의 혼합비

• 이론 혼합비는 1kg의 연료를 연소시키는 데 필요한 공기량이 15kg이고, 연소 가능 공기 연료비는 8~18:1이다. 이를 벗어나면 연소가 불가능하다.

다) 발열량: 연료가 산소와 연소 후 원래의 온도로 냉각될 때 외부로 방출된 열이다.

㉠ 정적 발열량: 발열량을 정적 상태에서 연소시켜 측정한 경우

㉡ 정압 발열량: 발열량을 정압 상태에서 연소시켜 측정한 경우

㉢ 고발열량: 연소 생성물 중 물이 액체로 존재하는 경우

㉣ 저발열량: 연소 생성물 중 물이 기체로 존재하는 경우

⑩ 엔진 열효율 계산 시 사용하는 연료의 발열량은 정압 저발열량을 사용한다. 그 이유는 연료가 연소과정 때는 정적연소과정이지만, 실제로 연소가 일어나는 순간은 정압연소과정이 되고, 생성된 물은 수증기로 증발되기 때문이다.

라) 연소형태

㉠ 예혼합 화염(premixed flame): 가솔린엔진에서 연소현상으로 한 곳에서 점화시켜 주면 그 불꽃에 의하여 화염이 미연소 가스 영역으로 전파되면서 일어나는 연소 형태이다.

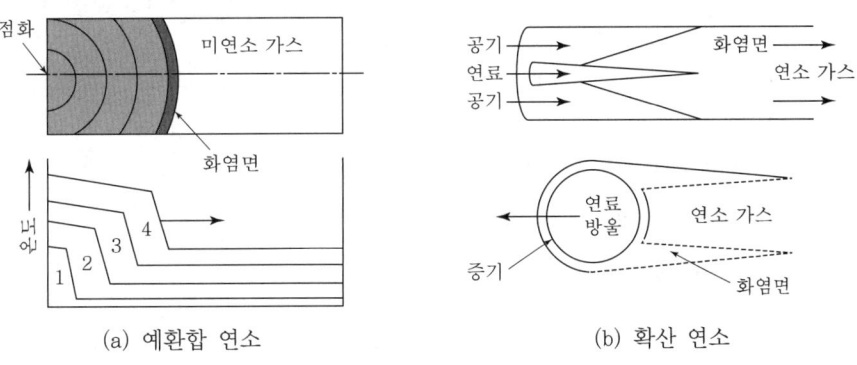

(a) 예환합 연소                  (b) 확산 연소

| 연소 가스 | 연소가 끝난 부분 |
|---|---|
| 미연소 가스 | 연소가 되지 않은 혼합기 |
| 화염 면 | 미연소 가스와 연소 가스와의 경계 부분이며 실제 연소가 진행된다. |
| 화염 전파 속도 | 화염 면이 미연소 가스로 이동하면서 연소가 진행될 때 화염 면의 진행속도(20~25m/s) |

㉡ 자연발화(self ignition): 연료 공기 혼합기를 점화시키지 않고 서서히 온도를 높이면 어떤 온도 이상에서 혼합기 전체가 거의 동시에 폭발적으로 연소하는 현상이다.

| 적은 양의 미연소 가스가 자연발화 되면 | • 엔진의 출력 및 효율 증가 |
|---|---|
| 많은 양의 미연소 가스가 동시에 자연발화 되면 | • 실린더 내에 폭발적인 압력 증가<br>• 엔진에 큰 소음과 진동 발생<br>• 출력 감소 현상 |
| 많은 양의 미연소 가스가 동시에 자연발화 되는 현상을 노킹(knocking)이라 한다. | |

ⓒ 확산 화염(diffusion flame): 디젤엔진이나 가스터빈엔진에서 일어나는 연소 형태로, 연료 증기와 공기가 혼합되면서 연소가 일어나는 연소 형태를 말한다. 연소열에 의하여 액체 연료가 증발하거나 가스 연료가 공기 중에 공급되고 공기와 혼합되어 연소 가능 혼합비가 형성되는 혼합 영역에서 화염 면이 형성된다.

② 연료

가) 항공용 가솔린의 구비조건

㉠ 발열량이 커야 한다(11,000~12,000kcal).

㉡ 기화성이 좋아야 한다.

㉢ 증기 폐쇄를 잘 일으키지 않아야 한다.

㉣ 안티 노크성이 커야 한다.

㉤ 안정성이 커야 한다.

㉥ 부식성이 작아야 한다.

㉦ 내한성이 커야 한다(응고점이 낮아야 한다).

나) 기화성과 베이퍼 로크: 연료의 기화성 시험은 ASTM 증류 시험장치로 측정한다.

㉠ 최초 유출점: 처음 연료가 증발하여 다시 냉각수를 지나 응축된 연료가 계량기에 떨어지기 시작할 때 연료의 온도

㉡ 건점(dry point): 유출이 완전히 끝났을 때의 온도

㉢ 10% 유출점이 낮을수록 기화성이 좋아 시동이 쉽다. 하지만 기화성이 너무 좋으면 연료관을 통과하는 연료가 열을 받게 될 때 기포가 생기는 베이퍼 로크(증기 폐쇄) 현상이 발생하여 연료의 흐름을 방해한다. 증기 폐쇄(vapor lock)는 연료관 안의 연료가 뜨거운 열에 의해 증발되어 기포가 형성되면서 연료의 흐름을 차단하는 불량 현상이고, 이와 같이 증발된 기포압력을 측정하는 장비는 레이느 증기 압력세(reid vapor pressure bomb)를 사용한다. 증기 폐쇄는 연료관 내 연료압력이 낮고 온도가 높을 때 증기 폐쇄가 잘 발생한다.

㉣ 50% 유출점이 낮으면 엔진 가속성이 좋아지고 분배성이 좋아진다.

ⓜ 90% 유출점이 높으면 액체 연료가 완전히 기화되지 않아 불완전 연소를 일으키게 되고, 연료 일부는 실린더에 묻어 윤활유를 묽게 만들 수 있다.

다) 연료의 안티 노크성

㉠ 안티 노크성 측정장치: CFR(Cooperative Fuel Research) 엔진을 사용하여 표준 연료의 안티 노크성과 비교하여 측정하며 옥탄가 & 퍼포먼스 수로 나타낸다.

㉡ 표준 연료: 안티 노크성이 큰 연료인 이소옥탄과 안티 노크성이 낮은 연료인 정헵탄의 혼합연료이다.

㉢ 옥탄가: 이소옥탄과 정헵탄의 함유량 중에서 이소옥탄이 차지하는 비율이다.

| 옥탄가 "0" | 정헵탄만으로 이루어진 표준 연료의 안티 노크성 |
|---|---|
| 옥탄가 "95" | 이소옥탄 95%, 정헵탄 5%로 이루어진 표준 연료의 안티 노크성 |
| 옥탄가 "100" | 이소옥탄만으로 이루어진 표준 연료의 안티 노크성 |

㉣ 안티노크제: 안티노크제는 4에틸납, 아닐린, 요오드화에틸, 에틸알코올, 크실렌, 톨루엔, 벤젠 등의 첨가제 중 4에틸납의 효과가 가장 우수하다. 그러나 4에틸납을 그대로 연소 시 산화납이 발생하는 것을 방지하기 위해 브롬화물인 TCP(인산트리크레실)를 첨가하면 브롬화 납이 되어 배기가스와 함께 배출된다.

ⓜ 퍼포먼스 수(performance number): 이소옥탄만으로 이루어진 표준 연료로 작동했을 때 노킹을 일으키지 않고 낼 수 있는 출력과 같은 압축비에서 어떤 시험 연료를 사용하여 노킹을 일으키지 않고 낼 수 있는 최대 출력과의 비율이다. 옥탄가 "100" 이상은 없으나 퍼포먼스 수는 "100" 이상 또는 이하의 안티 노크성을 가진 연료를 표시하며, 희박 혼합비보다 농후 혼합비는 안티 노크성이 크다.

$$P.N(퍼포먼스 수) = \frac{2800}{128 - O.N}, \quad O.N(옥탄가) = 128 - \frac{2800}{P.N}$$

| 등급 | 80/87 | 91/98 | 100/130 | 108/135 | 115/145 |
|---|---|---|---|---|---|
| 색깔 | 적색 | 청색 | 녹색 | 갈색 | 자색 |

• 4에틸납이 없는 가솔린의 색깔은 무색이다.

• 가장 많이 쓰이는 항공용 가솔린은 115/145
  – 115: 희박 혼합가스 상태의 퍼포먼스 수
  – 145: 농후 혼합가스 상태의 퍼포먼스 수

## (4) 연료계통

항공기에 탑재되는 연료의 양은 사용조건, 비행시간 및 비행 안전, 엔진의 출력을 충분히 고려하고 계산하여 결정한다. 연료 공급 방법은 다음과 같다.

| | |
|---|---|
| **중력식 연료계통**<br>(gravity fuel system) | 높은 날개의 소형 항공기에 사용되었고 연료탱크가 가장 높은 곳에 위치하여 중력에 의해 연료를 공급하는 방식이다. 곡예비행이나 고도의 급격한 변화가 있을 경우 연료의 공급이 원활하지 못하나 구조가 간단하여 소형 엔진에 사용된다. |
| **압력식 연료계통**<br>(pressure fuel system) | 낮은 날개 항공기에 사용되고 엔진 구동 펌프에 의해 연료탱크로부터 기화기까지 압력을 가해 연료를 공급한다. |

### ① 연료계통의 주요 구성

연료계통은 연료탱크, 전기식 부스터 펌프, 연료 차단 및 선택 밸브, 연료 여과기, 주 연료 펌프, 프라이머, 기화기 등으로 구성되어 있으며, 쌍발 항공기인 경우 연료 이송 밸브에 의해 연료탱크와 탱크의 유면을 동일하게 유지할 수 있다.

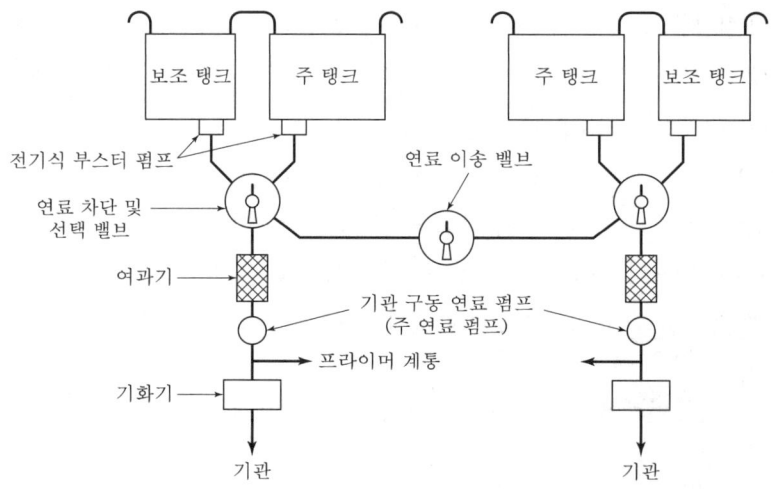

가) 연료탱크(fuel tank): 연료탱크는 날개 모양과 같게 만들어 충분한 연료를 넣어 사용할 수 있도록 설계되어 있으며, 이 방식을 인티그럴 탱크 계통(integral tank system)이라 한다. 날개에 별도의 연료탱크를 만들어 넣은 방식으로 나일론 천이나 고무주머니 형태로 제작한 블래더 탱크(bladder tank)도 사용된다.

나) 전기식 부스터 펌프(electric booster pump): 기능으로는 시동할 때나 또는 엔진 구동 주 연료 펌프 고장 시 연료를 충분하게 공급시키기 위해 수동식, 전기식 펌프로 연료를 공급하기 위해 사용한다. 주 연료 펌프 고장 시에는 원심식인 연료 이송 밸브를 사용한다.

다) 연료 여과기(fuel filter): 연료탱크와 기화기 사이에 위치하여 연료의 불순물 및 이물질을 제거하는 장치이다. 여과기는 스크린(screen)으로 되어 있으며, 가장 낮은 곳에 위치해서 불순물이 모일 수 있도록 하고 배출 밸브(drain valve)로 배출할 수 있다.

라) 연료 차단 및 선택 밸브(fuel shut off selector valve): 비상시 또는 연료계통 작업 시 탱크에서 계통으로 연료가 들어가지 못하도록 차단하고, 2개 이상 장착된 연료탱크에서 어떤 연료탱크를 사용할지 선택하는 역할을 한다.

마) 주 연료 펌프: 탱크의 연료를 엔진으로 일정한 양과 압력으로 베인식 펌프에 의해 보내어진다.

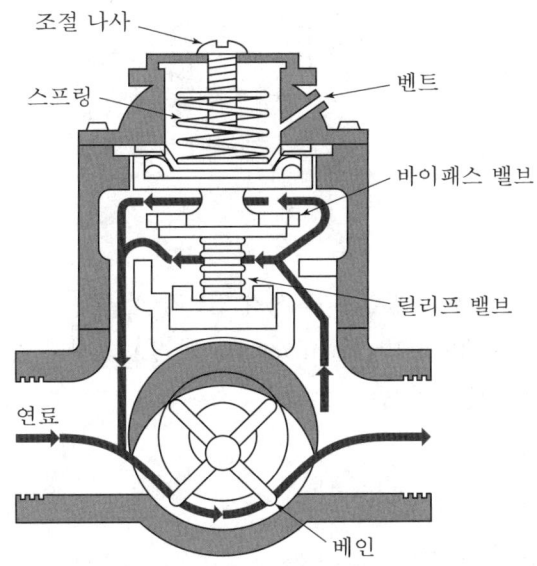

㉠ 릴리프 밸브(relife valve): 연료의 출구 압력이 높을 때 릴리프 밸브가 열려 다시 연료 펌프 입구로 보내줌으로써 연료의 압력을 일정하게 해주는 장치이다.

㉡ 바이패스 밸브(bypass valve): 주 연료 펌프 고장 시 계속하여 충분한 연료를 공급하기 위해 필터를 거치지 않고 흘러갈 수 있도록 통로를 열어주는 장치이다.

㉢ 벤트(vent): 고도에 따른 대기압 변화에 연료 펌프의 출구 계기 압력을 일정하게 조절해 주는 역할을 한다.

바) 프라이머(primer): 엔진 시동 시 연소실로 직접 연료를 분사하여 줌으로써 농후한 혼합비를 형성하여 시동을 용이하게 해주는 장치이다. 수평 대향형 엔진은 모든 실린더에 프라이머가 설치되어 있고, 성형엔진은 1번 실린더에만 설치하거나 multi primer의 경우는 상부에 위치하는 1, 2, 3, 8, 9번 실린더에 설치한다.

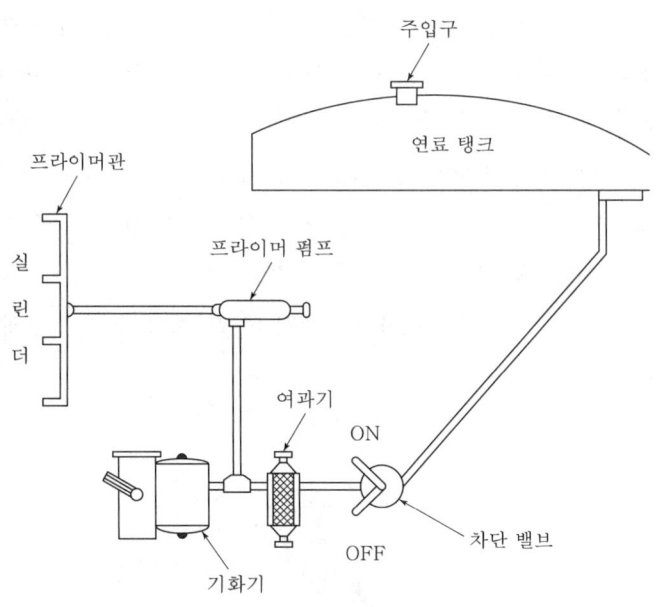

주입구

연료 탱크

프라이머관

실
린
더

프라이머 펌프

여과기

ON

OFF

차단 밸브

기화기

## ② 기화기

혼합비에 맞는 연료를 공급, 기화시켜 연소가 잘 될 수 있는 혼합가스를 만드는 장치이며, 플로트식 기화기(float type carburetor)와 압력분사식 기화기(pressure injection type carburetor)의 2종류가 있다.

가) 혼합비와 엔진 출력

㉠ 비행조건에 따른 조정

| | |
|---|---|
| **이륙 시 혼합비의 조정** | 최대 출력 발생 시 실린더 온도 상승에 따른 노킹이나 디토네이션이 발생하여 엔진 위험 상태를 방지하기 위해 농후 혼합비를 형성시키고 실린더에 공급하여 연료의 기화열에 의해 엔진을 냉각시킨다. |
| **상승 시 혼합비의 조정** | 상승 시에도 이륙 시와 비슷하게 큰 출력이 필요하므로 농후 혼합비를 형성시킨다. |
| **순항 시 혼합비의 조정** | 오랜 시간 비행해야 하므로 연료 소비율을 최소로 하는 비교적 희박 혼합비를 형성시켜 디토네이션의 위험성을 적게 한다. |
| **저속 시 혼합비의 조정** | 배기가스 배출이 불량하여 실린더의 온도가 낮아져 연료의 기화가 불량하다. 기화된 양이 적어서 희박해지기 쉽고, 저속회전 유지가 곤란하다. 저속 작동 시에는 적당한 기화량 보장과 안정적인 작동을 위한 농후한 혼합비로 조정한다. |

ⓛ 불량 연소 현상

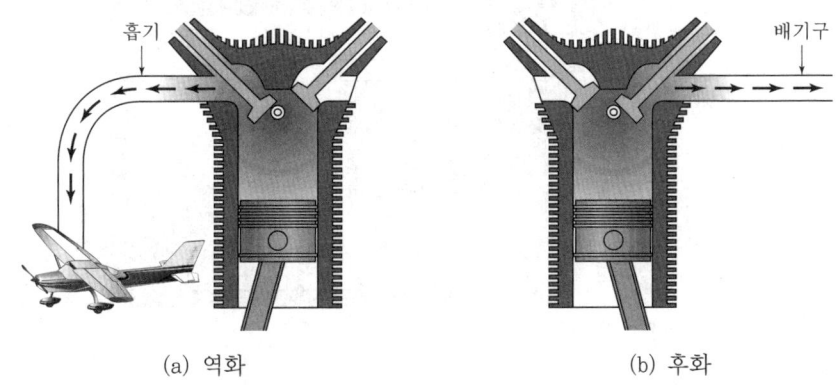

(a) 역화                                    (b) 후화

| 후기연소<br>(after fire) | 과농후 혼합비 상태로 연소시키면 연소 속도가 느려져 배기행정 후 연소가<br>진행되어 배기관을 통하여 불꽃이 배출되는 현상이다. |
|---|---|
| 역화<br>(back fire) | 과희박 혼합비 상태에서 연소 속도가 더욱 느려져 흡입행정에서 흡입 밸브<br>가 열렸을 때 실린더 안에 남아 있는 화염에 의하여 매니폴드가 기화기 안<br>의 혼합가스로 인화되는 현상이다. |

나) 기화기 원리: 기화기를 통과하는 공기 유량을 조절하여 엔진의 출력을 조절하고,
   공기량에 적합한 혼합비가 되도록 연료의 유량을 연료계량 오리피스를 통해 조절하여
   공기와 혼합시키는 역할을 수행한다.

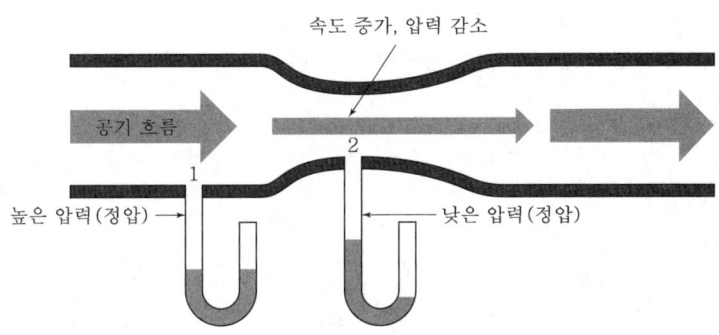

다) 플로트식 기화기(float type carburetor): 초기부터 현재까지 가장 널리 사용되고 있고,
   플로트와 니들 밸브로 구성되어 있다. 연료량에 따라 플로트가 움직여 연료관의 통로를
   열고 닫게 되는데, 작동 원리는 다음과 같다.

> 연료 소모→연료 유면 하강, 플로트 하강→니들 밸브가 열리면서 연료 유입→연료 유량 상승,
> 플로트 상승→니들 밸브 닫힘→연료 유량 일정 유입

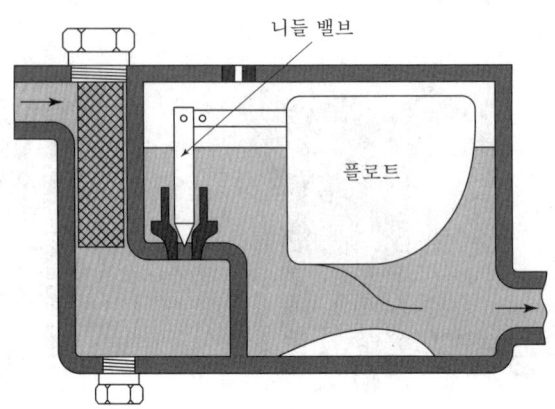

니들 밸브

플로트

ⓐ 플로트식 기화기 결빙현상

| 발생 원인 | 벤투리 목 부분에서 연료가 기화되면서 기화열이 방출되고 따라서 온도가 떨어져 얼음이 언다(대기온도가 0~5℃ 사이에서 기화기 결빙이 가장 잘 발생한다). |
|---|---|
| 발견 방법 | 엔진의 출력이 점점 감소하면 기화기가 결빙되었음을 알 수 있다. |
| 결빙 제거법 | 기화기 결빙이 예상되면 기화기 공기히터를 작동시켜 뜨거운 공기를 들어오게 하면 얼음을 녹일 수 있고, 결빙이 심한 경우에는 기화기에 알코올을 분사하여 얼음을 제거한다. |

• 공기 블리드(air bleed): 연료 노즐에서 연료에 공기를 섞어주면 관 내의 연료 무게가 가벼워져 작은 압력으로도 연료 흡입이 가능하고 공기 중으로 연료 분사 시 더 작은 방울로 분무되도록 하기 위해서 작동된다. 주 공기 블리드가 막힌 경우 완속 운전 시에는 영향이 전혀 없고 정상 작동 시에만 농후 혼합기가 형성된다.

공기

공기

▲ 공기 블리드

ⓑ 완속장치(idle system): 완속 운전 시 벤투리 압력이 충분하지 않아 연료가 분출될 수 없을 때 스로틀 밸브를 닫아 작은 틈을 만들어 완속 노즐을 형성시킨 후 고속의 공기 흐름이 흐르도록 하여 연료를 혼합시키는 장치이고, 별도의 공기 블리드가 설치되어

완속 운전 시에는 주 노즐에서 연료가 분사되지 않고, 완속 노즐에서 연료가 분사되며, 정상 작동 시에는 주 노즐에서 연료가 분사되고, 완속 노즐에서 연료가 분사되지 않는다.

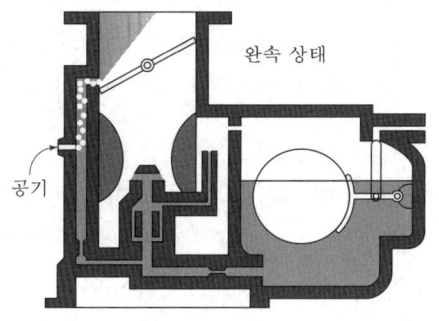
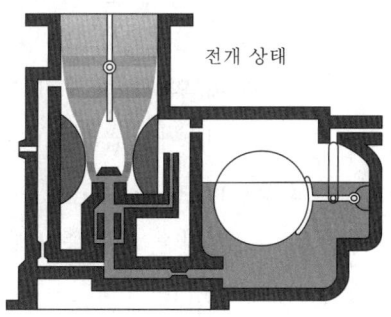

ⓒ 이코노마이저 장치(economizer system): 엔진의 출력이 순항 출력보다 큰 출력일 때 농후 혼합비를 만들어 주기 위해서 추가 연료를 공급하는 장치이고, 종류에는 니들 밸브식, 피스톤식, 매니폴드 압력식이 있다. 고출력 작동 시 스로틀 밸브를 어떤 각도 이상으로 열 때 이코노마이저 니들이 열려 추가 연료 공급을 하여 농후 혼합비를 형성하고, 정상 작동 시에는 주유량 조절 오리피스만 열려 있고 이코노마이저 작동 시에는 추가로 이코노마이저 연료 유량 오리피스가 열린다.

ⓓ 가속장치(accelerating system): 출력을 증가시키기 위해 스로틀을 급격히 열 때 공기는 급격히 양이 증가하지만, 연료는 서서히 증가하여 희박 혼합비가 형성된다. 따라서 연료를 급가속시켜 혼합비가 알맞게 유지되도록 하는 장치를 가속장치라 한다.

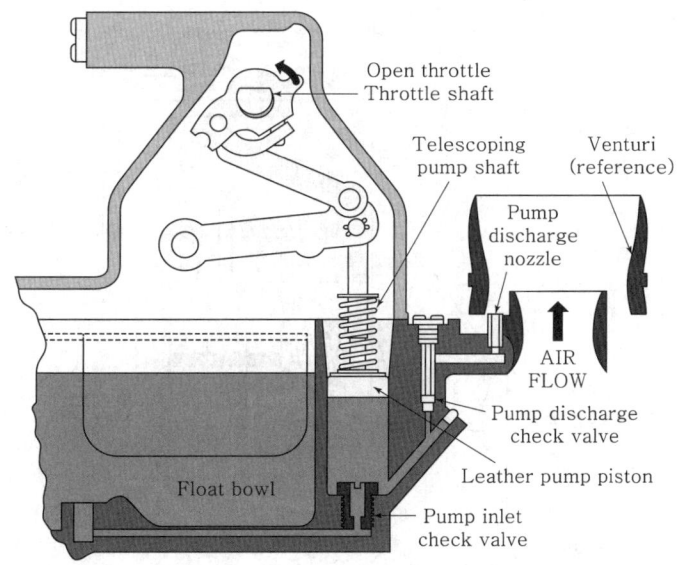

ⓜ 시동장치(starting system): 기화기 흡입 부분을 막아 공기흡입량을 적게 하고, 피스톤의 하사점으로 내려가는 흡입력을 이용하면 벤투리 압력이 낮아지면서 연료가 빨려 나가 비교적 농후한 혼합가스를 만들어 시동이 가능한 장치를 말하며, 이 장치를 초크 밸브(choke valve)라고도 한다. 시동 이후 초크 밸브를 닫아주면 공기가 들어가지 않거나, 기화되지 못한 연료가 연소실 내벽으로 스며들어 윤활유와 희석될 우려가 있기 때문에 시동 후 엔진온도가 높아지면 초크 밸브를 열어 정상적인 혼합가스가 공급 되도록 한다.

ⓑ 혼합비 조정장치(regulator of mixture ratio): 적합한 혼합비가 되도록 연료량을 조절하거나, 고도 증가에 따른 공기 밀도 감소로 인해 혼합비가 농후 혼합 상태가 되는 것을 방지하는 장치이다. 종류에는 부압식, 니들식, 에어포트식이 있다.

• 자동 혼합비 조정장치(AMC: Automatic Mixture Control system): 고도에 따라 벨로스(bellows)가 수축, 팽창하여 자동으로 밸브를 열고 닫아 혼합비를 일정하게 유지시켜 주는 장치이다. 벨로스 내부에는 질소가스가 충전되어 있다.

라) 압력 분사식 기화기(pressure injection type carburetor): 연료 펌프에 의해 가압된 연료를 기화기의 스로틀 밸브 뒷부분, 과급기의 입구 부분 분사 노즐에 의해 분사시켜 주는 방식이다.

| 장점 | • 벤투리 목 부분의 저항이 작다.<br>• 플로트에 의한 결점 및 기화기 결정현상이 거의 없다.<br>• 연료의 분무화와 혼합비 조정성이 좋다. |
|---|---|
| 단점 | • 혼합가스를 각 실린더로 동일 혼합비로 균등분배 하기 어렵다. |

㉠ 벤투리의 역할

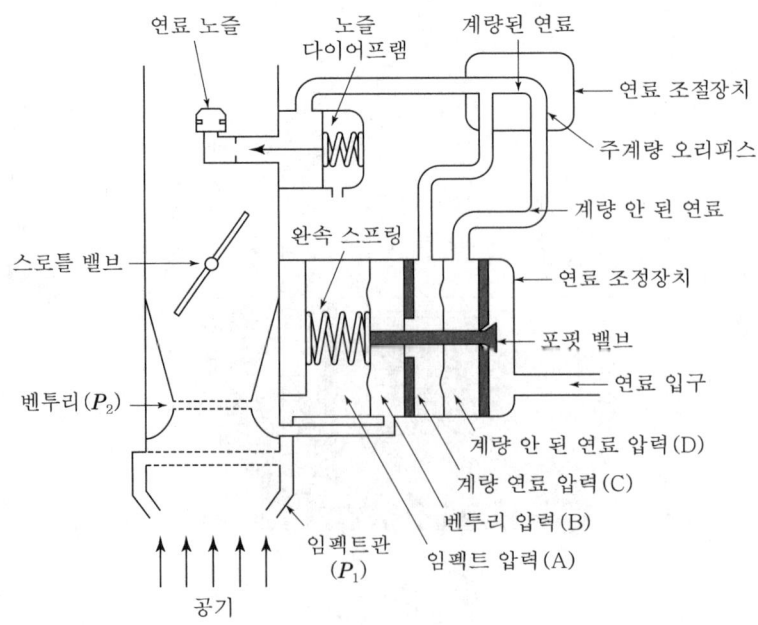

| 공기 계량 힘<br>(air metering force) | 임팩트관의 압력이 작용하는 "A" 챔버의 압력과 벤투리 목 부분의 압력이 작용하는 "B" 챔버의 압력 차에 의해 다이어프램을 오른쪽으로 밀어 포핏 밸브를 열어주는 힘이다. |
|---|---|
| 연료 계량 힘<br>(fuel metering force) | 포핏 밸브를 통과한 연료 압력이 작용하는 "D" 챔버의 압력과 연료계량 오리피스를 거쳐 온 연료 압력이 작용하는 "C" 챔버의 압력 차에 의해 다이어프램을 왼쪽으로 밀어주는 힘이다. |

  ⓒ 작동 원리

   • "A" 챔버: 임펙트관을 통과한 공기 압력

   • "B" 챔버: 벤투리 목 부분의 공기 압력

   • "C" 챔버: 유량 조절 오리피스를 거쳐 온 압력

   • "D" 챔버: 포핏 밸브를 통과한 연료 압력

   • 공기실 "A", "B" 챔버의 압력 차에 의해 다이어프램을 밀어 포핏 밸브가 오른쪽으로 작동하여 연료 입구로 연료가 들어오게 되는데, "A", "B" 챔버 사이에 있는 다이어프램 막이 터지면 포핏 밸브를 미는 힘이 약해 적은 유량이 들어오게 되어 출력이 감소하고 혼합비가 희박해진다.

   • 공기실 "A", "B" 챔버의 압력 차와 연료실 "C", "D" 챔버의 압력 차가 같아지면 평형을 유지하게 되어 포핏 밸브가 그 이상 열리지 않는다.

 마) 직접 연료 분사장치(direct fuel injection system): 주 조정장치에서 조절된 연료를 연료 분사 펌프로 유도하여 높은 압력으로 각 연소실 내부 및 흡입 밸브 근처에 연료를 직접 분사하는 방법이다.

  ⓐ 구성

| 연료 분사 펌프 | 왕복식 플런지형의 펌프로 실린더 수만큼 배치되어 주 조정장치에서 조정된 연료를 $30\sim40kgf/cm^2$의 압력으로 가압하여 연료 파이프를 통해 분사 노즐에서 분사한다. |
|---|---|
| 주 조정장치 | 공기 유량과 벤투리 목 부분에서 얻은 낮은 압력과의 차이에 의해서 연료 유량을 조절하여 연료 분사 펌프로 보내준다. |
| 연료 매니폴드 및<br>분사 노즐 | 스프링에 의해 닫혀 연료의 흐름을 막고 있다가 연료의 분사가 필요할 때, 즉 흡입행정에서 연소실 안으로 연료를 분사한다. |

  ⓑ 장점

   • 비행 자세에 의한 영향을 받지 않는다.

   • 연료의 기화가 연소실 내부에서 일어나기 때문에 결빙의 위험이 거의 없고 흡입공기 온도를 낮게 할 수 있어 출력 증가에 도움을 준다.

   • 연료의 분배가 잘 되므로 혼합비 분배 불량에 의한 과열현상이 없다.

   • 흡입구는 공기만 존재하므로 역화가 발생할 우려가 없다.

- 시동성능이 좋다.
- 가속성능이 좋다.
- 위 항목으로 인해 항공용 왕복엔진에 널리 사용된다.

## (5) 윤활계통

### ① 윤활

두 물체의 접촉면 사이에 액체 윤활유 유막(oil film)을 형성시켜 마찰력을 최소화하고, 알맞은 점도를 유지시켜야 한다.

### ② 윤활유

ㄱ 윤활유의 종류

| | |
|---|---|
| 식물성유<br>(vegatable lubrication) | 피마자, 올리브, 목화씨 등의 기름에서 채취하며 공기 중에 노출되면 산화하는 경향이 있다. |
| 동물성유<br>(animal lubrication) | 소, 돼지, 고래 등에서 채취하며 상온에서는 윤활성이 좋으나 고온에서는 성질이 변한다. |
| 광물성 윤활유<br>(mineral lubrication) | 항공기 내연기관에 광범위하게 사용한다. |
| 합성유<br>(synthetic lubrication) | 고온에서 윤활 특성이 좋고 현재 제트 엔진에 널리 사용한다. |

ㄴ 윤활유의 작용

| | |
|---|---|
| 윤활작용 | 상대 운동을 하는 두 금속의 마찰 면에 유막을 형성하여 마찰 및 마멸을 감소한다. |
| 기밀작용 | 두 금속 사이를 채움으로써 가스의 누설을 방지한다. |
| 냉각작용 | 마찰에 의해 발생한 열을 흡수하여 냉각시킨다. |
| 청결작용 | 금속가루 및 먼지 등의 불순물을 제거한다. |
| 방청작용 | 금속 표면과 공기가 접촉하는 것을 방지하여 녹이 스는 것을 방지한다. |
| 소음방지 작용 | 금속면이 직접 부딪히는 소리들을 감소시킨다. |

ㄷ 윤활 방법

| | |
|---|---|
| 비산식 | 커넥팅 로드 끝에 윤활유 국자가 달려 있어 크랭크축의 매 회전마다 원심력으로 윤활유를 뿌려 베어링, 캠, 실린더 벽 등에 공급하는 방식이다. |
| 압송식 | 윤활유 펌프를 통해 윤활유를 압송시켜 오일 통로를 통해 오일을 공급하는 방식이다. |
| 복합식 | 비산식과 압송식의 복합방식으로, 비산식으로 실린더 부분에 공급하고, 압송식으로 캠축 베어링, 밸브 기구, 커넥팅 로드 베어링에 공급하는 방식이다. |

ⓔ 윤활유의 성질

- 유성이 좋을 것

- 산화 및 탄화 경향이 작을 것

- 알맞은 점도를 가질 것

- 부식성이 없을 것

- 낮은 온도에서 유동성이 좋을 것

- 온도 변화에 의한 점도 변화가 작을 것

ⓜ 항공용 윤활유의 점도 측정: 세이 볼트 유니버설 점도계(saybolt universal viscosimeter)로 윤활유의 흐름에 대한 저항을 측정하는 방식이다. 일정 온도(54.4℃ 또는 98.8℃)에서 일정 유량(60ML)의 윤활유를 넣고 오리피스를 통하여 흘러내리는 시간을 측정(세이볼트 유니버설 초: S.U.S)하며, 점도의 비교 값으로 사용한다.

### ③ 윤활계통(lubrication system)

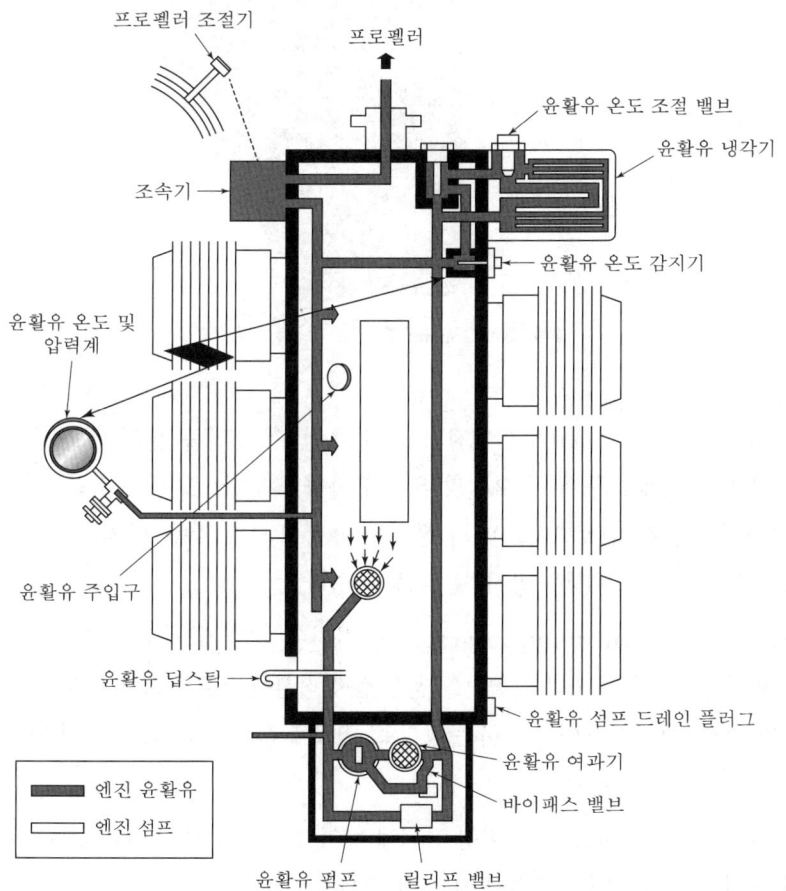

가) 종류

ㄱ 건식 윤활계통(dry sump oil system): 윤활유 탱크가 엔진 밖에 설치되어 있다.

ㄴ 습식 윤활계통(wet sump oil system): 크랭크 케이스의 밑 부분을 탱크로 이용한다.

나) 윤활유 탱크: 탱크는 알루미늄 합금으로 제작되고 엔진으로부터 가장 낮은 곳에 위치하며, 윤활유의 불순물을 제거하기 위해 sump drain plug가 있어 불순물, 물을 제거할 수 있고 윤활유 펌프보다는 약간 높은 곳에 위치한다. 또한, 윤활유는 보급이 쉬워야 하고 열팽창에 대비하여 충분한 공간(약 10% 정도)이 있어야 한다.

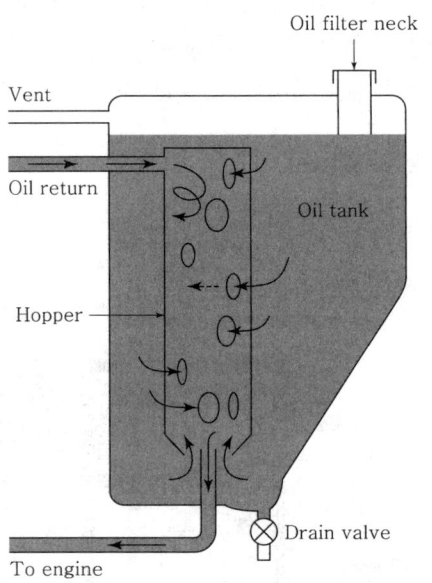

ㄱ 호퍼 탱크(hopper tank): 엔진의 난기 운전 시 오일을 빨리 데울 수 있도록 탱크 안에 별도의 탱크를 두어 오일의 온도가 올라가게 함으로써 엔진의 난기운전 시간을 단축시키는 장치로, 탱크 내의 윤활유가 동요되는 것을 방지하고, 배면 비행 시 윤활유가 유출되는 것을 방지하는 기능도 있다.

ㄴ 오일 희석장치(oil dilution system): 차가운 기후에서 오일 점성이 크면 시동이 곤란하므로 필요에 따라 가솔린을 엔진 정지 직전에 오일 탱크에 주사하여 오일 점성을 낮게 하여 시동을 용이하게 하는 장치로, 연료계통과 오일계통 사이에 위치하며 연료는 엔진 작동 시 증발된다.

ㄷ 벤트라인(vent line): 모든 비행 자세에 있어 탱크의 통풍이 잘되도록 하여 탱크 내의 과도한 압력으로 인한 파손 방지를 위해서 설치된다.

다) 윤활유 펌프(oil pump): 펌프의 형식으로 베인식, 기어식을 사용하며 그중 기어식을 가장 많이 사용한다.

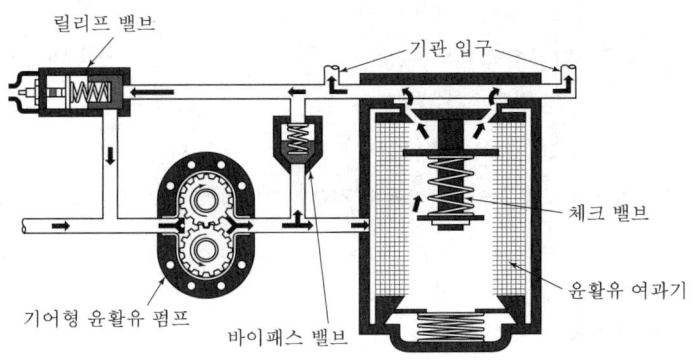

▲ 윤활유 펌프와 그 밖의 부품

㉠ 밸브장치

| 바이패스 밸브<br>(byPass valve) | 불순물에 의해 여과기가 막혔거나 추운 상태에서 시동할 때, 여과기를 거치지 않고 윤활유를 엔진으로 직접 공급한다. |
| --- | --- |
| 릴리프 밸브<br>(relief valve) | 엔진으로 들어가는 오일 압력이 너무 높을 때 펌프 입구로 오일을 보내 압력을 일정하게 만들어 주는 장치이다. |
| 체크 밸브<br>(check valve) | 엔진 정지 시 윤활유가 불필요하게 엔진 내부로 스며드는 것을 방지한다. |

㉡ 배유 펌프(scavange pump, 소기 펌프): 엔진의 부품을 윤활시킨 후 섬프 위에 모인 윤활유를 탱크로 보내는 펌프로, 압력 펌프보다 용량이 커야 엔진에서 흘러나온 오일이 공기와 섞여 체적이 증가한다.

㉢ 윤활유 여과기(oil filter): 오일 속의 불순물, 이물질을 여과하는 역할을 하며 스크린과 스크린-디스크형을 사용한다.

라) 윤활유 온도조절 밸브(oil thermostat valve): 윤활유의 점도는 온도에 영향을 받기 때문에 윤활유가 탱크로 되돌아온 뒤 엔진으로 들어가기 전 윤활유 냉각기(oil cooler)에 의해 윤활유 온도를 적당하게 유지시킨다. 윤활유의 온도가 너무 높으면 oil cooler를 거쳐 냉각시켜 엔진으로 보내지고, 온도가 낮으면 온도조절 밸브가 활짝 열려 오일을 직접 엔진으로 들어가게 해준다. 온도 조절은 온도 조절 밸브를 통해 조절할 수 있다.

마) 윤활유의 검사

• 철 금속 입자가 검출된 경우: 피스톤 링이나 밸브 스프링 및 베어링 파손

• 주석의 금속 입자가 발견된 경우: 납땜한 곳이 열에 의해 녹음

• 은분 입자가 검출된 경우: 마스터 로드실의 파손 또는 마멸

- 구리 입자가 검출된 경우: 부싱 및 밸브 가이드 부분 마멸 또는 파손
- 알루미늄 합금 입자가 검출된 경우: 피스톤 및 엔진 내부의 결함

| 철 금속 입자가 검출된 경우 | 피스톤 링이나 밸브 스프링 및 베어링 파손 |
|---|---|
| 주석의 금속 입자가 발견된 경우 | 납땜한 곳이 열에 의해 녹음 |
| 은분 입자가 검출된 경우 | 마스터 로드실의 파손 또는 마멸 |
| 구리 입자가 검출된 경우 | 부싱 및 밸브 가이드 부분 마멸 또는 파손 |
| 알루미늄 합금 입자가 검출된 경우 | 피스톤 및 엔진 내부의 결함 |

## (6) 시동 및 점화계통

### ① 시동계통(starting system)

시동방법에는 손으로 프로펠러를 회전시켜 엔진을 시동시키는 수동식 시동방법과 전기를 이용하는 전기식 시동방법이 있다. 전기식은 직권 전동기를 이용한 것으로 시동성이 우수하고 엔진 종류에 관계없이 널리 이용되고 있다. 직권 전동기는 관성 시동기 및 직접 구동 시동기가 있다.

㉠ 관성 시동기: 플라이휠을 회전시켜 관성력에 의한 회전력을 축적한 후 감속기어를 거쳐 크랭크축을 회전하는 방식이다.

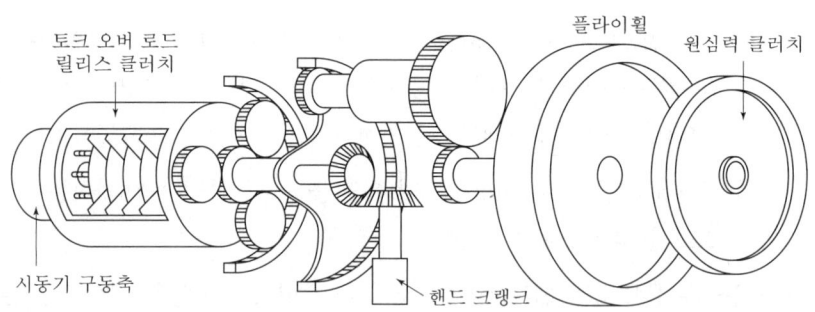

| 수동식 관성 시동기 | 핸드 크랭크로 플라이 휠을 회전시켜 관성력을 충분히 얻은 후 감속기어를 거쳐 크랭크축을 회전시키는 방식이다. |
|---|---|
| 전기식 관성 시동기 | 전동기를 구동시켜 플라이 휠을 회전시키고 관성력을 충분히 얻은 후 감속기어를 거쳐 크랭크축을 회전시키는 방식으로, 인 게이지 스위치(engage switch)로 작동되는 솔레노이드에 의해 메시(mesh) 기구에 전달되며, 이것이 크랭크축을 회전시킨다. |
| 복합식 관성 시동기 | 수동식과 전기식 관성 시동기를 결합한 방식이다. |

ⓛ 직접 구동 시동기: 전동기의 회전력을 감속기어에 의해 감속시킨 다음 자동 연결 기구를 통해 크랭크축에 전달되고, 시동이 완료되면 크랭크축의 회전이 jaw의 회전속도보다 빨라져 자동 분리된다.

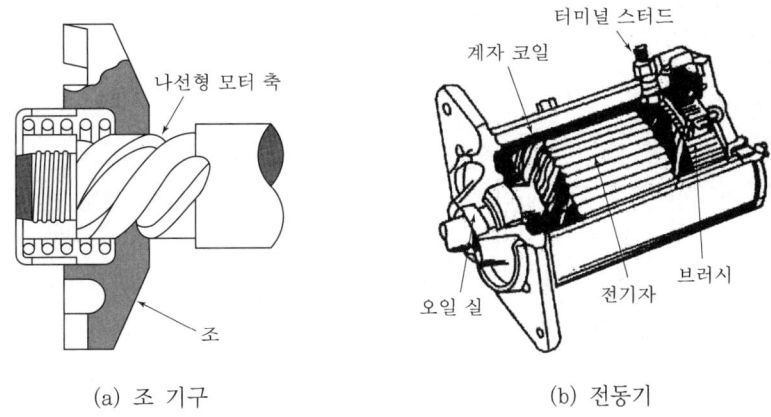

(a) 조 기구                    (b) 전동기

소형기의 시동기가 소비하는 전력은 12V 또는 24V, 50~100A이고, 대형기에서는 24V, 300~500A이다.

② **점화계통**(ignition system)

기화기를 통해 실린더 안으로 흡입된 혼합가스를 엔진 출력 특성에 맞는 정확한 점화 진각에 점화시켜 주는 장치를 말한다.

가) 축전지 점화계통: 전원으로 축전지를 사용하여 낮은 전압의 직류를 점화코일로 승압시켜 혼합가스를 점화시킨다. 주로 자동차에 사용하고 항공기에는 제한적으로 사용하기도 한다.

나) 마그네토 점화계통: 엔진의 회전속도가 일정 속도 이상이 되면 마그네토가 발전기 역할을 하여 고전압이 형성되며, 외부 전원이 필요치 않고 항공기 전기계통과는 별도의 발전된 고전압을 이용하여 대부분의 항공기에 사용된다. 시동 시 크랭크축 회전속도가 느리기 때문에 고전압을 발전할 수 있도록 도와주는 부스터 코일(booster coil), 인덕션 바이브레이터(induction vibrator), 임펄스 커플링(impulse coupling) 등이 사용된다.

㉠ 마그네토의 원리: 기본 구성으로는 회전영구자석, 폴슈, 철심으로 이루어져 있다.

| 최대 위치<br>(full register position) | 회전자석과 폴슈가 정면으로 마주 보아 자력선이 가장 강할 때의 위치이다. |
| --- | --- |
| 중립 위치<br>(neutral position) | 자력선이 철심을 통과하지 못하고 폴슈에서 맴돌 때의 위치이다. |
| 정 자속(static flux) | 회전자석에 의해 철심 안에 생긴 자속이다. |
| E-GAP 위치 | 회전자석이 중립 위치를 지나면서 두 자장이 상당한 자기 응력을 일으킬 때 자기 응력이 최대가 되는 위치이다. |

| E-GAP | 마그네토의 회전자석이 회전하면서 중립 위치를 지나 중립 위치와 브레이커 포인트가 열리는 사이의 크랭크축의 회전 각도로, 일반적으로 5~17° 정도이고 4극의 마그네토인 경우 12°이다. |
|---|---|
| P-LEAD | 마그네토 접지 터미널로 절연된 접촉면에 전기적으로 연결된 것이다. |

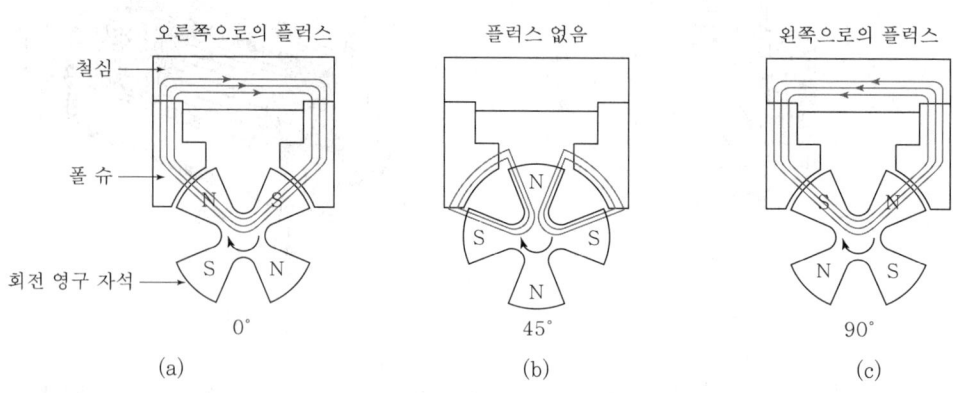

▲ 회전자석의 위치에 따른 자속 변화 상태

ⓛ 마그네토 구성: 코일 어셈블리(coil assembly), 브레이커 어셈블리(breaker assembly), 회전영구자석, 배전기(distributor)로 이루어진다.

| 코일 어셈블리<br>(coil assembly) | 얇은 판의 연철심에 1차 코일과 2차 코일이 감겨 있으며, 1차 코일은 절연된 구리선이 적은 횟수로 감겨있고, 2차 코일은 매우 가는 선으로 수천 번 감겨 있다. |
|---|---|
| 브레이커 어셈블리<br>(breaker<br>assembly) | 캠과 브레이커 포인트로 구성되며 회전하는 캠에 의해 브레이커 포인트가 열리고 닫혀 회로를 구성한다. 브레이커 포인트는 1차 코일에 병렬로 연결되며 E갭 위치에서 열리도록 되어 있다. 재질은 백금-이리듐이다. |
| 배전기<br>(distributor) | 코일에서 승압된 전압을 받아 연결되어 있는 허니스 라인을 통해 스파크플러그에서 불꽃이 발생할 수 있도록 연결해 준다. |
| 회전영구자석 | 엔진축에 의해 회전하여 점화에 필요한 전류를 공급하는 역할을 한다. |
| 콘덴서<br>(condensor) | 브레이커 포인트에서 생길 수 있는 아크에 의한 소손방지 및 철심에 발생한 잔류 자기를 빨리 없애준다. 콘덴서 용량이 너무 작으면 불꽃이 발생하여 접점이 손상되고 2차선에서 출력이 약화되고, 콘덴서 용량이 너무 크면 전압이 감소하여 불꽃이 약화된다. |

ⓒ 회전속도

• 마그네토의 회전속도

$$\frac{\text{마그네토의 회전속도}}{\text{크랭크축의 회전속도}} = \frac{\text{실린더 수}}{2 \times \text{극수}}$$

• 캠축의 회전속도: 수평 대향형 엔진의 점화 시기는 동일하므로 캠 로브의 간격도 균일하고, 성형엔진은 마스터 커넥팅 로드와 부 커넥팅 로드와의 간격 차이가 있어 실린더마다 각각의 캠 로브를 가져야 하는데, 이를 보정 캠(compensated cam)이라 한다. 보정 캠의 로브 수는 실린더 수와 같으며 1번 실린더에 해당하는 캠 로브에 특별한 표시와 회전 방향이 표시되어 있어 마그네토 점화 시기를 조정할 때 기준이 된다.

성형엔진의 캠축 회전속도는 아래와 같다.

$$\text{보정 캠의 회전속도} = \frac{1}{2} \times \text{크랭크축의 회전속도}$$

㉣ 고압 점화계통(high tension ignition system): 마그네토에서 유도된 낮은 전압을 자체에 장치되어 있는 변압기의 2차 코일로 보내 20,000~25,000V로 승압되어 마그네토 자체에 부착된 배전기를 통해 실린더의 점화 플러그로 고압의 전기를 공급하는 방식이다.

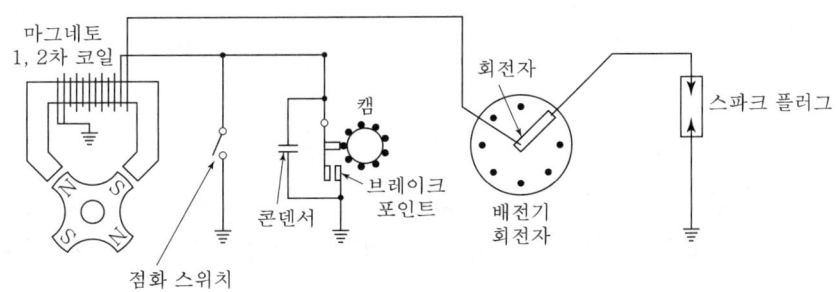

▲ 고압 점화계통

• 작동 순서

| 점화 S/W ON 시 | 스위치 회로가 열려 브레이커 포인트의 계폐 동작에 따라 점화가 일어나 엔진이 작동한다. |
|---|---|
| 점화 S/W OFF 시 | 스위치 회로가 닫혀 브레이커 포인트의 계폐 동작이 상실되어 엔진이 정지된다. |

• 단점

| 플래시 오버 발생 (flash over) | 고공비행 시 배전기 내부에서 전기 불꽃이 일어나는 현상으로, 희박한 공기 밀도 때문에 공기 절연율이 좋지 않아 전기 누설이 발생하기 때문이다. |
|---|---|
| 통신 잡음 발생 가능 | 고압선은 통신 잡음 및 누전 현상을 없애기 위해 금속 망으로 된 피복을 가지고 있다. |
| 점화 플러그 소손 및 수명 단축 | 2차 도선과 금속 피복 사이에 고전압이 발생하면 저장된 큰 전하가 점화 플러그 불꽃이 형성되면서 한꺼번에 방전되어 플러그 전극이 깎여 나가는 현상이 발생하고 수명도 짧아진다. |

ⓜ 저압 점화계통(low tension ignition system): 마그네토에서 유도된 낮은 전압을 전선을 통해 각 실린더로 보내고 실린더마다 독립적으로 설치된 변압기에서 승압시켜 해당 점화 플러그로 고전압을 전달하는 방식이다.

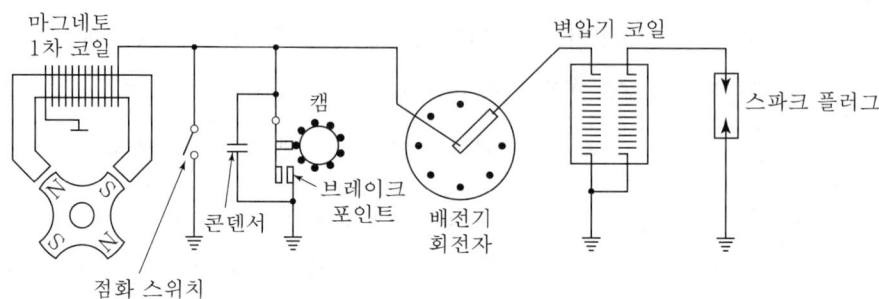

ⓗ 배전기(distributor): 2차 코일에서 승압된 고전압을 점화 순서에 따라 각 엔진의 스파크 플러그로 전달하는 역할을 하며, 고정된 배전기 블록(distributor block)과 회전하는 배전기 회전자(distributor rotor)로 회전자석 구동축의 기어와 연결되어 회전한다.

• 구성 및 정비 방법

| | |
|---|---|
| 배전기 회전자 | 브레이커 포인트가 떨어지는 순간 2차 코일에 유도된 고전압이 배전기 회전자로 전달되고, 1번 접점과 접촉되어 스파크 플러그에 고전압이 보내어진다. |
| 배전기 블록 | 실린더 수와 같은 수를 갖고 전극이 고정되어 있고, 배전기 주위에 원형으로 배치되며 마그네토의 회전 방향에 따라 나열된다. |
| 리타이드 핑거 | 엔진의 저속 운전 시 점화 시기를 늦추어 킥 백을 방지하는 장치이다. |
| 정비 방법 | 배전기 블록에 습기나 이물질이 있으면 깨끗이 세척하고 부드러운 마른천으로 닦아 주고, 이물질이 많이 묻어 있어 세척 시 피복이 벗겨지지 않게 솔벤트 및 가솔린 등의 세척을 금한다. |

• 배전기 연결 방법

| 6기통 수평 대항형 엔진 | | 9기통 성형엔진 | |
|---|---|---|---|
| 배전기 1번 | 실린더 1번 | 배전기 1번 | 실린더 1번 |
| 배전기 2번 | 실린더 6번 | 배전기 2번 | 실린더 3번 |
| 배전기 3번 | 실린더 3번 | 배전기 3번 | 실린더 5번 |
| 배전기 4번 | 실린더 2번 | 배전기 4번 | 실린더 7번 |
| 배전기 5번 | 실린더 5번 | 배전기 5번 | 실린더 9번 |
| 배전기 6번 | 실린더 4번 | 배전기 6번 | 실린더 2번 |
| | | 배전기 7번 | 실린더 4번 |

| 6기통 수평 대향형 엔진 | | 9기통 성형엔진 | |
| --- | --- | --- | --- |
| | | 배전기 8번 | 실린더 6번 |
| | | 배전기 9번 | 실린더 8번 |

ⓢ 점화계통의 정비

- 마그네토의 점검

  - 브레이커 포인트가 소손이 심한 경우에는 교환하되 콘덴서도 같이 교환해야 하고 건조된 경우에는 윤활유를 2~3방울 정도 떨어뜨려 앞으로의 소손을 방지해 준다.

  - 브레이커 포인트의 상태가 좋지 않은 경우 고운 샌드페이퍼로 문지른 후 간격을 조절한다.

  - 브레이커 포인트를 지지하고 있는 스크루의 죔 상태를 점검하고 콘덴서의 최소 용량을 측정하여 이상이 있으면 교환한다.

  - 저압 마그네토의 변압기 코일을 멀티 테스터기로 점검하여 1차 저항이 15~25Ω, 2차 저항이 5,500~9,000Ω이 되는가를 확인한다.

- 점화 시기 조절 후 검사

  - 점화 시기가 부적절하면 출력 손실, 과열, 이상 폭발 및 조기 점화 현상이 발생한다.

  - 마그네토를 장탈 한 후 1번 실린더의 압축 상사점을 기준으로 점화 시기 표지판(timming mark)을 이용하여 점화 시기를 조절한다. 이후의 실린더는 1번 실린더만 점화 시기가 맞으면 자동으로 점화 시기가 조절된다.

  - 점화 시기 조절을 마친 후 마그네토를 장착하기 위해서는 마그네토 내의 배전기어에 표시된 "I MARK" 표지와 마그네토 케이스에 표시된 점화 시기 표지를 정확하게 맞추어 "E-GAP"을 맞추고 이후 마그네토를 엔진에 장착한다.

  - 점화 시기가 잘 맞는지 확인하기 위해서는 타이밍 라이트(timming light)를 이용하여 정확하게 마그네토의 "E-GAP"을 맞춘 후 정해진 시기에 점화가 이루어지는지를 타이밍 라이트의 도선 중 검은색은 "ground"(−), 즉 엔진에 접지하고, 붉은색은 브레이커 포인트에 연결 후 마그네토를 좌, 우측으로 움직였을 때 불이 깜빡깜빡 점등됨을 보면서 검사한다.

다) 점화 시기

  ㉠ 점화진각: 실린더 안의 최고 압력이 상사점 후 10° 근처에서 발생해야 효율적이기 때문에 상사점 전 미리 점화시킬 때의 시기를 점화진각이라 한다.

ⓛ 점화 시기 조정 작업

| 내부 점화 시기 조정<br>(intenal timming) | 마그네토의 E-GAP 위치와 브레이커 포인트가 열리는 순간을<br>맞추어 주는 작업 |
|---|---|
| 외부 점화 시기 조정<br>(external timming) | 엔진이 점화진각에 위치할 때 크랭크축과 마그네토 점화 시기를<br>맞추어 주는 작업 |

ⓒ 점화 순서

| 4기통 대향형 | 1-3-2-4 & 1-2-4-3 |
|---|---|
| 6기통 대향형 | 1-6-3-2-5-4 & 1-4-5-2-3-6 |
| 9기통 성형 | 1-3-5-7-9-2-4-6-8 |
| 14기통 성형 | 1-10-5-14-9-4-13-8-3-12-7-2-11-6 (+9, -5) |
| 18기통 성형 | 1-12-5-16-9-2-13-6-17-10-3-14-7-18-11-4-15-8 (+11, -7) |

(a) 수평 대향형 6실린더

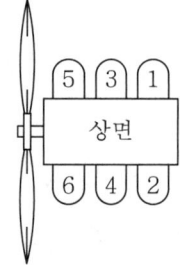

점화순서
1→6→3→2→5→4
또는
1→4→5→2→3→6

(b) 성형 9실린더

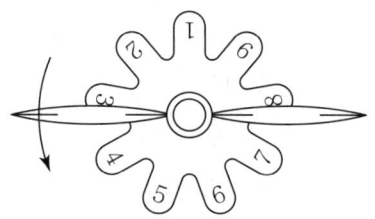

점화순서
1→3→5→7→9→2→4→6→8

(c) 성형 2열 14실린더

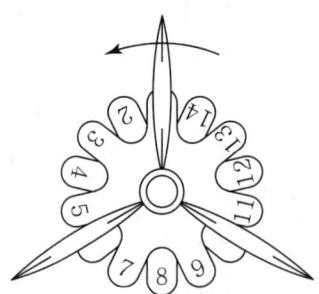

점화순서
1→10→5→14→9→4→13
8→3→12→7→2→11→6

(d) 성형 2열 18실린더

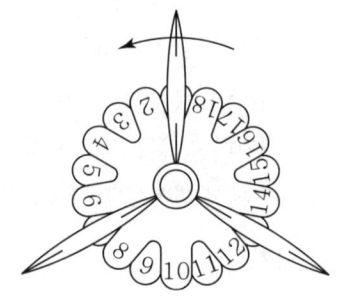

점화순서
1→12→5→16→9→2→13→6→17→
10→3→14→7→18→11→4→15→8

라) 점화 플러그(ignition plug): 마그네토에서 유도된 고전압(high tension)을 받아 불꽃을 일으켜 혼합가스를 점화하는 데 필요한 열 에너지로 변화시켜 주는 장치이며, 구성으로는 전극, 세라믹 절연체, 금속 셸로 이루어져 있다.

ㄱ) 극수에 따른 종류: 1극, 2극, 3극, 4극

ㄴ) 열 특성에 따른 분류

- 스파크 플러그 종류

| 저온 플러그(cold plug) | 과열되기 쉬운 엔진에 사용되는 것으로 냉각효과 우수 |
|---|---|
| 고온 플러그(hot plug) | 냉각이 잘되는 차가운 엔진에 사용되는 것으로 냉각효과 불량 |

- 스파크 플러그 직경

| 직경 | long reach | short reach |
|---|---|---|
| 14mm | 1/2in(12mm) | 3/8in(9.53mm) |
| 18mm | 13/16in(20.67mm) | 1/2in(12mm) |

### ③ 보조 장비

가) 지상전원 공급장치(GPU: Ground Power Unit): 장시간 정지되어 있던 엔진을 지상에서 시동할 때 사용되는 전원 공급장치이며, 보통 24V의 전압을 리셉터클을 통해 엔진에 공급한다.

나) 시동 보조 장치

ㄱ) 부스터 코일: 배전기에 고전압을 전달하는 장치이며 엔진 시동 시 크랭크축의 회전속도가 80rpm 정도인데, 마그네토에서 유도되는 전압이 매우 낮아 점화가 곤란하므로 부스터 코일로 고전압을 형성하여 그 역할을 수행한다. 초기에 사용된 형식으로 현재는 인덕션 바이브레이터나 임펄스 커플링을 주로 사용한다.

- 작동 원리: 시동 스위치 ON→1차 코일과 축전지 연결→접점의 개폐로 2차 코일에 높은 전압유도→배전기→스파크 플러그에 고전압 전달

ㄴ) 인덕션 바이브레이터: 축전지 직류를 단속 전류로 만들어 마그네토에서 고전압으로 승압되고 시동기 솔레노이드와 연동되어 축전지 전류에 의해 작동한다.

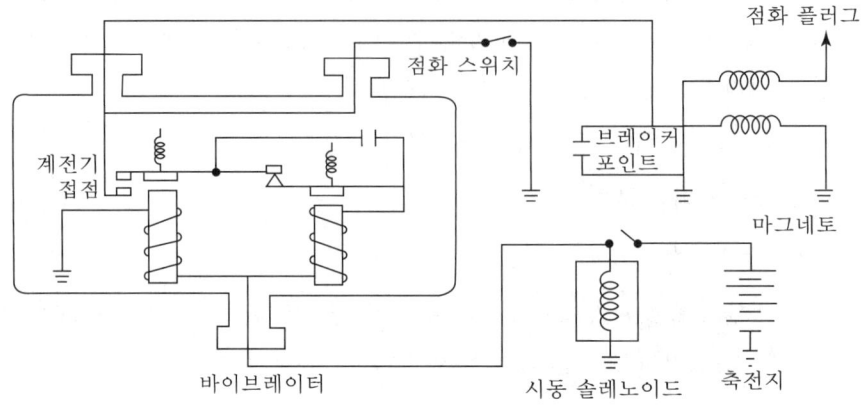

점화 플러그

점화 스위치

계전기
접점

브레이커
포인트

마그네토

바이브레이터

시동 솔레노이드

축전지

• 작동 원리: 시동 솔레노이드가 축전지와 연결→직류 전류가 계전기 코일과 바이브
레이터 코일로 흐름→계전기 작동→계전기 접점이 닫힘→바이브레이터에서
마그네토로 회로가 연결→바이브레이터 코일에 자장 형성→바이브레이터
포인트가 열림→축전지에서 마그네토로 흐르는 전류 차단→바이브레이터의 전류
차단→바이브레이터 포인트 연결→축전지에서 마그네토로 전류가 흐름→단속
전류를 만들어 마그네토의 1차 코일로 보냄→2차 코일에 고전압 발생

ⓒ 임펄스 커플링: 엔진 시동 시 점화 시기에 마그네토의 회전속도를 순간적으로 가속
시켜 고전압을 발생시키며 점화 시기를 늦추어 킥백 현상을 방지한다.

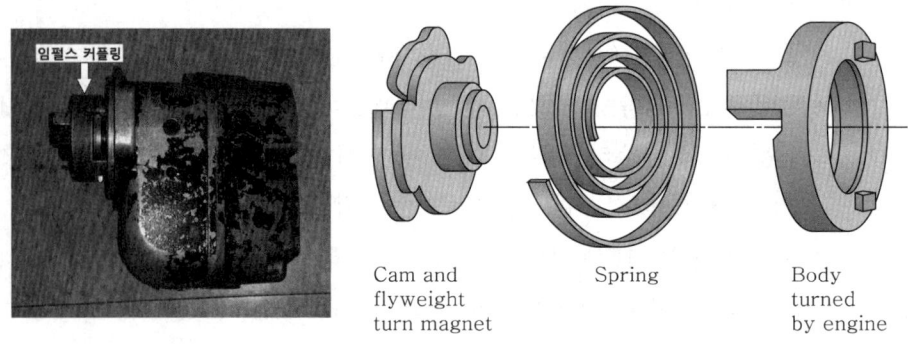

Cam and
flyweight
turn magnet

Spring

Body
turned
by engine

## (7) 그 밖의 계통

### ① 엔진의 냉각

가) 냉각의 필요성과 한도

ⓐ 필요성: 실린더나 피스톤, 밸브 등이 견딜 수 있는 온도에 한계가 있기 때문에

ⓛ 과냉각의 영향: 연소 불량, 열효율 저하, 부식성 강한 배기가스와 불순물 발생, 연소 정지 현상 발생

ⓒ 가장 적당한 헤드 온도: 100℃ 이상

나) 냉각 방법

ⓣ 냉각핀: 실린더에 얇은 금속 핀을 부착시켜 열을 대기 중으로 방출한다.

ⓛ 배플: 실린더 주위에 얇은 금속판을 부착시켜 공기 흐름을 실린더로 고르게 흐르게 함으로써 냉각효과를 증대시킨다.

ⓒ 카울 플랩: 엔진으로 유입되는 공기량을 조절하여 엔진의 냉각을 조절하는 장치이다.

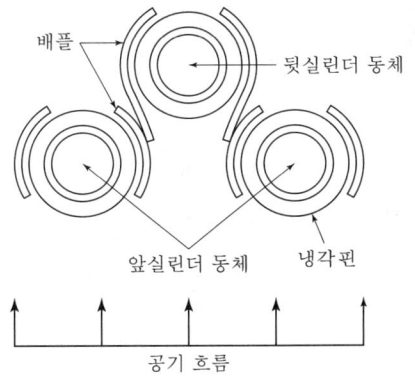

다) 엔진의 방열량과 냉각 면적: 냉각핀은 보통 얇은 삼각형 모양으로 제작되고 끝을 둥글게 가공한다. 핀의 간격이 너무 좁으면 공기 유량이 감소하여 냉각효과 불량이 일어날 수 있다. 두께를 너무 얇게 했을 때 열전도가 잘되지 않아 냉각효과 불량이 될 수 있다.

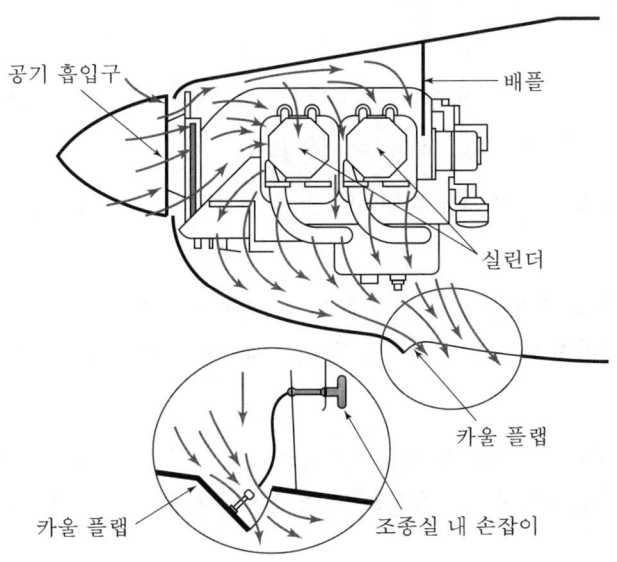

② **왕복엔진의 보관**

　가) 방부제의 종류: 윤활유(MIL-L-22851:1100) 75%와 부식 방지 콤파운드 오일(MIL-C-6529, TYPE Ⅰ) 25%를 혼합한 부식 방지 혼합유(C.P.M)를 사용한다.

　나) 방습제: 흡수 종이와 무수 규산으로서 금속 용기 내에 넣어 장시간 보호 시 습기를 흡수하는 데 사용한다.

　다) 탈수 플러그: 실린더 내부의 습기를 제거하는 데 사용되며, 코발트 화염 물질과 무수 규산의 혼합물을 유리잔에 넣어 사용하며 색깔에 따라 상태를 지시한다

| 청색 | 건조한 상태(성능 양호) |
|---|---|
| 분홍색 | 습기가 있는 상태 |
| 흰색 | 습기가 많은 상태로 기능 불량 |

　라) 왕복엔진 저장의 종류

| 단기 저장 | 14일 이내 |
|---|---|
| 일시 저장 | 14~45일 |
| 장기 저장 | 45일 이상 |

## 3　왕복엔진의 성능

### (1) 엔진의 구비 조건

① **마력당 중량비**: 엔진의 무게를 엔진의 마력으로 나눈 값으로 그 값이 작을수록 성능이 우수하다. 보통 0.61~1.22kg/PS(0.45~0.9kg/kW)

② **신뢰성**: 작동 중에 고장 없이 운전되어야 하고 수명이 길고 부품이나 장비의 교환이 쉬워야 한다.

③ **내구성**: 생산 이후 재생산하기 위한 오버홀 할 때까지의 시간을 TBO(Time Between Overhaul)라 말하며 내구성이 척도가 된다. TBO가 길어야 내구성이 좋아 오래 사용할 수 있다.

④ **열효율**: 연료로부터 얻어지는 일의 양이 클수록 열효율이 크다. 높은 열효율은 연료 소비율이 감소하고 항속거리가 길게 되어 유상하중, 즉 승객이나 짐을 많이 실을 수 있다.

⑤ **진동:** 항공기의 수명과 안전을 위해 진동을 최대한 작게 해야 한다. 진동을 작게 하려면 실린더 수를 증가시키거나 크랭크축에 평형추를 적절히 부착시키고, 엔진을 기체에 부착시키는 부분에 고무판을 사용하여 진동을 흡수시켜야 한다.

⑥ **정비의 용이:** 정비와 부품의 교환 작업이 쉬우면 정비시간을 단축시킬 수 있다.

⑦ **적응성:** 저속에서 최대회전속도까지 원활한 작동을 할 수 있어야 하며, 고도 변화에 따라 출력 변화가 작아야 한다.

## (2) 엔진의 성능 요소

① **행정체적:** 흡입과 배기행정 중 상사점에서 하사점까지 움직인 거리와 실린더 단면적($A$)을 곱한 체적을 말하며, 총 행정체적은 실린더의 행정체적에 실린더 수를 곱한 값이다.

$$V_d = A \times L \times K (cm^3)$$
$$= 단면적(A) \times 행정길이(L) \times 전체\ 실린더\ 수(K)$$

② **압축비:** 피스톤 하사점 당시의 실린더 체적과 상사점 당시의 실린더 체적과의 비

$$\epsilon = \frac{V_c + V_d}{V_c} = 1 + \frac{V_d}{V_c} = \frac{연소실\ 체적 + 행정\ 체적}{연소실\ 체적}$$

③ **마력(horse power):** 단위 시간당 한 일을 동력, 마력이라 한다.

$$1\,PS = 75\,kg\cdot m/\sec = 0.735\,kW$$

가) 지시마력($iHP$): 지시선도로부터 얻어지는 마력으로 이론상 엔진이 낼 수 있는 최대마력이다. $P_{mi}$는 지시평균유효압력이며, 단위로는 $kgf/cm^2$으로 표시한다.

$$iHP = \frac{P_{mi} \times L \times A \times N \times K}{75 \times 2 \times 60} = \frac{P_{mi} \times L \times A \times N \times K}{9,000}$$

나) 마찰마력($fHP$): 마찰에 의해 소비된 마력이다.

다) 제동마력($bHP$): 엔진이 실제로 생산한 마력으로 프로펠러에 전달된 마력이며 보통 지시마력의 85~90%에 해당한다.

$$bHP = iHP(지시마력) - fHP(마찰마력)$$
$$bHP = \frac{P_{mb} \times L \times A \times N \times K}{75 \times 2 \times 60} = \frac{P_{mi} \times L \times A \times N \times K}{9,000}$$

- 제동마력을 증가시키려면
  - 행정체적을 크게 한다.
  - 회전속도를 높인다.
  - 제동평균 유효 압력을 크게 한다.
- 제동 평균 유효 압력($P_{mi}$)에 영향을 주는 요소
  - 압축비
  - 회전속도
  - 실린더의 크기와 연소실의 모양
  - 혼합비
  - 점화 시기
  - 밸브 개폐 시기
  - 체적 효율

④ **이륙마력과 정격마력**

가) 이륙마력(take-off horse power): 항공기 이륙 시 엔진이 내는 최대마력으로 1~5분 이내의 사용시간을 제한한다.

나) 정격마력(rated horse power & METO 마력): 사용시간 제한 없이 연속 작동을 보증할 수 있는 마력을 연속 최대마력이라 하며, 이 내용에 따라 임계 고도(어느 고도 이상에서 엔진의 정격마력을 더 이상 유지할 수 없는 고도)가 결정된다.

⑤ **순항마력(cruising horse power):** 열효율이 가장 좋은, 즉 연료 소비율이 가장 적은 상태에서 얻어지는 동력을 말하며 경제마력(economic horse power)이라고도 한다.

⑥ **열효율과 체적효율**

가) 열효율: 엔진이 내는 출력을 엔진에 공급된 연료의 연소 열량으로 나눈 값

나) 체적효율: 같은 압력 및 같은 온도 조건에서 실제로 연소실 내부로 흡입된 혼합가스의 체적과 행정체적과의 비

$$\eta_V(체적효율) = \frac{실제\ 흡입된\ 체적}{행정\ 체적}$$

다) 엔진에 매니폴드 절대압력과 절대온도를 일정하다고 가정하고, 체적효율을 흡입가스의 질량으로 비교해 보자.

$$\eta_V(체적효율) = \frac{실제로\ 흡입된\ 새로운\ 가스의\ 질량}{행정\ 체적을\ 차지하는\ 새로운\ 가스의\ 질량}$$

### (3) 성능과 고도와의 관계

#### ① 마력과 고도와의 관계

가) 표준 대기표 기준을 보면 고도가 10,000m에서의 압력이 198.29mmHg이고, 밀도가 0.4127kg/m³이고, 온도가 −50.000℃이다. 1km 상승한 11,000m에서의 압력이 169.7mmHg이고, 밀도가 0.3639kg/m³이고, 온도가 −56.500℃임을 확인할 수 있다. 즉, 고도가 증가하면 압력 감소, 밀도 감소, 온도가 감소하게 되어 엔진의 출력이 감소하게 된다.

$$\frac{bHP_Z}{bHP_O} = \frac{P_Z}{P_O} \sqrt{\frac{T_O}{T_Z}}$$

※ • $bHP_Z$: 고도 $Z[m]$에서의 제동마력($PS$)

• $P_Z$: 고도 $Z[m]$에서의 대기 압력($mmHg$)

• $T_Z$: 고도 $Z[m]$에서의 대기의 절대온도($K$)

• $bHP_O$: 고도 $0[m]$(표준대기상태)에서의 제동마력($PS$)

• $P_O$: 고도 $0[m]$에서의 대기 압력($760mmHg$)

• $T_O$: 고도 $0[m]$에서의 대기의 절대온도($K=288K$)

나) 대기 중에 습도가 포함되어 있을 때는 건습구 습도계에 의한 건구 및 습구 온도와 수증기의 증기압을 구하고, 구한 값을 대기압력으로 빼면 다음과 같은 식이 된다.

• $h$: 수증기의 증기압(mmHg)이며, 수증기 분압이라고도 한다.

$$bHP_O = bHP_Z \times \frac{P_O}{P_Z - h} \sqrt{\frac{T_Z}{T_O}}$$

다) 고도 증가에 따른 엔진 출력을 증가시키는 방법에는 과급기(supercharger)를 설치하여 어느 고도까지 출력의 증가를 가져오며, 고도 증가에 따른 출력 감소를 작게 가져온다. 과급기를 작동하게 되면 흡기관의 압력이 증가하고, 제동 평균 유효압력이 증가하여 엔진 출력이 증가하게 되며, 고도 증가 시 압력 감소, 배압이 감소하여 엔진의 출력을 임계 고도까지 증가시킬 수 있다.

**01** 실린더 내부의 가스가 피스톤에 작용한 동력은?

① 도시마력　　② 마찰마력

③ 제동마력　　④ 축마력

**해설**

평균 유효 압력(mean effective pressure)

- 도시 평균 유효 압력(indicated effective pressure)은 마찰을 고려하지 않고 나타나는 압력 값과 피스톤의 위치에 따라서만 결정된다.
- 도시마력(indicated horsepower)은 실린더 안의 가스가 피스톤에 작용하는 동력이다.
- 마찰마력(friction horsepower)은 마찰 손실로 인하여 감소된 마력이다.
- 제동마력(brake horsepower)은 엔진에 의해서 만들어진 마력으로 프로펠러에 전달된 마력이다.
- 기계효율(mechanical efficiency)은 제동마력과 도시마력의 비이다.

**02** 전기식 시동기(electric starter)에서 클러치(clutch)의 작동 토크 값을 설정하는 장치는?

① Clutch Plate

② Clutch Housing Slip

③ Rachet Adjust Regulator

④ Slip Torque Adjustment Unit

**해설**

전기식 시동기(electrical stater)는 자동 풀립 클러치 장치가 있어 엔진 구동으로부터 시동기 구동을 분리하는데, 이 클러치 어셈블리의 기능으로 시동기가 엔진 구동에 지나친 토크를 주는 것을 막는다. 여기서 슬립 토크 조절 유닛(slip torque adjustment unit)을 통해 조절

이 가능하고, 클러치 하우징 슬립 내의 소형 클러치판이 마찰클러치로 작용한다.

**03** 왕복엔진의 지시 마력을 $PS$단위로 계산하는 식은? (단, $P_{mi}$=지시평균 유효압력($kg/cm^2$) $L$=행정길이($m$), $P_{mb}$=제동평균 유효압력($kg/cm^2$), $K$=실린더 수, $N$=엔진의 분당 회전수, $bHP$=제동마력, $A$=피스톤 단면적($cm^2$)이다.)

① $\dfrac{75 \times 2 \times 60 \times bHP}{L \cdot A \cdot N \cdot K}$

② $\dfrac{Pmi \cdot L \cdot A \cdot N \cdot K}{75 \times 2 \times 60}$

③ $\dfrac{75 \times 2 \times 60 \times Pmb}{L \cdot A \cdot N \cdot K}$

④ $\dfrac{Pmb \cdot L \cdot A \cdot N \cdot K}{75 \times 2 \times 60}$

**해설**

지시마력($iHP$)은 지시선도로부터 얻어지는 마력으로 이론상 엔진이 낼 수 있는 최대마력이다.

$$iHP = \dfrac{P_{mi}LANK}{75 \times 2 \times 60} = \dfrac{P_{mi}LANK}{9,000}$$

**04** 항공기 왕복엔진의 제동마력과 단위 시간당 엔진의 소비한 연료 에너지와의 비를 무엇이라 하는가?

① 제동 열효율

② 기계 열효율

③ 연료소비율

④ 일의 열당량

**✈ 정답**　01. ①　02. ④　03. ②　04. ①

**해설**

제동 열효율(brake thermal efficiency)은 제동마력과 단위 시간당 엔진이 소비한 연료 에너지의 비이다.

$$\eta_b = \frac{\text{제동 마력}}{\text{단위 시간당 기관의 소비한 연료 에너지}}$$

$$= \frac{75 \times bHP}{J \times W_f \times H_L}$$

(여기서, $J$: 열의 일당량($427kg \cdot m/cal$), $W_f$: 연료 소비율($kg/s$), $H_L$: 연료의 저발열량($kcal/kg$)이다.)

**05** 왕복엔진의 작동 과정에 대한 설명으로 틀린 것은?

① 항공용 왕복엔진은 4행정 5현상 사이클이다.

② 항공용 왕복엔진에서 실제 일은 팽창행정에서 발생한다.

③ 4행정 엔진은 각 사이클당 크랭크축이 2회전 함으로써 1사이클이 완료된다.

④ 4행정 엔진은 2개의 정압과정과 2개의 단열과정으로 1사이클이 완료된다.

**해설**

- 왕복엔진은 4행정 5현상의 원리로 작동되며, 행정 (stroke) 거리란 피스톤이 상사점에서 하사점으로, 또는 하사점에서 상사점으로 움직인 거리를 말한다.
- 팽창 행정: 가스의 폭발력으로 피스톤을 밀어 회전시키는 원리
- 1cycle: 크랭크축이 2회전에 4행정이 이루어지는 과정
- 브레이튼 사이클: 2개의 정압 · 단열과정, 항공기용 가스터빈엔진의 사이클

**06** 엔진오일 탱크 내 호퍼(hopper)의 주목적은?

① 오일을 냉각시켜 준다.

② 오일 압력을 상승시켜 준다.

③ 오일 내의 연료를 제거시켜 준다.

④ 시동 시 오일의 온도 상승을 돕는다.

**해설**

호퍼 탱크(hopper tank)는 엔진의 난기운전 시 오일을 빨리 데울 수 있도록 탱크 안에 별도의 탱크를 두어 오일의 온도가 올라가게 함으로써 엔진의 난기운전 시간을 단축하는 장치로, 탱크 내의 윤활유가 동요되는 것을 방지하고, 배면 비행 시 윤활유가 유출되는 것을 방지하는 기능도 있다.

**07** 실린더 내의 유입 혼합기 양을 증가시키며, 실린더의 냉각을 촉진하기 위한 밸브 작동은?

① 흡입 밸브 래그　　② 배기 밸브 래그

③ 흡입 밸브 리드　　④ 배기 밸브 리드

**해설**

흡입 밸브 리드: 배기가스의 배출 관성을 이용하여 혼합가스 흡입 효과를 높이기 위해 흡입 밸브가 상사점 전에 열리는 것을 말한다.

**08** 실린더 헤드의 안쪽에 있는 연소실의 모양 중 가장 연소가 잘 이루어지는 형은?

① 원통형　　　　② 반구형

③ 원뿔형　　　　④ 오목형

**해설**

반구형 연소실의 장점

- 연소가 전파가 좋아 연소효율이 높다.
- 흡 · 배기 밸브의 직경을 크게 함으로 체적 효율이 증가한다.
- 동일 용적에 대해 표면적을 최소로 하기 때문에 냉각 손실이 적다.

**09** 피스톤 엔진의 실린더 내의 최대 폭발 압력은 일반적으로 어느 점에서 일어나는가?

① 상사점

② 상사점 후 약 $10°$(크랭크각)

③ 상사점 전 약 $25°$(크랭크각)

④ 상사점 후 약 $25°$(크랭크각)

✈ **정답**　05. ④　06. ④　07. ③　08. ②　09. ②

왕복엔진의 점화시기는 압축과정 중 상사점 전 20~35°에서 점화플러그에 의해 점화되고, 최대 압력은 팽창행정인 흡입 밸브와 배기 밸브가 모두 닫혀 있는 상태로 상사점 후 10° 근처에서 실린더 안의 압력은 최대 압력 60kg/cm², 최고 온도 2,000℃에 도달하게 된다.

**10** 밸브 가이드(valve guide)의 마모로 발생할 수 있는 문제점은?

① 높은 오일 소모량
② 낮은 오일 압력
③ 낮은 실린더 압력
④ 높은 오일 압력

밸브 가이드는 0.001~0.0025inch로 타이트하게 수축 접합하는데, 이는 심각한 가열 조건에서도 밀폐를 유지하기 위해서이다. 그렇기 때문에 밸브 가이드가 마모되면 밸브 사이로 윤활이 새어 나가고 실린더 헤드의 열에 의해 증발한다.

**11** 초크(choked) 또는 테이퍼 그라운드(taper-ground) 실린더 배럴을 사용하는 가장 큰 이유는?

① 시동 시 압축압력을 증가시키기 위하여
② 정상 작동온도에서 실린더의 원활한 작동을 위하여
③ 정상적인 실린더 배럴(cylinfer barrel)의 마모를 보상하기 위하여
④ 피스톤 링(piston ring)의 마모를 미리 알기 위하여

종통형 실린더/초크 보어/테이퍼 그라운드: 실린더의 헤드 쪽은 연소실이 있어 고열이 작용하여 열팽창이 크므로 헤드 쪽의 직경을 스커트 쪽의 직경보다 좁게 설계하여 정상 작동 시 열팽창에 의해 바른 직경이 되도록 한 실린더이다.

**12** 왕복엔진의 크랭크축(crank shaft)은 엔진부의 뼈대인 만큼 강인한 재료로 구성되어야 하는데, 다음 중 그 구성 재료로 가장 적합한 것은?

① 티타늄강
② 마그네슘합금
③ 스테인리스강
④ 크롬−니켈−몰리브덴강

항공용 왕복엔진의 크랭크축(crank shaft)은 피스톤 및 커넥팅 로드의 왕복운동을 회전운동으로 바꾸어 프로펠러에 회전 동력을 전달받아 출력으로 바꾸어 주는 출력축이므로, 강하고 튼튼한 재질인 크롬−니켈−몰리브덴강의 고강도 합금강으로 단조하여 만들었다.

**13** 왕복엔진의 압축비가 너무 클 때 일어나는 현상이 아닌 것은?

① 조기 점화
② 디토네이션
③ 과열현상과 출력의 감소
④ 하이드로릭 락

디토네이션과 조기 점화와 같은 이상폭발 현상들은 혼합가스의 온도나 압축비가 너무 높을 경우 일어날 확률이 높다. 이러한 현상들이 일어날 경우 엔진이 과열되고 엔진 효율이 감소된다. 유압폐쇄(hydraulic lock)는 성형엔진 정지 시 윤활유가 하부 실린더에 모여 엔진 시동이 어려워지거나 부품들에 손상을 주는 현상이다.

**14** 피스톤 엔진 실린더 내벽의 크롬 도금에 대한 설명으로 가장 올바른 것은?

① 실린더 내벽의 열팽창을 크게 한다.
② 실린더 내벽의 표면을 경화시킨다.
③ 청색 표시를 한다.
④ 반드시 크롬 도금한 피스톤 링을 사용한다.

✈ **정답**　10. ①　11. ②　12. ④　13. ④　14. ②

**해설**

실린더의 내벽을 강화하는 방법에는 질화처리(nitriding)와 크롬 도금(chrome plating)이 있다. 질화처리는 실린더 내벽에 고온을 형성시켜 암모니아 가스에 노출시키면 암모니아 가스로 인해 질소를 흡수하게 되어 실린더 내벽이 질화강이 되어 표면을 경화시키는 방법이고, 크롬 도금은 실린더 내벽에 크롬 도금을 한 뒤 플랜지에 오렌지색 띠를 둘러 표시한다.

**15 왕복 엔진오일의 기능이 아닌 것은?**

① 재생작용　　　② 기밀작용

③ 윤활작용　　　④ 냉각작용

**해설**

윤활유의 작용: 윤활작용, 기밀작용, 냉각작용, 청결작용, 방청작용, 소음방지 작용

**16 피스톤의 구비 조건이 아닌 것은?**

① 관성의 영향을 크게 받을 것

② 온도 차에 의한 변형이 적을 것

③ 열전도가 양호할 것

④ 중량이 가벼울 것

**해설**

피스톤은 왕복운동을 하므로 무게가 가벼워야 하고, 고온·고압에 잘 견디고 열전도율이 높아야 하기 때문에 알루미늄 합금으로 제작되며, 가스의 누설 또한 없어야 한다.

**17 피스톤 핀과 크랭크축을 연결하는 막대이며, 피스톤의 왕복운동을 크랭크축으로 전달하는 일을 하는 엔진의 부품은?**

① 실린더 배럴　　② 피스톤 링

③ 커넥팅 로드　　④ 플라이 휠

**해설**

커넥팅 로드(connecting rod)는 피스톤의 왕복운동을 크랭크축의 회전운동으로 바꾸어 주는 역할을 하므로 가

볍고 충분한 강도를 가져야 하기에 고탄소강 및 크롬강으로 제작된다.

**18 피스톤 링의 끝은 링 홈에 링을 끼운 상태에서 끝 간격을 갖도록 하여야 한다. 이러한 피스톤 링의 끝 간격 모양 중 제작이 쉽고, 사용하기 편리한 형태로 일반적으로 가장 널리 이용되는 것은?**

① 직선형　　　　② 쐐기형

③ 계단형　　　　④ 테이퍼형

**해설**

피스톤 링(piston ring)은 기밀작용, 냉각(열전도) 작용, 윤활유 조절 기능을 잘 갖추어야 한다. 링 단면의 모양은 맞대기형(butt joint), 경사형(angle joint), 계단형(step joint)이 있고, 일반적으로 맞대기형을 가장 널리 사용한다.

**19 왕복엔진의 피스톤 형식이 아닌 것은?**

① 오목형(recessed type)

② 요철형(irregularly)

③ 볼록형(dome or convex type)

④ 모서리 잘린 원뿔형(truncated cone type)

**해설**

피스톤 헤드는 안쪽에 냉각 핀을 설치하여 냉각 기능과 강도를 증가시키고 종류에는 오목형, 컵형, 돔형, 반원뿔형, 평면형 등이 있는데, 그중 평면형이 가장 많이 사용된다.

**20 항공기의 고도 변화에 따라 왕복엔진의 기화기에서 공급하는 연료의 양은 AMCU에 의해 조절된다. 다른 조건이 동일할 경우 다음 중 옳은 것은?**

① 고도가 증가하면 연료량은 감소한다.

② 고도가 증가하면 연료량은 증가한다.

③ 고도가 증가하면 연료량은 증가했다가 감소한다.

④ 고도가 증가하면 연료량은 변화가 없다.

**✈ 정답** 　15. ①　16. ①　17. ③　18. ①　19. ②　20. ①

자동 혼합비 조절계통(AMCU: Automatic Mixture Control Unit)은 고도가 높아짐에 따라 주어진 공간의 체적에 대한 산소량이 떨어지게 된다. 그러므로 공기 압력에 비례하여 연료 유량을 감소시키지 않으면 혼합기는 더욱 농후해진다. AMC를 장착함으로써 대기압이 감소하면 벨로우즈는 팽창하고 연료실로 들어가는 유로를 막게 된다. 이렇게 되면 연료실 내의 압력은 떨어지게 되어 방출 노즐로부터 나가는 연료의 양은 감소하게 된다. 따라서 고도에 의한 혼합비를 조절하게 된다.

**21** 피스톤 링은 연소실을 밀폐시키는 역할 이외에 어떤 역할을 하는가?

① 피스톤 핀(pin)을 윤활시킨다.
② 크랭크 케이스(case) 압력을 축소시킨다.
③ 실린더가 헤드(head)로 너무 가까이 접근하는 것을 방지한다.
④ 열 분산을 돕는다.

피스톤 링의 구비 조건
• 기밀을 위해 고온에서 탄성을 유지할 것
• 마모가 적을 것
• 열팽창이 적을 것
• 열전도율이 좋을 것(재질: 주철(gray cast iron))

**22** 왕복엔진에서 둘 또는 그 이상의 밸브 스프링(valve spring)을 사용하는 가장 큰 이유는?

① 밸브 간격을 "0"으로 유지하기 위하여
② 한 개의 밸브 스프링(valve spring)이 파손될 경우에 대비하기 위하여
③ 축을 감소시키기 위하여
④ 밸브의 변형을 방지하기 위하여

밸브 스프링은 흡입, 배기 밸브를 닫아 주는 역할을 한다. 헬리 코일 스프링이라 하며, 감긴 방향이 서로 다르고 크기가 서로 다른 2개의 스프링이 장착되어, 첫째 진동(서지현상)을 감소시키고, 둘째 한 개가 부러져도 안전하게 작동될 수 있게 되어 있고, 셋째 위·아래에는 리테이너로 스프링을 지지하고 있다.

**23** 배기 밸브(exhaust valve)의 냉각을 위해 밸브 속에 넣어 사용하는 물질은?

① 금속 나트륨(sodium)
② 스텔라이트(stellite)
③ 아닐린(aniline)
④ 취화물(bromide)

실린더의 가스 출입문으로 항공기용으로는 포핏 밸브(poppet valve)가 사용된다. 포핏 밸브의 머리는 버섯형(mushroom type), 튤립형(tulip type)으로 나눈다. 버섯형 내부에는 200°F(93.3℃)에서 녹을 수 있는 금속 나트륨(sodium)을 넣어 밸브의 냉각 효과를 증대시킨다.

**24** 항공기용 왕복엔진의 밸브 개폐 시기가 다음과 같다면 밸브 오버랩(valve overlap)은 몇 도(°)인가?

| | |
|---|---|
| I.O: 30° BTC | E.O: 60° BBC |
| I.C: 60° ABC | E.C: 15° ATC |

① 15
② 45
③ 60
④ 75

밸브 오버랩는 흡입 밸브와 배기 밸브가 다 같이 열려 있는 각도로 $IO+EC$이다.
즉, $IO+EC = 30+15 = 45°$

**25** 마그네토 브레이커 포인트 캠축의 회전속도 (R)를 나타낸 식은? (단, n: 마그네토의 극수, N: 실린더 수이다.)

① $r = \dfrac{N}{n}$　② $r = \dfrac{N}{n+1}$

③ $r = \dfrac{N}{2n}$　④ $r = \dfrac{N+1}{2n}$

**해설**

왕복엔진에서 크랭크축이 2회전 하는 동안 1사이클을 완성한다. 즉, 크랭크축의 회전속도에 대한 마그네토의 회전속도는 엔진 실린더 수를 2로 나누고, 마그네토의 극수로 나누어 주면 아래와 같다.

$r = \dfrac{N}{2n}$

**26** 다음 중 보상 캠(compensated cam)이 사용 되는 엔진 형식은?

① V-형(V-type)

② 직렬형(inline type)

③ 성형(radial type)

④ 대향형(opposit type)

**해설**

성형엔진은 캠 플레이트(cam plate)에 설치되어 있는 캠 로브(cam lobe)에 의해 흡입 밸브와 배기 밸브는 열리고 닫히게 된다. 이 두 밸브는 같은 캠 플레이트(cam plate or camring)의 원주에 2열로 배치된 캠 로브에 의해 열리게 된다. 캠 플레이트에 있는 로브는 엔진의 실린더 수에 따라 다르며, 5기통은 3개의 로브가, 7기통은 3~4개의 로브가, 9기통은 4~5개의 로브가 있다.

**27** 유압 리프터(hydraulic valve lifter)를 사용하는 수평 대향형 엔진에서 밸브 간극을 조절하려면 어떻게 해야 하는가?

① 로커 아암(rocker arm)을 조절

② 로커 아암(rocker arm)을 교환

③ 푸시로드(push rod)를 교환

④ 밸스 스템(stem) 심(sim)으로 조정

**해설**

수평 대향형에는 유압식 리프터(hydraulic valve lifter)가 있어 밸브 간극을 없애주어 간극을 조절할 필요가 없고, 완충작용을 수행해 작동을 부드럽게 만들어 준다. 밸브 간극을 조절하려면 오버홀 시 푸시로드를 교환하여 간극을 조절한다.

**28** 왕복엔진의 밸브 간격에 대한 내용으로 틀린 것은?

① 냉간 간격은 엔진이 작동하고 있지 않을 때의 밸브 간격이며, 검사 간격이라고도 한다.

② 밸브 간격이 너무 좁으면 흡입 효율이 낮으며, 완전 배기가 되지 않는다.

③ 밸브 간격은 보통 열간 간격이 1.52mm~1.78mm가 적합하고 냉간 간격은 0.25mm 정도이다.

④ 열간 간격이 큰 이유는 엔진 작동 시 실린더 쪽이 푸시로드 쪽보다 더 뜨겁고 열팽창이 크기 때문이다.

**해설**

- 냉간 간격(cold clearance): 0.010inch(0.25mm)
- 열간 간격(hot clearance): 0.070inch(1.78mm)
- 밸브 간격이 너무 좁을 경우: 밸브가 빨리 열리고 늦게 닫혀 밸브가 열린 시간이 길어진다.
- 밸브 간격이 너무 넓은 경우: 밸브가 늦게 열리고 빨리 닫혀 밸브가 열린 시간이 짧아진다.

**29** 왕복엔진의 크랭크 케이스 내부에 과도한 가스 압력이 형성되었을 경우, 크랭크 케이스를 보호하기 위하여 설치된 장치는?

① 블리드(bleed) 장치

② 브레더(breather) 장치

③ 바이패스(by-pass) 장치

④ 스케벤지(scavenge) 장치

✈ **정답**　25. ③　26. ③　27. ③　28. ②　29. ②

- 블리드(bleed) 장치: 엔진 외부를 지나가는 공기를 내부로 들이는 장치
- 바이패스(by-pass) 장치: 관이나 호스의 흐름이 막혔을 시 다른 통로를 통하여 정상적으로 흐름을 유지하는 장치
- 스케벤지(scavenge) 장치: 배유를 위한 장치

**30** 항공기 왕복엔진의 연료의 안티 노크제(anti-knock)로 가장 많이 쓰이는 물질은?

① 메틸알코올($CH_3OH$)

② 4에틸납($P_b(C_2H_5)_4$)

③ 톨루엔($C_6H_5CH_3$)

④ 벤젠($C_6H_6$)

해설

안티 노크제로 사용하는 4에틸납($P_b(C_2H_5)_4$), 아닐린($C_6H_5NH_2$), 요오드화에틸($C_2H_5I$), 에틸알코올($C_2H_5OH$), 크실렌($C_6H_4(CH_3)_2$), 톨루엔($C_6H_5CH_3$), 벤젠($C_6H_6$) 등의 첨가제 중 4에틸납의 효과가 가장 우수하다. 그러나 4에틸납을 그대로 연소 시 산화납이 발생하는 것을 방지하기 위해 브롬화물인 TCP(인산트리크레실)를 첨가하면 브롬화납이 되어 배기가스와 함께 배출된다.

정답 30. ②

# CHAPTER

# 03 가스터빈엔진

## 1 가스터빈엔진의 종류와 특성

### (1) 가스터빈엔진의 종류 및 분류

압축기에서 공기를 흡입하여 압축한 다음, 연소실로 보내어 공기와 연료를 연소시킨 후 고온, 고압가스를 만들어 터빈을 회전시켜 동력을 얻거나, 배기 노즐을 통하여 빠른 속도로 분사시켜 작용-반작용에 의해 추력을 얻을 수 있는 열기관의 하나이다. 따라서 압축기 종류와 엔진 출력에 따라 분류할 수 있다.

#### ① 압축기의 분류

공기의 흐르는 방향과 엔진의 축 방향이 수직인 원심식 압축기와 흐르는 방향이 엔진축과 평행인 축류식 압축기로 분류된다.

가) 원심식 압축기(centrifugal type compressor) 엔진

나) 축류식 압축기(axial flow type compressor) 엔진

다) 축류-원심식 압축기(axial-centrifugal type compressor) 엔진

#### ② 출력 발생의 분류

가) 터보제트엔진(turbojet engine)

나) 터보팬엔진(turbofan engine)

다) 터보프롭엔진(turboprop engine)

라) 터보샤프트엔진(turboshaft engine)

#### ③ 작동 원리

가) 작동 순서: 흡입 덕트로 공기 흡입→압축기에서 압축→디퓨져를 통해 연소실 압축공기 전달→이그나이터로 점화→분사 노즐로 연료 분사→터빈을 지나면서 팽창→배기 노즐로 배기 된다.

나) 기본 법칙: 가스 발생기인 압축기, 연소실, 터빈에 의해 뉴턴의 제3법칙인 작용과 반작용으로 추력을 발생시킨다.

## (2) 공기의 압력, 온도 및 속도 변화

### ① 압력 변화

가) 항공기속도가 증가하면 램(ram) 압력이 상승하기 때문에, 압축기 입구 압력은 대기압보다 높다.

나) 압축기 입구의 단면적은 크고, 압축기 출구의 단면적은 작아 뒤쪽으로 갈수록 압력은 상승한다.

다) 최고 압력 상승 구간은 압축기 후단에 확산 통로인 디퓨저에서 이뤄진다.

라) 연소실을 지나면서 연소팽창 손실과 마찰 손실로 인해 압력이 감소된다.

마) 터빈 수축 노즐을 지나면서 공기속도가 증가되고, 압력은 떨어진다.

바) 터빈 회전자를 지나면서 압력 에너지가 회전력으로 바뀌면서 압력이 감소하고, 단수가 증가할수록 압력은 급격히 감소한다.

사) 배기 노즐 출구 압력은 대기압보다 약간 높거나 같은 상태로 대기로 배출된다.

아) 압축기의 압력비 결정
- 압축기 회전수
- 공기 유량
- 터빈 노즐의 출구 넓이
- 배기 노즐의 출구 넓이

### ② 온도 변화

가) 압축기 출구 온도 300~400℃ 정도에서 연소실로 들어가 연료와 함께 연소되는 온도는 2000℃까지 올라간다.

나) 높은 온도에서 연소실이 녹지 않는 것은 공기막(air film)에 의해 냉각 보호되기 때문이다. 연소실 후단은 연소되지 않은 공기와 연소 가스가 혼합되어 터빈으로 들어간다.

다) 터빈으로 들어가는 온도는 비교적 낮고, 터빈을 지나면서 팽창하여 온도가 낮아진다.

라) 후기 연소기를 사용하지 않을 때는 배기관 내부에서 서서히 감소하고, 후기 연소기를 사용할 때는 배기관 내부에서 온도가 급격히 상승한다.

③ 속도 변화

가) 비행기가 정지 시에는 흡입관 내부에서 공기의 속도를 음속의 반 정도로 증가시켜야 하고, 비행기가 비행 시에는 흡입관에서 공기의 속도를 음속의 반 정도로 감소시킨다.

나) 압축기 통과 시 공기가 압축되어 체적이 감소되고, 축 방향 통로의 단면적도 감소되어 속도는 일정하거나 약간 감소하며, 디퓨저 내부에서 최저가 된다.

다) 연소실 입구에서 속도가 증가하였다가 연소실 내부에서 통로가 넓어져 다시 감소하고, 연소실에서 연소되면 팽창되어 속도는 다시 증가한다.

라) 터빈 노즐 수축통로에서 속도가 증가하였다가 연소실 내부에서 다시 감소한다. 그리고 연소실 내부에서 연소되어 팽창되기 때문에 속도는 다시 증가한다.

마) 후기 연소기가 사용되지 않을 때는 속도가 감소되고, 후기 연소기가 작동될 때는 연소에 의해 온도가 상승하고 체적이 팽창되어 속도는 증가한다. 배기가스를 완벽하게 배출하기 위해서는 배기 노즐 출구 면적이 넓어져야 한다. 후기 연소기를 사용하는 엔진은 가변 면적 배기 노즐을 사용해야 한다.

## 2 가스터빈엔진의 구조

### (1) 기본 구조

가스터빈엔진의 기본 구조는 외부의 대기로부터 공기를 받는 공기 흡입구, 압축기, 연소실, 터빈, 배기 노즐로 이루어졌으며, 가스가 발생하는 구간인 압축기, 연소실, 터빈으로 구성된 곳을 가스 발생기(gas generator)라 한다.

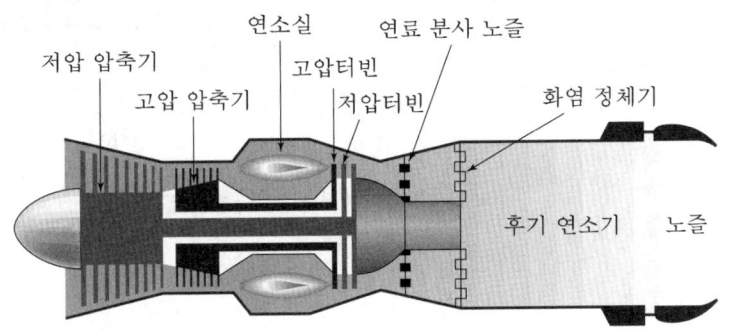

## (2) 공기 흡입계통(air inlet duct)

공기를 압축기에 공급하는 통로이고, 고속 공기의 속도를 감속시키면서 압력을 상승시킨다. 성능 결정은 압력 효율비와 압력 회복점(ram pressure recovery point)으로 결정된다.

| 압력 효율비 | 공기 흡입관 입구의 전압과 압축기 입구의 전압비로서 대략 98%의 값을 가진다. |
|---|---|
| 압력 회복점 | 압축기 입구의 전압이 대기압과 같아지는 항공기속도를 말하며, 이 값이 낮을수록 좋은 흡입도관이다. |

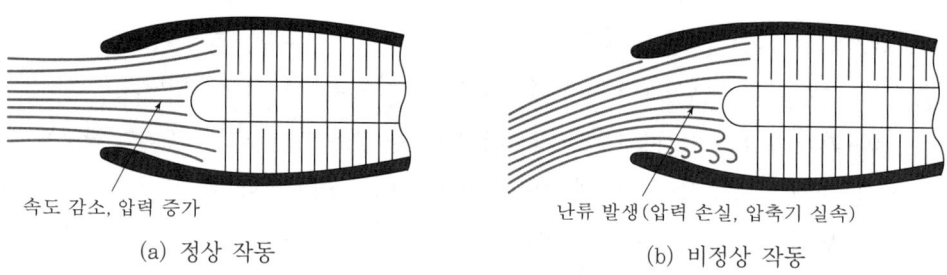

　　속도 감소, 압력 증가　　　　　　　　　　　　난류 발생(압력 손실, 압축기 실속)

　　　　(a) 정상 작동　　　　　　　　　　　　　　　　(b) 비정상 작동

▲ 공기 흡입관의 공기 흐름 상태

### ① 흡입 덕트의 종류

가) 확산형 흡입 덕트: 압축기 입구에서 공기속도는 비행속도와 관계없이 마하 0.5 정도로 유지 하도록 조절하기 위해 확산형 흡입관을 사용하여 통로의 넓이를 앞에서 뒤로 갈수록 점점 넓게 만들어 압력은 상승하고, 속도는 감소시킨다.

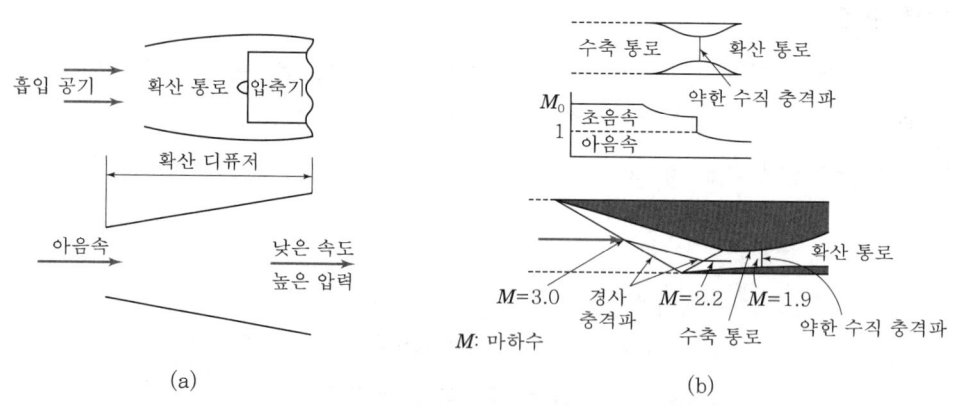

▲ 확산형 흡입관(a)과 초음속 흡입관(b)

나) 초음속 흡입관

　　ㄱ) 초음속 항공기 흡입관에서 공기속도를 감소시키는 방법

　　　• 흡입 도관의 단면적을 변화시키는 방법

　　　• 충격파(shock wave)를 이용하는 방법

　　ㄴ) 가변 면적 흡입 노즐의 조절

　　　• 이륙 시 확산형 흡입도관을 형성하여 충분한 공기량을 흡입한다.

　　　• 초음속 비행 시 수축−확산형 도관을 형성하여 엔진 출력에 따라 조절할 수 있다.

　　ㄷ) 가변 면적 흡입 노즐의 장·단점

　　　• 장점

　　　　− 고정식에 비해 효율적이다.

　　　• 단점

　　　　− 복잡하고 구조적인 문제 때문에 설계 및 제작상 어려운 점이 많다.

　　　　− 고정 면적 흡입관은 효율 면에서는 성능이 떨어진다.

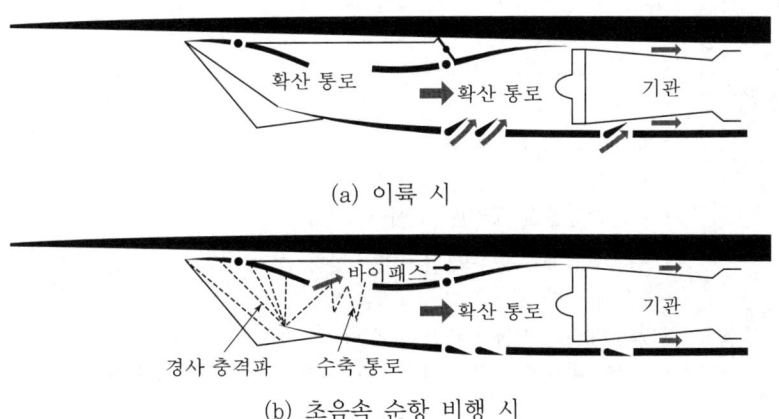

(a) 이륙 시

(b) 초음속 순항 비행 시

## (3) 압축기(Compressor)

### ① 원심식 압축기(centrifugal type compressor)

가) 구성: 임펠러, 디퓨저, 매니폴드

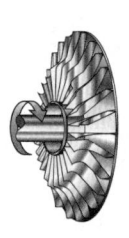

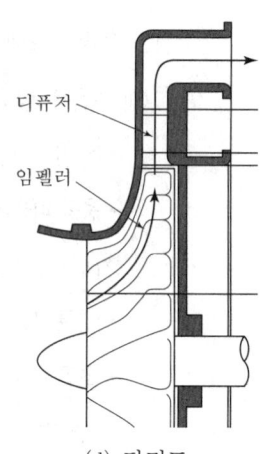

(a) 임펠러　　　　(b) 디퓨저　　　　　　(c) 매니폴드　　　　　　(d) 단면도

▲ 원심식 압축기의 기본 구성품 및 단면도

나) 작동 원리: 중심 부분에서 공기를 흡입한 후 임펠러의 회전력에 의해(원심력) 공기가
　　압축기의 원주 방향으로 가속되고, 디퓨저의 확산 통로를 통해 속도 에너지가 압력
　　에너지로 바뀌면서 압력이 증가된 후 매니폴드를 통해 연소실로 공급된다.

다) 장 · 단점

| | |
|---|---|
| 장점 | • 단당 압축비가 높다(1단 10:1, 2단 15:1). <br> • 제작이 쉽다. <br> • 구조가 튼튼하고 값이 싸다. <br> • 무게가 가볍다. <br> • 회전속도 범위가 넓다. <br> • 시동 출력이 낮다. <br> • 외부 손상물질(FOD)이 덜하다. |
| 단점 | • 압축기 입구와 출구의 압력비가 낮다. <br> • 효율이 낮다. <br> • 많은 양의 공기를 처리할 수 없다. <br> • 추력에 비해 엔진의 전면 면적이 넓기 때문에 항력이 크다. |

라) 종류

　　㉠ 단흡입 압축기　　　㉡ 겹흡입 압축기　　　㉢ 다단 원심식 압축기

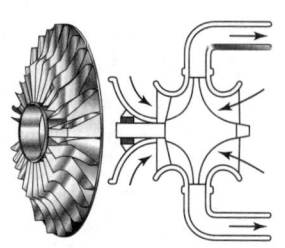

▲ 겹흡입 압축기

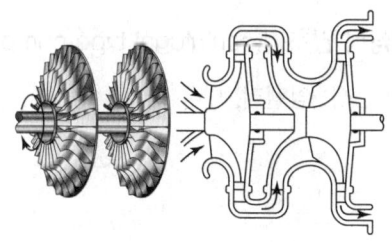

▲ 다단 원심식 압축기

② **축류식 압축기(axial flow type compressor)**

가) 구성

ㄱ) 로터(rotor, 회전자): 여러 층의 원판 둘레에 많은 로터 깃이 장착되어 있다.

ㄴ) 스테이터(stator, 고정자): 압축기 바깥쪽 케이스 안쪽에 스테이터 깃이 장착되어 있다.

ㄷ) 1단: 1열의 회전자 깃과 1열의 고정자 깃을 말한다.

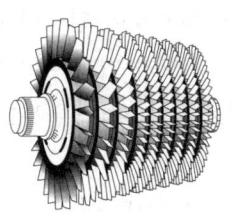

▲ 로터(rotor)

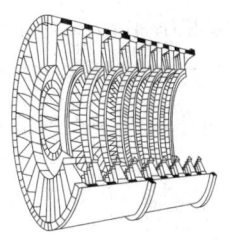

▲ 스테이터(stator)

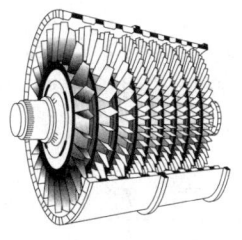

▲ 결합 상태

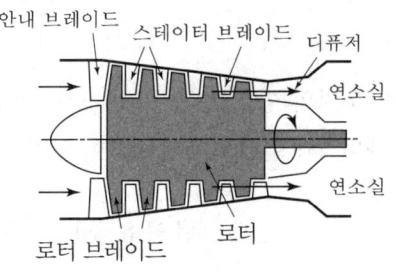

▲ 단면도

나) 장점

| 장점 | • 대량의 공기를 흡입하여 처리할 수 있다.<br>• 압력비 증가를 위해 다단으로 제작 가능하다.<br>• 입구, 출구의 압력비가 높고 효율이 높아 고성능 엔진에 사용한다.<br>• 전면 면적이 좁아 항력이 작다. |
|---|---|
| 단점 | • FOD가 잘 발생한다(Forien Object Damage: 외부 물질인 지상의 돌이나 금속조각에 의한 손상으로 엔진으로 흡입될 경우 압축기 깃을 손상시키는 것을 말한다).<br>• 제작이 어렵고 비용이 많이 든다.<br>• 시동 출력이 높아야 한다.<br>• 무겁다.<br>• 단당 압력 상승이 낮다.<br>• 순항에서 이륙 출력까지만 양호한 압축이 된다. |

다) 축류식 압축기의 작동 원리

　ⓐ 작동 원리: 회전자 깃과 깃 사이, 고정자 깃과 깃 사이의 공기 통로는 입구가 좁고 출구를 넓게 하여 확산 통로를 형성하여 통로를 지나면서 속도는 감소되고 압력이 증가된다. 압력 상승은 회전자 깃과 고정자 깃에서 동시에 이루어지고, 단마다 압축되어 전체 압력비가 결정된다.

　ⓑ 압력비: $r_s$=단당 압력비, $n$=압축기 단 수

$$r(압력비) = (r_s)^n$$

　ⓒ 반동도(reaction rate): 단당 압력 상승 중 로터 깃이 담당하는 상승의 백분율(%) 반동도를 너무 작게 하면 고정자 깃의 입구 속도가 커져 단의 압력비가 낮아지고, 고정자 깃의 구조 강도 면에서도 부적합해서 보통 압축기의 반동도는 50% 정도이다.

$$반동도(\varnothing_c) = \frac{로터 \ 깃에 \ 의한 \ 압력 \ 상승}{단당 \ 압력 \ 상승} \times 100\,(\%) = \frac{P_2 - P_1}{P_3 - P_1} \times 100\,(\%)$$

　　※ ・$P_1$: 로터 깃 열의 입구 압력
　　　・$P_2$: 스테이터 깃 입구 압력
　　　・$P_3$: 스테이터 출구 압력

라) 압축기의 단열효율: 마찰 없이 이루어지는 압축, 즉 이상적 압축에 필요한 일 또는 에너지와 실제 압축에 필요한 일과의 비를 말한다.

$$\eta_c(단열효율) = \frac{이상적 \ 압축 \ 일}{실제 \ 압축 \ 일} = \frac{T_{2i} - T_1}{T_2 - T_1}$$

　　※ ・$T_{2i}$: 이상적인 단열압축 후의 온도
　　　・$T_2$: 실제 압축기 출구 온도
　　　・$T_1$: 압축기의 입구 온도

$$T_{2i} = T_1 \cdot r^{\frac{k-1}{k}}$$

　　※ ・$r$: 압축기의 압력비
　　　・$k$: 공기의 비열비

$T_{2i}$: 식은 원심식 및 축류식 압축기에 적용되며, 압축기 효율은 일반적으로 85% 이상이다.

마) 축류식 압축기의 실속

　　㉠ 원인

- 엔진을 가속할 때에 연료의 흐름이 너무 많으면 압축기 출구 압력(CDP)이 높아져 흡입 공기의 속도가 감소하여 실속이 발생한다.
- 압축기 입구 온도(CIT)가 너무 높거나 압축기 입구의 와류 현상에 의하여 입구 압력이 낮아지면 흡입 공기속도가 감소하여 실속이 발생한다.
- 지상 작동 시 회전속도가 설계점 이하로 낮아지면 압력비가 낮아져 압축기 뒤쪽의 공기가 충분히 압축되지 못해 비체적이 증가한다. 그러므로 미쳐 빠져나가지 못한 공기의 누적(choking) 현상이 발생하고 결과적으로 공기 흡입속도가 감소하여 실속이 발생한다.

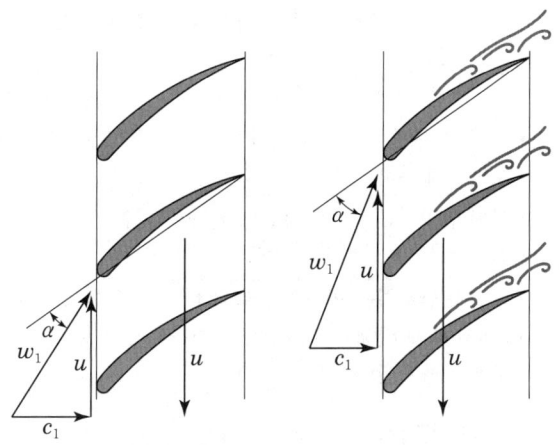

▲ 압축기 실속과 받음각과의 관계

　　㉡ 압축기 실속방지 방법

- 다축식 구조: 압축기를 2부분으로 나누어 저압 압축기는 저압 터빈으로, 고압 압축기는 고압 터빈으로 구동하여 실속방지
- 가변 고정자 깃: 압축기 고정깃의 붙임각을 변경할 수 있도록 하여 회전자 깃의 받음각이 일정하게 함으로써 실속방지
- 블리드 밸브: 압축기 뒤쪽에 설치하며 엔진을 저속으로 회전시킬 때 자동적으로 밸브가 열려 누적된 공기를 배출함으로써 실속방지
- 가변 안내 베인(variable inlet guide vane)
- 가변 바이패스 밸브(variable bypass vane)는 엔진 속도 규정보다 높아지면 자동적으로 닫힌다.

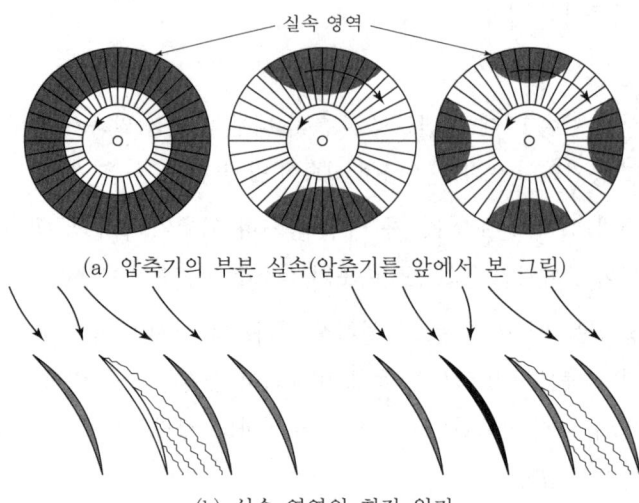

(a) 압축기의 부분 실속(압축기를 앞에서 본 그림)

(b) 실속 영역의 회전 원리

▲ 압축기의 부분 실속 및 실속 영역의 회전

바) 다축식 압축기의 특징 및 장·단점

| 특징 | • N1은 자체 속도를 유지한다.      • N2는 엔진 속도를 제어한다.<br>• 시동기에 부하가 적게 걸린다. |
|---|---|
| 장점 | • 설계 압력비를 실속영역으로 접근시킬 수 있어 실속이 방지된다.<br>• 높은 효율 및 압력비가 발생한다. |
| 단점 | • 터빈과 압축기를 연결하는 축과 베어링 수가 증가한다.<br>• 2개의 축에 의해 구조가 복잡해진다.<br>• 무게가 증가한다. |

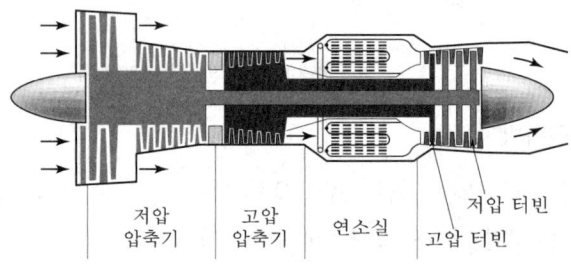

(a) 다축식 엔진

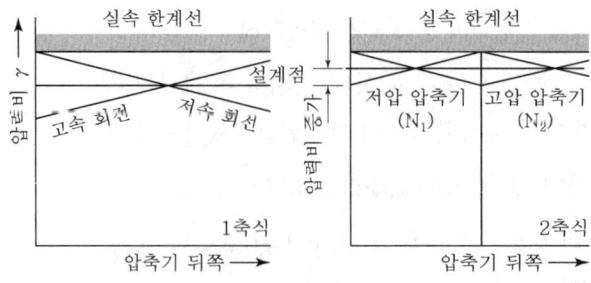

(b) 압력비 비교

▲ 다축식 압축기와 압력비의 비교

사) 블레이드 장착 방법: 축류형 압축기는 여러 단으로 구성되어 각 단의 블레이드는 dovetail(비둘기 꼬리)과 잠금 탭에 의해 장착된다. 블레이드에는 스팬 슈라우드가 있어 블레이드가 공기에 의해 굽혀지지 않도록 지지해 주기도 하고, 공기 역학적(aero dynamic) 항력을 만들기도 한다.

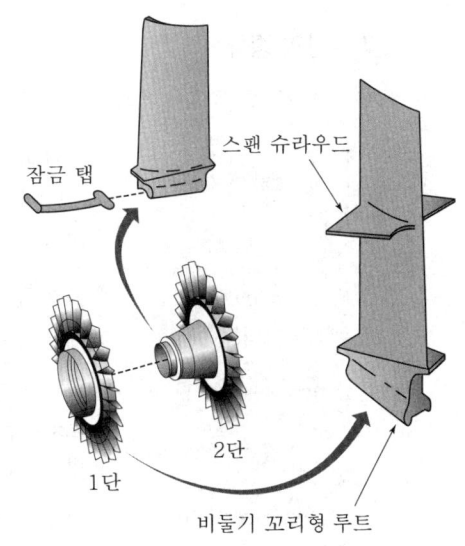

▲ 압축기 블레이드와 장착 방법

### ③ 축류–원심식 압축기(combination compressor)

가) 구성

　　㉠ 압축기 전방: 축류식 압축기

　　㉡ 압축기 후방: 원심식 압축기

나) 특징: 소형 터보프롭엔진이나 터보샤프트엔진의 압축기로 많이 사용한다. 전체 압력비가 낮다는 원심식 압축기의 단점을 축류식 압축기로 보안하고, 단당 압력비가 낮고 뒤쪽 단에서 압축기 깃이 소형 정밀해야 하는 축류식 압축기의 단점을 원심식 압축기로 보완한 형식이다.

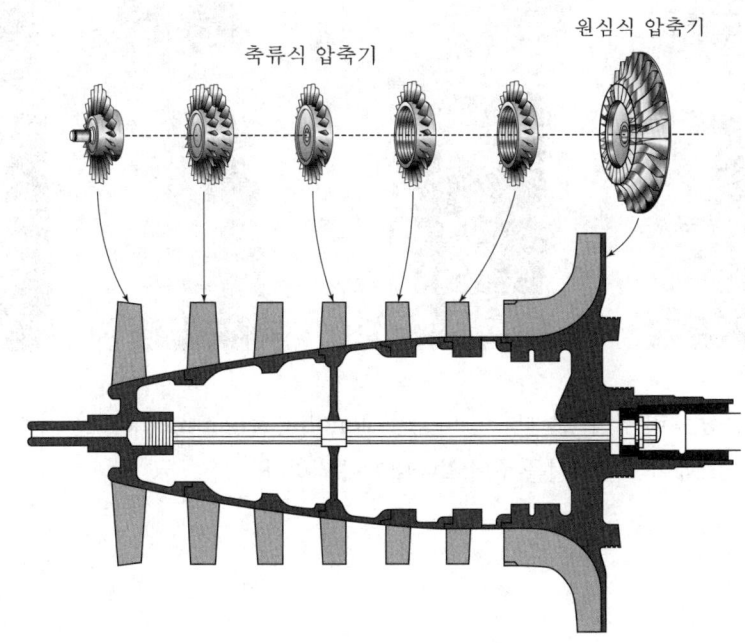

④ 깃 손상의 종류

가) 압축기 깃 손상의 종류

| 균열(crack) | 부분적으로 갈라진 형태로서 심한 충격이나 과부하 또는 과열이나 재료의 결함 등으로 생긴 손상 형태 |
|---|---|
| 신장(growth) | 길이가 늘어난 형태로 고온에서 원심력의 작용에 의하여 생기는 결함 |
| 찍힘(nick) | 예리한 물체에 찍혀 표면이 예리하게 들어가거나 쪼개져 생긴 결함 |
| 스코어(score) | 깊게 긁힌 형태로서 표면이 예리한 물체와 닿았을 때 생기는 결함 |
| 부식(corrosion) | 표면이 움푹 팬 상태로서 습기나 부식액에 의해 생긴 결함 |
| 소손(burning) | 국부적으로 색깔이 변했거나 심한 경우 재료가 떨어져 나간 형태로서 과열에 의하여 손상된 형태 |
| 긁힘(scratch) | 좁게 긁힌 형태로서 모래 등 작은 외부 물질의 유입에 의하여 생기는 결함 |
| 우그러짐(dent) | 국부적으로 둥글게 우그러져 들어간 형태로서 외부 물질에 부딪힘으로써 생긴 결함 |
| 용착(gall) | 접촉된 2개의 재료가 녹아서 다른 쪽에 눌어붙은 형태로서 압력이 작용하는 부분의 심한 마찰에 의해서 생기는 결함 |
| 가우징(gouging) | 재료가 찢어지거나 떨어져 없어진 상태로서 비교적 큰 외부 물질에 부딪히거나 움직이는 두 물체가 서로 부딪혀서 생기는 결함 |

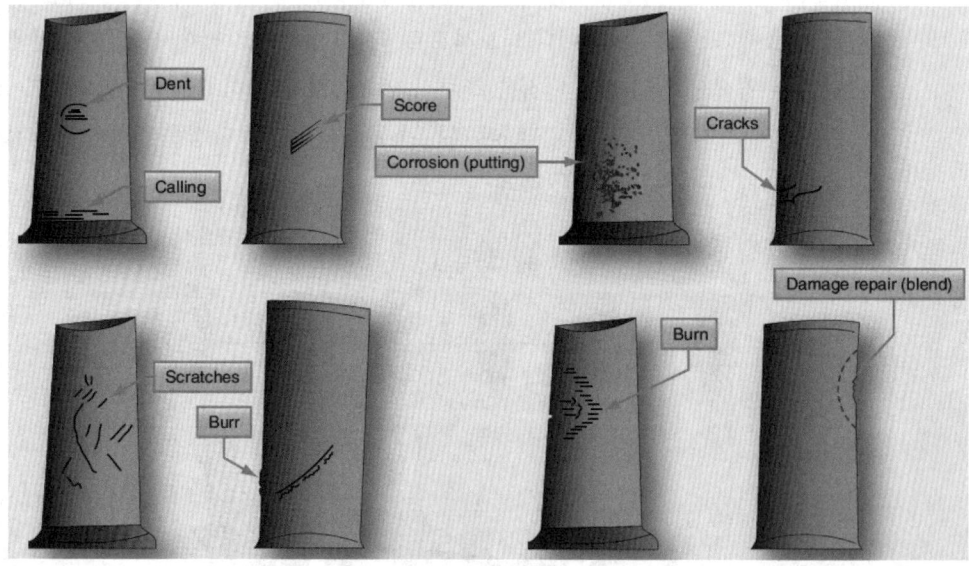

나) 깃의 손상 수리 방법: 블렌딩 수리 방법(blending repair method)을 이용하여 깃 표면을 얇은 샌드페이퍼에 회전을 주어 갈아내어 수리한다.

⑤ 팬(fan)

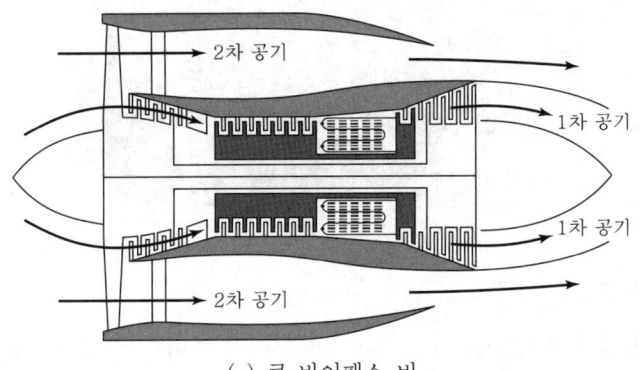

(a) 큰 바이패스 비

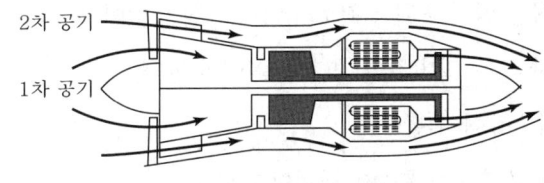

(b) 작은 바이패스 비

▲ 터보팬엔진의 1, 2차 공기 흐름

가) 역할: 공기를 압축한 후 노즐을 분사시킴으로써 추력을 얻도록 한 장치로, 일종의 지름이 큰 축류식 압축기 안에서 작동하는 프로펠러와 유사하다. 프로펠러는 반지름이 커서 깃 끝 손실로 인해 빠른 속도 비행이 불가능하지만, 반지름이 작고 깃 수가 많은 팬은 흡입관에 의해 감속된 공기를 압축기와 같이 압축하기 때문에 천음속 및 초음속 비행이 가능하다.

나) 바이패스 비(by-pass ratio): 팬 노즐을 통해 분사되는 공기량(2차 공기)과 팬을 지나 엔진으로 들어가 연소에 참여한 공기량(1차 공기)과의 비

   ㉠ 바이패스 비가 큰 경우: 팬 노즐에서 분사된 공기에 의해 추력이 발생한다.

   ㉡ 바이패스 비가 작은 경우: 바이패스 된 공기가 엔진 주위로 흐르면서 엔진을 냉각시키고 배기 노즐을 통해서 분사한다.

## (4) 연소실(combustion chamber)

압축된 고압 공기에 연료를 분사하여 연소시킴으로써 연료의 화학적 에너지를 열 에너지로 변환시키는 장치이며, 압축기와 터빈 사이에 위치한다.

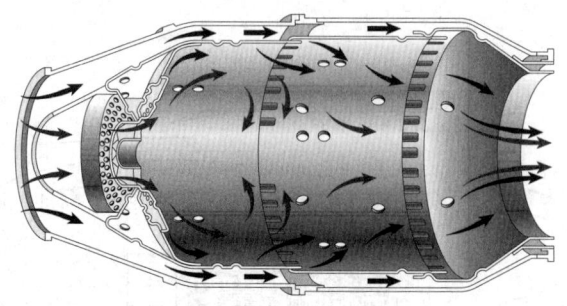

연소실의 구비조건은 다음과 같다.

- 연료 공기비, 비행고도, 비행속도 및 출력의 폭넓은 변화에 대해 안정되고 효율적인 작동이 보장되어야 한다.
- 엔진의 작동 범위 내에서 최소의 압력 손실이 있어야 한다.
- 가능한 한 작은 크기(길이 및 지름)이어야 한다.
- 신뢰성이 우수해야 한다.
- 양호한 고공 재시동 특성이 좋아야 한다.
- 출구 온도 분포가 균일해야 한다.

① **연소실의 종류 및 구조**

가) 캔형(can type) 연소실

ㄱ) 형식: 압축기 구동축 주위에 독립된 5~10개의 원통형 연소실이 같은 간격으로 배치되어 있다.

ㄴ) 구성: 바깥쪽 케이스, 연소실 라이너, 연결관(화염 전달관), 연료 노즐, 이그나이터

ㄷ) 장 · 단점

| 장점 | • 설계나 정비가 간단하다.<br>• 구조가 튼튼하다. |
|------|------|
| 단점 | • 고공에서 기압이 낮아지면 연소가 불안정해져 연소정지(flame out) 현상이 생기기 쉽다.<br>• 엔진 시동 시 과열 시동(hot start)을 일으키기 쉽다.<br>• 연소실의 출구 온도가 불균일하다. |

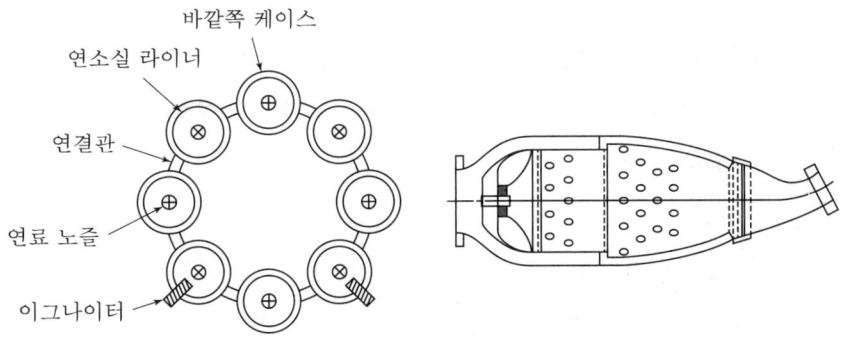

▲ 캔형 연소실의 배치 및 단면도

나) 애뉼러형(annular type) 연소실

　㉠ 형식: 압축기 구동축을 둘러싸고 있는 1개의 고리 모양으로 된 연소실

　㉡ 구성: 바깥쪽 케이스, 안쪽 케이스, 연소실 라이너, 이그나이터, 연료 노즐

　㉢ 장·단점

| 장점 | • 구조가 간단하다.<br>• 길이가 짧다.<br>• 연소실 전면 면적이 좁다.<br>• 연소가 안정하여 연소 정지 현상이 거의 없다.<br>• 출구 온도 분포가 균일하다.<br>• 연소 효율이 좋다. |
|---|---|
| 단점 | • 정비가 불편하다. |

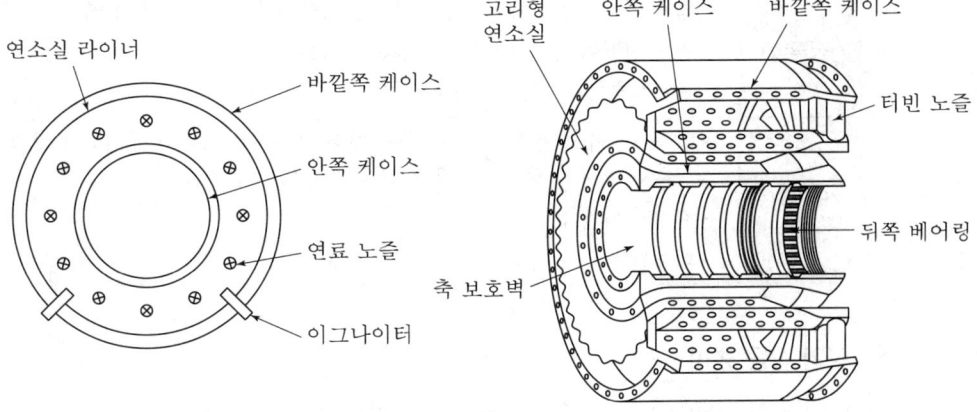

▲ 애뉼러형 연소실의 구조

다) 캔-애뉼러형(can-annular type) 연소실

　　㉠ 형식: 캔형과 애뉼러형의 장점만을 살려 만든 연소실이다.

　　㉡ 구성: 바깥쪽 케이스, 안쪽 케이스, 원통 모양의 라이너, 연결관, 연료 노즐, 이그나이터

　　㉢ 장점

　　　• 구조상 견고하다.

　　　• 대형, 중형기에 많이 사용한다.

　　　• 냉각 면적과 연소 면적이 크다.

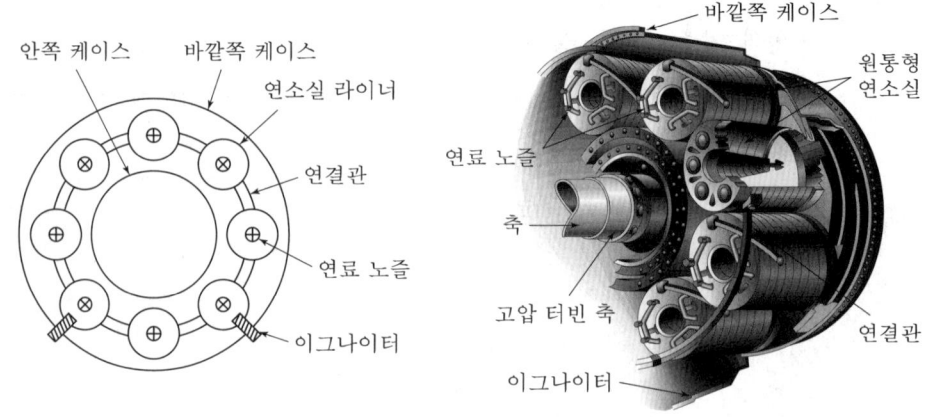

▲ 캔-애뉼러형 연소실의 구조

라) 가스 흐름 형태

| 직류형 | • 압축기에서 압축되어 나온 공기가 앞에서 뒤쪽으로 흐르면서 연소되는 연소실<br>• 전면 면적이 좁고, 길이는 긴 엔진에 사용<br>• 터보제트엔진, 터보팬엔진에 사용 |
|---|---|
| 역류형 | • 압축기에서 들어오는 공기입구의 반대쪽에 연료 노즐이 위치하여 압축공기 입구와 연소 가스 출구가 거의 같은 위치에 있는 연소실<br>• 길이가 짧은 엔진에 사용<br>• 터보프롭엔진, 터보샤프트엔진에 사용 |

② **연소실의 작동 원리**

가) 연소: 탄화수소(CmHn)로 된 석유계 연료는 연소 후에 이산화탄소($CO_2$)와 수증기($H_2O$)를 생성하면서 많은 열을 발생한다. 가스터빈엔진의 연소는 일종의 확산연소이다. 연료

노즐에서 분무된 액체 연료는 연소실 내부에서 높은 온도에서 증발되면서 공기와 혼합 연소되어 높은 열을 발생시킨다. 또한, 연소실 입구의 공기속도는 매우 빠르기 때문에 정상적인 연소가 불가능하여 공기속도는 늦춰주고, 분무된 연료가 충분히 잘 혼합되어 연소할 수 있도록 와류를 발생시키는 스웰 가이드 베인(swirl guide vane)을 마련하였다.

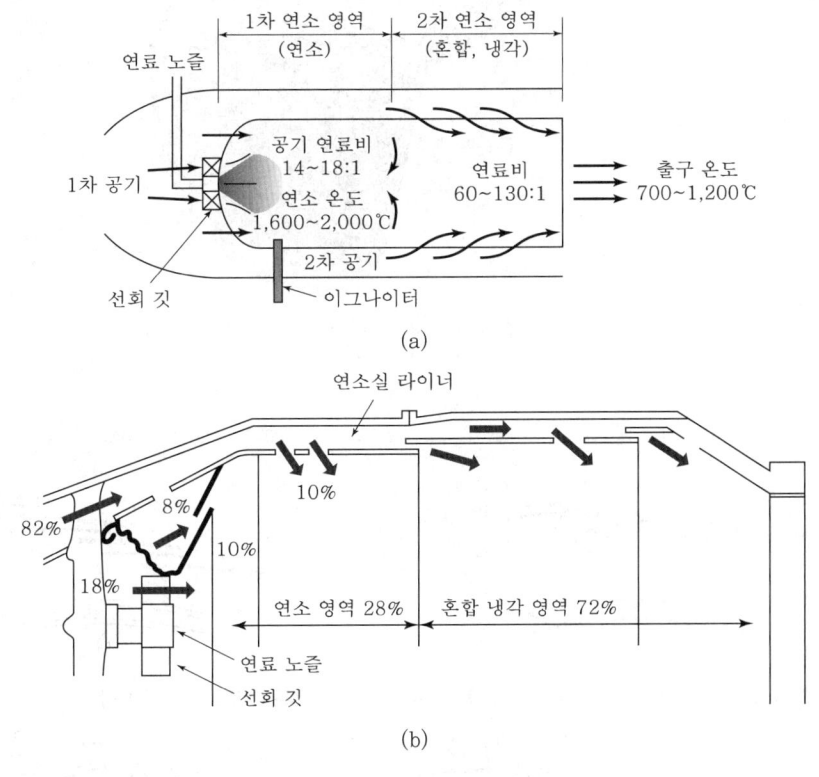

▲ 연소실의 연소 영역

나) 1차 연소 영역: 이론적인 공연비는 약 15:1이지만, 실제 공연비는 60~130:1 정도의 공기 양이 많이 들어가 연소가 불가능하게 된다. 1차 연소 영역에서의 최적 공연비는 8~18:1이 되도록 공기의 양을 제한하기 위해 스웰 가이드 베인(swirl guide vane)에 의해 공기의 흐름에 적당한 소용돌이를 주어 유입속도를 감소시켜 화염 전파속도를 증가시킨다. 1차 공기 유량은 총 공급 공기량의 20~30% 정도이고, 1차 연소 영역을 간단히 연소 영역이라고 한다.

다) 2차 연소 영역: 연소되지 않은 많은 양의 2차 공기와 1차 영역에서 연소된 연소 가스와 연소실 뒤쪽에서 혼합시킴으로 연소실 출구 온도를 터빈 입구 온도에 알맞게 낮추어 준다. 1차 연소 가스는 연소열이 매우 높아 금속이 녹을 수 있어 연소실을 보호할 목적으로 연소실 라이너 벽면에 수많은 작은 구멍들을 통해 라이너 벽면의 안팎을

냉각시킬 수 있는 루버(rover)를 만들어 연소실을 보호하고 수명을 증가시킨다. 2차 연소 영역은 혼합 냉각 영역이라 한다

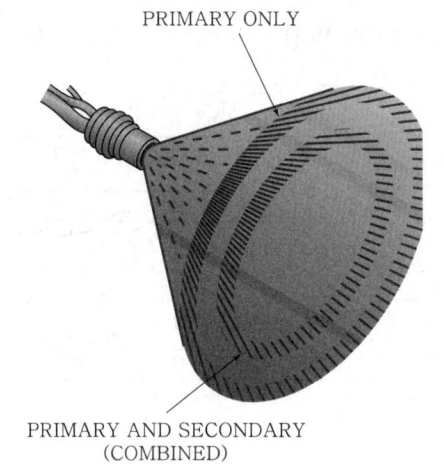

PRIMARY ONLY

PRIMARY AND SECONDARY
(COMBINED)

비늘 냉각 라이너

저온 쪽
고온 쪽

단면

대류막 냉각 라이너

저온 쪽
고온 쪽

단면

막 냉각 라이너

저온 쪽
고온 쪽

단면

충돌막 냉각 라이너

저온 쪽
고온 쪽

단면

침출 냉각 라이너

저온 쪽

고온 쪽

### ③ 연소실의 성능

가) 연소 효율: 공급된 열량과 공기의 실제 증가한 에너지, 즉 엔탈피의 비를 말한다. 연소 효율은 공기의 압력 및 온도가 낮을수록, 공기의 속도가 빠를수록 낮아진다. 즉, 고도가 높아질수록 연소 효율은 낮아지고 보통 연소 효율은 95% 이상이어야 한다.

$$연소효율(\eta_b) = \frac{입구와\ 출구의\ 총\ 에너지(엔탈피)\ 차이}{공급된\ 열량 \times 연료의\ 저발열량}$$

나) 압력 손실: 연소실 입구와 출구의 전 압력 차를 말하며, 마찰에 의한 형상 손실과 연소에 의한 가열 팽창 손실을 합해 나타나며 보통 5% 정도이다.

다) 출구온도 분포: 만일 연소실의 출구 온도 분포가 불균일하다면 터빈 깃은 부분적으로 과열될 수 있다. 따라서 출구 온도 분포는 균일하거나 바깥지름이 안지름보다 약간 높은 것이 좋다. 그 이유는 터빈 회전자 깃에 작용하는 응력은 터빈 깃 끝(익단)보다 터빈 뿌리(익근)에서 응력이 크게 작용하고, 터빈 고정자 깃의 부분적인 과열을 방지하려면 원주 방향의 온도 분포가 균일해야 한다.

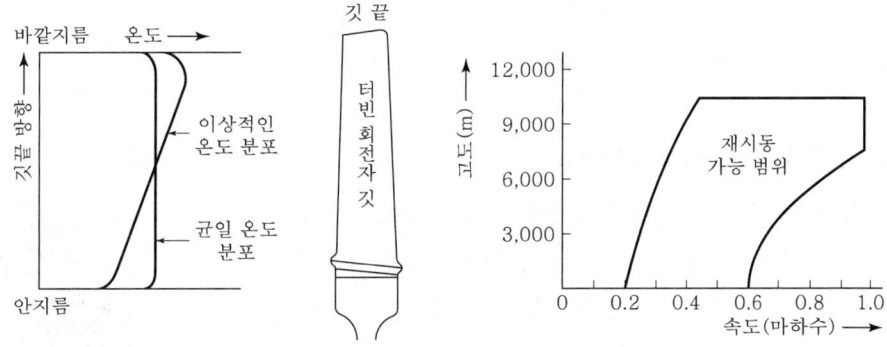

▲ 연소실 출구의 온도 분포 연소실의 재시동 영역

라) 재시동 특성: 비행 시 고도가 높아지면 연소실 입구의 압력과 온도는 낮아지게 되어 연소 효율이 떨어져 불안정하게 작동되고, 연소실 정지 시 재시동 성능이 나빠지므로 어느 고도 이상에서는 연속 운전이 불가능해진다. 비행속도 및 고도의 범위, 즉 재시동 가능 범위가 넓으면 넓을수록 안정성이 좋은 연소실이라고 한다.

## (5) 터빈(turbine)

필요한 동력을 발생하는 부분으로 연소실에서 연소된 고온, 고압의 가스를 팽창시켜 회전동력을 얻는다. 레디얼 터빈과 축류형 터빈으로 나누며, 항공기용 가스터빈엔진에서는 축류형 터빈을 주로 사용한다.

### ① 레디얼(반지름형) 터빈(radial flow turbine)

가) 작동 원리: 원심식 압축기의 구조와 모양이 같으나 흐름의 방향이 바깥쪽에서 중심으로 흐르는 점이 다르다.

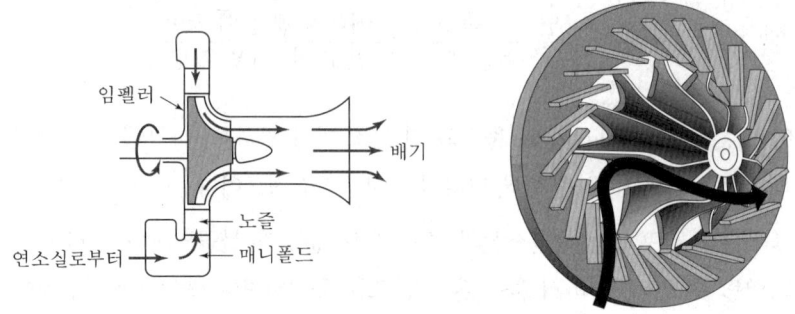

나) 장 · 단점

| 장점 | • 제작이 간편하다.<br>• 효율이 비교적 양호하다.<br>• 단마다 팽창비가 4.0 정도로 높다. |
|---|---|
| 단점 | • 단의 수를 증가 시 효율이 낮아지고 구조가 복잡해진다. |

### ② 축류형 터빈(axial flow turbine)

가) 작동 원리: 고정자와 회전자로 구성되어 고정자는 앞에 있고 회전자는 뒤에 있다. 단의 수를 증가할수록 팽창비가 증가하여 터빈의 회전동력을 증가시킨다. 연소실에서 연소한 연소 가스로부터 얻은 에너지의 일부는 축을 통해 압축기를 구동하고 나머지는 속도 에너지로 터빈으로 분출되어 추력을 얻게 된다.

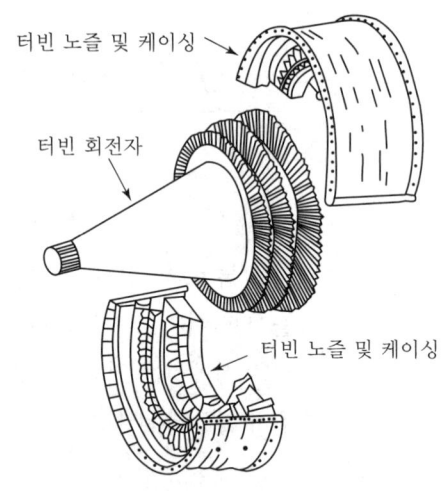

▲ 축류형 터빈의 모양

나) 터빈 노즐: 1열의 스테이터와 1열의 로터로 구성되어 1단이라 하고, 첫 단의 스테이터를 터빈 노즐이라 한다. 배기가스의 유속을 증가시키고 유효한 각도로 로터 깃에 부딪치게 하여 터빈 로터 깃 속도를 증가시켜 추력을 증가시켜 주는 장치이다.

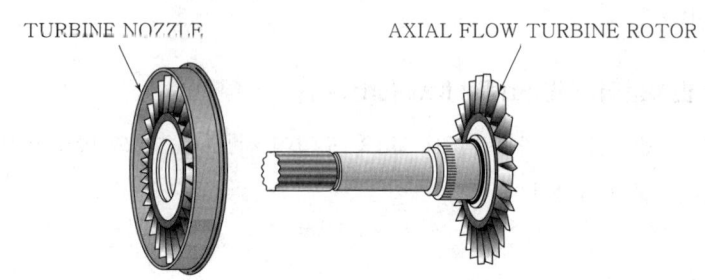

▲ 터빈 노즐

다) 반동도($\phi_t$): 터빈 1단의 팽창 중 회전자 깃이 담당하는 일을 말한다.

$$\text{반동도} = \frac{\text{회전자 깃에 의한 팽창}}{\text{단의 팽창}} \times 100(\%) = \frac{P_2 - P_3}{P_1 - P_3} \times 100(\%)$$

- $P_1$: 고정자 깃렬의 입구 압력
- $P_2$: 고정자 깃렬의 출구 압력 및 회전자 깃렬의 입구 압력
- $P_3$: 회전자 깃렬의 출구 압력

라) 반동 터빈(reaction turbine): 고정자와 회전자 깃에서 연소 가스가 팽창하여 압력 감소가 이루어지는 터빈이다.

㉠ 원리: 고정자 및 회전자 깃과 깃에서 공기 흐름 통로를 수축단면으로 만들었고, 통로를 지나갈 때 속도는 증가하고 압력은 떨어진다. 고정자 깃을 통과한 공기가 회전자 깃을 지나갈 때는 방향이 바뀐 높은 속도를 받아 반작용력으로 터빈을 회전시키는 회전력이 발생한다.

㉡ 반동도: 반동도는 50% 이하의 값을 갖는다.

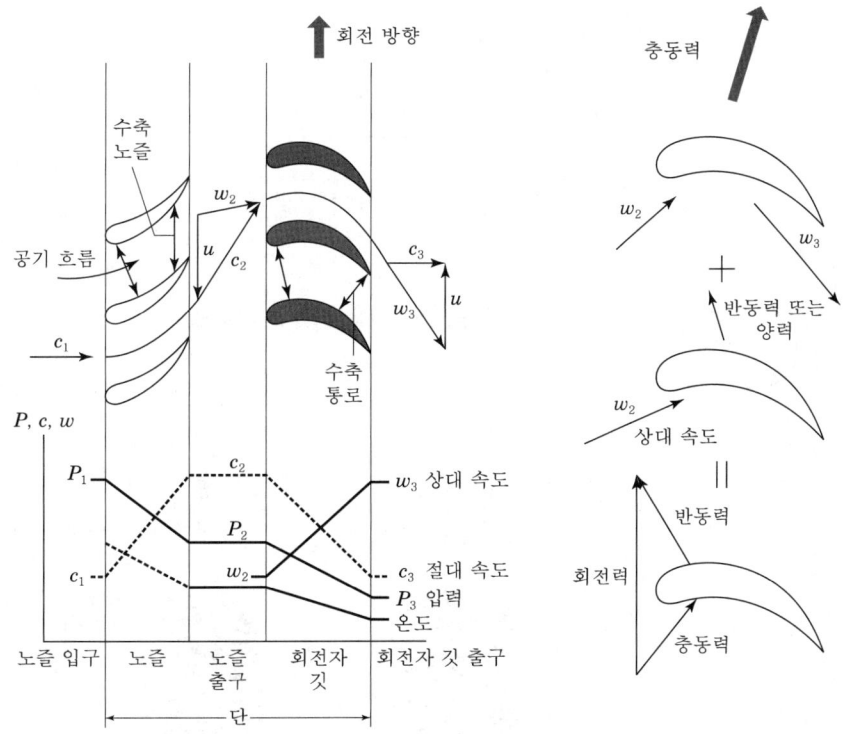

▲ 반동 터빈의 작동 원리 및 속도 벡터

마) 충동 터빈(impulse turbine)

　㉠ 원리: 가스의 팽창은 고정자에서만 이뤄지고 회전자는 팽창이 발생하지 않는다. 회전자 깃의 입구와 출구의 압력 및 상대속도는 같고, 고정자에서 나오는 빠른 연소가스가 터빈 깃에 충돌하여 발생한 충동력으로 터빈을 회전시킨다. 즉, 속도나 압력은 변하지 않고 흐름의 방향만 변하고 반동도가 0% 터빈이다.

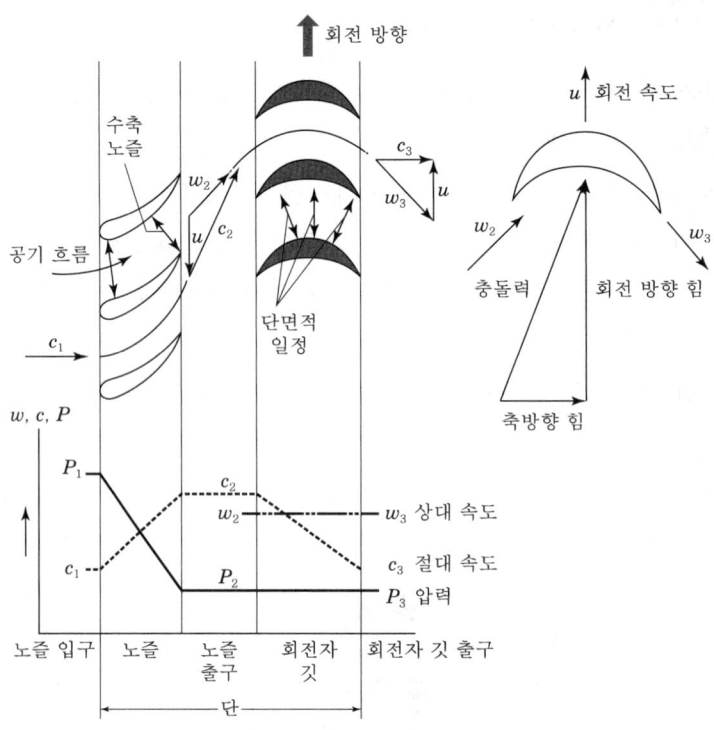

▲ 충동 터빈의 작동 원리 및 속도 벡터

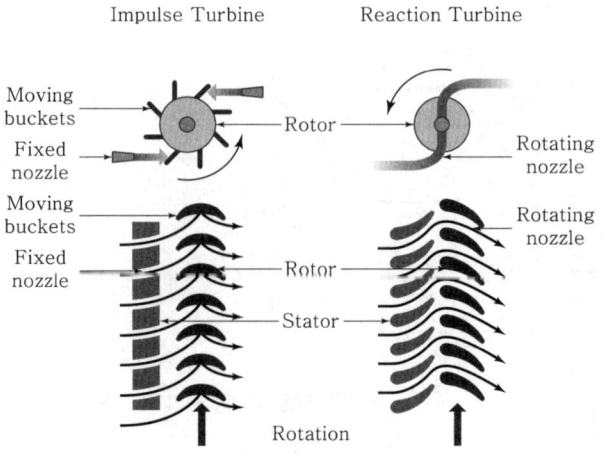

▲ 충동 터빈과 반동 터빈의 차이

바) 실제 터빈 깃(impulse-reaction turbne): 터빈 로터가 회전할 때 회전자 깃의
  뿌리로부터 깃 끝으로 갈수록 선속도는 커진다. 로터 깃 끝으로 갈수록 깃 각을 작게
  비틀어 주어 깃 뿌리에서는 충동 터빈의 깃 끝으로 갈수록 반동 터빈이 되게 함으로써
  토크를 일정하게 하여 로터 깃의 출구에서 속도와 압력을 같게 유지시키는 방식이다.

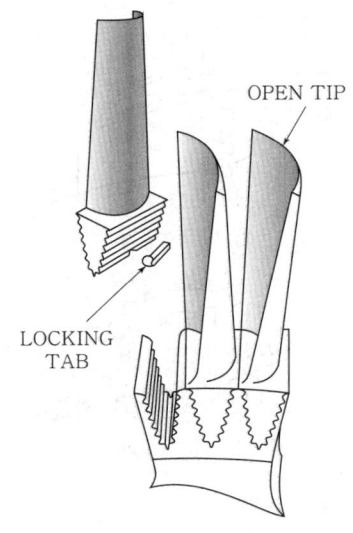

### ③ 터빈 효율

가) 마찰이 없는 터빈의 이상적인 일과 실제 터빈 일의 비를 단열 효율이라 하며, 터빈 효율의
  척도로 사용한다.

나) 터빈 단열 효율

$$\text{터빈 단열 효율}(\eta_t) = \frac{\text{실제 팽창한 일}}{\text{이상적 팽창 일}} = \frac{T_3 - T_4}{T_3 - T_{4i}}$$

- $T_3$: 터빈 입구 온도      • $T_4$: 터빈 출구 온도
- $T_{4i}$: 이상적인 경우의 터빈 출구 온도

### ④ 터빈 깃의 냉각 방법

가) 대류 냉각(convection cooling): 터빈 깃 내부에 공기 통로를 만들어 차가운 공기가
  지나가게 함으로써 터빈을 냉각시키며, 가장 간단하여 가장 많이 사용된다.

나) 충돌 냉각(impingement cooling): 터빈 깃의 내부에 작은 공기 통로를 설치하여 터빈
  깃의 앞 전 안쪽 표면에 냉각 공기를 충돌시켜 깃을 냉각시킨다.

다) 공기막 냉각(air film cooling): 터빈 깃 안쪽에 통로를 만들고, 표면에 작은 구멍을 뚫어
  이를 통해 찬 공기가 나오게 되어 찬 공기의 얇은 막이 터빈 깃을 둘러싸서 가열을 방지
  및 냉각하게 된다.

라) 침출 냉각(transpiration cooling): 터빈 깃을 다공성 재료로 만들고 깃 내부에 공기 통로를 만들어 냉각 공기가 터빈 깃을 통해 스며 나와 터빈 깃 주위에 얇은 막을 형성하여 깃에 연소 가스가 닿지 못하도록 하는 방식으로, 냉각 성능은 우수하지만, 강도 문제로 인해 아직 실용화되지 못하고 있다.

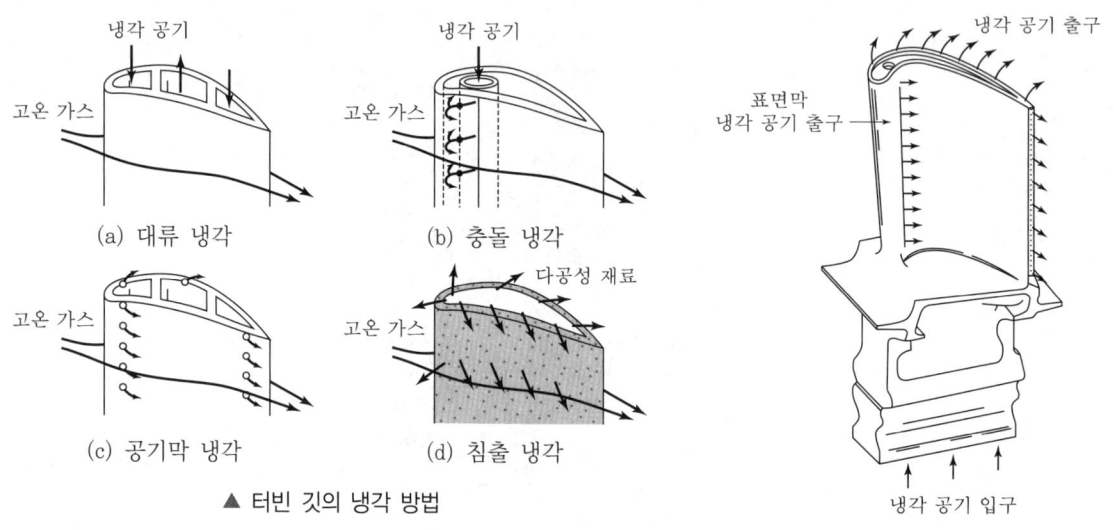

▲ 터빈 깃의 냉각 방법

▲ 터빈 깃의 냉각 방법

## (6) 배기계통

항공기 가스터빈엔진의 배기계통은 추력을 얻는 데 있어 중요한 역할을 한다. 단, 엔진 종류에 따라 다르며 내용은 다음과 같다.

| | |
|---|---|
| **터보팬엔진, 터보제트엔진, 터보프롭엔진** | 배기가스가 배기 노즐로 빠른 속도로 분사됨으로써 추력을 얻으므로 엔진 성능에 큰 영향을 끼친다. |
| **터보샤프트엔진** | 자유터빈을 거쳐 나온 배기가스는 남은 에너지가 없기 때문에 그대로 배출시킨다. |

### ① 배기관(exhaust duct) & 테일 파이프(tail pipe)

| | |
|---|---|
| **역할** | • 배기가스를 대기 중으로 방출하는 통로이다.<br>• 배기가스를 정류시킨다.<br>• 압력 에너지를 속도 에너지로 바꾸어 추력을 얻는다. |

② **배기 노즐(exhaust nozzle):** 배기 도관에서 공기가 분사되는 끝부분으로, 이 부분의 면적은 배기가스 속도를 좌우하는 중요한 요소이고, 실제 엔진에서는 터빈 출구와 배기 노즐 사이에 후기 연소기 및 역추력 장치를 설치하는 경우도 있다

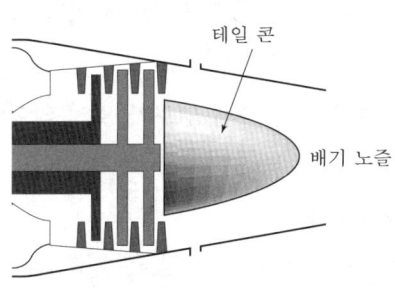

▲ 수축형 배기 노즐　　　　　　　　▲ 수축-확산형 배기 노즐

| 수축형 배기 노즐<br>(convergent exhaust nozzle) | 아음속기에 사용하는 배기 노즐은 배기가스의 속도를 증가시켜 추력을 얻는다. |
|---|---|
| 수축-확산형 배기 노즐<br>(convergent-divergent nozzle) | 초음속기에 사용하는 배기 노즐은 터빈에서 나온 저속·고압의 가스를 수축하여 팽창 가속시켜 음속으로 변환시킨 후, 확산 통로를 통과하면서 초음속으로 가속시켜 추력을 얻는다. 아음속에서는 확산하여 운동 에너지가 압력 에너지로 변환되고, 초음속에서는 확산에 의해 압력 에너지가 운동 에너지로 변환된다. |

③ **고정 면적 노즐:** 주로 아음속기의 터보팬, 터보프롭엔진에서 배기 노즐로 사용하고, 배기가스 정류를 위해 내부에 테일 콘(tail cone)을 장착했다.

④ **가변 면적 노즐:** 일반적으로 초음속기나 후기 연소기를 가진 엔진의 배기 노즐은 가변 면적 흡입도관과 연동된다.

| 완속 운전 중 | 추력이 작기 때문에 연소 가스를 가능한 많이 배출시켜야 하므로 노즐 면적을 넓게 열어준다. |
|---|---|
| 최대 추력작동인 경우 | 배기가스 속도를 최대로 하기 위해 노즐 면적을 최대한 좁게 한다. |
| 후기 연소기가 작동될 때 | 체적이 증가된 연소 가스를 배출키 위해 노즐 면적을 크게 해 주어 빠른 속도의 배기가스를 충분히 배출시킨다. |

## (7) 연료계통

### ① 연료

가) 가스터빈엔진의 연료 구비 조건

    ㉠ 비행 시 상승률이 크고 고고도 비행을 하여 대기압이 낮아지므로 베이퍼 로크(vapor lock)의 위험성이 항상 존재하여 연료의 증기압이 낮아야 한다.

    ㉡ 제트기류가 있는 11km의 온도가 −56.5℃인 고공에서 연료가 얼지 않아야 하고, 연료의 어는점이 낮아야 한다.

    ㉢ 화재 발생을 방지하기 위해 인화점이 높아야 한다.

    ㉣ 왕복엔진에 비해 연료 소비율이 크기 때문에 대량생산이 가능하고 가격이 저렴해야 한다.

    ㉤ 단위 무게당 발열량이 커야 한다.

    ㉥ 연료탱크 및 계통 내에 연료를 부식시키지 말아야 한다. 즉, 연료의 부식성이 적어야 한다.

    ㉦ 연료 조정장치의 원활한 작동을 위해 점성이 낮고 깨끗하고 균질해야 한다.

나) 연료 선택 시 고려사항

    ㉠ 연료의 이용도

    ㉡ 고도한계, 연소실 효율, 엔진 회전수, 탄소 찌꺼기 및 연소실 후기 연소기의 공중 재시동 특성 등과 같은 엔진의 성능

    ㉢ 항공기 연료계통의 증기 및 액체 손실, 베이퍼 로크, 연료의 청결성

다) 연료의 종류

| | |
|---|---|
| JP-4 | JP-3의 낮은 증기압 특성을 개량한 것으로 가솔린의 증기압과 비슷한 값을 가져 군용으로 많이 사용하며, 주성분이 등유와 낮은 증기압의 합성 가솔린이다. |
| JP-5 | 높은 인화점을 가진 등유계 연료로 인화성이 낮아 폭발 위험이 없어 함재기에 많이 사용한다. |
| JP-6 | 초음속기의 높은 온도에 적응하기 위하여 개발된 것으로, 낮은 증기압 및 JP-4보다 더 높은 인화점을, JP-5보다 더 낮은 어는점을 갖고 있다. |
| 제트 A형 및 A-1형 | 민간 항공용 연료로서 JP-5와 비슷하나 어는점이 약간 높다. |
| 제트 B형 | JP-4와 비슷하나 어는점이 약간 높다. |

라) 연료 함유 성분의 영향

| 방향족<br>탄화수소 | 연소할 때 연기가 발생하여 연소실에 그을음이 남고, 고무 개스킷을 부풀게 하고, 비교적 높은 어는점을 가지기 때문에 함유량에 제한을 받는다. |
|---|---|
| 올레핀족<br>탄화수소 | 화학적으로 불안정하여 저장 중 찌꺼기가 형성되어 함유량에 제한을 받는다. |

## ② 연료계통(fuel system)

| 기체 연료계통 | 부스터 펌프(가압)→선택 및 차단 밸브→연료 파이프 또는 호스→엔진 연료계통 공급 |
|---|---|
| 엔진 연료계통 | 주 연료 펌프→연료 여과기→연료 조정장치(F.C.U)→여압 및 드레인 밸브(pressurizing and drain)→연료 매니폴드→연료 노즐 |

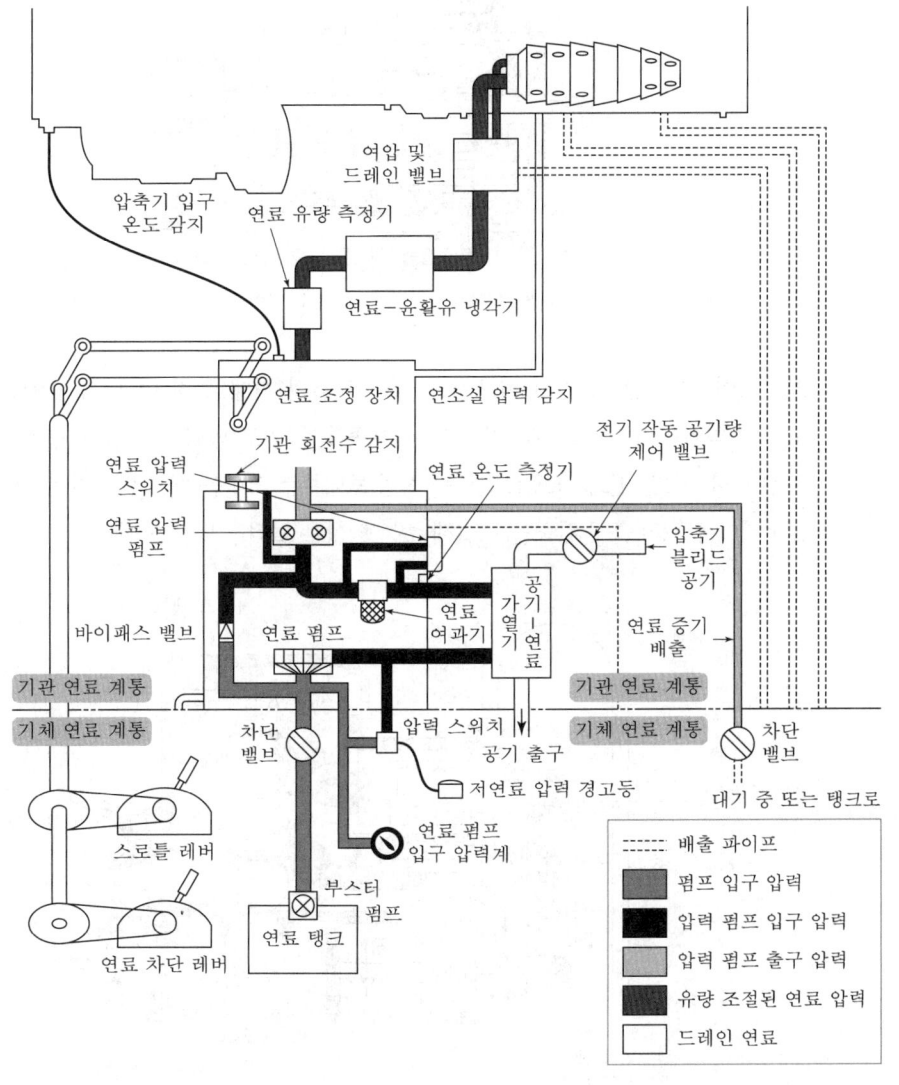

▲ 가스터빈엔진의 연료계통 개략도(JT-8D)

가) 주 연료 펌프(main fuel pump): 종류로는 원심 펌프, 기어 펌프 및 피스톤 펌프가 주로
    사용된다.

　　㉠ 원심 부스터 펌프를 가진 2단 기어 펌프: 원심 펌프의 임펠러가 고압 기어 펌프에
　　　　연결되어 기어 펌프보다 빠르게 회전하면서 연료를 2개의 기어 펌프에 공급한다.
　　　　병렬로 연결된 2개의 기어 펌프에서 더욱 가압된 연료는 체크 밸브를 통해 출구로
　　　　나가게 되고, 고장일 때는 고장 난 체크 밸브가 닫히게 되어 연료의 역류를 방지하고,
　　　　릴리프 밸브(relief valve)는 출구 압력이 규정 값 이상으로 높아지면 열려서 기어 펌프
　　　　입구로 되돌려 보낸다. 또한, 사용하고 남은 연료는 바이패스(bypass) 연료 입구를
　　　　통해 기어 펌프 입구로 보내진다.

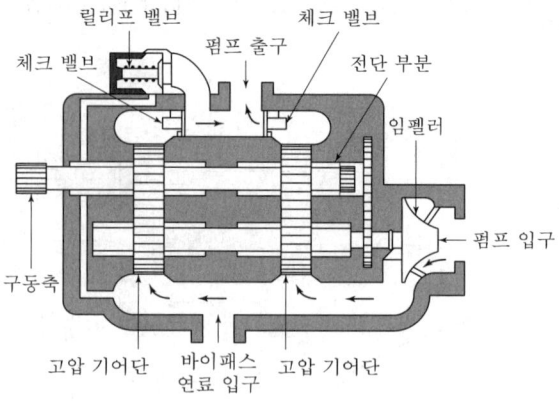

　　㉡ 2단 기어 직렬 펌프: 기어 펌프가 직렬로 연결된 형태로 첫 번째 기어 펌프는 부스터
　　　　펌프의 역할을 수행하고, 두 번째 기어 펌프가 주 펌프 역할을 수행한다. 1단 기어 펌프
　　　　고장 시에는 2단 연료 펌프로 연료를 직접 보내주는 역할을 체크 밸브가 수행하고, 1단과
　　　　2단 기어 펌프의 출구 압력을 조절해 주는 역할은 릴리프 밸브가 한다.

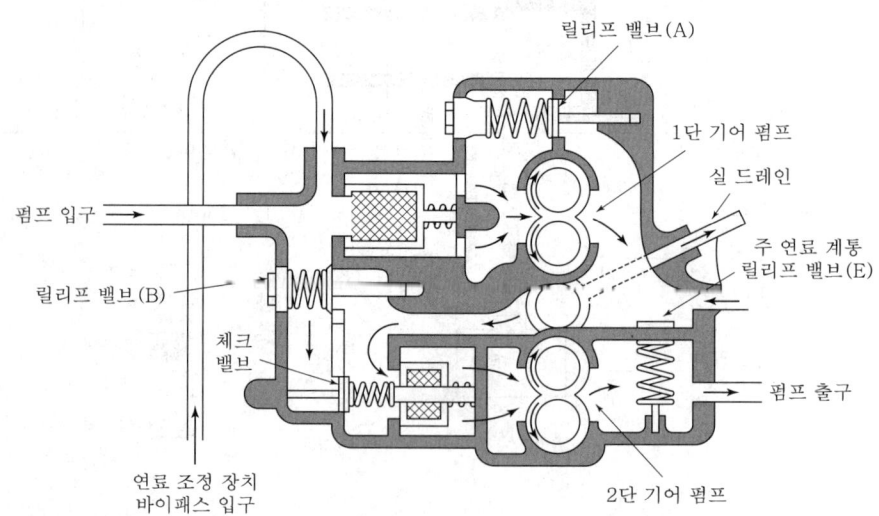

나) 연료 조정장치(FCU: Fuel Control Unit)

ㄱ) 기능: 모든 엔진 작동 조건에 대응하여 엔진으로 공급되는 연료 유량을 적절하게 제어하는 장치이다.

ㄴ) 필요성
- 스로틀 레버(동력레버)를 급격히 열 경우에는 연료 유량은 급격히 증가하나 엔진의 회전수는 서서히 증가하여 과농후 혼합비가 형성되어 터빈 입구의 온도가 과도하게 상승하거나 압축기가 실속을 일으킨다.
- 스로틀 레버를 급격히 닫을 경우에는 연료 유량은 급격히 감소하나 엔진의 회전수는 서서히 감소되어 과희박 혼합비가 형성되어 연소 정지 현상이 발생한다.
- 엔진의 상태에 따라 연료량을 조절하는 장치가 필요하다.

ㄷ) 종류: 전자식 통합 엔진 제어 장치(FADEC), 유압-기계식(FCU), 유압기계-전자식(EFCU, EEC)으로 나뉜다.

ㄹ) 유압-기계식 연료 조정장치: 조종정치는 미터링부(metering section), 컴퓨터부(com- puter section), 센싱부(sensing section)로 나뉜다. 유량 조절 부분은 수감부에서 계산된 신호를 받아 엔진의 작동 한계에 맞도록 연소실로 공급되는 연료량을 조정하고, 수감 부분은 엔진의 작동 상태를 수감해서 이 신호를 종합하여 유량 조절 부분으로 보낸다.

수감 부분은 엔진의 RPM, 압축기 입구 온도(CIT), 압축기 출구 압력(CDP) 또는 연소실 압력, 동력 레버 위치(PLA) 등을 수감한다.

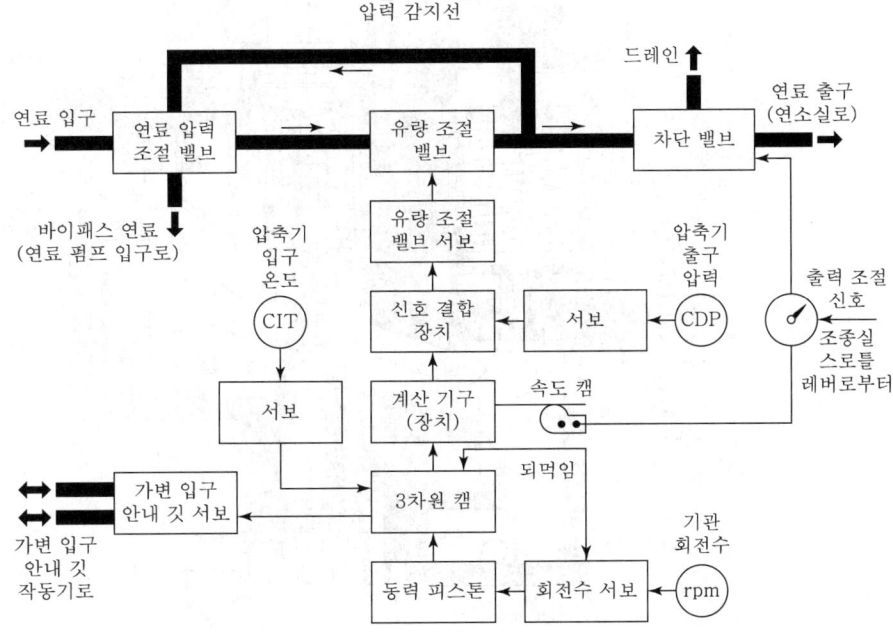

ⓜ 전자식 연료 조정장치(EEC: Electronic Engine Control): 전자식 엔진 제어장치로 FCU보다 전기적인 시그널이 많고 전기적으로 연료 유량 및 압축공기 공기량 등 엔진을 제어하는 시스템으로서 FCU의 기계적 방식에서 한 단계 진화한 형태의 엔진 조절방식으로, 전자식 제어장치는 과거의 연료 조정장치와 비교해서 연료의 유량 제어가 정밀하여 연료비의 개선과 압축기 실속, 과속 및 배기가스 온도 초과 등 비정상 작동을 방지해줌으로써 안전성이 크게 향상되었다. 또한, 조종사의 업무를 감소시켜줄 뿐만 아니라 과거의 결함을 축적하고 출력할 수 있으며, 현 상태의 결함 유무도 확인할 수 있는 성능을 가지고 있다.

다) 여압 및 드레인 밸브(P&D valve: Pressurizing and drain valve): 연료 조정장치(FCU)와 매니폴드 사이에 위치하고 있다.

ㄱ 기능
- 연료 흐름을 1차 연료와 2차 연료로 분리시킨다.
- 엔진 정지 시 매니폴드나 연료 노즐에 남아 있는 연료를 외부로 방출시킨다.
- 연료의 압력이 일정 압력이 될 때까지 연료 흐름을 차단한다.

ㄴ 작동 원리: 엔진 시동 및 저속 운전할 때 연료 유량이 최대 출력 시의 1/10 정도로 적고, 압력도 낮아 2차 연료의 여압 밸브는 스프링 힘에 의해 닫히므로 1차 연료만 흐른다. 그러나 RPM이 증가하고 연료 유량이 증가하여 규정 압력에 도달하면 여압 밸브를 통해 2차 연료가 흐른다.

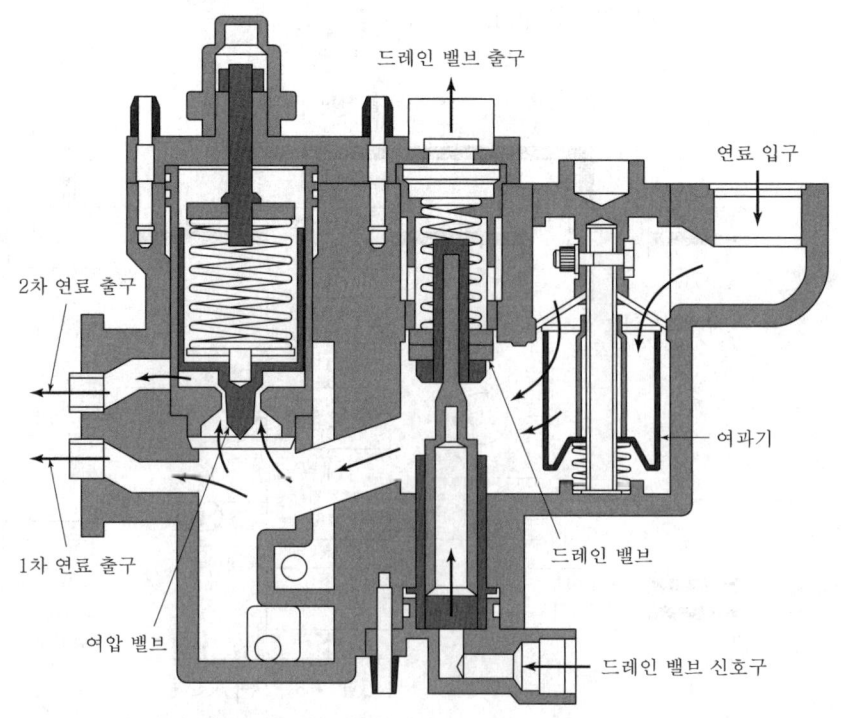

라) 연료 매니폴드(fuel manifold): 여압 및 드레인 밸브를 거쳐 나온 연료를 각 연료 노즐로 분배 공급하는 역할을 하며, 1·2차 연료를 분리하여 공급하는 분리형 매니폴드와 1·2차 연료를 동시에 공급하는 동심형 매니폴드로 나눈다.

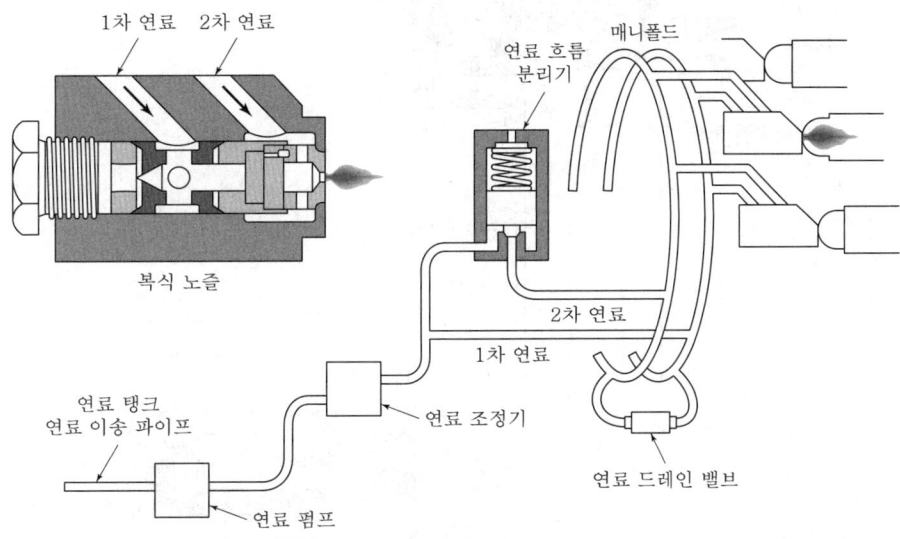

마) 연료 노즐(fuel nozzle): 노즐은 여러 조건에서도 빠르고 정확한 연소가 이뤄지도록 연소실에 연료를 미세하게 분무하는 장치이고, 분무식과 증발식으로 나눈다.

ㄱ) 종류

| 증발식 | | 연료가 2차 공기와 함께 증발관의 중심을 통과하면서 연소열에 가열, 증발되어 연소실에 혼합가스를 공급한다. |
|---|---|---|
| 분무식 | | 분사 노즐을 사용해서 고압으로 연소실에 연료를 분사시키고, 증발식보다는 분무식을 많이 사용하고 단식 노즐과 복식 노즐이 있다. |
| | 단식 노즐 | 구조는 간단하나 연료의 압력과 공기 흐름의 변화에 따라 연료를 충분히 분사시켜 주지 못해 거의 사용하지 않는다. |
| | 복식 노즐 | 1차 연료가 노즐 중심의 작은 구멍을 통해 분사되고, 2차 연료는 가장자리의 큰 구멍을 통해 분사하는 방식으로 많이 사용한다. |

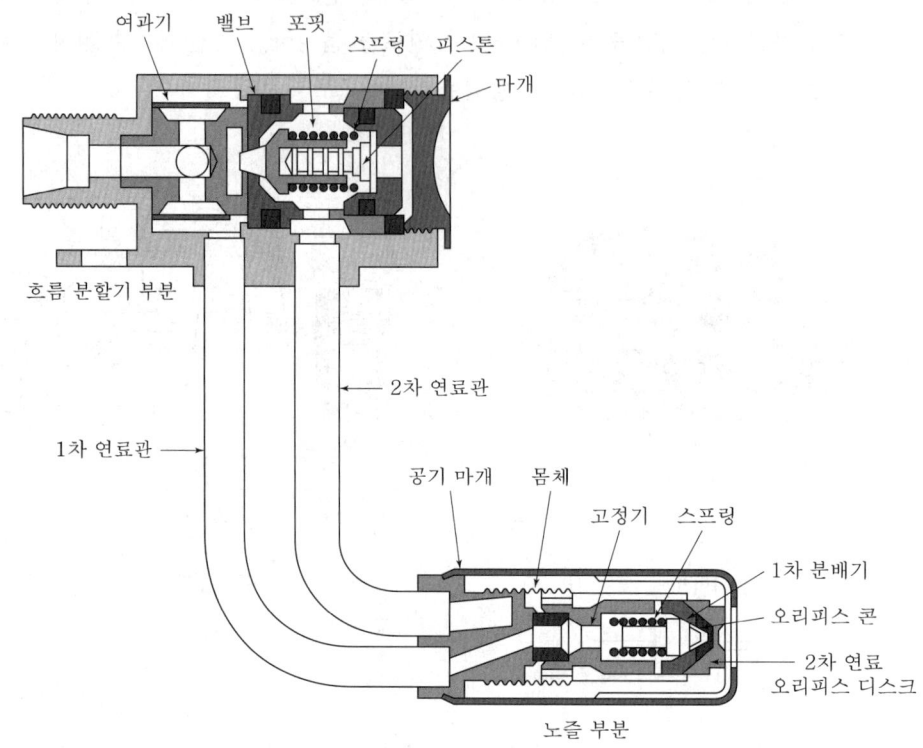

▲ 복식 노즐의 구조

ⓛ 연료 흐름의 종류

| 1차 연료 | 시동 시 연료의 점화를 쉽게 하기 위해 넓은 각도(150°)로 분사시킨다(시동 시에는 1차 연료만 흐른다). 정상 작동 시에는 계속 연료가 분사된다. |
|---|---|
| 2차 연료 | 연소실 벽에 닿지 않고 연소실 안에서 균등하게 연소되도록 비교적 좁은 각도(50°)로 멀리 분사시키며 완속 회전속도 이상에서 작동된다. |
| 추가 장치 | 노즐 부분에서 압축 공기를 공급시켜 노즐을 냉각시키고 연료가 좀 더 미세하게 분사되도록 도와준다. |

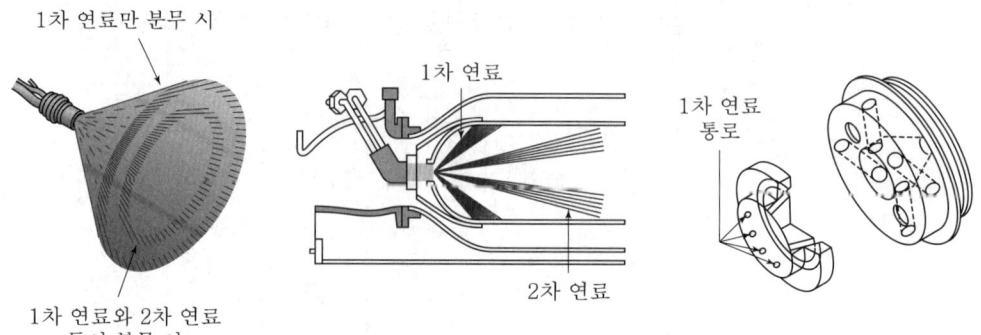

▲ 1, 2차 연료의 분사

바) 연료 여과기: 연료 중의 불순물을 여과하기 위해 사용되며, 보통 연료 압력 펌프의 앞, 뒤에 하나씩 사용하고 여과기가 막혀 연료를 공급하지 못할 경우에는 규정 압력 차에 의해 열리는 바이패스 밸브를 함께 사용한다.

㉠ 여과기 종류: 여과기 종류는 다음과 같이 3가지로 분류되며, 여과기가 막히면 여과기 저압 경고장치가 조종실에 즉시 경고를 주어 바이패스 밸브를 열어 연료 출입을 가능하게 한다.

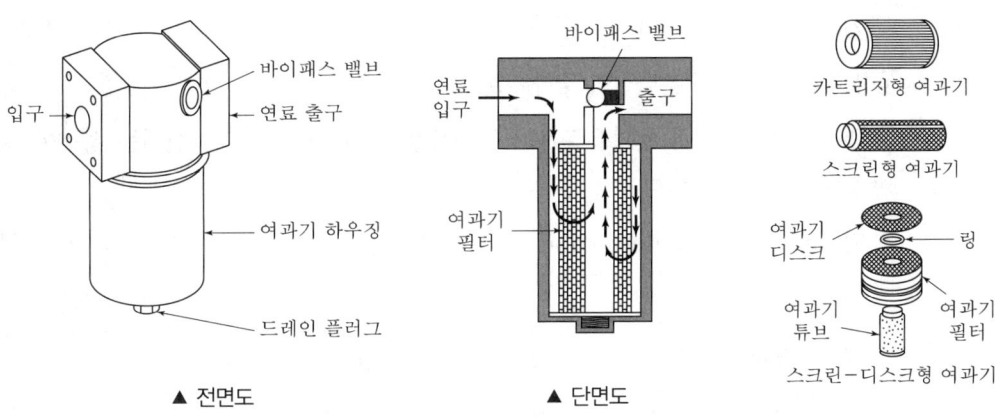

▲ 전면도　　　　　　▲ 단면도

| | |
|---|---|
| **카트리지형**<br>(cartridge type) | 필터가 종이로 되어 있고 연료 펌프 입구 쪽에 장착되며, 걸러 낼 수 있는 최대 입자 크기는 50~100$\mu m$이다. |
| **스크린형**<br>(screen type) | 저압용 연료 여과기로 사용되며, 가는 스테인리스 강철 망으로 만들어 걸러낼 수 있는 최대 입자 크기는 최대 40$\mu m$이다. |
| **스크린-디스크형**<br>(screen-disc type) | 연료 펌프 출구 쪽에 장착되고, 분해가 가능한 매우 가는 강철 망으로 되어 있어 세척 후 재사용이 가능하다. |

## (8) 윤활계통

### ① 윤활

가) 윤활 부분: 압축기와 터빈 축을 지지해 주는 주 베어링과 액세서리를 구동시키는 기어 및 축 베어링 부분을 윤활시킨다.

나) 윤활 목적: 마찰과 마멸을 줄이는 윤활작용과 마찰열을 흡수하는 냉각작용이 주된 목적이다. 윤활계통에서 가장 중요한 것은 윤활유의 누설을 방지하는 것이다. 누설 발생 시 압축기 깃에 이물질이 쌓이게 되어 압축기 성능과 효율이 떨어진다.

## ② 윤활유

가) 윤활유 구비조건

　　㉠ 점성과 유동점이 낮아야 한다.

　　㉡ 점도지수는 어느 정도 높아야 한다.

　　㉢ 인화점이 높아야 한다.

　　㉣ 산화 안정성 및 열적 안정성이 높아야 한다.

　　㉤ 기화성이 낮아야 한다.

　　㉥ 윤활유와 공기의 분리성이 좋아야 한다.

나) 윤활유의 종류: 초기 윤활유로는 광물성유를 많이 사용하였고, 현재는 성능이 우수한 합성유를 사용하고 있다.

　　㉠ 합성유: 에스테르기(ester base) 윤활유는 여러 첨가물을 넣은 것으로 Ⅰ, Ⅱ형으로 나눈다.

| TYPE Ⅰ | 1960년대 초의 합성유 MIL-L-7808 |
|---|---|
| TYPE Ⅱ | 현재 널리 사용 MIL-L-23699 |

• 윤활계통(oil system): 계통의 주요 구성으로는 윤활유 탱크, 윤활유 압력 펌프, 윤활유 배유 펌프, 윤활유 냉각기 블리더 및 여압계통 등이 있다.

－ 윤활유 탱크(oil tank): 탱크는 엔진에 부착되기도 하고 엔진과 분리되기도 한다.

－ 재질은 가벼운 금속판을 엔진 외형에 맞도록 제작하여 설치되어 있다.

| 공기 분리기 | 섬프로부터 탱크로 혼합되어 들어온 공기를 윤활유로부터 분리시켜 대기로 방출시킨다. |
|---|---|
| 섬프벤치 체크 밸브 | 섬프 안 공기 압력이 너무 높을 때 탱크로 빠지게 하는 역할을 한다. |
| 압력 조절 밸브 | 탱크 안의 공기 압력이 너무 높을 때 공기를 대기 중으로 배출하는 역할을 한다. |
| 고온 탱크형 (hot tank type) | 윤활유 냉각기를 압력 펌프와 엔진 사이에 배치하여 냉각하기 때문에 윤활유 탱크에는 높은 온도의 윤활유가 저장되는 타입이다. |
| 저온 탱크형 (cold tank type) | 윤활유 냉각기를 배유 펌프와 윤활유 탱크 사이에 위치시켜 냉각된 윤활유가 윤활유 탱크에 저장되는 타입이다. |

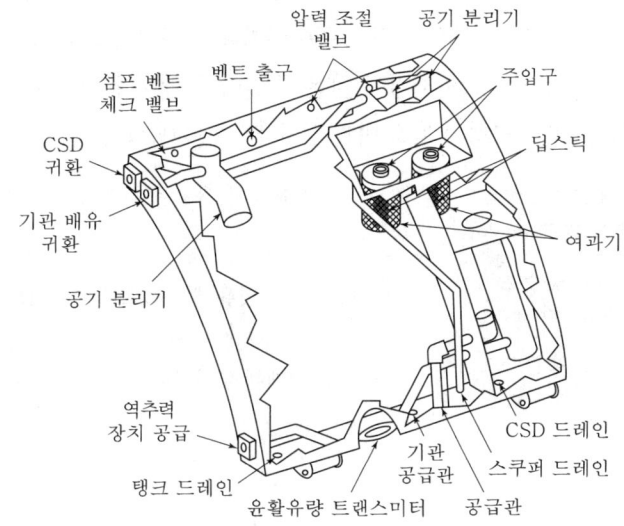

압력 조절 밸브
공기 분리기
섬프 벤트 체크 밸브
벤트 출구
주입구
CSD 귀환
딥스틱
기관 배유 귀환
여과기
공기 분리기
역추력 장치 공급
CSD 드레인
탱크 드레인
기관 공급관
스쿠퍼 드레인
윤활유량 트랜스미터
공급관

▲ 윤활유 탱크의 구조

- 윤활유 펌프(oil pump): 형식에 따라 베인형, 제로터형, 기어형이 있고, 이 중 기어형을 가장 많이 사용한다.

| 윤활유 압력 펌프 | 탱크로부터 엔진으로 윤활유를 압송하며 압력을 일정하게 유지하기 위하여 릴리프 밸브가 설치된다. |
|---|---|
| 윤활유 배유 펌프 | 엔진의 각종 부품을 윤활시킨 뒤 섬프에 모인 윤활유를 탱크로 보내준다. |
| 배유 펌프가 압력 펌프보다 용량이 큰 이유 | 윤활유가 공기와 혼합되어 체적이 증가하기 때문에 용량이 커야 한다. |

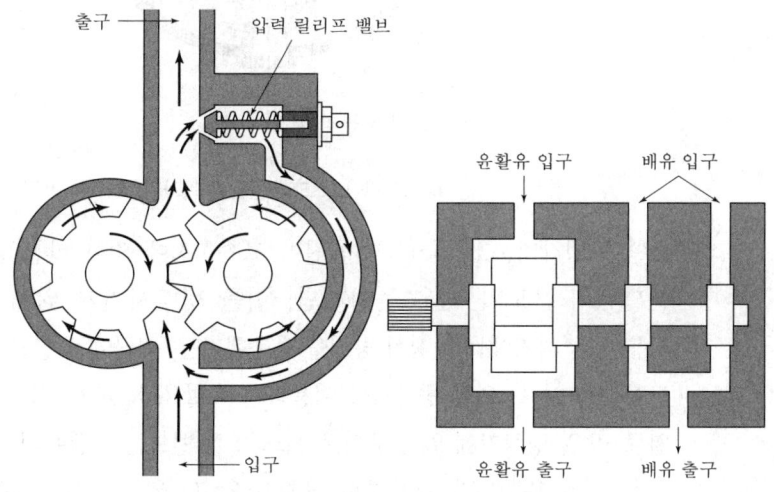

출구
압력 릴리프 밸브
윤활유 입구
배유 입구
입구
윤활유 출구
배유 출구

▲ 기어형 윤활유 펌프

- 윤활유 여과기: 여과기 종류에는 카트리지형, 스크린형, 스크린-디스크형이 있으며, 카트리지형은 재질이 종이이기에 주기적인 교환이 필요하고, 스크린형과 스크린-디스크형은 재질이 얇은 스틸이기 때문에 세척 후 재사용이 가능하다. 스크린-디스크형의 최소 여과 입자 크기는 $50\mu m$이다.

| 바이패스 밸브<br>(by-pass valve) | 여과기가 막혔을 때 윤활유를 계속 공급해 주는 통로를 만들어 준다. |
|---|---|
| 체크 밸브<br>(check valve) | 엔진 정지 시 윤활유가 엔진으로 역류되는 것을 방지한다. |
| 드레인 플러그<br>(drain plug) | 여과기 맨 아래에 위치하여 걸러진 불순물을 배출시킨다. |

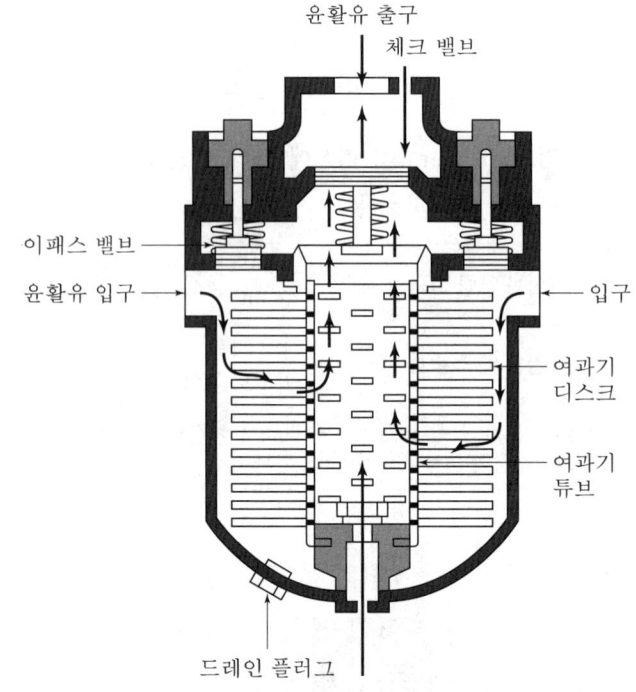

▲ 스크린-디스크형 윤활유 여과기

- 윤활유 냉각기(oil cooler): 엔진이 고속회전에 의한 마찰열이 많이 발생하여 윤활유의 온도가 매우 높아지면, 이를 냉각시키기 위해 윤활유 냉각기를 사용한다. 과서에는 공냉식 빙식을 사용했지만, 최근에는 연료와 윤활유의 온도를 교환하는 연료-오일 냉각기를 이용하여 윤활유를 냉각시키고, 연료를 가열한다. 연료-오일 냉각기에 있는 윤활유 온도 조절 밸브는 윤활유의 온도가 규정 값보다 낮을 경우 윤활유가 냉각기를 거치지 않고, 온도가 높을 때는 냉각기를 통해 냉각되도록 한다.

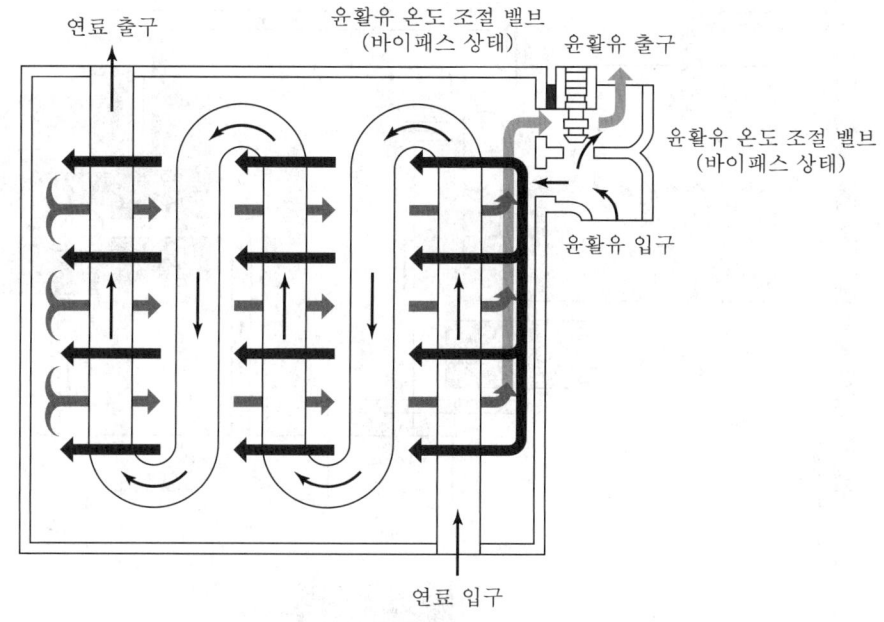

연료 출구　　　　　윤활유 온도 조절 밸브
　　　　　　　　　　（바이패스 상태）　　윤활유 출구

　　　　　　　　　　　　　　　　　　윤활유 온도 조절 밸브
　　　　　　　　　　　　　　　　　　（바이패스 상태）

　　　　　　　　　　　　　　　　윤활유 입구

연료 입구

▲ 연료-윤활유 냉각기

– 블리더 및 여압계통(bleeder and pressurizing): 비행 중 고도 변화에 따른
대기압이 변화더라도 알맞은 유량을 공급하여 배유 펌프의 역할을 수행할 수
있고, 섬프 내부의 압력을 일정하게 유지시켜 윤활유 누설을 방지하는 장치이다.

| 섬프 내 압력이 탱크 압력보다 높은 경우 | 섬프 벤트 체크 밸브가 열려 섬프 내의 공기를 탱크로 배출시킨다. 탱크로부터 섬프로의 공기 흐름은 체크 밸브에 의해 불가능하기 때문에 대기압보다 탱크 압력이 높게 된다. |
|---|---|
| 섬프 내 압력이 낮은 경우 | 섬프 진공 밸브가 열려 대기 압력이 섬프 내부로 들어온다. |
| 섬프 내 압력이 높은 경우 | 탱크로 배출시킨다. |

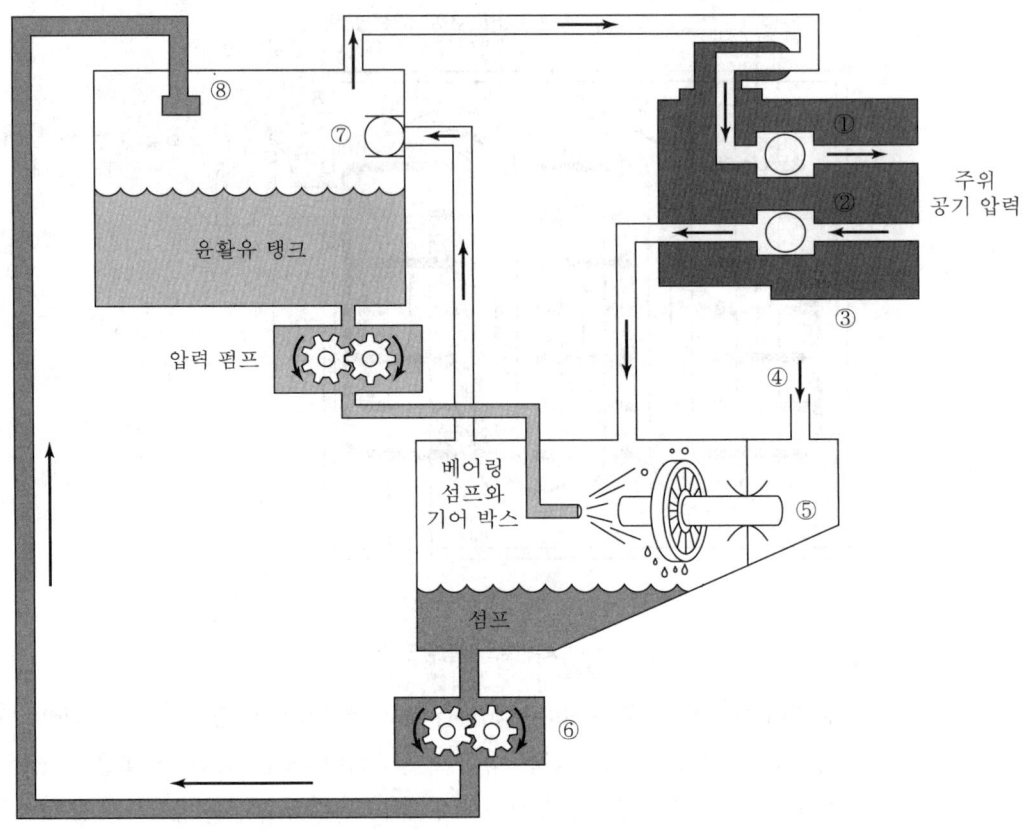

① 탱크 여압 밸브
② 섬프 진공 밸브
③ 섬프 및 탱크 여압 밸브
④ 압축기의 블리드 공기
⑤ 베어링 공기-윤활유 실
⑥ 배유 펌프
⑦ 섬프 벤트 체크 밸브
⑧ 공기 분리기

## (9) 시동 및 점화계통

### ① 왕복엔진과 가스터빈엔진의 차이점

| | |
|---|---|
| **왕복엔진** | 엔진 시동이 진행되는 동안에도 점화장치는 정확한 점화진각과 점화 플러그에 의해 점화되어야 한다. 시동 이후 시동장치를 정지해도 계속 운전이 가능하다. |
| **가스터빈엔진** | 엔진 시동 이후에도 자립 회전 rpm에 도달할 때까지 계속 회전시켜 주어야 하고, 연소실 안에 불꽃이 발생하면 더 이상 점화장치가 필요 없으나 높은 에너지 점화불꽃이 필요하다. |

## ② 시동계통

외부 동력을 이용하여 압축기를 회전시켜 연소에 필요한 공기를 연소실에 공급하고, 연소에 의해 자립회전속도에 도달할 때까지 엔진을 회전시킨다.

| 전기식 시동계통 | 전동기식 시동기 | DC 28V 직권식 전동기를 사용하여 자립회전속도 후 자동으로 분리되는 클러치장치가 필요하며, 시동 시 전류는 1,000~2,000A의 큰 전류를 공급할 수 있는 축전지나 발전기를 사용한다. |
|---|---|---|
| | | 작동 원리는 엔진의 회전속도가 자립회전속도를 넘어서면 시동 전동기에 역전류가 흘러 동력이 차단되고 시동기는 정지된다. |
| | | 공중 시동 스위치는 비행 중 연소정지 현상이 일어나 엔진을 다시 시동시킬 때 시동기는 작동하지 않고 점화장치만 가동시켜 엔진을 시동시키는 장치이다. |
| | 시동-발전기식 시동기 | 시동 시 시동기 역할을 수행하고 자립 회전되면 역전류가 발생되고, 저전류 계전기가 떨어져 시동제어 계전기와 시동 접촉 계전기가 끊어진다. 이때 엔진으로부터 회전력을 받아 발전기 역할을 수행한다. 이 시동기는 무게를 감소하기 위해 만들어졌다 (J-47 ENG 사용). |

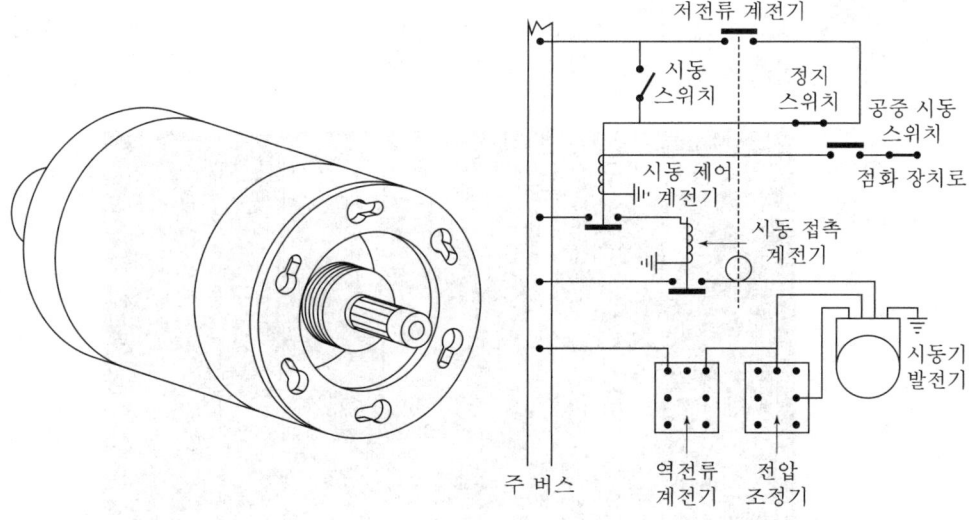

▲ 시동-발전기식 시동기 및 시동-발전기식 시동계통의 회로도

| | | |
|---|---|---|
| 공기식<br>시동계통 | 공기터빈식<br>시동계통 | • 전기식 시동기에 비해 가볍고 출력이 요구되는 대형기에 적합하며, 많은 양의 압축공기가 필요하다.<br>• 공기를 얻는 방법으로는, 첫째 별도의 보조엔진에 의해 공기를 공급받고, 둘째 저장 탱크에 의해 공기를 공급받고, 셋째 카트리지 시동방법으로 공급받는다.<br>• 작동 원리로는 압축된 공기를 외부로부터 공급받아 소형 터빈을 고속회전시킨 후 감속기어를 통해 큰 회전력을 얻어 압축기를 회전시키고 자립회전속도에 도달하면 클러치 기구에 의해 자동 분리된다. |
| | 가스터빈식<br>시동계통 | • 외부 동력 없이 자체 시동이 가능한 시동기로 자체가 완전한 소형 가스터빈엔진이다. 이 시동기는 자체 내의 전동기로 시동된다.<br>• 장점으론 고출력에 비해 무게가 가볍고, 조종사 혼자서 시동이 가능하고, 엔진의 수명이 길고, 계통의 이상유무를 검사할 수 있도록 장시간 엔진을 공회전 시킬 수 있다.<br>• 단점으론 구조가 복잡하고, 가격이 비싸다. |
| | 공기충돌식<br>시동계통 | • 작동원리론 공기 유입 덕트만 가지고 있어 시동기 중 가장 간단한 형식이고, 작동 중인 엔진이나 지상 동력장치로부터 공급된 공기를 체크 밸브를 통해 터빈 블레이드나 원심력식 압축기에 공급하여 엔진을 회전시킨다.<br>• 장점으론 구조가 간단하고, 무게가 가벼워 소형기에 적합하다. 반면 대형 엔진은 대량의 공기가 필요하여 부적합하다. |

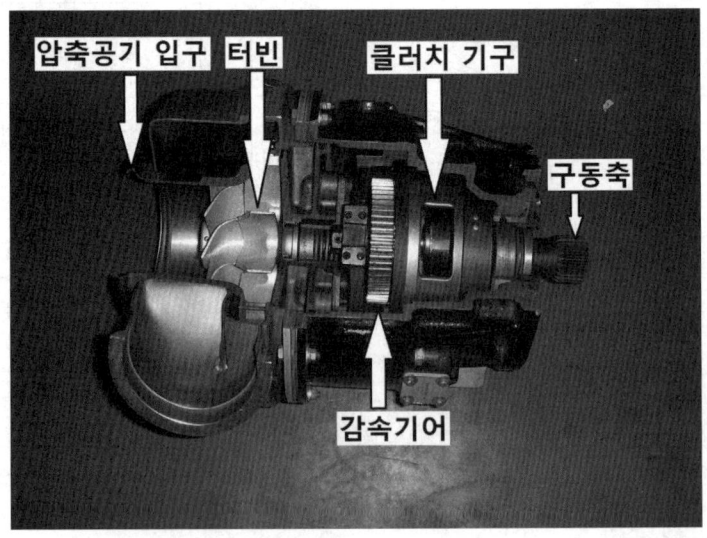

▲ 공기 터빈식 시동기

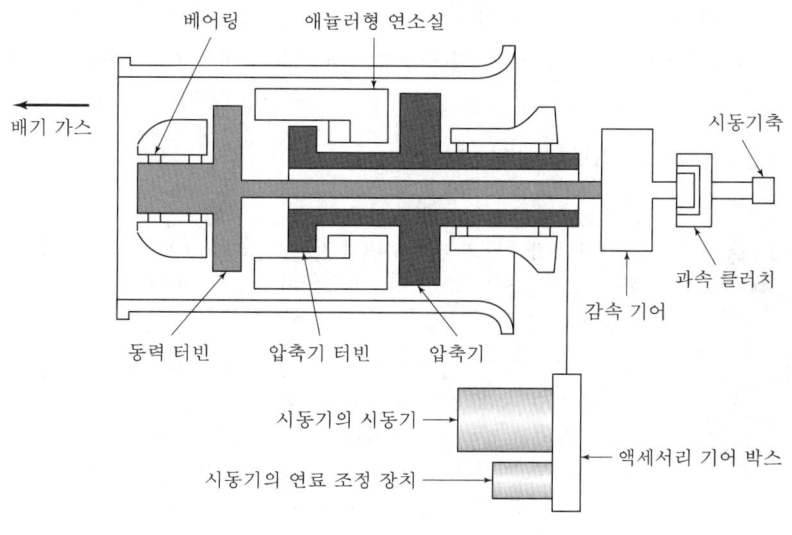

▲ 가스 터빈식 시동기

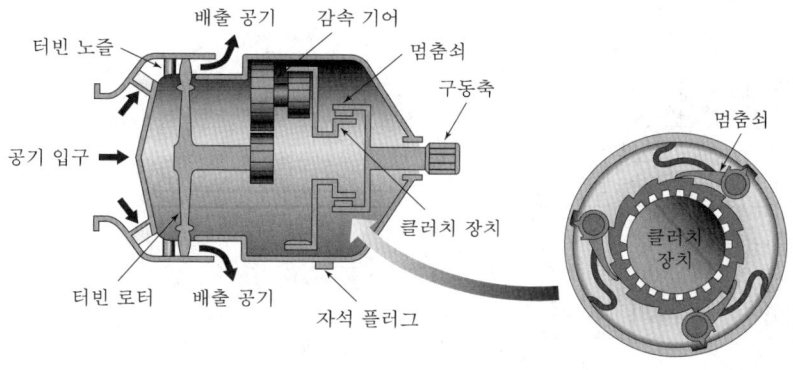

▲ 공기터빈식 시동기(단면)

③ **점화계통:** 가스터빈엔진의 점화장치는 시동 시에만 점화가 필요하여 구조와 작동이 간편하다. 그러나 연소실을 지나는 공기 흐름의 특성 때문에 점화시키는 것은 매우 어려워 높은 전기 스파크를 이용한다. 점화계통의 종류에는 유도형 점화계통과 용량형 점화계통으로 나눈다.

가) 점화가 어려운 이유(높은 에너지가 필요한 이유)

ㄱ 기화성이 낮고 혼합비가 희박하기 때문에 점화가 쉽지 않다.

ㄴ 고공비행 시 기온이 낮아 엔진 정지 시 재시동이 어렵다.

ㄷ 연소실을 지나는 공기의 속도가 빠르고, 와류현상이 심해 점화가 어렵다.

나) 유도형 점화계통: 유도형 점화계통은 유도 코일에 의해 높은 전압을 유도시켜 점화장치(이그나이터)에 스파크가 일어나게 한다. 진동자가 1차 코일에 맥류를 공급하고, 변압기는 점화장치의 불꽃이 일어나도록 고전압을 유도시키는 역할을 한다. 초기 가스터빈엔진 점화장치로 사용되었다.

| | |
|---|---|
| 직류 유도형 점화장치 | DC 28V 전원을 인가받아 진동자(vibrator)에 공급하고, 진동자는 스프링과 코일의 자장에 의해 진동하면서 점화코일(변압기)의 1차 코일에 맥류를 공급한다. 2개의 점화 코일, 즉 2차 코일에는 극성이 반대인 고전압이 유도되는 동시에 두 전극 사이에서 점화가 발생된다. |
| 교류 유도형 점화장치 | 시동 시 DC 28V가 인버터에 의해 DC(직류)가 AC(교류)로 변환되어 점화계전기에 115V, 400Hz 교류가 공급되는 가장 간단한 점화장치이다. 점화스위치를 ON하면 직류버스가 계전기 코일을 자화시켜 점화계전기가 연결되면서 교류버스(인버터)에 의해 115V 400Hz가 변압기의 1차 코일에 공급되고, 2차 코일에 고전압이 유도되어 이그나이터에 점화가 발생된다. |

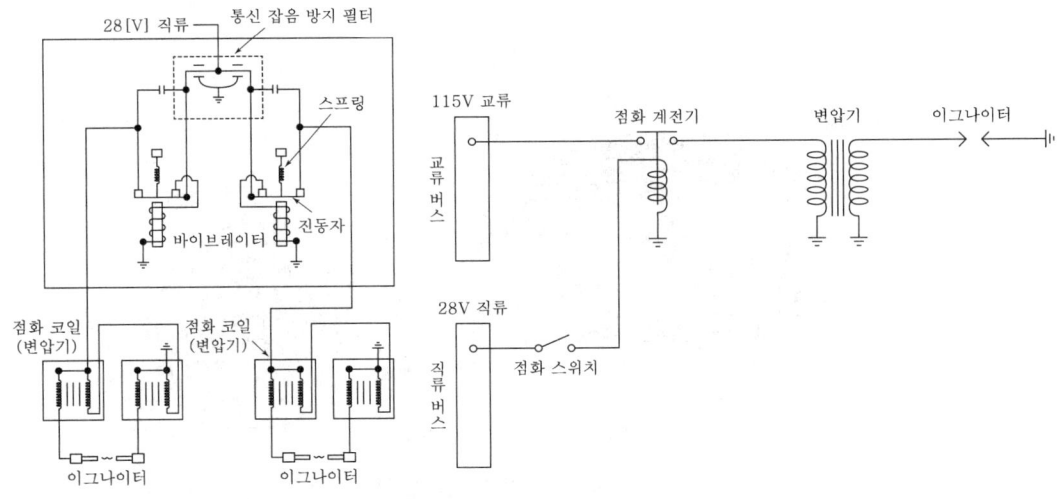

▲ 직류 유도형 점화장치                            ▲ 교류 유도형 점화장치

다) 용량형 점화계통: 용량형 점화계통은 용량이 큰 콘덴서에 많은 전하를 저장했다가 짧은 시간에 방전시켜 높은 에너지로 점화장치(이그나이터)에 스파크를 일어나게 하는 형식이며, 오늘날의 항공기에 사용하는 점화계통이다.

| | |
|---|---|
| 직류 고전압 용량형 점화장치 | • 바이브레이터에 의해 직류를 교류로 바꾸어 사용하며, 통신의 잡음을 없애기 위해 필터를 거친다.<br>• 통신잡음은 통신장비와 점화장치가 동일 축전지 사용에 의해 생긴다.<br>• 필터에 내부 직렬 코일은 직류를 통과시키지만 교류는 흐르지 못하게 하고, 병렬 콘덴서는 교류를 통과시키지만 직류는 흐르지 못하는 성질이 있어 점화장치는 교류에 접지되고, 직류는 점화계통에 공급된다.<br>• 이그나이터에는 2차 코일에 유도된 고전압의 약한 전기불꽃과 큰 저장콘덴서에 남은 전하가 고압변압기를 통해 이그나이터로 방전되어 강한 불꽃이 발생하는데, 1초당 4~8회 발생한다. |

| 교류 고전압 용량형 점화 장치 | • AC 115V 400Hz를 이용하는 점화장치이다. 인가되면서 필터를 거쳐 동력 변압기 1차 코일에 공급되고, 2차 코일에 1,700V 교류가 유도된다.<br>• 반 사이클 동안 정류기 A와 더블러 콘덴서를 거쳐 2차 코일로 흐르면서 더블러 콘덴서에 전하를 저장한 후, 남은 반 사이클 동안 전류가 동력변압기 2차 코일로부터 더블러 콘덴서와 정류기 B를 지나 저장 콘덴서로 흐르면서 앞서 더블러 콘덴서에 저장된 전하가 방출되면서 저장 콘덴서로 옮겨져 저장된 전하는 2배가 된다.<br>• 계속적으로 축적되면 전압이 높아져 방전관 X에서 방전되어 저장된 전하 일부가 1차 코일을 거쳐 트리거 콘덴서로 흐른다. 1차 코일로 전류가 흐르면 2차 코일에 고전압이 유도되어 이그나이터로 불꽃이 발생한다. 또, 방전관 Y가 2차 코일과 직렬 연결되어 높은 전압에 의해 이온화되고, 저장 콘덴서로부터 이그나이터까지 연결되어 강한 불꽃을 발생시킨다. |
| --- | --- |

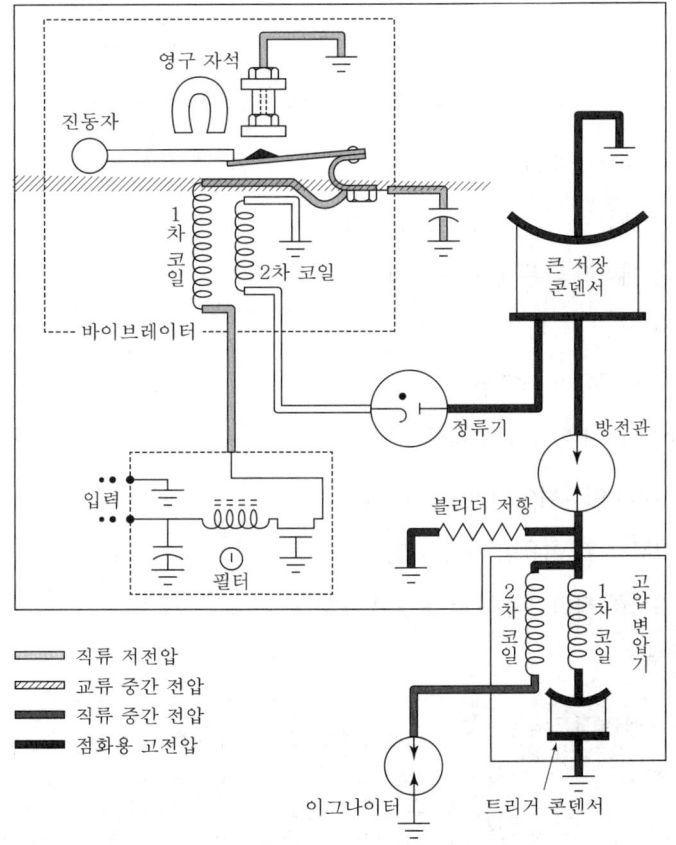

▲ 직류 고전압 용량형 점화장치의 회로도

㉠ 블리더 저항의 역할: 저장 콘덴서의 방전 이후 다음 방전을 위해 트리거 콘덴서의 잔류 전하를 방출시키며, 이그나이터가 장착되지 않은 상태에서 점화장치를 작동시켰을 때 고전압이 발생하여 절연 파괴현상이 발생되는 것을 방지한다.

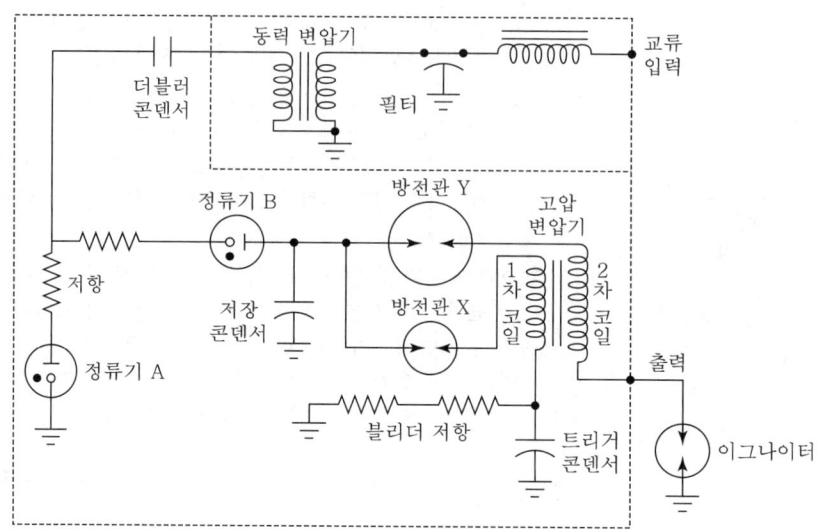

▲ 교류 고전압 용량형 점화장치의 회로도

라) 이그나이터(igniter)

　㉠ 왕복엔진과 가스터빈엔진의 다른 점

　　• 큰 에너지 낮은 압력에서 작동된다.

　　• 전극의 간극이 훨씬 넓다.

　　• 시동 시에만 사용된다.

　　• 이그나이터 교환이 적다.

　　• 2개의 이그나이터만 필요하다.

　　• 교류 전력 이용이 가능하다.

　　• 정확한 점화진각을 맞출 필요가 없다.

　㉡ 종류

| 애뉼러 간극형<br>이그나이터 | 점화를 효과적으로 하기 위해 연소실 내부로 약간 돌출되어 있다. |
|---|---|
| 컨스트레인 간극형<br>이그나이터 | 스파크가 직선으로 튀지 않고 원호를 그리며 튄다. 전극봉이 연소실 안으로 돌출되어 있지 않기 때문에 이그나이터 단자는 애뉼러 간극형보다 낮은 온도를 유지하면서 작동된다. |

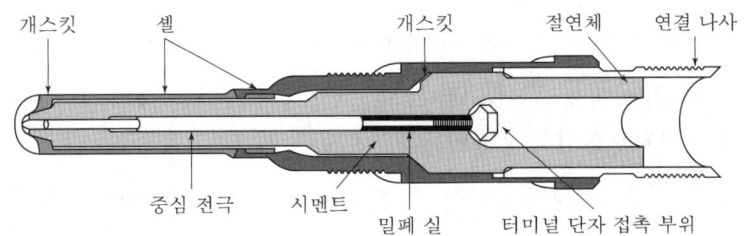

중심 전극　　시멘트　　밀폐 실　　터미널 단자 접촉 부위

▲ 컨스트레인 간극형 이그나이터

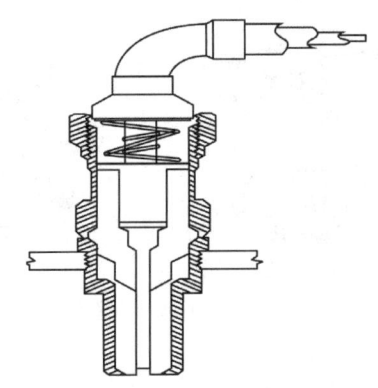

▲ 애뉼러 간극형 이그나이터

### ④ 지상 동력장치와 보조 동력장비(GPU & APU)

가) GPU(Ground Power Unit) & APU(Auxiliary Power Unit): 엔진 시동 및 정비 시 사용하는 장비이며, 소형에 무게도 가볍다. 고장률이 매우 적은 소형 가스터빈엔진이라고도 한다.

나) GTC(Gas Turbine Compressor, 가스터빈 압축기): 소형 가스터빈엔진이 내부에 있어 시동 시 공기식 시동기에 압축공기를 공급할 때 사용되고, 가동 시 사용연료는 항공기 연료와 동일하고 엔진과 유사하게 자체적인 연료, 윤활, 시동계통을 갖추고 있다.

## (10) 그 밖의 계통

### ① 소음 감소 장치

가) 소음 발생: 배기 노즐을 통해 대기 중으로 고속 분출되면서 대기와 부딪혀 혼합되면서 발생되고, 소음의 크기는 배기가스 속도의 6~8제곱에 비례하고, 노즐 지름의 제곱에 비례한다.

나) 소음 감소 방법

  ㉠ 저주파를 고주파로 변환시키기 위해 노즐에서 방출 시 혼합영역을 크게 만든다.

  ㉡ 배기가스의 상대속도를 줄이거나, 대기와의 혼합 면적을 넓게 하여 대기와 혼합시키나
    전체 면적은 변환되지 않게 만든다.

  ㉢ 터보팬엔진은 바이패스 된 공기와 분사된 배기가스와의 상대속도가 작기 때문에 소음
    감소 장치가 필요 없다.

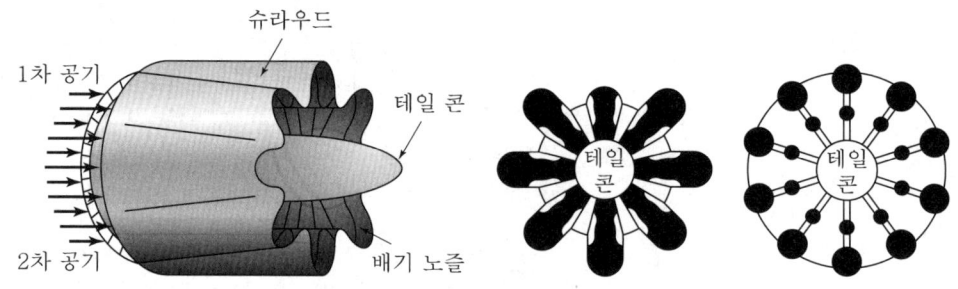

▲ 배기 소음 장치

② **추력 증가 장치:** 추력 증가 장치에는 물 분사(water injection) 장치와 후기 연소기(after
 burner)가 있다. 후기 연소기는 배기관 내부에 연료를 분사시켜 연소 가능한 혼합가스를
 다시 연소시켜 추력을 증가시키는 장치로 이륙, 상승 시와 초음속 비행 시 사용한다. 또한,
 물 분사 장치는 압축기 입구와 출구에 물, 물-알코올 혼합물을 분사하여 추력을 증가시키는
 장치이다.

가) 후기 연소기(after burner)

  ㉠ 구조: 후기 연소 라이너, 연료 분무대, 불꽃 홀더, 가변 면적 배기 노즐

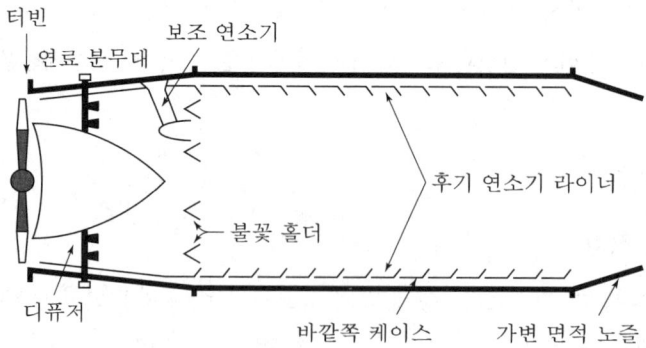

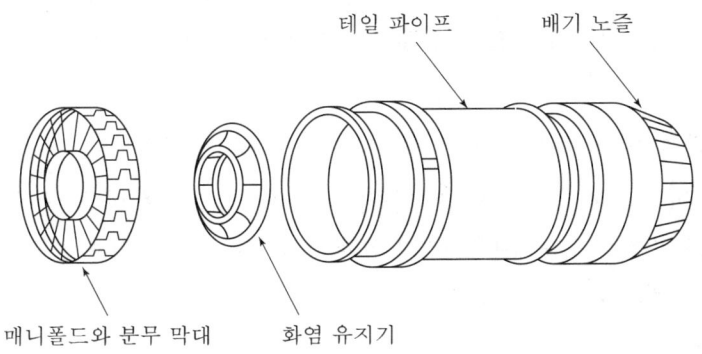

테일 파이프　　배기 노즐

매니폴드와 분무 막대　　화염 유지기

▲ 후기 연소기의 구조

| 연료 노즐 | 확산 통로 내부에 장착한다. |
|---|---|
| 후기 연소기 라이너<br>(스크리치 라이너) | 연소실 역할을 수행하며, 후기 연소기가 작동하지 않을 때 엔진의 테일 파이프로 사용한다. 연소기 작동 시 공기-연료 혼합비가 너무 희박하거나, 산소 양이 부족하거나, 압력비가 낮고 속도가 빨라 불안정 연소되거나, 방출이 불연속적이라 소음 진동의 원인이 된다. 이를 방지하기 위해 주름이 접혀있고, 수천 개의 구멍이 뚫려 있는 스크리치 라이너를 사용한다. |
| 불꽃 홀더<br>(flame holder) | 연로 노즐 뒤에 장치되어 배기가스의 속도를 감소시키고 와류를 형성시켜 연소가 계속되게 하여 불꽃이 꺼지는 것을 방지한다. |
| 가변 면적<br>배기 노즐 | 후기 연소기가 작동될 때 배기 노즐이 열려 터빈의 과열이 터빈 뒤쪽 압력이 증가함을 방지하며, 후기 연소기가 작동하지 않을 때 배기 노즐의 넓이가 좁아지게 한다. 타입으로는 눈꺼풀형과 조리개형이 사용된다. |
| 디퓨저<br>(diffuser) | 터빈 출구와 후기 연소기의 입구에 설치되며, 테일콘을 설치하여 확산 통로를 형성하고 배기가스의 속도를 감소시켜 연소가 가능하도록 한다. |

ⓛ 점화 방법

| 핫 스트리크 점화<br>(hot streak ignition) | 엔진이 주 연소실의 한 부분에서 별도의 연료를 분출시켜 얻어진 매우 높은 온도의 연소 가스 흐름이 터빈을 통과한 뒤에 후기 연소기를 점화시키는 방식이다. |
|---|---|
| 토치 점화<br>(torch ignition) | 보조 연소기를 장치하여 별도의 연료를 전기 점화장치에 의하여 연소시킨 뒤에 후기 연소기를 점화시키는 방식이다. |

나) 물분사(water injection) 장치: 물, 물-알코올을 분사하여 공기 온도를 낮추면 공기 밀도가 증가하므로 엔진의 출력을 증가시키는 장치이며, 추력은 이륙 시 10~30% 정도 추력이 증가한다.

⊙ 알코올을 사용하는 이유: 물이 쉽게 어는 것을 막아주고, 물에 의해 연소 가스의 온도가 낮아진 것을 알코올을 연소시켜 낮아진 연소 가스의 온도를 증가시키기 위해서이다.

ⓛ 단점: 여러 장치 기구에 의한 무게 증가, 구조가 복잡하다.

다) 역추력(reverse thrust) 장치: 항공기 착륙 시 흡입구 앞쪽 방향으로 분사시키고 제동력을 발생시켜 착륙거리를 단축시키기 위한 장치이다. 장치에 의해 얻을 수 있는 추력은 최대 정상 추력의 40~50% 정도이다.

⊙ 종류

| 항공 역학적 차단 방식 | 배기 덕트 내부에 차단판을 설치하여, 역추력이 필요시 배기 노즐을 막아 배기가스가 비행기 진행 방향으로 분출시키는 방식이다. |
|---|---|
| 기계적 차단 방식 | 배기 노즐 끝부분에 역추력용 차단기가 설치되어, 역추력이 필요시 차단기 장치가 뒤쪽으로 움직여 배기가스가 비행기 진행 방향으로 적당한 각도로 분사시키는 방식이다. |

ⓛ 재흡입 실속: 항공기의 속도가 너무 작을 때 배기가스가 엔진 흡입 도관으로 다시 흡입되어 압축기가 실속되는 현상을 말한다.

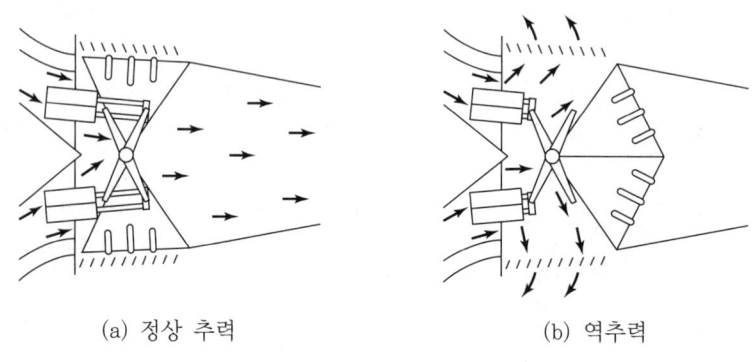

(a) 정상 추력         (b) 역추력

▲ 항공 역학적 차단 방식 영추력 장치

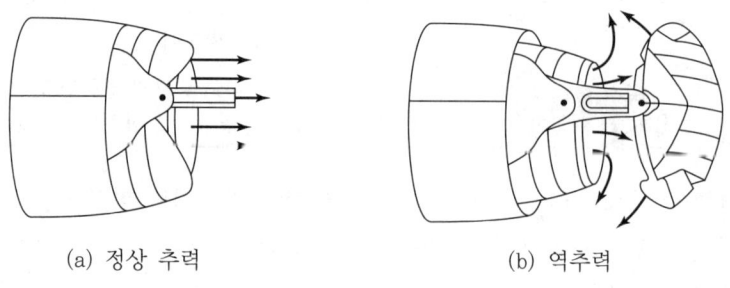

(a) 정상 추력         (b) 역추력

▲ 기계적 차단 방식 역추력 장치

라) 방빙계통(anti-icing): 비행 중 흡입구를 통해 들어오는 공기의 온도는 어느점 이하이거나 조금 높은 온도로 들어간다. 이는 압축기 안내 깃(inlet guide vane) 및 흡입관의 립(lip)이 수증기로 인해 결빙이 생긴다. 결빙이 발생되면 축류식 압축기 형식인 가스터빈엔진은 흡입되는 공기의 양이 감소되고, 압축기 실속의 원인이 되거나, 터빈 입구의 온도가 높아져서 전체적인 가스터빈엔진의 효율이 떨어진다. 이를 방지하기 위해 압축기 후단의 고온, 고압의 블리드 공기를 이용하여 흡입관 립이나 I · G · V 내부로 통과시켜 가열하므로 결빙이 생기는 것을 방지한다.

## 3 가스터빈엔진의 성능

## (1) 가스터빈엔진의 출력

### ① 제트엔진의 추력(뉴턴의 제2법칙 관계식)

$$F = ma$$

$F$: 힘, $m$: 질량, $a$: 가속도

### ② 진추력(net thrust): 엔진이 비행 중 발생시키는 추력을 말한다.

가) 터보제트엔진의 진추력($F_n$)

$$Fn = \frac{W_a}{g}(V_j - V_a)$$

$W_a$: 흡입공기의 중량 유량, $V_j$: 배기가스 속도, $V_a$: 비행속도, $g$: 중력가속도

나) 터보팬엔진의 진추력($F_n$)

$$F_n = \frac{W_p}{g}(V_p - V_a) + \frac{W_s}{g}(V_s - V_a)$$

※ $W_p$: 1차 공기유량, $V_p$: 1차 공기 배기가스 속도, $V_a$: 비행속도, $W_s$: 2차 공기 유량, $V_s$: 2차 공기 배기가스 속도

㉠ 바이패스 비(BPR: by-pass ratio)

$$BPR = \frac{W_s(2차 공기 유량)}{W_p(1차 공기 유량)}$$

③ **총추력(gross thrust):** 항공기가 정지되어 있을 때($V_a = 0$)의 추력을 말한다.

가) 터보제트엔진 총추력($F_g$)

$$F_g = \frac{W_a}{g} V_j$$

나) 터보팬엔진 총추력($F_g$)

$$F_g = \frac{W_p}{g} V_p + \frac{W_s}{g} V_s$$

④ **비추력(specific thrust):** 엔진으로 유입되는 단위 중량유량에 대한 진추력을 말한다.

가) 터보제트엔진 비추력($F_s$)

$$F_s = \frac{F_n}{W_a} = \frac{V_j - V_a}{g}$$

나) 터보팬엔진 비추력($F_s$)

$$F_s = \frac{W_p(V_p - V_a) + W_s(V_s - V_a)}{g(W_p + W_s)}$$

※ $W_p$: 1차 공기유량, $V_p$: 1차 공기 배기가스 속도, $V_a$: 비행속도, $W_s$: 2차 공기 유량, $V_s$: 2차 공기 배기가스 속도

⑤ **추력 중량비(thrust weight ratio):** 엔진의 무게와 진추력과의 비를 말한다.

$$F_W = \frac{F_n}{W_{eng}} (kg/kg)$$

※ $W_{eng}$: 엔진의 건조중량(dry weight)이며, 추력 중량비가 클수록 무게는 가볍다.

⑥ **추력 마력(thrust horse power):** 진추력($F_n$)을 발생하는 엔진의 속도($V_a$)로 비행할 때, 엔진의 동력을 마력으로 환산한 것이다. 1마력 $75kg \cdot m/s$이다.

$$THP = \frac{F_n V_a}{g \cdot 75} (PS)$$

⑦ **추력비 연료 소비율(TSFC: Thrust Specific Fuel Consumption):** $1N(kg \cdot m/s^2)$의 추력을 발생하기 위해 1시간 동안 엔진이 소비하는 연료의 중량을 말한다.

$$TSFC = \frac{W_f \times 3,600}{F_n}$$

⑧ **추력에 영향을 끼치는 요소**

| 공기 밀도의 영향 | 대기의 온도가 증가하면 추력은 감소되고, 대기압이 증가하면 밀도가 증가하여 추력은 증가한다. |
|---|---|
| 비행속도의 영향 | 비행속도가 증가하므로 질량 유량이 증가하여 추력이 증가하고, 비행속도 증가에 따라 진추력은 어느 정도 감소하다가 다시 증가한다. |
| 비행 고도의 영향 | 고도가 증가되면 대기압이 낮아져 밀도가 작아지므로 추력은 감소하고, 대기 온도가 낮아지면 대기 밀도는 커지고 추력은 증가한다. |

## (2) 가스터빈엔진의 효율

① **터보제트엔진의 추진 효율(propulsive efficiency):** 공기가 엔진을 통과하면서 얻은 운동에너지에 의한 동력과 추진동력(진추력×비행속도)의 비, 즉 공기에 공급된 전체 에너지와 추력을 발생하기 위해 사용된 에너지의 비

$$\eta_p = \frac{2 V_a}{V_j + V_a}$$

② **열효율(thermal efficiency):** 공급된 열에너지와 그중 기계적 에너지로 바뀐 양의 비를 말한다.

$$\eta_{th} = \frac{W_a ( V_j^2 - V_a^2)}{2 g \, W_f \cdot J \cdot H}$$

③ **전 효율(overall efficiency):** 공급된 열량(연료 에너지)에 의한 동력과 추력동력으로 변한 양의 비로 열효율($\eta_{th}$)과 추진효율($\eta_p$)의 곱으로 나타난다.

$$\eta_o = \frac{W_a ( V_j - V_a) \cdot V_a}{g \, W_f \cdot J \cdot H} = \eta_p \times \eta_{th}$$

④ **효율 향상 방법:** 엔진의 효율이 높을수록 적은 연료로 멀리 비행할 수 있어 연료 비율이 적어지고, 연료를 적게 탑재하는 만큼 승객이나 화물을 더 실을 수 있다.

| 추진 효율의 향상 방법 | 추력에 변화가 없고, 추진 효율을 증가시키기 위해서는 속도 차 $(V_j - V_a)$가 감소하는 만큼 질량 유량을 증가시킨 고바이패스 비를 가질수록 추진효율은 높다. |
|---|---|
| 열효율의 향상 방법 | 터빈 입구 온도를 높이거나, 압축기 및 터빈의 단열 효율을 증가시키면 열효율은 증가한다. |

## (3) 비행 성능과 작동

① **비행 성능:** 가스터빈엔진의 비행 성능은 비행속도, 비행 고도, 엔진 회전수의 변화에 따라 추력 및 추력비 연료 소비율을 알 수 있다.

② **엔진의 작동**

　가) 터보제트엔진의 시동 시 필요조건

　　　㉠ 충분한 압축기 회전속도를 유지한다.

　　　㉡ 연료 공급 전 점화장치를 작동시켜야 한다.

　　　㉢ 연료량은 동력 레버로 조절시킨다.

　　　㉣ 엔진 자립회전속도까지 시동기를 작동시킨다.

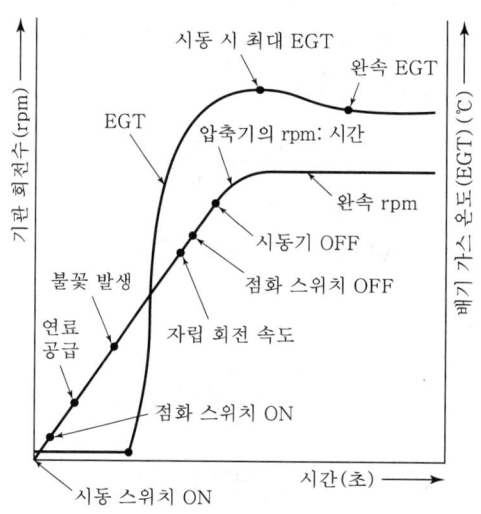

▲ 가스터빈엔진의 시동 절차

　나) 터보제트엔진의 시동 절차

　　　㉠ 동력 레버를 'shut off' 위치에 놓는다.

　　　㉡ 주 스위치를 'on'한다.

　　　㉢ 연료 제어 스위치를 'on' 또는 'normal' 위치에 놓는다.

　　　㉣ 연료 부스터 펌프 스위치를 'on'한다.

　　　㉤ 시동 스위치를 'on'한다.

　　　㉥ 10~15%의 rpm에서 동력 레버를 'idle' 위치로 전진시킨다.

　　　㉦ 연료 압력계, 연료 유량계, 배기가스 온도(EGT) 등을 관찰한다.

### ③ 터보팬엔진의 시동

가) 시동 절차 (JT-3D)

ㄱ) 동력 레버를 'idle' 위치에 놓는다.

ㄴ) 연료차단 레버를 'close' 위치에 놓는다.

ㄷ) 주 스위치를 'on'한다.

ㄹ) 연료계통 차단 스위치를 'open' 위치에 놓는다.

ㅁ) 연료 부스터 펌프 스위치를 'on'한다.

ㅂ) 시동 스위치를 'on'한다.

ㅅ) 점화 스위치를 'on'한다.

ㅇ) 연료차단 레버를 'open' 위치에 놓는다.

- 배기가스의 온도 증가로 시동 여부를 알 수 있다.

- 연료계통 작동 후 약 20초 이내에 시동이 완료되어야 한다.

- 엔진이 완속 회전수에 도달하는 데 2분 이상 걸려서는 안 된다.

ㅈ) 엔진의 계기를 관찰하여 정상 작동인지 확인한다.

ㅊ) 엔진 시동 스위치를 'off'한다.

ㅋ) 점화 스위치를 'off'한다.

나) 시동 실패 시 조치사항

ㄱ) 연료 및 점화계통을 차단시킨다.

ㄴ) 시동기로 10~15초 엔진을 회전시켜 연소실 내 연료를 배출시킨다.

ㄷ) 시동기로 회전시키지 않을 경우 시동 전 30초를 기다려야 한다.

다) 비정상 시동

ㄱ) 과열시동(hot start) : 시동 시 EGT가 규정 값 이상 올라가는 현상으로 연료-공기 혼합비 조정장치(FCU) 고장, 결빙, 압축기 입구에서의 공기 흐름의 제한이 원인이 된다. 배기가스 온도계는 열전쌍식 크로멜-알루멜(cr-al)을 이용하고, 배기 덕트에 병렬로 8개가 연결되어 온도를 측정한다.

ㄴ) 결핍시동(hung start & false) : 시동 시 엔진 회전수가 완속(idle)까지 증가하지 않고 낮은 회전수에 머물러 있는 현상으로, 시동기에 공급되는 동력이 불충분해서 발생한다.

ㄷ) 시동 불능(no start & abort start) : 규정된 시간 안에 시동이 되지 않는 현상으로 시동기나 점화장치의 불충분한 전력, 연료 흐름의 막힘, 점화계통 및 연료 조정장치의 고장이 원인이 된다. 발견은 rpm이나 EGT 계기가 상승하지 않는 것을 보고 알 수 있다.

라) 엔진의 정격

| 정격 출력 | 이륙, 상승, 순항 등 엔진의 사용 목적에 적합한 조건에서 엔진이 정상 작동하도록 정한 엔진 출력의 기준이다. |
|---|---|
| 물 분사 이륙 추력 (Wet take-off thrust) | 이륙할 때 물 분사 장치를 사용하여 낼 수 있는 엔진의 최대 추력(1~5분간) |
| 이륙 추력 (Dry take-off thrust) | 이륙할 때 물 분사 없이 낼 수 있는 엔진의 최대 추력(1~5분간) |
| 최대 연속 추력 | 시간제한 없이 연속적으로 사용할 수 있는 최대 추력으로 이륙 추력의 90% 정도이며, 수명과 안전을 위해 필요한 경우에만 사용한다. |
| 최대 상승 추력 | 항공기를 상승시킬 때 사용하는 최대 추력인데 최대 연속 추력과 같은 경우도 있다. |
| 순항 추력 | 비연료 소비율이 가장 적은 추력으로 이륙 추력의 70~80% |
| 완속 추력 | 지상이나 비행 중 엔진이 자립 회전할 수 있는 최저 회전상태 |

마) 엔진의 조절

| 엔진의 특정 상태 | • CIT: Compressor Inlet Temperature(압축기 입구 온도)<br>• CIP: Compressor Inlet Pressure(압축기 입구 압력)<br>• RPM: Revolution Per Minute(분당 회전수)<br>• EPR: Engine Pressure Ratio(엔진 압력비)<br>• TDP: Turbine Discharge Pressure(터빈 출구 압력)<br>• A8: 배기 노즐 넓이 |
|---|---|
| Engine Trimming | 제작회사에서 정한 정격에 맞도록 엔진을 조절하는 것으로, 제작회사의 지시에 따라 수행하여야 하며, 비행기는 정풍이 되도록 하거나 무풍일 때가 좋다. 시기는 주기 검사 시, 엔진 교환 시, FCU 교환 시, 배기 노즐 교환 시) |
| Rigging | 조종석에 있는 레버의 위치와 엔진에 있는 control의 위치가 일치할 수 있도록, 즉 lever를 조작한 만큼 엔진이 작동할 수 있도록 케이블이나 작동 arm을 조절하는 것이다. |

**01** 가스터빈엔진에서 사용하는 압축기 중 원심형과 비교하여 축류형의 장점은?

① 무게가 가볍다.

② 압축기의 효율이 높다.

③ 시동 출력이 낮다.

④ 회전속도 범위가 넓다.

**해설**

원심력식 압축기의 장점

- 단당 압축비가 높다(1단 10:1, 2단 15:1).
- 제작이 쉽다.
- 구조가 튼튼하고 값이 싸다.
- 무게가 가볍다.
- 회전속도 범위가 넓다.
- 시동 출력이 낮다.
- 외부 손상 물질(FOD)이 덜하다.

**02** 가스터빈엔진의 어느 부분에서 최고압력이 나타나는가?

① 압축기 입구       ② 압축기 출구

③ 터빈 출구         ④ 터빈 입구

**해설**

- 항공기 속도가 증가하면 램(ram) 압력이 상승하기 때문에 압축기 입구 압력은 대기압보다 높다.
- 압축기 입구의 단면적은 크고, 압축기 출구의 단면적은 작아 뒤쪽으로 갈수록 압력은 상승한다.
- 최고압력 상승 구간은 압축기 후단에 확산 통로인 디퓨저에서 이뤄진다.

**03** 가스터빈엔진 내부에서 가스의 속도가 가장 빠른 곳은?

① 연소실

② 터빈 노즐

③ 압축기 부분

④ 터빈 로터

**해설**

터빈 스테이터(turbine stator)는 터빈 노즐이라고도 부르는데, 그 기능은 가스의 속도를 증가시키고 압력을 감소시킨다. 또 가스 흐름 방향이 터빈 휠에 알맞은 각도를 이루게 하여 최대 효율 상태로 회전하도록 한다. 터빈 스테이터는 엔진 내에서 속도가 가장 빠른 곳으로서 속도는 축 방향이라기보다는 원주 방향 속도이다.

**04** 가스터빈엔진의 공기 흡입 덕트(duct)에서 발생하는 램 회복점을 옳게 설명한 것은?

① 램 압력 상승이 최대가 되는 항공기의 속도

② 마찰압력 손실이 최소가 되는 항공기 속도

③ 마찰압력 손실이 최대가 되는 항공기 속도

④ 흡입구 내부의 압력이 대기 압력으로 돌아오는 점

**해설**

- 공기 흡입관의 성능은 압력 효율비와 램 회복점으로 결정된다.
- 압력 효율비는 공기 흡입관 입구의 전압과 압축기 입구 전압의 비를 말한다.
- 램 회복점은 압축기 입구의 정압이 대기압과 같아지는 항공기 속도를 말한다.

**✈ 정답**  01. ②  02. ②  03. ②  04. ④

**05** 아음속 고정익 비행기에 사용되는 공기 흡입 덕트(inlet duct)의 형태로 옳은 것은?

① 벨마우스 덕트

② 수축형 덕트

③ 수축 확산형 덕트

④ 확산형 덕트

해설

확산형 흡입 덕트(아음속)는 압축기 입구에서 공기속도는 비행속도와 관계없이 마하 0.5 정도로 유지하도록 조절하기 위해 확산형 흡입관을 사용하여 통로의 넓이를 앞에서 뒤로 갈수록 점점 넓게 만들어 압력은 상승하고, 속도는 감소시킨다.

**06** 원심식 압축기의 주요 구성품이 아닌 것은?

① 임펠러    ② 디퓨저

③ 고정자    ④ 매니폴드

해설

원심식 압축기(centrifugal type compressor)의 구성은 임펠러, 디퓨저, 매니폴드로 되어 있다.

**07** 원심형 압축기(centrifugal type compressor)의 가장 큰 장점은 무엇인가?

① 단당 압력비가 높다.

② 장착이 쉽고 전체 압력비를 높게 할 수 있다.

③ 엔진의 단위 전면 면적당 추력이 크다.

④ 가볍고 효율이 높기 때문에 고성능 엔진에 적합하다.

해설

1번 문제 해설 참고

**08** 가스터빈엔진에서 압축기 스테이터 베인(stator vanes)의 가장 중요한 역할은 무엇인가?

① 배기가스의 압력을 증가시킨다.

② 배기가스의 속도를 증가시킨다.

③ 공기 흐름의 속도를 감소시킨다.

④ 공기 흐름의 압력을 감소시킨다.

해설

축류식 압축기 작동원리: 회전자 깃과 깃 사이, 고정자 깃과 깃 사이의 공기 통로는 입구가 좁고 출구를 넓게 하여 확산 통로를 형성하여 통로를 지나면서 속도는 감소하고, 압력이 증가한다.

**09** 축류형 압축기에서 1단(stage)의 의미를 옳게 설명한 것은?

① 저압 압축기(low compressure)

② 고압 압축기(high compressure)

③ 1열의 로터(roter)와 1열의 스테이터(stator)를 말한다.

④ 저압 압축기(low compressure)와 고압 압축기(high compressure)를 합하여 일컫는 말이다.

해설

축류식 압축기에서 1열의 회전자 깃과 1열의 고정자 깃을 합하여 1단이라 한다.

**10** 다음 중 후기 연소기가 없는 터보제트엔진에서 전압력이 가장 높은 곳은?

① 공기 흡입구    ② 압축기 입구

③ 압축기 출구    ④ 터빈 출구

해설

압축기의 압력비는 압축기 회전수, 공기 유량, 터빈 노즐의 출구 넓이, 배기 노즐의 출구 넓이에 의해 결정되며, 최고 압력 상승은 압축기 바로 뒤에 있는 확산 통로인 디퓨저에서 이루어진다.

**11** 축류형 압축기의 반동도를 옳게 나타낸 것은?

① $\dfrac{\text{로터에 의한 압력 상승}}{\text{단당 압력 상승}} \times 100$

② $\dfrac{\text{압축기 의한 압력 상승}}{\text{터빈에 의한 압력 상승}} \times 100$

③ $\dfrac{\text{저압 압축기에 의한 압력 상승}}{\text{고압 압축기에 의한 압력 상승}} \times 100$

④ $\dfrac{\text{스테이터에 의한 압력 상승}}{\text{단당 압력 상승}} \times 100$

**해설**

$$\text{반동도}(\Phi_c) = \frac{\text{로터깃에 의한 압력 상승}}{\text{단당 압력 상승}} \times 100(\%)$$

$$= \frac{P_2 - P_1}{P_3 - P_1} \times 100(\%)$$

(여기서, $P_1$: 로터 깃렬의 입구 압력, $P_2$: 스테이터 깃 입구 압력, $P_3$: 스테이터 출구 압력)

**12** 가스터빈엔진의 흡입구에 형성된 얼음이 압축기 실속을 일으키는 이유는?

① 공기압력을 증가시키기 때문에

② 공기 전압력을 일정하게 하기 때문에

③ 형성된 얼음이 압축기로 흡입되어 로터를 파손시키기 때문에

④ 흡입 안내 깃으로 공기의 흐름이 원활하지 못하기 때문에

**해설**

축류식 압축기의 실속 원인

• 엔진을 가속할 때 연료의 흐름이 너무 많으면 압축기 출구 압력(CDP)이 높아져 흡입 공기의 속도가 감소하여 실속이 발생한다.

• 압축기 입구 온도(CIT)가 너무 높거나 압축기 입구의 와류 현상에 의하여 입구 압력이 낮아지면 흡입 공기 속도가 감소하여 실속이 발생한다.

• 지상 작동 시 회전속도가 설계점 이하로 낮아지면 압력비가 낮아져 압축기 뒤쪽의 공기가 충분히 압축되지 못해 비체적이 증가한다. 그러므로 미처 빠져나가지 못한

공기의 누적(choking) 현상이 발생하고 결과적으로 공기 흡입속도가 감소하여 실속이 압축기 뒤쪽에서 발생하고, 이와 같이 압축기 앞쪽에서도 흡입구에 얼음이 형성되면 공기 흐름이 원활하지 못해 유입 공기속도가 감소하고 그로 인해 압축기 실속이 발생한다.

**13** 압축기 입구에서 공기의 압력과 온도가 각각 1기압, 15℃이고, 출구에서 압력과 온도가 각각 7기압, 300℃일 때, 압축기의 단열효율은 몇 %인가? (단, 공기의 비열비는 1.4)

① 70　　　　　　② 75

③ 80　　　　　　④ 85

**해설**

• 단열효율은 터빈의 이상적인 일과 실제 터빈 일의 비를 말한다.

• 이상적인 단열압축 후의 온도($T_{2i}$)을 먼저 구하면 아래와 같다.

$$T_{2i} = T_1 \cdot r^{\frac{k-1}{k}} = (273 + 15) \times 7^{\frac{1.4-1}{1.4}} = 502K$$

$$\text{압축기 단열효율}(\eta_c) = \frac{\text{이상적인 압축 일}}{\text{실제 압축 일}} = \frac{T_{2i} - T_1}{T_2 - T_1}$$

$$= \frac{502 - 288}{573 - 288} = 0.75(75\%)$$

**14** 가스터빈엔진의 축류식 압축기의 실속을 방지하기 위한 방법이 아닌 것은?

① 다축식 구조　　　② 가변 고정자 깃

③ 블리드 밸브　　　④ 가변 회전자 깃

**해설**

압축기 실속 방지 방법

• 다축식 구조: 압축기를 2부분으로 나누어 저압 압축기는 저압 터빈으로, 고압 압축기는 고압터빈으로 구동하여 실속을 방지

• 가변 정익(스테이터 깃) 사용: 압축기 스테이터 깃의 붙임각을 변경할 수 있도록 하여 로터 깃의 받음각이 일정하게 함으로써 실속을 방지

✈ **정답**　11. ①　12. ④　13. ②　14. ④

- 블리드 밸브 설치: 압축기 뒤쪽에 설치하며 엔진을 저속으로 회전시킬 때 자동으로 밸브가 열려 누적된 공기를 배출함으로써 실속을 방지
- 가변 안내 베인(variable inlet guide vane)
- 가변 바이패스 밸브(variable bypass vane)

## 15 터보제트엔진의 축류형 2축 압축기는 어떠한 효율이 개선되는가?

① 더 많은 터빈 휠이 사용될 수 있다.
② 더 높은 압축비를 얻을 수 있다.
③ 연소실로 들어오는 공기의 속도가 증가한다.
④ 연소실 온도가 축소된다.

[해설]

다축식 압축기의 장·단점

| | |
|---|---|
| 장점 | • 설계 압력비를 실속 영역으로 접근시킬 수 있어 실속이 방지된다.<br>• 높은 효율 및 압력비가 발생한다. |
| 단점 | • 터빈과 압축기를 연결하는 축과 베어링 수가 증가한다.<br>• 2개의 축에 의해 구조가 복잡해진다.<br>• 무게가 증가한다. |

## 16 판재로 제작된 엔진 부품에 발생하는 결함으로써 움푹 눌림 자국을 무엇이라고 하는가?

① nick
② dent
③ tear
④ wear

[해설]

- 우그러짐(dent): 국부적으로 둥글게 우그러져 들어간 (눌린 자국) 형태로서 외부 물질에 부딪힘으로써 생긴 결함
- 찍힘(nick): 예리한 물체에 찍혀 표면이 예리하게 들어가거나 쏘개서 생긴 절힘
- 균열(crack): 부분적으로 갈라진 형태로서 심한 충격이나 과부하 또는 과열이나 재료의 결함 등으로 생긴 손상 형태

## 17 팬 블레이드(fan blade) 등의 저압 압축기(low pressure compressor)에 사용되는 금속재료는?

① 스테인리스강(stainless steel)
② 내열 합금(heat resistant alloy)
③ 티타늄 합금(titanium alloy)
④ 저 합금강(low alloy steel)

[해설]

팬 블레이드는 저압 압축기와 연결되어 저압 터빈과 함께 회전하며, 재질도 동일하게 사용된다. 팬 블레이드는 복합소재 내부 보강재(composite inner reinforcement materials)로 만든 속이 빈 티타늄 합금으로 개발되어 사용되고 있다. 이는 디스크에 설치되고 도브 테일(dove tail) 방식을 사용한다.

## 18 가스터빈엔진의 연소실에 부착된 부품이 아닌 것은?

① 연료 노즐
② 선회 깃
③ 가변 정익
④ 점화플러그

[해설]

가변 정익(가변 고정자 깃)은 축류식 압축기의 고정자 깃의 붙임각을 변경시킬 수 있도록 하여 회전자 깃의 받음각을 일정하게 하는 압축기의 부품이다.

## 19 가스터빈엔진의 연소실에 대한 설명으로 가장 올바른 것은?

① 압축기 출구에서 공기와 연료가 혼합되어 연소실로 분사된다.
② 연소실로 유입된 공기의 75% 정도는 연소에 이용되고 나머지 25% 정도의 공기는 냉각에 이용된다.
③ 1차 연소 영역을 연소 영역이라 하고, 2차 연소 영역을 혼합 냉각 영역이라고 한다.
④ 최근 JT9D, CF6, RB-211 엔진 등은 물론 엔진 크기와 관계없이 캔형의 연소실이 사용된다.

✈ 정답  15. ②  16. ②  17. ③  18. ③  19. ③

- 연소실의 1차 연소 영역의 이론적인 공연비는 약 15:1 이지만, 실제 공연비는 60~130:1 정도의 공기량이 많이 들어가 연소가 불가능하게 된다. 1차 연소 영역을 간단히 연소 영역이라고 한다.
- 2차 연소 영역은 연소하지 않은 많은 양의 2차 공기와 1차 영역에서 연소한 연소가스와 연소실 뒤쪽에서 혼합시킴으로써 연소실 출구 온도를 터빈 입구 온도에 알맞게 낮추어 준다. 2차 연소 영역은 혼합 냉각 영역이라 한다.

**20** 가스터빈엔진에서 길이가 짧고 구조가 간단하여 연소 효율이 좋은 연소실은?

① 캔형
② 터뷸러형
③ 애뉼러형
④ 실린더형

애뉼러형(annular type) 연소실의 장 · 단점

| 장점 | • 구조가 간단하다.<br>• 길이가 짧다.<br>• 연소실 전면 면적이 좁다.<br>• 연소가 안정하여 연소 정지 현상이 거의 없다.<br>• 출구 온도 분포가 균일하다.<br>• 연소 효율이 좋다. |
|---|---|
| 단점 | • 정비가 불편하다. |

**21** 가스터빈엔진에서 연소실 입구압력은 절대압력 $80 \, in Hg$, 연소실 출구압력은 절대압력 $77 \, in Hg$이라면, 연소실 압력손실계수는 얼마인가?

① 0.0375
② 0.1375
③ 0.2375
④ 0.3375

압력손실 $= \dfrac{P_2 - P_1}{\dfrac{1}{2} \times \rho \times C^2} = [\dfrac{\rho_1}{\rho_2} - 1] = [\dfrac{T_1}{T_2} - 1]$ 이므로

압력손실 $= \dfrac{80}{77} - 1 \fallingdotseq 0.0389$

**22** 터보제트엔진의 터빈에 대한 설명으로 틀린 것은?

① 연소실에서 연소한 고속가스에서 운동에너지를 흡수하여 축에 전달시켜 준다.
② 1단계 터빈의 냉각은 오일냉각 방법을 쓰고 있다.
③ 충동터빈을 지나는 가스의 압력과 속도는 변하지 않고 흐름의 방향을 바꾸어 준다.
③ 반동터빈은 가스의 속도와 압력을 변화시켜 준다.

터빈 1단계 깃의 냉각은 고압 압축기의 블리드 공기를 이용하여 냉각시킨다.

**23** 가스터빈엔진에서 터빈을 통과하는 가스의 압력과 속도는 변하지 않고 흐름 방향만 바뀌는 터빈은?

① 충동터빈
② 구동터빈
③ 반동터빈
④ 이차터빈

충동터빈(impulse turbine)은 가스의 팽창은 모두 고정자에서만 이루어져 반동도가 0%이다. 회전자에서는 압력과 속도는 바뀌지 않고 흐름 방향만 바뀌며 엔진의 회전력을 만든다.

**24** 터빈 깃의 냉각 방법 중 깃 내부를 중공으로 하여 차가운 공기가 터빈 깃을 통하여 스며 나오게 함으로써 터빈 깃을 냉각시키는 것은?

① 대류 냉각
② 충돌 냉각
③ 공기막 냉각
④ 증발 냉각

대류 냉각(convection cooling)은 터빈 깃 내부에 공기 통로를 만들어 차가운 공기가 지나가게 함으로써 터빈을 냉각시키며, 가장 간단하여 가장 많이 사용된다.

**25** 축류식 압축기의 1단당 압력비가 1.6이고, 회전자 깃에 의한 압력 상승비가 1.3일 때, 압축기의 반동도는?

① 0.2  　　　② 0.3

③ 0.5  　　　④ 0.6

【해설】

$$\text{반동도}(\varPhi_c) = \frac{\text{로터깃에 의한 압력상승}}{\text{단당 압력상승}} \times 100(\%)$$

$$= \frac{P_2 - P_1}{P_3 - P_1} \times 100(\%)$$

$$= \frac{1.3 - P_1}{1.6 - P_1} \times 100 = \frac{0.3}{0.6} \times 100 = 50\%$$

∴ 반동도($\varPhi_c = 0.5$)이다.

(여기서, $P_1$: 로터 깃렬의 입구 압력, $P_2$: 스테이터 깃 입구 압력, $P_3$: 스테이터 출구 압력)

**26** 가스터빈엔진 연료의 성질로 가장 옳은 것은?

① 발열량은 연료를 구성하는 탄화수소와 그 외 화합물의 함유물에 의해서 결정된다.

② 연료 노즐에서의 분출량은 연료의 점도에는 영향을 받으나, 노즐의 형상에는 영향을 받지 않는다.

③ 유황분이 많으면 공해 문제를 일으키지만, 엔진 고온 부품의 수명을 연장시킨다.

④ 가스터빈엔진 연료는 왕복엔진보다 인화점이 낮으므로 안전하다.

【해설】

가스터빈엔진의 연료 구비 조건
• 화재 발생을 방지하기 위해 인화점이 높아야 한다.
• 단위 무게당 발열량이 많아야 한다.
• 연료탱크 및 계통 내에 연료를 부식시키지 말아야 한다. 즉, 연료의 부식성이 적어야 한다.
• 연료 조정장치의 원활한 작동을 위해 점성이 낮고 깨끗하고 균질해야 한다.

**27** 가스터빈엔진의 배기계통 중 배기 파이프(exhaust pipe) 또는 테일 파이프라고도 하며 터빈을 통과한 배기가스를 대기 중으로 방출하기 위한 통로 역할을 하는 것은?

① 배기 덕트

② 고정 면적 노즐

③ 배기 소음방지 장치

④ 역추력 장치

【해설】

배기관(exhaust duct)은 배기 파이프(exhaust pipe) 또는 테일 파이프(tail pipe)라고 하며, 배기가스를 대기 중으로 방출하는 통로이고, 배기가스를 정류시키고, 압력 에너지를 속도 에너지로 바꾸어 추력을 얻는다.

**28** 다음 중 민간 항공기용 가스터빈엔진에 사용되는 연료는?

① Jet A-1  　　② Jet B-5

③ JP-4  　　　④ JP-8

【해설】

JP 계열의 연료
• 제트 A형 및 A-1형: 민간 항공용 연료로서 JP-5와 비슷하나 어는점이 약간 높다.
• 제트 B형: 민간 항공용 연료, JP-4와 비슷하나 어는점이 약간 높다.

**29** 가스터빈엔진에서 연료계통의 여압 및 드레인 밸브(P&D valve)의 기능이 아닌 것은?

① 일정 압력까지 연료 흐름을 차단한다.

② 1차 연료와 2차 연료 흐름으로 분리한다.

③ 연료 압력이 규정치 이상 넘지 않도록 조절한다.

④ 엔진 정지 시 노즐에 남은 연료를 외부로 방출한다.

**[해설]**

여압 및 드레인 밸브(Pressurizing & Drain valve: P
& D valve)의 위치는 FCU와 매니폴드 사이에 있으며,
기능으로 연료 흐름을 1차 연료와 2차 연료로 분리, 엔
진 정지 시 매니폴드나 연료 노즐에 남아 있는 연료를 외
부로 방출, 연료의 압력이 일정 압력이 될 때까지 연료
흐름을 차단한다.

**30** **복식 연료 노즐에 대한 설명으로 틀린 것은?**

① 1차 연료는 넓은 각도로 분사된다.

② 공기를 공급하며 미세하게 분사되도록 한
다.

③ 2차 연료는 고속회전 시 1차 연료보다 멀
리 분사된다.

④ 1차 연료는 노즐의 가장자리 구멍으로 분
사되고, 2차 연료는 중심에 있는 작은 구멍
을 통하여 분사된다.

**[해설]**

복식 연료 노즐의 1차 연료는 시동 시 분사되고 이그나
이터와 가깝게 분사되기 위해 노즐 중심의 작은 구멍을
통해 넓은 각도 짧은 거리로 분사된다(Idle 이상에서도
계속 분사가 이루어진다). 2차 연료는 Idle속도 이상에
서 분사되며, 연료 가장자리의 큰 구멍을 통해 좁은 각도
로 먼 거리로 분사된다.

# 프로펠러

---

**1** 　　프로펠러의 성능

## (1) 프로펠러의 추력

### ① 프로펠러 추력($T$)

$$T = C_t \rho n^2 D^4$$

※ $C_t$: 추력계수, $\rho$: 공기밀도, $n$: 회전속도, $D$: 프로펠러 지름

### ② 프로펠러에 작용하는 토크($Q$)

$$Q = C_q \rho n^2 D^5$$

※ $C_q$: 토크계수

## (2) 프로펠러의 효율

### ① 프로펠러 효율($\eta_p$): 엔진으로부터 프로펠러에 전달된 축 동력($P$)과 프로펠러가 발생한 추력과 비행속도의 곱으로 나타낸다.

$$\eta_p = \frac{T \times V}{P} = \frac{C_t \rho n^2 D^4 V}{C_p \rho n^3 D^5} = \frac{C_t}{C_p} \times \frac{V}{nD}$$

### ② 진행률(J): 깃의 선속도(회전속도)와 비행속도와의 비를 말하며, 깃 각에서 효율이 최대가 되는 곳은 1개뿐이다. 진행률이 작을 때는 깃 각을 작게(이륙과 상승 시) 하고, 진행률이 커짐에 따라 깃 각을 크게(순항 시) 해야만 효율이 좋아진다.

$$J = \frac{V}{nD} (n: \ rps \ \text{또는} \ rpm)$$

## (3) 프로펠러에 작용하는 힘과 응력

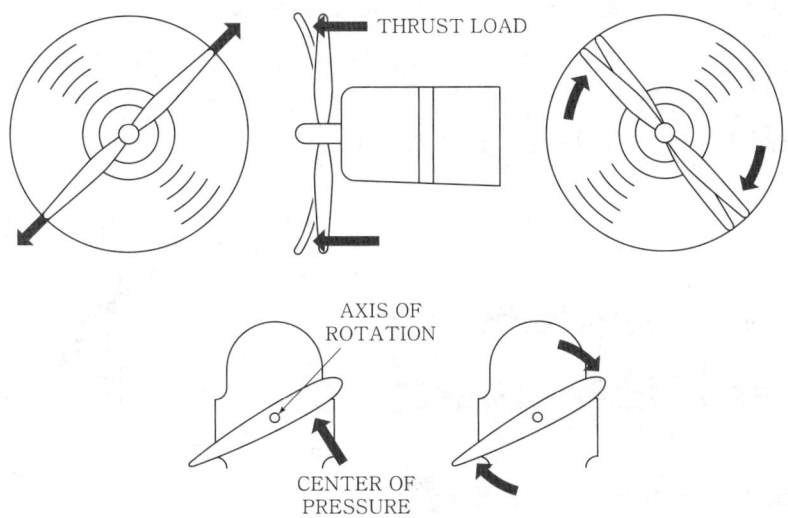

| 추력과 휨 응력 | 추력에 의한 프로펠러 깃은 앞으로 휘어지는 휨 응력을 받으며, 프로펠러 깃을 앞으로 굽히려는 경향이 있으나 원심력과 상쇄되어 실제로는 그리 크지 않다. |
|---|---|
| 원심력에 의한 인장 응력 | 원심력은 프로펠러의 회전에 의해 일어나며, 깃을 허브의 중심에서 밖으로 빠져나가게 하는 힘을 발생하며, 이 원심력에 의해 깃에는 인장 응력이 발생한다. 프로펠러에 작용하는 힘 중 가장 큰 힘은 원심력이다. |
| 비틀림과 비틀림 응력 | 회전하는 프로펠러 깃에는 공기력 비틀림 모멘트와 원심력 모멘트가 발생한다. 공기력 비틀림 모멘트는 깃의 피치를 크게 하는 방향으로 작용하며, 원심력 모멘트는 깃이 회전하는 동안 깃의 피치를 작게 하는 방향으로 작용한다. |

## 2 프로펠러의 구조

## (1) 프로펠러 깃

| 깃 생크<br>(blade shank) | 깃의 뿌리 부분으로 허브에 연결되어 있고, 이곳 허브에는 프로펠러의 출력을 증가시키기 위한 깃 끝에서 허브까지 날개골 모양을 유지하도록 깃 커프스(blade cuffs)가 장착되어 있다. |
|---|---|
| 깃 끝<br>(blade tip) | 깃 끝부분으로 회전 반지름이 가장 크고 회전 범위를 알기 쉽게 깃 끝에 특별한 색깔을 칠한다. |

| 깃의 위치 | 허브를 중심으로 깃을 따라 위치한 것으로 일정한 간격을 나누어 일반적으로 허브 중심에서 6″간격으로 깃 끝을 나눈다. |
|---|---|
| 깃 각 | 회전면과 깃의 시위선이 이루는 각을 말한다. |
| 유입각(피치각) | 비행속도와 깃의 속도를 합하여 하나의 합성속도로 만든 다음 이것과 회전면이 이루는 각을 말한다. |
| 받음각 | 깃 각에서 유입각을 뺀 각이다. |

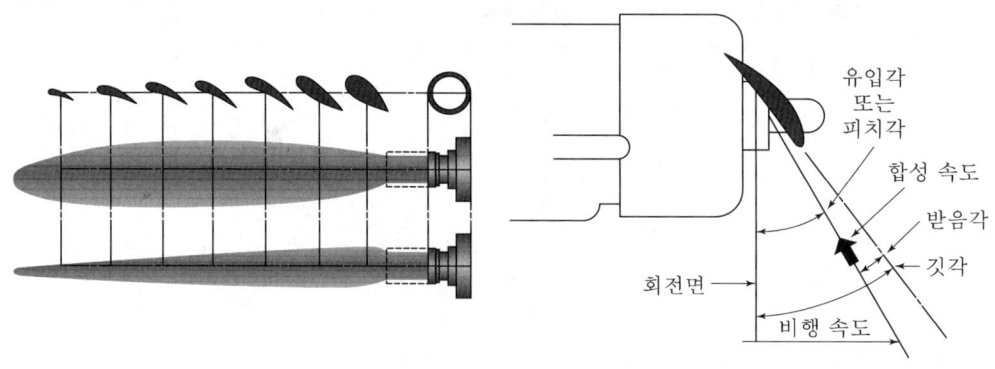

▲ 프로펠러 깃과 프로펠러의 깃 각

## (2) 프로펠러 피치

| 기하학적 피치 | 프로펠러가 한 바퀴 회전했을 때 앞으로 전진한 거리로 이론적 거리라 하고, 깃 끝으로 갈수록 깃 각을 작게 비틀어 기하학적 피치를 일정하게 한다. |
|---|---|
| 유효피치 | 프로펠러가 한 바퀴 회전했을 때 실제로 전진한 거리로, 진행거리라 한다. 유효피치는 기하학적 피치보다 작고, 그 차를 프로펠러 슬립(propeller slip)이라 한다. |

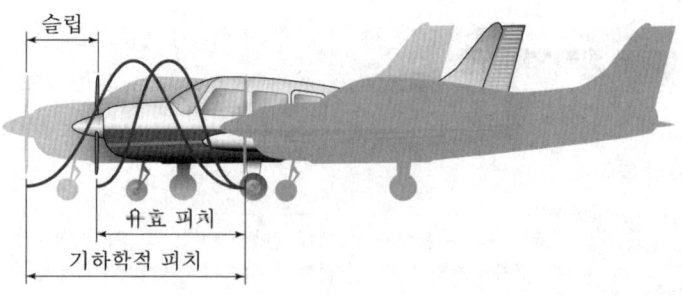

▲ 프로펠러 슬립

## 3 프로펠러의 종류

### (1) 축의 종류에 따른 분류

| | |
|---|---|
| 테이퍼형(taper type) | taper number로 분류되며 직렬형 엔진에 사용한다. |
| 플랜지형(flange type) | sae number로 분류되며 저·중형 엔진, 터보프롭엔진에 사용한다. |
| 스플라인형(spline type) | sae number로 분류되며 고출력 엔진에 사용한다. |

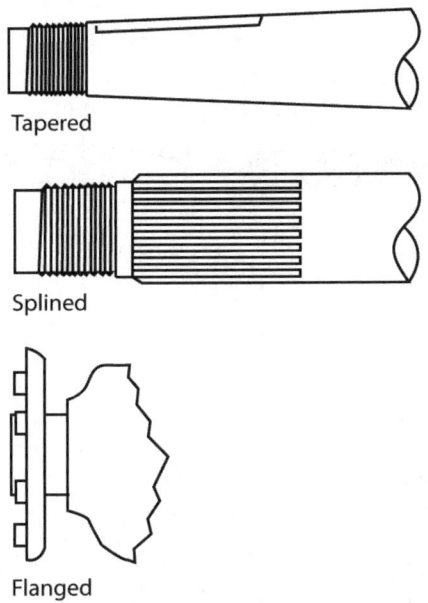

Tapered

Splined

Flanged

### (2) 깃의 재료에 따른 분류

| | |
|---|---|
| 목제 프로펠러<br>(wood propeller) | 자작나무, 벚꽃나무, 마호가니, 호두나무, 서양 물푸레나무, 껍질흰떡갈나무 등이 사용되며, 강도를 높이기 위해 6~25mm 합판을 여러 겹으로 만들며, 도프(dope) 용액으로 습기 보호를 한다. 가볍고 값이 싸고 제작이 쉽지만, 300마력 이상 엔진에는 사용할 수 없고, 수명이 짧다는 단점이 있다. |
| 금속제 프로펠러<br>(metal propeller) | 재질은 알루미늄 및 강으로 만든다. 금속은 무게와 강도를 고려해 안쪽이 비었고, 강도가 높고 내구성이 좋지만, 값이 비싸다는 단점이 있다. |

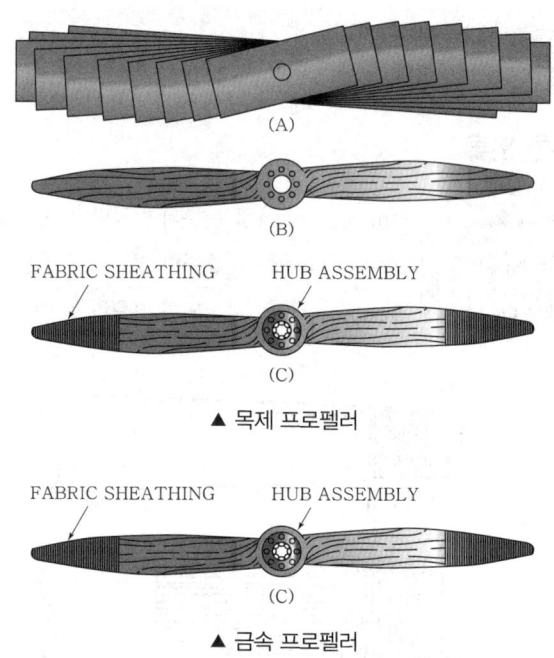

(A)

(B)

FABRIC SHEATHING      HUB ASSEMBLY

(C)

▲ 목제 프로펠러

FABRIC SHEATHING      HUB ASSEMBLY

(C)

▲ 금속 프로펠러

## (3) 피치 변경에 따른 분류

### ① 프로펠러 종류

| 고정 피치 프로펠러<br>(fixed pitch propeller) | 깃이 고정된 것으로 순항속도에서 가장 효율이 좋은 깃 각으로 제작된다. |
|---|---|
| 조정 피치 프로펠러<br>(adjustable pitch propeller) | 한 개 이상의 속도에서 최대의 효율을 얻을 수 있도록 피치 조정이 가능한 프로펠러로, 지상에서 엔진이 작동되지 않을 때 정비사가 조정 나사로 조정하여 비행 목적에 따라 피치를 조정한다. |
| 가변 피치 프로펠러<br>(controllable pitch propeller) | 공중에서 비행 목적에 따라 조종사에 의해 피치 변경이 가능한 프로펠러이다. |

### ② 가변 피치 프로펠러의 종류

가) 2단 피치 프로펠러(2-position controllable pitch propeller): 2개의 위치만을 선택할 수 있는 프로펠러이고, 저피치는 이·착륙 때와 저속에 사용되고, 고피치는 순항 및 강하 비행 시에 사용된다.

| 피치 조작레버를<br>저피치에 놓으면 | 3-way valve를 통해 오일압력이 작동하여 실린더를 전방으로 이동 → 카운터 웨이트가 안으로 오므라짐 → 프로펠러 피치는 저피치가 된다. |
|---|---|
| 피치 조작레버를<br>고피치에 놓으면 | 3-way valve를 통해 작동 실린더의 오일이 크랭크 케이스로 배출 → 작동 실린더 내부 오일이 빠져나가 작동 실린더가 후방으로 이동 → 카운터 웨이트가 벌어짐 → 프로펠러 피치는 고피치가 된다(고피치로 변경시키는 힘: 카운터 웨이트의 원심력). |

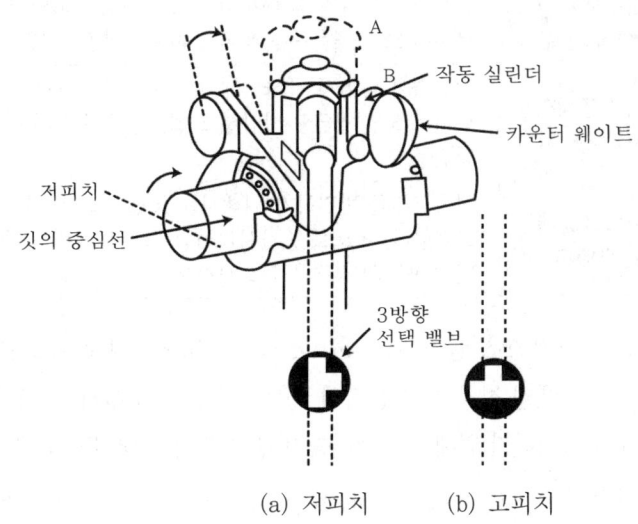

(a) 저피치          (b) 고피치

▲ 2단 가변 피치 프로펠러

나) 정속 프로펠러(constant speed propeller): 조속기를 장착하여 저피치~고피치 범위
   내에서 비행고도, 비행속도, 스로틀 개폐에 관계없이 조종사가 선택한 rpm을 일정하게
   유지시켜 진행률에 대해 최량의 효율을 가질 수 있는 프로펠러이다. 조속기는 프로펠러의
   rpm을 일정하게 유지시켜 주는 장치이다.

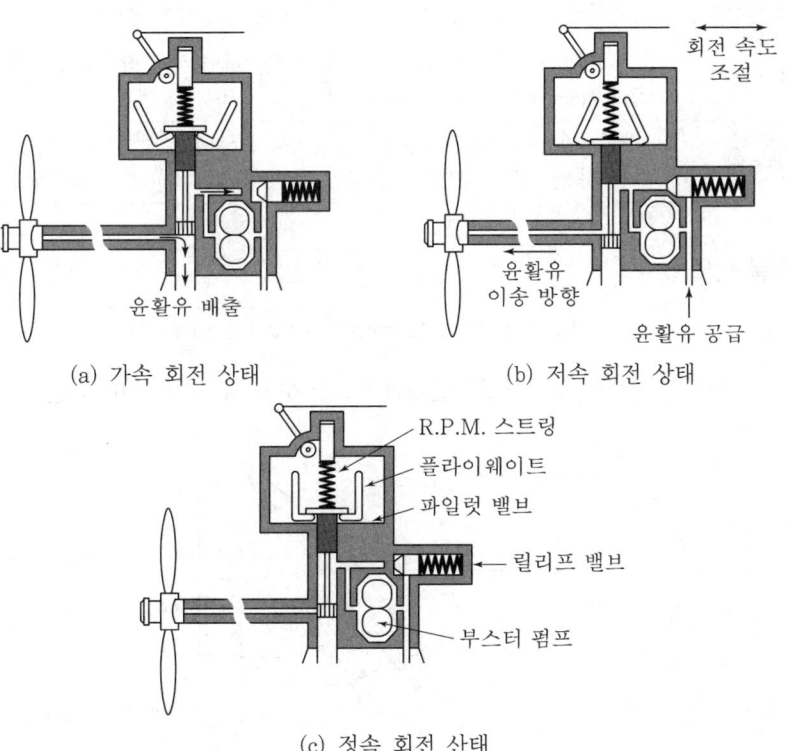

(a) 가속 회전 상태                    (b) 저속 회전 상태

(c) 정속 회전 산태

| 과속회전 상태<br>(over speed) | 원심력이 높아져 플라이 웨이트 벌어짐→파일럿 밸브 위로 올라감→실린더 로부터 오일 배출→블레이드 피치 고피치→RPM 감소→정속회전 상태 |
|---|---|
| 저속회전 상태<br>(under speed) | 원심력이 낮아져 플라이웨이트 오므라짐→파일럿 밸브 아래로 내려감→실 린더로 오일 공급→가압된 오일→블레이드 피치 저피치→RPM 증가→정속 회전 상태 |
| 정속회전 상태<br>(on speed) | 정속상태를 변경하기 위해서는 RPM 스프링의 장력을 조절하여 정속상태를 조절한다. 속도를 증가시키려면 스프링 장력을 증가하고, 속도를 감소시키려 면 스프링의 장력을 감소시킨다. |

다) 완전 페더링 프로펠러(feathering propeller): 정속 프로펠러에 페더링을 더 추가한 형식으로 엔진 정지 시 항공기의 공기 저항을 감소시키고, 풍차 회전에 따른 엔진의 고장 확대를 방지하기 위해 프로펠러를 비행 방향과 평형되도록 피치를 변경시킨 것이다.

라) 역피치 프로펠러(reverse pitch propeller): 정속 프로펠러에 페더링 기능과 역피치 기능을 부가시킨 장치로 착륙거리를 단축하기 위해 저피치보다 더 적은 역피치를 하면 역추력이 발생하여 착륙거리를 단축시킬 수 있는 프로펠러이다.

### (4) 프로펠러 장착에 따른 분류

| 견인식 | 프로펠러를 비행기 앞에 장착하여 앞으로 끌고 가는 방법이다. |
|---|---|
| 추진식 | 프로펠러를 비행기 뒤에 장착하여 앞으로 밀고 가는 방법이다. |
| 이중 반전식 | 한 축에 이중 회전축으로 프로펠러를 장착하여 서로 반대로 돌게 만든 것이며, 자이 로 효과를 없앨 수 있는 장점이 있다. |
| 탬덤식 | 비행기 앞에는 견인식, 뒤에는 추진식을 모두 갖춘 방법이다. 깃의 수는 2~5개로 나 누며 깃 끝 속도, 지면과의 간격 및 추력 증가의 필요성을 고려하여 결정해야 한다. |

### ① 깃 끝 속도

$$V_t = \sqrt{V^2 + (2\pi rn)^2} = \sqrt{V^2 + (\pi nD)^2}$$

※ $V$: 비행속도, $\pi nD$: 반지름이 $r$인 깃 끝의 선속도, $n$: 회전수

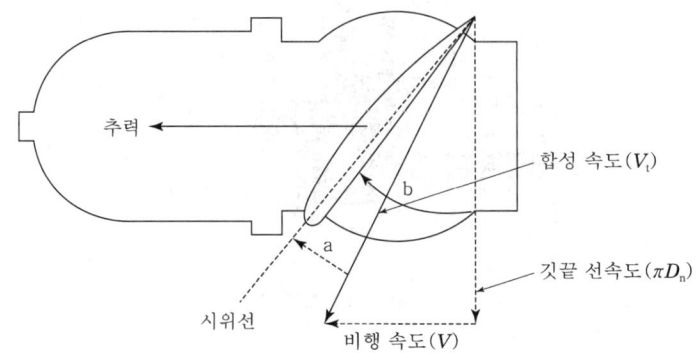

# 04 실력 점검 문제

## 01 프로펠러 깃(propeller blade)에 작용하는 응력이 아닌 것은?

① 인장 응력  ② 굽힘 응력

③ 비틀림 응력  ④ 구심 응력

**해설**

프로펠러에 작용하는 힘과 응력
- 추력과 휨 응력: 추력에 의해서 프로펠러가 앞으로 휨 응력이 발생하나 원심력과 상쇄되어 그 영향이 별로 크지 않다.
- 원심력과 인장 응력: 회전 시에 발생하는 원심력에 의해 인장 응력이 발생한다.
- 비틀림과 비틀림 응력: 깃에 작용하는 공기속도의 합성속도가 프로펠러 중심축의 방향과 일치하지 않기 때문에 발생한다.
- 공기력 비틀림 모멘트: 깃이 회전할 때 공기 흐름에 대한 반작용으로 깃의 피치를 크게 하려는 방향으로 발생한다.
- 원심력 비틀림 모멘트: 깃이 회전 하는 동안 원심력이 작용하여 깃의 피치를 작게 하려는 경향이 발생한다.

## 02 프로펠러를 설계할 때 프로펠러 효율을 높이기 위한 방법으로 가장 옳은 것은?

① 재질이 강한 강 합금으로 제작한다.

② 프로펠러의 전연(leading edge)은 두껍게 한다.

③ 프로펠러 팁(tip) 근처는 얇은 에어포일 단면을 사용한다.

④ 프로펠러의 팁(tip)과 전연(leading edge)의 모양을 같게 한다.

**해설**

프로펠러의 효율을 높이기 위해서는 프로펠러 팁 근처에 얇은 에어포일 단면을 사용하고 앞전과 뒷전을 아주 날카롭게 해야 한다. 하지만 얇은 에어포일 단면은 돌, 자갈, 기타 이물질에 의한 손상을 입기 쉽기 때문에 사용할 수 없다.

## 03 프로펠러에서 유효피치에 대한 설명으로 옳은 것은?

① 프로펠러 회전속도에 대한 항공기의 전진 속도의 비율이다.

② 비행 중 프로펠러가 60회전 하는 동안 항공기가 이론상 전진한 거리이다.

③ 비행 중 프로펠러가 1회전 하는 동안 증가한 항공기의 속도이다.

④ 비행 중 프로펠러가 1회전 하는 동안 항공기가 전진한 실제 거리이다.

**해설**

- 기하학적 피치: 프로펠러가 한 바퀴 회전했을 때 앞으로 전진한 거리로 이론적 거리라 하고, 깃 끝으로 갈수록 깃 각을 작게 비틀어 기하학적 피치를 일정하게 한다.
- 유효피치: 프로펠러가 한 바퀴 회전했을 때 실제로 전진한 거리로 진행거리라 한다. 유효피치는 기하학적 피치보다 작고, 그 차를 프로펠러 슬립(propeller slip)이라 한다.

✈ **정답**  01. ④  02. ③  03. ④

**04** 프로펠러의 깃 각(blade angle)에 대해서 가장 올바르게 설명한 것은?

① 깃(blade)의 전 길이에 걸쳐 일정하다.

② 깃뿌리(blade root)에서 깃 끝(blade tip)으로 갈수록 작아진다.

③ 깃뿌리(blade root)에서 깃 끝(blade tip)으로 갈수록 커진다.

④ 일반적으로 프로펠러 중심에서 60% 되는 위치의 각도를 말한다.

**해설**

• 깃 각: 회전면과 깃의 시위선이 이루는 각(중심에서 75% 위치의 깃 각)

• 유입각(피치각): 합성속도와 회전면이 이루는 각

• 받음각: 깃의 시위선과 합성속도가 이루는 각

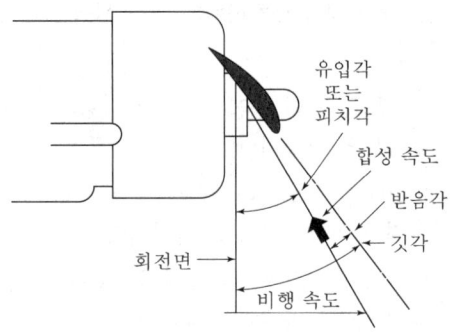

**05** 프로펠러의 슬립(slip)에 대한 설명으로 옳은 것은?

① 기하학적 피치와 유효피치의 차이

② 블레이드의 정면과 회전면 사이의 각도

③ 프로펠러가 1회전 하는 동안 이동한 거리

④ 허브 중심으로부터 블레이드를 따라 인치로 측정되는 거리

**해설**

기하학적 피치는 프로펠러 1회전에 이론적으로 전진한 거리 $2\pi r \cdot tan\beta$이고, 유효피치는 프로펠러 1회전에 실제로 전진한 거리($V \times \frac{60}{n}$)로 유효피치는 기하학적 피치

보다 작고, 그 차를 프로펠러 슬립(propeller slip)이라 한다.

$$프로펠러\ 슬립 = \frac{기하학적\ 피치 - 유효\ 피치}{기하학적\ 피치} \times 100\%$$

**06** 비행속도가 $V$, 회전속도가 $n$(rpm)인 프로펠러의 1회전 소요시간이 $\frac{60}{n}$초일 때, 유효피치를 나타내는 식은?

① $\frac{60V}{n}$  ② $\frac{60n}{V}$

③ $\frac{nV}{60}$  ④ $\frac{V}{60}$

**해설**

기하학적 피치는 프로펠러 1회전에 이론적으로 전진한 거리 ($2\pi r \cdot tan\beta$)이고, 유효피치는 프로펠러 1회전에 실제로 전진한 거리($V \times \frac{60}{n}$)

**07** 프로펠러의 추력 크기에 관한 설명 내용으로 가장 올바른 것은?

① 공기의 밀도에 반비례한다.

② 회전속도의 제곱에 비례한다.

③ 프로펠러의 지름에 반비례한다.

④ 추력계수와 관계없이 일정하다.

**해설**

프로펠러 추력($T$)

$T = C_t \rho n^2 D^4$

※ $C_t$: 추력계수, $\rho$: 공기밀도, $n$: 회전속도, $D$: 프로펠러 지름

**08** 프로펠러의 추진 효율을 높이기 위한 방법으로 맞지 않는 것은?

① 프로펠러의 깃끝 각

② 프로펠러의 깃 두께

③ 프로펠러의 회전속도

④ 프로펠러의 재질

✈ **정답** 04. ② 05. ① 06. ① 07. ② 08. ④

**해설**

프로펠러 효율($\eta_p$): 엔진으로부터 프로펠러에 전달된 축동력($P$)과 프로펠러가 발생한 추력과 비행속도의 곱으로 나타낸다.

$$\eta_p = \frac{T \cdot V}{P} = \frac{C_t \rho n^2 D^4 V}{C_p \rho n^3 D^5} = \frac{C_t}{C_p} \cdot \frac{V}{nD}$$

**09** 프로펠러의 추진력을 추력($T$)이라 하면 깃 단면은 비행기 날개의 날개골과 같으므로, 추력을 날개에서 얻어지는 공기의 힘이라 할 때, 관계식으로 맞는 것은? (단 $D$=프로펠러 지름, $n$=회전속도, $\rho$=공기밀도)

① $T \backsim \rho \times \frac{\pi D^2}{4} \times (\pi D n)^2$

② $T \backsim \rho \times \frac{\pi D}{4} \times (\pi D n)^3$

③ $T \backsim \rho \times \frac{\pi D}{4} \times \pi D$

④ $T \backsim \rho \times \frac{\pi D^2}{4} \times (\pi D n)^3$

**해설**

$T \backsim$(공기밀도)×(프로펠러 회전면의 넓이)×(프로펠러 깃의 선속도)²

$= T \backsim \rho \times \frac{\pi D^2}{4} \times (\pi D n)^2$

**10** 고정 피치 프로펠러는 어느 시기에 최대 효율이 되도록 설계하는가?

① 이륙 시　　　　② 순항 시

③ 착륙 시　　　　④ 완속 비행 시

**해설**

고정 피치 프로펠러(fixed pitch propeller): 깃이 고정된 것으로 순항속도에서 가장 효율이 좋은 깃 각으로 제작

**11** 프로펠러 거버너(governor)의 부품이 아닌 것은?

① 파일럿 밸브　　② 플라이웨이트

③ 아네로이드　　　④ 카운터 밸런스

**해설**

프로펠러 거버너는 조속기라는 장치이고 RPM을 일정하게 유지시켜 주는 장치이다. 조속기는 엔진 윤활유의 일부를 조속기 펌프로 가압하여 파일럿 밸브로 공급한다. 파일럿 밸브는 프로펠러축에 베벨 기어로 연결되어 회전하며, 그 위쪽으로 플라이웨이트가 장착되어 있다.

**12** 고속 회전 시 프로펠러의 원심력에 의하여 프로펠러 중앙 허브로부터 브레이드를 밖으로 이탈시키려는 응력이 발생하는데, 이 응력을 무엇이라고 하는가?

① 굽힘 응력　　　② 인장 응력

③ 비틀림 응력　　④ 추력

**해설**

프로펠러에 작용하는 힘과 응력 중 원심력에 따른 인장 응력

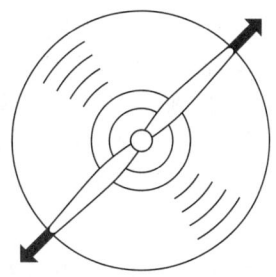

**13** 프로펠러의 평형 작업 시 사용하는 아버(arber)의 용도는?

① 평형 스탠드를 맞춘다.

② 평형 칼날상의 프로펠러를 지지해 준다.

③ 첨가하거나 제거해야 할 무게를 나타낸다.

④ 중량이 부가되어야 하는 프로펠러 깃을 표시한다.

**정답**　09. ①　10. ②　11. ③　12. ②　13. ②

프로펠러의 평형 작업
- 밸런싱 아버를 프로펠러 허브의 장착 플랜지에 장착시킨다.
- 밸런싱 아버에 평형추를 달고 평형 스탠드 칼날 위에 올린다. 이때 평형추 위치는 0.4oz/in를 초과하면 안 된다.
- 평형 검사 시 바람이 불면 차단막을 설치한다.
- 평형 스탠드 칼날의 수평 상태를 확인한 후 조절한다.

## 14 트랙터 프로펠러(tractor propeller)에 대해서 가장 올바르게 설명한 것은?

① 엔진의 뒤쪽에 장착된 프로펠러 형태이다.
② 수상항공기나 수륙양용 항공기에 적합한 프로펠러 형태이다.
③ 날개 위와 뒤쪽에 장착된 프로펠러의 형태이다.
④ 엔진의 앞쪽에 장착된 프로펠러의 형태이다.

견인식(tractor type)은 프로펠러를 비행기 앞에 장착하여 앞으로 끌고 가는 방식으로 프로펠러 항공기에 가장 많이 사용되고 있는 방식이다. 그 외 프로펠러 장착에 따른 분류로는 추진식(pusher type), 이중 반전식, 탬덤식(tandem type)이 있다.

## 15 가변피치 프로펠러 중 저피치와 고피치 사이에서 무한한 피치각을 취하는 프로펠러는 어느 것인가?

① 2단 가변피치 프로펠러
② 완전 페더링 프로펠러
③ 정속 프로펠러
④ 역피치 프로펠러

정속 프로펠러(constant speed propeller): 조속기를 장착하여 저피치~고피치 범위 내에서 비행고도, 비행속도, 스로틀 개폐와 관계없이 조종사가 선택한 rpm을 일정하게 유지하여 진행률에 대해 최량의 효율을 가질 수 있는 프로펠러이다.

## 16 2단 가변피치 프로펠러를 장착한 항공기가 착륙할 때 프로펠러 깃의 상태는?

① 저피치
② 고피치
③ 완전 페더링
④ 중립

2단 피치 프로펠러(2-position controllable pitch propeller): 2개의 위치만을 선택할 수 있는 프로펠러이고, 저피치는 이·착륙 때와 저속에 사용되고, 고피치는 순항 및 강하 비행 시에 사용된다.

## 17 착륙 후 활주거리를 단축하기 위해 깃 각을 부(−)의 값으로 바꿀 수 있는 프로펠러 형식은?

① 역피치 프로펠러
② 페더링 프로펠러
③ 정속피치 프로펠러
④ 두 지점 프로펠러

역피치 프로펠러(reverse pitch propeller): 정속 프로펠러에 페더링 기능과 역피치 기능을 부가시킨 장치로, 착륙거리를 단축하기 위해 저피치보다 더 적은 역피치를 하면 역추력이 발생하여 착륙거리를 단축할 수 있는 프로펠러이다.

---

정답  14. ④  15. ③  16. ①  17. ①

**18** 하나의 속도에서 효율이 가장 높도록 지상에서 피치각을 조종하는 프로펠러는 다음 중 어느 것인가?

① 고정피치 프로펠러

② 조정피치 프로펠러

③ 2단 가변피치 프로펠러

④ 정속 프로펠러

**해설**

10번 문제 해설 참고

**19** 정속피치 프로펠러의 깃 각 변화는 승압된 오일 압력과 프로펠러의 원심력 사이의 균형에 따라 달라지는데, 그 차이를 조종하는 장치는?

① 조속기

② 플라이 웨이트

③ 오일펌프

④ 마운팅 플랜지

**해설**

15번 문제 해설 참고

**20** 프로펠러의 익단 실속은 성능에 큰 영향을 미치므로 이 현상을 방지하기 위한 방법으로 가장 관계가 먼 것은?

① 프로펠러 직경을 작게 한다.

② 프로펠러의 회전수를 증가시킨다.

③ 익단 속도를 음속의 90% 이하로 제한한다.

④ 유성기어열의 감속기어를 설치한다.

**해설**

익단 실속 현상을 방지하는 방법

• 깃 끝 속도를 음속의 90% 이하로 제한한다.

• 프로펠러 깃의 길이를 제한한다.

• 크랭크축과 프로펠러축 사이에 감속기어를 장착한다 (감속기어가 차지하는 공간에 무게를 감소시키기 위해 감속기어에는 유성기어열(planetary gear train)을 사용한다).

PART
03

항공기 기체

# CHAPTER

# 01  기체의 구조

기체 구조의 개요

## (1) 기체의 구조

| | |
|---|---|
| **동체**<br>(fuselage) | 비행 중 항공기에 작용하는 하중을 담당하고 날개, 꼬리날개, 착륙장치 등을 장착하며 승무원과 승객 및 화물을 수용한다. 착륙장치를 접어 넣을 수 있는 공간이 마련되어 있다. |
| **날개**<br>(wing) | 공기역학적으로 양력을 발생하여 항공기를 뜨도록 하며, 착륙장치, 엔진, 조종장치, 각종 고양력장치 등이 부착되어 있다. 날개 내부 공간은 연료탱크로 이용된다. |
| **꼬리날개**<br>(tail wing-horizontal & vertical) | 동체의 꼬리 부분에 부착되어 안정성과 조종성을 제공한다. 수평 안정판에 승강키가 있고 수직 안정판에 방향키가 부착되어 있다. |
| **착륙장치**<br>(landing gear) | 항공기가 이륙, 착륙, 지상 활주 및 지상에서 정지해 있을 때 항공기의 무게를 감당하고 진동을 흡수하며, 착륙 시 항공기의 수직 속도 성분에 해당하는 운동 에너지를 흡수한다. |
| **엔진 마운트 및 나셀**<br>(engine mount & nacelle) | 엔진 마운트는 엔진의 무게를 지지하고 엔진의 추력을 기체에 전달하는 구조로서 항공기 구조물 중 하중을 가장 많이 받는 곳 중의 하나이고, 나셀은 기체에 장착된 엔진을 둘러싼 부분을 말하며, 엔진 및 엔진에 부수되는 각종 장치를 수용하기 위한 공간을 마련하고 나셀의 바깥면은 공기 역학적 저항을 작게 하기 위해 유선형으로 한다. |

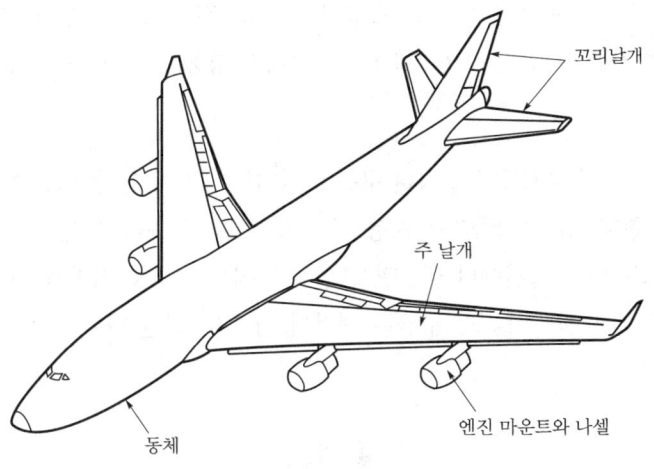

꼬리날개

주 날개

동체

엔진 마운트와 나셀

▲ 항공기 기체 구조

## (2) 기체 구조의 형식

### ① 1차 구조와 2차 구조

가) 1차 구조: 항공기 기체의 중요한 하중을 담당하는 구조 부분으로 비행 중 파손이 생길 경우 심각한 결과를 가져올 수 있다.

- 날개: 날개보(spar), 리브(rib), 외피(skin)
- 동체: 벌크헤드(bulk-head), 세로대(longer-on), 프레임(frame)
- 기체에 작용하는 하중의 종류

| | |
|---|---|
| 인장력<br>(tension force) | |
| 압축력<br>(compression force) | |
| 전단력<br>(shear force) | |
| 비틀림력<br>(torsion force) | |
| 굽힘력<br>(bending force) | |

나) 2차 구조: 비교적 적은 하중을 담당하는 구조 부분으로 파손 시 적절한 조치에 따라 사고를 방지할 수 있는 구조 부분이다. 하지만 항공 역학적 성능 저하는 발생할 수밖에 없다.

② **트러스 구조:** 두 힘 부재들로 구성된 구조로 설계와 제작이 용이하고, 초기의 항공기 구조에 사용하였고, 현재에도 경항공기에 사용되는 구조이다. 목재나 강관으로 트러스를 구성하고, 외피는 천 또는 얇은 합판이나 금속판을 입힌 형식으로 항공 역학적 외형을 유지하여 양력 및 항력을 발생시킨다. 트러스 구조는 제작이 쉽지만, 공간 마련이 어려워 승객 및 화물을 수송할 수 없다.

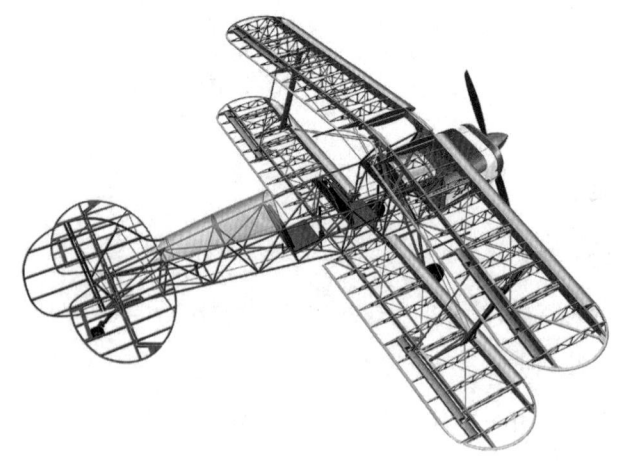

③ **세미 모노코크 구조:** 트러스 구조의 단점을 개선한 구조로써 원통 형태로 만들어져서 공간 마련이 용이하게 만들었으나 하중을 담당할 골격이 없고, 모든 하중을 외피가 받아야 하는 구조를 모노코크(monocoque) 구조라 한다. 이 구조는 항공기 구조로 적합하지 않아 현재 미사일 구조로 사용되고 있고, 이를 보완하여 나온 구조가 세미 모노코크(semi monocoque) 구조라 하며, 모노코크 구조와 세미 모노코크 구조를 외피가 응력을 담당하여 응력 외피 구조(stressed–skin structure)라 한다.

④ **페일세이프 구조**

| 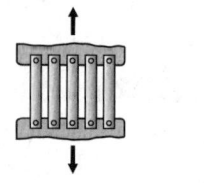<br>다경로(redundant) 하중구조 | 여러 개의 부재를 통하여 하중이 전달되도록 하여 어느 하나의 부재가 손상되더라도 그 부재가 담당하던 하중을 다른 부재가 담당하여 치명적인 결과를 가져오지 않는 구조 |
| --- | --- |

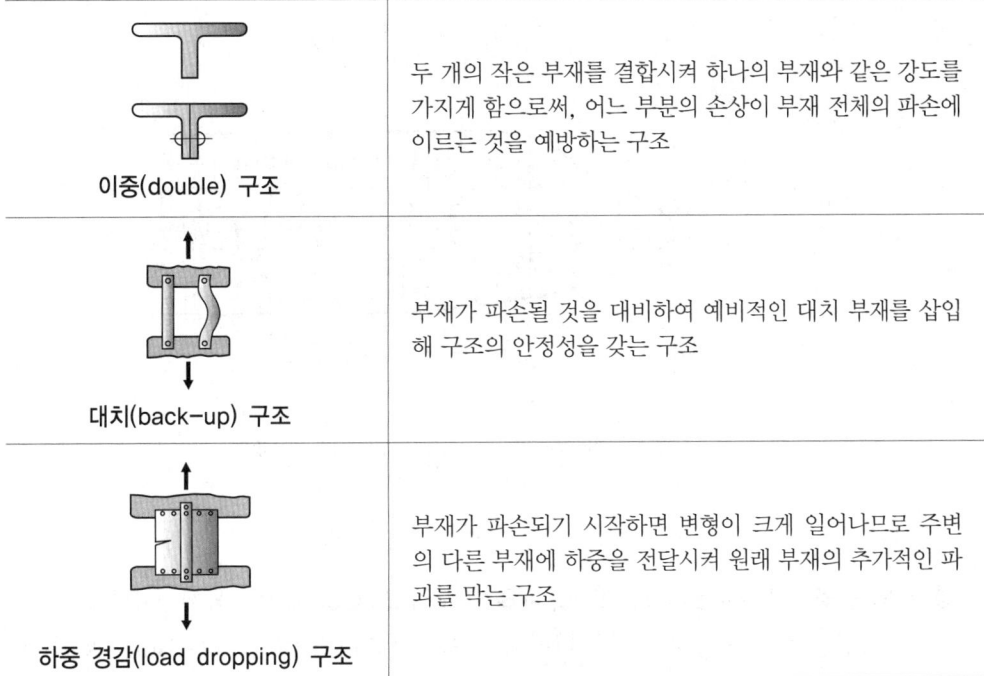

| | |
|---|---|
| 이중(double) 구조 | 두 개의 작은 부재를 결합시켜 하나의 부재와 같은 강도를 가지게 함으로써, 어느 부분의 손상이 부재 전체의 파손에 이르는 것을 예방하는 구조 |
| 대치(back-up) 구조 | 부재가 파손될 것을 대비하여 예비적인 대치 부재를 삽입해 구조의 안정성을 갖는 구조 |
| 하중 경감(load dropping) 구조 | 부재가 파손되기 시작하면 변형이 크게 일어나므로 주변의 다른 부재에 하중을 전달시켜 원래 부재의 추가적인 파괴를 막는 구조 |

⑤ **손상 허용 설계(damage tolerance design)** : 항공기를 장시간 운용할 때 발생할 수 있는 구조 부재의 피로 균열이나 혹은 제작 동안의 부재 결함이 어떤 크기에 도달하기 전까지는 발견할 수 없기 때문에 그 결함이 발견되기까지 구조의 안전에 문제가 생기지 않도록 보충하는 것, 부재가 파손되기 시작하면 변형이 크게 일어나므로 주변의 다른 부재에 하중을 전달시켜 원래 부재의 추가적인 파괴를 막는 구조이다.

## (3) 항공기 위치 표시방식

① **동체 위치선(FS: Fuselage, BSTA: Body Station):** 기준이 되는 0점 또는 기준선으로부터의 거리, 기준선은 기수 또는 기수로부터 일정한 거리에 위치한 상상의 수직 면으로 설명되며, 주어진 점까지의 거리는 보통 기수에서 테일 콘의 중심까지 있는 중심선의 길이로 측정된다.

② **동체 수위선(BWL: Body Water Line):** 기준으로 정한 특정 수평 면으로부터의 높이를 측정하는 수직거리이다.

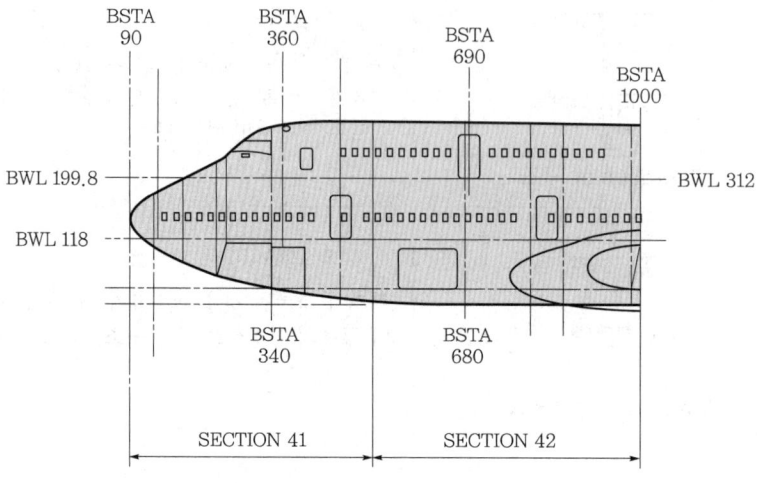

▲ 항공기 동체 위치선

③ **버턱선(BBL: Body Buttock Line, WBL: Wing Buttock Line):** 동체 중심선을 기준으로 좌, 우 평행한 동체와 날개의 폭을 나타내며, 동체 버턱선(BBL: Body Buttock Line)과 날개 버턱선(WBL: Wing Buttock Line)으로 구분된다.

④ **날개 위치선(WS: Wing Station):** 날개보가 직각인 특정한 기준면으로부터 날개 끝 방향으로 측정된 거리이다.

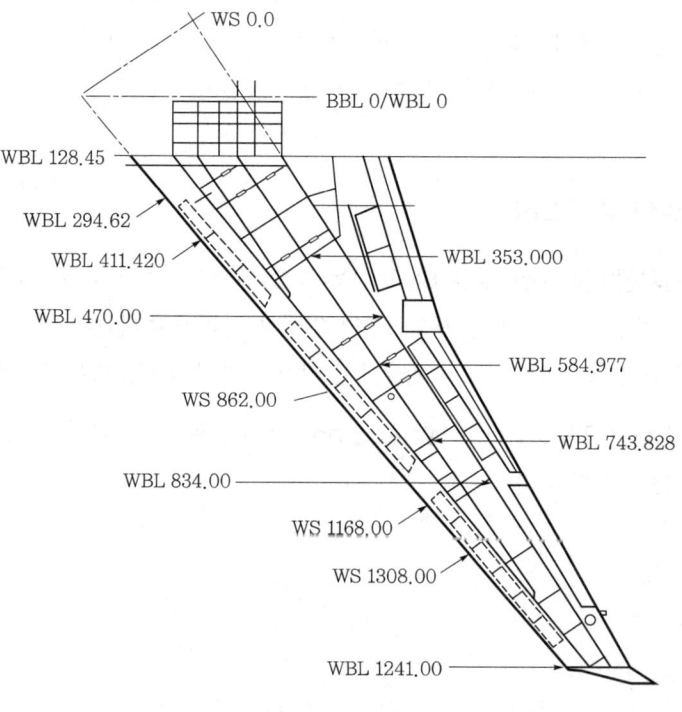

▲ 항공기 날개 위치선

## (1) 동체 구조의 형식

### ① 트러스 구조형 동체

삼각형 뼈대로 된 구조 부재가 기체에 작용하는 모든 하중을 감당하는 구조이며, 외피가 외형을 유지하고 항공 역학적인 공기력을 발생시킨다.

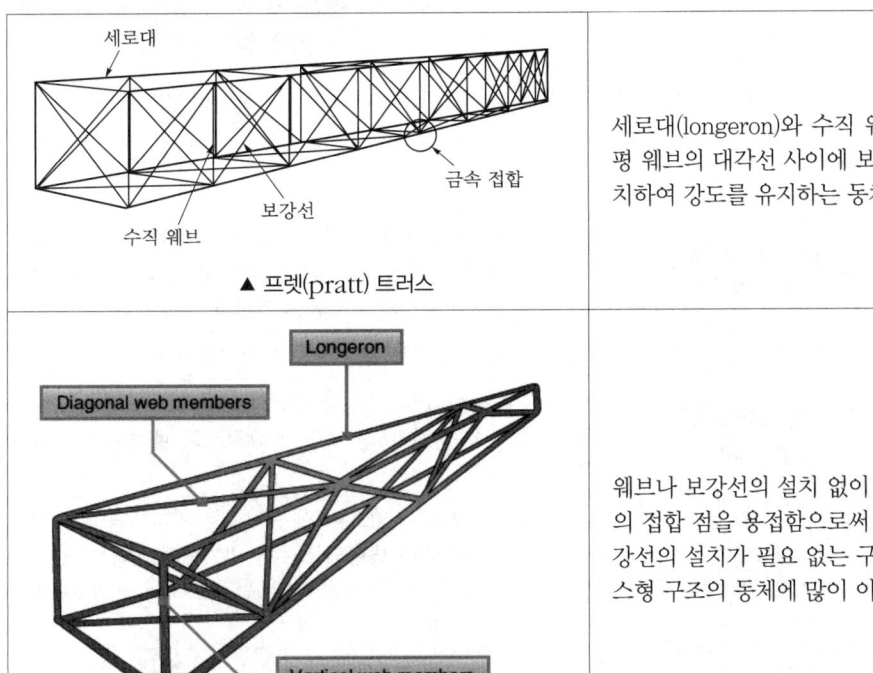

| | |
|---|---|
| ▲ 프렛(pratt) 트러스 | 세로대(longeron)와 수직 웨브 및 수평 웨브의 대각선 사이에 보강선을 설치하여 강도를 유지하는 동체이다. |
| ▲ 워렌(warren) 트러스 | 웨브나 보강선의 설치 없이 강재 튜브의 접합 점을 용접함으로써 웨브나 보강선의 설치가 필요 없는 구조로 트러스형 구조의 동체에 많이 이용된다. |

### ② 응력 외피 구조형 동체

| | |
|---|---|
| 모노코크 동체<br>(monocoque) | 정형재, 벌크헤드, 외피에 의해 동체 형태가 이루어지고 대부분의 하중을 외피가 담당하는 구조, 미사일 구조 등에 사용한다.<br>• 장점: 내부 공간 마련이 쉽다.<br>• 단점: 외피의 두께가 두꺼워 무게가 무겁고, 균열 등의 작은 손상에도 구조 전체가 약화된다. |
| 세미 모노코크 동체<br>(semi monocoque) | 외피가 하중의 일부를 담당하여 외피와 뼈대가 같이 하중을 담당하는 구조로, 현대 항공기의 동체 구조로서 가장 많이 사용한다.<br>• 수직 방향 부재: 벌크헤드, 정형재, 프레임, 링<br>• 길이 방향 부재: 세로대, 세로지 |

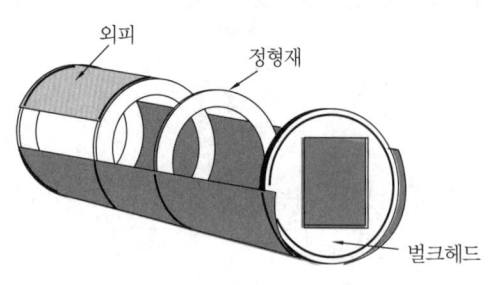

▲ 모노코크 구조

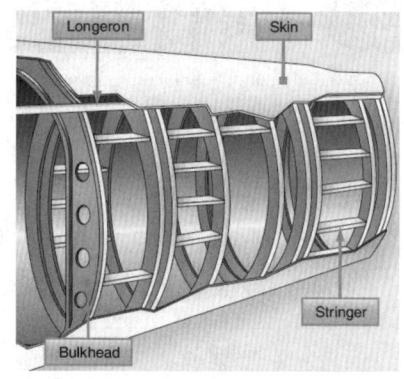

▲ 세미 모노코크 구조

## 가) 각 부재의 역할

| | |
|---|---|
| 스트링거(세로지)<br>(stringer) | 세로대보다 무게가 가볍고 훨씬 많은 수를 배치한다. 스트링거는 어느 정도 강성을 가지고 있지만, 주로 외피 형태에 맞추어 부착하기 위해서 사용되며 외피의 좌굴을 방지한다. |
| 세로대(longeron) | 세로 방향의 주 부재로 굽힘 하중을 담당한다. |
| 프레임(링)<br>(frame) | 합금판으로 성형되었고, 수직 방향의 보강재로서 세로지와 합쳐 축하중과 휨하중에 견디도록 50cm 간격으로 배치하여 외피를 보호한다. |
| 벌크헤드<br>(bulkhead) | 동체의 앞뒤에 하나씩 있으며 집중 하중을 외피에 골고루 분산하고, 동체가 비틀림에 의해 변형되는 것을 방지한다. 여압식 동체에서 객실 내의 압력을 유지하기 위해 격벽 판(pressure bulkhead) 역할을 한다. |
| 외피(skin) | 동체에 작용하는 하중에서 전단력과 비틀림을 담당한다. |
| 프레임(frame) | 합금판으로 성형되었고, 축하중과 휨하중에 견디도록 해야 한다. |

## ③ 동체 구조의 구분

| | |
|---|---|
| 전방 동체<br>(forward section) | 동체의 앞쪽 부분으로 조종실이 마련되며, 공기저항을 최소화하기 위해 항공역학적 특성과 비행 중 조종사의 시계 확보가 되어야 한다. |
| 중간 동체<br>(middle section) | 주로 승객, 화물을 탑재하기 위한 공간과 날개 및 주 착륙장치 등이 부착되는 부분이다. |
| 후방 동체<br>(after section) | 승개 및 화물이 탑재되는 공간이며 후방 몸체와 연결되어 있다. |

## (2) 여압 상태의 동체 구조

### ① 여압실의 구조

항공기가 고고도 비행 시 대기압은 낮아지고, 기내 압력을 0.8로 유지시킴으로써 내부와 외부의 압력 차인 차압이 커지게 된다. 따라서 차압에 의한 하중이 증가하여 설계 제작 시 한계 값에 가까워지므로 어느 한계고도 이상에서는 차압이 일정하게 유지되도록 되어 있다.

가) 여압실의 강도 보강 장소: 불연속적으로 응력이 집중되므로 스트링거로 간격을 좁히거나, 강한 스트링거를 사용하여 윈드 실드(sind shield), 객실 창문 및 출입문(door) 등의 절개 부분에 보강해야 한다.

나) 이중 거품형 여압실: 단면을 봤을 때 동체의 높이를 증가시키지 않고 넓은 탑재 공간을 마련할 수 있어 많이 사용되고 있다.

### ② 여압실의 압력 유지

여러 개의 외피 판을 접합시킬 때에 부재와 부재 사이 및 리벳과 부재 사이에서 압력누설이 발생할 수 있어 이를 방지하기 위해 밀폐제(sealant)를 사용한다.

- 스프링과 고무 실에 의해 기체의 외부와 내부를 완전히 밀폐시킨다.
- 그리스와 와셔 등의 실을 사용하여 기밀을 유지한다.
- 고무 콘을 사용하여 기체 내부와 외부를 밀폐시킨다.

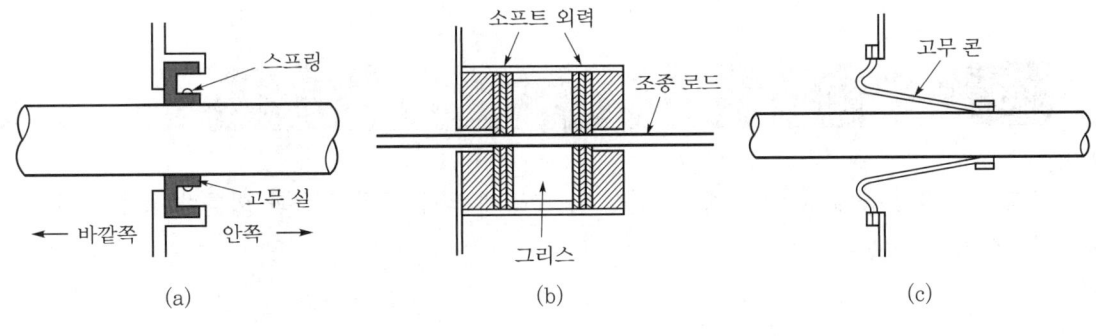

▲ 밀폐된 절개 모습

### ③ 창문 및 출입문의 구조와 기밀

가) 윈드실드 구조: 윈드실드 바깥 판의 안쪽 면은 전도성이 좋은 금속피막(conductive coating)을 입혀 전기를 통하게 하여 방빙(anti-icing) 및 서리 제거(anti-fog)를 할 수 있다.

나) 윈드실드 강도 기준: 여압에 의한 파괴 강도를 가져야 하기 때문에 바깥쪽 판은 최대 여압실 압력의 7~10배, 안쪽 판은 최대 여압실 압력의 3~4배 이상을 유지해야 한다. 또한 새 등의 충돌에 의한 충격 강도는 무게 1.8kg의 새가 순항속도 비행 시 충돌하더라도 파괴되지 않을 정도여야 한다.

다) 출입문의 기밀: 여압실의 기밀에 해를 주는 요소이며, 동체 강도 및 그 이상의 강도를 유지해야 한다. 동체 안으로 여는 밀폐형 실과 동체 밖으로 여는 팽창식 실이 있는데, 동체 안으로 여는 플러그형 출입문(plug type door)이 가장 많이 사용된다. 이 문은 여압 공기의 기밀을 유지하기 위해 밀폐용 실(seal)로 여압이 되는 출입문의 실이 바깥벽인 출입문의 프레임에 밀착되어 더욱 기밀을 유지한다.

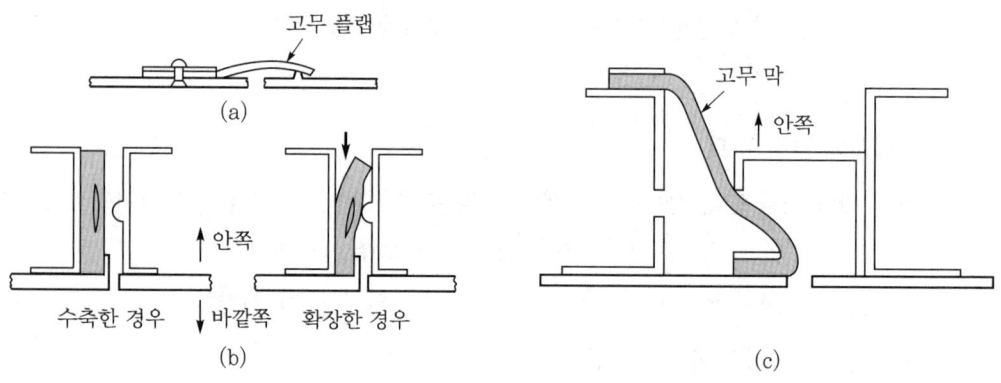

## 3 날개

날개에는 비행 중에 공기력, 중력, 관성력, 추력에 의해 굽힘 하중과 비틀림 하중이 반복적, 복합적으로 작용한다.

### (1) 날개 구조의 형식과 구조 부재

① **트러스형 날개**: 소형 항공기에 사용되는 트러스 구조는 날개보, 리브, 강선, 외피로 구성되었으며, 외피는 얇은 금속 및 합판, 우포를 사용하여 항공 역학적 형태를 유지한다.

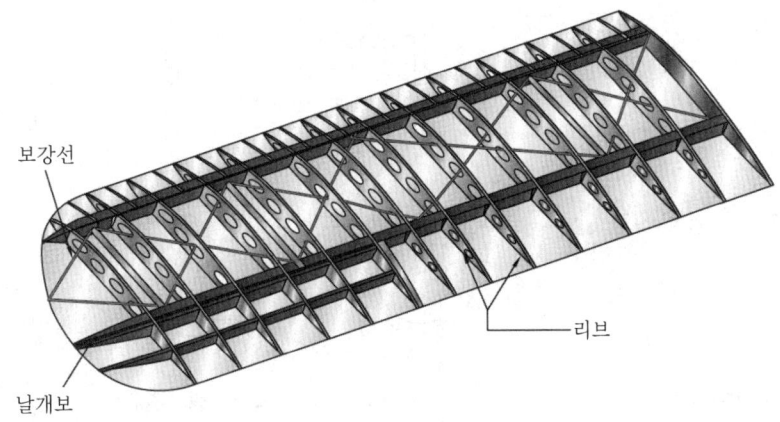

보강선

리브

날개보

② **세미 모노코크형 날개:** 중·대형 항공기에 사용되는 세미 모노코크 구조는 날개보, 리브, 외피, 스트링거로 구성되어 있다.

③ **날개의 구조 부재**

| | |
|---|---|
| **날개보(spar)** | 날개에 작용하는 하중 대부분을 담당하며, 굽힘 하중과 비틀림 하중을 주로 담당하는 날개의 주 구조 부재이다. |
| **리브(rib)** | 공기 역학적인 날개골을 유지하도록 날개 모양을 만들어주며 외피에 작용하는 하중을 날개보에 전달한다. |
| **스트링거(stringer)** | 날개의 굽힘 강도를 크게 하고, 날개의 비틀림에 의한 좌굴을 방지한다. |
| **외피(skin)** | 전방 및 후방 날개보 사이에 외피는 날개 구조상 큰 응력을 받아 응력 외피라 부르며 높은 강도가 요구된다. |

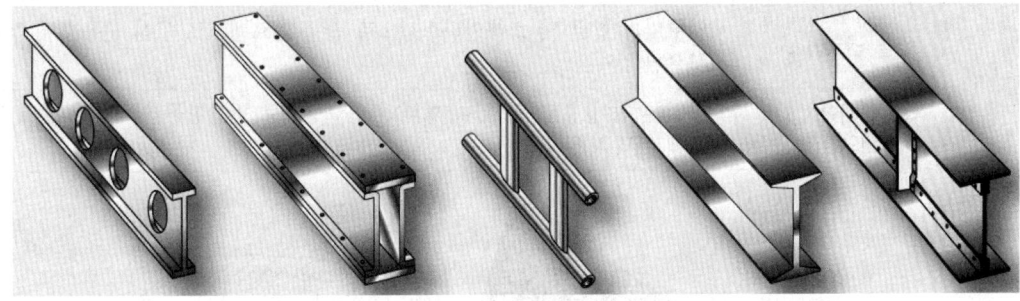

▲ 날개보

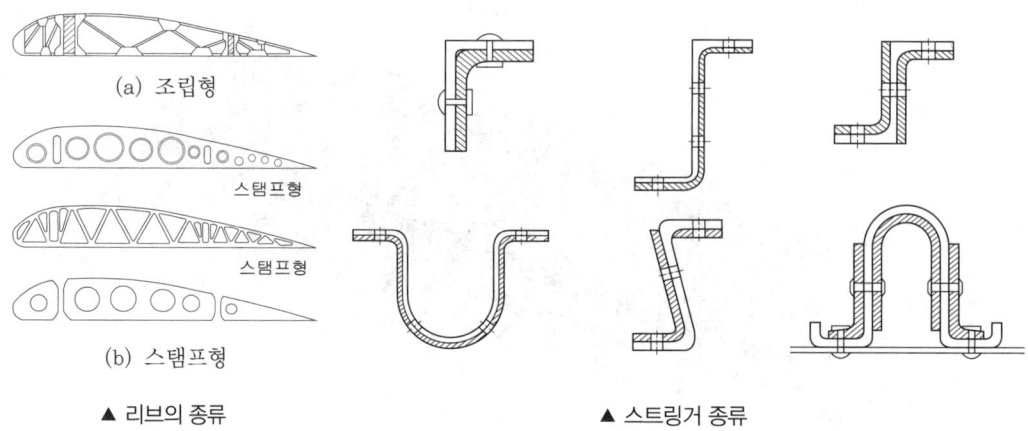

(a) 조립형

스탬프형

스탬프형

(b) 스탬프형

▲ 리브의 종류

▲ 스트링거 종류

## (2) 날개의 장착과 내부 공간

### ① 날개의 장착

| 지주식 날개<br>(braced type wing) | 날개 장착부와 동체, 착륙장치, 날개 지지점이 서로 3점을 이루는 트러스 구조이며, 구조가 간단하고 무게가 가볍지만 공기 저항이 커서 소형 항공기에 사용한다. |
|---|---|
| 외팔보식 날개<br>(cantilever type wing) | 모든 응력이 날개 장축부에 집중되어 복잡해지므로 충분한 강도를 가져야 하고, 항력이 작아 고속기에 적합하나 무게가 무겁다. |

### ② 날개의 내부 공간

| 인티그럴<br>연료탱크 | 날개의 내부 공간을 밀폐시켜 내부 그대로 연료탱크로 사용되며, 보통 여러 개로 나누어져 있다. 대형 항공기에 가장 많이 사용되며 무게가 가볍다. |
|---|---|
| 셀 연료탱크 | 알루미늄 합금 및 스테인리스강으로 만든 연료탱크로 구식 군용기에 많이 사용된다. |
| 블래더형<br>연료탱크 | 나일론 천이나 고무주머니 형태의 연료탱크로 민간항공기의 중앙 날개 탱크에 일부 사용하고 있다. |

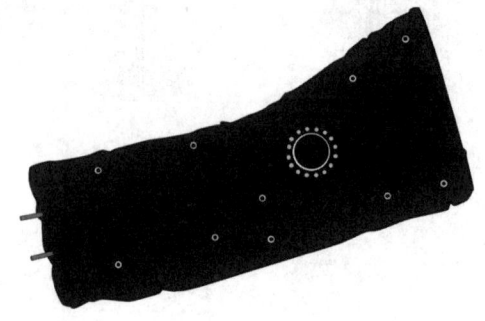

▲ 블래더형 연료탱크

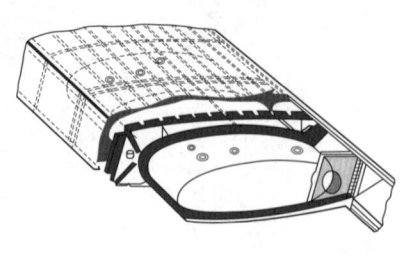

▲ 셀형 연료탱크

## (3) 날개의 부착 장치와 조종면

날개의 부착 장치로는 고양력장치와 속도 제어장치 및 조종면 등이 있다.

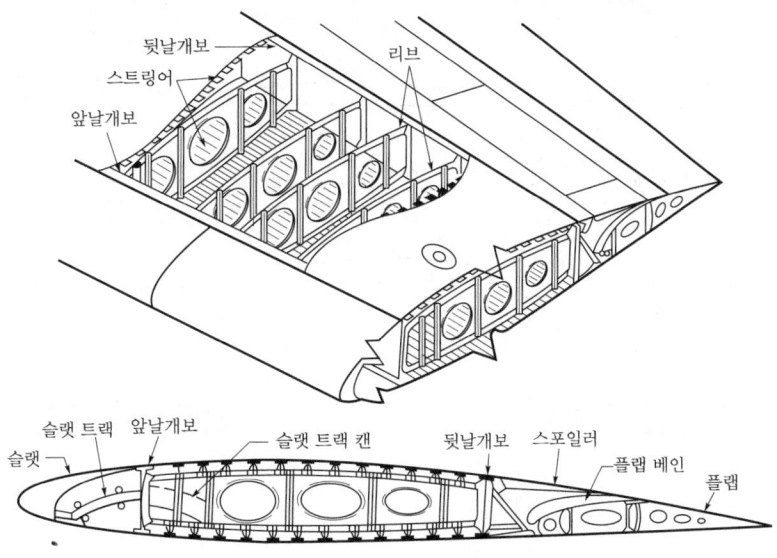

▲ 여객기의 날개

① **앞전 고양력 장치(leading edge high lift device):** 항공기 날개 앞전 쪽에 부착하는 것으로 슬랫(slat), 고정 슬롯(fixed slot), 드룹 노즈(droop nose), 핸들리 페이지 슬롯(handley page slot), 크루거 플랩(kruger flap), 로컬 캠버(local camber) 등이 있다. 앞전 고양력 장치는 날개 앞부분에서 씻어 올림(up wash)을 유도하여 날개 위로 높은 에너지를 유도함으로써 큰 받음각에서도 박리(separation)를 지연하여 실속을 방지하는 역할을 한다.

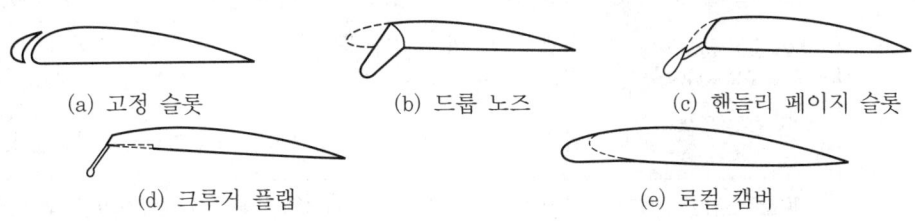

| 슬랫 & 슬롯 (slat & slot) | 날개 앞전에 공기가 씻어올릴 수 있는 틈(slot)을 만들어 날개가 큰 받음각에서도 박리를 지연시키는 장치이며, 아음속 여객기에 주로 사용된다. |
|---|---|
| 크루거 플랩 (kruger flap) | 날개 앞전 밑면에 접혀 날개를 구성하고 있으나 작동 시 앞쪽으로 나와 날개 면적과 앞전 반지름을 크게 하여 양력을 증가시킨다. |
| 드룹 노즈 (droop nose) | 앞전이 아래로 꺾어지면서 앞전 반지름과 캠버가 증가하여 양력을 증가시킨다. 앞전이 얇거나 뾰족한 초음속기에 사용되며, 저속에서 내리고 고속에서 들어 올린다. |

② **뒷전 고양력 장치(trailing edge high lift device):** 항공기 날개 뒷전에 있는 고양력 장치로써, 플레인 플랩(plain flap), 스플릿 플랩(split flap), 슬롯 플랩(slotted flap), 파울러 플랩(fowler flap), 블로 플랩(blow flap), 블로 제트(blow jet) 등이 있고, 이륙거리를 짧게 하기 위해 양력계수를 증가시키는 장치이다.

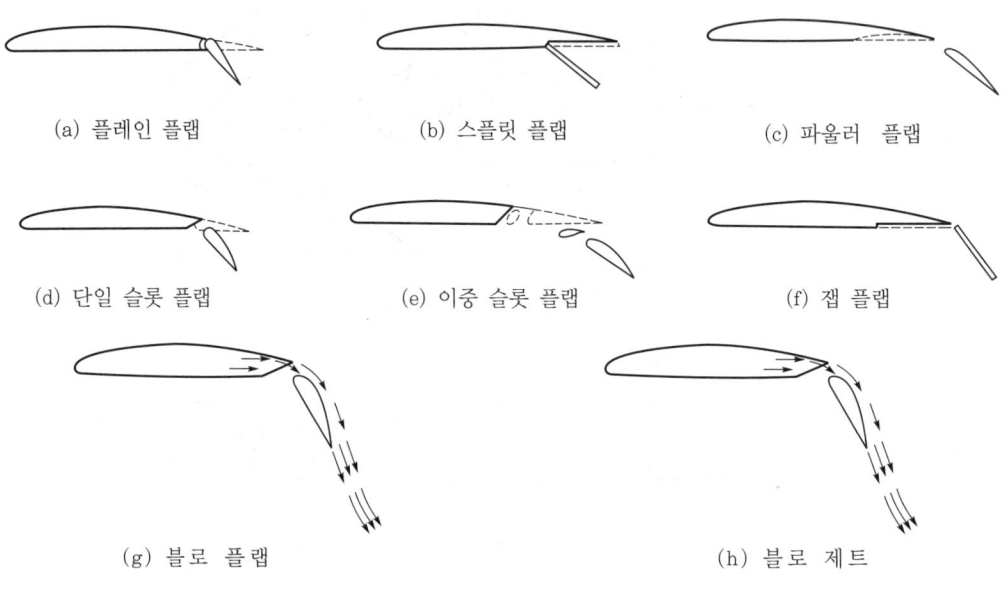

(a) 플레인 플랩　　　　(b) 스플릿 플랩　　　　(c) 파울러 플랩

(d) 단일 슬롯 플랩　　　(e) 이중 슬롯 플랩　　　(f) 잽 플랩

(g) 블로 플랩　　　　　　　(h) 블로 제트

| | |
|---|---|
| **플레인(단순) 플랩**<br>(plain flap) | 스플릿 플랩에 비해 효율은 떨어지나 얇은 날개에 장착하기가 쉬워 전투기에 사용된다. |
| **스플릿(분할) 플랩**<br>(split flap) | 날개의 아랫면에 부착되는 것으로 구조가 간단하고 무게가 가볍지만, 효율이 떨어져 잘 사용하지 않는다. |
| **단일 슬롯 플랩**<br>(slotted flap) | 특수한 모양의 슬롯이 있어 플랩 앞전의 부압효과로 인해 안정되어 있고, 안정된 경계층으로 인해 플랩을 40° 이상 내릴 수 있다. |
| **이중 슬롯 플랩**<br>(double slotted flap) | 플랩 내림각의 범위가 월등히 넓고 이중 슬롯을 가짐으로써 플랩 윗면의 박리현상을 지연시킬 수 있다. 여객기 등에 많이 사용된다. |
| **삼중 슬롯 플랩**<br>(triple slotted flap) | 날개 하중을 크게 높일 수 있으므로 대형 여객기에 사용한다. |
| **파울러 플랩**<br>(fowler flap) | 날개 캠버를 증가시키는 동시에 유효면적도 증가시켜 아주 낮은 항력 증가에 비해 플랩 중 최대양력계수가 가장 높은 고양력 장치이다. |
| **블로우 플랩**<br>(blow flap) | 구조는 슬롯 플랩과 같으나, 양력을 높이기 위해 엔진의 배기가스를 사용한다는 점이 다르다. |

③ **도움날개:** 옆놀이 운동을 하기 위해 날개 뒷전에 위·아래로 움직이기 위해 설치되어 있다. 도움날개는 안쪽 도움날개, 바깥쪽 도움날개가 좌·우 2개씩 있으며, 저속 비행 시에는 모두 작동하고, 고속 비행 시에는 안쪽 도움날개만 작동한다. 또한, 좌·우측 도움날개는 서로 반대 방향으로 작동된다.

④ **스포일러**

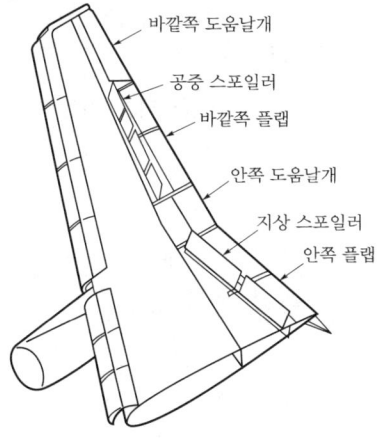

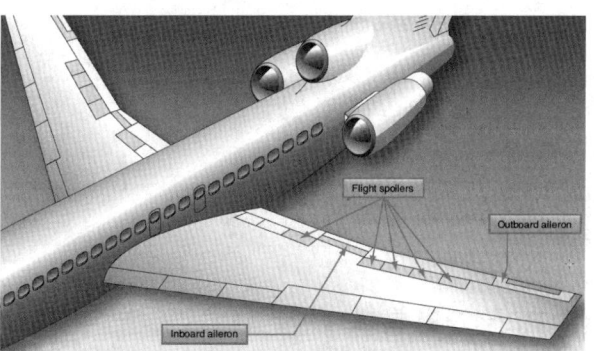

▲ 날개의 가동 장치

| 지상 스포일러<br>(ground spoiler) | 착륙활주 중 지상 스포일러를 수직에 가깝게 세워 항력을 증가시켜 착륙 거리를 짧게 한다. |
|---|---|
| 공중 스포일러<br>(air spoiler) | 비행 중에 날개 바깥쪽 스포일러의 일부를 좌우로 따로 움직여서 도움날개를 보조하거나 공중에서 비행속도를 감소시킨다. |

⑤ **방빙장치 및 제빙장치**

| 방빙<br>장치 | 전열식 | 날개 앞전의 내부에 전열선을 설치하고 전류를 흐르게 하여 날개 앞전을 가열한다. |
|---|---|---|
| | 가열공기식 | 날개 앞전 내부에 설치된 덕트를 통하여 가열 공기를 공급하여 앞전 부분을 가열하여 서리 형성을 방지한다. 엔진 압축기 블리드 에어를 사용한다. |
| 제빙<br>장치 | 알코올 분사식 | 날개 앞전의 작은 구멍을 통해 알코올을 분사하여 어는점을 낮추어 얼음을 제거한다. |
| | 제빙부츠 | 압축공기를 맥동적으로 공급, 배출시켜 부츠가 주기적으로 팽창, 수축되도록 하여 부츠 위에 얼어있던 얼음을 제거한다. |

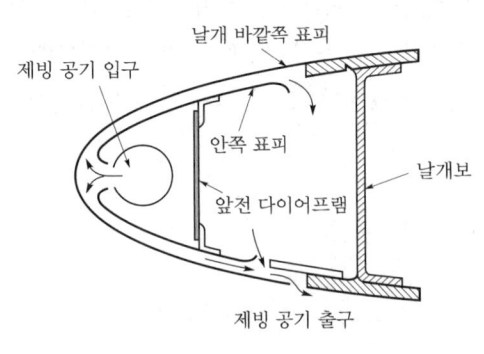

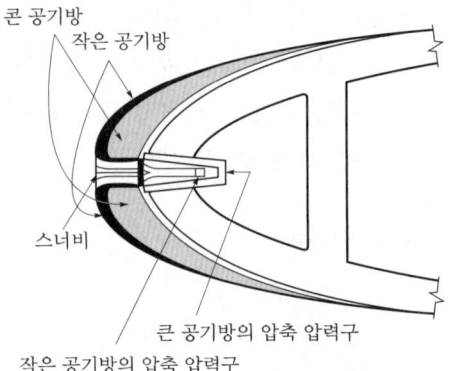

▲ 방빙장치                                  ▲ 제빙부츠

## 4 꼬리날개

### (1) 꼬리날개의 형태

꼬리날개는 동체의 꼬리 부분에 부착되어 있어 안정성과 조종성을 제공한다. 그에 따른 형태는 다음과 같다.

| V형 꼬리날개 | V형 꼬리날개로 수평과 수직꼬리날개의 기능을 겸하고 있어 뒷전에는 승강키와 방향키를 겸하는 방향승강키(rudder vator)를 가지고 있다. |
|---|---|
| T형 꼬리날개 | 수직꼬리날개의 윗부분에 수평꼬리날개를 부착한 형태이다. 수평꼬리날개와 동체와 날개 후류의 영향을 받지 않아 수평꼬리날개의 성능이 좋고, 무게 경감에 도움이 되지만, 딥 실속에 걸리는 단점을 갖고 있다. |
| 일반 꼬리날개 | 동체 꼬리 부분에 수평과 수직꼬리날개가 있다. |

### (2) 꼬리날개의 구성

| 수평 꼬리 날개 | 수평 안정판 (horizontal stabilizer) | 비행 중 날개의 씻어내림(down-wash)을 고려해 수평보다 조금 윗방향으로 붙임각이 형성되어 있고, 항공기의 세로 안정성을 담당한다. |
|---|---|---|
| | 승강키 (elevator) | 비행 조종계통에 연결되어 비행기를 상승, 하강시키는 키놀이(pitching) 모멘트를 발생시킨다. |
| 수직 꼬리 날개 | 수직 안정판 (vertical stabilizer) | 비행 중 비행기의 방향 안정성을 담당한다. |
| | 방향키(rudder) | 페달과 연결되어 비행기의 빗놀이(yawing) 모멘트를 발생시킨다. |

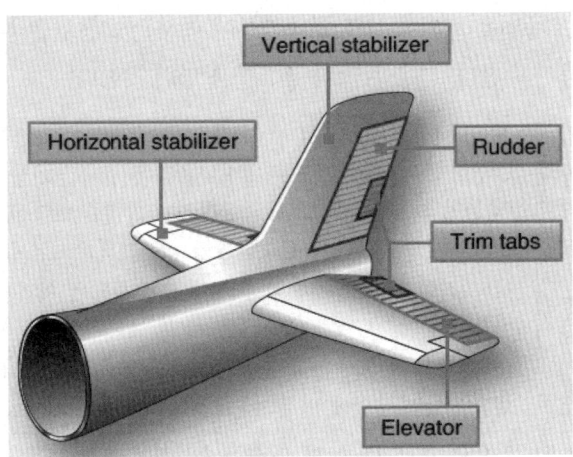

▲ 꼬리날개

# 5 조종계통

## (1) 조종면의 구조

### ① 주 조종면과 항공기 운동

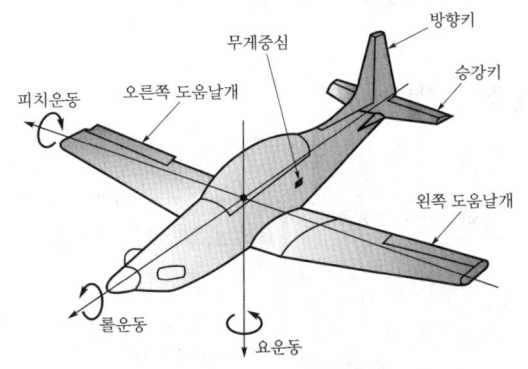

▲ 항공기 기체축과 조종면

| 축 | 운동 | 조종면 | 안정 |
|---|---|---|---|
| X축<br>(세로축, 종축) | 옆놀이<br>(rolling) | 보조날개<br>(aileron) | 가로 안정<br>(상반각, 하반각) |
| Y축<br>(가로축, 횡축) | 키놀이<br>(pitching) | 승강키<br>(elevator) | 세로 안정<br>(수평 안정판) |
| Z축<br>(수직축) | 빗놀이<br>(yawing) | 방향타<br>(rudder) | 방향 안정<br>(수직 안정판, 도살 핀, 날개의 뒤 젖힘각) |

② **부 조종면:** 주 조종면을 제외한 보조 조종계통에 속하는 조종면을 부 조종면이라 하며, 플랩, 스포일러, 탭 등이 속한다. 다음은 탭의 종류를 설명한 것이다.

| | |
|---|---|
| **트림 탭**<br>(trim tab) | 주 조종면 뒷전에 붙어 있는 작은 날개로 정상비행을 하는데 조종력을 "0"으로 맞추어 주는 장치로, 조종사가 조종력을 장시간 가할 경우 대단히 피로하고 힘이 들어 조종력을 "0"으로 조종하여 조종력을 편하게 하기 위한 것이다. |
| **밸런스 탭**<br>(balance tab) | 조종면 뒷전에 붙인 작은 키로서 탭은 항상 조종면이 움직이는 방향과 반대로 움직인다. 조종계통이 1, 2차 조종계통에 연결되어 서로 반대 방향으로 작용한다. |
| **서보 탭**<br>(servo tab) | 1차 조종면에 조종계통이 연결되지 않고 조종계통이 2차 조종면에 연결되어 탭을 작동해 풍압에 의해 1차 조종면을 작동한다(대형 항공기에 주로 사용). |
| **스프링 탭**<br>(spring tab) | 겉으로 보기에는 트림 탭과 비슷하지만 그 기능은 전혀 다르다. 스프링 탭은 조종사가 주 조종면을 움직일 때 도움을 주기 위한 보조 역할로 사용되도록 작동하는 탭, 즉 조종사가 주 조종면을 움직일 때 도움을 주기 위한 보조 역할을 하는 데 사용한다. |

| | |
|---|---|
| **양력을 증가시키는 보조 조종면** | 항공기 날개의 양력을 증가시키는 데 사용되는 보조 조종면으로 날개 뒷전 플랩과 날개 앞전의 슬랫(slat)과 슬롯(slot)이 있다. |
| **양력을 감소시키는 보조 조종면** | 항공기가 활주할 때 브레이크 작용을 해주는 지상 스포일러와 비행 중 도움 날개의 조작에 따라 항공기 세로조종을 보조해 주는 공중 스포일러가 있다. |

## (2) 조종계통의 구조

| | |
|---|---|
| **옆놀이 조종계통** | 조종간을 왼쪽으로 기울이면 오른쪽 도움날개는 내려가고, 왼쪽 도움날개는 올라가 비행기를 왼쪽으로 옆놀이 운동을 하고, 조종간을 오른쪽으로 기울이면 오른쪽 도움날개는 올라가고, 왼쪽 도움날개는 내려가 비행기를 오른쪽으로 옆놀이 운동을 한다. |
| **키놀이 조종계통** | 조종간을 당기면 승강기가 올라가 비행기 기수는 상승하고, 조종간을 밀면 승강기가 내려가 비행기 기수는 내려간다. 고속 항공기에서 수평 안정판(horizontal stabilizer)이 승강키 역할을 하여 수평 안정판 전체를 움직여 앞전을 올리거나 내리도록 하여 키놀이 모멘트를 일으키게 된다. |
| **빗놀이 조종계통** | 왼쪽 페달을 밟으면 방향타가 왼쪽으로 움직이고 기수는 왼쪽으로 향하고, 오른쪽 페달을 밟으면 방향타는 오른쪽으로 움직이고 기수는 오른쪽으로 향한다. 또한 두 개의 페달을 같이 밟으면 지상 브레이크 작동이 된다. |

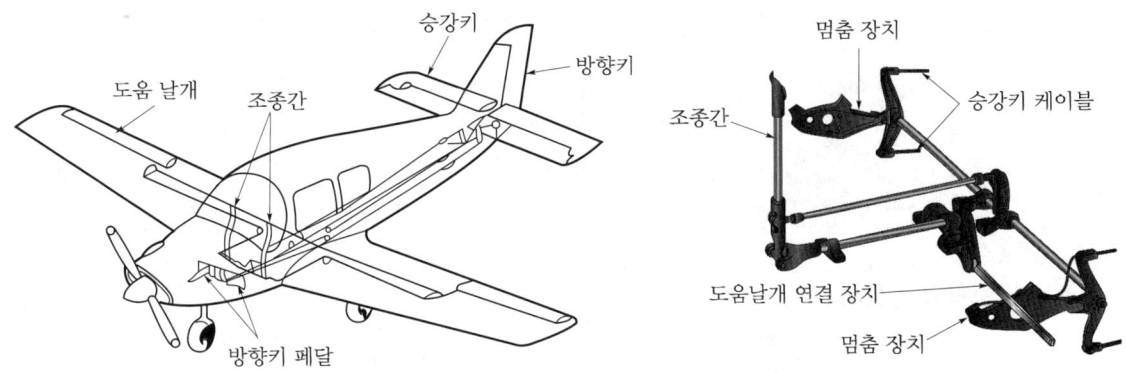

## (3) 운동 전달 방식

### ① 수동 조종장치

조종사가 가하는 힘과 조작범위를 기계적으로 조종하는 방식으로 값이 싸고 가공과 정비가 쉬우며, 무게가 가볍고 동력원이 필요 없다. 신뢰성이 높아 소형, 중형 항공기에 널리 이용된다.

가) 케이블 조종계통: 케이블을 이용하여 조종면을 움직이게 하는 조종계통으로 소형, 중형기에 널리 사용된다.

| 장점 | 무게가 가볍고, 느슨함이 없어 방향 전환이 자유롭고, 가격이 싸다. |
|---|---|
| 단점 | 마찰이 커 마멸이 많으며 케이블에 주어져야 할 공간이 필요하고, 큰 장력이 필요하여 케이블이 늘어난다. |
| 구성 | 케이블 어셈블리, 턴버클, 풀리, 페어리드, 케이블 가이드, 케이블 드럼 등이 있다. |

나) 푸시풀 로드 조종계통: 케이블 대신 로드(rod)가 조종력을 전달한다.

| 장점 | • 케이블 조종계통에 비해 마찰이 적다.<br>• 온도 변화에 대한 팽창이 거의 일어나지 않는다.<br>• 늘어나지 않는다. |
|---|---|
| 단점 | • 무게가 무겁고 관성력이 크다.<br>• 느슨함이 있을 수 있다.<br>• 값이 비싸다. |

다) 토크 튜브 조종계통: 조종력을 조종면에 전달 시 튜브의 회전에 의해 전달된다.

| 레버 형식 조종계통 | 무게가 무겁고 비틀림에 의한 변형을 막기 위해 지름이 큰 튜브를 사용한다. 플랩 조종계통에 주로 사용한다. |
|---|---|
| 기어식 조종계통 | 기어를 이용하여 회전토크를 줌으로써 조종면을 원하는 각도만큼 변위시키는 장치로 방향 변환이 쉽고, 필요한 공간과 마찰력을 줄일 수 있다. |

② 동력 조종장치

| 가역식 조종방식 (유압부스터방식) | 장점 | • 조종력을 사람의 힘보다 몇 배 크게 할 수 있다.<br>• 유압계통 고장 시 인력으로 조종이 가능하다. |
|---|---|---|
| | 단점 | • 부스터 비를 크게 할 수 없다.<br>• 고장 시 인력으로 조종할 경우 적은 이득밖에 얻지 못한다.<br>• 아음속 초음속 비행 시 조종 감각을 얻기 곤란하다. |
| 비가역식 조종방식 (인공감각장치) | | • 가역식 조종방식의 단점을 개선하여 대형기에 사용한다.<br>• 속도를 하나의 변화 요소로 간주하여 저속에서는 감지 스프링의 감각을, 고속에서는 유압의 힘을 사용하여 조종간의 움직이는 양과 조종면에 작용하는 힘을 인공적으로 조종사가 느낄 수 있게 되어 있다. |

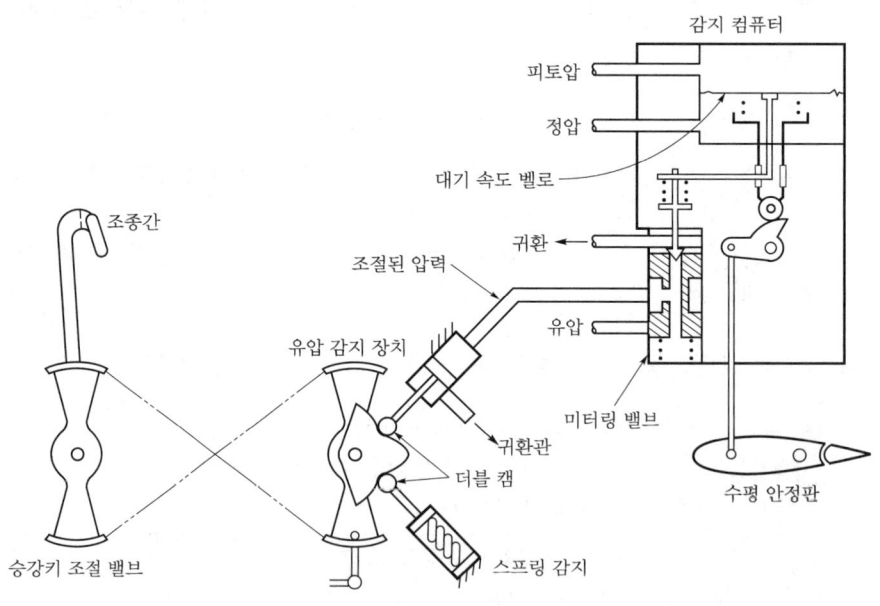

▲ 인공 감각 장치

③ **플라이 바이 와이어 조종장치:** 기체에 가해지는 중력가속도와 기울어짐을 감지하는 감지 컴퓨터로써 조종사의 감지 능력을 보충한 장치이다. 조종간이나 방향키 페달의 움직임을 전기적인 신호로 변환시켜 컴퓨터에 입력시키고, 이 컴퓨터에 의해 전기 또는 유압 작동기를

동작하게 함으로써 조종계통을 작동시켜 급격한 자세 변화에도 원만한 조종성을 발휘할 수 있다. 이 조종장치는 실용화로 성능이 매우 우수하고, 조종성과 안정성이 월등한 항공기에 제작이 가능하여 대형 항공기에 이 방식을 적용하여 사용하고 있다.

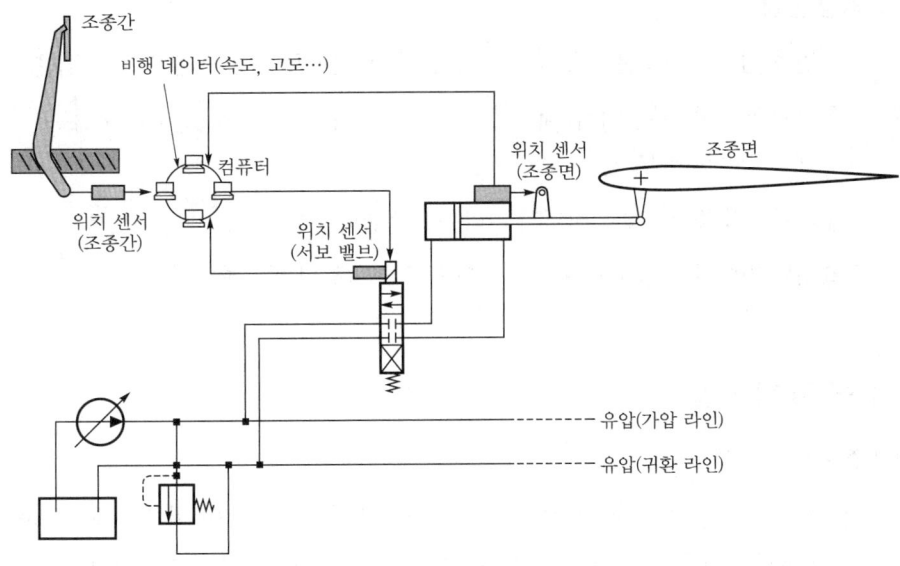

④ **자동 조종장치**: 비행기를 장시간 조종하게 되면 조종사는 육체적, 정신적으로 피로하게 되는데, 자이로에 의해 검출된 변위량을 기계식 또는 전자식에 의해 조종신호로 바꾸어 자동으로 조종하도록 한다. 즉, 장시간 비행에 있어서 조종사를 돕는다. 자동 조종장치에는 변위를 수정하기 위해 조종량을 산출하는 서보앰프(계산기), 조종신호에 따라 작동하는 서보모터(servomotor), 변위를 검출해 내는 자이로스코프(gyroscope)를 이용한다.

## (4) 조종면의 평형

### ① 정적평형과 동적평형

가) 정적평형(static balance): 어떤 물체가 자체의 무게중심으로 지지되고 있는 경우, 정지된 상태를 그대로 유지하려는 경향을 말하며, 효율적인 비행을 하려면 조종면의 앞전을 무겁게 제작해야 한다.

| 과소평형<br>(under balance) | 조종면을 평형대에 장착하였을 때 수평 위치에서 조종면의 뒷전이 내려가는 현상("+"상태)이다. |
|---|---|
| 과대평형<br>(over balance) | 조종면을 평형대에 장착하였을 때 수평 위치에서 조종면의 뒷전이 올라가는 현상("−"상태)이다. |

나) 동적평형(dynamic balance): 물체가 운동하는 상태에서 이 물체에 작용하는 모든 힘들이 평형을 이루게 되면, 그 물체는 원래의 운동상태를 유지하려는 평형상태를 말한다.

② 평형 방법

조종면 중심선의 앞부분에 무게를 첨가시키는 방법으로 평형을 잡으며, 방법은 다음과 같다.

- 항공기의 수리 부분에서 제거하는 자재무게와 작업에 소요되는 자재무게를 측정하고, 실제로 첨부되는 무게를 구한다.
- 수리지점의 중심과 중심선과의 거리를 측정한다.
- 측정된 길이와 수리에 소요된 자재의 무게를 곱하여 계산한다.

## (5) 작동점검 및 조절

### ① 조종기구 조절

가) 목적: 조종장치를 작동시킴에 따라 조종면의 정확한 작동이 이루어지도록 하고, 작동범위 및 평형상태를 맞추어 주며, 조종 케이블의 장력을 정확하게 조절하는 데 있으며, 이를 리그 작업(rigging)이라 한다.

| 리그작업 순서 | ❶ 고정기구를 이용하여 조종장치를 중립에 고정한다.<br>❷ 조종면이 중립에 오도록 로드 길이를 조절 및 케이블의 장력을 조절한다. 장력 조절은 조종기구 조절 시마다 조절해야 한다. |
|---|---|
| 장착상태 확인 | • 로드 단자(control rod end)는 조종로드에 있는 검사 구멍에 핀이 들어 있지 않을 정도로 장착해야 한다.<br>• 턴버클 단자의 나사산이 3회 이상 나와선 안 된다.<br>• 케이블 안내기구 2인치 범위 내에 케이블 연결기구나 접합기구가 없어야 한다. |

### ② 조종 케이블의 장력 측정

케이블의 치수에 따라 정확한 장력을 측정하기 위해서는 케이블 텐션미터(cable tension meter)를 사용하여 측정하며, 타입은 C-8과 T-5가 있다. 다음 측정순서는 C-8형 텐션미터의 측정 순서이다.

❶ 측정 전 케이블을 케로신으로 깨끗이 세척한다.

❷ 텐션미터의 플런저와 앤빌 사이에 케이블을 고정한다.

❸ 케이블 치수 지시계에서 지시하는 케이블 지름을 확인한다.

❹ 텐션미터를 떼어내어 지시계에서 지시한 케이블 지름의 기준으로 장력계의 원점을 조절한다.

❺ 핸들을 누른 상태에서 앤빌과 플런저 사이에 케이블을 넣고 핸들을 서서히 놓아 지시계 지침을 확인한다.

❻ 지시계 눈금을 읽기 어려울 때는 고정버튼을 눌러 고정시킨 후 케이블에서 떼어내어 장력 값을 읽는다.

❼ 장력 값 확인 후 다시 케이블에 고정시키고, 고정버튼을 눌러 잠금을 해제 후 텐션미터를 떼어낸다.

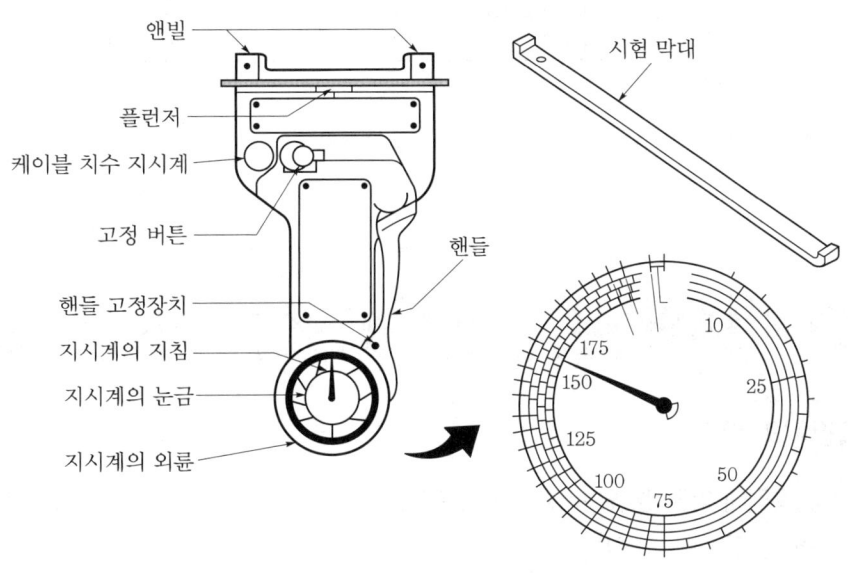

▲ C-8 텐션미터

### ③ 조종면의 각도 측정

❶ 각도판 조절기를 돌려 각도판의 기준점과 링의 기준점을 맞춘 후 각도판 링 고정장치로 고정한다.

❷ 조종면을 중립에 놓고 각도기를 조종면에 설치한 다음, 링 조절기를 돌려 각도판과 링을 회전시켜 중앙 수준기의 공기 방울이 센터에 올 때까지 돌린다.

❸ 링 프레임 고정장치로 링을 고정시킨 후 조종면을 최대 작동 한계까지 이동시킨다.

❹ 각도판 링 고정장치를 푼 후 각도판 조절기를 이용하여 중앙 수준기의 공기 방울이 센터에 올 때까지 돌려준다.

❺ 위와 같이 조작한 다음 회전각도를 읽는다. 이 각도가 조종면 회전각도를 의미하며 회전각도는 $\frac{1}{10}^{\circ}$까지 읽을 수 있다. 또한 코너 수준기는 프로펠러 각도를 측정할 때 사용한다.

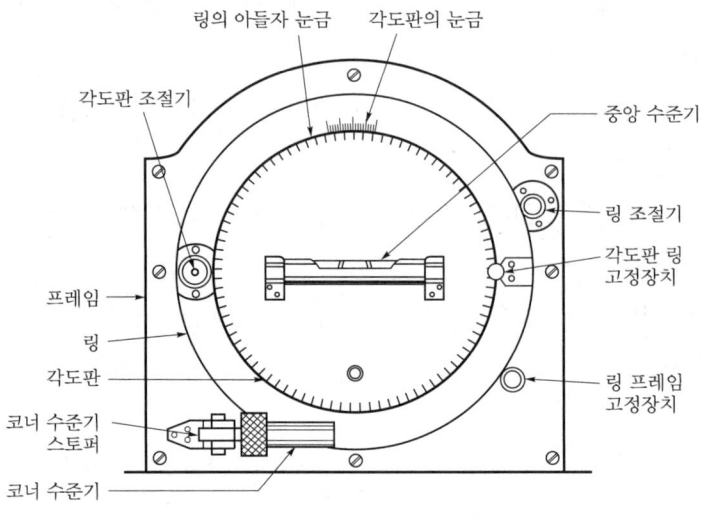

링의 아들자 눈금　각도판의 눈금

각도판 조절기

중앙 수준기

링 조절기

각도판 링
고정장치

프레임

링

각도판

링 프레임
고정장치

코너 수준기
스토퍼

코너 수준기

▲ 각도기

## 6　착륙장치

### (1) 착륙장치의 종류

① **사용 목적에 따른 분류**: 육상에서 사용하는 바퀴형, 눈 위에서 사용하는 스키형, 물 위에서 사용하는 플로트형이 있다.

② **장착 방법에 따른 분류**

| 고정식<br>착륙장치 | 공기저항이 커서 경비행기에 주로 사용되며, 구조가 간단하여 제작이나 정비가 쉽다. |
|---|---|
| 접개들이식<br>착륙장치 | 유압, 공기압 또는 전기 동력으로 작동되며 구조가 복잡하다. 동력원 고장 시에는 수동으로 조작할 수 있는 보조계통이 있어야 한다. 조항에 따른 앞바퀴형과 뒷바퀴형이 있다. |

**[앞바퀴형(nose gear type)과 뒷바퀴형(tail gear type)]**

| 앞바퀴형 | • 동체 후방이 들려 있어 이륙 시 저항이 적고 착륙성능이 좋다.<br>• 조종사의 시계(시야)가 좋다.<br>• 프로펠러 항공기 브레이크 작동 시 프로펠러 손상 위험이 없다.<br>• 제트엔진의 배기가스 배출이 용이하다.<br>• 중심이 주 바퀴 앞에 있어 지상전복의 위험이 적다. |
|---|---|

| 뒷바퀴형 | 동체 꼬리 부분에 뒷바퀴가 있다. |
| | 경비행기에 주로 사용되며, 무게중심은 주 바퀴 뒤에 있다. |

### ③ 타이어 수에 따른 분류

| 단일식 | 타이어가 한 개인 방식으로 소형기에 사용한다. |
|---|---|
| 이중식 | 타이어 2개가 1조로 된 형식으로 앞바퀴에 적용된다. |
| 보기식 | 타이어 4개가 1조로 된 형식으로 주 바퀴에 적용된다. |

## (2) 완충장치(Shock Absorber)

착륙 시 항공기의 수직속도 성분에 의한 운동 에너지를 흡수함으로써 충격을 완화시켜 주기 위한 장치이다.

| 고무식 완충장치 | 고무의 탄성을 이용하여 충격을 흡수한다. 완충효율이 50% 정도이다. |
|---|---|
| 평판 스프링식 완충장치 | 강철재 판의 탄성을 이용하여 충격을 흡수하는 형식으로 완충효율이 50% 정도이다. |
| 공기 압축식 완충장치 | 공기의 압축성을 이용한 장치로 완충효율이 47% 정도이다. |
| 올레오 완충장치 | 현대 항공기에서 가장 많이 사용하는 방식으로 항공기가 착륙할 때 받는 충격을 유체의 운동에너지와 공기의 압축성을 이용하여 충격을 흡수하는 장치로 완충효율이 70~80% 정도이다. |

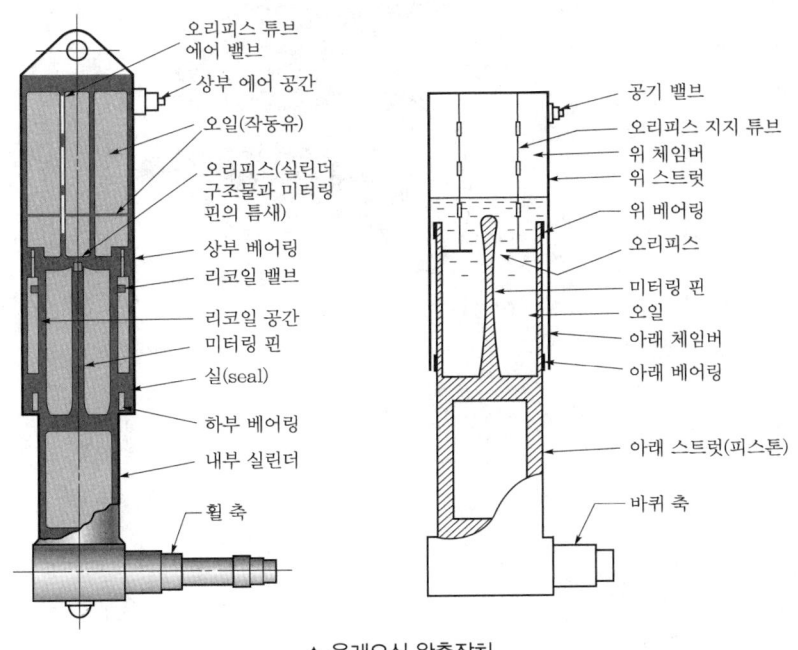

▲ 올레오식 완충장치

## (3) 주 착륙장치(Main Landing Gear)

### ① 구조

| | |
|---|---|
| 트러니언 | 착륙장치를 동체 구조재에 연결하는 부분으로 양 끝은 베어링에 의해 지지가 되면, 이를 회전축으로 하여 착륙장치가 펼쳐지거나 접어 들여진다. |
| 토션 링크 | 2개의 A자 모양으로 윗부분은 완충 버팀대에, 아랫부분은 올레오 피스톤과 축으로 연결되어 피스톤이 과도하게 빠지지 못하게 하고, 바퀴가 정확하게 정렬해 있도록, 즉 옆으로 돌아가지 못하도록 한다. |
| 트럭 | 이·착륙할 때 항공기의 자세에 따라 힌지를 중심으로 앞과 뒤로 요동한다. |
| 센터링 실린더 | 항공기가 착륙하는 과정에서 완충 스트럿과 트럭이 서로 경사지게 되었을 때, 이들이 서로 수직이 될 수 있도록 작동시켜 주는 기구이다. |
| 스너버 | 센터링 실린더의 작동이 완만하게 이루어지도록 하고, 지상 활주 시 진동을 감쇄시키기 위한 장치이다. |
| 제동평형로드 | 2개 또는 4개로 구성되며 활주 중에 항공기가 멈추려고 할 때 트럭의 앞바퀴에 하중이 집중되어 트럭의 뒷바퀴가 지면으로부터 들려지는 현상을 방지하여 트럭의 앞뒤 바퀴가 균일하게 항공기 하중을 담당하도록 한다. |

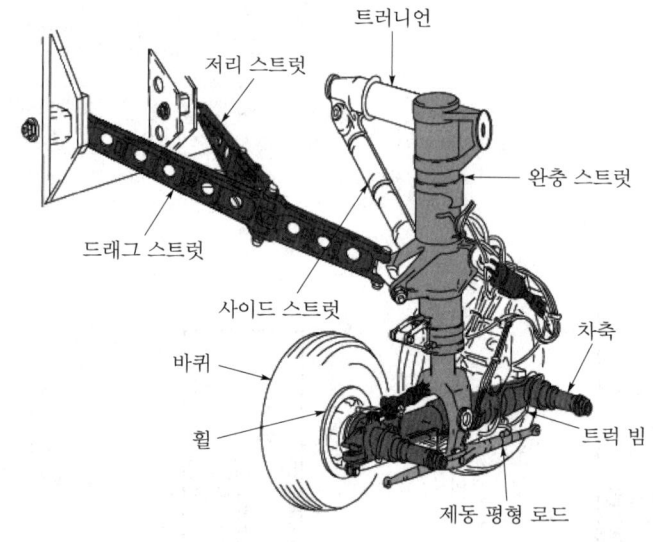

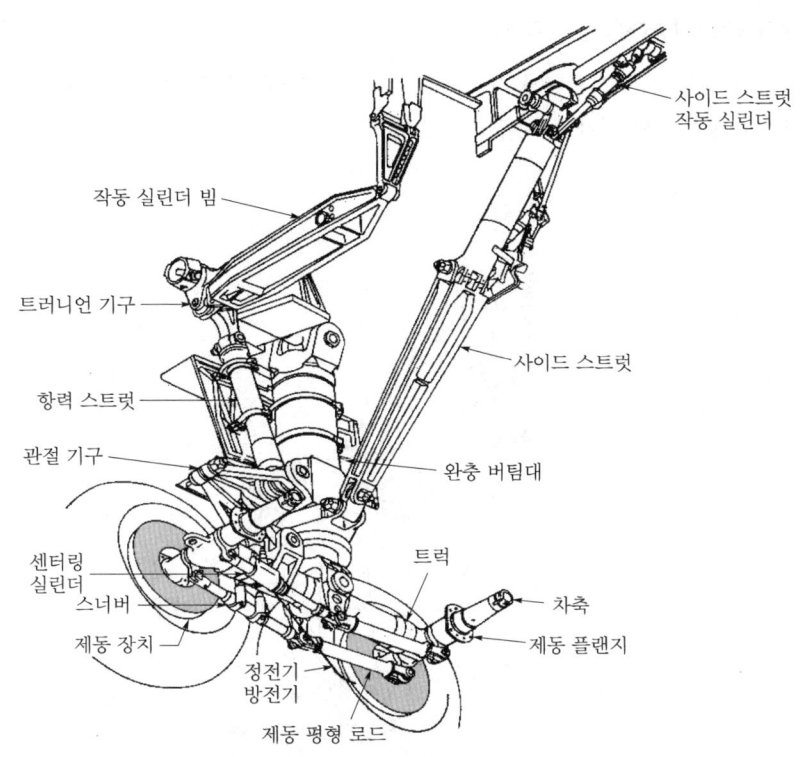

사이드 스트럿
작동 실린더

작동 실린더 빔

트러니언 기구

항력 스트럿

관절 기구

사이드 스트럿

완충 버팀대

센터링
실린더

스너버

제동 장치

정전기
방전기

제동 평형 로드

트럭

차축

제동 플랜지

② **착륙장치의 접개들이 장치**(retraction and extraction system): 비행 중 항공기의 항력 감소를 위해 동체 또는 날개 내부에 접어 들이는 방식으로 유압식, 전기식, 기계식이 있으며 이 중 유압식이 가장 널리 사용되고 있다.

| 기계식 | 체인과 스프로킷 또는 케이블과 레버를 이용한다. |
|---|---|
| 전기식 | 전동기와 웜 기어를 이용한다. |
| 유압식 | 가장 널리 이용한다. |

가) 래치 장치

| 업 래치<br>(up latch) | 착륙장치의 올림 위치에서 항공기에 진동이 생겼을 때 착륙장치의 무게로 인해 착륙장치가 내려가는 것을 방지한다. |
|---|---|
| 다운 래치<br>(down latch) | 착륙장치의 내림 위치에서 접지 충격을 받더라도 접혀지지 않도록 한다. |

나) 착륙장치 내림 작동순서

| 1단계 | 업 래치가 잠겨 있고 도어는 닫혀 있다. 착륙 레버를 내림 위치에 놓는다. |
|---|---|
| 2단계 | 업 래치는 열리고 도어는 열리기 시작한다. |
| 3단계 | 도어가 완전히 열리고 랜딩기어가 내려간다. |
| 4단계 | 다운 래치가 걸리면 내림과정이 완료된다. |

## (4) 앞 착륙장치(Nose Landing Gear)

착륙 중에 충격 흡수 및 지상에서 항공기 무게의 일부를 지탱하고, 지상 활주 중에 항공기 방향을 조절할 수 있도록 조향장치를 갖추고 있는 장치이다.

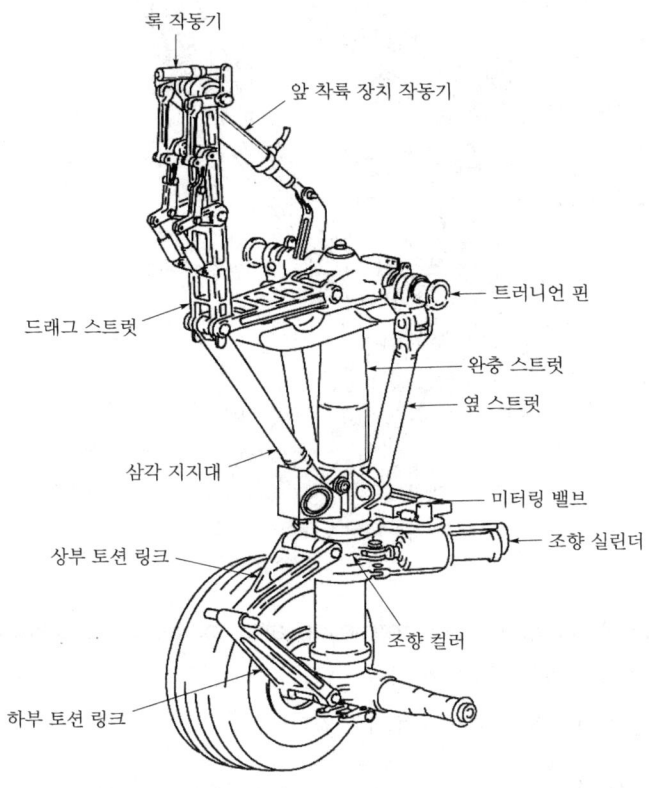

① **시미 댐퍼**(shimmy damper): 앞 · 뒤 착륙장치는 지상 활주 중 지면과 타이어의 마찰에 의해 타이어 밑면의 가로축 방향의 변형과 바퀴의 선회 축 둘레의 진동과의 합성진동이 좌 · 우로 발생한다. 이를 '시미'라 하며, 이와 같은 현상을 감쇠, 방지하기 위한 장치를 '시미 댐퍼'라 한다.

② **조향장치**(steering system): 항공기를 지상 활주시키기 위하여 앞바퀴의 방향을 변경시키는 장치이며, 조종사가 설정한 각 이상 작동되지 않도록 유압을 차단시키는 서밍 레버(summing lever)가 있다.

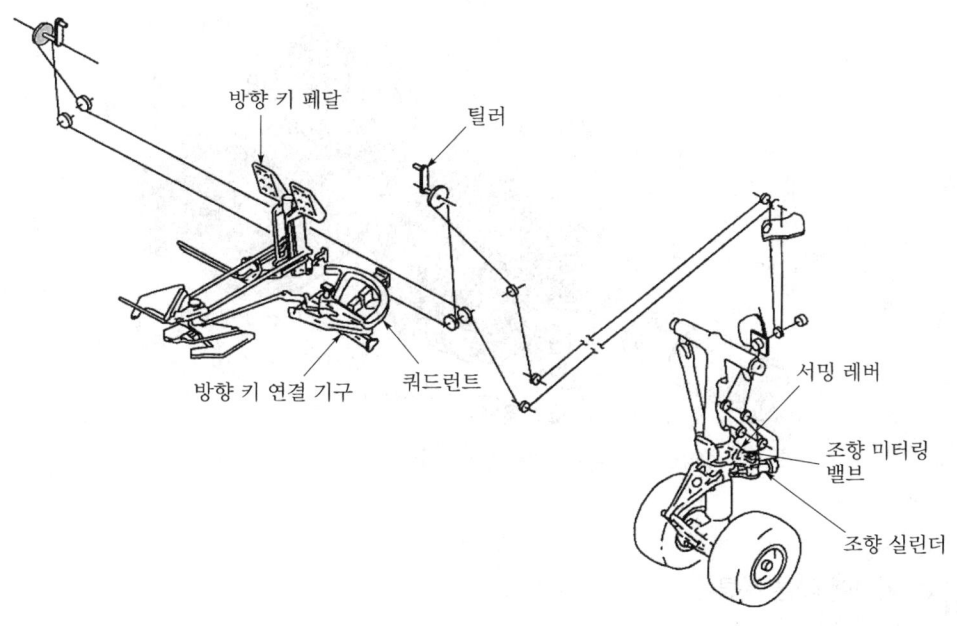

방향 키 페달

틸러

방향 키 연결 기구

쿼드런트

서밍 레버

조향 미터링 밸브

조향 실린더

| 기계식 | 소형기에 사용되며, 방향키 페달을 이용한다. |
|---|---|
| 유압식 | 대형기에 사용되며, 작동유압에 의해 조향작동 실린더가 작동되어 앞바퀴의 방향을 전환할 수 있는 장치이다. 앞바퀴를 작은 각도 회전 시 방향키 페달을 작동하고, 큰 각도 회전 시 틸러(tiller)라는 조향 핸들을 돌려 조향한다. |

## (5) 뒤 착륙장치

뒷바퀴형 착륙장치에 사용되며 주로 소형기에 사용되고, 대형 항공기에 사용되는 경우에는 동체 꼬리 부분에 테일 스키드를 장착하여 기체 손상을 방지한다.

## (6) 브레이크 장치

착륙장치의 바퀴 회전을 제동하는 것으로, 항공기를 천천히 이동시키고 지상 활주 시 방향을 바꿀 때 사용되며, 착륙 시에는 활주거리를 단축시켜 항공기를 정지 또는 계류시킨다.

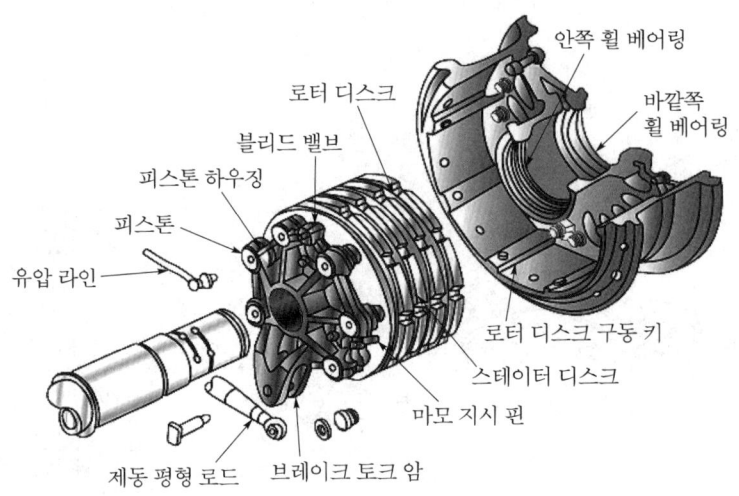

안쪽 휠 베어링
로터 디스크
블리드 밸브
바깥쪽 휠 베어링
피스톤 하우징
피스톤
유압 라인
로터 디스크 구동 키
스테이터 디스크
마모 지시 핀
제동 평형 로드   브레이크 토크 암

## ① 기능에 따른 분류

| 정상 브레이크 | 평상시에 사용한다. |
|---|---|
| 파킹 브레이크 | 공항 등에서 장시간 비행기를 계류시킬 때 사용한다. |
| 비상 및 보조 브레이크 | 정상 브레이크가 고장났을 때 사용하며, 정상 브레이크와 별도로 장착되어 있다. |

## ② 구조형식에 따른 분류

| 팽창 튜브식 브레이크 | 무게가 가볍고 단단하여 소형기에 많이 사용된다. 페달을 밟으면 팽창튜브로 작동유가 들어가 튜브가 팽창하여 드럼과 접촉하여 제동이 걸린다. |
|---|---|
| 싱글 디스크식 브레이크 | 소형 항공기에 널리 사용되는 브레이크이다. 페달을 밟으면 유압에 의해 피스톤이 라이닝을 눌러 디스크와 라이닝에 마찰력이 생겨 제동이 걸린다. |
| 멀티 디스크식 브레이크 | 큰 제동력이 필요한 대형 항공기에 사용된다. 페달을 밟으면 압력판을 밀어 로터와 스테이터가 마찰력에 의해 제동이 걸린다. |
| 세그먼트 로터 브레이크 | 특별히 고안된 중·대형 항공기에 사용된다. 로터가 여러 개의 조각으로 나뉘어 있는 특징을 갖고 있으면 제동은 멀티브레이크와 동일하다. |

③ **안티 스키드 장치:** 항공기가 착륙 접지하여 활주 중에 갑자기 브레이크를 밟으면 바퀴에 제동이 걸려 회전하지 않고 지면과 마찰을 일으켜 타이어가 미끄러지는 스키드 현상이 발생한다. 스키드 현상이 일어나면서 타이어가 부분적으로 닳거나 파열되는 현상을 방지해 준다.

④ 브레이크 장치 계통점검

| 드래깅 현상<br>(dragging) | 브레이크 장치계통에 공기가 차 있거나 작동기구의 결함에 의해 브레이크 페달을 밟은 후 제동력을 제거하더라도 브레이크 장치가 원상태로 회복이 안 되는 현상이다. |
| --- | --- |
| 그래빙 현상<br>(grabbing) | 제동판이나 라이닝에 기름이 묻어 있거나 오염물질이 부착되어 제동상태가 원활하게 이루어지지 않고 거칠어지는 현상이다. |
| 페이딩 현상<br>(fading) | 브레이크 장치가 가열되어 라이닝 등이 마모됨으로써 미끄러지는 상태가 발생하여 제동효과가 감소하는 현상이다. |

## (7) 바퀴 및 타이어

① **바퀴 및 종류:** 항공기를 지지하는 가장 아랫부분의 장치로 2개의 베어링에 의해 축에 지지되고 타이어와 함께 회전한다.

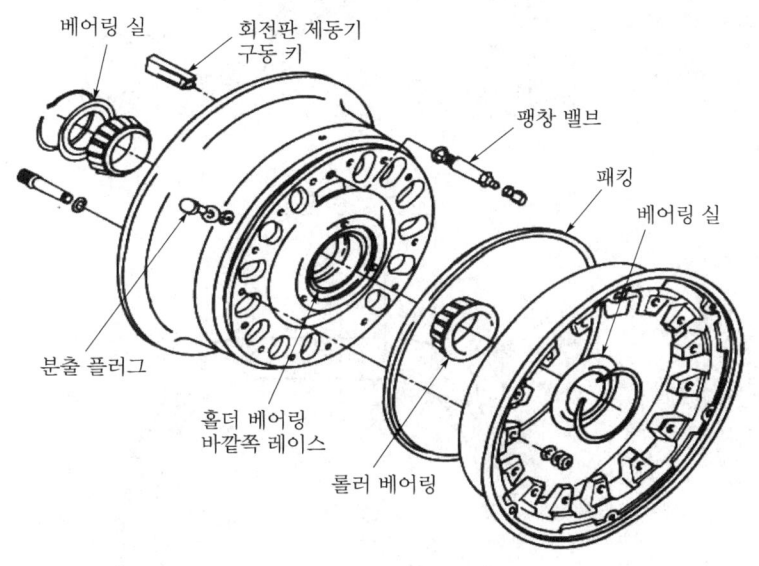

▲ 스플릿형 바퀴

가) 스플릿형 바퀴: 양쪽으로 분리되며 일반적으로 많이 사용된다. 재질은 알루미늄과 마그네슘 합금을 사용한다.

※ 퓨즈 플러그: 브레이크의 과열 등으로 타이어 내부에 공기압력과 온도가 지나치게 높아졌을 때 퓨즈 플러그가 녹아 공기압력이 빠져나가게 하므로 타이어가 터지는 것을 방지한다. 퓨즈 플러그는 써멀 릴리프 플러그(thermal relief plug)라고도 한다.

나) 플랜지형 바퀴

다) 드롭 센터 고정 플랜지형 바퀴

② **타이어:** 고무와 철사 및 인견포를 적층하여 제작하며, 일반적으로 튜브리스(tubeless) 타이어를 사용한다. 또한, 타이어는 플라이 모양과 접착 방법에 따라 바이어스 형식(bias type)과 레디얼 형식(radial type)으로 구분되며, 현대 항공기는 신축성이 좋은 레디얼 형식을 사용하고 있다.

가) 타이어 구조

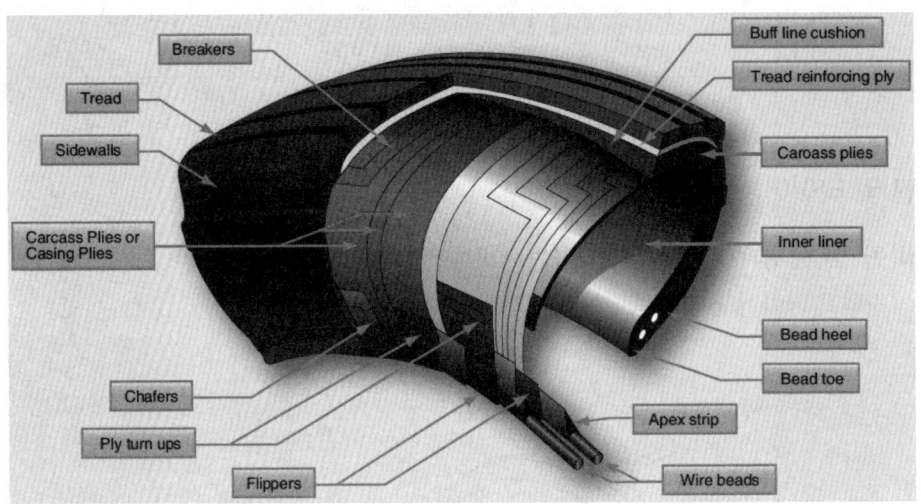

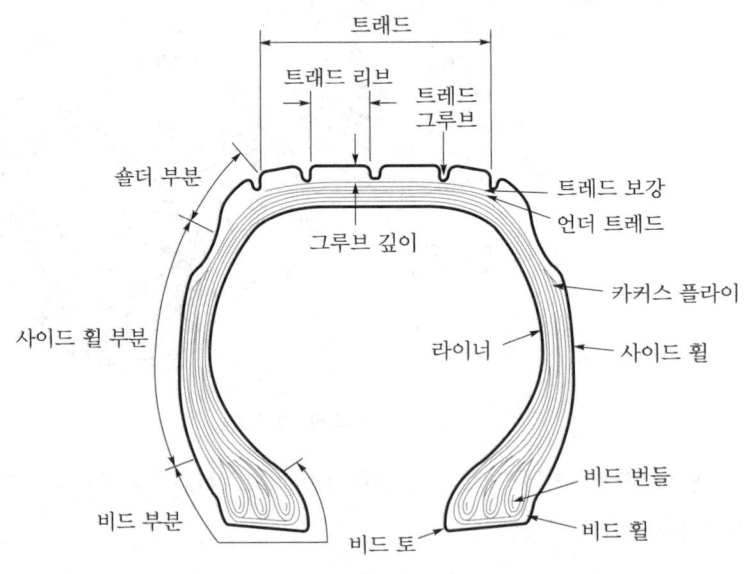

▲ 타이어의 구조와 단면

| 트레드 (tread) | 직접 노면과 접하는 부분으로 미끄럼을 방지하고 주행 중 열을 발산, 절손의 확대 방지 목적으로 여러 모양의 무늬 홈이 만들어져 있다. |
| --- | --- |

| 코어보디<br>(core body) | 타이어의 골격 부분으로 고압 공기에 견디고 하중이나 충격에 따라 변형되어야 하므로 강력한 인견이나 나일론 섬유를 겹쳐 강하게 만든 다음 그 위에 내열성이 우수한 양질의 고무를 입힌다. |
|---|---|
| 브레이커<br>(breaker) | 코어보디와 트레드 사이에 있으며, 외부 충격을 완화시키고 와이어 비드와 연결된 부분에 차퍼(chafer)를 부착하여 제동장치로부터 오는 열을 차단한다. |
| 와이어 비드<br>(wire bead) | 비드 와이어라 하며, 양질의 강선이 와이어 비드부의 늘어남을 방지하고 바퀴 플랜지에서 빠지지 않도록 한다. |

나) 타이어 규격

| 저압 타이어 | 타이어 넓이×타이어 안지름−코어보디의 층 수 |
|---|---|
| 고압 타이어 | 타이어 바깥지름×타이어 넓이−림의 지름 |

## (8) 브레이크 계통의 점검 및 조절

① 공기 빼기: 브레이크 계통 내 공기가 들어 있을 경우 페달을 밟더라도 제동이 잘 걸리지 않는 현상(스펀지 현상)이 발생하는데, 이 경우 계통의 공기 빼기 작업을 해야 한다. 공기 빼기 작업 시 작동유와 공기가 함께 섞여 나오며 공기가 모두 빠지면 페달을 밟았을 때 약간 뻣뻣함을 느낄 수 있다.

② 작동유가 샐 때는 개스킷(gasket)과 실(seal)을 교환해야 한다.

③ 브레이크 드럼에 균열이 1인치 이상 균열 시 드럼을 교환해야 한다.

## 7 엔진 마운트 및 나셀

## (1) 엔진 마운트

엔진의 무게를 지지하고 엔진의 추력을 기체에 전달하는 구조로서 항공기 구조물 중 하중을 가장 많이 받는 곳 중의 하나이다. 엔진 마운트는 쉽게 장·탈착할 수 있어야 하는데, 이와 같이 할 수 있는 기관을 QEC(Quick Engine Change) 기관이라 한다.

※ 방화벽(fire wall): 엔진 마운트와 기체 중간에 위치하여 엔진의 열이나 화염이 기체로 전달되는 것을 차단하는 장치이다. 왕복엔진에는 엔진 뒤쪽에 위치하며, 제트엔진에는 파일론과 기체와의 경계에 위치하고 있다. 재질은 스테인리스강 및 티탄으로 되어 있다.

## (2) 카울링 및 나셀

① **카울링(cowling):** 엔진이나 엔진에 관계되는 부품, 엔진 마운트, 방화벽 주위를 쉽게 접근할 수 있도록 장·탈착 할 수 있도록 하는 덮개를 말한다.

| 카울 플랩 (cowl flap) | 나셀 안으로 통과하여 나가는 공기의 양을 조절하여 엔진의 냉각을 조절한다. |
|---|---|
| 공기 스쿠프 (air scoop) | 기화기에 흡입되는 공기 통로의 입구를 말한다. |

② **나셀(nacelle):** 기체에 장착된 엔진을 둘러싼 부분을 말하며, 엔진 및 엔진에 부수되는 각종 장치를 수용하기 위한 공간을 마련하고, 나셀의 바깥면은 공기 역학적 저항을 작게 하기 위해 유선형으로 만든다.

③ **역추력 장치(thrust reverser):** 제트엔진의 나셀에 위치하며 팬 카울을 움직여 추력을 역방향으로 흐르게 하여 착륙거리를 단축시키기 위해 사용된다.

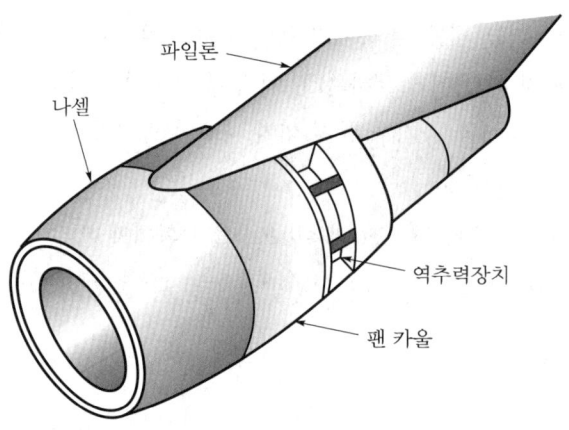

---

## 8 기체의 정비 및 수리

## (1) 항공기용 기계 요소

① **규격:** 표준이란 제품의 수치, 품질 및 성분, 용량 등을 측정하고 평가하는 데 있어서 비교의 기준이나 규약으로 설정된 사항을 의미하며, 좁은 의미에서의 규격이란 제품의 개별적인 특성과 치수 및 독특한 특성에 관해 상세하게 기술된 세부적인 지정 사항을 말한다.

| | |
|---|---|
| AN | Air force Navy |
| AND | Air force Navy Design |
| MS | Military Standard |
| NAS | National Aircraft Standard |
| MIL | Military Specification |
| AMS | Aeronautical Material Specifications |
| AA | Aluminium Association of America |
| AS | Aeronautical Standard |
| ASA | America Standard Association |
| ASTM | America Society for Testing Materials |
| NAF | Navy Aircraft Factory |
| SAE | Society of Automotive Engineers |

② **취급:** 볼트, 너트, 스크루, 와셔, 특수 고정 부품, 케이블과 턴버클, 리벳과 특수 리벳, 튜브와 호스 및 접합기구를 취급할 때는 정확한 취급 요령에 의해 사용해야 한다.

가) 볼트(BOLT)

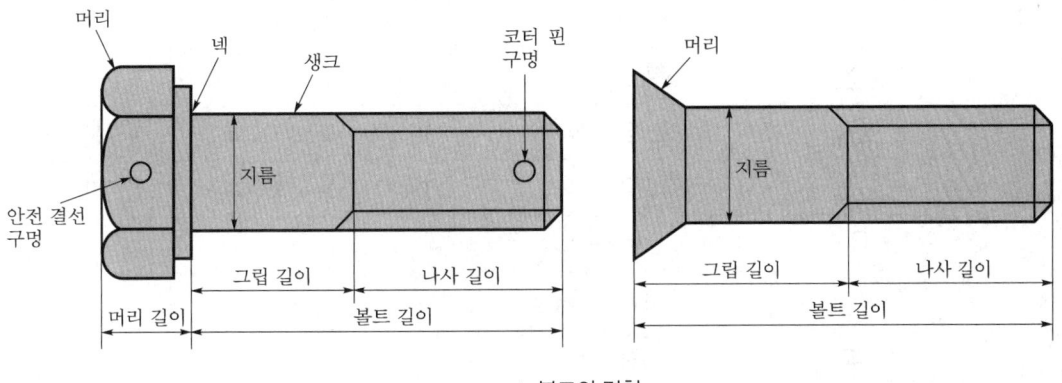

▲ 볼트의 명칭

㉠ 볼트 규격

**예** AN 3 DD H 10 A

- AN: Air force Navy이며, 육각머리 볼트(AN 3~20)이다.
- 3: 볼트의 지름이 3/16in이다.
- DD: 재질 초두랄루민(2024-T)이다.
- H: 머리에 홀이 있다는 표시이며, "DH"로도 표시된다.
- 10: 볼트의 길이가 10/8in이다.
- A: 나사 끝 구멍의 유무 표시(A: 없다, 무표시: 있다)

ⓛ 나사산 피치의 종류

- NF(American National Fine Pitch): 1인치당 나사산 수가 14개
- UNF(American Standard Unified Fine Pitch): 1인치당 나사산 수가 12개
- NC(American National Coarse)
- UNC(American Standard Unified Coarse

ⓒ 나사 등급의 종류

- 1등급(CLASS 1): LOOSE FIT
- 2등급(CLASS 2): FREE FIT
- 3등급(CLASS 3): MEDIUM FIT − NF계열 나사산 사용
- 4등급(CLASS 4): CLOSE FIT − 너트를 볼트에 체결 시 렌치 필요

ⓔ 볼트 식별 기호

| 머리 기호 | 종류 | 허용 강도 | 비고 |
|---|---|---|---|
| ─ | 내식성 볼트 | | |
| ═ | 내식성 볼트 | | |
| + | 합금강 볼트 | 125,000~145,000psi | |
| △ | 정밀공차 볼트 | | |
| ◬ | 정밀공차 볼트 | 160,000~180,000psi | 고강도 볼트 |
| ◬ | 정밀공차 볼트 | 125,000~145,000psi | 합금강 볼트 |
| R | 열처리 볼트 | | |
| ─ ─ | 알루미늄 합금 볼트 | | |
| ═ | 황동 볼트 | | |

ⓜ 볼트의 종류

| 명칭 | 형태 | 특징 |
|---|---|---|
| 육각 볼트<br>(AN 3~20) | 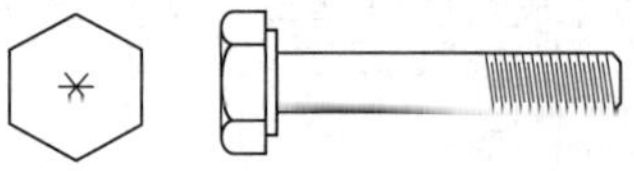 | • 인장 및 전단 하중 담당<br>• AL 합금 볼트는 1차 구조부에 사용 금시<br>• AL 합금 볼트는 반복 장·탈착 부분에 사용 금지 |

| | | |
|---|---|---|
| 정밀공차 볼트<br>(AN 173~186) | 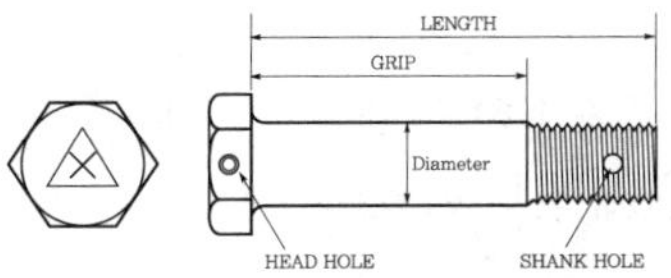 | • 심한 반복운동과 진동이 발생하는 곳에 사용<br>• 12~14 온스 망치로 쳐서 체결작업 가능 |
| 인터널 렌치 볼트<br>(MS 20004<br>~<br>20024) | 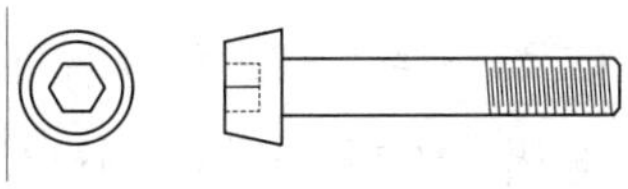 | • 내부 렌치 볼트라고도 한다.<br>• 고강도강으로 만들어져 특수 고강도 너트와 함께 사용한다.<br>• AN 볼트와 강도 차이로 교체 사용 불가능<br>• 육각형 L렌치 사용 |
| 드릴헤드 볼트<br>(AN 73~81) | 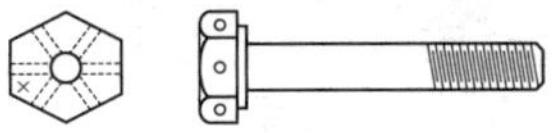 | • 안전결선 홀이 있어 일반적으로 두껍다. |
| 클레비스 볼트<br>(AN 21~36) | 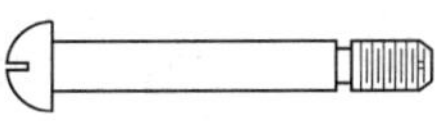 | • 조종계통에 기계적 핀으로 사용한다.<br>• 스크루 드라이버를 사용하여 장착한다.<br>• 전단 하중만 작용하는 곳에 사용한다. |
| 아이 볼트<br>(AN 42~49) |  | • 인장 하중이 작용하는 곳에 사용한다. |

ⓑ 볼트의 체결 방법

- 머리 방향이 비행 방향이나 윗방향으로 체결한다.

- 회전하는 부품에는 회전하는 방향으로 체결한다.

- 볼트 그립 길이는 결합 부재의 두께와 동일하거나 약간 긴 것을 선택하고, 길이가 맞지 않을 때에 와셔를 이용하여 길이를 조절한다.

나) 너트(NUT)

㉠ 너트 규격

예 AN 310 D − 5 R

- AN: Air force Navy이다.

- 310: 너트의 종류이며, 캐슬 너트이다.

- D: 재질 두랄루민(2017−T)이다.

- 5: 너트의 지름이 5/16in이다.

- R: 오른나사를 말한다. (L: 왼나사)

ⓒ 너트의 종류

- 금속형 자동고정 너트: 금속형은 스프링의 탄성을 이용하여 볼트를 꽉 잡아주어 고정되는 형태로 고온부에 주로 사용한다.
- 비금속형 자동고정 너트: 화이버 고정형 너트는 너트 안쪽에 파이버 칼라(fiber coller)를 끼워 탄력성을 줌으로써 스스로 체결과 고정작업이 이루어지는 너트이다. 일반적으로 자동고정 너트는 사용 온도 한계인 121℃(250℉) 이하에서 제한 횟수만큼 사용할 수 있게 되어 있으나, 경우에 따라서는 649℃(1200℉)까지 사용할 수 있는 것도 있다(사용 제한: 화이버형 약 15회, 나일론형 약 200회).

| 명칭 | 형태 | 특징 |
|---|---|---|
| 캐슬 너트<br>(AN 310) | | • 성곽 너트라고 하며, 큰 인장 하중에 잘 견디며 코터 핀으로 완전 체결된다. |
| 평 너트<br>(AN 315)<br>(AN 355) | | • 큰 인장 하중을 받는 곳에 적합하다.<br>• 체크 너트나 고정 와셔로 고정한다. |
| 체크 너트<br>(AN 316) | | • 평 너트, 세트 스크루 끝에 나사산 로드 등에 고정장치로 사용한다. |
| 나비 너트<br>(MS 35425) | | • 손가락으로 조일 수 있을 정도이며, 자주 장탈되는 곳에 사용한다. |
| 자동고정 너트<br>(MS 20503) | | • 너트 스스로 완전 체결할 수 있으며, 심한 진동에 주로 사용한다. |
| 플레이트 너트<br>(MS 21047) | | • 특수 너트로 얇은 패널에 너트를 부착하여 사용하며, Anchor Nut라 불린다. |

다) 스크루(SCREW)

ㄱ) 스크루의 종류

| 명칭 | 형태 | 특징 |
|---|---|---|
| 구조용 스크루<br>(NAS 220~227) | | 같은 크기의 볼트와 같은 전단 강도를 가지고 명확한 그립을 갖고 있다. |
| 구조용 스크루<br>(100° 접시머리)<br>(AN 509) | | |
| 구조용 스크루<br>(필리스터머리)<br>(AN 502~503) | | |
| 기계용 스크루<br>(AN 526) | | 스크루 중 가장 많이 사용되며, 종류로는 둥근머리, 납작머리, 필리스터 스크루가 있다. |
| 기계용 스크루<br>(100° 접시머리)<br>(NAS 200) | | |
| 자동태핑 스크루<br>(NAS 528) | | 태핑 날에 의해 암나사를 만들면서 고정되는 부품으로 구조부의 일시적 합용이나 비 구조부의 영구 결합용으로 사용된다. |

ㄴ) 스크루 규격

🔲 AN 510 A B P 416 8

- AN: Air force Navy이다.
- 510: 둥근 납작 머리 스크루(필리스터 머리 기계나사)
- A: 나사에 구멍 유무(A: 있다, 무표시: 없다)
- B: 나사못의 재질이며 황동이다.
  (C: 내식강, DD: AL합금(2024−T), D: AL합금(2017−T))
- P: 머리의 홈(필립스)
- 416: 나사못 축의 지름(4/16인치, 1인치당 나사산의 수가 16개)
- 8: 나사못의 길이(8/16인치)

🔲 AN 507 C 428 R 8

- AN: Air force Navy이다.
- 507: 100° 납작 머리 스크루
- C: 나사못의 재질이며 내식강이다.
- 428: 나사못 축의 지름(4/16인치, 1인치당 나사산의 수가 28개)
- R: "+"홈이 머리에 있다.
- 8: 나사못의 길이(8/16인치)

ⓒ 스크루와 볼트의 차이점

- 볼트보다 질이 낮고, 일반적으로 저강도이다.

- 나사산 부분의 정밀도가 낮고, 명확한 그립을 가지고 있지 않다.

- 대부분 스크루 드라이버로 장·탈착된다.

ⓓ 자동 태핑 스크루

| 기계용 태핑 스크루 | 표찰과 같이 스스로 나사를 만들 수 있는 부품과 주물로 된 재료를 고정시키는 데 사용한다. |
|---|---|
| 자동 태핑 쉬트메탈 스크루 | 리벳팅 작업 시 판금을 일시적으로 장탈시키는 데 사용되며, 비구조용 부재의 영구적인 고정물로 사용한다. |
| 드라이브 스크루 | 주물로 된 표찰 혹은 튜브형 구조에서 부식 방지용 배수 구멍을 밀폐시키는 캡 스크루로 사용하며, 일단 장착 후에는 탈거해서는 안 된다. |

라) 와셔(washer)

ⓐ 와셔의 종류

| 명칭 | 형태 | 특징 |
|---|---|---|
| 평와셔 (AN 960) | | • 너트에 평활한 면압을 형성하여 부품의 파손을 방지한다.<br>• 볼트와 너트 조립 시 알맞은 그립 길이를 확보한다. |
| 평와셔 (AN 970) | | • 표면 재질을 손상시키지 않기 위해 고정 와셔 밑에 사용한다.<br>• 캐슬 너트 사용 시 볼트에 있는 코터 핀 구멍이 일치하게 너트 위치를 조절한다. |
| 고정 와셔 (AN 935) | | • 스프링 와셔이며 진동에 강한 특성을 갖고 있다.<br>• 스프링의 탄성을 이용하여 너트를 고정시키며, 재사용이 가능하다. |
| 고정 와셔 (MS 35334) | <br>톱 | • 스프링의 탄성을 이용하여 너트를 고정시키며, 주로 고온부에 사용하지만 재사용되지는 않는다. |
| 고정 와셔 (MS 35335) | <br>와셔 | |
| 고정 와셔 (AN 950) (AN 955) | <br>고감도 접시머리 와셔 | • 특수 와셔로써 볼 소켓 와셔와 볼 시트 와셔는 표면에 각을 이루고 있는 볼트 체결 시 사용한다. |

ⓛ 고정 와셔의 사용 제한

- 패스너와 함께 1, 2차 구조에 사용할 경우
- 패스너와 함께 항공기의 어느 부품이든지 이 부품의 결함이 항공기나 인명에 손상이나 위험을 줄 수 있는 결과가 우려되는 곳
- 결함으로 틈새가 생겨 연결 부위에서 공기 흐름이 누출되는 곳
- 스크루가 빈번하게 제거되는 곳
- 와셔가 공기 흐름에 노출되는 곳
- 와셔가 부식 조건에 영향을 받는 곳
- 표면의 결함을 막는 밑바닥에 평와셔 없이 와셔가 직접 재료에 닿는 경우

마) 케이블과 턴버클(Cable & Turn Buckle)

ⓐ 턴버클(turn buckle) 용도 및 구성 : 턴버클은 조종 케이블의 장력을 조절하는 데 사용한다. 배럴의 한쪽은 오른나사, 다른 한쪽은 왼나사로 되어 배럴을 돌리면 동시에 잠기거나 풀려 케이블의 장력을 조일 수 있다.

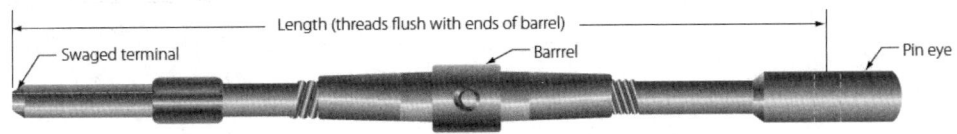

ⓑ 턴버클 안전결선의 최소지름

| 케이블의 재질과 지름 | 3/16in | 3/32, 1/8in | 5/32~5/16in |
| --- | --- | --- | --- |
| 모넬, 인코넬 | 0.020 | 0.032 | 0.040 |
| 내식강 | 0.020 | 0.032 | 0.041 |
| 알루미늄, 탄소강 | 0.032 | 0.041 | 0.047 |

ⓒ 결선법

| 결선법 | 내용 |
| --- | --- |
| 단선식 결선법<br>(single wrap method) | 케이블 직경이 1/8in 이하(3.2mm 이하)인 경우에 사용한다.<br>턴버클 엔드에 5~6회(최소 4회) 정도 감아 마무리한다. |
| 복선식 결선법<br>(double wrap method) | 케이블 직경이 1/8in 이상(3.2mm 이상)인 경우에 사용한다.<br>턴버클 엔드에 5~6회(최소 4회) 정도 감아 마무리한다. |

ⓓ 고정 클립

| 부품 번호 | A | B | C | D | E | F |
|---|---|---|---|---|---|---|
| MS 21256-1 | 0.965 | 1.115 | 0.150 | 0.300 | 0.032 | 0.0286 |
| MS 21256-2 | 7.875 | 2.000 | | 0.315 | | |
| MS 21256-3 | 2.045 | 2.140 | 0.215 | 0.430 | | |

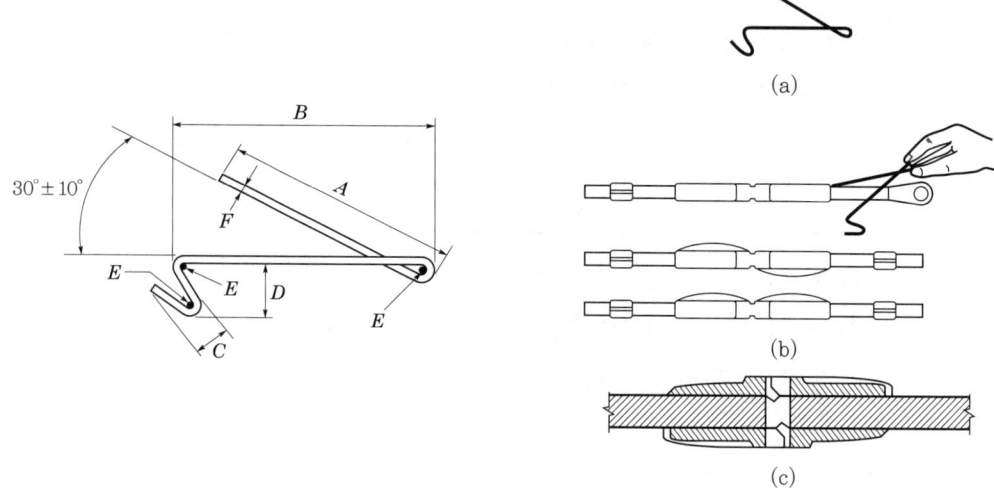

▲ 고정 클립의 치수

ⓜ 턴버클의 고장 시 유의사항

• 배럴의 검사 구멍에 핀을 꽂아 보아 핀이 들어가지 않으면 제대로 체결된 것이다.

• 턴버클 앤드의 나사산이 배럴 밖으로 3개 이상 나와 있지 않으면 제대로 체결된 것이다.

• 케이블 안내 기구(풀리, 페어리드)는 반경 2in 이내에 설치해서는 안 된다.

ⓗ 케이블 연결 방법

| 연결 방법 | 내용 |
|---|---|
| 스웨이징 방법<br>(swaging method) | 스웨이징 케이블 단자에 케이블을 끼워 넣고 스웨이징 공구나 장비로 압착하여 접합하는 방법으로, 케이블 강도의 100%를 유지하며 가장 많이 사용한다. |
| 니코프레스 방법<br>(nicopress method) | 케이블 주위에 구리로 된 슬리브를 특수공구로 압착하여 케이블을 조립하는 방법으로, 케이블을 슬리브에 관통시킨 후 심블을 감고, 그 끝을 다시 슬리브에 관통시킨 다음 압착한다. 케이블의 원래 강도를 보장한다. |

| | |
|---|---|
| 랩 솔더 방법<br>(wrap solder method)<br><br>▲ 납땜 이음법 | 케이블 부싱이나 딤블 위로 구부려 돌린 다음 와이어를 감아 스테아르산의 땜납 용액에 담아 케이블 사이에 스며들게 하는 방법으로, 케이블 지름이 3/32인치 이하의 가요성 케이블이나 1×19 케이블에 적용한다. 케이블 강도가 90%이고, 주의사항은 고온 부분에는 사용을 금지한다. |
| 5단 엮기 방법<br>(5 truck woven method)<br> | 부싱이나 딤블을 사용하여 케이블 가닥을 풀어서 엮은 다음 그 위에 와이어로 감아 씌우는 방법으로 7×7, 7×19 가요성 케이블로써 직경이 3/32in 이상 케이블에 사용할 수 있다. 케이블 강도의 75% 정도이다. |

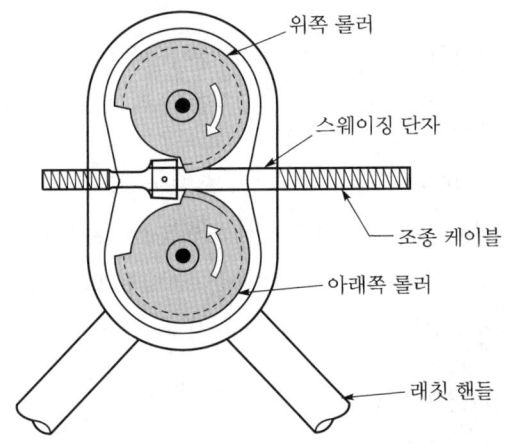

▲ 스웨이징 연결방법

| | |
|---|---|
| MS 20663C | MS 20664C |
| 볼 이중 생크 단자 | 볼 단일 생크 단자 |
| MS 21259 | MS 21260 |
| 긴 나사의 스터드 단자 | 짧은 나사의 스터드 단자 |
| MS 20667 | MS 20668 |
| 포크 단자 | 아이 단자 |

ⓢ 케이블의 세척 및 검사 방법

| 세척 방법 | • 쉽게 닦아 낼 수 있는 녹이나 먼지는 마른 헝겊으로 닦는다.<br>• 오래된 방부제나 오일로 인한 오물 등은 깨끗한 헝겊에 솔벤트나 케로신을 묻혀 세척한다. 이후 다시 깨끗한 헝겊으로 닦아내어 부식을 방지한다. |
|---|---|
| 검사 방법 | • 케이블 가닥의 잘림, 마멸, 부식 등이 없는지 검사한다.<br>• 검사 시 헝겊으로 케이블을 감싸 다치지 않도록 검사하며 7×7 케이블은 1in당 3가닥, 7×19 케이블은 1in당 6가닥이 잘려있으면 교환한다.<br>• 풀리나 페어리드는 맞닿는 부분을 세밀히 검사한다. |

◎ 케이블 연결 구성

| 풀리 | 케이블의 방향을 바꾸어 주는 것 |
|---|---|
| 페어리드 | 최소의 마찰력으로 케이블과 접촉하여 직선운동 3° 이내에서 방향 유도 |
| 턴버클 | 케이블의 장력을 조절하는 것 |
| 케이블 커넥터 | 케이블과 케이블을 연결해 주는 것 |
| 벨 크랭크 | 회전운동을 직선운동으로 변경하는 것 |
| 토크튜브 | 조종계통에서 조종력을 튜브의 회전력으로 조종면에 전달하는 방식 |
| 텐션 레귤레이터 | 조종계통의 케이블이 온도 변화 또는 구조 변형에 따른 인장력이 변화하지 않도록 하기 위해 설치되어 항상 일정한 장력을 유지해 준다. |
| 텐션 미터 | 케이블의 장력을 측정하는 기기 |

바) 리벳과 특수 리벳

㉠ 리벳 머리 모양 분류

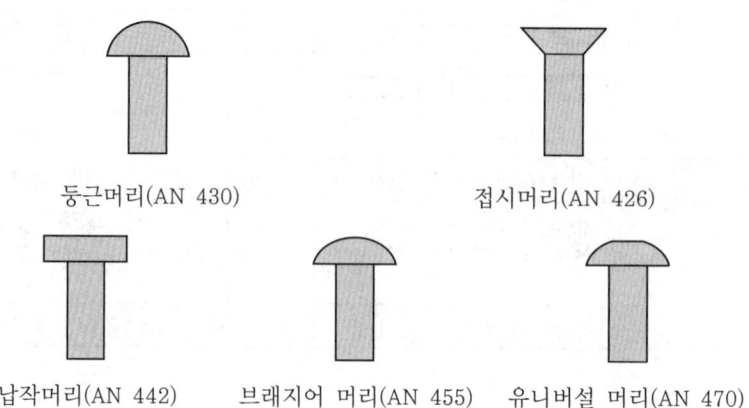

둥근머리(AN 430)      접시머리(AN 426)

납작머리(AN 442)    브래지어 머리(AN 455)    유니버설 머리(AN 470)

| 둥근머리 리벳 | 항공기 표면에는 공기 저항이 많아 사용하지 못하고 항공기 내부의 구조부에 사용되며, 주로 두꺼운 금속판의 결합에 사용한다. |
|---|---|
| 납작머리 리벳 | 둥근머리 리벳과 마찬가지로 외피에 사용하지 못하고 내부구조 결합에 사용한다. |
| 브래지어 리벳 | 둥근머리 리벳과 카운트 생크 리벳의 중간 정도로써 머리의 직경이 큰 대신 머리 높이가 낮아 둥근머리 리벳에 비해 표면이 매끈하여 공기에 대한 저항이 적은 대신 머리 면적이 커 면압이 넓게 분포되므로 얇은 판의 항공기 외피용으로 적합하다. |
| 유니버설 리벳 | 브래지어 리벳과 비슷하나 머리 부분의 강도가 더 강하고 항공기의 외피 및 내부 구조 결합용으로 많이 사용한다. |
| 접시머리 리벳 | 일명 FLUSH 리벳이라 불리고 항공기 외피용 리벳으로 결합한다. |

ⓛ 리벳 머리 표시

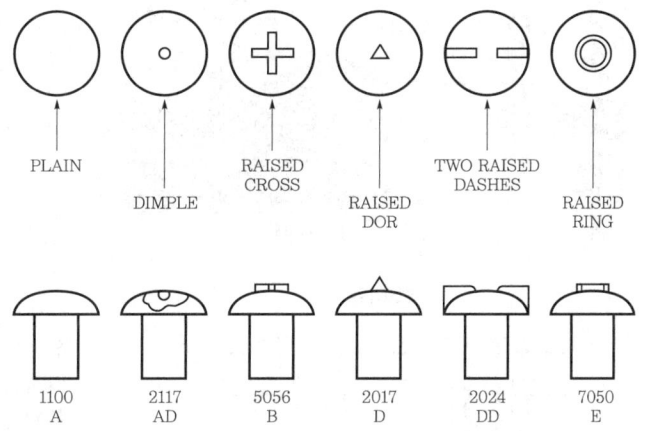

ⓒ 재질에 따른 분류

| 1100 (2 S) | 순수 알루미늄 리벳으로 비구조용으로 사용한다. |
|---|---|
| 2117-T<br>(A 17ST) | 항공기에 가장 많이 사용되며, 열처리를 하지 않고 상온에서 작업을 할 수 있다. |
| 2017-T<br>(17 ST) | 2117-T 리벳보다 강도가 요구되는 곳에 사용되며 상온에서 너무 강해 풀림 처리 후 사용한다. 상온 노출 후 1시간 후에 50% 정도 경화되며, 4일쯤 지나면 100% 경화된다. 냉장고에 보관 사용한다. |
| 2024-T<br>(24 ST) | 2017-T 리벳보다 강한 강도가 요구되는 곳에 사용하며, 열처리 후 냉장 보관하고 상온 노출 후 10~20분 이내에 작업을 해야 한다. |
| 5056<br>(B) | 마그네슘(Mg)과 접촉할 때 내식성이 있는 리벳이며, 마그네슘 합금 접합용으로 사용되며 머리에 "+"로 표시한다. |
| 모넬 리벳<br>(M) | 니켈 합금강이나 니켈강 구조에 사용되며 내식강 리벳과 호환적으로 사용할 수 있는 리벳이다. |
| 구리 (C) | 동 합금, 가죽 및 비금속 재료에 사용한다. |
| 스테인리스강<br>(F, CR steel) | 내식강 리벳으로 방화벽, 배기관 브라켓 등에 사용한다. |

ㄹ 리벳 식별

**예** AN 470 AD 3 − 5

- AN: Air force Navy이다.

- 470: 유니버설 리벳이다(426은 접시머리 리벳(100°)이다).

- AD: 알루미늄 합금 2117−T를 말한다.

- 3: 리벳의 지름을 말하며 $\frac{3}{32}$ 인치이다.

- 5: 리벳의 길이를 말하며 $\frac{5}{16}$ 인치이다.

ㅁ 특수 리벳

| | |
|---|---|
| **체리 리벳**<br>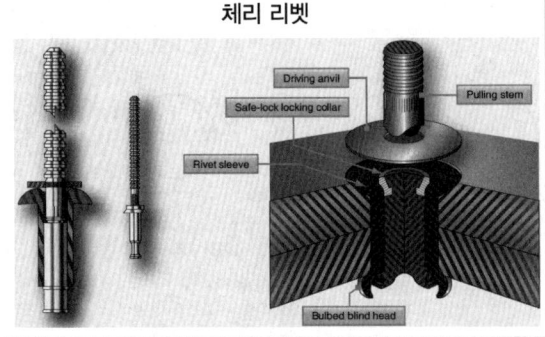 | • 버킹 바를 댈 수 없는 곳에 쓰이며, 돌출 부위를 가지고 있는 스템과 속이 비어있는 리벳 생크, 머리로 되어 있다. |
| **러브 너트**<br>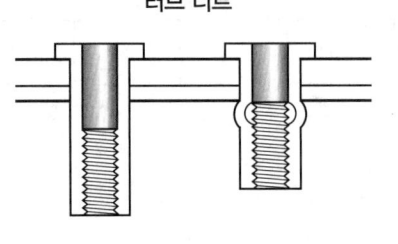 | • 생크 안쪽에 구멍이 뚫려 나사가 나와 있는 곳에 리브 너트를 끼워 시계 방향으로 돌리면 생크가 압축을 받아 오그라들면서 돌출 부위를 만든다.<br>• 항공기의 날개나 테일 표면에 고무재 제빙부츠를 장착하는 데 사용한다. |
| **폭발 리벳**<br>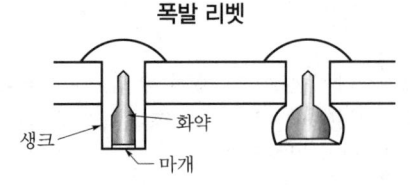 | • 생크 끝 속에 화약을 넣어 리벳 머리에 가열된 인두로 폭발시켜 리벳작업을 하도록 되어 있다.<br>• 연료탱크나 화재위험이 있는 곳에 사용을 금지한다. |
| **고 전단<br>응력 리벳** | 블라인드형 리벳은 아니며, 전단 응력만 작용하는 곳에 사용하고 그립 길이가 생크의 직경보다 작은 곳에는 사용할 수 없다. |

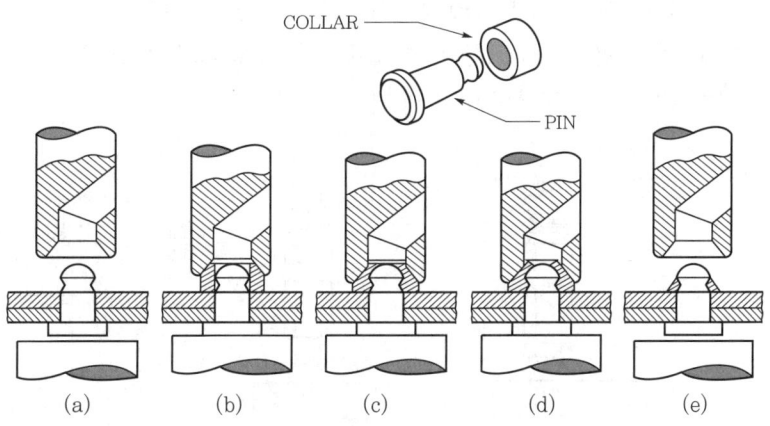

COLLAR

PIN

(a)　　　(b)　　　(c)　　　(d)　　　(e)

▲ 고전단 리벳 체결작업

ⓑ 리벳 장착 방법

| 두꺼운 판 | 카운트 싱크 컷으로 장착하며, 이때 판의 두께는 최소한 리벳 머리의 두께와 같거나 더 커야 한다. |
|---|---|
| 얇은 판 | 딤플로 장착하며, 판재의 두께와 0.040in 이하로 얇아서 카운트 싱크 작업이 불가능할 때 딤플한다. |

• 리벳 장착 자리를 마련한다.
• 알맞은 크기의 리벳을 장착하고 리벳팅을 준비하되, 리벳 세트는 리벳 머리 종류와 같은 종류의 한 사이즈 더 큰 것을 선택해야 한다.
• 리벳 머리는 얇은 판 쪽에 위치하여 적당한 공기압으로 리벳팅한다. 적당한 압력보다 낮은 압력으로 작업 시 리벳이 단단해지는 작업 경화 현상(work hardening)이 생겨 작업이 곤란해 질 수 있다.
• 벅 테일(성형머리)은 규정된 크기가 되어야 한다.

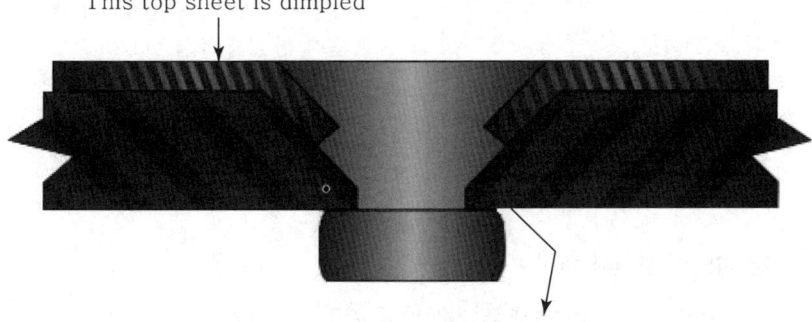

This top sheet is dimpled

Thick bottom material is countersunk

▲ 카운트 싱크 & 딤플

ⓢ 클레코의 종류와 선택: 판에 홀을 뚫은 후 판을 겹칠 때 판이 어긋나지 않도록 클레코를 사용하여 고정한다. 클레코 사용 시 클레코 플라이어를 이용하고, 클레코는 색깔로써 치수를 구분할 수 있게 되어 있다.

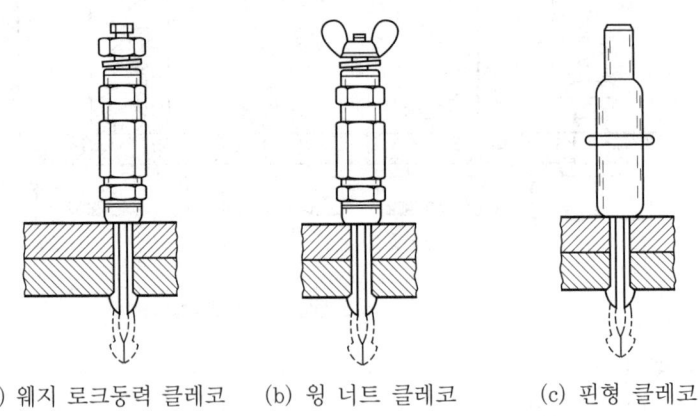

(a) 웨지 로크동력 클레코    (b) 윙 너트 클레코    (c) 핀형 클레코

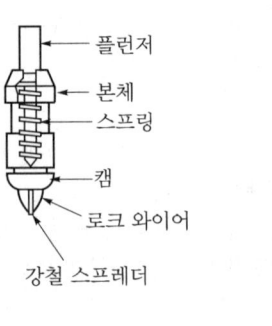

플런저
본체
스프링
캠
로크 와이어
강철 스프레더

(d) 클레코의 구조

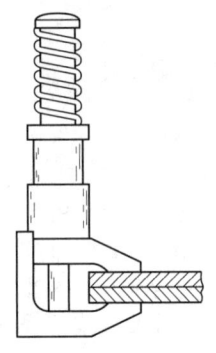

(e) 클레코의 클램프

| 리벳 지름 | 드릴 치수 | 색깔 |
|---|---|---|
| 3/32 | # 40 | 은색 |
| 1/8 | # 30 | 구리색 |
| 5/32 | # 21 | 검은색 |
| 3/6 | # 11 | 황색 |

◎ 리벳의 선택과 배치

• 리벳의 직경은 가장 두꺼운 판 두께의 3D이다.

• 직경이 3/32in 이하의 리벳은 구조부에 사용해서는 안 된다.

- 얇은 판에 지름이 큰 리벳을 사용하면 리벳 구멍이 파열 및 확장되고, 두꺼운 판에 지름이 작은 리벳을 사용하면 전단 강도가 약하여 강도 확보가 어렵다.
- 리벳 홀이 리벳과 동일하여 결합 시 힘이 들면 내식처리 피막이 벗겨지고, 리벳 홀이 리벳보다 큰 경우 헐거워져 결합력이 저하된다.
- 리벳의 길이는 결합할 판 두께와 돌출 부분의 두께를 더한 길이가 필요하며, 가장 적합한 돌출부의 길이는 리벳 직경의 1.5D이다.
- 벅 테일은 성형머리이며, 높이는 직경의 0.5D, 직경은 리벳 직경의 1.5D이다.
- 리벳의 간격 및 연 거리
  - 리벳 피치: 리벳 직경의 6~8D(최소 3D)
  - 열간 간격: 리벳 열과 열 사이의 간격으로 리벳 직경의 4.5~6D(최소 2.5D)
  - 연 거리: 판 끝에서 최 외곽열 리벳 중심까지의 거리로서 리벳 직경의 2~4D이며, 접시머리 리벳 최소 연 거리는 2.5D이다.

ⓩ 드릴링 작업

- 리벳의 구멍 크기는 리벳 직경보다 0.002~0.004in가 적당하다.
- 드릴각의 선택에 있어 경질이며 얇은 판은 118°, 저속 연질이며 두꺼운 판은 90° 고속으로 드릴링한다.

| 목재 | 75° | 마그네슘 | 75° |
|---|---|---|---|
| 주철 | 90~118° | 저 탄소강 | 118° |
| 알루미늄 | 90~120° | 스테인리스 | 140° |

- 용어 설명

| 백 테이퍼 | 드릴의 선단보다 자루 쪽으로 갈수록 약간의 테이퍼를 주어 구멍과 마찰을 줄이는 것이다. |
|---|---|
| 마아진 | 예비적인 날의 역할과 날의 강도를 보강하는 역할을 수행한다. |
| 랜드 | 마아진의 뒷부분이다. |
| 웨이브 | 홈과 홈 사이의 두께를 말하며 자루 쪽으로 갈수록 두꺼워진다. |
| 디이닝 | 직경이 큰 경우 절삭성이 저하되는 것을 방지하기 위해 연삭한 것이다. |
| 치즐 포인트 | 두 날이 만나는 접점이다. |

ⓩ 리벳 제거 방법

1. 펀치 작업

2. 한 치수 작은 드릴로 드릴링

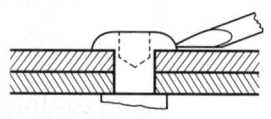
3. 정을 이용하여 리벳 머리 제거

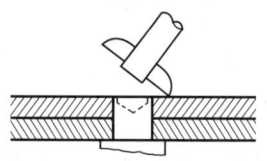

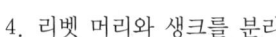
4. 리벳 머리와 생크를 분리

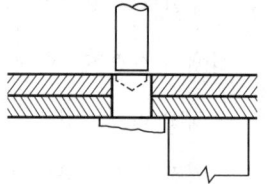
5. 리벳 생크 제거 작엄

▲ 리벳 제거 순서

㉠ 특수 고정 부품: 항공용 특수 고정 부품으로는 턴 로크 파스너(turn lock fastener), 고정 볼트(lock bolt), 고강도 고정 볼트(hi-strength lock bolt), 조 볼트(jaw bolt), 고전단 리벳(hi-shear rivet), 테이퍼 로크(taper lock) 등이 있다.

• 파스너의 종류

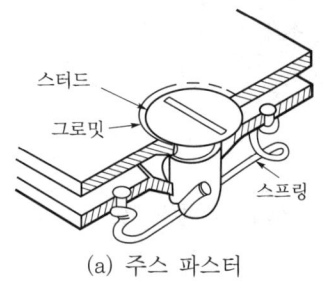
(a) 주스 파스터

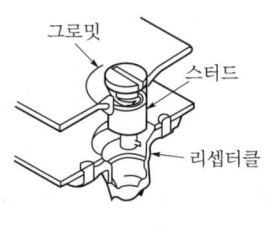
(b) 캠 로크 파스너

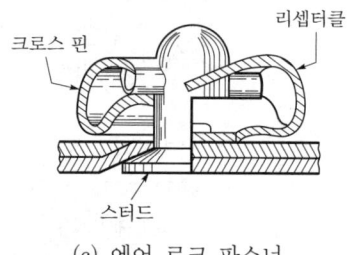
(c) 에어 로크 파스너

▲ 턴 로크 파스너

• 파스너 식별: 머리 모양 - 윙(wing), 플러시(flush), 오벌(ovel)

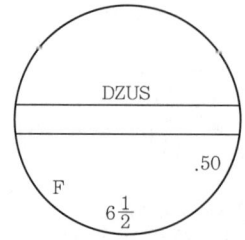

$6\frac{1}{2}$ (몸체 지름이 $\frac{6.5}{16}$ inch)

50(몸체 길이가 $\frac{50}{100}$ inch)

F : 플러시 머리

| 턴 로크 파스너 | 정비와 검사를 목적으로 쉽고 신속하게 점검 창(access panel)을 장탈 및 장착할 수 있게 되어 스크루 드라이버로 1/4회전시켜 풀거나 고정시킬 수 있다. 종류는 주스 파스너(dzus fastener), 캠 로크 파스너 (cam lock fastener), 에어로크 파스너 (air lock fastener) 등이 있다. |
|---|---|
| 고 전단 리벳 | 높은 전단 강도가 요구되며, 그립의 길이가 몸체의 지름보다 큰 곳에 사용된다. |
| 고정 볼트 | 높은 전단 응력을 받는 주요 구조부에 사용되는 부품으로, 고전단 리벳보다 진동에 강한 특성을 가지고 있다. |
| 고강도 고정 볼트 & 조 볼트 | 영구 결합용 부품으로 사용되며 높은 전단력을 받는 구조 부분에 사용된다. |
| 테이퍼 로크 파스너 | 그립이 특수하게 테이퍼 져 있어 응력이 크게 걸리는 날개보와 같은 부분결합이나 수리할 때 사용된다. 너트를 정해진 토크 값으로 죄면 고 응력 상태가 되어 균열이 쉽게 발생하지 않는다. |

사) 튜브와 호스 및 접합기구

㉠ 튜브

- 튜브의 호칭 치수: 바깥지름×두께

- 접합방식

  – 단일 플레어 방식: 플레어 공구를 사용하여 나팔 모양으로 성형하여 접합에 사용한다.

  – 이중 플레어 방식: 직경이 $\frac{3}{8}$ inch 이하인 AL 튜브에 사용한다.

  – 플레어 표준 각도는 37°이다.

  – 플레어리스 방식: 플레어를 주지 않고 접합기구를 사용하여 연결하여 사용한다.

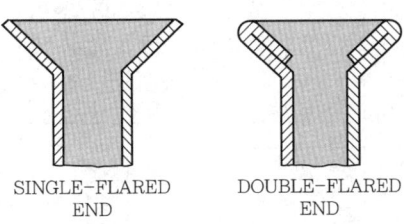

SINGLE-FLARED END　　　DOUBLE-FLARED END

▲ 플레어 방법

㉡ 튜브의 굽힘 작업과 검사: 튜브를 구부릴 때 튜브 지름에 대해 최소 굽힘 반지름이 규정되어 있으므로 그 이하의 반지름으로는 구부리지 않도록 한다. 굽힘 작업 시 굽힘 부분의 직경이 원래 직경의 75% 이하가 되면 사용 불가하다. 알루미늄 합금 튜브에서 긁힘이 튜브 두께의 10% 이내이면 사포 등으로 문질러 사용하며, 교환 시 원래의 것과 동일한 것을 사용한다.

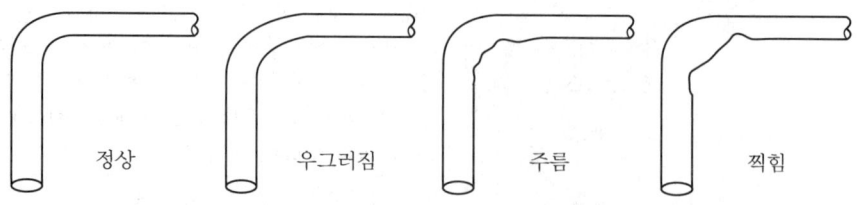

▲ 튜브 굽힘 검사

ⓒ 알루미늄 관의 색 띠에 의한 구별 방법: 알루미늄 관을 식별하기 위한 색 띠는 관의 양끝이나 중간에 부착하며, 보통 10cm의 넓이를 가지고 있고, 두 가지 색깔로 표시되는 경우는 각각 절반의 너비를 차지한다.

| 합금 번호 | 색 띠 | 합금 번호 | 색 띠 |
|---|---|---|---|
| 1100 | 흰색 | 5052 | 자주색 |
| 2003 | 녹색 | 6053 | 검은색 |
| 2014 | 회색 | 6061 | 파란색과 노란색 |
| 2024 | 빨간색 | 7075 | 갈색과 노란색 |

ⓡ 자기 실험과 질산 실험에 의한 식별

| 재질 | 자기 시험 | 질산 시험 |
|---|---|---|
| 탄소강 | 강한 자성 | 갈색(느린 반응) |
| 18-8강 | 자성 없음 | 반응이 없음 |
| 순수 니켈 | 강한 자성 | 회색(느린 반응) |
| 모넬 | 자성이 조금 있음 | 푸른색(급한 반응) |
| 니켈강 | 자성이 없음 | 푸른색(느린 반응) |

ⓜ 테이프와 데칼에 의한 표지

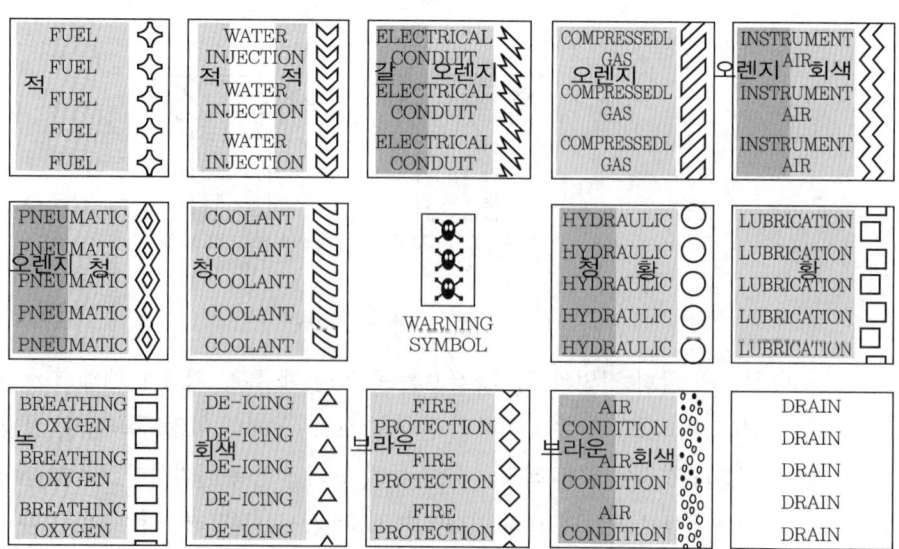

ⓗ 호스의 치수와 작업

호스는 색깔, 문자, 그림 등을 이용하여 식별하며, 가요성 호스의 크기를 표시하는 방법은 호스의 내경으로 표시하며 1inch의 16분으로 나타낸다. 예로 No. 7인 호스는 내경이 $\frac{7}{16}$ inch인 호스를 말한다. 호스 설치 시에는 다음과 같은 점에 유의해야 한다.

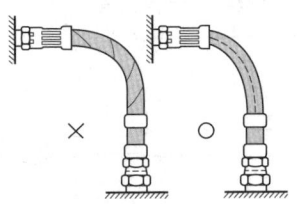

(a) 호스가 꼬이지 않게 설치

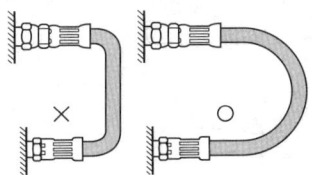

(b) 최소 굽힘을 주고 설치

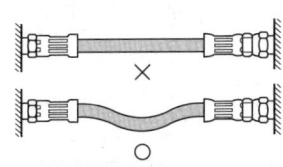

(c) 5~8% 정도 여유를 두고 부착

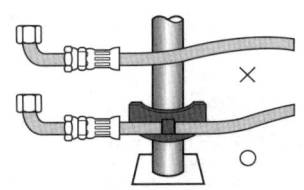

(d) 고온에 대비 열 차단판을 설치

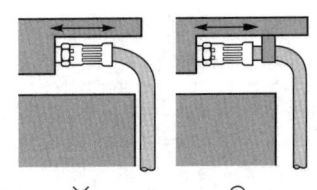

(e) 진동 방지를 위해 클램프 설치

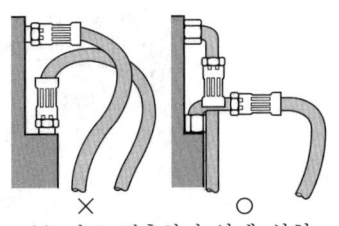

(f) 서로 접촉하지 않게 설치

▲ 호스 설치 방법

ⓢ 호스재질에 따른 분류

- 고무 호스: 안쪽에 이음이 없는 합성 고무 층이 있고 그 위에 무명과 철선의 망으로 덮여 있으며, 맨 마지막 층에는 고무에 무명이 섞인 재질로 덮여 있다(연료계통, 오일 냉각 및 유압계통에 사용).

- 테프론 호스: 항공기 유압계통에서 높은 작동온도와 압력에 견딜 수 있도록 만들어진 가요성 호스이다(어떤 작동유에도 사용이 가능하고 고압용으로 많이 사용).

| 부나 N | 석유류에 잘 견디는 성질을 가지고 있으며 스카이드롤용에 사용해서는 안 된다. |
|---|---|
| 네오프렌 | 아세틸렌 기를 가진 합성 고무로 석유류에 잘 견디는 성질은 부나 N보다는 못하지만, 내마멸성은 오히려 강하다(스카이드롤에 사용 금지). |
| 부틸 | 천연 석유제품으로 만들어지며 스카이드롤용에 사용할 수 있으나 석유류와 같이 사용해서는 안 된다. |

## (2) 기본 작업

### ① 체결 작업

가) 토크 렌치

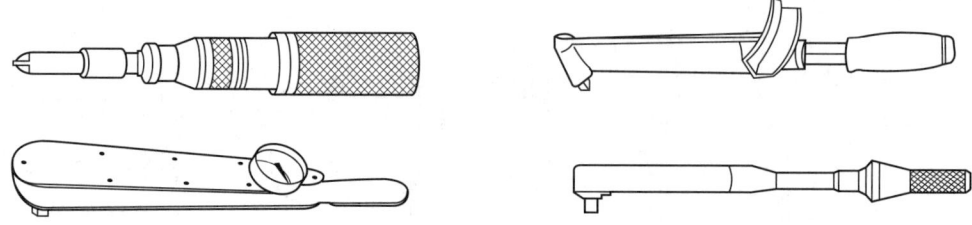

▲ 토크 렌치의 종류

| | | | |
|---|---|---|---|
| 고정식 | 프리셋토크 드라이버 | 스크루 드라이버 모양의 토크 렌치이며, 규정된 토크 값을 설정하여 사용 시 오버 토크가 발생하면 렌치가 맴돌게 된다. | 프리타입 |
| | 오디블 인디케이팅 토크 렌치 | 규정된 토크 값을 미리 설정한 후 그 값에 도달하여 "크릭" 하는 소리를 내어 토크 값을 알려주는 렌치이다. | 리밋타입 |
| 지시식 | 디플렉팅 빔 토크 렌치 | 빔의 변형 탄성력을 이용하여 규정된 토크 값으로 조여 주는 렌치이다. | 빔타입 |
| | 리지드 프레임 토크 렌치 | 2개의 다이얼이 있어 한 개의 바늘로 미리 규정된 토크 값을 지시한 후 조여주면서 토크 값을 주는 렌치이다. | 다이얼 타입 |

나) 토크 렌치 사용 시 주의점

• 토크 값을 측정할 때는 자세를 바르게 하고 부드럽게 죄어야 한다.

• 토크 렌치를 사용할 때는 특별한 지시가 없으면 볼트의 나사산에 윤활유를 사용해서는 안 되며(과다 토크 방지), 조일 때는 너트를 죄어야 한다.

• 규정된 토크로 죄어진 너트에 안전결선이나 고정 핀을 끼우기 위해서 너트를 더 죄어서는 안 된다.

다) 연장 공구를 사용하는 경우의 죔값의 계산

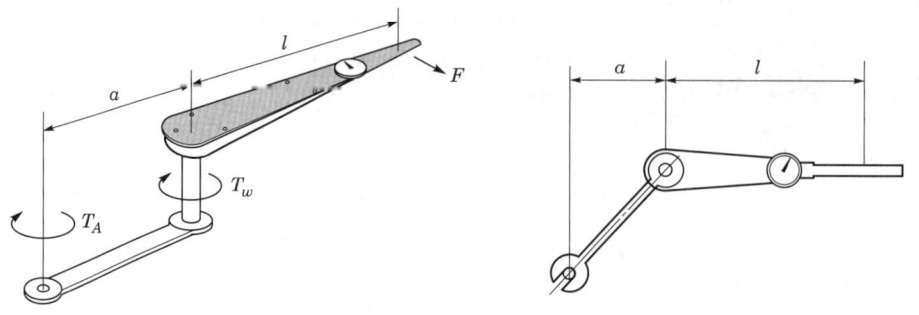

$$TW = \frac{TA \times L}{L \pm E} \ \text{또는} \ \ TA = \frac{(L \pm E) \times TW}{L}$$

- $TW$: 토크 렌치의 지시 토크 값
- $TA$: 실제 죔 토크 값
- $L$: 토크 렌치의 길이
- $E$: 연장공구의 길이

② 구조 부재 수리 작업

가) 구조 수리의 기본 원칙

| | |
|---|---|
| 원래의 강도 유지 (maintaining original strength) | • 판재 두께는 한 치수 큰 것을 사용해야 한다.<br>• 원재료보다 강도가 약한 것을 사용 시에는 강도를 환산하여 두꺼운 재료를 사용해야 한다.<br>• 형재에 있어 덧붙임판의 실제 단면적은 원래 형재 단면적보다 큰 재료를 사용해야 한다.<br>• 수리 부재는 손상 부분 2배 이상, 덧붙임판은 긴 변의 2배 이상의 재료를 사용해야 한다. |
| 원래의 윤곽 유지 (maintaining original contour) | • 수리 이후 표면은 매끄럽게 유지해야 한다. 고속 항공기에 있어 플러시 패치를 선택하고, 상황에 따라 오버패치를 해야 할 경우 양 끝 모서리를 최소 0.02in만큼 다듬어 준다. |
| 최소 무게 유지 (keeping weight to a minimum) | • 구조 부재 개조 및 수리할 경우 무게가 증가하거나 균형이 맞지 않게 된다. 따라서 무게 증가를 최소로 하기 위해 패치 치수를 가능한 작게 하고, 리벳 수를 산출하여 불필요한 리벳팅을 하지 않게 한다. |
| 부식에 대한 보호 | • 금속과 금속이 접촉되는 부분은 부식이 발생하기에 정해진 절차에 따라 방식처리를 해야 한다. |

나) 성형법

| | |
|---|---|
| 설계 | • 평면전개(flat layout): 최소 굽힘 반지름과 굽힘 여유 및 세트 백을 고려해 설계한다.<br>• 모형 뜨기(duplication of pattern): 항공기 부품으로 직접 모형을 떠야 할 때, 설계도가 없을 때 기준선을 잡고 적당한 간격을 유지하며 윤곽을 잡아가며 설계한다.<br>• 모형 전개도법(method of pattern development): 원통 및 파이프 부품을 제작할 때 사용되는 평행선 전개도법과 원뿔과 삼각뿔 부품을 제작할 때 사용되는 방사선 전개도법으로 설계한다. |
| 최소 굽힘 반지름 | • 판재가 본래의 강도를 유지한 상태로 굽힐 수 있는 최소 예각을 말하며, 풀림처리한 판재는 그 두께와 같은 정도로 굽힐 수 있고, 보통의 판재는 판재 두께의 3배 정도 굽힐 수 있다. |

| 굽힘 여유 | • 평판을 구부려 부품을 만들 때 완전히 직각으로 구부릴 수 없으므로 굽히는 데 소요되는 여유 길이이다. |
|---|---|
| 세트백 | • 굴곡된 판 바깥면의 연장선의 교차점과 굽힘 접선과의 거리이다. 외부 표면의 연장선이 만나는 점을 굽힘점(mold point)이라 하고, 굽힘의 시작점과 끝점에서의 선을 굽힘접선(bend tangent line)이라 한다. |
| 절단 가공 | • 블랭킹(blanking): 펀치와 다이를 프레스에 설치하여 판금 재료로부터 소정의 모양을 떼내는 작업이다.<br>• 펀칭(punching): 필요한 구멍을 뚫는 작업이다.<br>• 트리밍(trimming): 가공된 제품의 불필요한 부분을 떼어내는 작업이다.<br>• 세이빙(shaving): 블랭킹 제품의 거스러미를 제거하는 끝 다듬질이다. |
| 굽힘 가공 | • 굽힘가공(bending): 판을 굽히는 것이다.<br>• 성형가공(forming): 판 두께의 크기를 줄이지 않고 금속 재료의 모양을 여러 가지로 변형시키는 가공이다.<br>• 비이딩(beading): 용기 또는 판재에 선 모양의 돌기(비딩)를 만드는 가공이다.<br>• 버링(burling): 뚫려 있는 구멍에 그 안지름보다 큰 지름의 펀치를 이용하여 구멍의 가장자리를 판면과 직각으로 구멍 둘레에 테를 만드는 가공이다.<br>• 컬링(curling): 원통 용기의 끝부분에 원형 단면 테두리를 만드는 가공으로 제품의 강도를 높이고, 끝부분의 예리함을 없애 안전하게 하는 가공이다.<br>• 네킹가공(necking): 용기에 목을 만드는 것이다.<br>• 엠보싱(embosing): 소재의 두께를 변화시키지 않고 성형하는 것으로 상하가 서로 대응하는 형을 가지고 있다.<br>• 플랜징가공(flanging): 원통의 가장자리를 늘려서 단을 짓는 가공이다.<br>• 크림핑가공(crimping): 길이를 짧게 하기 위해 판재를 주름잡는 가공이다.<br>• 범핑가공 (bumping): 가운데가 움푹 들어간 구형 면을 가공하는 작업이다.<br>• 포울딩(folding): 짧은 판을 접는 것이다. |
| 드로잉 가공 | • 딥 드로잉(deep drawing): 깊게 드로잉하는 것이다.<br>• 벌징(bulging): 용기를 부풀게 하는 것이다.<br>• 스피닝(spining): 일명 판금 선반이라 하며, 소재를 주축과 연결된 다이스에 고정한 후 축을 회전시키며 가공봉으로 성형 가공하는 것이다.<br>• 커핑(cupping): 컵 형상을 만들기 위해 딥 드로잉을 하는 과정이다.<br>• 마르폼법(marform press): 다이 측에 금속 다이 대신 고무를 사용하는 드로잉법이다.<br>• 액압성형법(hydro forming): 마르폼과 비슷한 형식이나 고무 대신 액체를 이용한 성형법을 말한다. |
| 압축가공 | • 스웨이징(swaging): 소재를 짧고 굵게 만드는 것이다.<br>• 압인가공(coining): 동전이나 메달 등의 앞, 뒤쪽 표면에 모양을 만드는 것이다. |

| 이음가공 | • 시임작업(seaming): 판재를 서로 구부려 끼운 후 압착시켜 결합시키는 작업이다.<br>• 리벳작업(rivet): 리벳을 사용하여 영구 접합시키는 가공이다.<br>• 용접작업(welding): 용접기를 사용하여 금속을 녹여 접합시키는 작업이다. |
|---|---|
| 수축 및 신장가공 | • 수축가공: 재료의 한쪽 길이를 압축시켜 짧게 하여 재료를 구부리는 방법이다.<br>• 신장가공: 재료의 한쪽 길이를 늘려서 길게 하여 재료를 구부리는 방법이다. |
| 범핑가공 | • 가운데가 움푹 들어간 구형 면을 판금 가공하는 방법이다. |

## (3) 비파괴 검사

### ① 육안검사

가) 개요: 가장 오래된 비파괴 검사 방법으로 결함이 계속해서 진행되기 전에 빠르고 경제적으로 탐지하는 방법이다. 검사자의 능력과 경험에 따라 신뢰성이 달려있다.

나) 검사 방법

| 플래시 라이트 | • 검사하고자 하는 구역을 솔벤트로 세척한다.<br>• 플래시 라이트를 검사자의 5~45°의 각도로 향하도록 유지한다.<br>• 확대경을 사용하여 검사한다. |
|---|---|
| 보어스코프 | • 육안으로 검사물을 직접 사용할 수 없는 곳에 사용한다. |
| 바이옵틱 스코프 | • 검사하기 어려운 위치의 검사물을 검사하는 데 사용되는 비디오스코프 검사 방법이다. |

### ② 침투탐상 검사

가) 개요: 육안검사로 발견할 수 없는 작은 균열이나 결함 등을 발견하는 데 사용한다.

나) 특징 및 작업순서

| 특징 | • 금속, 비금속의 표면 결함에 사용된다.<br>• 검사 비용이 저렴하다.<br>• 표면이 거친 검사에는 부적합하다. |
|---|---|
| 작업순서 | • 검사물을 세척하여 표면의 이물질을 제거한다.<br>• 적색 또는 형광 침투액을 뿌린 후 5~20분 기다린다.<br>• 세척액으로 침투액을 닦아낸다.<br>• 현상제를 뿌리고 결함 여부를 관찰한다. |

### ③ 자분탐상 검사

가) 특징 및 작업순서

| 특징 | • 피로 균열 등과 표면 결함 및 표면 바로 밑의 결함을 발견하기에 좋다.<br>• 검사 비용이 비교적 저렴하다.<br>• 검사원의 숙련이 필요 없다.<br>• 강자성체 사용이 가능하다. |
|---|---|
| 작업순서 | • 전처리→자화→자분 적용→검사→탈자→후처리 |

### ④ 와전류 검사

가) 개요: 변화하는 자기장 내에 도체를 놓으면 표면에 와전류가 발생하는데, 이 와전류를 이용하는 검사 방법이다.

| 특징 | • 검사 결과가 전기적 출력으로 얻어지므로 자동화 검사가 가능하다.<br>• 검사 속도가 빠르고 검사 비용이 싸다.<br>• 표면 및 표면 부근의 결함을 검출하는 데 적합하다. |
|---|---|

### ⑤ 초음파 검사

가) 개요: 고주파 음속파장을 사용하여 부품의 불연속 부위를 찾는 방법으로 항공기의 패스너 결함부나 패스너 구멍 주변의 의심가는 주변을 검사하는 데 많이 사용한다.

| 특징 | • 검사비가 싸고 균열과 같은 평면적인 결함 검사에 적합하다.<br>• 검사 대상물의 한쪽 면만 노출되면 검사가 가능하다.<br>• 판독이 객관적이다.<br>• 재료의 표면 상태 및 잔류 응력에 영향을 받는다.<br>• 검사 표준 시험편이 필요하다. |
|---|---|

### ⑥ 방사선 투과 검사

| 특징 | • 기체 구조부에 쉽게 접근할 수 없는 곳이나 결함 가능성이 있는 구조 부분의 검사에 사용된다.<br>• 검사 비용이 많이 들고 방사선의 위험성이 있다.<br>• 제품의 형태가 복잡한 경우 검사가 어렵다. |
|---|---|

# 01 실력 점검 문제

**01** 다음 중 고정익 항공기의 일반적인 기체 구조 구성요소로만 나열된 것은?

① 동체, 날개, 나셀, 엔진 마운트, 조종장치, 착륙장치

② 기체, 주날개, 꼬리날개, 엔진, 착륙장치

③ 동체, 날개, 엔진, 동력 연결장치, 전자장비

④ 동체, 날개, 엔진, 조향장치, 강착장치

**해설**

항공기 기체 구조는 동체, 날개, 꼬리날개, 조종면 및 착륙장치, 엔진 마운트 및 나셀 등으로 구성되어 있다.

**02** 강철형 튜브 구조재가 나옴에 따라 개발된 형식으로 이러한 구조는 내부에 보강용 웨브(web)나 버팀줄(bracing wire)을 할 필요가 없으므로 조종실이나 여객실보다 많은 공간을 줄 수가 있다. 또한 충분한 강도도 가질 수 있으며, 더 유선형인 형태로의 동체 성형이 용이하다. 이 구조 형식은?

① pratt truss

② warren tress

③ monocoque

④ semi-monocoque

**해설**

프렛(pratt) 트러스는 세로대(longeron)와 수직 웨브 및 수평 웨브의 대각선 사이에 보강선을 설치하여 강도를 유지하는 동체이고, 워렌(warren) 트러스는 웨브나 보강선의 설치 없이 강재 튜브의 접합점을 용접함으로써 웨브나 보강선의 설치가 필요 없는 구조로 조종실이나 여객실보다 많은 공간을 줄 수 있고, 충분한 강도를 가질 수 있어 유선형 동체 성형이 용이한 트러스형 구조의 동체에 많이 이용된다.

**03** 항공기 동체의 축 방향으로 작용하는 인장력 및 압축력과 동체의 각 단면의 굽힘 모멘트를 담당하는 항공기 구조재는?

① 링(ring)

② 스트링거(stringer)

③ 외피(skin)

④ 벌크헤드(bulk head)

**해설**

스트링거(세로지): 세로대보다 무게가 가볍고 훨씬 많은 수를 배치한다. 스트링거는 어느 정도 강성을 가지고 있지만, 주로 외피 형태에 맞추어 부착하기 위해서 사용되며 외피의 좌굴을 방지한다.

**04** 허니콤(honeycomb) 구조의 가장 큰 장점은?

① 검사가 필요치 않다.

② 무겁고 아주 강하다.

③ 비교적 방화성이 있다.

④ 무게에 비해 강도가 크다.

**해설**

허니콤 구조는 샌드위치 구조의 한 종류이고 샌드위치 구조는 무게가 경량인데 반해 강도가 큰 장점이 있어 항공기에 사용된다는 것을 강조하여야 한다.

**정답** 01. ① 02. ② 03. ② 04. ④

**05** 페일세이프 구조(failsafe structure)의 형식이 아닌 것은?

① 다경로 하중구조
② 응력외피구조
③ 하중 경감구조
④ 대치구조

해설

페일세이프 구조의 종류: 다경로 하중구조, 이중구조, 대치구조, 하중 경감구조

**06** 다음 구조 부재에 대한 설명 중 가장 올바른 것은?

① 봉재는 길이가 나비와 두께에 비하여 짧은 1차원 구조 부재이다.
② 길이와 수직 방향으로 힘을 받음으로써 굽힘이 발생하는 부재는 보이다.
③ 봉재 중 비교적 긴 부재로서, 길이 방향으로 인장을 받는 부재는 기둥이다.
④ 막대로만 연결된 구조를 모노코크 구조라 하며, 외피는 하중을 담당한다.

해설

수직 방향으로 힘을 받고 굽힘이 발생하는 부재를 보라고 하며, 보에는 굽힘 또는 비틀림이 작용한다. 또한 봉은 길이가 짧다고는 가정할 수 없는 것이 봉이다.

**07** 항공기 구조의 특정 위치를 쉽게 알 수 있도록 위치를 표시하는 것 중 기준 수평면과 일정 거리를 두며 평행한 선은?

① 기준선(datum line)
② 버턱선(buttock line)
③ 동체 수위선(body water line)
④ 동체 위치선(body station line)

해설

항공기 위치 표시방식

• 동체 위치선(FS: fuselage, BSTA: body station): 기준이 되는 0점 또는 기준선으로부터의 거리, 기준선은 기수 또는 기수로부터 일정한 거리에 위치한 상상의 수직면으로 설명되며, 주어진 점까지의 거리는 보통 기수에서 테일 콘의 중심까지 있는 중심선의 길이로 측정된다.

• 동체 수위선(BWL: Body Water Line): 기준으로 정한 특정 수평면으로부터의 높이를 측정하는 수직거리이다.

• 버턱선(BBL: Body Buttock Line, WBL: Wing Buttock Line): 동체 중심선을 기준으로 좌, 우 평행한 동체와 날개의 폭을 나타내며, 동체 버턱선(BBL: Body Buttock Line)과 날개 버턱선(WBL: Wing Buttock Line)으로 구분된다.

• 날개 위치선(WS: Wing Station): 날개보가 직각인 특정한 기준면으로부터 날개 끝 방향으로 측정된 거리

**08** 항공기 위치 표시 방법 중 버턱 라인(buttock line)은?

① A/C의 전방에서 테일 콘(tail cone)까지 연장된 선과 평행하게 측정한다.
② 수직 중심선에 평행하게 좌, 우측의 너비를 측정하는 것이다.
③ A/C 동체의 수평면으로부터 수직으로 높이를 측정하는 것이다.
④ 날개의 후방 빔에 수직하게 밖으로부터 안쪽 가장자리를 측정한 것이다.

해설

7번 문제 해설 참고

**09** 항공기 도면에서 "Fuselage Station 137"이 의미하는 것은?

① 기준선으로부터 137inch 전방

② 기준선으로부터 137inch 후방

③ 버틱라인(BL)으로부터 137inch 좌측

④ 버틱라인(BL)으로부터 137inch 우측

**해설**

동체 위치선이 기준선으로부터 137inch 후방에 있다. 전방을 표시하기 위해서는 '−'가 표시되어야 한다.

**10** 항공기용 윈드실드 판넬(windshield panel)의 여압압력에 의한 파괴 강도는 내측 판만으로 최대 여압실 압력의 최소 몇 배 이상의 강도를 가져야 하는가?

① 1~2배          ② 3~4배

③ 5~6배          ④ 7~10배

**해설**

윈드실드 강도 기준: 여압에 의한 파괴 강도를 가져야 하기 때문에 바깥쪽 판은 최대 여압실 압력의 7~10배, 안쪽 판은 최대 여압실 압력의 3~4배 이상을 유지해야 한다.

**11** 항공기 객실여압은 객실고도 2,400m (8,000ft)로 유지한다. 지상의 기압으로 하지 못하는 가장 큰 이유는?

① 인간에게 가장 적합하기 때문에

② 동체의 강도한계 때문에

③ 여압펌프의 한계 때문에

④ 엔진의 한계 때문에

**해설**

객실고도가 8,000ft 여압을 유지하지 않을 경우, 사람들이 저산소증을 일으켜서 호흡이 가파르고 두통을 초래하며 심할 경우 사망에 이르게 된다. 만일, 객실 기압을 지상의 1기압으로 유지한다면 항공기 동체의 강도한계가 발생하게 된다.

**12** 캔틸레버식 날개(cantilever type wing)에 대한 설명 중 가장 올바른 것은?

① 지지보(strut) 대신에 장선(bracing wire)이 있다.

② 조절할 수 없는 지지보(strut)가 있다.

③ 외부 지지보(strut)가 필요 없다.

④ 좌우에 각각 한 개씩의 지지보가 있다.

**해설**

캔틸레버식 날개는 외팔보식 날개이다. 모든 응력이 날개 장착부에 집중되어 있어 장착 방법이 복잡해짐으로, 충분한 강도를 가지도록 설계해야 한다. 날개를 장착하는 동체의 골격은 벌크헤드와 프레임으로 날개는 동체의 양쪽에 마련한 장착부에 앞, 뒤 날개보의 뿌리를 장착 핀으로 장착함으로 외부 지지보가 필요 없다.

**13** 항공기 연료탱크(fuel tank)에서 인티그럴 탱크(integral tank)란?

① 날개보 사이의 공간에 합성고무 제품의 탱크를 내장한 것이다.

② 날개보 및 외피에 의해 만들어진 공간을 그대로 탱크로 사용하는 것이다.

③ 날개보 사이의 공간에 알루미늄 제품의 탱크를 내장한 것이다.

④ 동체 하단에 공간을 만들어 놓은 것이다.

**해설**

인티그럴 연료탱크는 날개의 내부 공간을 연료탱크로 사용하는 것으로, 앞 날개보와 뒷 날개보 및 외피로 이루어진 공간을 밀폐제를 이용하여 완전히 밀폐시켜 사용하며, 여러 개의 탱크로 제작되었다. 장점으로는 무게가 가볍고 구조가 간단하다.

✈ **정답**  09. ②  10. ②  11. ②  12. ③  13. ②

**14** 조종장치의 운동 및 조종면을 바르게 연결한 것은?

① lateral control system−rolling−aileron

② lateral control system−pitching−aileron

③ lateral control system−pitching−elevator

④ lateral control system−yawing−rudder

**해설**

- lateral control system: 가로 조종 계통, 롤링, 에일러론
- longitudinal control system: 세로 조종 계통, 피칭, 엘리베이터
- directional control system: 방향 조종 계통, 요잉, 러더

**15** 트레일링 에이지 플랩(trailing edge flap)의 설명 중 가장 관계가 먼 내용은?

① 비행기의 양력을 일시적으로 증가시킨다.

② 착륙거리를 감소시킨다.

③ 이륙거리를 짧게 한다.

④ 보조날개 바깥쪽에 설치되어 있고 힌지로 지탱된다.

**해설**

뒷전 고양력 장치(trailing edge high lift device)는 항공기 날개 뒷전에 있는 고양력 장치로써, 플레인 플랩(plain flap), 스플릿 플랩(split flap), 슬롯 플랩(slotted flap), 파울러 플랩(fowler flap), 블로 플랩(blow flap), 블로 제트(blow jet) 등이 있고, 이륙거리를 짧게 하기 위해 양력계수를 증가시키는 장치이다.

**16** 조종사가 조종석에서 임의로 탭(tab)의 위치를 조절할 수 없는 탭(tab)은?

① 서보 탭(servo tab)

② 고정 탭(fixed tab)

③ 평형 탭(balance tab)

④ 스프링 탭(spring tab)

**해설**

고정 탭은 조종사가 조종석에서 임의로 탭의 위치를 조절할 수 없고 주 조종면에 고정으로 부착되어 있다.

**17** Wing(날개)을 이루고 있는 Front Spar, Rear Spar 및 양쪽 끝의 Rib 사이의 공간을 연료탱크로 사용하며, 연료의 누설을 방지하기 위하여 모든 연결부는 특수 실란트로 Sealing 되어 있다. 이러한 연료탱크를 무슨 탱크라 하는가?

① Integral Fuel Tank

② Reserve Tank

③ Bladder Type Fuel Cell Tank

④ Vent Surge Tank

**해설**

인티그럴 연료탱크는 날개의 내부 공간을 연료탱크로 사용하는 것으로, 앞 날개보와 뒷 날개보 및 외피로 이루어진 공간을 밀폐제를 이용하여 완전히 밀폐시켜 사용하며 여러 개의 탱크로 제작되었다. 장점으로는 무게가 가볍고 구조가 간단하다.

**18** 케이블 장력조절기(cable tension regulator)의 사용 목적으로 가장 올바른 것은?

① 조종계통의 케이블(cable) 장력을 조절한다.

② 조종사가 케이블(cable) 장력을 조절한다.

③ 주조종면과 부조종면에 의하여 소설한나.

④ 온도 변화와 관계없이 자동으로 항상 일정한 케이블(cable) 장력을 유지한다.

**해설**

여름철에 기온이 올라가면 케이블의 장력이 커지고, 겨울철이나 고공비행을 할 경우에는 케이블 장력이 작아진다. 이처럼 온도 변화와 관계없이 자동으로 일정한 장력을 유지하게 하는 것이 케이블 텐션 레귤레이터이다.

**19** 조종계통의 조종 방식 중 기체에 가해지는 중력가속도나 기울기를 감지한 결과를 컴퓨터로 계산하여 조종사의 감지 능력을 보충하도록 하는 방식의 조종장치는?

① 유압 조종장치(hydraulic)
② 수동 조종장치(manual control)
③ 플라이 바이 와이어(fly-by-wire)
④ 동력 조종장치(powered control)

**해설**

플라이 바이 와이어 조종장치는 항공기의 조종장치 속에 기체에 가해지는 중력가속도나 기울기를 감지하는 센서와 컴퓨터를 내장해서 조종사의 감지 능력을 부착하도록 하는 것이다.

**20** 조종 케이블이나 푸시풀 로드(push-pull rod)를 대체하여 전기·전자적인 신호 및 데이터로 항공기 조종을 가능하게 하는 플라이 바이 와이어(fly-by-wire) 기능과 관련된 장치가 아닌 것은?

① 전기 모터
② 유압 작동기
③ 쿼드런트(quadrant)
④ 플라이트 컴퓨터(flight computer)

**해설**

쿼드런트는 수동 조종계통에 사용되는 부품 중 하나로 운동의 방향을 바꾸고 케이블 및 토크 튜브와 같은 부품에 전달하는 부품이다.

**21** 랜딩기어의 부주의한 접힘을 방지하는 안전장치가 아닌 것은?

① 다운 락크
② 안전 스위치
③ 시미댐퍼
④ 그라운드 락

**해설**

랜딩기어의 부주의한 접힘을 방지하는 장치로는 안전 스위치, 다운 락, 그라운드 락이 있다.

• 안전 스위치: 메인 랜딩기어 쇼크 스트럿 브라켓에 의해 장착된 안전 스위치는 랜딩기어 안전 회로에 의해 사용된다.
• 그라운드 락: 항공기가 지상에 있을 때 기어 풀림을 방지하는 장치이다.
• 다운 락: 항공기 기어가 다운 상태에서 풀림을 방지하는 장치이다.

**22** 다음 중 접개 들이식 착륙장치의 작동순서가 올바르게 나열된 것은 어느 것인가?

① 착륙장치 레버 작동 – 다운래치 풀림 – 도어 열림 – 착륙장치 내려감 – 도어가 닫힘
② 착륙장치 레버 작동 – 도어 열림 – 다운래치 풀림 – 착륙장치 내려감 – 도어가 닫힘
③ 착륙장치 레버 작동 – 업래치 풀림 – 도어 열림 – 착륙장치 내려감 – 도어가 닫힘
④ 착륙장치 레버 작동 – 도어 열림 – 업래치 풀림 – 착륙장치 내려감 – 도어가 닫힘

**해설**

접개들이식 착륙장치의 작동 순서
착륙장치 레버 작동 – 도어 열림 – 업래치 풀림 – 착륙장치 내려감 – 도어가 닫힘

**정답** 19. ③  20. ③  21. ③  22. ④

**23** 항공기의 주 조종면이 아닌 것은?

① 방향키(rudder)

② 플랩(flap)

③ 승강키(elevator)

④ 도움날개(aileron)

- 주 조종면: 도움날개, 승강키, 방향키
- 부 조종면: 플랩, 탭, 스포일러

**24** 조종계통의 구성품 중에서 회전축에 대해 두 개의 암(arm)을 가지고 있어 회전운동을 직선운동으로 바꿔주는 것은?

① 토크 튜브(torque tube)

② 벨 크랭크(bell crank)

③ 풀리(pulley)

④ 페어 리드(fair lead)

- 토크 튜브: 조종계통에서 조종력을 튜브의 회전력으로 조종면에 전달하는 방식이다.
- 벨 크랭크: 회전운동을 직선운동으로 변경하는 것이다.
- 풀리: 케이블의 방향을 바꾸어 주는 것이다.
- 페어 리드: 최소의 마찰력으로 케이블과 접촉하여 직선운동 3° 이내에서 방향을 유도한다.

**25** 항공기 조종장치의 종류가 아닌 것은?

① 동력 조종장치(power control system)

② 매뉴얼 조종장치(manual control system)

③ 부스터 조종장치(booster control system)

④ 수압식 조종장치(water pressure control system)

조종장치의 종류: 동력 조종장치, 매뉴얼 조종장치, 부스터 조종장치

**26** 비행 중 발생하는 불균형 상태를 탭을 변위시킴으로써 정적 균형을 유지하여 정상 비행을 하도록 하는 장치는?

① 트림 탭(trim tab)

② 서보 탭(servo tab)

③ 스프링 탭(spring tab)

④ 밸런스 탭(balance tab)

트림 탭은 주 조종면 뒷전에 붙어 있는 작은 플랩으로 비행자세 제어를 돕는 장치이며, 조종력을 0으로 만들어 준다.

**27** 조종면의 평형에서 동적 평형이란?

① 물체가 자체의 무게중심으로 지지되고 있는 상태

② 조종면을 어느 위치에 돌려놓거나 회전 모멘트가 영(zero)으로 평형되는 상태

③ 조종면을 평형대 위에 장착하였을 때 수평 위치에서 조종면의 뒷전이 밑으로 내려가는 상태

④ 조종면을 평형대 위에 장착하였을 때 수평 위치에서 조종면의 뒷전이 올라가는 상태

동적 평형(dynamic balance)은 물체가 운동하는 상태에서 이 물체에 작용하는 모든 힘들이 평형을 이루게 되면, 그 물체는 원래의 운동상태를 유지하려는 평형상태를 말한다.

**정답** 23. ② 24. ② 25. ④ 26. ① 27. ②

**28** 항공기에는 엔진의 고온과 화재에 대비하여 방화벽을 설치한다. 다음 중 가장 올바르게 설명한 것은?

① 엔진 마운트와 기체 중간에 위치한다.
② 왕복엔진에서는 엔진 옆에 장착한다.
③ 구조 역학적으로 전혀 힘을 받지 않는다.
④ 제트엔진에서 방화벽은 엔진의 일부이다.

**[해설]**

방화벽(fire wall)은 엔진 마운트와 기체의 중간에 화재에 대비하여 기체와 엔진을 차단하며, 방화벽의 재질은 스테인리스 및 티탄이 사용된다.

**29** 노스 스트럿(nose strut) 내부에 있는 센터링 캠(centering cam)의 작동 목적을 가장 올바르게 설명한 것은?

① 착륙 후에 노스 휠을 중립으로 해준다.
② 이륙 후에 노스 휠을 중립으로 해준다.
③ 내부 피스톤에 묻은 오물을 제거해 준다.
④ 노스 휠 스티어링이 작동하지 않을 때 중립 위치로 해준다.

**[해설]**

앞 착륙장치에 있는 Centering Cam은 내부에 Upper Locating Cam과 Lower Locating Cam으로 나눠진다. 이는 노스 휠(nose wheel)을 중립으로 오게 해서 Wheel Well로 접혀 들어올 수 있도록 한다.

**30** 브레이크 페달(brake pedal)에 스폰지(sponge) 현상이 나타났을 때 조치 방법은?

① 공기를 보충한다.
② 계통을 블리딩(bleeding)한다.
③ 페달(pedal)을 반복해서 밟는다.
④ 작동유(MIL-H-5606)를 보충한다.

**[해설]**

스펀지 현상은 브레이크 장치 계통의 공기에 작동유가 섞여 있을 때, 공기의 압축성 효과로 인하여 브레이크 작동 시 푹신푹신하여 제동이 제대로 되지 않는 현상이다. 스펀지 현상이 발생하면 계통에서 공기 빼기(air bleeding)를 해주어야 한다.

✈ **정답** 28. ① 29. ② 30. ②

# 02 기체의 재료

## 1 기체 재료의 개요

### (1) 기체 재료의 개요

라이트 형제가 최초로 동력 비행에 성공했을 때 기체의 재료는 목재, 섬유, 철강을 사용하였으나 최근 대형 항공기의 대부분은 금속 재료를 사용했으며, 구조의 일부분은 비금속 재료 및 복합재료가 사용되고 있다.

#### ① 기체 구조 재료의 구성비(A 380)

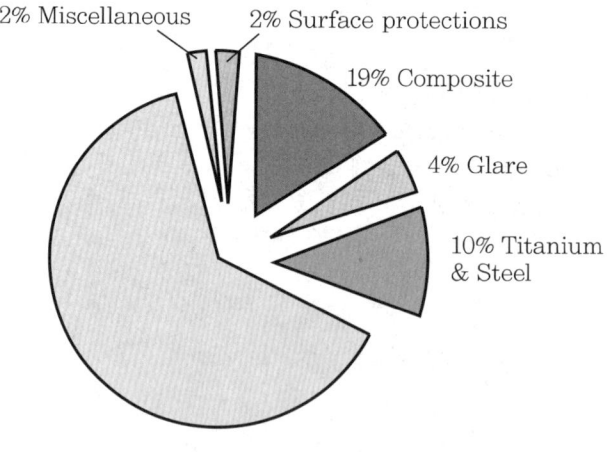

▲ 63% Aluminum

② 규격번호

| AA | Aluminum Association of America<br>미국 알루미늄 협회 규격 |
|---|---|
| ALCOA | Aluminum Company of American<br>미국 알루미늄 제작회사 |
| SAE | Society of Automotive Engineers<br>미국 자동차 기술자 협회 규격 |
| AISI | American Iron and Steel Institute<br>미국 철강협회 규격 |
| AMS | Aeronautical Material Specifications<br>미국 자동차 기술 협회의 항공재료 규격 |
| MIL | Military Specification<br>미국 군사 규격 |
| ASTM | America Society for Testing Materials<br>미국 재료 시험 협회 규격 |

③ 항공기 기체 재료 사용 부분(B-747)

| 사용 재료 | 사용처 | 사용 재료 | 사용처 |
|---|---|---|---|
| 알루미늄 합금<br>(2024-T351) | 날개 밑면, 동체 외피 | 고장력강<br>(4340M) | 착륙장치 부품, 플랩<br>트랙 |
| 알루미늄 합금<br>(7075-T651) | 날개 윗면, 날개보 | 티탄합금<br>(Ti-6Al-4V) | 주 착륙장치 장착 빔 |
| 알루미늄 합금<br>(7075-T6) | 스트링거, 수직 안정<br>판, 동체 뒤쪽 프레임 | 글라스 파이버<br>허니콤 | 방향키, 승강키, 도<br>움날개, 날개 끝 |
| 알루미늄 합금<br>(7075-T42) | 엔진 카울링 | 알루미늄 허니콤 | 수평 안정판, 플랩 |

## (2) 기체 재료

① 재료의 종류

| 종류 | 재료명 |
|---|---|
| 철강 재료 | 순철, 탄소강, 특수 용도강, 합금강, 내열 합금강 및 주철 |
| 비철금속 재료 | 알루미늄 합금, 마그네슘 합금, 구리합금, 티탄합금 및 초합금(니켈계 및 코<br>발트계 합금) |
| 복합재료 | 플라스틱 복합재료(FRP), 금속계 복합재료(FRM), 세라믹계 복합재료(FRC) |
| 비금속 재료 | 합성수지, 섬유, 고무, 도료, 세라믹, 접착제 |

② 금속 재료의 특성

- 전기 및 열전도성이 좋다.
- 상온에서 고체이며, 결정체이다.
- 가공성과 성형성이 우수하다.
- 열처리를 함으로써 기계적 성질을 변화시킬 수 있다.
- 열에 강하고, 금속 특유의 광택을 가지고 있다.
- 자원이 풍부하며, 원가가 저렴하다.

## (3) 금속의 결정 구조

### ① 결정 구조

| 다결정체(polycrystalline substance) | 원자가 무질서한 결정 |
|---|---|
| 결정입자(crystal grain) | 하나하나의 결정체 |
| 결정립계(grain boundary) 또는 입계 | 결정 입자 사이의 경계 |
| 공간격자 & 결정격자<br>(space lattice & crystal lattice) | 원자가 입체적이고 규칙적으로 배열 |
| 단위격자(unit lattice) | 최소 단위격자 하나의 규격 |
| 격자상수(lattice constant) | 단위격자의 모양과 각 모서리의 길이 |

### ② 결정격자의 종류

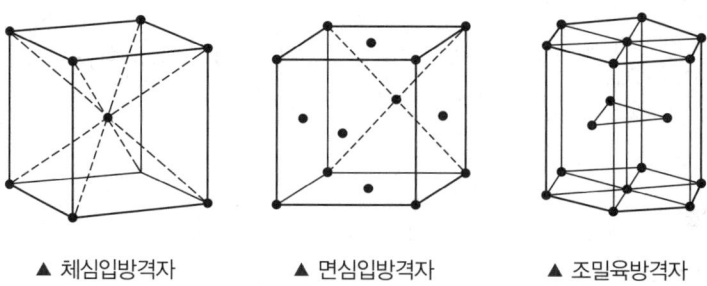

▲ 체심입방격자          ▲ 면심입방격자          ▲ 조밀육방격자

| 체심입방격자 | 입방체의 8개의 구석에 각 1개씩의 원자와 입방체의 중심에 1개의 원자가 있는 결정격자이며, 가장 많이 볼 수 있는 구조의 하나이다. 이러한 결정을 가진 물질로는 W(텅스텐), Mo(몰리브덴), V(바나듐), Li(리튬), Fe(철), 나트륨(Na), 칼륨(Ca) 등이 있다. |
|---|---|
| 면심입방격자 | 입방체에 있어서 8개의 꼭짓점과 6개 면의 중심에 격자점을 가지는 단위격자로 된 결정격자이며, 이러한 결정을 가진 물질로는 Al(알루미늄), Cu(구리), Au(금), Pb(납), Ni(니켈), Pt(백금) 등이 있다. |

| 조밀육방격자 | 정육각 기둥의 각 위, 아랫면 꼭짓점의 중심에 정삼각 기둥의 중심에 원자가 배열한 결정격자이며, 이러한 결정을 가진 물질로는 Zn(아연), Mg(마그네슘), Co(코발트), Cd(카드뮴) 등이 있다 |
|---|---|

## (4) 합금의 상태

### ① 합금의 특징

- 용융 온도가 낮아진다.
- 열 전도율과 전기 전도율이 저하된다.
- 경도가 높아진다.

### ② 합금의 조직 용어

| 공정<br>(eutectic) | 다른 2개의 성분이 용융된 상태에서 균일한 액체를 형성하나, 응고할 때 일정한 온도에서 2종류의 금속성분이 일정한 비율로 석출하여 나온 혼합 조직을 형성하는 합금을 말한다. |
|---|---|
| 공석<br>(eutectoid) | 일정한 온도의 하나의 고용체에서 2종류의 고체가 일정한 비율로 동시에 석출하여 생긴 혼합물을 말한다. |
| 고용체<br>(solid solution) | 한 성분의 금속 중에 금속 또는 비금속이 용융시켜 합금이 되었을 때나 고체 상태에서 균일한 융합 상태로 되어 기계적인 방법으로 구분할 수 없을 때를 말한다. |
| 금속간 화합물 | 친화력이 큰 성분의 금속이 화학적으로 결합하면 각 성분의 금속과는 현저하게 다른 성질을 가지는 독립된 화합물이다. |

## (5) 금속의 성질

| 비중<br>(specific gravity) | 어떤 물질의 무게를 나타내는 경우, 물질과 같은 부피의 물의 무게와 비교한 값이다. |
|---|---|
| 용융 온도<br>(melting temperature) | 금속 재료를 용해로에서 가열하면 녹아 액체 상태로 되는 온도이다. |
| 강도(strength) | 재료에 정적인 힘을 가할 경우 인장 하중, 압축 하중, 굽힘 하중을 받을 때 견딜 수 있는 정도를 말한다. |
| 경도(hardness) | 재료의 단단한 정도를 나타내며 강도가 증가하면 경도도 증가한다. |
| 전성(malleability) | 얇은 판을 가공할 때 퍼지는 성질, 즉 퍼짐성을 말한다. |
| 연성(ductility) | 가는 선이나 관으로 가공할 수 있는 성질, 즉 뽑힘성을 말한다. |
| 탄성(elasticity) | 외력에 의해 변형을 일으킨 다음, 외력을 제거하면 원 상태로 되돌아 가려는 성질이다. |

| 메짐(brittleness) | 주철의 경우 굽힘이나 변형이 거의 일어나지 않고 재료가 깨지게 되는데, 이를 메짐이라 말하며 취성(brittle)이라고도 한다. |
|---|---|
| 인성(toughness) | 재료의 질긴 성질을 말하며, 인성의 반대는 취성이다. |
| 전도성(conductivity) | 금속 재료에서 열이나 전기를 잘 전달하는 성질이다. |
| 소성(plasticity) | 원하는 모양으로 변형하게 되면 재료가 외력에 의해 탄성한계를 지나 영구 변형되는 성질이다. |

## (6) 금속의 가공 방법

| | 단조: 소재를 가열하여 공기해머로 단련 및 성형하는 것이며, 자유단조와 형단조로 나뉜다. |
|---|---|
| | 압연: 회전 롤러 사이에 소재를 통과하여 원하는 판재를 만들며 봉재, 형재, 레일 등을 가공할 수 있다. |
| | 프레스: 한 쌍의 프레스 형틀에 판재를 넣고 필요한 모양으로 압축 성형 가공을 말한다. |
| | 압출: 재료를 실린더 모양의 용기에 넣고 작은 구멍을 통해 밀어내는 방법으로 봉재, 관재, 형재 등을 가공할 수 있다. |
| | 인발: 재료를 원뿔형 모양에 넣고 원뿔 끝에서 봉재나 선재를 뽑아내는 가공을 말한다. |

## (1) 철강 재료의 분류

### ① 탄소 함유량의 분류

| | |
|---|---|
| 순철 | 탄소 함유량이 0.025% 이하이다. |
| 강 | 탄소 함유량이 0.025~2.0% 이하이다. |
| 주철 | 탄소 함유량이 2.0~6.68%인 탄소와 철의 합금이다. |

### ② 탄소강과 특수강의 구분

| | |
|---|---|
| 탄소강<br>(carbon steel) | 철에는 탄소(C), 규소(Si), 망간(Mn), 인(P), 황(S)의 원소가 함유된 강이다. |
| 특수강<br>(special steel) | 탄소강에 니켈(Ni), 크롬(Cr), 망간(Mn), 규소(Si), 몰리브덴(Mo), 텅스텐(W), 바나듐(V) 등의 원소를 한 가지 첨가한 강이며, 합금강(alloy steel)이라 한다. |

### ③ 철강 재료의 이점

- 강도와 인성 등의 기계적 성질이 양호하고, 가공성이 우수하다.
- 열처리함으로써 강의 성질을 변화시킬 수 있다.
- 합금원소를 첨가하여 다양한 특성을 줄 수 있다.
- 용접하기 쉽다.

## (2) 순철

순철은 철 중에서 불순물이 전혀 섞이지 않는 철을 말한다.

### ① 순철의 3개 동소체(α철, γ철, δ철)

| | |
|---|---|
| α철 | 912℃ 이하, 체심입방격자 |
| γ철 | 912℃~1394℃ 면심입방격자 |
| δ철 | 1394℃ 이상, 체심입방격자 |

② 순철의 변태점

| A1 변태점 | 723℃(철+$Fe_3$C(시멘 타이트)) |
|---|---|
| A2 변태점 | 768℃(자기변태점) α철(결정 구조 변화하지 않음) |
| A3 변태점 | 912℃ γ철, 오스테나이트 조직(금속의 표준 조직) |
| A4 변태점 | 1394℃ |
| 동소 변태 | 원자 배열의 변화를 일으키는 변태(A3, A4) |

## (3) 탄소강

### ① 탄소강에 함유된 원소들의 영향

| 탄소(C) | • 인장강도와 경도를 증가시킨다.<br>• 연신율과 충격 강도, 용접성은 떨어진다. |
|---|---|
| 규소(Si) | • 용융 금속의 유동성을 좋게 한다.<br>• 주조 제작이 쉽다.<br>• 단접성, 냉간가공을 해치며, 충격 감도를 감소시킨다. 저 탄소강의 경우 함유량을 0.2% 이하로 제한한다. |
| 망간(Mn) | • 강도와 고온 가공성을 증가시킨다.<br>• 연신율의 감소를 억제시킨다.<br>• 주조성과 담금질 효과를 향상시킨다.<br>• 황화망간(MnS)이 적열 메짐의 원인인 황화철(FeS) 생성을 방해한다. |
| 인(P) | • 함유량 증가 시 인장강도 및 경도를 증가시킨다.<br>• 저 탄소강의 내식성 증가 및 절삭성 효과를 증진시킨다.<br>• 연신율과 충격 저항을 감소시킨다.<br>• 담금질 시 균열의 원인이 되고, 용접성도 나쁘다. |
| 황(S) | • 고온 가공 시 균열을 발생시키고, 충격 저항을 감소시킨다.<br>• 황이 함유된 탄소강에는 망간을 첨가하여 적열 메짐을 억제해 준다. |

가) 연신율

$$\epsilon = \frac{l - l_o}{l_o} \times 100\,(\%)$$

- $\epsilon$ =연신율
- $l_o$ =재료의 원래 길이
- $l$ =재료의 변형 후 길이

나) 메짐의 종류

| 청열 메짐(blue shortness) | 탄소강 200~300℃에서 상온일 때보다 더 메지게 되는 것 |
|---|---|
| 적열 메짐(red shortness) | 황을 많이 함유한 탄소강은 약 950℃에서 메지게 되는 것 |
| 저온 메짐(cold shortness) | 인을 많이 함유한 탄소강은 상온 이하에서 메지게 되는 것 |

## ② 탄소강의 분류

| 저 탄소강 | • 탄소를 0.1~0.3% 함유한 강이다.<br>• 전성이 양호하여 절삭 가공용에 사용된다.<br>• 항공기에는 안전결선 와이어, 케이블 부싱, 로드 등에 사용된다. |
|---|---|
| 중 탄소강 | • 탄소를 0.3~0.6% 함유한 강이다.<br>• 차축, 크랭크축 등의 제조에 사용된다.<br>• 고주파 및 화염 담금질로 표면경화를 하여 기어 등에 사용된다. |
| 고 탄소강 | • 탄소를 0.6~1.2% 함유한 강이다.<br>• 경도, 강도가 크고, 마멸이나 전단에 강하다.<br>• 인장 응력이 요구되는 철도 레일, 기체 바퀴, 공구강, 판재 스프링 및 코일 스프링에도 사용한다. |

# (4) 특수강(합금강)

탄소강에 규소, 망간, 인, 황 등의 5대 원소 이외에 원소를 1개 이상 첨가한 강을 말하며, 기계적 성질의 향상, 내열성, 내식성 등의 특수 성질을 가지게 된다.

## ① 합금강의 분류

가) 고장력강

| 크롬-몰리브덴강 | • 용접성 열처리성을 향상한 강이다.<br>• 열처리를 하여 인장강도를 $84.4 \sim 112.6 kg/mm^2$로 높였다.<br>• 항공기의 강력 볼트, 착륙장치, 엔진 부품에 사용된다. |
|---|---|
| 니켈-크롬-몰리브덴강 | • 고장력강으로 인성이 풍부하다.<br>• 열처리에 의해 $175.9 kg/mm^2$를 넘는 인장강도를 가진다.<br>• 높은 강도를 요구하는 착륙장치와 엔진의 부품에 사용된다. |

나) 내식강

| 마텐자이트계<br>스테인리스강 | • 13Cr강이라고 하며, 자성이 있어 열처리가 가능하고 단조 및 열간 가공이 용이하다.<br>• 기계 가공성이 내식강 중에서 가장 좋다.<br>• 가스터빈엔진 흡입안내 깃, 압축기 깃에 사용된다. |
|---|---|
| 오스테나이트계<br>스테인리스강 | • 크롬 18%, 니켈 8%로 18-8 스테인리스강이라고도 한다.<br>• 가공성과 용접성이 양호하고 비자성으로 열처리에 의해 강화시킬 수 없다.<br>• 엔진 부품, 방화벽, 안전결선 와이어, 코터 핀 등에 사용된다. |
| 석출 경화형<br>스테인리스강 | • 마텐+오스테나이트 스테인리스강의 내식성을 가지고 있다.<br>• 내열성 및 가공성, 용접성이 우수하다. |

## (5) 철강 재료의 식별법

### ① SAE에 의한 합금강의 의미

예 SAE 1025

- 1: 탄소강
- 0: 5대 기본 원소 이외의 합금 원소가 없다.
- 25: 탄소 0.25% 함유

### ② 합금강의 분류

| 합금 번호 | 종류 | 합금 번호 | 종류 |
|---|---|---|---|
| 1xxx | 탄소강 | 43xx | 니켈-크롬-몰리브덴강 |
| 13xx | 망간강 | 5xxx | 크롬강 |
| 2xxx | 니켈강 | 52xx | 크롬 2% 함유강 |
| 3xxx | 니켈-크롬강 | 6xxx | 크롬-바나듐강 |
| 4xxx | 몰리브덴강 | 72xx | 텅스텐-크롬강 |
| 41xx | 크롬-몰리브덴강 | 92xx | 규소-망간강 |

## (1) 알루미늄과 알루미늄 합금

① **순수 알루미늄의 특성:** 비중이 2.7이고 흰색 광택을 내는 비 자성체이며, 내식성이 강하고 전기 및 열의 전도율이 매우 좋다. 또 무게가 무겁고 660도의 비교적 낮은 온도에서 용해되며, 유연하고 전연성이 우수하다. 그러나 인장강도가 낮아 구조 부분에서는 사용할 수 없으며 알루미늄 합금을 만들어 사용한다.

② **알루미늄 합금의 성질:** 알루미늄에 구리, 마그네슘, 규소, 아연, 망간, 니켈 등의 금속을 첨가하여 내열성을 향상시켜 사용한다.

| 알루미늄 합금의 특성 | • 전성이 우수하여 성형 가공성이 좋다.<br>• 내식성이 양호하다.<br>• 강도와 연신율을 조절할 수 있다.<br>• 상온에서 기계적 성질이 좋다.<br>• 시효경화성이 있다. |
|---|---|

③ **알루미늄 합금의 식별기호**

가) AA규격 식별기호: 알루미늄 협회에서 가공용 알루미늄 합금을 통일하여 지정한 합금 번호로서 네 자리 숫자로 되어 있다.

ㄱ 첫째 자리 숫자: 합금의 종류

ㄴ 둘째 자리 숫자: 합금의 개량 번호

ㄷ 나머지 두 자리 숫자: 합금의 분류 번호

| 합금 번호 범위 | 주 합금 원소 | 합금 번호 범위 | 주 합금원소 |
|---|---|---|---|
| 1xxx | 순수 Al(99% 이상) | 5xxx | Mg(마그네슘) |
| 2xxx | Cu(구리) | 6xxx | Mg+Si(마그네슘+규소) |
| 3xxx | Mn(망간) | 7xxx | Zn(아연) |
| 4xxx | Si(규소) | 8xxx | 그 밖의 원소 |

예 2024-T6

• 2: 알루미늄-구리 합금을 의미한다.

• 0: 개량을 처리하지 않는 합금이다.

• 24: 합금의 종류가 24임을 나타낸다.

• T6: 열처리 방법(담금질한 후 인공 시효 처리한 것)

나) 식별 기호

| F | 주조상태 그대로 인 것 |
|---|---|
| O | 풀림 처리를 한 것 |
| H | 냉간 가공한 것 |
| T | 열처리한 것 |
| T3 | 담금질한 후 냉간 가공한 것 |
| T4 | 담금질한 후 상온시효가 완료된 것 |
| T6 | 담금질한 후 인공 시효 처리한 것 |

다) 알루미늄 합금의 종류와 특성

㉠ 고강도 알루미늄 합금

| 2014 | Al에 4.4%의 구리를 첨가한 알루미늄-구리-마그네슘 합금으로, 고강도의 장착대, 과급기, 임펠러 등에 사용한다. |
|---|---|
| 2017 | 알루미늄에 구리 4%, 마그네슘 1.0~1.5%, 규소 0.5%, 망간 0.5~1.0%를 첨가한 합금으로 두랄루민이라 하는데, 비중은 강의 50% 정도로 리벳으로만 사용되고 있다(상온에서 1시간 이내 작업). |
| 2024 | 구리 4.4%와 마그네슘 1.5%를 첨가한 합금으로 초두랄루민이라 하며, 대형 항공기의 날개 밑면의 외피나 여압을 받는 동체 외피 등에 사용된다. |
| 7075 | 아연 5.6%와 마그네슘 2.5%를 첨가한 합금으로 ESD(Extra Super Duralumin)라 하며, 강도가 알루미늄 합금 중 가장 우수하다. 항공기 주 날개의 외피와 날개보, 기체 구조 부분 등에 사용된다. |

㉡ 내열 알루미늄 합금

| 2218 | 알루미늄-구리-마그네슘 합금에 니켈을 약 2% 첨가하여 내열성을 개선한 합금으로 Y합금이라 한다. |
|---|---|
| 2618 | 알루미늄-구리 합금에 내열성을 향상시키기 위해 1.2%의 니켈과 1.0%의 철을 첨가한 합금으로, 100~200도 온도 범위에서 가장 강도가 커서 초음속 여객기인 콩코드의 외피로 사용되었다. |

㉢ 내식 알루미늄 합금

| 1100 | 99.0% 이상의 순수 알루미늄으로 내식성은 우수하나 열처리가 불가능하며 구조용으로 사용이 곤란하다. |
|---|---|

ⓛ 알크래드 판: 알루미늄 합금판 양면에 열간압연에 의하여 순수 알루미늄을 약 3~5% 정도의 두께로 입힌 것을 말한다. 부식을 방지하고 표면이 긁히는 등의 파손을 방지할 수 있다.

## (2) 티탄과 티탄 합금

### ① 티탄의 성질

- 비중 4.51로서 강의 0.6배 정도이며, 용융온도는 1,730도이다.
- 내열성이 크고 내식성이 우수하며 비강도가 커서 가스터빈엔진용 재료로 널리 이용된다.

## (3) 구리합금의 종류와 특성

- 황동: 구리에 아연을 40% 이하로 첨가하여 주조성과 가공성을 양호하게 하고, 기계적 성질과 내식성을 향상한 합금으로 황금색을 띤다.
- 청동: 구리와 주석으로 조성된 합금으로, 강도가 크고 내마멸성이 양호하며, 주조성도 양호하다. 염분에 대한 부식 저항성이 우수하다.

## (4) 니켈과 니켈 합금

### ① 니켈의 성질: 흰색을 띠며 인성과 내식성이 우수하고, 비중은 8.9이며, 용융점은 1,455도이다.

### ② 니켈 합금의 종류

가) 인코넬 600: 크롬 15%와 철 8%를 첨가한 합금으로 내식성과 내산화성을 향상시킨 합금이며, 성형성과 용접도 가능하다.

나) 인코넬 718: 700도까지 고온강도가 양호하며 터빈 디스크, 축 등에 사용한다.

다) 하스텔로이: 16%의 몰리브덴을 함유하여 고온에서 내식성을 함유한 합금으로 가스터빈 안내 깃 등에 사용된다.

## (5) 마그네슘

비중이 1.7~2.0으로 실용금속 중 가장 가볍고, 비강도가 커서 경합금 재료로 적합하다 (알루미늄을 대체해서 사용이 가능하다).

## (6) 금속 재료의 열처리 및 표면경화법

### ① 철강 재료의 열처리

가) 일반 열처리

| | |
|---|---|
| **담금질(퀜칭)** | 재료의 강도와 경도를 증대시키는 처리로서, 철강의 변태점보다 30~50도 정도 높은 온도로 가열한 후, 기름 등에서 급속 냉각시켜 경도가 강한 조직을 얻는 방법이다. |
| **뜨임(템퍼링)** | 적당한 온도(500도~600도)에서 재가열한 후 공기 중에서 서서히 냉각시켜 재료의 인성을 증가시키고, 재료 내부의 잔류 응력을 제거하기 위한 방법이다. |
| **풀림(어닐링)** | 철강 재료의 연화, 조직 개선 및 내부 응력을 제거하기 위한 처리로서 일정 온도에서 어느 정도의 시간이 경과된 다음 노 안에서 서서히 냉각시키는 열처리 방법이다. |
| **불림(노멀라이징)** | 조직의 미세화, 주조와 가공에 의한 조직의 불균일 및 내부 응력을 감소시키기 위한 조작으로, 담금질의 가열온도보다 약간 높게 가열한 다음 공기 중에서 냉각하여 처리하는 방법이다. |

나) 철강 재료의 표면경화법

| | |
|---|---|
| **침탄법** | 탄소나 탄화수소계로 구성된 침탄제 속에서 가열하면 강재 표면의 화학 변화에 의하여 탄소가 강재 표면에 침투되고 침탄층이 형성되어 표면이 단단해지는 표면경화법이다. |
| **질화법** | 암모니아 가스 중에서 500~550도로 20~100시간 정도 가열하여 표면을 경화하는 방법이다. |
| **침탄 질화법** | 시안화염을 주성분으로 한 염욕에 강을 가열한 후 담그면 침탄과 질화가 동시에 되는 표면경화법이다. |
| **고주파 담금질법** | 철강에 고주파 전류를 이용하여 표면을 가열한 후 물로 급랭시켜 담금질 효과를 주어 표면경화를 하는 방법이다. |
| **금속 침투법** | 강재를 가열하여 그 표면에 아연, 크롬, 알루미늄, 규소, 붕소 등과 같은 피금속을 부착시키는 동시에 합금 피복층을 형성시키는 처리법이다. |
| **화염 담금질법** | 탄소강 표면에 산소-아세틸렌 화염으로 표면만을 가열하여 오스테나이트로 만든 다음 급랭하여 표면층만 담금질하는 방법이다. |

## ② 금속의 부식처리 및 부식방지법

### 가) 부식의 종류

| 표면 부식 | 흔한 부식 생성물로서 가루 침전물을 수반하는 움푹 팬 모양으로 화학적, 전기 화학적 침식에 의해 발생한다. |
|---|---|
| 이질 금속 간의 부식<br>(갈바닉, 동전기 부식) | 서로 다른 금속이 접촉하면 접촉면 양쪽에 기전력이 발생하고 여기에 습기가 끼게 되면 전류가 흐르면서 금속이 부식되는 현상을 말한다.<br>– A군: 1100, 3003, 5052, 6061<br>– B군: 2014, 2017, 2024, 7075<br>(A, B군은 서로 이질 금속이므로 접촉을 피해야 한다.) |
| 입자 간 부식 | 합금의 결정입계 또는 그 근방을 따라 생기는 부식으로 합금 성분의 분포가 균일하지 못한 데서 일어나는 부식을 말한다. |
| 응력 부식 | 강한 인장 응력과 적당한 부식 조건과의 복합적인 영향으로 발생하며, 알루미늄 합금과 마그네슘 합금에 주로 발생한다. |
| 프레팅 부식 | 서로 밀착한 부품 간에 계속하여 아주 작은 진동이 일어날 경우 그 표면에 홈이 생기는 부식을 말한다. |
| 공식 부식 | 금속 표면에서 일부분 부식 속도가 빨라서 국부적으로 깊은 홈을 발생시키는 부식이다. |

### 나) 부식 방지의 종류

| 양극산화처리<br>(아노다이징) | 금속 표면에 전해질인 산화피막을 형성하는 방법으로, 전해질인 수용액 중에서 방출되는 물질이 있기 때문에 양극의 금속 표면이 수산화물 또는 산화물로 변화되고 고착되어 부식에 대한 저항성을 향상시킨다. |
|---|---|
| 도금처리 | 철강 재료의 부식을 방지하기 위한 방법으로 철강 재료의 경우 카드뮴이나 주석도금을 하여 부식을 방지한다. |
| 파커라이징 | 철강의 부식방지법의 일종으로 검은 갈색의 인산염 피막을 철재 표면에 형성시켜 부식을 방지하는 방법을 말한다. |
| 벤더라이징 | 철강 재료 표면에 구리를 석출시켜서 부식을 방지하는 방법을 말한다. |
| 음극 부식방지법 | 부식을 방지하려는 금속 재료에 외부로부터 전류를 공급하여 부식되지 않는 부 전위를 띠게 함으로써 부식을 방지하는 방법이다. |
| 알크래드 | 초강 합금의 표면에 내식성이 우수한 순알루미늄 또는 알루미늄 합금판을 붙여 사용하는데 이것을 알크래드라 하며, 표면에 접착하는 두께는 실제의 5~10% 정도에서 압연하여 접착하고 표면에 "AL-CLAD"라 표시한다. |
| 알로다인 | 알루미늄 합금 표면에 크로멧처리를 하여 내식성과 도장작업의 접착효과를 증진시키기 위한 부식방지 처리작업이다. |

## (1) 플라스틱

① **열경화성 수지:** 한 번 가열하여 성형하면 다시 가열해도 연해지거나 용융되지 않는 성질로 페놀 수지, 에폭시 수지, 폴리우레탄 등이 있다.

　가) 열경화성 수지의 종류

| 에폭시 수지 | 접착력이 매우 크고 성형 후 수축률이 작고 내약품성이 우수하다. 항공기 구조의 접착제나 도료로 사용된다. 전파 투과성이 우수하여 항공기의 레이돔, 동체 및 날개부의 구조재용 복합재료의 모재로도 사용된다. |
|---|---|
| 폴리우레탄 수지 | 내수성, 내유성, 내열성 및 내약품성이 우수하여 항공기의 좌석, 배기 부분의 단열재로 사용된다. |
| 페놀 수지 | 베이크라이트로 널리 알려진 수지로 전기적, 기계적 성질, 내열성 및 내약품성이 우수하여 전기계통의 각종 부품, 기계부품 등에 사용된다. |

② **열가소성 수지:** 가열하여 성형한 후 다시 가열하면 연해지고, 냉각하면 다시 본래의 상태로 굳어지는 성질의 수지로 폴리염화비닐, 폴리에틸렌, 나일론, 폴리메타크릴산메틸 등이 있다.

　가) 열가소성 수지의 종류

| 폴리염화비닐<br>(PVC) | 전기 절연성, 내수성, 내약품성 및 자기 소화성을 가지고 있으나 유기용제에 녹기 쉽고 열에 약하며 비중이 크다. 전선의 피복재 또는 항공기 객실 내장재로 사용된다. |
|---|---|
| 폴리메타크릴산메틸<br>(아크릴) | 플렉시블글라스라고도 하며, 투명도가 우수하고 가볍고 강인하여 항공기용 창문 유리, 객실 내부의 안내판 및 전등덮개 등에 사용된다. |

③ **세라믹:** 무기질 비금속 재료로써 고온에서의 내열성이 우수하고 성형 가공성도 우수하지만, 인장과 충격에 약하다. 내열성이 우수하여 항공기 엔진의 부품에 사용된다.

④ **고무:** 공기, 액체, 가스 등의 누설을 방지하고, 진동과 소음을 방지하기 위한 부분에 사용된다.

　가) 고무의 종류

| 니트릴 고무 | 내유성, 내열성, 내마멸성은 우수하지만, 굴곡성과 유연성이 부족하며, 내오존성이 없고 저온 특성이 좋지 않다. 오일 실, 개스킷 연료탱크 호스 등에 사용한다. |
|---|---|
| 부틸 고무 | 가스 침투 방지와 기후에 대한 저항성이 매우 우수하고, 내열 노화성, 내오존성이 좋다. 호스나 패킹, 진공실 등에 사용한다. |

| 플루오르 고무 | 초내열성, 내식성의 고무로 오일 실, 패킹, 내약품성 호스에 사용한다. |
|---|---|
| 실리콘 고무 | 내열성과 내한성이 우수하여 사용온도 범위가 매우 넓으며, 기후에 대한 저항성과 전기절연 특성이 매우 우수하다. |

## 5 복합재료

고체상태의 강화재와 이들을 결합시키는 액체나 분말형태의 모재로 구성된다.

### (1) 복합재료의 장점

① 무게당 강도비가 매우 높다(AL합금에 비해 20% 무게 감소, 30% 정도의 인장/압축강도 증가).

② 복잡한 형태나 공기 역학적인 곡선 형태의 부품제작이 쉽다.

③ 유연성이 크고 진동에 대한 내구성이 커서 피로강도가 증가한다.

④ 접착재가 절연체 역할을 하여 전기화학 작용에 의한 부식을 최소화할 수 있다.

⑤ 복합구조재의 제작이 단순하고 비용이 절감된다.

### (2) 강화재

항공기 부품제작에 사용되는 복합재료에는 주로 섬유형태의 강화재가 사용되며 강화재에는 유리섬유, 탄소섬유, 아라미드섬유, 보론섬유, 세라믹섬유 등이 있다.

**[강화재의 종류]**

| 유리섬유 (흰색 천) | 이산화규소의 가는 가닥으로 만들어진 섬유로 내열성과 내화학성이 우수하고 값이 저렴하여 가장 많이 사용되고 있다. 기계적 강도가 낮아 2차 구조물에 사용된다. |
|---|---|
| 탄소섬유 (검은색 천) | 열팽창 계수가 작기 때문에 사용온도의 변동이 크더라도 치수 안정성이 우수하다. 강도와 강성이 날개와 동체 등과 같은 1차 구조부의 제작에 쓰인다. 취성이 크고 가격이 비싸다. |
| 아라미드 섬유 (노란색 천) | 케블라라고도 하며 가볍고 인장강도가 크며 유연성이 크다. 알루미늄 합금보다 인장강도가 4배 높으며, 밀도는 알루미늄 합금의 50%의 밀도로 높은 응력과 진동을 받는 항공기 부품에 가장 이상적이다. |
| 보론섬유 | 뛰어난 압축강도와 경도를 가지며 열팽창률이 크고 금속과의 점착성이 좋다. 작업할 때 위험성이 있고 값이 비싸기 때문에 일부 전투기에 사용된다. |
| 세라믹 섬유 | 1,200℃에 도달할 때까지 강도와 유연성을 유지하며 높은 온도의 적용이 요구되는 곳에 사용한다. |

## (3) 모재

강화재를 결합시키며 전단 하중이나 압축 하중을 담당하고, 습기가 화학물질로부터 강화재를
보호한다.

[모재의 종류]

| | |
|---|---|
| 유리 섬유 보강<br>플라스틱(FRP) | 항공기의 1차 구조재에 필요한 충분한 강도를 가지지 못하고, 취성이 강해 유리섬유와 함께 2차 구조재에 사용되었다. |
| 섬유 보강 금속(FRM) | 가볍고 인장강도가 큰 것을 요구할 때는 알루미늄, 티탄, 마그네슘과 같은 저밀도 금속을 사용하고, 내열성을 고려할 때는 철이나 구리계의 금속을 사용한다. |
| 섬유 보강 세라믹(FRC) | 내열합금도 견디지 못하는 1,000도 이상의 높은 온도에 내열성이 있다. |

## (4) 혼합 복합 소재

| | |
|---|---|
| 인트라플라이 혼합재 | 천을 생각하기 위해 2개 혹은 그 이상의 보강재를 함께 사용하는 방법이다. |
| 인터플라이 혼합재 | 두 겹 혹은 그 이상의 보강재를 사용하여 서로 겹겹이 덧붙이는 형태이다. |
| 선택적 배치 | 섬유를 큰 강도, 유연성, 비용 절감 등을 위해 선택적으로 배치하는 방법이다. |

**01** 항공기의 고속화에 따라 기체 재료가 알루미늄 합금에서 티타늄 합금으로 대체되고 있는데, 티타늄 합금과 비교한 알루미늄 합금의 어떠한 단점 때문인가?

① 너무 무겁다.
② 전기저항이 너무 크다.
③ 열에 강하지 못하다.
④ 공기와의 마찰로 마모가 심하다.

해설

알루미늄 합금의 경우 용융점이 660℃이기 때문에 열에 약하여 초고속 항공기의 경우 기체 주위의 공기에 의한 온도 상승 때문에 용융점이 높은 티탄(1,668℃)을 사용한다.

**02** 알루미늄 합금의 식별에는 미국의 알코아 회사에서 제조한 알루미늄 합금의 규격 표시가 사용되기도 한다. 규격의 표시 A – 50S가 나타내는 것은?

① ALCOA 회사의 알루미늄 재료로서 합금의 원소가 마그네슘이고, 가공용 알루미늄을 나타낸 것이다.
② ALCOA 회사의 알루미늄 재료로서 합금의 원소가 구리이고, 가공용 알루미늄을 나타낸 것이다.
③ ALCOA 회사의 알루미늄 재료로서 합금의 원소가 규소이고, 가공용 알루미늄을 나타낸 것이다.
④ ALCOA 회사의 알루미늄 재료로서 합금의 원소가 아연이고, 가공용 알루미늄을 나타낸 것이다.

해설

알코아 규격
• 2S: 상업용 순수 알루미늄
• 3S~9S: 망간
• 10S~29S: 구리
• 30S~49S: 규소
• 50S~69S: 마그네슘
• 70S~79S: 아연

**03** 합금조직 중 화학적으로 결합하여 성분 금속과 다른 성질을 가지는 것은?

① 공정              ② 공석
③ 고용체            ④ 금속 간 화합물

해설

금속 간 화합물은 친화력이 큰 성분의 금속이 화학적으로 결합하면 각 성분의 금속과는 현저하게 다른 성질을 가지는 독립된 화합물이다.

**04** 소성가공 중 용기(container)에 넣고 압력을 주어 봉재, 판재, 형재 등의 제품으로 가공하는 것을 무엇이라 하는가? (단, 날개보(spar)의 가공에 많이 이용된다.)

① 압출가공          ② 압연가공
③ 프레스가공        ④ 인발가공

해설

압출가공은 재료를 실린더 모양의 용기에 넣고 구멍을 통해 밀어내는 방법이며, 봉재, 관재, 형재 등을 가공할 수 있다.

✈ 정답  01. ③  02. ①  03. ④  04. ①

## 05 다음 중 강괴의 종류가 아닌 것은?

① 킬드강

② 세미킬드강

③ 림드강

④ 스테인리스강

**해설**

강괴의 종류
- 킬드강: 완전히 탈산한 강으로 강괴의 중앙 상부에 큰 수축관이 생긴다.
- 세미 킬드강: 킬드강과 림드강으로 중간 정도로 탈산한 강이다.
- 림드강: 탈산 및 기타 가스 처리가 불충분한 상태의 강으로 주형의 외벽으로 림을 형성한다.
- 캡드강: 림드강을 변형시킨 강으로 비등을 억제시켜 림 부분을 얇게 한 강이며, 탈산제로 Fe−Si, Ai, Fe−Mn 등이 쓰인다.

## 06 저 탄소강이란?

① 탄소가 0.10~0.30%를 함유한 탄소강을 말한다.

② 탄소가 0.30~0.60%를 함유한 탄소강을 말한다.

③ 탄소가 0.60~1.20%를 함유한 탄소강을 말한다.

④ 탄소가 1.20~5.00%를 함유한 탄소강을 말한다.

**해설**

저탄소강은 탄소를 0.10~0.30% 함유한 강으로서, 연강이라고도 한다. 저탄소강은 전성이 양호하여 절삭 가공성이 요구되는 구조용 볼트, 너트, 핀 등에 사용된다.

## 07 다음 중 철강의 5원소가 아닌 것은?

① C

② Si

③ Mn

④ AI

**해설**

철강의 5원소: 탄소(C), 규소(Si), 망간(Mn), 인(P), 황(S)

## 08 합금강의 식별표시에 있어서 몰리브덴강의 표시는?

① 1XXX

② 2XXX

③ 3XXX

④ 4XXX

**해설**

SAE 철강 재료 분류 방법

| 합금 번호 | 종류 |
| --- | --- |
| 1xxx | 탄소강 |
| 13xxx | 망간강 |
| 2xxx | 니켈강 |
| 23xxx | 니켈 3% 함유강 |
| 3xxx | 니켈−크롬강 |
| 4xxx | 몰리브덴강 |
| 41xxx | 크롬−몰리브덴강 |
| 43xxx | 니켈−크롬−몰리브덴강 |

## 09 탄소강에 첨가되는 원소 중 연신율을 감소시키지 않고 인장강도와 경도를 증가시키는 것은?

① 탄소

② 규소

③ 인

④ 망간

**해설**

망간(Mn)
- 강도와 고온 가공성을 증가시킨다.
- 연신율의 감소를 억제시킨다.
- 주조성과 담금질 효과를 향상시킨다.
- 황화망간(MnS)이 적열 메짐의 원인인 황화철(FeS) 생성을 방해한다.

**10** 금속재료의 인장시험에 대한 설명으로 옳은 것은?

① 재료시험편을 서서히 인장시켜 항복점, 인장강도, 연신율 등을 측정하는 시험이다.

② 재료시험편을 서서히 인장시켜 브리넬 인장, 로크웰경도 등을 측정하는 시험이다.

③ 재료시험편을 서서히 인장시켰을 때 탄성에 의한 비커스 경도, 쇼어 경도 등을 측정하는 시험이다.

④ 재료시험편을 서서히 인장시켜 충격에 의한 충격강도, 취성강도를 측정하는 것이다.

해설

인장시험은 응력과 변형률의 관계를 알아보는 가장 보편적인 시험으로 정해진 규격으로 만든 인장 시험편을 인장 시험기에 장착한 다음 잡아당기면 결과(항복점, 인장강도, 연신율 등)를 얻을 수 있는데, 이것을 재료의 응력-변형률 선도라 한다.

**11** 고장력강으로 니켈강에 크롬이 0.8~1.5% 함유된 것으로 강도를 요하는 봉재나 판재, 그리고 기계 동력을 전달하는 축, 기어, 캠, 피스톤 등에 널리 사용되는 것은?

① 니켈강

② 니켈-크롬강

③ 크롬강

④ 니켈-크롬-몰리브덴강

해설

니켈-크롬강: 니켈강에 크롬이 0.8~1.5% 함유된 것으로 적당한 열처리에 의하여 경도와 강도 및 인성을 높일 수 있으며, 강도를 요하는 봉재나 판재, 기계 동력을 전달하는 축, 기어, 캠, 피스톤 등에 사용된다.

**12** 일반적인 항공기 구조에서 알루미늄 합금이나 복합 소재를 사용하지 않는 곳은?

① 랜딩기어      ② 프레임

③ 스트링거      ④ 동체 스킨

해설

랜딩기어에 사용하는 것은 고장력강으로 알루미늄 합금이 아닌 보통 니켈-크롬-몰리브덴강을 사용한다.

**13** 다음과 같은 특징을 갖는 강은?

- 크롬 몰리브덴강
- 0.30%의 탄소를 함유
- 용접성을 향상시킨 강

① AA 1100      ② SAE 4130

③ AA 5052      ④ SAE 4340

해설

- SAE XXXX
  - 첫째 자리의 수: 강의 종류를 나타낸다.
  - 둘째 자리의 수: 합금 원소의 함유량을 나타낸다.
  - 나머지 두 자리의 숫자: 탄소의 평균 함유량을 나타낸다.
- 합금강의 분류

  1xxx: 탄소강, 2xxx: 니켈강, 3xxx: 니켈-크롬강, 4xxx: 몰리브덴강, 5xxx: 크롬강, 6xxx: 크롬-바나듐강, 8xxx: 니켈-크롬-몰리브덴강

**14** 비파괴검사 중 큰 하중을 받는 알루미늄 합금 구조물의 내부를 검사하는 데 가장 적절한 것은?

① 자기검사

② 형광침투검사

③ 색채침투검사

④ 방사선투과검사

✈ **정답** 10. ① 11. ② 12. ① 13. ② 14. ④

방사선투과검사(radiograph inspection)는 기체 구조부에 쉽게 접근할 수 없는 곳이나 큰 하중을 받는 구조물의 결함 가능성이 있는 부분에 검사한다. 검사 비용이 많이 들고, 방사선의 위험성이 있고, 제품의 형태가 복잡한 경우 검사가 어렵다.

**15** 항공기 재료로 사용되는 주조용 알루미늄 합금에서 주조의 의미를 옳게 설명한 것은?

① 알루미늄 합금을 두들기거나 눌러서 원하는 형상을 만드는 것
② 알루미늄 합금을 녹여 거푸집에 부어 원하는 형상을 만드는 것
③ 일정한 모양의 구멍으로 알루미늄 합금을 눌러 짜서 뽑아내어 길이가 긴 제품을 만드는 것
④ 회전하는 롤 사이에 가열한 알루미늄 합금을 넣어 일정한 모양으로 만드는 것

거푸집은 금속을 녹여 어떤 물건을 만들기 위한 틀이다. 항공기 재료인 알루미늄 합금을 녹여 거푸집에 부어 원하는 형상을 만드는 것을 주조라고 한다.

**16** ALCOA 규격의 2S는 주 합금 원소가 무엇인가?

① 망간(Mn)        ② 구리(Cu)
③ 순수 알루미늄    ④ 규소(Si)

알코아 규격
• 2S: 상업용 순수 알루미늄
• 3S~9S: 망간
• 10S~29S: 구리
• 30S~49S: 규소
• 50S~69S: 마그네슘
• 70S~79S: 아연

**17** 알루미늄의 성질을 잘못 설명한 것은 어느 것인가?

① 바닷물에 침식되지 않는다.
② 표면에 산화 피막을 만든다.
③ 전기 및 열의 전도가 양호하다.
④ 암모니아에 대하여 내식성이 크다.

금속의 경우 바닷물과의 화학작용으로 부식 및 침식이 일어난다.

**18** 안전 결선용 와이어, 부싱, 나사, 로드, 코터 핀 및 케이블 등 항공 요소에 쓰이는 철강 재료로 가장 올바른 것은?

① 순철        ② 탄소강
③ 특수강      ④ 주철

탄소강은 생산성, 경제성, 기계적 성질, 가공성 등이 우수하기 때문에 강 중에서 사용량이 매우 많지만, 비강도 면에서 불리하기 때문에 항공기 기체 구조 재료로는 거의 쓰이지 않고, 안전 결선용 와이어, 부싱, 나사, 로드, 코터 핀 및 케이블 등에 일부 쓰이고 있다.

**19** 경질 공구용 합금 중 WC, Tic, Tac 등의 금속 탄화물을 Co로 소결한 비철 합금으로서 소결 탄화물 공구라고도 불리는 재료는?

① 고속도강        ② 스테인리스강
③ 스텔라이트      ④ 소결 초경합금

소결 초경합금은 경질 공구용 합금 중 WC, Tic, Tac 등의 금속 탄화물 Co로 소결한 비철 합금으로서 소결 탄화물 공구라고도 한다. 소결은 고체의 가루를 틀 속에 넣고 프레스로 석낭히 눌러 단단하게 민든 다음 그 물질의 녹는점에 가까운 온도로 가열했을 때, 가루가 서로 접한 면에서 접합이 이루어지거나 일부가 증착하여 서로 연결되어 한 덩어리로 되는 것을 말한다.

**20** 중량비로 볼 때 항공기 기체 구조재로써 가장 많이 사용되는 금속은?

① 플라스틱  ② 철강재료
③ 알루미늄 합금  ④ 티탄합금

**해설**

알루미늄은 지구상에서 규소 다음으로 매장량이 많은 원소이며, 항공기 기체 구조재의 70% 이상을 차지한다.

**21** 다음 중 미국 알루미늄 협회에서 사용하는 규격 표시는?

① AISI 규격  ② SAE 규격
③ AA 규격  ④ MIL 규격

**해설**

• SAE: 미국자동차공학규격
• AA: 미국알루미늄협회규격
• AISI: 미국철강협회규격
• MIL: 미국육군표준규격
• ASTM: 미국재료시험협회규격

**22** 2017T보다 강한 강도를 요구하는 항공기 주요 구조용으로 사용되고 열처리 후 냉장고에 보관하여 사용하며, 상온에 노출 후 10분에서 20분 이내에 사용하여야 하는 리벳은?

① A17ST(2117)−AD
② 17ST(2017)−D
③ 24ST(2024)−DD
④ 2S(1100)−A

**해설**

AA 2024: 구리 4.4%와 마그네슘 1.5%를 첨가한 합금으로 초두랄루민이라 하며, 대형 항공기의 날개 밑면의 외피나 여압을 받는 동체 외피 등에 사용된다(상온에서 10~20분 이내에 작업).

**23** 다음 중 미국규격협회(ASTM)에서 정한 성질별 기호 중 "O"는 무엇을 나타내는가?

① 가공 경화한 것
② 풀림 처리한 것
③ 주조한 그대로의 상태인 것
④ 담금질 후 시효경화가 진행 중인 것

**해설**

알루미늄 특성 기호
• F: 제조 상태 그대로인 것
• O: 풀림 처리한 것
• H: 냉간 가공한 것
• W: 용체화 처리 후 자연 시효한 것
• T: 열처리한 것

**24** 금속의 비중이 가벼운 것부터 순서대로 나열되어 있는 것은?

① Al < Ti < Mg < 스테인리스강
② Mg < Al < Ti < 스테인리스강
③ Mg < 스테인리스강 < Ti < Al
④ Al < Mg < Ti < 스테인리스강

**해설**

• 마그네슘 비중: 1.5~2.0
• 알루미늄 비중: 2.7
• 티탄 비중: 5.54
• 스테인리스강: 6.0 이상

**25** 기체 손상의 유형 중 긁힘(scratch)에 대한 설명으로 틀린 것은?

① 손상 깊이를 가진다.
② 손상 길이를 가진다.
③ 날카로운 물체와 접촉되어 발생한다.
④ 단면적의 변화에는 영향을 주지 않는다.

손상의 종류

- scratch(긁힘): 얕게 긁혀진 손상
- crack(균열): 두 부분으로 갈라진 형상
- dent(패임): 둥근 원기둥 모양의 패임
- corrosion(부식): 부식 생성물
- nick(찍힘): 부분적인 가장자리 파임
- score(스코어): 긁힘보다 깊은 파임
- stain(스테인): 부분적인 색깔 변형
- distorsion(비틀림): 일그러진 형태

**26** 알루미늄이나 아연 같은 금속을 특수분무기에 넣어 방식 처리해야 할 부품에 용해 부착시키는 방법을 무엇이라 하는가?

① 양극처리(anodizing)

② 메탈라이징(metallzing)

③ 도금(plating)

④ 본데라이징(bonderizing)

금속 침투법(metallic cementation)은 강재를 가열하여 그 표면에 아연, 크롬, 알루미늄, 규소, 붕소 등과 같은 피금속을 특수분무기에 넣어 용해 부착시키는 동시에 합금 피복층을 형성시키는 처리법이다.

**27** 서로 밀착한 부품 간에 계속하여 아주 작은 진동이 일어날 경우, 그 표면에 생기는 부식을 무엇이라 하는가?

① 표면 부식(surface corrosion)

② 이질 금속 간의 부식(galvanic corrosion)

③ 입자 간 부식(intergranular corrosion)

④ 프레팅 부식(fretting corrosion)

찰과 부식(fretting corrosion)은 밀착된 구성품 사이에 작은 진폭의 상대 운동이 일어날 때 발생하는 제한적인 형태의 부식으로, 금속 표면에 있는 보호 피막을 파괴하고, 작은 금속 입자를 제거한다.

**28** 비금속 재료인 플라스틱 가운데 투명도가 가장 높아서 항공기용 창문 유리, 객실 내부의 전등 덮개 등에 사용되며, 일명 플렉시 글라스라고도 하는 것은?

① 네오프렌

② 폴리메틸메타크릴레이트

③ 폴리염화비닐

④ 에폭시수지

비금속 재료인 플라스틱에는 열경화성 수지와 열가소성 수지가 있다. 그중 폴리메타크릴산메틸(PMMA, polymethyl methacry)은 플라스틱 중 가장 투명도가 좋아 플렉시글라스(plexiglas)라고 한다. 이는 비중이 작고 강하며 광학적 성질이 우수하고 가공이 쉽지만, 열에 약하고 유기 용제에 녹는 단점을 갖고 있다. 사용처로는 항공기용 창문 유리, 객실 내부 안내판 및 전등 덮개 등에 사용된다.

**29** 합성고무 중 우수한 안정성을 가져 내열성이 요구되는 부분의 밀폐제 등으로 사용되는 것은?

① 부틸                    ② 부나

③ 네오프렌              ④ 실리콘 고무

실리콘 고무(silicone): 내열성과 내한성이 우수하여 사용 온도 범위가 매우 넓으며, 기후에 대한 저항성과 전기 절연 특성이 매우 우수하다. 출입문, 창틀의 충진재, 밀폐제로 사용한다.

정답  26. ②  27. ④  28. ②  29. ④

**30** 항공기에 사용되는 복합재료인 FRP와 FRM의 특성을 비교한 것 중 틀린 것은?

① 피로 강도가 모두 뛰어나다.

② 비강도와 비강성이 모두 높다.

③ 내열 강도는 FRP가 높고, FRM은 낮다.

④ 층 간의 선당 강도는 FRP가 낮고, FRM은 높다.

**해설**

- 섬유 강화 플라스틱(FRP: Fiber Reinforced Plastic): 항공기의 1차 구조재에 필요한 충분한 경도와 강도를 가지지 못하지만, 강도비가 크고, 내식성, 전파 투과성이 좋고, 진동에 따른 감쇠성이 크고, 취성이 강해 유리섬유와 함께 2차 구조재나 1차 구조의 적층재 및 샌드위치 구조재로 사용된다.
- 섬유 보강 금속(FRM): 가볍고 인장강도가 큰 것을 요구할 때는 알루미늄, 티탄, 마그네슘과 같은 저밀도 금속을 사용하고, 내열성을 고려할 때는 철이나 구리계의 금속을 사용하여 열에 강한 특성을 갖는다.

# CHAPTER 03

# 기체 구조의 강도

## 1 비행 상태와 하중

### (1) 비행 중 기체에 작용하는 하중

인장 하중, 압축 하중, 굽힘 하중, 전단 하중, 비틀림 하중

| | |
|---|---|
| 인장력<br>(Tension Force) | |
| 압축력<br>(Compression Force) | |
| 전단력<br>(Shear Force) | |
| 비틀림력<br>(Torsion Force) | |
| 굽힘력<br>(Bending Force) | |

## (2) 하중배수와 속도-하중배수 선도

① **하중배수:** 현재의 하중이 기본 하중의 몇 배 정도 되는지를 나타내며, 항공기의 수평 비행 시 발생하는 양력의 몇 배가 되는지를 정하는 수치를 말한다.

가) 하중배수 공식

| 급상승 시 하중배수 | $n = \dfrac{V^2}{V_S^2}$, $V$: 속도, $V_S$: 실속속도 |
|---|---|
| 선회비행 시 하중배수 | $n = \dfrac{1}{\cos\theta}$, $\theta$: 선회비행 시 경사각 |
| 돌풍 시 하중배수 | $n = 1 + \dfrac{KUVm\rho}{2\dfrac{W}{S}}$, $KU$: 유효돌풍속도, $m$: 양력곡선의 기울기 |

② **제한 하중배수**

| 감항류별 | 제한 하중배수 | 제한운동 |
|---|---|---|
| A류(acrobatic) | 6 | 곡예비행에 적합 |
| U류(utility) | 4.4 | 제한된 곡예비행 가능 |
| N류(normal) | 2.25~3.8 | 곡예비행 불가 |
| T류(transport) | 2.5 | 수송기의 운동 가능 |

③ **속도-하중배수 선도**

가) 설계 급강하 속도(VD): 구조 강도의 안정성과 조종면에서 안전을 보장하는 설계상의 최대 허용 속도이다.

나) 설계 순항 속도(VC): 순항성능이 가장 효율적으로 얻어지도록 정한 설계 속도이다.

다) 설계 운용 속도(VA): 항공기가 어떤 속도로 수평비행을 하다가 갑자기 조종간을 당겨 최대 양력 계수의 상태로 될 때, 큰 날개에 작용하는 하중배수가 그 항공기의 설계 제한 하중배수와 같게 되었을 때의 속도이다. 설계 운용 속도 이하에서는 항공기가 어떤 조작을 해도 구조상 안전하다는 것이다.

라) 설계 돌풍 운용 속도: 어떤 속도로 수평비행 시 수직 돌풍속도를 받았을 때 하중배수가 설계 제한 하중배수와 같아질 때의 수평 비행속도를 말한다.

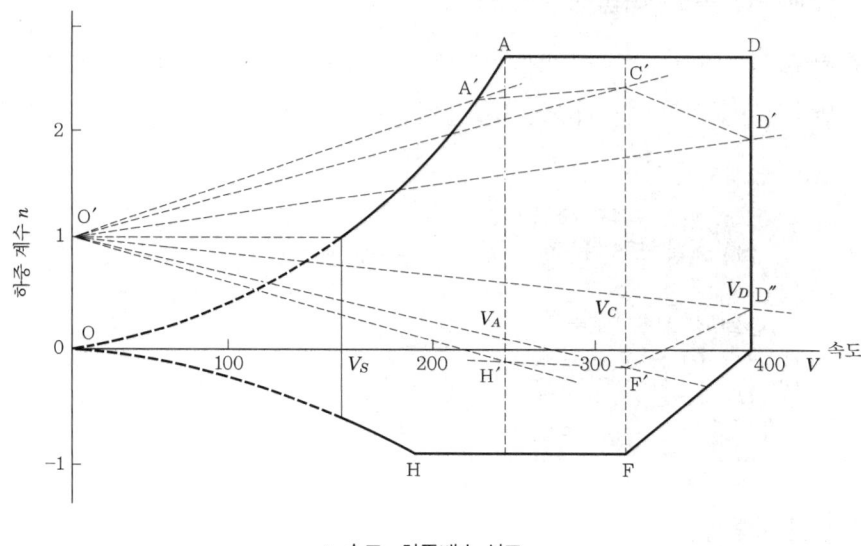

▲ 속도-하중배수 선도

## (3) 힘과 모멘트

① **힘:** 물체에 작용하여 그 물체의 형태와 운동상태를 바꾸려는 것을 힘이라 한다.

　가) 벡터: 크기, 방향 및 작용점을 가진다.

　나) 스칼라: 크기만 가진다.

② **모멘트(Moment):** 힘이 물체에 작용하게 되면 그 물체는 힘에 의하여 운동하려고 하며, 또 이 힘에 의해 물체가 어떤 점이나 축에 대해 회전하려는 힘, 회전이 얼마나 크게 이루어지는가 하는 정도, 힘의 회전 능률을 말한다.

③ **짝힘:** 크기가 같고 방향이 반대인 두 힘이 서로 평행한 선상에 작용하는 두 힘을 말한다.

④ **보의 지지점과 반력**

| 롤러 지지점 (roller support) | 수평 방향으로는 자유롭게 움직일 수 있으나, 수직 방향으로는 구속되어 있으므로 수직 반력만 생긴다. |
|---|---|
| 힌지 지지점 (hinge support) | 수직 및 수평 방향으로 구속되어 있어 2개의 반력이 생긴다. |
| 고정 지지점 (fixed support) | 수직 및 수평 반력과 동시에 저항 회전 모멘트 등 3개의 반력이 생긴다. |

⑤ 보의 종류

　가) 단순보: 일단이 부등한 힌지 위에 지지가 되어 있고, 타단이 가동 힌지점 위에 지지가
　　되어 있는 보이다.

　나) 외팔보: 일단은 고정되어 있고 타단이 자유로운 보이다.

　다) 돌출보: 일단이 부동 힌지점 위에 지지가 되어 있고 보의 중앙 근방에 가동 힌지점이
　　지지가 되어, 보의 한 지점이 지점 밖으로 돌출된 보이다.

　라) 고정 지지보: 일단이 고정되어 타단이 가동 힌지점 위에 지지된 보이다.

　마) 양단 지지보: 양단이 고정된 보이다.

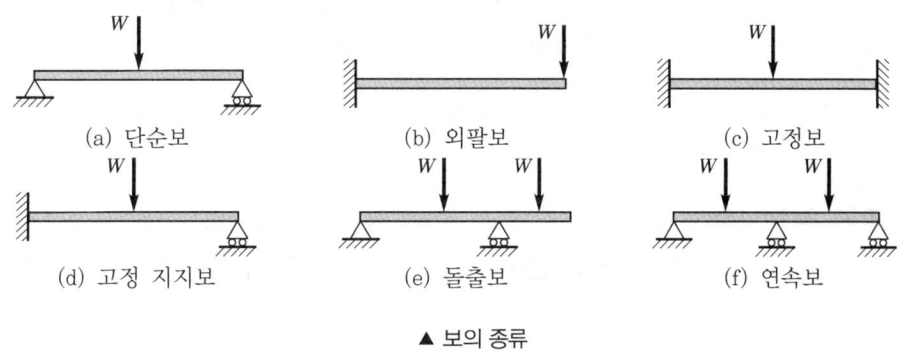

▲ 보의 종류

⑥ **평형 방정식:** 외력을 받은 구조물이 그 지지점에서 반력이 생겨 평형을 유지한다면, 계에
작용하는 모든 외력과 반력의 총합은 0이 되어야 하고, 모멘트의 합도 0이 되어야 한다.

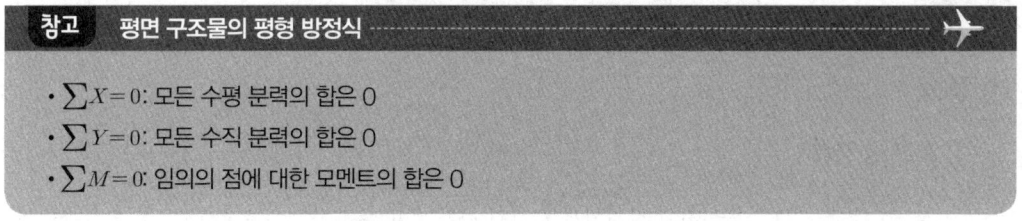

참고　평면 구조물의 평형 방정식

- $\sum X = 0$: 모든 수평 분력의 합은 0
- $\sum Y = 0$: 모든 수직 분력의 합은 0
- $\sum M = 0$: 임의의 점에 대한 모멘트의 합은 0

## (4) 무게와 평형

① **유효 하중:** 승무원, 승객, 화물, 무장계통, 연료, 윤활유 등의 무게를 포함한 것으로 최대
총무게에서 자기 무게를 뺀 것을 말한다.

② **기본 빈 무게(기본 자기 무게)**

　가) 승무원, 승객 등의 유용 하중, 사용 가능한 연료, 배출 가능한 윤활유의 무게를 포함하지
　　않는 상태에서의 항공기 무게이다.

나) 기본 빈 무게에는 사용 불가능한 연료, 배출 불가능한 윤활유, 엔진 내 냉각액의 전부, 유압계통의 무게도 포함한다.

③ **운항 빈 무게(운항 자기 무게)**: 기본 빈 무게에서 운항에 필요한 승무원, 장비품, 식료품을 포함한 무게이다. 승객, 화물, 연료 및 윤활유를 포함하지 않는 무게이다.

④ **최대 무게**: 항공기에 인가된 최대 무게이다.

⑤ **영 연료 무게**: 연료를 제외하고 적재된 항공기의 최대 무게이다.

⑥ **테어 무게**: 항공기 무게를 측정할 때 사용하는 잭, 블록, 촉과 같은 부수적인 품목의 무게를 말한다.

⑦ **설계 단위 무게**: 항공기 탑재물에 대한 무게를 정하는 데 기준이 되는 설계상의 무게이다.

　가) 남자 승객: 75kg(165lb), 여자 승객: 65kg(143lb)

　나) 가솔린: 1리터당 0.7kg, JP-4 1리터당: 0.767kg

　다) 윤활유의 무게 1리터당 0.9kg

⑧ **평균 공력 시위**: 항공기 날개의 공기역학적인 특성을 대표하는 시위로서 항공기의 무게중심은 평균 공력 시위상의 위치로 나타내며, 무게중심을 표시하는 방법은 % MAC로 표시한다.

## 2 구조 부재의 응력과 변형률

### (1) 하중

#### ① 하중의 종류

| 정하중 | 정지 상태에서 서서히 가해져 변하지 않는 하중, 사하중이라고 불리며, 천천히 가해지고 천천히 제거되는 하중도 포함한다. |
|---|---|
| 동하중 | 하중의 크기가 수시로 변하는 하중으로 활하중이라고 한다. |

가) 동하중의 종류

| 충격 하중 | 물체에 외력이 순간적으로 작용하는 하중이다. |
|---|---|
| 교번 하중 | 하중의 크기와 방향이 변화하는 압축력과 인장력이 연속적으로 작용하는 하중이다. |
| 반복 하중 | 크기와 방향이 같은 하중이 일정하게 되풀이되는 하중이다. |

나) 작용방식에 따른 하중의 종류

| 비틀림 하중 | 축 중심에서 떨어져 작용하며, 축의 주위에 모멘트를 일으키고 재료의 단면에 상반된 작용으로 비틀림 현상의 하중이다. |
|---|---|
| 휨하중 | 재료의 축에 대해 각도를 이뤄 작용하여 굽힘 현상을 일으키는 하중이다. |
| 전단 하중 | 물체 면에 평행으로 전단 작용을 하는 하중이다. |
| 축하중 | 분포 하중에는 합력의 작용선이 축선에 일치하고, 집중 하중에는 작용선이 축선에 일치하는 하중으로 인장 하중과 압축 하중이 있다. |

② **응력과 변형률**

가) 응력: 물체에 외력이 작용하면 내부에서는 저항하려는 힘, 즉 내력이 생기는 데 단위 면적당 내력의 크기를 응력이라 한다.($\sigma = \dfrac{W}{A}$, $\sigma$: 인장응력, $W$: 인장력, $A$: 단면적)

나) 변형률: 변형 전의 치수에 대한 변형량의 비, 즉 늘어난 길이와 원래 길이와의 비를 변형률이라 한다.($\epsilon = \dfrac{\delta}{L}$, $\delta$: 변형된 길이, $L$: 원래의 길이)

③ **응력－변형률 곡선**

가) A(탄성한계): 비례한도라 하고, 이 범위 안에서는 응력이 제거되면 변형률이 제거되어 원래의 상태로 돌아간다.

나) B(항복점): 응력이 증가하지 않아도 변형이 저절로 증가되는 점이다. 이때의 응력을 항복 응력이라 한다.

다) C(항복영역): 항복점과 극한강도 사이의 임의의 점으로, 이점까지 하중을 가한 상태에서 하중을 제거하면 그림과 같이 OD의 영구 변형이 남게 되고, 재료의 영구 변형이 생기는 현상을 소성이라 한다.

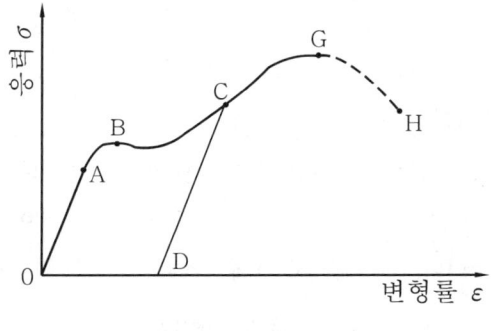

▲ 응력－변형률 곡선

# 3 강도와 안정성

## (1) 강도와 안정성

### ① 크리프와 피로

가) 크리프: 일정한 응력을 받는 재료가 일정한 온도에서 시간이 경과함에 따라 하중이 일정하더라도 변형률이 변화하는 현상을 말한다.

나) 피로: 반복 하중에 의하여 재료의 저항력이 감소하는 현상을 말한다.

> **참고** 피로 파괴
>
> 반복 하중을 받는 구조는 정하중에서의 재료의 극한강도보다 훨씬 낮은 응력에서 파단되는데, 이를 피로 파괴라 한다.

## (2) 기둥의 좌굴

### ① 세장비: 기둥의 좌굴은 기둥의 길이를 단면의 회전 반지름으로 나눈 비로, 이를 세장비라 한다.

가) 세장비($\lambda$): $\dfrac{L}{R}$ ($L$: 기둥의 길이, $R$: 최소 단면 회전 반지름 ($\sqrt{\dfrac{d^2}{16}}$))

### ② 임계 하중: 재료의 내부에서 좌굴이 발생하는 순간의 하중을 임계 하중 또는 좌굴 하중이라 한다.

## (3) 안전여유

### ① 설계 하중과 안전여유

가) 설계 하중: 항공기는 한계 하중보다 큰 하중을 받지는 않으나 기체의 강도는 한계 하중보다 좀 더 높은 하중에서 견딜 수 있도록 설계해야 하는데, 이를 설계 하중 또는 극한 하중이라 한다. 일반적으로 기체 구조의 설계 시 안전계수는 1.5이다.

설계 하중=한계 하중×안전계수

나) 응력집중: 작은 구멍, 홈, 키, 필릿, 노치 등과 같이 변화하는 단면의 주위에서 국부적으로 큰 응력이 생기는 것을 응력집중이라 한다.

다) 안전여유: 구조부재가 받을 수 있는 최대 하중(허용 하중)과 실제 발생하는 최대 하중(실제 하중)을 나타내어 설계 시 반드시 고려해야 한다.

$$\text{안전여유}(MS) = \frac{\text{허용 하중(허용 응력)}}{\text{실제 하중(실제 응력)}}$$

## (4) 구조시험

① **정하중 시험:** 비행 중 가장 심한 하중, 즉 극한 하중의 조건에서 기체의 구조가 충분한 강도와 강성을 가지고 있는지 시험하는 것으로 파괴시험도 포함된다.

　　가) 강성시험: 한계 하중보다 낮은 하중 상태에서 기체 각 부분의 강성을 측정한다. 하중을 제거하면 원래 상태로 돌아온다.

　　나) 한계 하중 시험: 위험을 초래하는 잔류 변형이 발생할 수 있으므로 확인해야 한다.

　　다) 극한 하중 시험

　　라) 파괴시험: 이론적으로는 예측하기 어려운 많은 자료를 얻을 수 있고, 기체 구조가 안전계수에 의해 설계, 제작되었기 때문에 파괴시험 하중은 대단히 높은 값을 가진다. 파괴시험을 하기 전까지의 응력 및 변형을 확실히 확인하면서 시험을 진행해야 한다.

② **낙하시험:** 실제의 착륙상태 또는 그 이상의 조건에서 착륙장치의 완충 능력 및 하중 전달 구조물의 강도를 확인하기 위하여 하는 시험이다. 착륙장치의 시험에는 자유낙하시험, 여유 에너지 흡수 낙하시험, 작동시험 등이 있다.

③ **피로시험:** 부분 구조의 피로시험과 전체 구조의 피로시험으로 나눈다. 기체 구조 전체의 피로시험은 기체 구조의 안정수명을 결정하기 위한 것이 주목적이며, 부수적으로 2차 구조의 손상 여부를 검토하기 위한 시험을 한다.

④ **지상 진동시험:** 기체의 구조는 정하중을 받을 때 뿐만 아니라 동하중을 받게 되는 경우에도 구조 강도가 보장되어야 한다. 동하중의 경우 정하중과 달리 심한 진동을 받게 됨으로 공진현상이 일어날 수 있고 기체 구조의 공진현상에 대해 기체 일부 또는 기체 구조 전체에 가진기로 인위적인 진동을 주어 구조의 고유 진동 수, 진폭 등을 조사하고 이를 측정하는 시험을 지상 진동시험이라 한다.

**01** 다음 중 항공기 구조부에 작용하는 내부 하중으로 가장 올바른 것은 어느 것인가?

① 압축, 전단, 비틀림, 인장
② 압축, 전단, 비틀림, 인장, 굽힘
③ 압축, 항력, 비틀림, 굽힘
④ 양력, 추력, 항력, 중력

**해설**

항공기의 내부 하중: 압축, 전단, 비틀림, 인장, 굽힘

**02** 비행 중 항공기 동체에 걸리는 응력에 대한 설명으로 맞는 것은 어느 것인가?

① 윗면에는 인장 응력이 작용하고, 아랫면에는 압축 응력이 작용한다.
② 윗면에는 압축 응력이 작용하고, 아랫면에는 인장 응력이 작용한다.
③ 윗면, 아랫면에 모두 압축 응력이 작용한다.
④ 윗면, 아랫면에 모두 인장 응력이 작용한다.

**해설**

비행 중 날개는 양력에 의해 위로 올라가게 되고, 동체는 중력에 의해 아래로 처지게 된다. 그러므로 날개의 윗면은 압축 응력, 아랫면은 인장 응력, 동체의 윗면은 인장 응력, 아랫면은 압축 응력이 작용하게 된다.

**03** 물체의 외력이 작용하면 내력이 발생하는데, 내력을 단위 면적당의 크기로 표시한 것은?

① 응력          ② 하중
③ 변형          ④ 탄성

**해설**

응력: 외력이 작용하면 내력이 발생하는데, 내력을 단위 면적당 크기로 표시한 것이다.

**04** 비행 중 양력으로 인하여 날개에 굽힘(bending) 응력이 발생할 때, 날개 하면에 작용하는 응력은?

① 인장 응력
② 압축 응력
③ 전단 응력
④ 비틀림 응력

**해설**

양력으로 인해 날개는 위로 구부러지기 때문에 위쪽은 압축, 아래쪽은 인장 응력을 받는다.

**05** 그림과 같이 고정시켜 놓은 가운데 봉을 양쪽으로 당겼을 때 봉에 발생하는 하중의 형태로 옳은 것은?

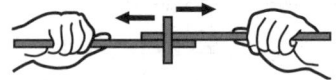

① 인장          ② 압축
③ 전단          ④ 비틀림

**해설**

전단 응력: 물체에 서로 평행이고 반대 방향인 힘이 작용해, 어떤 면을 경계로 한쪽 부분과 다른 쪽 부분이 서로 미끄러지듯 움직이는 작용하여 끊어지려는 현상이다.

**✈정답** 01. ②  02. ①  03. ①  04. ①  05. ③

**06** 비행 중 항공기의 날개(wing)에 걸리는 응력에 관해서 가장 올바르게 설명한 것은?

① 윗면에서는 인장 응력이 생기고, 아랫면에는 압축 응력이 생긴다.

② 윗면에서는 압축 응력이 생기고, 아랫면에는 인장 응력이 생긴다.

③ 윗면과 아랫면 모두 다 압축 응력이 생긴다.

④ 윗면과 아랫면 모두 다 인장 응력이 생긴다.

[해설]

2번 문제 해설 참고

**07** 항공기 날개 구조부에서 외피에 작용하는 하중은?

① 인장하중　　② 압축하중

③ 전단하중　　④ 비틀림하중

[해설]

외피(skin): 날개의 외형을 형성하는 데 앞 날개보와 뒷 날개보 사이의 외피는 날개 구조상 응력이 발생하기 때문에 응력외피라 하며 높은 강도가 요구된다. 비틀림이나 축력의 증가분을 전단 흐름의 형태로 변환하여 담당한다.

**08** 응력외피형 구조 날개에 작용하는 하중에서 비틀림 모멘트를 담당하는 구조 부재는?

① 스파　　　② 외피

③ 리브　　　④ 스트링거

[해설]

7번 문제 해설 참고

**09** 구조 전체에 작용하는 중력, 자기력 및 관성력과 같은 하중을 무엇이라 하는가?

① 표면하중　　② 분포하중

③ 집중하중　　④ 체적하중

[해설]

구조하중

• 표면하중: 집중하중, 분포하중

• 물체하중(체적하중): 중력, 자기력, 관성력

• 정하중: 일정한 크기로 지속적으로 작용

• 동하중: 시간에 따라 크기가 변화(반복하중, 충격하중, 교번하중)

**10** 다음 중 기체가 동하중(dynamic load)을 받는 경우가 아닌 것은?

① 돌풍하중

② 착륙 시 충격

③ 비행 중 갑작스러운 조작

④ 지상하중

[해설]

지상하중은 일정한 크기로 지속적으로 작용하는 정하중에 가깝다.

**11** 다음 중 기체 강도 설계 시 설계하중(design load)을 고려하는 이유가 아닌 것은?

① 재료의 기계적 성질 등이 실제 값과 약간씩 차이가 있다.

② 재료가공 및 검사방법 등에 따라 측정한 치수에 항상 오차가 있기 때문이다.

③ 항공역학 및 구조역학 등의 이론적 계산에서 많은 가정이 있다.

④ 기체의 강도는 한계하중보다 좀 더 낮은 하중에서 견딜 수 있도록 설계되기 때문이다.

[해설]

설계하중: 기체 강도를 한계하중보다 높은 하중에서 견디도록 설계하며, 기체 구조의 설계에서 안전계수는 1.5이다.

※ 설계하중=한계하중×안전계수

✈ **정답**　06. ②　07. ③　08. ②　09. ④　10. ④　11. ④

**12** 그림과 같은 일반적인 항공기 $V-n$ 선도에서 최대 속도는?

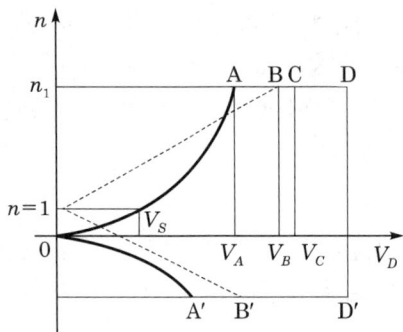

① 실속속도　　　　② 설계급강하속도
③ 설계운용속도　　④ 설계돌풍운용속도

속도-하중배수($V-n$) 선도
- 설계운용속도($V_A$): 설계운용속도로 플랩 올림 상태에서 설계 무게에 대한 실속속도로 정한다.
- 설계순항속도($V_C$): 순항 성능이 가장 효율적으로 얻어지도록 정한 설계 속도이다.
- 설계급강하속도($V_D$): 선도에서 최대 속도를 나타낸다.

**13** $V-n$ 선도에 대하여 옳게 설명한 것은?

① 양력을 항공기 속도에 대해 그래프로 나타낸 것
② 하중배수를 항공기 속도에 대해 그래프로 나타낸 것
③ 항공기의 수직속도를 수평속도에 대해 그래프로 나타낸 것
④ 등가대기속도를 항공기 속도에 대해 그래프로 나타낸 것

$V-n$ 선도는 하중배수를 항공기 속도에 대해 그래프로 나타낸 것이다.

**14** 실속속도 100mph인 비행기의 설계제한 하중배수가 4일 때, 이 비행기의 설계운용속도는 몇 mph인가?

① 100　　　　② 150
③ 200　　　　④ 400

설계운용속도($V_A$)는 설계운용속도로 플랩 올림 상태에서 설계 무게에 대한 실속속도로 정한다.
$$V_A = \sqrt{n_1}\, V_S = \sqrt{4} \times 100 = 200\,mph$$

**15** 강(AISI 4340)으로 된 봉의 바깥지름이 1cm이다. 인장하중 10t이 작용할 때, 이 봉의 인장강도에 대한 안전여유는 얼마인가? (단, AISI 4340의 인장강도 $\sigma_T$=18,000kg/cm²이다.)

① 0.16　　　　② 0.37
③ 0.41　　　　④ 0.72

$$인장응력 = \frac{P}{A} = \frac{10,000}{\frac{\pi}{4}1^2} = 12,738$$

$$안전여유 = \frac{허용\ 하중(또는\ 허용\ 응력)}{실제\ 하중(또는\ 실제\ 응력)} - 1$$
$$= \frac{18,000}{12,738} - 1 = 0.413 \fallingdotseq 0.41$$

**16** 그림과 같이 경사각 θ=60°로서 정상선회의 비행을 하는 비행기의 날개에 걸리는 하중배수 n은 얼마인가?

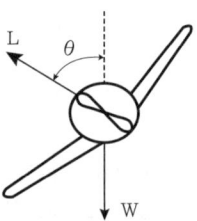

① 0.5　　　　② 1
③ 2　　　　④ 4

**해설**

정상선회 시 하중배수는

$$n = \frac{1}{\cos\theta} = \frac{1}{\cos 60} = 2$$

**17** 힘(force)은 크기, 방향, 작용점의 세 가지 요소를 가진다. 이와 같은 세 가지 요소를 가지는 물리량은?

① 모멘트(moment)

② 벡터(vector)

③ 스칼라(scalar)

④ 강도(strength)

**해설**

• 벡터: 크기, 방향, 작용점의 세 가지 요소를 가지고 있는 물리량

• 스칼라: 크기만을 갖는 물리량

**18** 그림과 같은 보를 무엇이라 하는가?

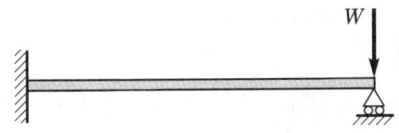

① 단순보          ② 고정 지지보

③ 고정보          ④ 돌출보

**해설**

• 단순보(simple beam)의 왼쪽 끝은 힌지 지지점이고, 오른쪽 끝은 롤러 지지점이다.

• 고정 지지보(propped cantilever)는 지지외팔보라 하며, 왼쪽 끝은 고정 지지점이고, 오른쪽 끝은 롤러 지지점이다.

• 고정보(fixed beam)의 왼쪽 끝과 오른쪽 끝은 고정 지지점이다.

• 돌출보(overhang beam)의 왼쪽 끝은 힌지 지지점이고, 힌지 지지점 넘어 롤러 지지점이 있어 보가 돌출되어 있다.

**19** 다음 보 중에서 부정정보는?

① 연속보

② 단순 지지보

③ 내다지보

④ 외팔보

**해설**

보에는 정정보와 부정정보로 나뉜다. 정정보에는 외팔보, 내다지보, 돌출보, 단순보 등이 있고, 부정정보에는 연속보, 고정보, 고정 지지보 등이 있다.

**20** 항공기의 무게와 평형에서 유효하중이란?

① 항공기에 인가된 최대무게이다.

② 항공기 내의 고정 위치에 실제로 장착되어 있는 하중이다.

③ 최대허용 총무게에서 자기 무게를 뺀 것을 의미한다.

④ 항공기의 무게중심을 말한다.

**해설**

유용하중(useful load)은 승무원, 승객, 화물, 무장계통, 연료, 윤활유 등의 무게를 포함한 것으로, 최대 총무게에서 자기 무게를 뺀 것을 말한다.

**21** 연료를 제외한 적재된 항공기의 최대 무게를 나타내는 것은?

① 최대 무게(maximum weight)

② 영 연료 무게(zero fuel weight)

③ 기본 자기 무게(basic empty weight)

④ 운항 빈 무게(operating empty weight)

**해설**

영 연료 무게는 연료를 제외하고 적재된 항공기의 최대 무게로서, 화물, 승객, 승무원 등의 무게 등을 포함한다.

✈ **정답**  17. ②  18. ②  19. ①  20. ③  21. ②

**22** 다음 중 크기와 방향이 변화하는 인장력과 압축력이 상호 연속적으로 반복되는 하중은?

① 정하중

② 충격하중

③ 반복하중

④ 교번하중

- 하중의 종류에는 정하중과 동하중으로 분류한다. 정하중은 정지 상태에서 서서히 가해져 변하지 않는 하중, 사하중이라고 불리며, 천천히 가해지고, 천천히 제거되는 하중도 포함한다. 동하중은 하중의 크기가 수시로 변하는 하중으로 활하중이라고 한다.
- 동하중의 종류
  - 충격하중: 물체에 외력이 순간적으로 작용하는 하중
  - 반복하중: 하중의 크기와 방향이 변화하는 압축력과 인장력이 연속적으로 작용하는 하중
  - 교번하중: 크기와 방향이 같은 하중이 일정하게 되풀이되는 하중

**23** 다음 중 날개에 발생한 비틀림 하중을 감당하기에 가장 효과적인 것은?

① 스파

② 스킨

③ 리브

④ 토션박스

- 외피(skin): 전방 및 후방 날개보 사이의 외피는 날개 구조상 큰 응력을 받아 응력외피라 부르며 높은 강도가 요구된다.
- 스파(spar): 날개에 작용하는 대부분의 하중을 담당하지만, 주로 굽힘하중을 담당한다.
- 리브(rip): 공기역학적인 날개골을 유지하도록 날개 모양을 만들어 주며 외피에 작용하는 하중을 날개보로 전달한다.

**24** 원형 단면의 봉이 비틀림 하중을 받을 때, 비틀림 모멘트에 대한 식으로 옳은 것은?

① 최대 전단 응력 $\times \left( \dfrac{\text{극관성 모멘트}}{\text{단면의 반지름}} \right)$

② 최대 전단 응력 $\times \left( \dfrac{\text{단면 오차 모멘트}}{\text{단면의 반지름}} \right)$

③ 최대 전단 응력 $\times \left( \dfrac{\text{횡탄성계수}}{\text{단면의 반지름}} \right)$

④ 최대 전단 응력 $\times \left( \dfrac{\text{단면계수}}{\text{단면의 반지름}} \right)$

비틀림 모멘트 = 최대 전단 응력 $\times \left( \dfrac{\text{극관성 모멘트}}{\text{단면의 반지름}} \right)$

= 최대 전단 응력 $\times$ 극단면계수

**25** 항공기에 사용되는 금속재료를 열처리하는 목적으로 틀린 것은?

① 절삭성을 좋게 하기 위하여

② 내식성을 갖게 하기 위하여

③ 마모성을 갖게 하기 위하여

④ 기계적 강도를 개량하기 위하여

금속재료를 열처리하는 목적은 절삭성, 내식성, 내마모성, 내열성 향상과 기계적 강도를 높이기 위함이다.

**26** 어떤 온도에서 일정한 응력이 가해질 때 시간에 따라 계속 변형률이 증가한다. 이와 같이 시간에 따라서 변형량을 측정하는 것은?

① 피로(fatigue)시험

② 탄성(elasticity)시험

③ 크리프(creep)시험

④ 천이점(transition point)시험

크리프(creep)는 일정한 응력을 받는 재료가 일정한 온도에서 시간이 지남에 따라 하중이 일정하더라도 변형률이 변화하는 현상이다.

**27** 그림은 응력–변형률 곡선을 나타낸 것이다. 기호별 내용의 표시가 틀린 것은?

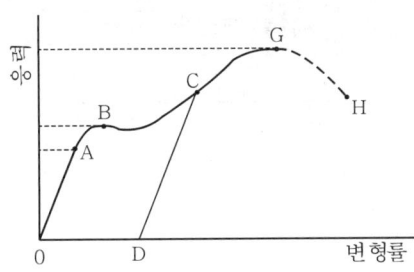

① CD: 비례 탄성 범위

② OA: 훅의 법칙 성립

③ B: 항복점

④ G: 인장강도

해설

응력–변형률 곡선

- OA(탄성한계)는 훅의 법칙이 성립되는 탄성(elasticity)의 비례한도라 하고, 이 범위 안에서는 응력이 제거되면 변형률이 제거되어 원래의 상태로 돌아간다.
- B(항복점, yielding point)는 응력이 증가하지 않아도 변형이 저절로 증가하는 점이다. 이때의 응력을 항복 응력 또는 항복강도라 한다.
- C(항복영역)는 항복점과 극한강도 사이의 임의의 점으로, 이점까지 하중을 가한 상태에서 하중을 제거하면 그림과 같이 OD의 영구변형이 남게 되고, 재료의 영구변형이 생기는 현상을 소성이라 한다.
- A: 탄성한계(elastic limit), B: 항복점(yield stress), C: 극한강도(극한 응력, ultimate stress), D: 파단점(fracture point), G: 인장강도(tensile strength)

**28** 한쪽 끝은 고정되어 있고, 다른 한쪽 끝은 자유단으로 되어 있는 지름이 3cm, 길이가 150cm 인 원기둥의 세장비는 약 얼마인가?

① 21.5      ② 63.7

③ 112      ④ 200

해설

기둥의 좌굴은 기둥의 길이를 단면의 회전 반지름으로 나눈 비로, 이를 세장비라 한다.

$$\lambda = \frac{L}{k} = \frac{L}{\sqrt{\dfrac{d^2}{16}}} = \frac{150}{\sqrt{\dfrac{3^2}{16}}} = 200$$

($L$: 기둥의 길이, $k$: 최소 단면 회전 반지름($\sqrt{\dfrac{d^2}{16}}$))

**29** 공력 탄성학적 현상을 방지하기 위한 목적으로 행하는 시험은?

① 목형시험      ② 풍동시험

③ 진동시험      ④ 피로시험

해설

지상 진동시험: 기체의 구조는 정하중을 받을 때뿐만 아니라 동하중을 받게 되는 경우에도 구조 강도가 보장되어야 한다. 동하중의 경우 정하중과 달리 심한 진동을 받게 됨으로 공진현상이 일어날 수 있고 기체 구조의 공진현상에 대해 기체 일부 또는 기체 구조 전체에 가진기(exciter)로 인위적인 진동을 주어 구조의 고유 진동수, 진폭 등을 조사하고 이를 측정하는 시험을 지상 진동시험이라 한다.

**30** 다음 중 설계하중을 옳게 나타낸 것은?

① 종극하중×종극하중계수

② 한계하중×안전계수

③ 극한하중×설계하중계수

④ 극한하중×종극하중계수

해설

설계하중은 기체 강도를 한계하중보다 높은 하중에서 견디도록 설계하며, 기체 구조의 설계에서 안전계수는 1.5이다. 설계하중=한계하중×안전계수

# CHAPTER 04 헬리콥터 기체 구조

## 1 헬리콥터 구조

### (1) 기체의 일반적 구성

#### ① 개요

헬리콥터는 구성 성분에 따라 여러 가지 형태와 재료로 제작된다. 기체 구조의 구성품은 제작사 및 기종에 따라 조금씩 다르지만, 몸체 구조(body structure), 아래 구조(buttom structure), 객실 부분(cabin section), 후방 구조(rear section), 테일붐, 착륙장치, 안정판으로 구성된다.

가) 몸체 구조(body structure): 동체의 중요 부분으로 양력 및 추력뿐 아니라 착륙 하중을 담당하고, 기체가 받는 대부분의 하중을 몸체 구조가 담당하며, 다른 구조의 하중도 몸체 구조로 전달된다.

나) 아래 구조(buttom structure): 몸체 구조의 앞부분에 위치하며 몸체 구조에서 연장된 2개의 세로 구조 부재에 여러 개의 가로 부재가 연결되어 만들어졌다. 객실의 하중을 지지하며 하중이 몸체 구조로 전달된다.

다) 객실 구조(cabin section): 윈드실드, 지붕, 수직 부재로 구성되어 있고, 대부분 합성수지로 만든다. 객실 구조 부재는 몸체 구조의 뒤 벌크헤드에 볼트로 연결되어 있다.

라) 후방 구조(rear section): 동체의 뒤쪽에 위치하며, 구조 부재는 몸체 구조와 연결되어 있다. 엔진이 뒤쪽에 있을 경우 엔진 지지대 역할도 하며, 방화벽을 설치해서 화물실로도 이용한다.

마) 테일 붐: 동체와 꼬리회전날개 사이에 있는 부분으로 모노코크 또는 세미 모노코크로 만들며, 동체의 뒷 부분에 볼트로 연결되어 있다.

394 | **PART 03** 항공기 기체

바) 안정판: 수직 핀과 수평 안정판으로 구성되어 있으며, 수직 핀은 착륙 시 꼬리회전날개가 손상되지 않도록 꼬리날개 보호대가 설치되어 있다. 또한, 수직 핀은 위쪽과 아래쪽에 비대칭형으로 있는데, 이는 전진 중에 발생하는 토크를 줄어들게 하는 역할도 한다. 수평 안정판은 기체가 전진 비행을 할 때 공기력이 아래쪽으로 작용해 수평을 유지하게 해준다.

사) 착륙장치: 몸체 구조에 연결되며 지상에서 기체를 지지해 주고 회전날개가 회전 중일 때 진동을 줄여주는 역할도 한다.

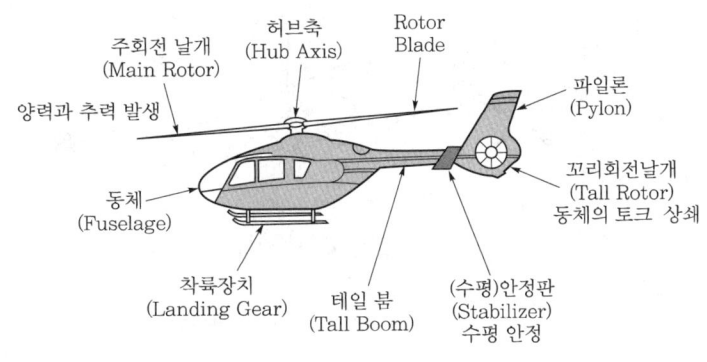

▲ 헬리콥터 기체구조

## (2) 기체에 작용하는 힘

① **호버링:** 회전날개의 회전면이 수평이면서 양력과 무게가 평형을 이루면 헬리콥터는 제자리 비행을 하는데, 이것을 정지 비행 또는 호버링이라 한다.

② **수직 상승 및 하강:** 위쪽으로 작용하는 추력이 아래쪽에 작용하는 무게와 항력보다 클 경우 헬리콥터는 수직으로 상승하게 된다. 또한, 위쪽으로 작용하는 양력과 항력의 합력이 아래쪽으로 작용하는 무게보다 작을 경우 항공기는 수직으로 하강하게 된다.

③ **좌/우측 비행:** 회전날개의 회전면이 왼쪽으로 기울어질 경우 헬리콥터의 합력이 양력과 왼쪽 방향의 추력으로 나누어지는데, 추력이 항력보다 크고 양력이 무게와 같으면 헬리콥터는 수평으로 좌측 비행을 하게 된다. 우측 비행은 좌측 비행을 할 때와 반대로 작용한다.

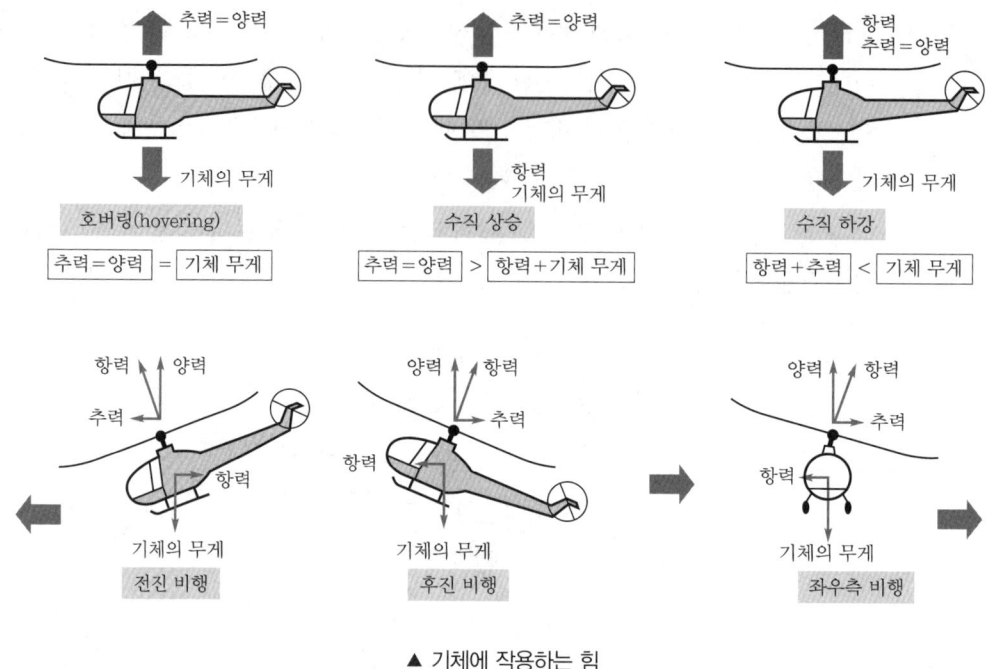

▲ 기체에 작용하는 힘

#### ④ 회전날개에 의한 토크 발생

- 헬리콥터는 뉴턴의 작용과 반작용 법칙으로 주 회전날개가 회전하는 방향과는 반대 방향으로 회전하는 토크가 발생한다.
- 토크를 방지하기 위해 꼬리회전날개를 설치하여 토크 발생을 상쇄한다.


### (3) 헬리콥터의 동체 구조 형식

① **트러스 구조**: 강관을 삼각 형태로 용접하여 만든 구조물로 길이 방향의 세로대와 가로대가 있다. 이 구조는 무게에 비해 높은 강도로 구조를 만들 수 있고 강관이 모든 하중을 담당하고 외피는 공기역학적 성능의 향상 역할을 한다.

② **모노코크 구조**: 동체는 링과 정형재 및 벌크헤드에 의해 동체가 구성되며, 이 위에 응력 외피를 부착했다. 이 외피는 동체에 작용하는 하중의 대부분을 차지하고, 다른 보강재가 없고 외피가 두꺼워 동체가 무겁다.

③ **세미 모노코크 구조**: 수직구조 부재와 수평구조 부새로 만들이 동체의 모양과 강도를 유지하고 그 위에 응력의 일부를 담당하는 외피를 입힌 구조이다. 모노코크 구조보다 무게가 가볍고 강도가 크기 때문에 오늘날 대부분의 헬리콥터 동체 구조로 이용된다.

## (1) 주 회전날개에 작용하는 힘

① **날개 처짐(droop):** 정지상태에 있을 때의 회전날개는 무게와 길이에 의해 밑으로 늘어지게 된다. 이러한 현상을 회전날개의 처짐(droop)이라 한다.

② **코닝(coning):** 회전날개에 피치각이 주어지면 양력이 발생하게 되는데, 이때 양력은 회전날개에 수직으로 작용하게 되고 양력과 원심력이 합쳐져 깃이 위로 쳐든 형태가 된다. 이러한 형태를 회전날개의 코닝(coning)이라 하고, 이때의 각도를 코닝 각(coning angle)이라 한다.

③ **회전면(rotor disk):** 회전날개가 회전할 때는 회전날개의 깃 끝이 원형을 그리게 되는데, 이때의 원형면을 회전날개의 회전면(rotor disk)이라 한다.

## (2) 주 회전날개의 양력 불균형 및 플래핑 힌지

① **주 회전날개의 양력 불균형:** 깃의 피치각이 같을 경우 헬리콥터의 진행속도와 회전날개의 회전속도에 의해 전진 깃에서 발생하는 양력과 후진 깃에서 발생하는 양력과는 서로 차이가 있기 때문에 양력의 불균형이 발생한다.

② **플래핑 힌지**

가) 플래핑 운동: 전진하는 깃과 후진하는 깃의 양력 불균형 차이 때문에 회전날개가 위·아래로 움직이게 되는데, 이를 플래핑 운동이라 한다.

나) 플래핑 힌지: 회전날개를 위·아래로 플래핑 운동을 할 수 있게 해주는 힌지이다.

## (3) 코리올리 효과와 항력힌지

① **코리올리 효과:** 회전날개의 전진 깃은 양력의 증가로 위로 올라가기 때문에 축에 가까워져 가속되어 전방으로 앞서게 되는 lead 운동을 하고, 후진 깃은 축에서 멀어져서 속도가 떨어지고 이로 인해 깃은 뒤로 쳐지게 되는 lag 운동을 하게 된다. 이와 같은 현상을 코리올리 효과라 한다.

② **항력힌지:** 회전날개 깃이 앞서게 되고 뒤로 쳐지는 현상에서 힌지를 설치하여 코리올리 효과에 의한 회전날개의 기하학적 불균형을 해결하는데, 이를 항력힌지(lead-lag힌지)라 한다. 또한, 깃의 이동을 제한하고 부드럽게 운동을 하기 위해 댐퍼를 설치한다.

## (4) 주 회전날개의 형식과 구조

### ① 주 회전날개의 형식

| | |
|---|---|
| 관절형 회전날개 | 깃이 3개의 힌지에 의해 허브에 연결되는 형식으로, 3개의 힌지는 플래핑 힌지, 페더링 힌지, 항력힌지가 있다. |
| 반고정형 회전날개 | 부분 관절형 회전날개로, 허브에 페더링 힌지와 플래핑 힌지는 가지고 있으나 항력힌지는 없다. |
| 고정형 회전날개 | 페더링 힌지만 있는 방식으로, 양력 불균형을 해소하지 못해 오토자이로나 초기에 헬리콥터에만 이용됐다. |
| 베어링리스 회전날개 | 3개의 힌지가 전부 없는 구조로, 깃의 탄성 변형에 의해 모든 운동이 가능하고 꼬리회전날개에 주로 사용한다. |

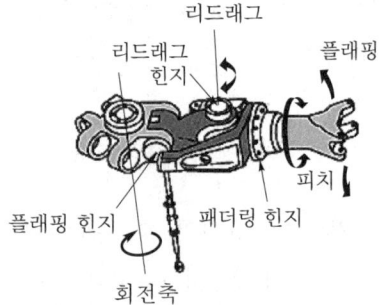

관절형 회전날개(깃이 3개 이상)
플래핑 힌지, 페더링 힌지, 항력 힌지

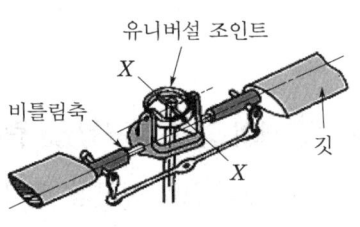

반고정형 회전날개(깃이 2개인 시소형)
플래핑 힌지, 페더링 힌지

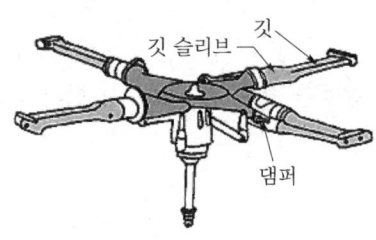

고정형 회전날개
페더링 힌지

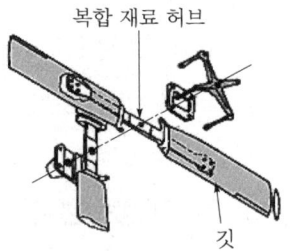

베어링리스 회전날개
힌지가 없다.

### ② 주 회전날개 깃

| | |
|---|---|
| 목재 깃 | • 자작나무, 전나무, 소나무, 발사 등을 여러 층으로 접합시켜 만든 것으로, 잎전은 얇은 나무판으로 만들고 중심에는 무게중심을 맞추기 위해 금속 코어를 넣는다.<br>• 팁 포켓은 길이 방향의 평형을 맞추는 데 사용한다.<br>• 회전날개 깃 2개를 한 조로 만들고 교환할 때도 한 쌍으로 교환해야 한다. |

| 금속 깃 | • 알루미늄 합금, 스테인리스강, 티탄 합금, 합금강으로 제작되고 동일한 성질의 제품을 만들 수 있어 1개씩 교환하는 것이 가능하다.<br>• 그립 플레이트와 더블러는 깃의 뿌리에 장착되어 깃이 받는 하중은 허브에 전달한다.<br>• 트림 탭은 날개 뒷전에 장착되며 깃의 궤도를 맞추는 데 사용한다.<br>• 팁 포켓은 길이 방향의 평형을 맞추는 데 사용한다. |
|---|---|
| 복합재료 깃 | • 외피는 주로 유리섬유로 제작되는데, 유리섬유로 만든 깃은 수명이 길고, 부식이 없으며, 노치 손상에 잘 견디는 장점이 있다.<br>• 유리섬유나 케블라를 외피로 사용하고, 티탄을 앞전으로 사용하며, 깃 내부는 허니콤 구조로 되어 있다. |

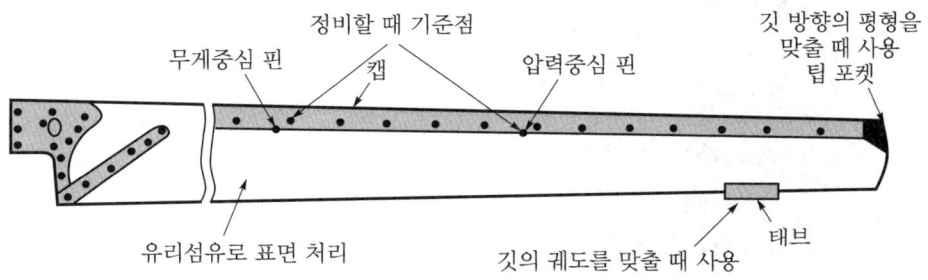

▲ 주 회전날개 목재 깃

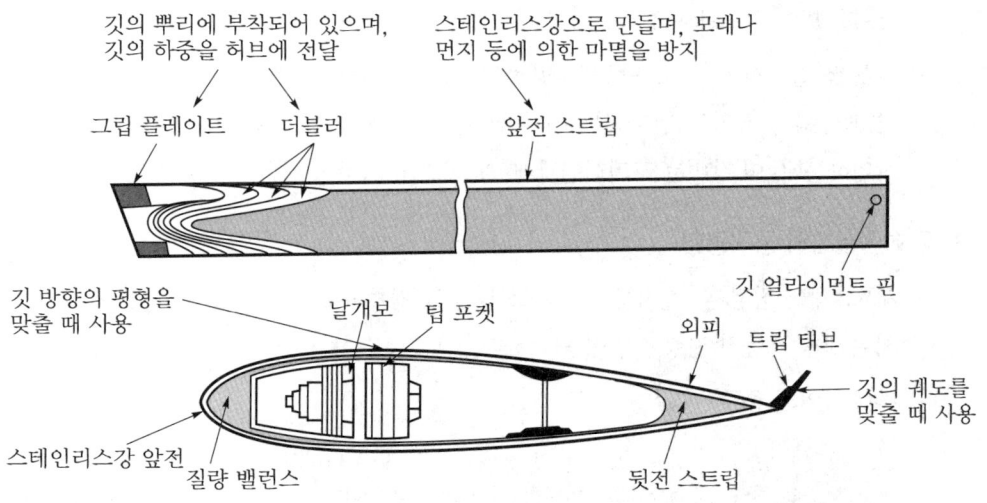

▲ 주 회전날개 금속 깃

## (5) 주 회전날개의 진동 및 평형

### ① 진동

가) 개요: 엔진, 회전날개, 트랜스미션 및 그 밖의 작동 부품에서 진동이 발생한다. 헬리콥터의 진동은 저주파수 진동, 중간 주파수 진동, 고주파수 진동으로 구분한다.

나) 진동의 종류

| 저주파수<br>진동 | • 가장 보편적인 진동으로 날개 1회전당 한 번 일어나는 진동을 1:1 진동이라 한다.<br>• 종 진동은 궤도와 관계가 있고, 횡 진동은 깃의 평형이 맞지 않을 때 생긴다. |
|---|---|
| 중간주파수<br>진동 | • 날개 1회전당 4~6번 진동이 일어나게 되어 식별이 어려우며, 회전날개에 의해 발생한다.<br>• 착륙장치나 냉각 팬과 같은 부품의 고정 부분이 이완되었을 때도 발생한다. |
| 고주파수 진<br>동 | • 꼬리회전날개의 진동수가 빠를 때 발생하며, 이 진동이 발생할 경우 꼬리회전날개의 궤도를 점검한다.<br>• 궤도점검이 이상이 없을 경우 꼬리회전날개의 평형을 검사하고, 구동축의 굽힘이나 정렬상태를 검사한다. 방향 페달을 통해 진동을 느낄 수 있다. |

### ② 주 회전날개의 정적평형

가) 개요: 동적평형 작업 전에 실시해야 하며, 시위 방향과 길이 방향의 평형에 의해 진동에 영향을 받게 되므로 회전날개가 정지상태에서 두 가지 방향의 평형 작업이 필요하다.

나) 평형 작업: 시위 길이 방향의 평형이 길이 방향 평형에 영향을 주기 때문에, 시위 방향의 평형 작업을 먼저 실시해야 한다. 평형 작업은 유니버설 평형 장비를 사용하여 작업하는데, 이 장비는 꼬리회전날개, 프로펠러, 기타 구성품의 평형 작업에도 사용된다.

### ③ 주 회전날개의 동적평형

가) 개요: 궤도 점검 후 헬리콥터의 가로 방향의 저주파수 진동이 발생할 경우 길이 방향과 시위 방향의 동적 평형 작업이 필요하다.

나) 평형 작업의 종류

| 길이 방향<br>동적평형 | • 시행착오법은 깃 끝부분에 약 5cm 넓이의 테이프를 감은 다음 깃의 증가된 무게가 회전할 때 결과를 관찰한다. 가장 적은 진동에 도달했을 때 테이프와 같은 무게의 팁 포켓이나 리테이닝 볼트에 추가한다.<br>• 전자식 평형방법은 검사 막대 등과 같은 재래식 방식에 의한 오차를 줄여주며, 정확한 궤도 및 평형 작업이 가능하다.<br>• 비행 중에 실시하며 전자 파동 신호와 가속도계에 감지된 진동 특성 신호를 전자 평형 기기에 입력시켜 자료를 산출한 후 평형추의 무게와 위치를 계산한다. |
|---|---|

| 시위 방향<br>동적평형 | • 비행 중 주기 피치 조종이 늦어지며, 동시 피치 조종이 무거워질 경우 스<br>위핑 작업을 통해 실시한다. 이 작업은 반고정형 회전날개에 사용한다. |
|---|---|

## (6) 회전날개의 궤도 점검

가) 개요: 주 회전날개가 회전할 때 각각의 깃이 그리는 회전 궤도가 일치하는지 여부를 검사하는
것이다. 궤도 점검 방법에는 검사 막대에 의한 방법, 궤도 점검용 깃발에 의한 방법, 광선
반사에 의한 방법, 스트로보스코프를 이용한 방법 등이 있다.

나) 궤도 점검의 종류

| 검사 막대에 의한<br>궤도 점검 | 지상에서만 사용되며 규정된 회전수로 회전할 때 검사 막대의 심지 부분<br>을 접촉시켜 검사한다. |
|---|---|
| 깃발에 의한<br>궤도 점검 | 지상에서만 사용하며 회전날개 한쪽 끝은 빨강, 한쪽 끝은 파랑으로 표<br>시하여 규정된 회전수로 회전할 때 점검용 깃발을 접근시켜 깃발에 남겨<br>진 표시를 검사한다. |
| 광선 반사에 의한<br>궤도 점검 | 지상과 공중에서 모두 실시가 가능하며 반사판을 조종석에서 마주 보이<br>도록 깃 끝에 장착한 다음 손전등을 조종석의 지정된 위치에 고정시키고<br>회전할 때 반사거울에 비추어 점검한다. |
| 스트로보스코프에<br>의한 궤도 점검 | 지상과 공중에서 모두 실시가 가능하며 깃 끝에 반사판을 붙인 다음 스<br>트로보스코프를 통해 깃의 궤도를 검사한다. |

## 3 조종장치

## (1) 헬리콥터의 비행조종 원리

① **수직 조종:** 헬리콥터가 상승, 하강하도록 조종하는 것으로, 기체의 무게와 양력에 관계가
있다. 헬리콥터 양력의 증감은 동시 피치 레버로 조절하며, 동시 피치 레버는 주 회전날개의
모든 깃의 피치각을 동시에 변화시켜 양력을 증감한다.

② **방향 조종:** 헬리콥터의 중심을 통과하는 수직축에 대한 운동으로서 방향조절 페달에 의해
조종한다. 꼬리회전날개에 의해 방향 안정을 유지하거나 꼬리회전날개의 피치각을 증감시켜
방향을 조정한다.

③ **좌우 조종:** 기체의 방향을 변화시키지 않고, 헬리콥터를 좌우로 이동하는 것으로 주기 조종간에 의해 조종한다. 기체의 세로축에 대해 좌우로 경사지게 한 다음 주 회전날개의 추력 성분에 의해 기체를 왼쪽 또는 오른쪽으로 진행시킨다.

④ **앞뒤 조종:** 좌우 조종과 마찬가지로 헬리콥터를 앞뒤로 이동하는 것으로 주기 조종간에 의해 조종한다. 날개의 회전면을 경사지게 하여 앞 또는 뒤로 기울여 기체를 진행시킨다.

## (2) 헬리콥터의 조종장치 및 리그작업

① **조작장치:** 조종사가 조종하는 조작장치에는 주기 조종간과 동시 피치 레버, 방향조절 페달이 해당한다.

**[조작장치의 종류]**

| 주기 조종간 | 주 회전날개의 회전 경사판(swash plate)에 연결되어 조종간에 의해 회전 면을 앞, 뒤, 좌, 우 방향으로 조종이 가능하다. |
|---|---|
| 동시 피치 레버 | 주 회전날개의 회전 경사판(swash plate)에 연결되어 조작 레버를 통해 피치각을 동시에 증감시켜 상승 또는 하강 조종이 가능하다. |
| 방향 조절 페달 | 페달에 의해 조종을 진행하며 꼬리회전날개의 피치각을 조절하여 토크의 균형을 변화시켜 방향을 조종한다. |

② **조종장치 연결기구:** 토크 튜브, 푸시풀 로드, 벨 크랭크, 케이블 및 풀리 등으로 구성되어 있으며, 헬리콥터에는 주로 푸시풀 로드가 사용된다.

③ **작동기:** 조종력에 걸리는 큰 힘이 걸리는 회전날개나 다른 조종면을 조작하도록 하며 진동을 덜 받는 장점도 있다. 기계 유압식, 전기 유압식, 전식이 사용되며 헬리콥터엔 대부분 기계 유압식이 사용된다.

④ **센터링 장치:** 조종사의 조작에 따른 조종력을 감각적으로 느끼게 하며 조종사가 조종장치에서 손을 떼었을 때 중립 위치로 되돌아가도록 하는 장치다.

⑤ **리그작업:** 조종계통의 작동 변위를 조절하고, 주 회전날개와 조종장치, 꼬리회전날개와 조종장치, 조종장치 작동과 조종면의 작동이 일치하도록 하는 작업이다.

　가) 정적 리그작업: 조종계통을 정해진 위치에 놓고 조종면을 기준선에 맞춘 후 각도기, 지그 등을 이용하여 고정면과 조종면 사이에 변위를 측정하고 최대 작동거리를 조절하는 작업이다.

　나) 기능점검: 정적 리그작업이 끝난 후 실시하며 조종계통과 회전날개 움직임의 일치 상태, 조종장치의 운동 범위와 중립 위치의 정확성을 점검한다.

## 4 착륙장치

### (1) 착륙장치의 종류

| 스키드 기어형 | 구조가 간단하고 정비가 용이하여 소형 헬리콥터에 사용되고 있으나, 지상운전과 취급에는 매우 불리하다. |
|---|---|
| 바퀴형 | 지상에서 취급이 어려운 대형 헬리콥터에 주로 이용되며 지상 활주가 가능하다. |

### (2) 헬리콥터의 부착장비

① **높은 스키드 기어:** 헬리콥터의 동체를 높게 유지해 꼬리회전날개가 지상에서 충돌을 일으킬 가능성을 낮추는 목적을 가진다. 아무 장소에나 착륙할 수 있는 장점을 가진다.

② **플로트:** 높은 스키드 기어에 장착하여 물 위에 이 · 착륙할 때 사용한다.

③ **구조용 호이스트:** 주로 군, 경찰, 소방 헬리콥터에 사용되며, 위급 상황 시 사람을 끌어올릴 때 사용한다.

④ **카고 훅:** 중량물을 들어 올리거나 이동시킬 때 사용하는 장비로 기체의 무게중심에 위치해 있어야 한다.

**01** 헬리콥터에 관한 설명으로 틀린 것은?

① 수직 이·착륙과 공중 정지 비행이 가능
하다.

② 3차원의 모든 방향으로 직선 이동이 불가
능하다.

③ 꼬리회전날개의 회전으로 비행 방향을 결
정한다.

④ 주 회전날개를 회전시켜 양력과 추력을 발
생시킨다.

**해설**

회전익 항공기는 상승, 하강, 전진, 후진, 측면비행 등 3
차원의 모든 방향으로 비행이 가능하다.

**02** 다음 그림의 헬리콥터 구조 형식은?

① 트러스(truss) 구조

② 모노코크(monocoque) 구조

③ 세미 모노코크(semi−monocoque) 구조

④ 응력 외피(skin stress) 구조

**해설**

그림은 세미 모노코크 구조로 수직 구조 부재와 세토 빙
향의 수평 구조 부재로 만들고, 그 위에 외피를 부착하여
동체의 모양과 강도를 유지해 준다.

**03** 수직 구조 부재와 수평 구조 부재로 이루어진
구조에 외피를 부착한 구조를 이루며, 대부분
의 헬리콥터 동체 구조로 사용되는 구조 형식
은?

① 일체형

② 트러스형

③ 모노코크형

④ 세미 모노코크형

**해설**

2번 문제 해설 참고

**04** 복합소재와 신소재로 만들어진 헬리콥터 기체
의 구성 부분 중 기체가 받는 하중의 대부분을
담당하는 부분은?

① 중심 구조　　② 하부 구조

③ 객실 구조　　④ 후방 구조

**해설**

몸체 구조는 동체의 중요 구조 부분으로서, 양력과 추력
뿐만 아니라 착륙 하중도 담당하고, 기체가 받는 하중의
대부분을 감당하며, 다른 구조에 가해진 힘도 몸체 구조
(중심 구조)로 전달된다.

**05** 헬리콥터의 동체 구조 중 모노코크형 기체 구
조의 특징은?

① 무게가 가볍다.

② 유효공간이 크다.

③ 곡선과 형상을 정밀하게 가공할 수 없다.

④ 수평 구조 부재가 있다.

✈ **정답** 01. ② 02. ③ 03. ④ 04. ① 05. ②

## 해설

모노코크형의 특징

- 충분한 강도를 유지하기 위해 외피를 두껍게 제작하여 동체의 무게가 무겁다.
- 유효공간이 크다.
- 곡선과 형상을 정밀하게 가공할 수 있다.
- 동체 구조 전체보다는 조종실, 객실, 테일 붐과 같은 기체 일부 구조로 사용된다.

**06** 회전날개에서 양력과 원심력의 합력에 의해 깃의 위치가 정해지는 현상은 무엇인가?

① 드롭
② 코닝
③ 브레이드 팁
④ 슬라이딩

## 해설

회전날개에 페더링 힌지에 의해 피치각이 만들어지면 양력이 발생한다. 이때 양력은 회전날개에 수직으로 작용한다. 즉, 양력과 원심력의 합력에 의해 깃이 위로 쳐든 형태가 되는데, 이를 코닝(coning)이라 한다.

**07** 헬리콥터에서 회전날개가 회전할 때 깃의 선속도에 대한 설명 중 가장 올바른 것은?

① 깃 끝이나 깃뿌리에서의 선속도는 같다.
② 깃뿌리에서 가장 빠르고, 깃 끝에서 가장 느리다.
③ 깃뿌리에서 가장 느리고, 깃 끝에서 가장 빠르다.
④ 깃 중간이 가장 빠르고, 깃뿌리와 깃 끝에서 가장 느리다.

## 해설

회전날개가 회전할 때의 선속도는 깃뿌리(익근)에서 가장 느리고, 깃 끝(익단)에서 가장 빠르다.

**08** 헬리콥터 세미 모노코크 구조 중 수평부재는?

① 벌크헤드
② 세로대
③ 정형재
④ 링

## 해설

세미 모노코크 구조에서 수직 구조 부재(벌크헤드, 정형재, 링)와 수평 구조(세로대) 부재로 만들어 동체의 모양과 강도를 유지하고, 그 위에 응력의 일부를 담당하는 외피를 입힌 구조이다.

**09** 초기의 헬리콥터 형식으로 많이 만들어졌으며 비교적 높은 강도를 가지고 있고 정비가 용이하나, 유효공간이 적고 정밀한 제작이 어려운 구조 형식은?

① 모노코크형
② 세미 모노코크형
③ 트러스형
④ 박스형

## 해설

초기의 헬리콥터는 강관으로 만들어 높은 강도를 갖고 있고, 정비가 용이하고, 유효공간이 적고, 정밀한 제작이 어려운 트러스 구조를 사용했다.

**10** 헬리콥터의 동체 구조가 아닌 것은?

① 트러스형 구조
② 테일콘형 구조
③ 세미 모노코크 구조
④ 모노코크형 구조

## 해설

헬리콥터 동체 구조로는 트러스형, 모노코크형, 세미 모노코크형이 있다.

**11** 그림에서 A, B의 명칭이 옳게 짝지워진 것은?

① A: 테일붐, B: 파일론

② A: 파일론, B: 테일붐

③ A: 방향판, B: 파일론

④ A: 테일붐, B: 방향판

> **해설**

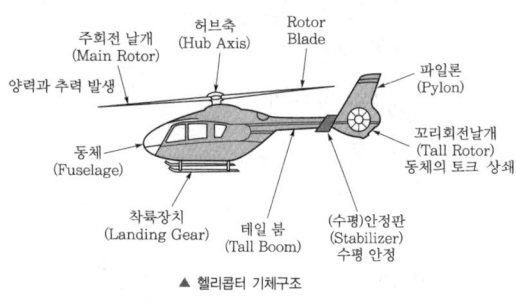

▲ 헬리콥터 기체구조

**12** 헬리콥터의 동체에 발생한 회전력을 공기압력을 이용하여 상쇄 또는 조절하기 위한 테일 붐 끝의 반동 추진 장치를 무엇이라 하는가?

① 노타(notar)

② 호버링(hovering)

③ 평형(balance type)

④ 역추력(reverse thrust)

> **해설**

테일 붐 끝에 반동 추진 장치를 통해 공기를 배출시킴으로써 토크를 조절할 수 있는 헬리콥터를 테일 로터리스(tail rotorless) 또는 노타(NOTAR: NO TAil Rotor)라고 한다.

**13** 노타(NOTAR) 헬리콥터의 특징이 아닌 것은?

① 테일 붐 끝에 반동 추진 장치가 있다.

② 무게를 감소시킬 수 있다.

③ 꼬리회전날개가 부딪칠 가능성이 더 크다.

④ 정비나 유지가 쉽다.

> **해설**

노타 헬리콥터의 특징

• 조종이 용이하고 조종사의 작업 부담이 줄어든다.

• 꼬리회전날개가 부딪칠 위험 요소가 줄어들어 기동성이 향상된다.

• 꼬리회전날개 및 구동축, 기어 박스가 필요하지 않으므로 무게를 감소시킬 수 있고, 정비 및 유지하기가 쉽다.

**14** 다음 헬리콥터에서 그림과 같이 양력과 중력이 같을 때 헬리콥터는 어떤 비행을 하는가?

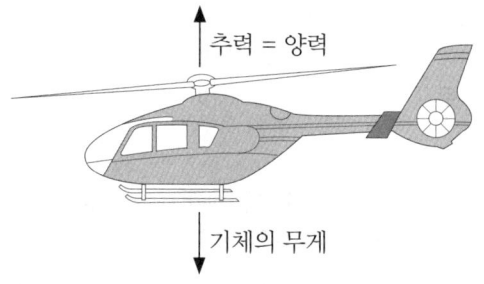

① 수직 상승

② 수직 하강

③ 호버링

④ 전진 비행

> **해설**

호버링은 회전날개의 회전면이 수평이면서 양력과 무게가 평형을 이루면 헬리콥터는 제자리 비행을 하는데, 이것을 정지 비행 또는 호버링이라 한다.

**15** 다음 중 무게중심 이동 범위가 크고, 무거운 물체 운반에 가장 적합한 회전날개 헬리콥터는 어느 것인가?

① 병렬식 회전날개 헬리콥터

② 직렬식 회전날개 헬리콥터

③ 동축 역회전식 회전날개 헬리콥터

④ 단일 회전날개 헬리콥터

**[해설]**

직렬식 회전날개 헬리콥터는 회전날개의 회전력을 상쇄시키기 위해 2개의 회전날개를 직렬로 장착하여 서로 반대 방향으로 회전한다. 이는 무게중심 이동 범위가 크고, 무거운 물체 운반에 적합한 헬리콥터이다.

**16** 헬리콥터의 주 회전날개 깃의 피치 각이 같을 때 양력의 불균형으로 인해 회전날개가 위아래로 움직이게 되는데, 이것을 무엇이라 하는가?

① 플래핑 운동

② 코리올리스 효과

③ 리드–래그 운동

④ 페더링

**[해설]**

플래핑 운동은 전진하는 깃과 후진하는 깃의 양력 불균형 차이 때문에 회전날개가 위아래로 움직이게 되는데, 이는 플래핑 힌지가 있어서이다.

**17** 다음 중 헬리콥터의 회전날개 중 플래핑 힌지, 페더링 힌지, 항력 힌지의 세 개의 힌지를 모두 갖춘 회전날개의 형식은 무엇인가?

① 관절형 회전날개

② 반고정형 회전날개

③ 고정식 회전날개

④ 베어링리스 회전날개

**[해설]**

관절형 회전날개는 깃이 3개의 힌지에 의해 허브에 연결되는 형식으로 3개의 힌지는 플래핑 힌지, 페더링 힌지, 항력 힌지가 있다.

**18** 헬리콥터에 목재로 된 주 회전날개 깃의 끝에 있는 팁 포켓의 역할은?

① 깃의 궤도를 맞추는 데 사용

② 깃 길이 방향의 평형을 맞추는 데 사용

③ 깃의 무게중심을 맞추는 데 사용

④ 진동을 감소시키는 데 사용

**[해설]**

목재 깃

• 자작나무, 전나무, 소나무, 발사 등을 여러 층으로 접합시켜 만든 것으로 앞전은 얇은 나무판으로 만들고 중심에는 무게중심을 맞추기 위해 금속 코어를 넣는다.

• 팁 포켓은 길이 방향의 평형을 맞추는 데 사용한다.

• 회전날개 깃 2개를 한 조로 만들고 교환할 때도 한 쌍으로 교환해야 한다.

**19** 헬리콥터의 주 회전날개 궤도점검 방법이 아닌 것은?

① 광선 반사에 의한 방법

② 검사 막대에 의한 방법

③ 보어스코프를 이용한 방법

④ 궤도 점검용 깃발에 의한 방법

**[해설]**

• 검사 막대에 의한 궤도 점검: 지상에서만 사용되며 규정된 회전수로 회전할 때 검사 막대의 심지 부분을 접촉시켜 검사한다.

• 깃발에 의한 궤도 점검: 지상에서만 사용하며 회전날개 한쪽 끝은 빨강, 한쪽 끝은 파랑으로 표시하여 규정된 회전수로 회전할 때, 점검용 깃발을 접근시켜 깃발에 남겨진 표시를 검사한다.

**✈정답** 15. ② 16. ① 17. ① 18. ② 19. ③

- 광선 반사에 의한 궤도 점검: 지상과 공중에서 모두 실시가 가능하며, 반사판을 조종석에서 마주 보이도록 깃 끝에 장착한 다음 손전등을 조종석의 지정된 위치에 고정시키고 회전할 때 반사거울에 비추어 점검한다.
- 스트로보스코프에 의한 궤도 점검: 지상과 공중에서 모두 실시가 가능하며, 깃 끝에 반사판을 붙인 다음 스트로보스코프를 통해 깃의 궤도를 검사한다.

**20** 헬리콥터 꼬리회전날개의 전자장비를 이용한 궤도 점검 방법에서 회전날개 깃의 단면에 그림과 같이 반사테이프를 붙이고 장비를 작동시켰을 때, 정상궤도에서는 어떻게 상이 보이는가?

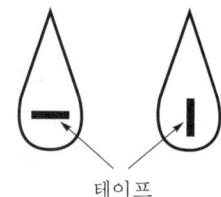

테이프

① −　　　　　② |

③ +　　　　　④ −|

**해설**

궤도 점검 방법에서 반사테이프를 붙이고 회전날개를 회전시켜 점검하는 방법으로, 지상과 공중에서 모두 실시가 가능하며 깃 끝에 반사판을 붙인 다음 스트로보스코프를 통해 깃의 궤도를 검사한다. 그림과 같이 반사판을 부착하여 정상궤도를 보게 되면 "+" 모양을 볼 수 있다.

# CHAPTER 05 항공기 도면

## 1 도면의 기능과 종류

### (1) 도면의 기능

① 도면은 아이디어를 구체화시키는 기능을 수행한다.

② 도면은 정보를 매우 쉽게 보관할 수 있는 수단이 된다.

③ 도면은 도면 작성자의 의사 및 도면 관련 정보를 간단하면서도 신속하고 정확하게 전달할 수 있도록 해 준다.

④ 도면을 작성할 때는 일정한 규칙을 적용할 수 있어야 한다. 또 도면을 읽을 때는 도면의 내용을 명확히 읽고 이해할 수 있어야 한다.

⑤ 도면의 내용을 변경할 때는 반드시 변경 내용을 명시한다.

### (2) 도면의 종류

| | |
|---|---|
| 기초 3면도 | 정투상도라 하며 물체를 정면에서 투상하여 그린 정면도, 위에서 투상하여 그린 평면도, 우측에서 투상하여 그린 우측면도 이 3가지를 기초 3면도라 한다. |
| 상세 도면 | 1개의 부품을 제작할 수 있도록 부품의 모든 치수를 나타내고 이해하기 쉽도록 확대하거나 다른 방향에서 투영한 도면을 상세 도면이라 한다. |
| 조립 도면 | 2개 이상의 부품들로 구성된 조립품의 상호 위치 및 조립에 필요한 사항들을 명시한 도면으로, 제목란에 반드시 조립이라는 용어가 사용된다. |
| 장착 도면 | 부품이나 조립체를 항공기 등에 장착하는 데 필요한 정보를 포함하는 도면을 말한다. |
| 단면도 | 부품의 내부 구조나 형상을 나타낼 필요가 있을 때 가장 일반적으로 사용되는 도면을 말한다. |
| 부품 배열도 | 부품의 분해나 조립, 모양, 부품명을 표시하는 도면을 말한다. |

| 블록 다이어그램 | 복잡한 계통의 정비에 많은 어려움이 따르기 때문에 고장 난 부품을 찾아 교환하는 작업을 용이하게 해주는 도면을 말한다. |
|---|---|
| 논리 흐름도 | 고장 탐구를 더욱 쉽게 하기 위한 도면으로, 특별한 설명 또는 정보 없이도 기계 및 전기 · 전자 등의 작용을 알 수 있게 나타내는 도면을 말한다. |
| 전기 배선도 | 항공기의 모든 전기 회로를 복제하여 수록하는 도면 전기선의 굵기 터미널의 형태, 각 부품의 확인과 부품번호 및 일련번호를 알 수 있다. |
| 계통도 | 개통도 내에서 서로 다른 부품들의 상호 관계되는 위치를 나타내는 도면을 말한다. |

## (3) 표제란과 위치 표시

### ① 표제란

모든 항공기 도면의 오른쪽 하단에 위치하며 부품 제작에 필요한 정보를 포함한다.

가) 제목: 부품의 명칭을 기록한다.

나) 크기: 도면의 크기를 영문 알파벳으로 표시한다.

- A 크기 도면: $8\frac{1}{2} \times 11$inch
- B 크기 도면: $11 \times 17$inch
- C 크기 도면: $17 \times 22$inch
- D 크기 도면: $22 \times 34$inch
- E 크기 도면: $34 \times 44$inch
- R 크기 도면: $34 \times 88$inch

다) 도면 번호: 제작회사나 도면 작성자에 의해 붙여진다.

라) 척도: 전체, 절반, 1인치, 1피트와 같이 표시한다.

마) 페이지: 전기 배선도와 같이 도면을 책으로 엮을 때 표시한다.

바) 책임: 도면 작성자의 서명, 도면 작업 완료 일자를 기입한다.

사) 표준: 회사의 제작 공차의 표준을 기록한다.

아) 자재 명세서: 부품에 사용되는 모든 재료의 목록을 기록한다.

자) 적용; 부품이 사용되는 위치를 표시, 항공기 모델, 수량을 표시한다.

### ② 위치 표시

가) 동체 스테이션: 동체 위치선이라고도 하며, 기준선에서 측정하여 동체의 전 · 후방을 따라 위치한다. 동체 전방 또는 동체 전방 근처의 면으로부터 모든 수평거리가 측정이 가능한 상상의 수직 면이다.

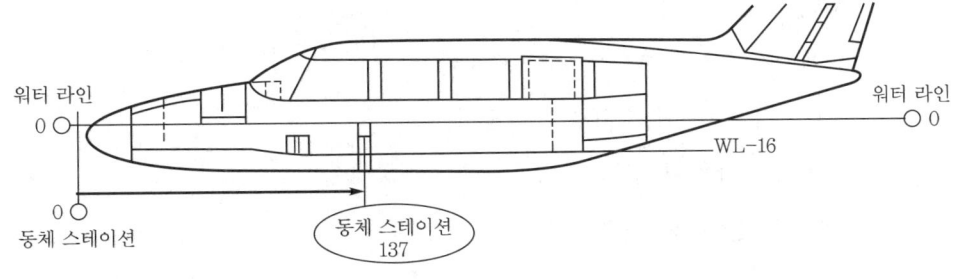

▲ 동체 위치선

나) 동체 버턱선: 동체 중심선에서 오른쪽이나 왼쪽으로 평행한 거리를 측정한 폭을 말한다.

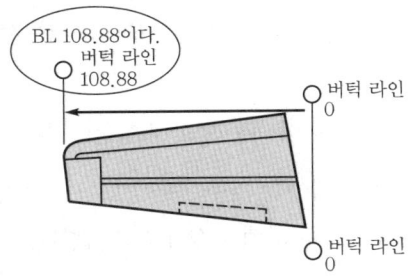

다) 동체 수위선: 워터라인이라고 하며, 0에서부터 수직으로 측정한 높이를 말한다.

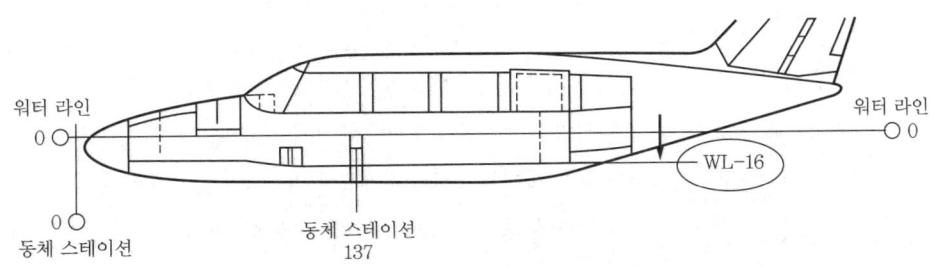

▲ 동체 수위선

## 2 스케치 및 도면관리

### (1) 스케치

전문 제도사가 아닌 정비사 등이 수리나 간단한 부품 제작을 위해 그리는 것으로, 아주 단순하지만 부품을 만들거나 수리하기 위해 필요한 모든 정보를 포함해야 한다.

① 스케치의 특징

- 사물에 대한 생각을 시각적으로 보여준다.
- 아이디어의 내용을 쉽게 표현할 수 있다.
- 도면 제작 기간을 단축시킬 수 있다.
- 간단한 도구를 사용하여 작성한다.

② 스케치 기법을 이용하여 항공기 기체 결함 보고서를 작성하는 법

- 항공기 모델, 등록기호, 항공기 제작사, 총 비행시간, 총 비행 점검 주기 등과 같이 항공기 이력을 알 수 있는 참고 사항 등을 기록한다.
- 결함 발생 부위 근처에 이전에 어떤 형태의 유사한 수리가 수행되었었는지를 포함하여 작성한다.
- 보고서에는 손상 부위의 위치 표시를 명확히 파악할 수 있도록 나타내야 한다.
- 손상된 부품의 이름, 확인 가능한 경우 부품 번호, 손상 유형, 결함의 길이와 깊이, 결함의 방향 등과 같은 결함의 정도와 상태를 상세히 기록한다.

③ 기체 손상의 유형

| 균열(crack) | 주로 구조물에 가해지는 과도한 응력의 집중에 의해 생기며, 재료의 부분적 또는 완전하게 불연속이 생긴 현상이다. |
|---|---|
| 눌림(dent) | 표면이 눌려 원래의 외형으로부터 변형된 현상으로 단면적의 변화는 없고, 손상 부위와 손상되지 않은 부위와의 경계에 완만한 형상을 이루고 있다. |
| 부식(corrosion) | 화학적 또는 전기 화학적 반응에 의해 재료의 성질이 변화하는 현상이다. |
| 골페임(gouge) | 날카로운 물체와 접촉되어 재료의 연속적인 골이 생긴 현상이다. |
| 구김(crease) | 눌리거나 뒤로 접혀 손상 부위가 날카로우며 선이나 이랑으로 확연히 구분되는 손상이다. |
| 긁힘(scratch) | 날카로운 물체와 접촉되어 발생하는 결함으로 길이와 깊이를 가지며 선 모양의 긁힘 현상이다. |
| 찍힘(nick) | 구조물에서 재료의 표면이나 모서리가 외부 물체에 충격을 받아 재료가 떨어져 나갔거나 찍힌 현상이다. |
| 마모(abrasion) | 재료 표면에 외부 물체가 끌리거나 비벼지거나 긁혀서 표면이 거칠고 균일하지 않은 현상이다. |
| 미세 표면 균열 (crazing) | 판재의 표피 등에 나타나는 미세한 머리카락 모양의 표면 균열을 뜻하며, 균열이 커질 경우 큰 파괴를 일으킬 수 있다 |
| 찢어짐(distorsion) | 비틀림이나 구부러짐과 같이 외형이 원래의 모양으로부터 영구 변형된 현상으로, 외부 물체의 충격이나 주변에 장착된 부품의 진동 때문에 발생되는 결함이다. |

④ **도면관리**

가) 도면의 정리와 복사

㉠ 도면의 정리

| 도면의 번호 | 부품의 종류, 형식이나 조립도, 부분 조립도, 부품도의 구분, 도면에 크기에 따라 분류한다. |
|---|---|
| 도면의 목록 | 모든 도면의 작성 날짜, 도면 번호, 도명, 보관 위치 등을 기입하여 도면의 일람표 역할을 한다. |
| 도면 카드 | 도면마다 표제란 및 부품표와 같은 내용을 쓰고 카드로만 그 내용을 알 수 있게 한 것이다. |

㉡ 도면의 복사

| 청사진법 | 청색 바탕에 원도와 같은 모양의 선이나 문자를 희게 나타내는 것으로, 음화 감광지를 청사진기에 넣어서 만든다. |
|---|---|
| 백사진법 | 흰 바탕에 원도와 같은 모양의 선이나 문자를 청색, 자주색, 흑색 등으로 나타내는 것으로, 양화 감광지를 복사기에 넣어서 만든다. |

나) 도면의 보관과 취급

㉠ 도면의 보관

| 트레이스도 보관 | 트레이스도는 접어서는 안 되므로 수평정리, 수직정리, 원통정리식으로 보관한다. |
|---|---|
| 복사도 보관 | 복사도는 보통 접어서 보관하여 접은 치수가 A4가 되게 하고 도명, 도면 번호 등이 보이도록 보관한다. |
| 마이크로필름 보관 | 마이크로카메라 자체 내에서 필름이 현상될 수 있도록 롤 필름을 한 장씩 분류하여 카드형식으로 보관한다. |

㉡ 도면의 취급

| 원도 대장과 대출 | 원도는 대출을 하지 않는 것이 원칙이고, 도면이 필요할 경우 복사하여 도면 대출 카드를 통해 대출한다. |
|---|---|

**01** 항공기 도면의 표제란에 "ASSY"로 표시되는 도면의 종류는?

① 생산 도면
② 조립 도면
③ 장착 도면
④ 상세 도면

[해설]

도면의 종류에는 실물 모형 도면, 기준 배치 도면, 설계 배치 도면, 생산 도면, 상세 도면, 조립 도면, 장착 도면, 배선도가 있다. 이 중 표제란에 표시되는 도면 중 조립 도면은 'ASSY', 장착 도면은 'INSTL'로 표기된다.

**02** 다음 중 여러 부품이 한 곳에 결합되어 조립체를 이루는 방법과 절차를 설명하는 도면은?

① 조립도
② 상세도
③ 장착도
④ 배선도

[해설]

• 상세도: 1개의 부품을 제작할 수 있도록 부품의 모든 치수를 나타내고 이해하기 쉽도록 확대하거나 다른 방향에서 투영한 도면을 상세 도면이라 한다.
• 장착도: 부품이나 조립체를 항공기 등에 장착하는 데 필요한 정보를 포함하는 도면을 말한다.
• 배선도: 항공기의 모든 전기 회로를 복제하여 수록하는 도면 전기선의 굵기 터미널의 형태, 각 부품의 확인과 부품번호 및 일련번호를 알 수 있다.

**03** 미국표준규격(CS)에서 규정하는 항공기 도면 중 D 표준 도면의 크기(inch)를 옳게 나타낸 것은?

① 11×17
② 17×22
③ 22×34
④ 34×44

[해설]

A: 크기 도면: 210mm×279mm($8\frac{1}{2}$인치×11인치)
B: 크기 도면: 279mm×431mm(11인치×17인치)
C: 크기 도면: 431mm×558mm(17인치×22인치)
D: 크기 도면: 558mm×863mm(22인치×34인치)
R: 크기 도면: 폭이 914mm×1066mm(36~42인치)
의 두루마리 종이로 만들어진 큰 도면

**04** 도면의 형식에서 영역을 구분했을 때, 주요 4요소에 속하지 않는 것은?

① 하이픈(hyphen)
② 도면(drawing)
③ 표제란(title block)
④ 일반 주석란

[해설]

도면의 형식으론 표제란, 변경란, 일반 주석란, 작도 부분 등 주요 4요소로 구분된다.

**05** 다음 중 도면상 항공기의 위치를 표시하는 방법에 대한 설명으로 틀린 것은?

① LBL 20과 RBL 20의 거리차는 40in이다.

② LBL 20은 BL 0을 기준으로 좌로 20in 떨어진 위치를 나타낸다.

③ STA 232는 Datum Line을 기준으로 232in 떨어진 곳을 뜻한다.

④ WL 110은 BL 0을 기준으로 높이의 위치를 표시하기 위하여 사용된다.

**해설**

WL(Water Line)은 동체 수위선이라 하며, 0에서부터 수직으로 측정한 높이를 말한다. WL 110은 WL 0에서 110인치만큼 위에 위치함을 말한다.

**06** 다음 중 적용 목록에 대한 설명이 아닌 것은?

① 도면에 표기되어 있는 부품번호별로 부품과 관련된 세부사항에 관한 정보를 기록한 목록이다.

② 도면에 도해되어 있는 부분품의 제작, 조립, 장착에 적용되는 재료, 상세부품, 표준 문서 등을 기록한 문서이다.

③ 적용 목록 번호는 관련 도면 번호 앞에 AL이라는 문자가 추가되어 부여된다.

④ 적용 목록은 최신의 정보를 제공하게 되어 있다.

**해설**

• 적용 목록은 항공기 도면에 표기된 부품 번호별로 부품과 관련된 세부적인 사항 등에 관해 기록한 목록이다.

• 적용 목록 번호는 관련 도면 번호 앞에 AL이라는 문자가 추가되어 부여된다.

• 적용 목록과 부품 목록은 자동으로 개정되어 항상 최신의 정보를 제공한다.

**07** 항공기 제작 시 항공기 도면과 더불어 발생되는 도면 관련 문서가 아닌 것은?

① 적용 목록

② 부품 목록

③ 비행 목록

④ 기술변경서

**해설**

도면 관련 문서: 도면 한 장으로 모든 정보를 완전하게 표현할 수 없는 경우가 있기 때문에 도면 관련 문서가 첨부된다. 관련 문서로는 적용 목록, 부품 목록, 기술변경서, 도면 변경서, 도면 변경 사항 및 부품 목록 등이 있다.

**08** 다음 도면에서 기체 손상 부분의 외피 두께는 얼마인가?

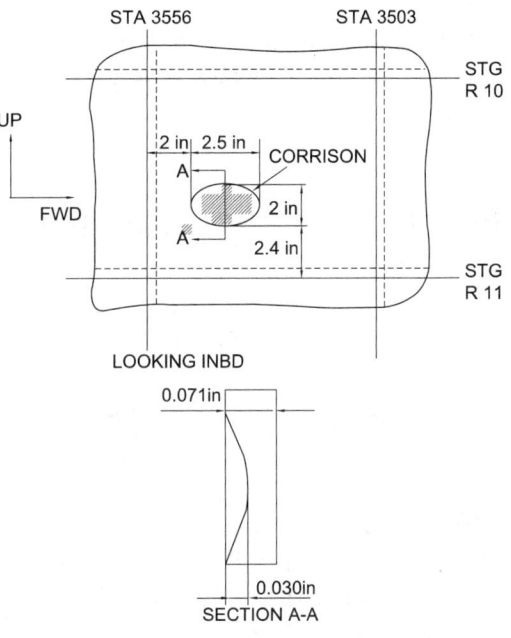

① 2.5in

② 2.0in

③ 0.71in

④ 0.030in

STA 3503과 STA 3556 사이에서 표면에 손상이 발생되었고, 장축 방향 폭 2.5in, 단축 방향의 폭 2in의 타원 모양을 형성하고 있다. 또한, STG 10번과 11번 사이에 위치해 있다. 부식의 깊이는 0.030in이고, 이 부분의 표피 두께는 0.071in이다. 또한, LOOKING INBD(INBOARD)는 기축선을 향해 쳐다보고 스케치 했다는 방향 표시이다.

## 09 도면 관련 문서인 적용 목록에 기록되는 내용이 아닌 것은?

① 부품번호
② 조립 도해 목록
③ 항공기 모델
④ 일련번호 및 개정번호

**해설**

적용 목록(application list)에는 부품 번호, 차상위 조립품 목록, 항공기 모델, 일련번호 및 개정 부호 등이 기록된다.

## 10 항공기 도면에서 다음의 표시는 어떤 공차의 종류인가?

| // | .003 | A |
|----|------|---|

① 경사공차          ② 위치공차
③ 자세공차          ④ 끼움공차

**해설**

위 표시는 기하공차에서 자세공차를 나타낸 것으로 평행도에 대해 0.003in 이내의 공차임을 의미한다. 또한, 데이텀의 기준은 A로 표시된다.

## 11 스케치에 의한 항공기 결함 발생 보고서를 작성하는 일반적인 방법에 대한 설명 중 틀린 것은?

① 결함의 정도와 상태를 상세히 기록한다.
② 손상 부위 위치 표시를 명확히 파악할 수 있도록 나타낸다.
③ 손상 부위 근처의 과거 수리 이력은 기록하지 않아도 무방하다.
④ 항공기 모델, 등록기호, 항공기 제작회사 등을 기록한다.

**해설**

결함 보고서 작성 방법
• 항공기 모델, 등록 기호, 항공기 제작사, 총 비행시간, 총 비행 점검 주기 등의 이력을 기록한다.
• 결함 발생 부위 근처에 이전에 어떤 형태의 유사한 수리가 수행되었는지까지 포함하여 기록한다.
• 손상 부위의 위치 표시를 명확히 파악할 수 있도록 표시해야 한다. 이를 표시하기 위해서는 직접 스케치하거나 구조 수리 지침서 등에 나와 있는 사본 그림으로 개력적인 위치를 표시한다. 상대위치 표시는 STA(Station), WL(Water Line), BL(Buttock Line), FRAME 번호, 리브 번호, 스트링거·세로대(stringer/longeron)번호, 날개보(spar), 벌크헤드(bulkhead)를 표시한다.

## 12 항공기 도면 관련 문서 중에서 기술 변경서의 처리번호(TC: Transaction Code) 란의 "D"는 무엇을 의미하는가?

① 신규          ② 추가
③ 삭감          ④ 개정

**해설**

C-create(신규), A-add(추가), D-decrease(삭감), L-limit(제한), R-revise(개정)

**13** 도면 관련 문서 중 그림과 같은 문서 영역의 일부를 갖는 것은?

| JUN 14 1997 | | CONTRACT NO. | | | CAGEC 81755 | ① AL 16H1701 | |
|---|---|---|---|---|---|---|---|
| DRAWING TITLE : ② PIPING INSTALLATION-HYD, LG, BRAKE AND STEERING | | | DWG TYPE : | DISTRIBUTION CODE : AS | SIZE A | ③ SHEET 1 OF 27 | |
| ④ RELEASE DATE: 99-06-25 | INTERPRETATION PER: 16Z001 | | ⑤ AL ISSUE NO: 416 | ⑥ PL ISSUE NO: 410 | ⑦ AL/PL ISSUE DATE: 97-06-27 | ⑧ AL/PL REV LTR: NS | |

| ⑨ DRAWING SHEET STATUS | SH | SZ | RV | SH | SZ | RV | SH | SZ | RV | SH | SZ | RV | SH | SZ | RV | ⑩ OUTSTANDING DWG REVISIONS |
|---|---|---|---|---|---|---|---|---|---|---|---|---|---|---|---|---|
| | | | | | | | | | | | | | | | | |

*** APPLICATION LIST ***

① 적용 목록

② 기술 변경서

③ 부품 목록

④ 도면 변경서

**해설**

도면은 적용 목록의 문서 영역이고, 아래 그림은 부품 목록의 문서 정보 기록 영역이다.

| KOREA AVATION JUN 14 1997 | | CONTRACT NO. | | GAGEC 81755 | PL 16HI701 | |
|---|---|---|---|---|---|---|
| DRAWING TITLE : PIPING INSTELLATION-HYD. LG. | | DWG TYPE | DISTRIBUTION CODE : PO | SIZE A | SHEET 1 OF 27 | |
| RELEASE DATE: 99-06-25 | INTERRETATION PER: 162001 | ALL ISSUE NO | PL ISSUE NO: 410 | AL/PL ISSUE DATE: 97-06-27 | AL/PL REV/LTR: NS | |

*** PARTS LIST ***

*** CHANGE HISTORY ***

| DWG REV | PL REV | ECN | RELEASE DATE | INCORP STATUS | DWG REV | PL REV | ECN | RELEASE DATE | INCORP STATUS |
|---|---|---|---|---|---|---|---|---|---|
| - | LN | 06X48 | 06/06/97 | | JJ | - | 41157 | 01/16/90 | |
| KT | LK | 91U00 | 04/22/97 | | JE | JU | 59A23 | 12/01/96 | |
| KN | LE | 36U95 | 11/14/96 | | - | JK | 12254 | 08/19/88 | |
| KK | LB | 71T76 | 04/03/96 | | HY | JG | 5X881 | 06/28/88 | |
| JY | KP | 23K66 | 04/01/93 | | HV | JG | 1X719 | 06/11/88 | |
| JS | KK | 93P93 | 11/06/90 | | | | | | |

*** PARTS LIST NOTES ***

A. VERIFICATION OF HT TREATMENT PER NDTS1500 REQD
B. VENDOR ITEM. SEE SPEC CONTROL DWG

**14** 항공기 도면에서 위치 기준선으로 사용되지 않는 것은?

① 버턱라인

② 워터라인

③ 동체 스테이션

④ 캠버라인

**해설**

- 동체 위치선(FS: Fuselage, BSTA: Body Station): 기준이 되는 0점 또는 기준선으로부터의 거리, 기준선은 기수 또는 기수로부터 일정한 거리에 위치한 상상의 수직 면으로 설명되며, 주어진 점까지의 거리는 보통 기수에서 테일 콘의 중심까지 있는 중심선의 길이로 측정된다.
- 동체 수위선(BWL: Body Water Line): 기준으로 정한 특정 수평 면으로부터의 높이를 측정하는 수직거리이다.
- 버턱선(BBL: Body Buttock Line, WBL: Wing Buttock Line): 동체 중심선을 기준으로 좌, 우 평행한 동체와 날개의 폭을 나타내며, 동체 버턱선(BBL: Body Buttock Line)과 날개 버턱선(WBL: Wing Buttock Line)으로 구분된다.
- 날개 위치선(WS: Wing Station): 날개보가 직각인 특정한 기준면으로부터 날개 끝 방향으로 측정된 거리이다.

**15** 다음의 기체 결함 스케치 도면은 어느 방향을 기준으로 작성된 것인가?

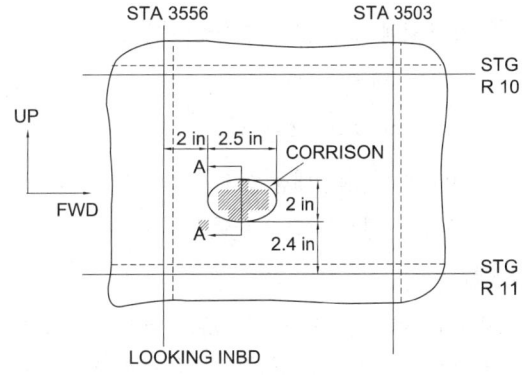

① 앞에서 뒤쪽을 쳐다본 경우

② 뒤에서 앞쪽으로 쳐다본 경우

③ 기축선을 향해 쳐다본 경우

④ 기축선 쪽에서 밖으로 쳐다본 경우

해설

| 보는 방향 | 표시 방법 |
|---|---|
| 기축선을 향해 쳐다본 경우 | LOOKING INBD |
| 기축선 쪽에서 밖으로 쳐다본 경우 | LOOKING OUT |
| 뒤에서 앞쪽을 쳐다본 경우 | LOOKING FWD |
| 앞에서 뒤쪽을 쳐다본 경우 | LOOKING AFT |
| 위에서 아래로 내려다본 경우 | LOOKING DOWN |
| 아래에서 위로 쳐다본 경우 | LOOKING UP |

**16** 항공기 도면의 표제란에 "INSTL"로 표시되는 도면의 종류는?

① 생산 도면　　② 조립 도면

③ 장착 도면　　④ 상세 도면

해설

도면의 종류에는 실물 모형 도면, 기준 배치 도면, 설계 배치 도면, 생산 도면, 상세 도면, 조립 도면, 장착 도면, 배선도가 있다. 이 중 표제란에 표시되는 도면 중 조립 도면은 'ASSY', 장착 도면은 'INSTL'로 표기된다.

**17** 스케치에 대한 설명 중 틀린 것은?

① 사물에 대한 생각을 시각적으로 보여준다.

② 정밀 도구를 주로 사용한다.

③ 아이디어의 내용을 쉽게 표현할 수 있다.

④ 도면 제작 기간을 단축시켜 준다.

해설

스케치의 언어는 점, 선, 면, 문자로 되어 있는 시각적인 기호이다. 이는 어떤 아이디어가 단순하다거나, 하찮은 것이거나, 복잡하다거나, 매우 훌륭한 것에 관계 없이 4가지 기호로 표현할 수 있다. 즉, 스케치는 기호 언어로 그려진 그림이다.

**18** 다음과 같은 항공기용 도면의 이름을 부여하는 방식에 대한 설명으로 옳은 것은?

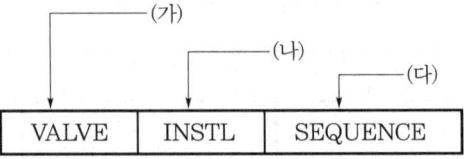

① (가)는 도면의 수정 부분을 의미한다.

② (나)는 도면의 형태를 의미한다.

③ (다)는 기본 부품 명칭을 의미한다.

④ 'INSTL'은 분해 도면을 의미한다.

해설

(가)는 기본 부품 명칭을 의미하고, (나)는 도면 형태를 의미하고, (다)는 수정 부분을 말하고, INSTL은 장착 도면을 말한다. 여기서 ASSY는 조립 도면을 말한다.

**19** 항공기 기체 수리 도면에 리벳과 관련된 다음과 같은 표기의 의미는?

5 RVT EQ SP

① 길이가 같은 5개 리벳이 장착된다.

② 리벳이 5인치의 간격으로 장착된다.

③ 5개의 리벳이 같은 간격으로 장착된다.

④ 연거리를 같게 하여 5개 리벳이 장착된다.

해설

5개의 리벳이 같은 간격으로 장착되어야 함을 의미한다. RVT: RIVET(리벳), EQ: EQUAL(동등한, 대등하다), SP: SPACE(공간), STAGGERED: 엇갈리다.

**20** 항공기 기체 수리 도면 내용이다. 다음과 같은 표기의 의미 중 틀린 것은?

| ⊕ | $\phi$ .0020 | J | N | B |
|---|---|---|---|---|

① 위치 공차에서 위치도의 공차이다.

② 공차 지름은 0.0020mm이다.

③ 데이텀 순서는 알파벳 순서로 우선 적용한다.

④ 기하 공차이다.

**[해설]**

기하 공차를 표기하는 것이다. 위치 공차에서 위치도의 공차가 지름 0.0020in임을 나타낸다. 데이텀의 우선순위는 J, N, B 순으로 적용된다.

**✈ 정답** 20. ②

PART
04

항공기 계통

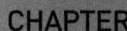

CHAPTER

# 01 전기계통

**1** 전기회로

## (1) 전기 기초 이론

① **기전력(EMF: electromotive force):** 단위 전하당 한 일을 말하며, 간단히 말해 낮은 퍼텐셜에서 높은 퍼텐셜로 단위전하를 이동시키는 데 필요한 일이다. 기전력의 단위는 J/C이며 볼트와 같다. 기전력은 전위차와 마찬가지로 볼트(V)라는 단위로 측정한다.

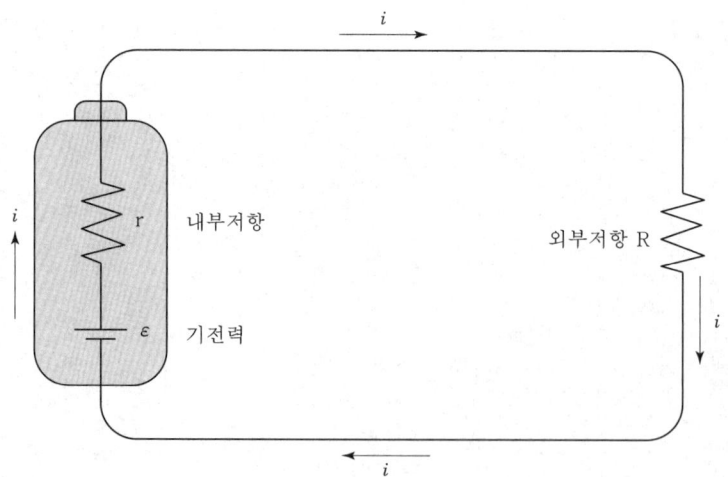

※ 전압의 단위 : 볼트(volt, V), 전압의 기호 : E

② **전류(electric current):** 전위(전기장 내에서 단위전하가 갖는 위치 에너지)가 높은 곳에서 낮은 곳으로 전하(물체가 띠고 있는 정전기의 양, 1초 동안에 1C(쿨롬) $6.28 \times 10^{18}$)의 전기량을 연속적으로 이동하면 1A라 한다.

$$I = \frac{Q}{t}[\text{A}]$$

③ 저항(resistance)

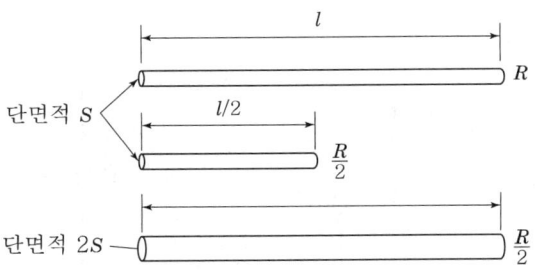

가) 전류가 흐르는 것을 막는 작용이며, 단위는 옴($\Omega$), 저항의 기호는 $R$이다.

나) 저항 $R$은 길이에 비례하고 단면적($S$)에 반비례한다.

$$R = \rho \frac{l}{S} \ (\rho : 저항률)$$

④ **전력(electric power):** 단위시간 동안 전기장치에 공급되는 전기 에너지 또는 단위시간 동안 다른 형태의 에너지로 변환되는 전기 에너지를 말한다. 전력의 단위는 흔히 와트(W) 또는 킬로와트(KW)를 사용한다. 1W는 1A의 전류가 1V의 전압이 걸리는 곳을 흘러갈 때 소비되는 전력의 크기를 말한다.

$$※ \ P(W) = E(V) \times I(A) = EI = (IR)I = I^2 R \, (W)$$

## (2) 직류회로(Direct Current Circuit)

### ① 키르히호프의 법칙

가) 제1 법칙(전류법칙): 도선의 접합점으로 흘러 들어오는 전류의 합은 "0"이다.

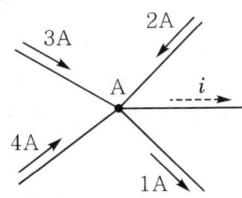

㉠ KCL의 전류의 합은 같다.

ㄴ) 2A+3A+4A−1A−iA=0

ㄷ) i=−8A

※ 회로 속 한 갈림길에서 들어온 전류의 합은 나가는 전류의 합과 같다(유입전류= 유출전류). 전류 법칙 혹은 분기점 법칙이라고도 한다.

나) 제2 법칙(전압법칙): 어느 폐쇄회로를 따라 특정한 방향으로 흐르는 전압 상승의 합은 0이다.

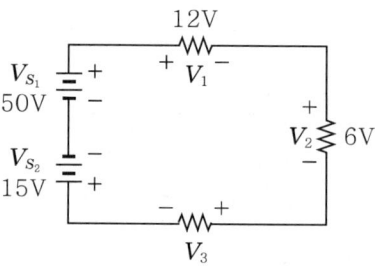

㉠ KCL의 전류 상승의 합은 "0"

㉡ $2+50-12-6-V_S-15=0$

㉢ $V_S = 17V$

※ 전압의 법칙이라고도 하며 전기적인 위치 에너지, 즉 전기적인 높이라고 말할 수 있다.

② **옴의 법칙(Ohm's law):** 전류의 세기는 두 점 사이의 전위차에 비례하고, 전기 저항에 반비례한다는 법칙이다. 다시 말해서 회로에 흐르는 전류는 전압을 일정하게 하고 저항을 증가시키면 감소한다. "전기회로 내에 흐르는 전류는 그 양 끝이 가진 전압에 정비례하고, 전기회로의 저항에 반비례 한다는 것이다." 이것을 옴의 법칙이라 한다.

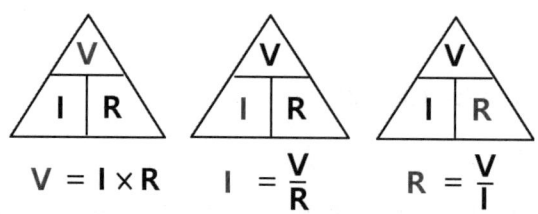

| 명칭 | 내용 |
|---|---|
| 전압<br>(voltage) | 전자의 흐름은 (−)극에서 (+)극으로, 전류의 흐름은 (+)극에서 (−)극으로 흐름에 따른 두 점 사이의 전압차가 생긴다. 흐름의 운동을 일으키는 힘을 두 점 사이의 전위차(electric potential difference), 기전력(EMP), 전압(voltage)이라 한다. 단위는 볼트(V), 기호 [E]이다. |
| 전류<br>(current) | 전자의 운동으로 단위 시간당 이동한 전하량을 말한다. 단위는 암페어(A), 기호는 [I]이다.<br><br>$$1A = \frac{Q}{t}$$ |

| | 도체 내에서 전류의 흐름을 방해하는 성질로 단위는 옴(Ω), 기호는 [R]이다. 전도율이 우수한 은, 구리, 금, 알루미늄 순 중 구리선은 자유전자가 많이 있어 저항이 작아 많이 사용되고, 알루미늄은 구리보다 매우 가볍고 가격이 저렴하여 도선의 무게에 문제가 있을 때 동력선으로 구리 대신 사용한다. | |
|---|---|---|
| 저항 (resistance) | 도체의 길이 | 도체의 길이가 길수록 저항이 커진다. |
| | 도체의 면적 | 도체의 면적이 작을수록 자유전자의 충돌 및 원자핵에 흡수되어 전자 이동에 방해를 주게 되어 저항이 커진다.<br><br>도체의 저항(R), 도체의 길이($\ell$), 도체 면적(A)의 관계식은<br><br>$$R = \rho \frac{L}{A}$$<br><br>− 고유저항$(\rho) = R\frac{A}{L}$ 이고, 단위는 MKS[Ω · m] 및 항공단위 [Ω · cmil(circular mil)/ft]를 쓴다. |
| | 도체의 온도 | 물질은 온도가 증가하면 저항도 증가한다. 그와는 반대 물질로는 탄소, 서미스터가 있고, 저항 변화가 거의 없는 물질로는 콘스탄탄, 망가닌 등이 있다. |

### ③ 저항을 가지는 직렬, 병렬회로

가) 직렬회로(series circuit): 직렬회로는 회로가 나누어지지 않고, 전체 전류가 흐르는 길이 1개이다. 직류에 의해 작동되는 2개 또는 그 이상의 상호 관계된 도체를 포함한 회로를 말한다. 모든 전기 기구를 같이 통제할 수 있다는 장점이 있으나 전구가 어두워지고, 한 곳이 끊어지면 모두 작동하지 않는다.

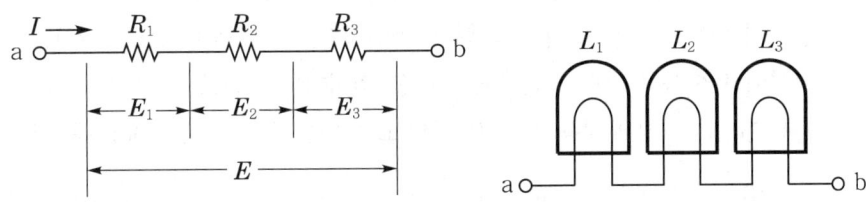

※ 저항의 직렬회로에서는 각 저항을 흐르는 전류($I$)의 크기가 어느 점에서나 동일하다.

※ 이 전기회로의 합성 저항은 $R_T = R_1 + R_2 + R_3\,[\Omega]$

나) 병렬회로(parallel circuit): 전지나 전구를 2개 이상 연결할 때, 한 줄로 연결하지 않고 갈라져서 전류가 흐르게 연결한 회로이다. 다시 말해 병렬회로의 각 소자에 흐르는 전류는 부하일 경우 각기 그 임피던스에 반비례한다.

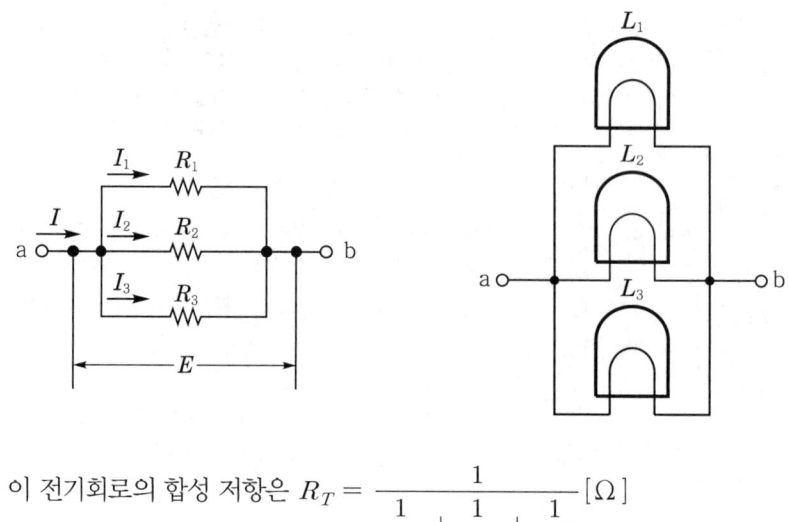

※ 이 전기회로의 합성 저항은 $R_T = \dfrac{1}{\dfrac{1}{R_1} + \dfrac{1}{R_2} + \dfrac{1}{R_3}}[\Omega]$

## (3) 교류회로(Alternating Current Circuit)

교류회로란 회로 내의 전력 공급원으로부터 발생하는 전류의 양과 방향이 주기적으로 바뀌는 회로를 말한다. 교류의 종류로는 사인파, 삼각파, 사각파 등이 있으며, 그중에서도 사인파가 가장 전형적인 교류라 할 수 있다. 이때, 삼각파나 사각파를 비롯해 주기성을 띠는 임의의 전류는 사인파의 합성을 이용해 값을 찾을 수 있다.

### ① 용어

가) 주파수(frequency): 일정한 크기의 전류나 전압 또는 전계와 자계의 진동과 같은 주기적 현상이 단위 시간(1초)에 반복되는 횟수이다. 예를 들어 100Hz는 진동이나 주기적 현상이 1초 동안 100회 반복되는 것을 의미한다. 기호는 V 또는 f, 단위는 헤르츠를 사용한다. 항공기에 사용되는 대부분의 교류 전류의 주파수는 400Hz를 사용한다.

$$주파수(Hz) = \frac{비극수}{2} \times \frac{RPM}{60} = \frac{PN}{120} = \frac{발전기\ 극수 \times RPM}{120}$$

나) 교번(alternation): 전압이나 전류가 "0"에서 시작하여 최고점까지 올라간 후 다시 원래의 시작점인 "0"까지 내려오는 교류의 반 사이클을 나타낸다.

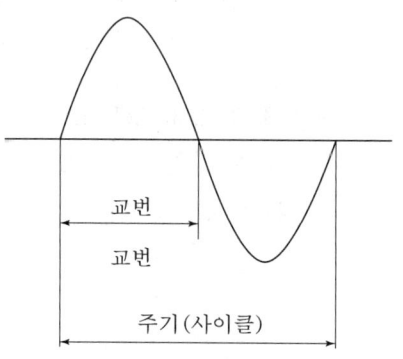

다) 사이클(cycle): 전압이나 전류가 "0"에서 시작하여 양의 방향으로 정상까지 올라간 후 다시 "0"을 지나 음의 방향으로 최하점을 지나서 다시 원래의 시작점인 "0"으로 돌아오는 완전한 하나의 연속되는 동작 상태를 나타낸다.

라) 위상(phase): 진동이나 파동과 같이 주기적으로 반복되는 현상으로, 주기적 변화를 하는 하나의 전기적 또는 기계적 파의 어느 임의의 기점에 대한 상대적 각도이다. 보통은 1사이클을 $360°$ 또는 $2\pi$라디안으로서 각도로 나타낸다.

② **교류의 실효값(the effective value of an alternating current, $E$):** 교류의 전압 또는 전류의 순시값은 시간과 더불어 크기와 방향이 변하기 때문에 교류가 어떤 저항체에 가해져서 열을 발생시키거나 또는 일을 하였을 때 실제 효과와 똑같은 역할을 하는 직류의 값을 정의하는 값이다.

가) 최대값: $E_m$

나) 실효값: $E = \dfrac{1}{\sqrt{2}} E_m$ (0.707배)

다) 평균값: $E_a = \dfrac{2}{\pi} E_m$

③ **교류의 평균값(Average Valve, $E_a$):** 교류의 전압 및 전류는 실효값으로 표시하는 것이 일반적이지만, 교류의 이론을 연구하거나 정류기 등의 특성을 취급할 경우 사용하는 값이다.

$$E_a = 0.637 E_m$$

④ **교류회로에 작용하는 저항**

가) 저항회로: 저항성 회로에서는 전류는 전압에 비해 $90°$만큼 느리다.

나) 인덕턴스(기호: $L$, 단위: $H$(헨리)): 코일의 자기장 변화에 의한 저항이다.

다) 캐패시턴스(기호: $C$, 단위: $F$(패럿)): 콘덴서의 전기장 변화에 의한 저항이다.

라) 임피던스(기호: $Z$, 단위: $\Omega$)

$$R,\ L,\ C\ \text{교류의 총 저항}\ Z = \sqrt{R^2 + (X_L - X_C)^2} \quad \theta = \tan^{-1} \times \frac{X_L - X_C}{R}$$

㉠ 리액턴스(기호: $X$, 단위: $\Omega$): $90°$의 위상차를 가지게 하는 교류 저항을 말한다.

㉡ 유도성 리액턴스(기호: $X_L$): 인덕턴스로 인한 저항으로 전류를 $90°$ 지연시킨다.

㉢ 용량형 리액턴스(기호: $X_C$): 캐패시턴스로 인한 저항으로 전류를 $90°$ 앞서게 한다.

⑤ **교류의 전력**

가) 유효전력($P$)(단위: $W$)

㉠ 저항에서 흡수되어 실제로 소비한 전력이다.

㉡ $P = V \times I\cos\theta = I^2 R\,[W]$

나) 무효전력($P_r$)(단위: $VAR$)

　　㉠ 전기장 및 자기장의 변화에 의하여 흡수, 반환되는 현상을 되풀이함으로써 소모되지 않는 전력이다.

　　㉡ $P_r = V \times I\sin\theta = I^2 X [VAR]$

다) 피상 전력($P_a$)(단위: $VA$)

　　㉠ 유효전력, 무효전력의 총 전력

　　㉡ $P_a = V \times I = I^2 Z [VA]$

## (4) 3상 교류회로(Three-Phase Alternating Current)

큰 전력을 전송하는 것이 경제적으로 가장 유리하기 때문에 3본의 전선을 사용하는 경우가 많다. 이러한 경우 3상 교류라 한다. 주파수가 같고 위상이 3개의 기전력에 의해 흐르는 교류이며, 일반적으로는 대칭 3상 기전력에 의해 흐르는 교류를 말하며, 서로 위상이 120° 다르고, 진폭이 같은 3개의 정현파 교류가 동시에 흐르고 있는 교류이다.

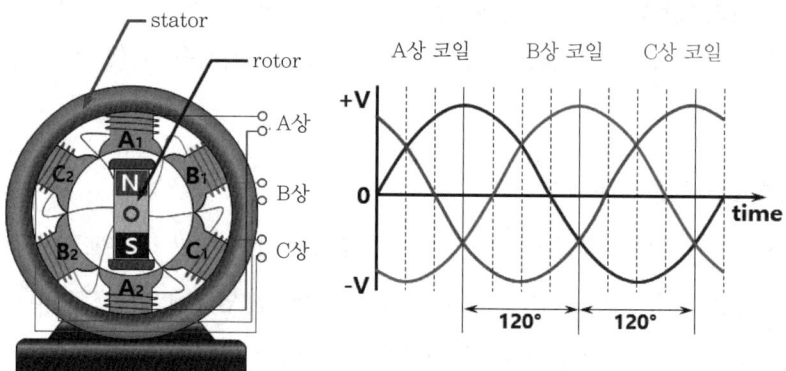

▲ 3상 교류 발전기

큰 전력을 전송하는 것이 경제적으로 가장 유리하기 때문에 3본의 전선을 사용하는 경우가 많다. 이러한 경우 3상 교류라 한다. 주파수가 같고 위상이 3개의 기전력에 의해 흐르는 교류이며, 일반적으로는 대칭 3상 기전력에 의해 흐르는 교류를 말하며, 서로 위상이 120° 다르고, 진폭이 같은 3개의 정현파 교류가 동시에 흐르고 있는 교류이다.

① **3상 Y결선**: Va, Vb, Vc를 연결하여 중심점을 만들고 a, b, c에서 한 개씩 연결하여 상A, 상B, 상C를 이룬 다음 중심점을 기체에 접지시키고 3선을 버스로 연결하는 방식이다.

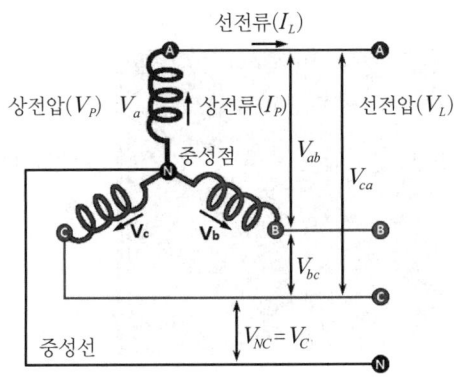

▲ Y결선의 전압/전류

가) 특징

　　㉠ 선간 전압의 크기는 상전압의 $\sqrt{3}$ 배이고, 위상은 해당하는 상전압보다 30° 앞선다.

　　㉡ 선전류의 크기와 위상은 상전류와 같다.

② △(델타) 결선

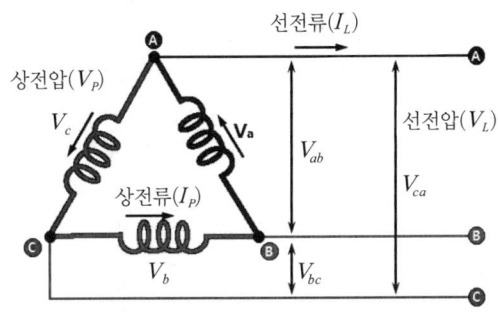

▲ △ 결선의 전압/전류

가) 특징

　　㉠ 선간 전압의 크기와 위상은 상전압($V_P$)과 같다.

　　㉡ 선전류($I_L$)의 크기는 상전류의 $\sqrt{3}$ 배이고, 위상은 상전류보다 30° 늦다.

## (5) 항공기 전기 시스템

① 직류(12V, 24V 사용): 니켈-카드뮴 축전지 그림이다. 20개의 셀을 cell connecting strap으로 직렬로 연결하여 24V의 축전지 전압을 갖게 된다. 니켈 카드뮴은 에너지 밀도가 떨어져서 셀당 1.2~1.25V의 전압을 갖고 있다.

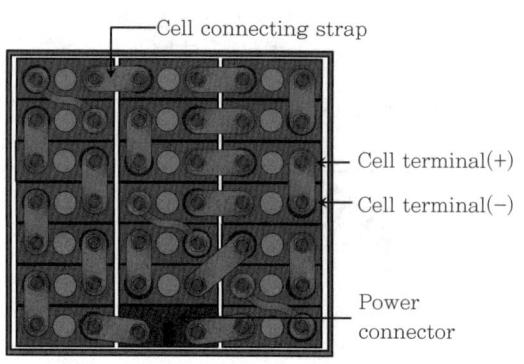

Cell connecting strap
Cell terminal(+)
Cell terminal(−)
Power connector

▲ 니켈-카드뮴 축전지의 셀 연결

② 교류(3상 115V, 400HZ 사용)

| 명칭 | 주요 내용 |
|---|---|
| 고정자=계자<br>(stator) | 얇은 규소강판으로 성층 시킨 성층 철심과 3상 Y결선으로 120° 위상차를 두고 교류를 발전시키는 장소이다. |
| 회전자=전기자<br>(rotor) | 로터 내부의 성층 철심에 코일이 감겨있고 슬립링을 통해 전류가 들어오면서 전자석이 된다. 로터가 회전하면서 자속을 끊어 스테이터 코일에 전기가 발전되도록 한다. |
| 정류기<br>(rectifier) | 교류 전력을 주 전원으로 사용하는 항공기에는 별도의 직류 발전기는 설치하지 않고 변압 정류기에 의해 직류를 공급한다. 이는 실리콘 다이오드 6개를 사용하여 교류를 직류로 정류시킨다. 다이오드는 정류작용과 역류를 방지한다. |
| 슬립링과 브러시 | 2개의 브러시는 슬립링과 접촉하여 전기를 공급하게 한다. |

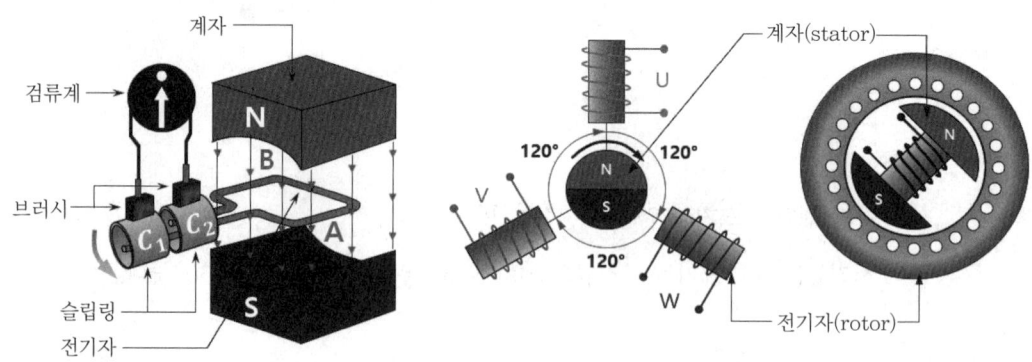

▲ 교류 발진기의 구조

③ 직류와 교류 비교

가) 직류는 발전장치가 간단하고 축전지와 연결이 쉽다.

나) 축전지와의 연결을 위하여 전압은 낮아야 하고 상대적으로 흐르는 전류는 커야 하므로 전선이 굵어야 한다.

다) 같은 용량을 가진 교류보다 계통이 차지하는 무게가 무겁다.

④ **회로보호장치:** 예기치 못한 과중한 전압이 걸리거나 또는 회로의 단선 등으로 과대한 전류가
   흐르는 경우 회로를 차단시켜 관계되는 전자전기장치의 손상을 미연에 방지하는 역할을
   한다.

   가) 회로 차단기(circuit breakers): 회로 내에 규정 값 이상의 전류가 흐를 때 회로를
      끊어주어 전류의 흐름을 막는 장치이며 종류로는 푸시형, 푸시풀형, 스위치형, 자동
      재접속형이 있다.

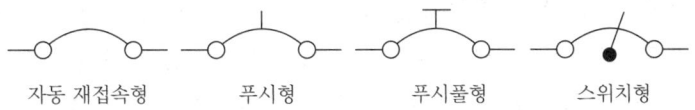

   | 자동 재접속형 | 푸시형 | 푸시풀형 | 스위치형 |

   ▲ 접속방식에 따른 회로 차단기 및 회로 기호

   나) 퓨즈(fuse): 규정 용량 이상의 전류가 흐르면 녹아 끊어지도록 함으로써 회로 내에 흐르는
      전류를 차단하는 역할을 한다.

   다) 열 보호 장치(thermal protector): 열 스위치라고도 하고, 과부하 때문에 전동기가
      과열되면 자동으로 공급 전류를 끊어주어 전동기를 보호하는 역할을 한다.

⑤ **회로제어장치(circuit controller):** 전자회로를 닫거나 열거나 하는 장치로서, 필요한
   시간동안 일정한 조건에서 작동할 목적으로 회로를 제어하는 장치이다.

   가) 스위치(switch): 항공기의 전기회로에 전류가 흐르게 하거나 멈추게 하거나 전류의
      방향을 바꾸는 데 사용된다.

| 스위치 종류 | 내용 |
|---|---|
| 토글 스위치<br>(toggle switch) | 스위치를 올리고, 내리면 불이 들어오고 꺼지게 되는 스위치로<br>항공기에서 가장 많이 사용한다. 토글 스위치의 종류와 심벌은<br>그림과 같다.<br><br>회로기호 / SPST / SPDT / DPST<br>DPDT / SPTT / DPTT / Push button<br>▲ 토글 스위치 접속 방법에 따른 회로 기호 |
| 푸시 버튼 스위치<br>(push button switch) | 항공기 조종사가 쉽게 식별할 수 있도록 조종석 계기 패널에 많<br>이 사용된다. |
| 회전 선택 스위치<br>(rotary selector switch) | 손잡이를 돌려 한 회로만 개방하고, 다른 회로는 닫히게 한다.<br>동시에 여러 개의 스위치를 한번에 담당한다. |

| 마이크로스위치<br>(micro switch) | 스위치를 누르면 스프링이 눌려 회로를 구성하고, 다시 누르면 회로를 닫게 한다. 가동장치는 4.23mm 이하의 짧은 동작으로 회로를 개폐시키며, 착륙장치, 플랩을 작동시키는 전동기에 작동을 제한하여 제한 스위치(limit switch)라고도 한다. 항공기에 널리 사용된다. |
| --- | --- |
| 근접 스위치<br>(proximity switch) | 승객 출입문, 화물칸 문에 사용된다. 전자기장을 이용한 2개의 구성품을 갖추어 문이 닫히지 않은 경우 경고등이 점등되고, 문이 닫히면 소등되도록 만든 경고용 스위치이다. |

나) 계전기(relay): 조종석에 설치되어 있는 스위치에 의해 작은 양의 전류로 큰 전류가 흐르는 회로를 개폐시켜 주는 전자기 스위치이다. 큰 전류를 제어하기 위해 전원과 버스 사이에 장착한다. 즉 조종석에서 솔레노이드를 이용한 회로를 제어하여 시동을 걸 때 사용되는 전동기는 많은 양의 전류가 필요하기 때문에 축전지와 시동기와의 전선은 짧을수록 좋다. 그림은 솔레노이드를 이용한 계전기와 회로기호 그리고 종류이다.

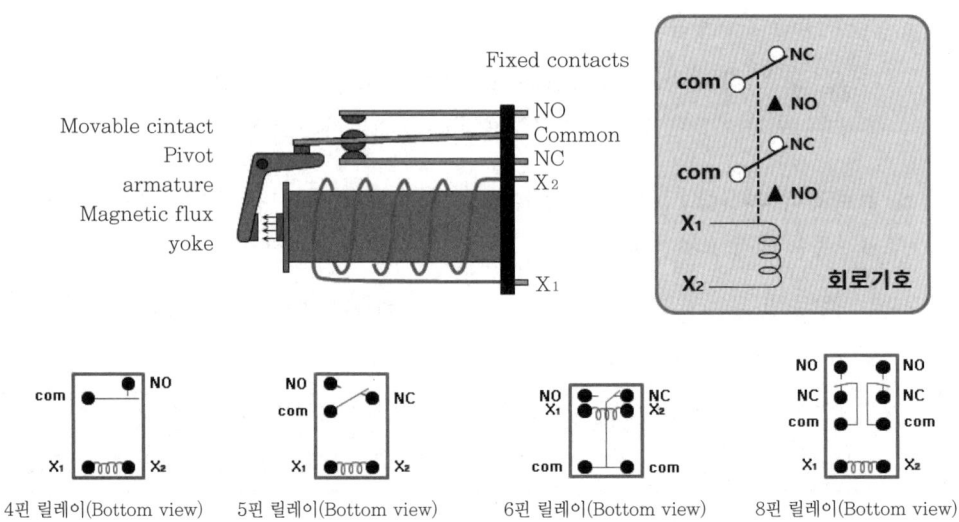

4핀 릴레이(Bottom view)    5핀 릴레이(Bottom view)    6핀 릴레이(Bottom view)    8핀 릴레이(Bottom view)

## 2 직류 전력

### (1) 전지(battery)

일명 축전지라고도 하며, 이는 약품의 화학작용으로 화학 에너지를 전기 에너지로 바꾸는 장치를 말한다. 한 번 전류를 빼내면(방전) 다시 사용할 수 없는 것을 1차 전지(건전지)라고

하고, 전류를 보냄으로써(충전) 몇 번이라도 반복 사용할 수 있는 것을 2차 전지라고 한다. 항공기에서는 2차 전지를 널리 사용하고 있으며 납산 배터리, 니켈-카드뮴 배터리 두 종류가 있다.

① **니켈-카드뮴 배터리(nickel cadmium battery):** 고충전율을 가지며 납산 배터리에 비해 방전 시 전압강하가 거의 없으며, 재충전 소요시간이 짧고, 큰 전류를 일시에 사용해도 배터리에 무리가 없으며, 유지비가 적게 들고, 배터리의 수명이 길다. 셀당 전압은 1.2V~1.25V이다. 정상작동 온도 범위는 -65℉~165℉이다.

　가) 구조

　　　㉠ 양극판은 수산화제2니켈(Ni(OH)₃), 음극판은 카드뮴(Cd)

　　　㉡ 격리판 양극판은 음극판과 겹쳐 설치되어 층 판으로 형성된다. 판 사이에는 절연이 가능하도록 여러 분리 층으로 된 격리판으로 절연시킨다.

　　　㉢ 커버 & 환기부: 커버와 환기부는 판 위에 부착되어 있는데, 필러 캡이 부착되어 전해액을 보급할 때 열리도록 하고, 캡 장착 시는 충전 시 나오는 가스가 환기되도록 한다.

　　　㉣ 셀 판: 니켈-카드뮴 배터리의 셀은 각각 분리된 장치이며 개별적으로 작용을 하고, 각 셀은 플라스틱 케이스 안에 12V나 24V 배터리로 결합된다. 12V 배터리는 9개 혹은 10개의 셀을 가지며, 24V 배터리는 19개 혹은 20개의 셀을 가진다.

　　　㉤ 전해액인 수산화칼륨(KOH)은 독성이 매우 강하므로 취급 시 보안경, 고무장갑, 고무 앞치마 등을 착용해야 하고, 전해액이 피부에 묻은 경우 중화제인 아세트산, 레몬주스, 붕산염 용액으로 중화시킨다. 전해액을 만들 때 물에 수산화칼륨을 조금씩 떨어뜨려 섞어야 한다. 전해액의 비중은 1,240~1,300이다.

　나) 용량: 축전지의 방전상태는 전압계(voltmeter)로 측정한다.

　다) 종류: 은-아연 셀, 니켈-카드뮴 셀, 에디슨 셀

② **납산 축전지(lead-acid storage battery):**
납산 축전지의 기본 구성은 다음과 같이 극판, 격리판, 케이스(또는 컨테이너), 커버, 지지대, 플러그, 단자 등으로 구성된다. 셀(cell)당 전압은 충전 직후 전압은 2.2V이지만, 내부 저항에 의한 전압강하로 인하여 2V 정도이다. 화학반응이 상온에서 발생하므로 위험성이 적고, 신뢰성이 크며, 비교적 가격이 저렴하다.

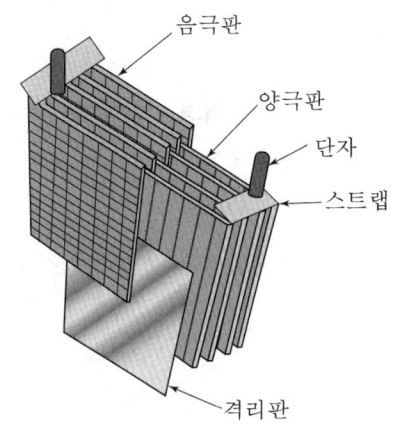

음극판
양극판
단자
스트랩
격리판

가) 구조

　㉠ 극판

　　• 납(Pb)과 안티몬(Sb)으로 만들어진 격자에 활성 물질을 붙였다.

　　• 양극판은 과산화납($PbO_2$)으로, 음극판은 납(Pb)으로, 전해액은 묽은 황산($H_2SO_4$)
　　　이다.

　　• 음극판 수가 양극판의 수보다 한 개 더 많다(양극판이 음극판보다 더 활성적이므로
　　　양극판 보호 목적).

　㉡ 격리판

　　• 양극판과 음극판이 서로 접촉되어 전기적으로 단락되는 것을 방지한다.

　　• 홈이 파여 있는 면은 양극판 쪽으로 향하게 한다. 그 이유는 양극판의 활성물질이
　　　음극판보다 화학적 활동이 더 활발하여 침전물이 많이 발생하므로 그만큼 빨리
　　　전해액이 홈을 타고 들어와 침투확산이 잘되도록 하기 위함이다.

　㉢ 터미널 포스트: 셀을 직렬 연결할 때 쓰며, 중앙에는 캡이 있다. 캡은 전해액의 비중을
　　측정하고, 전해액의 증류수를 보충하며, 충전 시 발생하는 가스를 배출한다. 캡 속의
　　납추(차폐 마개)의 역할은 항공기의 자세가 흔들리거나 또는 배면 비행 시 납추가 가스
　　배출구를 막아 전해액의 누설을 방지한다.

　㉣ 마개

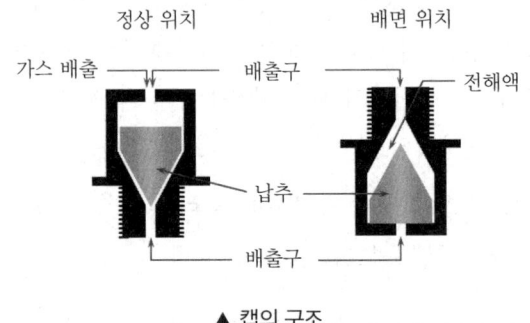

▲ 캡의 구조

　　• 커버의 가운데에는 플러그(또는 cap)가 있다. 이 플러그를 열고 비중계나 온도계를
　　　넣어 측정한다. 그리고 전해액이나 증류수를 주입한다. 그래서 필러 플러그라고도
　　　한다.

　　• 플러그 중앙에는 작은 구멍이 있어 축전지 내부에서 발생하는 산소와 수소가스를
　　　방출한다. 그래서 벤트 플러그라고도 한다.

나) 용량

　㉠ 12V 축전지는 6개의 셀을, 24V 축전지는 12개의 셀을 직렬로 연결하여 한 단위로 이룬다.

　㉡ 축전지의 용량은 Ah(ampere-hour)로 표시한다.

　㉢ 항공기 축전지는 5시간의 방전 제한을 가진다.

　㉣ 축전지의 용량은 유효 극판의 넓이에 비례한다(극판이 넓으면 용량도 증가).

다) 화학반응

　㉠ 축전지가 충전되면 비중은 높아진다.

　㉡ 축전지의 충전, 방전상태는 전해액의 비중을 보고 알 수 있다.

　㉢ 축전지의 비중 점검: 비중계를 이용한다.

　㉣ 축전지 비중

　　• 완전 충전상태: 1.300

　　• 고 충전상태: 1.240~1.300

　　• 중 운전상태: 1.240~1.274

　　• 저 충전상태: 1.200~1.239

　㉤ 전해액은 온도에 따라 변화한다.

　㉥ 전해액 보충 시 반드시 물(증류수)에 묽은 황산을 넣어 만든다.

라) 충전 방법

　㉠ 정전압 충전법: 과충전에 대한 특별한 주의가 없어도 짧은 시간에 충전을 완료할 수 있다. 여러 개를 동시에 충전할 때는 전압값별로 전류와 관계없이 병렬로 연결한다(일정한 규정 전압으로 계속 충전).

　㉡ 정전류 충전법: 일정한 규정 전류로 계속 충전하는 방법이며, 여러 개를 동시에 충전하고자 할 때는 전압과 관계없이 용량을 구별하여 직렬로 연결한다.

　　• 장점: 충전 완료시간을 미리 추정할 수 있다.

　　• 단점: 충전 소요시간이 길고 주의를 하지 않으면 과충전이 되기 쉽다.

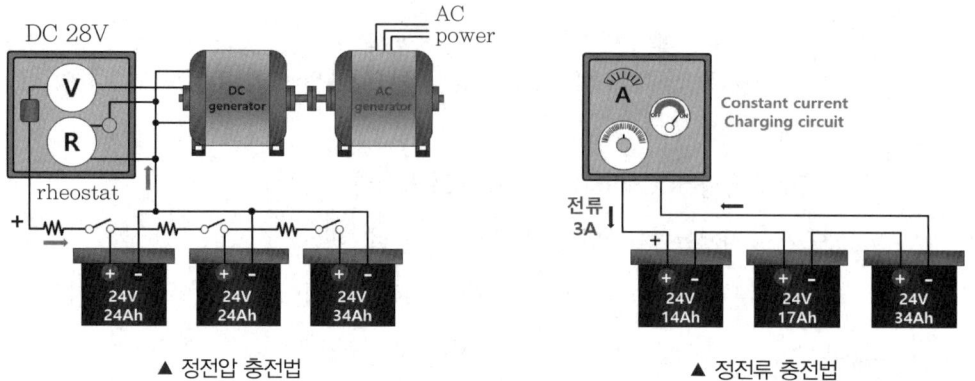

| ▲ 정전압 충전법 | ▲ 정전류 충전법 |

마) 충전 시 주의사항

　　㉠ 충전 시 가스가 발생하므로 통풍이 잘되는 곳에서 충전한다.

　　㉡ 역 충전하면 과열되므로 충전기의 배선 접속을 반대로 하지 않는다.

　　㉢ 충전기의 접지선은 반드시 접지시킨다.

　　㉣ 충전 중인 축전지에 충격을 가하지 않는다.

　　㉤ 충전 시 발생하는 수소가스는 폭발성 가스이므로 담배 및 스파크 발생에 유의한다.

　　㉥ 과충전이 되지 않도록 주의한다.

　　㉦ 축전지 전해액의 온도가 45℃ 이상 넘지 않도록 한다.

③ **직류 발전기:** 항공기에 이용되는 직류 전원에는 직류 발전기, 축전지, APU(Auxiliary Power Unit), GPU(Ground Power Unit) 등 4종이 있다. 발전기는 엔진에 의해 구동되며 전자기 유도효과에 따라 기계적 에너지를 전기적 에너지로 바꾼다. 직류 발전기는 직류 전기를 공급하는 것으로서, 항공기에는 전력의 수요에 따라 1대 또는 그 이상의 발전기가 필요하다. 직류 발전기의 출력전압은 축전지가 12V인 항공기에서는 14V이고, 축전지가 24V인 항공기에서는 28V이다.

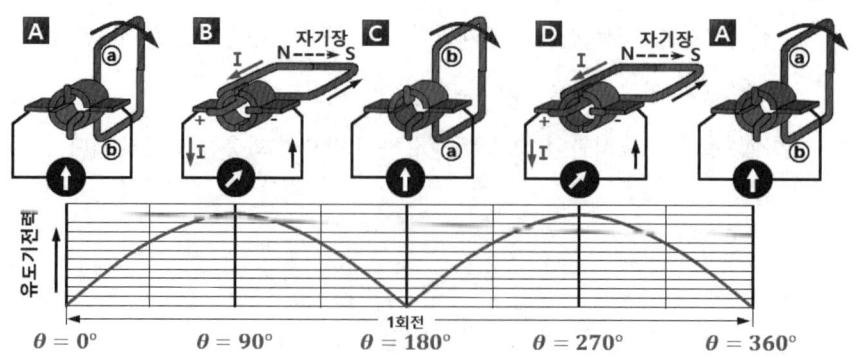

가) 작동원리: 자장을 정지시키고 코일을 회전시켜 전기를 발생하게 되는데 자장을 만들어 주는 부분을 계자라 하고, 전압이 유기되는 코일을 전기자라 한다.

나) 형식 및 구조

 &#9689; 형식

  • 전기의 수요에 따라 형식을 용량별로 나누게 된다.

  • M형: 50A, O형: 100A, P형: 200A, R형: 300A

 &#9690; 구조

  • 계자: 요크 또는 프레임이라고 불리는 틀 내부에 볼트로 고정된 자석을 말한다. 이 자석으로 된 극은 보통 2극 또는 4극으로 되어 있다.

  • 전기자: 전기자는 자장 내에서 회전하는 코일을 포함한 회전체로서 전기자는 전기자 철심, 전기자 코일, 전기자 축으로 구성되어 있다.

   – 전기자 철심: 자력선의 통과를 쉽게 하여 유도전류를 많이 일으킬 수 있는 작용과 전기자 코일을 지지하는 역할을 한다.

   – 전기자 코일: 전기자 코일에서 발생한 전류가 정류자와 브러시를 통해서 직류로 정유된다.

   – 전기자 축: 전기자의 회전축으로 계자 프레임의 양 끝에 있는 축받이에 의해 지지된다.

  • 정류자: 교류를 직류로 바꾸며 브러시와 접촉하여 전류를 밖으로 흐르게 한다.

  • 브러시 및 브러시 홀더: 정류자 면에 접촉되어 전기자에 발생한 전류를 외부로 보내는 역할을 한다. 브러시는 고전위 탄소로 만들어 사용한다.

 &#9691; 종류

  • 직권형 직류 발전기: 전기자와 계자 코일이 서로 직렬로 연결된 형식으로 부하의 변동에 따라 전압이 변하게 되므로 전압 조절이 매우 어렵다.

  • 분권형 직류 발전기: 전기자와 계자 코일이 서로 병렬로 연결된 형식으로 계자 코일은 부하와 병렬관계에 있으므로 부하전류는 출력전압에 영향을 끼치지 않는다.

  • 복권형 직류 발전기: 직권형과 분권형 계자를 모두 가지고 있는 형식으로 직권형과 분권형의 성질을 조합하는 정도에 따라 과복권, 평복권, 부족 복권으로 분류한다.

다) 직류 발전기 보조장치

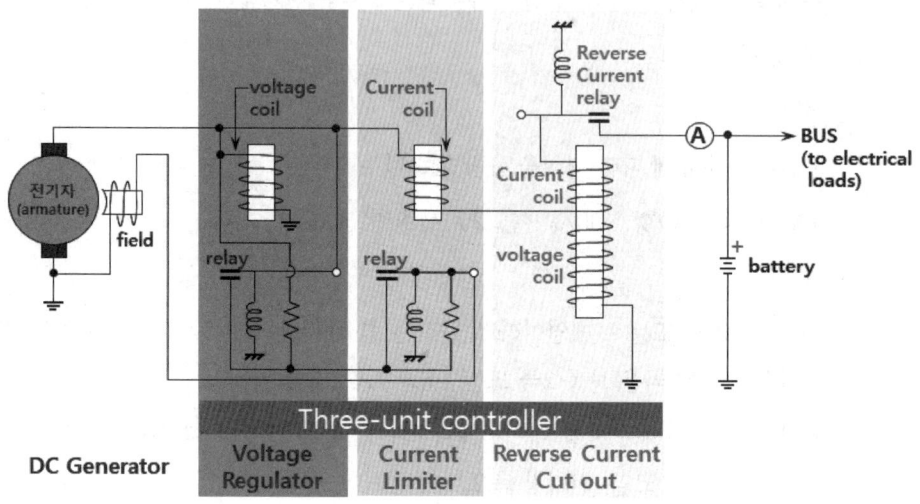

| 보조장치 종류 | 보조장치 핵심 내용 | |
|---|---|---|
| 전압 조절기<br>(voltage regulator) | 엔진 회전수와 부하 변동에 따라 계자 코일의 전류를 조절하여 출력전압을 일정하게 유지해 준다. 종류로는 진동형과 카본파일형이 있다. | |
| | 진동형 | 솔레노이드에 의해 단속적으로 전압을 조절하기 때문에 높은 전압 발전기에서는 스파크 발생 등으로 사용하기 어려워 일부 소형 항공기에서만 사용한다. |
| | 카본파일형 | 세라믹 절연체로 된 원통관 안에 다수의 탄소판이 배열되어 있고, 일반적으로 가장 많이 사용되는 전압 조절기이다. 카본파일이 계자 코일과 직렬로 연결되어 발전기 전압이 증가하면 계자전류를 조절해 준다. |
| 전류 제한기<br>(current limiter) | 과전압 방지 장치(over voltage relay)라고 하며, 발전기에 과전류가 흐르면 저항을 거치면서 과전류를 감소시켜 준다. | |
| 역전류 차단기<br>(reverse current<br>cut-off relay) | 발전기의 출력 전압이 낮은 경우에는 축전지에서 발전기로 역류되는 것을 방지하고, 발전기 출력 전압이 높은 경우에는 정상적으로 각 버스를 통해 전류를 공급 및 축전지에 충전한다. 즉 역으로 전류가 흐르게 되는 것을 차단한다. | |
| ※ 직류 발전기의 병렬운전: 직류 발전기의 병렬운전을 하기 위해서는 출력 전압을 같게 해야 한다. 출력 전압을 같게 조정하는 회로는 이퀄라이저(equalizer) 회로이다. | | |

## (1) 교류 발전기(Alternator)

자기장 속에 코일을 놓으면 플레밍의 오른손 법칙(자기장의 방향만 반대이고 플레밍의 왼손 법칙의 원리와 같음)에 의해 코일에는 전류가 흐른다. 교류 형태로 역학적 에너지를 전기 에너지로 전환하여 교류 기전력을 일으키는 발전기이다. 전자감응 작용을 응용한 것으로, 간단히 교류기라고도 한다. 교류 발전기는 단상과 3상이 있으나 항공기에 사용되는 발전기는 모두 3상이며, 동기속도라는 일정한 속도로 회전하므로 3상 동기발전기(three-phase synchronous generator)라 한다.

## (2) 교류 발전기의 구조 및 종류

① **회전 계자형:** 전기자 권선을 고정시키고 계자 권선을 회전시키는 발전기이다. 전기자 권선이 고정되어 있으므로 원심력을 받지 않으며, 절연하기가 쉬운 것이 장점이다. 따라서 고전압, 대용량 발전기에 사용된다.

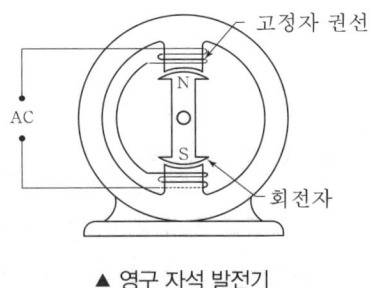

▲ 영구 자석 발전기

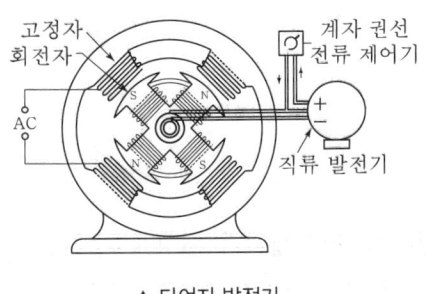

▲ 타여자 발전기

② **교류 발전기의 기본구조**

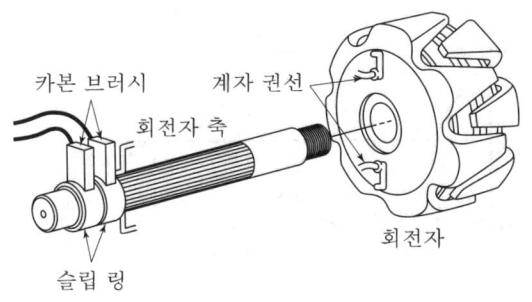

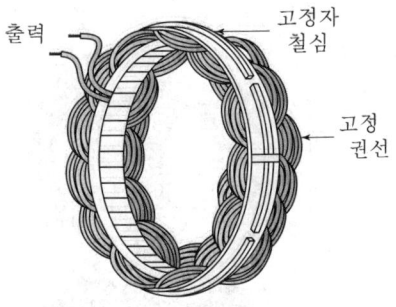

③ **단상 교류 발전기:** 직류 발전기는 계자를 고정하고 전기자를 회전시켰으나 교류 발전기는 전기자를 고정하고 무게가 가벼운 계자를 회전시킨다. 그림에서 교류계자(회전)의 자기장 세기는 회전계자와 같은 축을 가지고 회전하는 직류 발전기인 여자기 전기자에 의해 공급되는 전류에 의해 달라진다.

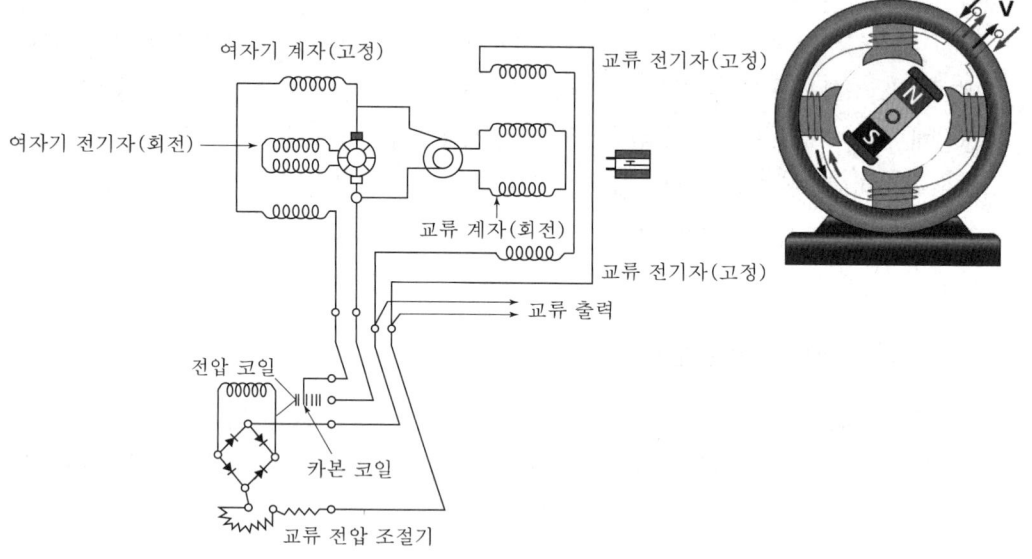

가) 주파수, 계자의 극수, 회전수의 관계

$$f = \frac{P}{2} \times \frac{N}{60}$$

※ $f$ : 주파수($Hz$ 또는 $cps$), $P$ : 계자의 극수, $N$ : 분당회전수(rpm)

④ **3상 교류 발전기:** 단상에 비하여 효율이 우수하고 결선방식에 따라 전압, 전류에서 이득을 가지며, 정비와 보수가 쉽고, 높은 전력의 수요를 감당하는 데 적합하여 항공기에 많이 사용된다.

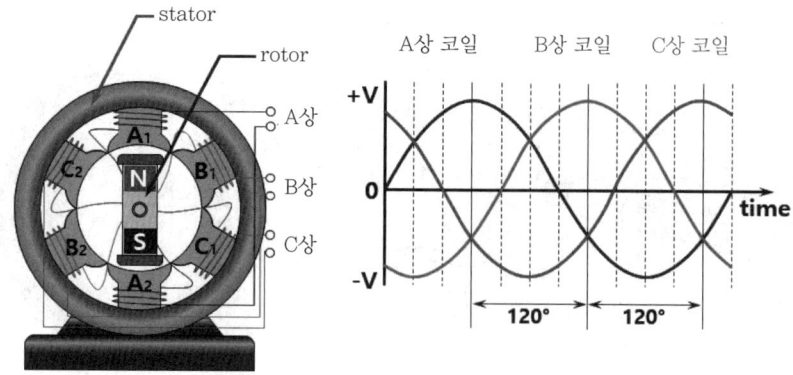

▲ 3상 교류 발전기

가) 자기 여자 교류 발전기: 계자에 직류 전류를 보내기 위해서 단상 교류 발전기와 같이 발전기를 이용하는 방법과 정류기를 이용한 3상 교류 발전기와 같이 자신이 발전한 교류를 정류하여 계자에 보내는 방법이 있다. 자기 여자 교류 발전기는 엔진 회전수 및 부하에 관계없이 일정 전압을 유지하기 위해 회전 계자 전류를 조절하여 출력을 일정하게 할 수 있다.

나) 브러시리스 교류 발전기: 브러시와 슬립링 없이 여자 전류를 발생시켜 3상 교류 발전기의 회전 계자를 여자시킨다. 브러시와 슬립링이 없어 브러시 마모가 없고, 아크 발생 위험이 없으며, 전기 저항 및 전도 변화율이 없어 출력 파형이 안정되어 고공비행 성능이 좋다. 단, 가격이 비싸고 구조가 복잡하다.

## (3) 교류 발전기의 보조기기

### ① 교류 전압 조절기

가) 목적: 구동축의 회전수가 변하더라도 발전기의 출력전압을 항상 일정하게 유지하고, 여러 개의 발전기가 병렬운전할 때 각 발전기가 부담하는 전류를 같게 한다.

나) 종류

　㉠ 카본 파일형 전압 조절기: 직류 발전기를 여자기로 이용하는 교류 발전기의 전압 조절에 사용한다.

　㉡ 자기 증폭기형 전압 조절기: 부하의 크기에 상관없이 일정 전압을 유지할 수 있고, 규정 전압을 0.1초 만에 회복할 수 있어 제트 항공기에 많이 사용한다.

　㉢ 트랜지스터형 전압 조절기: 교류 발전기에 계자 전류를 조절하며, 트랜지스터에 흐르는 전류를 조절하면 계자 전류가 조절되어 교류 출력 전압이 조절된다.

### ② 정속구동장치(CSD: Constant Speed Drive): 교류 발전기는 전압과 주파수를 일정하게 유지하며, 발전기의 회전수는 출력 주파수와 비례한다. 항공기의 교류 발전기는 엔진에 의해서 구동되기 때문에 엔진의 회전수가 변하게 되면 발전기의 출력 주파수도 변하게 된다. 따라서 엔진과 발전기 사이에 정속구동장치를 설치하여 엔진의 회전수와 관계없이 발전기를 일정하게 회전시킨다. 구성은 유압장치, 차동기어장치, 거버너 및 오일 등으로 구성되어 있다.

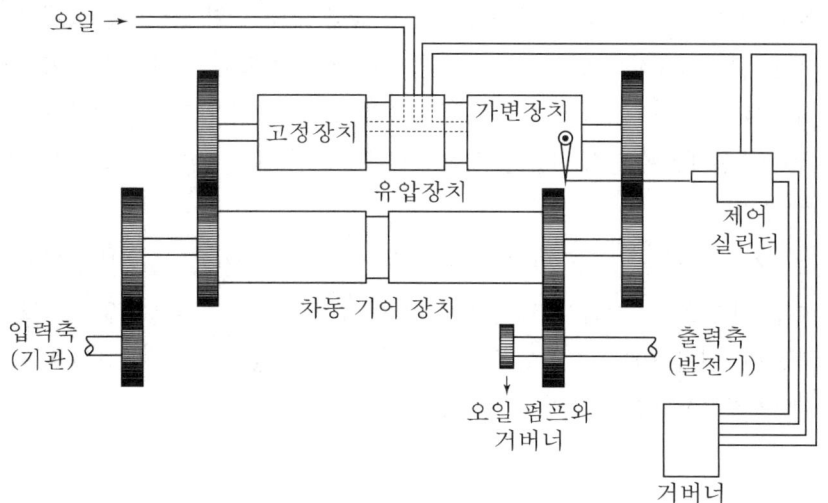

③ **통합 구동 발전기:** 통합 구동 발전기는 교류 발전기와 정속구동장치가 일체로 되어 있다. 현대의 중·대형 항공기는 이것을 사용한다.

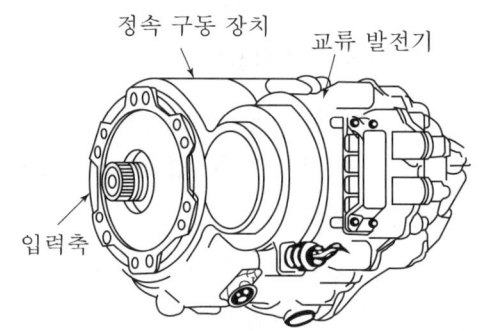

④ **인버터(inverter):** 항공기 내에 교류 전원이 없을 때, 즉 교류 발전기가 고장 났을 때 직류만을 주 전원으로 하는 항공기에서 축전기의 직류를 공급받아 교류로 변환시켜 최소한의 교류 장비를 작동시키기 위한 장치이다(DC → AC).

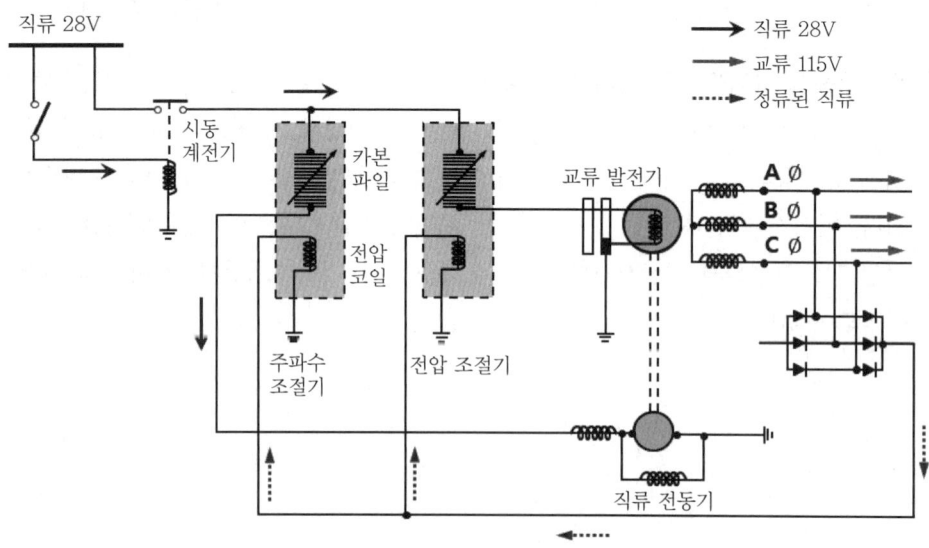

▲ 인버터의 회로도

⑤ 변압 전류기(TRU: Transformer Rectifier Unit)

항공기의 많은 장치는 고전류, 저전압 직류로 작동한다. 교류계통을 주 전원으로 하는 항공기에는 별도로 직류 발전기는 설치하지 않고 변압 정류기에 의해 직류를 공급한다. 정류기란, 전류 흐름 방향을 한쪽으로만 흐르게 함으로써 교류를 직류로 바꾸는 장치이다.

### (4) 항공기용 교류 발전기

①번은 영구자석 발전기, ②번은 여자 발전기, ③번은 주 발전기로 구성되어 있다. 엔진이 구동되어 발전기가 정격으로 회전하면, 영구자석 발전기는 교류 3상, 80V의 출력을 내보낸다. 이 전압은 발전기 제어장치 내에 있는 정류기에 의해서 직류로 만들어져 여자 발전기 계자 권선에 공급한다. 주 발전기 출력 전압을 일정하게 유지시키기 위하여 전압 조절기에 의해서 이 전압을 제어한다. 여자 발전기에 전기자 권선의 3상 출력은 회전자 축 내에 있는 정류자(6개의 다이오드)에 의해서 직류로 만들어지고, 이 직류 전압으로 주 발전기 계자 권선을 여자시킨다. 이때, 주 발전기 전기자 권선은 3상, 115/200V, 400Hz의 기전력이 출력된다. 이와 같은 방법으로 브러시 없이 발전기의 출력이 발생되기 때문에 안정된 출력을 유지할 수 있다.

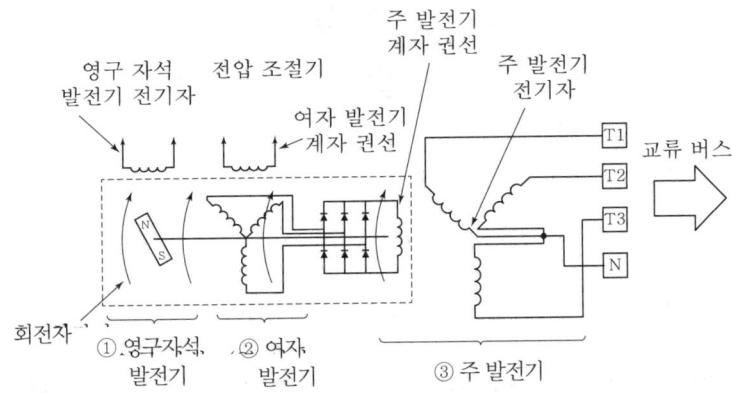

### (5) 교류 발전기의 병렬운전

교류 발전기를 2대 이상 운전해야 할 때는, 각 발전기의 부하를 동일하게 분담시킴으로써 어느 한쪽 발전기에 무리가 생기는 것을 피하도록 한다. 그러나 직류 발전기와 달리, 교류 발전기의 병렬운전 조건은 각 발전기의 전압(기전력의 크기), 주파수, 위상 등이 서로 일치해야 한다.

## 4  전동기

착륙장치, 플랩 등을 올리고 내리는 동작과 서보모터 등의 작동을 위하여 전동기의 구동력을 이용한다. 발전기는 기계적인 에너지를 전기적인 에너지로 변환시키는 장치인데 반하여, 전동기는 전기적인 에너지를 기계적인 에너지로 바꾸어 주는 장치이다. 전동기는 사용되는 전류에 따라 직류 전동기와 교류 전동기로 나누어진다(엔진 시동 시 사용).

## (1) 직류 전동기(플레밍의 왼손 법칙)

① **원리:** 구조는 계자와 전기자로 구성되어 있다. 전기자 코일에 전류가 흐름으로 인해 전류에 의한 자기장이 생겨서 이것이 원래 계자의 자기장과의 상호작용으로 힘이 생기는데, 이 힘으로 축을 회전시킨다.

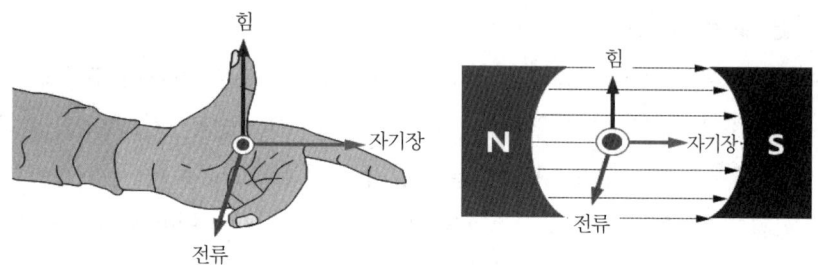

▲ 플레밍의 왼손 법칙

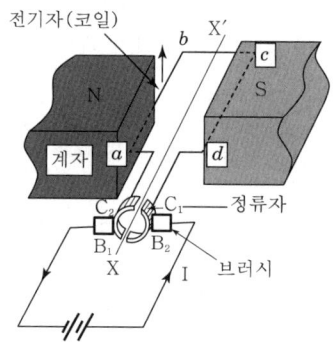

▲ 전동기의 구성요소

② **직류 전동기(DC motor)의 구조:** 직류 전력을 기계적 동력으로 변환하는 장치이다. 직류 전동기와 직류 발전기의 구조는 동일하며, 이들을 직류기라 총칭한다. 직류 전동기의 구성요소는 전기자, 계자, 정류자, 브러시 등으로 되어 있다.

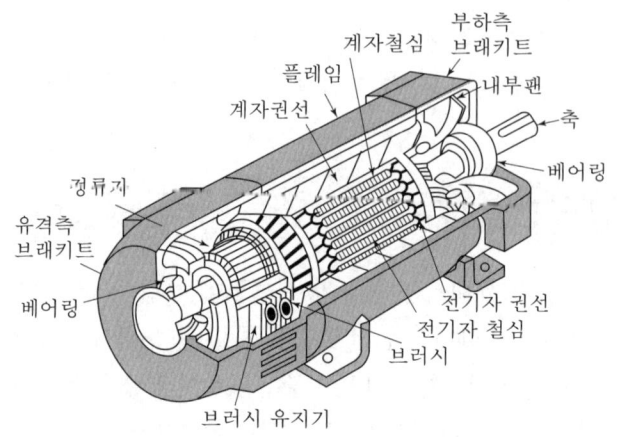

가) 전기자(armature): 전기자는 연철 코어, 코일 및 정류자, 회전식 강축에 장착되어 있다.

나) 계자기(field): 계자기 플레임, 극 조각, 계자 코일로 구성되어 있다. 계자기 플레임은 전동기 하우징의 내부 벽에 위치되어 있고, 계자 코일이 감겨있는 성층 연철 극 조각을 포함하고 있다.

다) 브러시(brush): 브러시와 지지대로 구성되어 있다. 브러시는 아주 작은 막대기 형태로 흑연탄소 재질로 되어 있으며 수명이 길고 교환자에 접촉하여 야기되는 마모를 최소화한다. 정류자 면과 접촉하여 전기자 회전 시 전기자 권선과 외부 회로를 연결하고 있다. 정류자 면과의 접촉 시 브러시는 두께 100%, 너비 70% 이상이 접촉되도록 하고, ⅓~½ 이상 마모되면 교환한다.

※ 브러시의 유무에 따라 브러시리스 모터, 스테핑 모터 등으로 나누어진다. 브러시 종류(튜브타입 브러시, 박스타입 브러시)에 따라 2개 또는 8개이다.

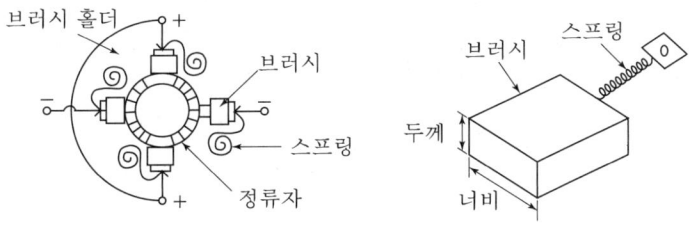

### ③ 직류 전동기 종류

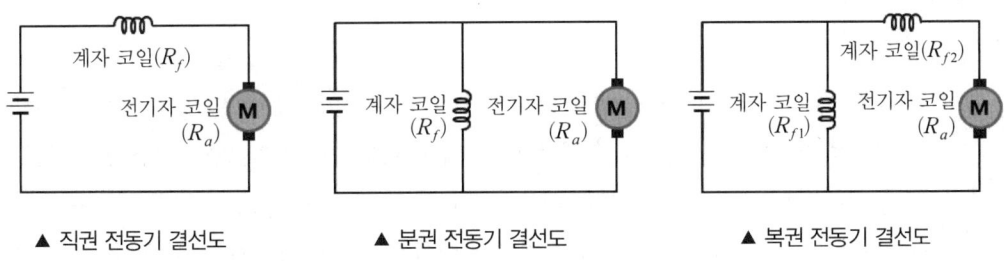

▲ 직권 전동기 결선도     ▲ 분권 전동기 결선도     ▲ 복권 전동기 결선도

가) 직권 전동기: 경항공기의 시동기, 착륙장치, 카울 플랩 등을 작동하는 데 사용한다. 전기자 코일과 계자 코일이 서로 직렬로 연결된 것이다. 직권 전동기의 특징은 시동할 때에 전기자 코일과 계자 코일 모두에 전류가 많이 흘러 시동 회전력이 크고, 무부하 상태에서 회전속도가 빠르다는 것이 장점이다.

나) 분권 전동기: 부하의 변화에 대한 회전속도의 변동이 적으므로 일정한 속도가 요구되는 인버터 등에 사용된다. 전기자 코일과 계자 코일이 병렬로 연결되어 있다. 이는 전기자가 회전하면서 역기전력(역전류)을 발생시키므로 계자의 입력전류를 제한하여 일정하게 만든다.

다) 복권 전동기: 선풍기, 원심 펌프, 전동기−발전기를 작동하는 데 사용한다. 전기자 코일과 계자 코일이 직렬과 병렬로 연결된 것이며, 직권 계자와 분권 계자의 자극 방향이 서로 같으면 가동 복권 전동기이고, 자극 방향이 서로 반대이면 차동 복권 전동기이다. 가동 복권 전동기는 직권 전동기와 분권 전동기의 장점을 모두 가지지만 구조가 복잡한 단점도 있다.

라) 가역 전동기: 회전 방향을 필요에 따라 스위치 조작으로 반대 방향으로의 움직임이 필요한 장비에 사용된다. 전동기의 회전 방향이 반대로 되려면, 전기자의 극성 또는 계자의 극성 중에서 어느 하나를 바꾸어야 한다. 전기자와 계자의 극성을 모두 바꾸면 회전 방향은 변하지 않는다.

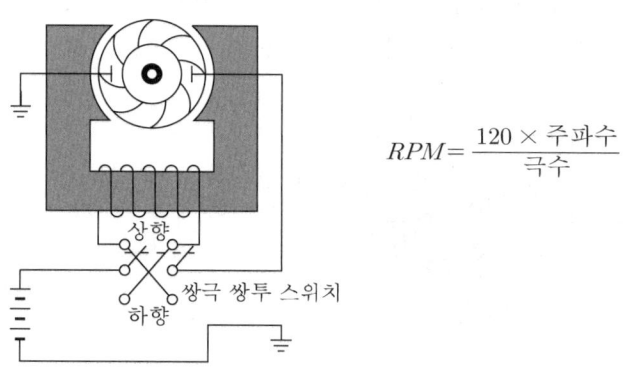

$$RPM = \frac{120 \times 주파수}{극수}$$

④ 교류 전동기

가) 개요

직류 전동기보다 효율이 좋기 때문에 경제적인 운전을 할 수 있으며, 직류에 비해 작은 무게로 많은 동력을 얻을 수 있으므로 대형 제트 항공기에 많이 사용된다. 여러 가지 형식의 항공기 모터가 교류로 작동되도록 설계되었다. 일반적으로 교류 전동기는 브러시와 교환자를 사용하지 않으므로 브러시에서 자주 발생되는 스파크를 피할 수 있다. 교류 전동기는 신뢰성을 가지고 있으며 교류 모터는 단상선으로 작동된다. 교류 전동기의 회전속도는 극의 수와 전원력의 주파수에 의하여 결정된다. 교류 전동기는 소형의 고속로터와 감속기어를 이용하여 날개 플랩, 인입식 착륙기어, 엔진 시동기와 같은 큰 부하로 움직이는 곳에 사용된다.

나) 교류 전동기의 종류

㉠ 만능 전동기(교류정류자 전동기, universal moter): 유도 전동기의 고정자와 직류 전동기의 전기자를 조합하여 만든 구조이다. 직류와 교류를 겸용할 수 있는 전동기를 만능 전동기라고 한다.

ⓛ 3상 유도 전동기(유도 전동기, induction moter): 교류에 비해 작동 특성이 좋기 때문에 시동이나 계자 여자에 있어 특별한 조치가 필요하지 않고, 부하 감당 범위가 넓어 대형 항공기의 비교적 작은 부하의 작동기로 사용된다. 유도 전동기는 단상 유도 전동기와 3상 유도 전동기로 나눈다.

ⓒ 3상 동기 전동기(동기 전동기, synchronous moter): 일정한 회전수가 필요한 기구에 사용되며, 항공기 에서는 엔진의 회전계, AC-AC 컨버터에 이용한다. 영구자석이나 외부 직류 전원에 의한 전자석으로 되어 있다.

| 대분류 | 중분류 | 세부 내용 |
|---|---|---|
| 직류<br>전동기 | 직권 전동기 | 경항공기의 시동기, 착륙장치, 카울 플랩 등 |
| | 분권 전동기 | 일정한 회전속도가 요구되는 인버터 등 |
| | 복권 전동기 | 선풍기, 원심 펌프, 전동기<br>(발전기 – 가동 복권 전동기, 차동 복권 전동기) |
| 교류<br>전동기 | 만능 전동기<br>(교류정류자 전동기) | 진공청소기, 전기드릴 등 |
| | 유도 전동기 | – 단상 유도 전동기: 차단 밸브, 잠금장치 등의 소형<br>  전동기<br>– 3상 유도 전동기: 유압 펌프, 연료 펌프 등의 큰 힘<br>  을 요하는 전동기 |
| | 동기 전동기 | – 단상 동기 전동기: 일정한 회전수가 필요한 정밀장비<br>– 3상 동기 전동기: 항공기 엔진의 회전속도를 표시<br>  하는 회전계기(RPM) |

## 5 부하계통

### (1) 변류기(Current Transformer)

교류의 큰 전류에서 일정한 비율의 작은 전류를 얻는 장치이다. 변압기라고도 하며, 도선 전류에 따라서 송전 전류를 조절한다.

$$변류기 = \frac{I_1}{I_2} = \frac{N_2}{N_1}$$

### (2) 정류기(Rectifier)

전류 흐름 방향을 제한하거나 조정함으로써 교류를 직류로 바꾸는 장치이다. 그리고 한 방향으로만 전류를 통과시키는 기능을 가졌다. 항공기에 사용되는 반도체 정류기(solid-state rectifier)의 종류에는 반파 정류기, 전파 정류기가 있다.

① 종류

    가) 반도체 정류기: 대전류용의 제작이 가능하며 역방향의 내전압이 크다는 장점이 있다.

    나) 전자관 정류기: 양극의 양·음극에 음의 전압이 가해졌을 때만 전류가 흐른다.

    다) 기계적 정류기: 교류 전원과 직류 부하 사이에 접촉자를 넣고, 이 접촉자를 기계적으로 동작시켜 교류의 양의 파인 구간에만 통전하고 나머지 구간에서는 회로가 개방되도록 만든 접촉 변류기라는 장치이다.

## (3) 변압기(Transformer)

전기적으로 직접 연결되지 않고 전자기 유도현상을 이용하는 장치로 철심에 2개의 코일을 감아 교류의 전압이나 전류의 값을 변화시켜주는 장치이다.

$$(\text{권수비})a = \frac{E_1}{E_2} = \frac{n_1}{n_2} \qquad \text{변압비} = \frac{V_1}{V_2}$$

## 6 조명 장치(항공기 내·외부, 조종실, 객실, 화물실 등)

## (1) 기본 구성

| 구성 종류 | 등의 종류 | | 등의 목적 |
|---|---|---|---|
| 외부 조명등 | 충돌방지등, 항법등, 지상 활주등, 착륙등, 앞전등, 동체 조명등, 주날개 조명등, 꼬리날개 조명등 | | 착륙, 지상 활주와 비행 중에 시계를 밝히거나 항공기 위치를 알리거나 항공기 날개 등에 결빙 상태를 살필 수 있도록 하며, 충돌을 방지한다. |
| | 구분 | 설치 위치 | |
| | 항법등 | 항공기 왼쪽 날개 끝에 적색등, 오른쪽 날개 끝에 녹색등, 꼬리 끝에 백색등 설치(좌적우청후백) | |
| | 식별등 | 야간비행 시 항공기를 식별하기 위해 동체 하부에는 적색등, 녹색등, 황색등과 상부에는 백색등 설치 | |
| | 충돌방지등 | 야간에 비행기 시계확보를 위해 동체 가장 위·아래 및 수직 안정판 꼭대기에 적색 점멸등 설치 | |
| | 착륙등 | 야간 착륙 시 사용하는 등으로 날개 하부 및 앞쪽 착륙장치에 설치 | |
| 내부 조명등 | 계기등, 조종실 조명등, 객실 조명등, 화물실 조명등 | | 조종실, 객실 내부를 조명하고, 계기 상태를 파악할 수 있게 하며, 기내에 필요한 부분에 조명을 한다. |
| 비상 조명등 | 비상 출구등, 비상 탈출 보조동, 비상 구조등 | | 비상시에 승무원, 승객의 비상탈출을 돕게 한다. |

충돌방지등은 스위치를 작동하면 적색등이 켜지고, 동시에 필터를 거친 정류된 DC 전류에 의해 전동기는 회전하게 된다. 전동기가 회전하면 반사경이 회전하면서 적색 점멸등이 된다. 이때 가변저항을 돌리면 전동기의 속도를 조절할 수 있다.

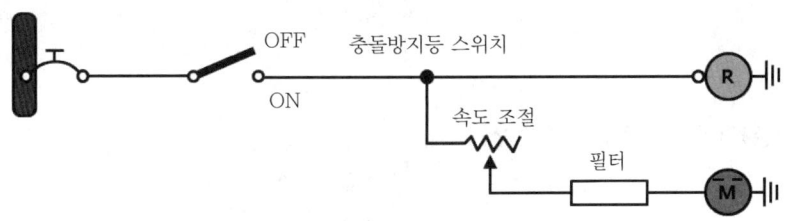

▲ 충돌방지등의 작동

착륙등은 2개의 스위치가 있고, 스위치 ①은 착륙등을 켜고 끄는 역할을 하고, 스위치 ②는 착륙등을 내리는 위치, 정지 위치, 접어 들이는 역할을 한다.

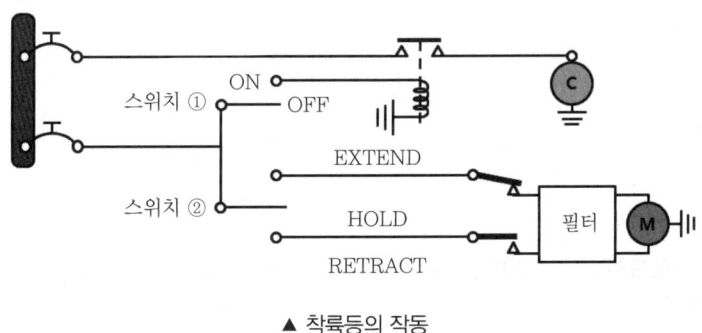

▲ 착륙등의 작동

## (2) 조명 장치의 정비

| 정비 구분 | 점검 세부 내용 | | |
|---|---|---|---|
| 점검 | 점검 사항에는 전기회로와 전동기 부분을 점검하며 항목은 다음과 같다.<br>① 단락 및 단선<br>② 조명의 렌즈 상태와 밝기<br>③ 비행 전 내·외부 전체 조명등 작동 이상 유무 | | |
| 고장 탐구 | 조명 장치의 고장에는 램프의 파손, 회로의 단락 및 단선, 전동기 부분의 고장, 계전기 접속 불량, 가변저항의 훼손, 스위치 작동 불량이 있고 아래와 같이 조치할 수 있다. | | |
| | 충돌방지등 스위치가 제어되지 않는다면 | 점검 위치 및 이상 확인 | 조치 |
| | | ① 회로의 단선 및 램프의 끊어짐<br>② 전동기 고장 및 스위치 접속 불량 | ① 램프 교환<br>② 스위치 교환 |
| | 등이 점멸되지 않는다면 | 점검 위치 및 이상 확인 | 조치 |
| | | ① 전동기 부분 점검<br>② 가변저항 변화에도 반응이 없다.<br>③ 램프 | ① 전동기 수리 및 교환<br>② 가변저항 교환<br>③ 램프 교환 |

# CHAPTER

# 01 실력 점검 문제

**01** 다음 중 전위차 및 기전력의 단위는?

① 볼트(V)　　　② 오옴(Ω)

③ 패러드(F)　　④ 암페어(A)

**해설**

• 기전력(전위차, 전압): 두 지점 간의 전기적 에너지 차
  이로 전류를 흐르게 하는 힘
• 전압/기전력: V(볼트)
• 전류: A(암페어)
• 저항: Ω(옴)
• 콘덴서: F(패러드)
• 코일: H(헨리)

**02** 그림과 같은 회로에서 5Ω 저항에 흐르는 전류
값은 몇 $A$인가?

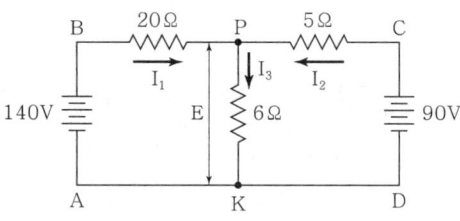

① 1　　　　　② 4

③ 6　　　　　④ 10

**해설**

※ 키르히호프의 법칙

① 키르히호프 제1법칙 전류의 법칙

　$I_1 + I_2 = I_3$

② 키르히호프 제2법칙 전압의 법칙

　$140 = 20 I_1 + 6 I_3 = 0$

　$90 = 5 I_2 + 6 I_3 = 0$

③ 연립방정식으로 풀면

$140 = 20 I_1 + 6(I_1 + I_2) = 0$

$90 = 5 I_2 + 6(I_1 + I_2) = 0$

$\overline{\phantom{xxxxxxxxxxxxxxxxxxxxxxxxxxxx}}$

$140 = 26 I_1 + 6 I_2 = 0 -- ①$

$90 = 6 I_1 + 11 I_2 = 0 -- ②$

$\overline{\phantom{xxxxxxxxxxxxxxxxxx}}$ (①에×11, ②에×6)

$1540 = 286 I_1 + 66 I_2 = 0$

$540 = 36 I_1 + 66 I_2 = 0$

④ 정리하면

$1,000 = 250 I_1, \quad I_1 = \dfrac{1,000}{250} = 4A$

⑤ 대입하면

$90 = 6 I_1 + 11 I_2$

$\overline{\phantom{xxxxxxxxxxxxxxx}}$ $I_1$ 적용

$90 = 6 \times 4 + 11 \times I_2 \quad I_2 = 6A$

**03** 100V, 1000W의 전열기에 80V를 가하였을
때의 전력은 몇 W인가?

① 1000　　　　② 640

③ 400　　　　④ 320

**해설**

$$P = \frac{E^2}{R}[W]$$

R 값을 구하기 위해 $R = \dfrac{E^2}{P}$에 대입한다. $\dfrac{100^2}{1,000} = 10$

$P = \dfrac{E^2}{R} = \dfrac{80^2}{10}$ 따라서, 전력은 640W가 된다.

**04** 교류에서 전압, 전류의 크기는 일반적으로 어
느 값을 의미하는가?

① 최대값　　　② 순시값

③ 실효값　　　④ 평균값

✈ **정답**　01. ①　02. ③　03. ②　04. ③

450 | **PART 04** 항공기 계통

**해설**

교류의 실효값(the effective value of an alternating current, $E$)은 교류의 전압 또는 전류의 순시값은 시간과 더불어 크기와 방향이 변하기 때문에 교류가 어떤 저항체에 가해져서 열을 발생시키거나 또는 일을 하였을 때 실제 효과와 똑같은 역할을 하는 직류의 값을 정의하는 값이다.

**05** 직류 발전기의 계자 플래싱(field flashing)이란 무엇인가?

① 계자코일에 배터리로부터 역전류를 가하는 행위

② 계자코일에 발전기로부터 역전류를 가하는 행위

③ 계자코일에 배터리로부터 정방향의 전류를 가하는 행위

④ 계자코일에 발전기로부터 정방향의 전류를 가하는 행위

**해설**

직류 발전기의 계자 플래싱(field flashing): 발전기가 발전을 시작하기 위해서는 계자에 남아 있는 잔류자기(residual magnetism)에 의해 회전할 수 있다. 만일, 잔류자기가 남아 있지 않은 경우에는 직류 전원(축전지)으로부터 계자코일에 잠시 전류를 통해주면 정상적인 작동을 하게 된다. 이를 계자 플래싱이라 한다.

**06** 그림의 교류회로에서 임피던스를 구한 값은?

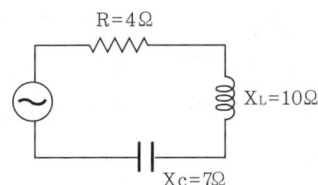

① 5Ω　　　② 7Ω

③ 10Ω　　　④ 17Ω

**해설**

$$Z = \sqrt{R^2 + (X_L - X_C)^2} = \sqrt{16 + (10-7)^2} = 5\Omega$$

**07** 병렬회로에 대한 설명으로 틀린 것은?

① 전체 저항은 가장 작은 1개의 저항값보다 작다.

② 전체의 전류는 각 회로로 흐르는 전류의 합과 같다.

③ 1개의 저항을 제거하면 전체의 저항값은 증가한다.

④ 병렬로 접속된 저항 중에서 1개의 저항을 제거하면 남아 있는 저항에 전압강하는 증가한다.

**해설**

병렬로 저항을 연결하면 전체 저항은 감소한다.

$$R_T = \cfrac{1}{\cfrac{1}{R_1} + \cfrac{1}{R_2} + \cfrac{1}{R_3}} (\Omega)$$

**08** 3상 교류 발전기에서 발전된 전압을 정의 방향으로 순차적으로 모두 합하면 1개의 상전압과 비교할 때 몇 배가 되는가?

① 0배　　　② 1배

③ 2배　　　④ 3배

**해설**

3상 교류 발전기에는 $Y$(성형결선, 스타결선)결선과 $\triangle$(삼각결선, 환상결선)결선이 있으며, 질문은 $\triangle$결선에 대한 것으로 결선의 특징은 아래와 같다.

• 어느 한 상의 코일이 단선되더라도 부하에 전력을 공급할 수 있다.
• 선 전류($I_L$)는 상전류($I_p$)의 $\sqrt{3}$배이고, 위상은 $30°$ 느리다.
• 선간전압과 상전압은 같다.
• 높은 전류가 필요한 곳에 사용된다.

**✈정답** 05. ③　06. ①　07. ④　08. ①

**09** 일반적으로 니켈-카드뮴 24V 축전지는 몇 개의 셀이 직렬로 연결되어 있는가?

① 6
② 10
③ 12
④ 19

**해설**

니켈-카드뮴 배터리(nickel cadmium battery)는 셀당 1.2~1.25V이다. 배터리는 직렬로 연결되어 있고 24V 의 축전지인 경우, 배터리는 19개(19×1.25=23.75V)의 배터리가 연결되어 있다.

**10** 115V, 3상, 400㎐는 무엇인가?

① 초당 사이클
② 분당 사이클
③ 시간당 사이클
④ 회전수당 사이클

**해설**

주파수(frequency)는 일정한 크기의 전류나 전압 또는 전계와 자계의 진동과 같은 주기적 현상이 단위 시간(1초)에 반복되는 횟수이다. 예를 들어 100㎐는 진동이나 주기적 현상이 1초 동안 100회 반복되는 것을 의미한다. 기호는 V 또는 f, 단위는 헤르츠를 사용한다. 항공기에 사용되는 대부분의 교류 전류의 주파수는 400㎐를 사용한다.

$$주파수(Hz) = \frac{비극수}{2} \times \frac{RPM}{60} = \frac{PN}{120}$$
$$= \frac{발전기\ 극수 \times RPM}{120}$$

**11** 회로보호장치(circuit protection device) 중 비교적 높은 전류를 짧은 시간 동안 허용할 수 있게 하는 장치는?

① 리밋 스위치(limit switch)
② 전류 제한기(current limiter)
③ 회로 차단기(circuit breaker)
④ 열 보호장치(thermal protector)

**해설**

전류 제한기(current limiter)는 비교적 높은 전류를 짧은 시간 동안 허용할 수 있는 것으로, 일종의 구리로 만든 퓨즈(fuse)로 동력 회로와 같이 짧은 시간 내에 과전류가 흘러도 장비, 부품에 손상이 오지 않게 한다.

**12** proximity switch에 대한 설명으로 옳은 것은?

① switch와 피검출물과의 기계적 접촉을 없 앤 구조의 switch이다.
② micro switch라고 불리며, 주로 착륙장치 및 플랩 등의 작동 전동기 제어에 사용된다.
③ switch의 knob를 돌려 여러 개의 switch 를 하나로 담당한다.
④ 조작 레버가 동작 상태를 표시하는 것을 이 용하여 조종실의 각종 조작 switch로 사용된다.

**해설**

proximity switch(근접 스위치)는 기계적으로 온-오 프를 하던 리밋 스위치나 마이크로 스위치 대신, 비접촉 동작으로 같은 스위칭 작용을 하게 한 센서로, 센서의 동작 원리로부터 고주파 발진식, 정전용량식, 자기식, 광전식(방사선도 포함)으로 분류할 수 있다.

**13** 다음 중 니켈-카드뮴 축전지에 대한 설명으로 틀린 것은?

① 전해액은 질산계의 산성액이다.
② 진동이 심한 장소에 사용 가능하고, 부식성 가스를 거의 방출하지 않는다.
③ 고부하 특성이 좋고 큰 전류 방전 시 안정된 전압을 유지한다.
④ 한 개 셀(cell)의 기전력은 무부하 상태에 서 1.2~1.25V 정도이다.

**해설**

니켈-카드뮴 배터리(nickel cadmium battery)는 고충전율을 가지며, 납산 배터리에 비해 방전 시 전압강하가 거의 없으며, 재충전 소요 시간이 짧고, 큰 전류를 일시에 사용해도 배터리에 무리가 없으며, 유지비가 적게 들고, 충·방전 시 전해액의 농도 변화가 없고, 배터리의 수명이 길다. 셀당 전압은 1.2V~1.25V이고, 정격전압은 1.3V이다. 정상 작동 온도 범위는 $-65℉~165℉$이다.

**14** 다음 중 납산 축전지 캡(cap)의 용도가 아닌 것은?

① 외부와 내부의 전선 연결

② 전해액의 보충, 비중 측정

③ 충전 시 발생하는 가스 배출

④ 배면 비행 시 전해액의 누설 방지

**해설**

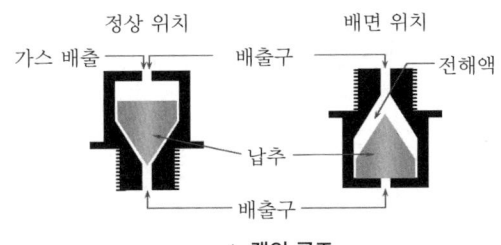

▲ 캡의 구조

• 커버의 가운데에는 플러그(또는 cap)가 있는데, 이 플러그를 열고 비중계나 온도계를 넣어 측정한다. 그리고 전해액이나 증류수를 주입한다. 그래서 필러 플러그라고도 한다.

• 플러그 중앙에는 작은 구멍이 있어 축전지 내부에서 발생하는 산소와 수소가스를 방출한다. 그래서 벤트 플러그라고도 한다.

**15** 동체 상하면에 장착되어 매분 일정 회수로 적색광을 점멸시켜 해당 항공기의 위치를 알려서 충돌을 회피하려는 목적으로 설치한 것은?

① 항법등             ② 착륙등

③ 로고등             ④ 충돌방지등

**해설**

충돌방지등은 야간에 비행기 시계 확보를 위해 동체 가장 위·아래 및 수직 안정판 꼭대기에 적색 점멸등을 설치한다.

**16** 교류 발전기의 출력 주파수를 일정하게 유지시키는 데 사용되는 것은?

① magn-amp

② brushless

③ carbon pile

④ constant speed drive

**해설**

정속구동장치(CSD: Constant Speed Drive)는 항공기의 교류 발전기는 엔진에 의해서 구동되기 때문에 엔진의 회전수가 변하면 발전기의 출력 주파수도 변한다. 따라서 엔진과 발전기 사이에 정속구동장치를 설치하여 엔진의 회전수와 관계없이 발전기를 일정하게 회전한다. 구성은 유압장치, 차동기어장치, 거버너 및 오일 등으로 구성되어 있다.

**17** 전동기에서 자장의 방향과 전류의 방향을 알고 있을 때 도체의 운동(힘) 방향을 알 수 있는 법칙은?

① 렌즈의 법칙

② 패러데이 법칙

③ 플레밍의 왼손법칙

④ 플레밍의 오른손 법칙

직류 전동기(플레밍의 왼손법칙)의 구조는 계자와 전기자로 구성되어 있다. 전기자 코일에 전류가 흐름으로 인해 전류에 의한 자기장이 생겨서 이것이 원래 계자의 자기장과의 상호작용으로 힘이 생기는데, 이 힘으로 축을 회전시킨다. 왼손의 엄지, 검지, 장지를 서로 수직하게 폈을 때, 검지를 자기장, 장지를 전류의 방향으로 하면 엄지손가락이 가리키는 방향이 힘의 방향이 된다.

## 18 교류 발전기의 병렬운전 시 고려해야 할 사항이 아닌 것은?

① 위상      ② 전류

③ 전압      ④ 주파수

교류 발전기의 병렬운전: 교류 발전기를 2대 이상 운전해야 할 때는 각 발전기의 부하를 동일하게 분담시킴으로써 어느 한쪽 발전기에 무리가 생기는 것을 피하도록 한다. 그러나 직류 발전기와 달리 교류 발전기의 병렬운전 조건은 각 발전기의 전압(기전력의 크기), 주파수, 위상 등이 서로 일치해야 한다.

## 19 항공기 동체 상하면에 장착되어 있는 충돌방지등(anti-collision light)의 색깔은?

① 녹색      ② 청색

③ 흰색      ④ 적색

충돌방지등은 야간에 비행기 시계 확보를 위한 것으로 동체 가장 위·아래 및 수직 안정판 꼭대기에 적색 점멸등을 설치한다.

## 20 비상 조명계통(emergency light system)에 대한 설명으로 옳은 것은?

① 비상 조명계통은 비행 시에만 작동된다.

② 비행 시 비상조명스위치의 정상위치는 ON 위치이다.

③ 비상 조명 스위치는 off, test, on의 4position toggle switch이다.

④ 항공기에 전기 공급을 차단할 때는 비상 조명 스위치를 off에 선택해야 배터리의 방전을 방지할 수 있다.

항공기 비상 조명계통의 기본 전원계통과는 별개의 계통으로 구성하여 비상시 자동으로 점등되어야 한다. 비상 조명 스위치는 전방 오버헤드 패널에 있는 3위치 스위치로 제어되는데 armed, on, off로 제어된다. 비행 전에 스위치를 'armed' 위치에 놓으면 모든 비상출구등이 켜지고, 'on' 위치는 수동으로 비상등을 켤 때 사용된다. 비상등은 후방 객실 승무원 패널에서 켤 수도 있다.

**✈ 정답**   18. ②   19. ④   20. ④

## 1 항공계기 일반

### (1) 계기란?

① 항공기의 각종 작동상태를 표시한다.

② 이상 유무를 경고한다.

③ 항공기의 자세, 위치, 진로를 표시한다.

④ 안전한 비행을 할 수 있도록 한다.

### (2) 계기가 갖추어야 할 조건

① 무게와 크기는 작아야 한다.

② 정확성이 확보되어야 한다.

③ 내구성이 길어야 한다.

④ 외부 조건의 영향이 적어야 한다.

⑤ 누설 및 마찰에 의한 오차가 없어야 한다.

⑥ 방진 및 진동장치를 장착해야 한다.

⑦ 계기판과 기체 사이에 장착하여 엔진으로부터의 진동을 흡수해야 한다.

⑧ 방습처리, 방염 및 항균처리

### (3) 계기의 종류

① 비행계기(flight instrument): 항공기의 비행 상태를 지시

가) 고도계(altimeter), 대기 속도계(air speed indicator), 마하계(mach meter)

나) 승강계(vertical speed indicator), 선회 경사계(turn and bank indicator)

다) 방향 자이로 지시계(directional gyro indicator), 자이로 수평 지시계(gyro horizon indicator)

② 엔진계기(engine instrument): 엔진의 상태를 지시

　가) 회전속도계(tachometer), 매니폴드 압력계(manifold pressure indicator)

　나) 연료 압력계(fuel pressure gauge), 연료유량계(fuel quantity indicator)

　다) 실린더 헤드 온도계(cylinder head temperature indicator)

　라) 배기가스 온도계(exhaust gas temperature indicator)

　마) 엔진 압력비 계기(engine pressure ratio indicator)

③ 항법계기(navigation instrument): 위치, 진로 및 방위를 지시

　가) 자기 컴퍼스(magnetic compass)

　나) 자동 무선 방향 탐지기(automatic directional finder)

　다) 초단파 전 방향식 무선 표지(VOR: very high frequency omni directional radio range)

　라) 단거리 항법장치(TACAN: tectical air navigation)

　마) 거리 측정장치(DME: distance measuring equipment)

　바) 관성항법장치(INS: inertial navigation system)

　사) 지구 위치 표시장치(GPS: global positional system)

## (4) 항공계기의 배열

항공기 계기는 미국 연방항공청(FAA)에서 권고하는 T형 배열로 설치하며, 설명은 그림으로 대신한다.

대기 속도계　　　　　자세계　　　　　고도계
(Air Speed)　　(Attitude Indicator)　　(Altimeter)

선회 지시계　　　기수방위 지시계　　　　승강계
(Turn Coordinator)　(Heading Indicator)　(Vertical Speed Indicator)

▲ 항공계기의 T형 배열

## (5) 계기판

① **알루미늄 합금으로 제작:** 자기 컴퍼스 등 자기장의 영향을 받는 계기들을 보호한다.

② **계기판과 기체 사이에 완충 마운트를 사용:** 낮은 주파수와 큰 진폭의 진동을 흡수한다.

③ **무광택의 검은색으로 도장:** 반사광을 방지한다.

## (6) 계기 케이스

① **자성 재료의 케이스:** 철제 케이스를 이용하여 자기적인 영향을 차단한다.

② **비자성 금속제 케이스:** 알루미늄 합금은 가공성, 강도, 무게 등에 유리하며, 전기적인 차단효과가 있다.

③ **플라스틱 케이스:** 제작이 용이하고 전기적, 자기적 영향을 받지 않기에 가장 많이 사용된다.

## (7) 항공계기의 색 표식

색 표식(color marking)은 신속한 상황 판단을 위해 항공기의 운영 한계를 눈금 또는 계기 유리 위의 색으로 표시한다. 색 표지와 의미는 다음과 같다.

| 색 표식 | 의미 | |
|---|---|---|
| 붉은색 방사선<br>(red radiation) | 최대 및 최소 운용한계를 표시하며, 범위 밖에서는 절대로 운용 금지를 표시한다. 낮은 수치 표시는 최솟값이고, 높은 수치 표시는 최댓값이다. | |
| 녹색 호선<br>(green arc) | 사용 안전 운용 범위 및 계속 운전 범위를 의미하며, 순항 운용 상태를 표시한다. | |
| 노란색 호선<br>(yellow arc) | 안전 운용 범위에서 초과 금지까지의 경계 또는 경고를 표시한다. | |
| 흰색 호선<br>(white arc) | 대기 속도계에서 플랩 조작에 따른 항공기의 속도 범위를 표시한다. | |
| | 하한 | 최대 착륙 중량에서의 실속 속도를 표시한다. |
| | 상한 | 플랩 전개 가능 속도를 표시한다. |
| 청색 호선<br>(blue arc) | 기화기를 장비한 왕복엔진의 엔진 계기에 사용하는 호선으로 흡기압력계, 회전계, 실린더 헤드 온도계 등에 표시한다. 연료와 공기 혼합비가 오토린(auto-lean)일 때의 상용 안전 운용 범위를 표시한다. | |
| 흰색 방사선<br>(white radiation) | 유리판과 계기 케이스에 걸쳐 표시하여 유리가 미끄러졌는지를 확인하기 위해 표시한다. | |

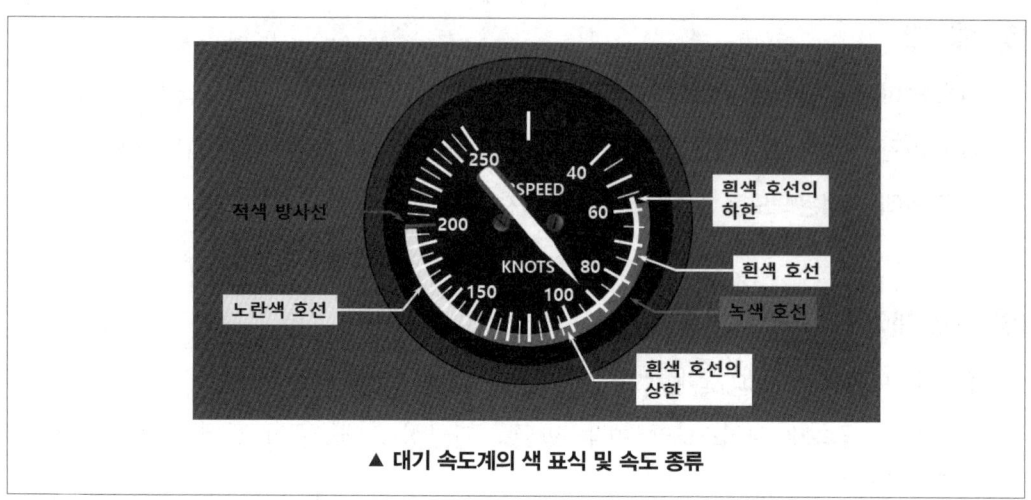

▲ 대기 속도계의 색 표식 및 속도 종류

## (8) 계기의 장탈, 장착

계기의 작동원리로는 기계적 계기, 전기적 계기, 전자적 계기, 자이로 계기로 분류되며, 이를 정비할 때는 정확하게 정비 지침서에 따라 고장 탐구해야 한다.

| 장탈 | 장착 |
|---|---|
| 우선 계기 지시 불량의 원인을 전반에 걸쳐 살펴보고, 지시 불량의 원인이 계기로 판단 시 장탈을 진행한다. 순서는 아래와 같다. | 장착할 때는 계기에 사용 가능(serviceable)이 tag에 기록되어 있는지 확인 후 장착하고, 순서는 장탈의 역순이다. 다음은 장착 완료 후 확인 사항이다. |
| ① 전원, 고압 작동유 동력원을 차단한다.<br>② 계기의 명칭, 형식, 제작사명, 제조번호, 최종 수리 날짜 및 수리자명을 기록한다.<br>③ 배선 및 배관에 tag를 붙이고, 탈착한 구멍에는 cap, plug로 막고, 해당 회로명을 기록한다. 만일 cap, plug가 없을 경우 비늘과 고무줄을 이용하여 묶어둔다.<br>④ 나사를 제거 후 계기를 탈착한다.<br>⑤ 탈착한 계기에 사용 불능(unserviceable)을 tag에 이유와 함께 기록한다.<br>⑥ 운반 시 가능한 한 지정 케이스에 넣어 운반한다. | ① 장탈 시의 tag와 비교하여 잘못 연결되었는지 확인한다.<br>② 배관 연결이 올바른지 확인한다.<br>③ 배선의 굽힘, 쥠이 없는지 확인한다.<br>④ 작동 시험을 한다.<br>⑤ 시험 완료 후 배선, 배관에 tag를 제거한다. |

## (1) 피토-정압계기

피토-정압계통의 계기는 대기 속도계, 승강계, 고도계가 있으며, 이들 계기의 구성은 수감부, 확대부, 지시부로 나누어 볼 수 있다.

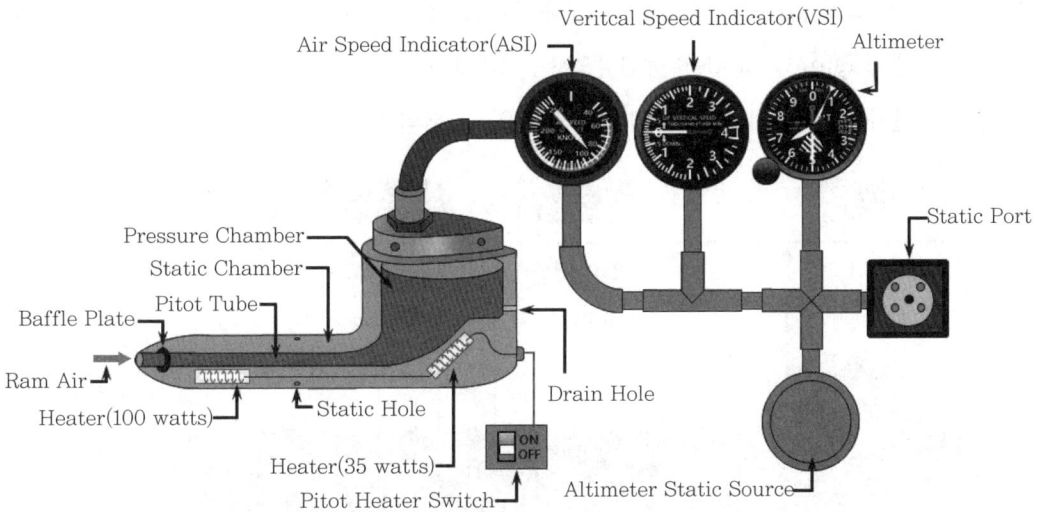

▲ 피토-정압계기계통의 구성과 연결

① **수감부:** 압력, 온도 등을 감지하여 기계적 변위 또는 전기적 변화를 가져오는 부분으로 외부 변화를 수감한다.

② **확대부:** 수감부의 변위나 변화가 지시부에 직접 지시하기에는 너무 적기 때문에 bell crank, sector, pinion gear, chain을 이용하여 확대하는 부분이다.

③ **지시부:** 확대부에서 확대된 변위가 지시부에 나타나며, 눈금이 매겨진 계기판과 지침으로 구성된다.

④ **피토-정압관**

　　가) 피토공과 정압공이 함께 있는 것

　　나) 탈수공: 수분 탈수

　　다) 방빙장치: 전기식 가열기

　　라) 대형 항공기는 빗놀이와 선회에 의한 오차를 줄이기 위해 피토공과 정압공이 따로 존재한다.

## (2) 고도계(Altimeter)

고도계는 대기의 절대압력을 측정하여 표준 대기압력과 비교하여 간접적으로 고도를 알 수 있게 한 것이다. 고도계는 아네로이드를 수감부로 한 일종의 기압계이다. 아네로이드 외부에는 피토-정압계통의 정압이 가해져 이 압력에 해당하는 기계적 변위가 확대부에 전달되어 지시된다.

### ① 고도의 종류

가) 기압고도(pressure altitude): 표준 대기압 해면으로부터의 고도

나) 진고도(true altitude): 해면상으로부터의 고도

다) 절대고도(absolute altitude): 지표면으로부터의 고도

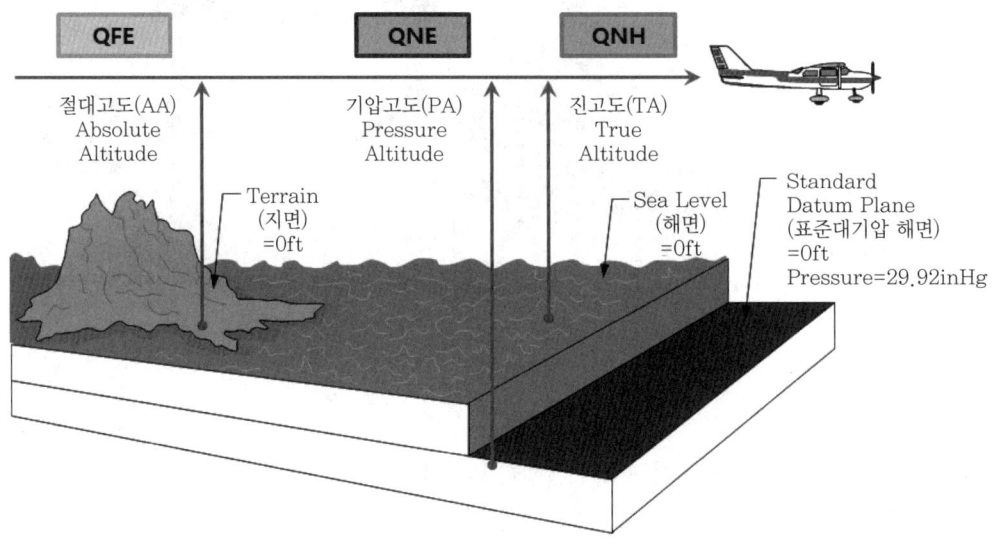

▲ 고도(Altitude)와 고도계 수정 방법의 종류

### ② 고도계의 보정 방법: 해면기압이 29.92inHg인 표준 대기와 실제 대기의 기압이 다른 경우 지시치가 다름으로 수정한다.

가) QNE 보정: 표준 대기압인 29.92inHg를 맞추어 표준 기압면으로부터의 고도를 지시하게 하는 방법이다. 해상 비행이나 14,000ft 이상의 높은 고도로 비행할 경우 사용한다.

나) QNH 보정: 일반적인 고도계의 보정 방법으로 창구의 눈금을 그 당시의 해면 기압에 맞추는 방법이다. 진고도를 지시하며 14,000ft 미만의 고도에서 장거리 비행 시 사용한다.

다) QFE 보정: 기압 창구의 눈금을 그 당시 활주로상의 기압에 맞추는 방법이다. 활주로상에 있을 때 고도계는 0ft를 지시한다. 절대고도를 지시하며 단거리 비행 시 사용한다.

③ **고도계의 오차:** 오차는 ±30ft까지 허용된다.

　가) 눈금 오차

　　㉠ 일반적으로 고도계의 오차는 눈금 오차를 의미한다.

　　㉡ 계기 특유의 오차로 수정 가능하다.

　나) 온도 오차

　　㉠ 온도 변화에 의한 수축, 팽창 및 탄성률의 변화에 의한 오차이다.

　　㉡ −30∼50℃에서는 자동으로 수정한다(바이메탈 사용).

　다) 탄성 오차

　　㉠ 일정한 온도에서의 탄성 고유의 오차, 재료의 크리프현상에 의한 오차이다.

　　㉡ 고도가 높을수록 기압과 온도가 낮아짐으로 오차가 적다.

　　㉢ 히스테리시스(hysteresis), 잔류효과(after effect), 편위(drift)

　라) 기계적 오차: 계기 각 부분의 마찰, 불평형 및 가속도와 진동에 의한 오차, 수정 가능

## (3) 승강계(Vertical Speed indicator)

항공기의 수직 방향 속도를 ft/min 단위로 지시하는 계기이다.

① **지시 지연**

　가) 작은 구멍의 크기가 작으면 감도는 좋아지나, 지시 지연은 길어진다.

　나) 작은 구멍의 크기가 크면 감도는 낮아지고, 지시 지연은 짧아진다.

▲ 승강계

② **순간수직속도 지시계(instantaneous vertical speed indicator)**

　가) 가속 펌프를 이용하며 지시 지연이 거의 없다.

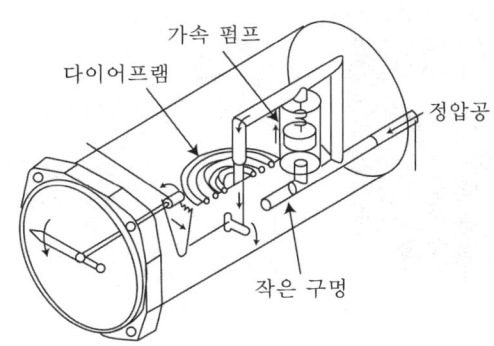

가속 펌프
다이어프램
정압공
작은 구멍

## (4) 대기 속도계(Air Speed Indicator)

대기 속도계의 원리는 전압과 정압의 차이로 동압을 이용하여 다이어프램의 확장 및 수축에 따라 지시해 준다. 즉 공기에 대한 항공기의 상대속도인 대기 속도를 측정하여 지시해 준다.

### ① 속도의 환산

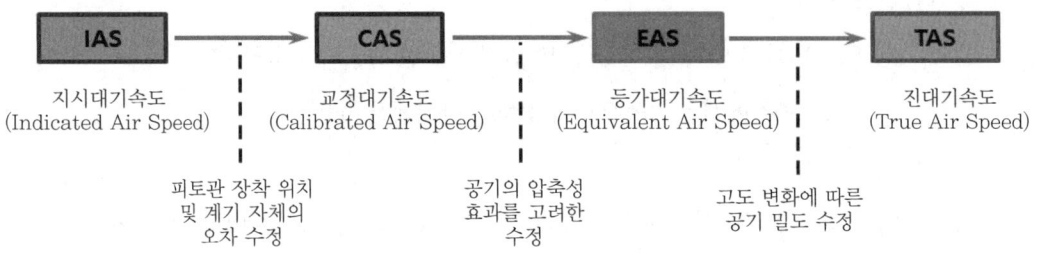

▲ 항공기 속도의 종류

가) 지시대기속도(indicated air speed): 동압을 속도 눈금으로 표시한 속도이다.

나) 수정대기속도(calibrated air speed): IAS에서 전압 및 정압계통의 오차와 계기 자체의 오차 수정이다.

다) 등가대기속도(equivalent air speed): CAS에서 공기의 압축성 효과를 고려한 속도이다.

라) 진대기속도(true air speed): EAS에서 고도에 따른 밀도 변화를 고려한 속도이다.

## (5) 마하계(Mach Meter)

① 항공기의 대기속도를 그 항공기의 비행고도에 있어서의 마하수로 나타내는 계기이다.

② 음속은 고도에 따라 변화함으로 대기 속도계에 고도 수정용 아네로이드를 삽입하여 수정한다.

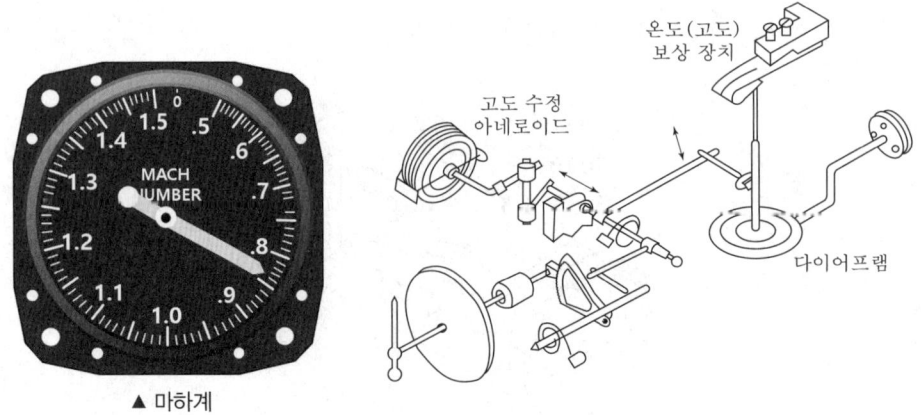

▲ 마하계

## (1) 압력계기(Pressure Indicator)

압력계기는 주로 유체 압력을 측정하는 계기를 총칭하는 것이다. 액체나 기체의 압력을 측정하려면 이들의 압력을 기계적인 운동, 즉 직선 또는 회전운동으로 바꾸어 운동량을 압력의 단위로 환산하여 표시한다. 항공기에 사용하는 압력계기에는 오일 압력계, 작동유 압력계, 공기 압력계, 엔진 압력비 계기, 흡기 압력계 등이 있다.

### ① 압력계기 일반

가) 버든 튜브(bourdon tube)

ㄱ) 압력측정 범위가 넓어 고압 측정용으로 가장 많이 사용되는 압력계기로 윤활유 압력계, 작동유 압력계에 사용된다.

ㄴ) 속이 빈 타원형의 단면을 가진 금속관이 둥글게 구부러져 있는 형상이다.

ㄷ) 압력이 가해지면 관이 펴지면서 바늘이 움직여 압력을 지시한다.

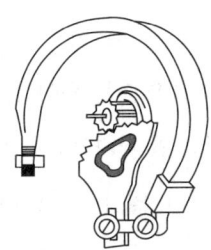

나) 벨로스(bellows): 탄성 재료로 압연 가공하여 여러 개의 공함을 겹친 것이다.

ㄱ) 수감변위가 크고 감도가 좋아 직접 작동하는 계기로 적합하다.

ㄴ) 확대부 크기가 작기 때문에 저압 측정용인 연료 압력계로 사용된다.

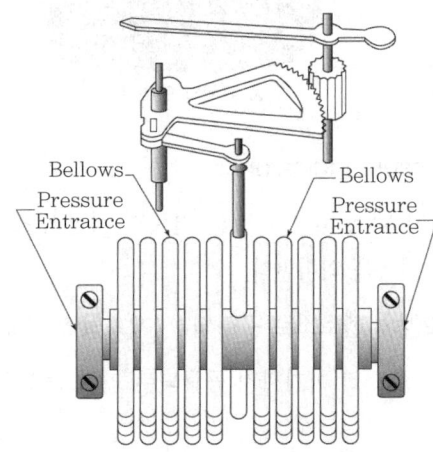

다) 아네로이드(aneroid, 밀폐형 공함): 내부가 진공되어 외부 압력을 절대압력으로 측정하는 데 사용한다.

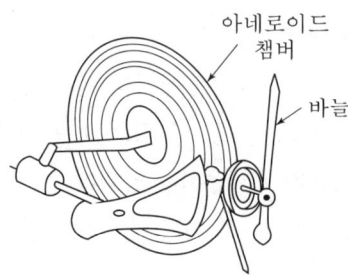

라) 다이어프램(diaphragm, 개방형 공함)

　　㉠ 공함의 안과 밖의 차압을 측정하는 데 사용한다.

　　㉡ 한쪽 압력이 대기압일 때는 계기압력을 측정한다.

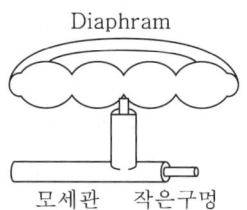

② **윤활유 압력계(oil pressure gage)**

가) 윤활유 압력이 규정된 범위에 있다는 것은 윤활유가 엔진 내부를 정상적으로 순환하여 모든 베어링을 충분히 윤활하고 있다는 뜻이다.

나) 윤활유의 압력과 대기압력의 차인 계기압력을 표시한다.

다) 엔진 입구 쪽의 압력을 지시하며, 일반적으로 버든 튜브를 이용한다.

▲ 윤활유 압력계

③ **연료 압력계(fuel pressure indicator)**

가) 연료 압력이 규정치 내에 있다는 것은 연료가 정상적으로 기화기나 FCU(Fuel Control Unit)로 공급되고 있음을 의미한다.

나) 다이어프램 또는 2개의 벨로스로 구성되며, 계기압 또는 흡입 공기와의 차압을 지시한다.

다) 왕복엔진: 연료탱크에서 기화기까지 공급되는 연료 압력을 지시한다.

라) 가스터빈엔진: 연료탱크에서 FCU까지 공급되는 연료 압력을 지시한다.

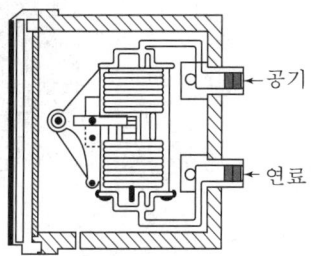

▲ 연료 압력계

④ **흡입 압력계(manifold pressure gag)**

가) 왕복엔진에서 흡입 공기의 압력을 측정하는 계기이다.

나) 정속 프로펠러와 과급기를 갖춘 엔진에서는 필수적인 계기이다.

다) 낮은 고도에서는 초과 과급을 경고하고, 높은 고도에서는 엔진의 출력 손실을 경고한다.

라) 아네로이드와 다이어프램을 사용하여 절대압력을 측정한다.

  ㉠ Case 안쪽: 대기압 작용

  ㉡ 다이어프램 안쪽: 흡입 압력 작용

  ㉢ 아네로이드: 고도 및 여압에 따른 오차 수정

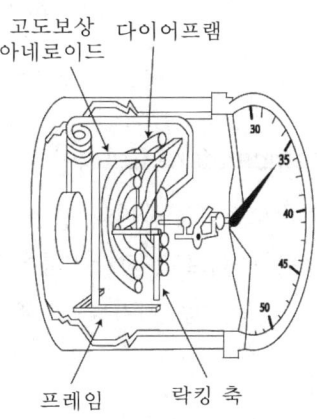

▲ 흡기 압력계

⑤ **엔진 압력비 계기(engine pressure ratio indicator)**

가) 가스터빈엔진의 흡입 공기와 배기가스의 압력비를 지시한다.

나) 압력비는 항공기의 이륙 시와 비행 중의 엔진추력을 좌우하는 요소이며, 엔진의 출력을 산출하는 데 사용된다.

▲ EPR 계기

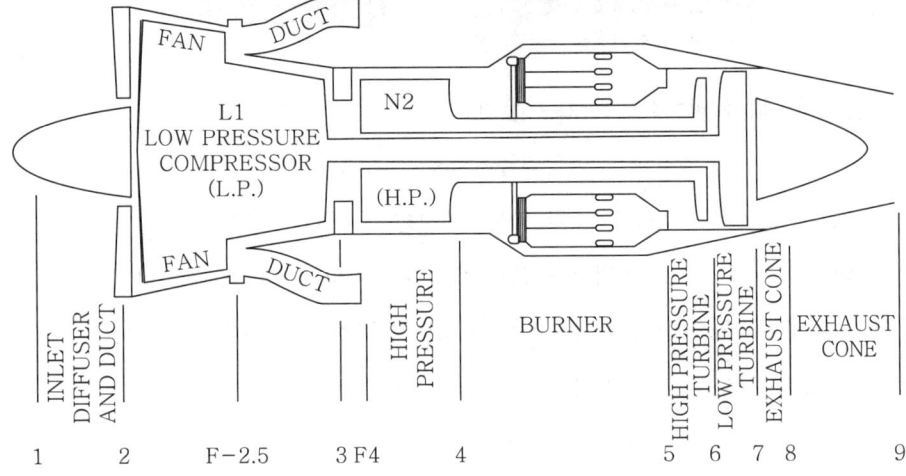

$$EPR = \frac{\text{터빈 출구의 전압}}{\text{압축기 입구의 전압}} = \frac{P_{t7}}{P_{t2}}$$

## (2) 온도계기(Temperature Gauge)

물체는 온도의 높고 낮음에 따라 팽창 또는 수축한다. 높은 온도에서 내는 빛의 빛깔은 낮은 온도에서 내는 빛과 다르고, 전기 저항에도 변화를 일으킨다. 이와 같은 물리적 성질을 이용하여 정확하게 온도를 측정하는 기기를 온도계라고 한다.

### ① 측정 방법

가) 접촉법: 대상 물체에 수감부를 직접 접촉시키는 방법이다.

나) 간접 측정법: 복사에 의해 측정한다.

다) 직독식: 고체의 팽창과 수축을 이용한다.

라) 원격 지시식: 전기 저항의 변화와 열전쌍을 이용한다.

② **증기압식 온도계(vapor pressure type)**

　　가) 액체의 증기압과 온도 사이의 함수 관계를 이용한다.

　　나) 증발성이 강한 액체를 밀폐된 용기에 넣고, 온도 변화에 따른 압력을 버든 튜브로 측정한 다음 해당 온도로 환산하여 표시하며, 항공기에서는 염화메틸을 사용한다.

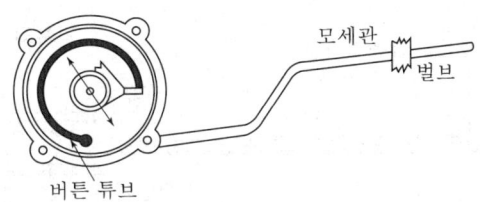

③ **바이메탈식 온도계(bi-metal type)**

　　가) 바이메탈: 열팽창계수가 다른 2개의 금속을 맞붙여 놓은 것이다.

　　나) 온도 변화에 따라 팽창의 차이가 생기고 이 변위로 온도를 지시한다.

　　다) 주로 외기 온도계에 사용하며, 지시 범위는 −60~50℃이다.

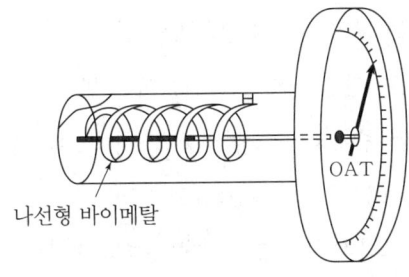

④ **전기 저항식 온도계(electric resistance type)**

　　가) 원리

　　　　㉠ 온도 변화에 따른 금속의 저항 변화를 이용한다.

　　　　㉡ 금속에 흐르는 전류를 측정하여 온도로 환산한다.

　　　　㉢ 외부 대기 온도, 기화기 공기 온도, 윤활유 온도, 실린더 헤드의 온도를 측정한다.

　　나) 온도수감용 저항재료에 요구되는 특성

　　　　㉠ 온도에 따른 전기 저항의 변화가 정비례 관계일 것

　　　　㉡ 저항 값이 오랫동안 안정될 것

　　　　㉢ 온도 이외의 조건에 영향을 받지 않을 것

　　　　㉣ 온도에 대한 저항 값 변화가 클 것(큰 온도 저항 계수)

다) 온도수감용 재료

   ㉠ 백금, 순 니켈, 니켈-망간 합금, 코발트

   ㉡ 일반적으로 니켈 사용(300℃ 이내로 제한)

   ㉢ 일반적인 항공기용 온도 측정 저항체는 스템 감지식을 사용한다.

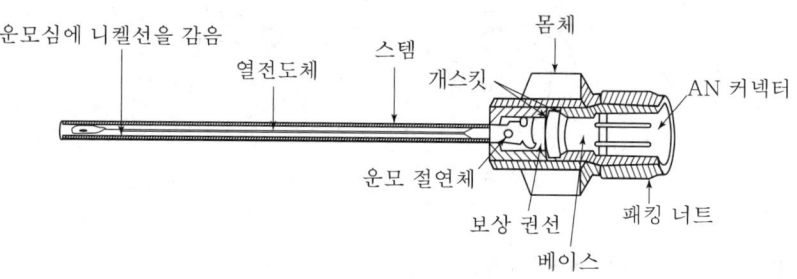

▲ 스템 감지식 온도 측정 저항계

⑤ **열전쌍식(thermocouple) 온도계**

  가) 원리

    ㉠ 2개의 다른 물질로 된 금속선의 양 끝을 연결한다.

    ㉡ 양 접합점에 온도 차가 발생하면, 열기전력이 발생한다.

    ㉢ 열기전력은 두 금속의 종류와 접합점의 온도 차에 의해 결정된다.

  나) 열전쌍(thermocouple): 두 금속선의 조합된 것으로 측정범위가 가장 큰 순으로 나열한다(크로멜-알루멜(1,000℃) → 철-콘스탄탄(800℃) → 구리-콘스탄탄(300℃)).

  다) 실린더 헤드 온도계(CHT indicator)

    ㉠ 왕복 엔진의 실린더 중 가장 높은 실린더 헤드의 온도를 지시한다.

    ㉡ 보상 저항: 리드선의 길이를 바꿀 때의 오차를 수정한다.

    ㉢ 바이메탈 스프링: 지시계 주위의 온도 변화를 보상한다.

    ㉣ 철-콘스탄탄 조합을 많이 사용한다.

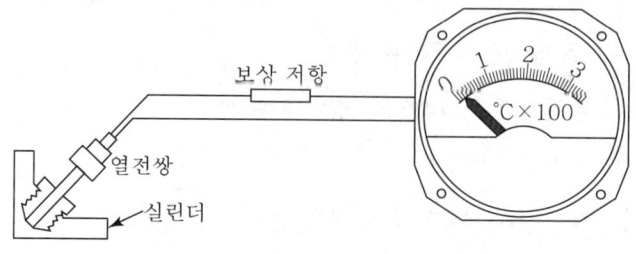

⑥ 배기가스 온도계(EGT indicator)

　가) 엔진의 형식에 따라 터빈의 입구 온도(TIT)와 출구에서 측정한다.

　나) 엔진이 클 경우 여러 곳의 온도를 측정하여 평균값을 지시한다.

　다) 크로멜-알루멜 조합을 사용한다.

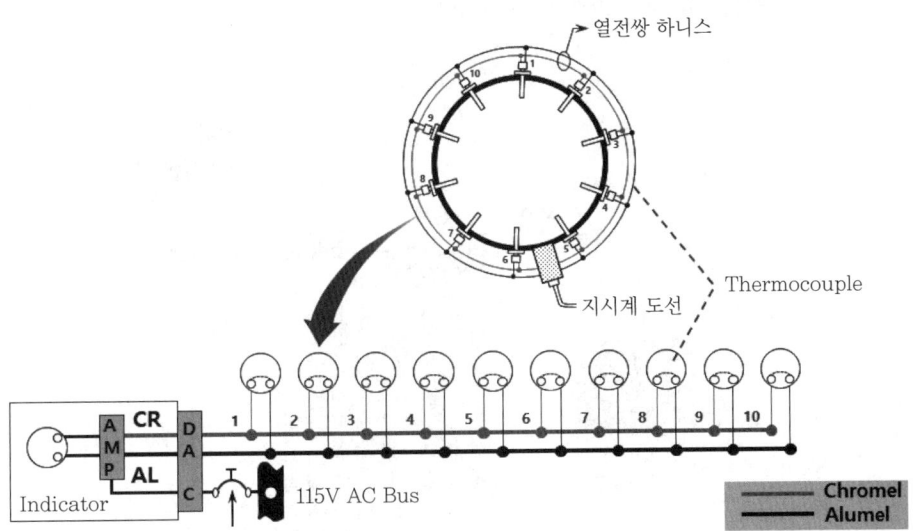

▲ 배기가스(EGT) 온도계기의 구조

## 4 자기 및 자이로계기

### (1) 자기계기

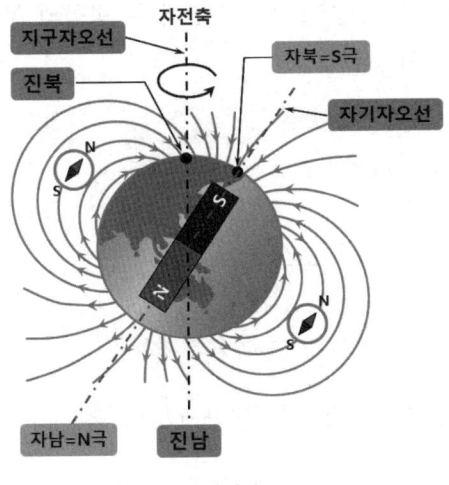

▲ 지구 자기장

## ① 지자기의 3요소

가) 복각(dip)

ⓐ 자기장과 지구 표면이 만드는 각

ⓑ 자석을 양 극으로 이동시킬 때 기울어지는 각도

ⓒ 적도에서는 0°, 극지방에서는 90°이다.

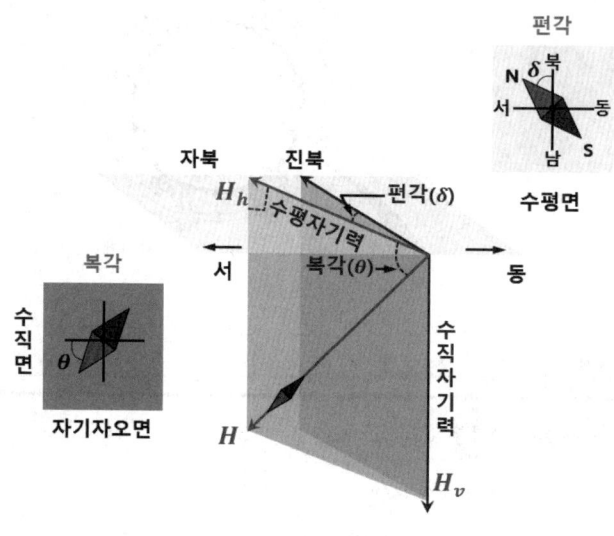

▲ 복각 및 수평분력

나) 편차(declination)

ⓐ 지구 자오선과 자기 자오선 사이의 오차각이다.

ⓑ 차의 값은 지표면 상의 지점마다 다르다.

다) 수평분력(horizontal intensity)

ⓐ 지자력을 지구 수평면 방향과 수직 방향의 두 방향의 분력으로 나누었을 때 지구 수평면 방향 쪽의 분력이다.

ⓑ 적도에서 최대, 극지방에서는 최소이다.

ⓒ 수평분력＝지자력×cosθ (복각)

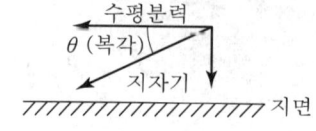

$\theta$ = 복각, $H$ = 자북, $H_O$ = 지자기

② **방위**: 북쪽을 기준하여 시계방향으로 잰 각을 의미한다.

　　가) 나방위(compass heading): 나침반 상의 북쪽을 기준하여 잰 각이다.

　　나) 자방위(magnatic heading): 자북을 기준하여 잰 각이다.

　　다) 진방위(true heading): 진북을 기준하여 잰 각이다.

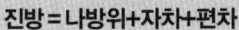

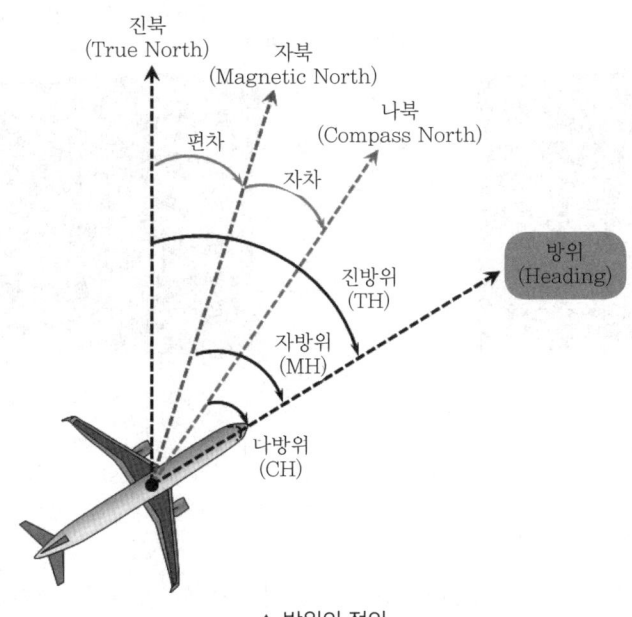

▲ 방위의 정의

③ **자기 컴퍼스(magnetic compass)**

　　㉠ 컴퍼스 카드에 두 개의 막대자석을 붙인 형태이다.

　　㉡ 컴퍼스 카드와 자석이 일체형, 항상 자북을 가리키도록 회전한다.

　　㉢ 케이스에 고정된 기준선의 숫자로 항공기의 방위를 알 수 있다.

　　㉣ 컴퍼스 액(MIL-L-5020): 컴퍼스 카드의 흔들림을 방지(damping)한다.

　　㉤ 확장실(expansion chamber): 온도 변화에 대한 컴퍼스 액의 수축팽창으로 인한 압력
　　　증감을 방지한다.

　　㉥ 자기보상장치: 자차 수정

ⓐ 자차(deviation)

- 계기 주위의 전기 기기, 전선, 자성체의 영향과 계기의 제작상, 설치상 잘못으로 인하여 발생하는 지시 오차이다(정적 오차).

- 수정 시기는 전기 기기 등 컴퍼스에 영향을 주는 기기를 장·탈착했을 때나 엔진 교환 작업 후 기체나 날개의 구조 부분을 대수리했을 때 최소한 1년에 한 번 실시하고, 지시에 이상이 있다고 의심될 때 수정한다.

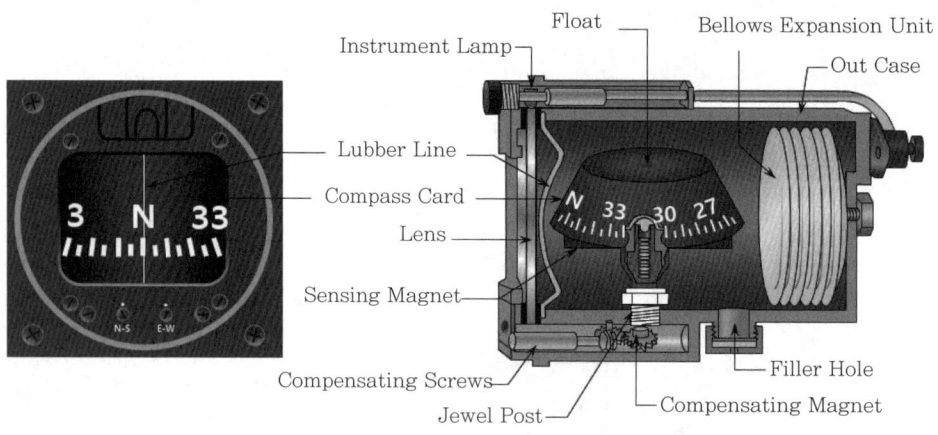

▲ 자기 컴퍼스(magnetic compass)

가) 자기 컴퍼스의 정적 오차

- ㉠ 불이차(constant deviation) : 계기 자체의 제작상, 설치상의 오차이며, 모든 자방위에서 일정한 크기로 나타난다.

- ㉡ 반원차(semicircular deviation): 기체 내의 전기 기기 및 전선, 수직구조 철재, 영구자석에 의한 오차이다.

- ㉢ 사분원차(quadrant deviation): 기체 구조재 중 수평철재에 의한 오차이며, 연철 재료에 의해 지자기가 흩어지기 때문에 발생하는 오차이다.

나) 자기 컴퍼스의 동적 오차

- ㉠ 와동 오차: 비행 중 난기류 및 기타 원인으로 발생하는 컴퍼스 액의 와동과 가동부의 관성으로 컴퍼스 카드가 불규칙적으로 움직여 발생한다.

- ㉡ 북선 오차(선회 오차): 복각으로 인한 지자기의 수직 성분과 선회할 때의 원심력으로 발생하고, 북진하다가 동서로 선회하면 컴퍼스 카드가 선회방향으로 회전한다.

- ㉢ 가속도 오차: 복각으로 인한 지자기의 수직 성분과 가감속할 때의 관성력으로 인해 발생한다. 북반구에서 동(서)으로 진행하다가 가속하게 되면 → 컴퍼스 카드가 오른쪽으로 회전→ 북쪽으로 향하는 오차가 발생한다.

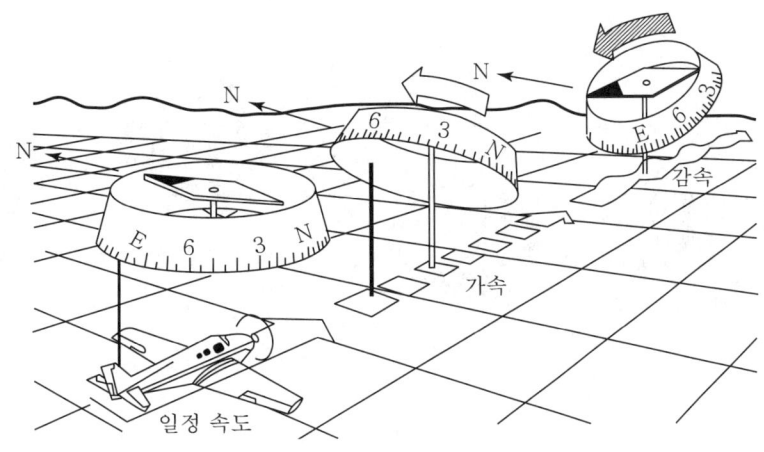

▲ 가속도 오차

③ **원격 지시 컴퍼스(remote indicating compass):** 직독식 자기 컴퍼스 지자기의 수감부가 철재와 전기 기기 등이 있는 조종실 내에 설치되어 있으므로 자차가 많이 발생한다. 이 오차를 줄이기 위하여 원격 지시 컴퍼스는 수감부를 기기의 영향이 작은 날개 끝이나 꼬리 부분에 장착하고, 지시부만을 조종석에 둔다.

가) 마그네신 컴퍼스

㉠ 지자기의 수감부를 날개 끝이나 꼬리 부분에 설치한다.

㉡ 수감부와 지시부를 마그네신 방식으로 연결한다.

나) 자이로신 컴퍼스

㉠ 대형 항공기에서 일반적으로 사용하는 방식이다.

㉡ 자차가 거의 없고 동적 오차가 없다.

다) 자이로 플럭스-게이트 컴퍼스

㉠ 자이로신 컴퍼스와 비슷한 원리이다.

㉡ 플럭스-게이트 자체가 지자기를 탐지할 뿐만 아니라 강직성도 가진다.

## (2) 자이로 계기

① **자이로(gyroscope)**

회전하고 있는 회전자를 2개의 짐벌로 받치고 있는 장치이다.

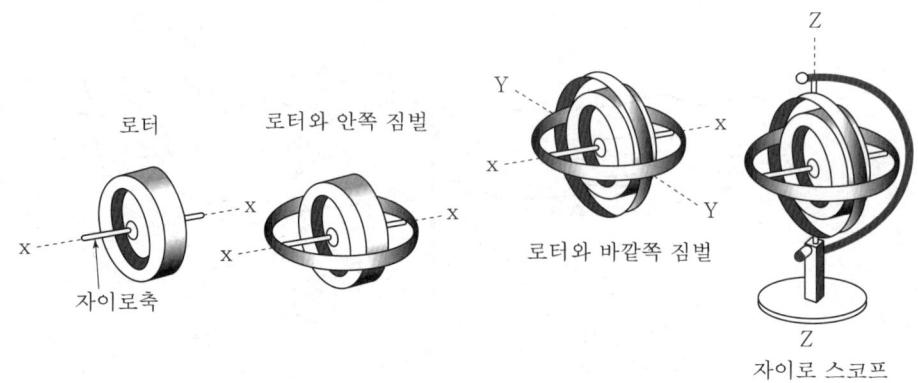

로터     로터와 안쪽 짐벌     로터와 바깥쪽 짐벌     자이로 스코프

자이로축

▲ 자이로 스코프

## ② 강직성(rigidity)

가) 자이로가 고속 회전할 때 외력을 가하지 않는 한 회전자 축 방향을 우주 공간에 대하여 계속 유지하려는 성질이다.

나) 회전자의 질량이 클수록, 회전속도가 빠를수록 강하다.

다) 편위(drift): 자이로의 강직성과 지구의 자전에 의해서 생기는 지구와의 각 변위, 이론적으로 24시간 동안 360°, 1시간당 15°이다.

## ③ 섭동성(세차성, precession)

가) 자이로가 회전하고 있을 때 외력 $F$를 가하면, 가한 점으로부터 회전 방향으로 90° 진행된 점에 $P$의 힘이 가해진 것과 같이 작용하는 현상이다.

나) 팽이의 섭동 운동: 팽이는 기울어지면 중력에 의해 힘 $F$가 작용한 것과 같겠지만, 섭동성에 의하여 회전 방향으로 90° 진행된 점에 힘 $P$가 작용하는 것 같이 기울어져 회전한다.

다) 섭동 속도는 외력에 비례하고, 자이로 회전자 속도에 반비례한다.

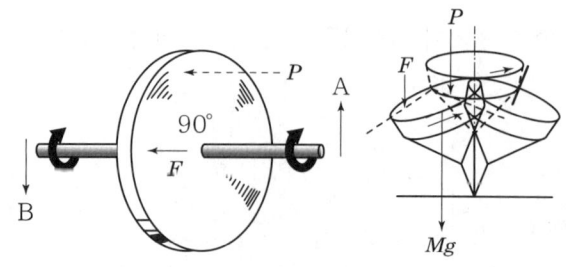

▲ 섭동 원리 및 섭동 운동

④ **선회경사계(turn&bank indicator):** 하나의 계기에 선회계와 경사계가 들어 있는 계기이다.

  가) 선회계: 항공기의 분당 선회율을 지시하며, 자이로의 섭동성만을 이용한다.

  나) 선회계 지시 방법

    ㉠ 2분계(2MIN TURN): 한 바늘 폭이 180(°/min)의 선회 각속도를 의미한다.

    ㉡ 4분계(4MIN TURN): 한 바늘 폭이 90(°/min)의 선회 각속도를 의미한다.

  다) 경사계: 중력과 원심력을 이용하여 정상선회 여부를 지시하며, 자이로와는 무관한 계기이다.

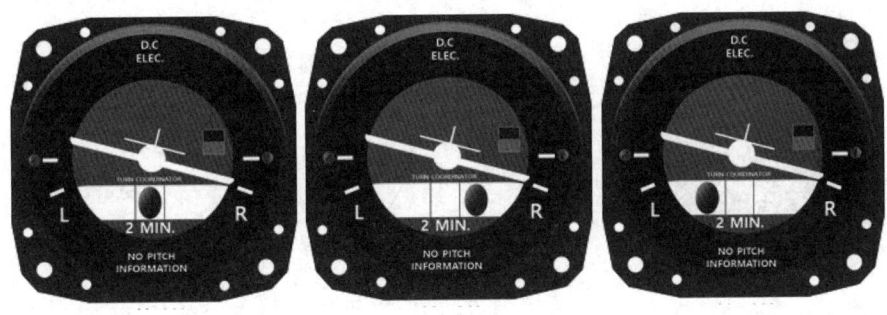

| ▲ 균형 선회 | ▲ 내활 선회 | ▲ 외활 선회 |

    ㉠ 균형 선회(coordinated turn): 선회 시 원심력과 중력이 같으며, 볼은 중앙에 위치한다.

    ㉡ 내활 선회(slip turn): 선회 시 구심력이 원심력보다 크고, 볼이 선회계 바늘과 같은 방향으로 치우친다. 즉 선회 방향 안쪽으로 미끄러지는 현상이다.

    ㉢ 외활 선회(skid turn): 선회 시 원심력이 구심력보다 크고, 볼이 선회계 바늘과 반대 방향으로 치우친다. 즉 원심력 때문에 선회 방향의 바깥쪽으로 미끄러지는 현상이다.

⑤ **방향 자이로 지시계(정침의, directional gyro):** 자이로의 강직성을 이용하여 항공기 기수방위와 정확한 선회각을 지시한다.

  가) 작동원리 및 구조

    ㉠ 자이로 회전자 축은 기수 방향에 수평이다.

    ㉡ 3축 자이로

    ㉢ 계기 내부 마찰 및 지구 자전으로 편위가 발생하여 지시 오차가 발생한다.

    ㉣ 자기 컴퍼스를 기준으로 15분마다 수정한다.

▲ 기수 방위 지시계

⑥ **자이로 수평 지시계(수평의, vertical gyro):** 자이로의 강직성과 섭동성을 이용하고, 항공기의 피치와 경사를 지시한다.

　가) 작동원리 및 구조

　　㉠ 자이로 회전자 축은 기수 방향에 수직이다.

　　㉡ 강직성과 섭동성을 이용하여 회전자 축이 항상 지구 중심을 향하게 한다.

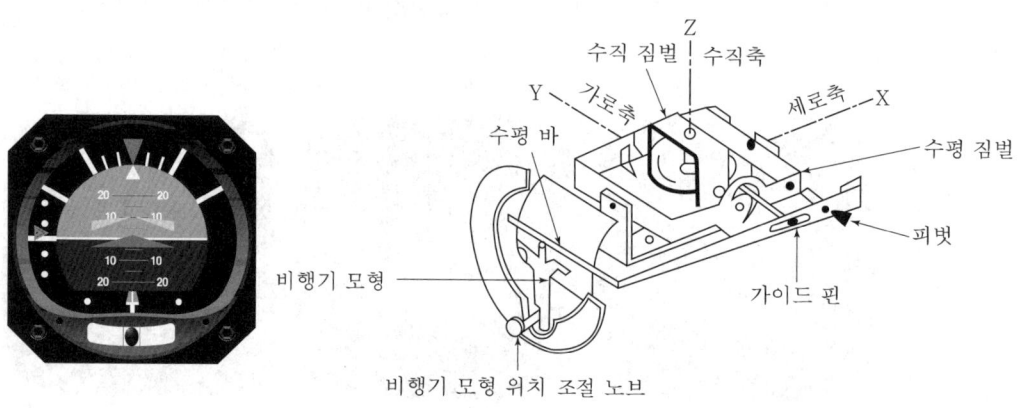

---

## 5  원격 지시계기

### (1) 원격 지시계기 일반

항공기가 대형화, 고성능화되면서 수감부와 지시부 사이의 거리가 멀어지게 되었다. 수감부의 기계적인 변위를 전기적인 신호로 바꾸어 지시부에 같은 크기의 변위를 나타낼 수 있게 되었고, 이를 원격 지시계기라 한다. 원격 지시계기를 구성하는 동기기는 고정자와 회전자로 구성되어 있고, 각도나 회전력의 정보 전송을 목적으로 한다. 동기기는 전원 종류, 변위 전달 방식에 따라 오토신(autosyn), 서보(servo), 직류 데신(DC desyn), 마그네신(magnesyn) 등이 있다.

### (2) 오토신(Autosyn)

오토신은 벤딕스 사에서 제작한 동기기 이름이다. 교류로 작동하는(AC 26V 400Hz) 원격 지시계기로 정밀 측정이 가능하다. 전원이 회전자에 연결되고, 고정자는 3상 결선 방법(△ 또는 Y 결선)이 되어 단자 사이를 연결한다. 도선의 길이는 측정값 지시에 영향을 주지 않는다.

변환기의 회전자는 플랩의 위치, 착륙기어 위치, 윤활유나 연료의 유량 위치 등 장치의 움직임에 따라 기계적으로 회전한다.

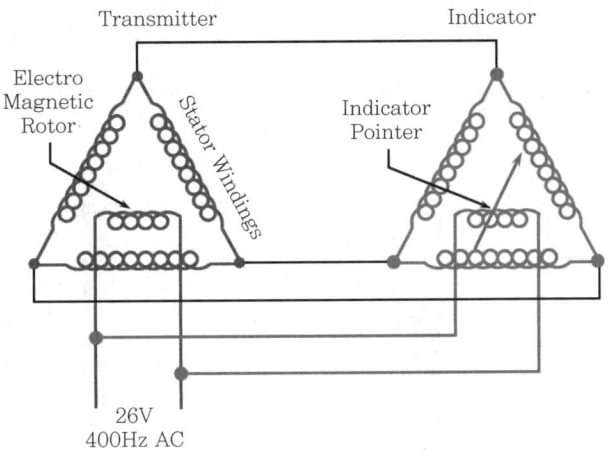

## (3) 서보(Servo)

서보는 동기기로서, 노브 조작에 의해 명령을 주면 그 변위만큼 기계적으로 회전시켜 작동하는 장치이다.

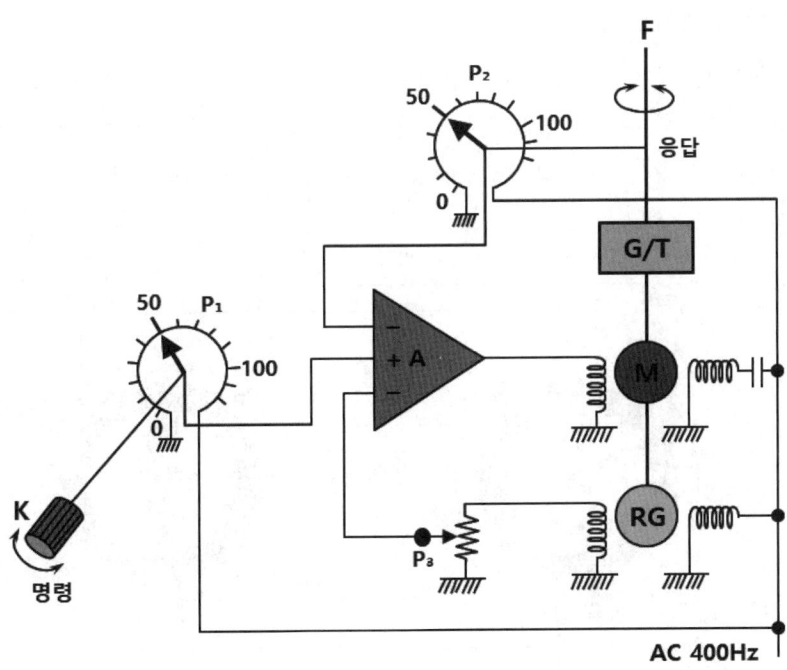

## (4) 직류 데신(DC desyn)

직류 데신의 전달기는 120° 간격을 두고 감긴 정밀 저항 코일로 되어 있고, 3상 결선의 코일로 감긴 원형 연철 코어 내부에 영구자석의 회전자가 들어 있는 지시계로 구성된다. 이는 착륙장치, 플랩, 객실 출입문 위치지시계 및 연료의 용량을 측정하는 액량 지시계로 사용된다.

직류 데신은 가변 저항기 형식인 변환기의 구동부 각도가 변함에 따라 전압이 달라진다.

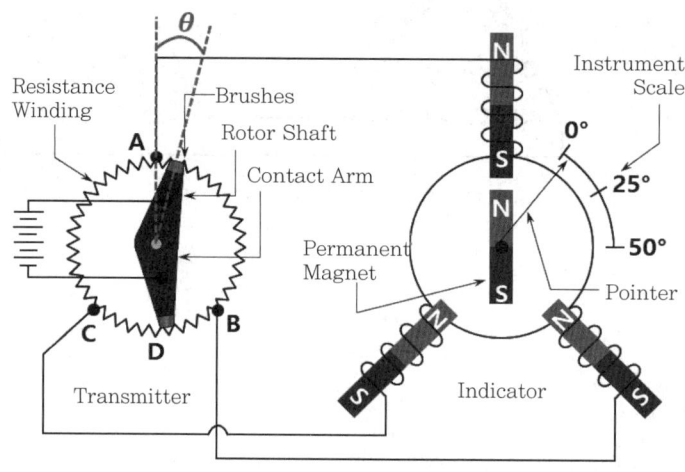

## (5) 마그네신(Magnesyn)

오토신과 다른 점은, 오토신이 회전자로 전자석을 사용하는 대신 마그네신은 회전자로 강력한 영구자석을 사용한 형식이다. 또한, 오토신은 단상교류 전압이 회전자에 가해지지만, 마그네신은 고정자에 가해진다. 마그네신은 오토신보다 작고 가볍지만, 토크가 약하고 정밀도가 떨어진다.

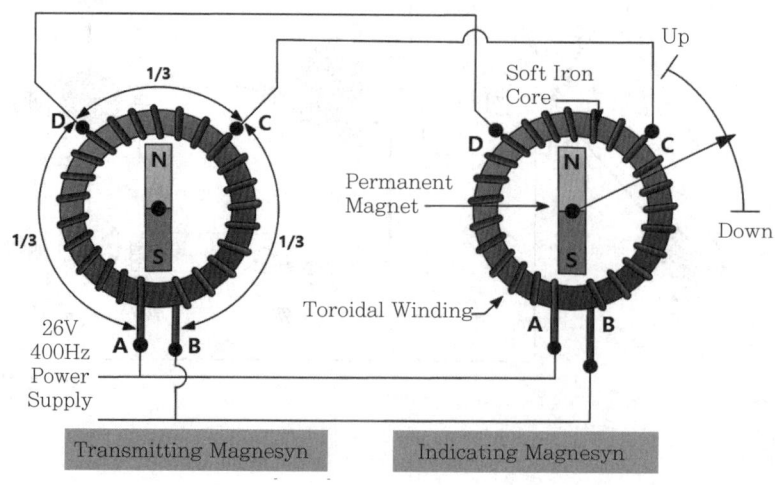

### (6) 원격 지시계기의 정비

원격 지시계기의 시험과 작동 점검은 C-1 tester에 의해 수행된다. 지시계와 전달기의 시험을 각각 실시한다.

| 시험 및 고장 상황 | 시험 및 처리 방안 |
|---|---|
| 지시기의 시험을 위해서 | 시험할 지시기나 전달기를 연결하여 0점 시험, 눈금 오차 시험, 마찰 오차 시험, 위치 오차 시험 등을 한다. |
| 회전 지시계와 회전계 발전기의 작동 중에 발생하는 고장 | 지시 값이 역으로 나타나는 경우, 지시가 전혀 안 되는 경우, 지시 바늘이 진동하는 경우, 지시값이 낮거나 높게 나타나는 경우에는 멀티미터로 고장 진단을 한다. |
| 지시 값이 역으로 나타나는 경우 | 3선 중 2개의 선이 바뀐 것으로 도선의 연결을 맞게 연결한다. |
| 회전계기 계통의 도선이 단락, 단선 및 지시계나 발전기가 고장 났을 경우 | 지시값이 전혀 나타나지 않으면 도선 연결을 확인 후 수리하고, 지시계나 발전기가 고장 시 교환한다. |

---

## 6 회전계기

### (1) 회전계기

① 엔진의 회전수를 지시하는 계기이다.

② **왕복엔진**: 크랭크축의 회전수를 분당 회전수(rpm)로 지시한다.

③ **가스터빈엔진**: 압축기의 회전수를 최대 출력 회전수의 백분율로 표시한다.

④ 회전계기는 기계식, 전기식, 전자식, 동기계로 분류된다.

### (2) 기계식 회전계

#### ① 원심력식 회전계

원심력을 이용한 회전계이다. 무게 추는 무게 중심이 기울어지도록 중심을 고정해 놓았다. 엔진의 회전 동력은 엔진 축에 연결된 구동축을 따라 기어에 전달되면 회전속도에 따른 무게 추가 원심력으로 수평 상태를 유지하게 된다. 이때 슬라이딩 칼라는 미끄러져 내려오게 되고, 섹터 기어를 움직여 지시침을 지시하게 한다. 이와 같은 기계식 회전계는 무게 추의 질량에 원심력이 작용하기 때문에 엔진의 회전수에 비례하여 만들어지는 것이다.

> 엔진 축에 연결된 구동축이 회전 → 회전축에 연결된 기어가 회전 → 플라이 웨이트의 원심력 → 코일 스프링 수축 → 로킹축 → 섹터 → 피니언 기어 → 바늘

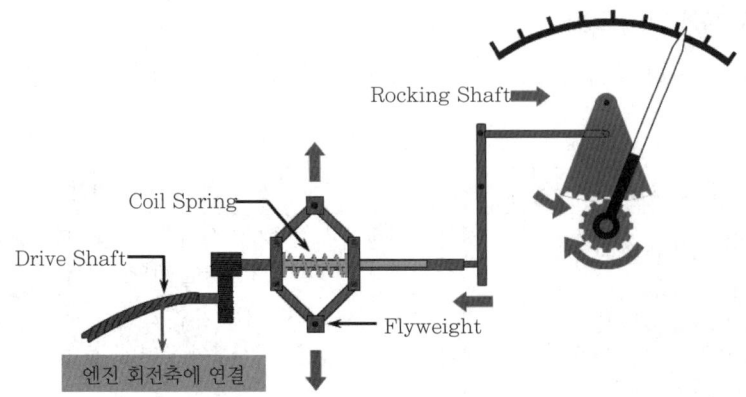

▲ 기계식 회전계기(Mechanical Tachometer)의 구조

### ② 맴돌이 전류식 회전계(와전류식 회전계)

맴돌이 전류를 이용하여 회전 자기장 내에 있는 알루미늄 또는 황동의 비자성 양도체로 된 원판은 판에 유기되는 맴돌이 전류 효과에 의해 회전 자기장과 같은 방향으로 회전하고, 토크의 크기는 자기장의 세기와 회전속도에 비례한다.

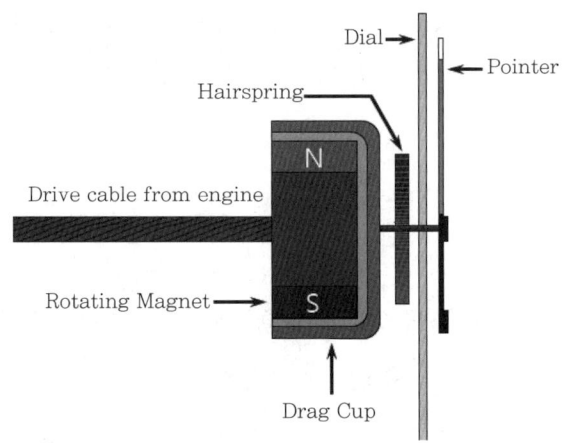

▲ 와전류식 회전계기(Eddy-current Type Tachometer)의 구조

## (3) 전기식 회전계

Tacho Generator는 엔진 구동축에 연결되어 엔진의 회전수를 3상 교류 신호로 변환하고, Synchro motor는 3상 교류 신호를 받아 교류 발전기와 동조되는 회전속도로 회전하며, 맴돌이 전류식 회전계는 동기 전동기와 연결 회전수를 지시한다.

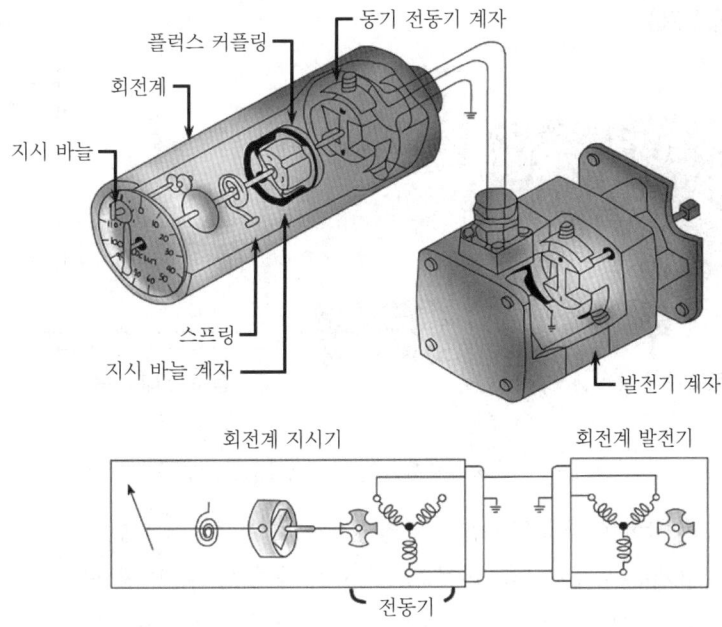

▲ 전기식 회전계기(Electrical Tachometer)의 구조

## (4) 전자식 회전계

엔진 내부에서 회전수를 셀 수 있는 부품, 즉 기어, 가스터빈엔진의 블레이드 수를 세어서 회전속도로 표시한다. 가스터빈엔진의 저압 압축기와 저압 터빈을 연결축의 회전속도, 즉 N1 회전계는 이 방식을 이용한다.

① 일부 쌍발 항공기에 사용한다.

② 왕복엔진 마그네토의 브레이커 포인터로부터 전기 신호를 받는다.

③ 접점이 열리고 닫히는 시간당 수를 감지한다.

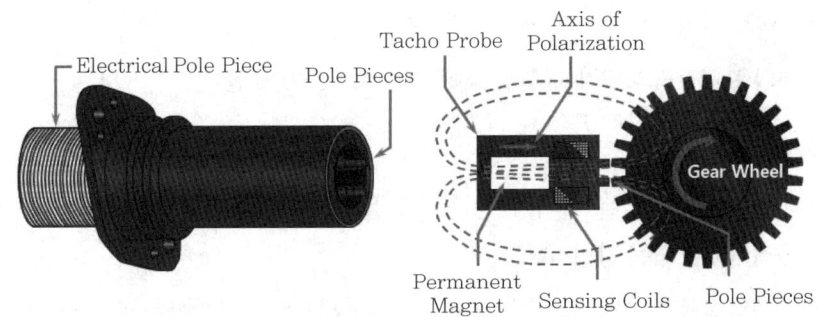

▲ 홀 센서 회전계기(Hall Sensor Tachometer)

## (5) 동기계(동조계)

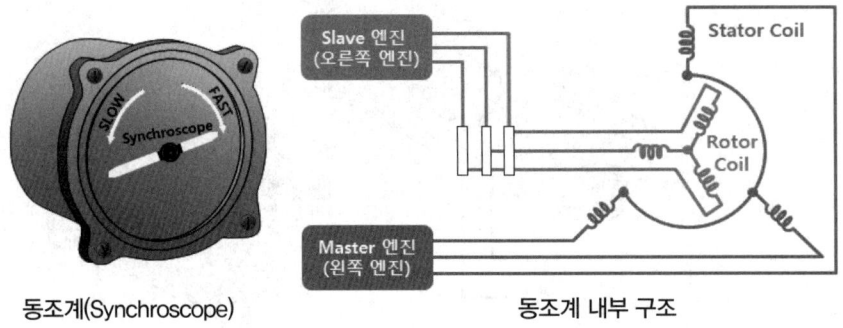

동조계(Synchroscope)　　　　　　동조계 내부 구조

▲ 동조계(동기계, Synchroscope)

여러 엔진을 장착한 항공기(왕복엔진 쌍발항공기 및 프로펠러 다발항공기)의 엔진 회전속도가 서로 같은지 표시하는 계기이다. 회전속도가 차이 나면 소음이 발생하여 불안감을 갖을 수 있다. 큰 속도 차이는 회전계 지시 차이에 의해 조절 가능하고, 몇 rpm의 작은 속도 차이는 조절이 불가능하다. 이를 위해 동기계를 이용한다.

## 7　액량 및 유량계기

## (1) 액량계(Quantity Indicator)

항공기에 사용되는 연료, 윤활유, 작동유 등의 양을 지시한다.

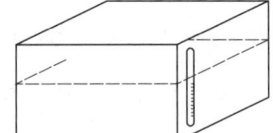

### ① 직독식 액량계

　가) 사이트 글라스를 통하여 액량을 읽는다.

　나) 액의 표면장력과 모세관 현상 등에 의한 오차가 발생한다.

### ② 부자식 액량계

　가) 액면 위에 떠 있는 부자가 상하 운동을 하면 이에 따라 레버를 거쳐 계기의 바늘이 움직이도록 하는 방법이다.

　나) 부자의 운동을 셀신 또는 전위차계 등을 이용한 원격 지시식을 많이 사용한다.

　다) 액면의 높이를 부피로 표시한다.

㉠ 기계식

- 레버가 장착된 부자에 의해 기어가 회전하고, 그 축 앞에 붙은 자석에 의해서 자기적으로 지시 바늘이 회전하여 액량을 표시한다.
- 액면 위에 떠 있는 부자가 상하 운동을 하면 이에 따라 레버를 거쳐 계기의 바늘이 움직이도록 하는 방법이다.

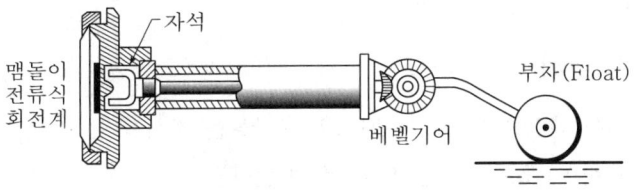

㉡ 전기 저항식

- 부자의 높낮이에 따른 가변 저항값의 변화에 의한 전류량의 변화를 측정하여 액량을 나타내는 액량계이다.
- 가변 저항값은 탱크가 가득 채워졌을 때 저항값이 최소가 되는 방식과 최대가 되는 방식이다.

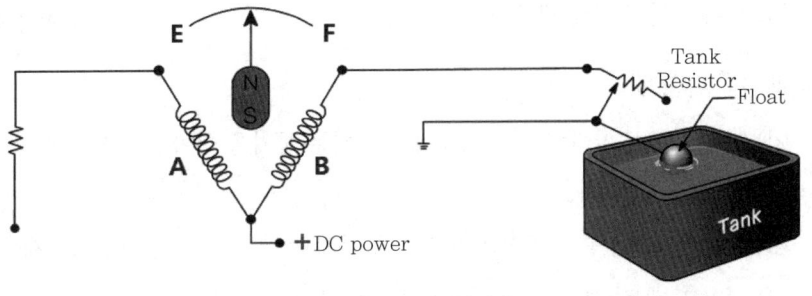

▲ 전기 저항식 플로트 액량계기 구조

㉢ 액압식 액량계

탱크 밑바닥에 작용하는 액체의 압력을 측정하여 지시한다.

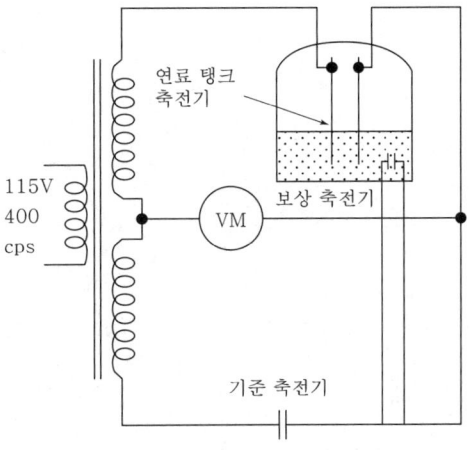

ㄹ 전기용량식(capacitance type) 액량계

- 대부분의 항공기에 사용한다.

- 액체와 공기의 유전율이 다른 것을 이용한다.

- 연료탱크 내 축전기 극판 사이의 연료 높이에 따른 전기 용량으로 부피를 측정한다.

- 부피에 밀도를 곱하여 무게로 지시한다.

## (2) 유량계(Flow Meter)

주로 연료탱크에서 엔진으로 흐르는 연료의 유량률을 지시한다. 1시간 동안 엔진이 소모하는 연료의 양을 지시하며, 오토신 또는 마그네신의 원리를 이용하여 원격으로 지시한다.

### ① 차압식 유량계

가) 액체가 통과하는 튜브의 중간에 오리피스를 설치한다.

나) 액체의 흐름이 있을 때 오리피스의 앞부분과 뒷부분에 압력 차가 발생한다.

다) 유량은 압력 차의 제곱근에 비례한다.

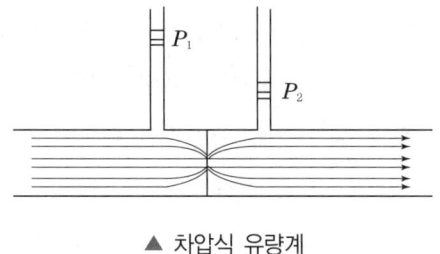

▲ 차압식 유량계

### ② 베인식 유량계

가) 연료 흐름에 따라 질량과 속도에 비례하는 동압을 받아 베인이 회전한 각변위를 이용하여 유량을 측정한다.

나) 베인의 각변위를 오토신의 변환기에 의해 전기 신호로 바꾸어 지시계에 전달한다.

다) 릴리프 밸브: 과도한 유량이 흐를 때 자동으로 열려 연료를 엔진으로 바로 보낸다.

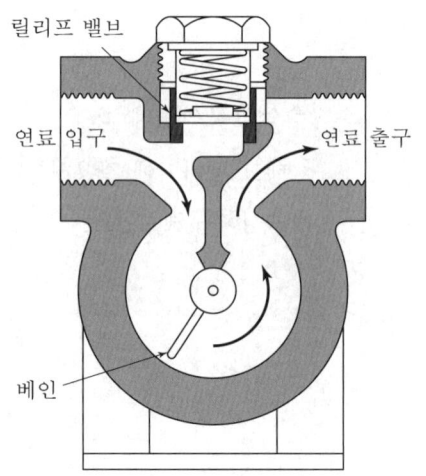

릴리프 밸브

연료 입구    연료 출구

베인

### ③ 동기 전동기식 유량계

가) 연료의 유량이 많은 제트엔진에서 사용하는 질량 유량계이다.

나) 각운동량을 측정하여 연료의 유량을 무게의 단위로 지시한다.

다) 동기 전동기가 임펠러를 구동한다.

　　㉠ 연료가 일정한 각속도 운동을 한다.

　　㉡ 연료의 각운동량(유량에 비례)이 터빈을 구동한다.

　　㉢ 터빈의 각변위를 오토신(마그네신)을 통해 지시계에 전달한다.

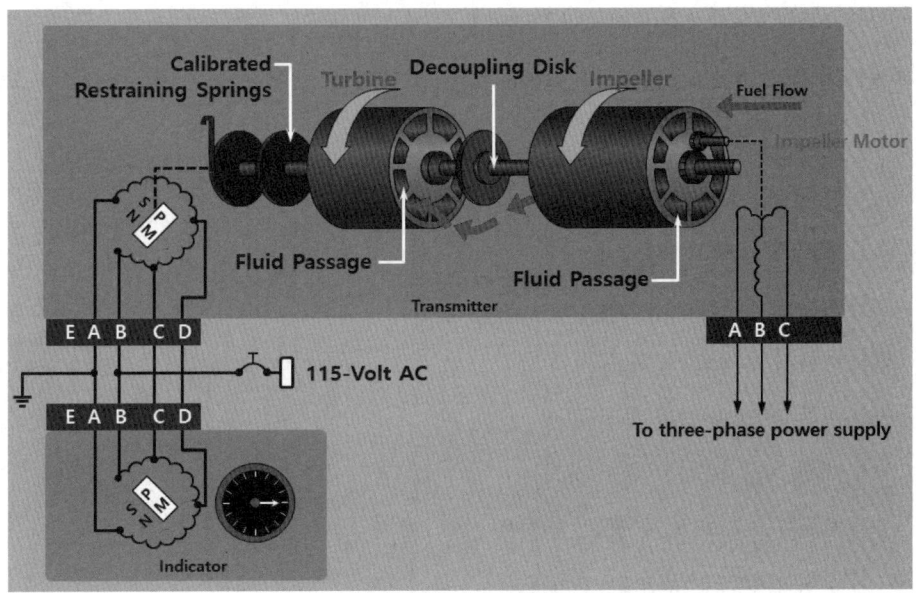

▲ 동기 전동기식 유량계의 구성도

## (3) 액량 계기 및 유량 계기의 정비

| 구분 | 주의 및 점검사항 |
| --- | --- |
| 취급 | ① 전기 저항식 액량계 전달기 취급 시 충격으로 인한 계기 속의 코일 저항이 손상되지 않도록 주의한다.<br>② 정전 용량식 액량계 전달기에 입혀진 피막이 벗겨지지 않도록 주의한다.<br>③ 극판 간의 간격에 변화를 줄 만큼의 힘이 가해져서는 안 된다.<br>④ 지시계 뒷면의 EMPTY(비어 있음), FULL(차 있음)에 대해, 가변저항기로 조절 시 한곗값을 넘지 않도록 주의해야 한다. |
| 시험 및 작동 점검 | ① 액량 계기의 작동 점검은 액량 지시계 시험기(MD-1 tester)로 수행된다.<br>② 전기 저항식 용량식 액량계 탱크 유닛의 점검은 탱크 유닛 시험기(MD-2 tester)로 수행된다.<br>③ ①, ②는 전기 용량을 가지는지 시험하는 것이고, 탱크 유닛의 단락 시험은 절연 저항기 및 메거 측정기로 실시한다. |

## (1) 경고장치

경고장치는 조종사의 전방 엔진 계기 패널에 위치하여 색깔로 CRT 상에 다음과 같이 표시한다.

① **경고(warning):** 적색 문자 및 숫자 표시로 조종사가 즉각 조치하지 않으면 안 되는 긴급사태 발생을 말한다.

② **주의(caution):** 호박색 알파벳과 숫자 조합으로 이상사태 발생 시 교정이나 보정 조작에 시간적인 여유가 있는 경우를 말한다.

③ **충고(advisory):** 호박색 알파벳과 숫자 조합으로 보정 조작이 필요하거나 그렇게 하지 않아도 무방한 상태를 말한다.

④ **경고 우선순위**

　가) 엔진 화재 경고: 벨소리

　나) 속도 초과 경고: 크랙커음

　다) 착륙장치 경고: 경적음

　라) 이륙 경고: 단속적 경적음

　마) 객실 여압 경고: 단속적 경적음

　바) 자동 조종장치 해제 경고: 부저음

　사) 수평 안정판 작동 경고: C 코드음

　아) 결심 고도 경고: C 코드음

⑤ **고도 경보 장치(altitude alert system):** 비행 중 조종사에게 현재 고도를 확인시켜주고, 설정한 선택고도 이탈 시 경보등과 경보음으로 알려주어 사고 위험을 방지하는 장치로 고고도에서만 작동하게 되어 있다. 항공 교통량 증가로 인하여 FAA에서 공중 충돌 방지를 안정성 문제로 의무 설치하도록 하였다.

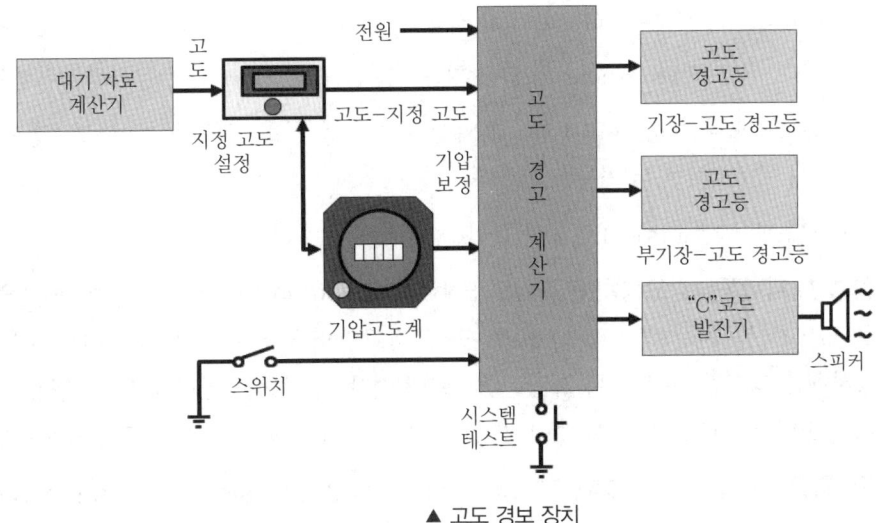

▲ 고도 경보 장치

⑥ **대지 접근 경고장치(GPWS: Ground Proximity Warning System):** FAA의 명령에 따라 장착 의무화 되어 있는 GPWS는 GPWS를 중심으로 전파고도계(RA), 대기 자료 컴퓨터(ADC), 글라이드 슬로프(GS) 수신기, 플랩 위치 등으로 구성되어 경고등과 경고음으로 출력한다. 감시 형태의 모드 영역은 다음과 같다.

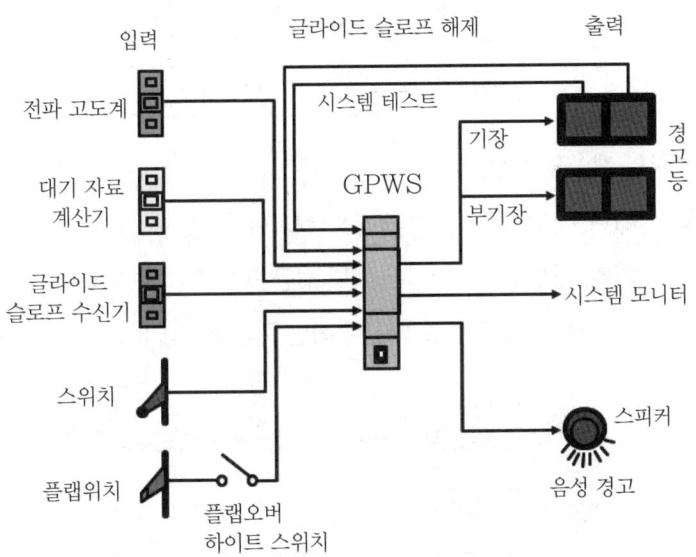

▲ 지상근접 경고 장치의 구성

가) 모드 Ⅰ: 강하율이 클 때

나) 모드 Ⅱ: 지표 접근율이 클 때

다) 모드 Ⅲ: 이륙 후의 고도 감소가 클 때

라) 모드 Ⅳ: 착륙은 하지 않았으나 고도가 부족할 때

마) 모드 Ⅴ: 글라이드 슬로프의 밑에 편위가 과도할 때

바) 모드 Ⅵ: 전파 고도의 음성(call out) 기능

사) 모드 Ⅶ: 전단풍(windshear)의 검출 기능

아) 엔벨로프 모듈 기능: GPWS의 기억장치에 특정 공항 정보를 기억시켜 경고를 내는 로직이 변하도록 하는 기능을 말한다.

※ 모드 Ⅵ, Ⅶ은 MARKER Ⅱ라 불리고, GPWS에는 없는 기능이다.

⑦ **개량형 대지 접근 경고장치(EGPWS: Enhanced Ground Proximity Warning System)**: 기존 GPWS는 지상 충돌 10~20초 전에 경고하였으나 EGPWS는 30~60초 전부터 조종사에게 경고할 수 있도록 개량된 경고장치이다. 전단풍을 만나게 되면 가장 먼저 회피 지시를 한다. 이처럼 GPWS는 경고 기능, 회피 지시 기능, 키놀이 제한 표시 기능이 있다.

⑧ **공중 충돌 회피 장치(TCAS: Traffic alert and Collision Avoidance System)**: ACAS(Airborne Collision Avoidance System)는 국제적인 명칭이며, 미국에서는 TCAS라고 한다. TCAS는 항공기에 독립적으로 탑재된 장비를 통해 주변 항공기 거리, 상대방위 및 고도를 분석하여 접근 경보(TA) 및 회피 권고(RA)를 내리는 공중 충돌 방지 장치이다. 정보 제공 모드는 다음과 같다.

| 모드 A | 고유 식별 부호 요청 |
|---|---|
| 모드 B | 고도 요청 |
| 모드 C | 데이터 링크 |

TCAS의 종류와 제공으로는

가) TCAS Ⅰ: 거리, 방위 정보 및 접근 경보(TA) 제공

나) TCAS Ⅱ: 거리, 방위 정보, 식별부호 및 접근 경보(TA), 수직면 회피 권고(VRA)

다) TCAS Ⅲ: 위치정보, 접근 경보(TA), 수직면 회피 권고(VRA), 수평면 회피 권고(HRA)

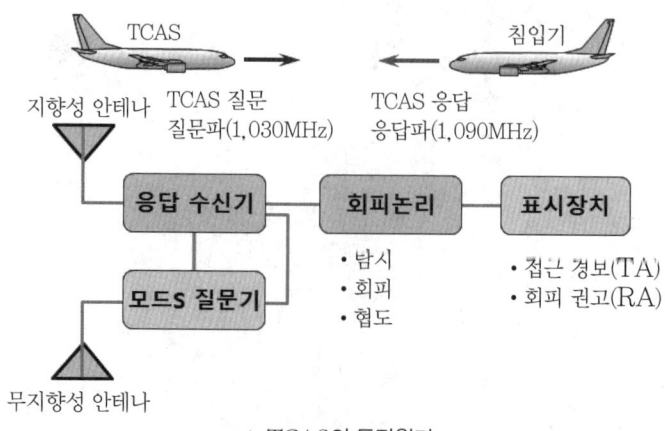

▲ TCAS의 동작원리

## (1) 주 비행 표시장치(PFD)

주 비행 표시장치는 전자식 비행 자세 지시계(EADI)를 중심으로 대기 속도계, 기압고도계, 전파고도계, 승강계, 기수방위 지시계를 통합시킨 표시장치이다. 또한, 자동 조종 작동모드와 ILS 관련 정보를 동시에 표시하여 조종사에게 효과적인 비행정보를 제공할 수 있다.

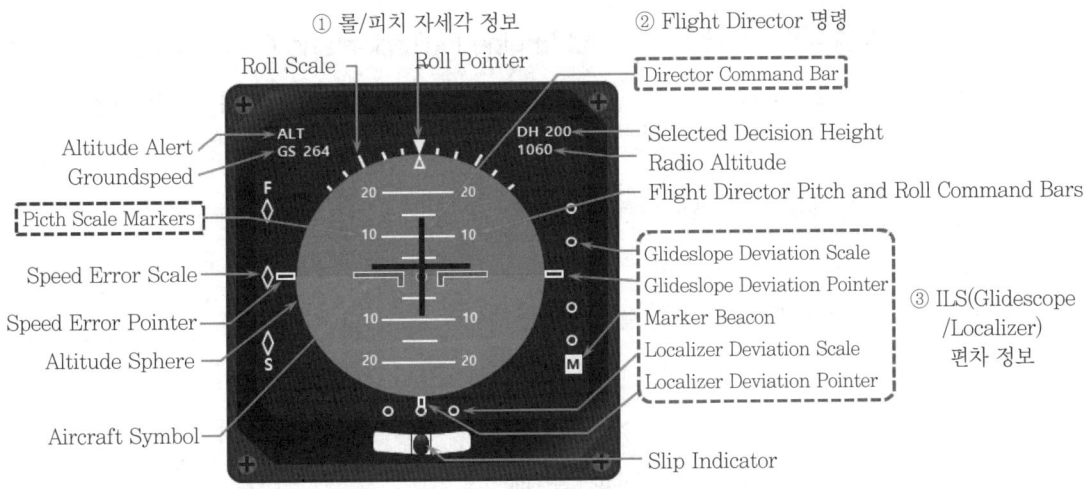

▲ EADI(Electronic ADI)

이는 항공기가 착륙 시 조종사에게 항공기의 정상적인 진입 각도와 진입로를 비행하고 있는지 모니터링 할 수 있는 계기로, 조종사가 비행 중 가장 많이 참고하면서 비행한다.

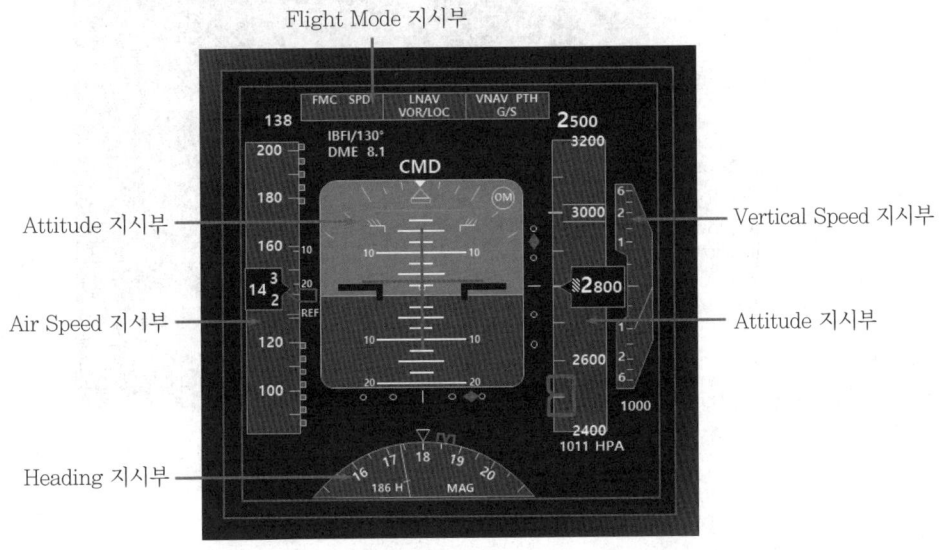

▲ PFD

## (2) 항법 표시장치(ND)

항공기의 현재 위치, 기수 방위, 비행 방향, 비행 예정 코스, 비행 도중 통과 지점까지의 거리, 방위, 소요 시간의 계산과 지시 등에 관한 정보를 표시하며, 풍향, 풍속, 대지 속도, 구름 등에 관한 정보도 표시한다.

항법 표시장치는 조종사의 조작에 따라 모드를 선택하여 비행계획 모드(PLAN mode), 지도 모드(MAP mode), VOR 모드(VOR mode), 접근 모드(APPROACH mode)로 구성되어 있다.

## (3) 엔진지시와 승무원 경고장치(EICAS: Engine Indication and Crew Alerting System)

엔진의 각 부위의 성능이나 상태를 지시하고 항공기 각 계통을 감시하고, 각 계통에 이상이 발생하였을 때 조종사에게 브라운관을 통해 경고를 전달하는 통합계기이다.

| MAIN EICAS | AUX EICAS |
|---|---|
| 엔진압력비(EPR), N1 회전수, 연료 유량, EGT 등 경고 및 주의를 요하는 주요 결함 상태를 지시해 준다. | N2 회전수, 윤활유 압력 및 온도 상태와 유압계통, 연료계통, 전기계통, 착륙장치 계통, 여압계통, 냉난방계통 등의 주요 결함 상태를 지시해 준다. |

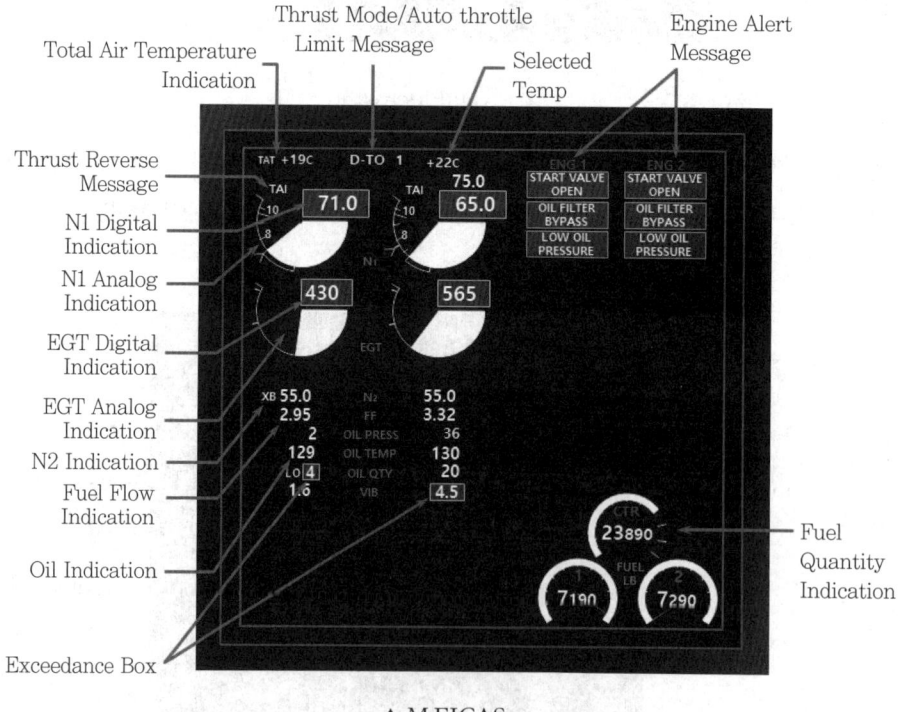

▲ M.EICAS

N2 Digital Indication

N2 Analog
Indication

Fuel Flow
Indication

Oil Pressure
Indication

Oil Temp
Indication

Oil Quantity
Indication

Engine
Indication

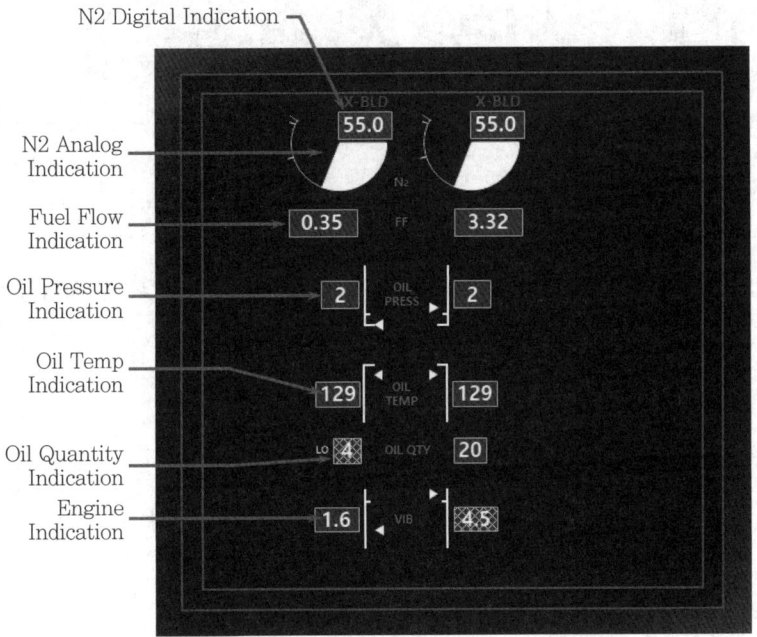

▲ A. EICAS

# CHAPTER
# 02 실력 점검 문제

**01** 항공계기의 특징과 조건을 설명한 내용 중 가장 거리가 먼 것은?

① 무게: 적절한 중량이 있어야 한다.

② 습도: 방습 처리를 한다.

③ 마찰: 베어링에는 보석을 사용한다.

④ 진동: 방진장치를 설치한다.

**해설**

계기가 갖추어야 할 조건
- 무게와 크기는 작아야 한다.
- 정확성이 확보되어야 한다.
- 내구성이 길어야 한다.
- 외부 조건의 영향이 적어야 한다.
- 누설 및 마찰에 의한 오차가 없어야 한다.
- 방진 및 진동장치를 장착해야 한다.
- 계기판과 기체 사이에 장착하여 엔진으로부터의 진동을 흡수해야 한다.
- 방습 처리, 방염 및 항균 처리

**02** 계기의 색표지 중 흰색 방사선의 의미는?

① 안전 운용 범위

② 최대 및 최소 운용 한계

③ 플랩 조작에 따른 항공기의 속도 범위

④ 유리판과 계기 케이스의 미끄럼 방지 표시

**해설**

흰색 방사선은 계기의 유리가 미끄러졌는지 확인하기 위해 유리판과 계기 케이스에 걸쳐 표시한다.

**03** PITOT-STATIC 계통과 관계없는 계기는?

① 속도계          ② 승강계

③ 고도계          ④ 가속도계

**해설**

피토 정압 계기에는 고도계(altimeter), 속도계(air speed indicator), 승강계(vertical speed indicator), 마하계(mach indicator)가 있다.

**04** 다음 중 고도계의 오차에 해당하지 않는 것은?

① 온도 오차          ② 탄성 오차

③ 북선 오차          ④ 기계적 오차

**해설**

고도계 오차의 종류는 눈금 오차, 온도 오차, 탄성 오차, 기계적 오차가 있다. 와동 오차는 자기 컴퍼스의 동적 오차 종류이며, 동적 오차의 종류로는 선회 오차, 가속도 오차, 와동 오차가 있다.

**05** 기압 셋트를 29.92inHg로 하고 14,000ft 이상의 고고도 비행을 할 때의 고도 setting 방법은?

① QNH setting          ② QNE setting

③ QFE setting          ④ QFF setting

**해설**

QNE 보정은 표준 대기압인 29.92inHg를 맞추어 표준 기압면으로부터의 고도를 지시하게 하는 방법이다 해상 비행이나 14,000ft 이상의 높은 고도로 비행할 경우 사용한다.

**✈정답** 01. ①  02. ④  03. ④  04. ③  05. ②

**06** 비행속도, 비행고도, 대기온도에 따라 비행 제원이 변하지 않는 것은?

① IAS
② CAS
③ EAS
④ TAS

**해설**

- 지시대기속도(indicated air speed): 동압을 속도 눈금으로 표시한 속도
- 수정대기속도(calibrated air speed): IAS에서 전압 및 정압계통의 오차와 계기 자체의 오차 수정
- 등가대기속도(equivalent air speed): CAS에서 공기의 압축성 효과를 고려한 속도
- 진대기속도(true air speed): EAS에서 고도에 따른 밀도 변화를 고려한 속도

**07** 고도계(Altimeter)의 밀폐식 공함은 어느 것인가?

① Diaphragm
② Aneroid
③ Bellow
④ Bourdon Tube

**해설**

아네로이드(aneroid, 밀폐형 공함)는 내부가 진공되어 외부 압력을 절대압력으로 측정하는 데 사용한다. 고도계는 표준대기 1기압으로 밀폐 공함 처리한다.

**08** 압력계에 대한 설명 내용 중 가장 관계가 먼 것은?

① 오일 압력계-버튼 튜브식 압력계로 게이지 압력을 지시
② 흡기 압력계-다이아프램형 압력계로 절대압력을 지시
③ 흡입 압력계-공함식 압력계로 2곳의 압력차를 지시
④ EPR계-벨로우관식 압력계로 2개의 압력비를 지시

**해설**

흡기 압력계는 흡입가스를 압축시켜 많은 양의 혼합가스 또는 공기를 실린더로 밀어 넣어 큰 출력을 내도록 하는 장치인 과급기의 작동 시기를 결정할 때 중요한 정보를 제공한다. 진공 공함인 아네로이드 1개와 차압 공함인 다이어프램이 1개가 있어 비행 중 엔진이 가동하고 있을 때 지시되는 흡기압은 대기압에 따른 매니폴드의 압력에 대기압이 더해져 표시되므로 절대압으로 측정된다.

**09** 열전쌍(thermocouple)에 사용되는 재료 중 측정 범위가 가장 높은 것은 어느 것인가?

① 크로멜-알루멜
② 철-콘스탄탄
③ 구리-콘스탄탄
④ 크로멜-니켈

**해설**

열전쌍식 온도계는 온도의 급격한 상승에 의하여 화재를 탐지하는 장치로 서로 다른 금속을 접합한 열전쌍(thermocouple)을 이용한다(크로멜-알루멜(1,000℃)→철-콘스탄탄(800℃)→구리-콘스탄탄(300℃)).

**10** 싱크로 계기의 종류 중 마그네신(mag-nesyn)에 대한 설명으로 틀린 것은?

① 교류전압이 회전자에 가해진다.
② 오토신(autosyn)보다 작고 가볍다.
③ 오토신(autosyn)의 회전자를 영구자석으로 바꾼 것이다.
④ 오토신(autosyn)보다 토크가 약하고 정밀도가 떨어진다.

**해설**

마그네신(magnesyn)이 오토신(autosyn)과 다른 가장 큰 차이점은 오토신이 회전자로 전자석을 사용하는 대신 마그네신은 회전자로 강력한 영구자석을 사용한다는 것이다. 마그네신의 고정자는 환상 코일이다. 오토신에서는 교류전압이 회전자에 가해지지만, 마그네신은 고정자에 가해진다.

**정답** 06. ① 07. ② 08. ② 09. ① 10. ①

**11** 유량계의 단위는 다음 중 어느 것인가?

① gph      ② rpm

③ psi      ④ mpm

**해설**

유량계는 연료탱크에서 엔진으로 흐르는 연료의 유량을 시간당 부피 단위, 즉 gph(gallon per hour: 3.79l/h) 또는 무게 단위 pph(pound per hour: 0.45kg/h)로 지시한다.

**12** 왕복엔진의 실린더에 흡입되는 공기압을 아네로이드와 다이어프램을 사용하여 절대압력으로 측정하는 계기는?

① 윤활유 압력계

② 제빙 압력계

③ 증기압식 압력계

④ 흡입 압력계

**해설**

흡입 압력계(manifold pressure gag)

• 왕복엔진에서 흡입 공기의 압력을 측정하는 계기

• 정속 프로펠러와 과급기를 갖춘 엔진에서는 필수적인 계기

• 낮은 고도에서는 초과 과급을 경고, 높은 고도에서는 엔진의 출력 손실을 경고

• 아네로이드와 다이어프램을 사용하여 절대압력을 측정한다.

**13** 전기저항식 온도계에 사용되는 온도 수감용 저항 재료의 특성이 아닌 것은?

① 저항값이 오랫동안 안정해야 한다.

② 온도 외의 조건에 대하여 영향을 받지 않아야 한다.

③ 온도에 따른 전기 저항의 변화가 비례 관계에 있어야 한다.

④ 온도에 대한 저항값의 변화가 작아야 한다.

**해설**

온도에 대한 저항값의 변화가 작으면 정확한 온도를 검출해 낼 수가 없으므로 전기저항식 온도계에서 사용할 수 없다. 전기저항식 온도계에 사용되는 온도 수감용 저항 재료는 저항값이 안정적이어야 하며, 온도 외의 조건에 영향을 받지 않고 온도에 따른 전기 저항의 변화가 비례 관계여야 하며, 온도에 대한 저항값의 변화가 커야 한다.

**14** 자이로의 강직성이란 무엇인가?

① 외력을 가하면 그 힘의 방향으로 자세가 변하는 성질

② 외력을 가하지 않는 한 항상 일정한 자세를 유지하려는 성질

③ 외력을 가하면 그 힘과 직각으로 자세가 변하는 성질

④ 외력을 가하면 그 힘과 반대 방향으로 자세가 변하는 성질

**해설**

자이로의 성질 강직성(rigidity): 자이로에 외력이 가해지지 않는 한 회전자의 축 방향은 우주 공간에 대하여 계속 일정 방향으로 유지하려는 성질로 자이로 회전자의 질량이 클수록, 자이로 회전자의 회전이 빠를수록 강하다.

**15** 자이로의 섭동성을 이용한 것으로 항공기의 선회율을 지시하는 계기는?

① 자세지시계      ② 선회경사계

③ 마하속도계      ④ 방향지시계

**해설**

선회경사계(turn and bank indicator)는 선회계와 경사계가 들어 있는 계기로 선회계는 자이로의 섭동성만을 이용한 계기이고, 경사계는 케로신으로 감쇄기 역할을 하고 있다. 선회경사계는 항공기의 선회방향과 선회율 및 선회상태(정상선회(coordinate turn), 내활선회(slipping turn), 외활선회(skidding turn))를 지시하는 계기로 자이로 계기이다.

✈ **정답**   11. ①   12. ④   13. ④   14. ②   15. ②

**16** 항공기의 화재 탐지장치가 갖추어야 할 사항으로 틀린 것은?

① 과도한 진동과 온도 변화에 견디어야 한다.

② 화재가 계속되는 동안에 계속 지시해야 한다.

③ 조종석에서 화재탐지장치의 기능 시험을 할 수 있어야 한다.

④ 항상 화재탐지장치 자체의 전원으로 작동하여야 한다.

**해설**

화재 경고장치가 갖추어야 할 사항
- 화재가 발생하였을 때는 그 장소를 신속하고 정확하게 표시할 것
- 화재가 계속 진행하고 있을 때는 연속적으로 표시할 것
- 화재가 꺼진 후에는 정확하게 지시를 멈출 것
- 항공기의 전원에서 직접 전력을 공급받으며, 전력 소비가 적을 것
- 조종실에서 화재 탐지와 화재 경고장치의 기능을 시험할 수 있을 것
- 윤활유, 물, 열, 진동, 관성력 및 그 밖의 하중에 대하여 충분한 내구성을 가질 것

**17** 다음 중 종합계기 PFD에서 지시되지 않는 것은?

① 승강속도    ② 날씨정보
③ 비행자세    ④ 기압고도

**해설**

주 비행 표시장치(PFD: Primary Flight Display)는 전자식 비행자세 지시계(EADI: Electronic Attitude Direction Indicator)를 중심으로 디지털화된 속도계, 기압고도계, 전파고도계, 승강계, 기수방위 지시계, ILS 관련 정보, AFCS 등의 자동조종 작동모드를 표시하여 조종사의 피로를 줄여주고, 효율적인 비행 정보를 제공하는 통합전자계기이다. 날씨 정보는 ND(Navigation Display)에서 제공된다.

**18** TCAS와 ACAS의 공통점으로 옳은 것은?

① 항공관제 시스템이다.

② 항공기 호출 시스템이다.

③ 항공기 충돌 방지 시스템이다.

④ 기상 상태를 알려주는 시스템이다.

**해설**

공중 충돌 회피 장치(Traffic alert and Collision Avoidance System)는 항공기의 접근을 탐지하며, 조종사에게 항공기의 위치 정보나 충돌을 회피하기 위한 정보를 제공한다.

**19** 항공기가 하강하다가 위험한 상태에 도달하였을 때 작동되는 장비는?

① INS    ② Weather Radar
③ GPWS    ④ Radio Altimeter

**해설**

GPWS(Ground Proximity Warning System)는 항공기의 안전 운항을 위한 항공전자장비의 한가지로서 항공기가 지표 및 산악 등의 지형에 접근할 경우, 점멸등과 인공음성으로 조종사에게 이상접근을 경고하는 장치이다.

**20** EICAS의 설명에 관하여 바른 것은 어느 것인가?

① 기체의 자세 정보 영상 표시장치

② 엔진 출력의 자동 제어 시스템 장치

③ 엔진 계기와 승무원 경보 시스템의 브라운관 표시장치

④ 지형에 따라서 비행기가 그것에 접근할 때의 정보장치

**해설**

엔진 지시와 승무원 경고 장치(EICAS: Engine Indication and Crew Alerting System)는 엔진의 각 부위의 성능이나 상태를 지시하고 항공기 각 계통을 감시하고, 각 계통에 이상이 발생하였을 때 조종사에게 브라운관을 통해 경고를 전달하는 통합계기이다.

**정답**  16. ④  17. ②  18. ③  19. ③  20. ③

# CHAPTER

# 03 공기 및 유압계통

## 1 공기 및 유압계통 일반

### (1) 압축공기

공기를 압축한 압축공기는 공기압계통에 에너지원으로 사용하고 있다. 객실의 냉·난방 및 여압계통, 방빙 및 제빙계통, 작동유 압력 펌프의 구동 및 저장탱크의 가압, 연료의 가열 및 역분사 장치의 작동, 앞전 날개의 구동 등을 위한 열원, 압력원 또는 동력원, 화물실의 난방, 물탱크의 가압 등으로 사용된다.

#### ① 압축공기의 특징과 필요성

가) 작동유, 전기에 비행 대기 중에서 손쉽게 얻을 수 있다.

나) 압축성 유체로 압축성능이 매우 높으며, 별도의 귀환관이 필요하지 않다.

#### ② 압축공기의 장·단점

가) 적은 양으로 큰 힘을 얻을 수 있으나, 압축공기 온도가 높아 주변이 가열된다.

나) 조작이 간편하나, 배관 설치에 따른 많은 공간과 연결부 누출이 발생하기 쉽다.

#### ③ 압축공기의 종류

가) 저압 압축공기: 왕복엔진을 장착한 항공기에 많이 사용한다. 이는 전기 모터 또는 엔진에 의해 구동되는 베인형 펌프로 1~10psi의 압축공기를 연속 공급한다.

ㅏ) 중압 압축공기: 가스터빈엔진의 압축기로부터 블리딩된 공기를 압력 조절 장치를 거쳐 유입시킨다. 이는 100~150psi의 압력으로 공급한다. 사용되는 사용처는 앞전 날개의 결빙 방지, 엔진 시동 시, 객실 여압과 엔진 시동 시, 객실 여압과 객실 공기 온도 조절용으로 사용된다.

다) 고압 압축공기: 압력용기에 1,000~3,000psi으로 저장되어 있다. 실린더에 장착된 충전 밸브는 공기 보충 시 사용하는 밸브이고, 조절 밸브는 고압 공기를 공급할 때 사용되는 밸브이다. 실린더는 비행 중에는 재충전할 수 없기 때문에 작동이 제한되며, 착륙장치나 브레이크 계통을 비상 작동시키기 위한 동력원으로 사용된다.

④ **압축공기의 조절과 제어**

가) 전기 방식: 직류 또는 교류 전력에 의해 작동하는 모터(motor)나 액추에이터(actuator)가 버터플라이(butterfly) 밸브를 회전시켜 공기 흐름양을 조절한다.

나) 기계 방식: 다이어프램 양쪽의 압력 차이와 스프링(spring)의 힘을 이용하여 밸브를 회전시킴으로써 공기 흐름양을 조절한다.

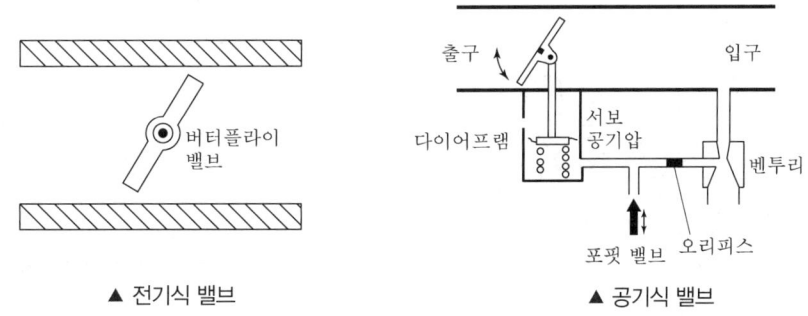

▲ 전기식 밸브　　　　　　▲ 공기식 밸브

㉠ 서보(sevor) 압력: 다이어프램을 작동시키기 위한 공기 압력 서보 공기 압력을 (+)의 압력으로 만드는 경우는 펌프에서 공급된 공기가 필터와 오리피스(orifice)를 통해 포핏(poppet) 밸브에 연결될 때이다. 포핏 밸브를 닫으면 서보 압력은 상승하여 출구 밸브가 닫히고, 포핏 밸브를 열면 서보 압력은 강하하여 출구 밸브는 열린다. 서보 공기 압력이 (−)의 압력을 필요한 경우에는 벤투리(venturi)나 제트 펌프를 사용하여 포핏 밸브를 열거나 닫아 압력의 크기를 조절한다. 포핏 밸브에는 스플을 넣는 방식, 스프링의 강도, 다이어프램에 가한 압력이나 그 움직임을 전달하는 기구에 따라 많은 종류가 있다. 수동, 전기, 압력 그리고 온도 등의 힘을 이용한다.

## (2) 압축공기 계통

### ① 압축공기 공급원

가) 공급원

나) 압축공기의 매니폴드(manifold)

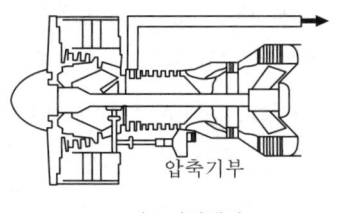

▲ 가스터빈엔진

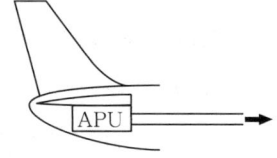

▲ 터보프롭엔진

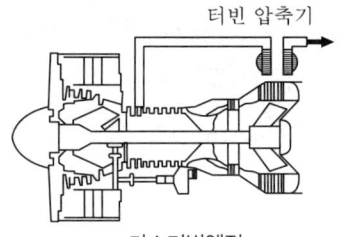

▲ 가스터빈엔진

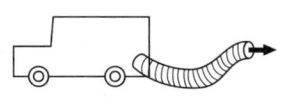

▲ 항공기 보조 동력 장치

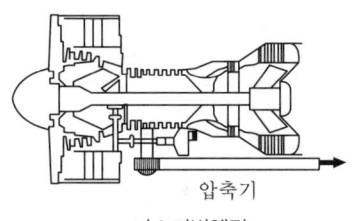

▲ 가스터빈엔진

▲ 그라운드 뉴매탁 카트

## ② 공기압력 계통의 장치

가) 릴리프 밸브: 공기 압력계통의 손상 방지 및 압력 제한 장치로서 동작, 과도한 압력에 의해 배관이 파손되거나 실(seal)이 손상되는 것을 방지한다. 과도한 압력의 공기는 밸브를 거쳐 대기 중으로 방출하고, 밸브는 압력이 정상값으로 되돌아올 때까지 그대로 열려 있다.

나) 조절 밸브: 유압 제동 장치가 정상적으로 작동되지 않을 때, 공기 압력을 사용하며 비상 제동 기능을 하는 장치이다.

다) 체크 밸브: 압축공기가 한쪽 방향으로만 흘러가도록 고안된 밸브로서 작동유 압력계통과 공기 압력계통에서 모두 사용되고 있다.

라) 차단 밸브: 정해진 공기 압력을 초과하면 닫히는 밸브이다. 차단 밸브, 압력 조절 밸브, 흐름 조절 밸브 등이 있다.

마) 제한장치: 공기 흐름양을 줄이고, 작동장치의 작동 속도를 느리게 하는 장치이다.

바) 필터: 공기 압력계통에서 필터는 이물질의 침입을 막는 역할을 한다. 미크론(micron)형과 스크린(screen)형이 있다.

## (3) 작동유의 특징

### ① 파스칼의 원리

프랑스의 수학자 파스칼은 밀폐된 용기 내에 있는 액체의 임의의 점에 작용하는 압력은 '손실 없이 모든 방향으로 전달되고 모든 부분에 직각 방향으로 작용한다.'라고 정의하였다.

$$\frac{F_2}{F_1} = \frac{A_2}{A_1} = \frac{L_1}{L_2}$$

### ② 작동유 압력의 특성

유체의 기둥에 의해 발생되는 압력은 용기의 모양이나 용기에 담긴 유체의 양과 관계없이 원통 관의 높이에 정비례한다. 그림과 같이 $1cm^2$당 $1g$인 물을 $1cm$ 면적의 원기둥 용기에 $100cm$로 채웠다면 압력계에는 $100g/cm^2$로 나타난다.

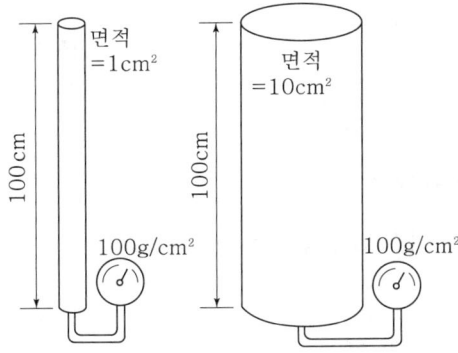

### ③ 힘, 면적, 압력의 관계

압력은 단위 면적당 작용한 힘의 크기를 말한다.

힘(F) = 압력(P) × 면적(A)

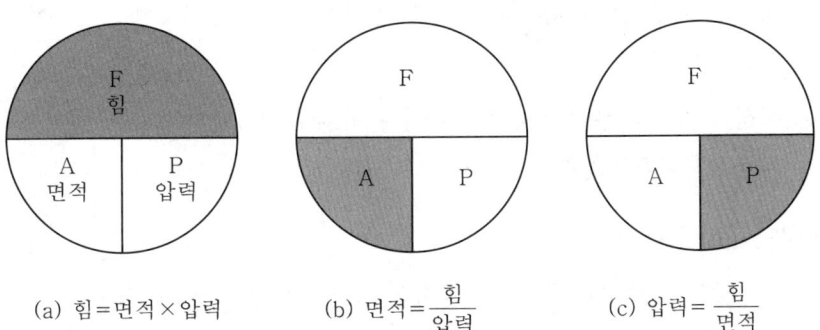

(a) 힘 = 면적 × 압력    (b) 면적 = $\dfrac{힘}{압력}$    (c) 압력 = $\dfrac{힘}{면적}$

④ 체적, 면적, 거리의 관계

$$체적(V) = 면적(A) \times 거리(D)$$

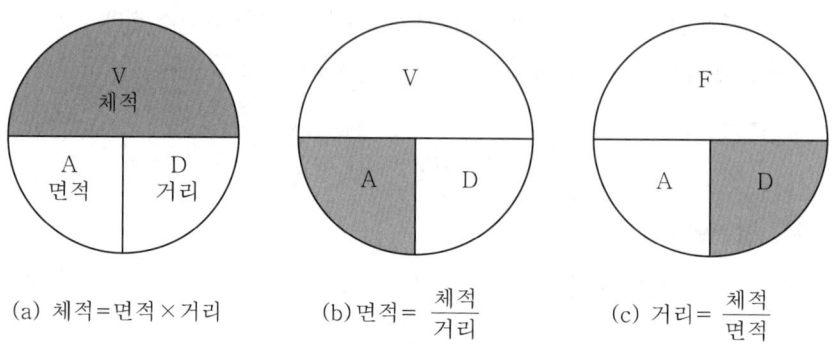

(a) 체적=면적×거리    (b) 면적=$\dfrac{체적}{거리}$    (c) 거리=$\dfrac{체적}{면적}$

## (4) 작동유의 종류와 조건

### ① 작동유의 종류

가) 식물성유

㉠ 피마자기름+알코올 색은 파란색

㉡ 부식성과 산화성이 크고 현재에는 잘 사용하지 않으며, 고온에서도 사용할 수 없다.

나) 광물성유

㉠ 원유로부터 추출 색은 빨간색

㉡ 사용 온도 범위는 −54~71℃, 인화점이 낮아 과열되면 화재의 위험이 있다.

㉢ 소형 항공기의 브레이크 계통에 사용되고 있으며, 합성 고무 실을 사용한다.

다) 합성유

㉠ 인산염+에스테르(ester) 색은 자주색

㉡ 사용 온도 범위는 −54~115℃이다. 인화점이 높아 내화성이 크므로 대부분 항공기에 사용한다.

㉢ 독성이 있기 때문에 눈에 들어가거나 피부에 접촉되지 않도록 하며, 페인트나 고무 제품과 화학작용을 하여 손상시킬 수 있다.

### ② 작동유의 구비 조건

가) 점성이 낮고, 온도 변화에 따라 작동유의 성질 변화가 적어야 한다.

나) 산화하거나 퇴화되는 것에 대한 저항성, 화학적 안정성이 높아야 한다.

다) 화재의 위험을 덜기 위하여 인화점이 높아야 한다.

라) 충분한 내화성으로 끓는점이 높아야 한다.

마) 부식성이 낮아서 금속 및 그 밖의 물질 부품의 부식을 방지할 수 있어야 한다.

## 2 유압동력계통 및 장치

### (1) 동력계통 및 장치

유압동력 계통은 작동유에 압력을 가하여 기계적인 에너지를 압력 에너지로 변환시킨다.

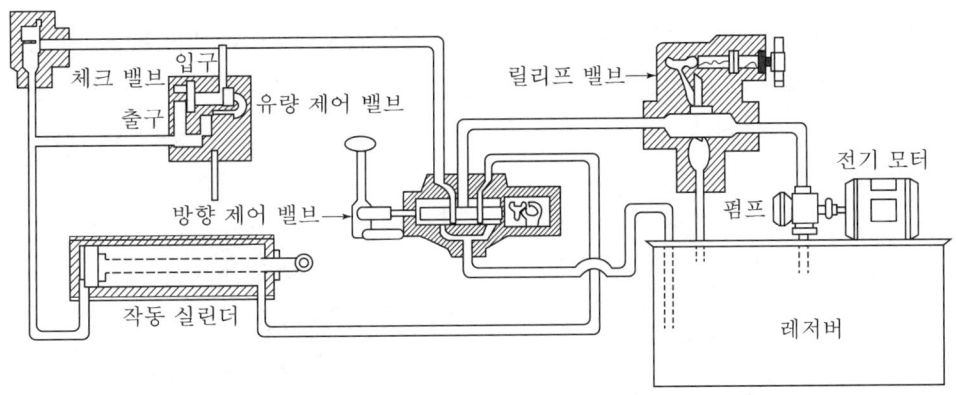

▲ 유압장치의 기본 요소

### ① 유압계통의 기본 요소

가) 레저버: 작동유를 저장하거나 일정량을 유지하거나 보충한다.

나) 펌프: 작동유를 장치 내로 가압하여 공급한다.

다) 제어 밸브: 유체의 방향, 압력, 유량을 조절한다.

라) 그 밖의 동력원 및 전기모터: 펌프를 구동한다.

### (2) 작동유 압력 펌프

#### ① 수동 펌프

가) 재래식 항공기에서 동력 펌프가 고장 났을 때 비상용으로 사용한다.

나) 지상에서 작동유 압력계통을 점검할 때 사용한다.

② **동력 펌프:** 작동유에 압력을 가하는 장치이며, 작동유에 의해 윤활과 냉각된다.

  가) 기어(gear)형 펌프: 2개의 기어가 맞물려 회전하는 것으로, 1개의 기어는 엔진의
     구동부에 연결되어 회전하고, 다른 1개의 기어는 구동기어와 맞물려 회전한다.

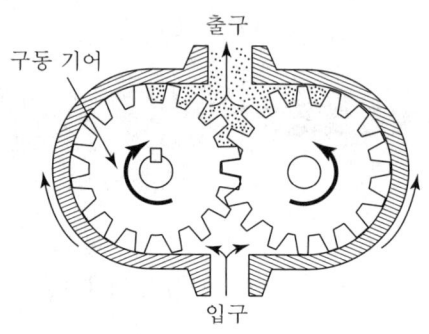

  나) 지로터(gerotor)형 펌프: 편심 된 고정 라이너와 안쪽의 라이너, 밀착된 5개의 넓은 이를
     가진 안쪽 구동 기어 및 출구와 입구에 연결된 반달 모양의 통로가 있는 커버로 구성된다.

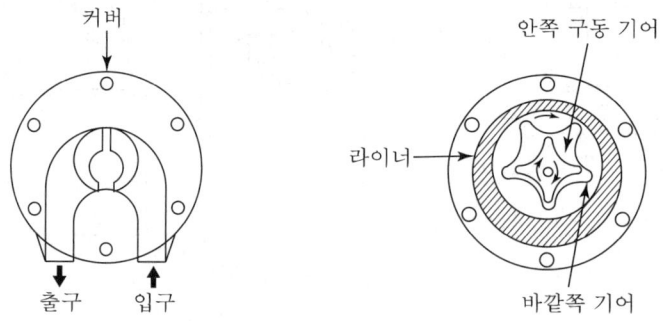

  다) 베인(vane)형 펌프: 원통형 케이스 안에 편심 된 로터가 들어 있으며, 로터에는 홈이
     있고, 홈 속에는 판 모양의 베인이 삽입되어 자유로이 출입하게 되어 있다.

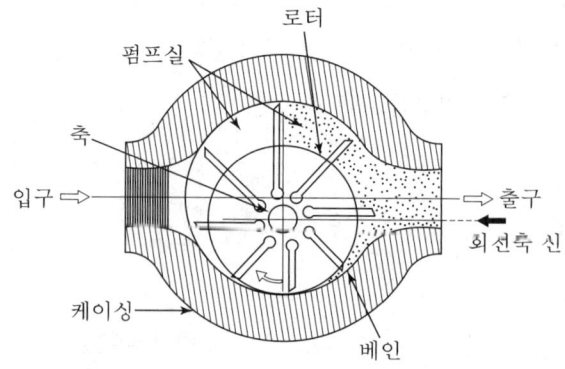

라) 피스톤(piston)형 펌프: 피스톤이 실린더 내에서 왕복운동을 하여 펌프작용을 하며, 고속·고압의 유압장치에 적합하지만, 구조가 복잡하고 값이 비싸다.

## 3 압력 조절, 제한 및 제어장치

### (1) 압력 조절기(Pressure Control Valve)

불규칙한 배출 압력을 규정 범위로 조절하고, 계통에서 압력이 요구되지 않을 때 펌프에 부하가 걸리지 않도록 하기 위해 사용한다. 체크 밸브, 바이패스 밸브의 작동에 따라 킥 인(kick in), 킥 아웃(kick out)의 상태가 있다.

① **킥 인(kick in)**: 계통의 압력이 규정 값보다 낮을 때, 계통으로 작동유 압력을 보내기 위하여 사용된다.

② **킥 아웃(kick out)**: 계통의 압력이 규정 값보다 클 때, 펌프에서 배출되는 압력을 저장탱크로 되돌려 보내기 위하여 사용된다.

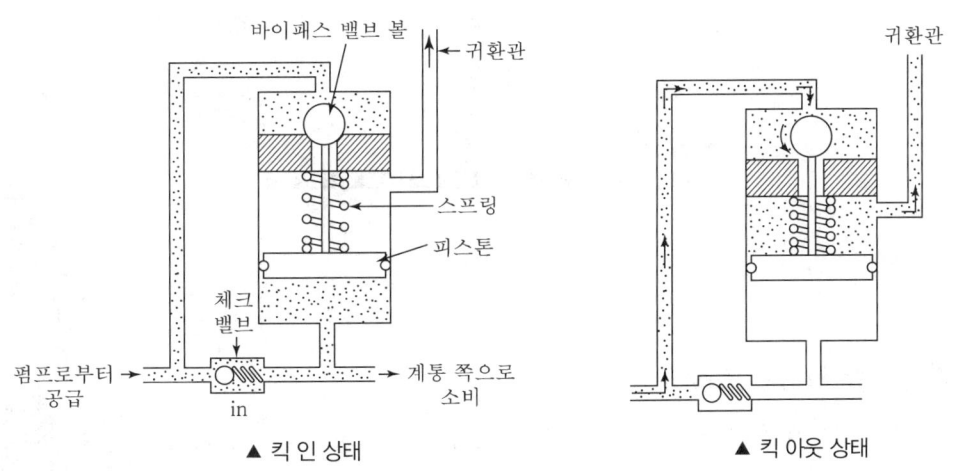

▲ 킥 인 상태         ▲ 킥 아웃 상태

### (2) 릴리프 밸브(Relief Valve)

작동유에 의한 계통 내의 압력을 규정된 값 이하로 제한하는 데 사용되는 것으로, 과도한 압력으로 인하여 계통 내의 관이나 부품이 파손될 수 있는 것을 방지하는 장치이다.

① **계통 릴리프 밸브**: 입구가 계통과 연결되어 계통 내의 압력이 규정 값 이상으로 상승 시 작동유 압력이 볼을 밀어 올리게 되고, 밀려 올라간 작동유는 출구를 통해 레저버로 귀환하여 계통의 압력을 감소시킨다.

② **온도(열) 릴리프 밸브:** 온도 증가에 따른 작동유 압력계통의 압력 증가를 막아 주는 역할을 한다. 작동유 온도가 높아지면 계통의 압력이 상승하여 계통 손상을 초래할 수 있다. 이때 온도 릴리프 밸브가 열려 증가한 압력을 감소시킨다.

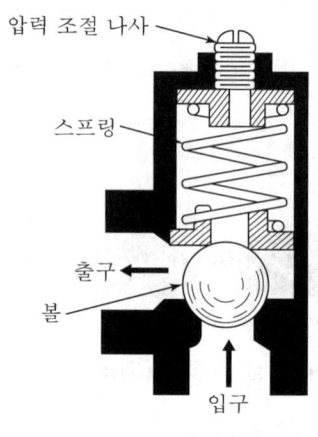

▲ 릴리프 밸브

## (3) 감압 밸브(Pressure Reducing Valve)

계통의 압력보다 낮은 압력이 필요한 일부 계통의 압력이 필요할 때, 작동유 압력을 요구 수준까지 낮춰 열팽창에 의한 압력 증가를 막기 위해 사용한다.

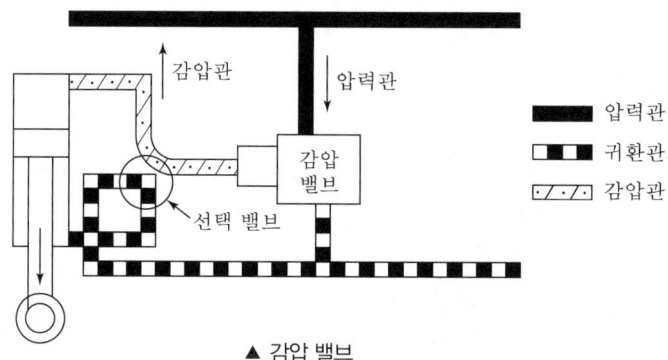

▲ 감압 밸브

## (4) 퍼지 밸브(Purge Valve)

항공기 자세 흔들림 및 온도 상승으로 인하여 펌프의 공급관과 펌프 출구 쪽에 거품이 생긴다. 이때 펌프의 배출 압력이 낮아지게 된다. 퍼지 밸브는 스프링이 플런저를 밀어서 출구를 열어주어 공기가 섞인 작동유를 저장탱크로 되돌려 레저버로 배출된다.

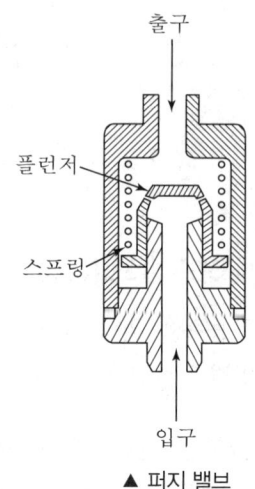

▲ 퍼지 밸브

## (5) 디 부스터 밸브(debooster valve)

브레이크의 작동을 신속하게 하기 위한 밸브이다. 브레이크를 작동할 때 일시적으로 작동유의 공급량을 증가시켜 빠르게 제동되도록 하며, 귀환이 신속히 이루어지도록 한다.

## (6) 프라이오리티 밸브(Priority Valve)

작동유의 압력이 일정 압력 이하로 떨어지면 유로를 막아 작동 기구의 우선순위에 따라 필요한 계통만을 작동시키는 기능을 가진 밸브이다.

## 4 흐름 방향 및 유압 제어장치

### (1) 유량 제어 밸브

#### ① 오리피스

가) 작동유의 흐름률을 제한하기 때문에 흐름 제한기라고도 부른다.

나) 오리피스에는 고정식과 가변식이 있다.

#### ② 체크 밸브

가) 한쪽 방향으로만 작동유의 흐름을 허용하고, 반대 방향으로는 흐름을 차단하는 밸브이다.

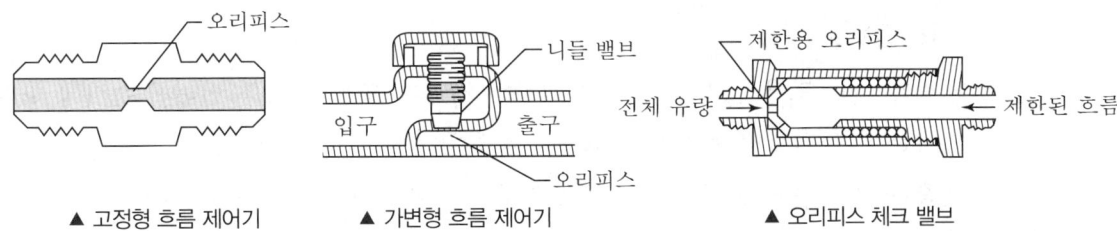

▲ 고정형 흐름 제어기     ▲ 가변형 흐름 제어기          ▲ 오리피스 체크 밸브

#### ③ 오리피스 체크 밸브

가) 오리피스와 체크 밸브의 기능을 합한 것이다.

나) 한 방향으로는 정상적으로 작동유가 흐르고, 다른 방향으로는 흐름을 제한하는 밸브이다.

#### ④ 미터링 체크 밸브

가) 목적과 기능은 오리피스 밸브와 같으나, 작동유의 흐름을 조절할 수 있다.

나) 작동유가 B에서 A로 흐를 때는 볼을 밀치고 정상적으로 흐르지만, 반대로 흐를 때는 미터링 핀에 의해 제한된 양으로 흐르게 된다.

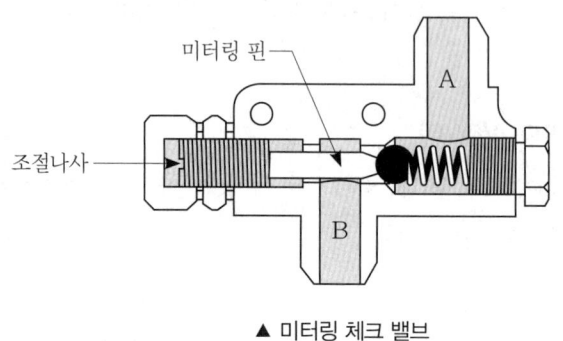

▲ 미터링 체크 밸브

### ⑤ 수동 체크 밸브

가) 평상시에는 체크 밸브의 역할을 하지만, 필요할 때는 수동으로 조작한다.

나) 양쪽 방향으로 작동유가 흐르도록 하는 밸브이다.

### ⑥ 흐름 조절기

가) 계통 압력의 변화와 관계없이 작동유의 흐름을 일정하게 유지하는 장치이다.

나) 작동유 압력 모터의 회전수를 일정하게 하거나 조종면, 플랩, 전방 조향 장치, 서보 실린더 등에 공급되는 작동유의 급격한 흐름의 변화를 방지하는 데 사용된다.

## (2) 방향 제어 밸브

### ① 시퀀스 밸브

가) 착륙장치, 도어 등과 같이 2개 이상의 작동기 또는 모터를 정해진 순서에 따라 작동되도록 유압을 공급하기 위한 밸브로, 타이밍 밸브라고도 한다.

나) 착륙장치를 올릴 때는 랜딩 기어가 완전히 올라가면서 시퀀스 밸브 A가 열려 랜딩 기어의 도어가 닫히도록 하고, B가 열리고 랜딩 기어의 작동기에 랜딩 기어가 내려가도록 압력이 작용하도록 한다.

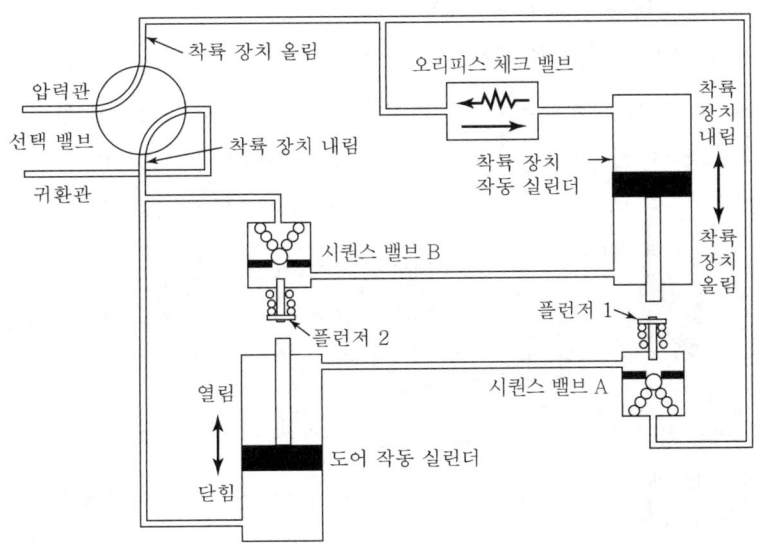

▲ 시퀀스 밸브가 있는 착륙 장치 계통

② 셔틀 밸브

  가) 2개의 이용 가능한 공급원 중에서 1개의 압력원을 선택하는 데 사용된다.

  나) 정상 유압계통에 고장이 생겼을 때 비상계통을 사용할 수 있도록 하는 밸브이다.

  다) B의 정상 압력이 A의 압력보다 크면 오른쪽 피스톤에 작용하는 힘이 크기 때문에 스풀이 왼쪽으로 움직여 B의 작동유가 밸브로 통하고 A의 작동유는 흐름이 차단된다.

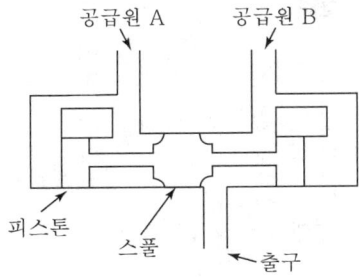

③ **흐름 평형기**: 2개의 작동기가 동일하게 움직이게 하기 위해 작동기에 공급·귀환하는 유량을 같게 한다.

## (3) 기타 작동유 압력계통 기기

① **레저버**

  가) 작동유를 펌프에 공급하고, 계통으로부터 귀환하는 작동유를 저장하는 동시에 공기 및 불순물을 제거하는 역할을 한다.

나) 레저버의 용량은 온도가 38℃(100℉)에서 150% 이상이거나, 축압기를 포함한 모든 계통 용량의 120% 이상이어야 한다.

다) 높은 고도에서 비행하는 항공기는 작동유를 펌프까지 공급하기에 공기의 압력이 너무 낮기 때문에 저장탱크를 가압하여야 한다. 따라서 주로 터빈엔진에서 나오는 블리드 공기를 이용하며, 가압된 저장탱크를 정비하기 전에는 반드시 공기를 방출한다.

| 레저버(reservoir)의 구조 | |
|---|---|
| 여압구 | 레저버 위쪽에 위치하여 고공에서 생기는 거품 발생을 방지하고 작동유가 펌프까지 확실하게 공급되도록 레저버 안을 여압시키는 압축공기의 연결구이다. |
| 여과기(filter) | 작동유를 보급할 때 불순물을 여과하는 역할을 한다. |
| 사이트 게이지<br>(sight gauge) | 레저버 안의 작동유 양을 확인할 수 있도록 설치되어 있다. |
| 배플(baffle)과<br>핀(fin) | 탱크 내에 있는 작동유가 심하게 흔들리거나, 귀환하는 작동유에 의하여 소용돌이치는 불규칙한 작동유에 거품이 발생하거나 펌프 안에 공기가 유입되는 것을 방지한다. |
| stand pipe | 비상시 유압계통에서 사용할 수 있는 최소 작동 유량을 보관해 놓고, 비상 유압계통을 작동시킬 수 있게 작동유를 공급한다. 비상 공급은 Connection for Emergency System Pump로 나간다. |

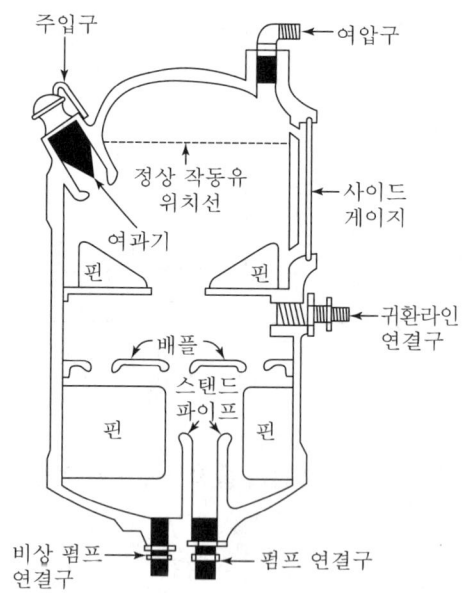

② 축압기

　가) 작동유의 저장통으로써 여러 개의 작동유 압력 기기가 동시에 사용될 때 동력 펌프를
　　　돕는다. 또한 동력 펌프가 고장 났을 때는 저장되었던 작동유를 유압 기기에 공급한다.

　나) 작동유 압력계통의 서지 현상을 방지, 작동유 압력계통의 충격적인 압력을 흡수해 주며,
　　　압력 조절기가 열리고 닫히는 횟수를 줄여준다.

　다) 다이어프램형 축압기, 블래더형 축압기, 피스톤형 축압기가 있다.

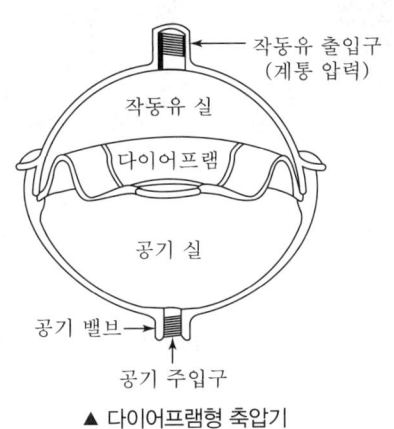

▲ 다이어프램형 축압기

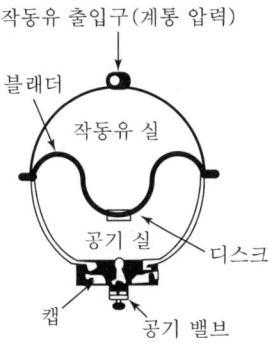

▲ 블랜더형 축압기

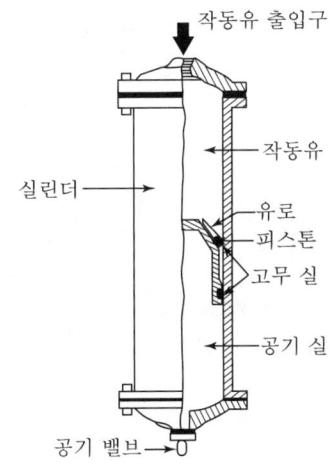

▲ 피스톤형 축압기

③ 여과기

　가) 작동유 속에 섞인 금속가루, 패킹, 실 부스러기, 모래 등 불순물을 여과하여 작동유 압력
　　　펌프, 밸브의 손상을 방지하기 위해 설치된다.

　나) 쿠노형 여과기와 미크론형 여과기로 분류된다.

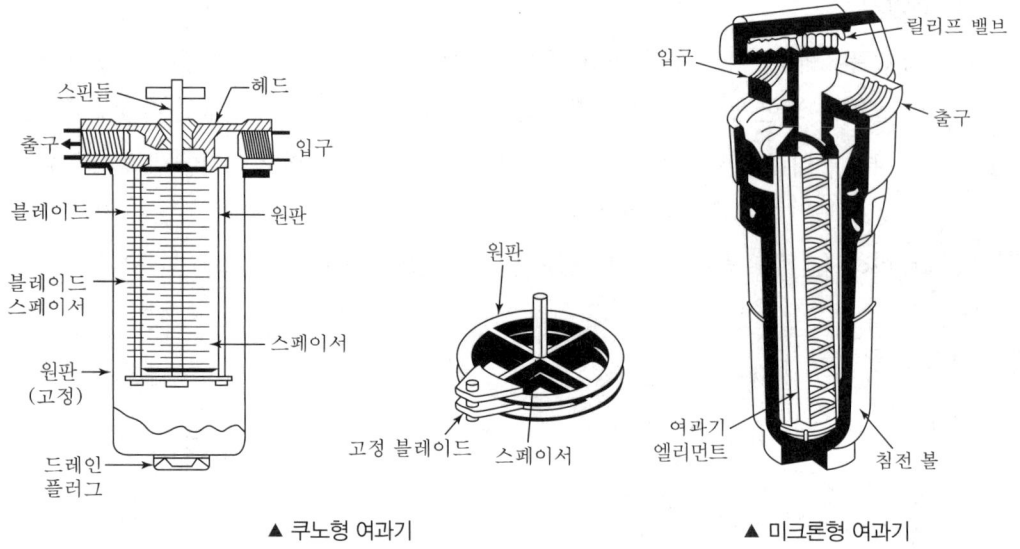

| | |
|---|---|
| ▲ 쿠노형 여과기 | ▲ 미크론형 여과기 |

④ **흐름 조절기**

가) 흐름제어 밸브라고도 하며, 계통의 압력 변화와 관계없이 작동유의 흐름을 일정하게 유지 시킨다.

나) 그림과 같이 선택 밸브를 작동시키면 작동유 입구로 들어와서 피스톤의 헤드에 있는 오리피스를 통과한 다음, 슬롯을 통하여 출구로 나간다. 따라서 조절기는 다른 것과 관계없이 언제나 일정한 흐름을 유지하여 작동기의 작동속도를 일정하게 한다.

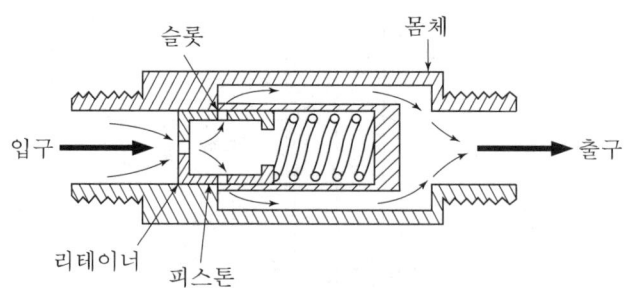

⑤ **유압 퓨즈**

가) 유압계통의 관이나 호스가 파손되거나 기기 내의 실이 손상되었을 때 과도한 누설을 방지하기 위한 장치이다.

나) 계통이 정상일 때는 작동유를 흐르게 하지만, 누설로 인하여 규정보다 많은 작동유가 통과할 경우에는 퓨즈가 작동되어 흐름을 차단하여 작동유의 과도한 손실을 막는다.

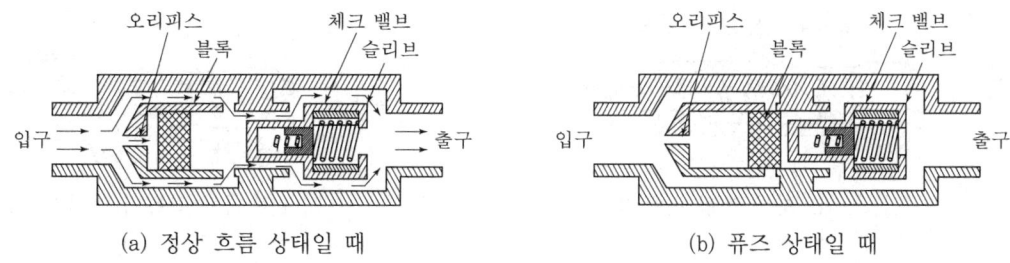

(a) 정상 흐름 상태일 때          (b) 퓨즈 상태일 때

⑥ 유압관 분리 밸브

가) 유압 기기의 장탈 시 작동유가 누출되는 것을 방지하는 밸브이다.

나) 유압펌프 및 브레이크 등과 같은 유압 기기를 장탈할 때 작동유가 외부로 유출되는 것을
최소화하기 위하여 유압관에 장착한다.

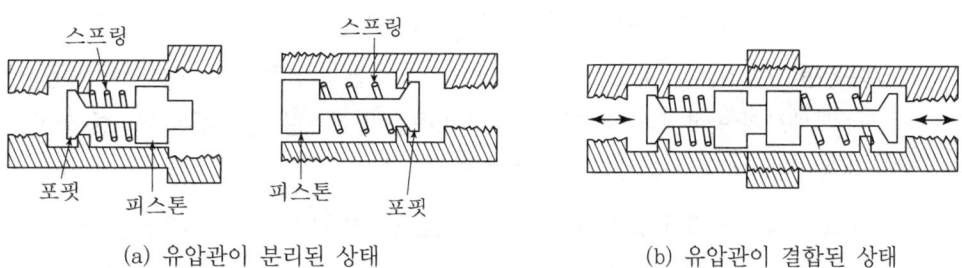

(a) 유압관이 분리된 상태          (b) 유압관이 결합된 상태

## 5   유압 작동기 및 작동계통

### (1) 유압 작동기

가압된 작동유를 받아 기계적 운동으로 바꿔주는 장치이다. 운동 형태에 따라 직선운동 작동기,
회전운동 작동기로 분류한다.

① **직선운동 작동기**: 실린더와 피스톤으로 구성되며 실린더는 항공기 구조부에 고정되고
피스톤이 직선으로 운동하는 작동기이다.

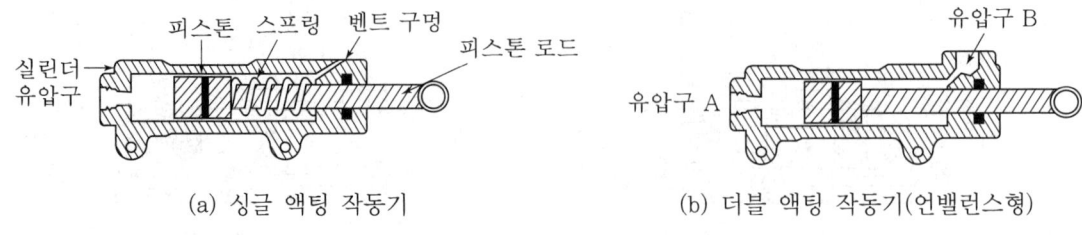

|  |  |
| :---: | :---: |
| (a) 싱글 액팅 작동기 | (b) 더블 액팅 작동기(언밸런스형) |

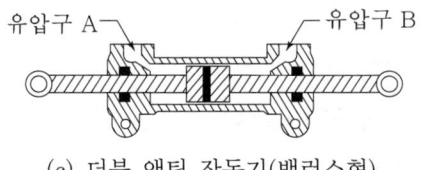

(c) 더블 액팅 작동기(밸런스형)

가) 단동형 작동기(single acting actuator): 한쪽 방향으로는 유압에 의하여 작동, 반대쪽 방향으로는 스프링에 의하여 귀환하는 형식이다.

나) 복동형 작동기(double acting actuator): 피스톤의 양쪽 모두에 유압이 작용하여 네 길 선택 밸브의 방향에 따라 운동하는 형식이다. 밸런스형 같은 경우 피스톤 양쪽의 면적이 같으므로 양방향으로 같은 힘을 발생한다.

다) 래크 피니언 작동기(rack and pinion actuator): 피스톤의 직선운동을 래크와 피니언에 의하여 제한적인 회전운동으로 바꾸어 주는 작동기로 윈드실드 와이퍼(wind shield wiper)나 앞착륙장치의 노즈 스티어링(nose steering)에 사용된다.

② 회전운동 작동기(rotary acting actuator): 유압 모터를 말한다. 선택 밸브의 위치에 따라 회전 방향이 조절된다. 유압 모터의 구조는 피스톤형 펌프와 같지만, 기능은 반대이다.

## (2) 착륙장치 계통

항공기의 대부분은 접어들이식이 사용되고 있으며, 그 작동은 다음과 같다.

착륙장치를 올리려고 할 때는 그림에서 선택 밸브를 "올림" 위치에 놓는다. 이러면 작동유가 올림판으로 전달, 내림관의 작동유는 귀환관을 통하여 레저버로 돌아간다. 올림관에 작동유가 공급되면, 용량이 작은 착륙장치의 다운 로크 실린더가 작동하여 로크의 훅이 풀린다. 주 착륙장치와 앞 착륙장치의 작동 실린더가 작동함으로써 착륙장치가 올라가게 된다. 그리고 주 착륙장치가 완전히 올라간 뒤에 도어 작동 실린더가 작동되어 주 착륙장치 도어가 닫힌다. 착륙장치를 내리기 위하여 선택 밸브를 "내림" 위치에 놓으면 작동유는 앞 착륙장치, 주 착륙장치의 용량이 작은 업 로크 실린더를 먼저 작동시키기 때문에 로크의 훅이 풀린다.

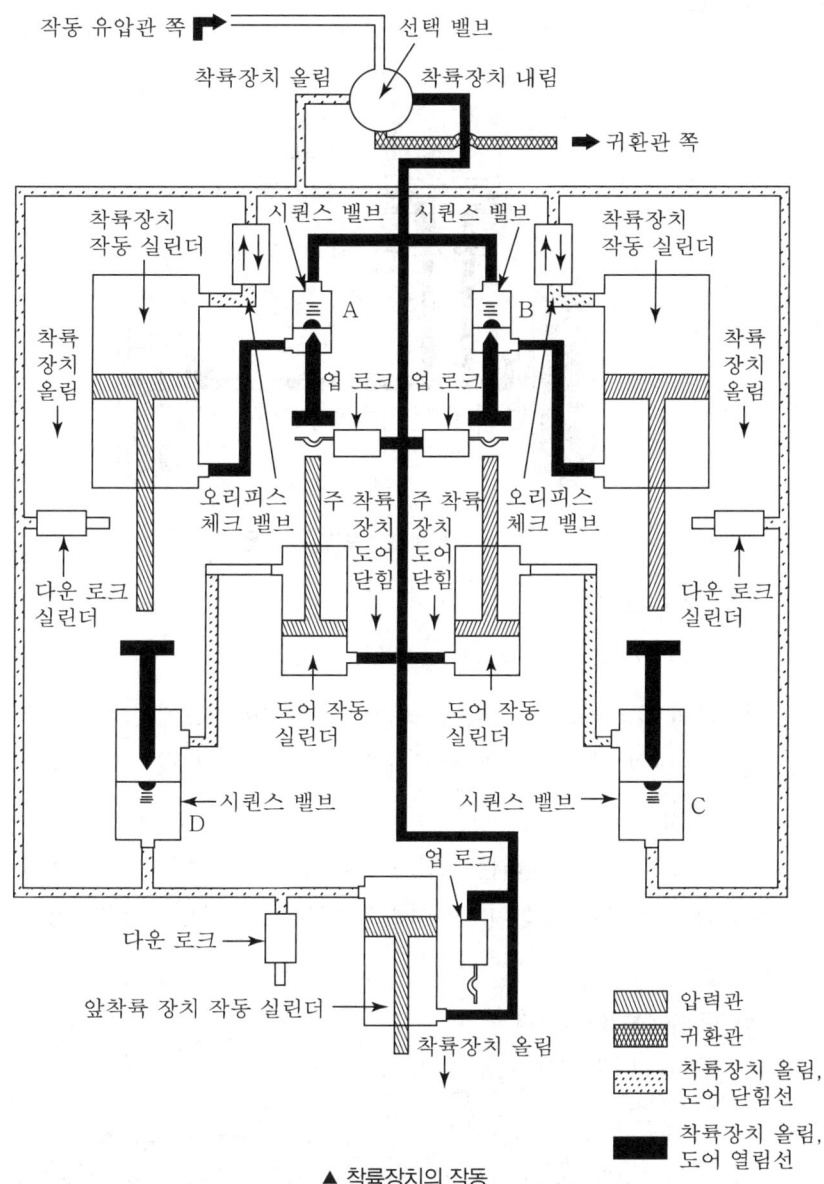

작동 유압관 쪽
선택 밸브
착륙장치 올림
착륙장치 내림
귀환관 쪽
착륙장치 작동 실린더
시퀀스 밸브
시퀀스 밸브
착륙장치 작동 실린더
착륙장치 올림
A
B
착륙장치 올림
업 로크
업 로크
오리피스 체크 밸브
주 착륙 장치 도어 닫힘
주 착륙 장치 도어 닫힘
오리피스 체크 밸브
다운 로크 실린더
다운 로크 실린더
도어 작동 실린더
도어 작동 실린더
시퀀스 밸브
시퀀스 밸브
D
C
업 로크
다운 로크
앞착륙 장치 작동 실린더
착륙장치 올림

압력관
귀환관
착륙장치 올림, 도어 닫힘선
착륙장치 올림, 도어 열림선

▲ 착륙장치의 작동

## (3) 브레이크 장치계통

항공기가 지상에서 활주할 때 항공기의 속도를 감속·정지시키고, 항공기의 방향을 바꾸며, 항공기의 주기·계류 시에도 사용한다.

## ① 브레이크 계통

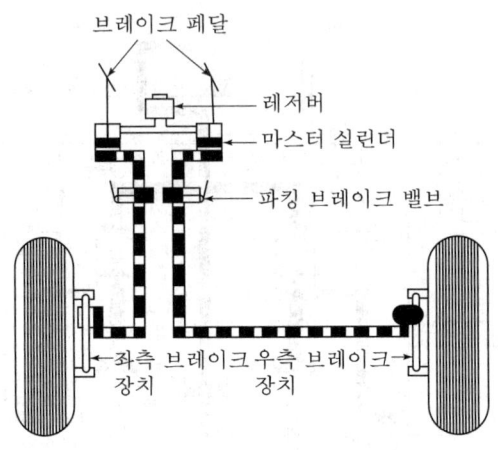

▲ 독립식 브레이크 계통

가) 독립식 브레이크 계통

　㉠ 소형 항공기에 주로 사용한다.

　㉡ 항공기의 유압계통과는 별도로 레저버를 가진다. 브레이크 페달을 밟으면 마스터 실린더 내의 작동유에 압력이 가해지고 브레이크 작동기에 전달되어 제동력을 발생시킨다.

　㉢ 브레이크 마스터 실린더는 그림과 같이 구성되어 있으며, 브레이크 페달을 밟으면 마스터 실린더의 피스톤이 움직여 브레이크 작동유에 압력이 가해진다.

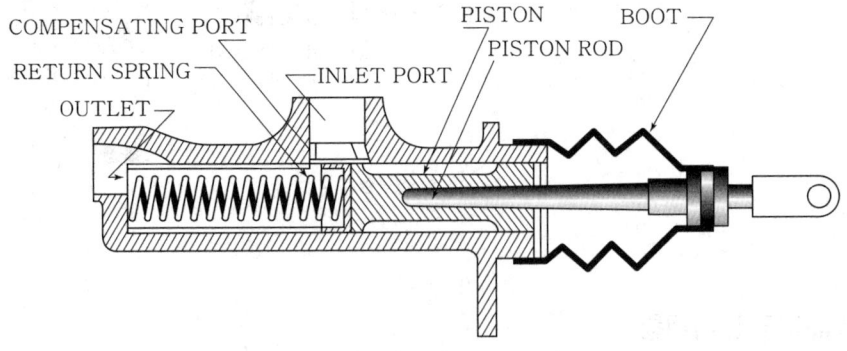

▲ 브레이크 마스터 실린더

나) 동력 부스트 브레이크 계통

　㉠ 독립식 브레이크 계통을 사용하기에는 항공기의 착륙속도가 빠르고 무거워 가벼운 항공기에 사용된다.

ⓛ 주 계통의 압력은 바로 브레이크 장치에 전달되는 것이 아니라 페달을 밟을 때 동력 부스트 마스터 실린더의 피스톤을 주 계통의 압력으로 밀어준다.

ⓒ 공기압계통은 비상시에 비상계통 손잡이를 당김으로써 셔틀 밸브를 통하여 브레이크 장치를 작동시킨다.

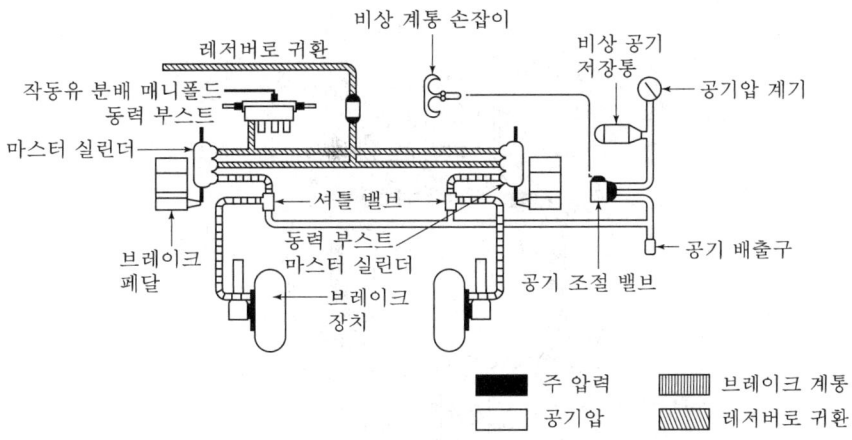

▲ 동력 부스트 브레이크 계통

다) 동력 브레이크 제어계통

ⓐ 브레이크를 작동시키는 데 많은 양의 작동유가 요구되는 대형 항공기에 사용된다.

ⓛ 축압기는 주 계통이 고장 났을 때를 대비하는 것이며, 셔틀 밸브는 비상시에 주 계통을 차단하고 비상계통을 연결하는 역할을 한다.

ⓒ 브레이크 제어 밸브에는 압력관, 귀환관, 브레이크 작동 실린더에 연결되는 브레이크관 등 3개의 유로가 연결되어 있다.

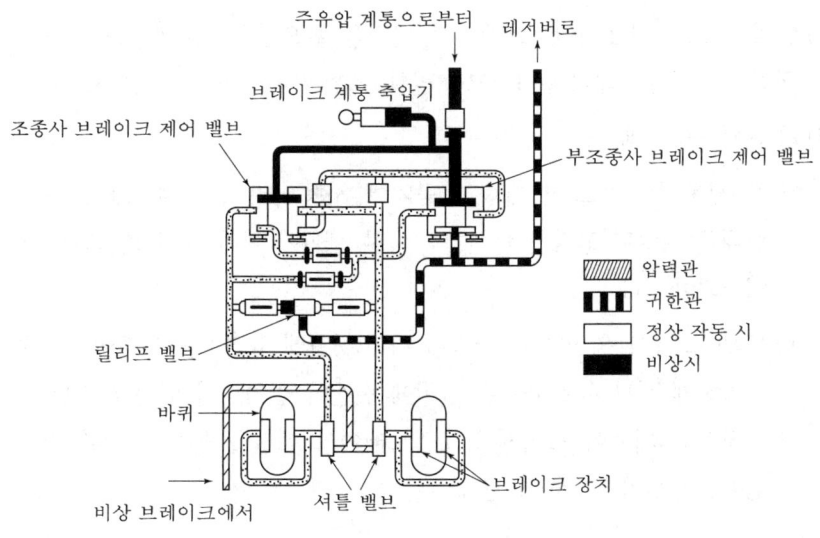

▲ 동력 브레이크 제어 계통

② 브레이크 장치

가) 슈 브레이크

㉠ 브레이크 페달을 밟으면 브레이크 작동 실린더에 작동유가 공급된다.

㉡ 한 쌍의 브레이크 슈는 바퀴와 함께 회전하고 있는 드럼 마찰에 의하여 제동된다.

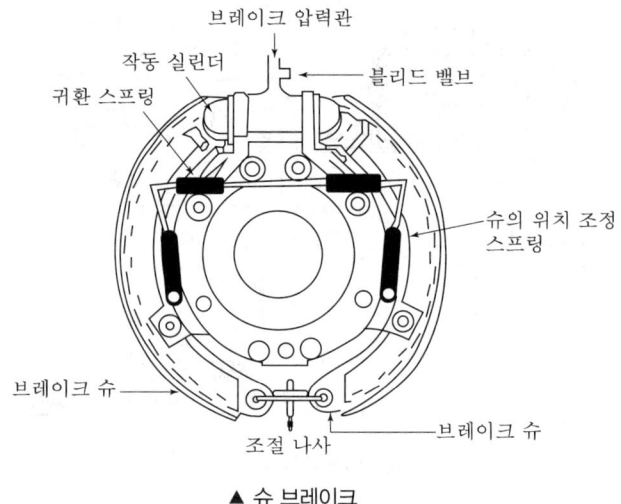

▲ 슈 브레이크

나) 팽창 튜브 브레이크

㉠ 페달의 작동에 의해 작동유가 팽창 튜브 안으로 들어오면 귀환 스프링의 힘을 밀면서 브레이크 블록을 밀게 되어 브레이크 드럼과 접촉하면서 생기는 마찰력에 의하여 제동력이 생긴다.

㉡ 팽창 튜브 안의 유압이 제거되면 귀환 스프링에 의해 제자리로 돌아가 제동력이 해제된다.

다) 단일 디스크 브레이크: 브레이크 페달을 밟으면 피스톤이 움직이며 이동 라이닝을 회전하고 있는 브레이크 디스크에 밀착, 고정 라이닝과 함께 제동시킨다.

라) 다중 디스크 브레이크

㉠ 큰 제동력이 필요한 대형 항공기에 사용되며 토크 튜브의 외곽에는 압력관을, 반대쪽에는 뒤 고정판을 설치, 두 판 사이에 여러 개의 회전판과 고정판이 번갈아 실지되어 있다.

㉡ 브레이크 페달을 밟으면 고정된 뒤 고정판에 압력판을 브레이크 실린더의 피스톤이 가압하게 되므로 2개의 판 사이에 번갈아 설치되어 있는 회전판과 고정판이 서로 밀착되어 제동이 걸리게 되고, 브레이크 페달을 놓으면 귀환 스프링이 압력판을 잡아당겨 밀착된 상태가 풀어진다.

### ③ 안티 스키드(anti-skid) 계통

ㄱ 항공기가 착륙 후에 지상 활주를 할 때, 바퀴의 빠른 회전에 제동을 가하면 바퀴가 회전을 멈추면서 지면에 대해 미끄럼이 생기는데, 이런 현상을 스키드(skid)라 한다.

ㄴ 지면과의 마찰로 타이어가 손상되는데, 이런 미끄럼을 방지하는 장치가 안티 스키드(anti-skid) 장치이다. 휠 속도감지기(wheel speed sensor), 제어 박스(control box), 제어 밸브(control valve) 세 가지 구성으로 되어 있으며, 교류 또는 직류를 전원으로 사용한다.

ㄷ 타이어가 미끄러지지 않는 조건에서 브레이크의 작동과 이완을 반복하면서 최대의 제동효과를 가진다.

### ④ 앞 착륙장치 스티어링 계통

ㄱ 항공기의 지상 활주 중에 앞바퀴의 방향을 조정하는 계통으로, 방향키 페달을 사용한다.

ㄴ 방향키 페달은 항공기가 지상 활주를 할 때 앞 착륙장치 스티어링 계통을 작동할 수 있도록 되어 있다.

ㄷ 그림과 같이 스티어링 바퀴(steering wheel)에 의하여 조종되는데, 이것을 조종하면 조종 케이블을 통하여 미터링 밸브가 작동-스티어링 스핀들이 회전-앞바퀴 방향이 바뀐다. 그리고 스티어링 스핀들(steering spindle)이 작동됨에 따라 오리피스 로드를 통하여 플로업 드럼(follow-up drum)이 회전하여 플로업 케이블에 의하여 미터링 밸브가 중립 위치로 복귀한다.

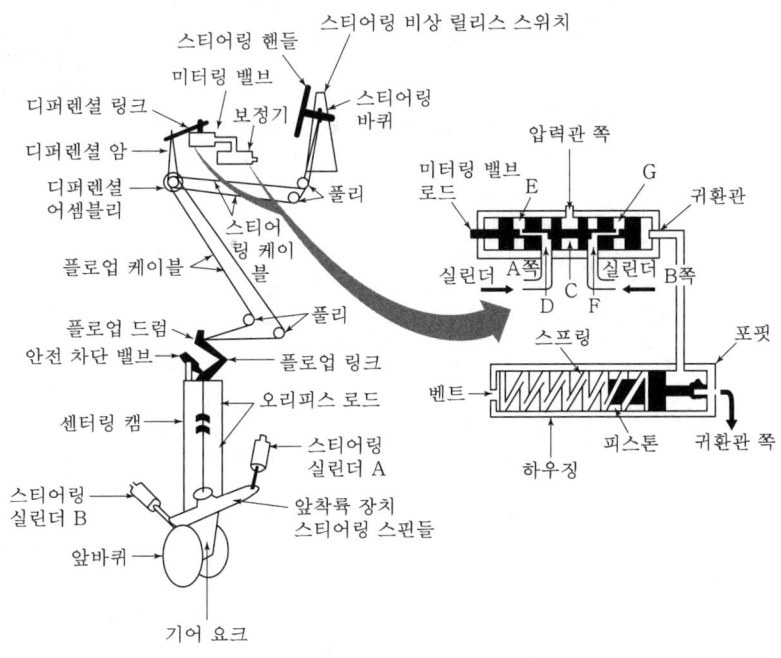

▲ 앞 착륙장치 스티어링 계통

㉣ 위 그림에서 C(바이패스 밸브)와 같은 비상 바이패스 밸브(emergency bypass valve)는 앞 착륙장치 스티어링 계통에 고장이 생겼을 때 비상 릴리스 스위치를 작동하여 유로를 형성하고, 유로가 형성되면 2개의 스티어링 실린더의 작동유가 서로 연결되므로 앞바퀴는 자유롭게 움직일 수 있는 상태가 된다.

㉤ 아래 그림에서 A(스티어링 실린더)와 같이 앞 착륙장치 스티어링 스핀들이 오른쪽으로 회전할 때, 센터링 캠(cenering cam)에 의하여 연결된 오리피스 로드는 스티어링 스핀들과 기어로 맞물려 있으므로 왼쪽으로 회전하게 된다.

그 밖에 미터링 밸브의 기능은 앞바퀴가 지면 충격에 의하여 좌우 방향이 회전하려고 할 때 일을 제한한다. 앞바퀴를 좌우로 회전시키려고 하는 충격이 가해지면, 2개의 실린더 중에서 하나는 압축, 하나는 팽창됨에 따라 중립 상태의 미터링 밸브를 통하여 작동유의 유동이 있게 된다. 그러나 중립 상태에서의 미터링 밸브의 유로는 매우 좁아 오리피스의 역할을 하기 때문에 쉽게 작동유가 흐르지 못하고, 순간적으로 충격을 흡수하면서 원래의 상태로 회복시켜 주게 된다. 이것을 시미 댐퍼(shimmy damper) 효과라 한다.

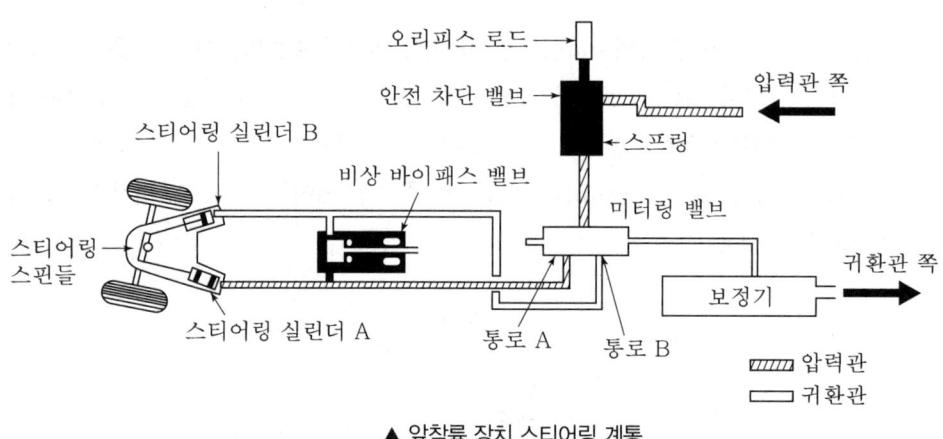

▲ 앞착륙 장치 스티어링 계통

**01** 다음 중 압력의 단위는?

① LBS  ② IN−LBS

③ LBS/IN³  ④ LBS/IN²

**해설**

- 무게의 단위: $g$, $kg$, $lbs$
- 힘의 단위: $kgf$, $lbs$
- 부피의 단위: $kg/m^3$, $lbs/in^3$
- 압력의 단위: $lbs/ft^2$, $lbs/in^2$, $atm$

**02** 대형 항공기 공압계통에서 공통 매니폴드(manifold)에 공급되는 공기 공급원의 종류와 가장 거리가 먼 것은?

① 전기 모터로 구동되는 압축기(electric motor compressor)

② 터빈 엔진의 압축기(compressor)

③ 엔진으로 구동되는 압축기(super charger)

④ 그라운드 뉴메틱 카트(ground pneumatic cart)

**해설**

여압 공기의 공급원은 엔진의 압축기부에서 블리드하여 얻거나, 엔진에 연결되어 구동되는 압축기에서 얻거나, 압축기에서 블리드한 공기로 터빈을 구동하고 이것에 연결된 압축기에서 압축공기를 얻거나, 보조 동력장치에서 블리드하여 얻거나, 지상 압축공기 공급장치로 공급할 수 있다. 이 압축공기 공급원들은 매니폴드를 통해 공급된다.

**03** 항공기 객실여압(cabin pressurization)계통에서 압력 릴리프 밸브(pressure relief valve)는 언제 열리게 되는가?

① 객실 압력이 외부 압력보다 일정한 차압을 초과할 경우

② 객실 압력이 외부 압력보다 일정한 차압을 초과하지 못할 경우

③ 객실 압력을 외부로부터 흡인할 경우

④ 객실 압력을 외부 공기로 여압을 할 경우

**해설**

객실 압력 안전 밸브에는 차압이 규정 값보다 클 때 작동되는 객실 압력 릴리프 밸브(cabin pressure relief valve)와 대기압이 객실 압력보다 높을 때 작동되는 부압 릴리프 밸브(negative pressure relief valve), 제어 스위치에 의해 작동되는 덤프 밸브(dump valve)가 있다.

**04** 면적이 2in²인 A 피스톤과 10in²인 B 피스톤을 가진 실린더가 유체역학적으로 서로 연결되어 있을 경우, A 피스톤에 20lbs의 힘이 가해질 때 B 피스톤에 발생되는 압력은 몇 psi인가?

① 5  ② 10

③ 20  ④ 100

**해설**

파스칼의 원리는 밀폐된 용기 안에 힘을 작용했을 때 방향과 상관없이 모든 압력은 동일하다.

$$P = \frac{F}{A} = \frac{20}{2} = 10$$

✈ **정답** 01. ④ 02. ① 03. ① 04. ②

**05** 유압계통에서 사용되는 체크 밸브의 역할은?

① 역류 방지  ② 기포 방지
③ 압력 조절  ④ 유압 차단

**해설**

체크 밸브는 작동유의 흐름을 한쪽 방향으로만 흐르게 하고, 다른 방향으로 흐르지 못하게 하는 밸브이다.

**06** 작동유압계통에서 압력 단위를 나타내는 것은?

① G.P.M  ② R.P.M
③ P.S.I  ④ P.P.M

**해설**

- G.P.M, P.P.M: 연료탱크에서 엔진으로 흐르는 연료의 유량 분당 부피 단위를 말한다. 보통 분당이 아닌 시간당 부피 단위로 PPH(Pound Per Hour: 0.45kg/h), GPH(Gallon Per Hour: 3.79l/h)로 지시한다.
- R.P.M: Rotations Per Minute로 분당 회전속도를 말한다.
- P.S.I: Pound Square Inch로 $1 inch^2$ 면적이 받는 pound 단위의 무게로 $lb/in^2$ 단위로도 표현된다.

**07** 가요성 호스(flexible hose)를 허용하는 유압계통에서는 대략 어느 정도의 느슨함을 주는가?

① 5~8%  ② 15~18%
③ 20~23%  ④ 최고 30%

**해설**

호스에 압력을 가하면 수축되기 때문에 길이의 5~8% 정도의 여유를 두고 장착한다.

**08** 다음 중 붉은색을 띠며 인화점이 낮은 작동유는?

① 식물성유  ② 합성유
③ 광물성유  ④ 동물성유

**해설**

광물성유는 원유로부터 추출한 것으로 색은 빨간색이다. 사용 온도 범위는 −54℃~71℃, 인화점이 낮아 과열되면 화재의 위험이 있다. 소형 항공기의 브레이크 계통에 사용되며, 합성고무 실을 사용한다.

**09** 유압계통에서 열팽창이 적은 작동유를 필요로 하는 1차적인 이유는?

① 고고도에서 증발 감소를 위해서
② 화재를 최대한 방지하기 위해서
③ 고온일 때 과대 압력 방지를 위해서
④ 작동유의 순환 불능을 해소하기 위해서

**해설**

대부분의 물질은 온도가 올라가면 길이와 부피가 늘어난다. 온도에 따라 물체의 길이와 부피가 변하는 현상을 열팽창이라 한다. 따라서 열팽창이 작아야 하는 주된 이유는 유압장치가 고온일 때 압력 발생을 방지하기 위해서이다.

**10** 유압계통에서 장치의 작용과 펌프의 가압에서 발생하는 Pressure Surge를 완화시키는 것은?

① 축압기(accumulator)
② 체크 밸브(check valve)
③ 압력 조절기(pressure regulator)
④ 압력 릴리프 밸브(pressure relief valve)

**해설**

축압기(accumulator)는 가압된 작동유를 저장하는 통으로, 여러 개의 유압기기가 동시에 사용될 때 동력 펌프를 돕고, 동력 펌프가 고장났을 때 저장되었던 작동유를 유압기기에 공급한다. 또 유압계통의 서지현상을 방지하고 충격적인 압력을 흡수하며 압력 조절기 개폐 빈도를 줄여 펌프나 압력 조절기의 마멸을 적게 한다.

✈ **정답**  05. ①  06. ③  07. ①  08. ③  09. ③  10. ①

**11** 항공기 작동유 내의 공기를 제거하는 밸브는 어느 것인가?

① priority valve

② pressure reducing valve

③ purge valve

④ debooster valve

**해설**

퍼지 밸브(purge valve)는 항공기 자세 흔들림 및 온도 상승으로 인하여 펌프의 공급관과 펌프 출구 쪽에 거품이 생긴다. 이때 펌프의 배출 압력이 낮아진다. 퍼지 밸브는 스프링이 플런저를 밀어서 출구를 열어주어 공기가 섞인 작동유를 저장탱크로 되돌려 레저버로 배출된다.

**12** 압력 조절기에서 킥 인(kick-in)과 킥 아웃(kick-out) 상태는 어떤 밸브의 상호작용으로 하는가?

① 체크 밸브와 릴리프 밸브

② 체크 밸브와 바이패스 밸브

③ 흐름 조절기와 릴리프 밸브

④ 흐름 평형기와 바이패스 밸브

**해설**

• 킥 인(kick in)은 계통의 압력이 규정 값보다 낮을 때, 계통으로 작동유 압력을 보내기 위하여 사용한다.

• 킥 아웃(kick out)은 계통의 압력이 규정 값보다 높을 때, 펌프에서 배출되는 압력을 저장탱크로 되돌려 보내기 위하여 사용한다.

**13** 작동유 압력이 일정 압력 이하로 떨어지면 유로를 차단하는 기능을 갖는 것은?

① SYSTEM ACCUMULATOR

② SYSTEM RELIEF VALVE

③ SYSTEM RETURN FILTER MODULE

④ PRIORITY VALVE

**해설**

프라이오리티 밸브(priority valve)는 작동유의 압력이 일정 압력 이하로 떨어지면 유로를 막아 작동 기구의 우선순위에 따라 필요한 계통만을 작동시키는 기능을 가진 밸브이다.

**14** 유압계통에서 레저버(reservoir) 내에 있는 stand pipe의 주 역할은?

① 계통 내의 압력 유동을 감소시키는 역할을 한다.

② vent 역할을 한다.

③ 비상시 작동유의 예비 공급 역할을 한다.

④ 탱크 내의 거품이 생기는 것을 방지하는 역할을 한다.

**해설**

스탠 파이프(stand pipe)는 비상시 유압계통에서 사용할 수 있는 최소 작동유량을 보관해 놓고, 비상 유압계통을 작동시킬 수 있게 작동유를 공급한다. 비상 공급은 Connection For Emergency System Pump로 나간다.

**15** 유압계통에서 시퀀스 밸브(sequence valve)란?

① 동작 물체의 동작에 따른 작동유의 요구량 변화에도 흐름을 일정하게 해주는 밸브

② 작동유의 속도를 일정하게 해주는 밸브

③ 작동유의 온도를 적당히 조절해 주는 밸브

④ 한 물체의 작동에 의해 유로를 형성시켜 줌으로써 다른 물체가 순차적으로 동작하게 해주는 밸브

**해설**

방향 제어 밸브인 시퀀스 밸브는 착륙장치, 도어 등과 같이 2개 이상의 작동기 또는 모터를 정해진 순서에 따라 작동되도록 유압을 공급하기 위한 밸브이다. 착륙장치를 올릴 때 랜딩기어가 완전히 올라가면서 시퀀스 밸브 A가 열려 랜딩기어의 도어가 닫히도록 하고, B가 열리고 랜딩기어의 작동기에 랜딩기어가 내려가도록 압력이 작용하도록 한다.

**16** 유량 제어장치 중 유압관 파손 시 작동유가 누설되는 것을 방지하기 위한 장치는?

① 유압 퓨즈
② 흐름 조절기
③ 흐름 제한기
④ 유압관 분리 밸브

`해설`

유압 퓨즈는 유압계통의 관이나 호스가 파손되거나 기기 내의 실이 손상되었을 때 과도한 누설을 방지하기 위한 장치이다. 계통이 정상일 때는 작동유를 흐르게 하지만, 누설로 인하여 규정보다 많은 작동유가 통과할 경우에는 퓨즈가 작동되어 흐름을 차단하여 작동유의 과도한 손실을 막는다.

**17** 브레이크(brake) 계통의 유압이 누출될 경우 이것은 무엇에 의해 보상될 수 있는가?

① 연동장치
② Piston Return Spring
③ Master Cylinder Reservoir
④ Actuating Cylinder Reservoir

`해설`

리저버는 작동유를 저장하고 일정량의 작동유를 펌프에 공급하고, 계통으로부터 귀환하는 작동유를 저장하는 동시에, 공기 및 불순물을 제거하는 역할을 한다. 브레이크 계통의 유압이 누수되었을 때는 마스터 실린더 리저버에서 공급해 준다.

**18** 항공기 브레이크(brake) 계통에서 브레이크로 가는 압력을 감소시키고 유압유의 흐르는 양을 증가시키는 역할과 관계되는 것은?

① 셔틀 밸브
② 디부스터 실린더
③ 브레이크 제어 밸브
④ 브레이크 조절 밸브

`해설`

디부스터 밸브(de-booster cylinder)는 브레이크의 작동을 신속하게 하기 위한 밸브로 브레이크를 작동시킬 때 일시적으로 작동유의 공급량을 증가시켜 신속히 제동되도록 하며, 브레이크를 풀 때도 작동유의 귀환이 신속하게 이루어지도록 한다.

**19** 그림과 같은 유압계통에서 압력을 조절하는 것은?

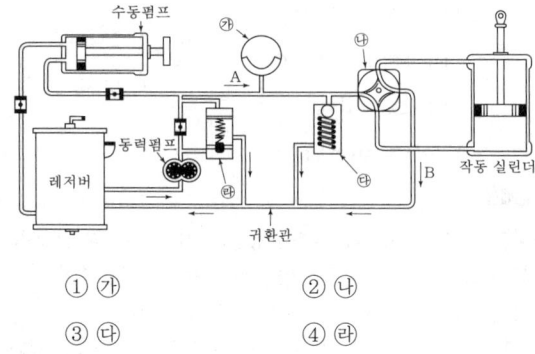

① ㉮
② ㉯
③ ㉰
④ ㉱

`해설`

그림은 동력 펌프를 갖춘 유압계통으로 ㉮는 축압기, ㉯는 선택 밸브, ㉰는 릴리프 밸브, ㉱는 압력 조절기이다.

**20** 항공기 안티 스키드 계통의 기능과 관계없는 것은?

① 정상 스키드 제어
② 록크드 차륜 스키드 제어
③ 브레이크 스키드 제어
④ 터치다운 보호

`해설`

• 정상 스키드 제어(normal skid control)는 정상 시 작동하는 안티 스키드 시스템을 말한다.
• 잠금 휠 스키드 제어(locked wheel skid control)는 정상 스키드 제어가 완전한 스키드가 발생하는 것을 막지 못했을 때 작동해서 휠이 회전을 멈췄을 때 브레이크를 완전히 풀어준다.
• 터치다운 보호(touchdown protection)는 착륙 시 활주로에 접근하는 동안 지면에 닿기 전에 페달을 밟았을 때 브레이크가 작동하는 것을 막아서 활주로에 닿았을 때 휠이 잠기는 것을 방지한다.

✈ **정답**  16. ①  17. ③  18. ②  19. ④  20. ③

# CHAPTER

# 04 연료계통

## 1 항공기 연료탱크

### (1) 연료탱크(Fuel Tank)의 종류

① **인티그럴(integral) 연료탱크:** 날개의 빈 공간을 적절하게 활용하기 위하여 앞날개보와 뒷날개보 및 외피로 이루어진 공간을 밀폐제로 밀봉하여 연료탱크로 사용한다.

② **블래더형(bladder) 연료탱크:** 나일론 천이나 고무주머니 형태의 떼어낼 수 있도록 제작된 탱크로 민간항공기의 중앙 날개 탱크에 일부 사용하고 있다. 주의할 점은 블래더 탱크에 오랫동안 연료를 비운 상태로 항공기를 계류시키면 블래더가 손상될 우려가 있기 때문에 블래더 내부를 기름칠한 걸레로 살짝 문질러 주어야 한다.

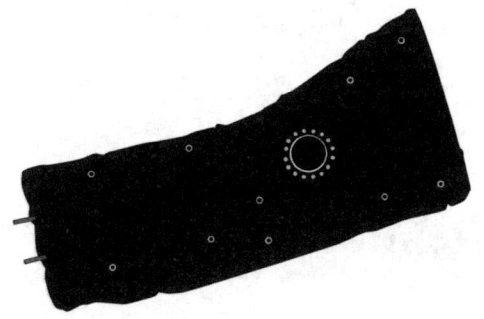

③ **셀(cell)형 연료탱크:** 알루미늄 합금 및 스테인리스강으로 만들었으며 금속판을 성형해 용접이나 리벳팅에 의해 만든 금속 탱크이다. 기체 구조의 공간에 맞는 모양으로 만들어 사용하며, 군용기에 사용한다.

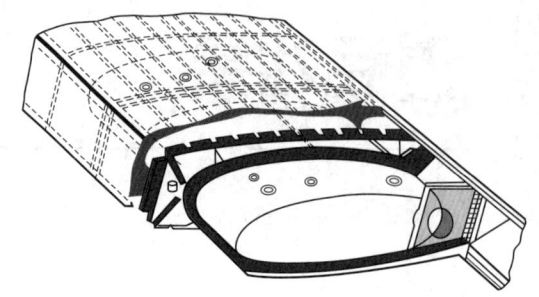

## (2) 연료탱크 주입 캡

연료탱크의 주입 캡은 락킹 연료탱크 캡이 가장 널리 사용되고 모든 기상 조건에서 안정적으로
사용하기 위해서 번개 방지용 캡을 사용하는데, 탱크 내부 쪽의 면이 비금속으로 되어 있어
번개가 치더라도 전기를 탱크로 전달하지 않는다.

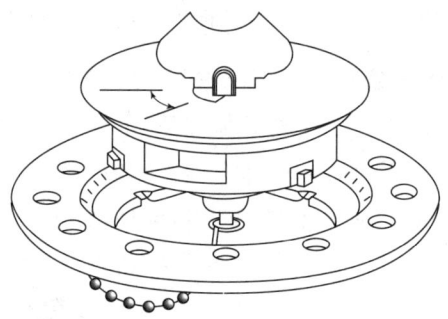

## 2 공급 · 이송장치

## (1) 연료분배계통

### ① 연류공급 방식

가) 중력식 공급계통: 높은 날개의 소형 엔진의 항공기에 사용되고 일반적으로 양 날개에
각각의 연료탱크를 가지고 있다. 좌측과 우측 연료탱크에는 선택기 밸브를 통해 한쪽
또는 양쪽을 동시에 연료를 공급할 수 있다. 또한 가장 높은 곳에 위치하여 중력에 의한
헤드 압력으로 엔진에 연료를 공급한다.

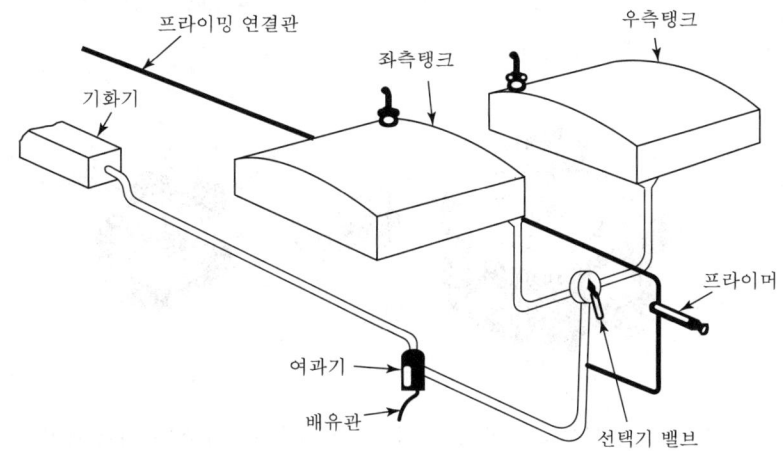

나) 압력식 연료계통: 하부날개를 가진 항공기에 사용되고 선택기 밸브는 각각의 탱크를 선택하거나 연료를 차단할 수 있다. 전기연료 펌프와 엔진구동 펌프가 있어 둘 중 하나로 연료를 공급할 수도 있다. 또한 구동 펌프에 의해 기화기까지 압력을 가해 연료를 공급한다.

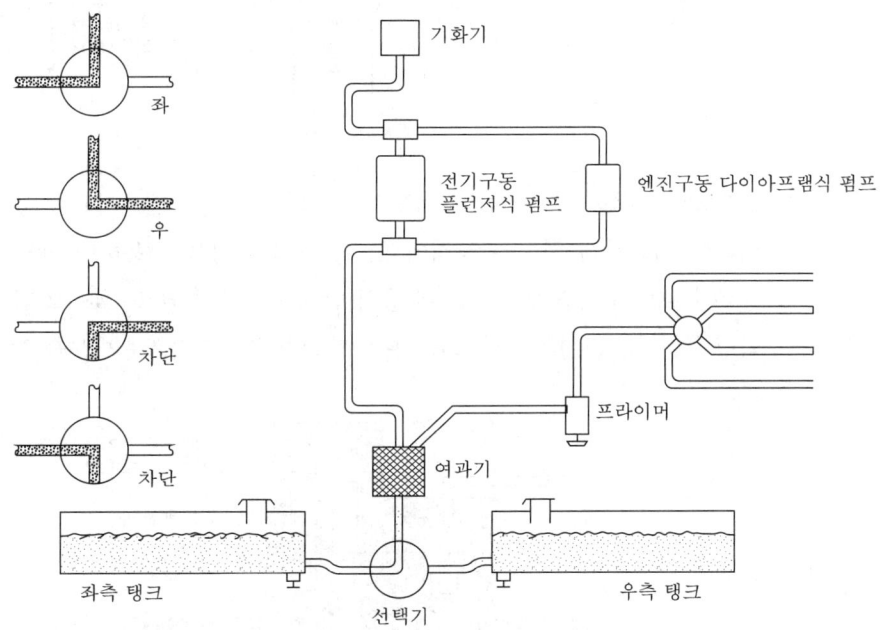

## ② 연료분배계통의 구성품

가) 연료 밸브: 연료 밸브에는 차단 밸브와 선택 밸브가 있고, 이 두 가지의 기능을 함께 가지고 있는 것이 있다. 드럼(디스크)형 연료 밸브와 포핏형 연료 밸브가 있고 케이블을 통하여 수동으로 조작하거나, 전동 로터 또는 솔레노이드에 의해 조작한다.

㉠ 드럼(디스크)형: 드럼 또는 디스크 구멍의 공간을 이용하여 입구와 출구를 일치시키는 차단 또는 선택 밸브이다.

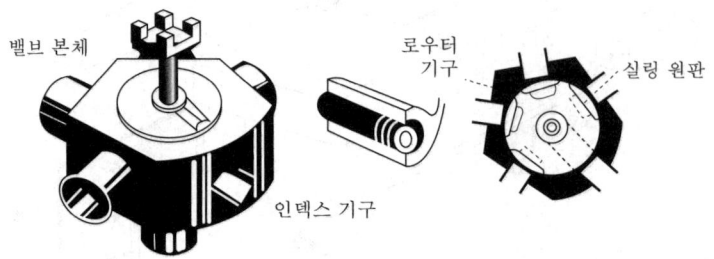

㉡ 포핏형 연료 밸브: 입구와 출구를 일치시킨 후 캠축을 작동시켜 포핏을 열리게 함으로써 연료의 흐름을 제어한다. 그리고 스프링의 부하로 연료를 차단한다.

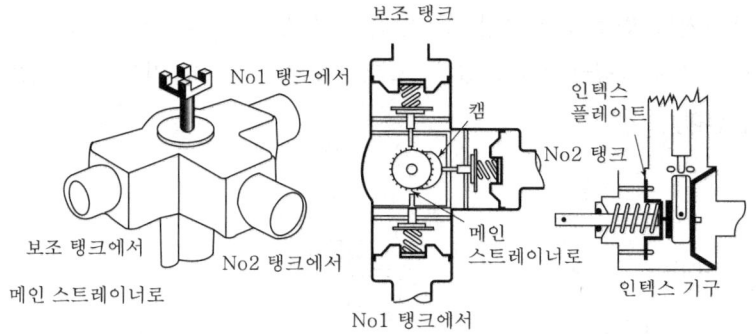

㉢ 솔레노이드 작동 밸브: 솔레노이드로 작동되는 포핏식 밸브이고 전동기 구동 밸브에 비하여 신속하게 열리는 장점이 있다. 자력의 힘을 이용하여 개방 솔레노이드에 전류가 흐르게 되면 밸브를 들어 올려 연료가 흐르게 되고, 밸브 스템에 있는 노치의 락킹 플런저를 코일의 자력으로 잡아당겨 스프링의 장력으로 밸브를 닫아준다.

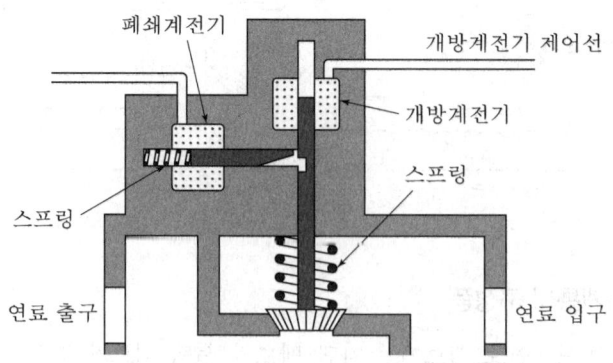

나) 여과기: 연료의 불순물 및 이물질을 걸러내는 장치이며, 연료탱크와 기화기 사이에 위치하고 연료계통의 가장 낮은 부분에 장치한다.

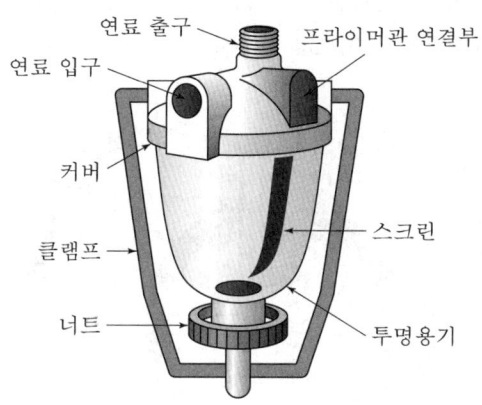

다) 연료 펌프: 연료 펌프는 연료탱크 내부에 장착하여 연료를 강압적으로 이송하는 장치이며, 사용 목적에 따라 수동작동 펌프, 원심형 승압 펌프, 맥동전기 펌프, 베인식 연료 펌프로 구분한다. 그리고 연료를 배출하거나 엔진 연료조종장치(FCU)에 필요한 연료의 압력을 제공해 주기 위한 목적으로 사용하는 이젝터 펌프도 있다.

라) 프라이머: 엔진 시동 시 기화기를 거치지 않고 실린더에 직접 연료를 분사하여 농후한 혼합비를 만들어 줌으로써 시동을 용이하게 해주며, 추운 환경에서 엔진의 시동을 쉽게 하기 위하여 사용한다.

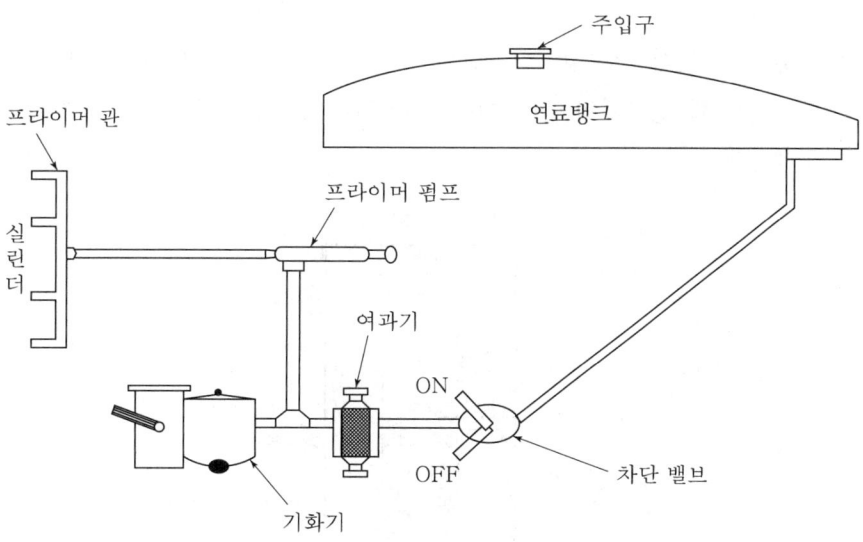

### ③ 연료분배계통의 작동원리

가) 수동작동 펌프: 수동으로 작동하는 펌프는 위블 펌프라고 불린다. 엔진구동 펌프의 예비 펌프로 쓰이는 가장 보편화된 수동작동 펌프이다. 이 펌프는 연료를 한 탱크에서 다른 탱크로 이동시키기 위한 목적으로 사용한다.

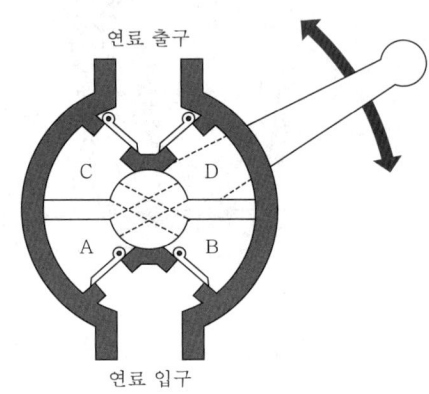

나) 부스터 펌프: 전기모터 펌프로서 연료탱크 내의 전방과 후방에 장착하여 엔진구동 연료 펌프 입구까지 연료를 1차적으로 가압하여 이송하는 역할을 한다.

다) 오버라이드 트랜스퍼 펌프: 날개탱크 사이의 동체를 연료탱크로 사용할 경우에 장착한다. 오버라이드 트랜스퍼 펌프의 가압 용량은 부스트 펌프보다 높아 부스트 펌프와 동시에 작동하더라도 동체 연료탱크의 연료가 모두 사용되어야 날개의 연료탱크에 있는 연료가 소모된다.

라) 맥동전기 펌프: 원심형 펌프에 비하여 가격이 저렴하여 경항공기에 널리 쓰인다. 맥동전기 펌프는 2개의 연료 챔버가 청동튜브 둘레에 장착되어 있는 솔레노이드 코일로 구성된다.

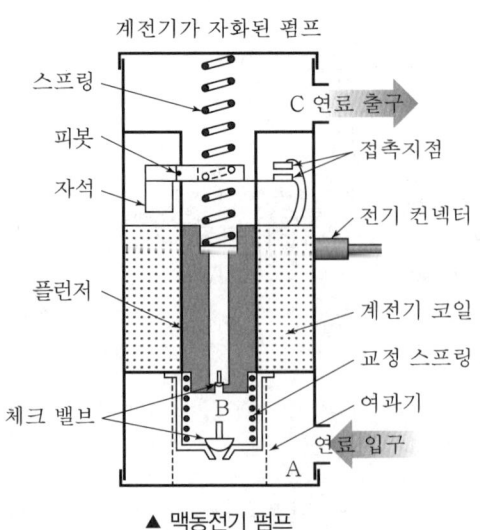

▲ 맥동전기 펌프

마) 분사 펌프: 별도의 구동 모터가 없으며, 부스트 펌프나 오버라이드 트랜스퍼 펌프의 출구 연료를 고속으로 분사하여 주변의 연료가 빨려 들어가게 되어 있다.

바) 연료 차단 밸브: 연료탱크로부터 엔진으로 유입되는 연료를 차단한다. 운항 중 엔진의 화재 발생, 엔진의 연료 누출, 또는 정비 목적을 위하여 연료탱크로부터 연료를 차단하기 위하여 사용한다.

**3**   **지시장치**

## (1) 연료 흐름 지시계통

탱크 내의 유량을 측정하고 지시하는 연료량 지시계통, 연료 온도 지시계통이 있으며, 흐름 지시계는 용적형과 중량형이 있고 흔히 파운드/시간, 갤런/시간, kg/시간으로 표시한다. 용적형 연료 흐름 지시계는 정용적형 유량계 발신기에서 베인은 연료의 흐름양과 미터링 베인과 케이스의 간격 및 스프링의 항력으로 밸런스가 유지된 위치에서 멈춘다. 베인의 위치는 전기적으로 조종실에서 연료 흐름 지시계를 막기 위해 바이패스 회로를 설치하고 있다.

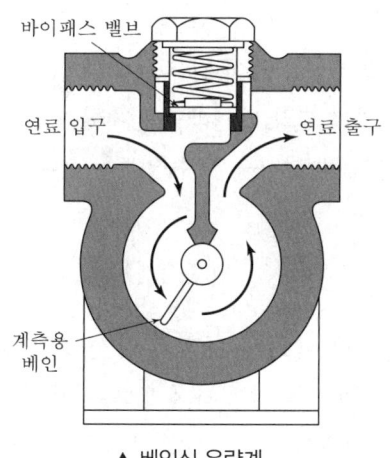

▲ 베인식 유량계

중량형 연료 흐름 지시계는 하나의 임펠러와 터빈이 연료의 흐름 가운데 배치되고 임펠러를 일정 속도로 회전시킨다. 터빈에는 회전을 막는 스프링이 부하되어 있고, 회전하며 흐르는 연료는 터빈을 변위시킨다. 변위 토크는 유량에 관계하기 때문에 터빈의 변위량을 측정해 유량을 알 수 있으며, 임펠러 회전속도의 정밀도 유지가 이 계기의 가장 중요한 점이다.

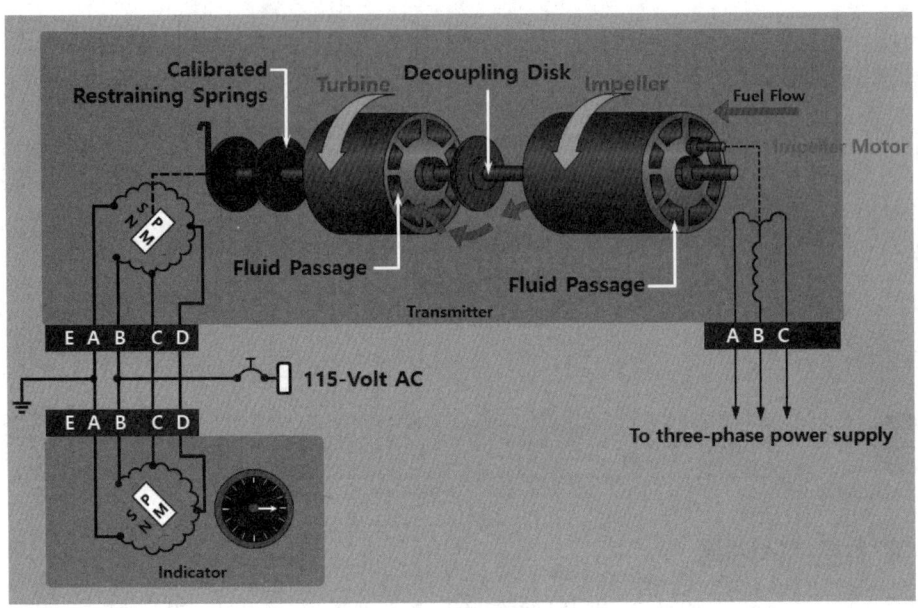

▲ 동기 전동기식 유량계의 구성도

## ① 연료 지시계통의 발달

가) 항공기는 커패시턴스 센서를 사용하고 있으며, 이 센서는 연료 표면의 높이와 기체 공간의 유전율 차이를 감지한다. 현대 항공기의 연료감지장치는 커패시턴스 센서를 대신하는 초음파 센서를 사용하기도 한다.

나) 현대 항공기에 장착되는 연료 제어 컴퓨터(FQIS: Fuel Quantity Indicating System)는 하나의 연료지시 채널이 고장 나더라도 정확한 연료량을 지시할 수 있게 되어 있으며, 실시간으로 연료의 흐름과 상태를 알 수 있도록 한다.

## ② 연료계통 계기

가) 연료량 계기

㉠ 부자식 계기: 연료량 계기는 모든 동력 항공기에 반드시 설치해야 할 계기 중의 하나로서 액면의 변화에 따라 부자가 상하운동에 의해 계기의 바늘이 움직이도록 하는 부자식 계기이다. 이 부자식 계기는 기계적으로 1/4, 1/2, 3/4과 full 탱크의 연료량을 지시해 준다.

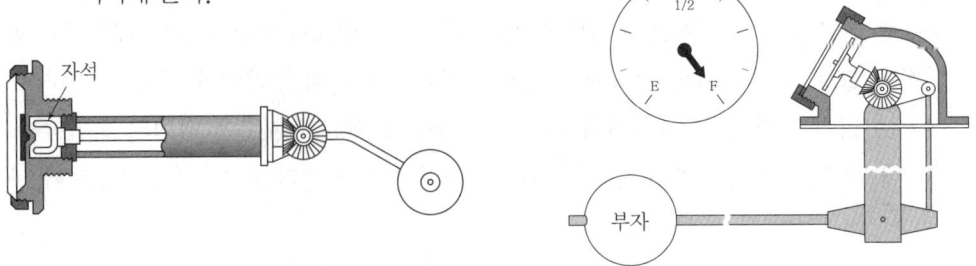

▲ 기계식 플로트 액량계기

ⓛ 전기적 비율계식: 연료량 게이지는 많은 왕복엔진 항공기에 쓰이며, 부자의 위치를 연료탱크의 트랜스미터 장치에 아날로그의 정한 값으로 전환해 준다.

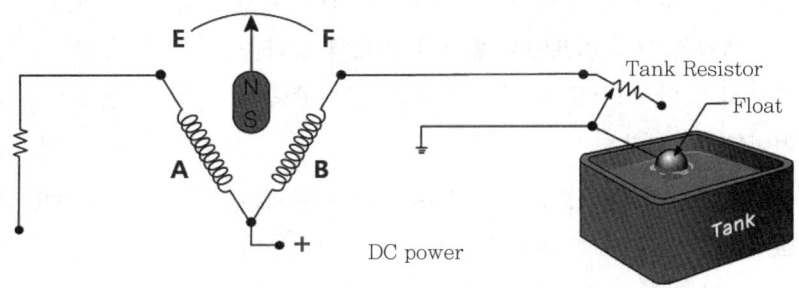

▲ 전기 저항식 플로트 액량계기 구조

ⓒ 축전기식: 가장 널리 사용되며, 축전기의 역할을 하는 원통형의 금속 튜브는 탱크 안에 상부에서 하부방향으로 설치되어 있다. 탱크에 연료가 없을 경우 튜브에 채워진 공기는 유전체 역할을 하고, 연료가 채워질 경우 유전체의 변화율이 연료감지봉에서 측정된다.

ⓔ 딥 스틱: 대부분의 대형 제트 운송용 항공기는 지상에서 연료탱크에 있는 연료의 양을 물리적으로 검사할 수 있는 장치를 설비한다. 자기력으로 작동하는 연료측정 스틱이 있다.

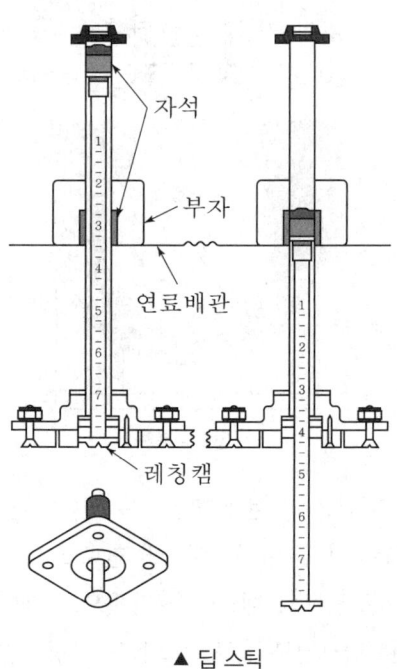

▲ 딥 스틱

나) 연료압 계기: 연료압은 간단하게 기화기의 입구부에
버든 튜브 압력 게이지를 연결하여 이 지점의 연료
압력을 측정한다. 압력식 기화기를 장치한 대형
왕복엔진은 실제 펌프에서 발생한 연료의 압력을
고려하지 않고 펌프의 입구 연료와 공기압력의
차이를 측정한다.

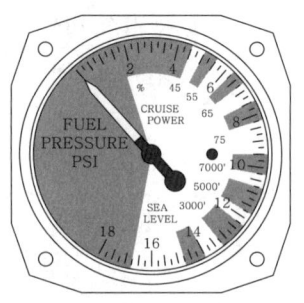

▲ 연료 압력계

다) 연료온도 게이지: 고고도로 비행하는 제트항공기는
고공의 낮은 온도 때문에 연료에 섞여 있는 물이
필터를 통과할 때 빙결할 우려가 있다. 이러한 이유로 비율계식 연료온도 측정장치가
연료탱크에 설치되어 조종실에 연료의 온도를 지시해 준다.

라) 연료 흐름계: 대형 왕복엔진은 연료 펌프와 기화기 사이에 연료 흐름계를 설치하고
움직임은 스프링 부하의 베인이 연료의 흐름에 의하여 기화기 쪽으로 움직임을 가진다.
동기 전동기식 유량계(synchronous motor flowmeter)는 엔진으로 흐르는 연료를
시간당 파운드로 지시해 준다. 가장 최근에 개발된 디지털식 연료 흐름계는 연료관에
작은 터빈 휠을 이용한다. 연료 흐름은 연료 흐름률을 전환하는 데 터빈을 회전시키면서
디지털 회로는 주어진 시간 동안 터빈의 회전을 감지한다.

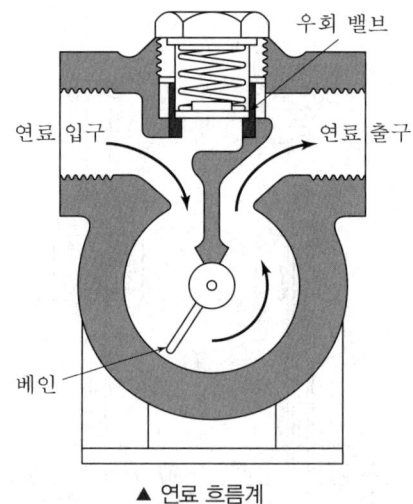

▲ 연료 흐름계

마) 연료 제어 컴퓨터와 화면표시: 현대 항공기는 멀티채널로 구동하는 연료 제어 컴퓨터에
의해 제어된다. 연료 제어 컴퓨터는 탱크별 연료 소모량을 조절하고 무게중심의 균형을
유지하기 위하여 연료 펌프와 밸브들을 자동으로 제어한다. 여기에는 자동으로 급유
밸브를 차단하고 연료탱크별로 연료 소모율을 균형 있게 조절한다. 그리고 연료계통의
이상 유무를 조종사에게 알려준다.

# CHAPTER

# 04  실력 점검 문제

**01** 연료 유량계의 종류가 아닌 것은?

① 차압식 유량계
② 베인식 유량계
③ 부자식 유량계
④ 동기 전동기식 유량계

**해설**

유량계(flowmeter)는 주로 연료탱크에서 엔진으로 흐르는 연료의 유량률을 지시한다. 1시간 동안 엔진이 소모하는 연료의 양을 지시하며, 오토신 또는 마그네신의 원격지시계기를 이용한다. 그에 따른 종류에는 차압식, 베인식, 동기 전동기식이 있다.

**02** 지상에서 항공기의 연료 level을 측정할 때 사용하는 것은?

① De Electric Cell
② Float 기구
③ Dip Stick
④ Patassium

**해설**

딥 스틱(dip stick): 대부분의 대형 제트 운송용 항공기는 지상에서 연료탱크에 있는 연료의 양을 물리적으로 검사할 수 있는 장치를 설비한다. 자기력으로 작동하는 연료측정 스틱이 있다.

**03** 항공기의 연료 유량측정에 사용하고 있는 전기용량식 액량계가 지시하는 단위는?

① MPH
② LPH
③ PPH
④ SPH

**해설**

전기용량식 액량계는 무게 단위 PPH(pound per hour)를 지시한다.

**04** 연료량을 중량으로 지시하는 방식은 무엇인가?

① 전기저항식
② 전기용량식
③ 기계적인 방식
④ 부자식

**해설**

전기용량식 액량계(electric capacitance type): 고공비행을 하는 제트 항공기에 사용되며 연료의 양을 무게로 나타낸다.

**05** 액량계기와 유량계기에 관한 설명으로 가장 올바른 것은?

① 액량계기는 연료탱크에서 엔진으로 흐르는 연료의 유량을 지시한다.
② 액량계기는 대형기와 소형기에 차이 없이 대부분 직독식 계기이다.
③ 유량계기는 연료탱크에서 엔진으로 흐르는 연료의 유량을 시간당 부피 또는 무게 단위로 나타낸다.
④ 유량계기는 연료탱크 내에 있는 연료량을 연료의 무게나 부피로 나타낸다.

**해설**

• 액량계(quantity indicator)는 항공기에 사용되는 연료, 윤활유, 작동유 등의 양을 지시한다.
• 유량계(flowmeter)는 주로 연료탱크에서 엔진으로 흐르는 연료의 유량률을 지시한다. 1시간 동안 엔진이 소모하는 연료의 양을 시간당 부피 단위인 GPH(Gallon Per Hour), 또는 무게 단위인 PPH(Pound Per Hour)로 오토신 또는 마그네신의 원리를 이용하여 원격으로 지시한다.

✈ **정답**  01. ③  02. ③  03. ③  04. ②  05. ③

**06** 연료량 지시계에서 콘덴서의 용량과 가장 관계가 먼 것은?

① 극판의 넓이
② 극판과의 거리
③ 중간 매개체의 유전율
④ 중간 매개체의 절연율

**해설**

정전용량식 액량계는 연료의 체적(부피) 측정을 위해 콘덴서를 이용하며, 콘덴서의 정전용량(C)은 극판의 넓이(A)와 극판 사이의 거리(d) 및 극판 사이에 들어있는 물질의 유전율(f)에 의하여 결정된다.

**07** 자력의 힘을 이용하여 전류가 흐르게 되어 밸브를 들어 올려 연료가 흐르게 되고, 전동기 구동 밸브에 비하여 신속하게 열리는 장점을 가진 연료 밸브는?

① 드럼형 연료 밸브
② 포핏형 연료 밸브
③ 솔레노이드 작동 밸브
④ 연료 체크 밸브

**해설**

솔레노이드 밸브는 자력의 힘을 이용하여 개방 솔레노이드에 전류가 흐르게 되어 밸브를 들어 올려 연료가 흐르게 되고, 밸브 스템에 있는 노치의 락킹 플런저를 코일의 자력으로 잡아당겨 스프링의 장력으로 밸브를 닫아 준다.

**08** 다음 값 중에서 온도가 올라가면 감소하는 것은?

① 일반 금속의 전기 저항
② thermister 내로 흐르는 전류
③ 연료의 유전율
④ 연료탱크 내의 유면 높이

**해설**

온도가 올라갈 때 일반적인 금속은 온도가 증가하면 전기 저항이 증가하고, 연료탱크 내의 유면은 온도가 증가하면 증가한다. 또한, 서미스터(thermistor)는 구리, 망간, 철, 니켈 등의 산화물 중 2~3종을 혼합하여 만든 반도체로 온도가 올라가면 저항값은 작아진다. 그 작아진 저항으로 전류의 값이 증가하여 릴레이로 흘러 작동되는 화재 경보장치에 사용되고, 연료의 유전율은 감소한다.

**09** 항공기 연료량을 무게의 단위로 표시하는 가장 큰 이유는?

① 고도와 외기 온도에 따라 부피의 변화가 심하기 때문에
② 고도와 외기 온도에 따라 압력의 변화가 심하기 때문에
③ 점성이 높은 액체이기 때문에
④ 측정하기가 간편하기 때문에

**해설**

항공기 연료는 연료탱크에서 엔진으로 흐르는 연료의 유량을 시간당 부피 단위, 즉 GPH(Gallon Per Hour) 또는 무게 단위 PPH(Pound Per Hour)로 지시한다.

**10** 다음 중 연료 유량계의 종류가 아닌 것은?

① 차압식 유량계
② 부자식 유량계
③ 베인식 유량계
④ 동기 전동기식 유량계

**해설**

유량계(flowmeter)는 주로 연료탱크에서 엔진으로 흐르는 연료의 유량률을 지시한다. 1시간 동안 엔진이 소모하는 연료의 양을 지시하며, 오토신 또는 마그네신의 원격지시계기를 이용한다. 그에 따른 종류에는 차압식, 베인식, 동기전동기식이 있다.

★ **정답** 06. ④ 07. ③ 08. ③ 09. ① 10. ②

# CHAPTER

# 05 비상계통 및 지상지원장비

## 1 산소계통

항공기 기내는 지상의 1기압과는 달리 0.8기압이다. 비행 시 육체 건강한 성인은 상관없겠지만 노약자, 어린이, 임산부는 0.2기압의 차로 인하여 피로를 많이 느끼거나 정신적, 생명에 위협을 느낄 수 있다. 그렇기 때문에 산소 공급으로 조종사, 승무원, 승객에게 산소 공급을 통하여 이를 해소할 수 있다. 또한, 대형 항공기의 경우 여압시스템을 갖추고 있으나 비상 상황을 대비하여 산소 공급장치를 갖추고 있다. 산소는 저장과 공급방식에 따라 기체 산소계통, 액체 산소계통, 고체 산소계통으로 나눈다.

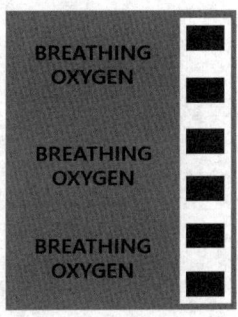

▲ 산소계통 식별 테이프

## (1) 산소 공급장치

### ① 보충용 산소 장치(supplemental oxygen system)

가) 객실고도가 최고 객실고도보다 높아질 경우 인체의 생명이나 기능을 유지하기 위해 호흡용 공기에 산소를 보충하여 신체 내부에 일정한 산소 분압이 확보되도록 하기 위한 장치이다.

나) 공급 방법은 항공기 유형에 따라 다르며, 연속 유량형(continuous flow type)에서는 해면상의 산소압력이 유지되고, 요구 유량형(demand diluter type)에서는 1,500m (5,000ft) 고도의 산소압력이 유지된다.

다) 그림은 연속 유량형으로 객실고도 3,900m(13,000ft) 이상일 때 자동으로 산소마스크가 나와서 연속적으로 산소를 공급한다.

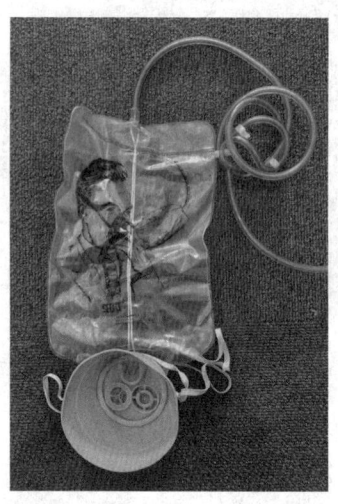

▲ 연속 유량형 마스크

② **방호용 호흡 장치(protective breathering):** 연속 유량형과 요구 유량형의 두 가지 종류를 가진 방호용 호흡장치는 객실에 화재 발생 시, 연기나 유해 가스로부터 인체를 보호하기 위한 목적으로 그림과 같이 얼굴 전체를 가릴 수 있는 마스크와 산소 용기가 하나로 되어 있고, 100% 산소가 공급된다. 이는 2,400m(8,000ft) 고도에서 연속 15분간 사용할 수 있는 용량을 갖추고 있다.

▲ 방호용 호흡 장치

③ **구급용 산소 장치(first aid oxygen system)**

가) 병약자나 신생아, 비상시 압력이 떨어졌다가 정상 여압으로 회복되었으나 저산소증으로부터 회복이 늦는 경우 구급, 의료용으로 쓰는 장치이다.

나) 산소의 흐름은 연속 유량형으로 4L/min, 2L/min의 두 가지 연결구가 있어 유량 선택에 따라 선택한다.

다) 항공기의 기종에 따라 승객용 보충용 산소 장치에 구급용 산소 장치 기능을 갖추고 있어 비상시에 구급, 의료용으로 쓰고 있다.

## (2) 산소의 저장과 등급

### ① 기체 산소계통

가) 기체 산소계통의 산소 용기에는 고압용과 저압용으로 분류되며 일반적인 항공기에 사용되고 있다.

나) 용기의 설치는 항공기 축 방향에 대해 직각이 되도록 기체 구조에 장착시킨다.

다) 탑승자 후방위치에 항공기 축 방향으로 장착해야 하는 경우에는 산소 용기가 튀어 나가는 것을 방지하는 장치를 설치한다.

| 산소 용기 구분 | 주요 내용 |
|---|---|
| 고압 산소 용기 | 표면은 녹색으로 칠해져 있고, 표면에 "Aviators Breathing Oxygen"으로 표시되어 있다. 충전압력은 최대 압력 2,000psi(평균 1,800~1,850psi)이다. 재질은 합금강 실린더, 금속 실린더, 알루미늄 실린더 등이 있다. |
| 저압 산소 용기 | 표면은 노란색으로 칠해져 있고, 충전압력은 보통 400psi(27.578hPa)이다. 용기는 스테인리스강 밴드를 연결한 형태이거나, 저합금강으로 되어 있다. |

라) 산소의 사용 가능한 압력 한계는 완전 충전압의 약 10% 정도로, 고압 충전 최저 압력이 124,038hpa(1,800psi)라면 10,337hpa(150psi) 정도이고, 저압 충전 압력이 27,564hpa(400psi)라면 3,446hpa(50psi)까지 사용 가능한 압력이 된다. 만일, 이보다 낮은 압력까지 사용하게 되면 공기가 흡입되어 산소 재충전을 할 수 없게 된다. 이런 경우에는 용기를 교환하거나 정비 절차에 따라 용기를 세척해서 사용할 수 있다.

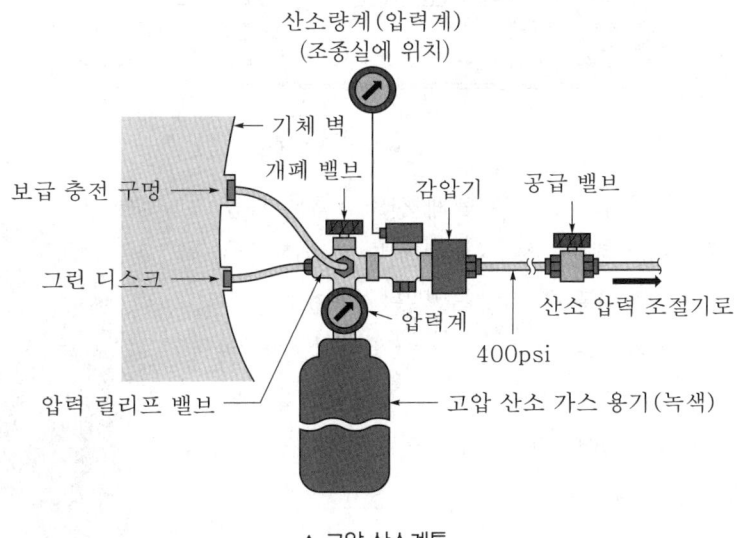

▲ 고압 산소계통

| 구성품명 | 구성품 특징 |
|---|---|
| 압력 릴리프 밸브 | 산소 용기 내의 압력이 비정상적으로 높게 되는 위험을 방지한다. |
| 녹색 원판 디스크 | 충전 압력이 150%에 도달 시 항공기 외부로 방출하여 점검 시 항공기 밖에서 산소 방출 확인이 가능하다. |
| 온도 보정기 | 산소 공급 시 산소 온도 상승을 방지한다. |

### ② 액체 산소계통

가) 저온의 액체 상태로 저장하고 있다가 필요할 때 기화시켜 공급하는 방식의 산소계통이다.

나) 산소통이 작은 이점이 있으나 취급에 있어 극저온이기 때문에 인체에 위험성이 있고, 보급이 번거로워 민간항공사에서는 거의 취급하지 않고, 일부 군용항공기에서 특수한 경우 사용한다.

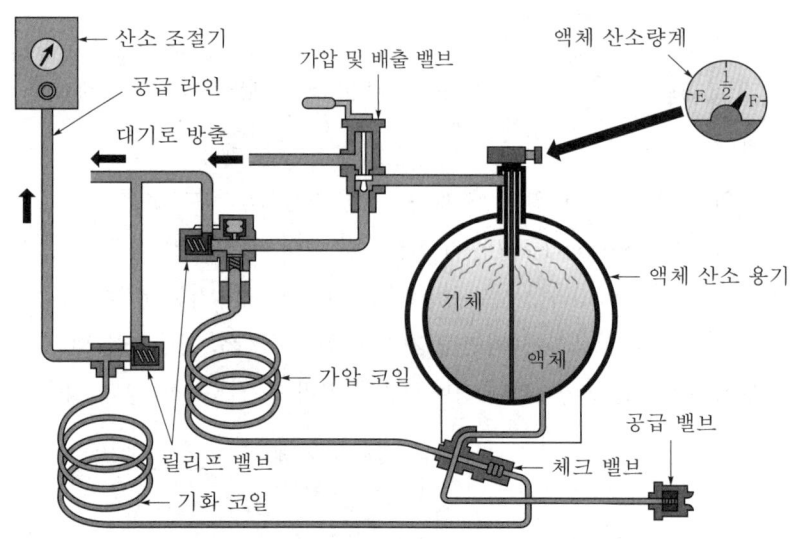

▲ 액체 산소계통

다) 조종석에 설치되어 있는 액체 산소계통은 가압 및 배출 밸브 핸들 ON → 압력 상승 → 액체산소 가압 코일로 이동 → 가압 코일을 지나면서 열을 흡수하여 가스로 변환 → 가스 상태의 산소는 압력폐쇄 밸브로 이동 → 승압 및 벤트 밸브를 거쳐 용기로 들어간다. → 요구되는 압력 도달 시 승압과정이 계속된다.

▲ 액체 산소 용기

### ③ 고체 산소계통

가) 산소 분자를 많이 함유한 고체 화합물에 화학반응을 일으키게 하여 산소가스를 발생시켜 분리해 공급한다. 염산나트륨($NaCiO_3$)을 넣고, 중심부에 초기 연소를 위한 점화장치가 있다.

나) 종류에는 폭발식 점화방식과 전기적 점화방식이 있다.

다) 가열이 시작되면 화학반응이 시작되고, 종료되면 산소가 분리된 후 식염과 같은 것이 남으나 해롭지는 않다.

라) 화학 방정식은 다음과 같다.

$$2NaCiO_3 + 2Fe \rightarrow 2NaCi + 2Fe + 3O_2$$

마) 고체 산소의 압력은 70~100psi로 낮고, 배관이 필요하지 않고, 화학적으로 안정되어 있다.

바) 용기는 영구적으로 사용할 수 있으나 10년으로 표기되어 있다. 고체 산소를 사용하지 않을 경우에는 보급 및 교환할 필요 없으나, 사용하기 위해 화학반응이 시작되면 도중에 멈출 수 없고, 용기 전체에 고온이 발생하여 주의해야 한다. 위와 같기 때문에 신뢰성이 높은 장치를 구비해야 한다.

사) 고체 산소계통은 대형 항공기의 승객 보충 산소 공급장치에 많이 사용되고, 휴대형 구급용 산소 공급장치로도 많이 사용된다.

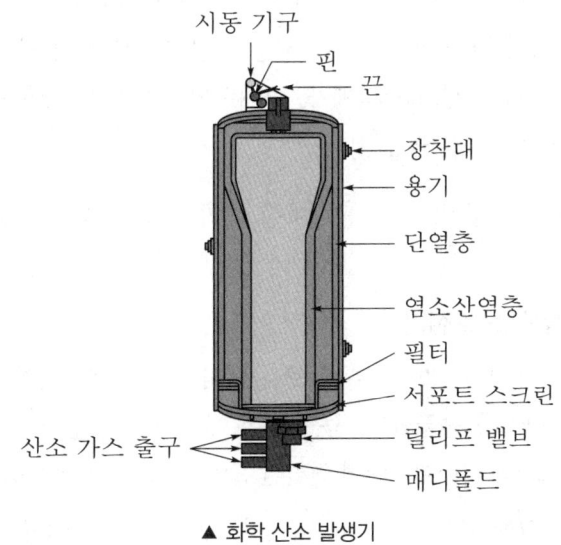

▲ 화학 산소 발생기

## (3) 산소 조절

① **연속 유량형:** 연속 유량형의 산소 유량은 고도에 따라 필요한 분압이 얻어지도록 자동 및 수동으로 조절되거나, 산소마스크의 연결구를 선택하여 조절한다. 이 방식은 고체 산소 방식에는 없는 기능이다.

② **요구 유량형:** 요구 유량형은 호흡 시 흡입할 때만 산소가 흘러 공급되는 형식이다. 산소 유량 공급 방식은 객실 압력 고도에 비해 희석 산소를 분압하거나 100% 산소를 흐르게 하며 필요에 따라 선택이 가능하다.

③ **압력형:** 압력형은 객실고도가 10,500m(35,000ft) 이상이 되면 100% 산소를 흡입하더라도 필요한 산소량이 부족해진다. 따라서 압력을 산소마스크에 가하여 산소를 폐 내부에 가압, 공급하는 방식이다.

## (4) 산소 흡입 장치

산소 흡입 장치는 사용자의 호흡 작용에 의하여 산소가 사용자의 폐 속에 공급되는 장치로서, 산소 유량을 조절, 공급하는 산소 조절기와 마스크로 구성된다.

① **연속 유량형 산소 조절기**

가) 수동식 연속 유량형 산소 조절기: 아래쪽 가운데에는 유량조절 노브(knob)가 있고, 왼쪽 지시계기는 산소의 유량을 나타내는 계기이나 해당 고도에 맞게 노브를 돌리면 해당되는 양의 산소가 공급되고, 오른쪽의 지시계기에는 공급되는 산소의 압력이 표시된다.

나) 자동식 연속 유량형 산소 조절기: 해당 기압고도에 맞게 산소가 자동으로 조절되어 공급된다. 위쪽에는 산소 압력계가, 아래쪽에는 밸브가 있어 필요시 밸브를 조절하면 알맞은 유량으로 산소를 공급한다.

② **요구 유량형 산소 조절기:** 숨을 들이마실 때만 일정 유량의 산소가 유입되는 형식으로 경제적이다.

③ **희석 요구 유량형 산소 조절기**

가) 숨을 들이쉴 때는 마스크에 있는 밸브는 닫히고 산소 조절기의 밸브는 열려서 대기압에 알맞은 양의 산소가 공급되고, 숨을 내실 때는 반대로 된다. 구조는 그림과 같이 얇은 고무 다이어프램과 나이프프램에 연결된 흡입 밸브, 감압 밸브 등으로 구성된다.

나) 조절기는 마스크에 연결되어 있고, 다이어프램은 사용자가 숨을 들이쉬면 움직이게 되어 흡입 밸브가 열리면서 산소가 마스크 쪽으로 공급되고, 감압 밸브는 흡입 밸브의 안쪽에 있는 조절기의 작동 압력을 50psi를 유지 시키고, 아네로이드는 고도에 따라 산소의 양을 조절하기 위한 장치로, 높은 고도에서 아네로이드는 대기압이 낮아져 팽창되어 연결된 스프링 지지판을 오른쪽으로 많이 밀게 되어 산소의 공급량을 증가시킨다.

다) 조절기 고장이거나 비상 상태에서 고도와 관계없이 산소를 전량 공급할 때 비상 산소 흐름 조정 노브(emergency oxygen metering control knob)를 조절한다.

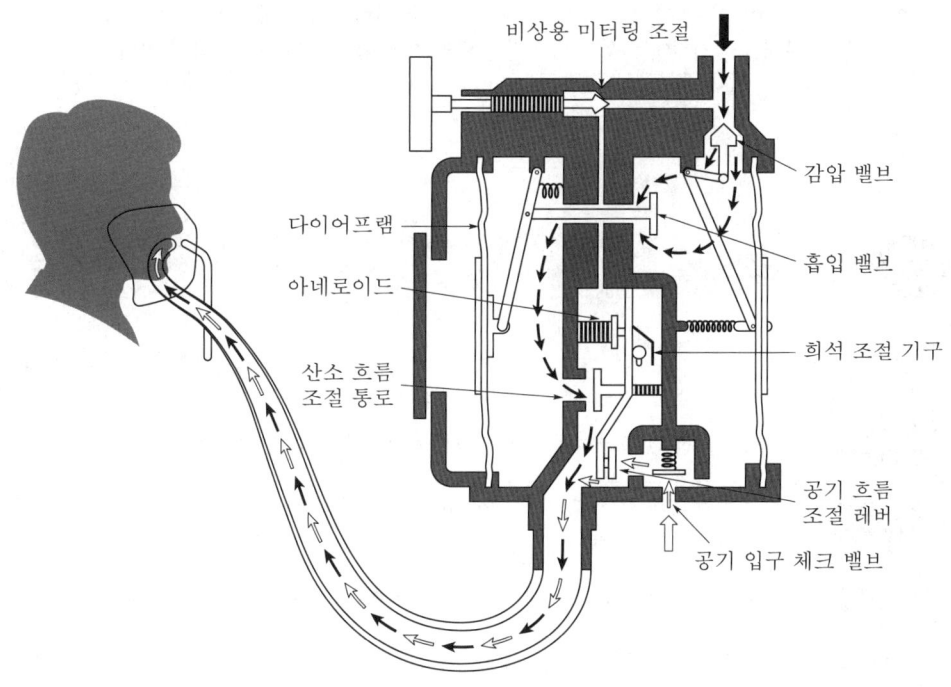

▲ 희석 요구 유량형 산소 조절기

④ **압력 요구 유량형 산소 조절기:** 압력 요구 유량형 산소 조절기는 군용기에 12,000m (40,000ft) 이상의 고도에서 비행하는 곳에 사용되며, 11,500m(38,000ft) 이상의 고도에서 100% 산소를 가압, 호흡할 수 있도록 한다. 이 형식은 희석 요구 유량형과 비슷하지만, 압력계가 있고, 기능 시험을 할 수 있다.

## (5) 산소계통의 정비

| 상황 | 점검 내용 |
|---|---|
| 산소계통의<br>작동 점검 | 계통을 작동시켰을 때 공급 압력계의 지시가 규정 값인지, 차단 밸브의 작동에 따라 산소 압력계가 규정 값을 나타내는지 점검한다. |
| 산소계통을<br>점검하거나<br>수리를 위한<br>정비 작업 시 | ① 화재에 대비하여 소화 장비를 준비한다.<br>② 감시 요원을 배치한다.<br>③ 작업자의 손이나 작업복에 먼지나 그리스와 같은 물질이 없도록 깨끗이 해야 한다.<br>④ 서서히 밸브를 풀어서 잔류 압력이 모두 빠져나가도록 한 후, 잔류 산소가 없다면 구멍을 지정된 플러그나 캡으로 막는다. |

| 산소 실린더를 충전 및 저장 할 때 | ① 충전할 때 환기가 잘 되는 곳에서 실시한다. |
| | ② 저장할 때 직사광선을 피해야 한다. |

※ 또한 산소계통에 누설이 있는지를 점검하고, 산소 실린더의 상태와 차단 밸브, 압력 조절기, 마스크 등의 상태를 점검하여 손상이 있는지를 확인 후 이상이 있다면 교환해야 한다.

## 2 소화계통

| 화재 등급 | 주요 내용 |
|---|---|
| A급 화재 (일반화재) | 통상적인 연소 물질에 의한 화재로 종이, 나무, 의류 등 가연성 물질에 의한 화재이다. |
| B급 화재 (기름화재) | 유류에 의한 화재로 석유, 윤활유, 타르, 알코올, 그리스, 솔벤트, 페인트, 가연성 가스 등에 의한 화재이다. |
| C급 화재 (전기화재) | 전기에 의한 화재로 전기, 전자 장비가 원인이 되어 발생하는 화재이다. |
| D급 화재 (금속화재) | 금속에 의한 화재로 마그네슘, 티타늄, 지르코늄, 나트륨, 리튬, 칼륨 등 금속 물질로 인한 화재이다. |
| E급 화재 (가스화재) | LNG, LPG 가스에 의한 화재이다. |

### (1) 소화제 및 소화제 용기

항공기에 사용되는 소화기는 이동식과 고정식으로 나뉜다. 이동식 소화기의 소화제로는 물, 이산화탄소, 분말 소화제가, 고정식 소화기의 소화제로는 이산화탄소와 프레온이 많이 사용되고 있다. 그림은 고정식 소화제이다.

고정식 소화제는 압력이 떨어질 때 경고하는 압력 스위치가 내장되어 있고, 용기가 비정상 온도 상승에 의한 과열을 막기 위해 열 릴리프 밸브가 있어 100℃ 이상이 되면 항공기 밖으로 가스를 방출시킨다.

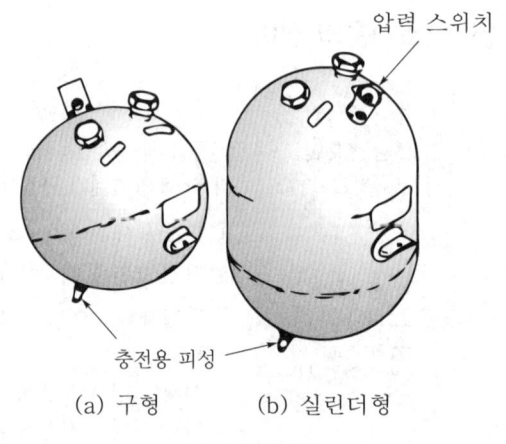

압력 스위치

충전용 피성

(a) 구형     (b) 실린더형

▲ 소화제 용기

항공기 소화제의 구비조건은 다음과 같다.

① 적은 양으로 큰 소화 능력을 갖고 있어야 한다.

② 저장이 용이해야 한다.

③ 장기간 보관이 안정되어야 한다.

④ 항공기 구조 부재를 부식시키지 않아야 한다.

⑤ 충분한 방출 압력이 있어야 한다.

| 화재 등급 | 주요 내용 |
|---|---|
| 물<br>($H_2O$) | A급 화재용으로만 사용되고, B급 및 C급 화재용으로는 사용 금지한다. 소화제는 부동액을 섞어서 겨울철 동결을 막고, 질소가스 및 이산화탄소의 소량 폭약이 터지면서 분사된다. |
| 이산화탄소<br>($CO_2$) | B급 및 C급 화재에 사용되는 이산화탄소 소화기는 가스와 액화된 것이 함께 사용된다. 이 소화기는 용적을 작게 하기 위해 액화해서 고압 용기에 넣고 화재 진압 시 수초 간에 소화제가 노즐이나 다공관을 통해 분사될 수 있도록 한다. 이같이 수초 간에 소화할 수 있어 HRD(High Rate of Discharge system)라 한다. $CO_2$는 독성은 없지만, 사람이 마시면 저산소중에 걸려 20~30분 내에 의식장애를, 더 진행 시 생명에 지장을 초래할 수 있으니 밀폐된 곳에서는 사용을 금한다. |
| 프레온가스<br>($CBrF_3$) | 할로겐계 소화제의 일종으로, B급과 C급 화재에 소화 능력이 좋다. 이는 화학적 안정성이 있고, 인체에 무해하나 프레온 가스로 인해 오존층 파괴의 우려가 있다. HRD 효과를 얻기 위해 질소가스로 가압시키는 소화제를 할론 소화기, BCF(Bromo-Choloro-DiFluoro-Methane) 소화기라 한다. |
| 분말 소화제<br>(dry chemical) | 이산화탄소나트륨의 소화제를 사용하는 소화기로써 상온에서 안정하지만, 가열되면 분해하여 이산화탄소가 발생한다. 일반적으로 B, C, D급 화재에 유효하다. |
| 사염화탄소<br>($CCl_4$) | 상온에서 액체로 소화 능력은 좋으나 독성이 있어 현재 사용이 금지되었다. |
| 질소($N$) | 이산화탄소와 비슷한 질소는 소화 능력이 매우 뛰어나며 독성이 적다. 사용 시 밀폐된 장소에서 사용을 금하고 있고, 질소를 액상으로 저장하는 데는 $-160$℃로 유지해야 하므로 군용기에서만 사용하고 있다. |

## (2) 휴대용 소화기

휴대용 소화기는 조종실에 1개, 그 밖의 T류 항공기는 승객에 따른 소화기 비치를 다음과 같이 한다.

| 항공기에 비치해야 할 소화기의 수 | |
|---|---|
| 승객 정원 수 | 소화기의 수 |

| | |
|---|---|
| 6인 이하 | 0 |
| 7~30인 | 1 |
| 31~40인 | 2 |
| 61인 이상 | 3 |

① **물 소화기:** 핸들 내에 이산화탄소 통이 들어 있어 핸들을 시계 방향으로 돌리면 이산화탄소가 방출되어 물을 가압한다. 상부의 분사 레버를 누르면 노즐을 통하여 물이 방출된다. 핸들에는 안전결선이 있고, 납으로 밀봉되어 있다. 물의 분사 시간은 30~40초이다.

② **이산화탄소 소화기:** 조종실이나 객실에 설치되어 있으며 일반화재, 전기화재 및 기름화재에 사용한다. 용기 내에는 액체 이산화탄소가 봉입되어 있고, 안전핀을 빼고 방아쇠를 당기면 소화제가 분사된다. 분사하고 있는 동안은 단열 변화에 의하여 드라이아이스 상태가 되기 때문에 인체에 해를 입지 않도록 주의해야 한다. 따라서 장갑 등을 사용하고, 노즐은 확실히 손으로 고정한다. 소화기에 따라서는 압력계가 설치되어 있는 것도 있으며, 분사 시간은 약 15초이고 좁고 밀폐된 장소에 사용하면 인체에 위험하다.

③ **분말 소화기:** 분말을 이산화탄소나 질소가스로 가압, 봉입되어 있다가 이들 가스에 의하여 분사된다. 일반 화재나 전기화재, 기름화재에 유효하지만, 조종실에서 사용해서는 안 된다. 그 이유는 시계를 방해하고, 주변기기의 전기 접점에 비전도성의 분말이 부착될 가능성이 있기 때문이다. 안전핀을 뽑고 레버를 강하게 쥐면 분말이 분사되며, 연소물에 분사력이 매우 강하게 퍼지므로 화재 지역에서 다소 떨어진 곳에서 분사한다. 그리고 사용하기 전에 용기를 잘 흔들어야 한다.

④ **프레온 소화기:** 프레온 소화기는 조종실이나 객실에 장비되어 있다. 프레온 소화기는 프레온 가스로 소화하는 것으로 A급 화재, B급 화재 및 C급 화재에 유효하고 소화 능력도 강하다. 프레온 소화기 한 통의 분사 시간은 10~15초 정도이고, 소화제는 인체에 무해하다.

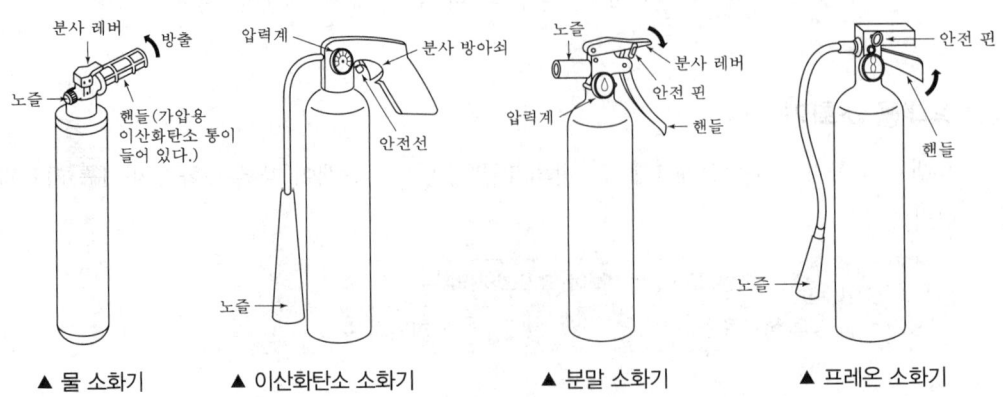

▲ 물 소화기　　　▲ 이산화탄소 소화기　　　▲ 분말 소화기　　　▲ 프레온 소화기

## (3) 고정식 소화기

① 고정식 소화기는 항공기 엔진, 보조 동력장치 및 화물실 등에 보다 효과적인 소화를 하기 위해 사용된다.

② 소화제는 용기 내의 금속 실로 봉입되어 있고, 소화제는 기계적으로 파괴하거나 기폭제를 전기적으로 발화시켜 파괴하여 소화제를 방출한다.

③ 항공기 엔진은 모든 엔진에 소화제가 방출될 수 있도록 배치한다. T형 헬리콥터의 경우 1개 엔진에 2회 이상 소화제가 방출할 수 있도록 요구한다.

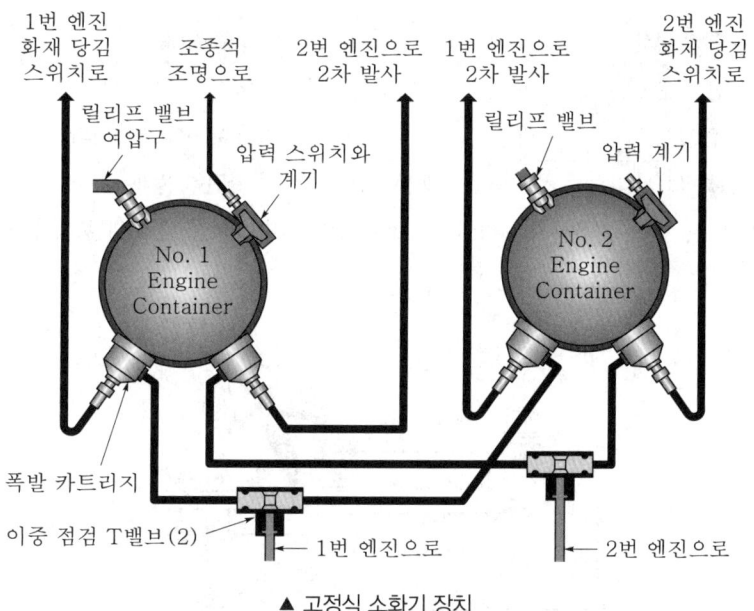

▲ 고정식 소화기 장치

## (4) 소화계통의 정비

| 작동회로 시험 | 전기적 회로의 연속성 시험과 전압계, 전류계에 의한 전기부품의 전기적 특성 시험 등이 있다. | |
|---|---|---|
| 부품 점검 | 소화기의 압력 점검, 방출 지시기의 점검, 카트리지와 분사 밸브 점검 등이 있다. | |
| 소화기 압력 점검 | 외부 온도변화에 따른 소화기 압력이 규정 값 이내에 있는지 확인하고, 규정 값에 들지 않는다면 교환한다. | |
| 방출 지시기 점검 | 적색 디스크 파괴 시 | 소화기의 안전 플러그가 과열로 인해 작동되었음을 알 수 있고 소화기를 교환한다. |
| | 황색 디스크 파괴 시 | 소화계통을 동작시켜 소화액을 사용했음을 알 수 있고, 소화기를 교환한다. |
| 방출된 소화액 관리 | 알루미늄 합금 등 기체 금속 부분에 부식을 촉진하기 때문에 깨끗하게 닦는다. | |

조종사가 주의를 기울이지 않더라도 경고등이 켜지고, 경고음이 울려 이상을 쉽게 알 수 있어 긴급 상황을 미연에 방지할 수 있는 장치를 경고장치라 한다. 이는 기계적 경고장치, 압력 경고장치, 화재 경고장치, 실속 경고장치로 분류된다.

## (1) 기계적 경고장치

| 경고장치 위치 | 주요 내용 |
|---|---|
| 항공기 문 | 이륙 전, 비행 중 안전하게 닫혀 있는지의 여부 |
| 플랩 | 항공기 속도에 비례하여 적절한 위치에 있는지의 여부 |
| 착륙장치 | 비행에 문제없이 랜딩 기어가 완전히 올라가거나, 내려가는지의 여부 |
| 위 항공기 문, 플랩, 착륙장치는 마이크로 스위치를 개폐시켜 경고등이나 부저가 작동되도록 기계적 경고장치가 설치되어 있다. ||

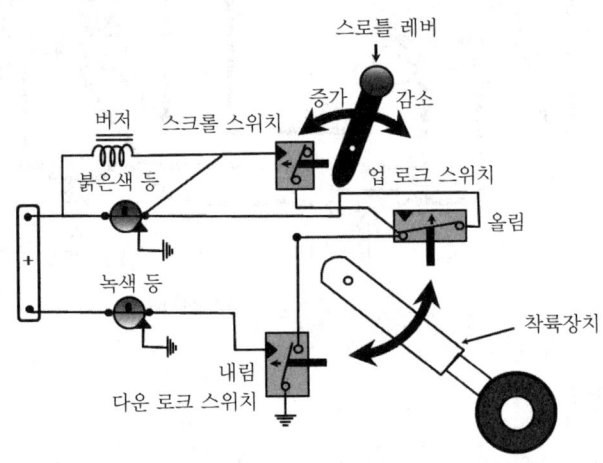

▲ 착륙장치의 경고회로

위 그림은 착륙장치의 경고 회로로 녹색 경고등과 붉은색 경고등으로 구성되어 있다.

| 동작 구분 | 주요 내용 |
|---|---|
| 녹색등 ON | 바퀴가 내려가서 다운 로크 스위치가 녹색 경고등에 회로를 형성한 경우 |
| 붉은색 등 ON | 바퀴가 올라가지도 내려가지도 않은 상태에서 업 로크, 다운 로크 스위치에 여결된 상태 그대로 회로를 형성한 경우 |
| 녹색등, 붉은색 등 OFF | 바퀴가 완전히 올라가서 업 로크 스위치를 작동시켜 붉은색 등의 회로를 차단하여 폐회로를 형성한 경우 |
| 부저 ON | 아무 불도 켜지지 않거나 붉은색 등이 ON인 상태에서 착륙하기 위해 출력을 줄이게 되면, 스로틀 레버의 위치가 전체 스로틀의 ⅓ 위치에 올 때 버저 회로가 형성된 경우 |

## (2) 압력 경고장치

엔진의 윤활유 압력, 연료 압력, 자이로 계기의 진공압, 객실 여압이 안전 한계 미만인 경우, 그림과 같이 공함(diaphragm)을 이용하여 스위치를 개폐시켜 경고등을 작동시킨다. 여압 경고장치에서 객실 압력이 낮으면 아네로이드가 팽창하면서 압력스위치가 닫힌다. 이때 회로를 형성하여 경고등이 울린다.

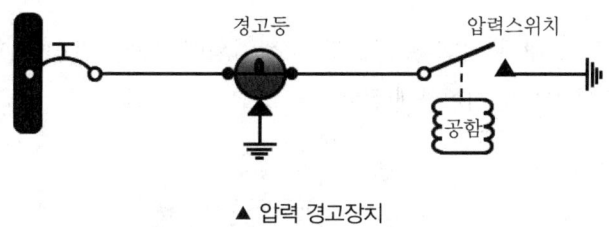

▲ 압력 경고장치

## (3) 화재 경고장치

엔진과 그 주위 및 화물실 등에 열에 민감한 재료를 사용하여 화재 탐지장치를 설치하고, 화재가 발생하면 화재 경고장치에 신호를 보낸다. 화재 경고장치에는 내열 재료가 사용되며, 다음과 같은 기능과 성능을 요구한다.

① 지상이나 비행 중에 화재가 발생하지 않는 경우에는 작동이나 경고를 발생시키지 않을 것

② 화재가 발생하였을 때는 그 장소를 신속하고 정확하게 표시할 것

③ 화재가 계속 진행되고 있을 때는 연속적으로 표시할 것

④ 화재가 꺼진 후에는 정확하게 지시를 멈출 것

⑤ 화재가 다시 발생한 후에도 위의 ②, ③항대로 작동할 것

⑥ 조종실에서 화재 탐지와 화재 경고장치의 기능을 시험할 수 있을 것

⑦ 윤활유, 물, 열, 진동, 관성력 및 그 밖의 하중에 대하여 충분한 내구성을 가질 것

⑧ 무게가 가볍고, 장착이 용이하며, 정비나 취급이 간단할 것

⑨ 항공기의 전원에서 직접 전력을 공급받으며, 전력 소비가 적을 것

⑩ 화재 탐지는 화재 구역마다 독립적인계통으로 있을 것

⑪ 화재 경고는 조종실에 경고음을 발함과 동시에 화재의 장소를 알리는 경고등이 켜질 것

    가) 열전쌍식 화재 경고장치

        ㉠ 열전쌍식 화재 경고장치는 온도의 급격한 상승에 의하여 화재를 탐지하는 장치이다.

ⓛ 서로 다른 종류의 특수한 금속을 서로 접한 한 열전쌍을 이용하여 필요한 만큼 직렬로 연결하고, 고감도 릴레이를 사용하여 경고장치를 작동시킨다.

ⓒ 이 경고장치는 엔진의 완만한 온도 상승이나 회로가 단락된 경우에는 경고를 울리지 않는다.

ⓔ 고감도 릴레이는 주 회로의 릴레이를 작동시키고, 이 작용에 의하여 화재 경고가 발생한다.

ⓜ 경고 회로 내에 시험용 열전쌍이 설치되어 있어, 작동 시험을 할 때 이 부분이 가열되어 작동을 시험하게 된다.

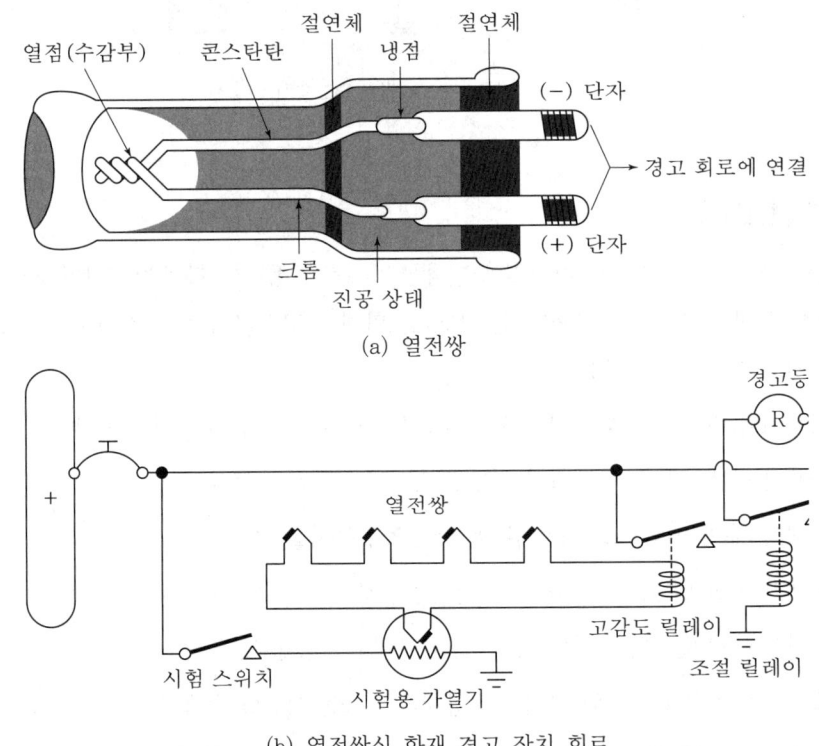

(a) 열전쌍

(b) 열전쌍식 화재 경고 장치 회로

나) 열 스위치식 화재 경고장치: 열 스위치는 열 팽창률이 낮은 니켈-철 합금인 금속 스트럿이 서로 휘어져 있어 평상시에는 접촉점이 떨어져 있다. 그러나 열을 받게 되면 스테인리스강으로 된 케이스가 늘어나게 되므로, 금속 스트럿이 퍼지면서 접촉점이 연결되어 회로를 형성시킨다.

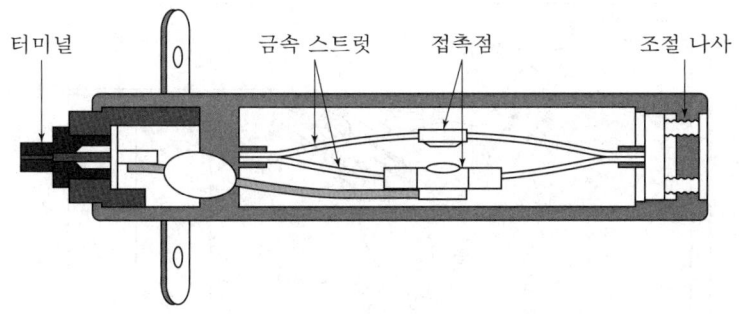

터미널     금속 스트럿    접촉점     조절 나사

다) 저항 루프형 화재 경고장치: 전기 저항이 온도에 의해 변화하는 세라믹이나 일정 온도에
　 도달하면, 급격하게 전기 저항이 떨어지는 융점이 낮은 소금을 이용하여 온도 상승을
　 전기적으로 탐지하는 탐지기를 저항 루프형 화재 탐지기라고 한다.

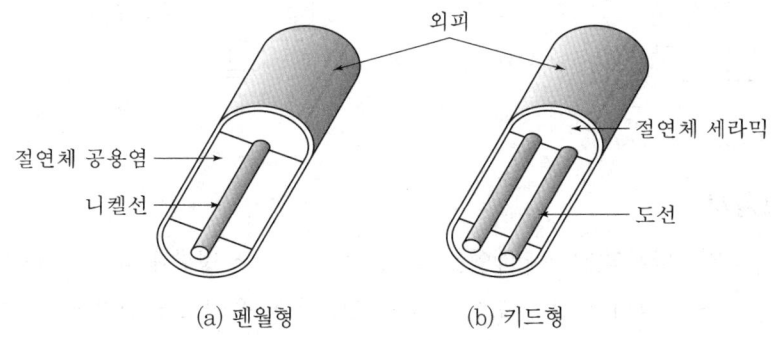

외피

절연체 공용염

니켈선

절연체 세라믹

도선

(a) 펜월형        (b) 키드형

라) 광전지식 화재 경고장치

　ㄱ 광전지는 빛을 받으면 전압이 발생한다. 이것을 이용하여 화재가 발생할 경우에
　　 나타나는 연기로 인한 반사광으로 화재를 탐지한다.

　ㄴ 비콘 램프는 항상 점등되어 있으며, 연기가 들어오면 그 반사광이 광전지에 도달하게
　　 됨으로써 경고장치를 작동시킨다.

　ㄷ 시험 스위치를 작동시키는 릴레이가 동작하여 시험 램프는 비콘 램프와 직렬로
　　 연결되면서 점등되어, 광전지에 빛이 들어가 경고회로가 작동되는 것을 시험할 수
　　 있다.

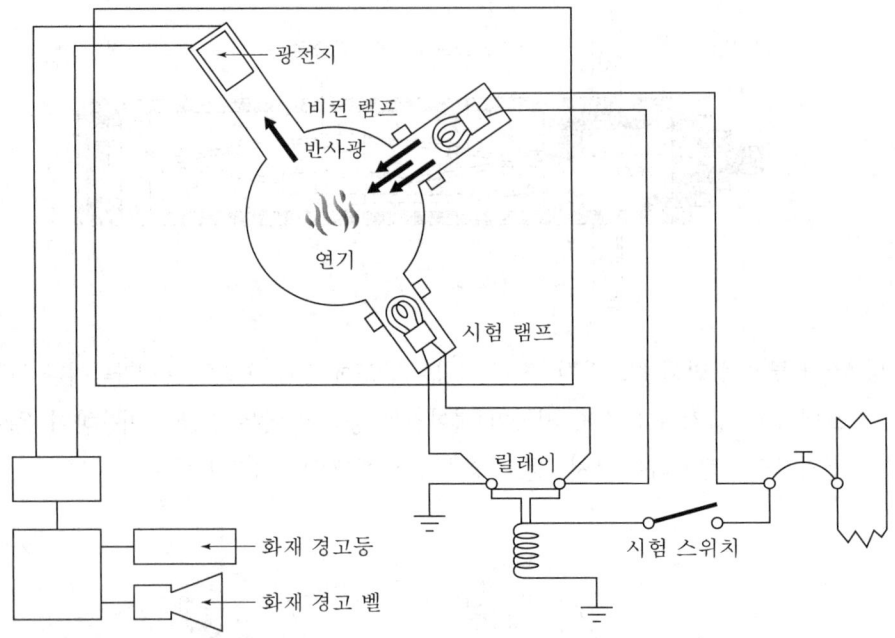

광전지

비컨 램프

반사광

연기

시험 램프

화재 경고등

화재 경고 벨

릴레이

시험 스위치

## (4) 실속 경고장치

소형 항공기에서는 날개의 전면에 베인을 설치하여 공기 흐름 방향에 따라 스위치가 개폐되도록 함으로써 실속에 도달되기 전에 붉은색 등과 경고음이 울리도록 한다. 대형 항공기에서는 동체 옆에 변환 베인을 장착하여 공기 흐름 방향에 따라 움직이게 함으로써 실속 전에 미리 경고회로가 작동되도록 한다.

## 4 비상장비

## (1) 비상장비

비상시 승객의 안전을 도모하기 위해 필요한 모든 비상용 장비들을 항공기에 비치할 것을 법적으로 정했다. 비치해야 하는 리스트는 다음과 같다.

탈출용 미끄럼대(escape slide), 탈출용 로프(escape rope), 구명조끼(life vest), 구급함(first aid kit), 휴대용 소화기(portable fire extinguisher), 휴대용 산소(portable oxygen), 휴대용 확성기(portable megaphone), 방연 안경(smoke goggle), 방수 손전등(flash light), 비상 신호등(signal kit), 비상 도끼(crash ax), 구명보트(life raft), 비상식량(emergency food), 비상 송신기(emergency transmitter) 등이 있다.

① **긴급 탈출장치:** 항공기가 운행 중 비상 상태가 발생하였을 때 정해진 시간인 90초 이내에 신속히 탈출할 수 있도록 탈출용 미끄럼대와 로프가 있어야 한다. 탈출용 미끄럼대는 자동 개방식 문과 연결되어 자동으로 밖으로 나와 압축 프레온가스에 의해 팽창된다. 또한 탈출용 미끄럼대는 구명보트의 역할도 한다.

② **구명보트:** 항공기가 바다 및 호수에 착수할 경우를 대비하여 1인용 구명보트와 5~6인승 및 25인승 구명보트가 있으며, 비행기 동체의 적당한 곳에 장착되어 있다. 1인용 구명보트는 고무로 만들어져 있고, 낙하산의 멜빵 속에 넣어져 지퍼로 닫혀 있다. 구명보트에 채워지는 가스는 이산화탄소이다.

③ **구명조끼:** 구명조끼 안쪽에는 이산화탄소 가스 캡슐이 달려 있다. 구명조끼 1개에는 각각 16g의 이산화탄소 가스가 압축된 2개의 가스 캡슐이 달려 있다. 양쪽 하단의 끈에 연결된 손잡이를 당기면 가스 캡슐의 밀봉이 터지고, 이때 이산화탄소가 순간적으로 빠르게 부풀어 올라 가스가 구명조끼의 공기주머니를 채운다.

④ **비상 송신기:** 항공기의 조난 위치를 알리고 전파를 발신하는 장치이다. 지정된 주파수인 121.5MHz와 243MHz로 약 48시간 동안 계속 구조 신호를 보낼 수 있게 되어 있다.

⑤ **소화기:** 조종실 및 객실 내에 화재 발생 시 승무원이 화재 진압을 할 수 있도록 휴대용 소화기가 탑재되어 있고, 엔진 및 화물칸에는 고정된 소화기가 장착되어 있다.

⑥ **산소 공급장치:** 비상 상황 시 객실 내부의 압력이 낮아지면 승객용 산소마스크가 머리 위에서 내려와서 산소를 흡입할 수 있도록 되어 있다. 이때 금연, 안전벨트 지시등이 켜지면서 안내방송이 나온다.

⑦ **기타 비상장비:** 방화복, 석면장갑, 손도끼, 연기 배출 셔터, 손전등, 연기 차단막, 구급약품, 비상 호흡장비가 탑재되어 있다.

---

**5** 　지상장비

## (1) 시동 지원 장비

① **지상 발전기(GPU):** 교류와 직류를 항공기에 공급하는 장비로서, 전동기 구동 발전기와 엔진 구동 발전기가 있다. MD-3 엔진 구동식 발전기는 교류 발전기와 직류 발전기를 모두 가지고 있어 120/208V의 전압과 주파수 400Hz인 3상 교류와 28V 직류를 발전한다.

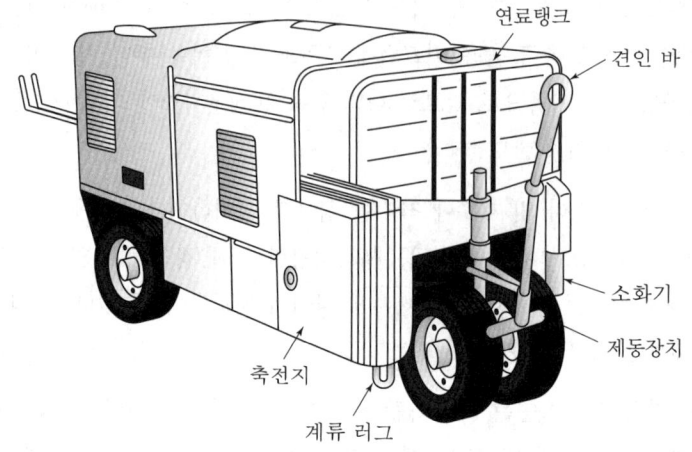

연료탱크
견인 바
소화기
제동장치
축전지
계류 러그

## ② 지상공기 압축기(GTC)

가) 가스터빈 압축기: 가스터빈 압축기는
내부에 압축기와 터빈을 갖추고 있어
다량의 저압 공기를 배출시킬 수 있다.
항공기 가스터빈엔진의 시동계통에
압축공기를 공급한다.

나) 가스터빈 발전기 압축기: 다량의 저압공기를 항공기에 공급할 뿐만 아니라, 가스터빈에
의해 교류 발전기도 회전하므로 120/208V, 400Hz인 3상 교류를 항공기에 공급한다.

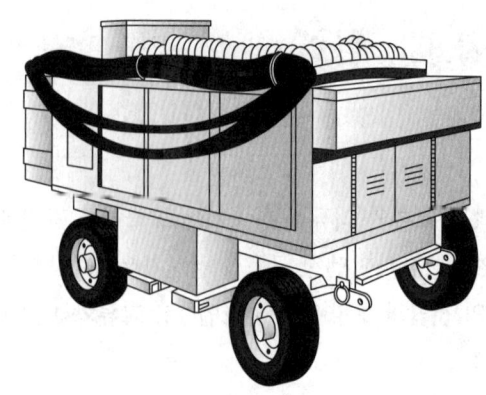

## (2) 지상 보조 지원 장비

① **유압 시험대:** 항공기 엔진을 시동하지 않고 유압계통을 작동, 점검하거나 유압 부품의 기능을 점검하기 위하여 항공기의 유압계통에 작동 유압을 공급해주고 작동유를 배출시킬 뿐만 아니라 작동유를 여과시킨다. 구성품을 보면 구동엔진, 유압 펌프, 공기 배출 기구, 조명 패널 및 유압 기구 등으로 구성되어 있다.

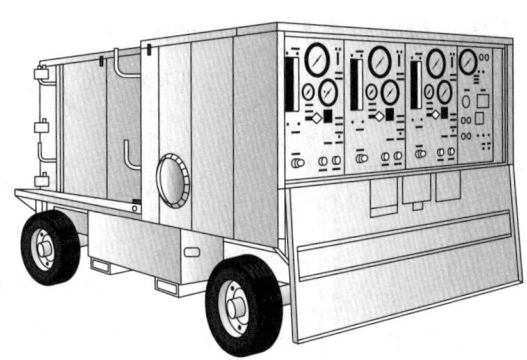

② **조명장비:** 자체 동력을 이용하여 항공기를 야간에 작업할 때 사용하는 장비이다. NF-1 엔진 구동식 조명장비의 시동기 발전기는 직류와 교류 발전기를 복합시켰고 120V, 60Hz의 단상 교류와 직류를 발전한다. 따라서 다른 장비에 교류 전원을 제공하며, 조명 전원을 확보하고, 축전에도 직류 전원을 공급할 수 있다.

③ **가열장비(heater):** 기온이 낮은 조건에서 사용하는 장비로서 특정한 부품의 예열이나 건조 및 정비작업 시에 방한용으로 활용된다.

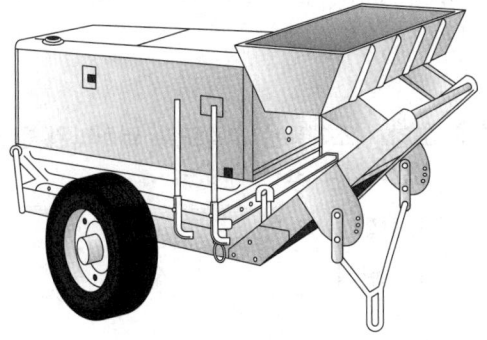

**01** 산소계통에서 산소가 흐르는 방식의 종류가 아닌 것은?

① 희석 유량형　　② 압력형

③ 연속 유량형　　④ 요구 유량형

**해설**

산소의 조절

• 압력형: 산소 분압을 유지하는 데 필요한 압력을 산소마스크에 가하여 산소를 폐 내부에 가압 공급하는 방식이다.

• 연속 유량형: 연속적으로 산소가 공급되는 방식이다.

• 요구 유량형: 호흡 시 흡입할 때만 산소가 흘러 공급되는 형식이다.

**02** 고압 산소계통에서 정상 압력은 얼마인가?

① 2,000psi　　② 1,500psi

③ 1,850psi　　④ 2,500psi

**해설**

고압 산소 용기의 표면은 녹색으로 칠해져 있고, 표면에 "Aviators Breathing Oxygen"으로 표시되어 있다. 충전압력은 최대 압력 2,000psi(평균 1,800~1,850psi)이다. 재질은 합금강 실린더, 금속 실린더, 알루미늄 실린더 등이 있다.

**03** 고압 산소계통은 고강도로 열처리된 합금강 실린더이다. 표면 색채는?

① 흰색　　② 녹색

③ 노란색　　④ 적색

**해설**

2번 문제 해설 참고

**04** 저압 산소계통의 충전 정상 압력은 몇 hpa인가?

① 약 37,000hpa

② 약 33,000hpa

③ 약 27,000hpa

④ 약 23,000hpa

**해설**

저압 산소 용기의 표면은 노란색으로 칠해져 있고, 충전압력은 보통 400psi(27,578hPa)이다. 용기는 스테인리스강 밴드를 연결한 형태이거나, 저합금강으로 되어 있다.

**05** 산소 보충 시 산소의 온도 상승을 방지하기 위해 무엇을 장치하는가?

① 온도 보정기　　② 릴리프 밸브

③ 감압 밸브　　④ 체크 밸브

**해설**

• 압력 릴리프 밸브: 산소 용기 내의 압력이 비정상적으로 높게 되는 위험을 방지해 준다.

• 녹색 원판 디스크: 충전 압력이 150%에 도달 시 항공기 외부로 방출하여 점검 시 항공기 밖에서 산소 방출 확인이 가능하다.

• 온도 보정기: 산소 공급 시 산소 온도 상승을 방지해 준다.

**✈ 정답** 01. ①　02. ③　03. ②　04. ③　05. ①

**06** 산소계통 작업 시 주의사항으로 틀린 것은?

① 수동 조작 밸브는 천천히 열 것
② 베어링 작업한 장갑을 착용해도 무방할 것
③ 개구 분리된 선은 반드시 캡으로 막을 것
④ 순수 산소는 먼지나 그리스 등에 닿으면 화재 발생 위험이 있으므로 주의할 것

**해설**

산소계통 작업 시 주의사항
• 오일이나 그리스를 산소와 접촉하지 않아야 한다.
• 유기 물질을 멀리해야 한다.
• 손이나 공구에 묻은 오일이나 그리스를 깨끗이 닦아야 한다.
• shut off valve는 서서히 열어야 한다.
• 산소계통 근처에서 어떤 것을 작동시키기 전에 shut off valve를 닫아야 한다.
• 불꽃, 고운 물질(면장갑 등)을 멀리해야 한다.
• 모든 산소계통 부품을 교환시키는 관을 깨끗이 해야 한다.

**07** 다음 중 항공기에 갖추어야 할 비상 장비가 아닌 것은?

① 손도끼
② 휴대용 버너
③ 메가폰
④ 구급 의료용품

**해설**

비상시 비치해야 하는 리스트: 탈출용 미끄럼대(escape slide), 탈출용 로프(escape rope), 구명조끼(life vest), 구급함(first aid kit), 휴대용 소화기(portable fire extinguisher), 휴대용 산소(portable oxygen), 휴대용 확성기(portable megaphone), 방연 안경(smoke goggle), 방수 손전등(flash light), 비상 신호등(signal kit), 비상 도끼(crash ax), 구명보트(life raft), 비상식량(emergency food), 비상 송신기(emergency transmitter) 등이 있다.

**08** 화재진압장치는 소화 용기의 상태를 계기에 지시하도록 되어 있다. 황색 디스크가 깨져 있다면 어떤 상태인가?

① 소화 용기 내의 압력이 부족하다.
② 화재 진압을 위해 분사되었다.
③ 소화 용기 내의 압력이 너무 높다.
④ 소화기의 교체 시기가 지났다.

**해설**

• 적색 디스크 파괴 시: 소화기의 안전 플러그가 과열로 인해 작동되었음을 알 수 있고 소화기를 교환한다.
• 황색 디스크 파괴 시: 소화계통을 동작시켜 소화액을 사용했음을 알 수 있고, 소화기를 교환한다.

**09** 항공기에 비치해야 할 소화기의 수에서 승객의 정원이 25명인 경우 소화기의 수는?

① 0          ② 1
③ 2          ④ 3

**해설**

항공기에 비치해야 할 소화기의 수

| 승객 정원 수 | 소화기의 수 |
| --- | --- |
| 6인 이하 | 0 |
| 7~30인 | 1 |
| 31~40인 | 2 |
| 61인 이상 | 3 |

**10** 화재 탐지 방법에 해당하지 않는 것은?

① 온도 상승률 탐지기
② 연기 탐지기
③ 일산화탄소 탐지기
④ 이산화탄소 탐지기

**해설**

화재 탐지기는 열 스위치식 탐지기, 연속 저항 루프 탐지기, 열전대 탐지기, 연기 탐지기(광전기 연기 탐지기, 이온식 탐지기, 시각 연기 탐지기, 일산화탄소 탐지기), 화

염 탐지기, 압력식 탐지기가 있고, 승무원 및 승객에 의해 탐지되기도 한다.

**11** 화재방지계통(fire protection system)에서 소화제 방출 스위치가 작동하기 위한 조건으로 옳은 것은?

① 화재 벨이 울린 후 작동한다.

② 언제라도 누르면 즉시 작동한다.

③ Fire Shut off Switch를 당긴 후 작동한다.

④ 기체 외벽의 적색 디스크가 떨어져 나간 후 작동한다.

항공기가 비행 중 엔진 화재가 발생하면 조종석에 경고등과 경고음이 켜진다. 이때 조종사는 화재의 진위 여부를 판단하여 확인되면 파이어 핸들(fire handle)을 조작하여 소화액을 분사시킨다. 우선으로 붉은색 핸들을 잡아당겨 화재 확산을 방지하기 위해 엔진으로 유입되는 연료와 유압유를 차단한 뒤 오른쪽이나 왼쪽으로 핸들을 돌려 격발장치를 작동시켜 Fire Bottle의 소화액을 분사시킨다. 만일, 오른쪽으로 핸들을 돌려 소화액을 다 분출했음에도 진화되지 않는다면, 왼쪽으로 핸들을 돌려 왼쪽 Fire Bottle의 소화액을 뿌려 진화를 완료한다.

**12** 스모크 감지기에 대한 설명 내용으로 가장 올바른 것은?

① 스모크 감지기에 의해 연기가 감지되면 자동으로 소화장치가 작동되어 화재를 진압한다.

② 현대 항공기에는 연기 입자에 의한 빛의 굴절을 이용한 Photo Electric 방식의 감지기가 주로 사용된다.

③ 스모크 감지기는 주로 엔진, APU 등에 화재 감시를 위해 장착된다.

④ 스모크 감지기는 공기를 감지기 내로 끌어들이기 위한 별도의 장치가 필요치 않다.

연기감지장치(smoke detection system)는 광전기 연기 탐지기, 이온식 탐지기, 시각 연기 탐지기, 일산화탄소 탐지기 등이 있다. 그중 광전기 연기 탐지기는 빛을 받으면 전압이 발생한다. 이것을 이용하여 화재가 발생할 경우에 나타나는 연기로 인한 반사광으로 화재를 탐지한다.

**13** 화재 경고장치의 기능과 성능에 해당하지 않는 것은?

① 무게가 무겁고, 장착이 복잡해야 한다.

② 화재가 꺼진 후에는 정확하게 지시를 멈춰야 한다.

③ 화재가 계속 진행하고 있을 때는 연속적으로 표시되어야 한다.

④ 항공기 전원에서 직접 전력을 공급받으며, 전력 소비가 적어야 한다.

화재 경고장치가 갖추어야 할 사항

• 화재가 발생하였을 때는 그 장소를 신속하고 정확하게 표시할 것

• 화재가 계속 진행되고 있을 때는 연속적으로 표시할 것

• 화재가 꺼진 후에는 정확하게 지시를 멈출 것

• 조종실에서 화재 탐지와 화재 경고장치의 기능을 시험할 수 있을 것

• 윤활유, 물, 열, 진동, 관성력 및 그 밖의 하중에 대하여 충분한 내구성을 가질 것

• 무게가 가볍고, 장착이 용이하며, 정비나 취급이 간단할 것

• 항공기의 전원에서 직접 전력을 공급받으며, 전력 소비가 적을 것

✈ 정답　11. ③　12. ②　13. ①

**14** 스테인리스강이나 인코넬 튜브로 만들어져 있으며, 인코넬 튜브 안은 절연체 세라믹으로 채워져 있고, 전기적 신호를 전송하기 위하여 2개의 니켈 전선이 들어 있는 항공기 화재 탐지기는?

① 열전쌍식　　② 광전지식
③ 열 스위치식　　④ 저항 루프식

**해설**

저항 루프형 화재 경고장치는 전기 저항이 온도에 의해 변화하는 세라믹이나, 일정 온도에 도달하면 급격하게 전기 저항이 떨어지는 융점이 낮은 소금을 이용하여 온도 상승을 전기적으로 탐지하는 탐지기를 저항 루프형 화재 탐지기라고 한다.

**15** 다음 중 화재 탐지기로 사용하는 것이 아닌 것은?

① 온도상승률 탐지기
② 스모그 탐지기
③ 이산화탄소 탐지기
④ 과열 탐지기

**해설**

화재 경고장치의 종류

• 열전상씩 화재 경고장치는 온도의 급격한 상승에 의하여 화재를 탐지하는 장치이다.
• 열 스위치식 화재 경고장치는 열 팽창률이 낮은 니켈-철합금인 금속 스트럿이 서로 휘어져 있어 평상시에는 접촉점이 떨어져 있다. 그러나 열을 받게 되면 스테인리스강으로 된 케이스가 늘어나게 되므로, 금속 스트럿이 퍼지면서 접촉점이 연결되어 회로를 형성시킨다.
• 저항 루프형 화재 경고장치는 전기 저항이 온도에 의해 변화하는 세라믹이나, 일정 온도에 달하면 급격하게 전기 저항이 떨어지는 융점이 낮은 소금을 이용하여 온도 상승을 전기적으로 탐지하는 탐지기를 저항 루프형 화재 탐지기라고 한다.
• 광전지식 화재 경고장치는 광전지가 빛을 받으면 전압이 발생하는 원리를 이용하여 화재가 발생할 경우에 나타나는 연기로 인한 반사광으로 화재를 탐지한다.

**16** 항공기의 조난 위치를 알리고자 구난 전파를 발신하는 비상 송신기는 지정된 주파수로 몇 시간 동안 구조신호를 계속 보낼 수 있도록 되어 있는가?

① 48시간　　② 24시간
③ 15시간　　④ 8시간

**해설**

비상송신기: 조난기 구난 전파를 발사하는 장치로 121.5MHz와 243MHz 주파수로 48시간 구조신호를 보낼 수 있도록 되어 있다.

**17** 물 위에서 구명보트의 역할을 하는 것은?

① 탈출용 미끄럼대
② 구명조끼
③ 구명보트
④ 비상 송신기

**해설**

긴급 탈출 장치는 항공기가 운행 중 비상 상태가 발생하였을 때 정해진 시간인 90초 내에 신속히 탈출할 수 있도록 하여 탈출용 미끄럼대와 로프가 있어야 한다. 탈출용 미끄럼대는 자동 개방식 문과 연결되어 자동으로 밖으로 나와 압축 프레온가스에 의해 팽창된다. 또한 탈출용 미끄럼대는 구명보트의 역할도 한다.

**18** 1인용 구명보트가 작동할 때 구명보트에 채워지는 가스는?

① 산소　　② 암모니아
③ 질소　　④ 이산화탄소

**해설**

구명보트는 항공기가 바다 및 호수에 착수할 경우를 대비하여 1인용 구명보트와 5~6인승 및 25인승 구명보트가 있으며, 비행기 동체의 적당한 곳에 장착되어 있다. 1인용 구명보트는 고무로 만들어져 있고, 낙하산의 멜빵 속에 넣어져 지퍼로 닫혀 있다. 구명보트에 채워지는 가스는 이산화탄소이다.

**✈정답** 14. ④　15. ③　16. ①　17. ①　18 ④

**19** 항공기에서 APU가 주로 장착되는 부분은?

① 날개 내부　　② 동체 후방부

③ 동체 전방부　　④ 조종실 하부

해설

APU는 비행에 직접 필요로 하는 추진력을 얻는 엔진 외에 각 시스템과 장비의 동력원이 되는 전력, 공압 또는 유압을 공급하기 위해 장비한 동력장치를 보조동력장치(APU)라 하며, 동체 후방부에 장착된다.

**20** 다음 중 화재 진압 시 사용되는 소화제가 아닌 것은?

① 물　　② 이산화탄소

③ 할론　　④ 암모니아

해설

- 물($H_2O$): A급 화재용으로만 사용되고, B급과 C급 화재용으로는 사용을 금지한다.
- 이산화탄소($CO_2$): B급과 C급 화재에 사용되는 이산화탄소 소화기는 가스와 액화된 것이 함께 사용된다.
- 프레온가스($CBrF_3$): 할론 소화제의 일종으로 B급과 C급 화재에 소화 능력이 좋다.
- 분말 소화제(dry chemical): B급, C급, D급 화재에 유효하다.
- 사염화탄소($CCl_4$): 상온에서 액체로 소화 능력은 좋으나 독성이 있어 현재 사용이 금지되고 있다.
- 질소($N$): 이산화탄소와 비슷한 질소는 소화 능력이 매우 뛰어나며 독성이 적다. 군용기에서만 사용하고 있다.

# CHAPTER

# 06 유틸리티 계통

## 1 객실 여압계통

### (1) 여압공기의 공급

여압공기는 객실 여압과 공기조화를 위하여 왕복엔진의 항공기에서는 엔진의 구동력을 이용한 과급기 또는 배기가스 구동 터빈 힘을 이용한 터보 과급기로부터 얻는다. 그리고 가스터빈엔진의 항공기에서는 엔진 압축기에서 가압된 블리드 공기를 공급받거나 여압공기의 문제를 해결하기 위하여 엔진 블리드 공기나 액세서리 구동 기어에 의해서 구동되는 독립된 별도의 압축기로부터 공급받기도 한다.

#### ① 왕복엔진 항공기의 여압공기 공급

가) 왕복엔진은 과급기 또는 터보 과급기로부터 객실여압에 필요한 공기를 공급받는다.

나) 과급기는 왕복엔진에 의해 구동되는 일종의 공기 펌프로서, 흡입과정 중의 공기를 가압하여 그중에서 일부를 직접 여압계통으로 보낸다.

다) 터보 과급기는 과급기와 작동 절차는 같으나 배기가스를 이용하여 구동한다는 점이 다르다. 이런 방법들은 객실 공기가 연료, 연기 또는 윤활유에 의하여 오염될 염려가 있고, 엔진의 출력을 감소시키는 불리한 점이 있다.

#### ② 가스터빈엔진을 장착한 항공기의 여압공기 공급

가) 객실 여압을 위하여 엔진 압축기에서 가압된 블리드 공기를 사용한다. 이렇게 하면 엔진은 약간의 출력 감소를 가져온다.

나) 어떤 항공기에서는 공기의 오염 문제 때문에 별도의 압축기를 사용한다. 이때 압축기는 액세서리 케이스의 구동 기어에 의하여 구동되거나, 엔진 압축기로부터 나오는 블리드 공기에 의하여 구동되며, 압축기의 형식으로는 루츠식 압축기, 원심력식 압축기가 있다.

| 압축기 형식 | 주요 내용 |
|---|---|
| 루츠식 압축기 | 2개의 평행한 축에 붙어 있는 2개의 로브형 회전자가 같은 속도로 회전하면서 공기가 로브 사이로 들어가서 압축되어 공기 덕트로 공급된다. |
| 원심력식 압축기 | 임펠러가 회전하면서 흡입되는 공기를 가속시켜 운동 에너지를 증가시키고, 디퓨저를 통과하면서 공기의 운동 에너지가 압력 에너지로 바뀐다. |

다) 엔진 블리드 공기를 이용한 여압장치를 나타낸 것이다. 엔진 블리드 공기를 이용하여 터빈을 구동시키면, 같은 축에 연결되어 터보 압축기가 회전하면서 외부의 램 공기를 압축시켜, 이 압축된 램 공기와 엔진 블리드 공기가 섞여서 객실로 보내어진다.

라) 엔진 블리드 공기가 제트 펌프의 수축 노즐을 통하여 흐르면 속도가 매우 빨라지면서 압력은 감소하게 된다. 이 감소된 압력의 힘이 외부의 램 공기를 빨아들여 블리드 공기와 함께 섞여 필요 부분으로 보내어진다. 현대 항공기에는 엔진 블리드 공기에 의한 출력 감소를 줄이기 위하여 여과한 객실의 공기를 신선한 공기와 혼합하여 객실에 다시 공급하기도 한다.

## (2) 객실 압력 조절장치

### ① 아웃 플로 밸브(out flow valve)

가) 아웃 플로 밸브는 일종의 방출 밸브로써 객실 압력을 조절하는 것이 그 첫째 기능이다. 이 밸브는 고도와 관계없이 계속 공급되는 압축된 공기를 동체의 옆이나 꼬리 부분 또는 날개의 필릿을 통하여 공기를 외부로 배출시킴으로써 객실의 압력을 원하는 압력으로 유지되도록 하는 밸브이다.

나) 아웃 플로 밸브의 개폐 조절은 직접 공기압에 의해 작동되거나 공기압에 의해 제어되는 전동기의 구동에 의해서 작동된다. 또 아웃 플로 밸브는 착륙할 때 착륙장치의 마이크로 스위치에 의하여 지상에서는 완전히 열리도록 함으로써 출입문을 열 때 기압 차에 의한 사고가 발생하지 않도록 한다.

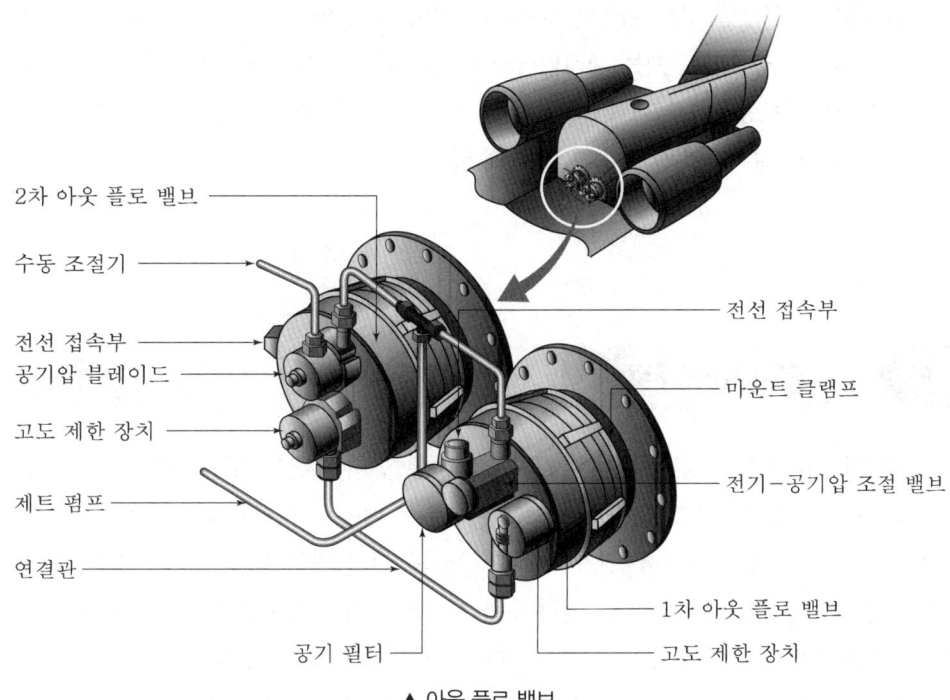

2차 아웃 플로 밸브

수동 조절기

전선 접속부
공기압 블레이드

고도 제한 장치

제트 펌프

연결관

전선 접속부

마운트 클램프

전기-공기압 조절 밸브

1차 아웃 플로 밸브

고도 제한 장치

공기 필터

▲ 아웃 플로 밸브

## ② 객실 압력 조절기(cabin pressure regulator)

가) 규정된 객실고도의 기압이 되도록 아웃 플로 밸브의 위치를 지정하고 자동으로 등기압 범위에 있어서의 설정값을 조절해 주며, 차압 영역에서는 미리 설정한 차압이 유지되도록 한다.

나) 등기압 범위에서는 고도와 관계없이 일정한 객실 압력을 위하여 차압의 조절은 동체 구조 설계의 최대 차압을 넘지 않도록 한다. 또 객실고도를 변경하려고 할 때는 설정 노브로 기준을 다시 선택할 수 있게 되어 있다.

## ③ 객실 압력 안전 밸브(cabin pressure safety valve)

가) 객실 압력 안전 밸브에는 차압이 규정 값보다 클 때 작동되는 객실 압력 릴리프 밸브(cabin pressure relief valve)와 대기압이 객실 압력보다 높을 때 작동되는 부압 릴리프 밸브(negative pressure relief valve), 제어 스위치에 의해 작동되는 덤프 밸브(dump valve)가 있다.

나) 여압된 항공기는 일종의 커다란 압력 용기와 같은 것으로서, 과도한 차압에 대해서 기체의 팽창에 의한 파손을 방지하기 위한 장치가 필요한데, 이것을 객실 압력 릴리프 밸브라 한다. 이 밸브는 아웃 플로 밸브와 함께 구성하는 경우와 따로 분리시켜 장치하는 경우가 있다.

다) 부압 릴리프 밸브는 진공 밸브라고도 하며, 기체 밖의 외기압, 즉 대기압이 객실 안의 기압보다 높은 경우에는 대기의 공기가 객실로 자유롭게 들어오게 되어 있는 밸브이다. 이 밸브는 항공기가 객실고도보다 더 낮은 고도로 하강할 때나, 지상에서 객실 압력과 대기압을 일치시켜 줄 필요가 있을 때 열린다.

## 2 공기조화 계통

항공기에서의 공기조화 계통은 뜨거운 공기나 차가운 공기의 온도 및 습도를 모두 조절한다. 또 객실 내의 공기를 순환시키고, 순환시킨 공기는 외부로 배출시킨다. 이것은 공기의 적절한 흐름을 유도함으로써 객실 내의 냄새를 제거하고, 조종실과 객실 내부로 유입되는 압축공기의 온도를 인체에 가장 알맞은 상태로 조절한다. 공기조화 계통은 쾌적한 기내 환경을 제공해 주기 위해 객실 내부의 공기를 쾌적한 온도인 21~27°로 유지한다. 보조계통으로는 습도 조절과 윈도의 안개 제거 등이 있다. 객실 내의 공기 온도를 측정하고, 설정 온도와 비교하여 만약 온도가 일치되지 않으면, 가열기나 냉각기를 작동시켜 객실 내부를 일정한 온도가 되도록 공기를 혼합한다.

### (1) 공기조화 계통의 기능

① 난방용 공기를 공급한다.

② 냉방용 공기를 공급한다.

③ 객실의 공기를 환기하고 순환시킨다.

④ 온도 조절 기능을 한다.

### (2) 난방계통

난방계통은 뜨거운 공기를 이용하여 객실 내를 따뜻하게 조절하고, 화물실을 적정한 온도로 유지하며, 조종실의 윈도에 안개를 없애 준다. 또 조종사의 발과 어깨에 따뜻한 공기를 불어주고, 도어 입구에도 따뜻한 바람을 불어준다. 난방용 공기의 공급장치에는 배기가스 가열장치, 전기가열장치, 연소 가열기가 있다.

#### ① 배기가스 가열장치

가) 배기가스 가열기는 대부분 경비행기에 사용되는 난방계통 중 간단형 형식이다.

나) 엔진배기계통의 소음기를 둘러싸고 있는 금속 슈라우드 안으로 찬 공기가 들어와서

소음기에 머물며 배기되는 약간의 열을 흡수하여 공기를 따뜻하게 한다.

다) 버려지는 열이 없으므로 에너지가 효율적으로 이용되어 매우 경제적이다.

## ② 연소 가열장치

가) 경·중형 항공기에는 연소 가열기로 공기를 가열한다.

나) 일반적으로 사용되는 연소 가열기는 두 겹의 스테인리스 스틸 실린더로 제작한다.

다) 항공기 외부에서 들어온 연소실 공기는 안쪽 실린더로 들어오고, 연료탱크로부터 공급되는 연료와 공기가 혼합되어 연속적으로 불꽃을 튀기는 점화플러그에 의해 연소되어 연소실을 가열한다. 그러면 연소된 가스는 연소실을 둘러싸고 있는 외부 실린더 사이로 지나가는 배기공기를 가열하여 고온의 공기를 얻는다. 이와 같은 가열기에는 자동 가열 조절에 의해 위험한 상태가 존재하고 있을 때는 가열기가 작동하지 않도록 하는 안전장치가 있다.

## ③ 전기 가열장치

가) 전기 가열기는 보조 열 공급원으로서 전기 저항에 의해 열이 발생되는 장치로써 항공기가 지상에 있을 때나 엔진을 작동하지 않을 때 주로 사용된다.

나) 전기 가열기를 작동시키면 팬이 강제로 공기를 불어 내고, 이 공기는 가열기의 코일을 지나면서 뜨거워지고 객실 내의 공기가 난방되어 순환된다.


## (3) 냉방계통

현대 항공기는 대형화되어 감으로 냉방계통의 용량이 커야 한다. 여기서는 일반적인 두 가지 형식, 즉 공기 순환식 공기조화 계통과 증기 순환식 공기조화 계통에 대해서 설명한다.

## ① 공기 순환식 공기조화 계통(ACM: Air Cycle Machine)

가) 대형 터빈엔진을 장착한 항공기는 객실 및 조종실로 유입되는 공기의 온도 조절을 위해서 공기 순환장치를 이용하고 있다.

나) 이 장치는 약 80년 전에 이미 실용화되었지만, 용적이 크고 효율도 좋지 않았기 때문에 증기 순환 장치의 발달로 밀려나 그 모습을 감추게 되었다. 그러나 최근에 소형으로 성능이 좋은 터보 압축기나 팽창 터빈이 개발되어, 용도에 따라서는 증기 순환 장치보다도 냉각 능력으로 비교해 볼 때 오히려 중량이나 용적을 경감할 수 있게 되었다.

다) 공기를 매체로 하므로 안정성이 높고, 구조가 간단하며, 고장이 적고, 경제적이어서 항공기에 널리 사용하고 있다. 공기 순환식 조화계통에서의 구성 부품들은 1차, 2차 열교환기, 터빈 바이패스 밸브, 차단 밸브, 수분 분리기, 그리고 찬 외부 공기인 램 공기 흡입 및 배기 도어 등으로 구성되어 있다.

| 냉각장치 구성 | 주요 내용 |
|---|---|
| 1, 2차 열교환기 | • 1차 열교환기의 기능은 램 공기가 뜨거운 블리드 공기가 지나가는 튜브 같이 생긴 난방기를 거치면서 열이 교환된다.<br>• 지상에서는 열교환기를 통해 지나가는 외부 공기의 흐름이 충분하지 않기 때문에 팬이 열교환기를 식혀 주기 위한 공기를 불어 넣는다.<br>• 객실을 따뜻하게 해야 할 경우, 엔진으로부터 얻어지는 뜨거운 블리드 공기의 일부는 공기 조화 팩 주위를 거치지 않고, 1차 열교환기 바이패스 밸브를 거쳐 직접 뜨거운 공기를 공급한다. 2차 열교환기는 1차 열교환기와 공기 순환 압축기를 거친 뜨거운 엔진 블리드 공기를 다시 한번 냉각시켜 주며, 이것의 기능은 1차 열교환기와 비슷하다. |
| 터빈 바이패스 밸브 | • 터빈 바이패스 밸브는 공기 순환 장치의 출구가 막혀 얼어 버리는 것을 방지한다.<br>• 아주 찬 공기가 공기 순환 장치에 들어와도 공기 순환 장치의 주위에 따뜻한 블리드 공기를 불어 넣어 약 2°를 유지한다. |
| 차단 밸브 | • 공기조화 차단 밸브는 계통에 공기의 흐름을 차단하거나 공기조화 계통을 작동하는 데 필요한 공기 흐름을 조절하며, 팩 밸브라고도 한다. |
| 수분 분리기 | • 공기의 급속한 냉각은 안개 형태의 습기가 응축되는 원인이 된다. 이 안개 형태의 공기는 수분 분리기를 통과할 때 수분의 아주 작은 물방울은 유리 섬유 안으로 스며들어 큰 물방울 형태로 된다. 물방울은 아래쪽 배수 컨테이너의 가장자리로 떨어져 배출 밸브를 통해 외부로 배출된다. 이 수분은 따뜻한 공기가 분리기 안에서 혼합됨으로써 결빙을 방지한다.<br>• 수분 분리기의 출구 쪽에 있는 온도 감지기는 공기 순환 장치 주위의 바이패스 라인에 있는 온도 조절 밸브를 제어한다. 만약 수분 분리기 출구 쪽의 공기 온도가 3° 이하가 되면, 조절 밸브는 수분이 결빙되는 것을 방지하기 위해 수분 분리기에서 따뜻한 공기와 혼합되도록 열어 준다. |
| 램 공기 흡입 및 배기 도어 | • 램 공기 흡입 도어와 배기 도어는 열교환기 주위를 지나는 램 공기의 양을 조절하기 위해 순차적으로 작동한다.<br>• 도어를 통과하는 공기의 양에 따라 열교환기에 의해 추출된 열의 양도 조절된다. 이들 도어는 액추에이터에 의해 작동되며, 항공기가 지상에 있으면 완전히 열린다. |

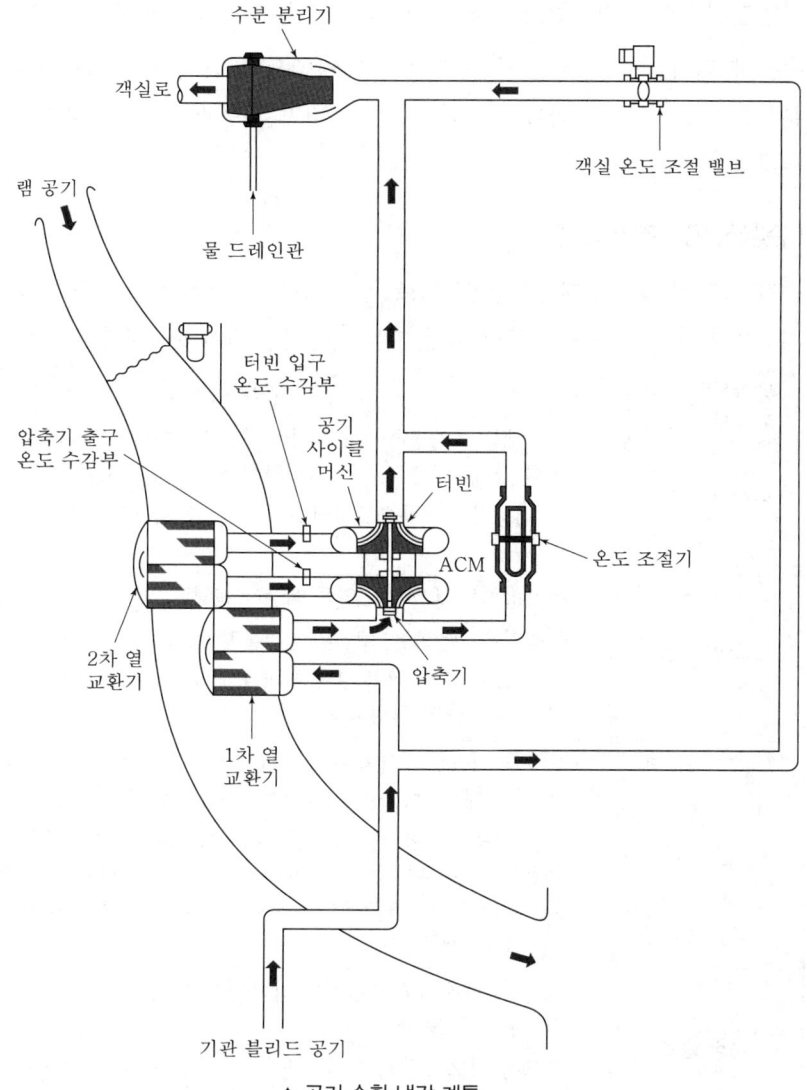

수분 분리기

객실로

램 공기

객실 온도 조절 밸브

물 드레인관

터빈 입구
온도 수감부

압축기 출구
온도 수감부

공기
사이클
머신

터빈

ACM

온도 조절기

2차 열
교환기

압축기

1차 열
교환기

기관 블리드 공기

▲ 공기 순환 냉각 계통

② **공기 순환식 장치의 작동**(VCM: Vapor Cycle Machine)

가) 엔진 압축기로부터 얻은 압축공기는 팩 흐름 제어 및 차단 밸브를 통해 1차 교환기를 거쳐 냉각장치의 압축기에 공급된다. 이 공기는 냉각장치의 압축기 임펠러를 통과하면서 높은 압력과 온도를 가지게 된다. 높은 압력과 온도의 공기는 2차 열교환기를 거쳐 냉각장치의 터빈에서 팽창되어 냉각되고 터빈의 임펠러를 회전시키게 된다. 여기서 1차, 2차 열교환기는 압축공기를 항공기의 외부 공기 온도까지 냉각시킬 수 있다. 이처럼 온도가 내려간 공기는 냉방계통에 사용된다.

나) 냉방효과를 증가시키기 위하여 터빈 바이패스 밸브를 제어하여 더 많은 압축공기를 터빈으로 보내기 위하여 닫히게 된다. 열교환기를 냉각하는 공기는 램 공기 흡입구로 들어가 1차, 2차 열교환기를 통과한 다음 항공기 밖으로 방출된다.

다) 팬은 항공기가 지상에 있을 때 램 공기계통을 통하여 열교환기에 냉각공기를 제공한다.

라) 수분 분리기에서 분리된 물은 수분 흡입기에서 기화시켜 열교환기를 거치기 전에 분사함으로써 냉각효과를 높인다. 수분 분리기를 통과한 냉각공기는 배관망을 통해 실내에 분배된다.

### ③ 증기 순환식 공기조화 계통

가) 증기 순환식 냉각장치는 일반적으로 공기 순환식 계통보다 냉각 성능이 강력하고, 지상에서 엔진이 작동하고 있지 않을 때도 사용하는 것이 가능하다.

| 냉각장치 구성 | 주요 내용 |
|---|---|
| 리시버 건조기 | • 냉각제는 응축장치에서 리시버로 흘러들어와 여과된다. 그다음에는 어떠한 습기라도 제거하는 실리카겔과 같은 건조제를 통과한다.<br>• 이 건조기는 계통으로부터 모든 습기를 제거해 주는 매우 중요한 장치이다. |
| 응축장치 | • 응축장치는 냉각제의 열을 빼앗아 액체로 만든다.<br>• 압축기로부터 고온, 고압의 증기를 받는 라디에이터와 유사한 부품이다.<br>• 응축장치는 증발기와 구조나 외관이 유사하게 알루미늄 핀이 구리 튜브에 압착된 코일 형태이다. |
| 냉각제 | • 대부분 휘발성의 액체는 냉각제로 사용할 수 있다. 그러나 가장 효과적인 것은 매우 낮은 증기압과 낮은 비등점을 가지는 것이 필요하다.<br>• 항공기 공기조화 계통의 냉각제는 프레온이 일반적으로 사용된다. 그 이유는, 프레온이 높고 낮은 온도에서도 안정적이고, 공기조화 계통의 어떤 물질과도 반응하지 않으며, 호스와 실에 사용되는 고무에 영향을 주지 않기 때문이다. |
| 팽창 밸브 | • 팽창 밸브는 액체 냉각제의 압력을 낮추어, 냉각제의 온도를 더욱 낮게 해주는 역할을 한다.<br>• 열팽창 밸브의 구성을 나타낸 것으로, 감지기에서 증발기의 출구압력을 감지하여 압력이 높아지면 밸브를 열리게 한다. |
| 증발기 | • 증발기는 공기조화 계통에서 공기를 냉각하는 장치로서 구리 튜브이다.<br>• 증발기는 보통 공기를 객실로부터 불어 내는 송풍기 하우징에 장착되어 있다.<br>• 공기가 객실 내로 불면, 냉각제를 거치면서 열이 제거되므로 시원하게 된다. |
| 압축기 | • 공기조화 계통에서 인간의 뇌와 같은 기능을 하는 것을 팽창 밸브라고 한다면, 압축기는 냉각제가 계통을 거쳐 순환되도록 하는 심장에 비교할 수 있다. |

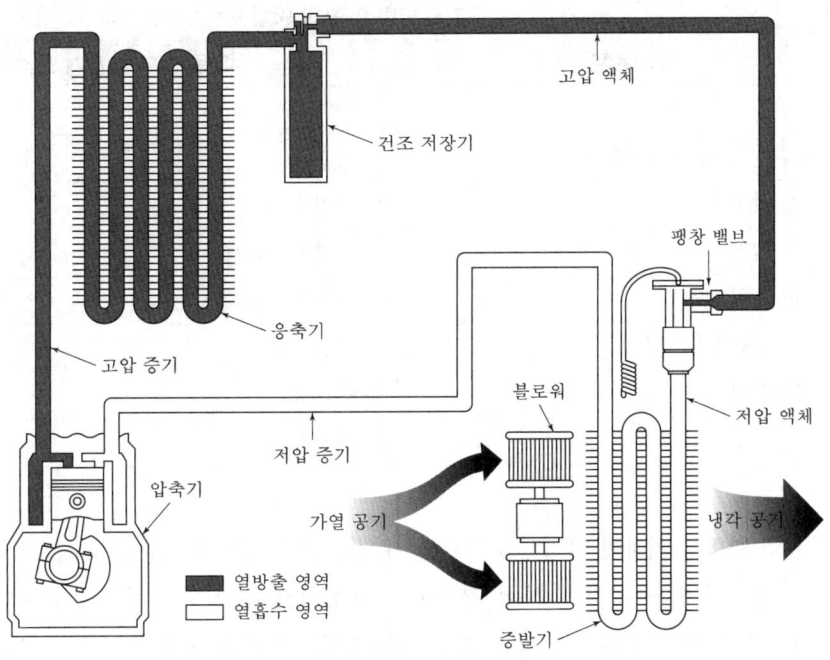

건조 저장기

고압 액체

팽창 밸브

응축기

고압 증기

블로워

저압 액체

저압 증기

압축기

가열 공기

냉각 공기

■ 열방출 영역
□ 열흡수 영역

증발기

▲ 증기 순환 냉각계통

④ **증기 순환식 장치의 작동:** 압축기에 의해 높은 압력으로 된 프레온은 응축 온도가 상승하여 다음 단계인 응축장치로 보내진다. 이 응축장치에서 기체 프레온은 열교환기를 통과하면서 열을 빼앗겨 프레온은 액체로 응축한다. 이 프레온은 응축장치에서 액체 냉각액의 저장 용기인 리시버로 가고, 팽창 밸브를 거쳐 증발기로 간다. 차갑게 된 액체 프레온은 증발기를 통과하는 따뜻한 객실 공기를 냉각하고, 다시 뜨거워져 증기로 변한다. 증발기를 통과한 이 프레온은 압축기로 흐르게 되어 다시 압축하는 순환이 반복된다.

<br>

## 3 제빙, 방빙 및 제우계통

### (1) 열적 방빙계통

열에 의한 방빙계통은 방빙이 필요한 부분에 덕트를 설치하고, 여기에 가열된 공기를 통과시켜 온도를 높여줌으로써 얼음이 어는 것을 막는 장치이다. 경우에 따라서는 가열공기 대신 전기적인 열을 이용하여 방빙하기도 한다. 방빙계통에 이용되는 가열공기를 얻는 방법으로는 가스터빈 압축기로부터 블리드 공기를 얻는 방식과 엔진 배기가스 열교환기를 통해 얻는 방법 및 연소 가열기에 의한 방법 등이 있다.

| 항공기의 방빙 및 제빙 방법 | |
|---|---|
| 결빙 위치 | 얼음 방지 및 제거 방법 |
| 날개 앞전 | 가열 공기 |
| 수직 안정판, 수평 안정판의 앞전 | 가열 공기 |
| 플로트형 기화기 | 가열 공기, 알코올 |
| 윈드실드 및 창문 | 전열기, 알코올 |
| 프로펠러 깃의 앞전 | 전열기, 알코올 |
| 히터, 엔진 공기 흡입구 | 전열기 |
| 실속 경고장치 | 전열기 |
| 피토관 | 전열기 |

날개 앞전의 방빙을 위하여 방빙해야 하는 날개의 앞전 부분이나 이중판을 설치하여 판 사이의 틈으로 뜨거운 공기가 통하게 하여 결빙이나 제빙시킬 부분이 가열되도록 한다. 항공기의 피토관이나 윈드실드 등은 전기적인 열을 이용한 방빙장치가 사용되고 있다. 피토관 하우징 내부에는 전기 가열기가 설치되어 있어서 피토관이 타는 것을 방지하기 위해 지상에선 작동하지 않는다.

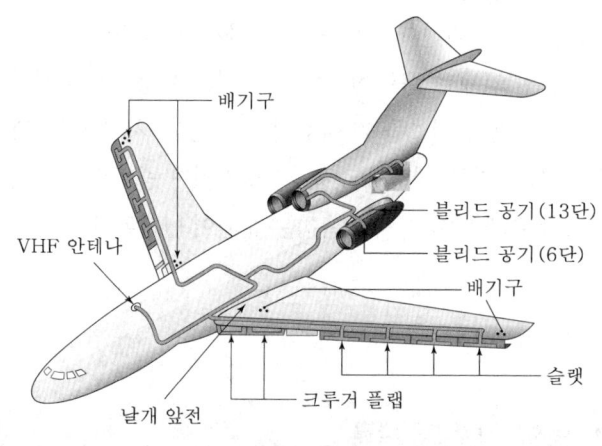

▲ 열에 의한 방빙계통(보잉 727기)

## (2) 화학적 방빙계통

결빙에 우려가 있는 부분에 이소프로필 알코올이나 에틸렌글리콜과 알코올은 섞은 용액을 분사, 어는점을 낮게 하여 결빙을 방지하는 것이다. 주로 프로펠러 깃이나 윈드실드 또는 기화기의 방빙에 사용하는데, 때로는 주 날개와 꼬리날개의 방빙에 사용할 때도 있다.

## (3) 제빙 부츠

팽창 및 수축할 수 있는 공기방이 유연성 있는 호스에 의해서 계통의 압력관과 진공관에 연결된다. 계통이 작동을 시작하면 가운데 공기 방이 팽창하면서 얼음을 깨트리고, 가운데 공기방이 수축하면 바깥쪽 공기방이 팽창하면서 깨진 얼음을 밀어내어 대기 중으로 날려 버린다. 이처럼 제빙 부츠의 팽창 순서를 조절하는 것은 분배 밸브이다.

## (4) 제우계통

낮은 고도 비행 시 비나 눈으로 인하여 윈도 전면 시야가 흐려지는 여러 가지 요인 중 빗물로 인한 요인을 제거하는 방법은 다음과 같다.

| 물방울 제거장치 종류 | 주요 내용 |
|---|---|
| 윈드실드 와이퍼<br>(windshield wiper) | • 와이퍼 블레이드가 적절한 압력으로 누르면서 물방울을 기계적으로 제거한다.<br>• 기계적인 움직임은 유압 및 전기에 의해 구동된다. 보통은 전기모터에 의해 구동되며 조종석과 부조종석의 시스템은 독립적으로 설치된다. |
| 공기 커튼 장치<br>(air curtain) | • 압축공기를 이용하여 공기 커튼을 만들어 물방울을 날려 버리거나 건조시켜 부착을 방지하는 방법이다.<br>• 제트 블라스트 제우계통은 엔진 압축공기 및 압축기 블리드 공기를 이용하여 빗방울이 윈드실드에 붙기 전에 날려버릴 만큼의 고온, 고압이다. |
| 방우제<br>(rain repellent) | • 우천 시 와이퍼를 사용해서 시야가 보이지 않는 경우 방우제를 사용하여 시야가 선명하게 보일 수 있도록 사용한다.<br>• 방우제는 강유량이 적거나 건조한 유리 표면에 사용하게 되면 방우제가 유리에 달라붙어 시야를 방해하기 때문에 사용이 금지되어 있다.<br>• 방우제가 유리에 달라붙으면 제거하기 어렵기 때문에 빨리 중성 세제로 닦아내야 한다. |
| 실 코팅<br>(seal coating) | • 소수성 코팅(hydro-phobic coating)이라 불리는 실 코팅을 일부 항공기에서 하고 있다.<br>• 실 코팅을 하면 빗방울이 달라붙지 않고 윈드실드 표면을 굴러 날아가 버린다.<br>• 실 코팅을 사용하므로 와이퍼 사용이 줄고, 많은 강우량에서도 좋은 시야를 확보할 수 있어 최근 항공기에는 실 코팅을 설치하고 있다. |
| ※ 윈도 와셔: 윈드실드에 세정액을 분사하여 오염물질을 제거한다. 세정액은 기체 구조에 영향을 주기 때문에 지정된 것을 사용해야 하고, 방수액을 사용할 수도 있다. | |

**01** 객실 압력 조절기의 작동은 무엇에 의해 조정 되는가?

① 압축공기압      ② 객실 공기압

③ 램 공기압      ④ 블리드 공기압

**해설**

객실 압력 조절장치에는 아웃 플로 밸브(out flow valve), 객실 압력 조절기(cabin pressure regulator), 객실 압력 안전 밸브(cabin pressure safety valve)가 있다. 이 중 객실 압력 조절기는 아웃 플로 밸브의 위치를 지정하고, 자동으로 등기압 범위에 있어서의 설정값을 조절해 주며, 설정한 차압이 유지되도록 한다. 기압은 항상 램 에어를 통해 들어오고 그에 따른 압력차에 대해 설정값 이상이 되면 외부로 방출할 수 있도록 한다.

**02** 객실 차압을 조절하기 위한 방법으로 가장 올바른 것은?

① 객실 내의 공기를 배출

② 밸브로 가는 압력을 조절

③ 공급원의 공기압을 조절

④ 객실 내의 공기를 공급

**해설**

객실 차압(cabin differential pressure)은 동체 외부의 공기압과 동체 내부의 공기압과의 차압을 말한다. 객실 압력 조절장치인 아웃 플로 밸브는 객실 압력을 조절하는 첫째 기능으로 고도와 관계없이 계속 공급되는 압축된 공기를 동체 옆, 꼬리 부분 또는 날개의 필릿을 통해 공기를 외부로 배출시켜 객실의 압력을 원하는 압력으로 유지한다.

**03** 객실여압 계통의 아웃 플로 밸브(outflow valve)의 가장 기본적인 기능은?

① 객실의 온도 조절

② 객실의 균형 조절

③ 객실의 습도 조절

④ 객실의 압력 조절

**해설**

아웃 플로 밸브(out flow valve)는 일종의 방출 밸브로써 객실 압력을 조절하는 것이 그 첫째 기능이다.

**04** Air-Cycle Air Conditioning System에서 팽창 터빈(expansion turbine)에 대한 설명으로 옳은 것은?

① 찬 공기와 뜨거운 공기가 섞이도록 한다.

② 1차 열교환기를 거친 공기를 냉각시킨다.

③ 공기 공급 라인이 파열되면 계통의 압력 손실을 막는다.

④ 공기조화계통에서 가장 마지막으로 냉각이 일어난다.

**해설**

ACM(Air Cycle Machine)에서 공기는 터빈을 통과하면서 팽창되고 온도가 낮아진다. 그러므로 터빈을 통과한 공기는 저온, 저압의 상태가 된다. 터빈을 지나 냉각된 공기는 수분을 포함하고 있고 수분 분리기를 지나면서 수분이 제거된 후 따뜻한 공기와 혼합되면서 객실 내부로 공급된다.

**✈ 정답**   01. ③   02. ①   03. ④   04. ④

**05** 항공기에서 객실 공기압력 진공 릴리프 밸브를 사용하는 때는?

① 객실 압력이 외부 압력보다 높을 때
② 객실 압력이 진공상태가 되었을 때
③ 객실 압력을 진공상태로 유지할 때
④ 외부 압력이 객실 압력보다 높을 때

**해설**

객실 압력 안전 밸브는 차압이 규정 값보다 클 때 작동되는 객실 압력 릴리프 밸브와 대기압이 객실 압력보다 높을 때 작동되는 부압 릴리프 밸브, 제어 스위치에 의해 작동되는 덤프 밸브가 있다. 여압된 항공기는 일종의 커다란 압력 용기와 같은 것으로서, 과도한 차압에 대해서 기체의 팽창에 의한 파손을 방지하기 위한 장치가 필요한데, 이것을 객실 압력 릴리프 밸브라 한다.

**06** 공기냉각장치에서 공기의 냉각을 가장 올바르게 설명한 것은?

① 프리쿨러에 의하여 냉각된다.
② 엔진 압축기에서의 브리드에어는 1,2차 열교환기와 쿨링 터빈을 지나면서 냉각된다.
③ 1,2차 열교환기에 의하여 냉각된다.
④ 프레온의 응축에 의하여 냉각된다.

**해설**

공기 순환식 냉각 방식(air cycle cooling): 엔진 압축기(engine compressor)에서 나온 가열, 가압된 블리드 공기는 객실 온도 조절 밸브(cabin temperature control valve)를 지나 객실로 가고, 나머지는 1차 열교환기(primary heat exchanger)를 지나면서 램 공기에 의해 냉각되고, 이렇게 냉각된 공기는 온도 조절기를 통해 객실로 가고, 나머지 공기는 압축기와 터빈으로 구성된 공기 사이클 머신(air cycle machine)으로 이동되어 압축기에서 공기가 압축되어 상승하지만, 2차 열교환기(secondary heat exchanger)에 의해 냉각되고, 냉각된 공기는 터빈(쿨링 터빈)을 회전시켜 압력과 온도는 더욱 낮아진다.

**07** 항공기 정비 냉각계통에 대한 설명 내용으로 가장 올바른 것은?

① 차가운 공기를 불어 넣어준다.
② 바깥공기를 사용한다.
③ 압축기로부터 압축공기가 공급된다.
④ 객실 내의 공기를 사용한다.

**해설**

항공기의 냉각계통으로는 공기 순환식(ACM: Air Cycle Machine) 공기조화계통과 증기 순환식(VCM: Vapor Cycle Machine) 공기조화계통이 있다. 이들은 압축기로부터 가압, 가열된 블리드 공기를 공급받는다.

**08** 증기 순환 냉각계통의 구성품 중 계통의 모든 습기를 제거해 주는 장치는?

① 증발기
② 응축기
③ 리시버 건조기
④ 압축기

**해설**

리시버 건조기: 냉각제는 응축장치에서 리시버로 흘러들어와 여과된 후 어떠한 습기라도 제거하는 실리카겔과 같은 건조제를 통과한다. 이 건조기는 계통으로부터 모든 습기를 제거해 주는 매우 중요한 장치이다.

**09** 공기 조화계통의 기능이 아닌 것은?

① 냉방용 공기를 공급한다.
② 난방용 공기를 공급한다.
③ 객실 공기를 순환시킨다.
④ 엔진 공기를 순환시킨다.

**해설**

공기조화계통의 기능
• 난방용 공기를 공급한다.
• 냉방용 공기를 공급한다.
• 객실의 공기를 환기시키고 순환시킨다.
• 온도 조절 기능을 한다.

**정답** 05. ④  06. ②  07. ③  08. ③  09. ④

**10** 난방용 공기의 공급장치가 아닌 것은?

① 배기가스 가열장치

② 후기연소 가열장치

③ 전기 가열장치

④ 연소 가열장치

**해설**

난방용 공기의 공급장치로는 배기가스 가열장치, 연소 가열장치, 전기 가열장치가 있다.

**11** 압축공기에 의한 제빙계통의 구성요소가 아닌 것은?

① 가압 진공 펌프

② 가압−진공 릴리프 밸브

③ 윈드실드

④ 사이클 타이머

**해설**

엔진 압축공기에 의한 제빙계통의 구성요소로는 분배 밸브, 타이머, 객실 압력 릴리프 밸브, 진공 릴리프 밸브, 진공 펌프, 오일 분리기 등이 있다.

**12** 다음 중 일반적으로 방빙 및 제빙계통이 설치되지 않는 곳은?

① 기화기

② 윈드실드

③ 뒷전 플랩

④ 날개 앞전

**해설**

방빙계통이 설치되는 곳은 날개 앞전(크루거 플랩, 슬랫), 수직 안정판 앞전, 수평 안정판 앞전, 윈드실드 및 창문, 히터, 엔진 공기 흡입구, 실속 경고장치, 피토관, 프로펠러 깃 앞전, 기화기(플로트형), VHF 안테나 등이 있다.

**13** 다음 중 항공기 결빙을 막거나 조절하는 데 사용되는 방법이 아닌 것은?

① 아세톤 분사

② 고온 공기 이용

③ 전기적 열에 의한 가열

④ 공기가 주입되는 부츠(boots)의 이용

**해설**

제빙, 방빙 및 제우계통에는 열적 방빙계통, 화학적 방빙계통, 제빙 부츠로 결빙을 방지 및 조절한다.

**14** 냉각장치의 구성으로 틀린 것은?

① 압축기         ② 수분 분리기

③ 팽창 밸브       ④ 리시버 건조기

**해설**

증기 순환식 공기 조화계통(냉각장치)은 리시버 건조기, 응축장치, 냉각제, 팽창 밸브, 증발기, 압축기 등으로 구성된다.

**15** 비행 중인 항공기에서 결빙을 고려하지 않아도 되는 곳은?

① 안테나         ② 날개의 뒷전

③ 피토관         ④ 공기 흡입구

**해설**

12번 문제 해설 참고

**16** 다음 제우장치 중 빗물로 인한 요인을 제거하는 방법에 해당하지 않는 것은?

① 윈드실드 와이퍼

② 제트 블라스트

③ 방우 제

④ 공기 커튼 장치

✈ **정답**   10. ②   11. ③   12. ③   13. ①   14. ②   15. ②   16. ②

**해설**

물방울 제거 장치의 종류에는 윈드실드 와이퍼(windshield wiper), 공기 커튼 장치(air curtain), 방우제(rain repellent), 실 코팅(seal coating) 등이 있다.

**17** 소수성 코팅이라 불리는 이것은 최근 항공기의 시야를 확보할 수 있다. 이것은 무엇인가?

① 윈드실드 와이퍼
② 방우제
③ 공기커튼 장치
④ 실 코팅

**해설**

실 코팅(seal coating): 소수성 코팅(hydro-phobic coating)이라 불리는 실 코팅을 일부 항공기에서 하고 있다. 실 코팅을 하면 빗방울이 달라붙지 않고 윈드실드 표면을 굴러 날아가 버린다. 실 코팅을 사용하므로 와이퍼 사용이 줄고, 많은 강우량에서도 좋은 시야를 확보할 수 있어 최근 항공기에는 실 코팅을 설치하고 있다.

**18** 다음 중 항공기의 열에 의한 방빙계통에 해당하지 않는 것은?

① 랜딩기어
② 날개 앞전
③ 크루거 플랩
④ 엔진 공기 흡입구

**해설**

방빙계통이 설치되는 곳은 날개 앞전(크루거 플랩, 슬랫), 수직 안정판 앞전, 수평 안정판 앞전, 윈드실드 및 창문, 히터, 엔진 공기 흡입구, 실속 경고장치, 피토관, 프로펠러 깃 앞전, 기화기(플로트형), VHF 안테나 등이 있다.

**19** 제우장치(rain protection) 시스템이 아닌 것은?

① windshield wiper system
② air curtain system
③ rain repellent system
④ windshield washer system

**해설**

제우장치 시스템
• 윈드실드 와이퍼(windshield wiper): 와이퍼 블레이드가 적절한 압력으로 누르면서 물방울을 기계적으로 제거한다.
• 공기 커튼 장치(air curtain): 압축공기를 이용하여 공기 커튼을 만들어 물방울을 날려 버리거나 건조시켜 부착을 방지하는 방법이다.
• 방우제(rain repellent): 우천 시 와이퍼를 사용해서 시야가 보이지 않는 경우 방우제를 사용하여 시야가 선명하게 보일 수 있도록 사용한다.
• 실 코팅(seal coating): 소수성 코팅(hydro-phobic coating)이라 불리며, 실 코팅을 하면 빗방울이 달라붙지 않고 윈드실드 표면을 굴러 날아가 버린다.

**20** 다음 중 화학적 방빙(anti-icing) 방법을 주로 사용하는 곳은?

① 프로펠러　② 화장실
③ 피토 튜브　④ 실속경고 탐지기

**해설**

화학적 방빙계통에는 결빙의 우려가 있는 부분에 이소프로필 알코올이나 에틸렌글리콜과 알코올을 섞은 용액을 분사하여, 어는점을 낮게 하여 결빙을 방지한다. 프로펠러에는 슬링거 링(slinger ring)이 설치되어 있어서 원심력에 의해 알코올을 분사한다.

## 1 전파의 성질

전자기파(electromagnetic wave)를 넓은 의미로 보면 무선전파, 적외선, 가시광선, 우주선을 총칭하고, 좁은 의미로 보면 무선 통신용 전자기파를 의미하고, 이를 전파라 한다. 이 전파는 공간을 전파할 때 주파수에 따라 굴절, 반사 및 회절의 특성에 따라 다르다. 전파는 전자기 유도현상에 의해 전기장과 자기장이 90°를 이루며 사인파 형태로 퍼져 나간다. 전자파의 성질은 다음과 같다.

가) 동일 매질 중을 전파하는 전파도 직진한다.

나) 입사파 및 반사파의 통로는 동일 평면 내에 있고, 반사점에 세운 법선에 대해 반사파와 입사파는 같다.

다) 다른 매질의 경계면을 통과할 때는 굴절한다.

라) 회절 현상이 있다.

| 주파수 구분 | 주파수 특성 | 적합 여부 |
|---|---|---|
| 주파수가 낮을때 | 회절성이 강하고, 감쇠가 작다. | 해상 원거리 통신에 적합하다. |
| 주파수가 높을때 | 회절성이 약하고, 감쇠가 크다. | 근거리 통신 적합하다. |

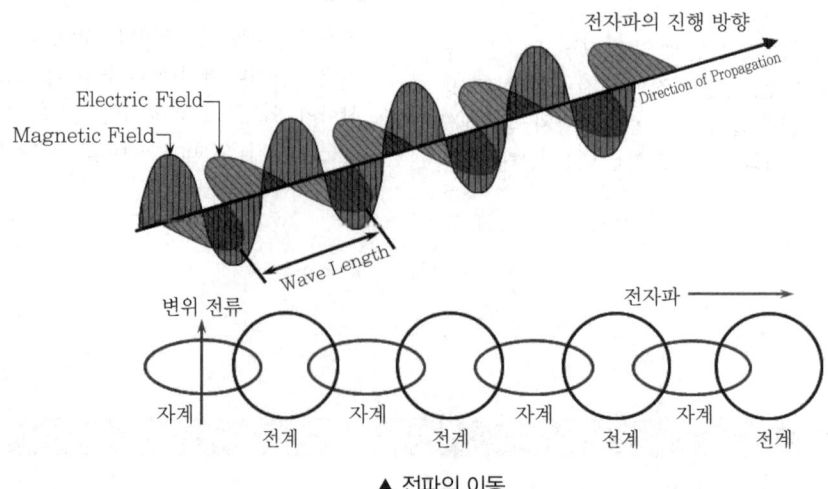

▲ 전파의 이동

## (1) 전파의 발생

### ① 전파가 발생되는 원리

가) 두 개의 평면 전극판에 교류 전압을 인가하였을 때, 높은 주파수에서는 두 평면 전극판
사이의 공간에는 전기장이 발생되고, 전기장의 변화에 따른 전류가 흐른다.

나) 패러데이(Faraday), 맥스웰(Maxwell)에 이어 헤르츠(Hertz)는 실험적으로 전파를
발생시키는 것을 성공시켰다.

## (2) 전파의 분류

### ① 주파수에 의한 분류

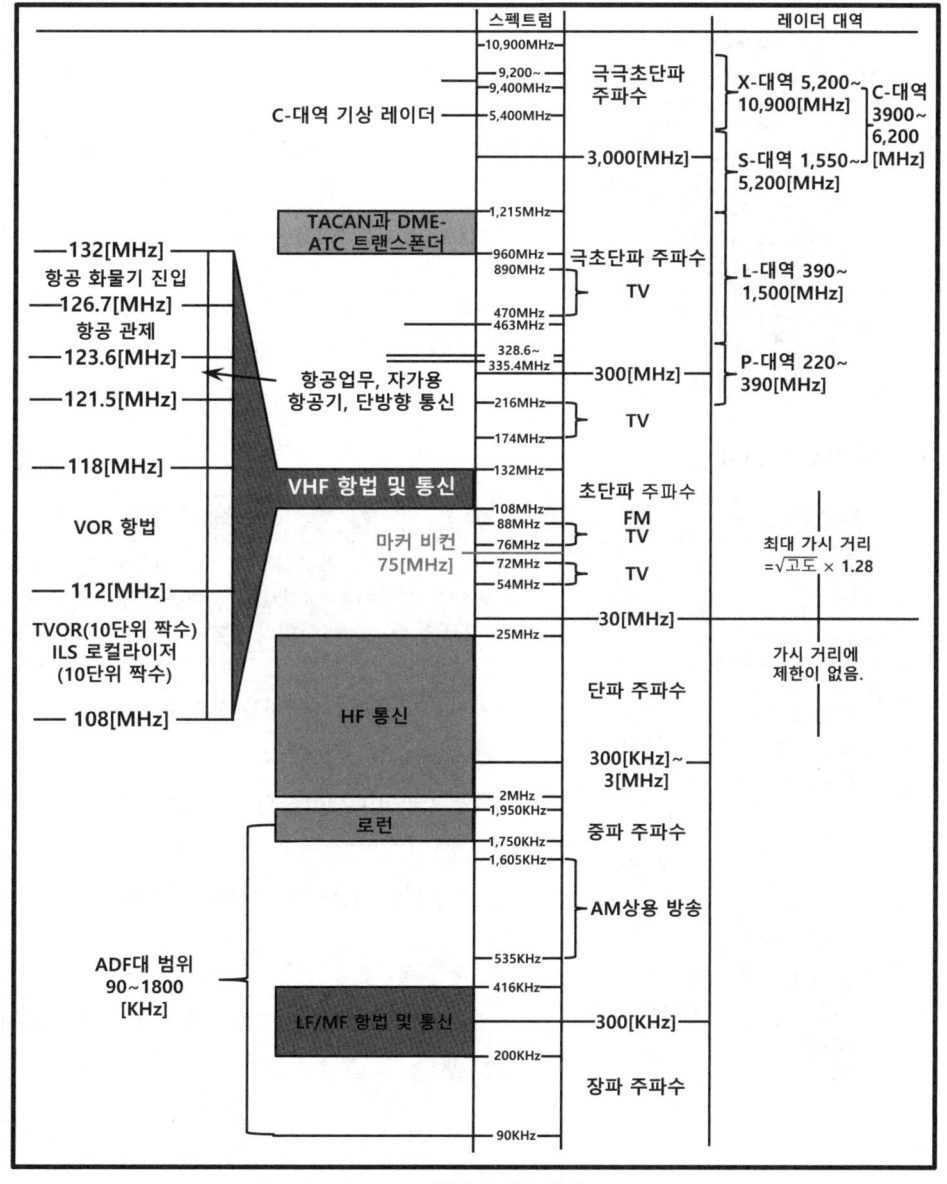

▲ 항공 주파수 대역

| 주파수 분류 | | | |
|---|---|---|---|
| 주파수 구분 | 주파수 범위 | 파장 범위 | 용도 |
| VLF(초장파,<br>Very Low Frequency) | 3~30KHz | 100~10Km | 오메가 |
| LF(장파,<br>Low Frequency) | 30~300KHz | 10~1Km | ADF 로란 C |
| MF(중파,<br>Medium Frequency) | 300KHz~3MHz | 1,000~100m | ADF 로란 A |
| HF(단파,<br>High Frequency) | 3~30MHz | 100~10m | HF 통신<br>(VOR, VHF통신,<br>로컬라이저, G/S,<br>마커 비컨, DME) |
| VHF(초단파,<br>Very High Frequency) | 30~300MHz | 10~1m | ATC 트랜스폰더,<br>TACAN |
| UHF(극초단파, Ultra<br>High Frequency) | 300~3,000MHz | 100~10cm | 기상 레이더 |
| SHF(센치미터파,<br>Super High<br>Frequency) | 3~30GHz | 10~1cm | 도플러 레이더 |
| EHF(밀리미터파,<br>Extra High<br>Frequency) | 30~300GHz | 10~1mm | 전파고도계 |

② 전파 경로에 의한 분류

| 전파 종류 | 파장 | 핵심내용 | |
|---|---|---|---|
| 지상파<br>(ground<br>wave) | 직접파<br>(direct wave) | 항공기와 항공기, 인공위성과 지상 지구국 간의 자유공간에 전파되어 도달하는 전파로써 장애물에 전파거리 제한을 받기 때문에 송·수신 안테나가 길수록 전파거리가 증가한다. | |
| | 대지반사파<br>(reflected<br>wave) | 대지에서 반사되어 도달하는 전파이다. | |
| | 지표파<br>(surface wave) | 지표를 따라 전파되어 도달하는 전파이다. | |
| | 회절파<br>(diffractod<br>wave) | 산, 건물 위로 회절되어 도달되는 전파이다. | |
| 공간파<br>(sky<br>wave) | 대류권산란파<br>(tropospheric<br>scattered<br>wave) | 불규칙한 대류권 기류에 산란하는 전파이다. | |
| | | D층 | 장파(LF)는 반사되고, 이보다 높은 전파는 통과 및 흡수된다. |

| 공간파<br>(sky<br>wave) | 전리층파<br>(ionospheric<br>wave) | 전리층에 반사·산란하는 전파로써 E층 반사파, F층 반사파, 전리층 활행파, 전리층 산란파로 분류된다. | |
| | | E층 | 초장파(VLF), 장파(LF), 중파(MF)는 반사되고, 이보다 높은 전파는 통과된다. |
| | | F층 | 단파(HF)는 반사되고, 이보다 높은 전파는 통과된다. |
| | | 초단파(VHF) 및 그 이상은 전리층을 뚫고 나간다. | |

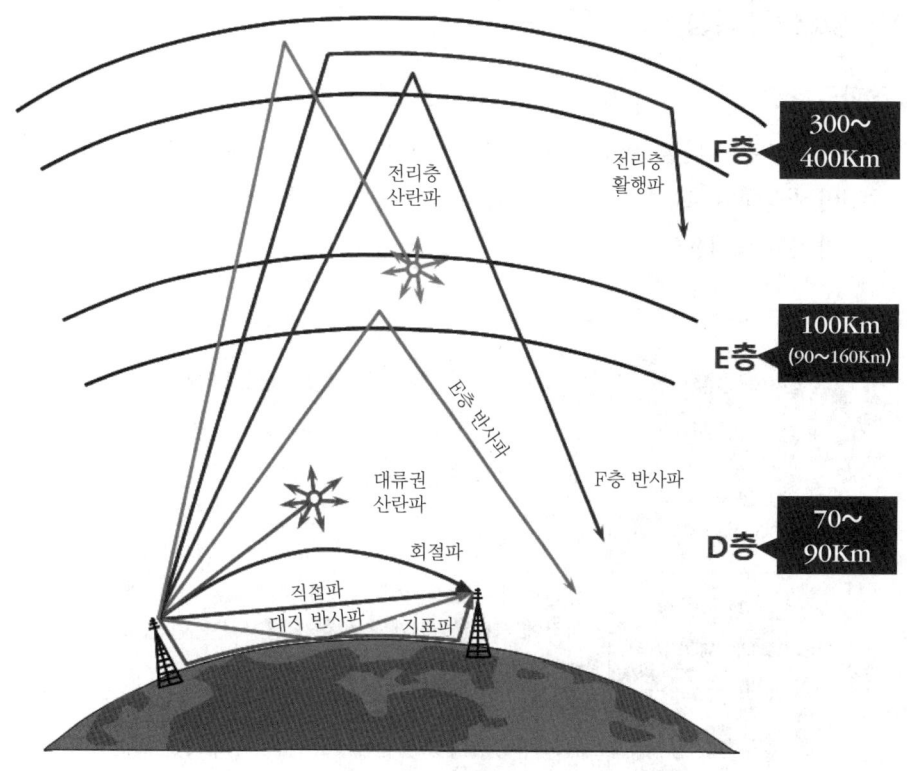

▲ 지상파와 공중파의 분류

### ③ 전리층에 관한 여러 가지 현상

전리층(ionosphere)은 지구를 둘러싸고 있는 상층 대기가 태양으로부터 오는 복사 에너지에 의해 전리된 층을 말하며, 전파를 반사한다. 이는 대기압이 낮은 약 50~400km 높이에 존재하며, 지상에서 D층 70~90km, E층 100km, F층 300~400km 높이에 있다.

| 여러 가지 현상 | 현상의 내용 |
| --- | --- |
| 델린저 현상 | 태양이 비추는 반대편에서 단파의 수신 전기장의 강도가 급격히 저하 및 수신 불능 상태가 수 분~수 시간 지속되다가 후에 점차 회복되는 현상을 말하며, 소실 현상이라고도 한다. |

| 전리층 교란 | 전리층 교란은 자기 교란(magnetic storm)에 의해 일어나며, 갑작스러운 전리층 교란(SID: Sudden Ionospheric Disturbance)이 발생한 수 시간 뒤 발생한다. |
|---|---|
| 그 밖의 우주 현상의 영향 | • 오로라(aurora)가 나타나면 극지방에서 전파의 감쇠가 커지고, E층 전자밀도가 증가하고, 전파가 산란된다.<br>• 룩셈부르크 현상은 전리층의 한 점을 두 전파각이 지날 경우, 한쪽 전파가 다른 쪽 전파로 변조되는 현상을 말한다. |

## (3) 전파 경로상의 특성

### ① 전파의 회절

전파의 주파수가 낮을수록(파장이 길수록) 회절 현상이 강해지고, 감쇠는 작아져 멀리에서도 수신이 가능하다. 그래서 주파수가 높은 경우 근거리 통신에 사용하고, 주파수가 낮은 경우 원거리 통신에 사용한다.

### ② 전파의 여러 현상

| 전파의 현상 | 전파 현상의 특징 |
|---|---|
| 페이딩(fading) | 전파의 수신 전기장 강도가 시간적으로 변동하는 현상을 말한다. |
| 에코현상<br>(echo effect) | 송신 안테나에서 발사된 전파가 수신 안테나에 도달하는 데 여러 가지 통로가 있다. 이들 통로를 따라 도달하는 시간에도 약간의 차이가 생겨 신호가 여러 번 반복되면서 나타나는 현상을 말한다. |
| 다중신호<br>(multiple signal) | 송신점에서 수신점에 도달하는 전파는 여러 개가 있기 때문에 도착 시각에 따라 여러 개의 신호가 겹쳐지는 현상으로 이미지 전송 시 뚜렷하지 않게 된다. |
| 태양 흑점의 영향 | 태양의 흑점이 증가하면 자외선이 많이 증가하고, 전리층 내의 전자 밀도가 증가하기 때문에 F층의 임계 주파수가 높아져 높은 주파수의 전파가 반사된다. |
| 자기폭풍<br>(magnetic storm) | 태양 표면의 폭발이나 태양 흑점의 활동이 활발할 때 지구 자기장이 비정상적으로 변화하는 현상을 말한다. 자기폭풍이 발생하면 HF 통신이 불가능하다. |
| 대칭점 효과<br>(symmetric point effect) | 대칭점은 지구 어느 한 점에 대해 그 반대쪽에 있는 점을 대칭점이라고 한다. 전파의 도래 방향이 항상 변하게 된다. 많은 통로를 지나 수신점에 모이게 되면 수신 전기장의 강도가 커지게 되는 현상을 말한다. |

## (1) 안테나의 원리

① **자기력선속과 기전력:** 시간적으로 변화하는 전기장과 자기장이 얽혀 전파되는 파동을 전파라 한다. 전기장과 자기장이 서로 얽혀가면서 펴져 나가는 전파는 그 전기장이나 자기장의 세기가 거리에 반비례하여 감소만 되고, 원거리까지 전파할 수 있다. 이와 같은 교류 전자장을 전파라고 한다.

② **전자파의 복사:** 전류가 흐르면 주위에는 자기장이 생기고, 전류를 증가시키면 자기장도 증가한다. 이때 전자 유도 법칙에 따라 전기장이 생긴다. 이후 전류가 감소하게 되면 전기장이 감소하고, 자기 작용으로 다시 자기장이 나타나는 변화를 반복하면서 시간적으로 변화하는 전기장과 자기장이 점점 펴져 나가는 전자기파는 모든 방향으로 펴져 나간다.

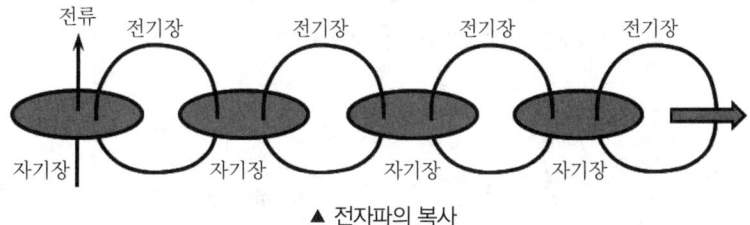

▲ 전자파의 복사

| 전자파의 성질 |
| --- |
| 1. 동일 매질 중에 전파하는 전파도 직진한다. |
| 2. 입사파 및 반사파의 통로는 동일 평면 내에 있고, 반사점에 세운 법선에 대하여 반사파와 입사파는 같다. |
| 3. 서로 다른 매질의 경계면을 통과할 경우에는 굴절한다. |
| 4. 회절 현상이 있다. |

## (2) 항공기에 사용되는 안테나

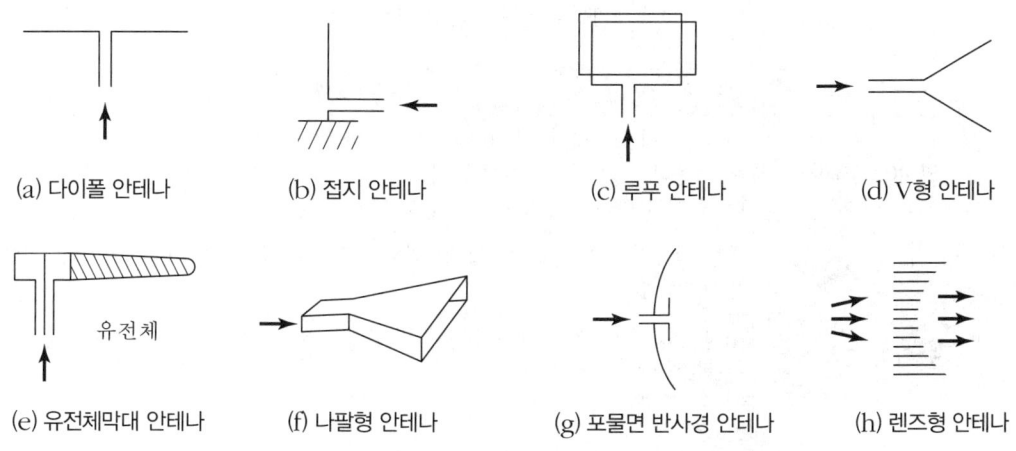

| (a) 다이폴 안테나 | (b) 접지 안테나 | (c) 루푸 안테나 | (d) V형 안테나 |

| (e) 유전체막대 안테나 | (f) 나팔형 안테나 | (g) 포물면 반사경 안테나 | (h) 렌즈형 안테나 |

▲ 안테나의 종류

B-747 항공기에는 통신장치, 항법장치용 송·수신용 안테나가 25개 부착되어 있다. 이처럼 현대 항공기에는 전자공학의 발전으로 소형, 경량으로 정밀도와 신뢰도가 높은 항법장치가 개발되어 장파에서 초단파까지 광범위하게 사용되고 있다.

| 구분 | 안테나 사용 |
|---|---|
| 저속기 | 장파, 중파, 단파용으로 기체 외부에 붙인 와이어 안테나를 사용한다. |
| 고속기 | 기체 외피 일부를 크기가 작고, 저항이 적은 초단파 이상의 안테나로 사용하거나, 기체 내부에 내장하는 플러시형을 사용한다. |
| ※ 주파수가 낮을수록 파장이 길어지므로 안테나는 길어지고, 주파수가 높을수록 파장이 짧아지므로 안테나는 짧아진다. | |

안테나는 통신용 수직 안테나와 같이 모든 방향에 균일하게 전파를 송·수신하는 무지향성 (omni-direction)과 방향탐지기의 루프 안테나와 같이 특정 방향으로만 송·수신하는 지향성(direction)이 있다. 지향성 안테나를 회전하여 넓은 범위를 탐지하는 스캐닝 안테나(scaning antenna)는 기상 레이더에 사용된다.

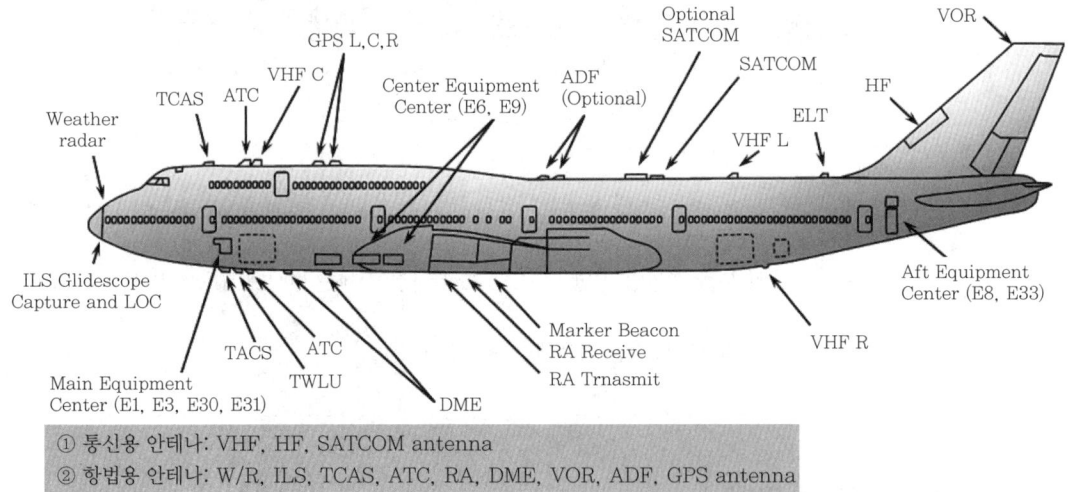

① 통신용 안테나: VHF, HF, SATCOM antenna
② 항법용 안테나: W/R, ILS, TCAS, ATC, RA, DME, VOR, ADF, GPS antenna

▲ B747 항공기 안테나 장착 위치

| 안테나 종류 | 안테나 특성 |
|---|---|
| 와이어 안테나 | 저속기에서 HF(단파), LF(장파)/MF(중파)의 HF 통신장치가 이용되는 곳에 간혹 사용하고 안테나의 걸빙을 최소화하기 위해 20°가 넘지 않도록 설치해야 한다. 하지만 현대 항공기에는 거의 사용되지 않는다. |
| 로드 안테나 | 소형 항공기에 전 방향 서비스를 위해 수직으로 장착하여 사용하고, 고속기에는 부적합하다. |
| 수평 비 안테나 | 소형 항공기에 TV 안테나와 비슷한 형태로 하고 있다. 완전하게 단일방향으로 만들 수 없는 단점이 있다. |

| 블레이드 안테나 | 유리섬유 구조의 밀폐된 매질로 구성되어 공기저항을 최소로 설계하였다. ATC 트랜스폰더, VHF 안테나, DME에 사용된다. |
|---|---|
| 접시형 안테나 | 접시형 반사기에서 반사된 전자파가 중심축에 집중되어 지향성이 높은 예리한 전자파 빔을 얻어 레이더 및 기상 레이더에 사용된다. |
| 슬롯 안테나 | 여진용 및 항공기용 레이더의 복사기로 사용되어 글라이드 슬로프(G/S)의 수신용 안테나로 사용되는 슬롯의 길이는 $\dfrac{\lambda}{2}$이다. |
| 나팔형 안테나 | 도파관의 단면적을 크게 할수록 지향성이 높아지는 특성과 반사기를 결합하여 전파고도계(RA)에 사용한다. |

※ 주파수($f$)와 파장($\lambda$)의 관계식은 다음과 같다.

$$\lambda = \frac{C}{f}, \ f = \frac{C}{\lambda}$$

$C$ : 전파 속도($3 \times 10^8 m/s$)
$f$ : 주파수($Hz$)
$\lambda$ : 파장($m$)

## 3  통신장치

### (1) HF 통신장치

HF 통신장치는 항공기의 통신 수단인 통신장치, 항법장치, 감시장치 중 가장 먼저 도입된 단파 통신으로, 주로 해상 원거리 통신(장거리 통신)에 사용되고 항공기와 지상, 항공기와 항공기 간, VHF 통신 결함 시 비상용으로 사용하고 있다. 단파 통신은 전리층과 지표 반사를 반복하기 때문에 원거리까지 통신할 수 있지만, 전리층 상태(잡음 및 페이딩)에 따라 통신 품질이 떨어진다.

통신 방식으론 회선 수 증가 요구에 따라 단측파대(SSB: Single Side Band) 통신 방식이 채택되어 사용하고 있으나, 초단파 양측파대(DSB: Double Side Bang)를 사용할 수 있는 장치가 많다. 주파수는 2~25MHz, 채널 수는 최대 144채널, 사용 고도 제한은 35,000ft이다. 현재 항공기 통신장치에서는 위성통신 시스템(SATCOM)이 활성화되어 HF 통신 사용이 줄었으나, 위도가 높은 극지방에서는 위성통신을 사용할 수 없어 HF 통신을 사용하고 있다.

### ① 통신용 송신기

그림은 AM 무선 전화 송신기 구성의 예로, 발진부는 주파수 안정도가 높은 수정 발진기를 사용하고, 부하 변동의 영향을 방지하기 위해 완충 증폭기를 사용한다. 세부 사항은 아래와 같다.

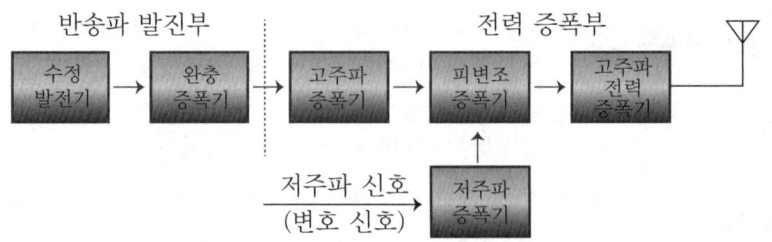

▲ AM 무선 전화 송신기 계통

| 송신기 구분 | 세부 내용 |
| --- | --- |
| 발진부 | 발진부는 신호를 전송하는 데 필요한 반송파를 발생하는 부분으로, 수정 발진기나 자려 발진기를 사용한다. |
| | **발진기가 갖추어야 할 중요한 사항** |
| | ① 송신 주파수가 허용 편차를 벗어나지 않기 위해 전압, 온도, 습도가 변하더라도 높은 안정도를 갖추어야 한다. |
| | ② 부하 변동이 있더라도 주파수 변동이 일어나지 않도록 회로를 구성해야 한다. |
| | ③ 주파수를 변경하며 사용하는 송신기에서는 주파수 변환이 간단하고 확실해야 한다. |
| 완충 증폭부 | 발진기에서 고주파 출력을 얻는 경우, 발진기 동조 회로의 코일에 부하가 직접 접속하면 부하 변동에 따른 회로 정수가 변화하여 발진 주파수가 변화됨을 방지하기 위해 발진기와 부하 사이에 증폭기를 넣어 부하 변동이 되더라도 영향이 되지 않도록 완충 증폭기(buffer amplifier)를 사용한다. |
| 고주파 증폭기 | 원하는 고주파 전력을 얻기 위해 전력 증폭을 여러 번 해야 하기에 효율이 높은 B, C급 증폭 방식을 사용하여 큰 출력을 얻는다. 컬렉터 효율($\eta$)의 식은 다음과 같다.<br><br>$$\eta = \frac{P_0}{P_1} \times 100 (\%)$$<br><br>$P_0$ : 컬렉터 출력 전력, $P_1$ : 직류 입력 전력 |
| 피변조 회로 | 변조 회로는 보내고자 하는 정보 내용을 높은 주파수의 반송파에 싣는 역할을 하는데, 변조 신호의 파형을 일그러짐 없이 피변조파로 만드는 직선성을 갖추는 회로이다. |
| 전력 증폭기 | 여진 증폭기는 종단 전력 증폭기를 여진하는 데 필요로 하는 충분한 전력까지 증폭하기 위해 사용되는 여진기(exciter)라 한다. 효율이 높은 C급 증폭기가 사용되나, 단측파대(SSB)에서는 AB급, B급으로 동작시킨다. |

## ② 통신용 수신기

수신 안테나에 입력되는 전파 중에서 희망파를 선택하여 증폭, 복조하여 정보를 얻는 장치로 스트레이트(straight) 방식과 슈퍼헤테로다인(superheterodyne) 방식이 있다. 스트레이트

방식은 구성은 간단하지만, 감도, 선택도, 안정도가 떨어져 사용하지 않고, 암스트롱에 의해
발명된 슈퍼헤테로다인 방식은 스트레이트 방식의 단점을 개선하여 현재 이 방식을 사용하고
있다. 하지만, 회로가 복잡한 단점이 있다.

그림은 HF 통신의 수신기로 동작하는 이중 슈퍼헤테로다인 수신기의 그림이다.

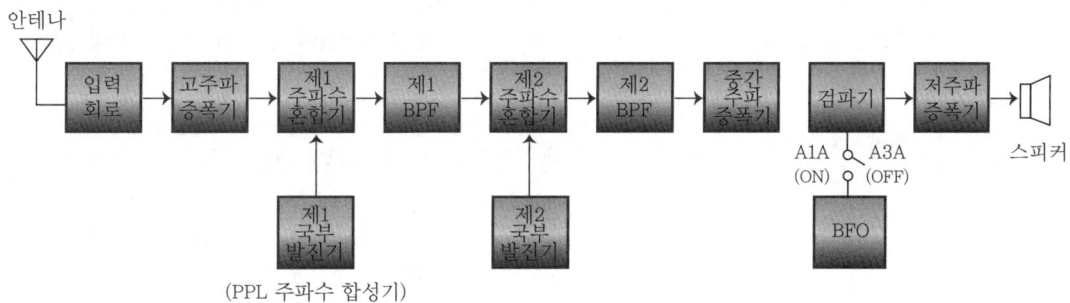

▲ 이중 슈퍼헤테로다인 수신기의 구성도

### ③ 통신장치 구성

그림과 같이 2개의 단파 통신장치의 구성으로 단파 통신 안테나, 단파 통신 안테나 커플러,
단파 통신 송수신기로 구성되어 있고, 또한 무선튜닝패널, 음성관리장치, SELCAL 해독장치,
항공기 정보관리장치에 연결되어 있다.

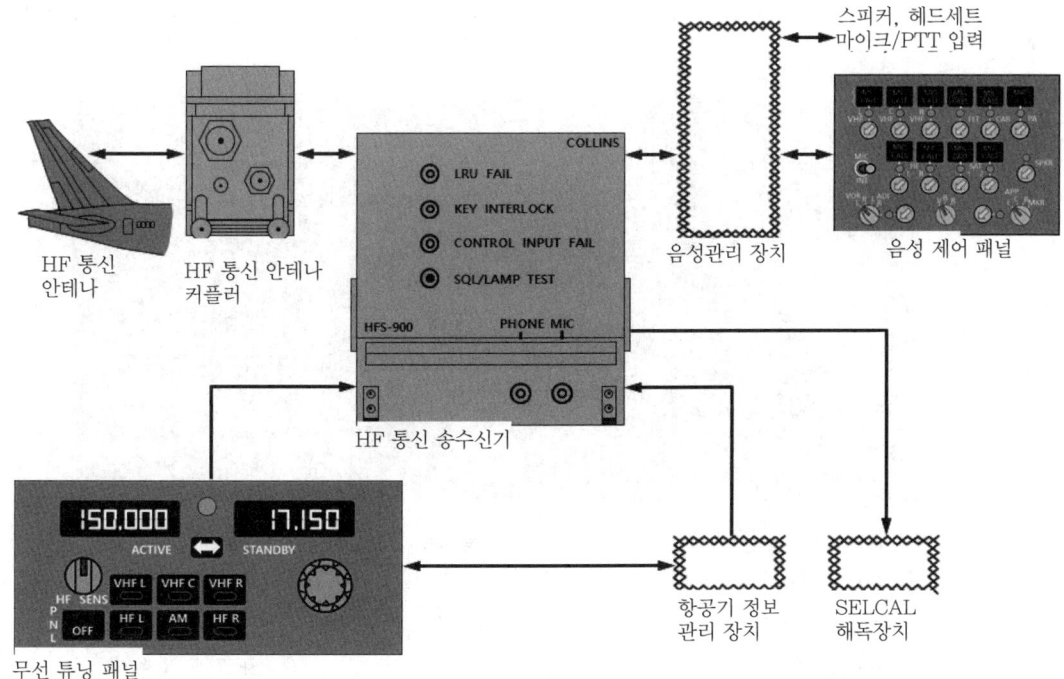

▲ 단파 통신 장치의 구성

| 구성요소 | 구성 내용 |
|---|---|
| 송 · 수신기 | 진폭 변조 및 양측파대(DSB: Double Side Bang) 모드에서 작동되고 무선 주파수 송신신호를 증폭시킨다. 수신하는 동안에는 무선 주파수 신호를 음성신호로 변환하고, 송신하는 동안에는 음성 신호를 무선 주파수 신호로 변환시킨다. |
| 안테나 커플러 | 안테나의 임피던스와 선택한 주파수에서 송 · 수신기의 출력 임피던스를 자동으로 정합(maching)시킨다. 커플러 앞쪽의 압력 밸브를 통해 5~7psi 공기&질소를 충전 가압시킨다. 안테나 커플러는 수직 안정판에 있는 단파 통신 안테나 위쪽에 위치한다. |
| 단파 통신 안테나 | 단파 주파수 범위 내에서 무선 주파수 신호를 송 · 수신한다. 슬롯 형태의 안테나로 길이는 약 9ft이고, 수직 안정판 앞전의 U자 모양 절연 물질은 안테나 구동요소를 감싸고 있다. |

| 선택호출 장치 | 모든 항공기에 고유의 등록부호를 주어 지상에서 호출 시 통신에 앞서 호출부호를 송신하면 항공기 부호해독기가 해독하여 호출부호 수신 시 벨 소리 및 호출등을 점멸하여 승무원에게 지상 호출을 알려주는 장치를 항공기 탑재 통신장치에 부가하는 장치를 말한다. |

| SELCAL 코드별 주파수 | | | | | | | |
|---|---|---|---|---|---|---|---|
| 코드 | 주파수 | 코드 | 주파수 | 코드 | 주파수 | 코드 | 주파수 |
| A | 312.6Hz | E | 473.2Hz | J | 716.1Hz | P | 1083.9Hz |
| B | 346.7Hz | F | 524.8Hz | K | 794.3Hz | Q | 1202.3Hz |
| C | 384.6Hz | G | 582.1Hz | L | 881.0Hz | R | 1333.5Hz |
| D | 426.6Hz | H | 645.7Hz | M | 977.2Hz | S | 1479.1Hz |

※ 무선 튜닝 패널 및 구성 명칭

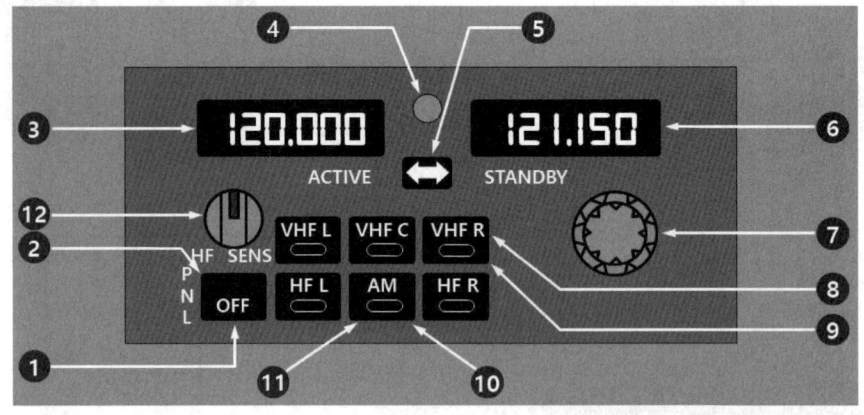

① 무선 튜닝 패널 'OFF'등   ② 무선 튜닝 패널 'OFF' 스위치   ③ 선택한 주파수 창
④ 측면 튜닝등            ⑤ 주파수 전환 스위치           ⑥ 대기 주파수 창
⑦ 주파수 선택기         ⑧ 무선 튜닝 스위치             ⑨ 무선 튜닝등
⑩ AM 스위치            ⑪ AM등                        ⑫ HF 감도 조절기

위와 같이 구성되어 있으며, 단파 통신 송 · 수신기에 동조자료와 모드 정보를 제공한다.

### ④ 변조의 원리와 종류

무선으로 멀리 신호를 전송할 때 진폭과 주파수를 일정한 고주파에 실어 전송하며, 진폭과 주파수가 일정한 고주파에 신호를 싣는 것을 변조라 하고, 변조된 고주파(반송파)를 피반송파라 한다.

| 구성요소 | | 구성 내용 |
|---|---|---|
| 진폭 변조<br>(AM:<br>Amplitude<br>Modulation) | | 반송파의 진폭이 신호파의 세기에 따라 변화하는 방식이다. AM 통신에는 반송파 상·하측대파를 모두 전송하는 양측대파(DSB) 방식은 중파 라디오 방송에, 반송파 상·하측대파 중 한쪽 측대파만 사용하는 단측대파(SSB) 방식으로 무선통신에 많이 사용하고 있다. |
| | SSB<br>장점 | ① 단측파대만을 사용하기 때문에 점유 주파수 대역폭이 ½로 줄어든다.<br>② 수신 전기자의 세기에 대하여 송신전력과 소비전력이 양측대파 방식보다 적어도 된다.<br>③ 선택성 페이딩의 영향을 양측대파 방식보다 적게 받는다.<br>④ 수신기의 출력에 있어서 신호 대 잡음이 개선된다.<br>⑤ 비트 방해가 일어나지 않는다.<br>⑥ 양측대파 방식에 비하여 송신기를 소형으로 제작할 수 있다. |
| | SSB<br>단점 | ① 송신기와 수신기는 입력에서 출력까지 직선성이 좋아야 한다.<br>② 주파수가 안정되어야 한다.<br>③ 회로 구성이 양측대파 방식보다 복잡하여 제작비가 비싸다. |
| 주파수 변조<br>(FM:<br>Frequency<br>Modulation) | | 반송파의 주파수가 신호파의 세기에 따라 변화하는 방식이다. 신호파가 없을 때는 일정한 반송파를 유지하고, 신호파가 발생하면 신호파의 크기에 따라 반송파 진폭은 일정하고, 주파수만 변화한다. |
| 위상 변조<br>(PM: Phase<br>Modulation) | | 반송파의 위상을 신호파의 순시값에 따라 변조시키는 방식이다. |
| 펄스 변조<br>(PM: Pulse<br>Modulation) | | 신호를 펄스화 하여 통신하는 다중 통신 방식으로 오래전부터 사용되었다. 현대에는 디지털 통신이 발전함에 따라 PCM(펄스 부호 변조) 통신 방식이 주로 사용되고 있다. |

## (2) VHF 통신장치

### ① VHF 통신의 특징

가) 초단파(VHF: Very High Frequency) 통신장치의 구성은 조정 패널, 송·수신기, 안테나로 구성되어 있다.

나) 초단파의 사용 주파수는 118.0~136.9MHz이고, 국제적으로 규정된 항공 초단파 통신 주파수 대역은 108~136MHz 범위를 25KHz 간격으로 760개 채널을 갖고 있다.

다) 파장이 매우 짧고 높은 주파수의 초단파는 전리층에서 반사되지 않고 직진성이 있어 항공기와 항공기, 항공기와 지상국 및 VOR, ILS 중 Localizer, Marker Beacon에 사용하는 가시거리(근거리) 통신에만 유효하며, 공대지 통신에 이상적이다.

라) 반사파가 아닌 직접파라서 잡음이 적고, 음질이 깨끗하다.

마) VHF 통신은 데이터 통신에도 사용된다. 대표적으로 항공기와 지상 간의 메시지를 자동으로 전송하는 양방향 데이터 통신 시스템인 ACARS(Aircraft Communication Addressing and Reporting System)가 있다. 항공기가 공항 출발 전에 관제탑이나 항공사로부터 운항에 필요한 자료나 관련 공항의 기상 정보, 게이트 정보 등을 무선으로 받을 수 있다.

② VHF 송 · 수신기

가) 기상 VHF 송신기 설계는 라디오 방송 통신 위원회(RTCA: Radio Technical Commission for Aeronautics), 항공 라디오(ARINC: Aeronautical Radio Incorporated) 등의 규격과 탑재용 기기의 엄격한 환경 조건으로 충분한 성능을 발휘해야 하고, 소형 경량, 높은 신뢰도, 양호한 정비 등의 요구 조건을 만족해야 한다.

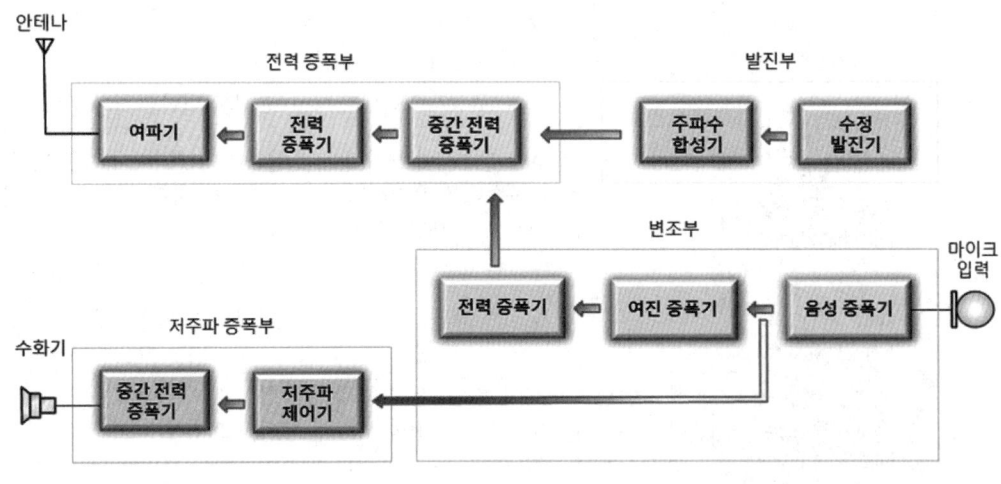

▲ 초단파 송신기의 계통도

나) VHF 송 · 수신기는 기존 AM 변조 방식을 사용하되, 변조 회로부의 효율을 높이고, 소비전력을 극소화하는 설계가 필요하다.

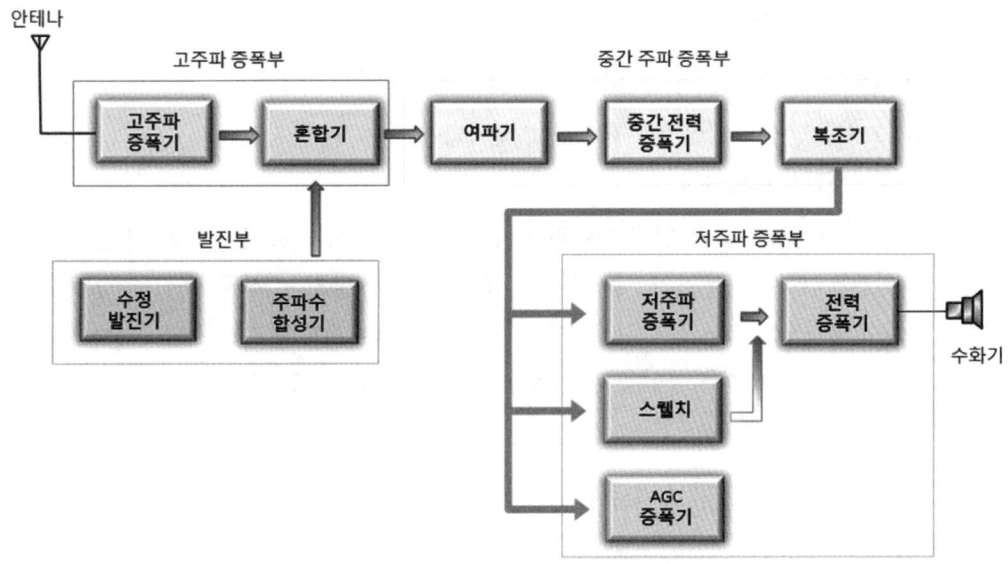

▲ 초단파 수신기의 계통도

| 구비 조건 | |
|---|---|
| 송신잡음 | 송신파에 부수하여 안테나에 의해 방사된 잡음 에너지로 VOR 수신기와 ILS 수신기에 영향을 준다. 이 문제점을 해결하기 위해 안테나 사이 충분한 절연 처리를 하거나, 송신기 출력에서 가변 대역 필터를 삽입하여 제거한다. |
| 자동 이득 조절 | 지상 송신 안테나와 근접한 상태에서 수신하는 경우, 자동 이득 조절(AGC: Automatic Gain Control)의 동작 범위를 충분히 넓혀 TV 수신기 입력에 대해 블로킹을 고려한다. |
| 스켈치 회로 | • 신호 입력이 없을 때 임펄스성 잡음에 의해 동작되고, 신호를 수신할 때 스켈치가 동작되어 있을 경우 백색 잡음이 가해져도 동작을 유지해야 한다.<br>• 방송파 스켈치 방식보다는 수신 신호에 의해 수신기 잡음의 변화를 검지[1]하는 잡음 스켈치 방식을 사용한다.<br>• 응답속도 300ms 이하이고, 신호가 없는 시간부터 수신기 출력이 없어질 때까지의 시간을 100~500ms 정도로 설계해야 한다. |

## (3) UHF 통신장치

극초단파(UHF: Ultra High Frequency) 통신장치는 225~400MHz 주파수 범위에서 A3 단일 통화방식(SSB)에 의해 항공기와 지상국, 항공기와 항공기 상호 간 통신에 사용하며, 현재는 군용 항공기에 한정하여 사용하고 있다.

---

1) 검지: 검사하여 알아냄.

① UHF 통신의 특징

가) UHF는 가시거리 내로 한정된 근거리용으로 양호한 통신을 할 수 있다.

나) UHF를 장치한 항공기는 항로상에 설치되어 있는 여러 지상국과 순차적으로 주파수를 교신하면서 비행한다.

다) 절환[2]하여 교신하기 위해서는 원격 제어에 의해 신속 정확해야 하고, 송신기는 전기적, 기계적인 자동 동조의 기능을 갖추고 있다. 이 장치는 긴급 통신용 단일파인 가드 수신기가 장치되어 있어 사용 중인 주파수와 관계없이 항상 가드 채널 243MHz를 수신할 수 있다. VHF 긴급 통신용 가드 채널인 121.5MHz보다 2배이다.

② UHF 송 · 수신기

가) 송신기는 발진, 변조, 증폭의 요소를 갖추고 있고, 여진부는 전력 증폭부로 나뉘어져 있다.

나) 여진부는 주파수 합성기로 반송 주파수를 만들고, 마이크로나 톤 신호를 증폭하여 여진부에서 변조한다.

다) 수신기는 수정 제어 2중 제어 슈퍼헤테러다인 방식으로 수신되고, 전파가 들어오지 않을 경우 스퀠치 회로에 의해 잡음이 억제된다.

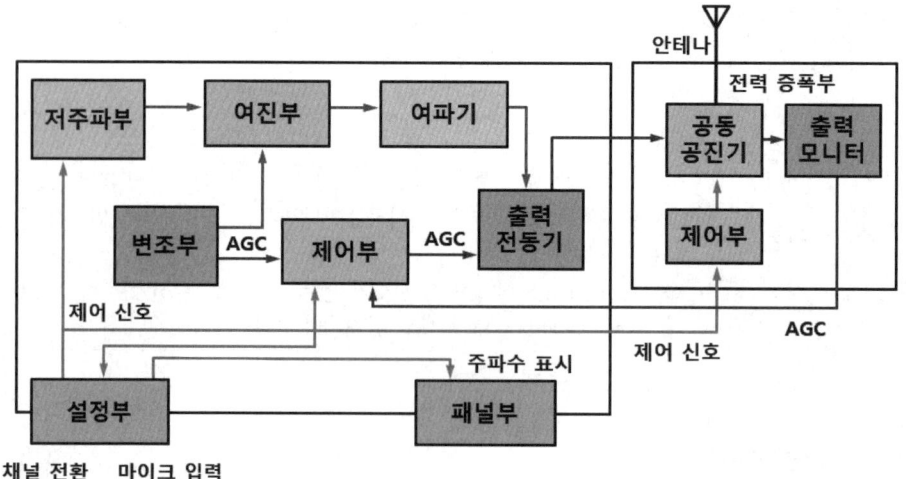

▲ UHF 송신기의 계통도

라) 수신기는 국부 발진기에서 만들어진 주파수와 혼합되어 30MHz의 제1 중간주파수 → 1.45MHz의 제2 중간 주파수로 변환, 증폭 → 복조 → 음성신호가 만들어진다. 상업용 워키토키는 대부분 극초단파 대역을 사용한다.

---

2) 절환: 제어하는 극의 신호에 따라 변환하여 작동함.

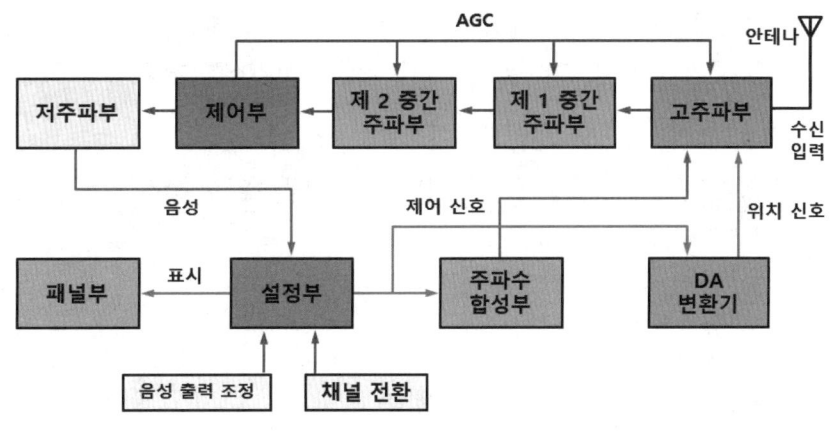

▲ UHF 수신기의 계통도

## (4) 위성통신장치

### ① 위성통신의 기초

가) 항공 교통관제 업무에는 항공기와 지상 관제소 간에 음성에 의한 공지통신(VHF, HF)에 의존한다. 하지만 공지통신은 통달거리, 전파의 잡음 및 전 세계적인 운영시스템으로는 어려움이 있어 이를 개선하기 위해 인공위성을 통해 매우 큰 통신이 가능하게 되었다. 위성통신시스템(SATCOM: SATellite COMmunication System)은 3~30GHz 대의 초고주파(SHF)를 사용한다.

세부적인 위성통신의 주파수는 아래 표와 같다.

| 대역 | 주파수 | 상향링크 주파수(GHz) | 하향링크 주파수(GHz) |
|------|--------|----------------------|----------------------|
| C | 4~8 | 5.925~6.425 | 3.7~4.2 |
| Ku | 12.5~18 | 14~14.5 | 11.7~12.2 |
| K0 | 18~26.5 | 27.5~31 | 17.7~21.2 |
| Ka | 26.5~40 | | |

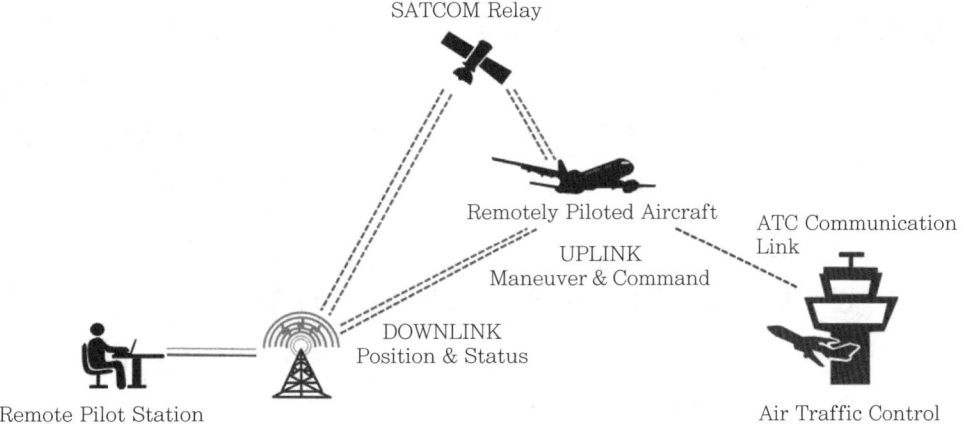

▲ 위성통신시스템

나) 위성통신시스템은 통신중계위성(COMSAT: COMunication SATellite)을 이용하여 국제통신, 국내통신, 휴대통신, 기업 통신망 서비스를 제공하고, 항공기 내의 전화 네트워크, 팩스 등으로 이용되고 있다.

| 위성통신시스템의 특징 |
| --- |
| ① 장거리 광역통신에 적합하다. |
| ② 통신 거리 및 지형과 관계없이 전송품질이 우수하다. |
| ③ 신뢰성이 좋다. |
| ④ 대용량 통신이 가능하다. |
| ⑤ 통신 거리에 따른 신호 지연이 발생한다. |

② 궤도 조건과 배치 방식에 따른 위성통신 방식

| 통신 방식 | 방식 내용 |
| --- | --- |
| 랜덤 위성 방식 | 궤도 위를 수 시간의 주기로 선회하는 위성을 이용하는 방식이며, 기상 관측 위성에만 사용한다. |
| 위상 위성 방식 | 지구 상공에 등 간격으로 여러 개의 위성을 배치하고, 지구국은 안테나를 사용하여 차례로 위성을 추적하여 상시 통신망을 확보하는 방식이나, 이 방식은 경제적이지 못하여 실용화되지 않는 방식이다. |
| 정지 위성 방식 | 현재 주로 사용하는 방식으로 적도 상공의 궤도에 쏘아 올린 3개의 위성에 의하여 상시 통신망을 확보하는 방식이다. 위성의 공전주기를 지구의 자전주기와 동일하게 제어하여 위성이 정지해 보인다고 하여 정지위성이라 한다. |

## 4 기내 통신

### (1) 운항 승무원 상호 간 통화장치(FIS: Flight Interphone System)

조종실 내에서 운항 승무원 상호 간 통화를 위해 각종 통신이나 음성신호를 각 운항승무원에게 배분하여 서로 간섭받지 않고 각 승무원석에서 자유롭게 선택하여 청취할 수 있고, 마이크로폰으로부터 PTT(Push To Talk) 스위치를 눌러 송신할 수 있다.

### (2) 승무원 상호 간 통화장치(SIS: Service Interphone System)

비행 중에는 조종실과 객실 승무원석 및 갤리 간 통화하고, 지상에서 정비 시 조종실과 지상 요원과의 점검에 필요한 기체 외부와 통화하기 위한 장치이다.

### (3) 객실 인터폰 장치(CIS: Cabin Interphone System)

조종실과 객실 승무원 간의 통화 및 객실 승무원 상호 간의 통화장치이며, 이 장치에 있어 조종사의 지시가 우선권을 갖게 된다.

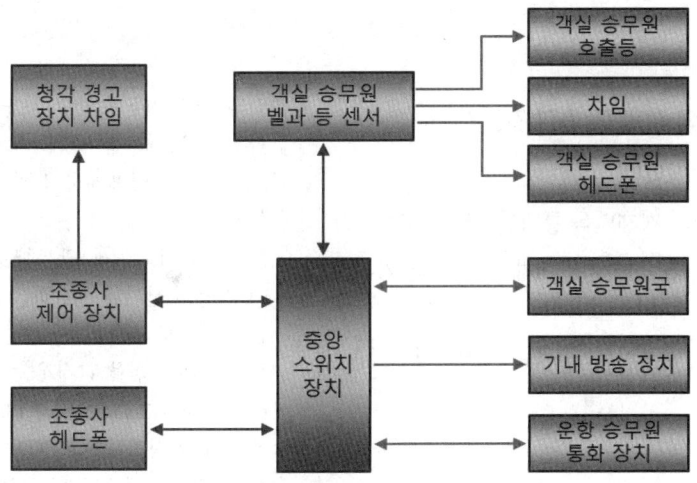

▲ 객실 인터폰 장치의 계통도

| 호출 시스템 | 장치 내용 |
|---|---|
| 승무원 상호 호출장치<br>(FCCS) | Flight Crew Call System은 조종사와 객실 승무원 상호 간, 객실과 객실 사이의 호출하는 장치이다. |
| 지상 요원 호출장치<br>(GCCS) | Ground Crew Call System은 조종석 내부와 항공기 외부에 위치하는 지상 요원 사이의 상호 호출하는 장치이다. |

### (4) 기내 방송 장치(PAS: Passenger Address System)

조종실 및 객실 승무원에서 승객에게 필요한 정보를 방송하기 위한 기내 장치로, CIS와 같이 방송에 우선순위를 부여하는 기능이 있다. 우선순위로는 조종사 안내방송 → 객실 승무원 안내방송 → 녹음된 안내방송 및 비디오 시스템 음성 안내방송 → 기내 음악이다.

### (5) 승객 서비스 시스템(PSS: Passenger Service System)

승객이 객실 서비스를 받기 위해 승무원 호출, 자석에 등 제어, 금연, 안전벨트 착용, 화장실 사용 등의 객실 사인을 통해 승객에게 정보를 제공하는 기능이 있다.

### (6) 오락 프로그램 제공 시스템(PES: Passenger Entertainment System)

승객에게 영화, 방송 등의 오락 프로그램 제공이나, 비행기 위치, 비행시간 등의 비행정보와 운항정보도 제공한다.

**01 다음 전자파의 성질 중 틀린 것은?**

① 회절현상이 없다.

② 다른 매질의 경계면을 통과할 때 굴절된다.

③ 반사점에 세운 법선에 대해 반사파와 입사파는 같다.

④ 입사파와 반사파의 통로는 동일 평면 내에 있다.

해설

전자파의 성질

• 동일 매질 중을 전파하는 전파도 직진한다.

• 입사파 및 반사파의 통로는 동일 평면 내에 있고, 반사점에 세운 법선에 대해 반사파와 입사파는 같다.

• 다른 매질의 경계면을 통과할 때는 굴절한다.

• 회절 현상이 있다.

**02 전파고도계(radio altimeter)에 대한 설명으로 틀린 것은?**

① 전파고도계는 지형과 항공기의 수직거리를 나타낸다.

② 항공기 착륙에 이용하는 전파고도계의 측정 범위는 0~2,500ft 정도이다.

③ 절대고도계라고도 하며, 높은 고도용의 FM형과 낮은 고도용의 펄스형이 있다.

④ 항공기에서 지표를 향해 전파를 발사하여 그 반사파가 되돌아올 때까지의 시간을 측정하여 고도를 표시한다.

해설

전파고도계(RA: Radio Altimeter)는 항공기에서 지표면을 향해 전파를 발사하고, 그 반사파가 되돌아올 때까지의 시간이나 주파수 차를 측정한 뒤 항공기와 지면과의 거리, 즉 절대고도(absolute altitude)를 구한다. 착륙 비행 단계에서 2,500ft 미만의 저고도 측정에 사용된다.

• 펄스식 전파고도계: 발사한 펄스가 지표면에서 반사되어 기상 수신기에 도달하는 시간에 의해 고도를 구하는 방식으로 지형과 눈, 얼음, 초목 등의 지표면 상황과 기후의 영향을 받지 않는 장점이 있다.

• FM식 전파고도계: 0~750m(0~2,500ft)까지의 낮은 고도를 정밀하게 측정하여 활주로 접근 및 착륙 시 사용된다. 전파고도계는 LRRA(Low Range Radio Altimeter)라 불린다.

**03 지상파(ground wave)가 가장 잘 전파되는 것은?**

① LF                    ② UHF

③ HF                    ④ VHF

해설

지상파(ground wave)가 가장 잘 전파되는 파는 LF(Low Frequency)로, LF는 무선 주파수 스펙트럼(spectrum) 중에서 VLF보다 높은 주파수대의 명칭이다.

**04 다음 중 지상파의 종류가 아닌 것은?**

① E층 반사파            ② 건물 반사파

③ 대지 반사파          ④ 지표파

해설

지상파는 직접파, 내지 반사파, 지표파, 회절파로 분류되고, E층 반사파는 공간파 중 전리층파의 종류 중 하나이다.

정답  01. ①  02. ③  03. ①  04. ①

**05** 태양의 표면에서 폭발이 일어날 때 방출되는 강한 전자기파들이 D층을 두껍게 하여 국제통신의 파동이 약해져 통신이 두절되는 전파상의 이상 현상은?

① 페이딩 현상

② 공전 현상

③ 델린저 현상

④ 자기폭풍 현상

**해설**

태양의 표면에서 폭발이 일어나 방출되는 강한 전자기파들이 D층을 두껍게 하여 통신이 두절되는 이상 현상을 델린저 현상이라 한다. 페이딩 현상은 전파 경로 상태의 변화에 따라 수신 강도가 시간상으로 변하는 현상이다. 자기폭풍은 지구자기장이 비정상적으로 변동하는 현상으로 주야 구분 없이 불규칙적으로 발생한다.

**06** 다음 전리층 중 전자밀도가 가장 높고, 전파가 산란되는 층은?

① D층

② E층

③ F층

④ 전자밀도가 모두 같다.

**해설**

전자밀도는 D층보다 E층이 높고, F층의 전자밀도가 가장 높다.

**07** 전파의 이상 현상과 가장 거리가 먼 것은?

① FADING(페이딩)

② MAGNETIC STORM(자기폭풍)

③ DELLINGER(델린저)

④ WHITE NOISE(백색잡음)

**해설**

• 페이딩(fading) 현상은 전파를 수신하는 동안, 수신파의 세기가 변화하여 수신 전계강도가 커지거나 작아지거나 찌그러지는 현상을 말한다.

• 자기폭풍(mangetic storm)은 지구 자기장이 비정상적으로 변동하는 현상으로 주야 구분 없이 불규칙적으로 발생한다.

• 델린저(dellinger) 현상은 태양 표면 흑점의 폭발에 의해서 방출된 대전 입자군이 지구로 날아와서 지구 자기장을 변화시키는 현상을 말한다. 이 현상이 발생하면 단파(high frequency)대 통신이 두절되는 현상이 발생된다.

**08** 기상 레이더(weather radar)의 본래 목적인 구름이나 비의 상태를 보기 위한 안테나 패턴(antenna patten)은?

① pencil beam

② tilt angle beam

③ control beam

④ cosecant square beam

**해설**

펜슬 빔의 출력은 60kw이기에 강력한 위력을 지닌다. 그래서 항공기 기상 레이더는 금속 벽으로부터 50ft 이내의 좁은 공간에서 작동시키지 말아야 하며, 안테나로부터 18ft 이내는 사람이나 가연성 물질이 있어서는 안 된다.

**09** 다음 안테나는 유리섬유 구조의 밀폐된 매질로 구성되어 공기 저항을 최소로 설계되었고, 이는 ATC 트랜스폰더 및 ADF, DME에 사용된다. 이 안테나는?

① 블레이드 안테나　② 수평 비안테나

③ 슬롯 안테나　④ 로드 안테나

**해설**

유리섬유 구조의 밀폐된 매질로 구성되어 공기 저항을 최소로 설계하였다. ATC 트랜스폰더, VHF 안테나, DME에 사용된다.

**10** 항공기 VHF 통신장치에 관한 설명으로 틀린 것은?

① 근거리 통신에 이용된다.

② VHF 통신 채널 간격은 30kHz이다.

③ 수신기에는 잡음을 없애는 스퀠치회로를 사용하기도 한다.

④ 국제적으로 규정된 항공 초단파 통신주파수 대역은 108~136MHz이다.

**해설**

VHF 통신장치는 단거리 통신용으로 사용되는 주파수로 주파수 대역은 30~300MHz이며, 항공기에서는 118~1336,975MHz 주파수를 사용한다.

**11** 주파수가 신호파의 세기에 따라 변화하는 방식을 무엇이라 하는가?

① 진폭 변조    ② 주파수 변조

③ 위상 변조    ④ 단파 변조

**해설**

주파수 변조(FM: Frequency Modulation)는 반송파의 주파수를 정보 신호의 크기에 따라 변화시키는 변조 방식이다. 정보 신호의 크기를 반송파의 위상에 대응시키는 방식으로, 사용되는 장비가 복잡하여 독립적으로는 사용되지 않고 주파수 변조 전에 신호를 증폭하는 과정에서 주로 이용된다.

**12** 다음 중 VHF 계통의 구성품이 아닌 것은?

① 조정 패널    ② 안테나

③ 송 · 수신기    ④ 안테나 커플러

**해설**

안테나 커플러는 HF 통신에서 사용되는 것으로 원거리 통신에 사용하기 위해서 안테나가 길어져야 하는데, 항공기에서는 길이 보상이 어렵기 때문에 수식소리닐개에 HF안테나가 매립되어 있으며, 안테나의 부족한 길이를 보상해 주기 위해 안테나 커플러를 장착한다.

**13** 신호파에 따라 반송파의 주파수를 변화시키는 변조 방식은?

① AM    ② FM

③ PM    ④ PCM

**해설**

신호파에 따라 반송파의 주파수를 변화시키는 변조 방식은 FM이다. FM은 주파수 변조를 의미하는 것으로, 전파의 진폭은 고정하는 대신 주파수 변화만으로 모든 신호를 전달한다.

**14** 전리층의 반사파를 이용하여 장거리 통신을 할 수 있는 방식은?

① HF    ② VHF

③ UHF    ④ SHF

**해설**

HF 통신 시스템의 송 · 수신기는 진폭 변조(AM)의 단측파대(SSB) 모드에서 작동한다. 1KHz 채널 간격으로 2~25MHz의 주파수를 사용하고, 전리층과 지표 반사를 반복하여 원거리 통신을 사용한다.

**15** 스퀠치는 무엇인가?

① AM 송신기에서 고역을 강조하는 장치

② FM 송신기에서 주파수 체배를 위한 장치

③ FM 수신기 신호가 없을 때 잡음을 지울 수 있는 장치

④ AM 수신기에서 반송파를 제거하는 장치

**해설**

스퀠치 회로(squelch)

• 신호 입력이 없을 때 임펄스성 잡음에 의해 동작하고, 신호를 수신할 때 스퀠치가 동작하고 있을 경우 백색 잡음이 가해져도 동작을 유지해야 한다.

• 방송파 스퀠치 방식보다는 수신 신호에 의해 수신기 잡음의 변화를 검지하는 삽음 스퀠치 방식을 사용한다.

• 응답속도 300ms 이하이고, 신호가 없는 시간부터 수신기 출력이 없어질 때까지의 시간을 100~500ms 정도로 설계해야 한다.

**16** 위성통신 장치에서 지상국 시스템의 송신계에 가장 적합한 증폭기는?

① 저잡음 증폭기

② 저출력 증폭기

③ 고출력 증폭기

④ 전자 냉각 증폭기

**해설**

위성통신 장치에서 지상국 시스템의 송신계는 고출력 증폭기(60W)를 사용하여 위성통신 안테나에서 송신신호의 신호 강도를 증가시킨다.

**17** 민간 항공기의 비상 주파수는?

① 111.5MHz ② 121.5MHz

③ 132.5MHz ④ 142.5MHz

**해설**

ELT는 항공기 추락 시 자동으로 121.5MHz와 243MHz의 전파를 송신하는 장치로, 보통 항공기의 뒷부분에 장착되어 있다.

**18** 위성통신 장치의 위상 위성 방식으로 가장 올바른 것은?

① 지구 상공 수백~수천km의 궤도상을 수 시간의 주기로 선회하는 위성을 이용하는 방식

② 지구 상공에 위성을 배치하고 지구국은 안테나를 사용하여 차례로 위성을 추적하여 상시 통신하는 방식

③ 각종 관측 위상에서만 사용

④ 안테나를 설치하여 위성을 추적

**해설**

위상 위성 방식(phased satellite system)은 지구 상공에 등간격으로 여러 개의 위성을 배치하고, 지구국은 안테나를 사용하여 차례로 위성을 추적하여 상시 통신망을 확보하는 방식이다.

**19** 비행 중에는 조종실 내의 운항 승무원 상호 간에 통화하며, 지상에서는 항공기가 Taxing 하는 동안에 지상 조업 요원과 조종실 내의 운항 승무원 간에 통화하는 인터폰은?

① Passenger 인터폰

② Cabin 인터폰

③ Service 인터폰

④ Flight 인터폰

**해설**

기내 통신의 종류에는 운항 승무원 상호 간 통화장치(FIS: Flight Interphone System), 승무원 상호 간 통화 장치(SIS: Service Interphone System), 객실 인터폰 장치(CIS: Cabin Interphone System), 기내 방송 장치(PAS: Passenger Address System), 승객 서비스 시스템(PSS: Passenger Service System), 오락 프로그램 제공 시스템(PES: Passenger Entertainment System) 등이 있다.

**20** 항공기의 기내 방송(passenger address) 중 제1순위에 해당하는 것은?

① 기내 음악 방송

② 조종실에서의 방송

③ 개별 좌석 방송

④ 객실 승무원의 방송

**해설**

기내 방송 장치(PAS: Passenger Address System)는 조종실 및 객실 승무원에서 승객에게 필요한 정보를 방송하기 위한 기내 장치로, CIS와 같이 방송에 우선순위를 부여하는 기능을 갖고 있다. 우선순위로는 조종사 안내방송 → 객실 승무원 안내방송 → 녹음된 안내방송 및 비디오 시스템 음성 안내방송 → 기내 음악이다.

# 08 항법장치

## 1 항법장치의 정의

항공기가 목적지까지 정확하고 안전하게 비행하기 위해 항상 현 위치를 측정하면서 목적지까지의 거리와 방향을 알아가며 비행한다. 이렇게 측정하며 측정결과에 따라 진행 방향을 정확하게 유지하며 비행하는 방법을 항법(navigation)이라 한다.

### (1) 항법의 종류

| 항법의 종류 | 항법의 특징 |
|---|---|
| 지문 항법<br>(piloting) | 조종사(navigator)가 등대, 신호불빛, 부표, 돌출 바위, 절벽과 같은 Landmark를 관찰하여 선박 및 항공기를 인도한다. |
| 천문 항법<br>(celestial navigation) | 해, 달, 행성, 별을 관찰하여 위치를 파악한다. |
| 추측 항법<br>(dead-reckoning navigation) | 조종사가 이미 알고 있는 지점으로부터 지나온 거리나 방향을 관찰 및 계산하여 목적지까지의 거리, 방위각, 지면속도, 도착 예정시간 등의 항법 계획을 작성한다. |
| 관성 항법<br>(inertial navigation) | 가속도계에 의해 X, Y, Z 축의 각각 운동 가속도를 검출하고 적분하여 거리를 구한 후 출발점의 위치, 방위, 거리로부터 목적지 위치를 구한다. |
| 무선 항법<br>(radio navigation) | 전자 항법이라 하며, 레이더와 같은 전자장비의 도움으로 위치를 파악한다. |

## (2) 방위와 베어링

항법에서 방위를 구분하면 기수방위, 국방위, 상대방위로 나눈다.

| 구분 | 세부내용 | |
|---|---|---|
| 기수방위<br>(heading) | 항공기의 기수방향을 시계방향으로 측정한 각도로, 자북을 기준으로 측정하므로 자방위(MH)를 사용한다. | |
| 국방위<br>(MB: Magnetic<br>Bearing) | 지상 무선국과 항공기를 연결하는 직선이 자북을 기준으로 시계방향으로 이루는 각이다. | |
| | TO<br>베어링 | 항공기에서 지상 무선국으로 직선을 연결한 자북과 이루는 각도를 말한다. |
| | FROM<br>베어링 | 지상 무선국에서 항공기로 직선을 연결한 자북과 이루는 각도를 말한다. |
| 상대방위<br>(RB: Relative<br>Bearing) | 항공기의 진행 방향과 직선 사이의 각도를 시계방향으로 측정한 각도를 말한다. | |
| 레디얼<br>(radial) | 방위 자방위라고 하며, 지상 무선국에서 발사되는 전파의 방위각으로 FROM 베어링과 같다. | |

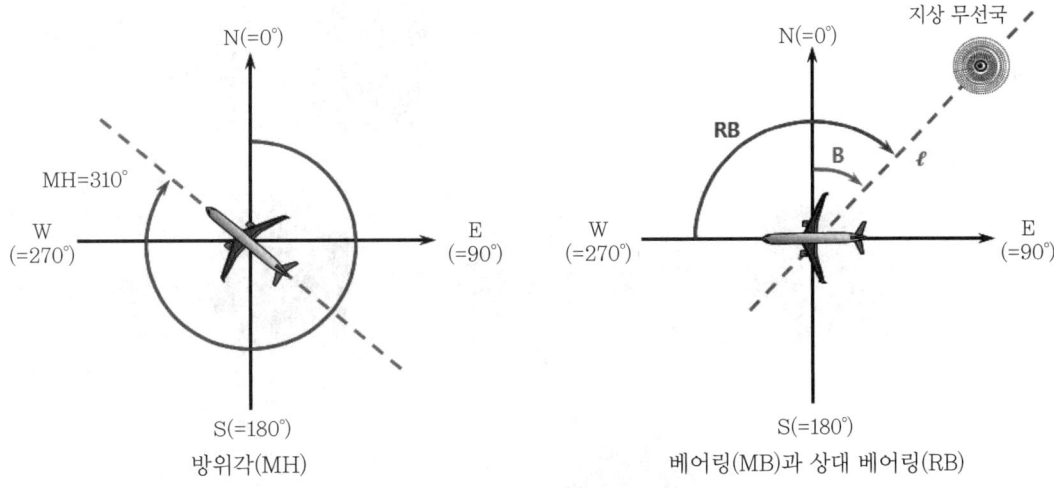

방위각(MH)　　　　　베어링(MB)과 상대 베어링(RB)

▲ 방위각과 베어링

## (1) 자동 방향 탐지기(ADF: Automatic Direction Finder)

1937년부터 민간 항공기에 탑재하여 사용하고 있는 가장 오래되고, 널리 사용되는 항법장치로, 장파(LF) 및 중파(MF) 대의 190~1,750KHz의 반송파를 사용하여 1,020Hz를 진폭 변조한 전파를 사용하여 무선국으로부터 전파 도래 방향을 알아 항공기의 방위를 시각 또는 청각 장치를 통해 알아낸다. 구성으로는 안테나, 수신기, 방향 지시기, 전원장치로 구성되어 있다.

### ① 무지향 표지 시설(NDB: Non Directional Beacon)

가) 무선 항행 보조 시설의 하나로, 무지향으로 전파를 발사하여 항공기에서 방향 탐지를 가능하게 하여 호밍 비컨(homing beacon)이라 한다.

나) homing beacon의 유효 거리는 항공기의 고도에 따라 다르다.

다) 주간에는 80~320km이고, 야간에는 공간파 영향으로 자동 방향 탐지기 오차가 커져 주간보다 짧다.

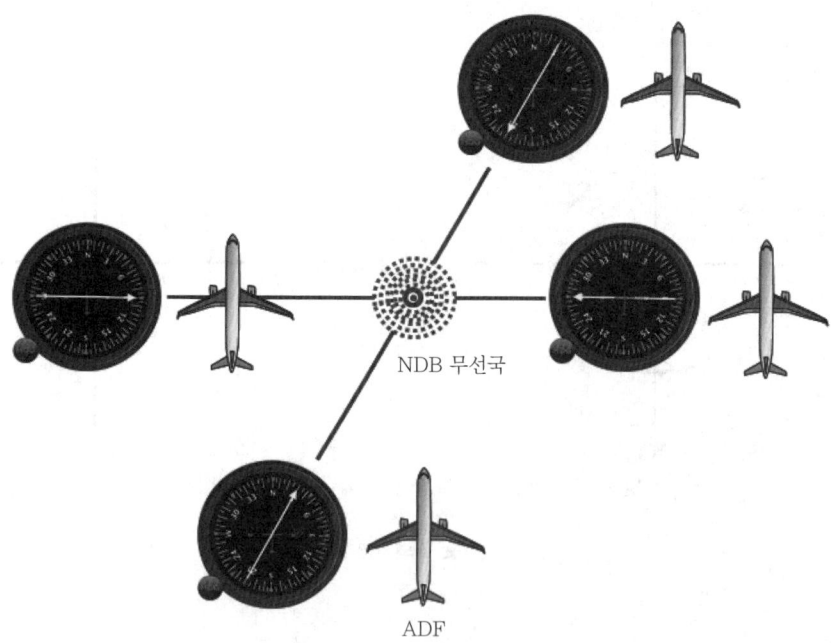

▲ NDB 무선국과 호밍장치

## ② 루프 안테나(Loop Antenna)

| | 주요 내용 |
|---|---|
| 구성 및 지향성 | • 지름 1m 내외의 원형, 정사각형, 다각형 형태에 코일을 감아 코일 내를 관통하는 자기력 선속이 변화할 때 유기되는 기전력을 이용한다.<br>• 안테나를 수직으로 세웠을 때 지향 특성이 8자형이 된다.<br>• ADF를 적용하기 위해 안테나를 회전시키지 않고 감도를 측정하여 2개의 최대 감도 중 어느 방향이 송신국 위치인지 방향을 찾는다. |
| 고니오미터<br>(goniometer) | • 안테나를 회전시키지 않고 회전시키는 효과를 얻는 장치로, 2개의 고정 코일의 중앙에 고정 코일의 축을 중심으로 회전할 수 있는 가동 코일을 배치한 것이다.<br>• 루프 코일은 전파의 방향을 측정하는 고니어미터 고정자 코일과 연결하고, 고니어미터 회전자가 360° 회전 시 정확한 전파의 방향을 찾게 된다. |
| 단일 방향 결정 방법 | 단일 방향 결정 8자형 루프 안테나 출력에, 무지향성 특성을 갖고 있는 센스 안테나의 출력을 가하면 위상차가 90° 차이 난다. 이를 동상, 기전력을 같게 하면 하트 모양의 지향 특성을 갖게 된다. 이때 최대 감도점, 최소 감도점을 알게 되어 전파 수신 방위를 결정할 수 있다. |

▲ 자동 방향 탐지기(ADF)의 원리

## ③ 수신기

가) 항공기 방향 탐지기는 200~1,800KHz의 주파수 범위를 사용하고 있고, 공항용 방향 탐지기는 VHF대 100~150MHz이고, UHF대 200~400MHz를 사용한다.

나) 자동방위지시계(RMI)에 사용되는 수신기 방식은 2중 또는 3중 슈퍼헤테로다인 방식으로 원격제어에 의한 채널 전환 및 주파수 합성 방식에 의한 자동 조절 방식을 많이 사용한다.

④ 방향 지시기

가) 안테나 내부의 2상 교류 발전기에 의한 $\sin\theta$, $\cos\theta$ 신호와 수신기에 의한 방위 신호를 위상계에 가하여 방위를 지시한다.

나) 방위 신호의 위상은 회전자의 방향을 결정하므로, 목표물의 방위를 지시하는 바늘은 회전자 권선의 축에 직결된다.

## (2) 전 방향 표지 시설(VOR: VHF Omni-directional radio Range)

전방향 표지 시설(VOR)은 자북을 지시하는 전파를 받는 순간부터 지향성의 전파를 수신하는 순간까지의 시간 차를 측정하여 발신국의 위치를 파악할 수 있다. 항공기에서는 자기 방위 지시계(RMI: Radio Magnetic Indicator), 수평 상태 지시계(HSI: Horizontal Situation Indicator)에 표지국의 방위와 그 국에 가까운지, 멀어지는지, 코스 이탈 등을 총괄적으로 나타낸다.

**RMI**
**(ADF+VOR)**

▲ RMI(ADF+VOR)

**HSI**
**(VOR+ILS+Heading Indicator)**

▲ HSI(VOR+ILS+Heading Indicator)

① 지상 장치의 개요

가) 비행을 시작한 이후 완전하고, 정밀한 항행 장치를 연구, 발전시키는 데 노력해 왔다. 특히 조종사에게는 자기의 위치, 거리와 방위는 중요한 정보이기 때문이다. 현재 싱용되고 있는 항행 보조 시선에서 조종사에게 방위의 정보를 알려주는 것은 전 방향 표지 시설이다.

나) 공항 및 공항 부근에 설치하는 공항 전 방향 표지 시설(TVOR: Terminal VOR)은 항공기의 진입 및 강하 유도에 사용되고 있다. 사용되는 주파수는 108.00~117.95MHz,

채널 간격은 0.1MHz로 사용 가능 채널은 100개이다. 그중 108.1~111.9MHz의 홀수 채널은 ILS Localizer 채널로 사용하고 있다.

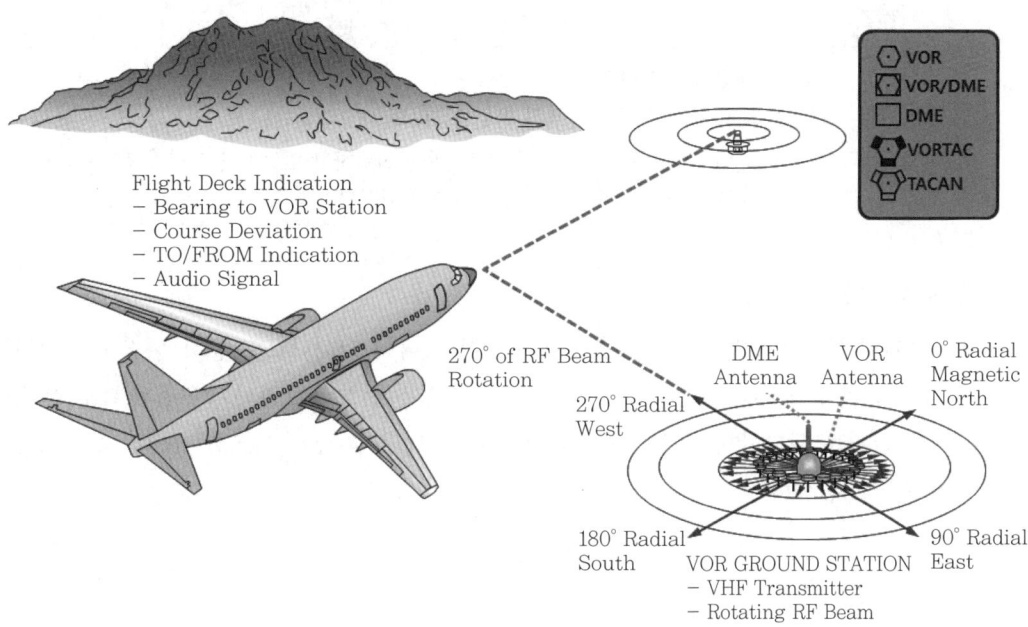

▲ 초단파 전 방향 무선표지(VOR) 및 항공지도상의 기호

### ② 지상 장치의 동작 원리

VOR 지상국은 수신 방위에 따라 위상이 변하는 30Hz 신호인 가변 위상신호(variable phase signal)와 방위와 관계없이 위상이 일정한 기준 위상신호(reference phase signal) 전파를 동시에 발사한다.

| VOR 위상신호 | 신호별 역할 |
| --- | --- |
| 가변 위상신호 | 1개의 8자형 다이폴(지향성 안테나)을 1,800rpm으로 회전시켜, 수신점에서는 공간 변조에 의한 30Hz의 진폭 변조된 가변 신호를 얻게 된다. |
| 기준 위상신호 | 30Hz의 주파수 변조를 받은 중심 주파수 9,960Hz의 부반송파로 무선 반송파(RF carrier)를 다시 진폭 변조시킨 후 무지형상 안테나에 급전시켜 얻게 된다. |

### ③ 기상 장치의 동작 원리

가) VOR 뿐만 아니라 ILS 로컬라이저의 무선 신호에 얻어지는 코스를 유지하기 위해 사용하는 항법 원조 시설로도 사용한다.

나) 로컬라이저 송신기는 G/S와 M/B 송신기 등이 한 조로 동작하여 ILS 시스템을 구성한다.

다) 활주로 끝에 위치하여 2개의 로브를 발사하는데, 이들 로브는 150Hz(청색)와 90Hz(황색)로 변조되어 서로 교차한다.

| 기상 장치의 정보 지시 |
| --- |
| ① VOR국에 대한 항공기의 방위를 결정한다. |
| ② 선택된 방사형 코스에 대한 좌우의 편위를 지시한다. |
| ③ VOR국에 대하여 TO 또는 FROM의 어느 쪽을 비행하고 있는지를 지시하고, 로컬라이저에 대한 동작에서 빔 방향에서 좌우의 편위량을 지시한다. |

### ④ VOR 수신기

VOR 수신기는 VOR/LOC를 같은 주파수를 하나의 안테나로 사용하는 겸용 수신기이고, 주로 더블 슈퍼헤테로다인 방식을 사용한다. 수신된 신호는 그림과 같이 AM 복조(검파)해서, 30Hz 가변 위상신호, 음성, 1,020Hz의 모스식별 부호, FM 복조한 30Hz 고정 위상 기준 신호로 구분된다.

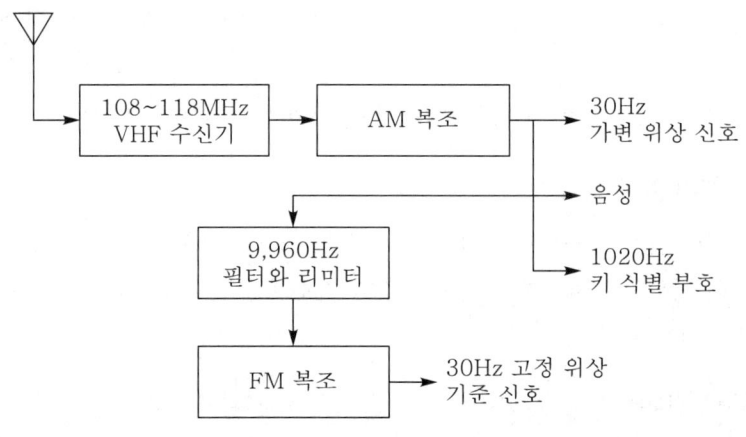

▲ VOR 수신기 계통도

### ⑤ 코스 지시기

가) VOR/LOC 및 G/S의 편위 바늘에 항법 정보를 가하여 비행 상태 및 경보를 조종사에게 알려주는 장치를 코스 지시기라 한다.

나) VOR국을 지나지 않았을 경우 TO(△)로 표시되고, VOR국을 지났을 경우 FROM(▽)으로 변화된다. VOR 지상국은 DME국 또는 TACAN(전술 항행 상치, TACtical Air Navigation system)국과 병설하여 VOR/DME 또는 VOR/TACAN으로 이용되는 경우가 많아 거리 계수기가 들어가 있어 거리까지 지시하도록 되어 있다.

다) VOR 계기는 코스 편차 표시기(CDI: Cour Deviation Indicator)의 역 감지 현상이 있다.

VOR 계기의 지시는 기수방위각과 무관하기에, TO/FROM 영역과 기수방위에 따른 무선국 위치와 항로 편차에 대해 반대로 지시하는 결과를 나타내는 현상을 CDI 역감지라 한다. 이를 방지하기 위해서는 기수방위와 설정 코스가 유사한 경우 VOR 계기 판독을 정확히 해야 한다.

## (3) 거리 측정 시설(DME: Distance Measuring Equipment)

거리 측정 시설은 항공기의 DME 기상 장치에 직선거리 정보를 제공한다. DME는 단일 장비가 아닌 VOR 항법에 VOR/DME, 계기 착륙 시설로 ILS/DME, LOC/DME와 함께 운용된다. VORTAC(VOR+DME)는 단거리 항법 보조 시설로 국제 표준으로 규정되어 있다.

### ① 거리 측정의 개요 및 특징

기상 장치와 지상 장치로 구성된 2차 레이더의 형식으로, 항공기 기상 장치(질문기)에서 발사된 1,025~1,150MHz 대의 질문 펄스는 지상 장치(응답기)에 수신되면, 지상 장치에서 디코딩하여 962~1,213MHz로 응답 펄스를 발사한다. 이렇게 기상 장치에서 질문하고, 지상 장치에서 응답하여 수신될 때까지의 시간으로 거리를 구한다.

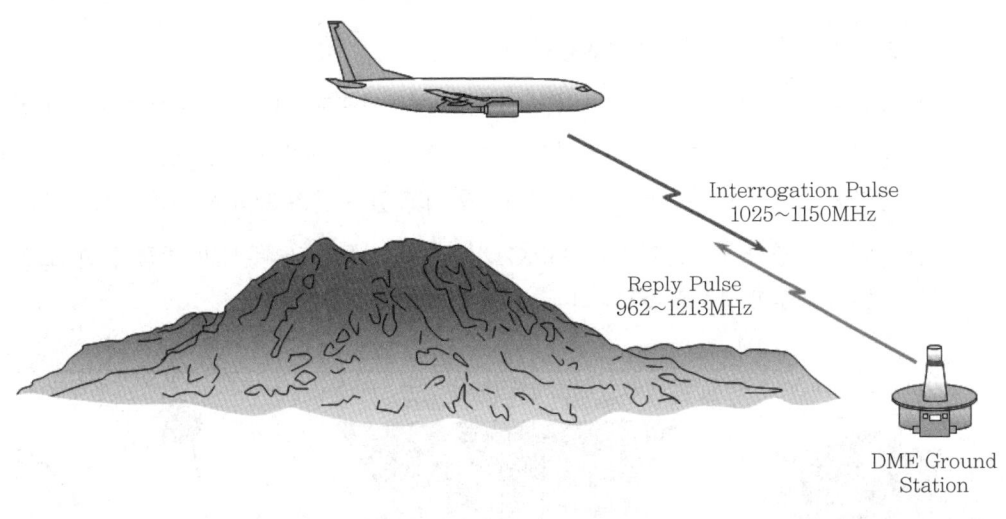

Interrogation Pulse
1025~1150MHz

Reply Pulse
962~1213MHz

DME Ground
Station

▲ 거리 측정장치

| DME의 특징 |
| --- |
| ① 진로에 대해서 연속적으로 위치 결정이 된다(ADF, VOR 보다 정확하다). |
| ② 항공기의 GS(대지 속도)가 정확, 신속하게 산출된다. |
| ③ 정확한 항공기 위치 정보를 확보할 수 있다. |
| ④ 진입 시 관제 거리를 짧게 할 수 있어 체공 선회를 할 필요가 없다. |

### (4) 전술 항법장치(TACAN: TACtical Air Navigation)

TACAN은 군사용 항법장치로 저출력으로 원거리(200NM=370Km)까지 정보를 제공하고, 응답 신호가 돌아오는 시간을 측정하여 거리를 계산한다. TACAN의 특징은 아래와 같다 (1NM=1.862Km).

| TACAN의 특징 |
| --- |
| ① 방위 및 거리 정보에 대해 항법장치의 일원화 가능하다. |
| ② 클리어 채널 방식이다. |
| ③ 잡음의 지터를 이용하면 다수의 신호를 식별할 수 있어 다수의 항공기가 동시에 하나의 지상국을 이용한다. |
| ④ 방위 및 거리 정확도가 우수하다. |
| ⑤ 지상 장치는 일정 동작 주기로 동작되어 안전하다. |
| ⑥ 1세트의 펄스로 신호를 보내므로 착오가 적다. |
| ⑦ 지상 장치는 VOR 지상 장치와 함께 정비하여 VOR/TAC 시스템을 구성할 수 있으며, TACAN에 거리계통은 DME 시스템의 역할을 한다. |

### (5) 쌍곡선 항법장치(Hyperbolic Navigation)

#### ① 로런(LORAN: LOng RAnge Navigation)

가) 송신국으로부터 원기리에 있는 선박 또는 항공기에 항행 위치를 제공하는 무선 항법 보조 시설로 "두 정점으로부터의 거리 차가 일정한 점의 궤적은, 두 정점을 초점으로 한다."는 쌍곡선 항법의 원리이다. 이는 현재 실용화되고 있는 것은 "LORAN A"와 "C"가 있다.

나) 주파수는 중파대로 1,750~1,950KHz 펄스를 사용하고, 주국과 종국이 한 조로 되어 동일 주파수의 펄스를 송신한다.

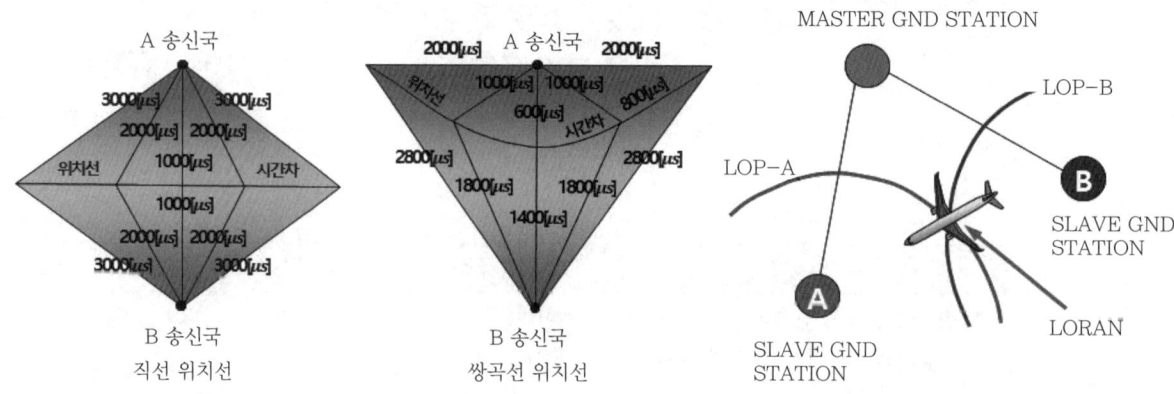

▲ 직선 위치선 및 쌍곡선 위치선          ▲ LOTAN-C System

② 오메가(OMEGA)

　가) 10~14KHz의 초장파(VLF)를 사용한 쌍곡선 항법으로 2개의 송신국으로부터 발사되는 전파의 위상차를 측정하여 위치를 결정한다.

　나) 오메가 항법의 특징은 초장파를 10,000Km에 1국씩 설치하여 현재 8개국의 송신국이 설치되어 있다. 지구상 어느 지점에서도 위치 결정이 가능하다.

송신국 배치는 아래과 같다.

| 국 | 송신국 위치 |
|---|---|
| A 국 | 브라프란드(Brapland: 노르웨이) |
| B 국 | 몬로비아(Monrovia: 라이베리아) |
| C 국 | 하와이(Hawaii: 미국) |
| D 국 | 노스다코다(North Dakota: 미국) |
| E 국 | 레위니옹 섬(La Reunion: 프랑스령, 인도양) |
| F 국 | 갈포 누에보(Golfo Nuevo: 아르헨티나) |
| G 국 | 호주(Trinided and Tobage: 남미) |
| H 국 | 쓰시마(대마도: 일본) |

## 3 위성 항법 시스템(GNSS, GPS 등)

### (1) 위성 항법 시스템(GNSS: Global Navigation Satellite System)

위성항법장치는 인공위성을 이용하여 항공기, 선박 등의 이용자가 기후, 시간에 관계없이 항법서비스를 제공하는 전파항법 시스템이다. 이 항법 시스템의 서비스는 3차원 위치 정보 제공(위도, 경도, 고도), 통신 서비스 제공, 수색 감시, 대지 속도(GS), 시간 정보 서비스를 제공한다.

| 위성 항법 시스템(GNSS) |
|---|
| • GPS(Globla Positioning System) – 미국 |
| • GLONASS(GLObla NAvigation Satellite System) – 러시아 |
| • Galileo – 유럽 |
| • BeiDOU – 중국 |

## (2) 위성항법장치(GPS: Global Positioning System)

미 국방성에서 개발한 세계적 위성항법장치는 우주 부분, 제어 부분, 이용자 부분으로 구성된다. GPS는 대기권 밖 궤도상에 위치한 24개의 인공위성을 이용하여 3차원의 위치를 결정하기 위해서 4개의 위성과의 거리 측정이 필요하고, 고도를 알고 있는 경우에는 2차원 위치(위치, 경도)를 결정하기 위해 3대의 위성 간 거리를 측정해야 한다.

| 위성항법장치(GPS)의 특징 |
| --- |
| ① 전 세계적 연속 위치 결정이 가능하다. |
| ② 대역 확산 통신 방식의 채택으로 혼신의 영향을 끼칠 수 있다. |
| ③ 이용 코드의 선택, 동시 병행 수신이 가능하여 용도의 적합한 정밀도의 자료를 얻을 수 있다. |
| ④ C/A(Coarse/Acquisition) 코드의 경우 100m, P(Precision code)인 경우 10m 이내의 오차로 3차원 위치를 얻는다. |

| 위성항법 보정기법 종류 | 내용 |
| --- | --- |
| DGPS (Differential Global Positioning System) | 정확한 위치를 알고 있는 지점에서 GPS의 시간 오차, 궤도 오차, 전파 지연 오차 등 각종 오차를 찾아 보정하여 통신을 통해 사용자에게 전달하여 오차를 보정하는 방식이다. |
| RTK (Real Time Kinematics) | 실시간 이동 보정 방식으로 정밀한 위치를 확보한 기준점의 반송파 오차 보정 값을 이용하여 사용자에게 실시간 정밀 위치를 알려주는 방식으로 측량 및 측지 분야에서 사용된다. |

## (3) 항공용 위성항법 보정시스템

항공용 위성 항법 시스템은 신호의 정확성(accuracy), 신뢰성(reliability), 무결성(integrity)이 보장되어야 안전성을 최우선으로 하는 항공용으로 이용할 수 있다. 신호를 차단하는 재밍, 위조된 GPS 신호로 혼란을 일으키는 스푸핑 등에 영향을 받지 않아야 한다.

GPS는 10~15m 위치 오차를 가지며, 오차 보정을 위해 근거리 오차보정시스템(GBAS)과 광역 오차보정시스템(SBAS)을 사용한다.

각국의 광역위치보정시스템은 WAAS(미국), EGNOS(유럽연합), MSAS(일본), GAGAN(인도), SDCM(러시아) 등 광역보정시스템을 구축하고 있고, KASS(대한민국)는 구축이 임박해 있다. KASS는 오차가 1~3m 이하의 매우 정확한 위치 정보를 제공할 수 있다.

## (1) 관성항법장치(INS: Inertial Navigation System)

가속도계, 적분기, 플랫폼, 짐벌 기구로 구성된 관성항법장치는 무선 항법 및 위성항법장치와 같이 지상 무선국 및 위성과 같은 외부 시스템의 도움 없이 탑재된 센서만으로 항법 정보를 계산한다. 가속도계로 항공기의 운동 가속도를 검출한 후 적분하여 속도를 구하고, 다시 속도를 적분하여 이동 거리를 구해 초기 출발지의 위치를 기준으로 항법 정보를 계산하는 장치이다. 관성항법장치는 1969년 B-747을 시작으로 현재 반도체 기술이 발전함에 따라 무인기, 드론, 자동차, GPS/INS 등에 장착되어 사용되고 있다.

### ① 관성측정장치(IMU: Inertial Measuring Unit)

가) 3방향의 가속도계와 자이로스코프 3개씩을 설치한 센서 묶음을 말한다.

나) 측정된 가속도 성분을 각 축마다 적분하여 속도와 위치를 구한다.

다) 관성항법장치의 문제점은 외부의 기준을 참조하지 않기 때문에 시간이 지날수록 오차가 생긴다. 15시간 비행했을 때 1Km 정도의 오차가 있다.

## (2) 관성항법장치의 종류

| 종류 | 특징 |
|---|---|
| 안정대 방식<br>(stable platform) | 안정대 방식은 가속도계 3개와 자이로스코프 3개로 구성되어 항공기가 심한 운동을 하더라도 그 운동을 상쇄시키는 안정대가 있으므로 자이로스코프의 측정 범위가 넓지 않아도 구현할 수 있어 전투기에 적용되는 관성항법장치로 사용되고 있다. 이 방식은 제작이 까다롭고, 비용이 많이 들며, 고장을 일으키기 쉽다.<br><br>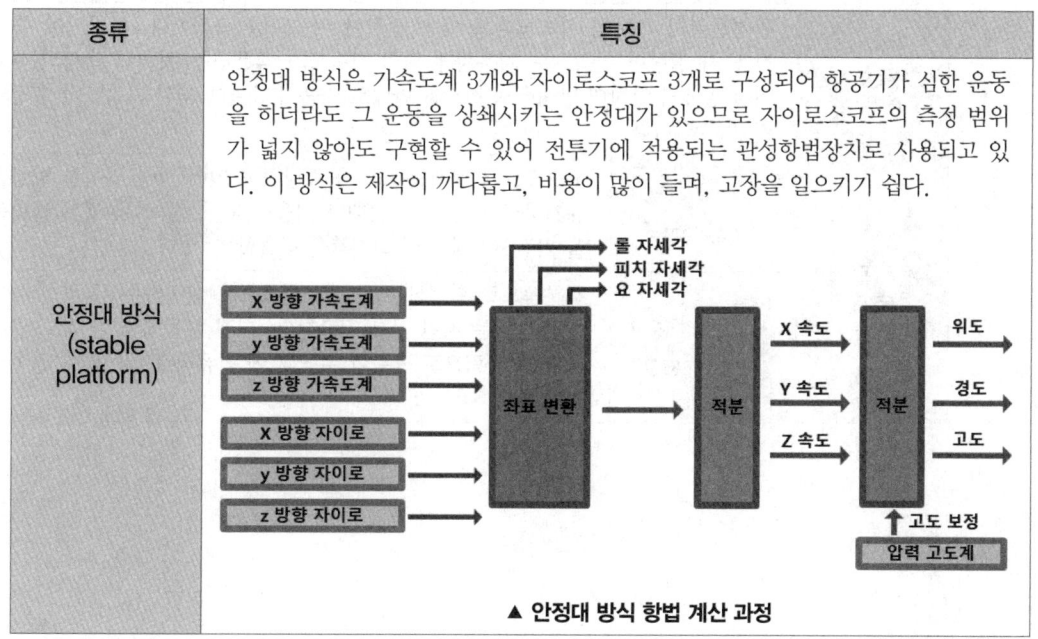<br>▲ 안정대 방식 항법 계산 과정 |

| 스트랩다운<br>방식<br>(strap<br>down) | 안정대 방식의 단점을 개선하기 위해 안정대를 삭제하고, 가속도계와 자이로스코프를 항공기 기체에 고정시킨 방식으로 빠른 계산을 할 수 있고, 레이저 자이로스코프가 개발되면서 여객기의 관성항법장치로 사용되고 있다.<br><br>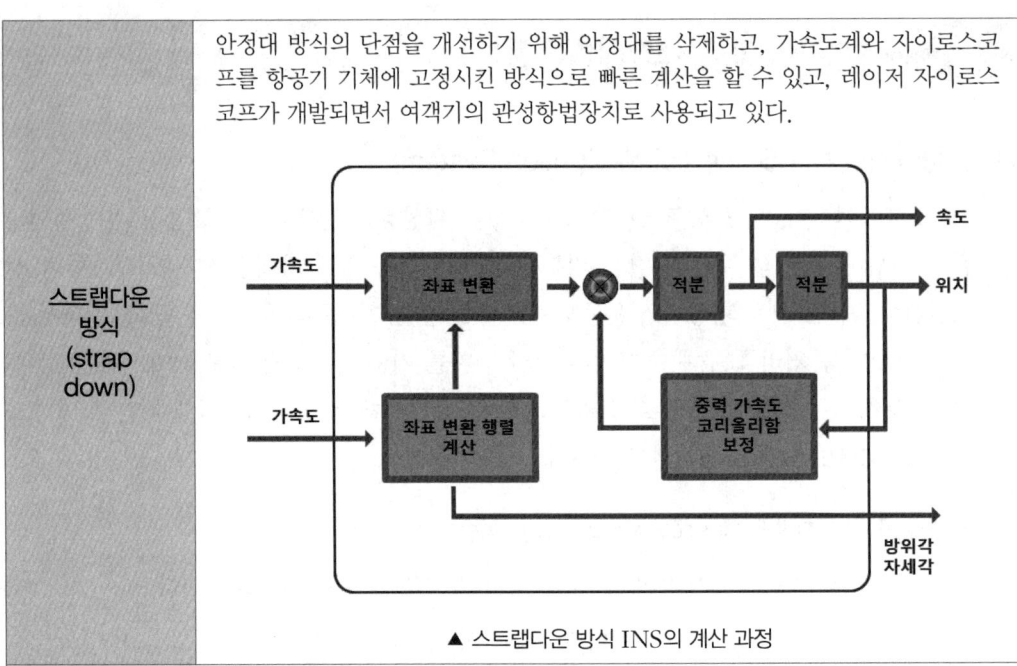<br>▲ 스트랩다운 방식 INS의 계산 과정 |
|---|---|

- 안정대: 항공기 운동과 반대 회전을 하면서 항상 지면과 수평을 유지하는 판이다.
- 짐벌: 나침반이나 안정대를 수평으로 유지하는 장치이다.

### ① 관성센서

| 종류 | | 특징 |
|---|---|---|
| 가속도계 | | 관성센서의 하나인 가속도계로 매우 정확한 가속도를 측정한다. 항공기에 중력 작용 시 질량이 한쪽으로 치우치게 되어 가속도가 작용하는 것처럼 측정되는데, 이런 점에서 안정대 방식은 회전각과 반대로 기울여 중력에 의한 가속도가 측정되지 않도록 한다. |
| 자이로스코프 | 부동식 적분 자이로스코프 | 고속으로 회전하는 모터를 내장하고 있어 항상 일정한 방향을 유지하려고 한다. 안정대가 기울어지면 섭동성이 생겨 출력축을 회전시키게 되어 회전각을 검출할 수 있다. |
| | 링 레이저 자이로스코프 | 오른쪽으로 회전하는 광선과 왼쪽으로 회전하는 두 광선 사이에서 생기는 시간 차를 검출한다. 회전 운동에 의한 각도 변화를 펄스 출력으로 출력할 수 있기에 컴퓨터로 데이터를 전송하기가 좋다. |

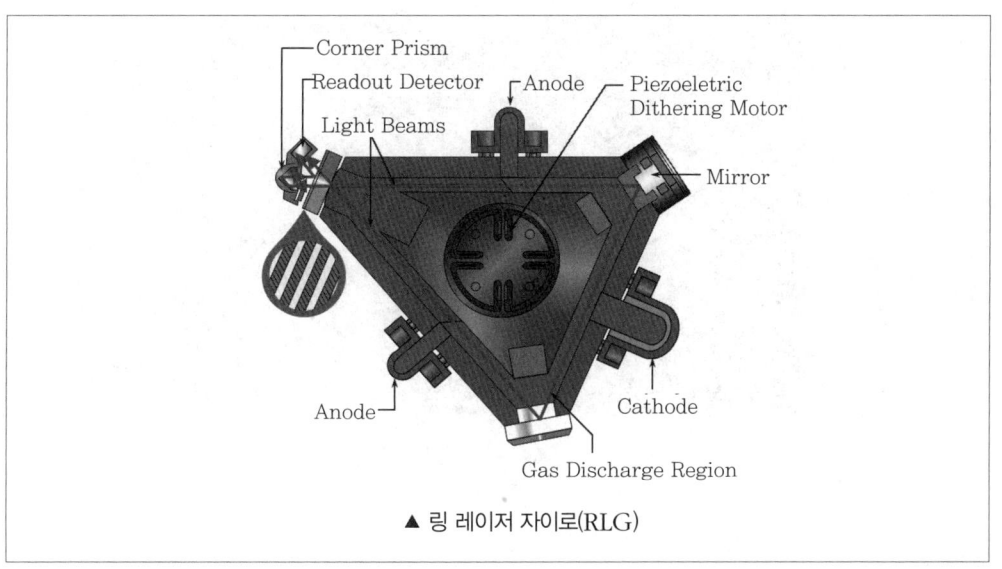

▲ 링 레이저 자이로(RLG)

지역 항법 시스템(RNAV 등)

## (1) 지역 항법 시스템

기존의 항공로(airway)는 지상의 항행안전시설(NAVAID)을 기준으로 방위 정보와 거리정보를 측정하여 VOR/DME 또는 VORTAC를 통과하는 항로점(waypoint)을 직선으로 연결한 항공로를 운영하고 있다. 이러한 기존 방식은 항공 교통량이 증가하면서 제한된 항공로로 인한 교통 정체, 비행경로 연장으로 경제성이 떨어지는 문제점이 있다.

성능 기반 항법(PBN: Performance Based Navigation)은 지상 무선국 상공을 의무적으로 통과하지 않고 주어진 항로 오차 범위 내에서 항로점을 설정하여 비행거리를 단축할 수 있는 방식으로 지역 항법(RNAV: aRea NAVigation) 또는 RNP(Required Navigation Performance)로 구성된다.

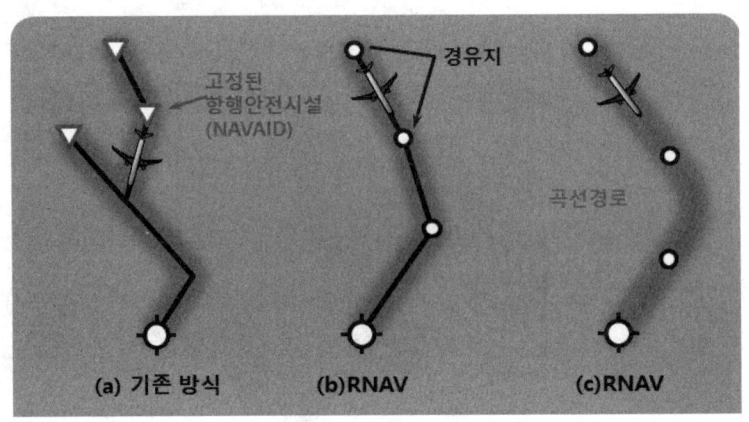

▲ 기존 항법과 지역 항법

항행 보조 장치(WXR, RA, AAS, GPWS, TCAS, FDR, CVR, ELT, ILS 등)

## (1) 기상 레이더(WXR: Weather Radar)

항공기에 탑재된 레이더는 기상측정용과 항법용이 있다. 레이더는 근거리 초단파 전 방향 무선표지(VOR), 장거리 위성항법장치(GPS), 관성항법장치(INS), 기상 레이더(보조항법장치)가 있다.

기상 레이더는 구름의 형성, 폭우 지역을 알려주고, 이착륙 시 위험을 주는 윈드시어(wind shear)의 예측 활용, 지형을 탐지하여 항공기의 현재 위치 탐지, 야간 및 시계가 나쁜 경우 항로 및 주변 악천후 영역을 탐지하여 표시한다. 악천후 지역은 빗방울로 인한 전파 반사를 이용하여 강우량을 확인하여 표시한다.

안테나는 전방 레이돔(radom) 내에 장착되며 높은 이득을 얻는 평판 안테나를 사용한다.

대역과 주파수는 다음과 같다.

| 대역 | 주파수 | 특징 |
|------|--------|------|
| C 대역 | 5.4GHz | 강우량이 많을 때 사용 |
| X 대역 | 9.375GHz | 강우지역이 없거나 강우량이 적은 구름이 있는 경우에 사용 |

## (2) 전파고도계(RA: Radio Altimeter)

전파고도계는 항공기가 착륙 접근하면서 고도 정보를 얻는 데도 사용한다. 항공기에서 지표를
향해 전파를 발사하고, 그 반사파가 되돌아올 때까지의 시간을 측정하는 장치로 지형과 항공기
간의 수직거리, 즉 절대고도를 측정하여 절대고도계라고도 한다.

| 종류 | 특징 |
|---|---|
| 펄스식<br>전파고도계 | 발사한 펄스가 지표면에서 반사되어 기상 수신기에 도달하는 시간에 의해 고도를 구하는 방식으로 지형과 눈, 얼음, 초목 등의 지표면 상황과 기후의 영향을 받지 않는 장점이 있다. |
| FM식<br>전파고도계 | 0~750m(0~2,500ft)까지의 낮은 고도를 정밀하게 측정하여 활주로 접근, 착륙 시 사용된다. 전파고도계는 LRRA(Low Range Radio Altimeter)라 불린다. |

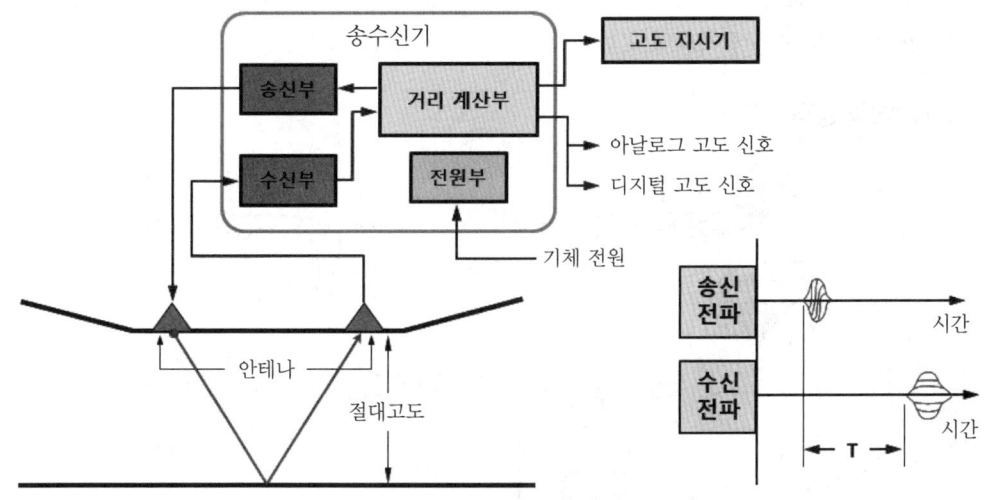

▲ 펄스식 전파고도계의 원리

## (3) 고도경보장치(AAS: Altitude Alert System)

운항 중인 항공기에서 조종사에게 현재 고도를 확인시켜 주고, 설정한 고도와의 차이 발생
시(선택 고도 접근 및 이탈 ±300~900ft) 경보등과 경보음으로 알려주어 사고 위험을
방지하는 장치이다. 단, 고고도에서만 작동한다. 조종사가 항공교통관제(ATC)에서 지정된
비행고도를 MCP(Mode Control Panel)의 Altitude Selector 노브를 돌려서 입력 설정하면
비행제어컴퓨터(FCC: Flight Control Computer)는 선택 고도 접근 및 이탈 시 경고음을
발생시킨다.

## (4) 대지접근 경보장치(GPWS: Ground Proximity Warning System)

1975년 이후 FAA(Federal Aviation Administration)에서 의무 장착 이후 대부분의 항공기에 장착되어 항공기와 산 및 지표면과의 충돌을 방지하는 경고장치로 속도, 전파고도계, 강하율, 착륙장치, 플랩 위치, 글라이드 슬로프 수신기 등의 비행정보를 수집하여 이륙, 순항, 진입, 하강, 착륙 등 비행 단계에 필요한 경보를 제공한다.

## (5) 공중충돌방지장치(TCAS: Traffic alert Collision Avoidance System)

공중충돌방지장치는 미국에서 TCAS라고 부르고, 국제적인 명칭인 ACAS(Airborne Collision Avoidance System)는 항공기의 접근을 탐지하여 조종사에게 항공기의 위치나 충돌을 피하기 위한 회피 정보를 제공한다. ICAO에서는 5,700kg 초과 또는 승객 19인 초과 비행기는 TCAS 1기 이상 의무적으로 장착되었다.

### ① TCAS의 동작원리

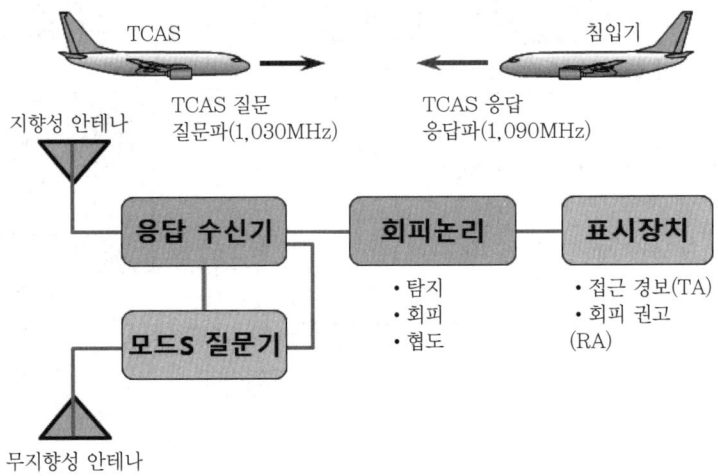

▲ TCAS의 동작원리

가) TCAS는 항공교통관제(ATC)와는 독립적으로 탑재된 장비를 통해 주변 항공기 거리, 상대방위, 고도를 분석하여 접근 경보(TA), 회피 권고(RA)를 내리는 공중충돌 방지장치이다.

나) ATC transponder(질문기)에서 1,030MHz의 질문을 보내고 주변 항공기의 ATC transponder가 질문을 수신하면 자동으로 1,090MHz의 응답신호를 송출한다. 모드 A(고유 식별 부호 요청), 모드 C(고도 요청), 모드 S(데이터 링크)를 통해 정보를 주고받을 수 있고, 그 정보를 통해 주의 구역(Caution Area)과 경고 구역(Warning Area)으로 나눈다.

| 종류 | 내용 |
|---|---|
| 접근 경보<br>(TA: Traffic Alert) | 상대 항공기가 약 0.4NM 내에 있거나, 이 거리 내로 들어오기까지의 예측시간이 약 35~45초 이하인지를 판단한다. |
| 회피 권고<br>(RA, Resolution<br>Alert) | 상대 항공기가 약 0.3NM 내에 있거나, 이 거리 내로 들어오기까지의 예측시간이 약 20~30초 이하인지를 판단한다. 회피 권고는 주비행표시장치에 표시되며, 이때 조종사는 상승 또는 하강을 수행해야 한다. 만일 동등한 고도의 위치에서 RA가 판정되면 조종사는 오른쪽 선회를 수행해야 한다. |
| ※ TCAS와 항공교통관제사(air traffic controller)의 관제지시가 다른 경우에는 TCAS의 지시를 우선해야 한다. | |

② TCAS 종류

| 종류 | 내용 |
|---|---|
| TCAS Ⅰ | 거리, 방위 정보 및 접근 경보(TA) 제공 |
| TCAS Ⅱ | 거리, 방위 정보, 식별부호 및 접근 경보(TA), 수직면 회피 권고(VRA) |
| TCAS Ⅲ | 위치 정보, 접근 경보(TA), 수직면 회피 권고(VRA), 수평면 회피 권고(HRA) |

## (6) 비행기록장치(FDR: Flight Data Recorder)

비행기록장치는 항공기 사고의 원인 규명 및 분석을 위해 기록하는 저장장치로 12,500LB 이상, 25,000ft 이상 비행하는 모든 항공기에 미국연방항공청(FAA)에 의해 장착이 의무화되었다. FDR은 비행기록장치 초기의 아날로그 모델로 마그네틱 테이프로 기록되었으나, 아날로그 방식의 파라미터 수, 정밀도와 오차의 한계가 있어 현재는 반도체 메모리를 이용한 디지털 비행기록장치(DFDR: Digital Flight Data Recorder)를 사용하고 있다. FDR의 요구조건은 다음과 같다.

| FDR의 요구조건 |
|---|
| ① 비행 중에는 비행자료가 계속 기록되어야 한다. |
| ② 사고, 추락 등 외부 충격에도 손상될 확률이 낮고, 데이터가 파괴되지 않도록 후방 동체에 장착한다. |
| ③ 현 시간을 기준으로 25시간 비행자료를 기록하고, 260℃에서 10시간, 1,100℃에서 30분을 견뎌야 한다. |
| ④ 최대 충격 3,400G에서도 정상 작동되어야 한다. |
| ⑤ 해저 추락 시 수중위치표시장치 ULD(Under water Locating Device)가 내장되어 37.5KHz의 저주파가 수면으로부터 6Km 수신이 가능해야 한다. |
| ⑥ 눈에 잘 식별될 수 있도록 오렌지색 또는 황색으로 표시해야 한다. |

## (7) 조종실 음성기록장치(CVR: Cockpit Voice Recorder)

조종실 음성기록장치는 사고원인 규명에 기여하며, 기록되는 음성으론 조종실에서의 승무원 간의 대화, 관제 기관과의 교신내용, 헤드셋이나 스피커를 통해 정해지는 항행 및 관제시설 식별 신호음, 각종 항공기 시스템의 경보음이 기록되며, 최종 30분 이상 4채널로 녹음하여 저장 기록한다. 단, B737, B777은 최종 120분 음성 데이터를 기록한다. CVR의 요구조건은 다음과 같다.

| CVR의 요구조건 |
| --- |
| ① 1,100℃에서 30분을 견디고, 1,000G 충격에서 11ms까지 견디고, 해수, 연료, 작동유에 48시간 침전되어도 견딜 수 있도록 캡슐에 수용되어야 한다. |
| ② 정상 비행 시 승무원이 녹음을 소거할 수 있어야 하고, 비행 중 잘못된 동작으로 녹음이 소거되지 않도록 비행 중에는 부동작되어야 한다. |
| ③ 항공기 후방에 쉽게 발견될 수 있도록 오렌지색 또는 황색으로 도장이 규정되어 있다. |
| ④ 최근에는 FDR, CVR을 합쳐 CVFDR 형태로 개발되어 항공기 후방 동체에 장착되어 있다. |

## (8) 비상위치발신기(ELT: Emergency Locator Transmitter)

비상위치발신기는 후방 동체 객실 천장 패널에 장착되어 초단파(VHF) 주파수를 사용하여 항공기의 충돌, 추락 등 조난 상태에서 항공기의 위치를 알리는 비상 신호이다. 민간 항공기에서는 121.5MHz, 군용 항공기에서는 243.0MHz의 비상신호를 발신한다. 최근에는 리튬배터리로 300Mw로 48시간 동안 406MHz의 주파수 신호 발신이 가능하다. 이는 위성 송신기가 장착되어 50초 간격으로 극초단파(UHF) 406MHz 조난 비컨 신호를 0.44초 동안 발신하고, 위성에서 수신 후 재전송하게 되면 2km 내에 항공기 위치를 찾을 수 있게 된다.

## (9) 계기 착륙장치(ILS: Instrument Landing System)

계기 착륙장치는 일기 및 시계가 불량할 때 항공기가 안전하게 공항에 착륙할 수 있도록 유도신호를 송출하여 진입 경로와 각도를 제공하는 시스템이다.

| 구분 | 종류 |
| --- | --- |
| 민간 시스템 | 계기 착륙장치(ILS: Instrument Landing System), 마이크로파 착륙장치(MLS: Microwave Landing System), 위성항법보정시스템(DGPS: Differential GPS)의 광역 오차보성시스템(SBAS), 근거리 오차보정시스템(GBAS) 등 |
| 군용 시스템 | 정밀 진입 레이더(PAR: Precision Approach Radar) |

## ① 시스템 구성

착륙 시스템은 비행 자세, 활강 제어의 정확한 정보를 제공하는 시스템으로 아래와 같이 구성된다.

| 구성 구분 | 구성 특징 | | | | |
|---|---|---|---|---|---|
| 로컬라이저<br>(localizer) | 수평 위치를 표시하고 정밀한 수평 방향의 접근 유도신호를 제공하며, 40채널의 VHF 스펙트럼을 사용한다. 주파수는 108.1~111.95MHz를 50KHz 간격으로 구분하여 0.1MHz 단위가 홀수인 것만 사용한다.<br>항공기 탑재 수신기에서는 왼쪽 90Hz와 오른쪽 150Hz의 변조파 감도를 비교하여 진행 방향을 지시해 준다. | | | | |
| 글라이드 슬로프<br>(glide slope) | 활주로에 대해 적정한 강하 각을 유지하기 위해 수직 방향의 유도를 위한 시설이다. 송신기에서는 2개의 지향성 로브를, 위쪽은 90Hz, 아래쪽은 150Hz로 변조된 로브를 330.95~334.75MHz로 로컬라이저 신호와 조합하여 발사한다. 즉, 로컬라이저 주파수 선택 시 동시에 글라이드 슬로프 주파수가 선택되도록 되어 있다. | | | | |
| 마커 비컨<br>(marker<br>beacon) | 활주로 끝으로부터의 일정 거리를 표시하며, 마커 비컨 상공을 통과할 때 시각 및 청각신호를 제공한다. | | | | |
| | 마커 구분 | 설치 위치 | 주파수 | 전구 색 | 모르스 부호 |
| | Outer Marker | 7 km | 400Hz | 청색, 자색 | ― ― ― ― |
| | Middle Marker | 1,050 m | 1300Hz | 황색 | ― · ― · |
| | Inner Marker | 300 m | 3000Hz | 백색 | · · · · |

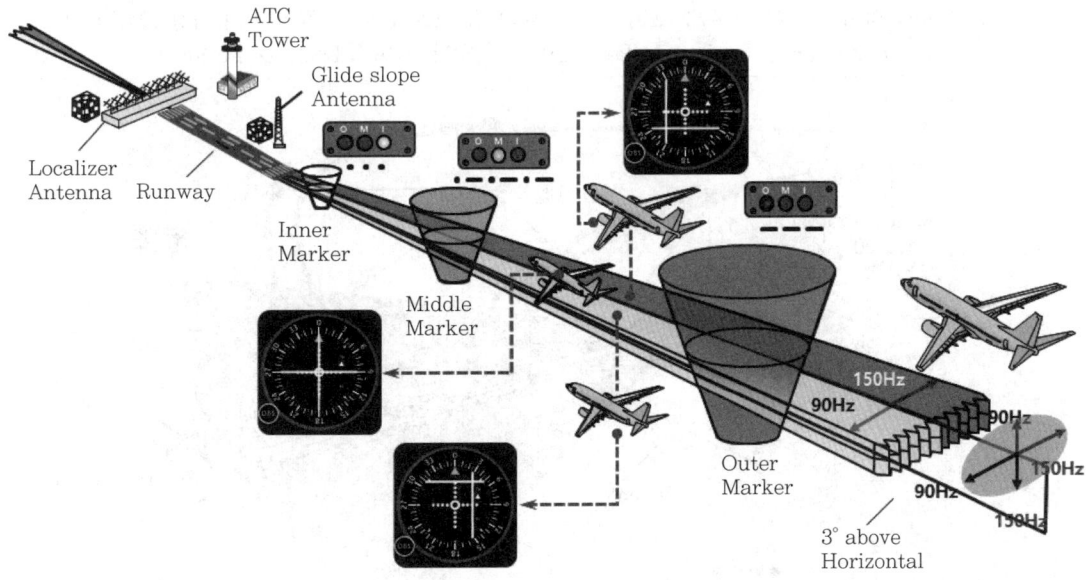

▲ 계기착륙장치(ILS)의 지상설비

국제민간항공기구(ICAO)에서 규정한 시정 등급은 아래와 같이 나눈다. 결심고도는 조종사가 시계비행으로 착륙시키거나 착륙을 포기할 것을 결정하는 고도를 DH(Decision Height)라 하고, 활주로까지의 가시 거리는 RVR(Runway Visual Range)로 나타낸다.

| 카테고리 | system minima | DH | RVR/(활주시정거리) |
|---|---|---|---|
| CAT-I | 200ft[60m] ↑ | 200ft | 550m/(800m) ↑ |
| CAT-II | 100ft[30m] ↑ | 200ft ↓, 100ft ↑ | 350m/(350m) ↑ |
| CAT-III A | 50ft[15m] ↑ | 100ft ↓, DH 없음 | 200m/(200m) ↑ |
| CAT-III B | 50ft[15m] ↓ | 50FT ↓, DH 없음 | 15m/(50m) ↑ |
| CAT-III C | 0ft | DH 없음. | 0m |

### ② 마이크로파 착륙장치(MLS: Microwave Landing System)

국제민간항공기구(ICAO)에서 스캐닝 빔(TRSB: Time Reference Scanning Beam) 방식을 국제 표준 채택 이후 ILS에서 MLS로 이행 계획이 결정되었다. 그에 따른 차이는 다음과 같다.

| ILS에 비해 MLS의 이점 |
|---|
| ① MLS는 진입 영역이 넓고, 곡선 진입이 가능하다. 소음 경감에도 효과가 있다. |
| ② ILS는 VHF, UHF 대역의 전파를 사용하기에 넓고 평평해야 하지만, MLS는 5GHz 주파수 대역을 사용하므로 건물 등의 반사, 지형의 영향을 적게 받으므로 설치 조건이 완화되었다. |
| ③ ILS 운용 주파수 40개 채널, MLS 운용 주파수 200개 채널로 간섭문제가 적어진다. |
| ④ 각종 정보를 제공할 수 있는 자유 데이터 링크가 가능하다. |
| ⑤ MLS의 구성: 방위각(AZ: Azimuth), 고저가(EL: Elevation), 정밀 거리 측정(DME/P, Distance Measuring Equipment Pecision), 후방 방위각(BAZ: Back Azimuth) |

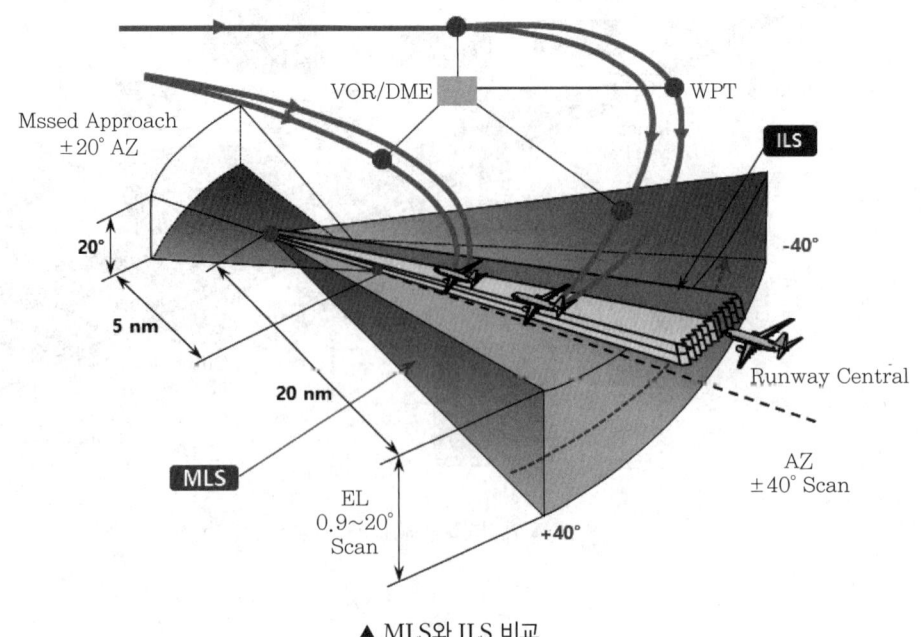

▲ MLS와 ILS 비교

## 01 다음 중 장거리 항법장치가 아닌 것은?

① INS
② 지문항법
③ 오메가
④ 도플러 항법

**해설**

장거리 항법장치에는 INS, 오메가, 도플러 항법 장치가 있다.

## 02 초단파 전방향 무선표지 시설(VOR)이란?

① 지상 무선국에 해당하는 주파수를 선택하면 항공기가 지상 무선국으로부터 어느 방향에 있는지 알 수 있다.
② 지상 무선국에 해당하는 주파수를 선택하면 지상 무선국의 방향을 지시한다.
③ 지상 무선국에 해당하는 주파수를 선택하면 지상 무선국에서 북서쪽 방향을 항공기에 지시한다.
④ 지상 무선국에 해당하는 주파수를 선택하면 지상 무선국에서 남서쪽 방향을 항공기에 지시한다.

**해설**

전방향 표지 시설(VOR: VHF Omni-directional Range)은 자북을 지시하는 전파를 받는 순간부터 지향성의 전파를 수신하는 순간까지의 시간 차를 측정하여 발신국의 위치를 파악할 수 있다.

## 03 지상에 설치한 무지향성 무선 표지국으로부터 송신되는 전파의 도래 방향을 계기상에 지시하는 것은?

① 거리측정장치(DME)
② 자동방향탐지기(ADF)
③ 항공교통관제장치(ATC)
④ 전파고도계(ratio altimeter)

**해설**

자동방향탐지기(ADF: Automatic Direction Finder)는 1937년부터 민간 항공기에 탑재하여 사용하고 있는 가장 오래되고, 널리 사용되고 있는 항법장치로, 장파(LF) 및 중파(MF)대의 190~1,750KHz의 반송파를 사용하여 1,020Hz를 진폭변조한 전파를 사용하여 무선국으로부터 전파 도래 방향을 알아 항공기의 방위를 시각 또는 청각 장치를 통해 알아낸다.

## 04 군용 항공기에 지상국과 항공기까지의 거리와 방위를 제공하는 항법장치는?

① DME
② TCAS
③ VOR
④ TACAN

**해설**

타칸(TACAN)은 항공기에 탑재된 TACAN 장치에서 지상 TACAN의 채널을 맞추기만 하면 자동으로 지상국에 전파를 보내고, 지상국에서 보내고 있는 응답신호에 의해 지상국과의 방위와 거리가 동시에 항공기의 지시기에 나타나서 항공기의 비행 위치를 알 수 있다.

**정답** 01. ② 02. ① 03. ② 04. ④

**05** 거리측정장치(DME)에 대한 설명으로 가장 관계가 먼 것은?

① DME는 초단파 전방향 무선 표지 시설과 병설되어 VOR로도 불리며, 국제표준으로 규정되어 있다.

② DME 시스템의 사용 주파수 대역은 500~1,215KHz로 넓은 범위의 주파수 대역을 사용한다.

③ DME 지시기에 표시되는 거리는 항공기에서 DME 국까지의 경사거리이다.

④ DME의 거리 측정은 항공기로부터 질문 퍼스가 발사되어 지상국의 응답 펄스를 수신할 때까지의 지연시간을 측정하여 거리로 환산하는 방법이다.

해설

거리측정시설(DME: Distance Measuring Equipment)은 항공기의 DME 기상 장치에 직선거리 정보를 제공한다. 기상 장치와 지상 장치로 구성된 2차 레이더의 형식으로, 항공기 기상 장치(질문기)에서 발사된 1,025~1,150MHz 대의 질문 펄스가 지상 장치(응답기)에 수신되면, 지상 장치에서 디코딩하여 962~1,213MHz로 응답 펄스를 발사한다. 이렇게 기상 장치에서 질문하고, 지상 장치에서 응답하여 수신될 때까지의 시간으로 거리를 구한다.

**06** 서로 떨어진 두 개의 송신소로부터 동기신호를 수신하고, 두 송신소에서 오는 신호의 시간 차를 측정하여 자기 위치를 결정하여 항행하는 무선항법은?

① LORAN(LOng RAnge Navigation)

② TACAN(TACtical Air Navigation)

③ VOR(VHF Omni Range)

④ ADF(Automatic Direction Finder)

해설

로란(LORAN: LOng RAnge Navigation)은 송신국으로부터 원거리에 있는 선박 또는 항공기에 항행 위치를 제공하는 무선 항법 보조 시설로, "두 정점으로부터의 거리 차가 일정한 점의 궤적은 두 정점을 초점으로 한다."는 쌍곡선 항법의 원리이다. 현재 실용화되고 있는 것은 "LORAN A"와 "C"가 있다.

**07** 다음 중 지상 원조 시설이 필요한 항법장치는?

① 오메가 항법

② 도플러 레이더

③ 관성항법장치

④ 펄스식 전파고도계

해설

오메가 항법은 지구상에 8개의 송신국만 설치하면 충분하며, 10~14KHz의 초장파를 사용한 쌍곡선 항법이다.

**08** 인공위성을 이용하여 통신, 항법, 감시 및 항공관제를 통합 관리하는 항공운항지원시스템의 명칭은?

① 위성항법시스템

② 항공운항시스템

③ 위성통합시스템

④ 항공관리시스템

해설

위성항법시스템(GPS: Global Positioning System): 위치정보는 GPS 수신기로 3개 이상의 위성으로부터 시간, 거리를 측정하여 정확한 현 위치를 계산할 수 있다.

✈ 정답 05. ② 06. ① 07. ① 08. ①

**09** 위성으로부터 전파를 수신하여 자신의 위치를 알아내는 계통으로써 처음에는 군사 목적으로 이용하였으나 민간 여객기, 자동차용으로도 실용화되어 사용 중인 것은?

① 로란(LORAN)
② 관성항법(INS)
③ 오메가(OMEGA)
④ 위성항법(GPS)

**해설**

위성항법(GPS): 위성에서 보내는 신호를 수신해 사용자의 현재 위치를 계산하는 위성항법시스템이다.

**10** 항법 장비 중에서 지상의 무선국이 없어도 되는 것은?

① ADF          ② VOR
③ LORAN        ④ INS

**해설**

관성항법장치(INS: Inertial Navigation System): 가속도계, 적분기, 플랫폼, 짐벌 기구로 구성된 관성항법장치는 무선 항법 및 위성 항법 장치와 같이 지상 무선국 및 위성과 같은 외부 시스템의 도움 없이 탑재된 센서만으로 항법 정보를 계산한다. 가속도계로 항공기의 운동 가속도를 검출한 후 적분하여 속도를 구하고, 다시 속도를 적분하여 이동 거리를 구해 초기 출발지의 위치를 기준으로 항법 정보를 계산하는 장치이다.

**11** 항공기가 비행하면서 관성항법장치(INS)에서 얻을 수 있는 정보와 가장 관계가 먼 것은?

① 위치          ② 자세
③ 자방위        ④ 속도

**해설**

10번 문제 해설 참고

**12** 관성항법장치(INS)에서 안정대(stable platform) 위에 가속도계를 설치하는 주된 이유는?

① 지구 자전을 보정하기 위하여
② 각가속도도 함께 측정하기 위하여
③ 항공기에서 전해지는 진동을 차단하기 위하여
④ 가속도를 적분하기 위한 기준 좌표계를 이용하기 위하여

**해설**

관성항법장치는 자세를 제어하는 자이로와 가속도를 계측하는 가속도계로 구성되어 있다. 가속도를 적분하면 속도, 속도를 적분하면 이동거리를 계산할 수 있다는 것을 이용하는 항법 장치이다. 즉, 가속도를 적분하기 위한 기준 좌표계를 이용하기 때문에 안정대 위에 가속도계를 설치해야 하는 이유이다.

**13** 기상 레이더(weather radar)에 대한 설명으로 틀린 것은?

① 반사파의 강함은 강우 또는 구름 속의 물방울 밀도에 반비례한다.
② 청천 난기류 영역은 기상 레이더에서 감지하지 못한다.
③ 영상은 반사파의 강약을 밝음 또는 색으로 구별한다.
④ 전파의 직진성, 등속성으로부터 물체의 방향과 거리를 알 수 있다.

**해설**

기상 레이더는 항로상의 악천후 영역을 미리 탐지하고 해안선, 하천, 호수 등 지형의 상태를 지도에 나타내 자기의 현재 위치를 인지한다. 주파수는 9,300MHz대(X 주파수대)와 5,400MHz대(C 주파수대)의 것이 있으며, 반사파의 강약을 밝음 또는 색으로 구별한다. 전파의 직진성, 등속성으로부터 물체의 방향과 거리를 알 수 있는 장치이다.

**정답** 09. ④  10. ④  11. ③  12. ④  13. ①

**14** 다음 중 공중 충돌 경보장치는 무엇인가?

① ATC

② TCAS

③ ADC

④ 기상 레이더

> **해설**

TACS: 공중 충돌 회피 장치로 항공기의 접근을 탐지하며 조종사에게 항공기의 위치 정보나 충돌을 회피하기 위한 정보를 제공한다.

**15** 항공 교통 관제(ATC) 트랜스폰더에서 Mode C의 질문에 대해 항공기가 응답하는 비행고도는?

① 진고도

② 절대고도

③ 기압고도

④ 객실고도

> **해설**

항공교통관제(Air Traffic Control) 장치는 2차 감시레이더 및 TCAS(공중충돌방지장치)와 같이 사용된다. 이는 Mode A 질문 신호에 식별 부호로 응답하고, Mode C 질문 신호에 기압고도로 응답한다.

**16** 항공기가 하강하다가 위험한 상태에 도달하였을 때 작동되는 장비는?

① INS

② Weather Radar

③ GPWS

④ Radio Altimeter

> **해설**

GPWS(Ground Poximity Warning System): 항공기의 안전 운항을 위한 항공전자장비의 한가지로서 항공기가 지표 빛 산악 등의 지형에 접근할 경우, 점멸등과 인공음성으로 조종사에게 이상접근을 경고하는 장치이다. 다른 용어로는 지상 접근 경보장치라고도 부른다.

**17** 비행기록장치(DFDR: Digital Flight Data Recorder) 또는 조종실음성기록장치(CVR: Cockpit Voice Recorder)에 장착된 수중위치표지(ULD: Under Water Locating Device) 성능에 대한 설명으로 틀린 것은?

① 비행에 필수적인 변수가 기록된다.

② 물속에 있을 때만 작동한다.

③ 매초 37.5kHz로 Pulse tone 신호를 송신한다.

④ 최소 3개월 이상 작동되도록 설계되어 있다.

> **해설**

비행기록장치에 장착된 수중 위치표지 성능은 비행에 필수적인 변수가 기록되며, 물속에 있을 때만 작동한다. 매초 37.5KHz로 pluse tone 신호를 송신한다.

**18** Cockpit Voice Recorder 설명으로 가장 올바른 것은?

① 지상에서 항공기를 호출하기 위한 장치이다.

② 항공기 사고원인 규명을 위해 사용되는 녹음장치이다.

③ HF 또는 VHF를 이용하여 통화한다.

④ 지상에 있는 정비사에게 Alerting 하기 위한 장비이다.

> **해설**

조종실 음성기록장치(CVR: Cockpit Voice Recorder)는 사고원인 규명에 기여하며, 기록되는 음성으로는 조종실에서의 승무원 간의 대화, 관제 기관과의 교신 내용, 헤드셋이나 스피커를 통해 정해지는 항행 및 관제시설 식별 신호음, 각종 항공기 시스템의 경보음이 기록되며, 최종 30분 이상 4채널로 녹음하여 저장 기록한다.

✈ **정답** 14. ② 15. ③ 16. ③ 17. ④ 18. ②

**19** 항공기에 장착된 고정용 ELT(Emergency Locator Transmitter)가 송신 조건이 되었을 때, 송신되는 주파수가 아닌 것은?

① 121.5MHZ

② 203.0MHZ

③ 243.0MHZ

④ 406.0MHZ

**[해설]**

항공기에 장착된 고정용 ELT(Emergency Locator Transmitterr)의 수신지에서 송신되는 주파수는 121.5MHz, 243.0MHz, 406.0MHz이다.

**20** 계기 착륙 장치(instrument landing system)에서 활주로 중심을 알려주는 장치는?

① 로컬라이저(localizer)

② 마커 비컨(marker beacon)

③ 글라이드 슬로프(glide slope)

④ 거리 측정 장치(distance measuring equipment)

**[해설]**

계기 착륙 장치(ILS: Instrument Landing System) 중 로컬라이저(localizer)는 수평 위치 표시를 활주로 중심선에 대해 정밀한 수평 방향의 접근 유도신호를 제공하며, 40채널의 VHF 스펙트럼을 사용한다. 주파수는 108.1~111.95MHz를 50KHz 간격으로 구분하여 0.1MHz 단위가 홀수인 것만 사용한다. 항공기 탑재 수신기에서 왼쪽은 90Hz와 오른쪽은 150Hz의 변조파 감도를 비교하여 진행 방향을 지시해 준다.

CHAPTER

# 1 자동 조종장치의 원리

## (1) 자동 조종장치의 개요

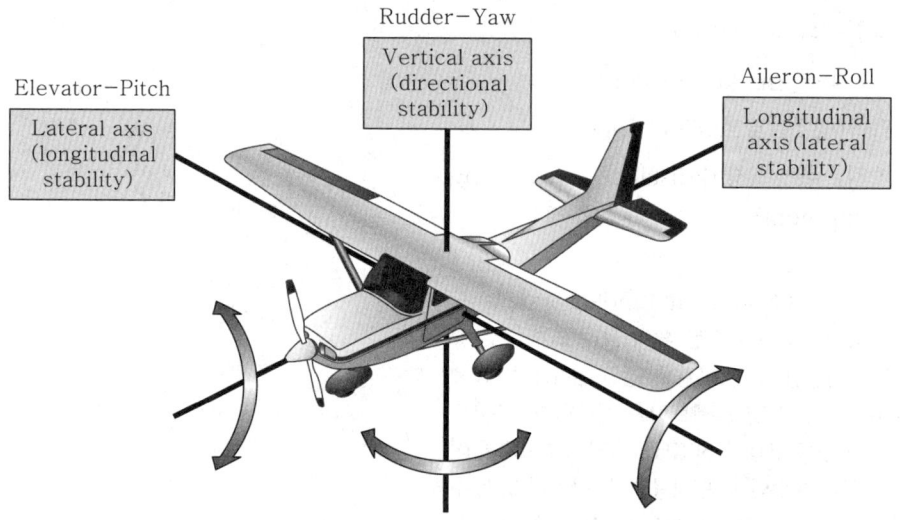

Rudder-Yaw
Vertical axis (directional stability)

Elevator-Pitch
Lateral axis (longitudinal stability)

Aileron-Roll
Longitudinal axis (lateral stability)

항공기가 점차 대형화, 고속화되면서 항공기의 상승, 선회, 항법장치에 의한 비행코스의 결정 등 조종사의 피로와 그보다 더 안전한 비행을 할 수 있도록 자동 조종장치가 개발되었다. 이 자동 조종장치는 비행 자세, 비행 고도, 항로 유지 등 조종사가 하던 일을 자동으로 조종해 준다. 자동 조종장치는 안정(stability), 조종(control), 유도(guidance) 3가지의 기능을 두고 3대 축 제어를 한다. 3대 제어 축은 다음 표와 같다.

| 제어 축 | 각 | 제어 키 | 운동 | 제어 |
|---|---|---|---|---|
| 옆놀이 축 제어 (X축) | $\phi$ | 도움날개 | 기수방향을 중심으로 왼쪽과 오른쪽 방향의 운동 | 속도, 고도, 수직 항법, glide slope 등을 제어 |

| 키놀이 축 제어<br>(Y축) | $\theta$ | 승강키 | 기수방향이 상하로 흔들리는 상태에서 기수가 상, 하 방향의 운동 | 방향, 트랙, 수평 항법, localizer 등을 제어 |
|---|---|---|---|---|
| 빗놀이 축 제어<br>(Z축) | $\psi$ | 방향키 | 수평상태에서 기수방향이 왼쪽으로 향했다가, 오른쪽으로 향하는 상태의 운동 | 역 요, 상승각, localizer 등을 제어 |

## (2) 자동 조종장치의 기능

### ① 안정화 기능

| 기능 | 핵심 내용 |
|---|---|
| 마하 트림<br>보정 | 음속 가까이 비행하게 되면 날개의 압력중심이 충격파에 의해 후퇴하게 되어 기수가 점차 내려가는 현상을 턱 언더 현상이라 한다. 턱 언더 현상 발생 시 항공기 기수가 내려가지 않도록 승강키를 움직여 상승할 수 있도록 자동으로 보정해 주는 장치를 피치 트림 보상기 또는 마하 트리머라고 한다. |
| 요 댐퍼 | 항공기의 후퇴각이 있기 때문에 가로 및 세로 방향의 안정성이 떨어져 돌풍에 의한 좌우 측 흔들림이 발생한다. 이와 같은 현상을 더치 롤이라 한다. 더치 롤 현상이 일어나는 것을 방지하기 위해 요 댐퍼가 있다. |

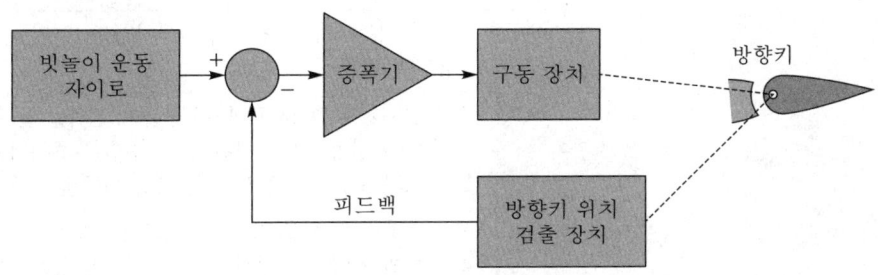

▲ 안정화 기능의 요 댐퍼

### ② 조종 기능

| 기능 | 핵심 내용 |
|---|---|
| 경사각 제어 | 계획된 경사각으로 비행하고자 할 때 경사각의 명령은 MCP(Mode Control Panel)에 있는 방향 제어부이다. 수평비행 하고 있을 때 MCP에 있는 방향 제어부 노브를 20° 위치로 돌리면 도움날개가 작동되어 항공기는 20° 경사각을 갖는다. |
| 상승률 및<br>하강률 제어 | 항공기의 상승 및 하강은 승강키를 움직여 제어하여 일정한 상승률과 하강률이 되도록 한다. |
| 방향 제어 | 방향 제어는 수평자세지시계(HSI) 오른쪽 하단 노브를 돌려 설정한다. |

항법장치 정보는 제어 휠, CDI, VOR/DME, ILS, IRS 등으로 입력받아 조종면에 신호를
보내면 서보 드라이버, 작동기가 조종면을 작동시킨다. 항공기 자세, 방위, 고도, 속도는 명령
값에 도달되도록 피드백되어 오차를 줄이도록 제어한다.

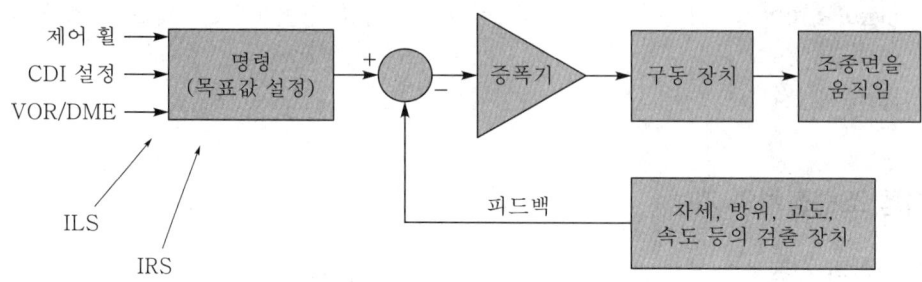

▲ 기본적인 오토파일럿 장치 시스템

### ③ 유도 기능

| 기능 | 핵심 내용 | |
|---|---|---|
| VOR에 의한 유도 | 항공기는 지상 VOR 무선국의 주파수를 설정하여 수신하면서 비행한다. 이 때 입력된 방위신호와 측정된 방위각의 차이가 발생하지 않도록 제어기의 피드백 데이터를 통해 오차를 줄일 수 있어서 VOR 항로를 유도, 유지 비행할 수 있다. | |
| ILS에 의한 유도 | 항공기를 운항함에 있어 최종 자동 착륙까지 가능하게 하는 기능으로 높은 신뢰성이 요구되는 유도 방법이다. | |
| | 로컬라이저 | 좌측 90Hz, 우측 150Hz를 수신하여 편위를 살피고, 편위량에 따라 전압을 발생시킨다. 이 전압은 증폭기에 입력되고 신호를 구동장치에 전달하여 도움날개를 작동시킨다. |
| | 글라이드 슬로프 | 상측 90Hz, 하측 150Hz를 수신하여 편위를 살피고, 편위량에 따라 전압을 발생시킨다. 이 전압은 증폭기에 입력되고 신호를 구동장치에 전달하여 승강키를 작동시킨다. |
| INS에 의한 유도 | 항공기가 출발지에서 목적지까지 통과, 경유하는 경유지를 IRS(Inertial Reference System)에 입력하여 경유지와 경유지로 가는 항로를 계산하고 설정한다. 항공기가 비행하고 있는 항로는 IRS에 의한 위치정보로 설정값과 차이가 있으면 증폭기에 입력되고 구동장치에 전달하여 승강키, 도움날개 등을 작동시킨다. | |

## (3) 자동 조종장치의 구성

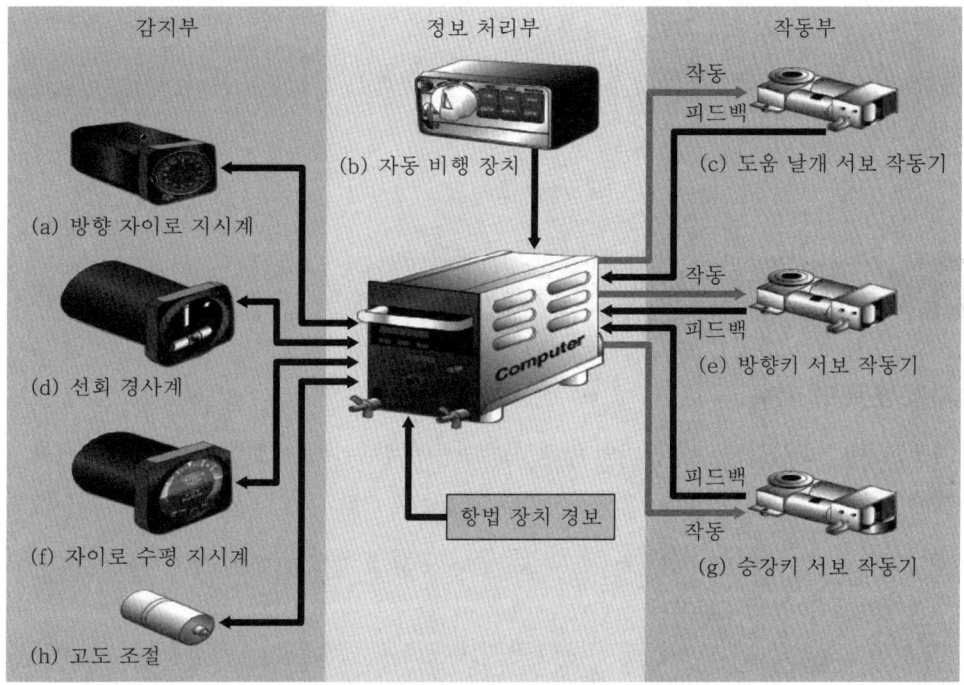

▲ 오토파일럿의 구성

| 자동 조종장치 구성 | 핵심 내용 | |
|---|---|---|
| 감지부 | 기체의 동요를 억제하기 위한 제동 신호로, 동요의 속도 또는 가속도를 검출하는 레이트 자이로나 가속도계가 기체에 장착되어 신호를 얻는다. | |
| | 수직 자이로 | 롤 및 피치 자세 신호를 얻는다. |
| | 방향 자이로 | 기수 방위 신호를 얻는다. |
| | 대기 자료 컴퓨터 | 정압과 동압을 얻고, 고도 신호나 편위 신호, 대기속도 신호 등을 공급한다. |
| | 각종 항법장치 | 진로 편위량이나 방위 신호가 공급된다. |
| 정보 처리부 | 각 센서로부터 정보를 집계하여 조타 신호를 산출한다. | |
| 작동부 | 정보 처리부의 전기 신호를 기계적 출력으로 변환시키는 부분으로 자동 조종장치의 응답 특성을 결정하며, 대형 항공기에서는 유압 서보를 많이 사용하고 있다. | |
| 제어부 | 부조종사의 조작이 쉬운 장소에 부착한다. 조작은 다음과 같다.<br>① 자동 조종장치의 연결, 분리 제어<br>② 자동 기능의 선택 및 소요 자료의 생성<br>③ 자동 조종장치 및 키놀이 및 선회 수동 조작 | |

| 표시부 | 자동 조종장치의 작동 상황을 조종사에게 알리는 표시부로, 조종사가 계기판을 확인하기 쉬운 장소에 위치하며 내용은 다음과 같다.<br>① 자동 조종장치의 분리 경고<br>② 기능의 자동 전환 표시(접근 및 진입 등) |
| --- | --- |

## 2  자동 조종장치의 종류

### (1) 자동 조종의 기능

자동 조종의 핵심사항은 항공기의 안전성과 조종성이 우수해야 한다. 안전성에는 종축 안정성, 횡축 안전성, 기수방향 안정성으로 나뉜다.

안정성이란 조종사의 아무런 조타 없이도 자연스럽게 원래의 상태로 균형을 잡는 성질이고, 정적 안정과 동적 안정으로 분류된다.

| 정적과 동적 | 주요 내용 |
| --- | --- |
| 정적 안정<br>(+의 정적 안정) | 기체의 평형이 무너졌을 때 원래의 균형 상태로 되돌리는 경우 |
| 정적 불안정<br>(−의 정적 안정) | 기체의 평형이 무너졌을 때 변위가 점점 커져 균형 상태에서 빠지는 경우 |
| 동적 안정<br>(+의 동적 안정) | 자세가 평형 위치로 되돌리기까지의 과정에서 변위가 시간이 지남에 따라 감소하는 경우 |
| 동적 불안정<br>(−의 동적 안정) | 자세가 평형 위치로 되돌리기까지의 과정에서 변위가 시간이 지남에 따라 증가하는 경우 |

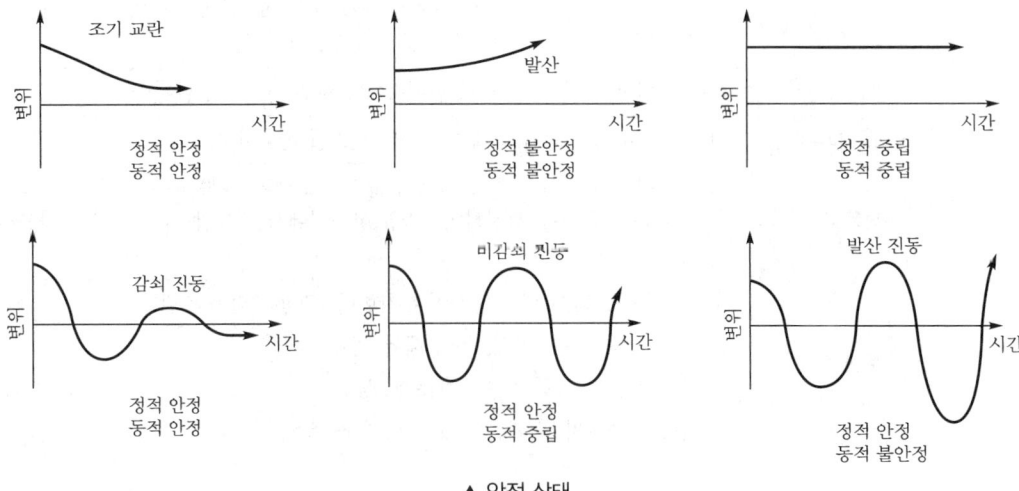

▲ 안정 상태

항공기는 정적 안정, 동적 안정이 모두 양으로 설계되어 있다. 하지만 안정성이 너무 좋으면 조종성이 떨어지고, 조종성이 좋으면 안정성이 떨어진다. 그렇기에 민간 항공기의 경우에는 감항성이 우선이기에 안정성에 중점을 두고, 전투기는 기동력이 우선이기에 조종성에 중점을 두고 있다.

① **세로 안정성(longitudinal stability):** 항공기가 키놀이에 따른 상하 방향 운동에 있어, 돌풍으로 세로 방향의 균형이 무너져 양각이 변화한 경우에 원래의 자세로 되돌리는 것을 말한다. 기체에 상향의 힘이 가해져 받음각이 증가하면 수평 안정판의 받음각도 증가하여 양력을 생성한다. 이때, 기수 아래 모멘트가 발생하여 받음각이 감소되면서 균형 상태로 안정된다.

| 중심 이동 상황 | 안정성과 키놀이 관계 |
|---|---|
| 중심이 전방으로 이동하면 | 중심과 풍압 중심의 거리가 커지며, 기체 중량의 외관 변화는 적게 된다. 즉, 안정성은 좋아지지만, 승강 키의 기능이 나빠진다. |
| 중심이 후방으로 이동하면 | 중심과 풍압 중심의 거리가 적어지며, 기체 중량의 외관 변화는 커진다. 즉, 안정성은 떨어지고 승강 키의 기능은 좋아진다. |

② **가로 안정성(lateral stability):** 항공기 기체가 가로 흔들림을 일으켰을 때 원래의 균형 위치까지 되돌리는 성질로 기체의 옆놀이에 대한 안정성이다. 이는 주 날개의 상반각과 후퇴각에 따라서 안정성을 얻는다.

③ **방향 안정성(directional stability):** 항공기 기체가 횡활을 일으켰을 때 그 풍상 측으로 기수를 향하여 다시 균형 상태로 되돌리는 성질로 빗놀이에 대한 안정성이며, 수직 안정판에 의해 안정성을 얻는다.

## (2) 자세 유지 방법

① **균형 선회(coordinated turn):** 기체를 선회할 때는 동시에 빗놀이 운동도 같이 해야 균형 선회를 할 수 있다. 그렇지 않으면 미끄럼이 발생하게 된다. 즉, 조종사가 조종간을 '우'로 돌려 오른쪽으로 회전시키면서 동시에 '우측' 방향 페달을 밟아 기수를 오른쪽으로 선회시킨다. 조종사는 계획한 옆놀이각에 이르기 전에 조종간을 '좌'로 돌려 옆놀이율을 감소시키고, 계획한 옆놀이 각에 도달했을 때는 도움날개가 중립 위치에 오게 된다.

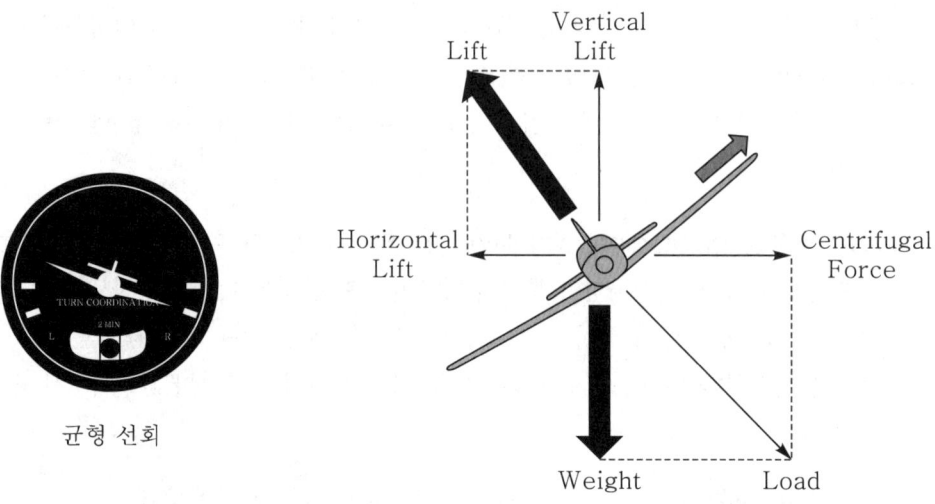

균형 선회

| 균형 선회 | 주요 내용 |
|---|---|
| 선회 중 | • 양력의 수직 성분=기체 중량의 균형을 이루기 위해서는 추력을 일정하게 하기 위해 승강키를 당기고, 양각을 크게 하여 양력을 증가시켜야 한다. 다만, 이때 항력도 증가하므로 속도가 저하되면서 고도도 저하하게 된다.<br>• 양력의 수평 성분=원심력의 균형의 선회 반지름은 중력 가속도 성분에 반비례하고, 속도 제곱의 값에 비례한다.<br>$$R = \frac{V^2}{g\tan\theta}$$ |
| 수평 비행 중 | 양력(L)=기체 중량(W) |

② **내활 선회(slip turn):** 선회 시 방향키의 조작량이 충분하지 않아 안쪽에 횡활을 일으켜 내활 선회라고 한다. 이때, 원심력보다 양력의 수평 성분이 크고, 외관의 중력 방향은 대칭면보다 선회의 안쪽으로 기울어지므로 선회계의 볼은 안쪽으로 기울어진다. 즉, 선회 방향 안쪽으로 미끄러지는 현상이다.

외활 선회

③ **외활 선회(skid turn):** 선회 시 방향키의 조작량이 너무 많아 바깥쪽에 횡활을 일으켜 외활 선회라고 한다. 이때, 원심력보다 추력의 수평 성분이 적고, 외관의 중력 방향은 대칭면보다 선회의 바깥쪽으로 기울어지므로 선회계의 볼은 바깥쪽으로 기울어진다. 즉, 원심력으로 인해 선회 방향의 바깥쪽으로 미끄러지는 현상이다.

내활 선회

④ **트림(trim):** 조종 날개면에 작용하는 X축(세로축—옆놀이축), Y축(가로축—키놀이축), Z축(수직축—빗놀이축)에 관한 모멘트를 '0'으로 하고, 기체에 작용하는 공기력, 엔진 출력 등이 균형을 유지하는 것을 트림 유지라 한다.

⑤ **더치 롤(dutch roll):** 항공기에는 수직 안정판에 의한 방향 안정성보다도 상반각이 있는 후퇴 날개의 가로 흔들림 복원성이 강하기 때문에 방향 불안정 현상인 더치 롤이 일어나기 쉽다.

| 멈추는 방법 | 방향 키를 조작하여 편 흔들림을 멈추고, 그에 따라 횡활도 멈추어 기체가 안정된다. |
|---|---|
| 방지하는 방법 | 더치 롤을 방지하는 기능은 비행 중 언제나 사용하며, 이를 빗놀이 댐퍼라 한다. |

## (3) 항법계통과의 결합

① **자세 유지(gyro) 모드:** 비행 제어의 요 댐퍼, 자동 조종장치 결합 레버를 결합 위치로 한 모드를 말한다. 키놀이 자세는 결합하였을 때 피치 자세를 유지하게 되고, 옆놀이 자세는 날개를 수평 위치로 되돌렸을 때 기수 방위를 유지하며 비행한다.

② **자세 제어(turn-knob) 모드:** 비행 제어장치의 턴 노브(선회 설정기)나 키놀이 노브(피치 설정기)를 돌려 항공기의 자세를 바꾸는 모드를 말한다. 기체의 옆놀이각은 턴 노브의 회전각에 비례하고, 기체의 키놀이율은 키놀이 노브의 회전각에 비례한다.

③ **기수 방위(HDG SEL) 설정 모드:** HDG SEL 모드는 수평 상태 지시계의 HDG knob를 돌려 설정한 방향으로 기수를 바꾸는 모드이다. 그림과 같이 기수방위(HDG) 190°로 비행하고 있던 비행기가 설정한 기수 방위(SEL HDG) 170° 방향으로 선회를 시작하여 기수가 170°를 향하게 되면 수평 비행하게 된다.

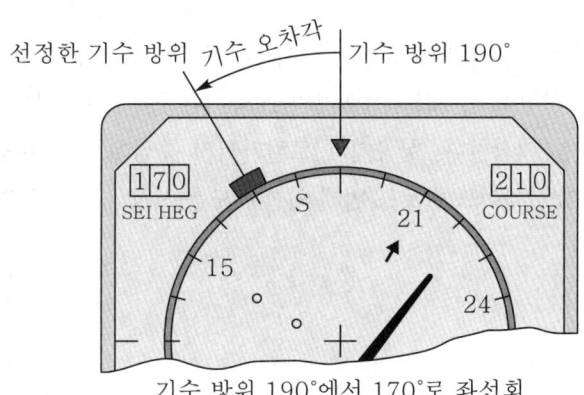

▲ 기수 방위 설정 모드의 선회 예

④ **고도 유지(ALT HOLD) 모드:** 자세 제어 모드로 항공기 기체가 원하는 고도에 이르렀을 때 ALT HOLD 버튼을 누르면 버튼을 눌렀을 때의 고도로 항공기는 안정되고, 그 고도를 유지하며 비행한다.

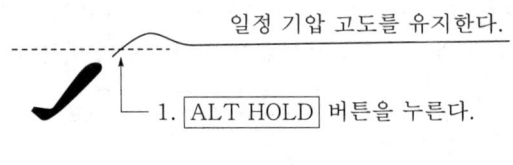

▲ 고도 유지 모드의 기능

⑤ **VOR/LOC 모드:** VOR 지상 무선국의 유도 전파를 이용하여 비행하는 모드이다. 초단파 전 방향 무선 표지(VOR)는 방위각을 유지하고, 거리 측정장치(DME)는 거리 정보를 제공한다. VOR국을 수신할 수 있을 때 그림과 같이 모드 선택기의 VOR/LOC 버튼을 눌러 VOR 전파를 수신하면, VOR 전파에 의한 유도가 시작되어 090° 코스로 직진 비행하게 되고, VOR 지상 무선국을 통과해도 090° 코스를 계속 유지한다.

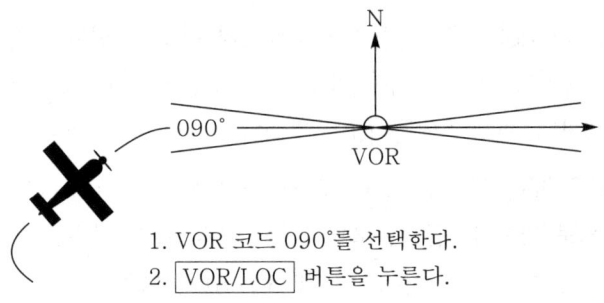

▲ VOR/LOC 모드에서 VOR국으로의 접근

⑥ **ILS 모드:** 계기 착륙장치의 유도 전파를 이용하여 활주로에 강하하는 모드이다. 먼저 활주로 방위를 HSI에 설정하고, 모드 선택기의 ILS 버튼을 누르면 먼저 로컬라이저(LOC) 빔을 포착하여 유도를 시작한다. 항공기가 로컬라이저 중심에 가까우면 글라이드 슬로프(G/S) 전파를 수신하여 글라이드 슬로프 빔에 의한 유도를 시작하고 빔에 의해 강하하게 된다.

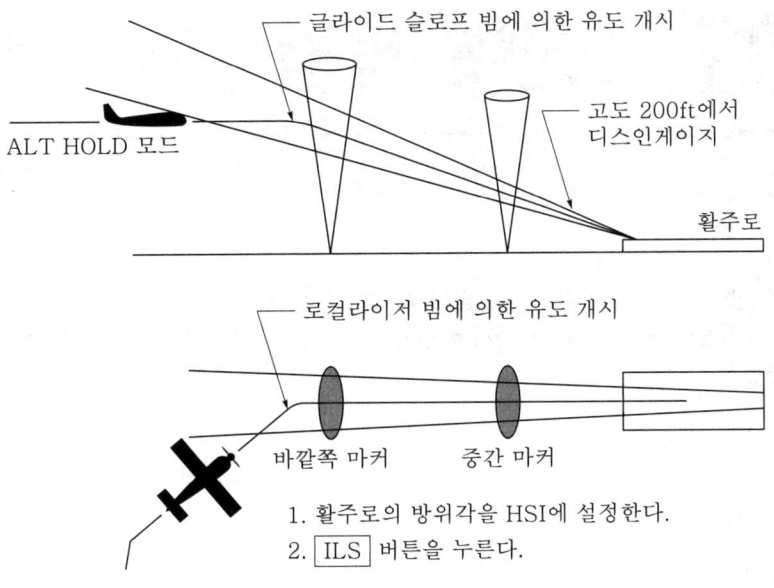

글라이드 슬로프 빔에 의한 유도 개시

ALT HOLD 모드

고도 200ft에서
디스인게이지

활주로

로컬라이저 빔에 의한 유도 개시

바깥쪽 마커    중간 마커

1. 활주로의 방위각을 HSI에 설정한다.
2. ILS 버튼을 누른다.

▲ ILS 모드에 의한 강하

# 09 실력 점검 문제

**01** 자동 조종 항법장치에서 위치정보를 받아 자동으로 항공기를 조종하여 목적지까지 비행시키는 기능은?

① 유도 기능
② 조종 기능
③ 안정화 기능
④ 방향탐지 기능

**해설**

항공기 자동조종장치(auto pilot): 조종사가 항공기 이륙 전에 미리 입력해 둔 데이터에 따라 자동으로 비행 중인 항공기의 방위, 자세 및 비행고도를 유지시켜 주는 장치로써, 항공기가 이륙하여 안정 고도에 도달한 후 조종사가 항공기를 오토 파일럿으로 전환해 놓으면 비정상 상황이 발생하지 않는 한 비행기는 조종사의 특별한 조작 없이도 목적지까지 미리 정해놓은 속도와 고도로 날아가 착륙한다.

**02** 이륙, 상승 및 복행 시 자동으로 추력을 설정하고 순항, 진입 및 착륙 상태에서는 자동으로 속도를 제어하는 장치는?

① 오토 스로틀
② 자동 착륙장치
③ 플라이트 디렉터 시스템
④ 요 댐퍼

**해설**

자동 추력 제어 장치(automatic throttle system)는 이륙, 상승, 하강, 순항, 복행 시 자동으로 추력을 설정하고, 순항, 진입 및 착륙 상태에서는 자동으로 속도를 제어한다.

**03** 자동조종장치를 구성하는 장치 중 현재의 자세와 변화율을 측정하는 센서의 역할을 하는 것이 아닌 것은?

① 서보장치
② 수직자이로
③ 고도 센서
④ VOR/ILS 신호

**해설**

자동조종장치란 수평비행과 지정된 항로로 항공기를 유지하는 자동 조종 기계장치, 항공기가 원하는 방향과 자세를 유지할 수 있게 자동으로 3타, 즉 보조익 방향타, 승강타를 조작하는 장치이다.

**04** 다음 중 요 댐퍼 시스템(yaw damper system)의 설명으로 틀린 것은?

① 항공기의 비행고도를 급속하게 낮추는 조작이다.
② 더치롤(dutch roll)을 방지할 목적으로 이용된다.
③ 각 가속도를 탐지하여 전기적인 신호로 바꾼다.
④ 방향타를 적절하게 제어하는 것이다.

**해설**

요 댐퍼 시스템은 더치롤을 방지할 목적으로 더치롤을 감지하여(각 가속도를 탐지하여 전기적인 신호로 변경) 운동이 정지하는 방향으로 방향타를 제어하는 사통조종 장치를 말한다.

**✈ 정답** 01. ① 02. ① 03. ① 04. ①

## 05 Electro Mechanical Auto Pilot System의 감각 기관은?

① Servo ② Turn Bank

③ Gyro ④ Controller

**해설**

자동조종장치는 센서부, 정보를 산출하여 조타 신호를 발생하는 컴퓨터부, 전기 신호를 기계적 출력으로 변환하는 서보, 조종사가 자동조종장치에 대하여 명령을 가하는 컨트롤부, 자동조종장치의 상황을 조종사에게 알리는 표시부 등으로 구성되어 있다. 이중 센서부의 감각 기관은 gyro에 의해 센싱된다.

## 06 비행기의 DUTCH ROLL 현상을 억제하기 위하여 조종되는 기체 표면 명칭은?

① 보조익 ② 승강타

③ 방향타 ④ 수평 안정판

**해설**

주익의 큰 후퇴각으로 인하여 세로 방향과 가로 방향의 안정성이 떨어지게 되어 더치롤(dutch roll)이 발생하고, 이를 피하기 위해서 방향키를 사용한다. 이를 요 댐퍼 시스템이라 한다. 이와 같은 더치롤(dutch roll) 방지와 균형 선회(turn coordination)를 위해서 방향타(rudder)를 제어하는 자동조종장치를 말한다.

## 07 항공계기 중 출력축이 스프링과 감쇄기로 구성된 자이로스코프가 쓰이는 계기는?

① 인공 수평의 ② 자이로컴퍼스

③ 선회 경사계 ④ 승강계

**해설**

선회 경사계(turn and bank indicator)는 선회계와 경사계가 들어 있는 계기로, 선회계는 자이로를 이용하여 항공기의 분당 선회율을 나타내고, 경사계는 항공기의 경사도와 선회 비행 시 정상 여부를 나타내는 계기이다. 구성으로는 선회계의 스프링, 경사계의 감쇄기로 되어 있다.

## 08 각종 대기상태 자료를 얻기 위하여 ADC(Air Data Computer)로 들어가는 기본 입력 신호는?

① 동압과 정압(static and pitot pressure)

② 대기의 온도 및 밀도(air temperature and density)

③ 대기속도 및 정압(air speed and static pressure)

④ 동압 및 온도(out side temperature)

**해설**

대기 자료 컴퓨터는 피토-정압(pitot-satic)계통과 (정압과 동압) 온도감지부의 수감부로부터 자료를 얻어 기본 입력신호로 한다.

## 09 Auto Pilot System의 사용 목적 중 틀린 것은?

① 비행경로의 유지, 조작을 간략화한다.

② 안정성을 향상시키고 쾌적한 비행을 하게 한다.

③ 비행 시의 자료를 기록하여 사고분석 시 사용한다.

④ 조종사의 피로를 경감시킨다.

**해설**

자동조종장치는 조종사 보조(pilot assisrtance) 기능과 유도 기능(gideance)으로 구분하며 비행경로의 유지, 조작을 간략화하여 조종사의 피로를 경감시키고 쾌적한 비행을 하게 하는 데 목적이 있다.

## 10 대기 속도계는 다음 중 어느 신호를 받는가?

① 동압과 정압 ② 동압과 고도

③ 정압과 상승율 ④ 고도 및 상승율

**해설**

8번 문제 해설 참고

✈ **정답** 05. ③ 06. ③ 07. ③ 08. ① 09. ③ 10. ①

**11** Yaw Damper에서 터치 롤을 감지하기 위하여 사용되는 것은?

① 레이트 자이로

② 서보 모터

③ 방향타

④ 보조날개

**해설**

터치 롤을 감지하여 이 운동을 감소시키기 위한 자동조종장치를 요 댐퍼라고 하며, 감지기는 레이트 자이로가 사용되며 전기적인 신호로 서보 모터를 동작시켜 방향타를 조타시킨다.

**12** 수평의(Vertical Gyro)는 항공기에서 어떤 축의 자세를 감지하는가?

① 기수방위

② 롤 및 피치

③ 롤 및 기수방위

④ 피치, 롤 및 기수방위

**해설**

자이로 수평지시계(수평의, vertical gyro)는 자이로의 강직성과 섭동성을 이용하여 항공기의 피치와 경사를 지시한다.

**13** 자동 비행 조종 장치의 기본 구성 계통으로 부적당한 것은?

① 자동 추력 제어

② 자동 수평 안전판

③ 자동 조정 & FLIGHT DIRECTOR

④ YAW DAMPER

**해설**

AFCS(자동비행장치)의 구성

• 자동 조종과 플라이트 디렉터

• 요 댐퍼

• 자동 추력 제어

**14** 선택된 방식(mode)으로 비행기가 조종되고 있을 때 표시기에 나타나는 색깔은?

① 붉은색

② 녹색

③ 흑색

④ 호박색

**해설**

자동조종장치는 센서부, 컴퓨터부, 제어부, 표시기 등으로 구성된다. 자동조종장치의 상황을 조종사에게 알리는 표시기는 자동 조종 선택 모드와 같이 항공기가 비행하고 있다면 녹색을 확인할 수 있다.

**15** 제트기가 고속으로 비행하면서 턱 언더 현상이 발생되었다. 조종사 대신 승강키를 움직여 상승 조종면을 자동으로 보정해 주는 것은?

① 요 댐퍼

② 트림

③ 보상기

④ 피치 트림 보상기

**해설**

음속 가까이 비행하게 되면 날개의 압력중심이 충격파에 의해 후퇴하게 되어 기수가 점차 내려가는 현상을 턱 언더 현상이라 한다. 턱 언더 현상 발생 시 항공기 기수가 내려가지 않도록 승강키를 움직여 상승할 수 있도록 자동으로 보정 해주는 장치를 피치 트림 보상기 또는 마하 트리머라고 한다.

**16** 선회 시 방향키의 조작량이 너무 많아 바깥쪽으로 선회하는 것은?

① 내활 선회

② 정상 선회

③ 외활 선회

④ 균형 선회

**해설**

선회 시 방향키의 조작량이 너무 많아 바깥쪽에 횡활을 일으켜 외활 선회라고 한다. 이때, 원심력보다 추력의 수평 성분이 적고, 외관의 중력 방향은 대칭면보다 선회의 바깥쪽으로 기울어지므로 선회계의 볼은 바깥쪽으로 기울어진다. 즉 원심력으로 인해 선회 방향의 바깥쪽으로 미끄러지는 현상이다.

✈ **정답** 11. ① 12. ② 13. ② 14. ② 15. ④ 16. ③

**17** 자동 추력 제어장치의(automatic throttle control system)의 입력신호가 아닌 것은?

① 대기속도(TAS)

② 엔진의 압축비(engine pressure ratio)

③ 대기온도(OAT 또는 TAT)

④ 연료 소모량(fuel consumption)

해설

자동 추력 제어장치의 입력 신호에는 엔진 압력(EPR), 저압 로터 회전수, 배기가스 온도계(EGT), 고압 로터 회전수, 연료 유량(FF: Fuel Flow) 등이 표시된다.

**18** 자동비행장치(AFCS)를 작동상 분류할 때 유도작용이란 무엇을 의미하는가?

① 기체가 기준자세로부터 벗어났을 경우 그 기체를 다시 원상으로 하는 작용이다.

② 항공기를 상승, 하강, 선회의 작용을 하게 하는 것이다.

③ 항공기를 자동으로 어느 정해진 항로를 따라 비행시키는 작용이다.

④ 항공기 엔진의 추력을 자동으로 제어하는 작용을 말한다.

해설

유도 기능이란 관련된 항법장치 또는 항법전자 계산기에 의하여 만들어진 신호에 따라 자동으로 비행경로를 조작하는 기능을 말한다.

**19** 항공기가 착륙하기 위해 글라이드 슬로프를 따라 하강하다가 적당한 고도가 되면 항공기 기수를 들어 착지할 때 충격을 덜 받도록 부드러운 곡선 형태로 하강 비행을 하는 것을 무엇이라 하는가?

① 이륙　　　　② 복행

③ 순항　　　　④ 플레어

해설

INS는 피치각을 컴퓨터에 보내고 중력 가속도를 보정하여 항공기가 전후 방향의 가속도 성분과 비교 수정하여 사용한다. 자동조종장치가 자동 착륙 모드를 사용 시 플레어(flare)는 전파고도계(RA)의 고도가 53ft(16.15m)에 도달하면 항공기 기수를 들어 착륙 시 충격을 덜 받도록 하강 비행한다.

**20** Auto Flight Control System의 유도 기능에 속하지 않는 것은?

① DME에 의한 유도

② VOR에 의한 유도

③ ILS에 의한 유도

④ INS에 의한 유도

해설

자동조종장치의 기능에서의 유도 기능

• VOR에 의한 유도: 항공기는 지상 VOR 무선국의 주파수를 설정하여 수신하면서 비행한다. 이때 입력된 방위신호와 측정된 방위각의 차이가 발생하지 않도록 제어기의 피드백 데이터를 통해 오차를 줄일 수 있어서 VOR 항로를 유도, 유지 비행할 수 있다.

• LS에 의한 유도: 항공기를 운항함에 있어 최종 자동 착륙까지 가능하게 하는 기능으로 높은 신뢰성이 요구되는 유도 방법이다.

• INS에 의한 유도: 항공기가 출발지에서 목적지까지 통과, 경유하는 경유지를 IRS(Inertial Reference System)에 입력하여 경유지와 경유지로 가는 항로를 계산하고 설정한다. 항공기가 비행하고 있는 항로는 IRS에 의한 위치정보로, 설정값과 차이가 있으면 증폭기에 입력되고 구동장치에 전달하여 승강키, 도움날개 등을 작동시킨다.

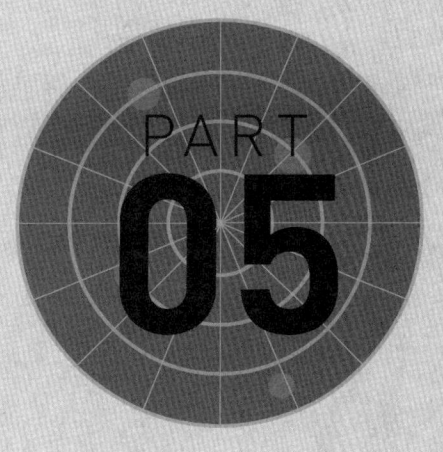

PART
05

기출문제

제1과목 **항공역학**

**01** 항공기의 세로 안정성(static longitudinal stability)을 좋게 하기 위한 방법으로 틀린 것은?

① 꼬리날개 면적을 크게 한다.

② 꼬리날개의 효율을 작게 한다.

③ 날개를 무게 중심보다 높은 위치에 둔다.

④ 무게 중심을 공기역학적 중심보다 전방에 위치시킨다.

해설

세로 안정성을 좋게 하는 방법

• 꼬리날개의 수평 안정판 면적을 크게 하거나 무게 중심거리와의 거리를 크게 한다.

• 무게 중심이 공력 중심보다 앞에 위치하게 한다.

• 날개가 무게 중심보다 높은 위치에 있게 한다.

• 꼬리날개의 효율을 크게 한다.

**02** 수평스핀과 수직스핀의 낙하속도와 회전각속도는?

① 낙하속도 : 수평스핀 > 수직스핀, 회전각속도 : 수평스핀 > 수직스핀

② 낙하속도 : 수평스핀 < 수직스핀, 회전각속도 : 수평스핀 < 수직스핀

③ 낙하속도 : 수평스핀 > 수직스핀, 회전각속도 : 수평스핀 < 수직스핀

④ 낙하속도 : 수평스핀 < 수직스핀, 회전각속도 : 수평스핀 > 수직스핀

해설

• 수직스핀(=정상스핀)은 정상 비행 중 돌풍과 같은 이유의 실속에 의해 발생되며 낙하 속도와 회전 각속도(옆놀이 각속도)는 일정 속도를 유지하며 하강한다. 하지만 수평스핀은 스핀성능이 나쁘거나 조종사의 실수와 같은 이유로 발생하며, 수직스핀 상태에서 기수가 들린 상태로 진행하며 회전 속도가 빨라지고 회전 반지름이 작아진다.

• 수직스핀은 회복이 가능하지만, 수평스핀은 회복이 힘들다.

**03** 항공기 이륙거리를 짧게 하기 위한 방법으로 옳은 것은?

① 정풍(head wind)을 받으면서 이륙한다.

② 항공기 무게를 증가시켜 양력을 높인다.

③ 이륙 시 플랩이 항력 증가의 요인이 되므로 플랩을 사용하지 않는다.

④ 엔진의 가속력을 가능한 최소가 되도록 하여 효율을 높인다.

해설

이륙거리를 짧게 하는 방법

• 추력을 크게 한다.

• 무게를 작게 한다.

• 마찰계수를 작게 한다.

• 고양력 장치를 사용한다.

• 맞바람(정풍) 비행을 한다.

• 항력이 작은 활주자세로 비행한다.

✈ 정답 01 ② 02 ④ 03 ①

**04** 비행자세 각속도와 조종간 변위를 일정하게 유지할 수 있는 정상상태 트림비행(steady trimmed flights)에 해당하지 않는 비행상태는?

① 루프 기동비행(loop maneuver)

② 하강각을 갖는 비정렬 선회비행(uncoordinated helical descent turn)

③ 상승각을 갖는 정렬 선회비행(coordinated helical climb turn)

④ 상승각 및 사이드 슬립각을 갖는 직선비행

**해설**

정상상태, 트림비행이란 항공기에 작용하는 힘의 합이 0으로 평형을 이룬 것을 말하며, 조종간의 변위가 일정한 비행상태를 말한다. 루프비행(롤러코스터 360도 회전과 유사한 비행)은 승강키를 작동시켜 상승 후 하강을 하는 비행으로 트림비행에 속하지 않는다.

**05** 비행기 날개 위에 생기는 난류의 발생 조건으로 가장 적합한 것은?

① 성층권을 비행할 때

② 레이놀즈수가 "0"일 때

③ 레이놀즈수가 아주 클 때

④ 비행기 속도가 아주 느릴 때

**해설**

레이놀즈 수 $Re = \dfrac{\rho V L}{\mu}$은 관성력과 점성력의 비로 날개 위의 공기 흐름 점성력이 떨어지면, 흐름은 층류에서 난류가 되고 레이놀즈수는 커지게 된다.

**06** 국제표준대기의 특성값으로 옳게 짝지어진 것은?

① 압력=29.92mmhg

② 밀도=1,013kg/m³

③ 온도=288.15K

④ 음속=340.429ft/s

**해설**

• 온도=15[℃]=288.16[°k]=59[°F]=518.688[°r]

• 압력=760[mmhg]=29.92[inhg]=1013.25[mbar]=2,116[psf]

• 밀도=0.12492[Kgf · sec²/m⁴]=1/8[Kgf · sec²/m⁴]=0.002378[slug/ft³]

• 음속=340[m/sec]=1,224[km/h]

• 중력가속도=9.8066[m/sec²]=32.17[ft/sec²]

**07** 헬리콥터 속도-고도선도(velocity-height diagram)와 관련된 설명으로 틀린 것은?

① 양력불균형이 심화되는 높은 고도에서의 전진비행 시 비행가능 영역이 제한된다.

② 엔진 고장 시 안전한 착륙을 보장하기 위한 비행가능 영역을 표시한 것이다.

③ 속도-고도선도는 항공기 중량, 비행고도 및 대기 온도 등에 따라 달라진다.

④ 속도-고도선도는 인증을 받은 후 비행교범의 성능차트로 명시되어야 한다.

**해설**

양력불균형은 헬리콥터가 전진 비행 시 전진하는 깃과 후퇴하는 깃의 상대속도의 차이로 인한 현상으로, 고도보다는 헬리콥터의 속도와 크게 관련이 있다.

**08** 프로펠러 항공기의 경우 항속거리를 최대로 하기 위한 조건으로 옳은 것은?

① 양항비가 최소인 상태로 비행한다.

② 양항비가 최대인 상태로 비행한다.

③ $\dfrac{C_L}{\sqrt{C_D}}$ 가 최대인 상태로 비행한다.

④ $\dfrac{C_D}{\sqrt{C_L}}$ 가 최대인 상태로 비행한다.

**해설**

항속거리를 최대로 하는 방법

- 프로펠러 효율을 크게 한다.
- 연료 소비율을 작게 한다.
- 양항비가 최대인 받음각 $\left(\dfrac{C_L}{C_D}\max\right)$로 비행해야 한다.
- 연료를 많이 탑재해야 한다.

**09** 에어포일 코드 'NACA 0009'를 통해 알 수 있는 것은?

① 대칭단면의 날개이다.
② 초음속 날개 단면이다.
③ 다이아몬드형 날개 단면이다.
④ 단면에 캠버가 있는 날개이다.

**해설**

위 NACA 0009를 보면 최대 캠버의 크기와 위치가 0이므로 캠버가 없는 것이 되며 캠버는 시위와 평균 캠버선과의 거리이므로 캠버가 없다는 뜻은 시위와 평균 캠버선이 일치한다는 것을 의미한다. 시위와 평균 캠버선이 같은 날개는 대칭형 날개이다.

NACA 4자 계열 날개골

- 첫째 자리 : 최대 캠버의 크기
- 둘째 자리 : 최대 캠버의 위치
- 셋째, 넷째 자리 : 최대 두께의 크기

**10** 항공기의 승강키(elevator) 조작은 어떤 축에 대한 운동을 하는가?

① 가로축(lateral axis)
② 수직축(vertical axis)
③ 방향축(directional axis)
④ 세로축(longitudinal axis)

**해설**

- 가로축–승강키–키놀이
- 수직축–방향키–빗놀이
- 세로축–도움날개–옆놀이

**11** 무게가 1000lb이고 날개면적이 100ft²인 프로펠러 비행기가 고도 10,000ft에서 100mph의 속도, 받음각 3°로 수평정상비행할 때 필요마력은 약 몇 HP인가? (단, 밀도 0.001756slug/ft³, 양력계수 0.6, 항력계수 0.2이다.)

① 50.5
② 100
③ 68.2
④ 83.5

**해설**

$$P_r = DV, \quad D = \frac{1}{2}\rho V^2 S C_D$$

$$P_r = \frac{1}{2}\rho V^3 S C_D$$

$$P_r = \frac{1}{2} \times 0.001756 \times 146.7^3 \times 100 \times 0.2$$

$$= 55438\,\text{lbf} \cdot \text{ft/s}$$

$$= 100.79\,\text{HP}$$

단위변환

- 100mph $\rightarrow$ 146.7ft/s
- 1HP $\rightarrow$ 550 lbf · ft/s

**12** 대류권에서 고도가 상승함에 따라 공기의 밀도, 온도, 압력의 변화로 옳은 것은?

① 밀도, 압력, 온도 모두 증가한다.
② 밀도, 압력, 온도 모두 감소한다.
③ 밀도, 온도는 감소하고 압력은 증가한다.
④ 밀도는 증가하고 압력, 온도는 감소한다.

**해설**

대류권에서는 고도가 상승함에 따라 밀도, 온도, 압력 모두 감소한다.

**13** 회전원통 주위의 공기를 비회전운동을 시켜서 순환을 생기게 했다. 원통중심에서 1m되는 점에서의 속도가 10m/s였을 때, 볼텍스(vortex)의 세기는 약 몇 m²/s인가?

① 62.83
② 94.25
③ 125.66
④ 157.08

✈ **정답** 09 ① 10 ① 11 ② 12 ② 13 ①

볼텍스 세기

$\Gamma = 2\pi v r = 2 \times 3.14 \times 10 \times 1 = 62.8$

## 14 다음 중 프로펠러 효율을 높이는 방법으로 가장 옳은 것은?

① 저속과 고속에서 모두 큰 깃각을 사용한다.

② 저속과 고속에서 모두 작은 깃각을 사용한다.

③ 저속에서는 작은 깃각을 사용하고, 고속에서는 큰 깃각을 사용한다.

④ 저속에서는 큰 깃각을 사용하고, 고속에서는 작은 깃각을 사용한다.

이륙 시나 상승 시와 같은 저속에서는 작은 깃각(저피치)을 사용하고, 고속에서는 큰 깃각(고피치)을 이용하는 것이 효율적이다.

## 15 다음 중 비행기의 안정성과 조종성에 관한 설명으로 가장 옳은 것은?

① 안정성과 조종성은 정비례한다.

② 정적 안정성이 증가하면 조종성도 증가한다.

③ 비행기의 안정성을 최대로 키워야 조종성이 최대가 된다.

④ 조종성과 안정성을 동시에 만족시킬 수 없다.

조종성과 안정성은 서로 반비례한다. 예를 들어 여객기는 안정성이 크지만 조종성이 작고, 전투기는 조종성은 크지만 안정성이 적다.

## 16 유체의 점성을 고려한 마찰력에 대한 설명으로 옳은 것은?

① 마찰력은 유체의 속도에 반비례한다.

② 마찰력은 온도변화에 따라 그 값이 변한다.

③ 유체의 마찰력은 이상유체에서만 고려된다.

④ 마찰력은 유체의 종류와 관계없이 일정하다.

• 마찰력은 속도가 커질수록 커진다.

• 이상유체는 유체의 점성이 없다고 가정한 가상의 유체이다.

• 유체에 점성은 고유 성질이므로 모두 다르다(꿀, 물, 공기).

## 17 프로펠러에 유입되는 합성속도의 방향이 프로펠러의 회전면과 이루는 각은?

① 받음각  ② 유도각

③ 유입각  ④ 깃각

• 상대풍과 시위선이 이루는 각

• 회전면과 깃의 시위선이 이루는 각

## 18 항공기에 쳐든각(dihedral angle)을 주는 주된 이유로 옳은 것은?

① 익단 실속을 방지할 수 있다.

② 임계 마하수를 높일 수 있다.

③ 가로 안정성을 높일 수 있다.

④ 피칭 모멘트를 증가시킬 수 있다.

쳐든각(상반각)은 가로 안정성을 높이는 가장 효율적인 방법이다.

✈ 정답  14 ③  15 ④  16 ②  17 ③  18 ③

**19** 항공기가 선회속도 20m/s, 선회각 45° 상태에서 선회비행을 하는 경우, 선회반경은 몇 m인가?

① 20.4 　　② 40.8
③ 57.7 　　④ 80.5

**해설**

선회반지름

$$R = \frac{V^2}{g \cdot \tan\theta} = \frac{20^2}{9.8 \cdot \tan 45} = 40.8$$

**20** 다음과 같은 [조건]에서 헬리콥터의 원판하중은 약 몇 kgf/m²인가?

- 헬리콥터의 총중량 : 800kgf
- 엔진출력 : 160HP
- 회전날개의 반지름 : 2.8m
- 회전날개 깃의 수 : 2개

① 25.5 　　② 28.5
③ 30.5 　　④ 32.5

**해설**

원판하중

$$\frac{총 무게}{회전면 면적} = \frac{총 무게}{\frac{\pi D^2}{4}} = \frac{800}{\frac{\pi 5.6^2}{4}} = 32.5$$

**제2과목**　**항공기관**

**21** 터보제트엔진과 비교한 터보팬엔진의 특징이 아닌 것은?

① 연료소비가 작다.
② 소음이 작다.
③ 엔진정비가 쉽다.
④ 배기속도가 작다.

**해설**

터보팬엔진은 다량의 공기를 비교적 느린 속도로 분사시켜 추력을 얻음으로 소음이 작고 배기속도도 작아 저속에서 추진효율이 좋다. 터보팬엔진은 일부 공기를 바이패스시키고 일부 공기를 가스발생기로 보내는 전방팬이 있어서 정비가 터보제트엔진보다 어렵다. 반면 터보제트엔진은 저속에서 추진효율이 불량하여 배기 소음이 심하고 연료소비율이 크다.

**22** 가스터빈엔진에 사용되는 윤활유 펌프에 대한 설명으로 틀린 것은?

① 배유펌프가 압력펌프보다 용량이 더 적다.
② 윤활유 펌프엔 베인형, 지로터형, 기어형이 사용된다.
③ 베인형 펌프는 다른 형식에 비해 무게가 가볍고 두께가 얇아 기계적 강도가 약하다.
④ 기어형 펌프는 기어 이와 펌프 내부 케이스 사이의 공간에 오일을 담아 회전시키는 원리로 작동한다.

**해설**

윤활유 펌프
① 형식에 따른 분류 : 베인형, 제로터형, 기어형(많이 사용)
② 기능에 따른 분류
㉠ 윤활유 압력펌프 : 탱크로부터 엔진으로 윤활유를 압송하며, 압력을 일정하게 유지하기 위하여 릴리프 밸브가 설치된다.
㉡ 윤활유 배유펌프 : 엔진의 각종 부품을 윤활시킨 뒤 섬프에 모인 윤활유를 탱크로 보내준다.
※ 배유펌프가 압력펌프보다 용량이 큰 이유 : 엔진 내부에서 윤활유가 공기와 혼합되어 체적이 증가하기 때문에 용량이 커야 한다.

**23** 왕복엔진의 압축비가 너무 클 때 일어나는 현상이 아닌 것은?

① 후화

② 조기 점화

③ 디토네이션

④ 과열현상과 출력의 감소

해설

압축비는 피스톤이 하사점에 있을 때의 실린더 체적과 상사점에 있을 때의 실린더 체적으로, 너무 클 경우 조기 점화, 디토네이션, 과열현상과 출력의 감소가 일어난다. 후화는 과농후 혼합비에서 연소속도가 느려져 배기행정까지 연소되는 현상이다.

**24** 왕복엔진의 피스톤 형식이 아닌 것은?

① 오목형(recessed type)

② 요철형(irregularly)

③ 볼록형(dome or convex type)

④ 모서리 잘린 원뿔형(truncated cone type)

해설

피스톤 헤드는 안쪽에 냉각 핀을 설치하여 냉각 기능과 강도를 증가시키고 종류에는 오목형, 컵형, 돔형, 반원뿔형, 평면형 등이 있는데, 그중 평면형이 가장 많이 사용된다.

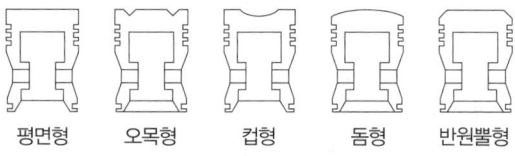

평면형    오목형    컵형    돔형    반원뿔형

**25** 열역학적 성질(property)을 세기 성질(intensive property)과 크기 성질(extensive property)로 분류할 경우, 크기 성질에 해당하는 것은?

① 체적          ② 온도

③ 밀도          ④ 압력

해설

크기 성질은 물질의 양과 비례하는 성질로서 질량, 부피, 내부 에너지 등이 속한다.

**26** 왕복엔진의 마그네토 브레이커 포인트(breaker point)가 고착되었다면, 발생하는 현상은?

① 마그네토의 작동이 불가능하다.

② 엔진 시동 시 역화가 발생한다.

③ 고속 회전 점화 시 과열현상이 발생한다.

④ 스위치를 off해도 엔진이 정지하지 않는다.

해설

브레이커 포인트가 붙어 있을 때 폐회로가 형성되고 회전영구 자석이 E-gap 위치에 왔을 때 브레이커 포인트가 떨어지면서 2차 회로에 고전압이 유도되므로 고착이 되면 마그네토 작동이 불가능하다.

**27** 왕복엔진에서 과도한 오일 소모(excessive oil consumption)와 점화플러그의 파울링(fouling) 원인은?

① 더러워진 오일필터(oil filter) 때문

② 피스톤링(piston ring)의 마모 때문

③ 오일이 소기펌프(scavenger pump)로 되돌아가기 때문

④ 캠 허브 베어링(cam hub bearing)의 과도한 간격 때문

해설

오일링이 마모되어 오일이 실린더로 들어가게 되면 오일 소모량이 증가하고, 연소되어 배기가스의 색이 회색으로 변하고, 엔진 내부에 탄소 찌꺼기가 끼게 되어 디토네이션 등의 원인이 되기도 한다.

* 파울링(fouling) : 점화 플러그에서 절연체가 침전물에 덮여 오염되거나 접지 회로를 형성하는 등 불량한 상태

**28** 점화플러그를 구성하는 주요 부분이 아닌 것은?

① 전극  ② 금속 셸(shell)
③ 보상 캠  ④ 세라믹 절연체

해설

점화플러그는 마그네토에서 전달된 높은 전압을 받아 불꽃을 일으켜 혼합가스를 연소시키고, 전극, 세라믹 절연체, 금속 셸로 구성되어 있다. 종류는 극수에 따라 1극, 2극, 3극, 4극으로 분류된다.

**29** 오토사이클의 열효율에 대한 설명으로 틀린 것은?

① 압축비가 증가하면 열효율도 증가한다.
② 동작유체의 비열비가 증가하면 열효율도 증가한다.
③ 압축비가 1이라면 열효율은 무한대가 된다.
④ 동작유체의 비열비가 1이라면 열효율은 0이 된다.

해설

오토 사이클의 열효율은 이론적으로 압축비의 증가에 따라 열효율이 증가하지만, 실제의 엔진에서는 압축비가 너무 커지면 디토네이션(detonation)이나 조기 점화(preigition)와 같은 나쁜 현상이 일어나기 때문에 항공용 왕복엔진의 압축비는 6~8:1로 제한한다.

**30** 가스터빈엔진에서 연소실 입구압력은 절대압력 80inHg, 연소실 출구압력은 절대압력 77inHg이라면 연소실 압력손실계수는 얼마인가?

① 0.0375  ② 0.1375
③ 0.2375  ④ 0.3375

해설

$$압력손실 = \frac{P_2 - P_1}{\frac{1}{2} \times \rho \times C^2} = \left[\frac{\rho_1}{\rho_2} - 1\right] = \left[\frac{T_1}{T_2} - 1\right] 이므로$$

$$압력손실 = \frac{80}{77} - 1 ≒ 0.0375$$

**31** 가스터빈엔진 연료의 구비 조건이 아닌 것은?

① 인화점이 높아야 한다.
② 연료의 빙점이 높아야 한다.
③ 연료의 증기압이 낮아야 한다.
④ 대량생산이 가능하고 가격이 저렴해야 한다.

해설

① 가스터빈 연료 - 제트연료는 케로신과 유사한 액체 탄화수소로 가솔린과 약간 섞인다.

② 종류
  ㉠ 터보 연료 A : 보통 Jet-A 혹은 민간항공용 케오신이라 부른다.
  ㉡ 터보 연료 A-1 : 일반적으로 Jet A-1이라 부르며 Jet-A보다 빙점이 더 낮은 연료이다.
  ㉢ 터보 연료 B : 보통 Jet-B라고 불리며 30%의 케로신과 70% 가솔린으로 혼합되어 있다. "wide-cut fuel"이라고도 한다.
  ㉣ 터보 연료 5 : 해군 항공모함에 사용되는 높은 인화점의 군용 연료이다.

③ 연료의 구비 조건
  ㉠ 발열량이 커야 한다.
  ㉡ 기화성이 좋아야 한다.
  ㉢ 안전성이 커야 한다(인화점이 높아야 한다).
  ㉣ vapor lock을 잘 일으키지 않아야 한다(증기압이 낮아야 한다).
  ㉤ 부식성이 작아야 한다.
  ㉥ 내한성이 커야 한다(빙점이 낮아야 한다).

**32** 정속 프로펠러를 장착한 항공기가 순항 시 프로펠러 회전수를 2300rpm에 맞추고 출력을 1.2배 높이면 프로펠러 회전계가 지시하는 값은?

① 1800rpm  ② 2300rpm
③ 2700rpm  ④ 4600rpm

정속 프로펠러 : 정속 프로펠러에는 조속기가 설치되어 있다. 조속기에 의하여 저피치에서 고피치까지 자유롭게 피치를 조정할 수 있어, 비행속도나 엔진 출력의 변화와 관계없이 프로펠러를 항상 일정한 속도로 유지하여 가장 좋은 프로펠러 효율을 가지도록 한다.

**33** 항공기 엔진에 사용하는 연료의 저발열량 (LHV)에 대한 설명으로 옳은 것은?

① 연료 중 탄소만의 발열량을 말한다.

② 연소 효율이 가장 나쁠 때의 발열량이다.

③ 연소가스 중 물($H_2O$)이 액상일 때 측정한 발열량이다.

④ 연소가스 중 물($H_2O$)이 증기인 상태일 때 측정한 발열량이다.

연료의 발열량 : 연료 1kg이 발생할 수 있는 열에너지를 말한다. 물이 수증기로 기화할 때는 증발열을 흡수하고, 수증기가 액체로 변할 때는 열을 방출하므로, 연소 후에 물의 상태가 액체일 때가 발열량이 크게 된다. 따라서, 물이 액체 상태일 때를 고발열량, 기체 상태일 때를 저발열량이라고 한다.

**34** 회전하는 프로펠러 깃(blade)의 선단(tip)이 앞으로 휘게(bend) 될 때의 원인과 힘은?

① 토크에 의한 굽힘(torque-bending)

② 추력에 의한 굽힘(thrust-bending)

③ 공력에 의한 비틀림(aerodynamic-twisting)

④ 원심력에 의한 비틀림(centrifugal-twisting)

• 추력과 휨 응력 : 추력에 의하여 프로펠러 깃은 앞쪽으로 휘어지는 휨 응력을 받는다. 휨 응력은 프로펠러 깃을 앞으로 굽히려는 경향이 있으나, 프로펠러의 원심력과 상쇄되어 실제로는 휨 현상이 크지 않다.

• 원심력에 의한 인장 응력 : 원심력은 프로펠러의 회

전에 의해 일어나며, 깃을 허브의 중심에서 밖으로 빠져 나가게 하는 힘을 말한다. 이 원심력에 의해 프로펠러 깃에는 인장 응력이 발생한다. 이러한 힘을 이겨 내기 위해 허브 부분으로 갈수록 단면적을 크게 만든다.

• 비틀림과 비틀림 응력 : 비틀림은 깃에 작용하는 공기의 합성 속도가 프로펠러 중심축의 방향과 같지 않기 때문에 생기는 힘으로, 프로펠러 깃에는 비틀림 응력이 발생한다.

**35** 가스터빈엔진에서 후기연소기(after burner)에 대한 설명으로 틀린 것은?

① 후기연소기는 연료 소모가 증가한다.

② 후기연소기의 화염 유지기는 튜브형 그리드와 스포크형이 있다.

③ 후기연소기를 장착하면 후기 연소 모드에서 약 100% 정도 추력 증가를 얻을 수 있다.

④ 후기연소기는 약 5%의 비교적 적은 비연소 배기가스와 연료가 섞여 점화된다.

• 구성품 : 연료 분무대, 보조 연소기, 불꽃 홀더, 후기 연소기 라이너, 가변 면적 노즐

• 화염 유지기는 튜브형 그리드와 스포크형이 있다.

• 특징 : 배기가스 중에는 아직도 연소가 가능한 산소가 많이 남아 있어 추가적인 연료를 공급하면 재연소가 가능하다. 후기 연소기를 사용하면 총 추력의 50%까지 추력의 증가를 얻을 수 있지만, 연료의 소비량은 거의 3배가 되기 때문에 경제적으로는 불리하다. 그러나 초음속비행과 같은 고속 비행 시에는 효율이 좋아진다.

**36** 제트엔진 부분에서 압력이 가장 높은 부위는?

① 터빈 출구　　　　② 터빈 입구

③ 압축기 입구　　　④ 압축기 출구

압축기 입구 압력은 대기압보다 높아진다. 압축기 입구

✈ 정답　33 ④　34 ②　35 ③, ④　36 ④

로부터 압축기 뒤쪽으로 갈수록 압축기의 압축 효과에 의해 압력은 높아진다. 제트엔진 부분에서 압력이 가장 높은 부위는 압축기 바로 뒤에 있는 확산 통로인 디퓨저(diffuser)에서 이루어진다.

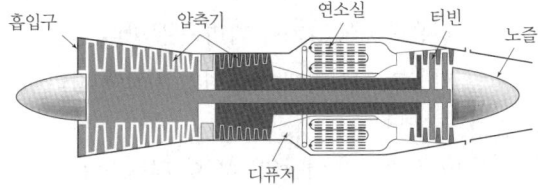

**37** 왕복엔진의 작동 여부에 따른 흡입 매니폴드(intake manifold)의 압력계가 나타내는 압력으로 옳은 것은?

① 엔진 정지 또는 작동 시 항상 대기압보다 높은 값을 나타낸다.

② 엔진 정지 또는 작동 시 항상 대기압보다 낮은 값을 나타낸다.

③ 엔진 정지 시 대기압보다 낮은 값을, 엔진 작동 시 대기압보다 높은 값을 나타낸다.

④ 엔진 정지 시 대기압과 같은 값을, 엔진 작동 시 대기압보다 낮은 값을 나타낸다.

**해설**

매니폴드 압력 : 매니폴드 안의 압력을 매니폴드 압력(Manifold Pressure, MP)이라고 한다. 이것은 엔진의 성능에 매우 중요한 요소이다. 과급기가 없는 엔진의 매니폴드 압력은 대기압보다 항상 낮으나, 과급기가 있는 엔진에 있어서는 대기압보다 높아질 수 있다. 매니폴드 압력은 절대 압력으로 나타내며, 일반적으로는 inHG, mmHG의 단위를 사용한다.

**38** 가스터빈엔진의 공기식 시동기를 작동시키는 공기 공급 장치가 아닌 것은?

① APU

② GPU

③ D.C power supply

④ 시동이 완료된 다른 엔진의 압축공기

**해설**

① 공기식 시동기의 종류 및 작동 시 공급 요소(엔진 추력이 크게 요구되는 대형 엔진에 적합하다.)

• 공기 터빈식 시동 계통 : 압축된 공기 – GTC(Gas Turbine Compressure) 또는 APU(Auxiliary Power Unit)

• 가스 터빈식 시동 계통 : 독립된 소형 가스터빈엔진 – APU(Auxiliary Power Unit)

• 공기 충돌식 시동 계통 : 지상의 보조 동력 장치 GTC(Gas Turbine Compressure)

② 큰 체적의 공기가 APU, GPU 또는 다른 작동 중인 엔진의 블리드 공기 원천(source)으로부터 시동기에 공급된다.

**39** 가스터빈엔진에서 저압압축기의 압력비는 2:1, 고압압축기의 압력비는 10:1일 때의 엔진 전체의 압력비는 얼마인가?

① 5:1

② 8:1

③ 12:1

④ 20:1

**해설**

저압압축기의 압력비가 2:1이라는 것은 1atm의 공기가 저압압축기 출구에서는 2atm이 되어 고압압축기의 입구를 2atm이 들어가 10배의 상승압력을 받아 고압압축기의 출구에서는 20atm이 만들어진다는 것이다.

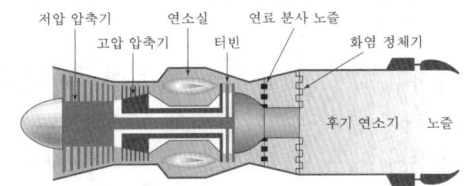

**40** 압축비가 일정할 때 열효율이 좋은 순서대로 나열된 것은?

① 정적사이클 > 정압사이클 > 합성사이클

② 정압사이클 > 합성사이클 > 정적사이클

③ 정적사이클 > 합성사이클 > 정압사이클

④ 정압사이클 > 정적사이클 > 합성사이클

**정답** 37 ④ 38 ③ 39 ④ 40 ③

**해설**

T–S 선도에서 나타난 면적은 열량(일–J)을 나타낸다. 열효율이 좋다는 것은 표면적이 작아 열을 적게 빼앗기는 것이 좋은 열효율이다.

| 정적 | 합성 | 정압 |
|---|---|---|
| 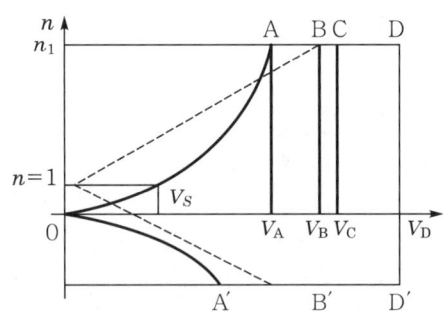 | | |
| T–S 선도 | T–S 선도 | T–S 선도 |

## 제3과목  항공기체

**41** 항공기 조종장치의 구성품에 대한 설명으로 틀린 것은?

① 풀리는 케이블의 방향을 바꿀 때 사용되며, 풀리는 베어링의 윤활이 필요 없다.

② 턴버클은 케이블의 장력 조절에 사용되며, 턴버클 배럴은 한쪽은 왼나사, 다른 쪽은 오른나사로 되어 있다.

③ 압력 실(seal)은 케이블이 압력 벌크헤드를 통과하지 않는 곳에 사용되며 케이블의 움직임을 방해한다면 기밀은 하지 않는다.

④ 페어리드는 케이블이 벌크헤드의 구멍이나 다른 금속이 지나는 곳에 사용되며, 페놀수지 또는 부드러운 금속 재료를 사용한다.

**해설**

압력 실 : 케이블이 압력 벌크헤드를 통과하는 곳에 장착된다. 이 실은 압력의 감소는 막지만, 케이블의 움직임을 방해하지 않을 정도의 기밀성이 있는 실이다.

**42** 항공기 기체의 구조를 1차 구조와 2차 구조로 분류할 때 그 기준에 대한 설명으로 옳은 것은?

① 강도비의 크기에 따라 구분한다.

② 허용하중의 크기에 따라 구분한다.

③ 항공기 길이와의 상대적인 비교에 따라 구분한다.

④ 구조역학적 역할의 정도에 따라 구분한다.

**해설**

• 1차 구조 : 항공기 기체의 중요한 하중을 담당하는 구조 부분으로 동체의 벌크헤드, 프레임, 세로지와 날개의 날개보, 리브, 외피 등이 속하며, 비행 중 이 부분의 파손은 심각한 결과를 가져오는 부분이다.

• 2차 구조 : 비교적 적은 하중을 담당하는 구조 부분으로, 이 부분의 파손은 즉시 사고가 일어나기보다는 적절한 조치와 뒤처리 여하에 따라 사고를 방지할 수 있는 구조 부분이다.

**43** 그림과 같은 일반적인 항공기 V–n선도에서 최대 속도는?

① 실속속도

② 설계급강하속도

③ 설계운용속도

④ 설계돌풍운용속도

**해설**

• 설계 급강하 속도($V_D$) : 속도–하중배수 선도에서 최대 속도를 나타내며, 구조 강도의 안정성과 조종면에서 안전을 보장하는 설계상의 최대 허용 속도

- 설계 순항 속도($V_C$) : 항공기가 이 속도에서 순항 성능이 가장 효율적으로 얻어지도록 정한 설계 속도
- 설계 운용 속도($V_A$) : 플랩 올림 상태에서 설계 무게에 대한 실속 속도로 정한다.

## 44 조종 케이블이나 푸시풀 로드(push-pull rod)를 대체하여 전기 · 전자적인 신호 및 데이터로 항공기 조종을 가능하게 하는 플라이 바이와이어(fly-by-wire) 기능과 관련된 장치가 아닌 것은?

① 전기 모터
② 유압 작동기
③ 쿼드런트(quadrant)
④ 플라이트 컴퓨터(flight computer)

**해설**

쿼드런트 : 수동 조종계통에 사용되는 부품 중 하나로 운동의 방향을 바꾸고 케이블 및 토크 튜브와 같은 부품에 운동을 전달하는 부품이다.

## 45 양극산화처리 방법이 아닌 것은?

① 질산법    ② 황산법
③ 수산법    ④ 크롬산법

- 황산법 : 사용 전압이 낮고, 소모 전력량이 적으며, 약품 가격이 저렴하다. 폐수 처리도 비교적 쉬워 가장 경제적인 방법이고 가장 널리 쓰인다.
- 수산법 : 수산 알루마이트법이라고 하며, 교류 및 직류를 중첩 사용하여 좋은 결과를 얻을 수 있다.
- 크롬산법 : 항공기용 부품 재료의 방식 처리에 적합하며, 피막의 두께가 얇고, 불투명한 회색이기 때문에 염색 처리용으로는 좋지 않다.

## 46 체결 전에 열처리가 요구되는 리벳은?

① A : 1100    ② DD : 2024
③ KE : 7050    ④ M : MONEL

**해설**

2024 : 2017을 개량하여 발달시킨 합금으로 경량으로 열처리 가능한 고강도를 가지고 있다. 각종 응력에 강하고 전단응력, 인장응력이 탁월하여 기체 제1차 구조부재의 외판 Frame 및 장착부의 Hard Ware 등에 사용한다. 재료의 강성 때문에 작업이 곤란하여 열처리 후 냉장 보관하였다가 사용한다(시효경화 방지).

## 47 비행기의 무게가 2500kg이고 중심위치는 기준선 후방 0.5m에 있다. 기준선 후방 4m에 위치한 15kg짜리 좌석을 2개 떼어내고 기준선 후방 4.5m에 17kg짜리 항법장비를 장착하였으며, 이에 따른 구조 변경으로 기준선 후방 3m에 12.5kg의 무게 증가 요인이 추가 발생하였다면, 이 비행기의 새로운 무게중심 위치는?

① 기준선 전방 약 0.30m
② 기준선 전방 약 0.40m
③ 기준선 후방 약 0.50m
④ 기준선 후방 약 0.60m

**해설**

무게중심

$$CG = \frac{\text{총 모멘트}}{\text{총 무게}} \quad \text{※ 총 모멘트=무게×거리}$$

$$= \frac{(2500 \times 50) - (30 \times 400) + (17 \times 400) + (12.5 \times 300)}{2500 - 30 + 17 + 12.5}$$

$$= 49.4cm = 0.5m$$

## 48 두랄루민을 시작으로 개량된 고강도 알루미늄 합금으로 내식성보다도 강도를 중시하여 만들어진 것은?

① 1100    ② 2014
③ 3003    ④ 5056

**해설**

2014 : 알루미늄에 4.4%의 구리를 첨가한 알루미늄-구리-마그네슘계 합금으로 내식성은 좋지 않으나 내부 응력에 대한 저항성을 향상시킨 합금이다.

**49** 두께가 0.055in인 재료를 90°굴곡에 굴곡반경 0.135in가 되도록 굴곡할 때 생기는 세트백(set back)은 몇 inch인가?

① 0.167
② 0.176
③ 0.190
④ 0.195

해설

$$S.B = K(R+T) = \frac{\tan 90}{2}(0.055+0.135) = 0.190$$

**50** 접개들이 착륙장치를 비상으로 내리는(down) 3가지 방법이 아닌 것은?

① 핸드펌프로 유압을 만들어 내린다.
② 축압기에 저장된 공기압을 이용하여 내린다.
③ 핸들을 이용하여 기어의 업락(up-lock)을 풀었을 때 자중에 의하여 내린다.
④ 기어핸들 밑에 있는 비상 스위치를 눌러서 기어를 내린다.

해설

착륙장치를 접어 들이는 방법으론 유압식, 전기식, 기계식이 있고, 그중 유압식을 가장 많이 사용한다.

**51** 항공기의 부품 연결이나 장착 시 볼트, 너트 등의 토크 값을 맞추어 조여 주는 이유가 아닌 것은?

① 항공기에는 심한 진동이 있기 때문이다.
② 상승, 하강에 따른 심한 온도 차이를 견뎌야 하기 때문이다.
③ 조임 토크 값이 부족하면 볼트, 너트에 이질금속 간의 부식을 초래하기 때문이다.
④ 주입 토크 값이 너무 크면 나사를 손상시키거나 볼트가 절단되기 때문이다.

해설

조임 토크값이 본래 토크값보다 클 경우 나사가 망가지거나 볼트가 절단되며, 조임 토크값이 본래 토크값보다 적을 경우 스크루나 볼트가 풀려버릴 수도 있다.

**52** 프로펠러 항공기처럼 토크(torque)가 크지 않은 제트엔진항공기에서 2개 또는 3개의 콘볼트(cone bolt)나 트러니언 마운트(trunnion mount)에 의해 엔진을 고정하는 장착 방법은?

① 링 마운트 방법(ring mount method)
② 포드 마운트 방법(pod mount method)
③ 배드 마운트 방법(bed mount method)
④ 피팅 마운트 방법(fitting mount method)

해설

엔진 마운트의 종류
• 왕복엔진 : ring mount, bed mount
• 제트엔진 : pod mount, fitting mount

**53** 리벳의 배치와 관련된 용어의 설명으로 옳은 것은?

① 연거리는 열과 열 사이의 거리를 의미한다.
② 리벳의 피치는 같은 열에 있는 리벳의 중심 간 거리를 말한다.
③ 리벳의 횡단피치는 판재의 모서리와 이웃하는 리벳의 중심까지의 거리를 말한다.
④ 리벳의 열은 판재의 인장력을 받는 방향에 대하여 같은 방향으로 배열된 리벳들을 말한다.

해설

리벳의 배열
• 리벳 피치 : 리벳 간격으로 최소 3D~최대 12D, 주로 6~8D 이용
• 열간 간격 : 리벳 열 간격으로 최소 2.5D, 주로 4.5~6D 이용

- 연거리 : 모서리와 리벳 간격으로 최소 2D(접시머리 리벳 : 2.5D), 최대 4D

**54** 원형 단면 봉이 비틀림에 의하여 단면에 발생하는 비틀림 각을 옳게 나타낸 식은? (단, $L$ : 봉의 길이, $G$ : 전단탄성계수, $R$ : 반지름, $J$ : 극관성 모멘트, $T$ : 비틀림 모멘트이다.)

① $\dfrac{TL}{GJ}$    ② $\dfrac{GJ}{TL}$

③ $\dfrac{TR}{J}$    ④ $\dfrac{GR}{TJ}$

**해설**

비틀림 각 $= \dfrac{\text{비틀림 모멘트} \times \text{봉의 길이}}{\text{전단탄성계수} \times \text{극관성 모멘트}}$

**55** 알루미늄 합금이 열처리 후에 시간이 지남에 따라 경도가 증가하는 특성을 무엇이라고 하는가?

① 시효 경화    ② 가공 경화

③ 변형 경화    ④ 열처리 강화

**해설**

시효 경화 : 열처리 후 시간이 경과함에 따라 재료의 강도나 경도가 증가하는 현상

**56** 블라인드 리벳(blind rivet)의 종류가 아닌 것은?

① 체리 리벳    ② 리브 너트

③ 폭발 리벳    ④ 유니버설 리벳

**해설**

- 블라인드 리벳 : 버킹바의 사용이 불가능한 곳에 사용하는 리벳
- 체리 리벳 : 방향키, 도움날개, 플랩 등 날개 뒷전 부분에 사용
- 폭발 리벳 : 연료 탱크 및 화재 위험 부재에 사용 금지
- 리브 너트 : 제빙 부츠의 장착부에 사용

**57** 그림과 같이 집중하중을 받는 보의 전단력 선도는?

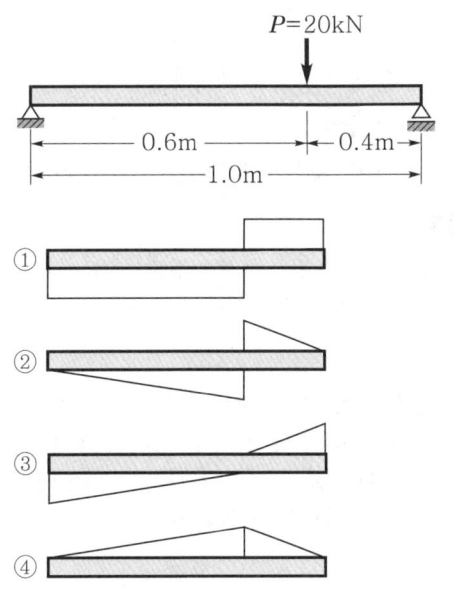

**해설**

단순보의 임의의 기준점 P에서의 전단력 선도의 크기는 같지만, 방향은 반대방향으로 작동한다.

**58** 샌드위치 구조에 대한 설명으로 옳은 것은?

① 보온효과가 있어 습기에 강하다.

② 초기 단계 결함의 발견이 용이하다.

③ 강도비는 우수하나 피로하중에는 약하다.

④ 코어의 종류에는 허니컴형, 파형, 거품형 등이 있다.

**해설**

샌드위치 구조의 특성

- 장점 : 무게에 비해 고강도, 음진동에 강함, 피로와 굽힘하중에 강함, 보온 방습성 우수 내식성, 진동 감쇠성, 무게 감소
- 단점 : 손상상태 파악 어려움, 집중하중에 약함
- 종류 : 파형, 벌집형, 거품형

**59** 항공기의 손상된 구조를 수리할 때 반드시 지켜야 할 기본 원칙으로 틀린 것은?

① 중량을 최소로 유지해야 한다.

② 원래의 강도를 유지하도록 한다.

③ 부식에 대한 보호 작업을 한다.

④ 수리 부위 알림을 위한 윤곽 변경을 한다.

**해설**

구조수리의 기본 원칙 : 원래 강도 유지, 원래의 윤곽 유지, 최소 무게 유지, 부식에 대한 보호

**60** 길이 1m, 지름 10cm인 원형단면의 알루미늄 합금 재질의 봉이 10N의 축하중을 받아 전체 길이가 50μm 늘어났다면, 이때 인장변형률을 나타내기 위한 단위는?

① $\mu$m/m

② N/m$^2$

③ N/m$^3$

④ MPa

**해설**

인장변형률 단위 : $\alpha$m/m

---

**제4과목** 항공장비

**61** 24V, $\frac{1}{3}$ HP인 전동기가 효율 75%로 작동하고 있다면, 이때 전류는 약 몇 A인가?

① 7.8

② 13.8

③ 22.8

④ 30.0

**해설**

P=EI(1HP=746W, 1/3HP=248.67HP)

248.67=24×I×0.75

I=13.8

**62** 방빙계통(anti–icing system)에 대한 설명으로 옳은 것은?

① 날개 앞전의 방빙은 공기역학적 특성을 유지하기 위해 사용한다.

② 날개의 방빙장치는 공기역학적 특성보다는 엔진이나 기체구조의 손상방지를 위해 필요하다.

③ 날개 앞전의 곡률 반경이 큰 곳은 램효과(ram effect)에 의해 결빙되기 쉽다.

④ 지상에서 날개의 방빙을 위해 가열공기(hot air)를 이용하는 날개의 방빙장치를 사용한다.

**해설**

항공기 표면 결빙은 성능에 영향을 미친다. 날개 앞전이나 공기흡입구, 윈드실드, 피토관 등 노출되는 부분에 발생한다. 방빙법은 가열공기, 전열선, 알코올을 분사하는 방법이 있다.

**63** 종합전자계기에서 항공기의 착륙 결심고도가 표시되는 곳은?

① Navigation display

② Control display unit

③ Primary flight display

④ Flight control computer

**해설**

결심고도란 항공기 착륙 시 조종사가 착륙 여부를 결정하는 고도이며, Primary flight display에 표시된다.

**64** 감도 20mA이고 내부저항은 10Ω이며 200A까지 측정할 수 있는 전류계를 만들 때, 분류기(shunt)는 약 몇 Ω으로 해야 하는가?

① 1

② 0.1

③ 0.01

④ 0.0

**해설**

감도×내부저항/션트저항, 20mA〉단위환산×0.001

20mA×0.001×10옴/200A=0.001

**65** 조종사가 산소마스크를 착용하고 통신하려고
할 때 작동시켜야 하는 장치는?

① Public Address

② Flight Interphone

③ Tape Reproducer

④ Service Interphone

**해설**

- Cabin Interphone System : 조종실과 객실 승무원, 객실 승무원과 객실 승무원 상호 간의 통화
- Passenger Address System : 기내 방송 장치
- Service Interphone System : 비행 중 조종실과 객실 승무원석 간의 통화, 조종실과 정비, 점검상 필요한 기체 외부와의 통화
- Passenger Entertainment System : 객실 개별 승객에게 영화, 음악, 오락 프로그램 제공
- Flight Interphone : 운항 승무원 상호 간 통화

**66** 서모커플(thermo couple)에 사용되는 금속
중 구리와 짝을 이루는 금속은?

① 백금(platinum)

② 티타늄(titanium)

③ 콘스탄탄(constantan)

④ 스테인리스강(stainless steel)

**해설**

열전쌍에 사용되는 재료로는 크로멜-알루멜, 철-콘스탄탄, 구리-콘스탄탄 등이 사용되는데, 측정온도 범위가 가장 높은 것은 크로멜-알루멜이다.

**67** 유압계통에서 압력이 낮게 작동되면 중요한
기기에만 작동 유압을 공급하는 밸브는?

① 선택 밸브(selector valve)

② 릴리프 밸브(relief valve)

③ 유압 퓨즈(hydraulic valve)

④ 우선순위 밸브(priority valve)

**해설**

프라이오리티(우선) 밸브(priority valve) : 작동유의 압력이 일정 압력 이하로 떨어지면 유로를 막아 작동 기구의 우선순위에 따라 필요한 계통만을 작동시키는 기능을 가진 밸브이다.

**68** 항공기에 사용되는 전기계기가 습도 등에 영
향을 받지 않도록 내부 충전에 사용되는 가스
는?

① 산소가스          ② 메탄가스

③ 수소가스          ④ 질소가스

**해설**

항공기에 사용되는 가스는 가장 안정적이며, 습도에 영향을 받지 않는 질소가스를 사용한다.

**69** 프레온 냉각장치의 작동 중 점검 창에 거품이
보인다면 취해야 할 조치로 옳은 것은?

① 프레온을 보충한다.

② 장치에 물을 공급한다.

③ 장치의 흡입구를 청소한다.

④ 계통의 배관에 이물질을 제거한다.

**해설**

누출의 가장 명백한 징후는 냉매 감소이다. 계통이 작동하고 있는 동안 점검 창에 거품이 생성되어 있는 것은 더 많은 냉매가 필요하다는 것을 지시한다.

**✈ 정답**  65 ②  66 ③  67 ④  68 ④  69 ①

**70** 알칼리 축전지(Ni-Cd)의 전해액 점검사항으로 옳은 것은?

① 온도와 점도를 정기적으로 점검하여 일정 수준 이상 유지해야 한다.

② 비중은 측정할 필요가 없지만, 액량은 측정하고 정확히 보존하여야 한다.

③ 일정한 온도와 염도를 유지해야 한다.

④ 비중과 색을 정기적으로 점검해야 한다.

**해설**

• 고충전율을 가지고 납산 배터리에 비하여 방전 시 전압강하가 거의 없으며 재충전 소요시간이 짧고, 큰 전류를 일시에 사용해도 배터리에 무리가 없으며, 유지비가 적게 들고, 배터리의 수명이 길다. 셀당 전압은 1.2V~1.25V이다.

• 정상작동 온도 범위는 -65°F~165°F이다. 전해액이 화학반응에 직접 참여하지 않으므로 전해액 비중의 변화가 없다.

• 축전지가 방전하게 되면 전해액이 극판에 흡수되어 전해액의 액면이 낮아진다.

**71** 자동비행조종장치에서 오토 파일롯(auto pilot)을 연동(engage)하기 전에 필요한 조건이 아닌 것은?

① 이륙 후 연동한다.

② 충분한 조정(trim)을 취한 뒤 연동한다.

③ 항공기의 기수가 진북(true north)을 향한 후에 연동한다.

④ 항공기 자세(roll, pitch)가 있는 한계 내에서 연동한다.

**해설**

AFCS의 기능은 안정화 기능(수평, 상승, 하강 시 자세를 유지하고 주 날개를 수평으로 유지), 조종기능(상승, 선회 등의 제어기능), 유도기능(무선 항법상치틀과의 결합으로 유도하는 기능)이 있다. 항공기의 기수의 방향은 AFCS에서 연동하지 않는다.

**72** 항공기 엔진과 발전기 사이에 설치하여 엔진의 회전수와 관계없이 발전기를 일정하게 회전하게 하는 장치는?

① 교류발전기  ② 인버터

③ 정속구동장치  ④ 직류발전기

**해설**

엔진의 회전수 변화와 관계없이 엔진과 교류발전기 사이에서 발전기의 회전수를 일정하게 해주는 장치로서 일정한 출력 교류주파수를 발생할 수 있도록 하는 장치이다.

**73** 항공계기 중 각 변위의 빠르기(각속도)를 측정 또는 검출하는 계기는?

① 선회계  ② 인공 수평의

③ 승강계  ④ 자이로 컴퍼스

**해설**

선회계는 레이트 자이로의 일종으로 기축과 직각인 수평축이 있는 2축 자이로이다. 2축 자이로 로터에서 각운동량의 크기는 각속도와 관성 모멘트로 결정하며, 레이트 자이로는 각속도가 측정, 검출된 축을 입력축, 입력축에 주어진 각속도에 의해서 세차성이 생기는 축을 출력축이라 한다. 항공기가 직선 수평 비행을 하다가 선회를 시작하면 입력축에 각속도가 주어지고 출력축이 어느 각속도까지 회전하여 보상 스프링에 의한 토크와 평행한 곳에 멈추면서 선회 방향을 지시한다.

**74** 작동유의 압력에너지를 기계적인 힘으로 변환시켜 직선 운동 시키는 것은?

① 유압 밸브(hydraulic valve)

② 지로터 펌프(gerotor pump)

③ 작동 실린더(actuating pump)

④ 압력 실린더(pressure regulator)

**해설**

작동기(actuator)란 작동유의 압력에너지를 기계적인 일로 바꾸어 주는 장치로서, 운동 형태에 따라 직선 운동, 회전 운동 작동기로 나뉜다.

**75** 키르히호프의 제1법칙을 설명한 것으로 옳은 것은?

① 전기회로 내의 모든 전압강하의 합은 공급된 전압의 합과 같다.

② 전기회로에 들어가는 전류의 합과 그 회로로부터 나오는 전류의 합은 같다.

③ 직렬회로에서 전류의 값은 부하에 의해 결정된다.

④ 전기회로 내에서 전압강하는 가해진 전압과 같다.

**해설**

키르히호프의 법칙에서 제1법칙은 전류법칙으로 "회로 상에서 접속점으로 유입하는 전류의 합과 유출하는 전류의 합은 같다"라는 법칙

**76** 안테나의 특성에 대한 설명으로 틀린 것은?

① 안테나 이득은 방향성으로 인해 파생되는 상대적 이득을 의미한다.

② 무지향성 안테나를 기준으로 하는 경우 안테나 이득을 dBi로 표현한다.

③ 지향성 안테나를 기준으로 안테나 이득을 계산할 때 dBd를 사용한다.

④ 안테나의 전압 정재파비는 정재파의 최소전압을 정재파의 최대전압으로 나눈 값이다.

**해설**

정재파비란 정재파의 최대 진폭과 최소 진폭과의 비율이며, 파동의 신호원 및 부하 양자 간의 임피던스 정합 정도의 관계를 알 수 있다.

**77** 다음 중 VHF 계통의 구성품이 아닌 것은?

① 조정 패널　　　② 안테나

③ 송·수신기　　　④ 안테나 커플러

**해설**

VHF 계통은 항공기의 근거리 통신에 가장 많이 사용되는 주파수이며 송수신 감도가 매우 좋다. 하지만, 육지의 지형에 따라서 주파수가 도달하지 못하는 공간이 생길 수 있다는 단점이 있다. 안테나 커플러는 HF통신에서 사용되는 것으로 원거리 통신에 사용하기 위해서 안테나가 길어져야 하는데, 항공기에서는 길이 보상이 어렵기 때문에 수직꼬리날개에 HF안테나가 매립되어 있으며, 안테나의 부족한 길이를 보상해 주기 위해 안테나 커플러를 장착한다.

**78** 정상 운전되고 있는 발전기(generator)의 계자코일(field coil)이 단선될 경우 전압의 상태는?

① 변함없다.

② 약간 저하한다.

③ 약하게 발생한다.

④ 전혀 발생치 않는다.

**해설**

발전기에 흐르는 전류가 커질수록 내부 코일 저항에 의해 전압강하가 발생한다. 부하가 매우 커지면(계자 코일이 단락 될 경우, 부하가 매우 커지는 것과 같음) 내부 저항에 걸리는 전압이 커져서 결국 출력 전압은 감소되므로, 전압은 약하게 발생한다.

**79** 전기 저항식 온도계에 사용되는 온도 수감용 저항 재료의 특성이 아닌 것은?

① 저항값이 오랫동안 안정해야 한다.

② 온도 외의 조건에 대하여 영향을 받지 않아야 한다.

③ 온도에 따른 전기저항의 변화가 비례관계에 있어야 한다.

④ 온도에 대한 저항값의 변화가 작아야 한다.

온도에 대한 저항값의 변화가 작으면 정확한 온도를 검출해 낼 수가 없으므로 전기 저항식 온도계에서 사용할 수 없다. 전기 저항식 온도계에 사용되는 온도 수감용 저항 재료는 저항값이 안정적이어야 하며, 온도 외의 조건에 영향을 받지 않고, 온도에 따른 전기저항의 변화가 비례관계여야 하며, 온도에 대한 저항값의 변화가 커야 한다.

## 80 다음 중 무선 원조항법장치가 아닌 것은?

① Inertial Navigation System
② Automatic Direction Finder
③ Air Traffic Control System
④ Distance Measuring Equipment System

무선 원조항법장치에는 ADF, VOR, DME, ATC 등이 있으며, 관성항법장치(INS)는 자신의 위치를 감지하여 목적지까지 항로를 유도하는 장치이다. 동작원리는 자이로스코프에서 방위 기준을 정하고, 가속도계를 이용하여 이동 변위를 구한다. 처음 있던 위치를 입력하면 이동해도 자기의 위치와 속도를 항상 계산해 파악할 수 있다. 악천후나 전파 방해의 영향을 받지 않는다고 하는 장점을 가지지만, 긴 거리를 이동하면 오차가 누적되어 커지므로 GPS나 능동 레이더 유도 등에 의한 보정을 더해 사용하는 것이 보통이다.

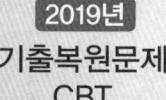
**01** 프로펠러 비행기의 이용마력과 필요마력을 비교할 때 필요마력이 최소가 되는 비행속도는?

① 비행기의 최고속도

② 최저상승률일 때의 속도

③ 최대항속 거리를 위한 속도

④ 최대항속 시간을 위한 속도

[해설]

항속시간이란 비행기가 출발할 때부터 탑재한 연료를 모두 사용할 때까지의 시간을 말하므로 연료 소모율이 작아지려면 필요마력이 가장 적은 비행을 해야 한다.

**02** 날개 뿌리 시위 길이가 60cm이고 날개 끝 시위길이가 40cm인 사다리꼴 날개의 한쪽 날개길이가 150cm일 때, 양쪽 날개 전체의 가로세로비는?

① 4    ② 5

③ 6    ④ 10

[해설]

$$A.R = \frac{b}{c} = \frac{300}{50} = 6$$

한쪽 날개 길이가 150cm이므로 스팬길이(b)는 300cm가 되며, c는 평균공력시위로 뿌리 시위와 끝 시위길이 합의 평균인 50cm로 정하고 위 식처럼 가로세로비를 구한다.

**03** 선회각 $\varnothing$로 정상선회 비행하는 비행기의 하중배수를 나타낸 식은? (단, $W$는 항공기의 무게이다.)

①  $W\cos\varnothing$    ②  $\dfrac{W}{\cos\varnothing}$

③  $\dfrac{1}{\cos\varnothing}$    ④  $\cos\varnothing$

[해설]

정상선회 시 항공기가 수평으로 선회하려면 $L\cos\theta = W$를 만족해야 한다.

$$L\times\cos\theta = w \rightarrow \cos\theta = \frac{W}{L} \rightarrow \frac{1}{\cos\theta} = \frac{L}{W}$$

여기서 $n$(하중배수)$=\dfrac{L}{W}$ 이므로 정상선회시 하중배수는 $\dfrac{1}{\cos\theta}$

**04** 헬리콥터가 비행기처럼 고속으로 비행할 수 없는 이유로 틀린 것은?

① 후퇴하는 깃의 날개 끝 실속 때문에

② 후퇴하는 깃 뿌리의 역풍범위 때문에

③ 전진하는 깃 끝의 마하수의 영향 때문에

④ 전진하는 깃 끝의 항력이 감소하기 때문에

[해설]

회전익 항공기의 수평 최대 속도에 제한이 있는 이유는 후퇴하는 날개 끝 실속, 후퇴하는 깃 뿌리의 역풍 범위 증가, 전진하는 깃 끝의 마하수의 제한 때문이다.

✈ 정답  01 ④  02 ③  03 ③  04 ④

**05** 프로펠러 항공기의 최대항속거리 비행 조건으로 옳은 것은? (단, $C_{D_p}$ : 유해항력계수, $C_{D_i}$ : 유도항력계수이다.)

① $C_{D_p} = C_{D_i}$      ② $3C_{D_p} = C_{D_i}$

③ $C_{D_p} = 3C_{D_i}$      ④ $C_{D_p} = 2C_{D_i}$

**해설**

- 항속거리는 양항비에 비례하고 항력이 작을수록 양항비는 커지므로 항속거리를 크게 하려면 항력을 최대한 줄여야 한다.
- 보기 중 항력이 가장 작은 상태는 $C_{D_p} = C_{D_i}$

**06** 관의 단면이 10cm²인 곳에서 10m/sec으로 흐르는 비압축성 유체는 관의 단면이 25cm²인 곳에서는 몇 m/s의 흐름 속도를 가지는가?

① 3      ② 4

③ 5      ④ 8

**해설**

$A_1 V_1 = A_1 V_2$
$10 \times 1,000 = 25 \times V_2$
$V_2 = 400 cm/s = 4 m/s$

**07** 항공기의 이륙거리를 옳게 나타낸 것은?
(단, : 지상활주거리(ground run distance)

- $S_R$: 회전거리(rotation distance)
- $S_T$: 전이거리(transition distance)
- $S_C$: 상승거리(climb distance)

① $S_G$

② $S_G + S_T + S_C$

③ $S_G + S_R - S_T$

④ $S_G + S_R + S_T + S_C$

**해설**

이륙거리는 지상활주거리와 상승거리를 합한 거리로 상승거리(장애물 고도)는 프로펠러 비행기의 경우 15m(50ft), 제트기는 10.7m(35ft)이다.

**08** 항공기의 스핀에 대한 설명으로 틀린 것은?

① 수직 스핀은 수평 스핀보다 회전 각속도가 크다.

② 스핀 중에는 일반적으로 옆 미끄럼(slide slip)이 발생한다.

③ 강하속도 및 옆놀이 각속도가 일정하게 유지되면서 강하하는 상태를 정상 스핀이라 한다.

④ 스핀상태를 탈출하기 위하여 방향키를 스핀과 반대 방향으로 밀고, 동시에 승강키를 앞으로 밀어내야 한다.

**해설**

수평 스핀은 수직 스핀보다 낙하속도는 작지만 회전 각속도는 비교적 상당히 크며, 조종사의 실수나 돌풍 등의 원인으로 발생한다.

**09** 고도가 높아질수록 온도가 높아지며, 오존층이 존재하는 대기의 층은?

① 열권      ② 성층권

③ 대류권      ④ 중간권

**해설**

성층권 하부의 온도는 $-56.5℃$로 균일한 분포를 보이다가 오존층 근처에서부터 온도가 상승하기 시작한다.

**10** 양력(lift)의 발생 원리를 직접적으로 설명할 수 있는 원리는?

① 관성의 법칙

② 베르누이의 정리

③ 파스칼의 정리

④ 에너지 보존 법칙

**해설**

베르누이의 정리는 유체가 흐를 때 유체의 성질 중에서 압력과 속도의 관계를 나타내며, 날개 윗면과 아랫면의 압력과 속도 차이를 통해 양력의 발생을 설명할 수 있다.

✈ 정답   05 ①   06 ②   07 ④   08 ①   09 ②   10 ②

**11** 양의 세로 안정성을 갖는 일반형 비행기의 순항 중 트림 조건으로 옳은 것은? (단, 화살표는 힘의 방향, ◑는 무게중심을 나타낸다.)

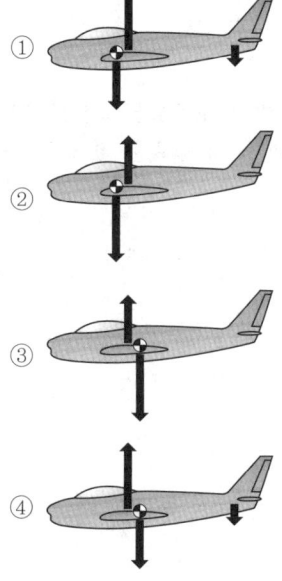

**해설**

양(+)의 안정성이란 불안정에서 다시 원래 상태로 되돌아가려는 경향이 있는 상태로 보기 1번의 상태는 원래의 평형 상태로 되돌아오려는 경향이 있는 항공기의 모멘트를 보여주고 있다.

**12** 다음 중 가로세로비가 큰 날개라 할 때 갑자기 실속할 가능성이 가장 적은 날개골은?

① 캠버가 큰 날개골
② 두께가 얇은 날개골
③ 레이놀즈수가 작은 날개골
④ 앞전 반지름이 작은 날개골

**해설**

고속기 날개골의 경우 두께가 얇고 앞전반지름이 작으며 레이놀즈수가 작아 고속비행에는 적합하지만, 조파항력같은 충격실속이 일어날 경우 또는 돌풍이 불었을 경우 실속이 쉽게 일어나지만 캠버가 큰 날개골은 저속기에 적합하고 공기 흐름에 순간적인 변화에 따른 실속이 잘 일어나지 않는다.

**13** 헬리콥터가 지상 가까이에 있을 때, 회전날개를 지난 흐름이 지면에 부딪혀 헬리콥터와 지면 사이에 존재하는 공기를 압축시켜 추력이 증가되는 현상을 무엇이라 하는가?

① 지면효과
② 페더링효과
③ 실속효과
④ 플래핑효과

**해설**

회전익 항공기는 지면 근처에서 운용 시 지면효과가 발생하여 양력 및 추력에 이로운 효과를 가져온다.

**14** 밀도가 0.1kg · s²/m⁴인 대기를 120m/s의 속도로 비행할 때 동압은 몇 kg/m²인가?

① 520
② 720
③ 1020
④ 1220

**해설**

$$동압(q) = \frac{1}{2}\rho v^2 = \frac{1}{2} \times 0.1 \times 120^2 = 720$$

**15** 프로펠러의 기하학적 피치비(geometric pitch radio)를 옳게 정의한 것은?

① $\dfrac{프로펠러\ 지름}{기하학적\ 피치}$

② $\dfrac{기하학적\ 피치}{유효\ 피치}$

③ $\dfrac{기하학적\ 피치}{프로펠러\ 지름}$

④ $\dfrac{유효\ 피치}{기하학적\ 피치}$

**해설**

• 기하학적 피치 : 프로펠러가 1회전 할 때 이론적으로 앞으로 전진한 거리
• 유효 피치 : 프로펠러가 1회전 할 때 실제 앞으로 전진한 거리
• 프로펠러 슬립 : 기하학적 피치와 유효 피치의 차이를 슬립이라고 한다.

**정답** **11** ① **12** ① **13** ① **14** ② **15** ③

**16** 공력평형장치 중 프리즈 밸런스(frise balance)가 주로 사용되는 조종면은?

① 방향키(rudder)

② 승강키(elevator)

③ 도움날개(aileron)

④ 도살핀(dorsal fin)

해설

프리즈 밸런스는 도움 날개에서 주로 사용되는 밸런스로, 도움 날개에서 발생하는 힌지 모멘트가 서로 상쇄되도록 하여 조종력을 감소시키는 장치이다.

**17** 평형상태에 있는 비행기가 교란을 받았을 때 처음의 상태로 돌아가려는 힘이 자체적으로 발생하게 되는데, 이와 같은 정적안정 상태에서 작용하는 힘을 무엇이라 하는가?

① 가속력

② 기전력

③ 감쇠력

④ 복원력

해설

• 가속력 : 물체가 가속을 하려는 힘
• 기전력 : 다른 두 점 간에서 전위가 높은 쪽으로부터 낮은 쪽으로 전기를 이동시키려는 힘
• 감쇠력 : 파동이나 운동, 에너지 따위의 수치를 감소하려는 힘

**18** 비행기의 동적 세로안정으로써 속도변화에 무관한 진동이며, 진동주기는 0.5∼5초가 되는 진동은 무엇인가?

① 장주기 운동

② 승강키 자유운동

③ 단주기 운동

④ 도움날개 자유운동

해설

• 장주기 운동 : 주기는 20∼100초로 매우 길며, 조종사도 알아차릴 수 없는 경우도 있으며, 항공기의 안정성에 큰 영향을 끼치지 않는다.

• 단주기 운동 : 주기는 0.5∼5초로 인위적인 조종간의 조작 상쇄는 조종간의 불일치로 불안정한 상태를 가져올 수 있으므로 Stick Free로 감쇠가 필요하다.

• 승강키 자유운동 : 승강키의 플래핑 운동으로 주기는 0.3∼1.5초로 매우 짧다.

**19** 무게가 7000kgf인 제트항공기가 양항비 3.5로 등속수평비행할 때 추력은 몇 kgf인가?

① 1450

② 2000

③ 2450

④ 3000

해설

등속수평비행이란 양력과 무게가 같고 추력과 항력이 같은, 즉 $L=W$, $T=D$인 상태를 말하며

$L = W = 7000$, $\dfrac{L}{D} = 3.5$

$D = \dfrac{L}{3.5} = \dfrac{7000}{3.5} = 2000$ 이므로 $T = D = 2000$

**20** 활공비행에서 활공각($\theta$)을 나타내는 식으로 옳은 것은? (단, $C_L$ : 양력계수, $C_D$ : 항력계수이다.)

① $\sin \theta = \dfrac{C_L}{C_D}$

② $\sin \theta = \dfrac{C_D}{C_L}$

③ $\cos \theta = \dfrac{C_D}{C_L}$

④ $\tan \theta = \dfrac{C_D}{C_L}$

해설

$\dfrac{1}{\tan\theta} = \dfrac{C_L}{C_D}$ 이므로 $\tan\theta = \dfrac{C_D}{C_L}$

✈ 정답  16 ③  17 ④  18 ③  19 ②  20 ④

## 제2과목  항공기관

**21** 왕복엔진에서 로우텐션(low tension) 점화장치를 사용하는 경우의 장점은?

① 구조가 간단하여 엔진의 중량을 줄일 수 있다.

② 부스터 코일(booster coil)의 하나이므로 정비가 용이하다.

③ 점화플러그에 유기되는 전압이 낮아 정비 시 위험성이 적다.

④ 높은 고도 비행 시 하이텐션(high tension) 점화장치에서 발생되는 플래시오버(flash over)를 방지할 수 있다.

**해설**

- 저압 점화계통의 마그네토에서는 저전압을 발생시켜 전선을 통해 실린더로 공급되고, 점화 플러그를 들어가기 전에 변압 코일로 고압으로 승압시켜 점화 플러그에 고전압을 공급하므로 전기 누설 없이(플래시오버) 고공을 비행하는 항공기에 적합하다.
- 플래시 오버 : 항공기가 고공에서 운용될 때 배전기 내부에서 전기 불꽃이 일어나는 현상으로 공기밀도 때문에 공기 절연율이 좋지 않아 발생한다.

**22** 프로펠러 날개의 루트 및 허브를 덮는 유선형의 커버로, 공기흐름을 매끄럽게 하여 엔진효율 및 냉각효과를 돕는 것은?

① 램(ram)

② 커프스(cuffs)

③ 거버너(governor)

④ 스피너(spinner)

**해설**

스피너는 프로펠러의 허브(hub)를 덮고 있는 유선형 덮개로서, 엔진 카울링 속으로 유입되는 공기가 유연하게 흐를 수 있도록 유선형으로 만들어진다.

**23** 가스터빈엔진에서 배기 노즐(exhaust nozzle)의 가장 중요한 기능은?

① 배기가스의 속도와 압력을 증가시킨다.

② 배기가스의 속도와 압력을 감소시킨다.

③ 배기가스의 속도를 증가시키고 압력을 감소시킨다.

④ 배기가스의 속도를 감소시키고 압력을 증가시킨다.

**해설**

배기 노즐은 배기 도관에서 공기가 분사되는 끝부분으로, 이 부분의 면적은 배기가스 속도를 좌우하는 중요한 요소이므로 압력을 감소시키고 속도를 증가시키는 면적으로 만들어진다.

- 수축형 배기 노즐(convergent exhaust nozzle) : 아음속기의 배기 노즐
- 수축–확산형 배기 노즐(convergent divergent nozzle) : 초음속기의 배기 노즐

**24** 흡입 밸브와 배기 밸브의 팁 간극이 모두 너무 클 경우 발생하는 현상은?

① 점화시기가 느려진다.

② 오일 소모량이 감소한다.

③ 실린더의 온도가 낮아진다.

④ 실린더의 체적효율이 감소한다.

**해설**

- 밸브 팁 간극이 크게 되면 밸브가 늦게 열리고 빨리 닫히게 되어 공기 배출량의 비율이 작아져 실린더 체적효율이 감소한다.
- 체적효율은 유체의 실제 배출량과 이론상의 배출량의 비로서 식으로는

  체적효율 = $\dfrac{\text{실제 흡입한 가스의 체적}}{\text{피스톤의 행정체적}}$ 이다.

- 흡기량을 많이 하고 흡입과 배기를 유연하게 하는 것이 체적효율을 증가시키는 것이다.

**25** 가스터빈엔진의 압축기에서 축류식과 비교한 원심식의 특징이 아닌 것은?

① 경량이다.

② 구조가 간단하다.

③ 제작비가 저렴하다.

④ 단(스테이지)당 압축비가 작다.

**해설**

① 원심식 압축기(centrifugal type compressor) 구성 : 임펠러, 디퓨저, 매니폴드

② 장점

ㄱ 단당 압력비가 높다.

ㄴ 제작이 쉽고 값이 싸다.

ㄷ 구조가 튼튼하고 가볍다.

③ 단점

ㄱ 압축기 입·출구의 압력비가 낮다.

ㄴ 효율이 낮다.

ㄷ 많은 공기를 처리할 수 없다.

ㄹ 전면 면적이 커서 항력이 크다.

ㅁ 다단 제작이 곤란하다(보통 2단까지 사용).

**26** 가스터빈엔진의 축류압축기에서 발생하는 실속(stall)현상 방지를 위해 사용하는 장치가 아닌 것은?

① 블리드 밸브(bleed valve)

② 다축식 구조(multi spool design)

③ 연료-오일 냉각기(fuel-oil cooler)

④ 가변 스테이터 베인(variable stator vane)

**해설**

• 압축기 실속은 흡입 공기 속도가 작을수록 회전 속도가 클수록 잘 발생한다.

• 압축기 실속방지 방법

ㄱ 다축식 구조 : 압축기를 2부분으로 나누어 저압 압축기는 저압 터빈으로, 고압 압축기는 고압 터빈으로 구동하여 실속을 방지한다.

ㄴ 가변 정익(스테이터 깃) 사용 : 압축기 스테이터

깃의 붙임각을 변경할 수 있도록 하여 로터 깃의 받음각이 일정하게 함으로써 실속을 방지한다.

ㄷ 블리드 밸브 설치 : 압축기 뒤쪽에 설치하며 엔진을 저속으로 회전시킬 때 자동적으로 밸브가 열려 누적된 공기를 배출함으로써 실속을 방지한다.

ㄹ 가변 안내 베인(variable inltet guide vane)

ㅁ 가변 바이패스 밸브(variable bypass vane)

**27** 그림과 같은 브레이튼 사이클 선도의 각 단계와 가스터빈엔진의 작동 부위를 옳게 짝지은 것은?

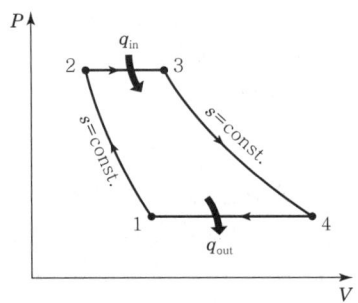

① 1 → 2 : 디퓨저

② 2 → 3 : 연소기

③ 3 → 4 : 배기구

④ 4 → 1 : 압축기

**해설**

• 브레이튼 사이클 : 2개의 정압·단열과정, 항공기용 가스터빈엔진의 사이클이다.

ㄱ 1→2(단열압축과정) : 엔진에 흡입된 저온, 저압의 공기를 압축시켜 압력을 $P_1$에서 $P_2$로 상승(엔트로피의 변화가 없다($S_1 = S_2$)).

ㄴ 2→3(정압가열과정) : 연소실에서 연료가 연소되어 열을 공급한다. 연소실 압력은 정압 유지($P_2 = P_3 = C$)

ㄷ 3→4(단열팽창과정) : 고온, 고압의 공기를 터빈에서 팽창시켜 축일을 얻는다. 가역단열과정이므로 상태 3과 4는 엔트로피가 같다($S_3 = S_4$).

ㄹ 4→1(정압방열과정) : 압력이 일정한 상태에서 열을 방출한다(배기 및 재흡입과정).

**28** 가스터빈엔진에서 주로 사용하는 윤활계통의 형식은?

① dry sump, jet and spray

② dry sump, dip and splash

③ wet sump, spray and splash

④ wet sump, dip and pressure

해설

- 건식 윤활계통(dry sump oil system) : 윤활유 탱크를 엔진 밖에 따로 설치
- 습식 윤활계통(wet sump oil system) : 크랭크 케이스의 밑부분을 탱크로 이용

**29** 가스터빈엔진 점화기의 중심전극과 원주전극 사이의 간극에서 공기가 이온화되면 점화에 어떠한 영향을 주는가?

① 아무 변화가 없다.

② 불꽃방전이 잘 이루어진다.

③ 불꽃방전이 이루어지지 않는다.

④ 플러그가 손상된 것이므로 교환해 주어야 한다.

해설

공기가 이온화되면 코로나 방전(불꽃방전)이 발생하여 두 전극 간의 전압을 상승시키고 큰 발광현상이 일어나 전리가 활발하게 이루어지며, 전류 밀도도 커지고 점화 타이밍을 극도로 정밀하게 제어할 수 있게 된다.

**30** 터보제트엔진에서 비행속도 100ft/s, 진추력 10,000lbf일 때, 추력마력은 약 몇 ft · lbf/s인가?

① 1818      ② 2828

③ 8181      ④ 8282

해설

추력마력(THP)은 진추력($F_n$)을 발생하는 터보제트엔진이 엔진의 속도($V_a$)로 비행할 때, 엔진의 동력을 마력으로 환산한 것이다.

추력마력(THP) $= \dfrac{F_n V_a}{g \cdot 75}(PS)$로 여기서 1마력(PS)은 75kg · m/s이고, 문제에서는 ft · lbf/s로 환산해야하므로 1PS=75kg · m/s=550lb · ft/s로 환산한다.

$$\therefore THP = \frac{10000 \times 100}{550}$$
$$= 1818$$

**31** 피스톤이 하사점에 있을 때 차압 시험기를 이용한 압축점검(compression check)을 하면 안 되는 이유는?

① 폭발의 위험성이 있기 때문에

② 최소한 1개의 밸브가 열려있기 때문에

③ 과한 압력으로 게이지가 손상되기 때문에

④ 실린더 체적이 최대가 되어 부정확하기 때문에

해설

흡입 밸브 또는 배기 밸브가 열려 있을 수 있기 때문이다.

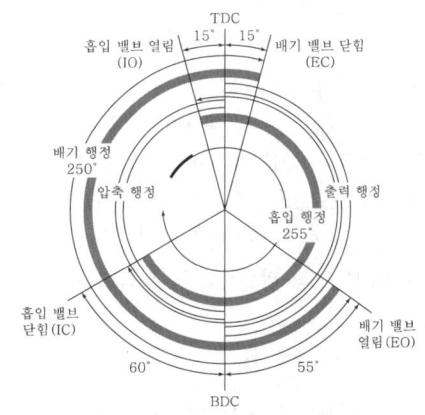

**32** 왕복엔진의 윤활계통에서 엔진오일의 기능이 아닌 것은?

① 밀폐작용      ② 윤활작용

③ 보온작용      ④ 청결작용

해설

- 윤활유의 작용 : 윤활작용, 기밀작용, 냉각작용, 청결작용, 방청작용, 소음방지작용

- 윤활유의 구비 조건 : 유성이 좋을 것, 알맞은 점도를 가질 것, 온도 변화에 의한 점도 변화가 작을 것(점도 지수), 산화 및 탄화 경향이 작을 것, 부식성이 없을 것
- 윤활유 점도계 : 세이볼트 유니버설 점도계

**33** 가스터빈엔진의 연료 중 항공 가솔린의 증기압과 비슷한 값을 가지고 있으며 등유와 증기압이 낮은 가솔린의 합성연료이고, 군용으로 주로 많이 쓰이는 연료는?

① JP-4  ② JP-6
③ 제트 A형  ④ AV-GAS

해설

- P-4 : 이 연료는 JP-3의 증기압 특성을 개량하여 개발한 것으로, 가솔린의 증기압과 비슷한 값을 가지고 있다. 등유와 낮은 증기압의 가솔린과의 합성연료이다.
- JP-5 : 높은 인화점의 등유계 연료, 인화성이 낮아 폭발 위험성이 거의 없다. 주로 함재기에 많이 사용된다.
- JP-6 : 현대의 초음속 항공기에서 사용하기 위하여 개발되었다. 낮은 증기압 및 JP-4보다 더 높은 인화점, JP-5보다 더 낮은 어는점을 가지고 있다.
- JET A형 및 A-1형 : 민간 항공기용 연료이며, JP-5와 비슷하지만, 어는점이 약간 높다.
- JET B형 : JP-4와 비슷하나, 어는점이 약간 높은 연료이다.

**34** 9기통 성형엔진에서 회전영구자석이 6극형이라면, 회전영구자석의 회전속도는 크랭크축 회전속도의 몇 배가 되는가?

① 3  ② 1.5
③ 3/4  ④ 2/3

해설

크랭크축의 회전속도에 대한 마그네토의 회전 속도 공식 대입

$$= \frac{\text{마그네토의 회전속도}}{\text{크랭크축의 회전속도}} = \frac{\text{실린더 수}}{2 \times \text{극수}}$$

대입

$$\frac{9기통}{2 \times 6극} = \frac{9}{12} = \frac{3}{4}$$

**35** 프로펠러의 회전면과 시위선이 이루는 각을 무엇이라 하는가?

① 깃각  ② 붙임각
③ 회전각  ④ 깃뿌리각

해설

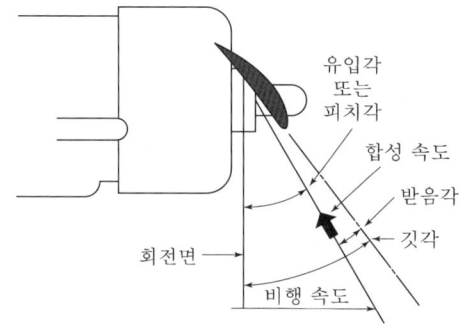

- 깃각(pitch or blade angle) : 비행기 날개의 붙임각과 같은 것으로 회전면과 깃의 시위선이 이루는 각
- 유입각 (inflow angle) : 합성속도와 회전면이 이루는 각
- 합성속도 : 비행속도와 깃의 회전 선속도를 합한 값
- 받음각(angle of attack) : 깃각에서 유입각을 뺀 각

**36** 왕복엔진의 연료계통에서 증개폐색(vapor lock)에 대한 설명으로 옳은 것은?

① 연료 펌프의 고착을 말한다.
② 기화기(carburetter)에서의 연료 증발을 말한다.
③ 연료흐름도관에서 증기 기포가 형성되어 흐름을 방해하는 것을 말한다.
④ 연료계통에 수증기가 형성되는 것을 말한다.

**해설**

- 연료는 관이나 펌프 또는 다른 구성품에서도 기화될 수 있다. 너무 빠른 기화에 의해 만들어지는 증기주머니가 연료 흐름을 제한하게 된다. 연료 흐름이 부분적으로, 또는 완전히 막히는 결과를 증기폐색이라고 부른다.
- 원인으로는 낮은 연료 압력, 높은 연료 온도, 연료의 과도한 불규칙 흐름 때문이다.
- 증기폐색 가능성을 줄이기 위해 연료라인은 열원에 가까이 두지 않고, 또한 연료라인이 급한 경사나 방향 변화, 또는 직경의 변화도 피해야 한다. 가장 우수한 방법은 연료계통 내에 부스터 펌프를 적용시킨다. 또는 증기분리기를 설치하기도 한다.

**37** 흡입공기를 사용하지 않는 제트엔진은?

① 로켓  　　② 램제트
③ 펄스제트  　④ 터보팬엔진

**해설**

로켓엔진은 다른 제트엔진과 달리, 공기를 흡입하지 않고 엔진 내부에 연료와 산화제를 함께 갖추고 있는 엔진이다.

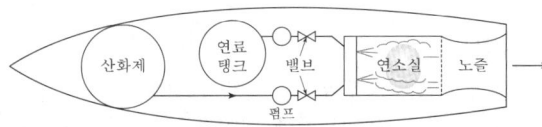

**38** 왕복엔진의 실린더 배열에 따른 종류가 아닌 것은?

① 성형엔진  　② 대향형엔진
③ V형 엔진  　④ 액냉식엔진

**해설**

엔진의 형식

- 실린더 배열 : 직렬형 엔진(inline engines), 대향형 또는 O-형 엔진(Opposed or O-type engines), 성형엔진 (radial engines), V-형 엔진(V-type engine)

- 냉각 방식 : 공랭식 엔진, 액랭식 엔진
- 사이클에 따른 분류 : 4행정, 2행정, 로터리, 디젤

**39** 완전기체의 상태변화와 관계식을 짝지은 것으로 틀린 것은? (단, $P$: 압력, $V$: 체적, $T$: 온도, $\gamma$: 비열비이다.)

① 등온변화 : $P_1 V_1 = P_2 V_2$

② 등압변화 : $\dfrac{T_1}{V_2} = \dfrac{T_2}{V_1}$

③ 등적변화 : $\dfrac{P_1}{T_1} = \dfrac{P_2}{T_2}$

④ 단열변화 : $\dfrac{T_2}{T_1} = \left(\dfrac{P_2}{P_1}\right)^{\frac{r-1}{r}}$

**해설**

등압변화 : $\dfrac{V_1}{T_1} = \dfrac{V_2}{T_2}$

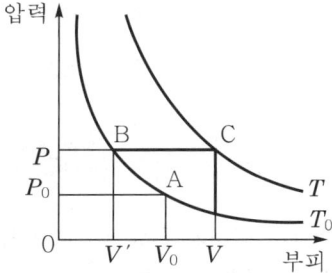

**40** 왕복엔진의 크랭크축에 다이내믹 댐퍼(dynamic damper)를 사용하는 주된 목적은?

① 커넥팅로드의 왕복운동을 방지하기 위하여

② 크랭크축의 비틀림 진동을 감쇠하기 위하여

③ 크랭크축의 자이로 작용(gyroscopic action)을 방지하기 위하여

④ 항공기가 교란되었을 때 원위치로 복원시키기 위하여

- 크랭크축에 다이내믹 댐퍼를 설치하여 엔진이 작동하는 동안 발생하는 진동을 최소한으로 줄일 수 있다 (동적 평형).
- 다이내믹 댐퍼는 단순한 추이며, 크랭크축에 진동주 파수가 발생하였을 때, 평형추의 진동은 엇박자로 작용하여 진동은 최소로 감소하게 된다.

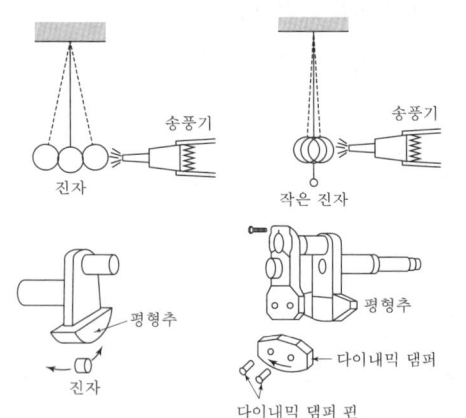

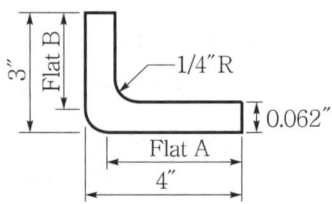

## 제3과목 항공기체

**41** 그림과 같이 판재를 굽히기 위해서 Flat A의 길이는 약 몇 인치가 되어야 하는가?

① 2.8 ② 3.7
③ 3.8 ④ 4.0

해설

$$Flat\ A = 4 - S.B = 4 - \left(\frac{1}{4} + 0.062\right)$$
$$= 4 - 0.312 = 3.7$$

**42** 항공기 기체 구조의 리깅(rigging) 작업을 할 때, 구조의 얼라인먼트(alignment) 점검 사항이 아닌 것은?

① 날개 상반각
② 수직 안정판 상반각
③ 수평 안정판 장착각
④ 착륙 장치의 얼라인먼트

해설

구조의 얼라이먼트 점검사항 : 날개상반각, 날개취부각 (붙임각), 수평 안정판 상반각, 수평 안정판 장착각, 착륙장치

**43** 두 판재를 결합하는 리벳작업 시 리벳직경의 크기는?

① 두 판재를 합한 두께의 3배 이상이어야 한다.
② 얇은 판재 두께의 3배 이상이어야 한다.
③ 두꺼운 판재 두께의 3배 이상이어야 한다.
④ 두 판재를 합한 두께의 1/2 이상이어야 한다.

해설

리벳의 지름은 보통 두꺼운 판재의 3배로 한다. 리벳의 길이는 판재의 전체 두께와 리벳 지름의 1 * 1/2의 길이를 합한 것이다. 벅 테일의 높이는 리벳 지름의 1/2배이고, 벅테일의 최소 지름은 리벳 지름의 1 * 1/2배이어야 한다.

**44** 너트의 부품번호 AN 310 D-5 R에서 문자 "D"가 의미하는 것은?

① 너트의 안전결선용 구멍
② 너트의 종류인 캐슬 너트
③ 사용 볼트의 직결을 표시
④ 너트의 재료인 알루미늄 합금 2017T

**해설**

AN310d-5R

AN310 : 항공기 캐슬 너트, D : 재질 알루미늄 합금

2017, 5 : 사용볼트의 직경이 5/16, R : 오른나사

**45** 항공기 무게를 계산하는 데 기초가 되는 자기 무게(empty weight)에 포함되는 무게는?

① 고정 밸러스트

② 승객과 화물

③ 사용 가능 연료

④ 배출 가능 윤활유

**해설**

자기 무게 : 항공기 기체, 엔진, 장비, 고정 밸러스트, 연료와 윤활유관에 남아 있는 연료와 윤활유의 무게를 합한 것을 말한다.

**46** 탄소강에 첨가되는 원소 중 연신율을 감소시키지 않고 인장강도와 경도를 증가시키는 것은?

① 탄소

② 규소

③ 인

④ 망간

**해설**

망간 : 강도와 고온가공성을 증가시키고, 연신율의 감소를 억제시키며, 주조성과 담금질 효과를 향상시킨다.

**47** 연료탱크에 있는 벤트계통(vent system)의 주 역할로 옳은 것은?

① 연료탱크 내의 증기를 배출하여 발화를 방지한다.

② 비행자세의 변화에 따른 연료탱크 내의 연료유동을 방지한다.

③ 연료탱크의 최하부에 위치하여 수분이나 잔류연료를 제거한다.

④ 연료탱크 내·외의 차압에 의한 탱크구조를 보호한다.

**해설**

벤트계통 : 탱크의 내부와 외부 사이에 과도한 압력차를 신속하게 없애주어 탱크를 보호한다.

**48** 육각 볼트머리의 삼각형 속에 "X"가 새겨져 있다면 이것은 어떤 볼트인가?

① 표준볼트

② 정밀공차 볼트

③ 내식성 볼트

④ 내부렌칭 볼트

**해설**

• 알루미늄 합금 볼트 : 쌍 대시(– –)

• 내식강 볼트 : 대시(–)

• 특수볼트 : spec 또는 s

• 정밀공차 볼트 : △, x

• 합금강 볼트 : +, *

• 열처리 볼트 : R

**49** 복합소재의 결함탐지 방법으로 적합하지 않은 것은?

① 와전류검사

② X-RAY 검사

③ 초음파검사

④ 탭 테스트(tap test)

**해설**

복합소재는 전기가 통하는 물질이 아니므로 와전류검사는 적합하지 않다.

**50** 다음과 같은 단면에서 x, y축에 관한 단면 상승 모멘트($3C_{D_p} = C_{D_i}$)는 약 몇 cm$^4$인가?

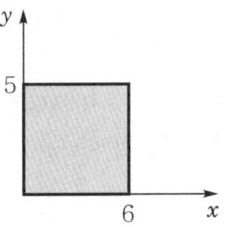

① 56

② 152

③ 225

④ 900

$$I_{XY} = bh \times \frac{h}{2} \times \frac{b}{2} = \frac{(bh)^2}{4} = \frac{30^2}{4} = 225$$

## 51 SAE 1035가 의미하는 금속재료는?

① 탄소강       ② 마그네슘강

③ 니켈강      ④ 몰리브덴강

해설

SAE XXXX

• 첫째 자리의 수 : 강의 종류를 나타낸다.
• 둘째 자리의 수 : 합금 원소의 함유량을 나타낸다.
• 나머지 두 자리의 숫자 : 탄소의 평균 함유량을 나타낸다.

※ 합금강의 분류

1xxx : 탄소강, 2xxx : 니켈강, 3xxx : 니켈-크롬강, 4xxx : 몰리브덴강, 5xxx : 크롬강, 6xxx : 크롬-바나듐강, 8xxx : 니켈-크롬-몰리브덴강

## 52 항공기 엔진을 날개에 장착하기 위한 구조물로만 나열한 것은?

① 마운트, 나셀, 파일론

② 블래더, 나셀, 파일론

③ 인테그럴, 블래더, 파일론

④ 캔틸레버, 인테그럴, 나셀

해설

날개의 장착 구조물 : 엔진마운트, 나셀, 파일론

※ 인테그럴과 블래더는 연료탱크의 종류이고, 켄틸레버는 날개 장착 방법 중 외팔보식을 말한다.

## 53 용접작업에 사용되는 산소·아세틸렌 토치 팁(tip)의 재질로 가장 적절한 것은?

① 납 및 납합금

② 구리 및 구리합금

③ 마그네슘 및 마그네슘합금

④ 알루미늄 및 알루미늄합금

해설

토치 팁은 공급 가스의 흐름을 최종적으로 조절하는 역할을 하며, 산소 아세틸렌 토치 팁의 재질은 주로 구리나 황동을 많이 사용한다.

## 54 페일세이프구조 중 다경로구조(redundant structure)에 대한 설명으로 옳은 것은?

① 단단한 보강재를 대어 해당량 이상의 하중을 이 보강재가 분담하는 구조이다.

② 여러 개의 부재로 되어 있고 각각의 부재는 하중을 고르게 분담하도록 되어 있는 구조이다.

③ 하나의 큰 부재를 사용하는 대신 2개 이상의 작은 부재를 결합하여 1개의 부재와 같은 또는 그 이상의 강도를 지닌 구조이다.

④ 규정된 하중은 모두 좌측 부재에서 담당하고, 우측 부재는 예비 부재로 좌측 부재가 파괴된 후 그 부재를 대신하여 전체 하중을 담당하는 구조이다.

해설

• 다경로 하중구조(redundant structure) : 여러 개의 부재를 통하여 하중이 전달되도록 하는 구조. 어느 하나의 부재가 손상되더라도 다른 부재에 영향을 끼치지 않고 요구하는 하중을 다른 부재가 담당할 수 있도록 되어 있다.

• 이중구조(double structure) : 하나의 큰 부재 대신에 2개의 작은 부재를 결합하여 하나의 부재와 같은 강도를 가지게 한다. 어느 부분의 손상이 부재 전체의 파손에 이르는 것을 방지한다.

• 대치구조(back-up structure) : 하나의 부재가 전체의 하중을 지탱하고 있을 경우, 이 부재가 파손될 것을 대비하여 준비된 예비적인 부재를 가지고 있는 구조이다.

• 하중경감구조(load dropping structure) : 하중의 전달을 두 개의 부재를 통하여 선날하나가 하니의 부재가 파손되기 시작하면 변형이 크게 일어난다. 이때 주변의 다른 부재로 하중을 전달시켜 파괴가 시작된 부재의 완전한 파괴를 방지할 수 있는 구조이다.

정답   51 ①   52 ①   53 ②   54 ②

**55** 주 날개(main wing)의 주요 구조요소로 옳은 것은?

① 스파(spar), 리브(rib), 론저론(longeron), 표피(skin)

② 스파(spar), 리브(rib), 스트링거(stringer), 표피(skin)

③ 스파(spar), 리브(rib), 벌크헤드(bulk-head), 표피(skin)

④ 스파(spar), 리브(rib), 스트링거(stringer), 론저론(longeron)

**해설**

주 날개 구조부재 : 날개보(spar), 리브(rib), 스트링거(stringer), 외피(skin)

**56** 다음 중 크기와 방향이 변화하는 인장력과 압축력이 상호 연속적으로 반복되는 하중은?

① 교번하중      ② 정하중

③ 반복하중      ④ 충격하중

**해설**

• 정하중 : 일정한 크기로 지속적으로 작용
• 충격하중 : 충격적으로 구조물이나 재료에 작용하는 하중
• 반복하중 : 구조물에 일정한 진폭과 주기로, 연속적 혹은 단속적으로 반복해서 작용하는 하중
• 교번하중 : 반복하중 중 크기뿐만 아니라 방향도 변하는 하중

**57** 일정한 응력(힘)을 받는 재료가 일정한 온도에서 시간이 경과함에 따라 변형률이 증가하는 현상을 무엇이라 하는가?

① 크리프(creep)

② 항복(yield)

③ 파괴(fracture)

④ 피로굽힘(fatigue bending)

**해설**

크리프 : 일정한 응력을 받는 재료가 일정한 온도에서 시간이 경과함에 따라 하중이 일정하더라도 변형률이 변화하는 현상

**58** 설계제한하중배수가 2.5인 비행기의 실속속도가 120km/h일 때, 이 비행기의 설계운용속도는 약 몇 km/h인가?

① 150      ② 240

③ 190      ④ 300

**해설**

$$V_A = \sqrt{n} \times V = \sqrt{2.5} \times 120 = 189.74$$

**59** 착륙장치(landing gear)가 내려올 때 속도를 감소시키는 밸브는?

① 셔틀 밸브      ② 시퀀스 밸브

③ 릴리프 밸브      ④ 오리피스 체크 밸브

**해설**

착륙장치에서 시퀀스 밸브가 작동순서를 결정하게 되는 역할을 하고, 오리피스 체크 밸브를 통해 저항을 이용하여 착륙장치 다운 시 내려오는 속도를 감소시켜 착륙장치의 파손을 막는다.

**60** 항공기 부식을 예방하기 위한 표면처리 방법이 아닌 것은?

① 마스킹처리(masking)

② 알로다인처리(alodining)

③ 양극산화처리(anodizing)

④ 화학적 피막처리(chemical conversion coating)

**해설**

항공기 방식 표면처리 방법 : 알로다인, 알크래드, 양극산화처리, 화학적 피막처리
※ 마스킹 작업은 도장작업 시 작업 영역을 설정하는 역할을 한다.

**정답** 55 ② 56 ① 57 ① 58 ③ 59 ④ 60 ①

**61** 다음 중 계기착륙장치의 구성품이 아닌 것은?

① 마커비콘

② 관성항법장치

③ 로컬라이저

④ 글라이더 슬로프

**해설**

- 계기착륙장치(ILS)의 종류에는 마커비콘, 로컬라이저, 글라이드 슬로프가 있다.
- 관성항법장치란 자이로를 이용하여 관성 공간에 대해 일정한 자세를 유지하는 기준 테이블을 만들고, 그 위에 정밀한 가속도계를 장착한 장치. 이 장치는 임의의 시각까지 3축 방향의 가속도를 2회 적분(積分)하면 비행거리가 얻어지며, 따라서 현재의 위치를 알 수 있다. 이 장치는 다른 원조를 전혀 필요로 하지 않고 자기 위치를 결정할 수 있는 특징을 가지며, 또 다른 것의 방해를 받지 않는다.

**62** 제빙부츠장치(de-icer boots system)에 대한 설명으로 옳은 것은?

① 날개 뒷전이나 안정판(stabilizer)에 장착된다.

② 조종사의 시계 확보를 위해 사용된다.

③ 코일에 전원을 공급할 때 발생하는 진동을 이용하여 제빙하는 장치이다.

④ 고압의 공기를 주기적으로 수축, 팽창시켜 제빙하는 장치이다.

**해설**

제빙부츠란 팽창 및 수축할 수 있는 공기방이 유연성 있는 호스에 의해서 계통의 압력관과 진공관에 연결된다. 계통이 작동을 시작하면 기운데 공기방이 팽창을 하면서 얼음을 깨트리고, 가운데 공기방이 수축하면 바깥쪽 공기방이 팽창하면서 깨진 얼음을 밀어내어 대기 중으로 날려 버려 얼음을 제거한다.

**63** 다음 중 외기온도계가 활용되지 않는 것은?

① 외기 온도 측정

② 엔진의 출력 설정

③ 배기가스 온도 측정

④ 진대기 속도의 파악

**해설**

외기온도계가 활용되지 않는 것은 배기가스 온도 측정이다. 배기가스 온도는 열전쌍식으로 크로멜-알루멜 금속을 사용한다. 철-콘스탄탄은 실린더헤드온도를 지시한다. 외기온도계는 바이메탈식온도계를 사용한다.

**64** 12000rpm으로 회전하고 있는 교류 발전기로 400Hz의 교류를 발전하려면 몇 극(pole)으로 하여야 하는가?

① 4극    ② 8극

③ 12극    ④ 24극

**해설**

$$f = \frac{P}{2} \times \frac{N}{60}$$

$f$ : 주파수(Hz 또는 cps)

$P$ : 계자의 극수, $N$ : 분당회전수(rpm)

$$400 = \frac{P}{2} \times \frac{12000}{60} \quad \therefore P = 4$$

**65** 황산납 축전지(lead acid battery)의 과충전 상태를 의심할 수 있는 증상이 아닌 것은?

① 전해액이 축전지 밖으로 흘러나오는 경우

② 축전지에 흰색 침전물이 너무 많이 묻어 있는 경우

③ 축전지 셀 케이스가 부풀어 오른 경우

④ 축전지 윗면 캡 주위에 약간의 탄산칼륨이 있는 경우

**해설**

납산축전지의 충·방전 상태는 전해액의 비중으로 판단한다. 전해액이 밖으로 흘러나오는 경우, 침전물이 많

이 묻어있는 경우, 셀 케이스가 부풀어 오른 경우 과충전 상태를 의심할 수 있다.

## 66 통신장치에서 신호 입력이 없을 때 잡음을 제거하기 위한 회로는?

① AGC회로
② 스퀠치회로
③ 프리엠파시스회로
④ 디엠파시스회로

**해설**

FM 수신기에서 신호 입력이 없을 때는 잡음이 증폭되어 스피커에서 큰 잡음이 나온다. 이 잡음을 억제하는 회로가 스위치 회로이다. 잡음을 정류하여 저주파 증폭기의 바이어스를 변화시켜 증폭도를 낮추어서 잡음이 스피커에서 나오지 않도록 하고 있다.

## 67 인공위성을 이용하여 3차원의 위치(위도, 경도, 고도), 항법에 필요한 항공기 속도 정보를 제공하는 것은?

① Inertial Navigation System
② Global Positioning System
③ Omega Navigation System
④ Tactical Air Navigation System

**해설**

위도, 경도, 고도 3차원의 위치를 인공위성을 이용하여 항공기 속도 정보를 제공하는 것은 Global Positioning System이다. Omega Navigation System은 초장파를 사용하며 지구상에 8개의 송신국을 설치하여야 한다. Inertial Navigation System은 가속도를 적분하면 속도, 속도를 적분하면 이동거리를 계산한 항법장치이다. Tactical Air Navigation System은 방위와 거리가 동시에 표시되며 정확도가 우수하다.

## 68 객실압력 조절에 직접적으로 영향을 주는 것은?

① 공압계통의 압력
② 슈퍼차저의 압축비
③ 터보컴프레셔 속도
④ 아웃플로 밸브의 개폐 속도

**해설**

아웃플로 밸브는 일종의 방출 밸브로서, 객실 압력을 조절하는 것이 그 첫째 기능이다. 이 밸브는 고도와 관계없이 계속 공급되는 압축된 공기를 동체의 옆이나 꼬리 부분 또는 날개의 필릿을 통하여 공기를 외부로 배출시킴으로써 객실의 압력을 원하는 압력으로 유지되도록 하는 밸브이다. 아웃플로 밸브의 개폐 조절은 직접 공기압에 의해 작동되거나 공기압에 의해 제어되는 전동기의 구동에 의해서 작동된다. 또 아웃플로 밸브는 착륙할 때 착륙장치의 마이크로 스위치에 의하여 지상에는 완전히 열리도록 함으로써 출입문을 열 때 기압차에 의한 사고가 발생하지 않도록 한다.

## 69 항공기에서 거리측정장치(DME)의 기능에 대한 설명으로 옳은 것은?

① 질문펄스에서 응답펄스에 대한 펄스 간 지체 시간을 구하여 방위를 측정할 수 있다.
② 질문펄스에서 응답펄스에 대한 펄스 간 지체 시간을 구하여 거리를 측정할 수 있다.
③ 응답펄스에서 질문펄스에 대한 시간차를 구하여 방위를 측정할 수 있다.
④ 응답펄스에서 선택된 주파수만을 계산하여 거리를 측정할 수 있다.

**해설**

거리측정장치란 962~1213MHz 대역의 주파수를 사용하며, 전파가 항공기로부터 보내어진 질문신호가 지상의 응답기에 의해 응답신호의 형태로 되돌아올 때까지의 걸리는 시간을 측정하여 지상의 특정 지점까지의 거리를 측정하는 장치이다.

**70** 10mH의 인덕턴스에 60Hz, 100V의 전압을 가하면 약 몇 암페어(A)의 전류가 흐르는가?

① 15  ② 20
③ 25  ④ 26 이다.

**해설**

$X_L = 2\pi f L = 2 \times \pi \times 60 \times 0.01 = 3.769 ohm$이다.
그러므로, $V = IR$을 이용하여

$100 = I \times 3.769$, $I = \dfrac{100}{3.769} = 26.52A$가 된다.

**71** 실린더에 흡입되는 공기와 연료 혼합기의 압력을 측정하는 왕복엔진계기는?

① 흡기 압력계  ② EPR 계기
③ 흡인 압력계  ④ 오일 압력계

**해설**

연료탱크에서 기화기까지 공급되는 연료 압력을 지시하는 것은 연료 압력계이다. 다이어프램 또는 벨로스로 구성되어 연료압력이 규정치에 있다는 것은 연료가 정상적으로 공급되고 있음을 의미한다.

**72** 다음 중 자기 컴퍼스에서 발생하는 정적오차의 종류가 아닌 것은?

① 북선오차  ② 반원차
③ 사분원차  ④ 불이차

**해설**

정적오차는 불이차, 반원차, 사분원차이다. 동적오차는 북선오차, 가속도오차, 와동오차가 있다.

**73** 교류에서 전압, 전류의 크기는 일반적으로 어느 값을 의미하는가?

① 최댓값  ② 순시값
③ 실효값  ④ 평균값

**해설**

순시값은 시간에 따라 크기와 방향이 변하기 때문에 교류가 어떤 저항체에 가해져서 열을 발생시킬 때 실제 효과와 똑같은 역할을 하는 직류의 값이다. 교류의 전압계 및 전류계는 최댓값이나 순시값을 지시하는 것이 아니라 실효값을 지시한다.

**74** 화재탐지장치에 대한 설명으로 틀린 것은?

① 열전쌍(thermocouple)은 주변의 온도가 서서히 상승할 때 열전대의 열팽창으로 인해 전압을 발생시킨다.
② 광전기셀(photo-electric cell)은 공기 중의 연기로 빛을 굴절시켜 광전기 셀에서 전류를 발생시킨다.
③ 써미스터(thermistor)는 저온에서는 저항이 높아지고, 온도가 상승하면 저항이 낮아지는 도체로 회로를 구성한다.
④ 열스위치(thermal switch)식은 2개 합금의 열팽창에 의해 전압을 발생시킨다.

**해설**

열전쌍식 화재경고장치는 온도의 급격한 상승에 의하여 화재를 탐지하는 장치이다. 서로 다른 종류의 특수한 금속을 서로 접한 한 열전쌍을 이용하여 필요한 만큼 직렬로 연결하고, 고감도 릴레이를 사용하여 경고장치를 작동시킨다. 이 경고장치는 엔진의 완만한 온도 상승이나 회로가 단락된 경우에는 경고를 울리지 않는다. 고감도 릴레이는 주 회로의 릴레이를 작동시키고, 이 작용에 의하여 화재 경고가 발생한다. 경고 회로 내에 시험용 열전쌍이 설치되어 있어, 작동 시험을 할 때 이 부분이 가열되어 작동을 시험하게 된다. 즉 열전쌍식 화재경고장치의 작동 원리는 두 금속의 종류와 접합점의 온도차에 의해 열기전력이 결정된다.

**75** 증기순환 냉각계통의 구성품 중 계통의 모든 습기를 제거해 주는 장치는?

① 증발기  ② 응축기

③ 리시버 건조기  ④ 압축기

**해설**

대형기는 냉각 성능이 강력하고 엔진이 작동하지 않더라도 냉각이 가능한 증기순환 냉각방식을 사용한다. 작동원리는 에어컨이나 냉장고와 비슷하다.

• 리시버 건조기 : 냉매의 건조와 여과를 담당한다.
• 응축기 : 냉각제의 열을 빼앗아 액체로 만든다.
• 냉각제 : 일반적으로 프레온 가스가 사용된다.
• 팽창 밸브 : 액체 냉각제의 압력을 낮추어 냉각제의 온도를 더욱 낮게 해 준다.
• 증발기 : 공기 조화계통에서 공기를 냉각시킨다.
• 압축기 : 냉각제가 계통을 거쳐 순환되도록 한다.

**76** 4대의 교류발전기가 병렬 운전을 하고 있을 경우 1대의 발전기가 고장 나면 해당 발전기 계통의 전원은 어디에서 공급받는가?

① 전력이 공급되지 않는다.

② 배터리에서 전원을 공급받는다.

③ 비상에서 사용되는 버스에서 전원을 공급받는다.

④ 병렬 운전하는 버스에서 전원을 공급받는다.

**해설**

4대의 교류발전기 중 1대가 고장 시엔 병렬 운전하는 버스에서 전원을 공급받는다.

**77** 조종실이나 객실에 설치되며 전기나 기름화재에 사용하는 소화기는?

① 물 소화기  ② 포말 소화기

③ 분말 소화기  ④ 이산화탄소 소화기

**해설**

• 포말소화기는 수산화알루미늄 거품 생성으로 전기화재에 사용하지 못하며 물소화기도 마찬가지이다.
• 분말소화기는 조종석에서의 시계 확보가 어려워진다. 전기화재에 가장 적합한 것은 이산화탄소 소화기이다.

**78** 유압계통에서 압력조절기와 비슷한 역할을 하며 계통의 고장으로 인해 이상 압력이 발생되면 작동하는 장치는?

① 체크 밸브  ② 리저버

③ 릴리프 밸브  ④ 축압기

**해설**

릴리프 밸브(relief valve) : 작동유에 의한 계통 내의 압력을 규정된 값 이하로 제한하는 데 사용되는 것으로, 과도한 압력으로 인하여 계통 내의 관이나 부품이 파손될 수 있는 것을 방지한다. 체크 밸브는 한쪽 방향으로 흐름을 제한하고, 리저버는 작동유를 저장하는 저장 통이다. 축압기의 역할은 펌프를 도와 고장 시나 일시적으로 작동유를 공급하며 서지현상을 방지한다.

**79** 셀콜시스템(SELCAL system)에 대한 설명으로 틀린 것은?

① HF, VHF 시스템으로 송 · 수신된다.

② 양자 간 호출을 위한 화상시스템이다.

③ 일반적으로 코드는 4개의 코드로 만들어져 있다.

④ 지상에서 항공기를 호출하기 위한 장치이다.

**해설**

선택호출장치(SELCAL) : 항공기에 미리 등록 부호를 부여하고 지상에서 호출 시 통신 전에 호출 부호를 송신하면, 항공기의 부호해독기(decoder)가 호출 부호를 수신하여 차임(chime)이라는 호출등의 점멸로 지상으로부터의 호출을 알리는 시스템이다.

**80** 항공계기에 표시되어 있는 적색 방사선(red radiation)은 무엇을 의미하는가?

① 플랩 조작 속도 범위

② 계속운전범위(순항범위)

③ 최소, 최대운전 또는 운용한계

④ 연료와 공기 혼합기의 Auto-lean 시의 계속 운전 범위

**해설**

• 흰색 호선(white arc) : 대기 속도계에서만 표시하는 색표지 방식으로 플랩을 조작할 수 있는 속도 범위

• 노란색 호선(yellow arc) : 안전 운용 범위와 초과 금지까지의 경계, 경고, 주의 또는 기피 범위

• 적색 방사선(red radiation) : 최대 및 최소 운용 한계(초과 금지 범위)

**✈ 정답** 80 ③

## 제1과목  항공역학

**01** 프로펠러를 장착한 비행기에서 프로펠러 깃의 날개 단면에 대해 유입되는 합성속도의 크기를 옳게 표현한 것은? (단, $V$ : 비행속도, $r$ : 프로펠러 반지름, $n$ : 프로펠러 회전수(rps)이다.)

① $\sqrt{V^2 - (\pi n r)^2}$

② $\sqrt{V^2 + (2\pi n r)^2}$

③ $\sqrt{V^2 + (\pi n r)^2}$

④ $\sqrt{V^2 - (2\pi n r)^2}$

**[해설]**

프로펠러 날개 단면에 유입되는 공기의 속도는 항공기의 진행속도와 프로펠러의 회전속도의 합성속도로 구할 수 있다.

**02** 고정 날개 항공기의 자전운동(auto ratation)과 연관된 특수 비행성능은?

① 선회운동

② 스핀(spin)운동

③ 키돌이(loop)운동

④ 온 파일런(on pylon)운동

**[해설]**

① 선회운동이란 항공기가 반지름을 가지고 원운동으로 방향을 트는 것을 말한다.

② 스핀(spin)은 자동회전(자전운동)과 수직강하의 합성운동을 뜻한다.

③ 키돌이(loop)운동이란 항공기가 롤러코스터처럼 360도 회전 비행을 하는 것을 말한다.

**03** 일반적인 헬리콥터 비행 중 주 회전날개에 의한 필요마력의 요인으로 보기 어려운 것은?

① 유도속도에 의한 유도항력

② 공기의 점성에 의한 마찰력

③ 공기의 박리에 의한 압력항력

④ 경사충격파 발생에 따른 조파저항

**[해설]**

헬리콥터는 보통의 경우 최대 속도가 300m/s 전후로 고정되어 있으며, 그 이유는 전진 비행 시 회전날개에서 발생하는 충격실속을 방지하기 위함이다. 그러므로 일반적인 헬리콥터는 충격파로 인한 조파항력을 발생시키지 않는다.

**04** 헬리콥터는 제자리비행 시 균형을 맞추기 위해서 주 회전날개 회전면이 회전방향에 따라 동체의 좌측이나 우측으로 기울게 되는데, 이는 어떤 성분의 역학적 평형을 맞추기 위해서인가? (단, x, y, z는 기체 축(동체 축) 정의를 따른다.)

① x축 모멘트의 평형

② x축 힘의 평형

③ y축 모멘트의 평형

④ y축 힘의 평형

**[해설]**

정비비행을 위해서는 모든 힘의 평형이 이루어져야 한다. 바람이 없는 경우 주 회전 날개에서 발생하는 추력성분이 항공기의 무게와 같아야 하는데, 이때 꼬리회전 날개에서 발생하는 수평성분의 추력을 상쇄시키기 위해 회전날개는 옆으로 기울어져야 한다.

**정답** 01 ② 02 ② 03 ④ 04 ④

**05** 가로 안정(lateral stability)에 대해서 영향을 미치는 것으로 가장 거리가 먼 것은?

① 수평꼬리날개

② 주 날개의 상반각

③ 수직꼬리날개

④ 주 날개의 뒤젖힘각

**해설**

수평꼬리날개(승강키)는 가로축 운동, 즉 키놀이 운동과 관련이 있으며 키놀이 운동은 세로 안정과 연관이 크다.

**06** 항공기의 방향 안정성이 주된 목적인 것은?

① 수직 안정판

② 주익의 상반각

③ 수평 안정판

④ 주익의 붙임각

**해설**

수직 안정판(방향키)의 주목적은 방향 안정성이며, 수직 안정판과 연결된 도살핀도 방향 안정성에 큰 영향을 미친다.

**07** 비행기의 조종면을 작동하는 데 필요한 조종력을 옳게 설명한 것은?

① 중력가속도에 반비례한다.

② 힌지 모멘트에 반비례한다.

③ 비행속도의 제곱에 비례한다.

④ 조종면 폭의 제곱에 비례한다.

**해설**

$$F_e = K\ H_e$$

$$H = C_h \frac{1}{2}\rho V^2 b \overline{c^2} = C_h\ q\ b\ \overline{c}\ \frac{1}{2}$$

F(조종력), K(기계적 이득), H(힌지모멘트), C(힌지모멘트계수), q(동압), V(속도), b(조종면 폭), C(조종면의 평균시위)

**08** 프로펠러의 회전 깃단 마하수(rotational tip Mach number)를 옳게 나타낸 식은? (단, n : 프로펠러 회전수(rpm), D :프로펠러 지름(m), a : 음속(m/s)이다.)

① $\dfrac{\pi n}{60 \times a}$

② $\dfrac{\pi n}{30 \times a}$

③ $\dfrac{\pi n D}{30 \times a}$

④ $\dfrac{\pi n D}{60 \times a}$

**해설**

마하수 공식은 $\dfrac{V}{C}$인데, 프로펠러 깃단의 마하수를 구하려면 V를 프로펠러 회전속도로 바꾸어 대입하면 되므로 $\dfrac{\pi n D}{60 \times a}$이 된다(2r=D).

**09** 베르누이의 정리에 대한 식과 설명으로 틀린 것은? (단, $P_t$: 전압, $P$: 정압, $q$: 동압, $V$: 속도, $\rho$ : 밀도이다.)

① $q = \dfrac{1}{2}\rho V^2$

② $P = P_t + q$

③ 정압은 항상 존재한다.

④ 이상유체 정상흐름에서 전압은 일정하다.

**해설**

베르누이 정리는 '정압과 동압의 합은 항상 일정하다'이므로 수식화 하면 $P_t$(전압)=$P$(정압)+$q$(동압)

**10** 양력계수가 0.25인 날개면적 20m²의 항공기가 720km/h의 속도로 비행할 때 발생하는 양력은 몇 N인가? (단, 공기의 밀도는 1.23kg/m³이다.)

① 6,150

② 10,000

③ 123,000

④ 246,000

**해설**

$$L = \frac{1}{2}\rho V^2 S C_L = \frac{1}{2} \times 1.23 \times 200^2 \times 20 \times 0.25$$

$$= 123,000$$

(km/h를 m/s로 단위 변환 필수)

✈정답  05 ①  06 ①  07 ③  08 ④  09 ②  10 ③

**11** NACA 2412 에어포일의 양력에 관한 설명으로 옳은 것은?

① 받음각이 영도(0°)일 때 양의 양력계수를 갖는다.

② 받음각이 영도(0°)보다 작으면 양의 양력계수를 가질 수 없다.

③ 최대 양력계수의 크기는 레이놀즈수에 무관하다.

④ 실속이 일어난 직후에 양력이 최대가 된다.

해설

캠버가 0인 날개골은 받음각이 0일 때 양력계수도 0이지만, 캠버를 가지는 날개골은 받음각이 0이라 하더라도 양력계수는 (+)가 된다. 해당 날개는 4자계열로 최대 캠버가 시위의 2%에 해당하는 크기를 가지므로 받음각이 0이더라도 양의 양력계수를 가진다.

**12** 비행기의 무게가 2,000kgf이고 선회 경사각이 30°, 150km/h의 속도로 정상 선회하고 있을 때 선회 반지름은 약 몇 m인가?

① 214

② 256

③ 307

④ 359

해설

$$R = \frac{V^2}{g \tan \phi} = \frac{(150 \div 3.6)^2}{9.8 \times \tan 30} = 306.84$$

**13** 폭이 3m, 길이가 6m인 평판이 20m/s 흐름 속에 있고, 층류 경계층이 평판의 전 길이에 따라 존재한다고 가정할 때, 앞에서부터 3m인 곳의 경계층 두께는 약 몇 m인가? (단, 층류에서의 두께 $= \dfrac{5.2x}{\sqrt{R_e}}$, 동점성계수는 $0.1 \times 10^{-4} m^2/s$이다.)

① 0.52

② 0.63

③ 0.0052

④ 0.0063

해설

$$\delta = \frac{5.2x}{\sqrt{R_e}} = \frac{5.2x}{\sqrt{\dfrac{VL}{\nu}}} = \frac{5.2 \times 3}{\sqrt{\dfrac{20 \times 3}{0.1 \times 10^{-4}}}} = 0.0063$$

**14** 그림과 같은 프로펠러 항공기의 이륙과정에서 이륙거리는?

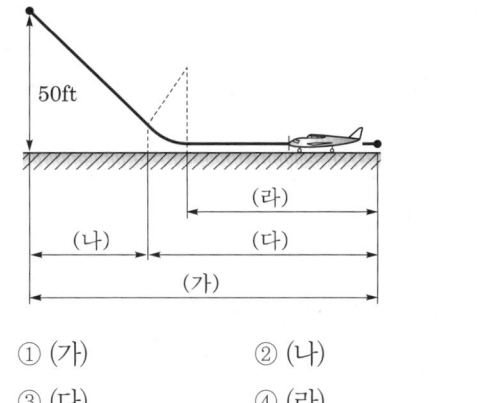

① (가)

② (나)

③ (다)

④ (라)

해설

이륙거리란 지상활주거리(라)와 상승거리(나)의 합을 나타내는데, 상승거리는 안전한 비행상태의 고도로 장애물 고도라고도 하며 프로펠러 항공기는 15m(50ft), 제트기는 10.7m(35ft)이다.

**15** 활공기에서 활공거리를 증가시키기 위한 방법으로 옳은 것은?

① 압력항력을 크게 한다.

② 형상항력을 최대로 한다.

③ 날개의 가로세로비를 크게 한다.

④ 표면 박리현상 방지를 위하여 표면을 적절히 거칠게 한다.

해설

활공거리를 크게 하려면 양항비를 크게 해야 하며, 날개의 가로세로비를 크게 하면 양항비가 커져 활공거리를 증가시킬 수 있다.

**16** 대기권의 구조를 낮은 고도에서부터 순서대로 나열한 것은?

① 대류권 → 성층권 → 열권 → 중간권

② 대류권 → 중간권 → 성층권 → 열권

③ 대류권 → 성층권 → 중간권 → 열권

④ 대류권 → 중간권 → 열권 → 성층권

**해설**

대류권(0~11km) – 성층권(10~50km) – 중간권 (50~80km) – 열권(80~500km) – 극외권(500km 이상)

**17** 프로펠러 비행기가 최대항속거리를 비행하기 위한 조건은?

① 양항비 최소, 연료소비율 최소

② 양항비 최소, 연료소비율 최대

③ 양항비 최대, 연료소비율 최대

④ 양항비 최대, 연료소비율 최소

**해설**

$$R=\frac{540\eta}{C}\cdot\frac{C_L}{C_D}\cdot\frac{W_1-W_2}{W_1+W_2}[\text{km}]$$

$C$: 연료 소비율, $R$: 항속거리, $\dfrac{C_L}{C_D}$: 양항비

$W$: 착륙 시 중량, $\eta$: 프로펠러 효율

$W_1$: 연료를 탑재하고 출발 시의 비행기 중량(전비중량)

$W_2$: 연료를 전부 사용했을 때의 비행기 중량

항속거리를 길게 하려면 프로펠러 효율($\eta$)을 크게 해야 하고, 연료 소비율($C$)을 작게 해야 하며, 양항비가 최대인 받음각$\left(\dfrac{C_L}{C_D}\right)_{\max}$ 으로 비행해야 하고, 연료를 많이 실을 수 있어야 한다.

**18** 스팬(span)의 길이가 39ft, 시위(chord)의 길이가 6ft인 직사각형 날개에서 양력계수가 0.8일 때 유도받음각은 약 몇 도(Rad)인가? (단, 스팬 효율계수는 1이라 가정한다.)

① 1.5  ② 2.2

③ 3.0  ④ 3.9

**해설**

타원날개(e=1)의 유도각 공식은 $\dfrac{C_L}{\pi AR}$이며 직사각형의 항공기에는 사용할 수 없지만, 스팬효율계수가 1이라 가정하였으므로 위 공식을 사용하여 유도각을 계산하면 $\dfrac{C_L}{\pi AR}=\dfrac{0.8}{\pi\times(39\div6)}=0.039$가 나온다. 여기서 degree를 radian 값으로 변경하기 위해 57.3을 곱해주면 2.244가 나오는 것을 알 수 있다.

**19** 표준 대기의 기온, 압력, 밀도, 음속을 옳게 나열한 것은?

① 15℃, 750 mmHg, 1.5 kg/m³, 330m/s

② 15℃, 760 mmHg, 1.2 kg/m³, 340m/s

③ 18℃, 750 mmHg, 1.5 kg/m³, 340m/s

④ 18℃, 760 mmHg, 1.2 kg/m³, 330m/s

**해설**

온도=15[℃]=288.16[°k]=59[℉]=518.688[°r]

압력=760[mmhg]=29.92[inhg]=1013.25[mbar]= 2,116[psf]

밀도=0.12492[Kgf·sec²/m⁴] =1/8Kgf·sec²/m⁴] =0.002378[slug/ft³]

음속=340[m/sec]=1,224[km/h]

중력가속도=9.8066[m/sec²]=32.17[ft/sec²]

**20** 비행기가 음속에 가까운 속도로 비행 시 속도를 증가시킬수록 기수가 내려가려는 현상은?

① 피치 업(pitch up)

② 턱 언더(tuck under)

③ 딥 실속(deep stall)

④ 역 빗놀이(adverse yaw)

**해설**

• 피치 업(pitch up) : 하강 비행 시 조종간 pull up 작동 시 기수가 상승하여 회복이 불가능한 현상

• 딥 실속(deep stall) : 실속의 종류 중 회복이 어려운

실속

• 역 빗놀이(adverse yaw) : 도움날개 사용 시 양쪽 날개의 유도항력의 크기가 다르기 때문에 발생하는 현상

**제2과목** **항공기관**

**21** 정적비열 0.2kcal(kg·K)인 이상기체 5kg이 일정 압력하에 50kcal의 열을 받아 온도가 0℃에서 20℃까지 증가하였을 때, 외부에 한 일은 몇 kcal인가?

① 4      ② 20
③ 30      ④ 70

〔해설〕

내부에너지가 한 일은 $Q = mC(T_2 - T_1)$이 되므로 대입을 하면 $0.2 \times 5(20-0) = 20$이 된다.

∴ 50kcal = 20 + W가 되므로 외부가 한 일은 W = 30이다.

**22** 프로펠러의 특정 부분을 나타내는 명칭이 아닌 것은?

① 허브(hub)
② 네크(neck)
③ 로터(rotor)
④ 블레이드(blade)

〔해설〕

프로펠러의 구성은 허브, 섕크, 깃, 피치 조정 부분으로 구성된다.

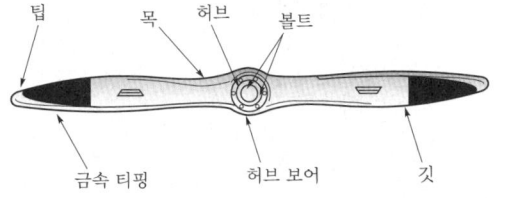

**23** 비행 중이나 지상에서 엔진이 작동하는 동안 조종사가 유압 또는 전기적으로 피치를 변경시킬 수 있는 프로펠러 형식은?

① 정속 프로펠러(constant speed propeller)
② 고정 피치 프로펠러(fixed pitch propeller)
③ 조정 피치 프로펠러(adjustable pitch propeller)
④ 가변 피치 프로펠러(controllable pitchpropeller)

〔해설〕

피치 변경 기구에 의한 분류

• 고정 피치 프로펠러 : 깃이 고정되어 있는 것으로 순항 속도에서 가장 효율이 좋은 깃 각으로 제작
• 조정 피치 프로펠러 : 한 개 이상의 속도에서 최대의 효율을 얻을 수 있도록 피치 조정이 가능한 프로펠러
• 가변 피치 프로펠러 : 공중에서 비행 목적에 따라 조종사에 의해 피치 변경이 가능한 프로펠러

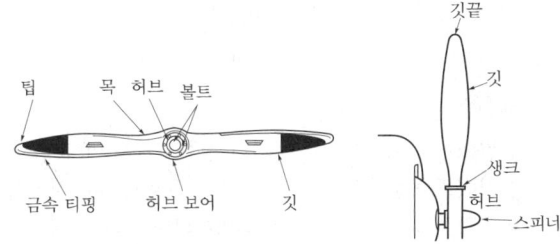

**24** 가스터빈엔진에서 실속의 원인으로 볼 수 없는 것은?

① 압축기의 심한 손상 또는 오염
② 번개나 뇌우로 인한 엔진 흡입구 공기 온도의 급격한 증가
③ 가변 스테이터 베인(variable stator vane)의 각도 불일치
④ 연료조정장치와 연결되는 압축기 출구 압력(CDP) 튜브의 절단

• 압축기 실속의 원인

– 엔진을 가속할 때 연료의 흐름이 너무 많으면 압축기 출구 압력이 높아져 발생(C.D.P가 높을 때)

– 압축기 입구 온도가 너무 높거나(C.I.T가 너무 높을 때) 공기 흐름의 와류 현상에 의하여 입구 압력이 낮아지면 발생

– 지상 작동 시 엔진 회전속도가 설계 회전속도보다 낮아지면 출구쪽 비체적이 증가하여 공기 누적 현상에 의해 발생

• 연료조정장치와 연결되는 관이 절단되면 연료 조정에 문제가 발생하기 때문에 압축기 실속과는 연관이 없다.

**25** 왕복엔진에서 시동을 위해 마그네토(mag-neto)에 고전압을 증가시키는 데 사용되는 장치는?

① 스로틀(throttle)

② 기화기(carburetor)

③ 과급기(supercharger)

④ 임펄스 커플링(impulse coupling)

임펄스 커플링은 엔진 시동 시 점화시기에 마그네토의 회전속도를 순간적으로 가속시켜 고전압을 발생하고 점화시기를 늦추어 킥백 현상을 방지한다. 실린더의 숫자가 많지 않은 엔진에 사용한다.

**26** 가스터빈엔진에서 배기 노즐의 주 목적은?

① 난류를 얻기 위하여

② 배기가스의 속도를 증가시키기 위하여

③ 배기가스의 압력을 증가시키기 위하여

④ 최대 추력을 얻을 때 소음을 증가시키기 위하여

배기 노즐은 배기 도관에서 공기가 분사되는 끝 부분으로, 이 부분의 면적은 배기가스 속도를 좌우하는 중요한 요소이다.

• 수축형 배기 노즐(convergent exhaust nozzle) : 아음속기의 배기 노즐

• 수축확산형 배기 노즐(convergent divergent nozzle) : 초음속기의 배기 노즐

**27** 윤활유 시스템에서 고온 탱크형(hot tank system)에 대한 설명으로 옳은 것은?

① 고온의 소기오일(scavenge oil)이 냉각되어서 직접 탱크로 들어가는 방식

② 고온의 소기오일(scavenge oil)이 냉각되지 않고 직접 탱크로 들어가는 방식

③ 오일 냉각기가 소기계통에 있어 오일이 연료 가열기에 의해 가열되는 방식

④ 오일 냉각기가 소기계통에 있어 오일탱크의 오일이 가열기에 의해 가열되는 방식

윤활유 탱크

• 고온 탱크형(hot tank) : oil cooler가 pressure line에 장착 고온 oil이 tank로 들어간다.

• 저온 탱크형(cold tank) : oil cooler가 return line에 장착 저온 oil이 tank로 들어간다.

**28** 왕복엔진의 기계효율을 옳게 나타낸 식은?

① $\dfrac{제동마력}{지시마력} \times 100$

② $\dfrac{이용마력}{제동마력} \times 100$

③ $\dfrac{지시마력}{제동마력} \times 100$

④ $\dfrac{지시마력}{이용마력} \times 100$

✈ 정답  25 ④  26 ②  27 ②  28 ①

**해설**

왕복엔진에서 기계효율은 제동마력과 지시마력의 비이며, 85~95%의 효율을 가져야 한다.

**29** 축류형 터빈에서 터빈의 반동도를 구하는 식은?

① $\dfrac{\text{단당 팽창}}{\text{터빈 깃의 팽창}} \times 100$

② $\dfrac{\text{스테이터 깃의 팽창}}{\text{단당의 팽창}} \times 100$

③ $\dfrac{\text{회전자 깃에 의한 팽창}}{\text{단당의 팽창}} \times 100$

④ $\dfrac{\text{회전자 깃에 의한 압력 상승}}{\text{터빈 깃의 팽창}} \times 100$

**해설**

반동도는 터빈 1단의 팽창 중 회전자 깃이 담당한 몫으로

반동도 $= \dfrac{\text{회전자 깃에 의한 팽창}}{\text{단당의 팽창}} \times 100$

$= \dfrac{P_2 - P_3}{P_1 - P_3} \times 100 (\%)$이다.

($P_1$: 고정자깃렬의 입구압력, $P_2$: 고정자깃렬의 출구압력, $P_3$: 회전자깃렬의 출구압력)

**30** 소형 저속 항공기에 주로 사용되는 엔진은?

① 로켓
② 터보팬엔진
③ 왕복엔진
④ 터보제트엔진

**해설**

왕복엔진은 소형 항공기 엔진으로 많이 사용되고 있으며, 피스톤의 왕복운동을 크랭크 기구에 의해 회전운동으로 바꾸어 주기 때문에 피스톤 엔진이라고도 한다. 터보팬 엔진은 여객기 및 중대형 수송기에 사용되며, 터보제트엔진은 초음속 전투기에 많이 사용된다.

**31** 다음과 같은 특성을 가진 엔진은?

- 비행속도가 빠를수록 추진효율이 좋다.
- 초음속 비행이 가능하다.
- 배기소음이 심하다.

① 터보팬엔진
② 터보프롭엔진
③ 터보제트엔진
④ 터보샤프트엔진

**해설**

- 터보팬엔진 : 천음속 대형 여객기의 엔진으로 사용. 터보제트엔진과 터보프롭엔진 중간 정도의 특성을 가진다. 비행 마하수 1.0까지는 충분한 추력을 유지할 수 있다.
- 터보프롭엔진 : 느린 비행속도에서 높은 효율과 큰 추력을 가진다. 비행 마하수가 0.5 이상이 되면 프로펠러 효율이 떨어진다.
- 터보샤프트엔진 : 터보프롭엔진과 원리는 같다. 배기가스에 의한 추력은 없고, 모든 동력을 축을 통하여 다른 작동 부분에 전달한다. 자유터빈엔진이라고도 한다.

**32** 가스터빈엔진 연료조절장치(FCU)의 수감요소(sensing factor)가 아닌 것은?

① 엔진회전수(RPM)
② 압축기 입구 온도(CIT)
③ 추력 레버 위치(power lever angle)
④ 혼합기 조정 위치(mixture control position)

**해설**

- 엔진의 회전수(rpm)
- 압축기 출구 압력(compressor discharge pressure, CDP) 또는 연소실 압력
- 압축기 입구 온도(compressor inlet temperature, CIT)

• 동력 레버의 위치(power laver angle, PLA)

**33** 압축기 입구에서 공기의 압력과 온도가 각각 1기압, 15℃이고, 출구에서 압력과 온도가 각각 7기압, 300℃일 때, 압축기의 단열효율은 몇 %인가? (단, 공기의 비열비는 1.4이다.)

① 70          ② 75

③ 80          ④ 85

**해설**

〈공식〉

압축기 단열 효율($\eta_c$)

$$\eta_c = \frac{\text{이상적인 압축일}}{\text{실제 압축일}} = \frac{T_{2i} - T_1}{T_2 - T_1}$$

이상적인 단열 압축 후의 온도($T_{2i}$)

$$T_{2i} = T_1 \cdot \gamma^{\frac{K-1}{K}}$$

〈대입〉

$$T_{2i} = (273 + 15) \cdot 7^{\frac{1.4-1}{1.4}}$$
$$= 502(K)$$
$$\eta_c = \frac{502 - 288}{573 - 288} = 0.75(75\%)$$

**34** 외부 과급기(external supercharger)를 장착한 왕복엔진의 흡기계통 내에서 압력이 가장 낮은 곳은?

① 과급기 입구      ② 흡입 다기관
③ 기화기 입구      ④ 스로틀 밸브 앞

**해설**

• 외부 과급기는 기화기 흡입구에 압축 공기를 공급한다. 공기는 과급기에서 압축되어 공기 냉각기를 통해 기화기로 전달되고 거기서 연료와 혼합된다. 보통 터빈에 작용하는 엔진 배기가스의 작동으로부터 동력이 얻어지기 때문에 공기를 과급하느냐 또는 단순히 해면 압력을 유지하느냐에 따라 분류할 수 있다.
• 공기가 원활한 흐름을 가지기 위해서는 과급기 입구의 압력이 대기압보다 낮아야 한다.

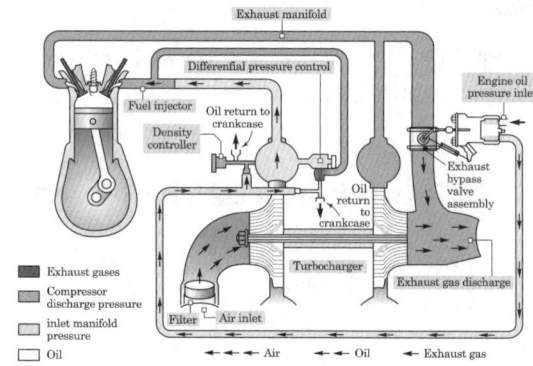

**35** 왕복엔진 실린더에 있는 밸브 가이드(vlave guide)의 마모로 발생할 수 있는 문제점은?

① 높은 오일 소모량
② 낮은 오일 압력
③ 낮은 오일 소모량
④ 높은 오일 압력

**해설**

• 밸브 스템(축)을 지지하는 또는 안내를 하는 관이다.
• 가이드와 스템의 간극은 엔진 오일로 윤활이 된다.

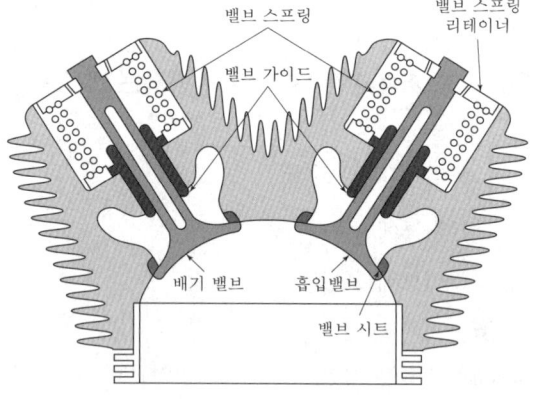

**36** 항공기 엔진에서 소기펌프(scavenge pump)의 용량을 압력펌프(pressure pump)보다 크게 하는 이유는?

① 소기펌프의 진동이 더욱 심하기 때문

② 소기되는 윤활유는 체적이 증가하기 때문

③ 압력펌프보다 소기펌프의 압력이 높기 때문

④ 윤활유가 저온이 되어 밀도가 증가하기 때문

**해설**

소기 펌프 : 드라이 섬프 윤활 계통 또는 터보 차저의 소기 펌프는 압력 펌프보다 용량이 훨씬 더 크게 설계되어 있다. 보통 소기 펌프 기어의 깊이는 압력 펌프 기어의 두 배이다. 그러므로 소기 펌프의 용량은 압력 펌프 용량의 두 배가 된다. 엔진 내의 섬프로 흐르는 오일에 다소 거품이 있어 압력 펌프를 통하여 엔진으로 들어가는 오일보다 훨씬 양이 많아지기 때문에 소기 펌프의 용량이 더 크다.

**37** 실린더 내경이 6in이고 행정(stroke)이 6in인 단기통 엔진의 배기량은 약 몇 $in^3$인가?

① 28      ② 169

③ 339      ④ 678

**해설**

〈공식〉
- 배기량=실린더 단면적×행정 거리

〈대입〉

단면적

$\frac{\pi}{4} \times 36 = 28.26 \in ch^2$

배기량

$28.26 \times 6 = 169.56 \in ch^3$

**38** 브레이튼 사이클(brayton cycle)의 열역학적인 변화에 대한 설명으로 옳은 것은?

① 2개의 정압과정과 2개의 단열과정으로 구성된다.

② 2개의 정적과정과 2개의 단열과정으로 구성된다.

③ 2개의 단열과정과 2개의 등온과정으로 구성된다.

④ 2개의 등온과정과 2개의 정적과정으로 구성된다.

**해설**

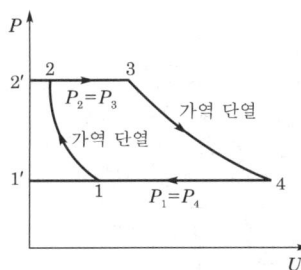

▲ 브레이턴 사이클의 P-v 선도

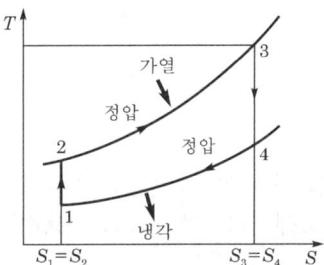

▲ 브레이턴 사이클의 T-S 선도

- 1 → 2 과정 : 단열 압축 과정
- 2 → 3 과정 : 정압 연소(가열) 과정
- 3 → 4 과정 : 단열 팽창 과정
- 4 → 1 과정 : 정압 방열 과정

**39** 부자식 기화기를 사용하는 왕복엔진에서 연료는 어느 곳을 통과할 때 분무화 되는가?

① 기화기 입구

② 연료펌프 출구

③ 부자실(float chamber)

④ 기화기 벤투리(carburetor venturi)

기화기 벤투리 기능

• 연료 공기혼합기의 비율

• 분사 노즐에서의 압력 감소

• 스로틀 전개 시 공기 흐름 제한

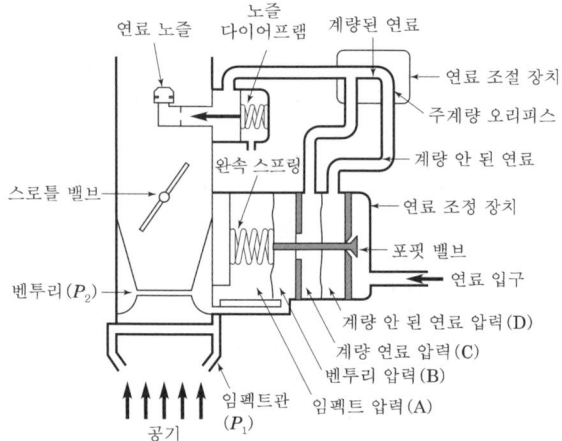

**40** 왕복엔진과 비교하여 가스터빈엔진의 점화장치로 고전압, 고에너지 점화장치를 사용하는 주된 이유는?

① 열손실을 줄이기 위해

② 사용연료의 기화성이 낮아 높은 에너지 공급을 위해

③ 엔진의 부피가 커 높은 열공급을 위해

④ 점화기 특정 규격에 맞추어 장착하기 위해

가스터빈엔진의 점화계통 : 시동 시에만 점화가 필요하고 점화시기 조절장치가 필요 없어 왕복엔진에 비해 그 구조와 작동이 간단하다. 가스터빈엔진에 사용되는 연료는 기화성이 낮고 혼합비가 희박하여 점화가 쉽지 않다(연료의 특성과 연소실을 지나는 공기 흐름 특성 때문에 점화가 어렵다.).

---

제3과목 **항공기체**

**41** 다음 중 인공시효 경화처리로 강도를 높일 수 있는 알루미늄 합금은?

① 1100       ② 2024

③ 3003       ④ 5052

• 1100 : 무표시 – 순수알루미늄 리벳

• 2024 : 2개 대시 – 시효경화로 30분 이내 작업

• 3003 : Mn을 1.0~1.5% 함유시켜 순 알루미늄의 내식성을 저하시키지 않고, 강도를 향상시킨 합금으로서, 주로 가공경화 한 상태로 사용되고, 가공성, 용접성이 좋으며, 큰 강도를 필요로 하지 않는 부분 등 1100과 비슷한 용도로 사용된다.

• 5052 : 가볍고 구부리기 쉬우며 관조하기가 매우 쉬운 반면에 재질이 약하여 파손되기 쉽다.

**42** 항공기 판재 굽힘작업 시 최소 굽힘반지름을 정하는 주된 목적은?

① 굽힘작업 시 발생하는 열을 최소화하기 위해

② 굽힘작업 시 낭비되는 재료를 최소화하기 위해

③ 판재의 굽힘작업으로 발생되는 내부 체적을 최대로 하기 위해

④ 굽힘반지름이 너무 작아 응력 변형이 생겨 판재가 약화되는 현상을 막기 위해

굽힘반지름이 너무 작게 되면 응력이 집중되어 변형이 생겨 판재가 약해진다.

**43** 세미모노코크 구조형식의 날개에서 날개의 단면 모양을 형성하는 부재로 옳은 것은?

① 스파(spar), 표피(skin)

② 스트링거(stringer), 리브(rib)

③ 스트링거(stringer), 스파(spar)

④ 스트링거(stringer), 표피(skin)

**해설**

• 날개보(spar) : 날개에 작용하는 하중의 대부분을 담당한다.

• 스트링거(stringer) : 날개의 휨 강도나 비틀림 강도를 증가시켜 주는 역할을 한다.

• 리브(rib) : 날개 단면이 공기역학적인 날개골을 유지하도록 날개의 모양을 형성해 주며, 날개 외피에 작용하는 하중을 날개보에 전달하는 역할을 한다.

• 표피(skin) : 날개에 작용하는 하중을 전단흐름 형태로 변환하여 담당한다.

**44** 다음 중 조종 케이블의 장력을 측정하는 기구는?

① 턴버클(turn buckle)

② 프로트랙터(protractor)

③ 케이블 리깅(cable rigging)

④ 케이블 텐션미터(cable tension meter)

**해설**

• 턴버클 : 케이블의 장력을 조절하는 도구

• 케이블 텐션미터 : 케이블의 장력을 측정하는 도구

• 케이블 텐션 레귤레이터 : 조종계통의 케이블이 온도 변화 또는 구조 변형에 따른 인장력이 변화하지 않도록 하기 위해 설치된 장치

**45** 항공기 외부 세척 방법에 해당하지 않는 것은?

① 습식세척            ② 연마

③ 건식세척            ④ 블라스팅

**해설**

블라스팅 세척은 모래알갱이나 작은 호두껍질을 이용하여 충격을 주어 세척을 하는 방법으로, 베어링이나 점화 플러그에 주로 사용이 되는 세척 방식이다. 항공기 외피에 적용할 경우 외피의 손상을 주기 때문에 이 방법을 사용하지 않는다.

**46** 기체구조의 형식 중 응력외피구조(stress skin structure)에 대한 설명으로 옳은 것은?

① 2개의 외판 사이에 벌집형, 거품형, 파(wave)형 등의 심을 넣고 고착시켜 샌드위치 모양으로 만든 구조이다.

② 하나의 구성요소가 파괴되더라도 나머지 구조가 그 기능을 담당해 주는 구조이다.

③ 목재 또는 강판으로 트러스(삼각형구조)를 구성하고 그 위에 천 또는 얇은 금속판의 외피를 씌운 구조이다.

④ 외피가 항공기의 형태를 이루면서 항공기에 작용하는 하중의 일부를 외피가 담당하는 구조이다.

**해설**

응력외피 구조 : 외피가 항공기에 작용하는 하중에 일부를 담당하며, 종류로는 모노코크 구조와 세미모노코크 구조가 있다.

**47** 다음과 같은 특징을 갖는 강은?

• 크롬 몰리브덴강
• 0.30%의 탄소를 함유함
• 용접성을 향상시킨 강

① AA 1100            ② SAE 4130

③ AA 5052            ④ SAE 4340

**해설**

SAE XXXX

• 첫째 자리의 수 : 강의 종류를 나타낸다.

- 둘째 자리의 수 : 합금 원소의 함유량을 나타낸다 .
- 나머지 두 자리의 숫자 : 탄소의 평균 함유량을 나타낸다.

※ 합금강의 분류

1xxx : 탄소강, 2xxx : 니켈강, 3xxx : 니켈-크롬강, 4xxx : 몰리브덴강, 5xxx : 크롬강, 6xxx : 크롬-바나듐강, 8xxx : 니켈-크롬-몰리브덴강

**48** 안티스키드장치(anti-skid system)의 역할이 아닌 것은?

① 유압식 브레이크에서 작동유 누출을 방지하기 위한 것이다.

② 브레이크의 제동을 원활하게 하기 위한 것이다.

③ 항공기가 착륙 활주 중 활주속도에 비해 과도한 제동을 방지한다.

④ 항공기가 미끄러지지 않게 균형을 유지시켜 준다.

**해설**

안티스키드 감지장치(sensing device): 스키드가 발생하면 바퀴의 회전속도가 낮아지는 걸 감지하여 안티스키드 감지장치의 회전속도의 차이를 감지하여 안티스키드제어 밸브로 하여금 계통으로 들어가는 작동유의 압력을 감소시킴으로써 제동력의 감소로 인한 스키드 현상을 방지한다.

**49** 지상 계류 중인 항공기가 돌풍을 만나 조종면이 덜컹거리거나 그것에 의해 파손되지 않게 설비된 장치는?

① 스토퍼(stopper)

② 토크 튜브(torque tube)

③ 거스트 록(gust lock)

④ 장력 조절기(tension regulator)

**해설**

거스트 록 : 항공기가 계류 또는 주기 중에 갑작스런 돌풍 및 강한 바람에 의해 조종면이 떨어지거나 손상을 입는 것을 막기 위해 조종면의 움직임을 제한하는 장치

**50** 케이블 조종계통(cable control system)에서 7×19의 케이블을 옳게 설명한 것은?

① 19개의 와이어로 7번을 감아 케이블을 만든 것이다.

② 7개의 와이어로 19번을 감아 케이블을 만든 것이다.

③ 19개의 와이어로 1개의 다발을 만들고, 이 다발 7개로 1개의 케이블을 만든 것이다.

④ 7개의 와이어로 1개의 다발을 만들고, 이 다발 19개로 1개의 케이블을 만든 것이다.

**해설**

- 플렉시블 케이블(flexible cable) : 구성은 7×7이나 7×19의 케이블을 말하고, 한 개의 꼬은선(strand)이 중심에 있어 케이블의 심을 이루고, 남은 꼬은선은 그 주위에 비틀려 있다. 다음에 7×7 및 7×19 구성의 케이블을 설명한다.

- 7×7 케이블 : 7×19케이블에 비해 유연성이 적어 큰 직경의 풀리나 직선운동 방향에 사용되며, 마모에 대해서는 보다 큰 저항성이 있다. 일반적으로 지름이 3/32in 이하의 것이다.

- 7×19 케이블 : 충분한 유연성이 있고, 특히 작은 직경의 풀리에 의해 구부러져 있을 때는 굽힘 응력에 대한 피로에 잘 견디는 특성이 있다. 이 케이블은 지름이 1/8 in 이상으로 주 조종계통에 주로 사용된다.

**51** 항공기의 무게중심이 기준선에서 90in에 있고, MAC의 앞전이 기준선에서 82in인 곳에 위치한다면, MAC가 32in인 경우 중심은 몇 % MAC인가?

① 15  ② 20

③ 25  ④ 35

**해설**

$$\frac{90-82}{32} \times 100 = \frac{8}{32} \times 100 = (8 \div 32) \times 100$$
$$= 0.25 \times 100 = 25$$

**52** 스크류의 식별 기호 AN507 C 428 R 8에서 C가 의미하는 것은?

① 직경

② 재질

③ 길이

④ 홈을 가진 머리

**해설**

AN : Airforce Navy, 507 : 계열, C : 재질(− : 탄소강, C : 내식강), 428 : 지름, R : 머리의 홈(R : 필립스, − : 슬롯), 8 : 스크류의 길이(1/16in 단위)

**53** 벤트 플로트 밸브, 화염차단장치, 서지탱크, 스케벤지펌프 등의 구성품이 포함된 계통은?

① 조종계통

② 착륙장치계통

③ 연료계통

④ 브레이크계통

**해설**

연료계통

• 벤트 플로트 밸브 : 연료 배출구가 막혀 연료가 유출될 때 부유물을 상승시키는 밸브

• 화염차단장치 : 화염을 차단하여 화재를 방지하는 장치

• 서지탱크 : 수압의 변동을 완화시켜 펌프를 보호하는 장치

• 스케벤지 펌프 : 배유 펌프

**54** 두께가 0.01in인 판의 전단흐름이 30lb/in일 때, 전단응력은 몇 lb/in²인가?

① 3000

② 300

③ 30

④ 0.3

**해설**

전단흐름 = 전단응력×두께

$30 = x \times 0.01$

$x = 3000$

**55** 알루미늄의 표면에 인공적으로 얇은 산화 피막을 형성하는 방법은?

① 주석 도금처리

② 파커라이징

③ 카드뮴 도금처리

④ 아노다이징

**해설**

양극산화처리(anodizing) : 알루미늄 합금이나 마그네슘 합금을 양극으로 하여 황산, 크롬산 등의 전해액에 담그면 양극에 발생하는 산소에 의해 산화 피막이 금속의 표면에 형성되는 처리로 내식성과 내마모성이 요구 시 실시

**56** 한쪽의 길이를 짧게 하기 위해 주름지게 하는 판금가공 방법은?

① 범핑(bumping)

② 크림핑(crimping)

③ 수축가공(shrinking)

④ 신장가공(stretching)

**해설**

• 수축가공(shrinking) : 수축가공은 재료의 한쪽 길이를 압축시켜 짧게 함으로써 재료를 커브(curve)지게 가공하는 방법이다. 일반적으로 성형된 앵글 등의 커브가공에 사용된다.

• 신장가공(stretching) : 재료의 한쪽 길이를 늘려서 길게 함으로써 재료를 커브지게 가공하는 방법이다.

• 크림핑(crimping)가공 : 한쪽의 길이를 짧게 하기 위하여 주름지게 하는 것(fold, pleat, corrugate)이다. 크림핑 집게(crimping plier)를 사용하여 가공할 재료의 직선 부분의 한쪽을 크림핑(crimping)함으로써 커브지게 할 수 있다. 커브진 날개의 리브 등 부재 제작 시 사용한다.

• 범핑(bumping) : 가운데가 움푹 들어간 구면형의 판금가공을 말한다. 목재나 연질의 금속으로 만든 형틀이나 가죽으로 모래를 넣어 만든 모래주머니를 이용한다.

**57** 항공기의 무게중심 위치를 맞추기 위하여 항공기에 설치하는 모래주머니, 납봉, 납판 등을 무엇이라 하는가?

① 밸러스트(ballast)

② 유상하중(pay load)

③ 테어무게(tare weight)

④ 자기무게(empty weight)

> **해설**
>
> 밸러스트 : CG를 조정하기 위하여 사용되는 비중이 큰 물체(모래주머니, 납봉, 납판)들을 말한다.

**58** 리벳작업에 대한 설명으로 틀린 것은?

① 리벳의 피치는 같은 열에 이웃하는 리벳 중심 간의 거리로 최소한 리벳직경의 5배 이상은 되어야 한다.

② 열간간격(횡단피치)은 최소한 리벳직경의 2.5배 이상은 되어야 한다.

③ 리벳과 리벳구멍의 간격은 0.002~0.004in가 적당하다.

④ 판재의 모서리와 최외곽열의 중심까지의 거리는 리벳직경의 2~4배가 적당하다.

> **해설**
>
> 리벳의 배열
> - 리벳 피치 : 리벳 간격으로 최소 3D~최대 12D, 주로 6~8D 이용
> - 열간 간격 : 리벳 열간격으로 최소 2.5D, 주로 4.5~6D 이용
> - 연거리 : 모서리와 리벳 간격으로 최소 2D(접시머리 리벳 : 2.5D), 최대 4D

**59** 그림과 같은 단면에서 y축에 관한 단면의 1차 모멘트는 몇 $cm^3$인가? (단, 점선은 단면의 중심선을 나타낸 것이다.)

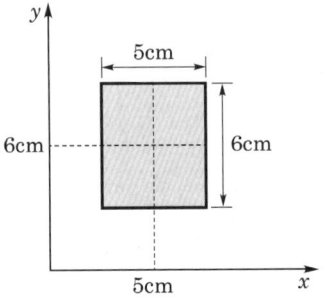

① 150

② 180

③ 200

④ 220

> **해설**
>
> 1차 모멘트＝넓이×거리(중심선에서 $y$축까지 거리)
> ＝30×5＝150

**60** 그림과 같은 V-n 선도에서 항공기의 순항성능이 가장 효율적으로 얻어지도록 설계된 속도를 나타내는 지점은?

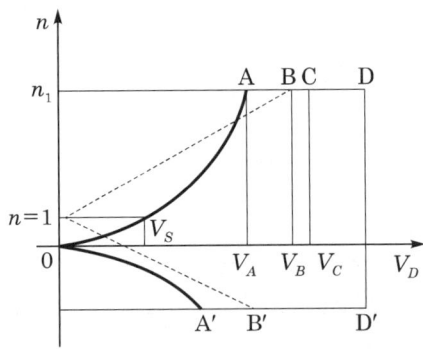

① $V_A$

② $V_B$

③ $V_C$

④ $V_D$

> **해설**
>
> - $V_A$(설계 운용속도) : 항공기가 특정 속도로 수평 비행을 하다 갑자기 조종간을 당겨 최대 양력계수가 될 때 큰 날개에 작용하는 하중배수가 그 항공기의 설계 제한 하중배수와 같을 때의 속도다. 설계 운용속도

이하에선 항공기가 어떤 조작을 해도 구조상 안전한 속도이다.

- $V_B$(설계 돌풍 운용속도) : 어떤 속도로 수평비행 시 수직 돌풍속도를 받을 때 하중배수가 설계제한 하중배수와 같을 때의 수평비행속도
- $V_C$(설계 순항속도) : 순항성능이 가장 효율적으로 나오도록 설정한 속도
- $V_D$(설계 급강하 속도) : 구조강도의 안전성과 조종면에서 안전한 설계상의 최대 허용 속도

## 제4과목　항공장비

**61** HF(high frequency) system에 대한 설명으로 옳은 것은?

① 항공기 대 항공기, 항공기 대 지상 간에 가시거리 음성통화를 위해 사용한다.

② 작동 주파수 범위는 118MHz~137MHz이며, 채널별 간격은 8.33KHz이다.

③ 송신기는 발진부, 고주파 증폭부, 변조기 및 안테나로 이루어진다.

④ HF는 파장이 짧기 때문에 안테나의 길이가 짧아야 한다.

**해설**

HF는 주로 해상원거리 통신에 사용하며 주파수는 2~30MHz이며, 국내 항공로에서 사용되는 VHF 통신장치의 2차적인 통신수단이다. 구성은 송신기는 발진부, 고주파 증폭부, 변조기 및 안테나이며, 송신기와 안테나의 전기적인 매칭이 자동으로 이루어지는 커플러가 부착되어 있다.

**62** 항공기용 회전식 인버터(rotary inverter)가 부하변동이 있어도 발전기의 출력 전압을 일정하게 하기 위한 방법은?

① 직류전원의 전압을 변화시킨다.

② 교류발전기의 전압을 변화시킨다.

③ 직류전동기의 분권 계자 전류를 제어한다.

④ 교류발전기의 회전 계자 전류를 제어한다.

**해설**

인버터는 일부분의 항공기에서 직류전원을 교류전원으로 전환시켜 일부 항공기 계통에 사용되며, 종류는 회전식 인버터와 정지식 인버터이다. 회전식 인버터의 수많은 크기, 유형, 그리고 형태가 있고 본질적으로 하나의 틀에 교류발전기와 직류전동기가 있다. 발전기 계자 또는 전기자, 그리고 전동기 계자, 또는 전기자는 틀의 내부로 회전하게 될 공동축에 설치된다. 인버터의 부하변동이 있어도 직류전동기의 분권계자 전류를 제어하여 발전기의 출력 전압을 일정하게 한다.

**63** 화재탐지기에 요구되는 기능과 성능에 대한 설명으로 틀린 것은?

① 무게가 가볍고 설치가 용이할 것

② 화재가 시작, 진행 및 종료 시 계속 작동할 것

③ 화재 발생장소를 정확하고 신속하게 표시할 것

④ 화재가 지시하지 않을 때 최소전류가 소비될 것

**해설**

화재탐지기는 무게가 가볍고 설치가 용이해야 하며, 화재 발생장소를 정확하고 신속하게 표시해야 한다. 화재를 지시하지 않을 때는 최소전류가 소비되어야 한다. 화재탐지 계통 종류에 따라서 회로가 단락된 경우는 작동하지 않는다.

**64** 항공기 동체 상·하면에 장착되어 있는 충돌방지등(anti-collision light)의 색깔은?

① 녹색　　　　② 청색

③ 적색　　　　④ 흰색

**해설**

충돌방지등은 동체 상하면 및 수직꼬리날개에 부착되어 있으며 분당 40~100회 적색등을 점멸한다.

**65** 지자기의 3요소 중 편각에 대한 설명으로 옳은 것은?

① 플럭스 밸브(flux valve)가 편각을 감지한다.

② 지자력의 지구수평에 대한 분력을 의미한다.

③ 지자기 자력선의 방향과 수평선 간의 각을 말하며 양극으로 갈수록 90°에 가까워진다.

④ 지축과 지자기축이 서로 일치하지 않음으로써 발생되는 진방위와 자방위의 차이이다.

해설

편차의 값은 지표면상의 각 지점마다 다르며, 지구자오선과 자기자오선 사이의 오차각을 편각이라 한다.

**66** 그림과 같은 델타(Δ)결선에서 $R_{ab} = 5\Omega$, $5R_{bc} = 4\Omega$, $R_{ca} = 3\Omega$일 때 등가인 결선 각 변의 저항은 약 몇 Ω인가?

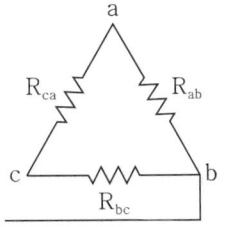 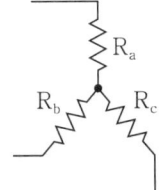

① $R_a = 1.00$, $R_b = 1.25$, $R_c = 1.67$

② $R_a = 1.00$, $R_b = 1.67$, $R_c = 1.25$

③ $R_a = 1.25$, $R_b = 1.00$, $R_c = 1.67$

④ $R_a = 1.25$, $R_b = 1.67$, $R_c = 1.00$

해설

$$R_a = \frac{R_{ab}R_{ca}}{R_{ab} + R_{bc} + R_{ca}} = \frac{5 \times 3}{5 + 4 + 3} = 1.25 ohm$$

$$R_b = \frac{R_{bc}R_{ab}}{R_{ab} + R_{bc} + R_{ca}} = \frac{4 \times 5}{5 + 4 + 3} = 1.67 ohm$$

$$R_c = \frac{R_{ca}R_{bc}}{R_{ab} + R_{bc} + R_{ca}} = \frac{3 \times 4}{5 + 4 + 3} = 1 ohm$$

**67** 고주파 안테나에서 30MHz의 주파수에 파장 (λ)은 몇 m인가?

① 25　　　　② 20

③ 15　　　　④ 10

해설

λ = V(m/s)/f(Hz)

파장 = 300,000,000m/s / 30MHz  파장은 10m이다.

**68** 싱크로전기기기에 대한 설명으로 틀린 것은?

① 회전축의 위치를 측정 또는 제어하기 위해 사용되는 특수한 회전기이다.

② 각도 검출 및 지시용으로는 2개의 싱크로전기기기를 1조로 사용한다.

③ 구조는 고정자 측에 1차권선, 회전자 측에 2차권선을 갖는 회전변압기이고, 2차 측에는 정현파 교류가 발생하도록 되어 있다.

④ 항공기에서는 컴퍼스계기에 VOR국이나 ADF국 방위를 지시하는 지시계기로서 사용되고 있다.

해설

원격지시계기는 수감부와 지시부가 멀리 떨어진 계기이며, 수감부의 기계적 각 변위 또는 직선변위를 전기신호로 바꾸어 지시부에 전달한다. 각도 검출 및 지시용으로는 2개의 싱크로전기기기를 1조로 하며, 항공기에서는 VOR국이나 ADF국 방위를 지시하는 계기로 사용된다. 종류에는 직류셀신, 오토신, 마그네신이 있다.

**69** 지상접근경보장치(G.P.W.S)의 입력 소스가 아닌 것은?

① 전파고도계

② BELOW G/S LIGHT

③ 플랩 오버라이트 스위치

④ 랜딩기어 및 플랩위치 스위치

**해설**

지상접근경보장치는 전파고도계의 고도, 상승 하강에 의한 기압변화, 플랩 오버라이트 스위치, 랜딩기어 및 플랩위치 스위치 등 기타의 데이터가 입력되어 계산결과에 따라서 램프 또는 음성에 의한 경보가 울린다.

**70** 유압계통에서 축압기(accumulator)의 사용 목적은?

① 계통의 유압 누설 시 차단

② 계통의 과도한 압력 상승 방지

③ 계통의 결함 발생 시 유압 차단

④ 계통의 서지(surge) 완화 및 유압 저장

**해설**

축압기의 역할은 가압된 작동유를 저장하는 저장통이며, 펌프를 도와 일시적으로 작동유를 공급한다. 펌프 고장 시 작동유를 공급해 주며, 서지현상을 완화해 준다. 압력조절기의 개폐빈도를 줄여 마모를 방지해 준다.

**71** 14000ft 미만에서 비행할 경우 사용하고, 활주로에서 고도계가 활주로 표고를 지시하도록 하는 방식의 고도계 보정 방법은?

① QNH 보정

② QNE 보정

③ QFE 보정

④ QFG 보정

**해설**

〈고도계 기압보정 방식〉

• QNE : 고도 14,000ft 이상에서 사용하는 것으로서 항공기의 고도 간격 유지를 위해 고도계의 기압 창구에 해면의 표준 대기인 29.92inHg로 보정하여 항상 표준 기압면으로부터의 고도를 지시하게 하는 방법

• QNH : 고도 14,000ft 미만의 고도에서 사용하는 것으로서 고도계가 해면으로부터의 기압고도, 즉 진고도를 지시하도록 수정하는 방법

• QFE : 활주로 위에서 고도계가 0ft를 지시하도록 고도계의 기압창구에 비행장의 기압에 맞추는 방식

**72** 다음 중 시동특성이 가장 좋은 직류전동기는?

① 션트전동기

② 직권전동기

③ 직·병렬전동기

④ 분권전동기

**해설**

직류전동기의 종류는 회전자(M)와 계자코일(S)의 연결형태에 따라 직권형, 분권형, 복권형으로 구분하고, 직권형 전동기는 회전자(M)와 계자코일(S)이 직렬로, 분권형은 병렬로 각각 연결된 형태이며, 복권형은 직/병렬로 2개의 계자코일이 연결된 형태이다. 그리고 계자의 전류값을 가변저항(R)으로 조절하여 회전자속도를 조절한다.

• 직권형 직류전동기 : 시동토크가 커서 시동장치에 많이 사용한다.

• 분권형 직류전동기 : 부하 변동에 따른 회전수 변화가 적으므로 일정한 속도를 요구하는 곳에 사용한다.

• 복권형 직류전동기 : 직권형 계자와 분권형 계자를 모두 갖추고 있어 직권과 분권의 중간 특성을 가진다.

**73** 관성항법장치(INS)계통에서 얼라인먼트(alignment)는 무엇을 하는 것인가?

① 플랫폼(platform) 방향을 진북을 향하게 하고, 지구에 대해 수평이 되게 하는 것

② 조종사가 항공기 위치 정보를 입력하는 것

③ 플랫폼(platform)에 놓여진 3축의 가속도계가 검출한 가속도를 적분하여 위치나 속도를 계산하는 것

④ INS가 계산한 위치(위도)와 제어표시장치를 통해 입력한 항공기의 실제 위치를 일치시켜 주는 것

**해설**

• 관성항법장치란 자이로를 이용, 관성공간에 대해 일정한 자세를 유지하는 기준 테이블을 만들고, 그 위에 정밀한 가속도계를 장착한 장치. 이 장치에 의해 움직이는 순간부터 임의의 시각까지 3축방향의 가속도를 2회 적분(積分)하면 비행거리가 얻어지며, 따라서 현재의 위치를 알 수 있다.

- INS의 구성에는 크게 플랫폼 방식과 스트랩 다운 방식이 있다. 플랫폼 방식은 플랫폼 자세의 미세한 변동을 자이로로 검출하여 기준축이 항상 일정한 방향이 되게 자이로기구에 의하여 제어하고 플랫폼상의 가속도계에 의하여 기준축 방향의 가속도를 검출한다. 스트랩 다운 방식은 자이로와 가속도계를 기체에 고정(strap down)하고 기준축은 좌표변환계산에 의하여 구한다. 즉 기계적인 플랫폼 대신 컴퓨터의 내부에 안정된 플랫폼을 만드는 방식이다.
- 플랫폼 방식은 일정 주기로 플랫폼을 조정하여 플랫폼이 진북을 향하고 지구에 대해 수평이 되게 해야 한다.

**74** 유압계통에서 유량제어 또는 방향제어 밸브에 속하지 않는 것은?

① 오리피스(orifice)
② 체크 밸브(check valve)
③ 릴리프 밸브(relief valve)
④ 선택 밸브(selector valve)

**해설**

① 방향 제어 밸브
- 선택 밸브(selector valve)
- 체크 밸브(check valve)
- 시퀀스 밸브(sequence valve)
- 셔틀 밸브(shuttle valve)

② 유량 제어 밸브
- 흐름 평형기(flow equalizer)
- 흐름 조절기(flow regulator)
- 유압 퓨즈(hydraulic fuse)
- 오리피스(orifice) : 흐름률을 제한하며 흐름 제한기(flow restrictor)라 한다.
- 오리피스 체크 밸브(orifice check valve) : 오리피스와 체크 밸브의 기능을 합한 것으로, 작동유가 오른쪽에서 왼쪽으로 흐를 때 징싱 공급, 반대로 흐를 때는 흐름 제한
- 미터링 체크 밸브 : 오리피스 체크 밸브와 같으나 흐름 조절 가능

- 유압관 분리 밸브 : 유압 펌프나 브레이크와 같은 유압 기기를 장탈 할 때 작동유가 외부로 유출되는 것을 방지

③ 체크 밸브(check valve) : 계통의 유체를 한쪽 방향으로만 흐르도록 만들어진 밸브로서 계통의 압력유지와 역류방지 장치, 유량과 방향을 제어하지는 않는다.

**75** 다음 중 전압을 높이거나 낮추는 데 사용되는 것은?

① 변압기
② 트랜스미터
③ 인버터
④ 전압 상승기

**해설**

변압기 : 교류회로에서 성층철심에 감은 코일의 1,2차 권선비에 비례하여 전압을 승압 또는 감압시키는 전기적 장치

**76** 객실 내의 공기를 일정한 기압이 되도록 동체의 옆이나 끝부분 또는 날개의 필릿(fillet)을 통하여 공기를 외부로 배출시켜 주는 밸브는?

① 덤프 밸브(dump valve)
② 아웃플로 밸브(out-flow valve)
③ 압력 릴리프 밸브(cabin pressure relief valve)
④ 부압 릴리프 밸브(negative pressure relief valve)

**해설**

- Out Flow Valve : Cabin 내의 공기를 기체 외부로 조절하여 배출시킴으로써 Cabin 내압을 유지하고 Cabin 내에 항상 신선한 공기가 보존되도록 한다.
- Dump Control Valve : 항공기가 지상 착륙 시 Cabin 내·외부의 차압 제거

**77** 다음 중 방빙장치가 되어 있지 않은 곳은?

　① 착륙장치 휠 웰

　② 주날개 리딩에지

　③ 꼬리날개 리딩에지

　④ 엔진의 전방 카울링

해설

방빙 방법

① Thermal Anti-Icing : 열에 의한 방빙장치는 날개의 Leading Edge 내부에 날개 쪽 방향으로 연결되어 있는 덕트에 가열된 공기를 보내어 내부에서 날개 Leading Edge를 따뜻하게 함으로써 얼음의 형성을 막는 것이다. 크게 분류하면 Turbine Compressor에서 Bleed된 고온의 공기, 엔진 배기 열교환기에서의 고온 공기 및 연소가열기에 의한 가열 공기 등 3종류가 있다.

② Electric Anti-Icing : 이것은 전기 히터(Electric Heater)를 이용하여 결빙을 막는 방법으로서 비교적 작은 부분에 사용된다. 구조나 조절이 간단한 것이 특징이지만, 가열 부분의 면적이나 체적이 증가하면 필요 전력을 확보한 상태에서 전압을 올려야 하므로 절연이나 전류 조절에 문제가 발생한다. 전기적인 방빙을 사용하는 계통은 Pitot Tube, Propeller, Eng Air Intake, Windshield, 특이한 예로서 날개 Leading Edge의 가열에도 이용된다.

③ Chemical Anti-Icing : 결빙 온도를 내려 수분을 액체 상태로 유지시키기 위하여 알코올을 사용하여 방빙을 하는 방식이다. 지상에서 기체의 제설 시에 사용하는 Ethylene Glycol 원액을 Dope하는 것도 결빙을 지연시키는 효과가 있다. 이것은 프로펠러. Carbuletor, Windshield Glass 방빙에 사용되며, 알코올 탱크에서 펌프를 이용해 공급하고 원심력이나 공기의 흐름을 이용해 될 수 있는 한 균등하게 분배한다. 특이한 예는 이것을 날개, 꼬리날개 등의 제빙에 사용하는 것으로, 날개 Leading Edge 표면을 다공질의 금속 재료로 만들고 알코올을 가압 공급하여 스며 나오도록 하는 방법을 이용하고 있다.

**78** 조종실 내의 온도와 열전대식(thermo-couple) 온도계에 대한 설명으로 옳은 것은?

　① 조종실 내의 온도계는 열전대식(thermo-couple) 온도계가 사용되지 않는다.

　② 조종실 내의 온도계로 사용되는 열전대식(thermo-couple) 온도계는 최고 100℃까지 측정이 가능하다.

　③ 조종실 내의 온도가 높아지면 열전대식(thermo-couple) 온도계의 지시 값은 낮게 지시된다.

　④ 조종실 내의 온도가 높아지면 열전대식(thermo-couple) 온도계의 지시 값은 높게 지시된다.

해설

• 열전대식 온도계란 두 종류의 금속을 조합해서 열기 전력을 이용한 온도계이다.

• 온도를 감지하는 수감부와 온도계와의 사이에 온도차에 따르는 기전력에 의한 전류를 측정하므로 해당되는 온도를 지시하는 것이다. 항공기 왕복엔진의 온도, 가스터빈 엔진의 배기가스 온도를 측정하는 데 사용한다.

• 조종실 내에 사용되는 온도계는 전기저항식 온도계가 사용된다.

**79** 다음 중 피토압에 영향을 받지 않는 계기는?

　① 속도계　　　　② 고도계

　③ 승강계　　　　④ 선회 경사계

해설

피토정압계통의 피토정압을 사용하는 대표적인 계기로는 고도계, 속도계, 승강계가 있으며 고도계는 정압을, 속도계는 피토압/전압과 정압을, 승강계는 정압을 사용한다. 선회 경사계는 볼과 선회 지시 바늘로 구성되어 볼은 지구 중력의 힘에 의해 작동되며, 선회 지시 바늘은 자이로에 의해서 작동되어 비행기의 축 변화를 지시하는 자이로 계기이다.

**80** 축전지의 충전방법과 방법에 해당하는 다음의 설명이 옳게 짝지어진 것은?

> A. 충전 시간이 길면 과충전의 염려가 있다.
> B. 충전이 진행됨에 따라 가스발생이 거의 없어지면 충전 능률도 우수해 진다.
> C. 충전 완료시간을 미리 예측할 수 있다.
> D. 초기 과도한 전류로 극판 손상의 위험이 있다.

① 정전류 충전 – A,B 정전압 충전 – C,D
② 정전류 충전 – A,C 정전압 충전 – B,D
③ 정전류 충전 – B,C 정전압 충전 – A,D
④ 정전류 충전 – C,D 정전압 충전 – A,B

**해설**

축전지 충전 방법

① 정전압 충전법은 일정 전압으로 배터리를 충전하는 것으로 충전기와 배터리/축전지를 병렬로 연결하여 충전한다. 공급전압은 14V(12V 축전지), 28V(24V 축전지)를 사용한다.
  • 장점 : 과충전에 대한 위험이 없고 충전시간이 짧다. 가스 발생이 거의 없고 충전 능률이 좋다.
  • 단점 : 충전 완료시간을 예측할 수 없고 일정시간 간격으로 충전상태를 확인해야 한다.
② 정전류 충전법은 일정 전류값을 유지하여 배터리를 충전하는 것으로 충전기와 배터리/축전지를 직렬로 연결하여 충전한다. 공급전압은 14V(12V 축전지), 28V(24V 축전지)를 사용한다.
  • 장점 : 충전 완료시간을 예측할 수 있다.
  • 단점 : 과충전에 대한 위험과 폭발 위험이 있으며 충전시간이 길다.

✈ 정답 80 ②

제1·2회 항공산업기사

## 제1과목 항공역학

**01** 다음 중 프로펠러의 효율($\eta$)을 표현한 식으로 틀린 것은? (단, T : 추력, D : 지름, V : 비행속도, J : 진행률, n : 회전수, P : 동력, $C_P$ : 동력계수, $C_T$ : 추력계수이다.)

① $\eta < 1$

② $\eta = \dfrac{C_T}{C_P} J$

③ $\eta = \dfrac{P}{TV}$

④ $\eta = \dfrac{C_T}{C_P} \dfrac{V}{nD}$

**해설**

프로펠러 효율은 $\eta = \dfrac{\text{입력}}{\text{출력}}$ 으로 볼 수 있는데, 입력에 엔진에서 만들어지는 동력을 넣고 거기에 TV(이용마력)를 출력으로 대입해 프로펠러 효율로 구할 수 있다. 마력은 동력을 구하는 단위이기 때문에 동력과 마력의 차이점을 이해할 수 있어야 한다.

**02** 평형상태로부터 벗어난 뒤에 다시 평형상태로 되돌아가려는 초기의 경향을 표현한 것은?

① 정적 중립
② 양(+)의 정적안정
③ 정적 불안정
④ 음(−)의 정적안정

**해설**

양(+), 음(−)의 기호가 생소할 수 있는데 '양(+)의 정적안정'이라고 하면 안정이 늘어난다(+) 라고 생각하면 된다. 만약 '양(+)의 정적 불안정'이라고 한다면 불안정이 늘어난다(+)는 뜻이므로 평형상태에서 점점 더 멀어지는 상태라고 생각할 수 있다.

**03** 비행기가 등속도 수평비행을 하고 있다면, 이 비행기에 작용하는 하중배수는?

① 0
② 0.5
③ 1
④ 1.8

**해설**

• 등속도 수평비행이라는 상태는 일정한 속도로 일정 고도를 비행하는 상태를 뜻하는데, 이런 비행을 하기 위해서는 추력과 항력이 같고 양력과 무게가 같아야 한다.

• 하중배수(n)는 양력과 무게의 비로 나타낼 수 있기 때문에 등속도 수평비행 시 하중배수는 '1'이 된다.

**04** 다음 중 비행기의 정적여유에 대한 정의로 옳은 것은? (단, 거리는 비행기의 동체중심선을 따라 nose에서부터 측정한 거리이다.)

① 정적여유＝중립점까지의 거리−무게중심까지의 거리

② 정적여유＝공력중심까지의 거리−중립점까지의 거리

③ 정적여유＝무게중심까지 거리−공력중심까지 거리

④ 정적여유＝무게중심까지 거리−중립점까지의 거리

**해설**

정적여유란 무게중심에서 중립점까지의 길이를 시위로 나눈 값으로 정의되는데, 정적여유가 클수록 안정성이 좋다고 생각할 수 있다. 중립점이 항상 무게중심 후방에 있어야 정적여유가 (+) 값을 가지며 그 상태를 세로 안정성이 있다고 본다.

＊중립점 : 비행기의 무게중심 위치를 변화시킬 때 받

**정답** 01 ③ 02 ② 03 ③ 04 ①

음각에 따른 항공기 전체의 키놀이 모멘트가 변화하지 않는 무게중심의 위치점을 의미한다.

## 05 헬리콥터에서 회전날개의 깃(blade)이 회전하면 회전면을 밑면으로 하는 원추의 모양을 만들게 되는데, 이때 회전면과 원추 모서리가 이루는 각은?

① 피치각(pitch angle)
② 코닝각(coning angle)
③ 받음각(angle of attack)
④ 플래핑각(flapping angle)

[해설]

원심력에 대해 양력이 회전날개의 수직으로 작용하면 원심력과 양력의 합성력이 작용하는 방향으로 회전날개 깃이 향하게 된다. 이러한 깃의 운동을 회전날개의 코닝(coning)이라 하고, 이때 회전날개 깃 끝 경로면과 회전날개 깃이 이루는 각을 코닝각이라고 한다.

코닝각의 크기는 양력과 헬리콥터의 무게에 따라 정해지며 가벼운 헬리콥터가 무거운 헬리콥터보다 코닝각이 작다.

## 06 라이트형제는 인류 최초의 유인동력비행을 성공하던 날 최고기록으로 59초 동안 이륙지점에서 260m지점까지 비행하였다. 당시 측정된 43km/h의 정풍을 고려한다면 대기속도는 약 몇 km/h인가?

① 27
② 43
③ 59
④ 80

[해설]

거리는 속도와 시간의 곱이므로 59초 동안 260m를 이동한 라이트형제는 4.4m/s의 속도로 이동한 것과 같다. 이 속도를 km/h의 단위로 바꾸면 15.84km/h가 되고 당시 측성된 정풍이 43km/h라고 한다면 라이트형제의 항공기가 맞는 상대풍, 또는 대기속도는 15.84km/h와 43km/h의 합인 58.84km/h로 볼 수 있다.

## 07 다음과 같은 형상의 원인이 아닌 것은?

비행기가 하강비행을 하는 동안 조종간을 당겨 기수를 올리려 할 때, 받음각과 각속도가 특정 값을 넘게 되면 예상한 정도 이상으로 기수가 올라가고, 이를 회복할 수 없는 현상

① 쳐든각 효과의 감소
② 뒤젖힘 날개의 비틀림
③ 뒤젖힘 날개의 날개끝 실속
④ 날개의 풍압중심이 앞으로 이동

[해설]

위와 같은 현상을 피치업(pitch up)이라고 하며, 피치업 원인으로는 아래 4가지로 나눌 수 있다.
1. 뒤젖힘 날개의 비틀림
2. 뒤젖힘 날개의 날개끝 실속
3. 날개의 풍압중심(=압력중심)이 앞으로 이동
4. 승강키 효율의 감소

## 08 헬리콥터의 전진비행 또는 원하는 방향으로의 비행을 위해 회전면을 기울여 주는 조종장치는?

① 사이클릭 조종레버
② 페달
③ 콜렉티브 조종레버
④ 피치 암

[해설]

헬리콥터의 조종
• Collective Pitch control : 상승, 하강 운동을 컨트롤
• Cyclic Pitch control : 전후좌우 방향의 운동을 컨트롤
• Pedal : 방향 전환을 컨트롤

**09** 비행기 무게 1500kgf, 날개면적이 30m²인 비행기가 등속도 수평비행하고 있을 때, 실속 속도는 약 몇 km/h인가? (단, 최대양력계수 1.2, 밀도 0.125kgf · s² · m⁴이다.)

① 87
② 90
③ 93
④ 101

해설

$$V_s = \sqrt{\frac{2 \times W}{\rho \times S \times C_{Lmax}}} = \sqrt{\frac{2 \times 1500}{0.125 \times 30 \times 1.2}}$$
$$= 25.82\text{m/s} = 92.9\text{km/h}$$

실속속도를 구하는 단순한 계산 문제이지만, 문제에서 요구하는 속도의 단위가 km/h이므로 단위 환산을 신경 써 줄 필요가 있다.

**10** 비행기 속도가 2배로 증가했을 때 조종력은 어떻게 변화하는가?

① $\frac{1}{2}$로 감소한다.
② $\frac{1}{4}$로 감소한다.
③ 2배로 증가한다.
④ 4배로 증가한다.

해설

조종력 F는 기계적 이득(K)과 힌지모멘트(H)의 곱으로 계산할 수 있으며, 힌지 모멘트는 $H = C_h \times \frac{1}{2} \times \rho \times V^2 \times b \times \overline{C^2}$로 구할 수 있다. 비행속도가 2배가 된다면 V의 제곱이 적용되므로 조종력은 4배로 증가한다.

**11** 항공기의 정적 안정성이 작아지면 조종성 및 평형을 유지하는 것은 어떻게 변화하는가?

① 조종성은 감소되며, 평형유지도 어렵다.
② 조종성은 감소되며, 평형유지는 쉬워진다.
③ 조종성은 증가하며, 평형유지도 쉬워진다.
④ 조종성은 증가하나, 평형유지는 어려워진다.

해설

조종성과 안정성은 상반 관계이므로 항공기의 정적 안정성이 작아지면 조종성은 반대로 증가하지만, 평형(안정성)을 유지하기는 그만큼 어려워진다.

**12** 날개의 시위(chord)가 2m이고 공기의 유속이 360km/h일 때 레이놀즈수는 얼마인가? (단, 공기의 동점성계수는 0.1cm²/s이고, 기준 속도는 유속, 기준길이는 날개시위길이이다.)

① $2.0 \times 10^7$
② $3.0 \times 10^7$
③ $4.0 \times 10^7$
④ $7.2 \times 10^7$

해설

레이놀즈수는 무차원수이므로 어떤 단위로 통일시켜도 같은 값의 레이놀즈수를 얻을 수 있지만, 해당 문제와 같을 때는 가장 작은 단위인 동점수 계수의 단위로 통일시켜주는 것이 계산하기 편리하다.

$$Re = \frac{vl}{\nu} = \frac{360\text{km/h} \times 2\text{m}}{0.1\text{cm}^2/\text{s}} = \frac{10,000\text{cm/s} \times 200\text{cm}}{0.1\text{cm}^2/\text{s}}$$
$$= 20,000,000$$

**13** 헬리콥터 날개의 지면효과에 대한 설명으로 옳은 것은?

① 헬리콥터 날개의 기류가 지면의 영향을 받아 회전면 아래의 항력이 증가되어 헬리콥터의 무게가 증가되는 현상
② 헬리콥터 날개의 기류가 지면의 영향을 받아 회전면 아래의 양력이 증가되어 헬리콥터의 무게가 증가되는 현상
③ 헬리콥터 날개의 후류가 지면에 영향을 주어 회전면 아래의 항력이 증가되고 양력이 감소되는 현상
④ 헬리콥터 날개의 후류가 지면에 영향을 주어 회전면 아래의 압력이 증가되어 양력의 증가를 일으키는 현상

회전날개의 회전면이 회전날개의 반지름 정도의 높이에 있는 경우에 지면효과에 의한 추력의 증가는 5~10% 정도가 되며, 반지름의 1/2 정도에서는 약 20%의 추력 증가의 효과가 나타난다.

**14** 활공비행의 한 종류인 급강하 비행 시(활공각 90°) 비행기에 작용하는 힘을 나타낸 식으로 옳은 것은? (단, L=양력, D=항력, W=항공기 무게이다.)

① $L = D$      ② $D = 0$

③ $D = W$      ④ $D + W = 0$

**해설**

활공(무동력) 급강하 시에는 진행 방향의 추력 성분이 존재하지 않지만 진행 방향으로 무게(W)의 성분이 존재하며, 진행 방향의 반대 방향인 항력(D) 성분도 존재한다. 급강하 비행 시 종극속도는 차차 증가하다가 일정 속도에 가까워지는데, 이때 항력 성분과 무게 성분은 그 크기가 같은 상태가 된다.

**15** 대기의 층과 각각의 층에 대한 설명이 틀린 것은?

① 대류권 – 고도가 증가하면 온도가 감소한다.

② 성층권 – 오존층이 존재한다.

③ 중간권 – 고도가 증가하면 온도가 감소한다.

④ 열권 – 고도는 약 50km이며, 온도는 일정하다.

**해설**

열권의 고도는 약 80~600km 사이이며 온도는 불안정하지만, 중간권에 비해 상승하는 모습의 그래프를 그린다. 또한 열권에는 자외선에 의해 대기가 전리되어 자유전자의 밀도가 커지는 전리층이 존재한다.

**16** 전 중량이 4500kgf인 비행기가 400km/h의 속도, 선회반지름 300m로 원운동을 하고 있다면, 이 비행기에 발생하는 원심력은 약 몇 kgf인가?

① 170      ② 18900

③ 185000      ④ 245000

**해설**

$$원심력 = \frac{W \times V^2}{g \times R} = \frac{4500 \times (400\text{km/h})^2}{9.8\text{m/s}^2 \times 300\text{m}} = 18896.4$$

해당 문제도 공식에 단순 대입해서 풀이하는 간단한 문제이지만 단위 변환에 주의하도록 한다.

**17** 해면고도로부터의 실제 길이 차원에서 측정된 고도를 의미하는 것은?

① 압력고도      ② 기하학적고도

③ 밀도고도      ④ 지구포텐셜고도

**해설**

기하학적고도(geometric altitude)는 진고도(true altitude)라고도 하며, 가장 기본적으로 사용된다.

**18** NACA 23012에서 날개골의 최대 두께는 얼마인가?

① 시위의 12%      ② 시위의 15%

③ 시위의 20%      ④ 시위의 30%

**해설**

NACA 23012
- 2 : 최대 캠버의 크기가 시위 크기의 2%이다.
- 30 : 최대 캠버의 위치가 시위의 15%에 위치한다.
- 0 : 평균 캠버선의 뒤쪽 반이 직선 모양이다. (1인 경우 곡선)
- 12 : 최대 두께가 시위의 12%이다.

✈ **정답** 14 ③   15 ④   16 ②   17 ②   18 ①

**19** 일반적인 베르누이 방정식 $P_t = P + \dfrac{1}{2}\rho V^2$ 을 적용할 수 있는 가정으로 틀린 것은?

① 정상류  ② 압축성
③ 비점성  ④ 동일 유선상

**해설**

베르누이 방정식인 '전압＝정압+동압'은 '항상 일정하다'는 비압축성, 비점성인 흐름에서만 성립한다.

**20** 유도항력계수에 대한 설명으로 옳은 것은?

① 양항비에 비례한다.
② 가로세로비에 비례한다.
③ 속도의 제곱에 비례한다.
④ 양력계수의 제곱에 비례한다.

**해설**

$$C_{Di} = \frac{C_L^2}{\pi \times e \times AR}$$
$$= \frac{(양력계수)^2}{\pi \times 스팬효율계수 \times 가로세로비}$$

### 제2과목  항공기관

**21** 일반적인 가스터빈엔진에서 연료조정장치(fuel comtrol unit)가 받는 주요 입력자료가 아닌 것은?

① 파워레버 위치
② 엔진오일 압력
③ 압축기 출구압력
④ 압축기 입구온도

**해설**

연료조정장치(FCU)는 가속 및 감속 성능이 좋아지도록 연료 유량을 4가지의 작동 요소(수감부)를 통해서 자동으로 조절한다.

- FCU의 작동 요소 : 엔진의 회전수(rpm), 압축기 출구 압력(CDP), 압축기 입구온도(CIT), 동력 레버위치(PLA)
- 종류 : 유압기계식, 유압기계–전자식, FADEC

엔진오일 압력은 정상적인 윤활 작용을 위해 오일 펌프에 의해 만들어진 압력이다.

**22** 왕복엔진의 점화시기를 점검하기 위하여 타이밍 라이트(timing light)를 사용할 때, 마그네토 스위치는 어디에 위치시켜야 하는가?

① OFF  ② LEFT
③ RIGHT  ④ BOTH

**해설**

마그네토의 스위치는 좌, 우 마그네토 중에서 어느 쪽의 마그네토를 사용할지 선택하는 스위치로서 위치는 총 4가지가 있다.

- L위치 : 왼쪽 마그네토만 작동, 오른쪽 마그네토는 작동 없음
- R위치 : 오른쪽 마그네토만 작동, 왼쪽 마그네토는 작동 없음
- Both위치 : 양쪽의 좌, 우 마그네토를 작동
- OFF위치 : 양쪽의 좌, 우 마그네토의 작동을 멈춤

**23** 체적 $10cm^3$의 완전기체가 압력 760mmHg 상태에서 체적 $20cm^3$로 단열팽창하면 압력은 약 몇 mmHg 로 변하는가? (단, 비열비는 1.4이다.)

① 217  ② 288
③ 302  ④ 364

**해설**

760mmHg의 압력이 $10cm^3$에서 $20cm^3$로 단열 팽창이 이뤄졌기 때문에 $(10cm^3/20cm^3)$가 되고 단열팽창이기 때문에 비열비의 자승이 되어야 한다.

그러므로 $760 \times \left(\dfrac{10}{20}\right)^{1.4} = 287.9$

**24** 터보제트엔진의 추진효율에 대한 설명으로 옳은 것은?

① 추진효율은 배기가스 속도가 클수록 커진다.
② 엔진의 내부를 통과한 1차 공기에 의하여 발생되는 추력과 2차 공기에 의하여 발생되는 추력의 합이다.
③ 엔진에 공급된 열에너지와 기계적 에너지로 바뀌진 양의 비이다.
④ 공기가 엔진을 통과하면 얻는 운동에너지에 의한 동력과 추진 동력의 비이다.

**[해설]**

터보제트엔진의 추진효율(추력효율, P)은 공기가 엔진을 통과하면서 얻은 운동에너지에 의한 동력과 추진 동력의 비이다(분사된 공기는 항력에 의해 분사한 속도만큼 항공기가 속도를 얻지 못하므로 실제 항공기가 추진되도록 변환된 비율).

$$추진\ 효율 = \frac{2 \times 비행속도}{배기가스\ 속도 + 비행속도} = \frac{2 \times V_a}{V_j + V_a}$$

**25** 왕복엔진의 분류 방법으로 옳은 것은?

① 연소실의 위치, 냉각 방식에 의하여
② 냉각 방식 및 실린더 배열에 의하여
③ 실린더 배열과 압축기의 위치에 의하여
④ 크랭크축의 위치와 프로펠러 깃의 수량에 의하여

**[해설]**

왕복엔진의 분류는 냉각 방법에 따라 액랭식과 공랭식으로 분류되며, 공랭식은 다시 냉각핀, 배플, 카울플랩으로 분류된다. 또한 추력을 증가시키는 방법(실린더 수를 증가, 실린더 체적을 증가)과 실린더 배열에 따라 대향형, 성형, V형, 열형, X형으로 분류된다.

**26** 프로펠러 깃각(blade angle)은 에어포일의 시위선(chord line)과 무엇의 사이 각으로 정의되는가?

① 회전면
② 상대풍
③ 프로펠러 추력 라인
④ 피치변화 시 깃 회전 축

**[해설]**

프로펠러의 깃각은 시위와 회전면이 이루는 각으로서 허브의 중심에서 팁까지 6″간격으로 표시하고, 일반 깃각은 중심으로부터 75%에 위치함으로써 깃의 성능이나 깃의 결함, 깃각 측정을 알기 쉽게 한다.

**27** 왕복엔진 마그네토에 사용되는 콘덴서의 용량이 너무 작으면 발생하는 현상은?

① 점화플러그가 탄다.
② 브레이커 접점이 탄다.
③ 엔진시동이 빨리 걸린다.
④ 2차 권선에 고전류가 생긴다.

**[해설]**

마그네토에서 콘덴서는 브레이커 포인트의 아크를 흡수하고 잔류자기를 소멸하기 때문에 콘덴서의 용량이 작으면 아크가 발생하여 브레이커 포인트의 접점이 타게 된다. 반대로 콘덴서의 용량이 크게 되면 불꽃이 저 불꽃이 된다.
브레이커 포인트와 콘덴서는 서로 병렬로 연결되어 있다.

**28** 항공기 제트엔진에서 축류식 압축기의 실속을 줄이기 위해 사용되는 부품이 아닌 것은?

① 블로우 밸브　　② 가변 안내 베인
③ 가변 정익 베인　　④ 다축식 압축기

**[해설]**

압축기 실속은 압력비를 높이기 위해 단수를 늘리면 시동성과 가속성이 떨어져 실속이 발생하고 엔진의 큰 폭발과 진동을 수반하며, 출력 감소와 로터, 스테이터의 손상이 발생한다.

※ 실속 방지법 : 가변 안내 베인, 가변 정익 베인, 가변 바이패스 밸브, 다축식 압축기, 서지 블리드 밸브

**29** 다음 중 가스터빈엔진 점화계통의 구성품이 아닌 것은?

① 익사이터(exciter)

② 이그나이터(igniter)

③ 점화 전선(ignition lead)

④ 임펄스 커플링(impulse coupling)

해설

임펄스 커플링은 왕복엔진 마그네토 영구자석의 회전속도를 순간적으로 가속시켜 고전압을 발생시키고 점화시기를 늦추어 킥백현상을 방지한다. (실린더의 숫자가 적은 엔진에 사용)

**30** 왕복엔진 기화기의 혼합기 조절장치(mixture control system)에 대한 설명으로 틀린 것은?

① 고도에 따라 변하는 압력을 감지하여 점화 시기를 조절한다.

② 고고도에서 기압, 밀도, 온도가 감소하는 것을 보상하기 위해 사용된다.

③ 고고도에서 혼합기가 너무 농후해지는 것을 방지한다.

④ 실린더가 과열되지 않는 출력 범위 내에서 희박한 혼합기를 사용하게 함으로써 연료를 절약한다.

해설

혼합기 조절장치는 엔진이 요구하는 출력에 적합한 혼합비가 되도록 연료량을 조절하거나, 고도가 높아짐에 따라 공기의 밀도가 감소하므로 혼합비가 농후 혼합비 상태로 되는 것을 막아주는 역할을 하는 장치이다. 점화시기를 조절하는 것은 점화계통의 마그네토가 하는 것이다.

**31** 가스터빈엔진의 윤활계통에 대한 설명으로 틀린 것은?

① 가스터빈 윤활계통은 주로 건식 섬프형이다.

② 건식 섬프형은 탱크가 엔진 외부에 장착된다.

③ 가스터빈엔진은 왕복엔진에 비해 윤활유 소모량이 많아서 윤활유 탱크의 용량이 크다.

④ 주 윤활 부분은 압축기와 터빈축의 베어링부, 액세서리 구동기어의 베어링부이다.

해설

윤활계통

1. 가스터빈엔진의 윤활은 주로 압축기와 터빈 축을 지지해 주는 주 베어링과 액세서리들을 구동하는 기어들, 그리고 그 축의 베어링 부분이다.

2. 윤활 방법은 필요한 부분에 고압의 윤활유를 분무시킴으로써 윤활 시키고, 이를 다시 배유 펌프로 윤활유 탱크에 저장한 다음 냉각, 여과하여 재사용하는 순환계통을 가진다.

3. 가스터빈엔진은 그 회전수가 매우 크고 고온에 노출되어 있기 때문에, 마찰과 마멸을 줄이는 윤활 작용과 마찰열을 흡수하는 냉각 작용이 윤활의 주목적이다.

4. 윤활유 소모량 및 사용량은 왕복엔진에 비하여 매우 적으나, 윤활이 잘못되었을 경우에는 왕복엔진에 비하여 회전수 속도가 매우 크기 때문에 그 영향이 치명적일 수 있다.

**32** 수평 대향형 왕복엔진의 특징이 아닌 것은?

① 항공용에는 대부분 공랭식이 사용된다.

② 실린더가 크랭크 케이스 양쪽에 배열되어 있다.

③ 도립식 엔진이라 하며, 직렬형 엔진보다 전면면적이 작다.

④ 실린더가 대칭으로 배열되어 진동이 적게 발생한다.

✈ **정답** 29 ④ 30 ① 31 ③ 32 ③

**해설**

수평 대향형 왕복엔진

1. Opposed or Flat Engine
2. 경항공기와 경헬리콥터에 일반적으로 사용된다.
3. 엔진의 효율, 신뢰성, 경제성이 가장 우수하다.
4. 보통 실린더와 크랭크 축이 수평으로 된다.
5. 낮은 마력당 중량비를 가지며 유선형 공기 흐름과 진동이 적은 것이 또한 장점이다.

**33 열역학의 법칙 중 에너지 보존법칙은?**

① 열역학 제0법칙
② 열역학 제1법칙
③ 열역학 제2법칙
④ 열역학 제3법칙

**해설**

열역학 법칙의 종류와 정의

1. 열역학 제0법칙: 열적 평형 상태에 대한 법칙
2. 열역학 제1법칙: 에너지 보존의 법칙
3. 열역학 제2법칙: 열의 방향성에 대한 법칙
4. 열역학 제3법칙: 절대온도 "0"도에서 엔트로피 값에 대한 법칙

**34 정속 프로펠러(constant-speed propeller)는 프로펠러 회전속도를 정속으로 유지하기 위해 프로펠러 피치를 자동으로 조정해 주도록 되어 있는데, 이러한 기능은 어떤 장치에 의해 조정되는가?**

① 3-way 밸브
② 조속기(governor)
③ 프로펠러 실린더(propeller cylinder)
④ 프로펠러 허브 어셈블리(propeller hub assembly)

**해설**

정속 프로펠러 : 정속 프로펠러에는 조속기(governor)를 설치하여 저 피치에서 고 피치까지 자유롭게 피치를

조정할 수 있어, 비행속도나 엔진 출력의 변화와 관계없이 프로펠러를 항상 일정한 속도로 유지하여 가장 좋은 프로펠러 효율을 가지도록 만들어 준다.

**35 항공기 가스터빈엔진의 역추력장치에 대한 설명으로 틀린 것은?**

① 비상착륙 또는 이륙 포기 시에 제동능력을 향상시킨다.
② 항공기 착지 후 지상 아이들 속도에서 역추력 모드를 선택한다.
③ 역추력장치의 구동 방법은 안전상 주로 전기가 사용되고 있다.
④ 캐스케이드 리버서(cascade reverser)와 클램셸 리버서(clamshell reverser) 등이 있다.

**해설**

역추력 장치(thrust reverser)

1. 항공기에 제동력을 주는 장치로서 착륙 후의 비행기 제동에 사용된다.
2. 항공기의 속도가 너무 느려질 때까지 사용하면 압축기에서 재흡입 실속이 발생될 수 있다.
3. 역추력 장치 종류에는 캐스케이드 리버서와 클램셸 리버서 등이 있다.
4. 역추력 장치를 작동하기 위한 동력은 엔진 블리드 공기를 이용하는 공기압식과 유압을 이용하는 유압식이 많이 사용되지만, 엔진의 회전 동력을 직접 이용하는 기계식도 사용되고 있다.
5. 역추력 장치에 의하여 얻을 수 있는 추력은 최대 정상 추력의 약 40~50% 정도이다.

**36 실린더 내의 유입 혼합기 양을 증가시키며 실린더의 냉각을 촉진시키기 위한 밸브 작동은?**

① 흡입 밸브 래그
② 배기 밸브 래그
③ 흡입 밸브 리드
④ 배기 밸브 리드

**정답** 33 ② 34 ② 35 ③ 36 ③

**해설**

1. 흡입 밸브가 상사점 전에 열리는 이유
   - 체적 효율이 증가
   - 배기가스의 완전 배기
   - 실린더 냉각이 더 좋아진다.
2. 배기 밸브가 하사점 전에 열리는 이유
   - 배기가스의 완전 배기
   - 실린더의 냉각이 더 좋아진다.
3. 밸브 개폐 시기
   - 흡입, 배기 밸브가 상사점이나 하사점 후에 열리거나 닫히는 것을 밸브 지연(valve lag)이라 한다.
   - 흡입, 배기 밸브가 상사점이나 하사점 전에 열리거나 닫히는 것을 밸브 앞섬(valve lead)이라 한다.

**37** 건식 윤활유 계통 내의 배유 펌프 용량이 압력 펌프 용량보다 큰 이유는?

① 엔진을 통하여 윤활유를 순환시켜 예열이 신속히 이루어지도록하기 위해서

② 엔진이 마모되고 갭(gap)이 발생하면 윤활유 요구량이 커지기 때문

③ 윤활유에 거품이 생기고 열로 인해 팽창되어 배유되는 윤활유의 부피가 증가하기 때문

④ 엔진 부품에 윤활이 적절하게 될 수 있도록 윤활유의 최대 압력을 제한하고 조절하기 위해서

**해설**

윤활유 펌프에는 탱크로부터 엔진으로 윤활유를 압송시키는 윤활유 압력 펌프와 엔진의 각종 부품을 윤활 시킨 뒤 섬프에 모인 윤활유를 탱크로 되돌려 보내는 배유 펌프(scavenge pump)가 있다. 윤활유는 엔진 내부에서 공기와 혼합되어 체적이 증가하기 때문에 배유 펌프(scavenge pump)가 압력 펌프보다 용량이 더 커야 한다.

**38** 오토사이클 왕복엔진의 압축비가 8일 때, 이론적인 열효율은 얼마인가? (단, 가스의 비열비는 1.4이다.)

① 0.54          ② 0.56

③ 0.58          ④ 0.62

**해설**

열효율

$$(\eta_0) = 1 - \left(\frac{1}{\varepsilon}\right)^{k-1} \quad (\varepsilon = 압축비, \ k = 가스의 \ 비열비)$$

$$(\eta_0) = 1 - \left(\frac{1}{8}\right)^{1.4-1} = 0.56(\%)$$

**39** 다음 중 항공기 왕복엔진의 흡입계통에서 유입되는 공기량의 누설이 연료-공기비(fuel-air ratio)에 가장 큰 영향을 미치는 경우는?

① 저속 상태일 때

② 고출력 상태일 때

③ 이륙출력 상태일 때

④ 연속사용 최대출력 상태일 때

**해설**

혼합비와 엔진의 출력

- 이륙 시 : 엔진이 최대 출력을 내므로 실린더 각 부분의 온도가 최대로 높아진다. 이 때문에 노킹 또는 디토네이션을 일으키기 쉬워 이것을 방비하기 위하여 최적 혼합비보다 농후한 혼합비로 하여 더 많은 액체 연료를 실린더에 공급하여 냉각시킨다.
- 저속 작동 시 : 배기의 배출이 원활하지 않고 실린더 온도가 낮기 때문에 연료의 기화가 잘 안 된다. 혼합 가스가 희박해지기 쉽고, 저속 회전 속도를 유지하기 힘들기 때문에 저속 작동 시 기화된 연료 양이 적당하게 유지되는 것을 보장하고 안정적인 작동을 위하여 가장 농후한 혼합비로 하는 것이 보통이다.
- 순항 출력 시 : 오랜 시간 비행해야 하므로, 연료 소비율을 최소로 하는, 비교적 희박한 혼합비로 작동시킨다.

**40** 항공기 터보제트엔진을 시동하기 전에 점검해야 할 사항이 아닌 것은?

① 추력 측정　　② 엔진의 흡입구

③ 엔진의 배기구　　④ 연결 부분 결합상태

해설

1. 지상 안전 및 주의 사항
• 엔진 시동 전 엔진 흡입구 및 흡입구 주변 장애물 제거
• 이륙 출력 엔진 작동 시 전방 위험 지역 5.5m
• 이륙 출력 엔진 작동 시 후방 위험 지역 475m
• 위험 지역 배기 가스 속도는 56km/h(30kmots) 이상
• 이이들 출력 엔진 작동 시 전방 위험 지역 23m
• 아이들 출력 엔진 작동 시 후방 위험 지역 49m

2. 엔진 작동을 위한 선행 사항
• 흡입구와 배기구 덮개를 벗기고 그 주위의 사람과 장비를 이동시킨다.
• 완전한 안전을 위해 항공기 주위를 점검한다.
• 가동하기에 적절하게 연료와 오일이 공급되었는지 확인하고 각 연결 부분의 결합상태를 확인한다.
• 필요하면 GPU를 항공기에 연결한다.

## 제3과목　항공기체

**41** 판금성형 작업 시 릴리프 홀(relief hole)의 지름 치수는 몇 인치 이상의 범위에서 굽힘반지름의 치수로 하는가?

① $\dfrac{1}{32}$　　② $\dfrac{1}{16}$

③ $\dfrac{1}{8}$　　④ $\dfrac{1}{4}$

해설

릴리프 홀 : 2개 이상의 굽힘이 교차하는 장소는 응력집중이 발생하여 교점에 균열이 일어나게 되는데, 응력·교점에 응력제기 구멍을 뚫어 이를 예방한다. 릴리프 홀의 크기는 $\dfrac{1}{8}$inch 이상의 범위에서 굽힘반지름의 치수를 릴리프 홀의 지름으로 한다.

**42** 그림과 같이 집중하중 P가 작용하는 단순 지지보에서 지점 B에서의 반력 $R_2$는?(단, a>b 이다.)

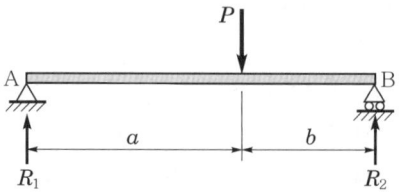

① $P$　　② $\dfrac{1}{2}P$

③ $\dfrac{a}{a+b}P$　　④ $\dfrac{b}{a+b}P$

해설

단순 지지보 반력(L(전체 길이)=a+b)

$R_1 = \dfrac{b}{L}P,\ R_2 = \dfrac{a}{L}P$

$R_2$의 반력은 $R_2 = \dfrac{a}{a+b}P$

**43** 그림과 같은 구조물에서 A단에서 작용하는 힘 200N이 300N으로 증가하면 케이블 AB에 발생하는 장력은 약 몇 N이 증가하는가?

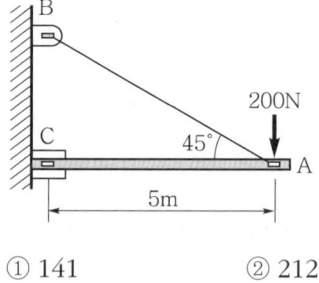

① 141　　② 212

③ 242　　④ 282

해설

A에 작용하는 힘이 200N에서 300N 증가로 100N에 대한 장력값은 $\dfrac{100}{\cos 45} = 141.42$

**44** 리벳작업 시 리벳 성형머리(bucktail)의 일반적인 높이를 리벳 지름(D)으로 옳게 나타낸 것은?

① 0.5 D ② 1 D
③ 1.5 D ④ 2 D

**해설**

D=리벳 지름, 벅테일의 높이(0.5D), 벅테일의 넓이 (1.5D)

**45** 가로 5cm, 세로 6cm인 직사각형 단면의 중심이 그림과 같은 위치에 있을 때 x, y축에 관한 단면의 상승모멘트 $I_{xy} = \int_A xy \, dA$는 몇 cm⁴인가?

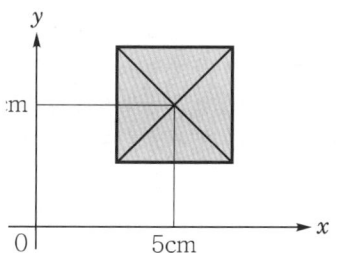

① 750 ② 800
③ 850 ④ 900

**해설**

단면상승모멘트($I_{xy}$)=단면적(A)×y축에서 도심까지 거리×x축에서 도심까지 거리

$I_{xy} = (5 \times 6) \times 6 \times 5 = 900 \text{cm}^4$

**46** 항공기 조종계통은 대기온도 변화에 따라 케이블의 장력이 변하는데, 이것을 방지하기 위하여 온도 변화와 관계없이 자동적으로 항상 일정한 케이블의 장력을 유지하는 역할을 하는 장치는?

① 턴버클(turn buckle)
② 푸시 풀 로드(push pull rod)
③ 케이블 장력 측정기(cable tension meter)
④ 케이블 장력 조절기(cable tension regulator)

**해설**

• 케이블 장력 조절기(cable tension regulator) : 조종계통의 케이블이 온도 변화 또는 구조 변형에 따른 인장력이 변화하지 않도록 하기 위해 설치된 장치
• 턴버클 : 케이블의 장력을 조절
• 케이블 장력 측정기(cable tension meter) : 케이블의 장력을 측정하는 장치

**47** 그림과 같은 응력변형률 선도에서 접선계수(tangent modulus)는? (단, $\overline{S_1 T}$는 점 $S_1$에서의 접선이다.)

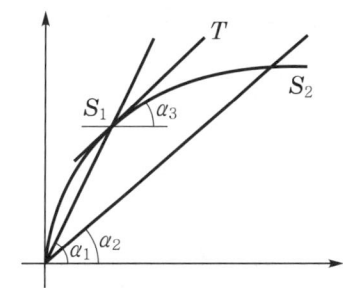

① $\tan \alpha_1$ ② $\tan \alpha_2$
③ $\tan \alpha_3$ ④ $\tan \left( \dfrac{\alpha_1}{\alpha_2} \right)$

**해설**

접선에서 $\overline{S_1 T}$는 점 $S_1$에 접한다고 하였으므로 $\alpha_1$, $\alpha_2$, $\alpha_3$ 중 $\alpha_3$, 즉 $\tan\alpha_3$가 접선계수이다.
※ 조건에 맞는 값을 찾는 문제

✈ **정답** 44 ① 45 ④ 46 ④ 47 ③

**48** 민간 항공기에서 주로 사용하는 인티그럴 연료 탱크(Integral fuel tank)의 가장 큰 장점은?

① 연료의 누설이 없다.

② 화재의 위험이 없다.

③ 연료의 공급이 쉽다.

④ 무게를 감소시킬 수 있다.

해설

인티그럴 연료 탱크 : 날개의 내부 공간을 연료 탱크로 사용하는 것으로, 앞 날개보와 뒷 날개보 및 외피로 이루어진 공간을 밀폐제를 이용하여 완전히 밀폐시켜 사용하며 여러 개의 탱크로 제작되었다. 장점으로는 무게가 가볍고 구조가 간단하다.

**49** 케이블 단자 연결 방법 중 케이블 원래의 강도를 90% 보장하는 것은?

① 스웨이징 단자 방법(swaging terminal method)

② 니코프레스 처리 방법(nicopress process)

③ 5단 엮기 이음 방법(5 tuck woven splice method)

④ 랩 솔더 이음 방법(wrap solder cable splice method)

해설

• 스웨이징 방법 : 터미널 피팅에 케이블을 끼우고 스웨이징 공구나 장비로 압착하는 방법으로, 연결 부분 케이블 강도는 케이블 강도의 100%를 유지하며 가장 일반적으로 많이 사용한다(턴버클을 예로 든다).
• 납땜 이음 방법 : 케이블 부싱이나 딤블 위로 구부려 돌린 다음 와이어를 감아 스테아르산의 땜납 용액에 담아 땜납 용액이 케이블 사이에 스며들게 하는 방법으로, 케이블 지름이 3/32 이하의 가요성 케이블이나 1×19 케이블에 적용되며, 접합 부분의 강도는 케이블 강도의 90%이고, 고온 부분에는 사용을 금한다.
• 니코 프레스 방법 : 8자형 관을 이용하여 케이블과 케

이블을 연결하는 방법
• 5권식 케이블 연결 : 부싱이나 딤블을 사용하여 케이블 가닥을 풀어서 엮은 다음 그 위에 와이어를 감아 씌우는 방법으로, 7×7, 7×19 케이블이나 지름이 3/32 이상 케이블에 사용할 수 있다. 연결 부분의 강도는 케이블 강도의 75%이다.

**50** 비소모성 텅스텐 전극과 모재 사이에서 발생하는 아크열을 이용하여 비피복 용접봉을 용해시켜 용접하며 용접 부위를 보호하기 위해 불활성가스를 사용하는 용접 방법은?

① TIG 용접

② 가스 용접

③ MIG 용접

④ 플라즈마 용접

해설

TIG 용접 : 텅스텐 불활성 가스 아크 용접은 비소모성의 텅스텐 전극과 모재 사이에서 발생하는 아크열을 공급하여 용접봉을 용해시켜 용접하는 방법으로, 알루미늄, 마그네슘 합금, 스테인리스강의 용접에 없어서는 안 될 용접 방법이며, 아크의 안정성, 용착금속의 특성이 대단히 우수하다.

**51** 딤플링(dimpling) 작업 시 주의사항이 아닌 것은?

① 반대방향으로 다시 딤플링을 하지 않는다.

② 판을 2개 이상 겹쳐서 딤플링하지 않는다.

③ 스커드 판 위에서 미끄러지지 않게 스커드를 확실히 잡고 수평으로 유지한다.

④ 7000시리즈의 알루미늄 합금은 핫 딤플링을 적용하지 않으면 균열을 일으킨다.

해설

딤플링 작업 시 주의사항
• 반대방향으로 딤플링을 하지 않는다.
• 판을 2개 이상 겹쳐서 동시에 작업하지 않는다.
• 수평으로 놓고 작업한다.
• 7000시리즈의 알루미늄 합금, 마그네슘 합금은 hot 딤플링을 수행한다.

✈ 정답 48 ④   49 ④   50 ①   51 ③

**52** 항공기 동체에서 모노코크 구조와 비교하여 세미모노코크 구조의 차이점에 대한 설명으로 옳은 것은?

① 리브를 추가하였다.

② 벌크헤드를 제거하였다.

③ 외피를 금속으로 보강하였다.

④ 프레임과 세로대, 스트링거를 보강하였다.

**해설**

• 모노코크 구조 : 공간 마련이 용이하다는 장점이 있으나, 외피가 모든 하중을 견뎌야 되기 때문에 외피가 두껍고 무거워서 항공기용으론 많이 안 쓰이고 미사일용으로 쓰인다.

• 세미모노코크 구조 : 하중의 일부분만 외피가 담당하게 하고, 나머지 하중은 뼈대가 담당하게 하여 기체의 무게를 모노코크에 비해 줄일 수 있어 현대 항공기의 대부분이 채택하고 있는 구조

• 주요 구조부재 : 수평부재(세로대, 세로지)/수직부재(벌크헤드, 정형재, 링, 프레임)

**53** 항공기용 볼트의 부품 번호가 "AN 6 DD H 7A"에서 숫자 '6'이 의미하는 것은?

① 볼트의 길이가 $\dfrac{6}{16}$ in이다.

② 볼트의 직경이 $\dfrac{6}{16}$ in이다.

③ 볼트의 길이가 $\dfrac{6}{8}$ in이다.

④ 볼트의 직경이 $\dfrac{6}{32}$ in이다.

**해설**

볼트의 호칭기호 (AN 6 DD H 7 A)

• AN : 규격명

• 6 : 계열, 지름(6/16inch)

• DD : 볼트 재질

• H : 볼트 머리 구멍 관련 기호

• 7 : 볼트 길이 (7/8inch)

• A : 생크(나사산) 구멍 관련 기호(A : 없음, 무표시 : 있음)

**54** 그림과 같은 항공기에서 무게중심의 위치는 기준선으로부터 약 몇 m인가? (단, 뒷바퀴는 총 2개이며, 개당 1000kgf이다.)

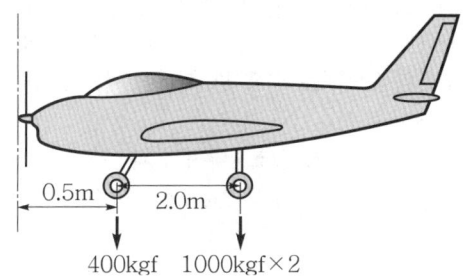

0.5m    2.0m

400kgf    1000kgf×2

① 0.72
② 1.50
③ 2.17
④ 3.52

**해설**

$$무게중심 = \dfrac{총모멘트}{총무게}$$

(※ 모멘트 구하는 식 : 힘(무게)×거리)

$$\dfrac{(400\times0.5)+(1000\times2.5)+(1000\times2.5)}{400+1000+1000}$$

$$=2.1666(≒2.17)$$

**55** 페일세이프 구조(fail safe structure) 방식으로만 나열한 것은?

① 리던던트 구조, 더블 구조, 백업 구조, 로드 드롭핑 구조

② 모노코크 구조, 더블 구조, 백업 구조, 로드 드롭핑 구조

③ 리던던트 구조, 모노코크 구조, 백업 구조, 로드드롭핑 구조

④ 리던던트 구조, 더블 구조, 백업 구조, 모노코크 구조

**해설**

• 페일세이프 구조 : 항공기 기체는 여러 개의 구조로 결합되어, 하나의 구조가 파괴되더라도 나머지 구조가 작용하중에 견딜 수 있도록 함으로써 치명적인 파괴나 과도한 변형을 방지할 수 있는 구조

• 다경로(redundant) 하중 구조 : 여러 개의 부재를

**정답** 52 ④  53 ②  54 ③  55 ①

통하여 하중이 전달되도록 하여 어느 하나의 부재가 손상되더라도 그 부재가 담당하던 하중을 다른 부재가 담당하여 치명적인 결과를 가져오지 않는 구조

- 이중(double) 구조 : 두 개의 작은 부재를 결합시켜 하나의 부재와 같은 강도를 가지게 함으로써, 어느 부분의 손상이 부재 전체의 파손에 이르는 것을 예방하는 구조
- 대치(back-up) 구조 : 부재가 파손될 것을 대비하여 예비적인 대치 부재를 삽입해 구조의 안정성을 갖는 구조
- 하중 경감(load dropping) 구조 : 부재가 파손되기 시작하면 변형이 크게 일어나므로 주변의 다른 부재에 하중을 전달시켜 원래 부재의 추가적인 파괴를 막는 구조

## 56 금속표면에 접하는 물, 산, 알칼리 등의 매개체에 의해 금속이 화학적으로 침해되는 현상은?

① 침식　　　　　② 부식
③ 찰식　　　　　④ 마모

해설

부식(corrosion) : 표면이 움푹 팬 상태로서 습기나 부식액에 의해 생긴 전기, 화학적인 작용으로 인한 현상

## 57 알크래드(alclad)에 대한 설명으로 옳은 것은?

① 알루미늄 판의 표면을 변형경화 처리한 것이다.
② 알루미늄 판의 표면에 순수 알루미늄을 입힌 것이다.
③ 알루미늄 판의 표면을 아연 크로메이트 처리한 것이다.
④ 알루미늄 판의 표면을 풀림 처리한 것이다.

해설

- 양극 산화처리 : 전해액에 담겨진 금속을 양극으로 처리하여 전류를 통한 다음 양극에서 발생하는 산소에 의하여 알루미늄과 같은 금속 표면에 산화피막을 형성하는 부식처리 방식
- 알로다인 : 알루미늄 합금 표면에 크로멧처리를 하여 내식성과 도장작업의 접착효과를 증진시키기 위한 부식방지 처리 작업
- 알크래드 : 두랄루민의 내식성을 향상시키기 위해서 이것에 순 알루미늄을 피복한 것이다.

## 58 브레이크 페달(brake pedal)에 스폰지(sponge) 현상이 나타났을 때 조치 방법은?

① 공기를 보충한다.
② 계통을 블리딩(bleeding)한다.
③ 페달(pedal)을 반복해서 밟는다.
④ 작동유(MIL-H-5606)를 보충한다.

해설

스펀지 현상 : 브레이크 장치 계통의 공기가 작동유가 섞여 있을 때 공기의 압축성 효과로 인하여 브레이크 작동 시 푹신푹신하여 제동이 제대로 되지 않는 현상이다. 스펀지 현상이 발생하면 계통에서 공기 빼기(air bleeding)를 해주어야 한다. 공기 빼기는 브레이크 계통에서 작동유를 빼면서 섞여 있는 공기를 제거하는 것이다. 공기가 다 빠지게 되면 더이상 기포가 발생하지 않는다. 공기 빼기를 하고 나면 페달을 밟았을 때 뻣뻣함을 느낀다.

## 59 고정익 항공기가 비행 중 날개 뿌리에서 가장 크게 발생하는 응력은?

① 굽힘응력　　　　② 전단응력
③ 인장응력　　　　④ 비틀림응력

해설

비행 중 동체와 날개의 연결 부위인 날개 뿌리 부분에서는 비행 중 가장 큰 전단응력이 발생한다. 또한, 날개에는 굽힘응력이 발생하는데 상부에는 압축응력이, 하부에는 인장응력이 발생된다.

정답　56 ②　57 ②　58 ②　59 ②

**60** 상품명이 케블라(Kevlar)라고 하며, 가볍고 인장강도가 크며 유연성이 큰 섬유는?

① 아라미드섬유     ② 보론섬유

③ 알루미나섬유     ④ 유리섬유

해설

• 아라미드섬유 : 고분자 합성에 의해 제조된 유기섬유의 일종으로서 아라미드 섬유를 많이 생산하고 있는 듀퐁사의 등록 상표 이름을 따서 케블러(kevlar)라고도 부른다. 다른 강화섬유에 비하여 압축 강도나 열적 특성은 나쁘지만, 높은 인장강도와 유연성을 가지고 있으며, 비중이 작기 때문에 높은 응력과 진동을 받는 항공기의 부품에 가장 이상적이다.

• 보론섬유 : 보론은 작업할 때 위험성이 있고, 값이 비싸기 때문에 민간 항공기에는 잘 사용되지 않고 일부 전투기에 사용되지만, 그 사용량이 점차 줄어들고 있다

• 알루미나 섬유 : 공기 중 1000℃에서 열화되지 않고, 용융금속에도 침해되지 않는 섬유로, 금속 강화에 가장 적합하다.

• 유리섬유 : 무기질 유리를 고온에서 용융, 방사하여 제조한다. 내열성과 내 화학성이 우수하고 값이 저렴하여 강화섬유로서 가장 많이 사용되고 있다.

제4과목    항공장비

**61** 최대값이 141.4V인 정현파 교류의 실효값은 약 몇 V인가?

① 90     ② 100

③ 200     ④ 300

해설

교류의 실효값(the effective value of an alternating current, $E$) : 교류의 전압 또는 전류의 순시 값은 시간과 더불어 크기와 방향이 변하기 때문에 교류가 어떤 저항체에 가해져서 열을 발생 시키거나 또는 일을 하였을 때 실제효과와 똑같은 역할을 하는 직류의 값을 정의하는 값이다.

최대값 : $E_m$, 실효값 : $E = \dfrac{1}{\sqrt{2}} E_m (0.707배)$

즉, $141.4V \times 0.707 ≒ 100V$

**62** 다음 중 항공기의 엔진계기만으로 짝지어진 것은?

① 회전속도계, 절대고도계, 승강계

② 기상레이더, 승강계, 대기온도계

③ 회전속도계, 연료유량계, 자기나침반

④ 연료유량계, 연료압력계, 윤활유압력계

해설

엔진계기(engine instrument) : 엔진의 상태를 지시

1. 회전계, 매니폴드 압력계

2. 연료 압력계, 연료유량계, 윤활유압력계

3. 실린더 헤드 온도계

4. 배기 가스 온도계

5. 엔진 압력비 계기

**63** 착륙장치의 경고회로에서 그림과 같이 바퀴가 완전히 올라가지도 내려가지도 않은 상태에서 스크롤 레버를 감소로 작동시키면 일어나는 현상은?

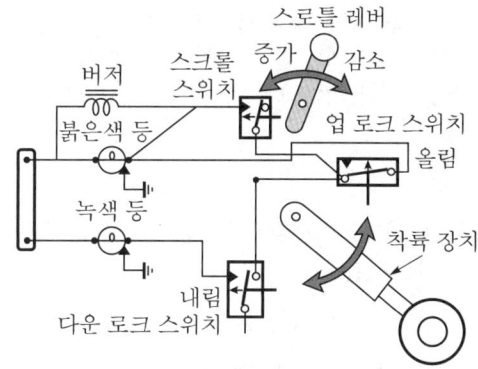

① 버저만 작동된다.

② 녹색등만 작동된다.

③ 버저와 붉은색등이 작동된다.

④ 녹색등과 붉은색등 모두 작동된다.

스로틀 레버가 감소로 변하게 되면, 회로도를 작동시켜 버저가 울리면서 붉은색등이 작동된다.

## 64 항공기의 위치와 방빙(anti-icing) 또는 제빙 (de-icing) 방식의 연결이 틀린 것은?

① 조종날개 – 열공압식, 열전기식

② 프로펠러 – 열전기식, 화학식

③ 기화기(caburator) – 열전기식, 화학식

④ 윈드쉴드(windshield), 윈도(window) – 열전기식, 열공압식

• 열적 방빙 계통(열공압식) : 열에 의한 방빙 계통은 방빙이 필요한 부분에 덕트를 설치하고, 여기에 가열된 공기를 통과시켜 온도를 높여 줌으로써 얼음이 어는 것을 막는 장치이다.

• 화학적 방빙 계통(화학식) : 결빙에 우려가 있는 부분에 이소프로필 알코올이나 에틸렌글리콜과 알코올을 섞은 용액을 분사, 어는점을 낮게 하여 결빙을 방지하는 것이다. 주로 프로펠러 깃이나 윈드실드 또는 기화기의 방빙에 사용하는데, 때로는 주 날개와 꼬리 날개의 방빙에 사용할 때도 있다.

• 열전기식 : 항공기의 피토관이나 윈드실드 등은 전기적인 열을 이용한 방빙장치가 사용되고 있다. 피토관 하우징 내부에는 전기 가열기가 설치되어 있어서 피토관이 타는 것을 방지하기 위해 지상에선 작동하지 않는다.

## 65 다음 중 화재탐지장치에서 감지센서로 사용되지 않는 것은?

① 바이메탈(bimetal)

② 아네로이드(aneroid)

③ 공용염(eutectic)

④ 열전대(thermocouple)

• 열전쌍식 화재 경고 장치 : 열전쌍식 화재 경고 장치는 온도의 급격한 상승에 의하여 화재를 탐지하는 장치이다. 서로 다른 종류의 특수한 금속을 서로 접한 열전쌍을 이용하여 필요한 만큼 직렬로 연결하고, 고감도 릴레이를 사용하여 경고 장치를 작동시킨다.

• 열 스위치식 화재 경고 장치 : 열 스위치는 열 팽창률이 낮은 니켈-철 합금인 금속 스트럿이 서로 휘어져 있어 평상시에는 접촉점이 떨어져 있다. 그러나 열을 받게 되면 스테인리스강으로 된 케이스가 늘어나게 되므로, 금속 스트럿이 퍼지면서 접촉점이 연결되어 회로를 형성시킨다.

• 저항 루프형 화재 경고 장치 : 전기 저항이 온도에 의해 변화하는 세라믹이나, 일정 온도에 달하면 급격하게 전기 저항이 떨어지는 융점이 낮은 소금을 이용하여 온도 상승을 전기적으로 탐지하는 탐지기를 저항 루프형 화재 탐지기라고 한다.

• 광전지식 화재 경고 장치 : 광전지는 빛을 받으면 전압이 발생한다. 이것을 이용하여 화재가 발생할 경우에 나타나는 연기로 인한 반사광으로 화재를 탐지한다.

## 66 SELCAL시스템의 구성 장치가 아닌 것은?

① 해독장치

② 음성 제어 패널

③ 안테나 커플러

④ 통신 송·수신기

SELCAL(selective calling system) : 조종사가 운항 중에 다른 항공기에 보내는 통신까지 항상 수신하고 있을 필요가 없기 때문에 HF 주파수를 이용하여 조종사는 관제탑과 직접 통신 대신에 서비스 제공회사가 설치한 HF지상국을 이용한다. 이 지상국의 선택 호출장치가 SELCAL이며, 이 장치에 의해 선택된 항공기에 한해서 수신하게 된다. 즉 항공기마다 고유의 SELCAL 코드가 존재하기 때문에 VHF, HF 중 신호를 먼저 감지한 시스템에서 조종사에게 음성을 전달하는 시스템이다.

**67** 3상 교류발전기와 관련된 장치에 대한 설명으로 틀린 것은?

① 교류발전기에서 역전류 차단기를 통해 전류가 역류하는 것을 방지한다.

② 엔진의 회전수에 관계없이 일정한 출력 주파수를 얻기 위해 정속구동장치가 이용된다.

③ 교류발전기에서 별도의 직류발전기를 설치하지 않고 변압기 정류기 장치(TR unit)에 의해 직류를 공급한다.

④ 3상 교류발전기는 자계권선에 공급되는 직류전류를 조절함으로써 전압 조절이 이루어진다.

**해설**

역전류 차단기는 직류발전기의 보조장치 중 하나이다.

• 직류발전기 보조장치 : 전압 조절기, 역전류 차단기, 과전압 방지장치, 계자 제어장치
• 교류발전기 보조장치 : 교류 전압 조절기, 정속구동장치(CSD), 인버터 · 정류기

**68** 자동착륙시스템과 관련하여 활주로까지 가시거리(RVR)가 최소 50m(164ft) 이상만 되면 착륙할 수 있는 국제민간항공기구의 활주로 시정등급은?

① CAT Ⅰ ② CAT Ⅱ
③ CAT ⅢA ④ CAT ⅢB

**해설**

• CAT(활주로 운영 등급) : 눈, 비 등 기상악화로 활주로가 잘 보이지 않아도 공항에 설치된 각종 무선, 등화, 활주로 시설을 활용해 자동비행으로 착륙할 수 있는 시정거리를 등급으로 구분한 것
• CAT Ⅰ : 결심고도 60m 이상, 활주로 가시거리 550m 이상 또는 활주로 시정거리 800m 이상 착륙 가능
• CAT Ⅱ : 결심고도 30m 이상, 활주로 가시거리 350m 이상 또는 활주로 시정거리 350m 이상 착륙 가능

• CAT ⅢA : 결심고도 15m 이상, 활주로 가시거리 200m 이상 착륙 가능
• CAT ⅢB : 결심고도 15m 미만, 활주로 가시거리 50m 이상 착륙 가능
• CAT ⅢC : 활주로 시정거리 0m 상태에서 이착륙 및 지상활주 가능

**69** 시동 토크가 커서 항공기 엔진의 시동장치에 가장 많이 사용되는 전동기는?

① 분권 전동기 ② 직권 전동기
③ 복권 전동기 ④ 분할 전동기

**해설**

• 직류 전동기 종류: 직권, 분권, 복권, 가역 전동기
• 직권 전동기 : 경항공기의 시동기, 착륙장치, 카울 플랩 등을 작동하는 데 사용한다. 전기자 코일과 계자 코일이 서로 직렬로 연결된 것이다. 직권 전동기의 특징은 시동할 때에 전기자 코일과 계자 코일 모두에 전류가 많이 흘러 시동 회전력이 크다는 것이 장점이다.

**70** 항공기를 운항하기 위해 필요한 음성통신은 주로 어떤 장치를 이용하는가?

① GPS 통신장치
② ADF 수신기
③ VOR 통신장치
④ VHF 통신장치

**해설**

VHF 통신장치

• 조정 패널, 송수신기, 안테나로 구성되어 있으며 근거리 통신장치이다.
• 118~136MHz의 VGF 대역을 사용
• 국내선 및 공항 주변의 통신에 사용하며 항공기의 통신은 송수신이 같은 주파수를 사용한다.
• 파장이 매우 짧고 높은 주파수의 전자파는 전리층에서 반사되지 않고 직진한다.
• 지표파는 감쇠가 심하며 공간파에 비해 약하다.
• 통신에만 유효하며, 공대지 통신에 이상적이다.

**정답** 67 ① 68 ④ 69 ② 70 ④

**71** 다음 중 자이로(GYRO)의 강직성 또는 보전성에 대한 설명으로 옳은 것은?

① 외력을 가하지 않는 한 일정한 자세를 유지하려는 성질이다.

② 외력을 가하면 그 힘의 방향으로 자세가 변하려는 성질이다.

③ 외력을 가하면 그 힘과 직각 방향으로 자세가 변하려는 성질이다.

④ 외력을 가하면 그 힘과 반대 방향으로 자세가 변하려는 성질이다.

**해설**

강직성이란 자이로가 고속 회전할 때 외력을 가하지 않는 한 회전자 축 방향을 우주 공간에 대하여 계속 유지하려는 성질이다. 섭동성은 자이로가 회전하고 있을 때 외력 F를 가하면, 가한 점으로부터 회전 방향으로 90°진행된 점에 P의 힘이 가해진 것과 같은 작용하는 현상이다.

**72** 전파고도계(radio altimeter)에 대한 설명으로 틀린 것은?

① 전파고도계는 지형과 항공기의 수직거리를 나타낸다.

② 항공기 착륙에 이용하는 전파고도계의 측정 범위는 0~2500ft 정도이다.

③ 절대고도계라고도 하며 높은 고도용의 FM형과 낮은 고도용의 펄스형이 있다.

④ 항공기에서 지표를 향해 전파를 발사하여 그 반사파가 되돌아올 때까지의 시간을 측정하여 고도를 표시한다.

**해설**

전파고도계는 항공기에서 지표를 향해 전파를 발사한 후 그 반사파가 되돌아올 때까지의 시간을 측정하여 절대고도를 지시하며, 측정 범위는 0~2500ft이다. 종류는 펄스식(송·수신 전파 시간차 이용), FM식(송·수신 전파 시간차 이용) 전파고도계가 있다.

**73** 매니폴드(manifold) 압력계에 대한 설명으로 옳은 것은?

① EPR 계기라 한다.

② 절대압력으로 측정한다.

③ 상대압력으로 측정한다.

④ 제트엔진에 주로 사용한다.

**해설**

매니폴드 압력계는 왕복엔진에서 흡입 공기의 압력을 측정하는 계기이며, 정속 프로펠러와 과급기를 갖춘 엔진에서는 필수이다. 낮은 고도에서는 초과 과급을 경고하며 높은 고도에서는 엔진의 출력 손실을 경고한다. 아네로이드와 다이어프램을 사용하여 절대압력을 측정한다.

**74** 화재탐지기가 갖추어야 할 사항으로 틀린 것은?

① 화재가 계속되는 동안에 계속 지시해야 한다.

② 조종실에서 화재탐지장치의 기능 시험이 가능해야 한다.

③ 과도한 진동과 온도 변화에 견디어야 한다.

④ 화재탐지는 모든 구역이 하나의 계통으로 되어야 한다.

**해설**

화재탐지기가 갖추어야 할 조건

• 화재탐지기는 무게가 가볍고 설치가 용이해야 한다.

• 화재발생 장소를 정확하고 신속하게 표시해야 한다.

• 화재를 지시하지 않을 때는 최소전류가 소비되어야 한다.

• 화재가 계속되는 동안에도 계속 지시해야 하며 과도한 진동과 온도 변화에 견디어야 한다.

• 화재탐지 계통 종류에 따라서 회로가 단락된 경우는 작동하지 않는다.

✈️ **정답** 71 ① 72 ③ 73 ② 74 ④

**75** 압력제어 밸브 중 릴리프 밸브의 역할로 옳은 것은?

① 불규칙한 배출 압력을 규정 범위로 조절한다.

② 계통의 압력보다 낮은 압력이 필요할 때 사용된다.

③ 항공기 비행자세에 의한 흔들림과 온도 상승으로 인하여 발생된 공기를 제거한다.

④ 계통 안의 압력을 규정 값 이하로 제한하고, 과도한 압력으로 인하여 계통 안의 관이나 부품이 파손되는 것을 방지한다.

**해설**

릴리프 밸브 : 펌프의 출구에 위치하며, 펌프의 출구압력이 규정 값 이상으로 높아지면 유체를 입구로 돌려보내 계통 안의 부품 파손을 방지한다. 입구로 돌려보낸 유체는 다시 정상 압력이 되어 항상 펌프에서 일정한 압력의 유체가 흘러나오도록 해준다.

**76** 유압계통에서 사용되는 체크 밸브의 역할은?

① 역류 방지   ② 기포 방지
③ 압력 조절   ④ 유압 차단

**해설**

체크 밸브는 유체의 흐름을 한쪽으로만 흐르게 하여 역류를 방지한다.

**77** 지자기 자력선의 방향과 지구 수평선이 이루는 각을 말하며 적도 부근에서는 거의 0도이고, 양극으로 갈수록 90도에 가까워지는 것을 무엇이라 하는가?

① 복각   ② 수평분력
③ 편각   ④ 수직분력

**해설**

지자기 3요소

• 복각 : 자기장과 지구 표면이 만드는 각이며, 자석을 양 극으로 이동시킬 때 기울어지는 각도이다. 적도에서는 0도이고 극지방에서는 90도이다.

• 편차(편각) : 지구 자오선과 자기 자오선 사이의 오차 각이며, 차의 값은 지표면 상의 각 지점마다 다르다.

• 수평분력 : 지자력을 지구 수평면 방향과 수직 방향의 두 방향의 분력으로 나누었을 때 지구 수평면 방향 쪽의 분력이며 적도에서 최대, 극지방에서는 최소이다.

**78** 다음 중 항공기에서 이론상 가장 먼저 측정하게 되는 것은?

① CAS   ② IAS
③ EAS   ④ TAS

**해설**

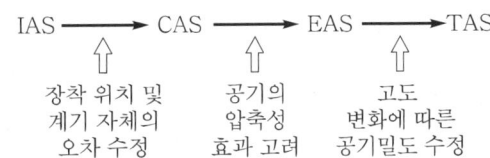

• 지시대기속도(Indicated Air Speed) : 동압을 속도 눈금으로 표시한 속도

• 수정대기속도(Calibrated Air Speed) : IAS에서 전압 및 정압 계통의 오차와 계기 자체의 오차 수정

• 등가대기속도(Equivalent Air Speed) : CAS에서 공기의 압축성 효과를 고려한 속도

• 진대기속도(True Air Speed) : EAS에서 고도에 따른 밀도 변화를 고려한 속도

**79** FAA에서 정한 여압장치를 갖춘 항공기의 제작 순항고도에서의 객실고도는 약 몇 ft인가?

① 0   ② 3000
③ 8000   ④ 20000

**해설**

객실고도는 8,000ft, 약 2,439m이다.

✈ **정답**  75 ④  76 ①  77 ①  78 ②  79 ③

**80** 다음 중 니켈-카드뮴 축전지에 대한 설명으로 틀린 것은?

① 전해액은 질산계의 산성액이다.

② 한 개 셀(cell)의 기전력은 무부하 상태에서 약 1.2~1.25V 정도이다.

③ 진동이 심한 장소에 사용 가능하고, 부식성 가스를 거의 방출하지 않는다.

④ 고부하 특성이 좋고 큰 전류 방전 시 안정된 전압을 유지한다.

**해설**

니켈-카드뮴 축전지 특징

• 니켈-카드뮴 축전지는 장기간 보존할 수 있으며 언제든지 재충전하여 사용할 수 있으며 수명이 길다.

• 용량의 90%를 방전할 때까지 전압의 변화가 거의 없으며 고 부하 특성이 좋다.

• 부식성 가스의 발생이 거의 없으며 저온 특성이 양호하다.

• 내구성이 좋고 진동이 심한 장소에도 사용 가능하다.

• 셀당 전압은 1.2~1.25V이며, 각 셀을 직렬로 연결하여 필요한 전압을 얻는다.

• 양극판은 수산화니켈, 음극판은 카드뮴이다. 전해액은 30%의 수산화칼륨 수용액을 사용한다.

• 중화재 : 붕산염 용액, 아세트산, 레몬주스

• 니켈-카드뮴 메모리 효과 : 배터리 사용 시 완전히 방전하지 않고 충전 시 남아있던 잔량은 사용하지 못한다. 그래서 꼭 방전 후 충전하여 사용해야 한다.

### 제1과목 | 항공역학

**01** 날개 면적이 150m², 스팬(span)이 25m인 비행기의 가로세로비(aspect ratio)는 약 얼마인가?

① 3.0
② 4.17
③ 5.1
④ 7.1

**해설**

$$AR = \frac{b}{c} = \frac{b^2}{s} = \frac{s}{c^2} \quad \frac{b^2}{s} = \frac{25^2}{150} = 4.166$$

**02** 비행기가 고속으로 비행할 때 날개 위에서 충격실속이 발생하는 시기는?

① 아음속에서 생긴다.
② 극초음속에서 생긴다.
③ 임계 마하수에 도달한 후에 생긴다.
④ 임계 마하수에 도달하기 전에 생긴다.

**해설**

임계마하수는 항공기 날개 윗면에서 어느 점의 속도가 마하 1이 될 때의 항공기의 속도를 뜻하며, 임계 마하수에 도달했다는 것은 날개 위 흐름이 마하 1을 넘었고, 그것은 충격파로 인한 충격실속이 일어났다는 것을 의미한다.

**03** 다음 중 항공기의 가로 안정에 영향을 미치지 않는 것은?

① 동체
② 쳐든각 효과
③ 도어(door)
④ 수직꼬리날개

**해설**

항공기의 가로 안정에 도움을 주는 요소로는 동체, 날개의 쳐든각 효과, 수직꼬리날개, 도살 핀 등 여러 가지가 있을 수 있지만 도어는 해당되지 않는다.

**04** 음속을 구하는 식으로 옳은 것은? (단, K : 비열비, R : 공기의 기체상수, g : 중력가속도, T : 공기의 온도이다.)

① $\sqrt{KgRT}$
② $\sqrt{\dfrac{gRT}{K}}$
③ $\sqrt{\dfrac{RT}{gK}}$
④ $\sqrt{\dfrac{gKT}{R}}$

**해설**

K(공기의 비열비=1.4)와 g(9.8m/s²), R(기체상수=29.97)은 대기 중 비교적 일정하므로 음속에 가장 중요하게 작용하는 변화 요인은 T(절대온도)이다.

**05** 정상수평비행하는 항공기의 필요마력에 대한 설명으로 옳은 것은?

① 속도가 작을수록 필요마력은 크다.
② 항력이 작을수록 필요마력은 작다.
③ 날개하중이 작을수록 필요마력은 커진다.
④ 고도가 높을수록 밀도가 증가하여 필요마력은 커진다.

**해설**

필요마력은 항공기가 항력을 이기고 앞으로 나아가는 데 필요한 마력으로 $Pr = \dfrac{DV}{75}$ 로 계산할 수 있다.

**06** 날개 드롭(wing drop) 현상에 대한 설명으로 옳은 것은?

① 비행기의 어떤 한 축에 대한 변화가 생겼을 때 다른 축에도 변화를 일으키는 현상

② 음속비행 시 날개에 발생하는 충격실속에 의해 기수가 오히려 급격히 내려가는 현상

③ 하강비행 시 기수를 올리려 할 때, 받음각과 각속도가 특정 값을 넘게 되면 예상한 정도 이상으로 기수가 올라가는 현상

④ 비행기의 속도가 증가하여 천음속 영역에 도달하게 되면 한쪽 날개가 충격실속을 잃으면서 갑자기 양력을 상실하고 급격한 옆놀이(rolling)를 일으키는 현상

**해설**

날개 드롭의 주된 원인으로는 좌우 날개가 비대칭을 이룰 때이며, 비대칭의 정도가 커질수록 날개 드롭 현상도 강도가 커지게 된다.

**07** 항공기 날개의 압력중심(center of pressure)에 대한 설명으로 옳은 것은?

① 날개 주변 유체의 박리점과 일치한다.

② 받음각이 변하더라도 피칭모멘트 값이 변하지 않는 점이다.

③ 받음각이 커짐에 따라 압력중심은 앞으로 이동한다.

④ 양력이 급격히 떨어지는 지점의 받음각을 말한다.

**해설**

압력중심이란 날개에 양력과 항력이 작용하는 지점을 말하며, 받음각이 커지면 시위선상을 기준으로 앞으로 이동, 받음각이 작아지거나 급강하 시에는 뒤쪽으로 이동한다.

**08** 헬리콥터의 주 회전날개에 플래핑 힌지를 장착함으로써 얻을 수 있는 장점이 아닌 것은?

① 돌풍에 의한 영향을 제거할 수 있다.

② 지면효과를 발생시켜 양력을 증가시킬 수 있다.

③ 회전축을 기울이지 않고 회전면을 기울일 수 있다.

④ 주 회전날개 깃 뿌리(root)에 걸린 굽힘 모멘트를 줄일 수 있다.

**해설**

지면효과란 헬리콥터가 지면에 가깝게 있을 때 회전날개를 통과한 후류가 지면과 부딪혀 발생하는 효과로 더 많은 무게를 버티게 하고 이착륙 시 추가적인 양력을 얻게 해주는 효과를 말한다.

**09** 양항비가 10인 항공기가 고도 2000m에서 활공비행 시 도달하는 활공거리는 몇 m인가?

① 10,000      ② 15,000

③ 20,000      ④ 40,000

**해설**

$$활공비 = \frac{L}{h} = \frac{C_L}{C_D} = \frac{1}{\tan\theta} = 양항비,$$

$$10 = \frac{L}{2000}, \quad L = 2000 \times 10 = 20{,}000$$

**10** 등속상승비행에 대한 상승률을 나타내는 식이 아닌 것은? (단, V : 비행속도, $\gamma$ : 상승각, W : 항공기 무게, T : 추력, D : 항력, $P_a$ : 이용동력, $P_r$ : 필요동력이다.)

① $\dfrac{P_a - P_r}{W}$      ② $\dfrac{잉여동력}{W}$

③ $\dfrac{(T-D)V}{W}$      ④ $\dfrac{V}{W}\sin\gamma$

**해설**

$$R.C = V\sin\gamma = \frac{TV - DV}{W} = \frac{75(P_a - P_r)}{W}$$

($P_a$ : 이용마력, $P_r$ : 필요마력)

1마력=75kg · m/s이므로 동력으로 바꾸면 $\dfrac{P_a - P_r}{W}$이 되고, $P_a - P_r$은 잉여동력(여유동력)이라 한다.

**11** 엔진 고장 등으로 프로펠러의 페더링을 하기 위한 프로펠러의 깃각 상태는?

① 0°가 되게 한다.

② 45°가 되게 한다.

③ 90°가 되게 한다.

④ 프로펠러에 따라 지정된 고유 값을 유지한다.

**[해설]**

프로펠러 페더링은 엔진에 고장이 생겼을 때 정지된 프로펠러에 의한 공기저항을 감소시키고 엔진의 고장 확대를 방지하기 위하여 프로펠러 깃을 비행 방향과 평행(깃각을 90°)하도록 피치를 변경시키는 것을 말한다.

**12** 항공기의 성능 등을 평가하기 위하여 표준대기를 국제적으로 통일하여 정한 엔진의 명칭은?

① ICAO      ② ISO

③ EASA      ④ FAA

**[해설]**

항공기 설계상 기준이 되는 국제표준대기는 국제민간항공기구(ICAO: International Civil Aviation Organization)에서 지정한 표준대기를 말한다.

**13** 헬리콥터 회전날개의 코닝각에 대한 설명으로 틀린 것은?

① 양력이 증가하면 코닝각은 증가한다.

② 무게가 증가하면 코닝각은 증가한다.

③ 회전날개의 회전속도가 증가하면 코닝각은 증가한다.

④ 헬리콥터의 전진속도가 증가하면 코닝각은 증가한다.

**[해설]**

- 코닝각(원추각)은 회전날개의 회전면과 원추의 모서리가 이루는 각으로 원심력과 양력의 합에 의해 결정된다.
- 회전속도는 원심력에 영향을 주며, 무게가 클수록 더 큰 양력이 필요하므로 원추각에 영향을 주게 된다.

**14** 그림과 같은 프로펠러 항공기의 비행속도에 따른 필요마력과 이용마력의 분포에 대한 설명으로 옳은 것은?

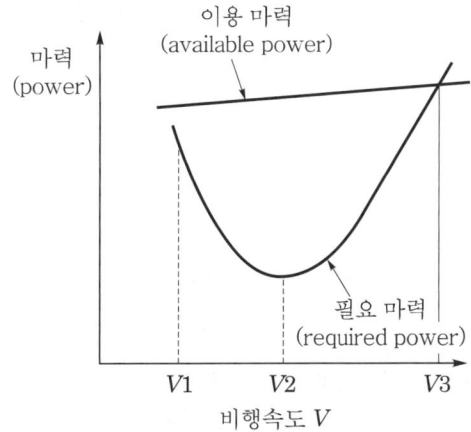

① 비행속도 $V1$에서 주어진 연료로 최대의 비행거리를 비행할 수 있다.

② 비행속도 $V1$ 근처에서 필요마력이 감소하는 것이 유해항력의 증가에 기인한다.

③ 일반적으로 비행속도 $V2$에서 최대 양항비를 갖도록 항공기 형상을 설계한다.

④ 비행속도가 $V2$에서 $V3$ 방향으로 증가함에 따라 프로펠러 토크에 의한 롤 모멘트(roll moment)가 증가한다.

**[해설]**

- V1 : 실속속도 구간으로 이 이하의 속도로는 비행이 불가능하다.
- V2 : 필요마력이 최소로 항공기가 가장 오랜 시간 동안 순항 비행을 할 수 있는 구간
- V3 : 필요마력과 이용마력이 같아지는 구간으로 여유마력 없이 최대속도, 상승률이 0이 되는 구간

※ 그래프와 상관없이 비행속도가 커지면 프로펠러의 토크값(회전력)도 커지므로 그로 인한 모멘트도 커진다.

**15** 항공기 날개의 유도항력계수를 나타낸 식으로 옳은 것은? (단, $AR$ : 날개의 가로세로비, $C_L$ : 양력계수, $e$ : 스팬(span) 효율계수이다.)

① $\dfrac{C_L{}^2}{\pi e\,AR}$  　② $\dfrac{C_L{}^3}{\pi e\,AR}$

③ $\dfrac{C_L}{\pi e\,AR}$  　④ $\sqrt{\dfrac{C_L}{2\pi e\,AR}}$

**해설**

$C_{Di} = \dfrac{C_L{}^2}{\pi e AR}$, 여기서 스펜효율계수(e)는 타원형 날개의 경우 1이 되고, 그 밖에 날개는 e 값이 1보다 작아 타원형 날개가 유도항력이 가장 작은 날개이다.

**16** 수평비행의 실속속도가 71Km/h인 항공기가 선회경사각 60°로 정상 선회비행할 경우, 실속속도는 약 몇 km인가?

① 80  　② 90

③ 100  　④ 110

**해설**

$$V_{ts} = \frac{V_s}{\sqrt{\cos\theta}} = \frac{71}{\sqrt{\cos 60}} = 100.409\cdots$$

**17** 이륙 시 활주거리를 감소시킬 수 있는 방법으로 옳은 것은?

① 플랩을 활용하여 최대양력계수를 증가시킨다.
② 양항비를 높여 항력을 증가시킨다.
③ 최소 추력을 내어 가속력을 줄인다.
④ 양항비를 높여 실속속도를 증가시킨다.

**해설**

이륙 활주 거리를 감소시키는 방법에는 항공기 무게를 감소시키고, 엔진의 추진력을 크게 하며, 항력이 작은 활주자세로 이륙한다. 또한 맞바람을 맞으면 비행기 속도를 증가하는 효과가 있고, 플랩과 같은 고양력장치를 사용하면 양력이 증가하므로 이륙거리를 단축시킬 수 있다.

**18** 지름이 20cm와 30cm로 연결된 관에서 지름 20cm 관에서의 속도가 2.4m/s일 때, 30cm 관에서의 속도는 약 몇 m/s인가?

① 0.19  　② 1.07

③ 1.74  　④ 1.98

**해설**

$A_1 V_1 = A_2 V_2$, $\dfrac{\pi \times 0.2^2}{4} \times 2.4 = \dfrac{\pi \times 0.3^2}{4} \times V_2$,

$V_2 = 1.066\cdots\,\text{m/s}$

**19** 키놀이 모멘트(pitching moment)에 대한 설명으로 옳은 것은?

① 프로펠러 깃의 각도 변경에 관련된 모멘트이다.
② 비행기의 수직축(상하축: vertical axis)에 관한 모멘트이다.
③ 비행기의 세로축(전후축: longitudinal axis)에 관한 모멘트이다.
④ 비행기의 가로축(좌우축: lateral axis)에 관한 모멘트이다.

**해설**

기준축에 대한 모멘트
• 세로축(전후축: longitudinal axis) → 옆놀이 모멘트(rolling moment)
• 가로축(좌우축: lateral axis) → 키놀이 모멘트(pitching moment)
• 수직축(상하축: vertical axis) → 빗놀이 모멘트(yawing moment)

✈ 정답  15 ①  16 ③  17 ①  18 ②  19 ④

**20** 프로펠러 비행기가 최대 항속거리를 비행하기 위한 조건으로 옳은 것은? (단, $C_L$은 양력계수, $C_D$는 항력계수이다.)

① $\dfrac{C_L}{C_D}$이 최소일 때

② $\dfrac{C_L}{C_D}$이 최대일 때

③ $\dfrac{C_L^{\frac{3}{2}}}{C_D}$이 최대일 때

④ $\dfrac{C_L^{\frac{3}{2}}}{C_D}$이 최소일 때

**해설**

|  | 최대항속거리 | 최대항속시간 |
|---|---|---|
| 프로펠러기 | $\left(\dfrac{C_L}{C_D}\right)_{\max}$ | $\left(\dfrac{C_L^{\frac{3}{2}}}{C_D}\right)_{\max}$ |
| 제트기 | $\left(\dfrac{C_L^{\frac{1}{2}}}{C_D}\right)_{\max}$ | $\left(\dfrac{C_L}{C_D}\right)_{\max}$ |

## 제2과목  항공기관

**21** 전기식 시동기(electrical stater)에서 클러치(clutch)의 작동 토크 값을 설정하는 장치는?

① Clutch Plate

② Clutch Housing Slip

③ Ratchet Adjust Regulator

④ Slip Torque Adjustment Unit

**해설**

전기 시동기는 자동풀림 클러치 장치가 있어 엔진 구동으로부터 시동기 구동을 분리시키는데, 이 클러치 어셈블리의 기능으로 시동기가 엔진 구동에 지나친 토크를 주는 것을 막는다. 여기서 슬립토크 조절 너트를 통해 조절이 가능하고 클러치 하우징 슬립 내의 소형 클러치판이 마찰클러치로 작용한다.

**22** 프로펠러에서 기하학적 피치(geometrical pitch)에 대한 설명으로 옳은 것은?

① 프로펠러를 1바퀴 회전시켜 실제로 전진한 거리이다.

② 프로펠러를 2바퀴 회전시켜 실제로 전진한 거리이다.

③ 프로펠러를 1바퀴 회전시켜 전진할 수 있는 이론적인 거리이다.

④ 프로펠러를 2바퀴 회전시켜 전진할 수 있는 이론적인 거리이다.

**해설**

기하학적 피치는 공기를 강체로 가정하고 깃을 한 바퀴 회전시켜 프로펠러가 앞으로 전진할 수 있는 이론적인 거리로써 깃 끝으로 갈수록 깃각을 작게 비틀어 기하학적 피치를 일정하게 한다.

**23** 속도 720km/h로 비행하는 항공 기체에 장착된 터보제트엔진이 300kgf/s로 공기를 흡입하여 400m/s의 속도로 배기시킨다면, 이때 진추력은 몇 kgf인가?(단, 중력가속도는 10m/s²로 한다.)

① 3,000   ② 6,000

③ 9,000   ④ 18,000

**해설**

진추력은 엔진이 비행 중 발생시키는 추력으로 식으로 나타내면, $F_n = \dfrac{W_a}{g}(V_J - V_a)$이다.

($W_a$ : 흡입공기의중량유량, $V_J$ : 배기가스속도, $V_a$ : 비행속도)

$\therefore F_n = \dfrac{300}{10} \times \left\{400 - \left(\dfrac{720}{3.6}\right)\right\} = 6000$

**24** 밀폐계(closed system)에서 열역학 제1법칙을 옳게 설명한 것은?

① 엔트로피는 절대로 줄어들지 않는다.

② 열과 에너지, 일은 상호 변환 가능하며 보존된다.

③ 열효율이 100%인 동력장치는 불가능하다.

④ 2개의 열원 사이에서 동력 사이클을 구성할 수 있다.

열역학 제1법칙(에너지 보존의 법칙)은 밀폐계가 사이클을 이룰 때의 열 전달량은 이루어진 일과 정비례한다. 즉 열은 언제나 상당량의 일로 일은 상당량의 열로 바뀌어질 수 있음을 뜻한다.

식으로 나타내면 $W = JQ$ 또는 $Q = AW$

[$W$ : 일($Kg \cdot m$), $Q$ : 열량($Kcal$), $J$ : 열의일당량 ($427K \cdot gcal$), $A$ : 일의열당량($\frac{1}{427}Kcal/Kg \cdot m$)]

**25** 가스터빈엔진에서 압축기 입구온도가 200K, 압력이 1.0kgf/cm²이고, 압축기 출구압력이 10kgf/cm²일 때 압축기 출구온도는 약 몇 K 인가?(단, 공기 비열비는 1.4이다.)

① 184.14

② 285.14

③ 386.14

④ 487.14

가스터빈엔진의 압축기는 압축이 진행될 때 단열과정으로 일어나므로 $\frac{T_2}{T_1} = \left(\frac{P_2}{P_1}\right)^{\frac{k-1}{k}}$ 식이 성립한다.

$$\therefore \frac{T_2}{200} = \left(\frac{10}{1}\right)^{\frac{1.4-1}{1.4}}$$

$$T_2 = 10^{\frac{1.4-1}{1.4}} \times 200 = 386.14K$$

**26** 왕복엔진의 액세서리(accessory) 부품이 아닌 것은?

① 시동기(starter)

② 하네스(harness)

③ 기화기(carburator)

④ 블리드 밸브(bleed valve)

블리드 밸브는 가스터빈엔진에 압축기 실속을 방지하기 위한 장치이며, 압축기 뒤쪽에 설치하여 엔진을 저속으로 회전시킬 때 자동적으로 밸브가 열려 누적된 공기를 배출함으로써 압축기 실속을 방지하는 장치이다.

**27** 항공기용 엔진 중 터빈식 회전 엔진이 아닌 것은?

① 램제트엔진

② 터보프롭엔진

③ 터보제트엔진

④ 터보샤프트엔진

항공기용 엔진은 크게 왕복엔진과 가스터빈엔진으로 구분되며, 램제트엔진은 이 두 가지 엔진을 제외한 그 밖의 엔진에 분류되고 공기를 디퓨저에서 흡입하여 연소실에서 연료와 혼합, 점화시키고 연소가스를 배기 노즐을 통하여 배출시킨다. 그리고 그 밖에 엔진에는 펄스제트엔진과 로케트엔진이 있다.

**28** 고열의 엔진 배기구 부분에 표시(marking)할 때 납이나 탄소 성분이 있는 필기구를 사용하면 안 되는 주된 이유는?

① 고열에 의해 열응력이 집중되어 균열을 발생시킨다.

② 고압에 의해 비틀림 응력이 집중되어 균열을 발생시킨다.

③ 고압에 의해 전단응력이 집중되어 균열을 발생시킨다.

④ 고열에 의해 전단응력이 집중되어 균열을 발생시킨다.

납, 아연 혹은 아연도금, 탄소 성분이 있는 필기구를 사용하게 되면 열을 받았을 때 녹으면서 분자 구조에 변화가 생겨 화학반응을 일으키므로 균열 및 부식이 일어난다.

**29** 프로펠러 페더링(feathering)에 대한 설명으로 옳은 것은?

① 프로펠러 페더링은 엔진 축과 연결된 기어를 분리하는 방식이다.

② 비행 중 엔진 정지 시 프로펠러 회전도 같이 멈추게 하여 엔진의 2차 손상을 방지한다.

③ 프로펠러 페더링을 하게 되면 항력이 증가하여 항공기 속도를 줄일 수 있다.

④ 프로펠러 페더링을 하게 되면 바람에 의해 프로펠러가 공회전하는 윈드밀링(wind milling)이 발생하게 된다.

페더링 프로펠러는 정속 프로펠러에 페더링을 더 추가한 형식으로 엔진 정지 시 항공기의 공기 저항을 감소시키고 풍차 회전에 따른 엔진의 고장 확대를 방지하기 위해 프로펠러를 비행 방향과 같게 놓는 것이다.

**30** 복식 연료 노즐에 대한 설명으로 틀린 것은?

① 1차 연료는 넓은 각도로 분사된다.

② 공기를 공급하며 미세하게 분사되도록 한다.

③ 2차 연료는 고속회전 시 1차 연료보다 멀리 분사된다.

④ 1차 연료는 노즐의 가장자리 구멍으로 분사되고, 2차 연료는 중심에 있는 작은 구멍을 통하여 분사된다.

복식 노즐은 1차 연료가 노즐 중심의 작은 구멍을 통해 분사되고, 2차 연료는 가장자리의 큰 구멍을 통해 분사하는 방식으로 많이 사용한다.

**31** 왕복엔진의 마그네토에서 브레이커 포인트 간격이 커지면 발생되는 현상은?

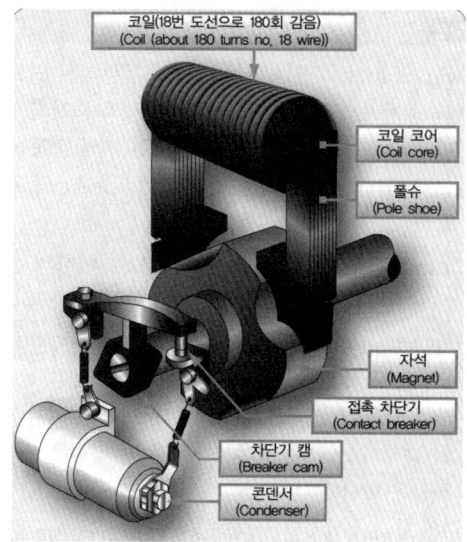

① 점화가 늦어진다.

② 전압이 증가한다.

③ 점화가 빨라진다.

④ 점화 불꽃이 강해진다.

• Breaker Assembly는 회전 캠에 의해 1차 권선의 회로를 열고 닫는 접촉점이며, 이 점이 닫히면 완전한 회로가 형성되어 1차 권선의 전류가 접지되고, 열리면(간격이 생기면) 회로를 형성하지 않아 1차 권선의 전류가 2차 권선으로 승압이 되어 점화가 이루어진다.
• Breaker Assembly의 재질은 열과 모모에 강한 물질로 된 Platinum–Iridium alloy로 제작한다.
• Breaker Assembly의 적정 간격은 일반적으로 0.0015inch(0.04mm)이다.

**32** 왕복엔진에 사용되는 고휘발성 연료가 너무 쉽게 증발하여 연료배관 내에서 기포가 형성되어 초래할 수 있는 현상은?

① 베이퍼 락(vapor lock)

② 임팩트 아이스(impact ice)

③ 하이드로릭 락(hydraulic lock)

④ 이베포레이션 아이스(evaporation ice)

**해설**

- vapor lock : 연료 계통의 여러 부분에서 연료 증기와 공기가 모여 일어난다. 많은 양의 증기가 모이면 펌프, 밸브, 기화기의 연료 미터링 부의 작동을 방해할 수 있다. 이를 해결하기 위하여 booster pump를 설치한다.
- impact ice : 공기 중의 습기가 32℉ 이하의 흡입 계통의 부품과 접촉하여 발생하는 빙결을 말한다. 보통 air scoop, heat air valves, intake screen 및 기화기 내의 돌출부에서 주로 발생한다.
- hydraulic lock : 일반적으로 성형엔진 하부 실린더의 내부에 오일이 굳어 피스톤의 움직임을 방해하는 현상을 말한다.
- evaporation ice : 보통 fuel vaporization ice라고 하며, 연료 증발의 냉각 효과로 인해 발생하는 빙결을 말한다. 일반적으로 상대 습도 50% 이상으로 온도 32℉에서부터 100℉ 사이에서 발생한다.

**33** 이상기체의 등온과정에 대한 설명으로 옳은 것은?

① 단열과정과 같다.

② 일의 출입이 없다.

③ 엔트로피가 일정하다.

④ 내부 에너지가 일정하다.

**해설**

등온 과정 : 보일의 법칙(Pv=C)이 성립한다. 온노가 일정하게 유지되면서 진행되는 작동 유체의 상태 변화이며, 열을 전달하면 압력 일정, 체적 증가, 온도 증가가 발생하고 여기서 온도를 내리려면 기체는 외부로 일을 해야 한다. 따라서 피스톤을 움직이면 압력 증가, 체적 증가, 온도는 일정하게 유지할 수 있다.

**34** 가스터빈엔진의 흡입구에 형성된 얼음이 압축기 실속을 일으키는 이유는?

① 공기압력을 증가시키기 때문에

② 공기 전압력을 일정하게 하기 때문에

③ 형성된 얼음이 압축기로 흡입되어 로터를 파손시키기 때문에

④ 흡입 안내 깃으로 공기의 흐름이 원활하지 못하기 때문에

**해설**

압축기 실속 원인

- 엔진 흡입구로 들어오는 난류나 난잡한 흐름(속도 벡터를 감소시킨다.)
- 과다한 연료 흐름(연소실의 역압력으로 속도 벡터 감소)
- 오염되었거나 손상된 압축기(압축 감소로 속도 벡터를 증가시킨다.)
- 설계 rpm 이상과 이하에서의 엔진 작동(rpm 벡터를 증가 혹은 감소시킨다.)

**35** 다음 중 주된 추진력을 발생하는 기체가 다른 것은?

① 램제트엔진　　② 터보팬엔진

③ 터보프롭엔진　　④ 터보제트엔진

**해설**

- 제트엔진은 일반적으로 로켓엔진, 램제트엔진, 펄스제트엔진, 터빈엔진으로 나뉘며, 이들은 모두 가스 상생의 유체를 엔진 뒤로 분출하여 앞으로 나가는 추력을 얻는 방식이다.
- 터보프롭엔진의 경우 일반적으로 배기가스에 의한 추력뿐만 아니라 프로펠러에서 발생하는 추력도 포함되어 있다.

**36** 왕복엔진을 낮은 기온에서 시동하기 위해 오일희석(oil dilution) 장치에서 사용하는 것은?

① Alcohol  ② Propane

③ Gasoline  ④ Kerosene

**해설**

oil dilution system : 연료 계통과 오일 계통 사이에 설치되어 있으며, 왕복엔진 연료인 Gasoline을 사용(어는점이 낮다)하여 비행 후 엔진을 정지하기 전에 조종사가 오일을 희석시켜 준다.

**37** 터빈엔진에서 과열시동(hot start)을 방지하기 위하여 확인해야 하는 계기는?

① 토크 미터  ② EGT 지시계

③ 출력 지시계  ④ RPM 지시계

**해설**

비정상 시동

• Hot start : 시동 시 배기가스의 온도(Exhaust Gas Temperature)가 규정된 한계 값 이상으로 증가하는 현상을 말한다. 일반적으로 연료 조종장치의 고장이나 결빙, 그리고 압축기의 실속이 원인이 될 수 있다.

• Hang start : 시동 후 엔진의 회전수(rpm)가 idle 회전수까지 증가하지 않고 낮은 회전수에 머무르는 현상을 말한다.

• No start : 정해진 시간 안에 시동이 되지 않는 현상을 말한다. 일반적으로 시동기의 고장, 전력 부족, 연료 흐름의 이상, 그리고 점화 계통 등의 고장을 들 수 있다.

**38** 왕복엔진의 흡기 밸브와 배기 밸브를 작동시키는 관련 부품으로 볼 수 없는 것은?

① 캠(cam)

② 푸시로드(push rod)

③ 로커 암(rocker arm)

④ 실린더 헤드(cylinder head)

**해설**

Valve Mechanism Components

• CAM : 밸브 리프팅 기구를 작동시킨다.

• Valve Lifter or Tappet : 캠의 힘을 밸브 푸시로드로 전달하는 장치

• Push Rod : 밸브 작동 기구의 밸브 리프터와 로커 암 사이에 위치하여 밸브 리프터의 움직임을 전달하는 장치

• Rocker Arm : 실린더 헤드의 베어링 위에 장착된 피벗 암으로 밸브를 열고 닫는 장치

**39** 왕복엔진의 연료-공기 혼합비(fuel-air ratio)에 영향을 주는 공기밀도 변화에 대한 설명으로 틀린 것은?

① 고도가 증가하면 공기밀도가 감소한다.

② 연료가 증가하면 공기밀도는 증가한다.

③ 온도가 증가하면 공기밀도는 감소한다.

④ 대기압력이 증가하면 공기밀도는 증가한다.

**해설**

• 밀도는 물체의 단위 체적당 중량으로 정한다(15℃의 표준 해면에서의 공기밀도는 약 $1.225kg/m^3$이다).

• 공기밀도는 압력, 온도, 습도의 영향을 받는다. 즉 압력이 증가하면 공기밀도도 증가하고, 습도가 증가하면 밀도는 감소하며, 또한 온도가 증가하면 공기밀도도 감소하게 된다.

**40** 가스터빈엔진의 공기흡입 덕트(duct)에서 발생하는 램 회복점에 대한 설명으로 옳은 것은?

① 흡입구 내부의 압력이 대기압과 같아질 때의 항공기 속도

② 마찰압력 손실이 최소가 되는 항공기의 속도

③ 마찰압력 손실이 최대가 되는 항공기의 속도

④ 램 압력상승이 최대가 되는 항공기의 속도

✈ **정답** 36 ③ 37 ② 38 ④ 39 ② 40 ①

Ram 압력 회복

- 램 압력 회복이란 흡입구 내부의 압력이 대기압력으로 돌아오는 점을 말한다. 즉 가스터빈엔진이 지상에서 작동 시 고속의 공기 흐름으로 인하여 흡입구 내부의 압력은 대기압력보다 낮은 부압이 형성된다.
- 항공기가 전진을 함으로써 램 압력 회복이 일어나게 된다.
- 비행 중에 항공기 속도가 더 빨라지면 흡입구는 더 큰 램 압축을 일으켜 압축기의 압축비를 증가시켜 더 많은 추력을 얻을 수 있는 장점도 있다.

## 제3과목 항공기체

**41** 항공기 엔진 장착 방식에 대한 설명으로 옳은 것은?

① 가스터빈엔진은 구조적인 이유로 동체 내부에 장착이 불가능하다.

② 동체에 엔진을 장착하려면 파일론(pylon)을 설치하여야 한다.

③ 날개에 엔진을 장착하면 날개의 공기역학적 성능을 저하시킨다.

④ 왕복엔진 장착 부분에 설치된 나셀의 카울링은 진동 감소와 화재 시 탈출구로 사용된다.

- 날개에 엔진을 장착하게 될 경우 날개 내부가 아닌 외부에 장착을 하기 때문에 공기역학적 성능은 떨어지게 된다.
- 가스터빈엔진은 동체 내부 및 날개 외부에 장착이 가능하다.
- 날개 외부에 엔진을 장착하려면 날개와 엔신 사이에 파일론이 설치되어야 한다.
- 나셀과 카울링은 가스터빈엔진에서 사용된다.

**42** 다음 특징을 갖는 배열 방식의 착륙장치는?

① 탠덤식 착륙장치

② 후륜식 착륙장치

③ 전륜식 착륙장치

④ 충격흡수식 착륙장치

트라이사이클 기어(앞바퀴형) 배열의 장점

- 동체 후방이 들려 있으므로 이륙 시 저항이 작고 착륙 성능이 좋다.
- 이 · 착륙 및 지상활주 시 항공기의 자세가 수평이므로 조종사의 시계가 넓다.
- 뒷바퀴형은 브레이크를 밟으면 항공기는 주 바퀴를 중심으로 앞으로 기울어져 프로펠러를 손상시킬 위험이 있으나, 앞바퀴형은 앞바퀴가 동체 앞부분을 받쳐주므로 그런 위험이 적다.
- 터보제트기의 배기가스 배출을 용이하게 한다.
- 중심이 주 바퀴의 앞에 있으므로 뒷바퀴형에 비하여 지상전복(ground loop)의 위험이 적다.

**43** 대형 항공기에 주로 사용하는 3중 슬롯플랩을 구성하는 플랩이 아닌 것은?

① 상방플랩      ② 전방플랩

③ 중앙플랩      ④ 후방플랩

3중 슬롯플랩은 전방플랩(fore flap), 중앙플랩(mid flap), 후방플랩(aft flap)으로 구성되어 있다.

**44** 항공기 외피용으로 적합하며, 플러시 헤드 리벳(flush head rivet)이라 부르는 것은?

① 납작머리 리벳(flat head rivet)

② 유니버설 리벳(universal rivet)

③ 둥근머리 리벳(round head rivet)

④ 접시머리 리벳(counter sunk head rivet)

리벳 머리 모양에 따른 분류

• 납작머리 리벳 : 내부 구조물 접합에 사용

• 유니버설머리 리벳 : 강도가 강해 외피 및 내부 구조의 접합용

• 둥근머리 리벳 : 두꺼운 판재나 각도를 필요로 하는 내부 구조물

• 접시머리(counter sunk) 리벳 : 항공기 외피용 리벳 접합

• 브래지어머리 리벳 : 얇은 외피 접합용

**45** 손상된 판재를 리벳에 의한 수리작업 시 리벳 수를 결정하는 식으로 옳은 것은? (단, L : 판재의 손상된 길이, D : 리벳지름, t : 손상된 판의 두께, s : 안전계수, $\sigma_{\max}$ : 판재의 최대 인장응력, $\tau_{\max}$ : 판재의 최대전단응력이다.)

① $s \times \dfrac{8tL\sigma_{\max}}{\pi D^2 \tau_{\max}}$

② $s \times \dfrac{4tL\sigma_{\max}}{\pi D^2 \tau_{\max}}$

③ $s \times \dfrac{\pi D^2 \tau_{\max}}{4tL\sigma_{\max}}$

④ $s \times \dfrac{\pi D^2 \tau_{\max}}{8tL\sigma_{\max}}$

**해설**

$s \times \dfrac{4tL\sigma_{\max}}{\pi D^2 \tau_{\max}}$

(L : 판재의 손상된 길이, D : 리벳지름, t : 손상된 판의 두께, s : 안전계수, $\sigma_{\max}$ : 판재의 최대인장응력, $\tau_{\max}$ : 판재의 최대전단응력)

**46** 실속속도가 90mph인 항공기를 120mph로 수평비행 중 조종간을 급히 당겨 최대양력계수가 작용하는 상태라면, 주날개에 작용하는 하중배수는 약 얼마인가?

① 1.5  ② 1.78
③ 2.3  ④ 2.57

**해설**

$$n = \frac{V^2}{Vs^2} = \frac{120^2}{90^2} = \frac{14400}{8100} = 1.777 = 1.78$$

**47** 그림과 같은 평면응력 상태에 있는 한 요소가 $\sigma_x = 100\,\text{MPa}$, $\sigma_y = 20\,\text{MPa}$, $\tau_{xy} = 60\,\text{MPa}$의 응력을 받고 있을 때, 최대전단응력은 약 몇 MPa인가?

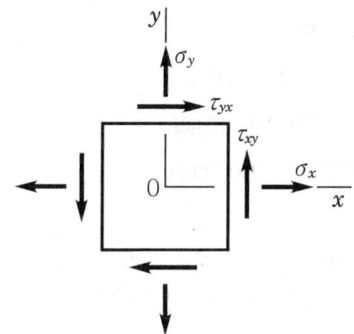

① 67.11  ② 72.11
③ 77.11  ④ 87.11

**해설**

$$\tau_{\max} = \sqrt{\left(\frac{\sigma_x - \sigma_y}{2}\right)^2 + \tau_{xy}^2}$$

$$= \sqrt{\left(\frac{100 - 20}{2}\right)^2 + 60^2} = 72.11$$

**48** 페일세이프(fail safe) 구조 형식이 아닌 것은?

① 이중(double) 구조
② 대치(back-up) 구조
③ 다경로(redundant) 구조
④ 샌드위치(sandwich) 구조

**해설**

페일세이프 구조 : 다경로 하중 구조(redundant structure), 이중 구조(double structure), 대치 구조(back-up structure), 하중경감 구조(load dropping structure)

**49** 복합재료(composite material)를 수리할 때 접착용 수지를 효과적으로 접착시키기(curing) 위하여 열을 가하는 장비가 아닌 것은?

① 오븐(oven)
② 가열건(heat gun)
③ 가열램프(heat lamp)
④ 진공백(vacuum bag)

**해설**

진공백은 가압 방법 종류 중 하나로 가압을 하려는 위치에 진공상태를 만들어 가압하는 방법이다.

**50** 연료 계통이 갖추어야 하는 조건으로 틀린 것은?

① 번개에 의한 연료 발화가 발생하지 않도록 해야 한다.
② 각각의 엔진과 보조동력장치에 공급되는 연료에서 오염물질을 제거할 수 있어야 한다.
③ 계통에 저장된 연료를 안전하게 제거하거나 격리할 수 있어야 한다.
④ 고장 발생 감지가 유용하도록 한 계통 구성품의 고장이 다른 연료 계통의 고장으로 연결되어야 한다.

**해설**

항공기의 모든 계통은 각 계통에서 고장이 생길 경우 다른 계통으로 고장이 연결되면 안 된다.

**51** 복합재료에서 모재(matrix)와 결합되는 강화재(reinforcing material)로 사용되지 않는 것은?

① 유리          ② 탄소
③ 에폭시        ④ 보론

**해설**

에폭시 수지 : 열경화성 수지 중 대표적인 수지로서, 성형 후 수축률이 적고 기계적 성질이 우수하며, 접착 강도를 가지고 있으므로 항공기 구조의 접착제나 도료로 사용된다. 전파 투과성이나 내후성이 우수한 특성 때문에 항공기의 레이돔, 동체 및 날개 등의 구조재용 복합재료의 모재로도 사용되고 있다.

**52** 연료를 제외하고 화물, 승객 등이 적재된 항공기의 무게를 의미하는 것은?

① 최대 무게(maximum weight)
② 영 연료 무게(zero fuel weight)
③ 기본자기무게(basic empty weight)
④ 운항 빈 무게(operating empty weight)

**해설**

• 기본자기무게(basic empty weight) : 승무원, 승객 등의 유효하중, 사용 가능한 연료, 배출 가능한 윤활유의 무게를 포함하지 않는 상태에서의 항공기 무게이다. 기본 빈 무게에는 사용 불가능한 연료, 배출 불가능한 윤활유, 엔진 내의 냉각액의 전부, 유압 계통의 무게도 포함된다.
• 연료 무게(zero fuel weight) : 연료를 제외하고 적재된 항공기의 최대 무게로서 화물, 승객, 승무원의 무게 등이 포함된다.
• 최대이륙무게(maximum weight) : 항공기에 인가된 최대무게로, 이륙하기 전 모든 무게를 다 포함한다.
• 운항 빈 무게(operating empty weight) : 기본 빈

무게에 운항에 필요한 승무원, 장비품, 식료품을 포함한 무게로서, 승객, 화물, 연료 및 윤활유를 포함하지 않은 무게이다.

**53** 조종간이나 방향키 페달의 움직임을 전기적인 신호로 변환하고 컴퓨터에 입력 후 전기, 유압식 작동기를 통해 조종 계통을 작동하는 조종 방식은?

① Cable control system

② Automatic pilot system

③ Fly-By-Wire control system

④ Push Pull Rod control system

**해설**

플라이 바이 와이어 조종장치(Fly-By-Wire control system) : 현재 주로 사용되는 조종 방식으로서 컴퓨터가 계산하여 조종면을 필요한 만큼 편위시켜 주도록 되어 있으므로 항공기의 급격한 자세 변화 시에도 원만한 조종성을 발휘하는 조종 방식이다.

**54** 티타늄합금에 대한 설명으로 옳은 것은?

① 열전도 계수가 크다.

② 불순물이 들어가면 가공 후 자연경화를 일으켜 강도를 좋게 한다.

③ 티타늄은 고온에서 산소, 질소, 수소 등과 친화력이 매우 크고, 또한 이러한 가스를 흡수하면 강도가 매우 약해진다.

④ 합금원소로서 Cu가 포함되어 있어 취성을 감소시키는 역할을 한다.

**해설**

티탄은 비중이 4.54로, 녹는점은 1668°이다. 티탄합금은 항공기 재료 중에서 비강도가 우수하므로 항공기 이외의 로켓과 가스터빈 재료로도 널리 이용되고 있으며, 인성 및 피로 강도가 우수하고, 고온 산화에 대한 저항성이 뛰어나다. 또한 산소, 질소, 수소 등과의 고온에서의 친화력이 매우 좋지만 가스를 흡수하면 강도는 많이 약해진다.

**55** 이질 금속 간의 접촉부식에서 알루미늄 합금의 경우 A그룹과 B그룹으로 구분하였을 때 그룹이 다른 것은?

① 2014 ② 2017

③ 2024 ④ 5052

**해설**

• A군 알루미늄 : 1100, 3003, 5052, 6061

• B군 알루미늄 : 2014, 2017, 2024, 7075

**56** 다음 중 가스용접에 해당하는 것은?

① 산소-수소용접 ② MIG용접

③ $CO_2$용접 ④ TIG용접

**해설**

가스용접의 종류로 산소-아세틸렌, 산소-수소, 산소-LPG, 산소-천연가스 등이 있다.

**57** 너트의 부품 번호가 AN310D-5일 때 310은 무엇을 나타내는가?

① 너트 계열 ② 너트 지름

③ 너트 길이 ④ 재질 번호

**해설**

AN310 : 항공기 캐슬너트, D : 재질 알루미늄 합금 2017, 5 : 사용볼트의 직경이 5/16

**58** 그림과 같이 하중(W)이 작용하는 보를 무엇이라 하는가?

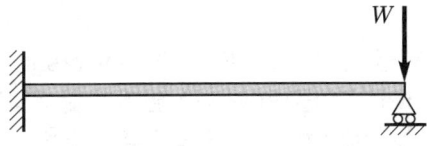

① 외팔보 ② 돌출보

③ 고정보 ④ 고정 지지보

**해설**

- 단순보 : 일단이 부등한 힌지 위에 지지되어 있고 타단이 가동 힌지점 위에 지지되어 있는 보이다.
- 외팔보 : 일단은 고정되어 있고 타단이 자유로운 보이다.
- 돌출보 : 일단이 부동 힌지점 위에 지지되어 있고, 보의 중앙 근방에 가동 힌지점이 지지되어 보의 한 지점이 지점 밖으로 돌출되어 있는 보이다.
- 고정 지지보 : 일단이 고정되어 타단이 가동 힌지점 위에 지지된 보이다.
- 양단 지지보 : 양단이 고정되어 있는 보이다.

**59** 비행기가 양력을 발생함이 없이 급강하할 때 날개는 비틀림 등의 하중을 받게 되며, 이러한 하중에 항공기가 구조적으로 견딜 수 있는 설계상의 최대속도는?

① 설계순항속도
② 설계급강하속도
③ 설계운용속도
④ 설계돌풍운용속도

**해설**

- 설계순항속도 : 항공기가 이 속도에서 순항 성능이 가장 효율적으로 얻어지도록 정한 설계속도
- 설계급강하속도 : 속도-하중배수 속도에서 최대속도이며, 구조 강도의 안정성과 조종면에서 안전을 보장하는 설계상의 최대 허용속도
- 설계운용속도 : 플랩올림 상태에서 설계 무게에 대한 실속속도
- 설계돌풍운용속도 : 최대 돌풍에 대한 설계속도

**60** 단줄 유니버설 헤드 리벳(universal head rivet) 작업을 할 때 최소 끝거리 및 리벳의 최소 간격(pitch)의 기준으로 옳은 것은?

① 최소 끝거리는 리벳 직경의 2배 이상, 최소 간격은 리벳 직경의 3배
② 최소 끝거리는 리벳 직경의 2배 이상, 최소 간격은 리벳 길이의 3배
③ 최소 끝거리는 리벳 직경의 3배 이상, 최소 간격은 리벳 길이의 4배
④ 최소 끝거리는 리벳 직경의 3배 이상, 최소 간격은 리벳 직경의 4배

**해설**

리벳의 배열
- 리벳 피치 : 리벳 간격으로 최소 3D~최대 12D, 주로 6~8D 이용
- 열간 간격 : 리벳 열 간격으로 최소 2.5D, 주로 4.5~6D 이용
- 연거리 : 모서리와 리벳 간격으로 최소 2D(접시머리 리벳 : 2.5D), 최대 4D

**제4과목  항공장비**

**61** 니켈-카드뮴 축전지의 충·방전 시 설명으로 옳은 것은?

① 충·방전 시 전해액(KOH)의 비중은 변화하지 않는다.
② 방전 시 물이 발생하여 전해액의 비중이 줄어든다.
③ 충전 시 전해액의 수면 높이가 낮아진다.
④ 방전 시 전해액의 수면 높이가 높아진다.

**해설**

- 니켈-카드뮴 배터리(nickel cadmium battery) : 고충전율을 가지고 납산 배터리에 비해 방전 시 전압 강하가 거의 없으며, 재충전 소요시간이 짧고, 큰 전류를 일시에 사용해도 배터리에 무리가 없으며, 유지비가 적게 들고, 배터리의 수명이 길다. 셀당 전압은 1.2V~1.25V이다. 정상작동 온도 범위는 −65°F~165°F이다.
- 전해액 : 니켈-카드뮴 배터리의 전해액으로는 물의 무게에 30%에 해당하는 과산화칼륨($K_2O_2$)의 혼합물인 묽은 수산화칼륨을 사용하고, 비중은 1.240~1.300이다. 전해액을 만들 때는 물에 수산화칼륨을 조금씩 떨어뜨려서 만든다. 충·방전 시 전해

액의 유면의 높이 및 비중이 변화하는 건 납산 축전지의 특징이다.

**62** 그림과 같은 회로에서 5Ω 저항에 흐르는 전류 값은 몇 A인가?

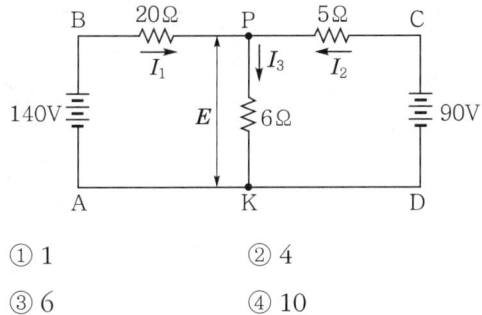

① 1  
② 4  
③ 6  
④ 10

해설

※키르히호프의 법칙

① 키르히호프 제1법칙 전류의 법칙 $I_1 + I_2 = I_3$

② 키르히호프 제2법칙 전압의 법칙

$140 = 20I_1 + 6I_3 = 0$

$90 = 5I_2 + 6I_3 = 0$

③ 연립방정식으로 풀면

$140 = 20I_1 + 6(I_1 + I_2) = 0$

$90 = 5I_2 + 6(I_1 + I_2) = 0$

$\overline{140 = 26I_1 + 6I_2 = 0 \cdots\cdots① }$ (①에 ×11,

$90 = 6I_1 + 11I_2 = 0 \cdots\cdots②$  ②에 ×6)

$\overline{1540 = 286I_1 + 66I_2 = 0}$

$540 = 36I_1 + 66I_2 = 0$

④ 정리하면

$1000 = 250I_1, \ I_1 = \dfrac{1000}{250} = 4A$

⑤ 대입하면

$\dfrac{90 = 6I_1 + 11I_2}{90 = 6\times4 + 11\times I_2, \ I_2 = 6A}$ $I_1$ 적용

⑥ 키르히호프 제1법칙 전류의 법칙

$I_1 + I_2 = I_3, \ 4 + 6 = I_3, \ I_3 = 10A$

⑦ K, P 구간 전압은

$V = I \times R, \ V = 10 \times 6, \ V = 60V$

**63** CVR(Cockpit Voice Recorder)에 대한 설명으로 옳은 것은?

① HF 또는 VHF를 이용하여 통화를 한다.

② 항공기 사고원인 규명을 위해 사용되는 녹음장치이다.

③ 지상에 있는 정비사에게 경고하기 위한 장비이다.

④ 지상에서 항공기를 호출하기 위한 장치이다.

해설

비행기록장치(FDR)와 함께 항공기의 사고 조사용 기기로, 사고 당시의 상황을 알기 위해 조종실 내에서의 대화나 관제(管制) 기관과의 교신(交信) 내용을 기록해 놓는 장치. 조종사와 관제사 간의 무선전화에 의한 교신 내용이나 조종사와 다른 승무원 간의 대화 내용을 기록하는 녹음기로서 엔드리스 테이프(endless tape)를 사용해 30분 동안의 음성을 기록하도록 되어 있다. 30분이 지나면 소거 헤드로 지우고 새로운 내용을 녹음하게 되는데, 4채널의 내용을 동시에 기록할 수 있도록 되어 있다. 사고가 났을 때, 녹음 내용을 조사할 수 있도록 주요 부분은 고열과 강한 충격에도 견딜 수 있을 만큼 견고한 강철제 케이스에 설치되어 있다. 국제민간항공기구(ICAO)에서 규정한 안전 규정에 부합하도록 제작한 것이므로 항공기 사고 시에는 조사단이 가장 먼저 이 장치를 확보한 후 사고 조사에 임하게 된다.

**64** 항공기 계기 중 압력 수감부를 이용한 것이 아닌 것은?

① 고도계  
② 방향지시계  
③ 승강계  
④ 대기속도계

해설

피토정압 계통의 계기는 속도계, 고도계, 승강계가 있으며, 이들 계기의 구성은 수감부, 확대부, 지시부로 나누어 볼 수 있다.

① 수감부 : 압력, 온도 등을 감지하여 기계적 변위 또는 전기적 변화를 가져오는 부분으로 외부 변화를 수감한다.

② 확대부 : 수감부의 변위나 변화가 지시부에 직접 지시하기에는 너무 적기 때문에 bell crank, sector, pinion gear, chain을 이용하여 확대하는 부분이다.

③ 지시부 : 확대부에서 확대된 변위가 지시부에 나타나며, 눈금이 매겨진 계기판과 지침으로 구성된다.

## 65 항공기에 사용되는 전선의 굵기를 결정할 때 고려해야 할 사항이 아닌 것은?

① 도선 내 흐르는 전류의 크기

② 도선의 저항에 따른 전압강하

③ 도선에 발생하는 줄(Joule)열

④ 도선과 연결된 축전지의 전해액 종류

**해설**

도선도표에서 도선의 굵기를 정할 때는 전류의 크기, 전선의 길이, 장착 위치의 온도, 도선의 저항에 의한 전압강하, 도선에 발생하는 줄(Joul)열에 따라 정해진다. AWG 번호가 작을수록 도선은 굵어지고, 허용 전류량이 커진다. 항공기에서는 00~26번에서 짝수 도선을 주로 사용한다.

## 66 터보팬 항공기의 방빙(anti-icing)장치에 관한 설명으로 틀린 것은?

① 윈드실드는 내부 금속 피막에 전기를 통하여 방빙한다.

② 피토관의 방빙은 내부의 전기 가열기를 사용한다.

③ 날개 앞전의 방빙은 엔진 압축기의 고온 공기를 사용한다.

④ 엔진의 공기흡입장치의 방빙은 화학적 방빙 계통을 사용한다.

**해실**

〈방빙 방법〉

① Thermal Anti-Icing : 열에 의한 방빙장치는 날개의 Leading Edge 내부에 날개 쪽 방향으로 연결되어 있는 덕트에 가열된 공기를 보내어 내부에서 날개

Leading Edge를 따뜻하게 함으로써 얼음의 형성을 막는 것이다. 크게 분류하면 Turbine Compressor에서 Bleed된 고온의 공기, 엔진 배기 열교환기에서의 고온 공기 및 연소가열기에 의한 가열 공기 등 3종류가 있다.

② Electric Anti-Icing : 이것은 전기 히터(Electric Heater)를 이용하여 결빙을 막는 방법으로서 비교적 작은 부분에 사용된다. 구조나 조절이 간단한 것이 특징이지만, 가열 부분의 면적이나 체적이 증가하면 필요 전력을 확보한 상태에서 전압을 올려야 하므로 절연이나 전류 조절에 문제가 발생한다. 전기적인 방빙을 사용하는 계통은 Pitot Tube, Propeller, Eng Air Intake, Windshield, 특이한 예로서 날개 Leading Edge의 가열에도 이용된다.

③ Chemical Anti-Icing : 결빙 온도를 내려 수분을 액체 상태로 유지시키기 위하여 알코올을 사용하여 방빙을 하는 방식이다. 지상에서 기체의 제설 시에 사용하는 Ethylene Glycol 원액을 Dope하는 것도 결빙을 지연시키는 효과가 있다. 이것은 프로펠러, Carbuletor, Windshield Glass 방빙에 사용되며, 알코올 탱크에서 펌프를 이용해 공급하고 원심력이나 공기의 흐름을 이용해 될 수 있는 한 균등하게 분배한다. 특이한 예는 이것을 날개, 꼬리날개 등의 제빙에 사용하는 것으로, 날개 Leading Edge 표면을 다공질의 금속 재료로 만들고 알코올을 가압 공급하여 스며 나오도록 하는 방법을 이용하고 있다.

## 67 항공기 계기에서 플랩의 작동 범위를 표시한 것은?

① 녹색호선(green arc)

② 백색호선(white arc)

③ 황색호선(yellow arc)

④ 적색방사선(red radiation)

**해설**

항공계기 색표시

• 붉은색 방사선 : 최대 및 최소 운용한계

• 노란색 호선 : 안전 운용 범위에 대한 경계와 경고 범위

- 흰색 호선 : 대기 속도계에 사용하는 색 표지로 플랩 조작에 따른 항공기의 속도 범위를 나타낸다.
- 푸른색 호선 : 기화기를 장비한 왕복엔진에 있는 계기로 연료 공기 혼합비가 오토인 상태의 안전 운용 범위
- 흰색 방사선 : 계기의 유리가 미끄러졌는지 확인하기 위해 유리판과 계기 케이스에 걸쳐 표시

### 68 직류발전기에서 발생하는 전기자 반작용을 없애기 위한 것은?

① 보극(interpole)
② 직렬권선(series-winding)
③ 병렬권선(shunt-winding)
④ 회전자권선(armature coil)

**해설**

전기자 반작용을 없애기 위해 주된 자기극인 N극과 S극의 사이에 설치한 소자극. 이 소자극(보극)의 권선은 전기자 권선과 직렬로 연결한다. 이와 같이 보극을 설치하여 부하 시에 보극 바로 밑에 있는 전기자 권선이 만드는 자속을 상쇄할 수 있고, 스파크가 생기지 않는 정류를 할 수 있다. 대부분의 직류기에는 보극이 부착되어 있다.

### 69 자동조종장치(autopilot)의 구성요소에 해당하지 않는 것은?

① 출력부(output elements)
② 전이부(transit elements)
③ 수감부(sensing elements)
④ 명령부(command elements)

**해설**

- 자동조종장치의 구성요소 3가지는 명령부, 수감부, 출력부이다.
- 자세, 방향자이로, 선회계, 고도계 등의 계기를 통해 신호를 수감하고, 해당 신호를 수감한 자동조종장치 컴퓨터(명령부)가 조종면과 연결되어 있는 서브 모터에게 명령하여 작동하는 시스템이다.

### 70 발전기 출력 제어회로에서 제너다이오드(zener diode)의 사용 목적은?

① 정전류 제어
② 역류 방지
③ 정전압 제어
④ 자기장 제어

**해설**

제너 다이오드는 어떤 크기 이상의 역전압이 가해지면 반대 방향으로도 전류 흐름이 급격히 증가하지만 전압은 일정하게 된다. 그래서 정전압제어에 사용된다.

### 71 장거리 통신에 유리하나 잡음(noise)이나 페이딩(fading)이 많으며, 태양 흑점의 활동으로 인한 전리층 산란으로 통신 불능이 가끔 발생되는 항공기 통신장치는?

① HF 통신장치
② MF 통신장치
③ LF 통신장치
④ VHF 통신장치

**해설**

- 단파(HF)는 전파의 특성상 전리층과 지표 사이에서의 반사를 여러 번 반복하기 때문에 전리층 상태에 따라서 음질이 변화하여 통신 불안정성을 피할 수 없다. 보통 대양이나 지상설비를 설치할 수 없는 사막, 정글 등의 상공을 비행할 때 지상과의 통신에 이용된다.
- 페이딩 : 전파 경로 상태의 변화에 따라 수신 강도가 시간적으로 변하는 현상

### 72 다음 중 화재 진압 시 사용되는 소화제가 아닌 것은?

① 물
② 이산화탄소
③ 할론
④ 암모니아

**해설**

소화제의 종류는 물, 이산화탄소, 프레온가스, 분말, 질소 등이 사용된다. 소화기의 종류는 포말소화기, 분말소화기, 할론소화기, 이산화탄소 소화기가 있다.

✈ **정답** 68 ① 69 ② 70 ③ 71 ① 72 ④

**73** 비행 중에 비로부터 시계를 확보하기 위한 제우(rain protection) 시스템이 아닌 것은?

① Air Curtain System

② Rain Repellent System

③ Windshield System

④ Windshield Washer System

• 윈드실드 와이퍼 장치 : 와이퍼 블레이드를 적절한 압력으로 누르면서 움직여 물방울을 기계적으로 제거한다.

• 레인 리펠런트 장치 : 윈드실드에 표면 장력이 작은 화학 액체를 분사하여 피막을 만들어 물방울이 공기 흐름 속으로 날아가게 만드는 장치이다.

• 에어 커튼 장치 : 압축공기를 이용하여 윈드실드에 부착한 물방울을 날려 보내거나 건조시켜 부착을 막는 방법이다.

**74** 자기컴퍼스의 조명을 위한 배선 시 지시오차를 줄이기 위한 방법으로 옳은 것은?

① 음(−)극선을 가능한 자기컴퍼스 가까이에 접지시킨다.

② 양(+)극선과 음(−)극선은 가능한 충분한 간격을 두고 음(−)극선에는 실드선을 사용한다.

③ 모든 전선은 실드선을 사용하여 오차의 원인을 제거한다.

④ 양(+)극선과 음(−)극선을 꼬아서 합치고 접지점을 자기컴퍼스에서 충분히 멀리 뗀다.

전선을 꼬아서 하나로 합치지 않고, 하나의 굵은 전선을 사용 시 진동에 의해서 단선되기 쉬우며, 전선을 꼬아서 합치게 되면 전선 주위에 생기는 자기장을 상쇄시켜 최소화 할 수 있기 때문이다.

**75** 항공기 유압계통에서 축압기(accumulator)의 사용 목적으로 옳은 것은?

① 유압유 내 공기 저장

② 작동유의 누출을 차단

③ 계통 내 작동유의 방향 조정

④ 비상시 계통 내 작동유 공급

축압기는 가압된 작동유의 저장통으로서 동력 펌프를 도우며, 펌프가 고장 났을 때 계통 내에 작동유를 공급하여 압력기기를 작동시킨다. 서지현상을 방지하고, 압력 계통의 충격을 흡수하며, 압력 조절기 개폐 빈도를 줄여 주는 역할을 한다.

**76** 유압계통에서 기기의 실(seal)이 손상 또는 유압관의 파열로 작동유가 완전히 새어나가는 것을 방지하기 위해 설치한 안전장치는?

① 유압퓨즈(Hydraulic Fuse)

② 오리피스 밸브(Orifice Valve)

③ 분리 밸브(Disconnect Valve)

④ 흐름조절기(Flow Regulator)

• 작동유 압력계통의 파이프, 호스가 파손되거나 실에 손상이 생겨 작동유가 누설되는 것을 방지하는 장치는 유압퓨즈이다.

• 오리피스 밸브는 작동유의 흐름률을 제한하며, 흐름조절기는 작동유 압력 모터의 회전수를 일정하게 하여 조종면, 플랩, 전방 조향장치, 서보 실린더에 공급되는 작동유를 계통 압력의 변화와 관계없이 흐름을 일정하게 유지시키는 장치이다.

**77** 항공계기에 요구되는 조건으로 옳은 것은?

① 기체의 유효 탑재량을 크게 하기 위해 경량이어야 한다.

② 계기의 소형화를 위하여 화면은 작게 하고 본체는 장착이 쉽도록 크게 해야 한다.

③ 주위의 기압과 연동이 되도록 승강계, 고도계, 속도계의 수감부와 케이스는 노출이 되도록 해야 한다.

④ 항공기에서 발생하는 진동을 알 수 있도록 계기판에는 방진장치를 설치해서는 안 된다.

**[해설]**

계기는 무게와 크기는 작아야 하며, 내구성이 길어야 한다. 정확성이 확보되어야 함으로 외부 조건의 영향을 적게 받아야 하며, 누설, 마찰, 온도에 대한 오차가 없어야 한다. 방진 및 방습, 방염 처리도 하여야 한다.

**78** 계기착륙장치(Instrument Landing System)의 구성장치가 아닌 것은?

① 로컬라이저(Localizer)

② 마커비컨(Marker Beacon)

③ 기상 레이더(Weather Radar)

④ 글라이드 슬로프(Glide Slope)

**[해설]**

계기착륙장치는 로컬라이저, 글라이드 슬로프, 마커비컨으로 구성되어 있다. 로컬라이저는 수평 위치를 표시하며, 글라이드 슬로프는 활강 경로, 하강 비행각을 표시한다. 마커비컨은 활주로 끝으로부터의 일정 거리를 표시한다.

**79** 객실여압장치를 가진 항공기 여압 계통 설계 시 고려해야 하는 최소 객실고도는?

① 2400ft  ② 8000ft

③ 10000ft  ④ 해면고도

**[해설]**

고도 10000ft 이상을 비행하는 경우 여압 및 산소공급 계통을 구비해야 한다. 일반적으로 여압은 최소 객실고도인 기압고도 8000ft, 약 2400m로 한다.

**80** 항공기가 산악 또는 지면과 충돌하는 것을 방지하는 장치는?

① Air Traffic Control System

② Inertial Navigation System

③ Distance Measuring Equipment

④ Ground Proximity Warning System

**[해설]**

대지 접근 경보 장치(GPWS: Ground Proximity Warning System)는 항공기가 공항 근처에서 지면과 충돌하여 일어나는 사고를 방지하기 위한 장치이다. 대지 접근 경고 컴퓨터를 중심으로 전파 고도계, 계기 착륙장치의 글라이드 슬로프 수신기, 공력 자료 시스템, 착륙장치 및 플랩 위치 등을 입력으로 처리하여 대지 이상접근 여부를 감시한다. 경고 정보를 표시 계기에 나타내며, 동시에 스피커로 음성 메시지를 출력한다.

✈ **정답** 78 ③  79 ②  80 ④

# 항공산업기사

**제1과목** 항공역학

## 01 다음 중 항공기가 등속 수평비행 중일 때 항공기에 작용하는 힘을 옳게 표현한 것은?

① T<D, L<W      ② T>D, L>W

③ T<D, L>W      ④ T=D, L=W

**해설**

등속 수평비행이라는 것은 항공기가 가속하거나 감속하지 않고 같은 속도를 유지하는 등속도 비행(T=D)과 상승하거나 하강하지 않는 수평비행(L=W)을 동시에 만족하는 비행이다.

## 02 다음 중 이륙을 하다가 임계엔진이 정지되었을 때 즉시 이륙을 포기할 수 있는 속도로 옳은 것은?

① $V_1$      ② $V_2$

③ $V_3$      ④ $V_4$

**해설**

① 이륙단념속도(take off refusal speed)로 이륙을 하다 임계엔진(Critical eng)이 정지되었을 때 즉시 이륙을 포기할 수 있는 속도이다.

② 이륙안전속도(take off safety speed)로 이륙이 완료된 때의 속도로서 실속 속도의 1.2배 정도의 값을 가진다.

③ 비행기 플랩을 접어야 하는 속도이다.

④ 초기 상승속도

## 03 다음 중 아음속 흐름 속에 베르누이 정리의 설명으로 틀린 것은?

① 점성의 변화가 없다고 가정한다.

② 압축성의 변화가 없다고 가정한다.

③ 온도의 변화가 없다고 가정한다.

④ 정압과 동압의 합은 항상 일정하다.

**해설**

아음속 흐름의 특징은 비점성, 비압축성이며, 비압축성 베르누이 정리에 따라 정압과 동압의 합인 전압의 크기는 항상 일정하다. 하지만 천음속 이상의 흐름에서 점성과 압축성의 변화가 고려될 경우에는 비압축성 베르누이 정리를 적용하기 힘들다.

## 04 유동 속도가 0.5m/s인 물속에서 너비를 가지는 평판을 유동과 평행하게 위치 시켰다. 평판의 길이가 200mm이고 수조의 물의 질량이 1ton, 체적이 1m³일 때 평판에 작용하는 레이놀즈 수는 얼마인가? (단, 물의 동점성계수는 $1.011 \times 10^{-6} m^2/s$이다.)

① $6.6 \times 10^4$      ② $7.7 \times 10^4$

③ $8.8 \times 10^4$      ④ $9.9 \times 10^4$

**해설**

$$Re = \frac{Vl}{\nu} = \frac{\text{속도} \times \text{길이}}{\text{동점성계수}} = \frac{0.5\text{m/s} \times 0.2\text{m}}{1.011 \times 10^{-6} m^2/s}$$

\* 평판의 길이 200mm를 속도와 동점성계수의 m로 단위를 변환해 주는 것이 중요하다.

**정답** 01 ④   02 ①   03 ③   04 ④

**05** 초음속 비행이 목적인 항공기를 설계할 때 갖추어야 할 요소로 틀린 것은?

① 항력발산마하수를 크게 한다.
② 날개를 뾰족하게 만든다.
③ 큰 받음각에서 양력을 크게 만든다.
④ 날개 두께를 얇게 만든다.

> **해설**

큰 받음각을 주게 되면 양력도 증가하지만 항력도 증가하며, 특히 고속기의 경우 항력이 급격하게 증가한다. 고속 비행에 있어서 양력보다 항력을 작게 하는 것이 중요하므로 작은 받음각을 가지도록 설계하는 것이 유리하며 항력을 최대한 작게 설계한다.

**06** 다음 중 헬리콥터 조종 장치의 종류로 옳지 않은 것은?

① 추력 가속 페달
② 방향 조종 페달
③ 동시피치 조종 스틱
④ 주기피치 조종 스틱

> **해설**

② 방향 조종 페달 : 헬리콥터 기수를 왼쪽과 오른쪽으로 방향 전환을 조종
③ 동시피치 조종 스틱 : 피치각을 조절하여 헬리콥터를 상승, 하강하게 하는 조종
④ 주기피치 조종 스틱 : 헬리콥터 회전면을 기울여 헬리콥터를 앞, 뒤, 좌, 우 방향으로 조종

**07** 다음 중 조종사에 의해 지정된 회전수를 엔진의 출력과 비행속도, 비행고도의 변화와 관계없이 깃 각을 조절하여 항상 일정하게 유지시켜 주는 프로펠러의 종류로 옳은 것은?

① 역피치 프로펠러
② 정속 프로펠러
③ 고정피치 프로펠러
④ 조정피치 프로펠러

> **해설**

① 역피치 프로펠러(reverse pitch) : 주로 착륙 후 제동을 목적으로 깃 각을 (−)의 위치로 변경할 수 있는 프로펠러로서 회전 방향을 유지하면서 발생되는 추력의 방향을 반대로 하는 기능을 가지고 있다.
③ 고정피치 프로펠러(fixed pitch) : 주로 경비행기에 사용되며 깃 각을 변경시킬 수 없고 순항속도에서 가장 좋은 효율이 되도록 프로펠러 깃 각을 설정한다.
④ 조정피치 프로펠러(adjustable pitch) : 특정 속도에서 가장 좋은 효율이 되도록 지상에서 조정하는 방식이다.

**08** 다음 중 어떤 물체가 평형 상태에서 이탈된 후 시간이 지남에 따라 진폭이 감소되는 경향으로 옳은 것은?

① 정적 안정
② 정적 중립
③ 동적 안정
④ 동적 중립

> **해설**

① 정적 안정 : 물체가 평형 상태에서 벗어난 뒤 방향 또는 자세가 시간이 지나며 다시 평형 상태로 되돌아오는 것
② 정적 중립 : 물체가 평형 상태에서 벗어난 뒤 방향 또는 자세가 시간이 지나며 원래의 평형 상태로 되돌아오지도 않고, 벗어난 방향으로도 이동하지 않는 경우
④ 동적 중립 : 물체가 평형 상태에서 벗어난 뒤 시간이 지나도 진폭에 변화가 없는 상태

**09** 다음 중 세로 안정성을 좋게 하는 방법으로 틀린 것은?

① 무게중심이 공력중심보다 위에 있어야 한다.
② 무게중심이 공력중심보다 앞에 있어야 한다.
③ 수평꼬리날개가 클수록 좋다.
④ 수평꼬리날개의 효율이 높을수록 좋다.

**해설**

세로 안정성을 높이는 방법

① 무게중심이 공력중심보다 앞에 있어야 한다.

② 무게중심이 공력중심보다 아래 있어야 한다(날개가 무게 중심보다 높은 위치에 있는 경우).

③ 수평꼬리날개가 클수록 좋다(수평꼬리날개의 부피 계수가 클수록 좋다).

④ 수평꼬리날개의 효율이 높을수록 좋다.

**10** 다음 중 헬리콥터의 주 회전날개를 대칭 날개 단면으로 사용하는 가장 큰 이유로 옳은 것은?

① 회전날개에 의한 진동을 줄이기 위해서

② 플래핑 운동의 효율을 크게 하기 위해서

③ 조종의 효율을 높이기 위해서

④ 헬리콥터의 토크 효과를 크게 하기 위해서

**해설**

주 회전날개 깃은 대칭 날개 단면을 사용하는 것이 일반적이며, 그 이유는 회전날개에 의한 진동을 줄이기 위해서이다.

**11** 다음 중 멀리 활공하려는 항공기의 특징으로 틀린 것은?

① 활공각이 커야 한다.

② 기체 표면을 매끈하게 한다.

③ 날개 길이를 길게 한다.

④ 가로세로비를 작게 한다.

**해설**

최장 거리 활공 조건은 $s_{\max} = \left(\dfrac{C_L}{C_D}\right)_{\max} \times h$이며, 이 밖에도 활공비를 작게 하기 위해 양항비가 커야 하며, 유해항력을 작게 하기 위해 기체 표면을 매끄럽게 하거나 모양을 유선형으로 제작하고 날개의 길이를 길게 하여 가로세로비를 크게 함으로써 유도항력을 작게 하는 방법도 있다.

**12** 어떤 항공기가 5000m의 고도를 360km/h로 비행하고 있을 때 날개 면적은 30m²이고, 이때 항력계수는 0.3일 때 필요 마력은? (단, 공기의 밀도는 0.075)

① 1500HP

② 2500HP

③ 3500HP

④ 4500HP

**해설**

필요마력($P_r$)

$$= \frac{DV}{75} = \frac{1}{2}\rho V^2 S C_D \times \frac{V}{75}$$
$$= \frac{1}{150}\rho V^3 S C_D$$
$$= \frac{1}{150} \times 0.075 \times \left(\frac{360}{3.6}\right)^3 \times 30 \times 0.3$$
$$= 4500\text{HP}$$

단위 환산이 중요하며 360km/h를 m/s로 고쳐주는 과정이 필수이다.

**13** 비행하는 항공기의 속박와동 세기가 일정치 않을 경우 날개 뒷전이 진동하는 플러터 현상이 발생되는데, 이를 방지해 주기 위한 방법으로 옳은 것은?

① 양항비가 큰 날개를 사용한다.

② 앞전이 둥근 날개를 사용한다.

③ 날개 뒷전이 날카로운 날개를 사용한다.

④ 고양력장치를 활용한다.

**해설**

날개 뒷전이 날카롭지 않으면 뒷전의 정체점의 위치가 위아래로 진동함에 따라 속박와동의 세기가 주기적으로 변화하고, 원형 단면에서와 마찬가지로 유동에 의한 유도진동으로서 날개에 플러터 현상이 유발된다.

**14** 다음 중 후퇴날개의 날개 끝 실속 현상을 방지하기 위한 방법으로 틀린 것은?

① vortex generator를 설치한다.
② wash out으로 날개를 설계한다.
③ stall fence를 날개 앞전이나 뒷전에 설치한다.
④ fowler flap을 설치한다.

[해설]

후퇴날개의 날개 끝 실속 방지

① 날개 스팬 방향에 따라 끝으로 갈수록 점차 날개 단면의 받음각을 감소시키는 기하학적 비틀림(wash out)의 형상을 갖도록 설계한다.
② 와류 발생 장치(vortex generator)를 설치하여 경계층의 박리를 지연 시키고 실속을 방지한다.
③ 톱날 앞전(saw tooth leading edge, dog tooth leading edge) 형태를 날개에 도입하여 바깥쪽 날개를 안쪽 날개보다 앞쪽으로 끌어 당겨 설치하며 스팬 방향의 유동을 차단하여 날개 끝 실속을 방지한다.
④ 경계층 팬스(boundary fence, stall fence)를 날개 앞전이나 뒷전에 설치하여 날개 끝의 경계층이 두꺼워지는 것을 방지한다.

**15** 항공기 날개 단면에서 임의 점의 압력계수(pressure coefficient)를 구하는 데 관련이 없는 것은?

① 날개 임의점의 동압
② 자유흐름의 정압
③ 날개 임의점의 속도
④ 자유흐름의 속도

[해설]

$$C_p = \frac{p - p_\infty}{q_\infty} = \frac{\text{날개 임의점의 정압} - \text{자유흐름의 정압}}{\text{자유흐름의 동압}}$$

$$C_p = 1 - \left(\frac{V}{V_\infty}\right)^2 = 1 - \left(\frac{\text{날개 임의점의 속도}}{\text{자유흐름의 속도}}\right)^2$$

**16** 다음 중 날개 단면 형상을 나타내는 용어의 설명으로 틀린 것은?

① 평균 캠버선 – 날개 단면 두께를 2등분 한 선
② 시위 – 앞전과 뒷전을 이은 선
③ 캠버 – 시위선에서 수직 방향으로 잰 아랫면에서 윗면까지의 높이
④ 앞전 반지름 – 평균 캠버선의 앞전에서 평균 캠버선에 접하도록 그은 접선 상에 중심을 가지고 날개 단면의 위 아랫면에 접하는 원의 반지름

[해설]

캠버 : 시위선에서부터 평균 캠버선까지의 수직 거리

**17** 다음 중 유체의 흐름이 있는 수축 노즐에서 유동의 속도에 따른 상태 변화의 설명으로 옳은 것은?

① 비압축성 유동에서 속도는 감소된다.
② 비압축성 유동에서 온도, 밀도는 일정하다.
③ 압축성 유동에서 압력은 감소된다.
④ 압축성 유동에서는 충격파가 생기지 않는다.

[해설]

| 흐름 | 수축 노즐 | 확산 노즐 |
|---|---|---|
| 비압축성 유동 (아음속) | 속도 증가, 압력 감소 | 속도 감소, 압력 증가 |
| | 온도, 밀도 일정 | 온도, 밀도 일정 |
| 압축성 유동 (초음속) | 속도 감소, 압력 증가 | 속도 증가, 압력 감소 |
| | 온도, 밀도 증가 | 온도, 밀도 감소 |

**18** NACA 6 series인 NACA 653-218의 설명으로 옳은 것은?

① 최대 캠버의 크기가 시위의 6%이다.

② 최대 캠버의 위치가 시위 앞전에서 5%에 위치한다.

③ 평균캠버선의 모양이 곡선이다.

④ 고속에서 사용하는 층류 날개 단면을 의미한다.

**해설**

NACA 653-218
- 6 : 6자 계열의 날개 단면
- 5 : 최소 압력 점의 위치가 0.5c에 있다.
- 3 : 최소 항력계수가 되는 양력계수의 범위
$$C_{Ld} - 0.3 < (C_L)_{C_{Dmin}} < C_{Ld} + 0.3$$
- 2 : 설계 양력계수 $C_{Ld} = 0.2$
- 18 : 최대 두께가 시위의 18%

**19** 항공기 자중이 3000lb인 항공기의 총 모멘트가 90000in lb인 항공기가 기준선에서 50in 지점에 100lb 무게의 장비를 설치한다고 할 때, 무게 중심의 위치로 옳은 것은?

① 기준점에서부터 30in

② 기준점에서부터 30.65in

③ 압력 중심으로부터 30in

④ 공기력 중심으로부터 30.65in

**해설**

무게 중심= $\dfrac{총 모멘트}{총 무게}$ = $\dfrac{90000}{3000}$ =30

장비 탑재 후 무게 중심= $\dfrac{본래 모멘트+탑재된 장비의 모멘트}{본래 무게+탑재된 무게}$

$= \dfrac{90000+5000}{3100} = 30.65$

그러므로 원래 기준점에서부터 30in인 곳이 무게 중심이었지만, 장비를 탑재 후 +0.65in만큼 이동한 30.65in로 무게 중심이 이동하는 것을 알 수 있다.

**20** 다음 중 유도항력을 작게 하기 위한 방법으로 옳은 것은?

① 시위를 크게 한다.

② 날개 길이를 크게 한다.

③ e=1인 직사각형 날개를 사용한다.

④ 양력계수를 크게 한다.

**해설**

$$C_{Di} = \frac{C_L^2}{\pi e AR}$$

$AR$(가로 세로비)= $\dfrac{b}{c} = \dfrac{s}{c^2} = \dfrac{b^2}{s}$

스팬효율계수(e)는 실험값으로 0.85~0.95 정도의 값을 가지며 타원 날개가 e=1로 가장 좋은 유도항력 효율을 가진다.

### 제2과목 항공기관

**21** 압력강하가 가장 적은 연소실의 형식은?

① 애뉼러형(annular type)

② 캔애뉼러형(can-annular type)

③ 캔형(can type)

④ 역류캔형(counter flow can type)

**해설**

압력강하는 압력이 감소하는 것으로서 압력손실이라고 볼 수도 있고, 유체의 마찰손실과 가열에 의한 가스의 가속으로 인한 압력손실이 원인이 된다. 애뉼러형 연소실은 연소가 안정하고 연소실 체적에 대한 표면적 비가 적어 냉각이 양호하므로 압력강하가 적다.

**22** 가스터빈엔진의 열효율을 향상시키는 방법으로 가장 거리가 먼 것은?

① 터빈 냉각 방법을 개선한다.

② 배기가스 온도를 증가시킨다.

③ 엔진의 내부 손실을 방지한다.

④ 고온에서 견디는 터빈 재질을 사용한다.

열효율 증가법

- 압력비가 높을수록, 비열비가 클수록 열효율이 증가한다.
- 압력비가 증가하면 열효율이 증가하지만, 압축기 출구 압력 및 온도가 높아지면 터빈 온도가 높아져서 터빈 재질이 문제가 되므로 압력비 증가는 제한을 받는다. 그러므로 배기가스 온도 증가가 아닌 감소를 시켜야 한다.

## 23 왕복엔진의 평균유효압력에 대한 설명으로 옳은 것은?

① 사이클당 유효일을 행정거리로 나눈 값
② 사이클당 유효일을 행정체적으로 나눈 값
③ 행정길이를 사이클당 엔진의 유효일로 나눈 값
④ 행정체적을 사이클당 엔진의 유효일로 나눈 값

평균유효압력은 1사이클 중 1개의 실린더에서 수행된 유효일을 행정체적으로 나눈 값이 되고, 압력비가 클수록 평균유효압력이 증가한다.

## 24 카르노 사이클(Carnot's Cycle)에서 $T_1=$ 359K, $T_2=$223K라고 가정할 때, 열효율은 얼마인가?

① 0.18          ② 0.28
③ 0.38          ④ 0.48

$$\eta_{th} = \frac{W}{Q_1} = 1 - \frac{Q_2}{Q_1} = 1 - \frac{T_2(절대온도)}{T_1(절대온도)}$$

$$\eta_{th} = 1 - \frac{223}{359} = 0.378 ≒ 0.38$$

## 25 축류형 압축기의 반동도를 옳게 나타낸 것은?

① (로터에 의한 압력 상승/단당 압력 상승) ×100
② (터빈에 의한 압력 상승/압축기에 의한 압력 상승)×100
③ (고압압축기에 의한 압력 상승/저압압축기에 의한 압력 상승)×100
④ (스테이터에 의한 압력 상승/단당 압력 상승)×100

- 반동도는 단당 압력 상승 중 로터 깃이 담당하는 상승의 백분율(%)이다.

$$반동도 = \frac{로터\ 깃에\ 의한\ 압력\ 상승}{단당\ 압력\ 상승} \times 100$$

$$= \frac{P_2 - P_1}{P_3 - P_1} \times 100$$

($P_1$ : 로터 깃 입구 압력, $P_2$ : 스테이터 깃 입구 압력, $P_3$: 스테이터 출구 압력)

- 반동도를 너무 작게 하면 고정자 깃의 입구 속도가 커져 단의 압력비가 낮아지고 고정자 깃의 구조 강도면에서도 부적합해서 보통 압축기의 반동도는 50% 정도이다.

## 26 다음 중 가스터빈엔진의 가스 발생기(gas generator)에 포함되지 않는 것은?

① 터빈          ② 연소실
③ 후기 연소기          ④ 압축기

가스 발생기는 압축기, 연소실, 터빈으로 구성되어 있으며, 압축기에서 공기를 흡입, 압축하여 연소실로 보내면 연소실에서는 압축된 공기와 분사된 연료가 연소되어 고온, 고압가스를 발생하고 터빈을 통과하면서 팽창되어 터빈을 회전 시킨다.

**27** 마그네토 브레이커 포인트 캠(magneto breaker point cam) 축의 회전속도(r)를 나타낸 식은? (단, n : 마그네토의 극수, N : 실린더 수이다.)

① $r = \dfrac{N}{n}$   ② $r = \dfrac{N}{n+1}$

③ $r = \dfrac{N}{2n}$   ④ $r = \dfrac{N+1}{2n}$

**해설**

4행정 엔진에서는 크랭크축이 2회전 하는 동안 모든 실린더가 한 번씩 점화를 해야 하므로 크랭크축이 1회전 하는 동안 점화 횟수는 엔진 실린더 수의 1/2이 된다. 그러므로 크랭크축의 회전 속도에 대한 마그네토의 회전 속도는 엔진 실린더 수를 2로 나눈 다음 회전 자석의 극 수로 나눈 값과 같다.

$$\frac{\text{마그네토의 회전속도}}{\text{크랭크축의 회전속도}} = \frac{\text{실린더 수}}{2 \times \text{극수}}$$

**28** 항공기 엔진의 소기 펌프(scavenger pump)가 압력 펌프(pressure pump)보다 용량이 크다. 그 이유는?

① 윤활유가 저온이 되어 팽창하기 때문에

② 소기되는 윤활유에는 공기가 혼합되어 체적이 증대함으로

③ 소기 펌프가 파괴될 우려가 있으므로

④ 압력 펌프보다 소기 펌프의 압력이 낮으므로

**해설**

소기(배유) 펌프는 엔진의 각종 부품을 윤활시킨 뒤 섬프 위에 모인 윤활유를 탱크로 보내는 역할을 하고 엔진에서 흘러나온 오일이 공기와 섞여 체적이 증가하기 때문에 압력 펌프보다 용량이 약간 커야 한다.

**29** 1개의 정압 과정과 1개의 정적 과정, 그리고 2개의 단열 과정으로 이루어진 사이클은?

① 오토 사이클   ② 카르노 사이클

③ 디젤 사이클   ④ 역카르노 사이클

**해설**

디젤 사이클(diesel cycle)은 압축 착화 엔진의 기본 사이클로서 2개의 단열 과정과 1개의 정압 과정, 1개의 정적 과정으로 이루어진 사이클이며, 저속 디젤 엔진의 기본 사이클이고 정압 사이클이라고도 한다.

순서는 단열 압축과정 → 정압 가열 과정 → 단열 팽창 과정 → 정적 방열 과정

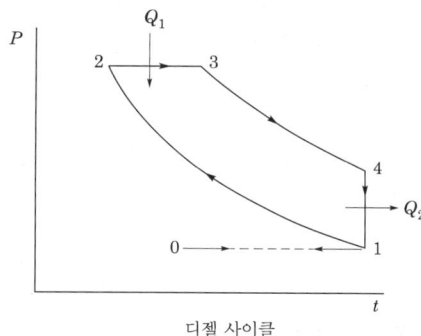

디젤 사이클

**30** 그림은 브레이턴 사이클(Brayton cycle)을 나타낸 것이다. 연소과정을 나타내는 부분은?

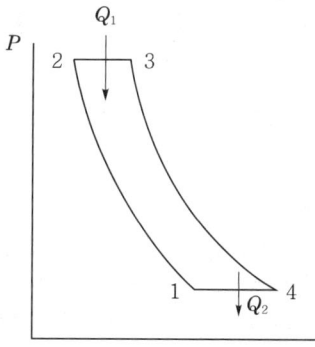

① 1–2   ② 2–3

③ 3–4   ④ 4–5

**해설**

• 1 → 2 과정 : 단열 압축
• 2 → 3 과정 : 정압 수열
• 3 → 4 과정 : 단열 팽창
• 4 → 1 과정 : 정압 방열

✈ **정답** **27** ③  **28** ②  **29** ③  **30** ②

**31** "단지 하나만의 열원과 열교환을 함으로써 사이클에 의해 열을 일로 변화시킬 수 있는 열엔진을 제작할 수 없다"는 누구의 정의인가?

① 카르노      ② 켈빈-플랑크

③ 클라우지우스      ④ 보일-샤를

해설

열역학 제2법칙이며, 클라우지우스의 정의와 켈빈-플랑크의 정의로 설명할 수 있다.

- 클라우지우스의 정의 : 열은 저온부로부터 고온부로 자연적으로 전달되지 않는다.
- 켈빈-플랑크의 정의 : 단지 하나만의 열원과 열교환을 함으로써 사이클에 의해 열을 일로 변환시킬 수 있는 엔진을 제작할 수 없다.

**32** 프로펠러의 역추력(reverse thrust)은 어떻게 발생하는가?

① 프로펠러를 시계방향으로 회전 시킨다.

② 프로펠러를 반시계방향으로 회전 시킨다.

③ 부(negative)의 블레이드 각으로 회전 시킨다.

④ 정(positive)의 블레이드 각으로 회전 시킨다.

해설

역피치 프로펠러는 가변 피치 프로펠러로 작동 중에 블레이드 각을 부의 값(negative)으로 바꿀 수 있다. 주로 착륙 후 착륙 거리(ground roll)를 줄이기 위해 공기 역학적 제동장치로 사용된다.

**33** 왕복엔진의 오일 냉각 흐름조절 밸브(oil cooler flow control valve)가 열리는 조건은?

① 엔진으로부터 나오는 오일의 온도가 너무 높을 때

② 엔진으로부터 나오는 오일의 온도가 너무 낮을 때

③ 엔진오일펌프 배출체적이 소기펌프 출구 체적보다 클 때

④ 소기펌프 배출체적이 엔진오일펌프 입구 체적보다 클 때

해설

이 밸브는 오일이 차가울 때는 냉각이 필요 없으므로 열리고, 오일이 뜨거울 때는 최대 냉각을 주기 위하여 닫히게 설계되어 있다.

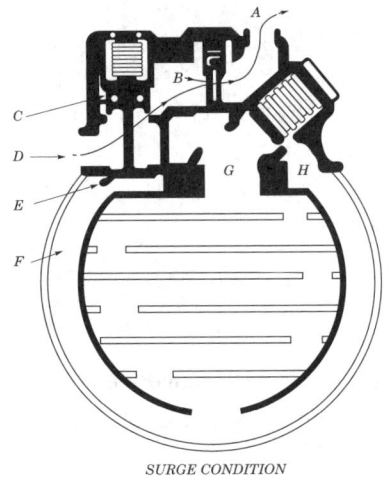

*SURGE CONDITION*

A    *CONTROL VALVE OUTLET*
B    *CHECK VALVE*
C    *SURGE VALVE*

**34** 가스터빈엔진의 어느 부분에서 최고 압력이 나타나는가?

① 압축기 입구

② 압축기 출구

③ 터빈 출구

④ 터빈 입구

해설

압축기와 연소실 사이의 엔진 부분은 압축기-디퓨저(diffuser)로 불린다. 압축기 입구의 단면적은 크고, 압축기 출구의 단면적은 작아 뒤쪽으로 갈수록 압력은 상승한다. 최고 압력 상승 구간은 압축기 후단에 확산 통로인 디퓨저에서 발생한다.

**35** 왕복엔진에 노크현상을 일으키는 요소가 아닌 것은?

① 압축비
② 연료의 옥탄가
③ 실린더 온도
④ 연료의 이소옥탄

**해설**

가솔린은 안티노크 성질에 따라 분류되며 이 성질은 옥탄가로 표현된다. 가솔린은 탄화수소의 혼합체로 분류되며, 이 탄화수소의 두 성분은 이소옥탄과 노말헵탄으로 이소옥탄은 높은 안티노크 성질을 가지며, 노말헵탄은 낮은 안티노크 성질을 갖는다. 70 옥탄가의 연료는 70%의 이소옥탄과 30%의 노말헵탄으로 구성된다.

**36** 왕복엔진에서 둘 또는 그 이상의 밸브 스프링(valve spring)을 사용하는 가장 큰 이유는?

① 밸브 간격을 "0"으로 유지하기 위해
② 한 개의 밸브 스프링(valve spring)이 파손될 경우에 대비하기 위하여
③ 축을 감소시키기 위하여
④ 밸브의 변형을 방지하기 위하여

**해설**

직경과 피치가 다른 2개 이상의 스프링은 서로 다른 주파수를 갖기 때문에 엔진 작동 시 스프링 서지 진동을 급속히 완충 시킨다. 그리고 열이나 금속 피로로 인해 부러질 때 생기는 손상(페일 세이프)을 줄여 준다.

**37** 가스터빈엔진의 공기흡입 덕트(duct)에서 발생하는 램 회복점을 옳게 설명한 것은?

① 램 압력 상승이 최대가 되는 항공기의 속도
② 마찰압력 손실이 최소가 되는 항공기 속도
③ 마찰압력 손실이 최대가 되는 항공기 속도
④ 흡입구 내부의 압력이 대기 압력으로 돌아오는 점

**해설**

- 공기 흡입관의 성능은 압력 효율비와 램 회복점으로 결정된다.
- 압력 효율비는 공기 흡입관 입구의 전압과 압축기 입구 전압의 비를 말한다.
- 램 회복점은 압축기 입구의 정압이 대기압과 같아지는 항공기 속도를 말한다.

**38** 다음 중 초음속 전투기 엔진에 사용되는 수축-확산형 가변 배기 노즐의 출구 면적이 가장 큰 작동상태는?

① 전투추력(military thrust)
② 순항추력(cruising thrust)
③ 중간추력(intermediate thrust)
④ 후기연소추력(after burning thrust)

**해설**

후기 연소기 작동 시 연소된 가스의 체적이 크게 증가하기 때문에 배기 노즐의 면적을 크게 하여 빠른 속도의 배기가스가 충분히 배기되도록 해야 한다.

**39** 마하 0.85로 순항하는 비행기의 가스터빈엔진 흡입구에서 유속이 감속되는 원리에 대한 설명으로 옳은 것은?

① 압축기에 의하여 감속된다.
② 유동 일에 대하여 감속한다.
③ 단면적 확산으로 감속한다.
④ 충격파를 발생시켜 감속한다.

**해설**

- 확산형 흡입관 : 아음속기의 비행 속도가 마하 0.8~0.9이기 때문에, 흡입 속도를 줄이기 위하여 통로의 넓이를 앞에서 뒤로 갈수록 점점 넓게 만들어 공기를 확산시켜 속도를 감소 시킨다.
- 초음속 흡입관 : 공기 흡입관의 단면적을 변화(가변 면적 흡입관) 시키는 방법과 충격파를 이용하는 방법이 있다. 일반적으로 두 가지 방법을 함께 사용한다.

**✈ 정답**   35 ④   36 ②   37 ④   38 ④   39 ③

**40** 열역학 제2법칙을 설명한 내용으로 틀린 것은?

① 에너지 전환에 대한 조건을 주는 법칙이다.

② 열과 기계적 일 사이의 에너지 전환을 말한다.

③ 열은 그 자체만으로는 저온 물체로부터 고온 물체로 이동할 수 없다.

④ 자연계에 아무 변화를 남기지 않고 어느 열원의 열을 계속하여 일로 바꿀 수는 없다.

**해설**

열역학 제1법칙은 에너지 보존의 법칙으로 밀폐계와 개방계의 열과 일의 관계는 다음과 같다.

1. 밀폐계의 열과 일의 관계 : 물체에 열을 가하면 열은 에너지 형태로 물체 내부에 저장되거나 물체가 주위에 일을 하게 되어 에너지를 소비한다.

2. 개방계의 열과 일의 관계 : 작동 물질이 계를 출입하므로 열, 일, 내부 에너지, 운동 에너지, 위치 에너지, 유동 에너지가 포함된다. 개방계의 열역학 제1법칙은 "계로 들어오는 에너지의 합과 계를 나가는 에너지의 합은 같다."

열역학 제2법칙은 열의 방향성에 대한 법칙이다. 그에 따른 열의 방향성은 다음과 같다.

1. 열의 이동 방향 : 열은 고온에서 저온으로 이동할 수 있으나 저온에서 고온으로 이동하지 못한다.

2. 열의 변환 방향 : 고온의 열을 일로 바꿀 때 열기관이 필요하며, 흡수한 열의 일부만 일로 바뀌고 나머지는 배출된다.

## 제3과목  항공기체

**41** 항공기의 손상된 구조를 수리할 때 반드시 지켜야 할 기본 원칙으로 틀린 것은?

① 중량을 최소로 유지해야 한다.

② 원래의 강도를 유지하도록 한다.

③ 부식에 대한 보호 작업을 하도록 한다.

④ 수리 부위 알림을 위한 윤곽 변경을 한다.

**해설**

구조 수리의 기본 원칙 : 원래 강도 유지, 원래의 윤곽 유지, 최소 무게 유지, 부식에 대한 보호

**42** 비행기의 무게가 2500kg이고 중심위치는 기준선 후방 0.5m에 있다. 기준선 후방 4m에 위치한 15kg짜리 좌석을 2개 떼어내고 기준선 후방 4.5m에 17kg짜리 항법장비를 장착하였으며, 이에 따른 구조 변경으로 기준선 후방 3m에 12.5kg의 무게 증가 요인이 추가 발생하였다면, 이 비행기의 새로운 무게중심 위치는?

① 기준선 전방 약 0.30m

② 기준선 전방 약 0.40m

③ 기준선 후방 약 0.50m

④ 기준선 후방 약 0.60m

**해설**

$$CG = \frac{총 모멘트}{총 무게}$$

$$CG = \frac{(2500 \times 50) - (30 \times 400) + (17 \times 450) + (12.5 \times 300)}{2500 - 30 + 17 + 12.5}$$

$$= \frac{124,400}{2,499.5} = 49.76\,cm \doteqdot 0.5\,m$$

**43** 알루미나(alumina) 섬유의 특징으로 틀린 것은?

① 은백색으로 도체이다.

② 금속과 수지와의 친화력이 좋다.

③ 표면처리를 하지 않아도 FRP나 FRM으로 할 수 있다.

④ 내열성이 뛰어나 공기 중에서 1300℃로 가열해도 취성을 갖지 않는다.

**해설**

• 알루미나 섬유는 탄성률이 높다(유리 섬유의 3배 이상).

• 알루미나 섬유는 탄소 섬유, 탄소규소 섬유와 달리 전기 절연성을 가지고 있다.

- 공기 중 1000℃ 이상에서 사용해도 강도가 저하 되지 않으며, 용융 금속에 침해당하지 않는 특성을 가지고 있다.
- 모재의 종류 : 유리 섬유 보강 플라스틱(FRP), 섬유 보강 금속(FRM), 섬유 보강 세라믹(FRC)

## 44 케이블 턴버클 안전결선 방법에 대한 설명으로 옳은 것은?

① 배럴의 검사 구멍에 핀을 꽂아 핀이 들어가지 않으면 양호한 것이다.

② 단선식 결선법은 턴버클 엔드에 최소 10회 감아 마무리한다.

③ 복선식 결선법은 케이블 직경이 1/8in 이상인 경우에 주로 사용한다.

④ 턴버클엔드의 나사산이 배럴 밖으로 10개 이상 나오지 않도록 한다.

**해설**

케이블 턴버클 작업 절차
- 턴버클 엔드에 최소 4회 정도 감아 마무리한다.
- 단선식 결선법은 케이블 직경이 1/8in 미만인 경우 주로 사용한다.
- 턴버클엔드의 나사산이 배럴 밖으로 3개 이상 나오지 않도록 한다.
- 배럴 구멍에 핀을 꽂아 핀이 들어가면 제대로 체결되지 않은 것이다.

## 45 Al 표면을 양극산화처리하여, 표면에 방식성이 우수하고 치밀한 산화 피막이 만들어지도록 처리하는 방법이 아닌 것은?

① 수산법      ② 크롬산법

③ 황산법      ④ 석출경화법

**해설**

- 황산법 : 사용 전압이 낮고, 소모 전력량이 적으며, 약품 가격이 저렴하다. 비교적 경제적인 방법이어서 가장 널리 사용한다.
- 수산법 : 수산 알루마이트법이라고 하며, 교류 및 직

류를 중첩 사용하여 좋은 결과를 얻을 수 있는 장점이 있다.
- 크롬산법 : 항공기용 부품 재료의 방식 처리에 적합하다. 피막의 두께가 얇고, 불투명한 회색이기 때문에 염색 처리용으로는 좋지 않다.

## 46 알루미늄 합금 중 이질 금속 간의 부식을 방지하기 위하여 나머지 셋과 접촉시키지 않아야 되는 것은?

① 1100      ② 2014

③ 3003      ④ 5052

**해설**

이질 금속 간의 부식(galvanic, 동전기부식) : 서로 다른 금속이 접촉하면 접촉면 양쪽에 기전력이 발생하고 여기에 습기가 끼게 되면 전류가 흐르면서 금속이 부식되는 현상을 말한다.
- A군 : 1100, 3003, 5052, 6061
- B군 : 2014, 2017, 2024, 7075 (A, B군은 서로 이질 금속이므로 접촉을 피해야 한다.)

## 47 전기용접에서 비드의 결함상태에 속하지 않는 것은?

① 오버랩(over lap)

② 스패터(spartter)

③ 언더컷(undercut)

④ 크레이터(crater)

**해설**

- 크레이터 : 아크용접에 있어서 용접 중에 생기는 용융 지표면의 오목한 곳, 또 아크를 끊었을 때 비드 말단에 남는 오목한 곳을 말한다.
- 오버랩 : 용접금속의 끝이 모재와 융합하지 않고 포개져 있는 것처럼 되어 있는 상태를 말한다.
- 스패터 : 아크, 가스용접 시 용접 중에 비산하는 슬래그 및 금속 입자를 말한다(용접 시 불꽃이 사방으로 비산하는 현상).
- 언더컷 : 용접선 가장자리에 모재가 패여서 골이 생

기는 상태를 말한다. 원인은 과도한 용접전류, 작업 시 부적절한 용접봉의 각도, 운봉 속도의 부적당으로 생긴다.

## 48 항공기 기체 판재에 적용한 Relief Hole의 주된 목적은?

① 무게 감소　　　② 강도 증가

③ 응력집중 방지　④ 좌굴 방지

해설

릴리프 홀 : 2개 이상의 굽힘이 교차하는 장소는 응력집 중이 발생하여 교점에 균열이 일어나게 되는데, 응력 교 차점에 응력제거 구멍을 뚫어 이를 예방한다. 릴리프 홀 의 크기는 $\frac{1}{8}$inch 이상의 범위에서 굽힘 반지름의 치 수를 릴리프 홀의 지름으로 한다.

## 49 비행기의 원형 부재에 발생하는 전비틀림각과 이에 미치는 요소와의 관계로 틀린 것은?

① 비틀림력이 크면 비틀림각도 커진다.

② 부재의 길이가 길수록 비틀림각은 작아진다.

③ 부재의 전단계수가 크면 비틀림각이 작아 진다.

④ 부재의 극단면 2차 모멘트가 작아지면 비 틀림각이 커진다.

해설

비틀림 각 : $\theta = \dfrac{TL}{GJ}$

θ: 비틀림각, T : 회전력, L : 부재의 길이
G : 전단탄성계수, J : 극관성 모멘트
※ 부재의 길이가 길수록 비틀림각은 커진다.

## 50 항공기의 카울링과 페어링(fairing)을 장착하는 데 사용되는 캠 록 패스너(cam lock fastener)의 구성으로 옳은 것은?

① grommet, cross pin, receptacle

② stud assembly, grommet, cross pin

③ stud assembly, grommet, receptacle

④ stud assembly, receptacle, cross pin

해설

• 주스 파스너 구성품 : 스터드, 그로밋, 스프링
• 캠 록 파스너 구성품 : 스터드, 그로밋, 리셉터클
• 에어 록 파스너 구성품 : 스터드, 크로스 핀, 리셉터클

## 51 항공기의 리깅 체크 시 일반적으로 구조적 일치 상태 점검에 포함되지 않은 것은?

① 날개 상반각

② 수직 안정판 상반각

③ 날개 취부각

④ 수평 안정판 상반각

해설

기체 리깅작업 항목 : 대칭각, 날개 상반각, 날개 붙임 각, 수평 안정판 장착각, 수평 안정판 상반각, 수직 안 정판 수직도, 엔진 얼라이먼트, 착륙장치 얼라이먼트

## 52 항공기 착륙장치의 완충 스트럿(shock strut)을 날개 구조재에 장착할 수 있도록 지지하며, 완충 스트럿의 힌지축 역할을 담당하는 것은?

① 트러니언(trunnion)

② 저리 스트럿(jury strut)

③ 토션 링크(torsion link)

④ 드래그 스트럿(drag strut)

해설

• 트러니언 : 착륙장치를 동체 구조재에 연결시키는 부 분으로 양 끝은 베어링에 의해 지지되며, 이를 회전 축으로 하여 착륙장치가 펼쳐지거나 접어 들여진다.
• 토션 링크 : 2개의 A자 모양으로 윗부분은 완충 버팀 대에, 아랫부분은 올레오 피스톤과 축으로 연결되어 피스톤이 과도하게 빠지지 못하게 하고, 바퀴가 정 확하게 정렬해 있도록, 즉 옆으로 돌아가지 못하도 록 한다.

**53** 볼트의 부품번호가 AN 3 DD 5 A인 경우 DD에 대한 설명으로 옳은 것은?

① 볼트의 재질을 의미한다.

② 나사 끝에 두 개의 구멍이 있다.

③ 볼트 머리에 두 개의 구멍이 있다.

④ 미 해군과 공군에 의해 규격 승인되어진 부품이다.

**해설**

볼트의 호칭기호 (AN 3 DD H 10 A)

• AN : 규격명

• 3 : 계열, 지름(3/16inch)

• DD : 볼트 재질

• H : 볼트 머리 구멍 관련 기호

• 10 : 볼트 기호(x/8inch)

• A : 생크 구멍 관련 기호

**54** 프로펠러 항공기처럼 토크(torque)가 크지 않은 제트엔진 항공기에서 2개 또는 3개의 콘 볼트(cone bolt)나 트러니언 마운트(trunnion mount)에 의해 엔진을 고정 장착하는 방법은?

① 링 마운트 형식(ring mount method)

② 포드 마운트 형식(pod mount method)

③ 배드 마운트 방법(bed mount method)

④ 피팅 마운트 방법(fitting mount method)

**해설**

Engine Mount는 엔진의 무게를 지지하고 엔진의 추력을 기체에 전달하는 구조물이다. 재질로는 경비행기는 Cr-Mo 강을 사용하고, 대형 항공기는 Cr-Ni-Mo 강을 사용한다.

엔진의 종류, 엔진의 장착 위치와 방법에 따라 그 종류가 다르다.

• ring mount method : 성형엔진 고정 장착 방법

• pod mount method : 제트엔진 고정 장착 방법

• bed mount method : 수평대향형엔진 고정 장착 방법

**55** 그림과 같이 보에 집중하중이 가해질 때 하중 중심의 위치는?

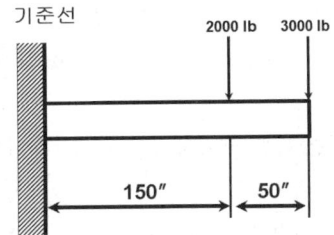

① 기준선에서부터 150″

② 기준선에서부터 180″

③ 보의 우측끝에서부터 150″

④ 보의 우특끝에서부터 180″

**해설**

$$c.g(\text{중심위치}) = \frac{\text{총 모멘트}}{\text{총 무게}} = \frac{W_1 l_1 + W_2 l_2 ---}{W_1 + W_2 ---}$$

$$= \frac{2000 \times 150 + 3000 \times 200}{2000 + 3000} = 180$$

**56** 항공기의 이착륙 중이나 택시 중 랜딩기어 노스 휠(nose wheel)의 이상 진동을 막는 시미 댐퍼의 형태가 아닌 것은?

① 베인(vane) 타입

② 피스톤(piston) 타입

③ 스프링(spring) 타입

④ 스티어 댐퍼(steer damper)

**해설**

• 피스톤 형 : 캠 어셈블리와 댐퍼 어셈블리로 구성되며, 캠 어셈블리는 쇼크 스트럿의 내부 실린더에 장착되고 노스 휠과 함께 회전한다.

• 베인 형 : 노스 휠 쇼크 스트럿에 장착되고 보급 챔버, 작동 챔버, 하부 샤프트 패킹 챔버로 구성된다.

• 스티어 댐퍼 : 유압으로 작동되고 스티어링 작동과 시미 댐퍼로서의 기능을 하여 2가지 분리된 기능을 수행한다.

✈ **정답** 53 ① 54 ② 55 ② 56 ③

**57** 인터널 렌칭 볼트(internal wrenching bolt)가 주로 사용되는 곳은?

① 정밀공차 볼트와 같이 사용된다.

② 표준육각 볼트와 같이 아무 곳에나 사용된다.

③ 클레비스 볼트(clevis bolt)와 같이 사용된다.

④ 비교적 큰 인장과 전단이 작용하는 부분에 사용된다.

해설

인터널 렌칭 볼트(NAS144~NAS158, MS20004~MS20024) : 인장력이나 전단력을 받는 곳에 고강도 볼트로 사용된다.

**58** 알루미늄 합금을 용접할 때 가장 적합한 불꽃은?

① 탄화 불꽃         ② 중성 불꽃

③ 산화 불꽃         ④ 활성 불꽃

해설

• 탄화 불꽃(아세틸렌 과잉 불꽃) : 스텔라이트, 알루미늄, 스테인리스강 및 모넬 메탈용접에 사용된다.

• 중성 불꽃(표준 불꽃) : 연강, 주철, 니켈-크롬강, 구리, 아연 도금 철판, 아연, 주강 및 고탄소강 등의 용접에 사용된다.

• 산화 불꽃(산소 과잉 불꽃) : 황동 및 청동의 용접에 사용된다.

**59** 다음 중 항공기 엔진을 장착하거나 보호하기 위한 구조물이 아닌 것은?

① 나셀            ② 포드

③ 카울링          ④ 킬빔

해설

킬빔 : 동체와 주 날개의 결합 부분에 사용하는 구조부재로 이·착륙 시에 걸리는 반복하중에 견딜 수 있는 강도를 지니도록 설계된다.

**60** 항공기가 효율적인 비행을 하기 위해서는 조종면의 앞전이 무거운 상태를 유지해야 하는데, 이것을 무엇이라 하는가?

① 평형상태(on balance)

② 과대 평형(over balance)

③ 과소 평형(under balance)

④ 정적 평형(static balance)

해설

• 정적 평형 : 어떤 물체가 자체의 무게중심으로 지지되고 있는 경우, 정지된 상태를 그대로 유지하려는 경향을 말한다. 효율적인 비행을 하려면 조종면의 앞전을 무겁게 제작한다.

• 과소 평형 : 조종면을 평형대에 장착하였을 때 수평위치에서 조종면의 뒷전이 내려가는 현상(+상태)이다.

• 과대 평형 : 조종면을 평형대에 장착하였을 때 수평위치에서 조종면의 뒷전이 올라가는 현상(−상태)이다.

제4과목    항공장비

**61** 원격지시 COMPASS의 종류가 아닌 것은?

① MAGNESYN COMPASS

② GYROSYN COMPASS

③ STAND-BY COMPASS

④ GYRO FLUX-GATE COMPASS

해설

원격 지시컴퍼스는 마그네신, 자이로신, 자이로 플럭스-게이트가 있다. 마그네신은 지자기의 수감부를 날개 끝이나 꼬리 부분에 설치하며, 수감부와 지시부를 마그네신 방식으로 연결한다. 자이로신은 대형 항공기에 일반적으로 사용하는 방식으로 자차가 거의 없고 동적 오차가 없다. 자이로 플럭스-게이트는 자이로신 컴퍼스와 비슷한 원리이며 플럭스-게이트 자체가 지자기를 탐지할 뿐만 아니라 강직성도 가진다.

**62** 관성항법장치(INS)에서 안정대(stable plat-form) 위에 가속도계를 설치하는 주된 이유는?

① 지구자전을 보정하기 위하여

② 각가속도도 함께 측정하기 위하여

③ 항공기에서 전해지는 진동을 차단하기 위하여

④ 가속도를 적분하기 위한 기준좌표계를 이용하기 위하여

[해설]

관성항법장치는 자세를 제어하는 자이로와 가속도를 계측하는 가속도계로 구성되어 있다. 가속도를 적분하면 속도, 속도를 적분하면 이동거리를 계산할 수 있다는 것을 이용하는 항법 장치이기에 안정대 위에 가속도계를 설치하는 이유이다.

**63** 지상에 설치된 송신소나 트랜스폰더를 필요로 하는 항법장치는?

① 거리측정장치(DME)

② 자동방향탐지기(ADF)

③ 2차 감시레이더(SSR)

④ SELCAL(Selective Calling System)

[해설]

DME는 기상장치(질문기)와 지상장치(응답기)로 구성된 2차 레이더이며, 펄스 신호가 두 점 사이를 왕복하는 시간을 측정하여 거리를 측정한다. ADF는 무선국에서 오는 전파의 방향을 탐지하여 항공기의 방위를 시각 또는 청각으로 알아내는 장치이다. SSR은 지상의 질문기에 해당하며 수신된 응답 신호를 해독하여 항공기의 정보를 레이더 화면에 표시한다. 지상에 설치된 송신소나 트랜스폰더를 필요로 하는 항법장치는 SELCAL이다.

**64** 전기저항식 온도계의 온도 수감부가 단선 되었을 때 지시값의 변화로 옳은 것은?

① 단선 직전의 값을 지시한다.

② 지시계의 지침은 '0'을 지시한다.

③ 지시계의 지침은 저온 측의 최소값을 지시한다.

④ 지시계의 지침은 고온 측의 최대값을 지시한다.

[해설]

전기 저항식 온도계는 온도 변화에 따른 금속의 저항 변화를 이용한다. 금속에 흐르는 전류를 측정하여 온도로 환산하는 방식인데, 수감부가 단선이 되면 지시계의 지침은 고온 측의 최대값을 지시하게 된다.

**65** 해발 500m인 지형 위를 비행하고 있는 항공기의 절대고도가 1500m라면, 이 항공기의 진고도는 몇 m인가?

① 1000 　　　② 1500

③ 2000 　　　④ 2500

[해설]

절대고도는 지표면으로부터의 고도이며, 진고도는 해수면으로부터의 고도이다. 해발 500m에서의 절대고도가 1500m이므로 진고도는 2000m이다.

**66** 병렬 운전하는 교류발전기의 유효 출력은 무엇에 의해서 제어되는가?

① 발전기의 여자 전류

② 발전기의 출력 전압

③ 발전기의 출력 전류

④ 정속 구동 장치(CSD)의 회전수

[해설]

교류발전기의 병렬 운전은 2개 이상의 교류발전기를 부하가 동일하게 분담하도록 운전해야 한다. 유효 출력은 정속구동장치의 회전수에 의해서 제어되며, 각 발전기의 전압, 주파수, 위상을 일치시켜야 한다.

정답 　62 ④　 63 ④　 64 ④　 65 ③　 66 ④

**67** 교류회로에서 전압계는 100V, 전류계는 10A, 전력계는 800W를 지시하고 있다면, 이 회로에 대한 설명으로 틀린 것은?

① 유효전력은 800W이다.

② 피상전력은 1KVA이다.

③ 무효전력은 200var이다.

④ 부하는 800W를 소비하고 있다.

해설

피상전력 $= 100v \times 10A = 1000[VA]$

유효전력 $= 800W = 10A \times 10A \times 8\Omega$

피상전력$^2 = $ 유효전력$^2 + $ 무효전력$^2$

무효전력은 600Var이다.

**68** 항공기의 조난 위치를 알리고자 구난 전파를 발신하는 비상송수신기는 지정된 주파수로 몇 시간 동안 구조신호를 계속 보낼 수 있도록 되어 있는가?

① 48시간          ② 24시간

③ 15시간          ④ 8시간

해설

비상송수신기는 지정된 주파수로 48시간 동안 계속 구조신호를 보낼 수 있도록 되어 있다.

**69** 화재경보장치 중에서 열이 서서히 증가하는 것을 감지할 수 있는 감지장치는?

① 서미스터형

② 서모커플형

③ 서멀 스위치형

④ 실버원형

해설

일반적인 금속은 온도가 높아지면 저항값이 증가하나 코발트, 구리, 망간, 철, 니켈 등의 산화물 중 2~3종을 혼합하여 만든 반도체는 온도가 올라가면 저항값이 작아지는데, 이러한 반도체를 서미스터라고 한다. 이러한

특성을 이용하여 화재가 발생하여 온도가 올라가면 저항이 작아지며 전류가 흘러 릴레이를 작동시키는 원리이며, 열이 서서히 증가하는 것을 감지하는 것은 서미스터형 화재경보장치이다. 서멀스위치형은 스위치 부분이 직접 가열되어 화재를 탐지한다. 서모 커플형은 온도의 급격한 상승에 의해 화재를 탐지한다.

**70** 그림과 같은 회로에서 저항 6의 양단전압 E는 몇 V인가?

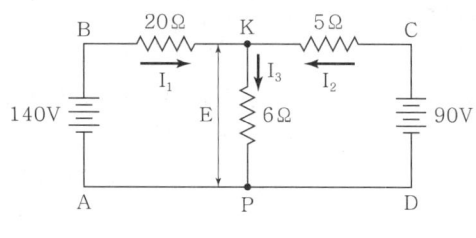

① 20          ② 60

③ 80          ④ 120

해설

※키르히호프의 법칙

① 키르히호프 제1법칙 전류의 법칙 $I_1 + I_2 = I_3$

② 키르히호프 제2법칙 전압의 법칙

$$140 = 20I_1 + 6I_3 = 0$$
$$90 = 5I_2 + 6I_3 = 0$$

③ 연립방정식으로 풀면

$$140 = 20I_1 + 6(I_1 + I_2) = 0$$
$$90 = \ 5I_2 + 6(I_1 + I_2) = 0$$
$$140 = 26I_1 + 6I_2 = 0 \ \cdots\cdots\cdots ①$$
$$90 = \ 6I_1 + 11I_2 = 0 \ \cdots\cdots\cdots ②$$

(①에 $\times 11$, ②에 $\times 6$)

$$1540 = 286I_1 + 66I_2 = 0$$
$$540 = \ 36I_1 + 66I_2 = 0$$

④ 정리하면

$$1000 = 250I_1, \ I_1 = \frac{1000}{250} = 4A$$

⑤ 대입하면

$$90 = 6I_1 + 11I_2$$
$$90 = 6 \times 4 + 11 \times I_2, \ I_2 = 6A$$

$I_1$ 적용

⑥ 키르히호프 제1법칙 전류의 법칙

$I_1 + I_2 = I_3$, $4 + 6 = I_3$, $I_3 = 10A$

⑦ K, P 구간 전압은

$V = I \times R$, $V = 10 \times 6$, $V = 60V$

**71** 공압계통에서 릴리프 밸브(relief valve)의 압력 조정은 일반적으로 무엇으로 하는가?

① 심(shim)

② 스크류(screw)

③ 중력(gravity)

④ 드라이브 핀(drive pin)

[해설]

릴리프 밸브 : 작동유에 의한 계통 내의 압력을 규정값 이하로 제한하는 데 사용되는 밸브. 압력조절 나사(screw)를 통해 조절 가능하다.

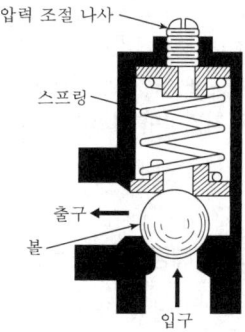

압력 조절 나사
스프링
출구
볼
입구

**72** 항공기 공압계통에서 스위치의 위치와 밸브의 위치가 일치했을 때 점등하는 등(light)은?

① Agreement Light

② Disagreement Light

③ In transit Light

④ Condition Light

[해설]

덕트의 내부 온도가 상승하여 소정 온도에 도달하면 온도 감지기가 감지하고 지시등은 덕트 압력에 따라 점등된다. 이에 따른 지시등이 점등하는 조건과 표시등의 종류와 의미는 다음 표와 같다.

| 지시등이 점등하는 조건 | | 표시등의 종류 | 점등이 나타내는 의미 |
|---|---|---|---|
| 콘트롤 스위치의 위치 | 밸브의 위치 | | |
| 관계 없음 | 완전 열림 완전 닫힘 | Condition Light | 작동상태 |
| | 완전 열림 완전 닫힘 이외 위치 | In Transit Light | 밸브가 움직이고 있거나 어떤 중간 위치 |
| ON | 완전 열림 | Agreement Light | 스위치의 위치와 작동 상태가 일치해 작동 중 |
| OFF | 완전 열림 이외 위치 완전 닫힘 이외 위치 | Disagreement Light | 스위치의 위치와 작동 상태 또는 밸브위치가 일치하지 않을 때 |

**73** 압축공기 제빙부츠 계통의 팽창 순서를 제어하는 것은?

① 제빙장치 구조

② 분배 밸브

③ 흡입 안전 밸브

④ 진공펌프

[해설]

제빙부츠의 종류는 습식과 건식으로 나뉜다. 제빙부츠에서 팽창 순서를 결정하는 것은 분배 밸브(distributor valve)이다.

**74** BATTERY TERMINAL에 부식을 방지하기 위한 방법으로 가장 올바른 것은?

① Terminal에 Grease로 엷은 막을 만들어 준다.

② Terminal에 Paint로 엷은 막을 만들어 준다.

③ Terminal에 납땜을 한다.

④ 증류수로 씻어낸다.

배터리 내부에서 발생되는 가스에 의해서 터미널 주위에 흰색 가루 등이 발생하는 부식이 발생할 수 있다. 이러한 부식을 방지하기 위해서 배터리 터미널 단자를 연결하기 전에 그리스를 칠하면 공기에 의한 산화를 방지하여 부식을 방지할 수 있다.

**75** 항공기가 비행을 하면서 관성항법장치(INS)에서 얻을 수 있는 정보와 가장 관계가 먼 것은?

① 위치　　　　　② 자세
③ 자방위　　　　④ 속도

해설

INS는 가속도계, 전자회로, 자이로스코프로 구성되어 있으며, 가속도의 출력을 적분하여 속도 및 이동거리를 구할 수 있다. 자이로스코프를 이용하여 가속도계의 자세를 일정하게 유지시키나 항공기의 자세에 대한 정보는 얻을 수 없다.

**76** 위성 통신에 관한 설명으로 틀린 것은?

① 지상에 위성 지구국과 우주에 위성이 필요하다.
② 통신의 정확성을 높이기 위하여 전파의 상향과 하향 링크 주파수는 같다.
③ 장거리 광역통신에 적합하고 통신거리 및 지형에 관계없이 전송 품질이 우수하다.
④ 위성 통신은 지상의 지구국과 지구국 또는 이동국 사이의 정보를 중계하는 무선통신 방식이다.

해설

위성통신 시스템(SATCOM, SATellite COMmunication System)은 3~30GHz 주파수 대역의 초고주파(SHF)를 이용한다. 위성통신을 위해서는 우주 공간에 통신중계 위성이 발사되어 운용되어야 하며, 지상에는 위성 지구국(ground station)이 설치되어 위성 추적, 명령 전송 및 제어 등 위성관제를 수행해야 한다. 위성통신은 장거리 광역통신에 적합하고 통신거리 및 지형

과 관계없이 전송 품질이 우수하다. 일반적으로 위성통신은 상향과 하향 주파수가 다르고, 통신거리가 멀기 때문에 신호 지연이 발생하는 단점이 있다.

**77** 자기컴퍼스의 조명을 위한 배선 시 지시오차를 줄여주기 위한 효율적인 배선 방법으로 옳은 것은?

① − 선을 가능한 자기컴퍼스 가까이에 접지시킨다.
② + 선과 − 선은 가능한 충분한 간격을 두고 − 선에는 실드선을 사용한다.
③ 모든 전선은 실드선을 사용하여 오차의 원인을 제거한다.
④ + 선과 − 선을 꼬아서 합치고 접지점을 자기컴퍼스에서 충분히 멀리 뗀다.

해설

자기컴퍼스 주변에 배선 시 최대한 자기컴퍼스와 거리를 두어야 하나 어려울 경우에는 +, − 선을 최대한 가깝게 하여 전류에 의해 형성된 자기장이 컴퍼스에 영향을 끼치지 않도록 해야 한다.

**78** 다음 중 가변 용량 펌프에 해당하는 것은?

① 제로터형 펌프　　② 기어형 펌프
③ 피스톤형 펌프　　④ 베인형 펌프

해설

기어형, 베인형, 제로터형은 케이스(라이너) 안에 기어, 로터 등을 배치하여 용량을 변경시킬 수 없다. 가변용량 펌프는 피스톤형 펌프이다.

**79** 직류 전동기는 그 종류에 따라 부하에 대한 특성이 다른데, 정격이상의 부하에서 토크가 크게 발생하여 왕복엔진의 시동기에 가장 적합한 것은?

① 분권형　　　　② 복권형
③ 직권형　　　　④ 유도형

**해설**

직권전동기 : 경항공기의 시동기, 착륙장치, 카울 플랩 등을 작동하는 데 사용한다. 전기자 코일과 계자 코일이 서로 직렬로 연결된 것이다. 직권전동기의 특징은 시동할 때에 전기자 코일과 계자 코일 모두에 전류가 많이 흘러 시동 회전력이 크다는 것이 장점이다.

**80** 자이로를 이용하는 계기 중 자이로의 각속도 성분만을 검출, 측정하여 사용하는 계기는?

① 수평의　　　　② 선회계
③ 정침의　　　　④ 자이로컴퍼스

**해설**

- 선회계 항공기의 분당 선회율을 지시하며, 자이로의 섭동성만을 이용한다.
- 선회계 지시 방법
  - 2분계(2 MIN TURN) : 한 바늘 폭이 180(°/min)의 선회 각속도를 의미한다.
  - 4분계(4 MIN TURN) : 한 바늘 폭이 90(°/min)의 선회 각속도를 의미한다.
  - 정침의 : 자이로의 강직성을 이용하여 항공기 기수 방위와 정확한 선회각을 지시한다.
  - 수평의 : 자이로의 강직성과 섭동성을 이용하여 항공기의 피치와 경사를 지시한다.

# 항공산업기사

**제1과목** 항공역학

**01** 양항비가 10인 항공기가 고도 2,000m에서 활공비행 시 도달하는 활공거리는 몇 m인가?

① 10,000      ② 15,000

③ 20,000      ④ 40,000

**해설**

$$양항비 = \frac{활공거리(L)}{고도(h)}, \quad 10 = \frac{L}{2000}, \quad L = 20,000\text{m}$$

**02** 프로펠러 항공기의 이륙무게가 1,496kgf 이고, 연료무게가 400kgf, 연료 소비율이 0.2kgf/HP·h인 성능의 항공기에 항속거리는 몇 km인가? (단, 양항비가 6, 프로펠러 효율이 0.8이다.)

① 2,000      ② 3,000

③ 4,000      ④ 5,000

**해설**

항속거리(R)

$$R = \frac{540\eta}{C} \cdot \frac{C_L}{C_D} \cdot \frac{W_1 - W_2}{W_1 + W_2}$$

$$= \frac{540 \times 0.8}{0.2} \times 6 \times \frac{400}{2592} = 2,000\text{km}$$

**03** 다음 중 항공기의 상승률에 가장 큰 영향을 주는 것은?

① 받음각      ② 잉여마력

③ 가로세로비      ④ 비행자세

**해설**

상승률(R.C)

$$R.C = \frac{75(P_a - P_r)}{W}$$

$P_a$ : 필요마력, $P_r$ : 이용마력이고 필요마력에서 이용마력을 뺀 값을 잉여마력(여유마력)이라고 한다.

**04** 지름이 6.7ft인 프로펠러가 2,800rpm으로 회전하면서 80mph로 비행하고 있다면, 이 프로펠러의 진행률은 약 얼마인가?

① 0.23      ② 0.37

③ 0.62      ④ 0.76

**해설**

진행률(J), (1mile = 5,280ft)

$$J = \frac{V}{nD}, \quad J = \frac{80 \times \frac{5280}{3600}}{6.7 \times \frac{2800}{60}} = 0.3752 \cdots$$

**05** 물체 표면을 따라 흐르는 유체의 천이(transition) 현상을 옳게 설명한 것은?

① 충격 실속이 일어나는 현상이다.

② 층류에 박리가 일어나는 현상이다.

③ 층류에서 난류로 바뀌는 현상이다.

④ 흐름이 표면에서 떨어져 나가는 현상이다.

**해설**

천이란 공기 흐름이 층류에서 난류로 바뀔 때 흐름을 말한다.

✈ **정답**   01 ③   02 ①   03 ②   04 ②   05 ③

**06** 항공기 이륙거리를 줄이기 위한 방법이 아닌 것은?

① 항공기의 무게를 가볍게 한다.

② 플랩과 같은 고양력 장치를 사용한다.

③ 엔진의 추력을 작게 하여 이륙 활주 중 가속도를 증가시킨다.

④ 맞바람을 받으면서 이륙하여 바람의 속도만큼 항공기의 속도를 증가시킨다.

이륙거리를 짧게 하는 방법
- 비행기 무게(w)를 작게 한다.
- 추력(t)을 크게 한다.
- 맞바람으로 이륙한다.
- 항력이 작은 활주자세로 이륙한다.
- 고양력 장치를 사용한다.

**07** 헬리콥터에서 회전날개의 깃(blade)은 회전하면 회전면을 밑면으로 하는 원추의 모양을 만들게 되는데, 이때 회전면과 원추 모서리가 이루는 각은?

① 피치각(pitch angle)

② 코닝각(coning angle)

③ 받음각(angle of attack)

④ 플래핑각(flapping angle)

원추각(코닝각) : 회전날개 끝 경로면(회전면)과 원추의 모서리가 이루는 각

**08** 조종면에서 앞전 밸런스(leading edge balance)를 설치하는 주된 목적은?

① 양력 증기

② 조종력 경감

③ 항력 감소

④ 항공기 속도 증가

- 공력 평형 장치 : 조종면의 압력분포를 변화시켜 조종력을 경감시키는 장치
- 종류 : 앞전 밸런스, 혼 밸런스, 내부 밸런스, 프리즈 밸런스

**09** 항공기의 조종성과 안정성에 대한 설명으로 옳은 것은?

① 전투기는 안정성이 커야 한다.

② 안정성이 커지면 조종성이 나빠진다.

③ 조종성이란 평형상태로 되돌아오는 정도를 의미한다.

④ 여객기의 경우 비행성능을 좋게 하기 위해 조종성에 중점을 두어 설계해야 한다.

- 안정성 : 항공기가 평형상태를 벗어난 뒤 원래상태로 되돌아가려는 성질(여객기의 경우 안정성이 높아야 한다.)
- 조종성 : 조종면의 움직임에 따라 항공기를 원하는 방향으로 운동시키는 성질(전투기의 경우 조종성이 커야 한다.)
- * 안정성과 조종성은 서로 상반되는 반비례 관계이다.

**10** 항공기에 장착된 도살핀(dorsal fin)이 손상되었다면, 다음 중 가장 큰 영향을 받는 것은?

① 가로 안정

② 동적 세로 안정

③ 방향 안정

④ 정적 세로 안정

도살핀(dosal fin) : 수직꼬리날개 앞 부분에 장착하여 수직꼬리날개가 실속하는 큰 옆 미끄럼 각에서도 방향 안정성을 증가시킨다.

**11 형상항력(profile drag)으로만 짝지어진 것은?**

① 유해항력, 유도항력

② 압력항력, 유도항력

③ 마찰항력, 유도항력

④ 압력항력, 마찰항력

**해설**

형상항력 : 물체의 형상에 따라 발생하는 항력으로 압력항력과 마찰항력이 있다.

**12 항공기 날개의 시위 길이가 5m, 대기속도가 360km/h, 동점성 계수가 0.2cm²/sec일 때 레이놀즈수(R.N)는 얼마인가?**

① $2.5 \times 10^6$   ② $2.5 \times 10^7$

③ $5 \times 10^6$   ④ $5 \times 10^7$

**해설**

레이놀즈수를 구할 때 단위 변환을 해야 한다.

$$Re = \frac{VL}{\nu} = \frac{500 \times \frac{360 \times 100}{3.6}}{0.2}$$

$$= 25,000,000 = 2.5 \times 10^7$$

**13 조종면에 발생되는 힌지 모멘트에 대한 설명으로 옳은 것은?**

① 조종면의 폭이 클수록 작다.

② 조종면의 평균 시위가 클수록 작다.

③ 비행기 속도가 빠를수록 크다.

④ 조종면 주위 유체의 밀도가 작을수록 크다.

**해설**

힌지 모멘트(H)

$$H = C_h \frac{1}{2} \rho V^2 b \bar{c}^2$$

($C_h$ : 힌지모멘트 계수, $\rho$ : 밀도, $b$ : 조종면의 폭, $\bar{c}$ : 조종면의 평균시위)

**14 선회(turns) 비행 시 외측으로 slip하는 가장 큰 이유는 무엇인가?**

① 경사각이 작고 구심력이 원심력보다 클 때

② 경사각이 크고 구심력이 원심력보다 작을 때

③ 경사각이 크고 원심력이 구심력보다 작을 때

④ 경사각은 작고 원심력이 구심력보다 클 때

**해설**

선회비행 : 선회비행 시 외측으로 미끄러짐 현상이 발생되는 이유는 구심력보다 원심력이 크고 선회 경사각이 작을 경우 발생한다.

**15 헬리콥터 회전날개(rotor blade)에 적용되는 기본 힌지(hinge)로 가장 올바른 것은?**

① 플래핑(flapping) 힌지, 전단(shear) 힌지, 페더링(feathering) 힌지

② 플래핑 힌지, 페더링 힌지, 리드래그(lead-lag) 힌지

③ 페더링 힌지, 리드래그 힌지, 전단 힌지

④ 플래핑 힌지, 리드래그 힌지, 경사(slope) 힌지

**해설**

헬리콥터 힌지

• 플래핑 힌지 : 회전날개를 상-하로 움직이며 양력 불균형을 해소시킨다.

• 리드-래그 힌지 : 회전날개를 앞-뒤로 움직이며 기하학적 불균형을 해소한다.

• 페더링 힌지 : 날개길이 방향을 중심으로 회전운동을 하고 회전날개의 피치각을 조절한다.

**16 고도 10km 상공에서의 대기온도는 몇 ℃인가?**

① -35   ② -40

③ -45   ④ -50

**정답** 11 ④  12 ②  13 ③  14 ④  15 ②  16 ④

표준 대기온도는 15℃이고 1km당 −6.5℃씩 감소하기 때문에 15−6.5×10=−50℃이다.

**17** NACA 2415에서 "2"는 무엇을 의미하는가?

① 최대 캠버가 시위의 2%

② 최대 두께가 시위의 2%

③ 최대 두께가 시위의 20%

④ 최대 캠버의 위치가 시위의 20%

4자 날개골

• 2 : 최대 캠버의 크기가 시위의 2%

• 4 : 최대 캠버의 위치가 시위의 40%

• 15 : 최대 두께가 시위의 15%

**18** 비행 중 저피치와 고피치 사이의 무한한 피치를 선택할 수 있어 비행속도나 엔진출력의 변화와 관계없이 프로펠러의 회전속도를 항상 일정하게 유지하여 가장 좋은 효율을 유지하는 프로펠러의 종류는?

① 고정피치 프로펠러

② 정속 프로펠러

③ 조정피치 프로펠러

④ 2단 가변피치 프로펠러

프로펠러 종류

• 고정피치 : 깃각 변경 불가능

• 조정피치 : 지상에서 정지 시 프로펠러 분리 후 깃각 조절 가능

• 2단 가변 피치 : 비행 중 2개 위치(low&high)만 선택하여 조절 가능

• 정속 : 저피치와 고피치 사이의 무한한 피치를 선택 가능

**19** 항공기의 동적 안정성이 양(+)인 상태에서의 설명으로 옳은 것은?

① 운동의 주기가 시간에 따라 일정하다.

② 운동의 주기가 시간에 따라 점차 감소한다.

③ 운동의 진폭이 시간에 따라 점차 감소한다.

④ 운동의 고유 진동수가 시간에 따라 점차 감소한다.

동적 안정 : 양(+)의 안정 상태로서 어떤 물체가 평형상태에서 이탈한 후 시간이 지남에 따라 운동의 진폭이 감소되는 상태

**20** 날개면적이 100m²인 비행기가 400km/h의 속도로 수평비행하는 경우, 이 항공기의 중량은 약 몇 kgf인가? (단, 양력계수는 0.6, 공기밀도는 0.125kgf · s²/m⁴이다.)

① 60,000

② 46,300

③ 23,300

④ 15,600

수평비행이란 L=W 상태

$$L = \frac{1}{2}\rho V^2 S C_L$$

$$= \frac{1}{2} \times 0.125 \times \left(\frac{400}{3.6}\right)^2 \times 100 \times 0.6$$

$$= 46296.29\cdots ≒ 46300 \,\mathrm{kgf}$$

제2과목 항공기관

**21** 터빈엔진(turbine engine)의 윤활유(lubrication oil)의 구비조건이 아닌 것은?

① 인화점이 낮을 것

② 점도지수가 클 것

③ 부식성이 없을 것

④ 산화 안정성이 높을 것

**해설**

윤활유 구비조건

- 점성과 유동점이 낮아야 한다.
- 점도지수는 어느 정도 높아야 한다.
- 인화점이 높아야 한다.
- 산화 안정성 및 열적 안정성이 높아야 한다.
- 기화성이 낮아야 한다.

**22** 다음 중 아음속 항공기의 흡입구에 관한 설명으로 옳은 것은?

① 수축형 도관의 형태이다.

② 수축–확산형 도관의 형태이다.

③ 흡입공기 속도를 낮추고 압력을 높여준다.

④ 음속으로 인한 충격파가 일어나지 않도록 속도를 감속시켜 준다.

**해설**

아음속 흡입구는 확산형 흡입구를 사용한다. 흡입공기의 속도를 감소시키고 압력을 증가시켜 압축기 입구에서 마하 0.5 정도로 유지시켜 준다.

**23** 속도 1,080km/h로 비행하는 항공기에 장착된 터보제트엔진이 294kg/s로 공기를 흡입하여 400m/s로 배기시킬 때 비추력은 약 얼마인가?

① 8.2

② 10.2

③ 12.2

④ 14.2

**해설**

비추력($F_s$)

$F_s = \dfrac{V_j - V_a}{g}$ ($V_j$ : 배기가스 속도, $V_a$ : 비행기 속도)

$F_s = \dfrac{400 - \left(\dfrac{1080}{3.6}\right)}{9.8} ≒ 10.2$

**24** 9개의 실린더로 이루어진 왕복엔진에서 실린더 직경 5in, 행정길이 6in일 경우 총배기량은 약 몇 $in^3$인가?

① 118

② 508

③ 1,060

④ 4,240

**해설**

총 배기량 $= \dfrac{\pi D^2}{4} \times L \times K$ ($D$ : 실린더 지름, $L$ : 행정거리, $K$ : 실린더 수)

$= \dfrac{3.14 \times 5^2}{4} \times 6 \times 9 = 1059.75 ≒ 1060$

**25** 왕복엔진 배기 밸브(exhaust valve)의 냉각을 위해 밸브 속에 넣는 물질은?

① 스텔라이트

② 취화물

③ 금속나트륨

④ 아닐린

**해설**

금속나트륨(sodium) : 배기 밸브 내부에 중공형태로 만들어 채우는 물질로서 약 200℉에서 녹아 밸브의 냉각효과를 증대시킨다.

**26** 가스터빈엔진에서 연료계통의 여압 및 드레인 밸브(P&D valve)의 기능이 아닌 것은?

① 일정 압력까지 연료 흐름을 차단한다.

② 1차 연료와 2차 연료 흐름으로 분리한다.

③ 연료 압력이 규정치 이상 넘지 않도록 조절한다.

④ 엔진 정지 시 노즐에 남은 연료를 외부로 방출한다.

**해설**

여압 및 드레인 밸브(P&D valve) 역할

- 1차 연료와 2차 연료 흐름으로 분리
- 일정 압력까지 연료 흐름을 차단
- 엔진 정지 시 노즐에 남은 연료를 외부로 방출

✈ **정답**  22 ③   23 ②   24 ③   25 ③   26 ③

**27** 엔진오일계통의 부품 중 베어링부의 이상 유무와 이상 발생 장소를 탐지하는 데 이용되는 부품은?

① 오일 필터
② 마그네틱 칩 디텍터
③ 오일압력 조절 밸브
④ 오일필터 막힘 경고등

**해설**

마그네틱 칩 디텍터(magnetic chip detector) : 엔진 윤활계통에서 금속입자를 검출하기 위해 자석으로 된 검출기로 디텍터에 붙은 금속 입자 성분을 분석해 어디 부분에서 마모 및 파손이 일어났는지 탐지하는 데 사용

**28** 왕복엔진에 사용되는 고휘발성 연료가 너무 쉽게 증발하여 연료배관 내에서 기포가 형성되어 초래할 수있는 현상은?

① 베이퍼 락(vapor lock)
② 임팩트 아이스(impact ice)
③ 하이드로릭 락(hydraulic lock)
④ 이베포레이션 아이스(evaporation ice)

**해설**

증기폐쇄/증기폐색(vapor lock) : 연료가 연료관 안에서 증발하게 되어 배관 내에 기포가 형성되어 연료 흐름을 차단하게 되는 현상

**29** 가스터빈엔진의 복식(duplex) 연료 노즐에 대한 설명으로 틀린 것은?

① 1차 연료는 아이들 회전속도 이상이 되면 더 이상 분사되지 않는다.
② 2차 연료는 고속 회전 작동 시 비교적 좁은 각도로 멀리 분사된다.
③ 연료 노즐에 압축 공기를 공급하여 연료가 더욱 미세하게 분사되는 것을 도와준다.

④ 1차 연료는 시동할 때 이그나이터에 가깝게 넓은 각도로 연료를 분무하여 점화를 쉽게 한다.

**해설**

복식 연료 노즐

• 1차 연료 : 시동 시 분사되고 이그나이터와 가깝게 분사되기 위해 넓은 각도 짧은 거리로 분사(Idle 이상에서도 계속 분사가 이루어진다.)
• 2차 연료 : Idle속도 이상에서 분사, 좁은 각도로 먼 거리로 분사

**30** 옥탄가 90이라는 항공기 연료를 옳게 설명한 것은?

① 노말헵탄 10%를 세탄 90%의 혼합물과 같은 정도를 나타내는 가솔린
② 연소 후에 발생하는 옥탄가스의 비율이 90% 정도를 차지하는 가솔린
③ 연소 후에 발생하는 세탄가스의 비율이 10% 정도를 차지하는 가솔린
④ 이소옥탄 90%에 노말헵탄 10%의 혼합물과 같은 정도를 나타내는 가솔린

**해설**

옥탄가

• 이소옥탄과 노말헵탄으로 만든 표준연료 중 이소옥탄의 체적비율
• 옥탄가 90＝이소옥탄(90%)+노말헵탄(10%)

**31** 과급기(supercharger)를 장착하지 않은 왕복엔진의 경우 표준 해면상(sea level)에서 최대 흡기압력(maximmmanifold pressure)은 몇 inHg인가?

① 17
② 27.2
③ 29.92
④ 30.92

**해설**

과급기(supercharger)란 매니폴드압력(MAP)을 대기압보다 높게 상승시켜 공급하여 체척효율을 높이도록 만든 압축기의 일종으로, 과급기가 장착이 안 된 엔진의 경우 최대 흡기압력은 대기압을 넘지 못한다. 표준 해면상에 엔진이 위치하기 때문에 최대 흡기압력은 표준 대기압인 29.92inHg이다.

**32** 고고도에서 비행 시 조종사가 연료/공기 혼합비를 조정하는 주된 이유는?

① 결빙을 방지하기 위하여

② 역화를 방지하기 위하여

③ 실린더를 냉각하기 위하여

④ 혼합비가 농후해지는 것을 방지하기 위하여

**해설**

고도가 증가함에 따라 공기의 밀도가 감소하고 공기량 감소에 비해 연료 비율은 그대로 공급될 시, 연료 공기 혼합비가 농후하게 되기 때문에 조정해 줘야 한다.

**33** 마그네토의 표시 DF18RN의 설명으로 옳은 것은?

① 단식이다.

② 오른쪽으로 회전한다.

③ 실린더 수는 8개이다.

④ 베이스 장착 방식이다.

**해설**

마그네토 식별

| D | 형식 | D : 복식, S : 단식 |
|---|---|---|
| F | 장착 방법 | F : 플렌지 장착, B : 베이스 장착 |
| 18 | 실린더 수 | 18기통 |
| R | 회전 방향 | R : 오른쪽 방향, L : 왼쪽 방향 |
| N | 제작회사 | N : 벤딕스, G : GE |

**34** 9개 실린더를 갖고 있는 성형엔진(radial engine)의 마그네토 배전기(distributor) 6번 전극에 꽂혀 있는 점화 케이블은 몇 번 실린더에 연결시켜야 하는가?

① 2

② 4

③ 6

④ 8

**해설**

9기통 성형엔진

• 점화 순서 : 1-3-5-7-9-2-4-6-8

• 배전기 순서 : 1-2-3-4-5-6-7-8-9

* 6번 배전기는 2번 실린더에 연결해야 한다.

**35** 가스터빈엔진에서 연료/오일 냉각기의 목적에 대한 설명으로 옳은 것은?

① 연료와 오일을 함께 냉각한다.

② 연료는 가열하고 오일은 냉각한다.

③ 연료는 냉각하고 오일 속의 이물질을 가려낸다.

④ 연료속의 이물질을 가려내고 오일은 냉각한다.

**해설**

연료-오일 냉각기 : 연료-오일 열교환 방식을 사용하여 차가운 연료는 가열시키고, 뜨거운 오일은 냉각시키기 위해 사용한다.

**36** 터빈 깃의 냉각방법 중 터빈 깃을 다공성 재료로 만들고 깃 내부는 중공으로 하여 차가운 공기가 터빈 깃을 통하여 스며 나오게 함으로써 터빈 깃을 냉각시키는 것은?

① 대류냉각

② 충돌냉각

③ 공기막 냉각

④ 침출냉각

**해설**

• 대류냉각(convection cooling) : 내부 중공 속으로 압축기의 Bleed Air를 통과시켜 냉각시키는 가장 일반적인 방법이다.

- 충돌냉각(impingement cooling) : T/Blade의 앞전 냉각에 사용. 중공을 통해 깃 앞전 안쪽으로 냉각공기를 부딪쳐 냉각시키는 방법이다.
- 공기막 냉각(airfilm cooling) : 내부 중공을 통해 깃 표면의 작은 구멍으로 냉각 공기를 내보내 표면에 공기막을 형성하여 hot gas가 달라붙지 못하도록 하는 방식이다.
- 침출냉각(transpiration cooling) : 다공성 재료를 사용하는 것으로 효과는 크나 강도 문제가 미해결상태이다.

**37** 비열비($\gamma$)에 대한 공식 중 맞는 것은? (단, $C_p$ : 정압비열, $C_V$ : 정적비열)

① $\gamma = \dfrac{C_V}{C_P}$  ② $\gamma = \dfrac{C_P}{C_V}$

③ $\gamma = 1 - \dfrac{C_P}{C_V}$  ④ $\gamma = \dfrac{C_P - 1}{C_V}$

해설

비열비($\gamma$)는 정압비열과 정적비열의 비
$k = C_p / C_v > 1$(공기의 비열비는 1.4이다.)

**38** 왕복엔진의 크랭크 핀(crank pin)이 일반적으로 속이 비어 있는 목적으로 가장 거리가 먼 내용은?

① 크랭크 축의 중량을 감소시킨다.
② 윤활유의 통로를 형성한다.
③ 탄소 퇴적물이 모이는 공간으로 활용된다.
④ 크랭크 축의 냉각효과를 갖는다.

해설

크랭크 핀 속이 중공으로 된 이유
- 무게 경감
- 오일의 이동통로
- 이물질 저장 공간(sludge shamber) 역할

**39** 열역학 제2법칙에 대한 설명이 아닌 것은?

① 에너지 전환에 대한 조건을 주는 법칙이다.
② 열과 일 사이의 에너지 전환과 보존을 말한다.
③ 열은 그 자체만으로는 저온 물체로부터 고온 물체로 이동할 수 없다.
④ 자연계에 아무 변화를 남기지 않고 어느 열원의 열을 계속하여 일로 바꿀 수는 없다.

해설

열과 일 사이의 에너지 전환과 보존은 열역학 제1법칙인 에너지보존의 법칙이다.

**40** 초크(choked) 또는 테이퍼 그라운드(taper-ground) 실린더 배럴을 사용하는 가장 큰 이유는?

① 시동 시 압축압력을 증가시키기 위하여
② 정상 작동온도에서 실린더의 원활한 작동을 위하여
③ 정상적인 실린더 배럴(cylinfer barrel)의 마모를 보상하기 위하여
④ 피스톤 링(piston ring)의 마모를 미리 알기 위하여

해설

종통형 실린더/초크보어/테이퍼 그라운드 : 실린더의 헤드 쪽은 연소실이 있어 고열이 작용하여 열팽창이 크므로 헤드 쪽의 직경을 스커트 쪽의 직경보다 좁게 설계하여 정상 작동 시 열팽창에 의해 바른 직경이 되도록 한 실린더이다.

## 제3과목 · 항공기체

**41** 리벳구멍 뚫기 작업 시 리벳과 구멍의 간격에 대한 설명으로 옳은 것은?

① 클리어런스(clearance)라 하며 일반적으로 0.2~0.4in가 가장 적합하다.

② 클리어런스(clearance)라 하며 일반적으로 0.002~0.004in가 가장 적합하다.

③ 디스턴스(distance)라 하며 일반적으로 0.2~0.4in가 가장 적합하다.

④ 디스턴스(distance)라 하며 일반적으로 0.002~0.004in가 가장 적합하다.

**해설**

헐거운 끼워맞춤(clearance fit) : 손으로 끼울 수 있는 간격을 말하며 솔리드섕크 리벳 및 블라인드 리벳은 헐거운 끼워맞춤으로 구멍을 뚫는다. 리벳과 리벳 구멍 사이 간격은 0.05~0.1mm(0.002~0.004inch) 정도가 적당하다.

**42** 다음 중 모노코크형 동체의 구조 부재가 아닌 것은?

① 외피 ② 세로대
③ 벌크헤드 ④ 정형재

**해설**

세로대(longeron) 및 세로지(stringer) 등의 세로 부재는 세미모노코크의 구조 부재이다.

**43** 평형 방정식에 관계되는 지지점과 반력에 대한 설명 중 가장 올바른 것은?

① 롤러 지지점은 수평 반력만 발생한다.
② 힌지 지지점은 1개의 반력이 발생한다.
③ 고정 지지점은 수직 및 수평 반력과 회전모멘트 등 3개의 반력이 발생한다.
④ 롤러 지지점은 수직 및 수평 방향으로 구속되어 2개의 반력이 발생한다.

**해설**

지지점과 반력
• 롤러 지지점(roller support) : 수직 반력만 존재
• 힌지 지지점(hinge support) : 수직 및 수평 반력 2가지 존재
• 고정 지지점(fixed support) : 수직 및 수평, 회전모멘트 3가지 존재

**44** 조종케이블이 작동 중에 최소의 마찰력으로 케이블과 접촉하여 직선운동을 하게 하며, 케이블을 3°이내의 범위에서 방향을 유도하는 것은?

① 케이블드럼 ② 페어리드
③ 폴리 ④ 벨크랭크

**해설**

케이블 안내기구
• 페어리드 : 기체 구조물을 통과할 때 사용, 3° 이내에서 방향 전환 가능
• 풀리 : 케이블 방향 전환
• 벨크랭크 : 회전운동을 직선운동으로 변환

**45** 항공기의 카울링과 페어링(fairing)을 장착하는 데 사용되는 캠록패스너(cam lock fastener)의 구성으로 옳은 것은?

① grommet, cross pin, receptacle
② stud assembly, grommet, cross pin
③ stud assembly, grommet, receptacle
④ stud assembly, receptacle, cross pin

**해설**

턴록 패스너 구성품
• 쥬스 패스너 : 스터드, 그로멧, 리셉터클
• 캠록 패스너 : 스터드 어셈블리, 그로멧, 리셉터클
• 에어록 패스너 : 스터드, 크로스핀, 리셉터클

**정답** 41 ② 42 ② 43 ③ 44 ② 45 ③

**46** 스포일러에 대한 설명으로 틀린 것은?

① 일반적으로 스포일러 판넬은 알루미늄 합금 스킨에 접착된 허니컴 구조로 되어 있다.

② 보조날개와 함께 작동시켜 조종에 이용되기도 한다.

③ 동체에 부착된 스피드 브레이크를 지칭하는 것이다.

④ 스위치 또는 핸들로 조종하고 유압에 의해 작동한다.

해설

스포일러(spoiler)

• 주 날개 상부에 장착되어 있어 Al합금 외피에 허니컴 구조로 되어 있다.

• 양쪽이 동시에 작동하여 스피드 브레이크 역할을 하여 착륙거리 감소 및 속도 감소 역할을 한다.

• 좌우 따로 작동시켜 도움날개(보조날개)의 보조 역할을 하여 옆놀이 운동을 도와준다.

**47** 기체 수리방법 중 크리닝 아웃(cleaning out)이 아닌 것은?

① 커팅(cutting)　　② 트리밍(trimming)

③ 파일링(filing)　　④ 크린업(clean up)

해설

• 크리닝 아웃(cleanig out) : 손상 부분을 완전히 제거하는 방법으로 트리밍, 커팅, 파일링 등을 말한다.

• 크린업 : 모서리 찌꺼기, 날카로운 면 등 판의 가장자리를 다듬는 작업을 말한다.

**48** 머리에 스크루 드라이버를 사용하도록 홈이 파여 있고, 전단하중만 걸리는 부분에 사용되며, 조종계통의 장착핀 등으로 자주 사용되는 볼트는?

① 내부렌치 볼트　　② 아이볼트

③ 육각머리 볼트　　④ 클레비스 볼트

해설

볼트의 종류

• 육각머리 볼트 : 인장 및 전단하중 담당

• 아이볼트 : 인장하중만 걸리는 부분에 사용

• 클레비스 볼트 : 전단하중만 걸리는 부분에 사용

**49** 항공기의 무게중심이 기준선에서 90in에 있고, MAC의 앞전이 기준선에서 82in인 곳에 위치한다면, MAC가 32in인 경우 중심은 몇 %MAC인가?

① 15　　　　② 20

③ 25　　　　④ 35

해설

$$\%MAC = \frac{CG-S}{MAC} \times 100(\%)$$
$$= \frac{90-82}{32} \times 100 = \frac{8}{32} \times 100 = 25\%$$

**50** 다음 중 탄소강을 이루는 5개 원소에 속하지 않는 것은?

① Si　　　　② Mn

③ Ni　　　　④ S

해설

탄소강 5대 원소 : 탄소(C), 규소(Si), 망간(Mn), 인(P), 황(S)

**51** 가스용접을 할 때 사용하는 산소와 아세틸렌 가스 용기의 색을 옳게 나타낸 것은?

① 산소 용기 : 청색, 아세틸렌 용기 : 회색

② 산소 용기 : 녹색, 아세틸렌 용기 : 황색

③ 산소 용기 : 청색, 아세틸렌 용기 : 황색

④ 산소 용기 : 녹색, 아세틸렌 용기 : 회색

해설

산소-아세틸렌 용접

정답　46 ③　47 ④　48 ④　49 ③　50 ③　51 ②

|  | 산소 | 아세틸렌 |
|---|---|---|
| 용기 색깔 | 녹색 | 황색 |
| 호스 색깔 | 녹색, 흑색 | 적색 |

**52** 알루미늄 합금(aluminum alloy) 2024 −T4에서 T4가 의미하는 것은?

① 풀림(annealing) 처리한 것
② 용액 열처리 후 냉간가공품
③ 용액 열처리 후 인공시효한 것
④ 용액 열처리 후 자연시효한 것

**해설**

식별기호
• F : 주조상태 그대로인 것
• O : 풀림처리 한 것
• H : 가공 경화한 것
• T : 열처리 한 것
• T3 : 담금질(용액열 처리)한 후 냉간가공 한 것
• T4 : 담금질(용액열 처리)한 후 상온시효가 완료된 것
• T6 : 담금질(용액열 처리)한 후 인공시효 처리한 것

**53** 복합재료에서 모재(matrix)와 결합되는 강화재(reinforcing material)로 사용되지 않는 것은?

① 유리  ② 탄소
③ 에폭시  ④ 보론

**해설**

복합재료 강화재
• 유리섬유: 흰색, 값이 저렴, 강도 낮음.
• 탄소섬유: 검은색, 가격 고가, 강도 높음.
• 아라미드 섬유: 노란색, 케블러라고 부르며 가볍고 인장강도가 큼.
• 보론섬유: 보라색, 압축강도가 뛰어나며 금속과 점착성이 우수

**54** 다른 재질의 금속이 접촉하면 접촉전기와 수분에 의해 국부전류 흐름이 발생하여 부식을 초래하게 되는 현상을 무엇이라 하는가?

① galvanic corrosion
② bonding
③ anti−corrosion
④ age hardening

**해설**

이질금속 간 부식(galvanic corrosion) : 동전기 부식 또는 전해부식이라 부르며 서로 다른 금속이 접촉한 상태에서 수분 등에 의해 전해작용에 의해 부식이 발생한다.

**55** 무게가 2,950kg이고 중심위치가 기준선 후방 300cm인 항공기에서 기준선 후방 200cm에 위치한 50kg의 전자장비를 장탈하고, 기준선 후방 250cm에 위치한 화물실에 100kg의 비상물품을 실었다면, 이때 중심위치는 기준선 후방 약 몇 cm에 위치하는가?

① 300  ② 310
③ 313  ④ 410

**해설**

무게중심(C.G)

|  | 무게 | 거리 | 모멘트 |
|---|---|---|---|
| 항공기 | 2950 | 300 | 885,000 |
| 전자장비 | −50 | 200 | −10,000 |
| 비상물품 | 100 | 250 | 25,000 |

총 무게 : 3,000kg
총 모멘트 : 900,000kg-cm

$$무게중심(C.G) = \frac{총\ 모멘트}{총\ 무게} = \frac{900,000}{3,000} = 300$$

**56** 폭이 20cm, 두께가 2mm인 알루미늄판을 그림과 같이 직각으로 굽히려 할 때 필요한 알루미늄판의 세트백(set back)은 몇 mm인가?

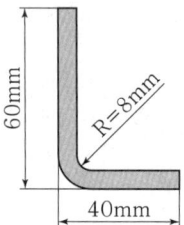

① 8          ② 10
③ 12         ④ 14

해설

세트백(S.B)

$$S.B = \tan\left(\frac{\theta}{2}\right) \times (R+T) = \tan\left(\frac{90}{2}\right) \times (8+2) = 10\text{mm}$$

**57** 그림과 같은 응력-변형률 선도에서 극한응력의 위치는?(단, σ는 응력, ε은 변형률을 나타낸다.)

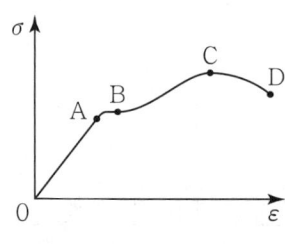

① A         ② B
③ C         ④ D

해설

응력-변형률 곡선
• A : 탄성한계
• B : 항복점
• C : 극한강도
• D : 파단점

**58** 다음 중 토크렌치의 형식이 아닌 것은?

① 빔식(beam type)
② 제한식(limit type)
③ 다이얼식(dial type)
④ 버니어식(vernier type)

해설

토크렌치 종류
• 디플렉팅 빔(빔 타입) : 빔의 탄성을 이용
• 리지드 프레임(다이얼 타입) : 토크값이 다이얼에 표시
• 오디블 인디케이팅(제한식/리미트/클릭 타입) : 다이얼이 보이지 않는 곳에 사용

**59** 다음 중 변형률에 대한 설명으로 틀린 것은?

① 변형률은 길이와 길이의 비이므로 차원은 없다.
② 변형률은 변화량과 본래의 치수와의 비를 말한다.
③ 변형률은 비례한계 내에서 응력과 정비례 관례에 있다.
④ 일반적으로 인장봉에서 가로변형률은 신장률을 나타내며, 축변형률은 폭의 증가를 나타낸다.

해설

• 변형률 : 변형된 길이와 원래 길이와의 비
• 세로 변형률 : 재료의 길이 방향으로 변형
• 가로 변형률 : 재료의 가로 방향으로 변형

**60** 원형 단면 봉이 비틀림에 의하여 단면에 발생하는 비틀림각을 옳게 나타낸 것은? (단, L : 봉의 길이, G : 전단탄성계수, R : 반지름, J : 극관성 모멘트, T : 비틀림 모멘트이다.)

① TL/GJ         ② GJ/TL
③ TR/J         ④ GR/TJ

정답 56 ②   57 ③   58 ④   59 ④   60 ①

**해설**

봉의 비틀림각($\theta$)

$$\theta = \frac{TL}{GJ}[\text{rad}]$$

## 제4과목   항공장비

**61** 항공기 엔진과 발전기 사이에 설치하여 엔진의 회전수와 관계없이 발전기를 일정하게 회전하게 하는 장치는?

① 교류발전기
② 인버터
③ 정속구동장치
④ 직류발전기

**해설**

정속구동장치(C.S.D: Constant Speed Drive) : 엔진의 구동축과 발전기 사이에 장착하여 엔진의 회전수가 변하더라도 일정한 회전수를 발전기 축에 전달하여 항상 일정한 주파수를 얻을 수 있도록 만들어주는 장치

**62** 항공기의 기압식 고도계를 QNE 방식에 맞춘다면 어떤 고도를 지시하는가?

① 기압고도
② 진고도
③ 절대고도
④ 밀도고도

**해설**

고도계 셋팅 방법
• QNE 셋팅(기압고도 셋팅)
• QNH 셋팅(진고도 셋팅)
• QFE 셋팅(절대고도 셋팅)

**63** 납산축전지(lead acid battery)의 양극판과 음극판의 수에 대한 설명으로 옳은 것은?

① 같다.
② 양극판이 한 개 더 많다.
③ 양극판이 두 개 더 많다.
④ 음극판이 한 개 더 많다.

**해설**

납산 축전지의 전극 중 양극판이 음극판보다 더 활성적이므로 양극판 보호 목적으로 음극판의 수를 1개 더 많이 장착한다.

**64** 항공기가 하강하다가 위험한 상태에 도달하였을 때 작동되는 장비는?

① INS
② Weather radar
③ GPWS
④ Radio Altimeter

**해설**

지상접근경고장치(GPWS: Ground Proximity Warning System) : 항공기의 지상접근이 비정상적일 때 경고하는 장치로 항로 지형을 데이터베이스로 입력해 놓고 계산된 위치와 비교해 충돌이 예상되면 경고음이 발생하는 장치

**65** 유압계통의 pressure surge를 완화하는 역할을 하는 장치는?

① relief valve
② pump
③ accmulator
④ reservoir

**해설**

축압기(accumulator)의 역할
• 동력펌프 고장 시 유압 공급
• 계통 압력의 서지(surge)현상 방지
• 계통의 충격적인 압력 흡수
• 압력조절기 개폐 빈도 감소

**66** 비행 중에는 사용하지 않고 정비를 위한 통화 목적으로 사용하는 interphone system은?

① flight interphone
② cabin interphone
③ service interphone
④ galley와 galley 상호 간 통화

**정답**  61 ③  62 ①  63 ④  64 ③  65 ③  66 ③

인터폰 종류

- cabin interphone system : 조종실과 객실 승무원, 객실 승무원과 객실 승무원 상호 간의 통화
- passenger address system : 기내 방송 장치
- service interphone system : 비행 중 조종실과 객실 승무원석 간의 통화, 조종실과 정비, 점검상 필요한 기체 외부와의 통화
- passenger entertainment system : 객실 개별 승객에게 영화, 음악, 오락 프로그램 제공
- flight interphone : 운항 승무원 상호 간 통화

**67** 그림과 같은 wheatstone bridge가 평형이 되려면 X의 저항은 몇 Ω이 되어야 하는가?

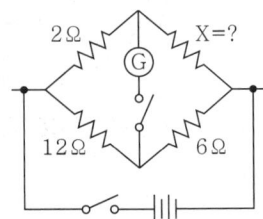

① 0  ② 1
③ 2  ④ 3

휘스톤 브릿지 회로 : 서로 대각선으로 마주보고 있는 저항의 곱의 값은 같다.

$2\Omega \times 6\Omega = 12\Omega \times x$
$x = 1\Omega$

**68** 미국연방항공국(FAA)의 규정에 명시된 고고도 비행항공기의 객실고도는 약 몇 ft인가?

① 6,000  ② 7,000
③ 8,000  ④ 9,000

객실고도는 약 8,000ft(2,439m)이다.

**69** 계기의 색표지 중 흰색 방사선의 의미는?

① 안전 운용 범위
② 최대 및 최소 운용 한계
③ 플랩 조작에 따른 항공기의 속도 범위
④ 유리판과 계기 케이스의 미끄럼 방지 표시

계기의 색 표지

- 붉은색 방사선 : 최대 및 최소 운용 한계
- 노란색 호선 : 안전운용 범위에 대한 경계와 경고 범위
- 초록색 호선 : 안전운용 범위
- 파란색 호선 : 기화기를 장비한 왕복엔진의 연료공기 혼합비가 오토인 상태의 안전운용 범위
- 흰색 호선 : 플랩 조작에 따른 항공기의 속도 범위
- 흰색 방사선 : 계기의 유리가 미끄러졌는지 확인하기 위해 유리판과 계기 케이스에 걸쳐 표시

**70** 승강계의 모세관 저항이 커짐에 따라 계기의 감도와 지시지연은 어떻게 변화하는가?

① 감도는 증가하고 계기의 지시 지연도 커진다.
② 감도는 증가하고 계기의 지시 지연은 작아진다.
③ 감도는 감소하고 계기의 지시 지연은 커진다.
④ 감도는 감소하고 계기의 지시 지연도 작아진다.

- 모세관의 크기가 작은 경우(저항 클 경우) : 감도 증가, 지시 지연 증가
- 모세관의 크기가 클 경우(저항 작을 경우) : 감도 감소, 지시 지연 감소

**71** 서로 떨어진 두 개의 송신소로부터 동기신호를 수신하여 두 송신소에서 오는 신호의 시간차를 측정하여 자기위치를 결정하여 항행하는 장거리 쌍곡선 무선 항법은?

① VOR(VHF Omni Range)

② TACAN(Tactical Air Navigation)

③ LORAN C(Long Range Navigation C)

④ ADF(Automatic Direction Finder)

**해설**

로란(LORAN C) : 1쌍의 로란 송신국(한쪽을 주국, 다른 쪽을 종국이라 함)에서 발신되는 동일 반송용 주파수의 펄스파를 수신하고, 2개의 국에서 오는 펄스파의 시간차를 측정해서 처음부터 주어진 로란 차트나 로란 테이블의 데이터와 맞추어 보면 1쌍의 송신국에 대한 위치선을 얻게 된다.

**72** 전원 전압 115/200V에 10μF의 콘덴서 250mH의 코일이 직렬로 접속되어 있을 때, 이 회로의 공진주파수는 약 몇 Hz인가?

① 0.04

② 25.8

③ 100.7

④ 711.5

**해설**

공진 주파수($f_0$)

$$f_0 = \frac{1}{2\pi\sqrt{LC}}$$

$$f_0 = \frac{1}{2 \times 3.14 \times \sqrt{10 \times 10^{-6} \times 250 \times 10^{-3}}}$$
$$= 100.7[Hz]$$

**73** 다음 중 항공기의 내부 조명등에 해당하지 않는 것은?

① 계기등

② 항법등

③ 객실 조명등

④ 화물실 조명등

**해설**

항법등은 항공기의 진행 방향 식별을 위해 주날개 끝부분과 동체 후미에 있는 등이다.

**74** 항공기의 조난 위치를 알리고자 구난 전파를 발신하는 비상 송신기는 지정된 주파수로 몇 시간 동안 구조신호를 계속 보낼 수 있도록 되어 있는가?

① 48시간

② 24시간

③ 15시간

④ 8시간

**해설**

비상송신기 : 조난기 구난 전파를 발사하는 장치로 121.5MHz와 243MHz 주파수로 48시간 구조 신호를 보낼 수 있도록 되어 있다.

**75** 다음 전기회로에서 총저항과 축전지가 부담하는 전류는 각각 얼마인가?

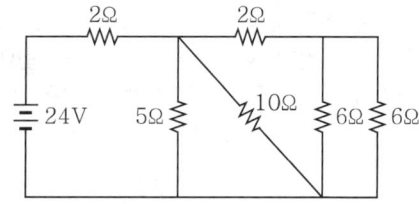

① 2Ω, 12A

② 4Ω, 8A

③ 4Ω, 6A

④ 6Ω, 4A

**해설**

전압에서부터 가장 먼 곳의 저항부터 계산한다.

1) 2개의 6Ω 병렬연결 $R = \dfrac{1}{\frac{1}{6} + \frac{1}{6}} = 3\Omega$

2) 1번과 2Ω 직렬연결 R = 3+2 = 5Ω

3) 2번과 10Ω, 5Ω 병렬연결 $R = \dfrac{1}{\frac{1}{5} + \frac{1}{10} + \frac{1}{5}} = 2\Omega$

4) 3번과 2Ω 직렬연결 R = 2+2 = 4Ω

\* 총저항 = 4Ω

\* 전류($I$) $= \dfrac{V}{R} = \dfrac{24}{4} = 6A$

✈ **정답** 71 ③  72 ③  73 ②  74 ①  75 ③

**76** 착륙 및 유도 보조장치와 거리가 먼 것은?

① 마커비컨

② 로컬라이저

③ 관성항법장치

④ 글라이드 슬로프

**해설**

계기착륙장치(ILS) : 항공기가 착륙하기 위해서 진행 방향, 비행자세, 활강제어를 위한 정보를 제공해야 한다. 수평위치를 알려주는 로컬라이저(localizer), 하강각을 표시해 주는 글라이드 슬로프(glide slope), 거리를 표시해 주는 마커비콘(marker beacon)으로 구성한다.

**77** 면적이 2in²인 A 피스톤과 10in²인 B 피스톤을 가진 실린더가 유체역학적으로 서로 연결되어 있을 경우, A 피스톤에 20lbs의 힘이 가해질 때 B 피스톤에 발생되는 압력은 몇 psi인가?

① 5

② 10

③ 20

④ 100

**해설**

파스칼의 원리

밀폐된 용기 안에 힘을 작용했을 때 방향과 상관없이 모든 압력은 동일하다.

$$P = \frac{F}{A} = \frac{20}{2} = 10$$

**78** 다음 중 직류전동기가 아닌 것은?

① 유도전동기

② 복권전동기

③ 분권전동기

④ 직권전동기

**해설**

• 직류전동기 : 직권식, 분권식, 복권식

• 교류전동기 : 유도, 동기, 유니버설(만능)

**79** 지자기의 3요소가 아닌 것은?

① 복각(dip)

② 편차(variation)

③ 자차(deviation)

④ 수평분력(horizontal component)

**해설**

• 지자기 3요소 : 편각(편차), 복각, 수평분력

• 자차(정적오차) : 자기컴퍼스에서 발생하는 오차이다.

**80** 다음 중 전위차 및 기전력의 단위는?

① 볼트(V)

② 오옴(Ω)

③ 패러드(F)

④ 암페어(A)

**해설**

단위

• 전압/기전력 : [V] "볼트"

• 전류 : [A] "암페어"

• 저항 : [Ω] "옴"

• 콘덴서 : [F] "패러드"

• 코일 : [H] "헨리"

✈ 정답 76 ③ 77 ② 78 ① 79 ③ 80 ①

# 항공산업기사

**01** 해면 고도에서의 표준대기상태에 대한 값으로 옳은 것은?

① 중력 가속도는 $32.2 \text{m/s}^2$으로 한다.

② 해면 고도에서의 온도는 15℃이다.

③ 해면 고도에서의 밀도는 $32.2 \text{m/s}^2$이다.

④ 해면 고도에서의 압력은 760cmHg이다.

해설

국제표준대기

- 온도 : $T_0 = 15[℃] = 288.16[°K] = 59[°F]$
  $= 518.688[°r]$
- 압력 : $P_0 = 760[\text{mmHg}] = 29.92[\text{inHg}]$
  $= 1013.25[\text{mbar}] = 2,116[\text{psf}]$
- 밀도 : $\rho_0 = 0.125[\text{kgf} \cdot \text{sec}^2/\text{m}^4]$
  $= 0.002378[\text{slug/ft}^3]$
- 음속 : $a_0 = 340[\text{m/sec}] = 1224[\text{km/h}]$
- 중력가속도 : $g_0 = 9.8066[\text{m/sec}^2] = 32.17[\text{ft/sec}^2]$

**02** 헬리콥터에서 발생되는 지면효과의 장점이 아닌 것은?

① 양력의 크기가 증가한다.

② 많은 중량을 지탱할 수 있다.

③ 회전 날개깃의 받음각이 증가한다.

④ 기체의 흔들림이나 추력 변화가 감소한다.

해설

지면효과란 헬리콥터가 지상과 가깝게 비행 시 회전 날개를 지나는 후류가 지상에서 반사되어 헬기 동체와 주날개를 들어 올리는 효과로 추가 양력 발생을 기대할 수 있으며, 그로 인해 이륙 및 착륙 시 더 많은 중량을 지탱할 수 있다.

**03** 다음 중 가로세로비가 큰 날개라 할 때, 갑자기 실속할 가능성이 가장 적은 날개골은?

① 캠버가 큰 날개골

② 두께가 얇은 날개골

③ 레이놀즈수가 작은 날개골

④ 앞전 반지름이 작은 날개골

해설

고속기의 날개골의 경우 두께가 얇고 앞전 반지름이 작으며 레이놀즈수가 작아 고속비행에 적합하다. 그러나 조파항력같은 충격실속이 일어날 경우 또는 돌풍이 불었을 경우 실속이 쉽게 일어나지만, 캠버가 큰 날개골은 저속기에 적합하고 공기흐름의 순간적인 변화에 따른 실속이 잘 일어나지 않는다.

**04** 다음 중 뒤젖힘 날개의 가장 큰 장점은?

① 임계마하수를 증가시킨다.

② 익단 실속을 막을 수 있다.

③ 유도항력을 무시할 수 있다.

④ 구조적 안전으로 초음속기에 적합하다.

해설

뒤젖힘 날개는 임계마하수를 증가시키고 충격파를 지연시켜 고속기에 좋지만, 초음속 비행 시 구조적으로는 주날개의 붙임강도가 나쁘기 때문에 좋지 않다.

**05** 무동력(power off) 비행 시 실속속도와 동력 (power on) 비행 시 실속속도의 관계로 옳은 것은?

① 서로 동일하다.

② 비교할 수가 없다.

③ 동력 비행 시의 실속속도가 더 크다.

④ 무동력 비행 시의 실속속도가 더 크다.

**해설**

실속속도란 다른 의미로 본다면 항공기가 하강하지 않고 비행할 수 있는 최저 속도를 의미하며 실속속도가 낮을수록 양력 특성이 좋다고 볼 수 있는데, 동력 비행 시 추가 양력을 얻을 수 있기 때문에 더 작은 실속속도로 비행할 수 있으며, 무동력 비행은 비교적 더 높은 실속속도를 가지게 된다.

**06** 등가대기속도($V_e$)와 진대기속도($V$)에 대한 설명으로 옳은 것은? (단, 밀도비 $\sigma = \dfrac{\rho}{\rho_O}$, $P_t$=전압, $P_s$=정압, $\rho_o$ : 해면고도 밀도, $\rho$ : 현재고도 밀도이다.)

① 등가대기속도와 진대기속도의 관계는 $V_e = \sqrt{\dfrac{V}{\sigma}}$ 이다.

② 등가대기속도는 고도에 따른 밀도변화를 고려한 속도이다.

③ 표준대기의 대류권에서 고도가 증가할수록 진대기속도가 등가대기속도보다 느리다.

④ 베르누이의 정리를 이용하여 등가대기속도를 나타내면 $V_e = \sqrt{\dfrac{(P_t - P_s)}{\rho_o}}$ 이다.

**해설**

등가대기속도는 해면고도의 밀도를 이용하여 밀도 변화를 고려한 속도가 맞으며, 진대기속도는 그 밀도에 대한 변화를 보정한 최종 속도이다.

**07** 지름이 20cm와 30cm로 연결된 관에서 지름 20cm 관에서의 속도가 2.4m/s일 때, 30cm 관에서의 속도는 약 몇 m/s인가?

① 0.19      ② 1.07

③ 1.74      ④ 1.98

**해설**

비압축성 연속의 방정식

$A_1 V_1 = A_2 V_2$ 일정

$\dfrac{\pi}{4} 0.2^2 \times 2.4 = \dfrac{\pi}{4} 0.3^2 \times V_2 =$ 일정,

$\therefore V_2 = 1.07$

**08** 착륙 접지 시 역추력을 발생시키는 비행기에 작용하는 순 감속력에 대한 식은? (단, 추력 : $T$, 항력 : $D$, 무게 : $W$, 양력 : $L$, 활주로마찰계수 : $\mu$이다.)

① $T - D + \mu(W - L)$

② $T + D + \mu(W + L)$

③ $T - D + \mu(W + L)$

④ $T + D + \mu(W - L)$

**해설**

착륙 접지 중이므로 양력보다 무게가 더 무거우므로 무게와 양력의 차에 마찰계수를 곱한 값에 추력, 항력을 더해 준 값이 역추력 감속력이 된다.

**09** 다음 중 항공기의 상승률에 가장 큰 영향을 주는 것은?

① 받음각      ② 잉여마력

③ 가로세로비      ④ 비행자세

**해설**

상승률(R.C)

$R.C = \dfrac{75(P_a - P_r)}{W}$

$P_a$ : 이용마력, $P_r$ : 필요마력이고, 이용마력에서 필요마력을 뺀 값을 잉여마력(여유마력)이라고 한다.

**10** 날개의 시위 3m, 대기속도 360km/h, 공기의 동점성계수 0.15cm²/sec일 때, 레이놀즈 수는 얼마인가?

① $1 \times 10^9$   ② $1 \times 10^7$

③ $2 \times 10^7$   ④ $2 \times 10^9$

**해설**

레이놀즈수(Reynolds Number, Re)

$$R_e = \frac{관성력}{점성력} = \frac{압력항력}{마찰항력}$$

$$= \frac{\rho VL}{\mu} = \frac{VL}{\nu}$$

$$R_e = \frac{\frac{360 \times 1000 \times 100}{3600} \times 3 \times 100}{0.15}$$

$$= 20,000,000 = 2 \times 10^7$$

**11** 옆놀이 커플링을 줄이는 방법으로 틀린 것은?

① 방향 안정성을 증가시킨다.

② 옆놀이 운동에서 옆놀이율이나 기간을 제한한다.

③ 정상 비행상태에서 바람 축과의 경사를 최대한 크게 한다.

④ 정상 비행상태에서 불필요한 공력 커플링을 감소시킨다.

**해설**

옆놀이 커플링을 줄이는 방법

• 방향 안정성을 증가시킨다.

• 쳐든각 효과를 감소시킨다.

• 정상 비행에서 기류 축과의 경사를 최대로 감소시킨다.

• 불필요한 공력 커플링을 감소시킨다.

• 옆놀이 운동 시의 옆놀이율이나 하중배수, 받음각 등을 제한한다.

※ 최근 초음속기에서는 수직 꼬리 날개의 면적 증대나 벤트럴 핀(ventral fin)을 붙여서 고속 비행 시 aileron이나 rudder의 변위각을 자동으로 제한한다.

**12** 정상흐름의 베르누이방정식에 대한 설명으로 옳은 것은?

① 동압은 속도에 반비례한다.

② 정압과 동압의 합은 일정하지 않다.

③ 유체의 속도가 커지면 정압은 감소한다.

④ 정압은 유체가 갖는 속도로 인해 속도의 방향으로 나타나는 압력이다.

**해설**

정압($P$)과 동압($\frac{1}{2}\rho V^2$)의 합, 전압($P_t$)은 항상 일정하다는 것이 베르누이 정리이므로 속도(동압)가 커지면 정압은 그만큼 감소한다.

$$P_t(전압) = P(정압) + \frac{1}{2}\rho V^2(동압) = 일정$$

**13** 헬리콥터의 메인 로터 브레이드에 플래핑 힌지를 장착함으로써 얻을 수 있는 장점이 아닌 것은?

① 돌풍에 의한 영향을 제거할 수 있다.

② 지면효과를 발생시켜 양력을 증가시킬 수 있다.

③ 회전축을 기울이지 않고 회전면을 기울일 수 있다.

④ 주 회전날개 깃뿌리에 걸린 굽힘 모멘트를 줄일 수 있다.

**해설**

지면효과란 헬리콥터가 지면에 가깝게 있을 때 회전날개를 통과한 후류가 지면과 부딪혀 발생하는 효과로, 더 많은 무게를 버티게 하고 이착륙 시 추가적인 양력을 얻게 해주는 효과를 말한다.

**14** 비행기에 단주기 운동이 발생되었을 때 가장 좋은 방법은?

① 조종간을 자유롭게 놓는다.

② 조종간을 고정시킨다.

③ 조종간을 당긴다(상승비행).

④ 조종간을 놓는다(하강비행).

동적 세로 안정의 진동 형태인 단주기 운동은 진동의 주기가 0.5초에서 5초 사이이다. 주기가 매우 짧은 운동이며, 외부 영향을 받은 항공기가 정적 안정과 키놀이 감쇠에 의한 진동 진폭이 감쇠되어 평형상태로 복귀한다. 즉, 인위적인 조종이 아닌 조종간을 자유로 하여 감쇠하는 것이 좋다.

**15** 프로펠러의 동력($P$)과 추력($T$)에 관한 식으로 옳은 것은? (단, $n$ : 프로펠러 회전수, $D$ : 프로펠러 회전면의 지름, $C_p$ : 동력계수, $C_t$ : 추력계수, $\rho$ : 공기밀도이다.)

① $P = C_p \rho n^2 D^3$, $T = C_t \rho n^2 D^5$

② $P = C_p \rho n^3 D^5$, $T = C_t \rho n^2 D^5$

③ $P = C_p \rho n^2 D^3$, $T = C_t \rho n^2 D^4$

④ $P = C_p \rho n^3 D^5$, $T = C_t \rho n^2 D^4$

- 프로펠러의 추력 : $T = C_t \rho n^2 D^4$
- 프로펠러의 토크 : $Q = C_q \rho n^2 D^5$
- 프로펠러의 동력 : $P = C_p \rho n^3 D^5$

**16** 비행기 날개의 상반각(dihedral angle)으로 얻을 수 있는 주된 효과는?

① 세로 안정을 준다.

② 익단 실속을 방지한다.

③ 방향의 동적인 안정을 준다.

④ 옆 미끄럼에 의한 옆놀이에 정적인 안정을 준다.

쳐든각(상반각)은 기체를 수평으로 놓고 보았을 때 날개가 수평을 기준으로 위로 올라간 각을 말한다. 쳐든각 효과(dihedral effect)는 가로 안정에 가장 중요한 요소이다. 날개의 쳐든각은 옆미끄럼에 대한 안정한 옆놀이 운동을 발생시킨다. 이때 왼쪽으로 옆미끄럼을 하면 상대풍이 왼쪽에서 불어오는 것처럼 되어 왼쪽 날개는 받음각이 증가하여 양력이 증가하고, 오른쪽 날개는 받음각이 감소하여 양력이 감소하게 한다.

**17** 키놀이 모멘트(pitching moment)에 대한 설명으로 옳은 것은?

① 프로펠러 깃의 각도 변경에 관련된 모멘트이다.

② 비행기의 수직축(상하축, vertical axis)에 관한 모멘트이다.

③ 비행기의 세로축(전후축, longitudinal axis)에 관한 모멘트이다.

④ 비행기의 가로축(좌우축, lateral axis)에 관한 모멘트이다.

- 세로축(전후축, longitudinal axis) → 옆놀이 모멘트(rolling moment)
- 가로축(좌우축, lateral axis) → 키놀이 모멘트(pitching moment)
- 수직축(상하축, vertical axis) → 빗놀이 모멘트(yawing moment)

**18** 비행기가 상승함에 따라 점점 상승률이 떨어진다. 절대상승한계에서 이용마력과 필요마력과의 관계를 가장 올바르게 표현한 것은?

① 이용마력이 필요마력보다 크다.

② 이용마력과 필요마력이 같다.

③ 이용마력이 필요마력보다 작다.

④ 고도에 따라 마력이 변하므로 비교할 수 없다.

절대상승한계에서는 비행기가 계속 상승하다가 일정 고도에 도달하게 되면 이용마력과 필요마력이 같아지는 고도에 이르게 되는데, 이때 비행기는 더 이상 상승하지 못하게 되며 상승률은 0m/s가 된다. 이때의 고도를 절대상승한계라 한다.

✈ 정답  15 ④  16 ④  17 ④  18 ②

**19** 수평비행 할 때 실속속도가 80km/h인 비행기가 60° 경사선회할 때, 실속속도[km/h]는 약 얼마인가?

① 90    ② 109
③ 113   ④ 120

**해설**

수평비행 때의 실속속도를 $V_s$, 선회 중의 실속속도를 $V_{ts}$ 라고 하면 $V_{ts} = \dfrac{V_s}{\sqrt{\cos\theta}} = \dfrac{80}{\sqrt{\cos 60}} = 113$이 된다.

**20** 다음 중 날개의 캠버와 면적을 동시에 증가시켜 양력을 증가시키는 플랩은?

① 평플랩(plain flap)
② 스프릿 플랩(split flap)
③ 파울러 플랩(flower flap)
④ 슬롯티드 평플랩(sloted plain flap)

**해설**

파울러 플랩(fowler flap)은 플랩을 내리면 날개의 뒷전과 앞전 사이에 틈을 만들면서 밑으로 굽히도록 만들어진 것이다. 이 플랩은 날개면적을 증가시키고 틈의 효과와 캠버 증가 효과로 다른 플랩보다 최대 양력계수 값이 가장 크게 증가한다.

**제2과목  항공기관**

**21** 체적을 일정하게 유지하면서 단위 질량을 단위 온도로 높이는 데 필요한 열량을 무엇이라 하는가?

① 단열      ② 정압비열
③ 비열비    ④ 정적비열

**해설**

• 비열 : 단위 질량을 단위 온도로 올리는 데 필요한 열량
• 정압비열 : 압력이 일정한 상태에서 기체의 온도를 1℃ 높이는 데 필요한 열량

• 정적비열 : 체적이 일정한 상태에서 기체의 온도를 1℃ 높이는 데 필요한 열량

**22** 왕복엔진의 분류 방법으로 옳은 것은?

① 연소실의 위치 및 냉각 방식에 의하여
② 냉각 방식 및 실린더 배열에 의하여
③ 실린더 배열과 압축기의 위치에 의하여
④ 크랭크축의 위치와 프로펠러 깃의 수량에 의하여

**해설**

왕복엔진의 분류는 실린더 배열에 따라 대향형, 성형, V형, X형, 열형 등으로 나뉘고, 냉각 방식에 따라 액냉식과 공랭식으로, 다시 공랭식은 냉각핀, 배플, 카울플랩으로 분류된다.

**23** 피스톤의 지름이 16cm인 피스톤에 65kgf/cm²의 가스압력이 작용하면 피스톤에 미치는 힘은 얼마인가?

① 10.06(t)   ② 11.06(t)
③ 12.06(t)   ④ 13.06(t)

**해설**

$F = P \times A = 65 \times \dfrac{\pi}{4} 16^2 = 13,069$

**24** 민간 항공기용 연료로서 ASTM에서 규정된 성질을 갖고 있는 가스터빈엔진용 연료는?

① JP-2    ② JP-3
③ JP-8    ④ Jet-A

**해설**

민간용 연료(Jet형)
• A-1형 : 민간항공기 연료로서 ASTM에서 규정된 성질을 가지고 있으며, JP-5와 유사하나 어는점이 약간 높은 케로신형 연료이다.
• B형 : JP-4와 유사하나 어는점이 약간 높은 연료이다.

**정답** 19 ③  20 ③  21 ④  22 ②  23 ④  24 ④

**25** 왕복엔진 윤활계통에서 윤활유의 역할이 아닌 것은?

① 금속 가루 및 미분을 제거한다.

② 금속 부품의 부식을 방지한다.

③ 연료에 수분의 침입을 방지한다.

④ 금속면 사이의 충격 하중을 완충시킨다.

**해설**

윤활유의 작용

• 윤활작용 : 상대 운동을 하는 두 금속의 마찰면에 유막을 형성하여 마찰 및 마멸을 감소

• 기밀작용 : 두 금속 사이를 채움으로써 가스의 누설을 방지

• 냉각작용 : 마찰에 의해 발생한 열을 흡수하여 냉각

• 청결작용 : 금속가루 및 먼지 등의 불순물을 제거

• 방청작용 : 금속 표면과 공기가 접촉하는 것을 방지하여 녹이 스는 것을 방지

• 소음방지작용 : 금속과 금속 사이 마찰에 의한 소음을 방지

**26** 부자식 기화기(float-type carburetor)에 있는 이코노마이저 밸브(economizer valve)의 작동에 대한 설명으로 옳은 것은?

① 저속과 순항속도에서는 밸브가 열린다.

② 최대 출력에서 농후한 혼합비를 만든다.

③ 순항 시 최적의 출력을 얻기 위하여 농후한 혼합비를 유지한다.

④ 엔진의 갑작스런 가속을 위하여 추가적인 연료를 공급한다.

**해설**

이코노마이저 장치(economizer system)는 엔진의 출력이 순항출력보다 큰 출력일 때, 농후 혼합비를 만들어 주기 위해서 추가 연료를 공급하는 장치이고, 고출력 작동 시 스로틀 밸브를 일정 각도 이상으로 올릴 때 이코노마이저 밸브가 열려 추가 연료 공급을 하여 농후 혼합비를 형성시켜 준다.

**27** 가스터빈엔진의 공기흐름 중에서 압력이 가장 높은 곳은?

① 압축기

② 터빈 노즐

③ 디퓨저

④ 터빈로터

**해설**

압축기에서 흡입공기를 흡입하여 압력을 높이고 압력비는 압축기 회전수, 공기 유량, 터빈 노즐의 출구 넓이, 배기 노즐의 출구 넓이에 의해 결정되며, 최고 압력 상승은 압축기 바로 뒤에 있는 확산 통로인 디퓨저에서 이루어진다.

**28** 왕복엔진의 작동 여부에 따른 흡입 매니폴드 (intake manifold)의 압력계가 나타내는 압력을 옳게 설명한 것은?

① 엔진 정지 시 대기압과 같은 값, 작동하면 대기압보다 낮은 값을 나타낸다.

② 엔진 정지 시 대기압보다 낮은 값, 작동하면 대기압보다 높은 값을 나타낸다.

③ 엔진 정지 시나 작동 시 대기압보다 항상 낮은 값을 나타낸다.

④ 엔진 정지 시나 작동 시 대기압보다 항상 높은 값을 나타낸다.

**해설**

매니폴드(흡기 다기관)는 기화기에서 만들어진 혼합가스를 각 실린더에 일정하게 분배, 운반하는 통로 역할을 하고, 실린더 수와 같은 수만큼 설치되어 있고, 매니폴드 압력계의 수감부가 여기에 장착되어 엔진 정지 시 대기압과 같은 값이 되고, 엔진 작동 시 대기압보다 MAP 압력이 낮아진다.

**✈ 정답** 25 ③  26 ②  27 ③  28 ①

**29** 그림과 같은 브레이턴 사이클(brayton cycle)의 P-V 선도에 대한 설명으로 틀린 것은?

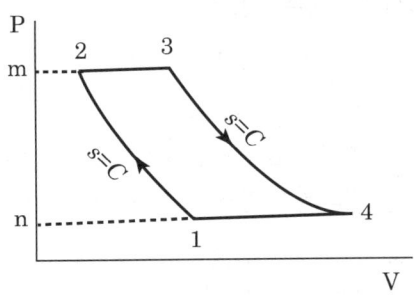

① 넓이 1-2-m-n-1은 압축일이다.
② 1개씩의 정압과정과 단열과정이 있다.
③ 넓이 1-2-3-4-1은 사이클의 참일이다.
④ 넓이 3-4-n-m-3은 터빈의 팽창일이다.

**해설**

브레이턴 사이클(정압 사이클)은 2개의 단열과정과 2개의 정압과정이 있다.

- 1→2(단열압축과정) : 엔진에 흡입된 저온, 저압의 공기를 압축시켜 압력을 $P_1$에서 $P_2$로 상승(엔트로피의 변화가 없다($S_1 = S_2$)).
- 2→3(정압가열과정) : 연소실에서 연료가 연소되어 열을 공급한다. 연소실 압력은 정압 유지($P_2 = P_3 = C$)
- 3→4(단열팽창과정) : 고온, 고압의 공기를 터빈에서 팽창시켜 축일을 얻는다. 가역단열과정이므로 상태 3과 4는 엔트로피가 같다($S_3 = S_4$).
- 4→1(정압방열과정) : 압력이 일정한 상태에서 열을 방출한다(배기 및 재흡입과정).

**30** 회전동력을 이용하여 프로펠러를 움직여 추진력을 얻는 엔진으로만 짝지어진 것은?

① 터보프롭 – 터보팬
② 터보샤프트 – 터보팬
③ 터보샤프트 – 터보제트
④ 터보프롭 – 터보샤프트

**해설**

- 터보프롭엔진
  - 엔진 회전수를 감속시켜 프로펠러 구동(75%), 나머지는 배기가스 추력(25%)
  - 저속에 높은 효율, 고속에서 작동하지 못한다.
  - 무게가 무거우나 역추력 발생이 용이하다.
- 터보샤프트엔진
  - 100% 축을 이용하여 출력을 발생한다.
  - 자유터빈을 사용하므로 시동 시 부하가 적다.

**31** 가스터빈엔진의 공기흡입 덕트(duct)에서 발생하는 램 회복점을 옳게 설명한 것은?

① 램 압력 상승이 최대가 되는 항공기의 속도
② 마찰압력 손실이 최소가 되는 항공기 속도
③ 마찰압력 손실이 최대가 되는 항공기 속도
④ 흡입구 내부의 압력이 대기 압력으로 돌아오는 점

**해설**

- 공기 흡입관의 성능은 압력 효율비와 램 회복점으로 결정된다.
- 압력 효율비는 공기 흡입관 입구의 전압과 압축기 입구 전압의 비를 말한다.
- 램 회복점은 압축기 입구의 정압이 대기압과 같아지는 항공기 속도를 말한다.

**32** 4,500lbs의 엔진이 3분 동안 5ft의 높이로 끌어 올리는 데 필요한 동력은 몇 ft · lbs/min인가?

① 6,500 ② 7,500
③ 8,500 ④ 9,000

**해설**

동력이란 단위시간에 할 수 있는 일의 능력으로

$P = \dfrac{W}{t} = \dfrac{F \times L}{t}$ 이다. ($P$ : 동력, $F$ : 힘, $L$ : 거리)

$\therefore P = \dfrac{4,500 \times 5}{3} = 7,500$

**33** 가스터빈엔진에서 연료계통의 여압 및 드레인 밸브(P&D valve)의 기능이 아닌 것은?

① 일정 압력까지 연료 흐름을 차단한다.

② 1차 연료와 2차 연료 흐름으로 분리한다.

③ 연료 압력이 규정치 이상 넘지 않도록 조절한다.

④ 엔진 정지 시 노즐에 남은 연료를 외부로 방출한다.

**［해설］**

여압 및 드레인 밸브(Pressurizing&Drain valve : P&D valve)의 위치는 F.C.U와 매니폴드 사이에 있으며, 연료 흐름을 1차 연료와 2차 연료로 분리시키고, 엔진 정지 시 매니폴드나 연료 노즐에 남아 있는 연료를 외부로 방출하며, 연료의 압력이 일정 압력이 될 때까지 연료 흐름을 차단한다. 유사 장치로 흐름 분할기(flow divider)와 드립 밸브(drip valve)가 있다.

**34** 터빈 깃의 냉각 방법 중 터빈 깃을 다공성 재료로 만들고 깃 내부는 중공으로 하여 차가운 공기가 터빈 깃을 통하여 스며 나오게 함으로써 터빈 깃을 냉각시키는 것은?

① 대류냉각      ② 충돌냉각

③ 공기막 냉각      ④ 침출냉각

**［해설］**

• 대류냉각(convection cooling) : 내부 중공 속으로 압축기의 Bleed Air를 통과시켜 냉각시키는 가장 일반적인 방법이다.

• 충돌냉각(impingement cooling) : T/Blade의 앞전 냉각에 사용하며, 중공을 통해 깃 앞전 안쪽으로 냉각 공기를 부딪쳐 냉각시키는 방법이다.

• 공기막 냉각(airfilm cooling) : 내부 중공을 통해 깃 표면의 작은 구멍으로 냉각 공기를 내보내 표면에 공기막을 형성하여 hot gas가 달라붙지 못하도록 하는 방식이다.

• 침출냉각(transpiration cooling) : 다공성 재료를 사용하는 것으로 효과는 크나 강도 문제가 미해결 상태이다.

**35** 마하 0.85로 순항하는 비행기의 가스터빈엔진 흡입구에서 유속이 감속되는 원리에 대한 설명으로 옳은 것은?

① 압축기에 의하여 감속된다.

② 유동 일에 대하여 감속한다.

③ 단면적 확산으로 감속한다.

④ 충격파를 발생시켜 감속한다.

**［해설］**

• 확산형 흡입관은 아음속기의 비행 속도가 마하 0.8~0.9 이기 때문에, 흡입 속도를 줄이기 위하여 통로의 넓이를 앞에서 뒤로 갈수록 점점 넓게 만들어 공기를 확산시켜 속도를 감소시킨다.

• 초음속 흡입관은 공기 흡입관의 단면적을 변화(가변 면적 흡입관)시키는 방법과 충격파를 이용하는 방법이 있다. 일반적으로 두 가지 방법을 함께 사용한다.

**36** 다음과 같은 밸브 타이밍을 가진 왕복엔진의 밸브 오버랩은 얼마인가? (단, $I.O=25°$, $BTC\ E.O=55°$, $BBC\ I.C=60°$, $ABC\ E.C=15° ATC$)

① 25°      ② 40°

③ 60°      ④ 75°

**［해설］**

밸브 오버랩는 흡입 밸브와 배기 밸브가 다 같이 열려 있는 각도로 $IO+EC$이다.

즉, $IO+EC$ = 25+15 =40°

**37** 엔진 실린더를 장탈 할 때 피스톤의 위치는 어디에서 장탈하여야 하는가?

① 아무 곳이나 손쉬운 위치

② 상사점

③ 상사점과 하사점 중간

④ 하사점

**［해설］**

실린더 블록을 장탈 시 프로펠러를 엔진 회전 방향으로

✈ **정답**   33 ③   34 ④   35 ③   36 ②   37 ②

회전시켜, 탈착하고자 하는 실린더의 피스톤을 압축 행정 상사점에 오도록 해야 탈착할 수 있다.

**38** 압축기 입구에서 공기의 압력과 온도가 각각 1기압, 15℃이고, 출구에서 압력과 온도가 각각 7기압, 300℃일 때, 압축기의 단열효율은 몇 %인가? (단, 공기의 비열비는 1.4이다.)

① 70       ② 75

③ 80       ④ 85

**해설**

압축기 출구에서 단열 압축에 의한 공기의 온도는

$$T_{2i} = T_1 \cdot \gamma^{\frac{\kappa-1}{\kappa}}$$

$$= (273+15) \times 7^{\frac{1.4-1}{1.4}}$$

$$= 502(K) = 229(℃)$$

따라서, 압축기의 단열효율은

$$단열효율(\eta c) = \frac{이상적\ 압축일}{실제\ 압축일}$$

$$= \frac{T_{2i} - T_1}{T_2 - T_1} = \frac{502-288}{573-288}$$

$$≒ 0.750 = 75(\%)$$

$-(℃+273)=°K$ (켈빈 절대 온도), r(압축기 압력비) $=$출구압력÷입구압력

**39** 압축비가 8인 오토사이클의 열효율은 약 얼마인가? (단, 공기 비열비는 1.5이다.)

① 0.52       ② 0.56

③ 0.58       ④ 0.64

**해설**

오토 싸이클의 열효율은

$$\eta_{tho} = \frac{일}{공급열량} = 1 - \frac{1}{\epsilon^{k-1}}$$ 이다.

$$\therefore\ 열효율 = 1 - \frac{1}{8^{1.5-1}} = 0.64(\epsilon : 압축비,\ k : 비열비)$$

**40** 이상기체의 등온과정에 대한 설명으로 옳은 것은?

① 단열과정과 같다.

② 일의 출입이 없다.

③ 엔트로피가 일정하다.

④ 내부에너지가 일정하다.

**해설**

등온과정 : 보일의 법칙($Pv=C$)이 성립한다. 온도가 일정하게 유지되면서 진행되는 작동 유체의 상태변화이며, 열을 전달하면 압력 일정, 체적 증가, 온도 증가가 발생하고 여기서 온도를 내리려면 기체는 외부로 일을 해야 한다. 따라서 피스톤을 움직이면 압력 증가, 체적 증가, 온도는 일정하게 유지할 수 있다.

### 제3과목   항공기체

**41** 항공기 날개에 장착되는 장치의 위치가 다르게 짝지어진 것은?

① 크루거 플랩(krueger flap), 슬랫(slat)

② 크루거 플랩(krueger flap), 스플릿 플랩(split flap)

③ 슬롯 플랩(slotted flap), 스플릿 플랩(split flap)

④ 슬롯 플랩(slotted flap), 플레인 플랩(plain flap)

**해설**

크루거 플랩은 앞전 플랩의 종류 중 하나이며, 스플릿 플랩은 뒷전 플랩의 종류 중 하나이다.

✈ **정답**   38 ②   39 ④   40 ④   41 ②

**42** 승강타의 트림 탭을 내리면 항공기는 어떻게 되는가?

① 항공기의 기수가 올라간다.
② 왼쪽으로 선회한다.
③ 오른쪽으로 선회한다.
④ 피칭운동을 한다.

**해설**

승강키는 가로축 중심의 회전운동을 일으키는 조종면으로 승강키가 올라가면 상승하고, 승강키가 내려가면 하강한다. 승강키에 붙어 있는 트림 탭은 승강키와는 역으로 동작하게 된다. 트림 탭을 내리면 승강키는 올라가고 항공기는 상승하게 된다.

**43** 다음 특징을 갖는 배열 방식의 착륙장치는?

• 주 착륙장치와 앞 착륙장치로 이루어져 있다.
• 빠른 착륙속도에서 제동 시 전복의 위험이 적다.
• 착륙 및 지상 이동 시 조종사의 시계가 좋다.
• 착륙 활주 중 그라운드 루핑의 위험이 없다.

① 탠덤식 착륙장치
② 후륜식 착륙장치
③ 전륜식 착륙장치
④ 충격흡수식 착륙장치

**해설**

트라이 사이클 기어(앞바퀴형) 배열의 장점

• 동체 후방이 들려 있으므로 이륙 시 저항이 작고 착륙 성능이 좋다.
• 이/착륙 및 지상활주 시 항공기의 자세기 수평이므로 조종사의 시계가 넓다.
• 뒷바퀴형은 브레이크를 밟으면 항공기는 주 바퀴를 중심으로 앞으로 기울어져 프로펠러를 손상시킬 위험

이 있으나, 앞바퀴형은 앞바퀴가 동체 앞부분을 받쳐 주므로 그런 위험이 적다.
• 터보 제트기의 배기가스 배출을 용이하게 한다.
• 중심이 주 바퀴의 앞에 있으므로 뒷바퀴형에 비하여 지상전복(ground loop)의 위험이 적다.

**44** 손상된 판재의 리벳에 의한 수리 작업 시 리벳 수를 결정하는 식으로 옳은 것은? (단, $N$ : 리벳의 수, $L$ : 판재의 손상된 길이, $D$ : 리벳 지름, 1.15 : 특별계수, $T$ : 손상된 판의 두께, $\sigma_{\max}$ : 판재의 최대인장응력, $\tau_{\max}$ : 판재의 최대전단 응력이다.)

① $N = 1.15 \times \dfrac{2TL\sigma_{\max}}{\left(\dfrac{\pi D^2}{4}\right)\tau_{\max}}$

② $N = 1.15 \times \dfrac{TL\sigma_{\max}}{\left(\dfrac{\pi D^2}{4}\right)\tau_{\max}}$

③ $N = 1.15 \times \dfrac{\left(\dfrac{\pi D^2}{4}\right)\tau_{\max}}{TL\sigma_{\max}}$

④ $N = 1.15 \times \dfrac{\left(\dfrac{\pi D^2}{4}\right)\tau_{\max}}{2TL\sigma_{\max}}$

**해설**

$$N = 1.15 \times \dfrac{TL\sigma_{\max}}{\left(\dfrac{\pi D^2}{4}\right)\tau_{\max}}$$

(여기서, $D$ : 리벳 지름, $L$ : 판의 너비, $N$ : 리벳의 수, $T$ : 판의 두께, $\sigma_{\max}$ : 판재의 최대 인장 응력, $\tau_{\max}$ : 판재의 최대 전단 응력, 1.15 : 안전계수이다.)

**45** 너트의 부품번호가 다음과 같이 표기되었을 때, 7은 너트의 어떤 치수를 의미하는가?

AN 315 D − 7 R

✈ **정답** 42 ① 43 ③ 44 ② 45 ②

① 두께      ② 지름

③ 길이      ④ 인치당 나사산 수

**해설**

너트의 식별 방법
- AN : Air Force-Navy(규격명)
- 315 : 평너트
- D : 재질(2017 T)
- 7 : 너트의 지름(7/16in)
- R : 오른나사(L : 왼나사)

**46** 조종 케이블이 작동 중에 최소의 마찰력으로 케이블과 접촉하여 직선운동을 하게 하며, 케이블을 작은 각도 이내의 범위에서 방향을 유도하는 것은?

① 풀리(pulley)

② 페어리드(fair lead)

③ 벨 크랭크(bell crank)

④ 케이블 드럼(cable drum)

**해설**

- 풀리는 케이블을 원하는 방향으로 전환하기 위해 사용한다.
- 벨 크랭크는 로드와 케이블의 운동 방향을 전환할 때 사용하며, 중심 회전축에 2개의 암(arm)을 가지고 있어 회전운동을 직선운동으로 바꾸어 주는 장치이다.
- 케이블 드럼은 2차 조종면인 탭에 많이 사용되며, 케이블 드럼을 회전시키면 조종 케이블이 윙기어나 푸시풀 로드를 작동시켜 탭을 움직인다.

**47** 항공기의 손상된 구조를 수리할 때 반드시 지켜야 할 기본 원칙으로 틀린 것은?

① 중량을 최소로 유지해야 한다.

② 원래의 강도를 유지해야 한다.

③ 부식에 대한 보호 작업을 한다.

④ 수리 부위 알림을 위한 윤곽 변경을 한다.

**해설**

구조 수리의 기본 원칙 : 원래 강도 유지, 원래의 윤곽 유지, 최소 무게 유지, 부식에 대한 보호

**48** 다음 중 비파괴 검사법이 아닌 것은?

① 방사선투과검사      ② 충격인성검사

③ 초음파탐상검사      ④ 음향방출시험검사

**해설**

비파괴 검사법 : 침투탐상검사, 자분탐상검사, 방사선투과검사, 초음파검사, 와전류검사, 육안검사, 음향방출검사, 누설검사

**49** [보기]와 같은 구조물을 포함하고 있는 항공기 부위는?

> 수평 · 수직 안정판, 방향키, 승강키

① 착륙장치      ② 나셀

③ 꼬리날개      ④ 주날개

**해설**

- 수직꼬리날개 : 수직 안정판, 방향키
- 수평꼬리날개 : 수평 안정판, 승강키

**50** [보기]에서 설명하는 작업의 명칭은?

> - 플러시 헤드 리벳의 헤드를 감추기 위해 사용
> - 리벳 헤드의 높이보다 판재의 두께가 얇은 경우 사용

① 디버링(deburing)

② 딤플링(dimpling)

③ 클램핑(clamping)

④ 카운터 싱킹(counter sinking)

딤플링은 판재의 두께가 0.04inch 이하로 얇아서 카운터 싱킹 작업이 불가능할 때 딤플링을 한다. 접시머리 리벳의 머리 부분이 판재의 접합부와 꼭 들어맞도록 하기 위해 판재의 구멍 주위를 움푹 파는 작업을 말한다.

**51** 설계제한 하중배수가 2.5인 비행기의 실속속도가 120km/h일 때, 이 비행기의 설계 운용 속도는?

① 190km/h      ② 300km/h

③ 150km/h      ④ 240km/h

**해설**

$V_A = \sqrt{n_1}\, V_s = \sqrt{2.5} \times 120 = 189.7 ≒ 190\, km/h$
(여기서, $V_A$는 설계 운용 속도, $n_1$ : 설계 제한 하중 배수, $V_s$ : 실속속도이다.)

**52** 비금속 재료인 플라스틱 가운데 투명도가 가장 높아서 항공기용 창문 유리, 객실 내부의 전등 덮개 등에 사용되며, 일명 플렉시 글라스라고도 하는 것은?

① 네오프렌

② 폴리메틸메타크릴레이트

③ 폴리염화비닐

④ 에폭시수지

**해설**

비금속 재료인 플라스틱에는 열경화성 수지와 열가소성 수지가 있다. 그중 폴리메타크릴산메틸(PMMA, polymethyl methacry)은 플라스틱 중 가장 투명도가 좋아 플렉시글라스(plexiglas)라고 한다. 이는 비중이 작고 강하며, 광학적 성질이 우수하고, 가공이 쉽지만, 열에 약하고 유기 용제에 녹는 단점을 갖고 있다. 사용처로는 항공기용 창문 유리, 객실 내부 안내판 및 전등 덮개 등에 사용된다.

**53** 항공기가 효율적인 비행을 하기 위해서는 조종면의 앞전이 무거운 상태를 유지해야 하는데, 이것을 무엇이라 하는가?

① 평형상태(On balance)

② 과대평형(Over balance)

③ 과소평형(Under balance)

④ 정적평형(Static balance)

**해설**

• 정적평형은 어떤 물체가 자체의 무게중심으로 지지되고 있는 경우, 정지된 상태를 그대로 유지하려는 경향을 말한다. 효율적인 비행을 하려면 조종면의 앞전을 무겁게 제작한다.

• 과소평형은 조종면을 평형대에 장착하였을 때 수평 위치에서 조종면의 뒷전이 내려가는 현상(+상태)이다.

• 과대평형은 조종면을 평형대에 장착하였을 때 수평 위치에서 조종면의 뒷전이 올라가는 현상(−상태)이다.

**54** 티타늄 합금의 성질에 대한 설명으로 옳은 것은?

① 열전도 계수가 크다.

② 불순물이 들어가면 가공 후 자연경화를 일으켜 강도를 좋게 한다.

③ 티타늄은 고온에서 산소, 질소, 수소 등과 친화력이 매우 크고, 또한 이러한 가스를 흡수하면 강도가 매우 약해진다.

④ 합금원소로써 Cu가 포함되어 있어 취성을 감소시키는 역할을 한다.

**해설**

티탄은 비중이 4.51로써 강의 0.6배 정도이며, 용융온도는 1,730℃이다. 내식성이 우수하고, 약 500℃에서도 충분한 강도를 유지하며, 비강도가 커서 로켓, 가스 디빈엔진용 재료로 널리 이용된다. 티탄은 알루미늄, 주석, 망간, 크롬, 철, 바나듐, 몰리브덴, 지르코늄 등을 첨가하여 고강도이고, 소성 가공성과 용접성을 향상한 합금이다.

✈ **정답**   **51** ①   **52** ②   **53** ④   **54** ③

**55** 강(AISI 4340)으로 된 봉의 바깥지름이 1cm 이다. 인장하중 10t이 작용할 때, 이 봉의 인장강도에 대한 안전여유는 얼마인가? (단, AISI 4340의 인장강도 $\sigma_T$ = 18,000kg/cm² 이다.)

① 0.16  ② 0.37

③ 0.41  ④ 0.72

**해설**

$$인장응력 = \frac{P}{A} = \frac{10,000}{\frac{\pi}{4}1^2} = 12,738$$

$$안전여유 = \frac{허용\ 하중(또는\ 허용\ 응력)}{실제\ 하중(또는\ 실제\ 응력)} - 1$$

$$= \frac{18,000}{12,738} - 1 = 0.413 ≒ 0.41$$

**56** 알루미늄이나 아연 같은 금속을 특수 분무기에 넣어 방식 처리해야 할 부품에 용해 분착시키는 방법을 무엇이라 하는가?

① 질화법  ② 메탈라이징

③ 양극처리  ④ 본데라이징

**해설**

메탈라이징은 메탈 스프레이라고도 하며, 금속을 아크 또는 산소–아세틸린 불꽃을 통해 분말로 만든 후 분말이 된 금속을 특수 분무기를 통해 다른 금속에 분사하여 방식 처리를 하는 방법이다.

**57** 항공기 호스(hose)를 장착할 때 주의사항으로 틀린 것은?

① 호스가 꼬이지 않도록 한다.

② 내부 유체를 식별할 수 있도록 식별표를 부착한다.

③ 호스의 진동을 방지하도록 클램프(clamp)로 고정한다.

④ 호스에 압력이 가해질 때 늘어나지 않도록 정확한 길이로 설치한다.

**해설**

호스 장착 시 주의사항

• 호스가 꼬이지 않도록 장착한다.

• 압력이 가해지면 호스가 수축되므로 5~8% 여유를 준다.

• 호스의 진동을 막기 위해 60cm마다 클램프로 고정한다.

**58** 접개들이 착륙장치를 비상으로 내리는 (down) 3가지 방법이 아닌 것은?

① 핸드펌프로 유압을 만들어 내린다.

② 축압기에 저장된 공기압을 이용하여 내린다.

③ 핸들을 이용하여 기어의 업락(up-lock)을 풀었을 때 자중에 의하여 내린다.

④ 기어핸들 밑에 있는 비상 스위치를 눌러서 기어를 내린다.

**해설**

착륙장치를 접어들이는 방법으론 유압식, 전기식, 기계식이 있고, 그중 유압식을 가장 많이 사용한다.

**59** 기체구조의 형식 중 응력외피구조(stress skin structure)에 대한 설명으로 옳은 것은?

① 2개의 외판 사이에 벌집형, 거품형, 파(wave)형 등의 심을 넣고 고착시켜 샌드위치 모양으로 만든 구조이다.

② 하나의 구성요소가 파괴되더라도 나머지 구조가 그 기능을 담당해 주는 구조이다.

③ 목재 또는 강판으로 트러스(삼각형 구조)를 구성하고 그 위에 천 또는 얇은 금속판의 외피를 씌운 구조이다.

④ 외피가 항공기의 형태를 이루면서 항공기에 작용하는 하중의 일부를 외피가 담당하는 구조이다.

**정답** 55 ③  56 ②  57 ④  58 ④  59 ④

**[해설]**

응력외피구조는 외피가 항공기에 작용하는 하중에 일부를 담당하며, 종류로는 모노코크 구조와 세미 모노코크 구조가 있다.

## 60 항공기의 주 조종면이 아닌 것은?

① 방향키(rudder)　　② 플랩(flap)

③ 승강키(elevator)　　④ 도움날개(aileron)

**[해설]**

• 주 조종면 : 도움날개, 승강키, 방향키
• 부 조종면 : 플랩, 탭, 스포일러

---

**제4과목** **항공장비**

## 61 솔레노이드 코일의 자계 세기를 조정하기 위한 요소가 아닌 것은?

① 철심의 투자율

② 전자석의 코일 수

③ 도체를 흐르는 전류

④ 솔레노이드 코일의 작동 시간

**[해설]**

솔레노이드 작동 밸브는 솔레노이드로 작동되는 포핏식 밸브이고 전동기 구동 밸브에 비하여 신속하게 열리는 장점이 있다. 자력의 힘을 이용하여 개방 솔레노이드에 전류가 흐르게 되어 밸브를 들어 올려 연료가 흐르게 되고, 밸브 스템에 있는 노치의 락킹 플런저를 코일의 자력으로 잡아당겨 스프링의 장력으로 밸브를 닫아준다.

## 62 납산 축전지(lead acid battery)에서 사용되는 전해액은?

① 수산화칼륨 용액

② 불산 용액

③ 수산화나트륨 용액

④ 묽은 황산 용액

**[해설]**

납산 축전지에서 사용되는 전해액은 묽은 황산 용액이다.

## 63 다음 중 지상파의 종류가 아닌 것은?

① E층 반사파　　② 건물 반사파

③ 대지 반사파　　④ 지표파

**[해설]**

지상파의 종류로는 직접파, 대지 반사파, 지표파, 회절파로 분류되고, E층 반사파는 공간파 중 전리층파의 종류 중 하나이다.

## 64 정침의(DG)의 자이로 축에 대한 설명으로 옳은 것은?

① 지구의 중력 방향으로 향하게 되어 있다.

② 지표에 대하여 수평이 되게 되어 있다.

③ 기축에 평행 또는 수평이 되게 되어 있다.

④ 기축에 직각 또는 수직이 되게 되어 있다.

**[해설]**

방향 자이로(정침의, Directional Gyro)는 자이로의 강직성을 이용하며 항공기 기수방위와 정확한 선회각을 지시한다. 자이로 회전축은 기수 방향에 수평이다.

## 65 태양의 표면에서 폭발이 일어날 때 방출되는 강한 전자기파들이 D층을 두껍게 하여 국제 통신의 파동이 약해져 통신이 두절되는 전파상의 이상 현상은?

① 페이딩 현상

② 공전 현상

③ 델린저 현상

④ 자기폭풍 현상

**[해설]**

• 태양의 표면에서 폭발이 일어나 방출되는 강한 전자기파들이 D층을 두껍게 하여 통신이 두절되는 이상 현상을 델린저 현상이라 한다.

---

✈ **정답** 60 ② 61 ④ 62 ④ 63 ① 64 ② 65 ③

- 페이딩 현상은 전파 경로 상태의 변화에 따라 수신 강도가 시간적으로 변하는 현상이다.
- 자기폭풍은 지구자기장이 비정상적으로 변동하는 현상으로 주야 구분 없이 불규칙적으로 발생한다.

**66** 회로 보호 장치(circuit protection device) 중 비교적 높은 전류를 짧은 시간 동안 허용할 수 있게 하는 장치는?

① 리밋 스위치(limit switch)

② 전류제한기(current limiter)

③ 회로차단기(circuit breaker)

④ 열 보호장치(thermal protector)

**해설**

전류제한기(current limiter)는 비교적 높은 전류를 짧은 시간 동안 허용할 수 있는 것으로, 일종의 구리로 만든 퓨즈(fuse)로 동력 회로와 같이 짧은 시간 내에 과전류가 흘러도 장비, 부품에 손상이 오지 않게 한다.

**67** 교류 발전기의 출력 주파수를 일정하게 유지하는 데 사용되는 것은?

① Brushless

② Magn-amp

③ Carbon pile

④ Constant speed drive

**해설**

Constant speed drive : 교류 발전기의 출력 주파수를 일정하게 유지해 준다.

**68** 다음 중 VHF 계통의 구성품이 아닌 것은?

① 조정 패널　　　② 안테나

③ 송·수신기　　　④ 안테나 커플러

**해설**

VHF 계통은 항공기의 근거리 통신에 가장 많이 사용되는 주파수이며 송수신 감도가 매우 좋다. 하지만 육지의

지형에 따라서 주파수가 도달하지 못하는 공간이 생길 수 있다는 단점이 있다. 안테나 커플러는 HF통신에서 사용되는 것으로 원거리 통신에 사용하기 위해서 안테나가 길어야 하는데, 항공기에서는 길이 보상이 어렵기 때문에 수직꼬리날개에 HF안테나가 매립되어 있으며, 안테나의 부족한 길이를 보상해 주기 위해 안테나 커플러를 장착한다.

**69** 위성 통신에 관한 설명으로 틀린 것은?

① 지상에 위성 지구국과 우주에 위성이 필요하다.

② 통신의 정확성을 높이기 위하여 전파의 상향과 하향 링크 주파수는 같다.

③ 장거리 광역통신에 적합하고 통신거리 및 지형과 관계없이 전송 품질이 우수하다.

④ 위성 통신은 지상의 지구국과 지구국 또는 이동국 사이의 정보를 중계하는 무선통신 방식이다.

**해설**

위성통신 시스템(SATCOM, SATellite COMmunication System)은 3~30GHz 주파수 대역의 초고주파(SHF)를 이용한다. 위성 통신을 위해서는 우주 공간에 통신중계 위성이 발사되어 운용되어야 하며, 지상에는 위성 지구국(ground station)이 설치되어 위성 추적, 명령 전송 및 제어 등 위성관제를 수행해야 한다. 위성 통신은 장거리 광역통신에 적합하고 통신거리 및 지형과 관계없이 전송 품질이 우수하다. 일반적으로 위성통신은 상향과 하향 주파수가 다르고, 통신거리가 멀기 때문에 신호 지연이 발생하는 단점이 있다.

**70** 전방향 표지시설(VOR) 주파수의 범위로 가장 적절한 것은?

① 1.8~108kHz　　② 18~118kHz

③ 108~118MHz　　④ 130~165MHz

VOR은 비행하는 항공기에게 VHF대역에서 방위각 정보를 제공하는 지상시설로, 초단파 전방향 무선표지(VHF Omni(directional) Range)의 약자이다. 주파수 범위는 108~118MHz이다.

**71** 항공기 전기 · 전자 장비품을 전기적으로 본딩하는 이유로 옳은 것은?

① 이 · 착륙 시 진동을 흡수하기 위하여

② 정전하의 축적을 허용하기 위하여

③ 항공기 장비품의 구조를 보완하고 진동을 줄이기 위하여

④ 전기 · 전자 장비품에 대전되어 있는 정전기를 방전하기 위하여

본딩와이어 : 정전기를 제거하여 무선 간섭과 화재 발생 가능성을 줄여주는 전도체로, 부재와 부재 사이의 전기적 접촉을 확실히 하기 위해 여러 가닥의 구리선을 넓게 짜서 연결하는 것이다.

**72** 항공기에 장착된 플라이트 인터폰의 주목적은?

① 운항 중에 승무원 상호 간의 통화와 통신 항법계통의 오디오 신호를 승무원에게 분배, 청취하기 위하여

② 비행 중에 항공기 내에서 유선통신을 사용하기 위하여

③ 비행 중에 운항 승무원과 객실 승무원의 상호통화와 기타 오디오 신호를 승무원에게 분배, 청취하기 위하여

④ 비행 중에 조종실과 지상 무선시설의 상호통화 및 오디오 신호를 청취하기 위하여

운항 승무원 상호 간 통화장치(FIS: Flight Interphone System)는 조종실 내에서 운항 승무원 상호 간 통화를 위해 각종 통신이나 음성신호를 각 운항승무원에게 배

분하여 서로 간섭받지 않고 각 승무원석에서 자유롭게 선택, 청취할 수 있고, 마이크로폰으로부터 PTT(Push To Talk) 스위치를 눌러 송신할 수 있다.

**73** 계기착륙장치인 로컬라이저(localizer)에 대한 설명으로 틀린 것은?

① 수신기에서 90Hz, 150Hz 변조파 감도를 비교하여 진행 방향을 알아낸다.

② 로컬라이저의 위치는 활주로의 진입단 반대쪽에 있다.

③ 활주로에 대하여 적절한 수직 방향의 각도 유지를 수행하는 장치이다.

④ 활주로에 접근하는 항공기에 활주로 중심선을 제공하는 지상시설이다.

로컬라이저(localizer) : 계기 착륙 장치(ILS) 요소의 하나로, 비행장에서 항공기가 활주로의 연장 코스 상을 정확하게 진입하고 있는지 어떤지를 지시하는 전파를 발사하는 시설이다. 반송파는 90Hz와 150Hz로 변조되어 있으며, 활주로 진입 방향에서 보았을 때 오른쪽에서는 150Hz 변조 성분이 강하고, 왼쪽에서는 90Hz의 것이 강하며, 중심선 상에서는 양 성분의 크기가 같게 되어 있다.

**74** 항공기에 사용되는 전선의 굵기를 결정할 때 고려해야 할 사항이 아닌 것은?

① 도선 내 흐르는 전류의 크기

② 도선의 저항에 따른 전압강하

③ 도선에 발생하는 줄(joule)열

④ 도선과 연결된 축전지의 전해액 종류

항공기 도선을 배선하기 전에는 굵기에 따른 도선 번호를 결정한다. 이때 고려해야 할 사항으로는 도선 내로 흐르는 전류에 의한 줄열(joule heat)과 도선의 저항에 의한 전압 강하를 고려해야 한다.

✈ **정답** 71 ④ 72 ① 73 ③ 74 ④

**75** 항공기에서 거리측정장치(DME)의 기능에 대한 설명으로 옳은 것은?

① 질문펄스에서 응답펄스에 대한 펄스 간 지체시간을 구하여 방위를 측정할 수 있다.

② 질문펄스에서 응답펄스에 대한 펄스 간 지체시간을 구하여 거리를 측정할 수 있다.

③ 응답펄스에서 질문펄스에 대한 시간차를 구하여 방위를 측정할 수 있다.

④ 응답펄스에서 선택된 주파수만을 계산하여 거리를 측정할 수 있다.

**[해설]**

기상 장치와 지상 장치로 구성된 2차 레이더의 형식으로, 항공기 기상 장치(질문기)에서 발사된 1,025~1,150MHz대의 질문 펄스는 지상 장치(응답기)에 수신되면, 지상 장치에서 디코딩하여 962~1,213[MHz]로 응답펄스를 발사하게 된다. 이렇게 기상 장치에서 질문하고, 지상 장치에서 응답하여 수신될 때까지의 시간으로 거리를 구하게 된다.

**76** 인공위성을 이용하여 통신, 항법, 감시 및 항공관제를 통합 관리하는 항공 운항 지원시스템의 명칭은?

① 위성항행시스템

② 항공운항시스템

③ 위성통합시스템

④ 항공관리시스템

**[해설]**

인공위성을 이용한 통신, 항법, 감시 및 항공관제를 통합 관리하는 항공운항 지원시스템을 위성항행시스템이라 한다. 위성항법장치에는 GPS, INMARSAT, GLONASS, Galileo가 있으며, 시간, 거리 등을 측정하고 정확한 위치를 계산할 수 있다.

**77** 다용도 측정기기 멀티미터(multimeter)를 이용하여 전압, 전류 및 저항 측정 시 주의사항이 아닌 것은?

① 전류계는 측정하고자 하는 회로에 직렬로, 전압계는 병렬로 연결한다.

② 저항계는 전원이 연결되어 있는 회로에 절대로 사용하여서는 아니 된다.

③ 저항이 큰 회로에 전압계를 사용할 때는 저항이 작은 전압계를 사용하여 계기의 션트 작용을 방지해야 한다.

④ 전류계와 전압계를 사용할 때는 측정 범위를 예상해야 하지만, 그렇지 못할 때는 큰 측정 범위부터 시작하여 적합한 눈금에서 읽게 될 때까지 측정 범위를 낮추어 간다.

**[해설]**

멀티미터(multimeter) 이용 시 전류계는 측정하고자 하는 회로에 직렬로, 전압계는 병렬로 연결한다. 저항계는 전원이 연결되어 있는 회로에 절대 사용해서는 안 된다. 전류계와 전압계를 사용할 때는 측정 범위를 예상해야 하지만, 그렇지 못할 때는 큰 측정 범위부터 시작하여 적합한 눈금에서 읽게 될 때까지 측정 범위를 낮춰가야 한다.

**78** 서로 떨어진 두 개의 송신소로부터 동기신호를 수신하고 두 송신소에서 오는 신호의 시간차를 측정하여 자기 위치를 결정하여 항행하는 장거리 쌍곡선 무선 항법은?

① VOR(VHF Omni Range)

② TACAN(Tactical Air Navigation)

③ LORAN C(Long Range Navigation C)

④ ADF(Automatic Direction Finder)

**[해설]**

로란(LORAN C)은 1쌍의 로란 송신국(한쪽을 주국, 다른 쪽을 종국이라 함)에서 발신되는 동일 반송용 주파수의 펄스파를 수신하고, 2개의 국에서 오는 펄스파의 시간차를 측정해서 처음부터 주어진 로란 차트나 로란 테이블의 데이터와 맞추어 보면 1쌍의 송신국에 대한 위치선을 얻게 된다.

**79** 항공기의 니켈-카드뮴(Nickel-Cadmium) 축전지가 완전히 충전된 상태에서 1셀(cell)의 기전력은 무부하에서 몇 V인가?

① 1.0~1.1V      ② 1.1~1.2V

③ 1.2~1.3V      ④ 1.3~1.4V

해설

니켈-카드뮴 축전지가 완전히 충전된 상태에서 1셀의 기전력은 무부하에서 1.3~1.4V이다.

**80** 도체의 단면에 1시간 동안 10,800C의 전하가 흘렀다면 전류는 몇 A인가?

① 3      ② 18

③ 30      ④ 180

해설

1초에 1A의 전하가 흐르면 1쿨롬이라 한다. 1시간, 즉 3,600초에 3A의 전하가 흐르면 10,800 쿨롬이다.

# 항공산업기사

## 제1과목 항공역학

**01** 대기가 안정하여 구름이 없고, 기온이 낮으며, 공기가 희박하여 제트기의 순항고도로 적합한 곳은?

① 대류권계면
② 열권계면
③ 중간권계면
④ 성층권계면

**해설**

대류권
• 기온 체감율 : 1km 상승 시 약 6.5℃ 감소
• 기상현상 : 눈, 비, 안개 등
• 대류권계면 : 구름이 없고 시야가 좋아 제트기의 순항고도로 사용

**02** 항공기가 수평비행이나 급강하로 속도가 증가할 때, 천음속 영역에 도달하게 되면 한쪽 날개가 실속을 일으켜서 양력을 상실하여 급격한 옆놀이를 일으키는 현상을 무엇이라 하는가?

① 딥 실속(deep stall)
② 턱 언더(tuck under)
③ 날개 드롭(wing drop)
④ 옆놀이 커플링(rolling coupling)

**해설**

날개 드롭(wing drop)은 비행기가 수평비행이나 급강하로 속도가 증가하면 천음속 영역에서 한쪽 날개가 충격 실속을 일으켜서 갑자기 양력을 상실하여 급격한 옆놀이를 일으키는 현상을 말한다. 이 현상은 비교적 두꺼운 날개를 사용하는 비행기가 천음속으로 비행할 때 발생하고, 얇은 날개를 가지는 초음속 비행기가 천음속으로 비행할 때는 발생하지 않는다.

**03** 날개골의 모양에 따른 특성 중 캠버에 대한 설명으로 틀린 것은?

① 받음각이 0도일 때도 캠버가 있는 날개골은 양력이 발생한다.
② 캠버가 크면 양력은 증가하나 항력은 비례적으로 감소한다.
③ 두께나 앞전 반지름이 같아도 캠버가 다르면 받음각에 대한 양력과 항력의 차이가 생긴다.
④ 저속비행기는 캠버가 큰 날개골을 이용하고, 고속비행기는 캠버가 작은 날개골을 사용한다.

**해설**

양력과 항력은 비례 관계로 동반적으로 증가, 감소한다. 단, 받음각이 실속각을 넘을 땐 양력은 감소하고 항력만 증가한다.

**04** 프로펠러의 슬립(slip)이란?

① 유효피치에서 기하학적 피치를 뺀 값을 평균 기하학적 피치의 백분율로 표시
② 기하학적 피치에서 유효피치를 뺀 값을 평균 기하학적 피치의 백분율로 표시
③ 유효피치에서 기하학적 피치를 나눈 값을 백분율로 표시
④ 유효피치와 기하학적 피치를 합한 값을 백분율로 표시

**정답** 01 ① 02 ③ 03 ② 04 ②

프로펠러 슬립(propeller slip)은 기하학적 피치에서 유효피치를 뺀 값을 평균 기하학적 피치의 백분율로 표시한다.

## 05 비행기가 230km/h로 수평비행하고 있다. 이 비행기의 상승률이 8m/s라고 하면, 이 비행기 상승각은 약 얼마로 볼 수 있는가?

① 4.8°  ② 5.2°
③ 7.2°  ④ 9.4°

해설

상승률(rate of climb: RC)

$R.C = \dfrac{75}{W}(P_a - P_r) = V\sin\theta$ 이므로,

$8 = \dfrac{230}{3.6} \times \sin\theta$

∴ 상승각 : 7.9°가 된다.

## 06 선회(Turn)비행 시 외측으로 Skid 하는 가장 큰 이유는 무엇인가?

① 경사각이 작고 구심력이 원심력보다 클 때
② 경사각이 크고 구심력이 원심력보다 작을 때
③ 경사각이 크고 원심력이 구심력보다 작을 때
④ 경사각은 작고 원심력이 구심력보다 클 때

해설

선회 시 원심력은 $\dfrac{W}{g} \times \dfrac{V^2}{R}$ 이고, 구심력은 $L\sin\phi$ 이다. 스키드(외활)는 균형보다 바깥쪽으로 밀리는 것을 말하는데, 이는 원심력이 구심력보다 크거나 경사각이 작기 때문이다.

## 07 프로펠러 항공기의 경우 항속거리를 최대로 하기 위한 조건으로 가장 옳은 것은?

① $\dfrac{C_L}{\sqrt{C_D}}$ 이 최대인 상태로 비행한다.
② $\dfrac{\sqrt{C_L}}{C_D}$ 이 최대인 상태로 비행한다.
③ 양항비가 최대인 상태로 비행한다.
④ 양항비가 최소인 상태로 비행한다.

해설

항속거리(range)는 순항속도가 V일 때 순항속도에 항속시간을 곱하여 구하고, 항속시간(endurance)은 비행기가 출발할 때부터 탑재한 연료를 다 사용할 때까지의 시간이다.

| 항공기 형식 | 최대항속시간 | 최대항속거리 |
|---|---|---|
| 프로펠러 항공기 | $\dfrac{C_L^{\frac{3}{2}}}{C_D}$ | $\dfrac{C_L}{C_D}$ |
| 제트 항공기 | $\dfrac{C_L}{C_D}$ | $\dfrac{C_L^{\frac{1}{2}}}{C_D}$ |

## 08 음속에 가까운 속도로 비행 시 속도를 증가시킬수록 기수가 오히려 내려가는 경향이 생겨 조종간을 당겨야 하는 현상은?

① 더치롤(dutch roll)
② 턱 언더(tuck under)
③ 내리흐름(down wash)
④ 나선 불안정(spiral divergence)

해설

턱 언더(tuck under)는 비행기가 음속에 가까운 속도로 비행하게 되면 속도를 증가시킬 때 기수가 오히려 내려가 조종간을 당겨야 하는 조종력의 역작용 현상이다. 턱 언더의 수정 방법으로는 마하 트리머(mach trimmer) 및 피치 트림 보상기(pitch trim compensator)를 설치한다.

**09** 가로세로비 10, 양력계수 1.2, 스팬효율계수가 0.8인 날개의 유도항력계수는 약 얼마인가?

① 0.018      ② 0.046

③ 0.048      ④ 0.057

**해설**

$$C_{Di} = \frac{C_L{}^2}{\pi e AR} = \frac{1.2^2}{\pi \times 0.8 \times 10} \fallingdotseq 0.057$$

($C_{Di}$ : 유도항력계수, $e$ : 스팬효율계수로 타원날개는 1의 값을 갖고, 그 밖의 날개는 1보다 작은 값을 갖는다. $AR$ : 가로세로비)

**10** 헬리콥터 회전날개(rotor blade)에 적용되는 기본 힌지(hinge)로 가장 올바른 것은?

① 플래핑 힌지(plapping), 페더링 힌지(feathering), 전단힌지(shear)

② 플래핑 힌지, 페더링 힌지, 항력힌지(lead-lag)

③ 페더링 힌지, 항력힌지, 전단힌지

④ 플래핑 힌지, 항력힌지, 경사(slope)힌지

**해설**

헬리콥터 힌지

• 플래핑 힌지 : 회전날개를 상, 하로 움직이며 양력 불균형을 해소시킨다.

• 페더링 힌지 : 날개길이 방향을 중심으로 회전운동을 하고 회전날개의 피치각을 조절한다.

• 항력힌지 : 회전날개를 앞, 뒤로 움직이며 기하학적 불균형을 해소한다. 리드-래그 운동을 하여 리드-래그 힌지라고도 한다.

**11** 항공기의 착륙거리를 줄이기 위한 방법이 아닌 것은?

① 추력을 크게 한다.

② 익면하중을 작게 한다.

③ 역추력 장치를 사용한다.

④ 지면 마찰계수를 크게 한다.

**해설**

착륙거리를 짧게 하는 방법

• 착륙 중량($W$)을 작게 한다.

• 착륙 마찰계수가 커야 한다.

• 정풍으로 착륙한다.

• 접지속도를 작게 한다.

• 착륙활주 중 항력을 크게 한다.

• 역추력 장치를 사용한다.

**12** 다음 중 비행기가 장주기 운동을 할 때 변화가 없는 요소는?

① 받음각      ② 비행속도

③ 키놀이 자세      ④ 비행고도

**해설**

동적 세로 안정의 진동 형태

• 장주기 운동 : 진동주기가 20초에서 100초 사이이다. 진동이 매우 미약하여 조종사가 알아차릴 수 없는 경우가 많다.

• 단주기 운동 : 진동의 주기가 0.5초에서 5초 사이이다. 주기가 매우 짧은 운동이며, 외부 영향을 받은 항공기가 정적 안정과 키놀이 감쇠에 의한 진동 진폭이 감쇠되어 평형상태로 복귀된다. 즉 인위적인 조종이 아닌 조종간을 자유로 하여 감쇠하는 것이 좋다.

• 승강키 자유운동 : 진동주기가 0.3초에서 1.5초 사이이다. 승강키를 자유롭게 하였을 때 발생하는 아주 짧은 진동이며, 초기 진폭이 반으로 줄어드는 시간은 대략 0.1초이다.

**13** 양항비가 10인 항공기가 고도 2,000m에서 활공 시 도달하는 활공거리는 몇 m인가?

① 10,000      ② 15,000

③ 20,000      ④ 40,000

**해설**

$$L = \frac{C_L}{C_D} \times h = 10 \times 2,000 = 20,000$$

($L$ : 활공거리, $\dfrac{C_L}{C_D}$ : 양항비, $h$ : 고도)

✈ **정답**   09 ④   10 ②   11 ①   12 ①   13 ③

**14** 유도항력계수에 대한 설명으로 옳은 것은?

① 유도항력계수와 유도항력은 반비례한다.
② 유도항력계수는 비행기 무게에 반비례한다.
③ 유도항력계수는 양력의 제곱에 반비례한다.
④ 날개의 가로세로비가 커지면 유도항력계수는 작아진다.

$$C_{Di}(\text{유도항력계수}) = \frac{C_L{}^2}{\pi e AR}$$

($C_{Di}$ : 유도항력계수, $e$ : 스팬효율계수로 타원날개는 1의 값을 갖고, 그 밖의 날개는 1보다 작은 값을 갖는다. $AR$ : 가로세로비) AR(가로세로비)이 커지면 유도항력계수는 작아진다.

**15** 스팬(Span)의 길이가 $39ft$, 시위(chord)의 길이가 $6ft$인 직사각형 날개에서 양력계수가 0.8일 때, 유도받음각은 약 몇 도인가? (단, 스팬효율계수는 1이다.)

① 1.5　　　　② 2.2 1
③ 3.0　　　　④ 3.9

타원날개(e = 1)의 유도각 공식은 $\dfrac{C_L}{\pi AR}$ 이며 직사각형의 항공기에는 사용할 수 없지만, 스팬효율계수가 1이라 가정하였으므로 위 공식을 사용하여 유도각을 계산하면 $\dfrac{C_L}{\pi AR} = \dfrac{0.8}{\pi \times (39 \div 6)} \fallingdotseq 0.039$가 나온다. 여기서 degree를 radian 값으로 변경하기 위해 57.3을 곱해주면 2.244가 나온다.

**16** 프로펠러의 직경이 2m, 회전속도 1,800rpm, 비행속도 360km/h일 때, 진행률(advance ratio)은 약 얼마인가?

① 1.67　　　　② 2.57
③ 3.17　　　　④ 3.67

$$J = \frac{V}{nD} = \frac{\dfrac{360}{3.6}}{\dfrac{1800}{60} \times 2} = 1.666 \fallingdotseq 1.67$$

($J$ : 진행률, $V$ : 비행속도, $n$ : 회전속도, $D$ : 직경)

**17** 키돌이(loop) 비행 시 발생하는 비행이 아닌 것은?

① 수직상승　　　　② 배면비행
③ 수직강하　　　　④ 선회비행

Loop 비행은 롤러코스터가 360° 회전을 하듯 비행하는 것을 말한다.

**18** 반 토크 로터(anti torque rotor)가 필요한 헬리콥터는?

① 동축로터(coaxial)
② 직렬로터(tandom)
③ 단일로터(single rotor)
④ 병렬로터(side-by-side rotor)

단일 회전날개 헬리콥터는 주 날개의 토크를 상쇄하기 위하여 꼬리 회전날개가 주 날개에 반대되는 토크를 발생시킨다.

**19** 정속 프로펠러를 장착한 항공기가 순항 시 프로펠러 회전수를 2,300rpm에 맞추고 출력을 1.2배 높이면 프로펠러 회전계가 지시하는 값은?

① 1,800rpm　　　　② 2,300rpm
③ 2,700rpm　　　　④ 4,600rpm

정속 프로펠러(constant speed propeller)는 조속기를 장착하여 저피치~고피치 범위 내에서 비행고도, 비행속도, 스로틀 개폐와 관계없이 조종사가 선택한 rpm을 일정하게 유지시켜 진행률에 대해 최량의 효율을 가질 수 있는 프로펠러이다. 조속기는 프로펠러의 rpm을 일정하게 유지시켜 주는 장치이다. 피치가 변경되지 않는다면 조속기의 스피더 스프링이 파손되었음을 알 수 있다.

**20** 비행기가 고속으로 비행할 때 날개 위에서 충격실속이 발생하는 시기는?

① 아음속에서 생긴다.

② 극초음속에서 생긴다.

③ 임계 마하수에 도달한 후에 생긴다.

④ 임계 마하수에 도달하기 전에 생긴다.

**해설**

임계 마하수는 항공기 날개 윗면에서 어느 점의 속도가 마하 1이 될 때의 항공기의 속도를 뜻하며, 임계 마하수에 도달했다는 것은 날개 위 흐름이 마하 1을 넘었고 그 것은 충격파로 인한 충격실속이 일어났다는 것을 의미한다.

**제2과목** 항공기 엔진

**21** 왕복엔진에서 실린더 배기 밸브의 과열을 방지하기 위해 밸브 내부에 삽입하는 물질은?

① 합성오일　　② 수은

③ 금속나트륨　④ 실리카겔

**해설**

실린더의 가스 출입문으로 항공기용으로는 포핏 밸브(poppet valve)가 사용된다. 포핏 밸브의 머리는 버섯형(mushroom type), 튤립형(tulip type)으로 나눈다. 버섯형 내부에는 200°F(93.3℃)에서 녹을 수 있는 금속 나트륨(sodium)을 넣어 밸브의 냉각 효과를 증대시킨다.

**22** 왕복엔진 윤활계통에서 윤활유의 역할이 아닌 것은?

① 금속 가루 및 미분을 제거한다.

② 금속 부품의 부식을 방지한다.

③ 연료에 수분의 침입을 방지한다.

④ 금속 면 사이의 충격 하중을 완충시킨다.

**해설**

윤활유 역할

• 윤활 작용은 작동부 간의 마찰을 감소시키는 작용

• 기밀 작용은 가스의 누설을 방지하여 압력 감소를 방지하는 작용

• 냉각 작용은 엔진을 순환하면서 마찰이나 엔진에서 발생한 열을 흡수하는 작용

• 청결 작용은 엔진 내부 마멸이나 작동에 의하여 생기는 불순물을 옮겨서 걸러주는 작용

• 방청 작용은 금속 표면과 공기가 직접 접촉하는 것을 방지하여 녹이 생기는 것을 방지하는 작용

• 소음방지 작용은 금속 면이 직접 부딪치면서 발생하는 소리를 감소시키는 작용

**23** 다음 그래프는 가스터빈엔진의 각 부분에 대한 내부 가스 흐름의 어떤 특성을 나타낸 것인가?

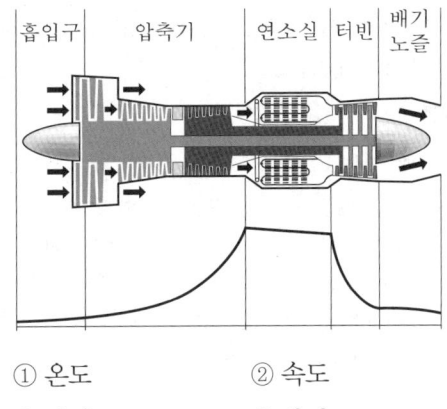

① 온도　　　② 속도

③ 체적　　　④ 압력

압력변화

- 항공기 속도가 증가하면 램(ram) 압력이 상승하기 때문에 압축기 입구 압력은 대기압보다 높다.
- 압축기 입구의 단면적은 크고, 출구의 단면적은 작아 뒤쪽으로 갈수록 압력은 상승한다.
- 최고 압력 상승 구간은 압축기 후단에 확산 통로인 디퓨저에서 이뤄진다.
- 연소실을 지나면서 연소팽창 손실과 마찰 손실로 인해 압력이 감소한다.
- 터빈 수축 노즐을 지나면서 공기속도는 증가하고, 압력은 떨어진다.
- 터빈 회전자를 지나면서 압력에너지가 회전력으로 바뀌면서 압력이 감소하고, 단수가 증가할수록 압력은 급격히 감소한다.
- 배기 노즐 출구 압력은 대기압보다 약간 높거나 같은 상태로 대기로 배출된다.

**24** 아음속 항공기에 사용되는 엔진의 공기 흡입 덕트는 일반적으로 어떤 형태인가?

① 확산형 덕트(divergent duct)

② 수축형 덕트(convergent duct)

③ 수축-확산형 덕트(convergent-divergent duct)

④ 가변공기 흡입 덕트(variable geometry air inlet duct)

**해설**

흡기-배기 덕트의 종류

- 아음속 항공기 : 흡입 덕트=확산관(divergent duct), 배기 덕트=수축관(convergent duct)
- 초음속 항공기 : 흡입 덕트=수축-확산관(convergentdivergent duct), 배기 덕트=수축-확산관(convergentdivergent duct)

**25** 프로펠러 날개의 루트 및 허브를 덮는 유선형의 커버로 공기흐름을 매끄럽게 하여 엔진 효율 및 냉각 효과를 돕는 것은?

① 랩                    ② 커프스

③ 거버너                ④ 스피너

**해설**

스피너(spinner)는 프로펠러 블레이드 루트 및 허브를 덮는 유선형의 커버를 말한다.

**26** 다음 중 역추력 장치를 사용하는 가장 큰 목적은?

① 이륙 시 추력 증가

② 엔진의 실속 방지

③ 재흡입 실속 방지

④ 착륙 후 비행기 제동

**해설**

역추력 장치는 배기가스를 엔진 바깥으로, 항공기의 전진 방향으로 분사시킴으로써 착륙 후 항공기의 제동에 사용된다. 착륙 직후 속도가 빠를 경우 효과가 크고, 너무 느릴 경우 배기가스 재흡입으로 압축기 실속이 발생할 수 있는데, 이를 재흡입 실속이라 한다. 방식으로는 항공 역학적 차단 방식과 기계 차단 방식이 있고, 작동 장치는 블리드 공기를 이용한 공기압식과 유압식이 있다. 작동은 스로틀의 저속위치에서만 작동시킨다. 현대 항공기에 사용되는 터보팬 엔진은 대부분 fan reverse 만 설치하여 사용하고 있다.

**27** 대형 터보팬엔진에서 역추력 장치를 작동시키는 방법은?

① 플랩 작동 시 함께 작동한다.

② 항공기의 자중에 따라 고정된다.

③ 제동장치가 작동될 때 함께 작동한다.

④ 스로틀 또는 파워레버에 의해서 작동한다.

**해설**

26번 해설 참고

**28** 착륙 접지 시 역추력을 발생시키는 비행기에 작용하는 순 감속력에 대한 식은? (단, 추력 : $T$, 항력 : $D$, 무게 : $W$, 양력 : $L$, 활주로 마찰계수 : $\mu$)

① $T - D + \mu(W - L)$
② $T + D + \mu(W + L)$
③ $T - D + \mu(W + L)$
④ $T + D + \mu(W - L)$

**해설**

착륙 접지 중이고 양력보다 무게가 더 무거우므로 무게와 양력의 차에 마찰계수를 곱한 값에 추력, 항력을 더해 준 값이 역추력 감속력이 된다.

**29** 그림은 어떤 사이클을 나타낸 것인가?

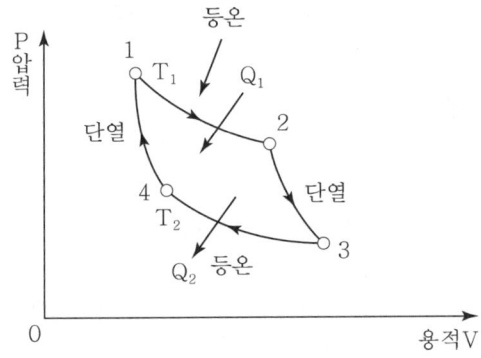

① 정압 사이클
② 정적 사이클
③ 카르노 사이클
④ 합성 사이클

**해설**

카르노 사이클은 열기관 사이클 중 가장 이상적인 사이클이다. 따라서 모든 열기관 사이클의 비교 표준으로 활용된다.
• 1 → 2 등온 팽창(isothermal expansion)
• 2 → 3 단열 팽창(isentropic expansion)
• 3 → 4 등온 압축(isothermal compression)
• 4 → 1 단열 압축(isentropic compression)

**30** 다음 중 항공기 왕복엔진에서 일반적으로 가장 큰 값을 갖는 것은?

① 마찰마력
② 제동마력
③ 지시마력
④ 모두 같다.

**해설**

지시마력($iHP$)은 지시선도로부터 얻어지는 마력으로 이론상 엔진이 낼 수 있는 최대 마력이다.

$$iHP = \frac{P_{mi} \cdot L \cdot A \cdot N \cdot K}{75 \times 2 \times 60}$$

$$= \frac{P_{mi} \cdot L \cdot A \cdot N \cdot K}{9,000}$$

($P_{mi}$ : 지시평균 유효압력, $L$ : 행정길이, $A$ : 피스톤 면적, $N$ : 실린더의 분당 출력 행정 수, $K$ : 실린더 수)

**31** 왕복엔진에 사용되는 고휘발성 연료가 너무 쉽게 증발하여 연료배관 내에서 기포가 형성되어 초래할 수 있는 현상은?

① 베이퍼 락(vapor lock)
② 임팩트 아이스(impact ice)
③ 하이드로릭 락(hydraulic lock)
④ 이베포레이션 아이스(evaporation ice)

**해설**

• vapor lock : 연료 계통의 여러 부분에서 연료 증기와 공기가 모여 일어난다. 많은 양의 증기가 모이면 펌프, 밸브, 기화기의 연료 미터링부의 작동을 방해할 수 있다. 이를 해결하기 위하여 booster pump를 설치한다.
• impact ice : 공기 중의 습기가 32°F 이하의 흡입계통의 부품과 접촉하여 발생하는 빙결을 말한다. 보통 air scoop, heat air valves, intake screen 및 기화기 내의 돌출부에서 주로 발생한다.
• hydraulic lock : 일반적으로 성형엔진 하부 실린더의 내부에 오일이 굳어 피스톤의 움직임을 방해하는 현상을 말한다.
• evaporation ice : 보통 fuel vaporization ice라고 하며, 연료 증발의 냉각 효과로 인해 발생하는 빙결을 말한다. 일반적으로 상대 습도 50% 이상으로 온도 32°F에서부터 100°F 사이에서 발생한다.

✈ **정답** 28 ④ 29 ③ 30 ③ 31 ①

**32** 왕복엔진의 연료계통에서 이코노마이저(eco-nomizer) 장치에 대한 설명으로 옳은 것은?

① 연료 절감 장치로 최소 혼합비를 유지한다.

② 연료 절감 장치로 순항속도 및 고속에서 닫혀 희박 혼합비가 된다.

③ 출력 증강 장치로 순항속도에서 닫혀 희박 혼합비가 되고, 고속에서 열려 농후 혼합비가 되도록 한다.

④ 출력 증강 장치로 순항속도에서 열려 농후 혼합비가 되고 고속에서 닫혀 희박 혼합비가 되도록 한다.

**해설**

이코노마이저 장치(economizer system)는 엔진의 출력이 순항출력보다 큰 출력일 때, 농후 혼합비를 만들어 주기 위해서 추가 연료를 공급하는 장치이고, 고출력 작동 시 스로틀 밸브를 일정 각도 이상으로 올릴 때 이코노마이저 밸브가 열려 추가 연료공급을 하여 농후혼합비를 형성시킨다. 추가 연료를 공급하는 장치의 종류로는 니들 밸브식, 피스톤식, 매니폴드 압력식이 있다.

**33** 공기 사이클(air cycle) 3개 중 같은 압축비에서 최고압력이 같을 때, 이론 열효율이 가장 높은 것부터 낮은 것을 올바르게 나열한 것은?

① 정적－정압－합성

② 정압－합성－정적

③ 합성－정적－정압

④ 정적－합성－정압

**해설**

정적 사이클(오토 사이클)의 열효율은 6~8 : 1이며, 정압 사이클(브레이튼 사이클)의 압력비($\gamma_p$)가 클수록 열효율은 증가하고, 터빈 입구 온도 $T_3$가 상승하여 어느 온도 이상 상승할 수 없도록 압력비($\gamma_p$)는 제한을 받는다. 합성 사이클은 정적과 정압 사이클의 혼합 사이클이다.

**34** 가스터빈엔진의 연료계통에서 연료필터(또는 연료여과기)는 일반적으로 어느 곳에 위치하는가?

① 항공기 연료탱크 위에 위치한다.

② 엔진연료펌프의 앞, 뒤에 위치한다.

③ 엔진연료계통의 가장 낮은 곳에 위치한다.

④ 항공기 연료계통에서 화염원과 먼 곳에 위치한다.

**해설**

연료여과기는 연료펌프의 앞, 뒤에 하나씩 사용하고, 연료탱크 출구, 연료 조정장치 및 연료 노즐에도 설치된다.

**35** 다음 항공기 엔진 중 추진체에 의해 발생하는 최종 기체가 다른 것은?

① 왕복엔진        ② 램제트엔진

③ 터보팬엔진      ④ 터보제트엔진

**해설**

• 제트 추진 엔진은 뉴턴의 제3법칙 작용－반작용의 법칙에 의해 배기가스 추진력을 이용하는 엔진을 의미하며 터보제트, 터보팬, 램제트, 펄스제트, 로켓엔진이 포함된다.

• 왕복엔진은 실린더 피스톤의 왕복운동에 의한 프로펠러 회전에 의해 추진력을 얻는다.

**36** 가스터빈엔진에서 배기가스의 온도 측정 시 저압터빈 입구에서 사용하는 온도 감지 센서는?

① 열전대(thermocouple)

② 써모스탯(thermostat)

③ 써미스터(thermistor)

④ 라디오미터(Radiometer)

**해설**

열전쌍(thermocouple) 온도계는 가스터빈엔진에서 배기가스의 온도를 측정하는 데 사용되고, 사용되는 재료로는 크로멜－알루멜, 철－콘스탄탄, 구리－콘스탄탄 등이 사용되는데, 측정온도 범위가 가장 높은 것은 크로멜－알루멜이다.

✈ **정답**   32 ③   33 ④   34 ②   35 ①   36 ①

**37** 다음 보기 중 엔진제어 ATA CAPTER Number는?

① ATA 72　　　② ATA 74

③ ATA 76　　　④ ATA 78

해설

ATA(Air Transportation of America)는 미항공 운송협회를 말한다. 이 협회에서 항공운송에 관한 여러 기준을 설정하는데, 기술자료의 기준 설정은 ATA Specification 100에 수록되어 있다.

• ATA 72 : Engine-Reciprocating(엔진-왕복)
• ATA 74 : Ignition(점화)
• ATA 76 : Engine Controls(엔진제어)
• ATA 78 : Exhaust(배기)

**38** 왕복엔진에서 엔진오일의 기능이 아닌 것은?

① 보온작용　　　② 기밀작용

③ 윤활작용　　　④ 냉각작용

해설

윤활유의 작용

• 윤활 작용은 상대 운동을 하는 두 금속의 마찰 면에 유막을 형성하여 마찰 및 마멸을 감소한다.
• 기밀 작용은 두 금속 사이를 채움으로써 가스의 누설을 방지한다.
• 냉각 작용은 마찰에 의해 발생한 열을 흡수하여 냉각시킨다.
• 청결 작용은 금속 가루 및 먼지 등의 불순물을 제거한다.
• 방청 작용은 금속 표면과 공기가 접촉하는 것을 방지하여 녹이 스는 것을 방지한다.
• 소음 방지 작용은 금속 면이 직접 부딪히는 소리를 감소시킨다.

**39** 왕복엔진의 압축비가 너무 클 때 일어나는 현상이 아닌 것은?

① 후화

② 조기 점화

③ 디토네이션

④ 과열현상과 출력의 감소

해설

압축비는 피스톤이 하사점에 있을 때의 실린더 체적과 상사점에 있을 때의 실린더 체적으로, 너무 클 경우 조기 점화, 디토네이션, 과열현상과 출력의 감소가 일어난다. 후화는 과농후 혼합비에서 연소속도가 느려져 배기행정까지 연소되는 현상이다.

**40** 다음 중 초음속 전투기 엔진에 사용되는 수축-확산형 가변배기 노즐(VEN)의 출구면적이 가장 큰 작동상태는?

① 전투추력(military thrust)

② 순항추력(cruising thrust)

③ 중간추력(intermediate thrust)

④ 후기연소추력(afterburning thrust)

해설

수축-확산형 배기 노즐은 터빈에서 나온 고압, 저속의 배기가스를 수축 통로를 통하여 팽창, 가속하여 음속으로 변환한 다음, 다시 확산 통로를 통과하면서 초음속으로 가속하므로 후기 연소기의 추력을 만들기 위해서는 노즐의 출구면적을 가장 크게 해야 한다. 후기 연소기가 작동하지 않을 때는 배기 노즐을 좁게 한다.

**41** 날개의 리브(rib)에 중량 경감 구멍을 뚫는 주된 목적은?

① 크랙(crack)의 확산을 방지하기 위해서

② 피로한도 및 내마모성을 향상하기 위해서

③ 부재의 강성을 유지하면서 무게를 줄이기 위해서

④ 응력집중을 피하고, 하중 전달을 직선이 되도록 하기 위해서

**해설**

리브는 공기역학적인 날개골을 유지하도록 날개의 모양을 만들어 주며, 외피에 작용하는 하중을 날개보에 전달한다. 또한 부재의 강도를 유지하면서 무게를 줄이기 위해 리브에 구멍을 뚫는다.

**42** 아이스박스 리벳인 2024(DD)를 아이스박스에 저온 보관하는 이유는?

① 리벳을 냉각시켜 경도를 높이기 위해

② 시효 경화를 지연시켜 연한 상태를 연장하기 위해

③ 리벳의 열 변화를 방지하여 길이의 오차를 줄이기 위해

④ 리벳을 냉각시켜 리벳팅할 때 판재를 함께 냉각시키기 위해

**해설**

리벳 중 2017과 2024는 상온에서 그대로 작업을 하게 되면 리벳 자체가 단단하여 균열이 발생할 수 있다. 따라서 열처리하여 연화시킨 다음 저온 상태의 아이스박스에 보관하다 필요할 때마다 꺼내서 사용한다. 이런 리벳들을 아이스박스 리벳이라 하며 2017은 1시간 이내에, 2024는 10분에서 30분 이내에 사용해야 한다.

**43** 금속 판재를 굽힘가공 할 때 응력에 의해 영향을 받지 않는 부위를 무엇이라 하는가?

① 굽힘선(bend line)

② 몰드선(mold line)

③ 중립선(netral line)

④ 세트백 선(setback line)

**해설**

굽힘가공 시 굽힘선(bend line), 몰드라인(mold line), 세트백 선(setback line)은 응력에 의해 변화할 수 있지만, 판재 가운데 위치하는 중립선(netral line)은 응력에 의해 영향을 받지 않는다.

**44** 다음 중 항공기의 기체에 사용된 복합재 부분을 수리하는 방법이 아닌 것은?

① 용접에 의한 수리

② 볼트에 의한 패치 수리

③ 접착에 의한 패치 수리

④ 손상 부위를 제거한 뒤의 수리

**해설**

복합재 부분은 비금속 부분이기 때문에 용접으로 수리하는 게 불가능하고, 볼트에 의한 패치 수리, 접착에 의한 패치 수리, 손상 부위를 제거한 후 수리하는 방법이 있다.

**45** 페일세이프 구조 중 많은 수의 부재로 하중을 분담하도록 하여 이 중 하나의 부재가 파괴되어도 구조 전체에 치명적인 부담이 되지 않도록 한 구조는?

① 2중구조(double structure)

② 대치구조(back structure)

③ 다경로하중구조(redundant structure)

④ 하중경감구조(load dropping structure)

✈ 정답  41 ③  42 ②  43 ③  44 ①  45 ③

다경로(redundant) 하중구조 : 여러 개의 부재를 통하여 하중이 전달되도록 하여 어느 하나의 부재가 손상되더라도 그 부재가 담당하던 하중을 다른 부재가 담당하여 치명적인 결과를 가져오지 않는 구조이다.

**46** 2차 조종면(secondary control surface)의 목적과 거리가 먼 것은?

① 비행 중 항공기 속도를 줄인다.

② 1차 조종면에 미치는 힘을 덜어준다.

③ 항공기 착륙속도 및 착륙거리를 단축한다.

④ 항공기의 3축 운동을 시키는 주 모멘트를 발생시킨다.

항공기 3축 운동을 하는 주 조종면은 1차 조종계통이다.

**47** 알크래드(alclad) 판은 어떤 목적으로 알루미늄 합금판 위에 순수 알루미늄을 피복한 것인가?

① 공기 저항 감소

② 인장강도 증대

③ 기체 전기저항 감소

④ 공기 중에서의 부식방지

알크래드(alclad) 판은 알루미늄 합금판 양면에 열간압연에 의하여 순수 알루미늄을 약 3~5% 정도의 두께로 입힌 것을 말한다. 부식을 방지하고 표면이 긁히는 등의 파손을 방지할 수 있다.

**48** 항공기 기체 판재에 적용한 Relief Hole의 주된 목적은?

① 무게 감소　　② 강도 증가

③ 응력집중 방지　④ 좌굴 방지

2개 이상의 굽힘이 교차하는 장소는 응력집중이 발생하여 교점에 균열이 일어나게 되는데, 응력 교차점에 응력제거 구멍을 뚫어 이를 예방한다. 릴리프 홀의 크기는 1/8inch 이상의 범위에서 굽힘 반지름의 치수를 릴리프 홀의 지름으로 한다.

**49** 케이블 조종계통에서 7 * 19의 케이블을 옳게 설명한 것은?

① 19개의 와이어로 7번을 감아 케이블을 만든 것이다.

② 7개의 와이어로 19번을 감아 케이블을 만든 것이다.

③ 19개의 와이어로 1개의 다발을 만들고, 이 다발 7개로 1개의 케이블을 만든 것이다.

④ 7개의 와이어로 1개의 다발을 만들고, 이 다발 19개로 1개의 케이블을 만든 것이다.

7 * 19는 가요성 케이블로 주 조종계통에 사용되고 있다. 이는 19개의 와이어로 1개 다발을 만들고, 이 다발 7개로 1개의 케이블을 만든다.

**50** 그림과 같은 판재 가공을 위한 레이아웃에서 성형점(mold point)을 나타낸 것은?

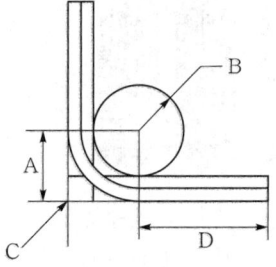

①A　　　　②B

③C　　　　④D

- A는 세트백(set back)으로 굴곡된 판 바깥면의 연장 선의 교차점과 굽힘 접선과의 거리이다.
- B는 굽힘 여유(bend allowance: BA, 굴곡 허용 량) : 평판을 구부려서 부품을 만들 때 완전히 직각으로 구부릴 수 없으므로 굽히는 데 소요되는 여유 길이를 말한다.
- C는 외부 표면의 연장선이 만나는 점으로 굽힘점(성형점, mold point)이라 한다.
- D는 굽힘의 시작점과 끝점에서의 선을 굽힘 접선(bend tangent line)이라 한다.

**51** 이산화탄소 소화기의 점검 방법으로 옳은 것은?

① 압력 측정      ② 무게 측정

③ 점성 측정      ④ 육안 측정

해설

이산화탄소($CO_2$) 소화기의 상태 점검은 총무게를 측정하고, 질소가스에 대해서는 내압을 측정하여 이상 여부를 판단한다. 만일, 총무게를 측정하고 기준무게보다 10% 이상 차이가 나면 교환해야 한다. 또한, 고속 방출병(high-rate discharge bottle)에 충전된 소화기 용기는 장착된 압력계기의 압력지시로 적정상태를 검사할수 있다.

**52** 그림과 같은 재료로 검사할 수 있는 것은?

① 자분검사      ② 침투검사

③ 방사선검사      ④ 탭검사

해설

침투탐상검사(liquid penetrant inspection)는 육안검사로 발견할 수 없는 작은 균열이나 결함 등을 발견하는 데 사용한다. 상세 내용은 다음과 같다.

| 특징 | • 금속, 비금속의 표면 결함에 사용된다.<br>• 검사 비용이 저렴하다.<br>• 표면이 거친 검사에는 부적합하다. |
|---|---|
| 작업순서 | • 검사물을 세척하여 표면의 이물질을 제거한다.<br>• 적색 또는 형광 침투액을 뿌린 후 5~20분 기다린다.<br>• 세척액으로 침투액을 닦아낸다.<br>• 현상제를 뿌리고 결함 여부를 관찰한다. |

**53** 다음 그림과 같이 케이블의 지름이 5/32이고, 섭씨(℃)온도를 화씨온도로 변환하여 95°F일 경우, 케이블의 장력은 몇 in-lb인가?

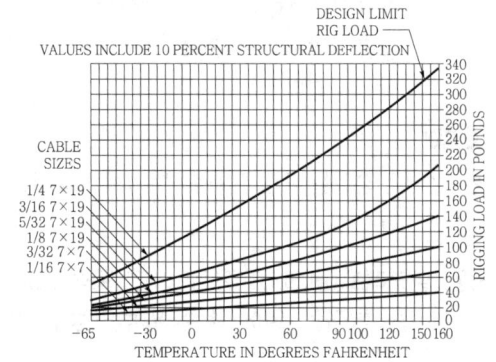

① 100      ② 80

③ 70      ④ 1204

해설

차트 표를 보는 방법으로, 먼저 차트 표의 온도는 화씨(°F)온도이므로 섭씨(℃)를 화씨(°F)로 변환한다. 그 값을 95°F로 예문에 제시되어 있다. 그림의 여러 선 중 아래에서 위로 4번째 선인 95°F와 교차점을 찾은 뒤 오른쪽 장력 값으로 이동하면 100임을 알 수 있다.

**54** 다음 중 동체의 ATA 넘버는 무엇인가?

① ATA 72      ② ATA 53

③ ATA 85      ④ ATA 49

해설

ATA(Air Transportation of America)는 미항공운송협회를 말한다. 이 협회에서 항공운송에 관한 여러 기준을 설정하는데, 기술자료의 기준 설정은 ATA

Specification 100에 수록되어 있다.
- ATA 49 : Auxiliary Power Unit(보조 전원)
- ATA 53 : Fuselage(동체)
- ATA 72 : Engine-Reciprocating(엔진-왕복)
- ATA 85 : Fuel Cell System(연료 전지 시스템)

**55** 엔진이 2대인 항공기의 엔진은 1,750kg의 모델에서 1,850kg의 모델로 교환하였으며, 엔진은 기준선에서 후방 40cm에 위치하였다. 엔진을 교환하기 전의 항공기 무게 평형(weight and balance) 기록에는 항공기 무게 15,000kg, 무게중심은 기준선 후방 35cm에 위치하였다면, 새로운 엔진으로 교환 후 무게중심 위치는?

① 기준선 전방 32cm
② 기준선 전방 20cm
③ 기준선 후방 35cm
④ 기준선 후방 45cm

**해설**

- 항공기 엔진 변경 전

| 무게(kg) | 거리(cm) | 모멘트 |
|---|---|---|
| 1,750 | 40 | 70,000 |
| 15,000 | 35 | 525,000 |

- 항공기 엔진 변경 후

| 무게(kg) | 거리(cm) | 모멘트 |
|---|---|---|
| 1,850 | 40 | 74,000 |
| 15,000 | 35 | 525,000 |

$무게중심 = \dfrac{총모멘트}{총무게}$, 변경 전 $\dfrac{70,000+525,000}{1,750+15,000}$

$≒35.52$, 변경 후 $\dfrac{74,000+525,000}{1,850+15,000} ≒ 35.54$

변경 전/후 무게중심 변동사항은 거의 없다.

**56** 항공기 나셀에 대한 설명으로 틀린 것은?

① 나셀의 구조는 세미모노코크구조 형식으로 세로 부재와 수직 부재로 구성되어 있다.
② 항공기 엔진을 동체에 장착하는 경우에도 나셀의 설치는 필요하다.
③ 나셀은 외피, 카울링, 구조 부재, 방화벽, 엔진 마운트로 구성되며, 유선형이다.
④ 나셀은 안으로 통과하여 나가는 공기의 양을 조절하여 엔진의 냉각을 조절한다.

**해설**

엔진 마운트 및 나셀(engine mount & nacelle) : 엔진 마운트는 엔진의 무게를 지지하고 엔진의 추력을 기체에 전달하는 구조로서 항공기 구조물 중 하중을 가장 많이 받는 곳 중의 하나이고, 나셀은 기체에 장착된 엔진을 둘러싼 부분을 말하며, 엔진 및 엔진에 부수되는 각종 장치를 수용하기 위한 공간을 마련하고 나셀의 바깥면은 공기역학적 저항을 작게 하기 위해 유선형으로 한다. 나셀의 구성은 외피, 카울링, 구조 부재, 방화벽, 엔진 마운트로 구성되어 있다.

**57** 세미모노코크 구조형식의 날개에서 날개의 단면 모양을 형성하는 부재로 옳은 것은?

① 스파(spar), 표피(skin)
② 스트링거(stringer), 리브(rib)
③ 스트링거(stringer), 스파(spar)
④ 스트링거(stringer), 표피(skin)

**해설**

- 날개보(spar) : 날개에 작용하는 하중의 대부분을 담당한다.
- 스트링거(stringer) : 날개의 휨 강도나 비틀림 강도를 증가시켜 주는 역할을 한다.
- 리브(rib) : 날개 단면이 공기역학적인 날개골을 유지하도록 날개의 모양을 형성하며, 날개 외피에 작용하는 하중을 날개보에 전달하는 역할을 한다.
- 표피(skin) : 날개에 작용하는 하중을 전단흐름 형태로 변환하여 담당한다.

**58** 그림과 같이 집중하중을 받는 보의 전단력 선도는?

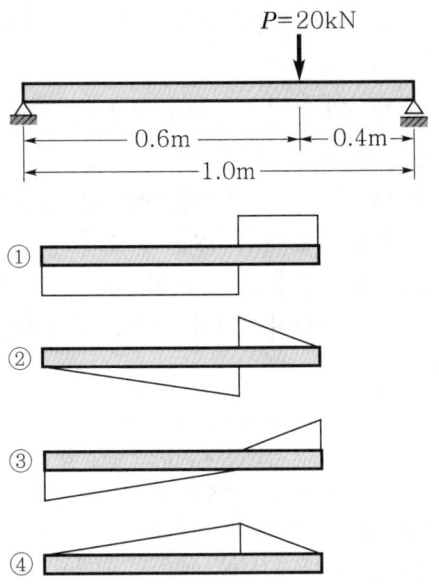

**해설**

단순 보의 임의의 기준점 P에서의 전단력 선도의 크기는 같지만, 방향은 반대 방향으로 작동하게 된다.

**59** 탄성계수 $E$, 푸아송의 비 $V$, 전단탄성계수 $G$ 사이의 관계식으로 가장 올바른 것은?

① $G = \dfrac{E}{2(1-V)}$

② $E = \dfrac{G}{2(1+V)}$

③ $G = \dfrac{E}{2(1+V)}$

④ $E = \dfrac{E}{2(1-V)}$

**해설**

- 전단 변형에 따른 탄성한도 내에서 전단응력과 전단 변형률은 비례한다($\tau = G\gamma$).
- 탄성계수, 푸아송의 비, 전단 탄성계수의 관계식 :

  $G = \dfrac{E}{2(1+V)}$

- 재료의 탄성계수 E와 체적 탄성계수 $K$ 사이의 관계식 :

  $K = \dfrac{E}{3(1-2\nu)}$

**60** 항공기가 비행 중 오른쪽으로 옆놀이(rolling) 현상이 발생하였다면, 지상 정비 작업으로 옳은 것은?

① 트림 탭을 중립축 선에 맞춘다.

② 방향타의 탭을 왼쪽으로 굽힌다.

③ 오른쪽 보조날개 고정 탭을 올린다.

④ 방향타의 탭을 오른쪽으로 굽힌다.

**해설**

오른쪽 고정 탭의 위치가 아래로 내려가 있을 때 공중에서 비행 시 항공기가 오른쪽으로 옆놀이를 할 수 있기에 지상 점검 시 고정 탭의 위치를 중립으로 지정해야 한다.

**제4과목** **항공기 계통**

**61** 그림과 같은 Wheatstone bridge가 평형이 되려면 X의 저항은 몇 Ω이 되어야 하는가?

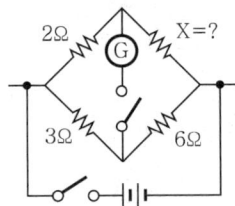

① 3  ② 4

③ 5  ④ 6

**해설**

휘스톤 브리지(Wheatstone bridge)는 검류계의 값이 '0'이 될 때 전류의 값이 평형상태가 되어 미지의 저항값을 알 수 있다.

평형 조건 : $R_1 R_4 = R_2 R_3 = 2 \times 6 = X \times 3$

∴ $X = 4$

**62** EICAS(Engine Indication and Crew Alert-ing System)의 기능이 아닌 것은?

① Engine Parameter를 지시한다.
② 항공기의 각 System을 감시한다.
③ Engine 출력을 설정할 수 있다.
④ System의 이상상태 발생을 지시한다.

**[해설]**

EICAS는 항공기의 각 시스템을 감시하며, 엔진 한도와 시스템의 이상상태 발생을 지시한다.

**63** 태양의 표면에서 폭발이 일어날 때 방출되는 강한 전자기파들이 D층을 두껍게 하여 국제통신의 파동이 약해져 통신이 두절되는 전파상의 이상 현상은?

① 페이딩 현상       ② 공전 현상
③ 델린저 현상       ④ 자기폭풍 현상

**[해설]**

태양의 표면에서 폭발이 일어나 방출되는 강한 전자기파들이 D층을 두껍게 하여 통신이 두절되는 이상 현상을 델린저 현상이라 한다. 페이딩 현상은 전파 경로 상태의 변화에 따라 수신 강도가 시간적으로 변하는 현상이다. 자기폭풍은 지구 자기장이 비정상적으로 변동하는 현상으로 주야 구분 없이 불규칙적으로 발생한다.

**64** 광전 연기 탐지기(photo electric smoke de-tector)에 대한 설명으로 틀린 것은?

① 연기 탐지기 내부는 빛의 반사가 없도록 무광 흑색 페인트로 칠해져 있다.
② 연기 탐지기 내의 광전기 셀에서 연기를 감지하여 경고장치를 작동시킨다.
③ 연기 탐지기 내부로 들어오는 연기는 항공기 내·외의 기압차에 의한다.
④ 광전기 셀은 정해진 온도에서 작동될 수 있도록 가스로 채워져 있다.

**[해설]**

광전지식 화재 경고 장치(photo electric smoke detector) : 광전지는 빛을 받으면 전압이 발생한다. 이것을 이용하여 화재가 발생할 때 나타나는 연기로 인한 반사광으로 화재를 탐지한다. 비컨 램프는 항상 점등되어 있으며, 연기가 들어오면 그 반사광이 광전지에 도달하게 됨으로써 경고 장치를 작동시킨다. 시험 스위치를 작동시키는 릴레이가 동작하여 시험 램프는 비컨 램프와 직렬로 연결되면서 점등되어, 광전지에 빛이 들어가 경고 회로가 작동되는 것을 시험할 수 있다.

**65** 미리 설정된 정격값 이상의 전류가 흐르면 회로를 차단하는 것으로, 재사용이 가능한 회로 보호 장치는?

① 퓨즈                ② 릴레이
③ 서킷 브레이커      ④ 서큘라 커넥터

**[해설]**

회로 차단기는 규정 용량 이상 전류가 흐르면 회로를 차단한다. 퓨즈는 재사용이 불가능하다.

**66** 전기저항식 온도계의 온도 수감부가 단선되었을 때 지시 값의 변화로 옳은 것은?

① 단선 직전의 값을 지시한다.
② 지시계의 지침은 '0'을 지시한다.
③ 지시계의 지침은 저온 측의 최솟값을 지시한다.
④ 지시계의 지침은 고온 측의 최댓값을 지시한다.

**[해설]**

전기저항식 온도계는 온도 변화에 따른 금속의 저항 변화를 이용한다. 금속에 흐르는 전류를 측정하여 온도로 환산하는 방식인데, 수감부가 단선되면 지시계의 지침은 고온 측의 최댓값을 지시하게 된다.

**✈ 정답** 62 ③  63 ③  64 ④  65 ③  66 ④

**67** 비행장에 설치된 컴퍼스 로즈(compass rose)의 주 용도는?

① 지역의 지자기 세기 표시
② 활주로의 방향을 표시하는 방위도 지시
③ 기내에 설치된 자기 컴퍼스의 자차 수정
④ 지역의 편각을 알려주기 위한 기준방향 표시

해설

방위표시판(compass rose)은 동-서-남-북 방위의 눈금을 매긴 원으로 공항 주위에 표시되어 있다. 이는 항공기를 방위에 맞추기 위해 자기 컴퍼스의 지시 값과 차인 자차를 수정한다. 이와 같은 자차를 수정하는 것을 compass swing이라 한다.

**68** 신호에 따라 반송파의 진폭을 변화시키는 변조 방식은?

① PCM 방식    ② FM 방식
③ AM 방식    ④ PM 방식

해설

진폭변조(amplitude modulation) : 음성, 영상 등을 전기신호로 바꾸어 전송할 때 전송되는 반송파의 진폭을 전달하고자 하는 신호의 진폭에 따라 변화시키는 변조 방식이다.

**69** 유압계통에서 축압기(accumulator)의 사용 목적은?

① 계통의 유압 누설 시 차단
② 계통의 과도한 압력 상승 방지
③ 계통의 결함 발생 시 유압 차단
④ 계통의 서지(surge) 완화 및 유압 저장

해실

축압기(accumulator)는 작동유의 저장통으로써 여러 개의 작동유 압력 기기가 동시에 사용될 때 동력 펌프를 돕는다. 또한 동력 펌프가 고장 났을 때는 저장되었던 작동유를 유압 기기에 공급한다. 또 작동유 압력계통의

서지 현상을 방지, 작동유 압력계통의 충격적인 압력을 흡수해 주며, 압력 조절기가 열리고 닫히는 횟수를 줄여 준다. 다이어프램형 축압기, 블래더형 축압기, 피스톤형 축압기가 있다.

**70** 배터리 터미널(terminal)에 부식을 방지하기 위한 방법으로 가장 옳은 것은?

① 증류수로 씻어낸다.
② 터미널에 납땜을 한다.
③ 터미널에 페인트로 엷은 막을 만들어 준다.
④ 터미널에 그리스(grease)로 엷은 막을 만들어 준다.

해설

배터리 내부에서 발생하는 가스에 의해서 터미널 주위에 흰색 가루 등이 발생하는 부식이 발생할 수 있다. 이러한 부식을 방지하기 위해서 배터리 터미널 단자를 연결하기 전에 그리스를 칠하면 공기에 의한 산화를 방지하여 부식을 방지할 수 있다.

**71** 서로 떨어진 두 개의 송신소로부터 동기신호를 수신하여, 두 송신소에서 오는 신호의 시간차를 측정하여 자기위치를 결정하여 항행하는 무선 항법은?

① LORAN(LOng RAnge Navigation)
② TACAN(TACtical Air Navigation)
③ VOR(VHF Omni Range)
④ ADF(Automatic Direction Finder)

해설

전파 항법장치의 종류
• 로런(LORAN: LOng RAnge Navigation)은 송신국으로부터 원거리에 있는 선박 또는 항공기에 항행 위치를 제공하는 무선 항법 보조 시설로, "두 정점으로부터의 거리 차가 일정한 점의 궤적은 두 정점을 초점으로 한다."는 쌍곡선 항법의 원리이다. 현재 실용화되고 있는 것은 "LORAN A"와 "C"가 있다.
• 전술 항법장치(TACAN: TACtical Air Navigation)

✈ 정답   67 ③   68 ③   69 ④   70 ④   71 ①

는 군사용 항법장치로 저출력으로 원거리(200NM)까지 정보를 제공하고, 응답 신호가 돌아오는 시간을 측정하여 거리를 계산한다.

• 전방향 표지 시설(VOR: VHF Omni-directional Range)은 자북을 지시하는 전파를 받는 순간부터 지향성의 전파를 수신하는 순간까지의 시간 차를 측정하여 발신국의 위치를 파악할 수 있다. 항공기에서는 자기 방위 지시계(RMI: Radio Magnetic Indicator), 수평 상태 지시계(HSI: Horizontal Situation Indicator)에 표지국의 방위와 그 국에 가까운지, 멀어지는지, 코스 이탈 등을 총괄적으로 나타낸다.

• 자동방향탐지기(ADF: Automatic Direction Finder)는 1937년부터 민간 항공기에 탑재하여 사용하고 있는 가장 오래되고, 널리 사용되고 있는 항법장치로, 장파(LF) 및 중파(MF)대의 190~1,750KHz의 반송파를 사용하여 1,020Hz를 진폭변조한 전파를 사용하여 무선국으로부터 전파 도래 방향을 알아 항공기의 방위를 시각 또는 청각 장치를 통해 알아낸다. 구성으로는 안테나, 수신기, 방향 지시기, 전원장치로 구성되어 있다.

**72** 그림의 교류회로에서 임피던스를 구한 값은?

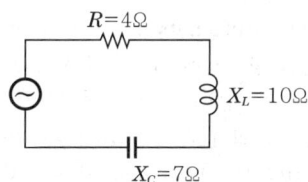

① 5Ω      ② 7Ω
③ 10Ω      ④ 17Ω

**[해설]**

$$Z = \sqrt{R^2 + (X_L - X_C)^2} = \sqrt{16 + (10-7)^2} = 5\Omega$$

**73** 다음 기술도서 중 전기배선 배선도 교범은?

① WDM      ② AMM
③ SRM      ④ CMM

**[해설]**

기술도서의 종류

• 전기배선도교범(WDM: Wiring Digram Manual)은 항공기 각 시스템에서 요구되는 전자, 전기 배선의 위치와 통과 지점 등을 표시한 배선도 등을 수록한 매뉴얼이다.

• 정비교범(AMM: Aircraft Maintenance Manual)은 라인 및 정비 행거 내에서 정상적으로 요구되는 항공기의 모든 시스템 및 장비에 대해 정비하는 직접적으로 이용되는 매뉴얼이다.

• 기체구조 수리 교범(SRM: Structure Repair Manual)은 손상된 구조 부재의 허용 손상 범위 수리 자재, 패스너 부재 식별, 수리 절차와 방법 등을 상세하게 기술한 매뉴얼이다.

• 오버홀 교범(CMM: Component Maintenance Manual)은 샵 작업자가 정비 작업 수행 시 필요한 정비기술 도서로 Aircraft Overhaul Manual과 Vendor Overhaul Manual로 분류된다.

**74** 미연방항공청에서는 여압장치가 되어 있는 항공기는 제작 순항고도에서의 객실고도를 얼마로 취하도록 규정하는가?

① 해면      ② 3,000ft
③ 8,000ft      ④ 20,000ft

**[해설]**

여압장치가 되어 있는 항공기의 객실고도는 미연방항공청(FAA: Federal Aviation Administration)의 규정에 따라 객실 내의 압력을 8,000ft(2,400m)에 해당하는 기압으로 유지하도록 하고 있다. 객실고도는 객실 안의 기압에 해당하는 고도를 말하고, 비행고도는 실제로 비행하는 고도를 말한다.

**75** 객실 여압계통에서 주된 목적인 과도한 객실 압력을 제거하기 위한 안전장치가 아닌 것은?

① 압력 릴리프 밸브    ② 덤프 밸브
③ 부압 릴리프 밸브    ④ 아웃 플로 밸브

아웃 플로 밸브(out flow valve)는 일종의 방출 밸브로써 객실압력을 조절하는 것이 그 첫째 기능이다. 이 밸브는 고도와 관계없이 계속 공급되는 압축된 공기를 동체의 옆이나 꼬리 부분 또는 날개의 필릿을 통하여 공기를 외부로 배출시킴으로써 객실의 압력을 원하는 압력으로 유지되도록 하는 밸브이다. 아웃 플로 밸브의 개폐 조절은 직접 공기압에 의해 작동되거나 공기압에 의해 제어되는 전동기의 구동에 의해서 작동된다. 또 아웃 플로 밸브는 착륙할 때 착륙장치의 마이크로 스위치에 의하여 지상에서 완전히 열리도록 함으로써 출입문을 열때 기압차에 의한 사고가 발생하지 않도록 한다. 소형기에는 1개, 대형기에는 2~3개를 사용하여 객실 여압 조절을 한다. 전기모터로 개폐하는 플래퍼 도어이다.

**76** 도플러 항법장치를 갖고 있는 항공기가 정상 장거리 비행을 하기 위해서는 도플러 레이더에서 얻어진 정보만으로는 지구에 대한 상대 관계가 확실치 않으므로 기수방위의 정보를 얻기 위하여 다음과 같은 장치를 하게 되는데, 이 장치와 가장 관계있는 것은?

① 자동 방향 탐지기(ADF)
② 자이로 컴퍼스(gyro compass)
③ 초단파 전 방향 표시기(VOR)
④ 무지향성 표시 시설(NDB)

자기 계기(magnetic compass)는 항공기가 정확하게 목적지를 향해 비행하기 위해 지구에 대한 항공기의 방위각을 알아내기 위한 항법계기이다. 종류에는 직독식과 원격지시식이 있고, 직독식에는 자기 컴퍼스(magnetic compass)가 있고, 원격지시식에는 마그네신 컴퍼스(magnesyn compass), 자이로신 컴퍼스(gyrosyn compass)가 있다. 그중 자이로신 컴퍼스에 있는 플럭스 밸브(flux valve)는 지구 자기장을 감지하여 지구 자기장 방향을 전기신호로 변환시켜 줌으로써 자차가 거의 없고, 북선오차가 없는, 즉 정밀한 자기 계기 및 대형 항공기에 사용되고 있다.

**77** 다음 중 항공기의 엔진 계기만으로 짝지어진 것은?

① 회전속도계, 연료유량계, 마하계
② 회전속도계, 연료압력계, 승강계
③ 대기속도계, 승강계, 대기온도계
④ 연료유량계, 연료압력계, 회전속도계

엔진 계기(engine instrument)는 엔진의 상태를 지시하며, 회전계, 매니폴드 압력계, 연료 압력계, 연료량계, 실린더 헤드 온도계, 배기가스 온도계, 엔진 압력비 계기 등이 있다.

**78** 지상에 설치한 무지향성 무선 표지국으로부터 송신되는 전파의 도래 방향을 계기 상에 지시하는 것은?

① 거리측정장치(DME)
② 자동방향탐지기(ADF)
③ 항공교통관제장치(ATC)
④ 전파고도계(ratio altimeter)

자동방향탐지기(ADF: Automatic Direction Finder)는 1937년부터 민간 항공기에 탑재하여 사용하고 있는 가장 오래되고, 널리 사용되고 있는 항법장치로, 장파(LF) 및 중파(MF)대의 190~1,750KHz의 반송파를 사용하여 1,020Hz를 진폭변조한 전파를 사용하여 무선국으로부터 전파 도래 방향을 알아 항공기의 방위를 시각 또는 청각 장치를 통해 알아낸다. 구성으로는 안테나, 수신기, 방향 지시기, 전원장치로 구성되어 있다. 보통의 방향 탐지기와 같은 원리로 동작하지만, 자동적·연속적으로 방위를 지시하도록 되어 있다. 160~526.5KHz의 전파를 사용하는 NDB와 함께 항공기의 무선 항행에 널리 사용되며 항공로 설정의 기초를 이루고 있다.

**79** 착륙 및 유도 보조장치와 가장 거리가 먼 것은?

① 마커 비컨

② 관성항법장치

③ 로컬라이저

④ 글라이더 슬로프

**해설**

계기 착륙장치(ILS: Instrument Landing System)는 로컬라이저(localizer), 글라이드 슬로프(glide slope), 마커 비컨(marker beacon)으로 구성되어 있다.

**80** 항공기에 사용되는 전기 계기가 습도 등에 영향을 받지 않도록 내부 충전에 사용되는 가스는?

① 산소가스          ② 메탄가스

③ 수소가스          ④ 질소가스

**해설**

항공기에 사용되는 가스는 가장 안정적이며, 습도에 영향을 받지 않는 질소가스를 사용한다.

## 제1과목 항공역학

**01** 양의 세로 안정성을 가지는 일반형 비행기의 순항 중 트림 조건으로 알맞은 것은? (단, 화살표는 힘의 방향, ◉는 무게중심을 나타낸다.)

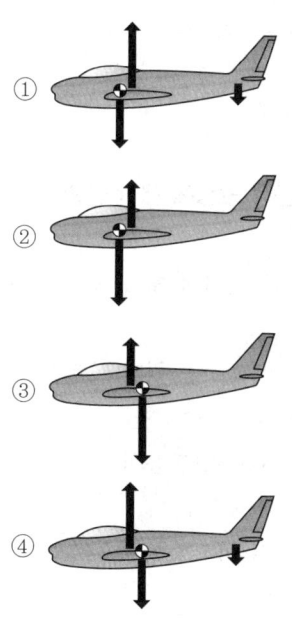

해설

트림이란 모든 방향의 모멘트의 합이 0이므로 세로 안정이 (+)라는 것은 평형으로 돌아오게 하는 힘이 작용하고 있다는 것이다.

**02** 날개의 뒤젖힘각 효과(sweep back effect)에 대한 설명으로 옳은 것은?

① 방향 안정과 가로 안정 모두에 영향이 있다.

② 방향 안정과 가로 안정 모두에 영향이 없다.

③ 가로 안정에는 영향이 있고, 방향 안정에는 영향이 없다.

④ 방향 안정에는 영향이 있고, 가로 안정에는 영향이 없다.

해설

뒤젖힘각 날개는 임계 마하수를 높여주고, 항력 발산 마하수를 크게 하고, 상반각 효과가 있고, 풍압 중심 변화가 적고, 돌풍에 대한 충격이 적고, 세로축의 가로 안정과 수직축의 방향 안정에 영향이 있다. 단점으로는 실속이 잘 일어나고, 익단에 비틀림 모멘트가 발생하고, 직사각형 날개에 비해 양력이 적다.

**03** 유도항력계수에 대한 설명으로 옳은 것은?

① 유도항력계수와 유도항력은 반비례한다.

② 유도항력계수는 비행기 무게에 반비례한다.

③ 유도항력계수는 양력의 제곱에 반비례한다.

④ 날개의 가로세로비가 커지면 유도항력계수는 작아진다.

해설

$$C_{Di}(\text{유도항력계수}) = \frac{{C_L}^2}{\pi e AR}$$

여기서, $C_{Di}$ : 유도항력계수, $e$ : 스팬 효율계수로 타원 날개는 1의 값을 갖고, 그 밖의 날개는 1보다 작은 값을 갖는다. AR(가로세로비)이 커지면 유도항력계수는 작아진다.

✈ **정답** 01 ① 02 ① 03 ④

**04** 동체에 붙는 날개의 위치에 따라 쳐든각 효과의 크기가 달라지는데, 그 효과가 큰 것에서 작은 순서로 나열된 것은?

① 높은 날개 – 중간 날개 – 낮은 날개
② 낮은 날개 – 중간 날개 – 높은 날개
③ 중간 날개 – 낮은 날개 – 높은 날개
④ 높은 날개 – 낮은 날개 – 중간 날개

**해설**

처든각의 목적은 가로 안정성을 크게 하는 것인데, 동체에 날개가 상단에 위치할수록 안정성이 커진다. 저익에서는 안정성이 크게 떨어지는데, 대신 조종성이 좋아 항공기 목적에 따라 설계를 달리하고 있다.

**05** 조종면에서 앞전 밸런스(leading edge balance)를 설치하는 주된 목적은?

① 양력 증가
② 조종력 감소
③ 항력 감소
④ 항공기 속도 증가

**해설**

공력 평형장치는 조종면의 압력 분포를 변화시켜 조종력을 경감시키는 장치이다. 그중 앞전 밸런스(leading edge balance)는 조종면의 힌지 중심에서 앞전을 길게 하여 조종력을 감소시키는 장치이다.

**06** 헬리콥터의 주 회전날개에 플래핑 힌지를 장착함으로써 얻을 수 있는 장점이 아닌 것은?

① 돌풍에 의한 영향을 제거할 수 있다.
② 지면효과를 발생시켜 양력을 증가시킬 수 있다.
③ 회전축을 기울이지 않고 회전면을 기울일 수 있다.
④ 주 회전날개 깃 뿌리(root)에 걸린 굽힘 모멘트를 줄일 수 있다.

**해설**

지면효과란 헬리콥터가 지면에 가깝게 있을 때 회전날개를 통과한 후류가 지면과 부딪혀 발생하는 효과로, 더 많은 무게를 버티게 하고 이착륙 시 추가적인 양력을 얻게 해주는 효과를 말한다.

**07** 항공기에 장착된 도살 핀(dorsal fin)이 손상되었다면, 다음 중 가장 큰 영향을 받는 것은?

① 가로 안정 증가
② 동적 세로 안정 증가
③ 방향 안정성 감소
④ 정적 세로 안정 감소

**해설**

도살 핀(dorsal fin)은 수직꼬리날개 앞부분에 장착하여 수직꼬리날개가 실속하는 큰 옆 미끄럼 각에서도 방향 안정성을 증가시킨다.

**08** 정적 안정과 동적 안정에 대한 설명으로 가장 올바른 것은?

① 동적 안정 시(+)이면 정적 안정은 반드시 (+)이다.
② 동적 안정 시(−)이면 정적 안정은 반드시 (−)이다.
③ 정적 안정 시(+)이면 동적 안정은 반드시 (−)이다.
④ 정적 안정 시(−)이면 동적 안정은 반드시 (+)이다.

**해설**

정적 안정과 동적 안정
• 정적 안정(static stability): 양(+)의 정적 안정, 평형상태로부터 벗어난 뒤에 어떤 형태로든 움직여서 원래의 평형상태로 되돌아가려는 경향이 있다.
• 동적 안정(dynamic stability): 양(+)의 동적 안정, 어떤 물체가 평형상태에서 이탈된 후 시간이 지남에 따라 운동의 진폭이 감소하는 상태이다. 동적 안정이면 반드시 정적 안정이다.

✈ **정답** 04 ① 05 ② 06 ② 07 ③ 08 ①

**09** 비행기가 고속으로 비행할 때 날개 위에서 충격실속이 발생하는 시기는?

① 아음속에서 생긴다.

② 극초음속에서 생긴다.

③ 임계 마하수에 도달한 후에 생긴다.

④ 임계 마하수에 도달하기 전에 생긴다.

**[해설]**

임계 마하수는 항공기 날개 윗면에서 어느 점의 속도가 마하 1이 될 때의 항공기 속도를 뜻하며, 임계 마하수에 도달했다는 것은 날개 위 흐름이 마하 1을 넘었고 그것은 충격파로 인한 충격실속이 일어났다는 것을 의미한다.

**10** 키돌이(loop) 비행 시 발생하는 비행이 아닌 것은?

① 수직상승     ② 배면비행

③ 수직강하     ④ 선회비행

**[해설]**

Loop 비행은 롤러코스터가 360° 회전을 하듯 비행하는 것을 말한다.

**11** 비행 중 저피치와 고피치 사이의 무한한 피치를 선택할 수 있어 비행속도나 기관출력의 변화와 관계없이 프로펠러의 회전속도를 항상 일정하게 유지하여 가장 좋은 효율을 유지하는 프로펠러의 종류는?

① 고정피치 프로펠러

② 정속 프로펠러

③ 조정피치 프로펠러

④ 2단 가변피치 프로펠러

**[해설]**

프로펠러 종류

• 고정피치: 깃각 변경 불가능

• 조정피치: 지상에서 정지 시 프로펠러 분리 후 깃각 조절 가능

• 2단 가변 피치: 비행 중 2개 위치(low&high)만 선택하여 조절 가능

• 정속: 저피치와 고피치 사이의 무한한 피치를 선택 가능

**12** 프로펠러 항공기의 최대항속거리 비행 조건으로 옳은 것은? (단, $C_{DP}$: 유해항력계수, $C_{DI}$: 유도항력계수이다.)

① $C_{DP} = C_{DI}$     ② $3C_{DP} = C_{DI}$

③ $C_{DP} = 3C_{DI}$     ④ $C_{DP} = 2C_{DI}$

**[해설]**

프로펠러 항공기의 항속거리는 $C_{DP} = C_{DI}$, 항속시간은 $C_{DP} = \dfrac{1}{3} C_{DI}$ 이다.

**13** 그림과 같이 하강하는 항공기의 힘이 성분(A)에 옳은 것은?

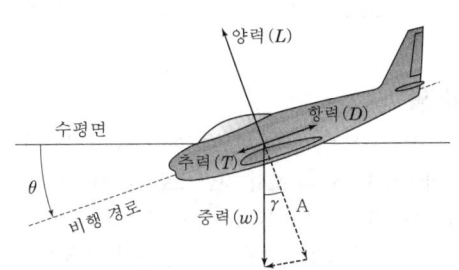

① $W\sin\varnothing$     ② $W\cos\varnothing$

③ $W\tan\varnothing$     ④ $\dfrac{W}{\sin\varnothing}$

**[해설]**

A 방향의 힘은 $W\cos\theta$이며, A 힘과 추력 방향 $W\sin\theta$의 합력이 중력 방향의 W가 된다.

**14** 항공기 속도와 소리 속도의 비를 나타낸 무차원수는?

① 마하수 　　　　 ② 프루드수

③ 웨버수 　　　　 ④ 레이놀즈수

**해설**

$Ma = \dfrac{V}{C}$ ($V$ : 비행체 속도, $C$ : 음속)

마하수는 비행체의 속도를 음속과 비교한 수로 대표적인 무차원(단위가 없는)수이다.

**15** 프로펠러의 피치 분포(pitch distribution)를 가장 올바르게 설명한 것은?

① 프로펠러 허브로부터 깃 끝까지의 피치각의 점진적인 변화

② 프로펠러 허브로부터 깃 끝까지의 슬립각의 점진적인 변화

③ 프로펠러 허브로부터 깃 끝까지의 받음각의 점진적인 변화

④ 프로펠러 허브로부터 깃 끝까지의 깃각의 점진적인 변화

**해설**

프로펠러 깃각은 깃의 전 길이에 걸쳐 일정하지 않고 깃 뿌리(blade root)에서 깃끝으로 갈수록 작아진다. 이와 같이 기하학적 비틀림을 주는 이유는 깃의 전 길이에 걸쳐 프로펠러가 1회전 하는 동안에 도달하는 거리를 같게 하기 위해서이다.

**16** 항공기가 수평비행이나 급강하로 속도를 증가할 때 천음속 영역에 도달하게 되면 한쪽 날개가 실속을 일으켜서 양력을 상실하여 급격한 옆놀이를 일으키는 현상을 무엇이라 하는가?

① 딥 실속(deep stall)

② 턱 언더(tuck under)

③ 날개 드롭(wing drop)

④ 옆높이 커플링(rolling coupling)

**해설**

날개 드롭(wing drop)은 비행기가 수평비행이나 급강하로 속도를 증가하면 천음속 영역에서 한쪽 날개가 충격 실속을 일으켜 갑자기 양력을 상실하여 급격한 옆놀이를 일으키는 현상을 말한다. 이 현상은 비교적 두꺼운 날개를 사용하는 비행기가 천음속으로 비행할 때 발생하고, 얇은 날개를 가지는 초음속 비행기가 천음속으로 비행할 때 발생하지 않는다.

**17** 양력계수에 대한 설명으로 틀린 것은?

① 날개골의 두께와는 무관하다.

② 받음각에 관계되는 무차원수이다.

③ 받음각을 증가시키면 양력계수가 최댓값까지 증가한다.

④ 일정한 받음각을 넘으면 양력계수가 급격히 감소하는 현상을 실속이라 한다.

**해설**

양력계수($C_L$)와 받음각과의 관계

• 받음각이 $-5.3°$일 때 $C_L$은 0이다. 즉, 양력 $L=0$이다. 이때의 받음각을 '0'양력 받음각(zero lift of attack)이라 한다.

• 받음각이 증가함에 따라 $C_L$은 거의 직선적으로 증가한다.

• 받음각이 $18°$ 근처일 때 $C_L$은 최대가 되는데, 이때의 양력계수를 최대 양력계수($C_{LMAX}$)라 한다. 또 이때의 받음각을 실속각(stalling angle)이라 한다.

• 실속각을 넘으면 $C_L$은 급격히 감소하는데, 이를 실속이라 한다.

**18** 비행기가 등속도 수평비행을 하고 있다면, 이 비행기에 작용하는 하중배수는?

① 0 　　　　 ② 0.5

③ 1 　　　　 ④ 1.8

**정답** 14 ① 15 ④ 16 ③ 17 ① 18 ③

**해설**

등속도 수평비행이라는 상태는 일정한 속도로 일정 고도를 비행하는 상태이다. 이때 추력과 항력이 같고 양력과 무게가 같아야 한다. 이다. 수평비행 시 하중배수 $(n) = \dfrac{L}{W}$는 1 또는 1g이다.

**19** 해면고도에서 표준대기의 특성값으로 틀린 것은?

① 표준온도는 15°F이다.

② 밀도는 $1.23\,kg/m^3$이다.

③ 대기압은 $760mmHg$이다.

④ 중력가속도는 $32.2\,ft/s^2$이다.

**해설**

국제표준대기

- 온도: $T_0 = 15\,[°C] = 288.16\,[°K] = 59\,[°F]$
  $= 518.688\,[°r]$
- 압력: $P_0 = 760\,[mmHg] = 29.92\,[inHg]$
  $= 1013.25\,[mbar] = 2{,}116\,[psf]$
- 밀도: $\rho_0 = 0.125\,[kgf \cdot \sec^2/m^4]$
  $= 0.002378\,[slug/ft^3] = 1.23\,[kg/m^3]$
- 음속: $a_0 = 340\,[m/\sec] = 1224\,[km/h]$
- 중력가속도: $g_0 = 9.8066\,[m/\sec^2]$
  $= 32.17\,[ft/\sec^2]$

**20** 평형상태에 있는 비행기가 교란을 받았을 때 처음의 상태로 돌아가려는 힘이 자체적으로 발생하게 되는데, 이와 같은 정적 안정상태에서 작용하는 힘을 무엇이라 하는가?

① 가속력　　　② 기전력

③ 감쇠력　　　④ 복원력

**해설**

- 가속력: 물체가 가속을 하려는 힘
- 기전력: 다른 두 점 간에서 전위가 높은 쪽으로부터 낮은 쪽으로 전기를 이동시키려는 힘
- 감쇠력: 파동이나 운동, 에너지 따위의 수치를 감소하려는 힘

## 제2과목　항공기관

**21** 가스터빈엔진에 사용되는 윤활유 펌프에 대한 설명으로 틀린 것은?

① 배유 펌프가 압력 펌프보다 용량이 더 작다.

② 윤활유 펌프엔 베인형, 지로터형, 기어형이 사용된다.

③ 베인형 펌프는 다른 형식에 비행 무게가 가볍고 두께가 얇아 기계적 강도가 약하다.

④ 기어형 펌프는 기어 이와 펌프 내부 케이스 사이의 공간에 오일을 담아 회전시키는 원리로 작동한다.

**해설**

윤활유 펌프

① 형식에 따른 분류: 베인형, 제로터형, 기어형(많이 사용)이 있다.

② 기능에 따른 분류

　㉠ 윤활유 압력 펌프: 탱크로부터 기관으로 윤활유를 압송하며 압력을 일정하게 유지하기 위하여 릴리프 밸브가 설치된다.

　㉡ 윤활유 배유 펌프: 기관의 각종 부품을 윤활시킨 뒤 섬프에 모인 윤활유를 탱크로 보내준다.

※ 배유 펌프가 압력 펌프보다 용량이 큰 이유: 기관 내부에서 윤활유가 공기와 혼합되어 체적이 증가하기 때문에 용량이 커야 한다.

**22** 왕복엔진의 압축비가 너무 클 때 일어나는 현상이 아닌 것은?

① 후화

② 조기 점화

③ 디토네이션

④ 과열현상과 출력의 감소

**해설**

압축비는 피스톤이 하사점에 있을 때의 실린더 체적과 상사점에 있을 때의 실린더 체적으로 너무 클 경우 조기

정답 **19** ①　**20** ④　**21** ①　**22** ①

점화, 디토네이션, 과열현상과 출력의 감소가 일어난다. 후화는 과농후 혼합비에서 연소속도가 느려져 배기행정까지 연소되는 현상이다.

## 23 왕복엔진의 액세서리(accessory) 부품이 아닌 것은?

① 시동기(starter)

② 하네스(harness)

③ 기화기(carburetor)

④ 블리드 밸브(bleed valve)

해설

보기 ①, ②, ③은 왕복기관 액세서리이고, 블리드 밸브는 가스터빈기관에 압축기 실속을 방지하기 위한 장치이며, 압축기 뒤쪽에 설치하여 기관을 저속으로 회전시킬 때 자동으로 밸브가 열려 누적된 공기를 배출함으로써 압축기 실속을 방지하는 장치이다.

## 24 왕복엔진의 마그네토에서 브레이커 포인트 간격이 커지면 발생하는 현상은?

① 점화가 늦어진다.

② 전압이 증가한다.

③ 점화가 빨라진다.

④ 점화 불꽃이 강해진다.

해설

- Breaker Assembly는 회전 캠에 의해 1차 권선의 회로를 열고 닫는 접촉 접점이며, 이 점이 닫히면 완전한 회로가 형성되어 1차 권선의 전류가 접지되고, 열리면(간격이 생기면) 회로를 형성하지 않아 1차 권선의 전류가 2차 권선으로 승압이 되어 점화가 이루어진다.
- Breaker Assembly의 재질은 열과 마모에 강한 물질로 된 Platinum-Iridium alloy로 제작한다.
- Breaker Assembly의 적정 간격은 일반적으로 0.0015inch(0.04 mm)이다.

## 25 터빈 깃의 냉각 방법 중 깃 내부를 중공으로 하여 차가운 공기가 터빈 깃을 통하여 스며 나오게 함으로써 터빈 깃을 냉각시키는 것은?

① 대류 냉각

② 충돌 냉각

③ 공기막 냉각

④ 증발 냉각

해설

터빈 깃의 냉각 방법

- 대류 냉각(convection cooling)은 터빈 깃 내부에 공기 통로를 만들어 차가운 공기가 지나가게 함으로써 터빈을 냉각시키며, 가장 간단하여 가장 많이 사용된다.
- 충돌 냉각(impingement cooling)은 터빈 깃의 내부에 작은 공기 통로를 설치하여 터빈 깃의 앞전 안쪽 표면에 냉각 공기를 충돌시켜 깃을 냉각시킨다.
- 공기막 냉각(air film cooling)은 터빈 깃 안쪽에 통로를 만들고, 표면에 작은 구멍을 뚫어 작은 구멍을 통해 찬 공기가 나오게 되어 찬 공기의 얇은 막이 터빈 깃을 둘러싸서 가열을 방지 및 냉각하게 된다.
- 침출 냉각(transpiration cooling)은 터빈 깃을 다공성 재료로 만들고 깃 내부에 공기 통로를 만들어 냉각 공기가 터빈 깃을 통해 스며 나와 터빈 깃 주위에 얇은 막을 형성하여 깃에 연소가스가 닿지 못하도록 하는 방식으로 냉각 성능은 우수하지만, 강도 문제로 인해 아직 실용화되지 못하고 있다.

## 26 가스터빈기관의 연소실에 부착된 부품이 아닌 것은?

① 연료 노즐

② 선회깃

③ 가변정익

④ 점화플러그

해설

가변정익(가변 고정자 깃)은 축류식 압축기의 고정자 깃의 붙임각을 변경시킬 수 있도록 하여 회전자 깃의 받음각을 일정하게 하는 압축기의 부품이다.

**27** 항공기 엔진에서 혼합비 조종 레버를 저속 차단(idle cut off)하면 어떻게 시동되는가?

① 시동된다.

② 시동이 꺼진다.

③ 희박상태로 있다 꺼진다.

④ 희박 시동이 된다.

**해설**

• 기관 시동 시 주의사항: 프로펠러가 움직이기 전에 축이 괴어있는지, 점화 스위치 차단 위치, 스로틀은 닫혀 있는지, 혼합조절장치는 저속 차단(idle cut off) 위치에 있는지 등을 반드시 확인하여야 한다.

• 프라이머: 기관 시동 시 실린더 내로 강제적으로 연료를 분사시켜 농후 혼합비를 만들어 시동을 쉽게 해 준다.

**28** 정속 프로펠러를 장착한 항공기가 순항 시 프로펠러 회전수를 2300rpm에 맞추고 출력을 1.2배 높이면 회전계가 지시하는 값은?

① 1,800rpm   ② 2,300rpm

③ 2,700rpm   ④ 4,600rpm

**해설**

정속 프로펠러는 조속기에 의하여 저피치에서 고피치까지 자유롭게 피치를 조정할 수 있어 비행속도나 기관 출력의 변화와 관계없이 항상 일정한 회전속도를 유지하여 가장 좋은 프로펠러 효율을 가지도록 한다. 그러므로 회전속도는 변화가 없다.

**29** 팬을 사용하지 않는 엔진은?

① 로켓      ② 램제트

③ 펄스제트   ④ 터보팬

**해설**

로켓엔진은 다른 제트엔진과 달리, 공기를 흡입하지 않고 엔진 내부에 연료와 산화제를 함께 갖추고 있는 엔진이다.

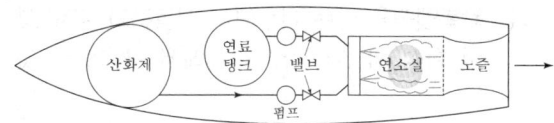

**30** 왕복기관의 평균유효압력에 대한 설명으로 옳은 것은?

① 사이클당 유효일을 행정거리로 나눈 값

② 사이클당 유효일을 행정체적으로 나눈 값

③ 행정길이를 사이클당 기관의 유효 일로 나눈 값

④ 행정체적을 사이클당 기관의 유효 일로 나눈 값

**해설**

평균유효압력(mean effective pressure)은 1사이클 동안에 이루어진 순 일(유효한 일)을 행정체적으로 나눈 값이다. 일반적으로 제동마력은 지시마력의 평균 85~90%의 값을 가진다(지시마력 – 마찰마력=제동마력).

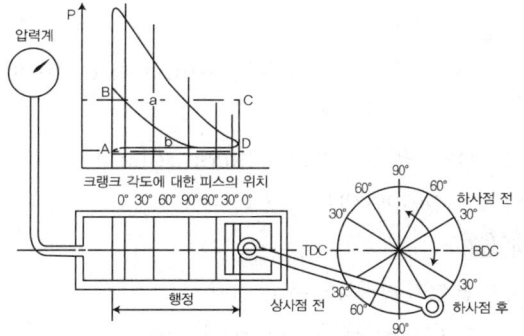

위의 그림에서 순 일에 해당하는 넓이는 행정 거리(AD)를 밑변으로 하는 직사각형의 넓이로 바꿀 수 있다. 이 직사각형의 넓이를 ABCD라 하면 높이는 AB가 된다. 이 높이 AB를 평균유효압력이라 한다.

**31** 왕복엔진을 낮은 기온에서 시동하기 위해 오일 희석(oil dilution) 장치에서 사용하는 것은?

① Alcohol      ② Propane

③ Gasoline      ④ Kerosene

**해설**

오일 희석 장치는 추운 기온에서는 엔진 윤활유의 점도가 높아지기 때문에 시동 시 윤활유의 유동성이 낮아져 많은 예열시간이 필요하고 엔진 손상이 올 수 있다. 그래서 엔진 시동이 꺼지기 전에 연료(gasoline)를 윤활 계통에 살짝 뿌려줌으로써 윤활유 점도를 낮추어 다음 시동 시 엔진의 마모를 감소시켜 준다.

**32** 비행 중이나 지상에서 기관이 작동하는 동안 조종사가 유압 또는 전기적으로 피치를 변경시킬 수 있는 프로펠러 형식은?

① 정속 프로펠러(constant-speed propeller)

② 고정피치 프로펠러(fixed pitch propeller)

③ 조정피치 프로펠러(adjustable pitch propeller)

④ 가변피치 프로펠러(controllable pitch propeller)

**해설**

피치 변경 기구에 의한 분류

- 고정 피치 프로펠러(fixed pitch propeller)는 깃이 고정되어 있는 것으로 순항 속도에서 가장 효율이 좋은 깃 각으로 제작한다.
- 조정 피치 프로펠러(adjustable pitch propeller)는 한 개 이상의 속도에서 최대의 효율을 얻을 수 있도록 피치 조정이 가능한 프로펠러이다.
- 가변 피치 프로펠러(controllable pitch propeller)는 공중에서 비행 목적에 따라 조종사에 의해 피치 변경이 가능한 프로펠러이다.

**33** 가스터빈엔진의 연료 중 항공 가솔린의 증기압과 비슷한 값을 가지고 있으며 등유와 증기압이 낮은 가솔린의 합성연료이고, 군용으로 주로 많이 쓰이는 연료는?

① JP-4      ② JP-6

③ 제트 A형      ④ AV-GAS

**해설**

가스터빈엔진 연료의 종류

- JP-4: JP-3의 낮은 증기압 특성을 개량한 것으로 가솔린의 증기압과 비슷한 값을 가져 군용으로 많이 사용하며, 주성분이 등유와 낮은 증기압의 합성 가솔린이다.
- JP-5: 높은 인화점을 가진 등유계 연료로 인화성이 낮아 폭발 위험이 없어 함재기에 많이 사용한다.
- JP-6: 초음속기의 높은 온도에 적응하기 위하여 개발된 것으로, 낮은 증기압 및 JP-4보다 더 높은 인화점을, JP-5보다 더 낮은 어는점을 갖고 있다.
- 제트 A형 및 A-1형: 민간 항공용 연료로서 JP-5와 비슷하나 어는점이 약간 높다.
- 제트 B형: JP-4와 비슷하나 어는점이 약간 높다.

**34** 왕복기관의 크랭크 핀(crank pin)이 일반적으로 속이 비어있는 목적이 아닌 것은?

① 윤활유의 통로를 형성한다.

② 크랭크축의 중량을 감소시킨다.

③ 크랭크축의 냉각효과를 갖는다.

④ 탄소 퇴적물이 모이는 공간으로 활용된다.

**해설**

크랭크축 피스톤 및 커넥팅 로드의 왕복운동을 회전운동으로 바꾸어 프로펠러에 회전 동력을 주는 것으로 주 저널(main journal), 크랭크 핀(crank pin), 크랭크 암(crank arm)의 세 가지 주요 부분으로 이루어진다. 크랭크 핀은 무게를 감소시키고 윤활유의 통로 역할을 하며, 불순물의 저장소 역할을 할 수 있도록 가운데 속이 비어있는 형태의 것으로 만든다.

**35** 그림과 같은 브레이튼 사이클 선도의 각 단계와 가스터빈엔진의 작동 부위를 옳게 짝지은 것은?

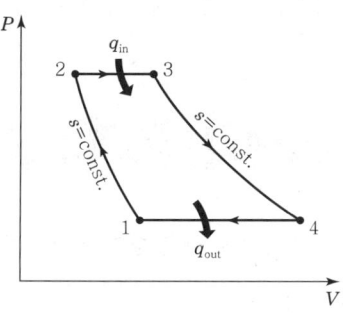

① 1→2: 디퓨저

② 2→3: 연소기

③ 3→4: 배기구

④ 4→1: 압축기

해설

• 브레이튼 사이클: 가스터빈기관의 기본 사이클

㉠ 1→2(단열압축과정): 기관에 흡입된 저온, 저압의 공기를 압축시켜 압력을 $P_1$에서 $P_2$로 상승. 엔트로피의 변화가 없다($S_1=S_2$).

㉡ 2→3(정압가열과정): 연소실에서 연료가 연소되어 열을 공급한다. 연소실 압력은 정압 유지($P_2=P_3=C$)

㉢ 3→4(단열팽창과정): 고온, 고압의 공기를 터빈에서 팽창시켜 축 일을 얻는다. 가역단열과정이므로 상태 3과 4의 엔트로피는 같다($S_3=S_4$).

㉣ 4→1(정압방열과정): 압력이 일정한 상태에서 열을 방출한다(배기 및 재흡입과정).

**36** "단지 하나만의 열원과 열교환을 함으로써 사이클에 의해 열을 일로 변환시킬 수 있는 열기관을 제작할 수 없다"는 누구의 정의인가?

① 카르노

② 켈빈-플랑크

③ 클라우지우스

④ 보일-샤를

해설

열역학 제2법칙이며, 클라우지우스의 정의와 켈빈-플랑크의 정의로 설명할 수 있다.

• 클라우지우스의 정의: 열은 저온부로부터 고온부로 자연적으로 전달되지 않는다.

• 켈빈-플랑크의 정의: 단지 하나만의 열원과 열교환을 함으로써 사이클에 의해 열을 일로 변환시킬 수 있는 기관을 제작할 수 없다.

**37** [보기]에 나열된 왕복엔진의 종류는 어떤 특성으로 분류한 것인가?

V형, X형, 대향형, 성형

① 엔진의 크기

② 엔진의 장착 위치

③ 실린더의 회전 형태

④ 실린더의 배열 형태

해설

왕복기관의 분류는 실린더 배열에 따라 대향형, 성형, V형, X형, 열형 등으로 나뉘고, 냉각방식에 따라 액냉식과 공랭식으로, 다시 공랭식은 냉각핀, 배플, 카울플랩으로 나뉘어 분류되고 있다.

**38** 가스터빈엔진에서 연소실 입구압력은 절대압력 80inHg, 연소실 출구압력이 절대압력 77inHg이라면, 연소실 압력손실계수는 얼마인가?

① 0.0375　　② 0.1375

③ 0.2375　　④ 0.3375

해설

$$압력손실 = \frac{P_2 - P_1}{\frac{1}{2} \times \rho \times C^2} = \left[\frac{\rho_1}{\rho_2} - 1\right] = \left[\frac{T_1}{T_2} - 1\right]$$ 이므로

$$압력손실 = \frac{80}{77} - 1 ≒ 0.0375$$

**39** 왕복엔진에서 로우 텐션(low tension) 점화장치를 사용하는 경우의 장점은?

① 구조가 간단하여 엔진의 중량을 줄일 수 있다.

② 부스터 코일(booster coil)의 하나이므로 정비가 용이하다.

③ 점화플러그에 유기되는 전압이 낮아 정비 시 위험성이 적다.

④ 높은 고도 비행 시 하이텐션(high tension) 점화장치에서 발생하는 플래시 오버(flash over)를 방지할 수 있다.

**해설**

• 저압 점화계통의 마그네토에서는 저전압을 발생시켜 전선을 통해 실린더로 공급되고, 점화플러그로 들어가기 전에 변압 코일로 고압으로 승압시켜 점화플러그에 고전압을 공급하므로 전기 누설 없이(플래시 오버) 고공을 비행하는 항공기에 적합하다.

• 플래시 오버: 항공기가 고공에서 운용될 때 배전기 내부에서 전기 불꽃이 일어나는 현상으로, 공기밀도 때문에 공기 절연율이 좋지 않아 발생한다.

**40** 윤활유 시스템에서 고온 탱크형(hot tank system)에 대한 설명으로 옳은 것은?

① 고온의 소기오일(scavenge oil)이 냉각되어서 직접 탱크로 들어가는 방식

② 고온의 소기오일(scavenge oil)이 냉각되지 않고 직접 탱크로 들어가는 방식

③ 오일 냉각기가 소기계통에 있어 오일이 연료 가열기에 의해 가열되는 방식

④ 오일 냉각기가 소기계통에 있어 오일탱크의 오일이 가열기에 의해 가열되는 방식

**해설**

윤활유 탱크

• 고온 탱크형(hot tank type): 윤활유 냉각기(oil cooler)를 압력 펌프와 기관 사이에 배치하여 냉각하기 때문에 윤활유 탱크에는 높은 온도의 윤활유가 저장되는 타입이다.

• 저온 탱크형(cold tank type): 윤활유 냉각기(oil cooler)를 배유 펌프와 윤활유 탱크 사이에 위치시켜 냉각된 윤활유가 윤활유 탱크에 저장되는 타입이다.

---

**제3과목** **항공기체**

**41** 다음 중 응력을 설명한 것으로 옳은 것은?

① 단위 체적당 무게이다.

② 단위 체적당 질량이다.

③ 단위 길이당 늘어난 길이이다.

④ 단위 면적당 힘 또는 힘의 세기이다.

**해설**

응력: 내부 응력이라고도 하며, 단위 면적당 작용하는 힘이다.

**42** 그림과 같은 판재 가공을 위한 레이아웃에서 성형점(mold point)을 나타낸 것은?

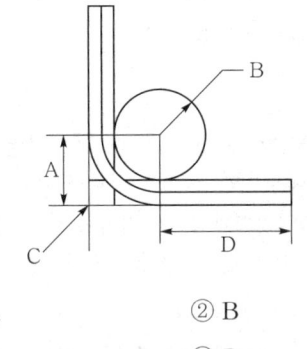

① A ② B
③ C ④ D

**해설**

• A는 세트백(set back)으로 굴곡된 판 바깥면의 연장선의 교차점과 굽힘 접선과의 거리이다.

• B는 굽힘 여유(bend allowance: BA, 굴곡 허용량): 평판을 구부려서 부품을 만들 때 완전히 직각으로 구부릴 수 없으므로 굽히는 데 소요되는 여유 길이를 말한다.

- C는 외부 표면의 연장선이 만나는 점으로 굽힘점(성형점, mold point)이라 한다.
- D는 굽힘의 시작점과 끝점에서의 선을 굽힘 접선 (bend tangent line)이라 한다.

**43** 다음 중 평소에는 하중을 받지 않는 예비 부재를 가지고 있는 구조형식은?

① 이중구조
② 하중경감구조
③ 대치구조
④ 다중하중경로구조

**해설**

대치(back-up)구조는 부재가 파손될 것을 대비하여 예비적인 대치 부재를 적용하여 구조의 안정성을 갖는 구조이다.

**44** SAE 규격으로 표시한 합금강의 종류가 옳게 짝지어진 것은?

① 13××: 망간강
② 23××: 망간-크롬강
③ 51××: 니켈-크롬-몰리브덴강
④ 61××: 니켈-몰리브덴강

**해설**

합금강의 분류
- 1xxx: 탄소강
- 13xx: 망간강
- 2xxx: 니켈강
- 3xxx: 니켈-크롬강
- 4xxx: 몰리브덴강
- 41xx: 크롬-몰리브덴강
- 43xx: 니켈-크롬-몰리브덴강
- 5xxx: 크롬강
- 52xx: 크롬 2% 함유강
- 6xxx: 크롬-바나듐강
- 72xx: 텅스텐-크롬강
- 92xx: 규소-망간강

**45** 그림과 같이 하중(W)이 작용하는 보를 무엇이라 하는가?

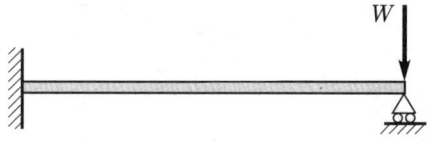

① 외팔보
② 돌출보
③ 고정보
④ 고정 지지보

**해설**

- 단순보: 일단이 부등한 힌지 위에 지지되어 있고, 타단이 가동 힌지점 위에 지지되어 있는 보이다.
- 외팔보: 일단은 고정되어 있고, 타단이 자유로운 보이다.
- 돌출보: 일단이 부동 힌지점 위에 지지되어 있고, 보의 중앙 근방에 가동 힌지점이 지지되어 보의 한 지점이 지점 밖으로 돌출되어 있는 보이다.
- 고정 지지보: 일단이 고정되어 타단이 가동 힌지점 위에 지지된 보이다.
- 양단 지지보: 양단이 고정되어 있는 보이다.

**46** 항공기의 무게를 측정한 결과 그림과 같다면, 이때 중심위치는 MAC의 몇 %에 있는가? (단, 단위는 cm이다.

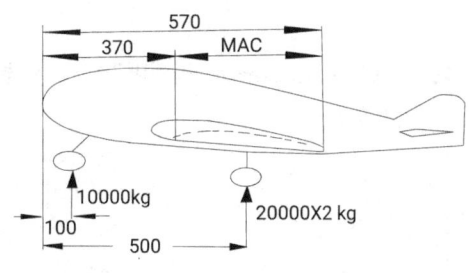

① 20            ② 25
③ 30            ④ 35

✈ **정답**  43 ③   44 ①   45 ④   46 ②

$$CG = \frac{총 모멘트}{총 무게} = \frac{(100 \times 10,000)+(500 \times 40,000)}{50,000}$$
$$= 420cm$$

$$\% MAC = \frac{H-X}{C} = \frac{420-370}{200} \times 100 = 25\%$$

(여기서, $H$: 기준선에서 무게 중심까지의 거리, $X$: 기준선에서 MAC 앞전까지의 거리, $C$: MAC의 거리)

**47** 안티 스키드장치(anti-skid system)의 역할이 아닌 것은?

① 유압식 브레이크에서 작동유 누출을 방지하기 위한 것이다.

② 브레이크의 제동을 원활하게 하기 위한 것이다.

③ 항공기가 착륙 활주 중 활주속도에 비해 과도한 제동을 방지한다.

④ 항공기가 미끄러지지 않게 균형을 유지시켜 준다.

**해설**

안티 스키드 감지장치(sensing device)는 스키드가 발생하면 바퀴의 회전속도가 낮아지는 걸 감지하여, 안티 스키드 감지장치 회전속도의 차이를 감지하여 안티 스키드 제어 밸브로 하여금 계통으로 들어가는 작동유의 압력을 감소시킴으로써 제동력의 감소로 인한 스키드 현상을 방지한다.

**48** 2024ST 2024-DD 리벳머리의 표시 중 맞는 것은?

① 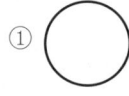  ②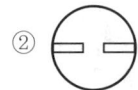
③   ④

**해설**

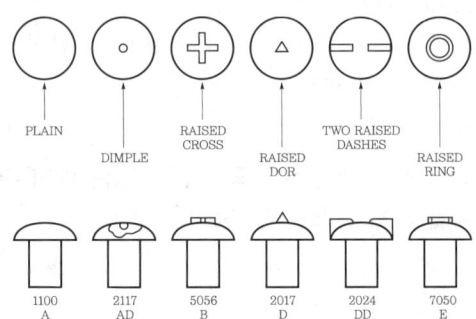

**49** 비파괴검사 중 큰 하중을 받는 알루미늄 합금 구조물의 내부를 검사하는 데 가장 적절한 것은?

① 자기검사
② 형광침투검사
③ 색채침투검사
④ 방사선투과검사

**해설**

방사선투과검사(radiograph inspection)는 기체 구조부에 쉽게 접근할 수 없는 곳이나 큰 하중을 받는 구조물의 결함 가능성이 있는 부분에 검사한다. 검사 비용이 많이 들고 방사선의 위험성이 있고, 제품의 형태가 복잡한 경우 검사가 어렵다.

**50** 2차 조종면(secondary control surface)의 목적과 거리가 먼 것은?

① 비행 중 항공기 속도를 줄인다.
② 1차 조종면에 미치는 힘을 덜어준다.
③ 항공기 착륙속도 및 착륙거리를 단축시킨다.
④ 항공기의 3축 운동을 시키는 주 모멘트를 발생시킨다.

**해설**

항공기 3축 운동을 하는 주 조종면은 1차 조종계통이다.

정답 47 ① 48 ② 49 ④ 50 ④

**51** 항공기용 윈드실드 판넬(windshield panel)의 여압압력에 의한 파괴 강도는 내측 판만으로 최대 여압실 압력의 최소 몇 배 이상의 강도를 가져야 하는가?

① 1~2배   ② 3~4배
③ 5~6배   ④ 7~10배

**해설**

윈드실드 강도 기준: 여압에 의한 파괴 강도를 가져야 하기 때문에 바깥쪽 판은 최대 여압실 압력의 7~10배, 안쪽 판은 최대 여압실 압력의 3~4배 이상을 유지해야 한다. 또한 새 등의 충돌에 의한 충격 강도는 무게 1.8kg의 새가 순항속도 비행 시 충돌하더라도 파괴되지 않을 정도여야 한다.

**52** 대형 항공기에 가장 많이 사용되는 완충장치는?

① 올레오식   ② 고무 완충식
③ 오일 스프링식   ④ 공기 압력식

**해설**

올레오 완충장치는 현대 항공기에서 가장 많이 사용하는 방식으로 항공기가 착륙할 때 받는 충격을 비압축성 유체의 운동에너지와 압축성 공기를 이용하여 오리피스를 통해 이동함으로써 충격을 흡수하는 장치로 완충효율이 70~80% 정도이다.

**53** 민간 항공기에서 주로 사용하는 인테그랄 연료탱크(Integral fuel tank)의 가장 큰 장점은?

① 연료의 누설이 없다.
② 화재의 위험이 없다.
③ 연료의 공급이 쉽다.
④ 무게를 감소시킬 수 있다.

**해설**

인티그럴 연료탱크: 날개의 내부 공간을 연료탱크로 사용하는 것으로 앞 날개보와 뒷 날개보 및 외피로 이루어진 공간을 밀폐제를 이용하여 완전히 밀폐시켜 사용하

며 여러 개의 탱크로 제작되었다. 장점으로는 무게가 가볍고 구조가 간단하다.

**54** 케이블 턴버클 안전결선 방법에 대한 설명으로 옳은 것은?

① 배럴의 검사구멍에 핀을 꽂아 핀이 들어가지 않으면 양호한 것이다.
② 단선식 결선법은 턴버클 엔드에 최소 10회 감아 마무리한다.
③ 복선식 결선법은 케이블 직경이 1/8in 이상인 경우에 주로 사용한다.
④ 턴버클 엔드의 나사산이 배럴 밖으로 10개 이상 나오지 않도록 한다.

**해설**

케이블 턴버클 작업 절차
• 턴버클 엔드에 최소 4회 정도 감아 마무리한다.
• 단선식 결선법은 케이블 직경이 1/8in 미만인 경우 주로 사용한다.
• 턴버클엔드의 나사산이 배럴 밖으로 3개 이상 나오지 않도록 한다.
• 배럴 구멍에 핀을 꽂아 핀이 들어가면 제대로 체결이 되지 않는 것이다.

**55** 비행기의 기체축과 운동 및 조종면이 옳게 연결된 것은?

① 가로축 – 빗놀이 운동 – 승강키
② 수직축 – 선회운동 – 스포일러
③ 대칭축 – 키놀이 운동 – 방향키
④ 세로축 – 옆놀이 운동 – 도움날개

**해설**

• 세로축, X축, 종축: 옆놀이(Rolling), 보조날개(Aileron)
• 가로축, Y축, 횡축: 키놀이(Pitching), 승강키(Elevator)
• 수직축, Z축: 빗놀이(Yawing), 방향타(Rudder)

**✈ 정답** 51 ②   52 ①   53 ④   54 ③   55 ④

**56** 다음 항공기 동체와 날개에 둘 다 있는 구조 부재는?

① 스파        ② 론저론

③ 벌크헤드     ④ 스트링거

**해설**

세미 모노코크(semi monocoque) 구조 형식의 날개구조 부재는 스파(spar), 리브(rib), 스트링거(stringer), 외피(skin)가 있다. 동체에는 외피가 하중의 일부를 담당하여 외피와 뼈대가 같이 하중을 담당하는 구조로 현대 항공기의 동체 구조로서 가장 많이 사용한다. 수직 방향 부재(횡방향)로는 벌크헤드(bulkhead), 정형재(former), 프레임(frame), 링(ring)이 있고, 길이 방향 부재(종방향)에는 세로대(stringer), 세로지(longeron)가 있다.

**57** 항공기 연료계통에서 발견 가능한 오염물질이 아닌 것은?

① 케로신       ② 계면활성제

③ 미생물       ④ 물

**해설**

계면활성제는 표면활성제라고 하고, 항공기 세척 시 사용되는 알칼리 세제 중 하나이다.

**58** 스프링 백 설명 중 틀린 것은?

① 스프링 백이 작을수록 정밀한 제품이 얻어진다.

② 굽힘반경을 크게 할수록 스프링 백은 작아진다.

③ 기계 프레스보다 액압 프레스로 긴 시간 가압하면 스프링 백은 작아진다.

④ V굽힘에서는 항상 스프링 백이 외측으로 나타난다.

**해설**

스프링 백이 커지는 경우로는 경도가 크거나, 두께가 얇아지거나, 굽힘반지름이 크거나, 굽힘각도가 작거나, 탄성한계(탄성한도)가 크거나, 탄성계수가 작거나, 항복강도가 클 때 커진다.

**59** 항공기의 부품 연결이나 장착 시 볼트, 너트 등의 토크 값을 맞추어 조여 주는 이유가 아닌 것은?

① 항공기에는 심한 진동이 있기 때문이다.

② 상승, 하강에 따른 심한 온도 차이를 견뎌야 하기 때문이다.

③ 조임 토크 값이 부족하면 볼트, 너트에 이질 금속 간의 부식을 초래하기 때문이다.

④ 조임 토크 값이 너무 크면 나사를 손상시키거나 볼트가 절단되기 때문이다.

**해설**

조임 토크 값이 본래 토크 값보다 클 경우 나사가 망가지거나 볼트가 절단되며, 조임 토크 값이 본래 토크 값보다 적을 경우 스크루나 볼트가 풀려버릴 수도 있다.

**60** 판금 성형 작업 시 릴리프 홀(relief hole)의 지름 치수는 몇 인치 이상의 범위에서 굽힘반지름의 치수로 하는가?

① $\dfrac{1}{32}$       ② $\dfrac{1}{16}$

③ $\dfrac{1}{8}$       ④ $\dfrac{1}{4}$

**해설**

릴리프 홀은 2개 이상의 굽힘이 교차하는 장소는 응력 집중이 발생하여 교점에 균열이 일어나게 되는데, 응력 교차점에 응력제거 구멍을 뚫어 이를 예방한다. 릴리프 홀의 크기는 $1/8 inch$ 이상의 범위에서 굽힘반지름의 치수를 릴리프 홀의 지름으로 한다.

✈ **정답**   56 ④   57 ②   58 ②   59 ③   60 ③

통신을 이용한다. 항공기에 고유의 등록 부호를 주어 지상에서 호출 부호를 수신했을 때 벨소리와 호출 등의 점멸로 승무원에게 알리는 장치이다.

## 제4과목  항공장비

**61** 항공기 계기에서 플랩의 작동 범위를 표시하는 것은?

① 녹색호선(green arc)

② 백색호선(white arc)

③ 황색호선(yellow arc)

④ 적색방사선(red radiation)

**해설**

• 붉은색 방사선(red radiation): 최대 및 최소 운용 한계를 표시하며, 범위 밖에서는 절대로 운용 금지를 표시한다. 낮은 수치 표시는 최소값이고, 높은 수치 표시는 최대값이다.

• 녹색 호선(green arc): 사용 안전 운용 범위 및 계속 운전범위를 의미하며, 순항 운용 상태를 표시한다.

• 노란색 호선(yellow arc): 안전 운용 범위에서 초과 금지까지의 경계 또는 경고를 표시한다.

• 흰색 호선(white arc): 대기 속도계에서 플랩 조작에 따른 항공기의 속도 범위를 표시한다.

• 흰색 방사선(white radiation): 유리판과 계기 케이스에 걸쳐 표시하여 유리가 미끄러졌는지를 확인하기 위해 표시한다.

**62** 셀콜 시스템(SELCAL system)에 대한 설명으로 틀린 것은?

① HF, VHF 시스템으로 송 · 수신된다.

② 양자 간 호출을 위한 화상시스템이다.

③ 일반적으로 코드는 4개의 코드로 만들어져 있다.

④ 지상에서 항공기를 호출하기 위한 장치이다.

**해설**

selcal system의 주목적은 항공회사나 지상 관제국에서 선택한 항공기를 호출하기 위함이며, 일반적으로 4개의 문자코드(selcal code)가 부여되며, HF 및 VHF

**63** 인공위성을 이용하여 3차원의 위치(위도, 경도, 고도), 항법에 필요한 항공기 속도 정보를 제공하는 것은?

① Inertial Navigation System

② Global Positioning System

③ Omega Navigation System

④ Tactical Air Navigation System

**해설**

위성항법장치(GPS, Global Positioning System): 미국방성에서 개발한 세계적 위성항법장치는 우주 부분, 제어 부분, 이용자 부분으로 구성된다. GPS는 대기권 밖 궤도 상에 위치한 24개의 인공위성을 이용하여 3차원의 위치를 결정하기 위해서 4개의 위성과의 거리 측정이 필요하고, 고도를 알고 있는 경우에는 2차원 위치(위치, 경도)를 결정하기 위해 3대의 위성 간 거리를 측정한다.

**64** 객실여압장치를 가진 항공기 여압계통 설계 시 고려해야 하는 최소 객실고도는?

① 2,400ft

② 8,000ft

③ 10,000ft

④ 해면고도

**해설**

FAA(미연방항공국)의 규정에 의하면 고고도를 비행하는 항공기는 객실 내의 압력을 8,000ft(2,400m)에 해당하는 기압으로 유지하도록 하고 있다. 이는 인간이 외부의 도움 없이 신체적인 장애를 받지 않고 정상적인 활동이 확실하게 보장되는 고도이기 때문이다. 객실 내부의 기압을 객실고도라 하고, 실제로 비행하는 고도를 비행고도라 한다.

**정답** **61** ② **62** ② **63** ② **64** ②

**65** 대형 항공기 공기조화 계통에서 기관으로부터 브리드(bleed) 된 뜨거운 공기를 냉각시키기 위하여 통과시키는 곳은?

① 연료 탱크

② 물탱크

③ 기관 오일 탱크

④ 열교환기

대형 항공기 공기조화 계통에서 기관으로부터 브리드 된 뜨거운 공기를 냉각시키기 위해서는 열교환기를 통과시켜야 한다.

**66** 유압계통에서 유압 작동실린더의 움직임 방향을 제어하는 밸브는?

① 체크 밸브

② 릴리프 밸브

③ 선택 밸브

④ 프라이오리티 밸브

• 선택 밸브: 유로를 선정해 주는 밸브이며 중심 개방형, 중심 폐쇄형으로 구분한다.

• 체크 밸브: 작동유의 흐름을 한쪽 방향으로만 흐르게 하고, 다른 방향으로 흐르지 못하게 하는 밸브이다.

• 릴리프 밸브: 표시된 최고와 최소의 제한압력에서 계통의 작동압력을 자동적으로 유지시켜 준다.

• 프라이오리티 밸브: 펌프의 고장 등으로 작동유의 압력이 부족할 때 유압 공급 순서를 정하는 밸브이다.

**67** 납산 축전지(lead acid battery)에서 사용되는 전해액은?

① 수산하칼륨 용액

② 불산 용액

③ 수산화나트륨 용액

④ 묽은 황산 용액

납산 축전지에서 사용되는 전해액은 묽은 황산 용액이다.

**68** 직류 발전기에서 정류작용을 일으키는 요소는?

① 계자권선

② 전기자 권선

③ 계자철심

④ 브러시와 정류자

• 정류자: 교류를 직류로 바꾸며 브러시와 접촉하여 전류를 밖으로 흐르게 한다.

• 브러시 및 브러시 홀더: 정류자 면에 접촉되어 전기자에 발생한 전류를 외부로 보내는 역할을 한다. 브러시는 고전위 탄소로 만들어 사용한다.

**69** 항공기 비상사태 시 승객을 보호하고 탈출 및 구출을 돕기 위한 비상 장비가 아닌 것은?

① 소화기

② 휴대용 버너

③ 구명보트

④ 비상 신호용 장비

비상시 승객의 안전을 도모하기 위해 필요한 모든 비상용 장비들을 항공기에 비치할 것을 법적으로 정한 리스트는 다음과 같다.

탈출용 미끄럼대(escape slide), 탈출용 로프(escape rope), 구명조끼(life vest), 구급함(first aid kit), 휴대용 소화기(portable fire extinguisher), 휴대용 산소(portable oxygen), 휴대용 확성기(portable megaphone), 방연 안경(smoke goggle), 방수 손전등(flash light), 비상 신호등(signal kit), 비상 도끼(crash ax), 구명보트(life raft), 비상식량(emergency food), 비상 송신기(emergency transmitter) 등

✈ **정답** 65 ④ 66 ③ 67 ④ 68 ④ 69 ②

**70** 다음 중 계기 착륙 장치(ILS)와 관계가 없는 것은?

① 로컬라이저(Localizer)

② 전 방향 표시 장치(VOR)

③ 마커 비컨(Maker Beacon)

④ 글라이드 슬로프(Glide Slope)

**해설**

계기 착륙 장치(ILS, Instrument Landing System)는 로컬라이저(localizer), 글라이드 슬로프(glide slope), 마커 비컨(marker beacon)으로 구성되어 있다.

**71** 항공기의 기압식 고도계를 QNE 방식에 맞춘 다면 어떤 고도를 지시하는가?

① 기압고도      ② 진고도

③ 절대고도      ④ 밀도고도

**해설**

고도계의 보정은 해면기압이 $29.92inHg$인 표준대기와 실제 대기의 기압이 다른 경우 지시 값이 다름으로 수정이 필요하다.

• QNE 보정: 표준 대기압인 $29.92inHg$를 맞추어 표준 기압 면으로부터의 고도를 지시하게 하는 방법이다. 해상 비행이나 $14,000ft$ 이상의 높은 고도로 비행할 경우 사용한다.

• QNH 보정: 일반적인 고도계의 보정 방법으로 창구의 눈금을 그 당시의 해면 기압에 맞추는 방법이다. 진고도를 지시하며 $14,000ft$ 미만의 고도에서 장거리 비행 시 사용한다.

• QFE 보정: 기압창구의 눈금을 그 당시 활주로상의 기압에 맞추는 방법이다. 활주로상에 있을 때 고도계는 $0ft$를 지시한다. 절대고도를 지시하며 단거리 비행 시 사용한다.

**72** 유압계통에서 장치의 작용과 펌프의 가압에서 발생하는 압력 서지(surge)를 완화시키는 것은?

① 축압기(accumulator)

② 체크 밸브(check valve)

③ 압력 조절기(pressure regulator)

④ 압력 릴리프 밸브(pressure relief valve)

**해설**

축압기(accumulator)는 작동유의 저장통으로써 여러 개의 작동유 압력 기기가 동시에 사용될 때 동력 펌프를 돕는다. 또한 동력 펌프가 고장났을 때는 저장되었던 작동유를 유압 기기에 공급한다. 또 작동유 압력계통의 서지 현상을 방지, 작동유 압력계통의 충격적인 압력을 흡수해 주며, 압력 조절기가 열리고 닫히는 횟수를 줄여준다. 다이어프램형 축압기, 블래더형 축압기, 피스톤형 축압기가 있다.

**73** 교류전동기에 대한 설명 중 옳지 않은 것은?

① 자장 발생, 전기자 유도에 의한 회전력의 발생은 직류전동기와 다르다.

② 교류전동기는 자장의 방향과 크기가 시간에 따라 변한다.

③ 교류전동기는 직류전동기보다 효율이 크다.

④ 무게에 비해 많은 동력을 얻을 수 있다.

**해설**

• 직류전동기는 전기자 코일에 전류 흐름으로 인해 전류에 의한 자기장이 생겨서 이것이 원래 계자의 자기장과의 상호작용으로 힘이 생겨 축을 회전시킨다. 또한, 교류를 가해도 발생하는 회전 토크의 방향은 변하지 않으므로 회전방향은 같아진다.

• 교류전동기는 직류전동기보다 효율이 좋기 때문에 경제적인 운전을 할 수 있으며, 직류에 비해 작은 무게로 많은 동력을 얻을 수 있으므로 대형 제트 항공기에 많이 사용된다. 또한, 소형의 고속로터와 감속기어를 이용하여 날개 플랩, 인입식 착륙기어, 엔진 시동기와 같은 큰 부하로 움직이는 곳에 사용된다.

**74** 시동 토크가 크고 입력이 과대하게 되지 않으므로 시동운전 시 가장 좋은 전동기는?

① 분권전동기      ② 직권전동기

③ 복권전동기      ④ 화동복권전동기

**해설**

직류전동기의 종류

- 직권전동기는 경항공기의 시동기, 착륙장치, 카울 플랩 등을 작동하는 데 사용한다.
- 분권전동기는 부하의 변화에 대한 회전속도의 변동이 적으므로 일정한 속도가 요구되는 인버터 등에 사용된다.
- 복권전동기는 선풍기, 원심 펌프, 전동기-발전기를 작동하는 데 사용한다.
- 가역전동기는 회전 방향을 필요에 따라 스위치 조작으로 반대 방향으로의 움직임이 필요한 장비에 사용된다.

**75** 발전기에서 외부에 부하를 연결하면 전기자 코일에 전류가 흐르고, 이에 의해 자장이 기울어지는 편류가 발생한다. 이 편류를 교정하기 위해 설치하는 것의 명칭은?

① 정속구동장치      ② 정류자

③ C.P.U      ④ 보극

**해설**

발전기에서 외부에 부하를 연결하면 전기자 코일에 전류가 흐르고, 이에 의해 자장이 기울어지는 편류라 한다. 즉, 전기자 반작용(armature reaction)은 보극(interpole) 및 보상권선(compensating winding)으로 없앨 수 있다.

- 보극(interpole)은 브러시 중립 평면에 따라 이동시키거나 전기자에 의한 자기장을 상쇄시킬 수 있도록 주극과 직각으로 설치하고, 설치할 때는 주극과 극성이 같아야 한다.
- 보상권선(compensating winding)은 보극에 감기는 코일을 연장하여, 주극 사이를 오가게 하여 보상하는 것을 말한다.

**76** 3상 교류발전기에서 발전된 전압을 정의 방향으로 순차적으로 모두 합하면 1개의 상전압과 비교할 때 몇 배가 되는가?

① 0배      ② 1배

③ 2배      ④ 3배

**해설**

- 3상 교류발전기에는 $Y$(성형결선, 스타결선)결선과 $\Delta$(삼각결선, 환상결선)결선이 있다. 질문은 $\Delta$(델타결선)의 질문으로 특징은 다음과 같다.
- 어느 한 상의 코일이 단선되더라도 부하에 전력을 공급할 수 있다.
- 선전류($I_L$)는 상전류($I_P$)의 $\sqrt{3}$ 배이고 위상은 $30°$ 느리다.
- 선간전압과 상전압은 같다.
- 높은 전류가 필요한 곳에 사용한다.

**77** 교류발전기에서 주파수($f$)계산 방식은?
(단, $f$: 주파수($Hz$, $cps$), $P$: 계자의 극수, $N$: 분당회전수($rpm$), $V$: 전압)

① $\dfrac{N \cdot P \cdot V}{60}$      ② $\dfrac{N \cdot P}{V}$

③ $\dfrac{P \times 60}{N}$      ④ $\dfrac{PN}{2 \times 60}$

**해설**

주파수, 계자의 극 수, 회전수의 관계

$$f = \frac{PN}{2 \times 60} \ (f : 주파수(Hz \ 또는 \ cps))$$

※ $P$ : 계자의 극수, $N$ : 분당 회전수(rpm)

**78** 화재진압장치는 소화 용기의 상태를 계기에 지시하도록 되어 있다. 황색 디스크가 깨져 있다면 어떤 상태인가?

① 소화 용기 내의 압력이 부족하다.

② 화재 진압을 위해 분사되었다.

③ 소화 용기 내의 압력이 너무 높다.

④ 소화기의 교체 시기가 지났다.

정답   **74** ②   **75** ④   **76** ①   **77** ④   **78** ②

**해설**

소화 계통의 정비에서 방출지시기 점검

- 적색 디스크 파괴 시: 소화기의 안전 플러그가 과열로 인해 작동되었음을 알 수 있고 소화기를 교환한다.
- 황색 디스크 파괴 시: 소화계통을 동작시켜 소화액을 사용했음을 알 수 있고, 소화기를 교환한다.

**79** 항공기의 위치와 방빙(anti-icing) 또는 제빙(de-icing) 방식의 연결이 틀린 것은?

① 조종날개 – 열공압식, 열전기식

② 프로펠러 – 열전기식, 화학식

③ 기화기(caburator) – 열전기식, 화학식

④ 윈드쉴드(windshield), 윈도우(window) – 열전기식, 열공압식

**해설**

- 열적 방빙계통(열공압식): 열에 의한 방빙계통은 방빙이 필요한 부분에 덕트를 설치하고, 여기에 가열된 공기를 통과시켜 온도를 높여줌으로써 얼음이 어는 것을 막는 장치이다.
- 화학적 방빙계통(화학식): 결빙에 우려가 있는 부분에 이소프로필 알코올이나 에틸렌글리콜과 알코올을 섞은 용액을 분사, 어는점을 낮게 하여 결빙을 방지하는 것이다. 주로 프로펠러 깃이나 윈드실드 또는 기화기의 방빙에 사용하는데, 때로는 주 날개와 꼬리날개의 방빙에 사용할 때도 있다.
- 열전기식: 항공기의 피토관이나 윈드실드 등은 전기적인 열을 이용한 방빙장치가 사용되고 있다. 피토관 하우징 내부에는 전기 가열기가 설치되어 있어서 피토관이 타는 것을 방지하기 위해 지상에선 작동하지 않는다.

**80** 항공기에 사용되는 전기계기가 습도 등에 영향을 받지 않도록 내부 충전에 사용되는 가스는?

① 산소가스

② 메탄가스

③ 수소가스

④ 질소가스

**해설**

항공기에 사용되는 가스는 가장 안정적이며, 습도에 영향을 받지 않는 질소가스를 사용한다.

## 1. 항공역학

- 『항공기 일반』 교육과학기술부
- 『비행원리』 교육과학기술부
- 『항공역학』 윤선주 저
- 『항공정비 일반』 국토교통부
- 『항공기 프로펠러 정비』 NCS 모듈 교재

## 2. 항공기 기체

- 『항공기 기체』 교육과학기술부
- 『항공기 기체 실습』 교육과학기술부
- 『항공기 기체 실습』 김귀섭 외 3명 공저
- 『항공기 기체』 국토교통부
- 『항공기 기체 정비』 NCS 모듈 교재

## 3. 항공기 엔진

- 『항공기 기관』 교육과학기술부
- 『항공기 기관 실습』 교육과학기술부
- 『항공기 왕복엔진』 노명수 저
- 『항공기 가스터빈엔진』 노명수 저
- 『항공기 엔진』 국토교통부
- 『항공기 왕복엔진 정비』 NCS 모듈 교재
- 『항공기 가스터빈엔진 정비』 NCS 모듈 교재

## 4. 항공기 계통

- 『항공기 장비』 교육과학기술부
- 『항공장비 전자 실습』 교육과학기술부
- 『항공장비』 연경문화사
- 『무선설비 실기/실습』 신인철 저
- 『항공전기 · 전자』 이상종 저
- 『항공전기 · 전자 실습』 이상종 저
- 『전기 · 전자공학 입문』 권병국 외 2명 공서
- 『항공기 전기 · 전자계기』 국토교통부
- 『항공기 전자장치』 교육과학기술부
- 『항공기 통신 · 전자장치』 박정웅 저
- 『항공기 전기 · 전자계기』 국토교통부
- 『항공기 전기 · 전자 장비 정비』 NCS 모듈 교재
- 『항공 전자장치』 교육과학기술부
- 『항공전자』 청연
- 『항공기 장비』 조용욱 외 2명 공저
- 『항공기 통신 · 전자장치』 박정웅 저
- 『항공기 시스템』 이상종 저
- 『항공기 계통』 인하공업전문대학
- 『전자계산기기능사』 김종보 외 1명 공저
- 『항공기 계통 정비』 NCS 모듈 교재
- 『항공장비 전자 실습』 교육과학기술부
- 『항공계기시스템』 이상종 저